**Springer Handbook of Enzymes
Synonym Index 2010 – Part II**

Dietmar Schomburg and
Ida Schomburg (Eds.)

Springer Handbook of Enzymes

Synonym Index 2010
Part II
K–Z

coedited by Antje Chang

Second Edition

 Springer

Professor Dietmar Schomburg
e-mail: d.schomburg@tu-bs.de

Dr. Ida Schomburg
e-mail: i.schomburg@tu-bs.de

Dr. Antje Chang
e-mail: a.chang@tu-bs.de

Technical University Braunschweig
Bioinformatics & Systems Biology
Langer Kamp 19b
38106 Braunschweig
Germany

Library of Congress Control Number: applied for

ISBN 978-3-642-14015-0   2nd Edition Springer Berlin Heidelberg New York

The first edition of the reference work was published as "Enzyme Handbook".

This work is subject to copyright. All rights are reserved, whether the whole or part of the material is concerned, specifically the rights of translation, reprinting, reuse of illustrations, recitation, broadcasting, reproduction on microfilm or in any other way, and storage in data banks. Duplication of this publication or parts thereof is permitted only under the provisions of the German Copyright Law of September 9, 1965, in its current version, and permission for use must always be obtained from Springer. Violations are liable to prosecution under the German Copyright Law.

Springer is a part of Springer Science+Business Media
springer.com
© Springer-Verlag Berlin Heidelberg
Printed in Germany

The use of general descriptive names, registered names, etc. in this publication does not imply, even in the absence of a specific statement, that such names are exempt from the relevant protective laws and regulations and free for general use.

The publisher cannot assume any legal responsibility for given data, especially as far as directions for the use and the handling of chemicals and biological material are concerned. This information can be obtained from the instructions on safe laboratory practice and from the manufacturers of chemicals and laboratory equipment.

Cover design: Erich Kirchner, Heidelberg
Typesetting: medionet Publishing Services Ltd., Berlin

Printed on acid-free paper

Attention all Users
of the "Springer Handbook of Enzymes"

Information on this handbook can be found on the internet at
http://www.springer.com
choosing "Chemistry" and then "Reference Works".

A complete list of all enzyme entries either as an alphabetical Name Index or as the EC-Number Index is available at the above mentioned URL. You can download and print them free of charge.

A complete list of all synonyms (> 57,000 entries) used for the enzymes is available in print form (ISBN 978-3-642-14015-0).

Save 15 %

We recommend a standing order for the series to ensure you automatically receive all volumes and all supplements and save 15 % on the list price.

Preface

Today, as the full information about the genome is becoming available for a rapidly increasing number of organisms and transcriptome and proteome analyses are beginning to provide us with a much wider image of protein regulation and function, it is obvious that there are limitations to our ability to access functional data for the gene products – the proteins and, in particular, for enzymes. Those data are inherently very difficult to collect, interpret and standardize as they are widely distributed among journals from different fields and are often subject to experimental conditions. Nevertheless a systematic collection is essential for our interpretation of genome information and more so for applications of this knowledge in the fields of medicine, agriculture, etc. Progress on enzyme immobilisation, enzyme production, enzyme inhibition, coenzyme regeneration and enzyme engineering has opened up fascinating new fields for the potential application of enzymes in a wide range of different areas. The development of the enzyme data information system BRENDA was started in 1987 at the German National Research Centre for Biotechnology in Braunschweig (GBF), continued at the University of Cologne from1996 to 2006, and in 2007 returned to Braunschweig, to the Technical University, Institute of Bioinformatics & Systems Biology.

The present book "Springer Handbook of Enzymes" represents the printed version of this data bank. The information system has been developed into a full metabolic database. The enzymes in this Handbook are arranged according to the Enzyme Commission list of enzymes. Some 4,000 "different" enzymes are covered. Since there are no compulsory rules for naming proteins multiple names, sometimes more than 500 for a single EC-class can be found in the scientific literature. This index lists 57,000 synonyms for enzymes. Each entry refers to the recommended enzyme name and the EC number. The corresponding volume and page number in the Springer Handbook of Enzymes, volumes 1–39 and supplements S1–S7 is included. As this Synonym Index features the current status of enzyme names it also covers some names for EC classes which will be published in future volumes of the Springer Handbook of Enzymes. The EC system of enzyme classes is subject to small however constant changes. For retrieving the current EC number the old numbers are included in this index.

It should be mentioned that all enzyme names have been extracted from primary literature and the original author's enzymes names have been retained. The authors would like to point out that superscripts or subscripts which sometimes occur in the enzyme names are not displayed in this index.

Braunschweig
Summer 2010   *Dietmar Schomburg, Ida Schomburg, Antje Chang*

Index of Synonyms: K

3.1.3.41	K+-p-nitrophenyl phosphatase, 4-nitrophenylphosphatase, v. 10 | p. 364	
3.1.3.41	K+-phosphatase, 4-nitrophenylphosphatase, v. 10 | p. 364	
3.6.3.12	K+-translocating Kdp-ATPase, K+-transporting ATPase, v. 15 | p. 593	
3.6.3.12	K+-translocating KdpFABC P-type ATPase, K+-transporting ATPase, v. 15 | p. 593	
3.6.3.12	K+-transporting KdpFABC P-type ATPase†, K+-transporting ATPase, v. 15 | p. 593	
3.1.3.41	K+pNPPase, 4-nitrophenylphosphatase, v. 10 | p. 364	
3.2.2.9	K. pneumoniae MTA/SAH nucleosidase, adenosylhomocysteine nucleosidase, v. 14 | p. 55	
3.5.1.4	K1, amidase, v. 14 | p. 231	
3.4.21.35	K1, tissue kallikrein, v. 7 | p. 141	
3.2.1.106	K12 YgjK protein, mannosyl-oligosaccharide glucosidase, v. 13 | p. 427	
3.4.21.119	K13, kallikrein 13, v. S5 | p. 447	
3.4.21.35	K2, tissue kallikrein, v. 7 | p. 141	
3.4.21.77	K3, semenogelase, v. 7 | p. 385	
2.7.11.22	K35, cyclin-dependent kinase, v. S4 | p. 156	
1.14.13.9	K3H, kynurenine 3-monooxygenase, v. 26 | p. 269	
3.4.21.77	K4, semenogelase, v. 7 | p. 385	
3.4.21.117	K7, stratum corneum chymotryptic enzyme, v. S5 | p. 425	
1.2.1.3	K(+)-ACDH, aldehyde dehydrogenase (NAD+), v. 20 | p. 32	
1.1.1.100	KACPR, 3-oxoacyl-[acyl-carrier-protein] reductase, v. 17 | p. 259	
1.2.1.3	K(+)-activated acetaldehyde dehydrogenase, aldehyde dehydrogenase (NAD+), v. 20 | p. 32	
4.1.1.75	KAD, 5-Guanidino-2-oxopentanoate decarboxylase, v. 3 | p. 403	
4.1.1.75	2-KA decarboxylase, 5-Guanidino-2-oxopentanoate decarboxylase, v. 3 | p. 403	
4.2.99.18	Kae1, DNA-(apurinic or apyrimidinic site) lyase, v. 5 | p. 150	
3.5.1.2	KAG, glutaminase, v. 14 | p. 205	
4.3.1.14	Kal, 3-Aminobutyryl-CoA ammonia-lyase, v. 5 | p. 248	
3.4.21.34	kallidinogenase, plasma kallikrein, v. 7 | p. 136	
3.4.21.35	kallidinogenase, tissue kallikrein, v. 7 | p. 141	
3.4.21.34	kallikrein, plasma kallikrein, v. 7 | p. 136	
3.4.21.35	kallikrein, tissue kallikrein, v. 7 | p. 141	
3.4.21.118	kallikrein-8, kallikrein 8, v. S5 | p. 435	
3.4.21.118	kallikrein-related peptidase, kallikrein 8, v. S5 | p. 435	
3.4.21.117	kallikrein-related peptidase, stratum corneum chymotryptic enzyme, v. S5 | p. 425	
3.4.21.35	kallikrein-related peptidase, tissue kallikrein, v. 7 | p. 141	
3.4.21.118	kallikrein-related peptidase 8, kallikrein 8, v. S5 | p. 435	
3.4.21.35	kallikrein 1, tissue kallikrein, v. 7 | p. 141	
3.4.21.54	kallikrein 16, γ-Renin, v. 7 | p. 253	
3.4.21.35	kallikrein 24, tissue kallikrein, v. 7 | p. 141	
3.4.21.77	kallikrein 3, semenogelase, v. 7 | p. 385	
3.4.21.117	kallikrein 7, stratum corneum chymotryptic enzyme, v. S5 | p. 425	
3.4.21.118	kallikrein 8 protease, kallikrein 8, v. S5 | p. 435	
3.4.21.34	kallikrein I, plasma kallikrein, v. 7 | p. 136	
3.4.21.34	kallikrein II, plasma kallikrein, v. 7 | p. 136	
3.4.21.38	kallikreinogen, activator, coagulation factor XIIa, v. 7 | p. 167	
5.4.3.2	KAM, lysine 2,3-aminomutase, v. 1 | p. 553	
5.4.3.4	KamDE, D-lysine 5,6-aminomutase, v. 1 | p. 562	
1.14.13.79	KAO, ent-kaurenoic acid oxidase, v. 26 | p. 577	
3.4.11.6	KAP, aminopeptidase B, v. 6 | p. 92	
3.1.3.16	KAP, phosphoprotein phosphatase, v. 10 | p. 213	

2.3.1.47	KAPA synthase, 8-amino-7-oxononanoate synthase, v. 29 | p. 634	
2.3.1.47	KAPA synthetase, 8-amino-7-oxononanoate synthase, v. 29 | p. 634	
3.6.1.15	KAP NTPase, nucleoside-triphosphatase, v. 15 | p. 365	
3.2.1.83	kappa-carrageenanase, kappa-carrageenase, v. 13 | p. 288	
2.5.1.18	kappa class glutathione transferase, glutathione transferase, v. 33 | p. 524	
2.5.1.18	kappa class GSH transferase, glutathione transferase, v. 33 | p. 524	
2.3.1.47	7-KAP synthetase, 8-amino-7-oxononanoate synthase, v. 29 | p. 634	
1.1.1.96	KAR, diiodophenylpyruvate reductase, v. 17 | p. 248	
3.6.4.5	Kar3, minus-end-directed kinesin ATPase, v. 15 | p. 784	
3.6.4.5	KAR3-encoded kinesin, minus-end-directed kinesin ATPase, v. 15 | p. 784	
3.2.2.22	karasurin-A, rRNA N-glycosylase, v. 14 | p. 107	
1.1.1.86	KARI, ketol-acid reductoisomerase, v. 17 | p. 190	
6.1.1.6	KARS, Lysine-tRNA ligase, v. 2 | p. 42	
2.3.1.41	KAS, β-ketoacyl-acyl-carrier-protein synthase I, v. 29 | p. 580	
2.3.1.180	KAS-III, β-ketoacyl-acyl-carrier-protein synthase III, v. S2 | p. 99	
2.3.1.180	KAS3a, β-ketoacyl-acyl-carrier-protein synthase III, v. S2 | p. 99	
2.3.1.180	KAS3b, β-ketoacyl-acyl-carrier-protein synthase III, v. S2 | p. 99	
2.3.1.179	KasB, β-ketoacyl-acyl-carrier-protein synthase II, v. S2 | p. 90	
2.3.1.41	KAS I, β-ketoacyl-acyl-carrier-protein synthase I, v. 29 | p. 580	
3.1.21.4	KasI, type II site-specific deoxyribonuclease, v. 11 | p. 454	
2.3.1.179	KAS II, β-ketoacyl-acyl-carrier-protein synthase II, v. S2 | p. 90	
2.3.1.179	KASII, β-ketoacyl-acyl-carrier-protein synthase II, v. S2 | p. 90	
2.3.1.180	KAS III, β-ketoacyl-acyl-carrier-protein synthase III, v. S2 | p. 99	
2.3.1.180	KASIII, β-ketoacyl-acyl-carrier-protein synthase III, v. S2 | p. 99	
2.3.1.180	KAS IIIA, β-ketoacyl-acyl-carrier-protein synthase III, v. S2 | p. 99	
2.3.1.180	KAS IIIB, β-ketoacyl-acyl-carrier-protein synthase III, v. S2 | p. 99	
2.3.1.16	3-KAT, acetyl-CoA C-acyltransferase, v. 29 | p. 371	
2.3.1.16	KAT, acetyl-CoA C-acyltransferase, v. 29 | p. 371	
4.4.1.13	KAT, cysteine-S-conjugate β-lyase, v. 5 | p. 370	
2.6.1.7	KAT, kynurenine-oxoglutarate transaminase, v. 34 | p. 316	
2.6.1.7	KAT-1, kynurenine-oxoglutarate transaminase, v. 34 | p. 316	
2.6.1.7	KAT-I, kynurenine-oxoglutarate transaminase, v. 34 | p. 316	
2.6.1.64	KAT/GTK, glutamine-phenylpyruvate transaminase, v. 35 | p. 21	
1.11.1.6	KatA, catalase, v. 25 | p. 194	
3.6.4.3	katanin, microtubule-severing ATPase, v. 15 | p. 774	
3.6.4.3	katanin p60, microtubule-severing ATPase, v. 15 | p. 774	
3.6.4.3	katanin p60 microtubule-severing protein, microtubule-severing ATPase, v. 15 | p. 774	
1.11.1.6	KatB, catalase, v. 25 | p. 194	
1.11.1.6	KatC, catalase, v. 25 | p. 194	
1.11.1.6	KatG, catalase, v. 25 | p. 194	
1.11.1.7	KatG, peroxidase, v. 25 | p. 211	
2.6.1.7	KAT I, kynurenine-oxoglutarate transaminase, v. 34 | p. 316	
2.6.1.15	KATI, glutamine-pyruvate transaminase, v. 34 | p. 369	
2.6.1.7	KAT II, kynurenine-oxoglutarate transaminase, v. 34 | p. 316	
2.6.1.1	KAT IV, aspartate transaminase, v. 34 | p. 247	
1.11.1.6	KatP, catalase, v. 25 | p. 194	
1.14.13.78	kaurene oxidase, ent-kaurene oxidase, v. 26 | p. 574	
3.4.21.62	Kazusase, Subtilisin, v. 7 | p. 285	
3.1.30.1	KB endonuclease, Aspergillus nuclease S1, v. 11 | p. 610	
2.3.1.29	KBL, glycine C-acetyltransferase, v. 29 | p. 496	
3.1.3.2	kbPAP, acid phosphatase, v. 10 | p. 31	
3.6.4.4	KCBP, plus-end-directed kinesin ATPase, v. 15 | p. 778	
3.5.1.11	KcPGA, penicillin amidase, v. 14 | p. 287	
2.7.1.151	Kcs1, inositol-polyphosphate multikinase, v. 37 | p. 236	
2.7.1.151	Kcs1p, inositol-polyphosphate multikinase, v. 37 | p. 236	

2.3.1.41	KCSI, β-ketoacyl-acyl-carrier-protein synthase I, v. 29	p. 580
4.1.2.14	KD(P)G aldolase, 2-dehydro-3-deoxy-phosphogluconate aldolase, v. 3	p. 476
3.6.1.11	40-kDa-exopolyphosphatase, exopolyphosphatase, v. 15	p. 343
3.4.22.44	49 kDa-Pro, nuclear-inclusion-a endopeptidase, v. 7	p. 742
3.6.3.14	32 kDa accessory protein, H+-transporting two-sector ATPase, v. 15	p. 598
1.1.1.1	40 kDa allergen, alcohol dehydrogenase, v. 16	p. 1
1.4.1.1	40 kDa antigen, alanine dehydrogenase, v. 22	p. 1
4.1.2.13	41 kDa antigen, Fructose-bisphosphate aldolase, v. 3	p. 455
3.1.2.2	50-kDa BACH, palmitoyl-CoA hydrolase, v. 9	p. 459
1.2.1.12	38 kDa BFA-dependent ADP-ribosylation substrate, glyceraldehyde-3-phosphate dehydrogenase (phosphorylating), v. 20	p. 135
3.1.4.17	61 kDa Cam-PDE, 3',5'-cyclic-nucleotide phosphodiesterase, v. 11	p. 116
3.1.4.17	63 kDa Cam-PDE, 3',5'-cyclic-nucleotide phosphodiesterase, v. 11	p. 116
3.4.24.3	120 kDa collagenase, microbial collagenase, v. 8	p. 205
4.2.1.43	KdaD, 2-dehydro-3-deoxy-L-arabinonate dehydratase, v. 4	p. 486
4.2.1.43	KDA dehydratase, 2-dehydro-3-deoxy-L-arabinonate dehydratase, v. 4	p. 486
4.2.1.43	L-KDA dehydratase, 2-dehydro-3-deoxy-L-arabinonate dehydratase, v. 4	p. 486
1.6.5.3	13 kDa differentiation-associated protein, NADH dehydrogenase (ubiquinone), v. 24	p. 106
3.2.1.52	65 kDa epididymal boar protein, β-N-acetylhexosaminidase, v. 13	p. 50
5.2.1.8	19 kDa FK506-binding protein, Peptidylprolyl isomerase, v. 1	p. 218
5.2.1.8	22 kDa FK506-binding protein, Peptidylprolyl isomerase, v. 1	p. 218
5.2.1.8	51 kDa FK506-binding protein, Peptidylprolyl isomerase, v. 1	p. 218
5.2.1.8	65 kDa FK506-binding protein, Peptidylprolyl isomerase, v. 1	p. 218
5.2.1.8	36 kDa FK506 binding protein, Peptidylprolyl isomerase, v. 1	p. 218
5.2.1.8	52 kDa FK506 binding protein, Peptidylprolyl isomerase, v. 1	p. 218
5.2.1.8	12 kDa FKBP, Peptidylprolyl isomerase, v. 1	p. 218
5.2.1.8	12.6 kDa FKBP, Peptidylprolyl isomerase, v. 1	p. 218
5.2.1.8	13 kDa FKBP, Peptidylprolyl isomerase, v. 1	p. 218
5.2.1.8	15 kDa FKBP, Peptidylprolyl isomerase, v. 1	p. 218
5.2.1.8	25 kDa FKBP, Peptidylprolyl isomerase, v. 1	p. 218
3.4.21.10	53 kDa fucose-binding protein, acrosin, v. 7	p. 57
3.4.24.24	72 kDa Gelatinase, gelatinase A, v. 8	p. 351
3.4.24.24	72-kDa Gelatinase, gelatinase A, v. 8	p. 351
3.4.24.35	92 kDa gelatinase, gelatinase B, v. 8	p. 403
3.4.24.35	92-kDa Gelatinase, gelatinase B, v. 8	p. 403
3.4.24.24	72 kDa Gelatinase type A, gelatinase A, v. 8	p. 351
5.3.4.1	58 kDa glucose regulated protein, Protein disulfide-isomerase, v. 1	p. 436
4.1.1.15	65 kDa glutamic acid decarboxylase, Glutamate decarboxylase, v. 3	p. 74
4.1.1.15	67 kDa glutamic acid decarboxylase, Glutamate decarboxylase, v. 3	p. 74
4.2.1.107	46 kDa hydratase, 3α,7α,12α-trihydroxy-5β-cholest-24-enoyl-CoA hydratase, v. S7	p. 102
3.4.17.21	100 kDa ileum brush border membrane protein, Glutamate carboxypeptidase II, v. 6	p. 498
4.1.2.13	37 kDa major allergen, Fructose-bisphosphate aldolase, v. 3	p. 455
3.6.3.14	15 kDa mediatophore protein, H+-transporting two-sector ATPase, v. 15	p. 598
3.6.3.14	59 kDa membrane-associated GTP-binding protein, H+-transporting two-sector ATPase, v. 15	p. 598
5.2.1.8	27 kDa membrane protein, Peptidylprolyl isomerase, v. 1	p. 218
5.3.4.1	58 kDa microsomal protein, Protein disulfide-isomerase, v. 1	p. 436
3.6.3.47	70-kDa peroxisomal membrane protein, fatty-acyl-CoA-transporting ATPase, v. 15	p. 724
3.1.1.4	14 kDa phospholipase A2, phospholipase A2, v. 9	p. 52
5.2.1.8	54 kDa progesterone receptor-associated immunophilin, Peptidylprolyl isomerase, v. 1	p. 218
3.4.25.1	27 kDa prosomal protein, proteasome endopeptidase complex, v. 8	p. 587
3.4.25.1	30 kDa prosomal protein, proteasome endopeptidase complex, v. 8	p. 587

2.7.7.48	111 kDa protein, RNA-directed RNA polymerase, v. 38	p. 468
2.7.7.48	180 kDa protein, RNA-directed RNA polymerase, v. 38	p. 468
2.7.7.48	182 kDa protein, RNA-directed RNA polymerase, v. 38	p. 468
2.7.7.48	183 kDa protein, RNA-directed RNA polymerase, v. 38	p. 468
2.7.7.48	186 kDa protein, RNA-directed RNA polymerase, v. 38	p. 468
2.7.7.48	216.5 kDa protein, RNA-directed RNA polymerase, v. 38	p. 468
2.7.7.48	69.6 kDa protein, RNA-directed RNA polymerase, v. 38	p. 468
3.4.21.46	28 kDa protein, adipocyte, complement factor D, v. 7	p. 213
3.4.22.44	49 kDa proteinase, nuclear-inclusion-a endopeptidase, v. 7	p. 742
2.7.11.1	30 kDa protein kinase homolog, non-specific serine/threonine protein kinase, v. S3	p. 1
3.4.13.19	43 kDa renal band 3-related protein, membrane dipeptidase, v. 6	p. 239
6.1.1.11	62 kDa RNA-binding protein, Serine-tRNA ligase, v. 2	p. 77
3.6.1.28	25 kDa thiamine triphosphatase, thiamine-triphosphatase, v. 15	p. 425
3.6.1.28	25-kDa thiamine triphosphatase, thiamine-triphosphatase, v. 15	p. 425
1.11.1.15	25 kDa thiol-specific oxidant, peroxiredoxin, v. S1	p. 403
5.2.1.8	40 kDa thylakoid lumen PPIase, Peptidylprolyl isomerase, v. 1	p. 218
5.2.1.8	40 kDa thylakoid lumen rotamase, Peptidylprolyl isomerase, v. 1	p. 218
5.4.99.16	57-KDa trehalose synthase (Saccharomyces cerevisiae), maltose α-D-glucosyltransferase, v. 1	p. 656
2.7.1.67	56 kDa type II PtdIns 4-kinase, 1-phosphatidylinositol 4-kinase, v. 36	p. 176
3.4.24.24	72 kDa type IV collagenase, gelatinase A, v. 8	p. 351
3.4.24.35	92-kDa Type IV collagenase, gelatinase B, v. 8	p. 403
3.4.24.35	95 kDa type IV collagenase/gelatinase, gelatinase B, v. 8	p. 403
3.1.2.15	41 kDa ubiquitin-specific protease, ubiquitin thiolesterase, v. 9	p. 523
2.4.2.30	193-kDa vault protein, NAD+ ADP-ribosyltransferase, v. 33	p. 263
3.2.1.8	34 kDa xylanase, endo-1,4-β-xylanase, v. 12	p. 133
2.7.10.2	70 kDa zeta-associated protein, non-specific protein-tyrosine kinase, v. S2	p. 441
3.4.17.2	47 kDa zymogen granule membrane associated protein, carboxypeptidase B, v. 6	p. 418
4.1.1.71	KDC, 2-oxoglutarate decarboxylase, v. 3	p. 389
4.1.1.72	KdcA, branched-chain-2-oxoacid decarboxylase, v. 3	p. 393
1.4.1.11	Kdd, L-erythro-3,5-diaminohexanoate dehydrogenase, v. 22	p. 130
3.6.1.11	40 kD exopolyphosphatase, exopolyphosphatase, v. 15	p. 343
4.1.2.20	KDG-aldolase, 2-Dehydro-3-deoxyglucarate aldolase, v. 3	p. 516
4.1.2.14	KDGA, 2-dehydro-3-deoxy-phosphogluconate aldolase, v. 3	p. 476
2.7.1.58	KDGalA kinase, 2-dehydro-3-deoxygalactonokinase, v. 36	p. 132
4.1.2.20	KDG aldolase, 2-Dehydro-3-deoxyglucarate aldolase, v. 3	p. 516
2.7.1.58	KDGal kinase, 2-dehydro-3-deoxygalactonokinase, v. 36	p. 132
4.2.1.41	KDG dehydratase, 5-dehydro-4-deoxyglucarate dehydratase, v. 4	p. 481
4.2.1.41	KDGDH, 5-dehydro-4-deoxyglucarate dehydratase, v. 4	p. 481
2.7.1.45	KDGK, 2-dehydro-3-deoxygluconokinase, v. 36	p. 78
2.7.1.45	KDG kinase, 2-dehydro-3-deoxygluconokinase, v. 36	p. 78
4.1.2.20	KDGLucA, 2-Dehydro-3-deoxyglucarate aldolase, v. 3	p. 516
4.1.2.20	5-KDGluc aldolase, 2-Dehydro-3-deoxyglucarate aldolase, v. 3	p. 516
3.6.4.10	70 kD heat shock protein, non-chaperonin molecular chaperone ATPase, v. 15	p. 810
4.1.2.16	KDO-8-phosphate synthetase, 2-dehydro-3-deoxy-phosphooctonate aldolase, v. 3	p. 497
2.5.1.55	KDO-8-P synthetase, 3-deoxy-8-phosphooctulosonate synthase, v. 34	p. 172
2.5.1.55	KDO-8-P synthetase, 3-deoxy-8-phosphooctulosonate synthase, v. 34	p. 172
3.2.1.144	α-Kdo-ase, 3-deoxyoctulosonase, v. 13	p. 579
2.7.7.38	K-KDO-CT, 3-deoxy-manno-octulosonate cytidylyltransferase, v. 38	p. 396
2.7.7.38	KDO-CT, 3-deoxy-manno-octulosonate cytidylyltransferase, v. 38	p. 396
2.7.7.38	L-KDO-CT, 3-deoxy-manno-octulosonate cytidylyltransferase, v. 38	p. 396
2.5.1.55	KDO8-P, 3-deoxy-8-phosphooctulosonate synthase, v. 34	p. 172
4.1.2.16	KDO 8-P synthase, 2-dehydro-3-deoxy-phosphooctonate aldolase, v. 3	p. 497
2.5.1.55	KDO8PS, 3-deoxy-8-phosphooctulosonate synthase, v. 34	p. 172
2.5.1.55	Kdo8P synthase, 3-deoxy-8-phosphooctulosonate synthase, v. 34	p. 172

2.5.1.55	KDO8P synthases, 3-deoxy-8-phosphooctulonate synthase, v. 34 | p. 172	
4.1.2.23	KDO aldolase, 3-deoxy-D-manno-octulosonate aldolase, v. 3 | p. 527	
2.5.1.55	KDOPS, 3-deoxy-8-phosphooctulonate synthase, v. 34 | p. 172	
3.6.3.12	KdpABC, K+-transporting ATPase, v. 15 | p. 593	
3.6.3.12	KdpCsol, K+-transporting ATPase, v. 15 | p. 593	
4.1.2.14	KDPG-aldolase, 2-dehydro-3-deoxy-phosphogluconate aldolase, v. 3 | p. 476	
4.1.2.21	KDPGal aldolase, 2-dehydro-3-deoxy-6-phosphogalactonate aldolase, v. 3 | p. 519	
4.1.2.14	KDPG aldolase, 2-dehydro-3-deoxy-phosphogluconate aldolase, v. 3 | p. 476	
4.1.3.17	KDPG aldolase, 4-hydroxy-4-methyl-2-oxoglutarate aldolase, v. 4 | p. 111	
2.5.1.54	KDPH synthase, 3-deoxy-7-phosphoheptulonate synthase, v. 34 | p. 146	
2.5.1.54	KDPH synthetase, 3-deoxy-7-phosphoheptulonate synthase, v. 34 | p. 146	
2.5.1.55	KDPO synthetase, 3-deoxy-8-phosphooctulonate synthase, v. 34 | p. 172	
2.7.10.1	KDR, receptor protein-tyrosine kinase, v. S2 | p. 341	
2.7.10.1	KDR/fetal liver kinase-1, receptor protein-tyrosine kinase, v. S2 | p. 341	
2.5.1.55	KdsA, 3-deoxy-8-phosphooctulonate synthase, v. 34 | p. 172	
3.1.3.45	KdsC, 3-deoxy-manno-octulosonate-8-phosphatase, v. 10 | p. 392	
1.1.1.102	KDS reductase, 3-dehydrosphinganine reductase, v. 17 | p. 273	
5.3.1.17	KduI, 4-Deoxy-L-threo-5-hexosulose-uronate ketol-isomerase, v. 1 | p. 338	
1.1.1.62	Ke6 protein, estradiol 17β-dehydrogenase, v. 17 | p. 48	
3.1.3.2	KeACP, acid phosphatase, v. 10 | p. 31	
3.2.1.80	1-KEH, fructan β-fructosidase, v. 13 | p. 275	
3.2.1.103	keratanase, keratan-sulfate endo-1,4-β-galactosidase, v. 13 | p. 412	
3.2.1.103	keratanase II, keratan-sulfate endo-1,4-β-galactosidase, v. 13 | p. 412	
3.2.1.103	keratan sulfate endogalactosidase, keratan-sulfate endo-1,4-β-galactosidase, v. 13 | p. 412	
2.8.2.21	keratan sulfate Gal-6-sulfotransferase, keratan sulfotransferase, v. 39 | p. 430	
2.8.2.21	keratan sulfate sulfotransferase, keratan sulfotransferase, v. 39 | p. 430	
2.7.10.1	Keratinocyte growth factor receptor, receptor protein-tyrosine kinase, v. S2 | p. 341	
3.2.1.80	1-kestose exohydrolase, fructan β-fructosidase, v. 13 | p. 275	
1.5.1.25	ketimine-reducing enzyme, thiomorpholine-carboxylate dehydrogenase, v. 23 | p. 202	
1.5.1.25	ketimine reductase, thiomorpholine-carboxylate dehydrogenase, v. 23 | p. 202	
1.1.1.86	α-keto-β-hydroxylacil reductoisomerase, ketol-acid reductoisomerase, v. 17 | p. 190	
1.1.1.86	α-keto-β-hydroxylacyl reductoisomerase, ketol-acid reductoisomerase, v. 17 | p. 190	
1.2.4.4	α-keto-β-methylvalerate dehydrogenase, 3-methyl-2-oxobutanoate dehydrogenase (2-methylpropanoyl-transferring), v. 20 | p. 522	
2.7.1.92	5-keto-2-deoxygluconokinase, 5-dehydro-2-deoxygluconokinase, v. 36 | p. 362	
2.7.1.92	5-keto-2-deoxygluconokinase (phosphorylating), 5-dehydro-2-deoxygluconokinase, v. 36 | p. 362	
4.1.2.14	2-keto-3-deoxy-(6-phospho)-gluconate aldolase, 2-dehydro-3-deoxy-phosphogluconate aldolase, v. 3 | p. 476	
4.1.2.21	2-keto-3-deoxy-6-phosphogalactonate aldolase, 2-dehydro-3-deoxy-6-phosphogalactonate aldolase, v. 3 | p. 519	
4.1.2.21	2-Keto-3-deoxy-6-phosphogalactonic aldolase, 2-dehydro-3-deoxy-6-phosphogalactonate aldolase, v. 3 | p. 519	
4.1.2.14	2-Keto-3-deoxy-6-phosphogluconate aldolase, 2-dehydro-3-deoxy-phosphogluconate aldolase, v. 3 | p. 476	
4.1.2.14	2-Keto-3-deoxy-6-phosphogluconic aldolase, 2-dehydro-3-deoxy-phosphogluconate aldolase, v. 3 | p. 476	
2.5.1.55	2-keto-3-deoxy-8-phosphooctonic acid synthetase, 3-deoxy-8-phosphooctulonate synthase, v. 34 | p. 172	
2.5.1.55	2-keto-3-deoxy-8-phosphooctonic synthetase, 3-deoxy-8-phosphooctulonate synthase, v. 34 | p. 172	
2.5.1.54	2-keto-3-deoxy-D-arabino-heptonic acid 7-phosphate synthetase, 3-deoxy-7-phosphoheptulonate synthase, v. 34 | p. 146	
4.2.1.43	2-keto-3-deoxy-D-arabinonate dehydratase, 2-dehydro-3-deoxy-L-arabinonate dehydratase, v. 4 | p. 486	

2-keto-3-deoxy-D-gluconate (3-deoxy-D-glycero-2,5-hexodiulosonic acid) dehydrogenase

1.1.1.127	2-keto-3-deoxy-D-gluconate (3-deoxy-D-glycero-2,5-hexodiulosonic acid) dehydrogenase, 2-dehydro-3-deoxy-D-gluconate 5-dehydrogenase, v. 17 | p. 368
1.1.1.127	2-keto-3-deoxy-D-gluconate dehydrogenase, 2-dehydro-3-deoxy-D-gluconate 5-dehydrogenase, v. 17 | p. 368
1.1.1.126	2-keto-3-deoxy-D-gluconate dehydrogenase, 2-dehydro-3-deoxy-D-gluconate 6-dehydrogenase, v. 17 | p. 366
2.7.1.45	2-keto-3-deoxy-D-gluconate kinase, 2-dehydro-3-deoxygluconokinase, v. 36 | p. 78
2.7.1.45	2-keto-3-deoxy-D-gluconic acid kinase, 2-dehydro-3-deoxygluconokinase, v. 36 | p. 78
4.1.2.28	2-Keto-3-deoxy-D-pentonate aldolase, 2-Dehydro-3-deoxy-D-pentonate aldolase, v. 3 | p. 545
4.1.2.18	2-Keto-3-deoxy-D-xylonate aldolase, 2-Dehydro-3-deoxy-L-pentonate aldolase, v. 3 | p. 508
4.1.2.20	2-Keto-3-deoxy-glucarate aldolase, 2-Dehydro-3-deoxyglucarate aldolase, v. 3 | p. 516
4.2.1.43	2-keto-3-deoxy-L-arabinonate dehydratase, 2-dehydro-3-deoxy-L-arabinonate dehydratase, v. 4 | p. 486
4.1.2.18	2-Keto-3-deoxy-L-arabonate aldolase, 2-Dehydro-3-deoxy-L-pentonate aldolase, v. 3 | p. 508
4.1.2.18	2-Keto-3-deoxy-L-pentonate aldolase, 2-Dehydro-3-deoxy-L-pentonate aldolase, v. 3 | p. 508
4.2.1.43	L-2-keto-3-deoxyarabonate dehydratase, 2-dehydro-3-deoxy-L-arabinonate dehydratase, v. 4 | p. 486
4.1.2.21	2-Keto-3-deoxygalactonate-6-phosphate aldolase, 2-dehydro-3-deoxy-6-phosphogalactonate aldolase, v. 3 | p. 519
2.7.1.58	2-keto-3-deoxygalactonate kinase (phosphorylating), 2-dehydro-3-deoxygalactonokinase, v. 36 | p. 132
2.7.1.58	2-keto-3-deoxygalactonokinase, 2-dehydro-3-deoxygalactonokinase, v. 36 | p. 132
4.1.2.20	2-keto-3-deoxyglucarate aldolase, 2-Dehydro-3-deoxyglucarate aldolase, v. 3 | p. 516
1.1.1.127	2-keto-3-deoxygluconate (nicotinamide adenine dinucleotide (phosphate)) dehydrogenase, 2-dehydro-3-deoxy-D-gluconate 5-dehydrogenase, v. 17 | p. 368
4.1.2.14	2-Keto-3-deoxygluconate-6-P-aldolase, 2-dehydro-3-deoxy-phosphogluconate aldolase, v. 3 | p. 476
4.1.2.14	2-Keto-3-deoxygluconate-6-phosphate aldolase, 2-dehydro-3-deoxy-phosphogluconate aldolase, v. 3 | p. 476
1.1.1.127	2-keto-3-deoxygluconate 5-dehydrogenase, 2-dehydro-3-deoxy-D-gluconate 5-dehydrogenase, v. 17 | p. 368
4.1.2.20	2-keto-3-deoxygluconate aldolase, 2-Dehydro-3-deoxyglucarate aldolase, v. 3 | p. 516
1.1.1.126	2-keto-3-deoxygluconate dehydrogenase, 2-dehydro-3-deoxy-D-gluconate 6-dehydrogenase, v. 17 | p. 366
2.7.1.45	2-keto-3-deoxygluconate kinase, 2-dehydro-3-deoxygluconokinase, v. 36 | p. 78
1.1.1.125	2-keto-3-deoxygluconate oxidoreductase, 2-deoxy-D-gluconate 3-dehydrogenase, v. 17 | p. 364
2.7.1.45	2-keto-3-deoxygluconokinase, 2-dehydro-3-deoxygluconokinase, v. 36 | p. 78
2.7.7.38	2-keto-3-deoxyoctonate cytidylyltransferase, 3-deoxy-manno-octulosonate cytidylyltransferase, v. 38 | p. 396
4.1.2.23	2-keto-3-deoxyoctonic aldolase, 3-deoxy-D-manno-octulosonate aldolase, v. 3 | p. 527
4.1.2.20	5-Keto-4-deoxy-(D)-glucarate aldolase, 2-Dehydro-3-deoxyglucarate aldolase, v. 3 | p. 516
4.1.2.20	5-Keto-4-deoxy-D-glucarate aldolase, 2-Dehydro-3-deoxyglucarate aldolase, v. 3 | p. 516
4.2.1.41	5-Keto-4-deoxy-glucarate dehydratase, 5-dehydro-4-deoxyglucarate dehydratase, v. 4 | p. 481
4.2.1.41	D-5-keto-4-deoxyglucarate dehydratase, 5-dehydro-4-deoxyglucarate dehydratase, v. 4 | p. 481
5.3.1.17	5-keto-4-deoxyuronate isomerase, 4-Deoxy-L-threo-5-hexosulose-uronate ketol-isomerase, v. 1 | p. 338
4.1.3.16	2-Keto-4-hydroxybutyrate aldolase, 4-Hydroxy-2-oxoglutarate aldolase, v. 4 | p. 103
4.1.3.16	2-Keto-4-hydroxyglutarate aldolase, 4-Hydroxy-2-oxoglutarate aldolase, v. 4 | p. 103

4.1.3.16	2-Keto-4-hydroxyglutaric aldolase, 4-Hydroxy-2-oxoglutarate aldolase, v. 4	p. 103	
4.2.1.80	2-keto-4-pentenoate(vinylpyruvate)hydratase, 2-oxopent-4-enoate hydratase, v. 4	p. 613	
4.2.1.80	2-keto-4-pentenoate hydratase, 2-oxopent-4-enoate hydratase, v. 4	p. 613	
4.2.1.80	2-keto-4-pentenoic acid hydratase, 2-oxopent-4-enoate hydratase, v. 4	p. 613	
1.3.99.5	3-keto-Δ4-steroid-5 α-reductase, 3-oxo-5α-steroid 4-dehydrogenase, v. 21	p. 516	
1.3.99.6	3-keto-Δ4-steroid-5β-reductase, 3-oxo-5β-steroid 4-dehydrogenase, v. 21	p. 520	
1.3.99.4	3-keto-5α-steroid Δ(1)-dehydrogenase, 3-oxosteroid 1-dehydrogenase, v. 21	p. 508	
5.3.3.1	3-Keto-Δ5-steroid isomerase, steroid Δ-isomerase, v. 1	p. 376	
1.1.1.43	2-keto-6-phosphogluconate reductase, phosphogluconate 2-dehydrogenase, v. 16	p. 414	
2.3.1.47	7-keto-8-aminopelargonate synthetase, 8-amino-7-oxononanoate synthase, v. 29	p. 634	
2.6.1.62	7-keto-8-aminopelargonic acid-7,8-diaminopelargonic acid aminotransferase, adenosylmethionine-8-amino-7-oxononanoate transaminase, v. 35	p. 13	
2.6.1.62	7-keto-8-aminopelargonic acid aminotransferase, adenosylmethionine-8-amino-7-oxononanoate transaminase, v. 35	p. 13	
2.3.1.47	7-keto-8-aminopelargonic acid synthase, 8-amino-7-oxononanoate synthase, v. 29	p. 634	
2.3.1.47	7-keto-8-aminopelargonic acid synthetase, 8-amino-7-oxononanoate synthase, v. 29	p. 634	
2.3.1.47	7-keto-8-aminopelargonic synthetase, 8-amino-7-oxononanoate synthas, v. 29	p. 634	
1.1.1.123	5-keto-D-fructose reductase, sorbose 5-dehydrogenase (NADP+), v. 17	p. 355	
1.1.1.124	5-keto-D-fructose reductase (NADP+), fructose 5-dehydrogenase (NADP+), v. 17	p. 360	
1.1.1.215	2-keto-D-gluconate-yielding D-gluconate dehydrogenase, gluconate 2-dehydrogenase, v. 18	p. 302	
1.1.1.128	5-keto-D-gluconate 2-reductase, L-idonate 2-dehydrogenase, v. 17	p. 371	
1.1.1.69	5-keto-D-gluconate 5-reductase, gluconate 5-dehydrogenase, v. 17	p. 92	
1.1.99.4	2-keto-D-gluconate dehydrogenase, dehydrogluconate dehydrogenase, v. 19	p. 279	
1.1.1.215	2-keto-D-gluconate reductase, gluconate 2-dehydrogenase, v. 18	p. 302	
1.1.1.69	5-keto-D-gluconate reductase, gluconate 5-dehydrogenase, v. 17	p. 92	
4.1.1.85	3-keto-L-gulonate 6-phosphate decarboxylase, 3-dehydro-L-gulonate-6-phosphate decarboxylase, v. S7	p. 22	
4.1.1.34	3-Keto-L-gulonate decarboxylase, Dehydro-L-gulonate decarboxylase, v. 3	p. 215	
4.1.1.34	keto-L-gulonate decarboxylase, Dehydro-L-gulonate decarboxylase, v. 3	p. 215	
1.1.1.130	3-keto-L-gulonate dehydrogenase, 3-dehydro-L-gulonate 2-dehydrogenase, v. 17	p. 377	
1.1.1.189	9-keto-prostaglandin E2 reductase, prostaglandin-E2 9-reductase, v. 18	p. 139	
1.1.1.35	β-keto-reductase, 3-hydroxyacyl-CoA dehydrogenase, v. 16	p. 318	
1.2.7.7	keto-valine-ferredoxin oxidoreductase, 3-methyl-2-oxobutanoate dehydrogenase (ferredoxin), v. S1	p. 207	
3.5.1.3	α-keto acid-ω-amidase, ω-amidase, v. 14	p. 217	
3.5.1.3	α-keto acid ω-amidase, ω-amidase, v. 14	p. 217	
4.1.1.1	α-Keto acid carboxylase, Pyruvate decarboxylase, v. 3	p. 1	
2.8.3.5	3-ketoacid CoA-transferase, 3-oxoacid CoA-transferase, v. 39	p. 480	
2.8.3.5	3-ketoacid coenzyme A-transferase, 3-oxoacid CoA-transferase, v. 39	p. 480	
2.8.3.5	3-ketoacid coenzyme A transferase, 3-oxoacid CoA-transferase, v. 39	p. 480	
4.1.1.72	α-keto acid decarboxylase, branched-chain-2-oxoacid decarboxylase, v. 3	p. 393	
1.2.4.4	α-ketoacid dehydrogenase, 3-methyl-2-oxobutanoate dehydrogenase (2-methylpropanoyl-transferring), v. 20	p. 522	
2.3.1.180	β-ketoacyl (acyl carrier protein) synthase III, β-ketoacyl-acyl-carrier-protein synthase III, v. S2	p. 99	
2.3.1.180	3-ketoacyl-(acyl carrier protein) synthase IIIA, β-ketoacyl-acyl-carrier-protein synthase III, v. S2	p. 99	
2.3.1.180	3-ketoacyl-(acyl carrier protein) synthase IIIB, β-ketoacyl-acyl-carrier-protein synthase III, v. S2	p. 99	
2.3.1.179	β-ketoacyl-[acyl-carrier-protein] synthase II, β-ketoacyl-acyl-carrier-protein synthase II, v. S2	p. 90	
2.3.1.180	β-ketoacyl-[acyl-carrier-protein] synthase III, β-ketoacyl-acyl-carrier-protein synthase III, v. S2	p. 99	

β-ketoacyl-[acyl-carrier protein (ACP)] synthase II

2.3.1.179	β-ketoacyl-[acyl-carrier protein (ACP)] synthase II, β-ketoacyl-acyl-carrier-protein synthase II, v. S2 | p. 90	
2.3.1.180	β-ketoacyl-[acyl-carrier protein (ACP)] synthase III, β-ketoacyl-acyl-carrier-protein synthase III, v. S2 | p. 99	
1.1.1.100	β-ketoacyl-[acyl-carrier protein] (ACP) reductase, 3-oxoacyl-[acyl-carrier-protein] reductase, v. 17 | p. 259	
2.3.1.179	β-ketoacyl-[acyl carrier protein (ACP)] synthase II, β-ketoacyl-acyl-carrier-protein synthase II, v. S2 | p. 90	
2.3.1.41	β-ketoacyl-[acyl carrier protein (ACP)] synthase III, β-ketoacyl-acyl-carrier-protein synthase I, v. 29 | p. 580	
2.3.1.41	β-ketoacyl-[acyl carrier protein] synthase, β-ketoacyl-acyl-carrier-protein synthase I, v. 29 | p. 580	
1.1.1.100	3-ketoacyl-ACP(CoA) reductase, 3-oxoacyl-[acyl-carrier-protein] reductase, v. 17 | p. 259	
2.3.1.41	β-ketoacyl-ACP-synthase, β-ketoacyl-acyl-carrier-protein synthase I, v. 29 | p. 580	
2.3.1.180	β-ketoacyl-ACP-synthase III, β-ketoacyl-acyl-carrier-protein synthase III, v. S2 | p. 99	
2.3.1.180	β-ketoacyl-ACP III, β-ketoacyl-acyl-carrier-protein synthase III, v. S2 | p. 99	
1.1.1.100	3-ketoacyl-ACP reductase, 3-oxoacyl-[acyl-carrier-protein] reductase, v. 17 | p. 259	
1.1.1.100	β-ketoacyl-ACP reductase, 3-oxoacyl-[acyl-carrier-protein] reductase, v. 17 | p. 259	
2.3.1.41	3-ketoacyl-ACP synthase, β-ketoacyl-acyl-carrier-protein synthase I, v. 29 | p. 580	
2.3.1.41	β-ketoacyl-ACP synthase, β-ketoacyl-acyl-carrier-protein synthase I, v. 29 | p. 580	
2.3.1.41	β-ketoacyl-ACP synthase I, β-ketoacyl-acyl-carrier-protein synthase I, v. 29 | p. 580	
2.3.1.179	3-ketoacyl-ACP synthase II, β-ketoacyl-acyl-carrier-protein synthase II, v. S2 | p. 90	
2.3.1.179	β-ketoacyl-ACP synthase II, β-ketoacyl-acyl-carrier-protein synthase II, v. S2 | p. 90	
2.3.1.180	3-ketoacyl-ACP synthase III, β-ketoacyl-acyl-carrier-protein synthase III, v. S2 | p. 99	
2.3.1.180	β-ketoacyl-ACP synthase III, β-ketoacyl-acyl-carrier-protein synthase III, v. S2 | p. 99	
2.3.1.41	β-ketoacyl-ACP synthetase, β-ketoacyl-acyl-carrier-protein synthase I, v. 29 | p. 580	
2.3.1.179	β-ketoacyl-acyl-carrier protein synthase II, β-ketoacyl-acyl-carrier-protein synthase II, v. S2 | p. 90	
2.3.1.180	3-ketoacyl-acyl-carrier protein synthase III, β-ketoacyl-acyl-carrier-protein synthase III, v. S2 | p. 99	
2.3.1.180	β-ketoacyl-acyl carrier protein (ACP) synthase III, β-ketoacyl-acyl-carrier-protein synthase III, v. S2 | p. 99	
1.1.1.100	3-ketoacyl-acyl carrier protein reductase, 3-oxoacyl-[acyl-carrier-protein] reductase, v. 17 | p. 259	
1.1.1.100	β-ketoacyl-acyl carrier protein reductase, 3-oxoacyl-[acyl-carrier-protein] reductase, v. 17 | p. 259	
2.3.1.41	3-ketoacyl-acyl carrier protein synthase, β-ketoacyl-acyl-carrier-protein synthase I, v. 29 | p. 580	
2.3.1.179	β-ketoacyl-acyl carrier protein synthase II, β-ketoacyl-acyl-carrier-protein synthase II, v. S2 | p. 90	
2.3.1.180	3-ketoacyl-acyl carrier protein synthase III, β-ketoacyl-acyl-carrier-protein synthase III, v. S2 | p. 99	
2.3.1.180	β-ketoacyl-acyl carrier protein synthase III, β-ketoacyl-acyl-carrier-protein synthase III, v. S2 | p. 99	
2.3.1.179	β-ketoacyl-acyl carrier protein synthases II, β-ketoacyl-acyl-carrier-protein synthase II, v. S2 | p. 90	
2.3.1.41	β-ketoacyl-acyl carrier protein synthetase, β-ketoacyl-acyl-carrier-protein synthase I, v. 29 | p. 580	
2.3.1.179	β-ketoacyl-acyl carrier protein synthetase II, β-ketoacyl-acyl-carrier-protein synthase II, v. S2 | p. 90	
2.3.1.16	ketoacyl-CoA acyltransferase, acetyl-CoA C-acyltransferase, v. 29 | p. 371	
1.1.1.35	3-ketoacyl-CoA reductase, 3-hydroxyacyl-CoA dehydrogenase, v. 16 | p. 318	
1.1.1.35	β-ketoacyl-CoA reductase, 3-hydroxyacyl-CoA dehydrogenase, v. 16 | p. 318	
1.1.1.36	β-ketoacyl-CoA reductase, acetoacetyl-CoA reductase, v. 16 | p. 328	
2.3.1.41	β-ketoacyl-CoA synthase-I, β-ketoacyl-acyl-carrier-protein synthase I, v. 29 | p. 580	

2.3.1.16	3-ketoacyl-CoA thiolase, acetyl-CoA C-acyltransferase, v. 29 | p. 371
2.3.1.16	β-ketoacyl-CoA thiolase, acetyl-CoA C-acyltransferase, v. 29 | p. 371
2.3.1.16	ketoacyl-coenzyme A thiolase, acetyl-CoA C-acyltransferase, v. 29 | p. 371
2.3.1.180	β-ketoacyl:acyl carrier protein synthase III, β-ketoacyl-acyl-carrier-protein synthase III, v. S2 | p. 99
2.3.1.41	β-ketoacyl [ACP] synthase, β-ketoacyl-acyl-carrier-protein synthase I, v. 29 | p. 580
2.3.1.41	β-ketoacyl ACP synthase I, β-ketoacyl-acyl-carrier-protein synthase I, v. 29 | p. 580
2.3.1.180	β-ketoacyl ACP synthase III, β-ketoacyl-acyl-carrier-protein synthase III, v. S2 | p. 99
2.7.8.7	β-ketoacyl ACP synthase III, holo-[acyl-carrier-protein] synthase, v. 39 | p. 50
2.3.1.179	β-ketoacyl acyl-carrier protein synthase II, β-ketoacyl-acyl-carrier-protein synthase II, v. S2 | p. 90
2.3.1.180	β-ketoacyl acyl-carrier protein synthase III, β-ketoacyl-acyl-carrier-protein synthase III, v. S2 | p. 99
1.1.1.100	β-ketoacyl acyl carrier protein (ACP) reductase, 3-oxoacyl-[acyl-carrier-protein] reductase, v. 17 | p. 259
1.1.1.100	3-ketoacyl acyl carrier protein reductase, 3-oxoacyl-[acyl-carrier-protein] reductase, v. 17 | p. 259
1.1.1.100	β-ketoacyl acyl carrier protein reductase, 3-oxoacyl-[acyl-carrier-protein] reductase, v. 17 | p. 259
2.3.1.41	β-ketoacyl acyl carrier protein synthase, β-ketoacyl-acyl-carrier-protein synthase I, v. 29 | p. 580
2.3.1.179	β-ketoacyl acyl carrier protein synthase II, β-ketoacyl-acyl-carrier-protein synthase II, v. S2 | p. 90
2.3.1.180	3-ketoacyl acyl carrier protein synthase III, β-ketoacyl-acyl-carrier-protein synthase III, v. S2 | p. 99
2.3.1.180	β-ketoacyl acyl carrier protein synthase III, β-ketoacyl-acyl-carrier-protein synthase III, v. S2 | p. 99
2.3.1.179	3-ketoacyl acyl synthase II, β-ketoacyl-acyl-carrier-protein synthase II, v. S2 | p. 90
2.3.1.180	3-ketoacyl carrier protein synthase III, β-ketoacyl-acyl-carrier-protein synthase III, v. S2 | p. 99
2.3.1.16	3-ketoacyl CoA thiolase, acetyl-CoA C-acyltransferase, v. 29 | p. 371
2.3.1.16	3-ketoacyl coenzyme-A thiolase, acetyl-CoA C-acyltransferase, v. 29 | p. 371
2.3.1.16	3-ketoacyl coenzyme A thiolase, acetyl-CoA C-acyltransferase, v. 29 | p. 371
2.3.1.16	β-ketoacyl coenzyme A thiolase, acetyl-CoA C-acyltransferase, v. 29 | p. 371
4.1.1.56	β-Ketoacyl decarboxylase, 3-Oxolaurate decarboxylase, v. 3 | p. 333
1.1.1.100	β-ketoacyl reductase, 3-oxoacyl-[acyl-carrier-protein] reductase, v. 17 | p. 259
2.3.1.41	β-ketoacyl synthase, β-ketoacyl-acyl-carrier-protein synthase I, v. 29 | p. 580
2.3.1.41	β-ketoacylsynthase, β-ketoacyl-acyl-carrier-protein synthase I, v. 29 | p. 580
2.3.1.179	β-ketoacyl synthase II, β-ketoacyl-acyl-carrier-protein synthase II, v. S2 | p. 90
2.3.1.41	β-ketoacyl synthetase, β-ketoacyl-acyl-carrier-protein synthase I, v. 29 | p. 580
1.1.1.100	β-ketoacyl thioester reductase, 3-oxoacyl-[acyl-carrier-protein] reductase, v. 17 | p. 259
2.3.1.16	3-ketoacyl thiolase, acetyl-CoA C-acyltransferase, v. 29 | p. 371
3.1.1.24	β-ketoadipate enol-lactone hydrolase, 3-oxoadipate enol-lactonase, v. 9 | p. 215
1.1.1.172	2-ketoadipate reductase, 2-oxoadipate reductase, v. 18 | p. 71
1.1.1.172	α-ketoadipate reductase, 2-oxoadipate reductase, v. 18 | p. 71
2.8.3.6	β-ketoadipate succinyl-CoA transferase, 3-oxoadipate CoA-transferase, v. 39 | p. 491
2.8.3.6	β-ketoadipate succinyl-coenzyme A transferase, 3-oxoadipate CoA-transferase, v. 39 | p. 491
2.3.1.16	β-ketoadipyl-CoA thiolase, acetyl-CoA C-acyltransferase, v. 29 | p. 371
2.3.1.16	β-ketoadipyl coenzyme A thiolase, acetyl-CoA C-acyltransferase, v. 29 | p. 371
1.2.1.23	2-ketoaldehyde dehydrogenase, 2-oxoaldehyde dehydrogenase (NAD+), v. 20 | p. 221
1.2.1.49	2-ketoaldehyde dehydrogenase, 2-oxoaldehyde dehydrogenase (NADP+), v. 20 | p. 345
1.2.1.23	α-ketoaldehyde dehydrogenase, 2-oxoaldehyde dehydrogenase (NAD+), v. 20 | p. 221
1.2.1.49	α-ketoaldehyde dehydrogenase, 2-oxoaldehyde dehydrogenase (NADP+), v. 20 | p. 345
1.1.1.215	2-ketoaldonate reductase, gluconate 2-dehydrogenase, v. 18 | p. 302

4.1.1.75	2-ketoarginine decarboxylase, 5-Guanidino-2-oxopentanoate decarboxylase, v.3 | p.403
4.1.1.75	α-Ketoarginine decarboxylase, 5-Guanidino-2-oxopentanoate decarboxylase, v.3 | p.403
1.2.7.2	α-ketobutyrate-ferredoxin oxidoreductase, 2-oxobutyrate synthase, v.20 | p.552
1.2.7.2	2-ketobutyrate synthase, 2-oxobutyrate synthase, v.20 | p.552
1.2.7.2	α-ketobutyrate synthase, 2-oxobutyrate synthase, v.20 | p.552
2.3.1.180	β-ketobutyryl-ACP synthase, β-ketoacyl-acyl-carrier-protein synthase III, v.S2 | p.99
1.1.1.69	5-keto D-gluconate reductase, gluconate 5-dehydrogenase, v.17 | p.92
3.2.1.31	ketodase, β-glucuronidase, v.12 | p.494
1.1.1.235	8-ketodCF reductase, 8-oxocoformycin reductase, v.18 | p.370
1.1.1.235	8-ketodeoxycoformycin reductase, 8-oxocoformycin reductase, v.18 | p.370
1.1.1.126	ketodeoxygluconate dehydrogenase, 2-dehydro-3-deoxy-D-gluconate 6-dehydrogenase, v.17 | p.366
2.7.1.45	ketodeoxygluconokinase, 2-dehydro-3-deoxygluconokinase, v.36 | p.78
1.1.1.102	3-ketodihydrosphingosine reductase, 3-dehydrosphinganine reductase, v.17 | p.273
1.1.1.274	β-keto ester reductase, 2,5-didehydrogluconate reductase, v.18 | p.503
1.1.1.123	5-ketofructose reductase, sorbose 5-dehydrogenase (NADP+), v.17 | p.355
1.1.1.124	5-ketofructose reductase (NADP), fructose 5-dehydrogenase (NADP+), v.17 | p.360
1.1.1.124	5-ketofructose reductase [NADP+], fructose 5-dehydrogenase (NADP+), v.17 | p.360
1.1.1.128	5-ketogluconate 2-reductase, L-idonate 2-dehydrogenase, v.17 | p.371
1.1.1.69	5-ketogluconate 5-reductase, gluconate 5-dehydrogenase, v.17 | p.92
1.1.1.128	5-ketogluconate 5-reductase (L-idonate-forming), L-idonate 2-dehydrogenase, v.17 | p.371
1.1.99.4	α-ketogluconate dehydrogenase, dehydrogluconate dehydrogenase, v.19 | p.279
1.1.99.4	ketogluconate dehydrogenase, dehydrogluconate dehydrogenase, v.19 | p.279
2.7.1.13	2-ketogluconate kinase, dehydrogluconokinase, v.35 | p.216
1.1.1.215	2-ketogluconate reductase, gluconate 2-dehydrogenase, v.18 | p.302
1.1.99.3	2-ketogluconate reductase, gluconate 2-dehydrogenase (acceptor), v.19 | p.274
1.1.1.69	5-ketogluconate reductase, gluconate 5-dehydrogenase, v.17 | p.92
1.1.1.128	5-ketoglucono-idono-reductase, L-idonate 2-dehydrogenase, v.17 | p.371
2.7.1.13	2-ketogluconokinase, dehydrogluconokinase, v.35 | p.216
2.7.1.13	ketogluconokinase, dehydrogluconokinase, v.35 | p.216
2.7.1.13	ketogluconokinase (phosphorylating), dehydrogluconokinase, v.35 | p.216
1.14.11.17	α-ketoglutarate-dependent dioxygenase, taurine dioxygenase, v.26 | p.108
1.14.11.17	α-ketoglutarate-dependent taurine dioxygenase, taurine dioxygenase, v.26 | p.108
1.2.7.3	α-ketoglutarate-ferredoxin oxidoreductase, 2-oxoglutarate synthase, v.20 | p.556
2.2.1.5	α-ketoglutarate:glyoxylate carboligase, 2-hydroxy-3-oxoadipate synthase, v.29 | p.197
4.1.1.71	α-ketoglutarate decarboxylase, 2-oxoglutarate decarboxylase, v.3 | p.389
1.2.4.2	2-ketoglutarate dehydrogenase, oxoglutarate dehydrogenase (succinyl-transferring), v.20 | p.507
1.2.4.2	α-ketoglutarate dehydrogenase, oxoglutarate dehydrogenase (succinyl-transferring), v.20 | p.507
1.2.4.2	α-ketoglutarate dehydrogenase complex, oxoglutarate dehydrogenase (succinyl-transferring), v.20 | p.507
1.2.4.2	α-ketoglutarate dehydrogenase multienzyme complex, oxoglutarate dehydrogenase (succinyl-transferring), v.20 | p.507
1.2.7.3	2-ketoglutarate ferredoxin oxidoreductase, 2-oxoglutarate synthase, v.20 | p.556
1.1.99.2	α-ketoglutarate reductase, 2-hydroxyglutarate dehydrogenase, v.19 | p.271
1.2.1.26	α-ketoglutarate semialdehyde dehydrogenase, 2,5-dioxovalerate dehydrogenase, v.20 | p.239
1.2.7.3	α-ketoglutarate synthase, 2-oxoglutarate synthase, v.20 | p.556
2.2.1.5	α-ketoglutaric-glyoxylic carboligase, 2-hydroxy-3-oxoadipate synthase, v.29 | p.197
1.1.1.41	β-ketoglutaric-isocitric carboxylase, isocitrate dehydrogenase (NAD+), v.16 | p.394
1.2.4.2	α-ketoglutaric acid dehydrogenase, oxoglutarate dehydrogenase (succinyl-transferring), v.20 | p.507
4.1.1.71	α-ketoglutaric decarboxylase, 2-oxoglutarate decarboxylase, v.3 | p.389

1.2.4.2	α-ketoglutaric dehydrogenase, oxoglutarate dehydrogenase (succinyl-transferring), v. 20 | p. 507	
1.2.4.2	ketoglutaric dehydrogenase, oxoglutarate dehydrogenase (succinyl-transferring), v. 20 | p. 507	
1.2.1.26	α-ketoglutaric semialdehyde dehydrogenase, 2,5-dioxovalerate dehydrogenase, v. 20 | p. 239	
1.1.1.130	3-ketogulonate dehydrogenase, 3-dehydro-L-gulonate 2-dehydrogenase, v. 17 | p. 377	
2.7.1.3	ketohexokinase (phosphorylating), ketohexokinase, v. 35 | p. 120	
4.2.1.44	ketoinositol dehydratase, Myo-inosose-2 dehydratase, v. 4 | p. 489	
1.2.4.4	α-ketoisocaproate dehydrogenase, 3-methyl-2-oxobutanoate dehydrogenase (2-methylpropanoyl-transferring), v. 20 | p. 522	
1.2.4.4	α-ketoisocaproic-α-keto-β-methylvaleric dehydrogenase, 3-methyl-2-oxobutanoate dehydrogenase (2-methylpropanoyl-transferring), v. 20 | p. 522	
1.2.4.4	α-ketoisocaproic dehydrogenase, 3-methyl-2-oxobutanoate dehydrogenase (2-methylpropanoyl-transferring), v. 20 | p. 522	
1.2.1.25	α-ketoisovalerate dehydrogenase, 2-oxoisovalerate dehydrogenase (acylating), v. 20 | p. 237	
1.2.4.4	α-ketoisovalerate dehydrogenase, 3-methyl-2-oxobutanoate dehydrogenase (2-methylpropanoyl-transferring), v. 20 | p. 522	
1.2.7.7	2-ketoisovalerate ferredoxin oxidoreductase, 3-methyl-2-oxobutanoate dehydrogenase (ferredoxin), v. S1 | p. 207	
1.2.7.7	ketoisovalerate ferredoxin reductase, 3-methyl-2-oxobutanoate dehydrogenase (ferredoxin), v. S1 | p. 207	
2.1.2.11	α-ketoisovalerate hydroxymethyltransferase, 3-methyl-2-oxobutanoate hydroxymethyltransferase, v. 29 | p. 84	
1.1.1.86	ketol-acid reductoisomerase, ketol-acid reductoisomerase, v. 17 | p. 190	
1.14.15.2	ketolactonase I, camphor 1,2-monooxygenase, v. 27 | p. 9	
4.1.1.56	β-Ketolaurate-decarboxylase, 3-Oxolaurate 3-decarboxylase, v. 3 | p. 333	
4.4.1.5	ketone-aldehyde mutase, lactoylglutathione lyase, v. 5 | p. 322	
4.1.2.12	ketopantoaldolase, 2-dehydropantoate aldolase, v. 3 | p. 453	
2.1.2.11	ketopantoate hydroxymethyl transferase, 3-methyl-2-oxobutanoate hydroxymethyltransferase, v. 29 | p. 84	
2.1.2.11	ketopantoate hydroxymethyltransferase, 3-methyl-2-oxobutanoate hydroxymethyltransferase, v. 29 | p. 84	
1.1.1.169	2-ketopantoate reductase, 2-dehydropantoate 2-reductase, v. 18 | p. 60	
1.1.1.169	ketopantoate reductase, 2-dehydropantoate 2-reductase, v. 18 | p. 60	
1.1.1.169	2-ketopantoic acid reductase, 2-dehydropantoate 2-reductase, v. 18 | p. 60	
1.1.1.169	ketopantoic acid reductase, 2-dehydropantoate 2-reductase, v. 18 | p. 60	
1.1.1.168	2-ketopantoyl lactone reductase, 2-dehydropantolactone reductase (A-specific), v. 18 | p. 54	
1.1.1.214	2-ketopantoyl lactone reductase, 2-dehydropantolactone reductase (B-specific), v. 18 | p. 299	
1.1.1.168	ketopantoyl lactone reductase, 2-dehydropantolactone reductase (A-specific), v. 18 | p. 54	
1.1.1.214	ketopantoyl lactone reductase, 2-dehydropantolactone reductase (B-specific), v. 18 | p. 299	
1.8.1.5	2-ketopropyl-coenzyme M oxidoreductase/carboxylase, 2-oxopropyl-CoM reductase (carboxylating), v. 24 | p. 483	
1.3.1.48	15-ketoprostaglandin Δ-13-reductase, 15-oxoprostaglandin 13-oxidase, v. 21 | p. 263	
1.3.1.74	15-ketoprostaglandin Δ-13-reductase, 2-alkenal reductase, v. 21 | p. 336	
1.3.1.48	15-ketoprostaglandin Δ13-reductase, 15-oxoprostaglandin 13-oxidase, v. 21 | p. 263	
1.3.1.74	15-ketoprostaglandin Δ13-reductase, 2-alkenal reductase, v. 21 | p. 336	
1.3.1.48	15-ketoprostaglandinΔ13-reductase, 15-oxoprostaglandin 13-oxidase, v. 21 | p. 263	
1.1.1.197	9-ketoprostaglandin reductase, 15-hydroxyprostaglandin dehydrogenase (NADP+), v. 18 | p. 179	
1.1.1.189	9-ketoprostaglandin reductase, prostaglandin-E2 9-reductase, v. 18 | p. 139	
1.3.1.48	Δ13-15-ketoprostaglandin reductase, 15-oxoprostaglandin 13-oxidase, v. 21 | p. 263	
1.3.1.74	Δ13-15-ketoprostaglandin reductase, 2-alkenal reductase, v. 21 | p. 336	
1.1.1.270	3-keto reducing enzyme, 3-keto-steroid reductase, v. 18 | p. 485	
1.1.1.51	17-ketoreductase, 3(or 17)β-hydroxysteroid dehydrogenase, v. 17 | p. 1	

17-ketoreductase

1.1.1.63	17-ketoreductase,	testosterone 17β-dehydrogenase, v. 17 | p. 63
1.1.1.64	17-ketoreductase,	testosterone 17β-dehydrogenase (NADP+), v. 17 | p. 71
1.1.1.35	3-keto reductase,	3-hydroxyacyl-CoA dehydrogenase, v. 16 | p. 318
1.1.1.270	3-keto reductase,	3-keto-steroid reductase, v. 18 | p. 485
1.1.1.270	3-ketoreductase,	3-keto-steroid reductase, v. 18 | p. 485
1.1.1.133	4-ketoreductase,	dTDP-4-dehydrorhamnose reductase, v. 17 | p. 389
1.1.1.184	ketoreductase,	carbonyl reductase (NADPH), v. 18 | p. 105
4.1.2.13	ketose 1-phosphate aldolase,	Fructose-bisphosphate aldolase, v. 3 | p. 455
1.1.1.140	ketosephosphate reductase,	sorbitol-6-phosphate 2-dehydrogenase, v. 17 | p. 412
1.1.1.102	3-ketosphinganine reductase,	3-dehydrosphinganine reductase, v. 17 | p. 273
1.3.99.4	3-ketosteroid-Δ1-dehydrogenase,	3-oxosteroid 1-dehydrogenase, v. 21 | p. 508
1.3.99.4	3-ketosteroid-1-en-dehydrogenase,	3-oxosteroid 1-dehydrogenase, v. 21 | p. 508
1.3.99.5	3-ketosteroid-Δ4(5α)-dehydrogenase,	3-oxo-5α-steroid 4-dehydrogenase, v. 21 | p. 516
1.3.99.6	Δ-3-ketosteroid-5β-reductase,	3-oxo-5β-steroid 4-dehydrogenase, v. 21 | p. 520
1.3.99.6	Δ4-3-ketosteroid-5β-reductase,	3-oxo-5β-steroid 4-dehydrogenase, v. 21 | p. 520
1.3.99.4	3-ketosteroid-D1-dehydrogenase,	3-oxosteroid 1-dehydrogenase, v. 21 | p. 508
1.3.99.4	3-ketosteroid δ1-dehydrogenase,	3-oxosteroid 1-dehydrogenase, v. 21 | p. 508
1.3.99.4	ketosteroid Δ1-dehydrogenase,	3-oxosteroid 1-dehydrogenase, v. 21 | p. 508
1.3.99.6	δ(4)-3-ketosteroid 5-β-reductase,	3-oxo-5β-steroid 4-dehydrogenase, v. 21 | p. 520
5.3.3.1	3-Ketosteroid Δ5→Δ4-isomerase,	steroid Δ-isomerase, v. 1 | p. 376
1.3.99.5	Δ4-3-ketosteroid 5α-oxidoreductase,	3-oxo-5α-steroid 4-dehydrogenase, v. 21 | p. 516
1.3.1.22	Δ4-3-ketosteroid 5α-oxidoreductase,	cholestenone 5α-reductase, v. 21 | p. 124
1.3.99.5	Δ4-3-keto steroid 5α-reductase,	3-oxo-5α-steroid 4-dehydrogenase, v. 21 | p. 516
1.3.1.3	Δ4-3-ketosteroid 5β-reductase,	Δ4-3-oxosteroid 5β-reductase, v. 21 | p. 15
1.1.1.53	δ4-3-ketosteroid hydrogenase,	3α(or 20β)-hydroxysteroid dehydrogenase, v. 17 | p. 9
5.3.3.1	Δ-3-ketosteroid isomerase,	steroid Δ-isomerase, v. 1 | p. 376
5.3.3.1	Δ5-3-keto steroid isomerase,	steroid Δ-isomerase, v. 1 | p. 376
5.3.3.1	Δ5-3-ketosteroid isomerase,	steroid Δ-isomerase, v. 1 | p. 376
5.3.3.1	Δ5-ketosteroid isomerase,	steroid Δ-isomerase, v. 1 | p. 376
5.3.3.1	δ-5-3-ketosteroid isomerase,	steroid Δ-isomerase, v. 1 | p. 376
5.3.3.1	δ 5-3-ketosteroid isomerase,	steroid Δ-isomerase, v. 1 | p. 376
5.3.3.1	ketosteroid isomerase,	steroid Δ-isomerase, v. 1 | p. 376
1.1.1.270	3-ketosteroid reductase,	3-keto-steroid reductase, v. 18 | p. 485
1.3.1.4	Δ4-3-ketosteroid reductase (5α),	cortisone α-reductase, v. 21 | p. 19
1.2.7.3	2-ketotglutarate ferredoxin oxidoreductase,	2-oxoglutarate synthase, v. 20 | p. 556
2.3.1.16	3-ketothiolase,	acetyl-CoA C-acyltransferase, v. 29 | p. 371
2.3.1.9	β-ketothiolase,	acetyl-CoA C-acetyltransferase, v. 29 | p. 305
2.3.1.16	β-ketothiolase,	acetyl-CoA C-acyltransferase, v. 29 | p. 371
4.3.3.1	3-ketovalidoxylamine A C-N-lyase,	3-ketovalidoxylamine C-N-lyase, v. 5 | p. 282
4.3.3.1	3-ketovalidoxylamine A C-N lyase,	3-ketovalidoxylamine C-N-lyase, v. 5 | p. 282
4.3.3.1	3-ketovalidoxylamine C-N-lyase,	3-ketovalidoxylamine C-N-lyase, v. 5 | p. 282
3.4.16.6	Kex1,	carboxypeptidase D, v. 6 | p. 397
3.4.16.6	KEX1 carboxypeptidase,	carboxypeptidase D, v. 6 | p. 397
3.4.16.6	KEX1Δp,	carboxypeptidase D, v. 6 | p. 397
3.4.16.6	Kex1p,	carboxypeptidase D, v. 6 | p. 397
3.4.16.6	KEX1 proteinase,	carboxypeptidase D, v. 6 | p. 397
3.4.21.61	Kex2,	Kexin, v. 7 | p. 280
3.4.21.61	Kex2-660,	Kexin, v. 7 | p. 280
3.4.21.61	Kex2-like endoproteinase,	Kexin, v. 7 | p. 280
3.4.21.61	Kex2-like precursor protein processing endoprotease,	Kexin, v. 7 | p. 280
3.4.21.61	Kex2 endopeptidase,	Kexin, v. 7 | p. 280
3.4.21.61	Kex2 endoprotease,	Kexin, v. 7 | p. 280
3.4.21.61	Kex2 endoproteinase,	Kexin, v. 7 | p. 280
3.4.21.61	Kex2p,	Kexin, v. 7 | p. 280
3.4.21.61	Kex 2p proteinase,	Kexin, v. 7 | p. 280

3.4.21.61	Kex2 protease, Kexin, v. 7	p. 280	
3.4.21.61	Kex2 proteinase, Kexin, v. 7	p. 280	
3.4.21.67	kexin, Endopeptidase So, v. 7	p. 327	
3.4.21.61	kexin, Kexin, v. 7	p. 280	
3.4.21.112	kexin, site-1 protease, v. S5	p. 400	
2.7.7.7	KF-, DNA-directed DNA polymerase, v. 38	p. 118	
6.3.2.19	Kf-1, Ubiquitin-protein ligase, v. 2	p. 506	
3.5.1.9	KFA, arylformamidase, v. 14	p. 274	
3.5.1.9	KFase, arylformamidase, v. 14	p. 274	
2.4.1.224	KfiA, glucuronosyl-N-acetylglucosaminyl-proteoglycan 4-α-N-acetylglucosaminyltransferase, v. 32	p. 604	
3.5.1.2	KGA, glutaminase, v. 14	p. 205	
2.6.1.42	α-KGA, branched-chain-amino-acid transaminase, v. 34	p. 499	
1.1.1.215	2KGA reductase, gluconate 2-dehydrogenase, v. 18	p. 302	
1.1.1.69	5KGA reductase, gluconate 5-dehydrogenase, v. 17	p. 92	
4.1.1.71	Kgd, 2-oxoglutarate decarboxylase, v. 3	p. 389	
1.2.4.2	α-KGD, oxoglutarate dehydrogenase (succinyl-transferring), v. 20	p. 507	
1.1.99.4	2KGDH, dehydrogluconate dehydrogenase, v. 19	p. 279	
1.2.4.2	KGDH, oxoglutarate dehydrogenase (succinyl-transferring), v. 20	p. 507	
1.2.4.2	α-KGDH, oxoglutarate dehydrogenase (succinyl-transferring), v. 20	p. 507	
1.2.4.2	KGDHC, oxoglutarate dehydrogenase (succinyl-transferring), v. 20	p. 507	
2.7.10.1	KGF receptor, receptor protein-tyrosine kinase, v. S2	p. 341	
1.2.7.3	KGO, 2-oxoglutarate synthase, v. 20	p. 556	
4.3.1.4	58K Golgi protein, formimidoyltetrahydrofolate cyclodeaminase, v. 5	p. 192	
1.2.7.3	KGOR, 2-oxoglutarate synthase, v. 20	p. 556	
3.4.22.47	KGP, gingipain K, v. S6	p. 1	
4.1.1.85	KGPDC, 3-dehydro-L-gulonate-6-phosphate decarboxylase, v. S7	p. 22	
1.1.1.215	2KGR, gluconate 2-dehydrogenase, v. 18	p. 302	
1.1.1.128	5KGR, L-idonate 2-dehydrogenase, v. 17	p. 371	
1.1.1.69	5KGR, gluconate 5-dehydrogenase, v. 17	p. 92	
1.2.1.26	α-KGSA dehydrogenase, 2,5-dioxovalerate dehydrogenase, v. 20	p. 239	
1.2.1.26	αKGSA dehydrogenase, 2,5-dioxovalerate dehydrogenase, v. 20	p. 239	
1.2.1.24	αKGSA dehydrogenase, succinate-semialdehyde dehydrogenase, v. 20	p. 228	
1.2.1.26	KGSADH, 2,5-dioxovalerate dehydrogenase, v. 20	p. 239	
1.2.1.26	αKGSADH, 2,5-dioxovalerate dehydrogenase, v. 20	p. 239	
1.2.1.26	KGSADH-I, 2,5-dioxovalerate dehydrogenase, v. 20	p. 239	
1.2.1.26	KGSADH-II, 2,5-dioxovalerate dehydrogenase, v. 20	p. 239	
1.2.1.26	KGSADH-III, 2,5-dioxovalerate dehydrogenase, v. 20	p. 239	
3.1.3.2	KhACP, acid phosphatase, v. 10	p. 31	
4.2.1.95	KHase, kievitone hydratase, v. 4	p. 663	
3.6.4.4	KHC, plus-end-directed kinesin ATPase, v. 15	p. 778	
4.1.3.16	KHG-aldolase, 4-Hydroxy-2-oxoglutarate aldolase, v. 4	p. 103	
2.7.1.3	KHK, ketohexokinase, v. 35	p. 120	
2.1.2.11	KHMT, 3-methyl-2-oxobutanoate hydroxymethyltransferase, v. 29	p. 84	
2.7.11.1	KIAA0369, non-specific serine/threonine protein kinase, v. S3	p. 1	
6.3.2.19	KIAA0860, Ubiquitin-protein ligase, v. 2	p. 506	
3.1.6.1	KIAA1001, arylsulfatase, v. 11	p. 236	
3.1.1.13	KIAA1363, sterol esterase, v. 9	p. 150	
3.6.1.15	Kidins220, nucleoside-triphosphatase, v. 15	p. 365	
3.4.24.11	kidney-brush-border neutral endopeptidase, neprilysin, v. 8	p. 230	
3.4.24.11	kidney-brush-border neutral peptidase, neprilysin, v. 8	p. 230	
3.4.24.11	kidney-brush-border neutral proteinase, neprilysin, v. 8	p. 230	
3.5.1.17	kidney ε-lysine acylase, acyl-lysine deacylase, v. 14	p. 342	
1.13.99.1	Kidney-specific protein 32, inositol oxygenase, v. 25	p. 734	
3.5.1.2	kidney-type-glutaminase, glutaminase, v. 14	p. 205	

3.5.3.1	Kidney-type arginase, arginase, v.14|p.749	
3.5.1.2	kidney-type glutaminase, glutaminase, v.14|p.205	
3.4.21.35	kidney/pancreas/salivary gland kallikrein, tissue kallikrein, v.7|p.141	
3.1.1.1	Kidney microsomal carboxylesterase, carboxylesterase, v.9|p.1	
3.6.4.4	KIF10, plus-end-directed kinesin ATPase, v.15|p.778	
3.6.4.4	KIF11, plus-end-directed kinesin ATPase, v.15|p.778	
3.6.4.4	KIF13A, plus-end-directed kinesin ATPase, v.15|p.778	
3.6.4.4	KIF13B, plus-end-directed kinesin ATPase, v.15|p.778	
3.6.4.4	KIF15, plus-end-directed kinesin ATPase, v.15|p.778	
3.6.4.4	KIF16A, plus-end-directed kinesin ATPase, v.15|p.778	
3.6.4.4	KIF16B, plus-end-directed kinesin ATPase, v.15|p.778	
3.6.4.4	KIF1A, plus-end-directed kinesin ATPase, v.15|p.778	
3.6.4.4	KIF1B, plus-end-directed kinesin ATPase, v.15|p.778	
3.6.4.4	KIF2, plus-end-directed kinesin ATPase, v.15|p.778	
3.6.4.4	KIF2β, plus-end-directed kinesin ATPase, v.15|p.778	
3.6.4.4	KIF3, plus-end-directed kinesin ATPase, v.15|p.778	
3.6.4.4	KIF3A, plus-end-directed kinesin ATPase, v.15|p.778	
3.6.4.4	KIF3B, plus-end-directed kinesin ATPase, v.15|p.778	
3.6.4.4	KIF5, plus-end-directed kinesin ATPase, v.15|p.778	
3.6.4.4	KIF5A, plus-end-directed kinesin ATPase, v.15|p.778	
3.6.4.4	KIF5B, plus-end-directed kinesin ATPase, v.15|p.778	
3.6.4.4	KIF5C, plus-end-directed kinesin ATPase, v.15|p.778	
3.6.4.4	KIF6, plus-end-directed kinesin ATPase, v.15|p.778	
3.6.4.4	KIF7, plus-end-directed kinesin ATPase, v.15|p.778	
3.6.4.4	KIF8, plus-end-directed kinesin ATPase, v.15|p.778	
3.6.4.4	KIFC1, plus-end-directed kinesin ATPase, v.15|p.778	
3.6.4.4	KIFC2, plus-end-directed kinesin ATPase, v.15|p.778	
3.6.4.5	KIFC3, minus-end-directed kinesin ATPase, v.15|p.784	
3.1.3.48	KIM-containing PTP, protein-tyrosine-phosphatase, v.10|p.407	
3.1.3.48	KIM-PTP, protein-tyrosine-phosphatase, v.10|p.407	
3.6.4.4	kimesin-13, plus-end-directed kinesin ATPase, v.15|p.778	
3.6.4.4	Kin1, plus-end-directed kinesin ATPase, v.15|p.778	
2.7.11.23	Kin28, [RNA-polymerase]-subunit kinase, v.S4|p.220	
3.6.4.4	Kin3, plus-end-directed kinesin ATPase, v.15|p.778	
3.6.4.4	Kin5, plus-end-directed kinesin ATPase, v.15|p.778	
2.7.13.3	KINA, histidine kinase, v.S4|p.420	
3.6.4.4	KINA, plus-end-directed kinesin ATPase, v.15|p.778	
3.6.4.4	KINA kinesin, plus-end-directed kinesin ATPase, v.15|p.778	
2.7.1.151	5-kinase, inositol-polyphosphate multikinase, v.37|p.236	
2.7.1.159	5/6 kinase, inositol-1,3,4-trisphosphate 5/6-kinase, v.S2|p.279	
2.7.1.159	5/6-kinase, inositol-1,3,4-trisphosphate 5/6-kinase, v.S2|p.279	
2.7.11.1	A-kinase, non-specific serine/threonine protein kinase, v.S3|p.1	
2.7.11.15	kinase (phosphorylating), β-adrenergic-receptor, β-adrenergic-receptor kinase, v.S3|p.400	
2.7.1.107	kinase (phosphorylating), 1,2-diacylglycerol, diacylglycerol kinase, v.36|p.438	
2.7.3.8	kinase (phosphorylating), ammonia, ammonia kinase, v.37|p.411	
2.7.2.14	kinase (phosphorylating), branched-chain fatty acid, branched-chain-fatty-acid kinase, v.37|p.362	
2.7.2.7	kinase (phosphorylating), butyrate, butyrate kinase, v.37|p.337	
2.7.1.47	kinase (phosphorylating), D-ribulo-, D-ribulokinase, v.36|p.83	
2.7.1.145	kinase (phosphorylating), deoxynucleoside, deoxynucleoside kinase, v.37|p.214	
2.7.4.13	kinase (phosphorylating), deoxynucleoside monophosphate, (deoxy)nucleoside-phosphate kinase, v.37|p.578	
2.7.1.88	kinase (phosphorylating), dihydrostreptomycin 6-phosphate, dihydrostreptomycin-6-phosphate 3'α-kinase, v.36|p.327	

2.7.4.24	kinase (phosphorylating), diphosphoinositol 1,2,3,4,5-pentakisphosphate 5-, diphosphoinositol-pentakisphosphate kinase, v. S2	p. 316
2.7.4.18	kinase (phosphorylating), farnesyl diphosphate, farnesyl-diphosphate kinase, v. 37	p. 606
2.7.1.6	kinase (phosphorylating), galacto-, galactokinase, v. 35	p. 144
2.7.1.8	kinase (phosphorylating), glucosamine, glucosamine kinase, v. 35	p. 162
2.7.2.11	kinase (phosphorylating), glutamate, glutamate 5-kinase, v. 37	p. 351
2.7.2.13	kinase (phosphorylating), glutamate 1-, glutamate 1-kinase, v. 37	p. 360
2.7.1.39	kinase (phosphorylating), homoserine, homoserine kinase, v. 36	p. 23
2.7.1.127	kinase (phosphorylating), inositol 1,4,5-trisphosphate 3-, inositol-trisphosphate 3-kinase, v. 37	p. 107
2.7.4.21	kinase (phosphorylating), inositol hexakisphosphate, inositol-hexakisphosphate kinase, v. 37	p. 613
2.7.1.66	kinase (phosphorylating), isoprenoid alcohol, undecaprenol kinase, v. 36	p. 171
2.7.1.46	kinase (phosphorylating), L-arabino-, L-arabinokinase, v. 36	p. 81
2.7.3.5	kinase (phosphorylating), lombricine, lombricine kinase, v. 37	p. 403
2.7.1.7	kinase (phosphorylating), mannose-, mannokinase, v. 35	p. 156
2.7.11.7	kinase (phosphorylating), myosin heavy chain, myosin-heavy-chain kinase, v. S3	p. 186
2.7.1.23	kinase (phosphorylating), nicotinamide adenine dinucleotide, NAD+ kinase, v. 35	p. 293
2.7.3.7	kinase (phosphorylating), opheline, opheline kinase, v. 37	p. 409
2.7.11.14	kinase (phosphorylating), opsin, rhodopsin kinase, v. S3	p. 370
2.7.1.34	kinase (phosphorylating), pantetheine, pantetheine kinase, v. 35	p. 393
2.7.1.137	kinase (phosphorylating), phosphatidylinositol 3-, phosphatidylinositol 3-kinase, v. 37	p. 170
2.7.1.150	kinase (phosphorylating), phosphatidylinositol 3-phosphate 5-, 1-phosphatidylinositol-3-phosphate 5-kinase, v. 37	p. 234
2.7.1.153	kinase (phosphorylating), phosphatidylinositol 4,5-diphosphate 3-, phosphatidylinositol-4,5-bisphosphate 3-kinase, v. 37	p. 241
2.7.1.154	kinase (phosphorylating), phosphatidylinositol 4-phosphate 3-, phosphatidylinositol-4-phosphate 3-kinase, v. 37	p. 245
2.7.2.3	kinase (phosphorylating), phosphoglycerate, phosphoglycerate kinase, v. 37	p. 283
2.7.2.10	kinase (phosphorylating), phosphoglycerate (guanosine triphosphate), phosphoglycerate kinase (GTP), v. 37	p. 349
2.7.1.78	kinase (phosphorylating), polynucleotide 5'-hydroxyl, polynucleotide 5'-hydroxyl-kinase, v. 36	p. 280
2.7.1.35	kinase (phosphorylating), pyridoxal, pyridoxal kinase, v. 35	p. 395
2.7.9.3	kinase (phosphorylating), pyruvate-water di-, selenide, water dikinase, v. 39	p. 173
2.7.11.2	kinase (phosphorylating), pyruvate dehydrogenase, [pyruvate dehydrogenase (acetyl-transferring)] kinase, v. S3	p. 124
2.7.11.14	kinase (phosphorylating), rhodopsin, rhodopsin kinase, v. S3	p. 370
2.7.1.71	kinase (phosphorylating), shikimate, shikimate kinase, v. 36	p. 220
2.7.3.4	kinase (phosphorylating), taurocyamine, taurocyamine kinase, v. 37	p. 399
2.7.4.15	kinase (phosphorylating), thiamin diphosphate, thiamine-diphosphate kinase, v. 37	p. 598
2.7.1.17	kinase (phosphorylating), xylulo, xylulokinase, v. 35	p. 231
2.7.1.85	kinase, β-D-glucoside (phosphorylating), β-glucoside kinase, v. 36	p. 316
2.7.1.107	kinase, 1,2-diacylglycerol (phosphorylating), diacylglycerol kinase, v. 36	p. 438
2.7.1.93	kinase, 1-alkylglycerol (phosphorylating), alkylglycerol kinase, v. 36	p. 365
2.7.1.56	kinase, 1-phosphofructo- (phosphorylating), 1-phosphofructokinase, v. 36	p. 124
2.7.1.45	kinase, 2-keto-3-deoxyglucono- (phosphorylating), 2-dehydro-3-deoxygluconokinase, v. 36	p. 78
2.7.1.92	kinase, 5-keto-2-deoxyglucono- (phosphorylating), 5-dehydro-2-deoxygluconokinase, v. 36	p. 362
2.7.4.19	kinase, 5-methyldeoxycytidylate (phosphorylating), 5-methyldeoxycytidine-5'-phosphate kinase, v. 37	p. 609
2.7.1.100	kinase, 5-methylthioribose (phosphorylating), S-methyl-5-thioribose kinase, v. 36	p. 398
2.7.1.105	kinase, 6-phosphofructo-2-(phosphorylating), 6-phosphofructo-2-kinase, v. 36	p. 412

2.7.1.29	kinase, acetol (phosphorylating), glycerone kinase, v. 35	p. 345
2.7.2.8	kinase, acetylglutamate (phosphorylating), acetylglutamate kinase, v. 37	p. 342
2.7.1.138	kinase, acylsphingosine (phosphorylating), ceramide kinase, v. 37	p. 192
2.7.1.20	kinase, adenosine (phosphorylating), adenosine kinase, v. 35	p. 252
2.7.4.3	kinase, adenylate (phosphorylating), adenylate kinase, v. 37	p. 493
2.7.1.25	kinase, adenylylsulfate (phosphorylating), adenylyl-sulfate kinase, v. 35	p. 314
2.7.3.10	kinase, agmatine (phosphorylating), agmatine kinase, v. 37	p. 424
2.7.1.84	kinase, alkyldihydroxyacetone (phosphorylating), alkylglycerone kinase, v. 36	p. 314
2.7.1.55	kinase, allo- (phosphorylating), allose kinase, v. 36	p. 121
2.7.3.8	kinase, ammonia (phosphorylating), ammonia kinase, v. 37	p. 411
2.7.3.3	kinase, arginine (phosphorylating), arginine kinase, v. 37	p. 385
2.7.2.14	kinase, branched-chain fatty acid (phosphorylating), branched-chain-fatty-acid kinase, v. 37	p. 362
2.7.11.4	kinase, branched-chain oxo acid dehydrogenase (phosphorylating), [3-methyl-2-oxobutanoate dehydrogenase (acetyl-transferring)] kinase, v. S3	p. 167
2.7.2.7	kinase, butyrate (phosphorylating), butyrate kinase, v. 37	p. 337
2.7.11.17	kinase, caldesmon (phosphorylating), Ca2+/calmodulin-dependent protein kinase, v. S4	p. 1
2.7.2.2	kinase, carbamate (phosphorylating), carbamate kinase, v. 37	p. 275
2.7.11.1	kinase, casein (phosphorylating), non-specific serine/threonine protein kinase, v. S3	p. 1
2.7.1.32	kinase, choline (phosphorylating), choline kinase, v. 35	p. 373
2.7.3.2	kinase, creatine (phosphorylating), creatine kinase, v. 37	p. 369
2.7.4.14	kinase, cytidylate (phosphorylating), cytidylate kinase, v. 37	p. 582
2.7.1.54	kinase, D-arabino- (phosphorylating), D-arabinokinase, v. 36	p. 118
2.7.1.47	kinase, D-ribulo- (phosphorylating), D-ribulokinase, v. 36	p. 83
2.7.1.76	kinase, deoxyadenosine (phosphorylating), deoxyadenosine kinase, v. 36	p. 256
2.7.4.11	kinase, deoxyadenylate (phosphorylating), (deoxy)adenylate kinase, v. 37	p. 572
2.7.1.74	kinase, deoxycytidine (phosphorylating), deoxycytidine kinase, v. 36	p. 237
2.7.1.113	kinase, deoxyguanosine (phosphorylating), deoxyguanosine kinase, v. 37	p. 1
2.7.4.12	kinase, deoxynucleotide (phosphorylating, T2-induced), T2-induced deoxynucleotide kinase, v. 37	p. 575
2.7.1.21	kinase, deoxythymidine (phosphorylating), thymidine kinase, v. 35	p. 270
2.7.1.24	kinase, dephosphocoenzyme A (phosphorylating), dephospho-CoA kinase, v. 35	p. 308
2.7.1.91	kinase, dihydrosphingosine (phosphorylating), sphinganine kinase, v. 36	p. 355
2.7.1.27	kinase, erythritol (phosphorylating), erythritol kinase, v. 35	p. 339
2.7.1.82	kinase, ethanolamine (phosphorylating), ethanolamine kinase, v. 36	p. 303
2.7.4.18	kinase, farnesyl diphosphate (phosphorylating), farnesyl-diphosphate kinase, v. 37	p. 606
2.7.1.40	kinase, fluoro- (phosphorylating), pyruvate kinase, v. 36	p. 33
2.7.2.6	kinase, formate (phosphorylating), formate kinase, v. 37	p. 334
2.7.1.4	kinase, fructo- (phosphorylating), fructokinase, v. 35	p. 127
2.7.1.52	kinase, fuco- (phosphorylating), fucokinase, v. 36	p. 110
2.7.1.6	kinase, galacto- (phosphorylating), galactokinase, v. 35	p. 144
2.7.1.44	kinase, galacturono- (phosphorylating), galacturonokinase, v. 36	p. 76
2.7.1.2	kinase, gluco- (phosphorylating), glucokinase, v. 35	p. 109
2.7.1.8	kinase, glucosamine (phosphorylating), glucosamine kinase, v. 35	p. 162
2.7.1.43	kinase, glucurono- (phosphorylating), glucuronokinase, v. 36	p. 73
2.7.2.11	kinase, glutamate (phosphorylating), glutamate 5-kinase, v. 37	p. 351
2.7.1.31	kinase, glycerate (phosphorylating), glycerate kinase, v. 35	p. 366
2.7.1.30	kinase, glycerol (phosphorylating), glycerol kinase, v. 35	p. 351
2.7.3.1	kinase, guanidinoacetate (phosphorylating), guanidinoacetate kinase, v. 37	p. 365
2.7.4.8	kinase, guanylate (phosphorylating), guanylate kinase, v. 37	p. 543
2.7.1.102	kinase, hamamelose (phosphorylating), hamamelose kinase, v. 36	p. 405
2.7.1.1	kinase, hexo- (phosphorylating), hexokinase, v. 35	p. 74
2.7.1.39	kinase, homoserine (phosphorylating), homoserine kinase, v. 36	p. 23
2.7.1.50	kinase, hydroxyethylthiazole (phosphorylating), hydroxyethylthiazole kinase, v. 36	p. 103

kinase, protein (phosphorylating tyrosine)

2.7.1.81	kinase, hydroxylysine (phosphorylating), hydroxylysine kinase, v. 36 | p. 300
2.7.3.6	kinase, hypotaurocyamine (phosphorylating), hypotaurocyamine kinase, v. 37 | p. 407
2.7.1.73	kinase, inosine (phosphorylating), inosine kinase, v. 36 | p. 233
2.7.1.140	kinase, inositol 1,3,4,6-tetrakisphosphate 5-(phosphorylating), inositol-tetrakisphosphate 5-kinase, v. 37 | p. 197
2.7.1.134	kinase, inositol 1,4,5,6-tetrakisphosphate 3- (phosphorylating), inositol-tetrakisphosphate 1-kinase, v. 37 | p. 155
2.7.1.64	kinase, inositol 1- (phosphorylating), inositol 3-kinase, v. 36 | p. 165
2.7.1.66	kinase, isoprenoid alcohol (phosphorylating), undecaprenol kinase, v. 36 | p. 171
2.7.1.95	kinase, kanamycin (phosphorylating), kanamycin kinase, v. 36 | p. 373
2.7.1.13	kinase, ketoglucono-(phosphorylating), dehydrogluconokinase, v. 35 | p. 216
2.7.1.46	kinase, L-arabino- (phosphorylating), L-arabinokinase, v. 36 | p. 81
2.7.1.51	kinase, L-fuculo- (phosphorylating), L-fuculokinase, v. 36 | p. 107
2.7.1.53	kinase, L-xylulo- (phosphorylating), L-xylulokinase, v. 36 | p. 116
2.7.1.130	kinase, lipid A 4'-(phosphorylating), tetraacyldisaccharide 4'-kinase, v. 37 | p. 144
2.7.3.5	kinase, lombricine (phosphorylating), lombricine kinase, v. 37 | p. 403
2.7.1.7	kinase, manno- (phosphorylating), mannokinase, v. 35 | p. 156
2.7.1.36	kinase, mevalonate (phosphorylating), mevalonate kinase, v. 35 | p. 407
2.7.11.17	kinase, microtubule-associated protein 2 (phosphorylating), Ca2+/calmodulin-dependent protein kinase, v. S4 | p. 1
2.7.1.94	kinase, monoacylglycerol (phosphorylating), acylglycerol kinase, v. 36 | p. 368
2.7.4.3	kinase, myo- (phosphorylating), adenylate kinase, v. 37 | p. 493
2.7.11.18	kinase, myosin light-chain (phosphorylating), myosin-light-chain kinase, v. S4 | p. 54
2.7.1.23	kinase, nicotinamide adenine dinucleotide (phosphorylating), NAD+ kinase, v. 35 | p. 293
2.7.4.6	kinase, nucleoside diphosphate (phosphorylating), nucleoside-diphosphate kinase, v. 37 | p. 521
2.7.4.4	kinase, nucleoside monophosphate (phosphorylating), nucleoside-phosphate kinase, v. 37 | p. 517
2.7.4.10	kinase, nucleoside triphosphate-adenylate (phosphorylating), nucleoside-triphosphate-adenylate kinase, v. 37 | p. 567
2.7.3.7	kinase, opheline (phosphorylating), opheline kinase, v. 37 | p. 409
2.7.1.33	kinase, pantothenate (phosphorylating), pantothenate kinase, v. 35 | p. 385
2.7.3.10	kinase, phosphagen (phosphorylating), agmatine kinase, v. 37 | p. 424
2.7.1.67	kinase, phosphatidylinositol (phosphorylating), 1-phosphatidylinositol 4-kinase, v. 36 | p. 176
2.7.1.137	kinase, phosphatidylinositol 3- (phosphorylating), phosphatidylinositol 3-kinase, v. 37 | p. 170
2.7.1.11	kinase, phosphofructo- (phosphorylating), 6-phosphofructokinase, v. 35 | p. 168
2.7.1.10	kinase, phosphogluco- (phosphorylating), phosphoglucokinase, v. 35 | p. 166
2.7.2.10	kinase, phosphoglycerate (phosphorylating guanosine triphosphate), phosphoglycerate kinase (GTP), v. 37 | p. 349
2.7.4.7	kinase, phosphomethylpyrimidine (phosphorylating), phosphomethylpyrimidine kinase, v. 37 | p. 539
2.7.4.2	kinase, phosphomevalonate (phosphorylating), phosphomevalonate kinase, v. 37 | p. 487
2.7.1.18	kinase, phosphoribo- (phosphorylating), phosphoribokinase, v. 35 | p. 239
2.7.1.19	kinase, phosphoribulo- (phosphorylating), phosphoribulokinase, v. 35 | p. 241
2.7.11.19	kinase, phosphorylase (phosphorylating), phosphorylase kinase, v. S4 | p. 89
2.7.4.1	kinase, polyphosphate (phosphorylating), polyphosphate kinase, v. 37 | p. 475
2.7.11.1	kinase, protamine (phosphorylating), non-specific serine/threonine protein kinase, v. S3 | p. 1
2.7.11.1	kinase, protein (phosphorylating), non-specific serine/threonine protein kinase, v. S3 | p. 1
2.7.13.1	kinase, protein (phosphorylating histidine), protein-histidine pros-kinase, v. S4 | p. 414
2.7.13.2	kinase, protein (phosphorylating histidine), protein-histidine tele-kinase, v. S4 | p. 418
2.7.10.2	kinase, protein (phosphorylating tyrosine), non-specific protein-tyrosine kinase, v. S2 | p. 441

2.7.11.1	kinase, protein, A (phosphorylating), non-specific serine/threonine protein kinase, v. S3	p. 1
2.7.11.1	kinase, protein, C (phosphorylating), non-specific serine/threonine protein kinase, v. S3	p. 1
2.7.10.2	kinase, protein p56lck (phosphorylating), non-specific protein-tyrosine kinase, v. S2	p. 441
2.7.1.83	kinase, pseudouridine (phosphorylating), pseudouridine kinase, v. 36	p. 312
2.7.1.143	kinase, purine nucleoside (phosphorylating), diphosphate-purine nucleoside kinase, v. 37	p. 208
2.7.1.35	kinase, pyridoxal (phosphorylating), pyridoxal kinase, v. 35	p. 395
2.7.1.40	kinase, pyruvate (phosphorylating), pyruvate kinase, v. 36	p. 33
2.7.9.2	kinase, pyruvate-water di- (phosphorylating), pyruvate, water dikinase, v. 39	p. 166
2.7.1.86	kinase, reduced nicotinamide adenine dinucleotide (phosphorylating), NADH kinase, v. 36	p. 321
2.7.1.5	kinase, rhamnulo-(phosphorylating), rhamnulokinase, v. 35	p. 141
2.7.1.26	kinase, riboflavin, riboflavin kinase, v. 35	p. 328
2.7.11.23	kinase, ribonucleate nucleotidyltransferase II C-terminal domain (phosphorylating), [RNA-polymerase]-subunit kinase, v. S4	p. 220
2.7.11.23	kinase, ribonucleate nucleotidyltransferase isozyme II IIa subunit (phosphorylating), [RNA-polymerase]-subunit kinase, v. S4	p. 220
2.7.1.22	kinase, ribosylnicotinamide (phosphorylating), ribosylnicotinamide kinase, v. 35	p. 290
2.7.1.65	kinase, scyllo-inosamine (phosphorylating), scyllo-inosamine 4-kinase, v. 36	p. 168
2.7.1.14	kinase, sedoheptulo- (phosphorylating), sedoheptulokinase, v. 35	p. 219
2.7.1.71	kinase, shikimate (phosphorylating), shikimate kinase, v. 36	p. 220
2.7.1.91	kinase, sphingosine (phosphorylating), sphinganine kinase, v. 36	p. 355
2.7.1.72	kinase, streptidine (phosphorylating), streptomycin 6-kinase, v. 36	p. 229
2.7.1.87	kinase, streptomycin 3- (phosphorylating), streptomycin 3-kinase, v. 36	p. 325
2.7.1.72	kinase, streptomycin 6- (phosphorylating), streptomycin 6-kinase, v. 36	p. 229
2.7.1.101	kinase, tagatose 6-phosphate (phosphorylating), tagatose kinase, v. 36	p. 402
2.7.3.4	kinase, taurocyamine (phosphorylating), taurocyamine kinase, v. 37	p. 399
2.7.1.89	kinase, thiamin (phosphorylating), thiamine kinase, v. 36	p. 329
2.7.4.15	kinase, thiamin diphosphate (phosphorylating), thiamine-diphosphate kinase, v. 37	p. 598
2.7.4.16	kinase, thiamin monophosphate (phosphorylating), thiamine-phosphate kinase, v. 37	p. 601
2.7.1.21	kinase, thymidine (phosphorylating), thymidine kinase, v. 35	p. 270
2.7.4.9	kinase, thymidine monophosphate (phosphorylating), dTMP kinase, v. 37	p. 555
2.7.4.9	kinase, thymidylate (phosphorylating), dTMP kinase, v. 37	p. 555
2.7.1.28	kinase, trio (phosphorylating), triokinase, v. 35	p. 342
2.7.11.6	kinase, tyrosine 3-monooxygenase (phosphorylating), [tyrosine 3-monooxygenase] kinase, v. S3	p. 184
2.7.1.48	kinase, uridine (phosphorylating), uridine kinase, v. 36	p. 86
2.7.1.17	kinase, xylulo- (phosphorylating), xylulokinase, v. 35	p. 231
2.7.11.1	kinase-related apoptosis-inducing protein kinase 1, non-specific serine/threonine protein kinase, v. S3	p. 1
3.1.3.16	kinase associated phosphatase, phosphoprotein phosphatase, v. 10	p. 213
3.1.3.48	kinase associated phosphatase, protein-tyrosine-phosphatase, v. 10	p. 407
2.7.11.22	kinase Cdk6, cyclin-dependent kinase, v. S4	p. 156
3.6.1.15	kinase D interacting substance of 220 kDa, nucleoside-triphosphatase, v. 15	p. 365
2.7.10.2	Kinase EMB, non-specific protein-tyrosine kinase, v. S2	p. 441
2.7.10.2	Kinase EMT, non-specific protein-tyrosine kinase, v. S2	p. 441
2.7.10.1	Kinase insert domain receptor, receptor protein-tyrosine kinase, v. S2	p. 341
2.7.11.1	Kinase interacting with stathmin, non-specific serine/threonine protein kinase, v. S3	p. 1
3.1.3.48	kinase interaction motif-containing protein tyrosine phosphatases, protein-tyrosine-phosphatase, v. 10	p. 407
3.1.3.48	kinase interaction motif phosphatase, protein-tyrosine-phosphatase, v. 10	p. 407
2.7.11.19	kinase kinase/phosphatase/inhibitor-2, phosphorylase kinase, v. S4	p. 89

2.7.10.1	Kinase NYK, receptor protein-tyrosine kinase, v. S2 | p. 341	
2.7.10.2	Kinase TLK, non-specific protein-tyrosine kinase, v. S2 | p. 441	
2.7.10.1	Kinase VIK, receptor protein-tyrosine kinase, v. S2 | p. 341	
3.6.4.4	kinesin, plus-end-directed kinesin ATPase, v. 15 | p. 778	
3.6.4.4	kinesin-1, plus-end-directed kinesin ATPase, v. 15 | p. 778	
3.6.4.4	kinesin-13, plus-end-directed kinesin ATPase, v. 15 | p. 778	
3.6.4.4	kinesin-2, plus-end-directed kinesin ATPase, v. 15 | p. 778	
3.6.4.4	kinesin-3, plus-end-directed kinesin ATPase, v. 15 | p. 778	
3.6.4.4	kinesin-5, plus-end-directed kinesin ATPase, v. 15 | p. 778	
3.6.4.4	kinesin-8, plus-end-directed kinesin ATPase, v. 15 | p. 778	
3.6.4.4	kinesin-like calmodulin-binding protein, plus-end-directed kinesin ATPase, v. 15 | p. 778	
3.6.4.4	kinesin-like motor protein C20orf23, plus-end-directed kinesin ATPase, v. 15 | p. 778	
3.6.4.4	kinesin Eg5, plus-end-directed kinesin ATPase, v. 15 | p. 778	
3.6.4.4	kinesin I, plus-end-directed kinesin ATPase, v. 15 | p. 778	
3.6.4.4	kinesin II, plus-end-directed kinesin ATPase, v. 15 | p. 778	
3.6.4.4	kinesin KIF16B, plus-end-directed kinesin ATPase, v. 15 | p. 778	
3.6.4.4	kinesin KIF1C, plus-end-directed kinesin ATPase, v. 15 | p. 778	
3.6.4.4	kinesin MCAK/XKCM1, plus-end-directed kinesin ATPase, v. 15 | p. 778	
3.6.4.3	kinesin spindle protein, microtubule-severing ATPase, v. 15 | p. 774	
3.6.4.4	kinesin spindle protein, plus-end-directed kinesin ATPase, v. 15 | p. 778	
3.6.3.12	K influx-ATPase, K+-transporting ATPase, v. 15 | p. 593	
3.4.17.3	kininase I, lysine carboxypeptidase, v. 6 | p. 428	
3.4.17.3	kininase Ia, lysine carboxypeptidase, v. 6 | p. 428	
3.4.15.1	kininase II, peptidyl-dipeptidase A, v. 6 | p. 334	
3.4.21.35	T-kininogenase, tissue kallikrein, v. 7 | p. 141	
3.4.21.34	kininogenase, plasma kallikrein, v. 7 | p. 136	
3.4.21.35	kininogenase, tissue kallikrein, v. 7 | p. 141	
3.4.21.34	kininogenin, plasma kallikrein, v. 7 | p. 136	
3.4.21.35	kininogenin, tissue kallikrein, v. 7 | p. 141	
3.6.4.4	KIP1, plus-end-directed kinesin ATPase, v. 15 | p. 778	
3.6.4.4	Kip3p, plus-end-directed kinesin ATPase, v. 15 | p. 778	
3.4.25.1	KIPase, proteasome endopeptidase complex, v. 8 | p. 587	
3.6.5.2	Kir, small monomeric GTPase, v. S6 | p. 476	
2.7.10.1	KIT, receptor protein-tyrosine kinase, v. S2 | p. 341	
2.7.10.1	c-kit, receptor protein-tyrosine kinase, v. S2 | p. 341	
3.2.1.39	kitalase, glucan endo-1,3-β-D-glucosidase, v. 12 | p. 567	
2.7.10.1	Kit protein, receptor protein-tyrosine kinase, v. S2 | p. 341	
2.7.10.1	Kit protein-tyrosine kinase, receptor protein-tyrosine kinase, v. S2 | p. 341	
2.7.10.1	c-kit receptor, receptor protein-tyrosine kinase, v. S2 | p. 341	
2.7.10.1	c-Kit receptor protein-tyrosine kinase, receptor protein-tyrosine kinase, v. S2 | p. 341	
2.7.10.1	KIT receptor tyrosine kinase, receptor protein-tyrosine kinase, v. S2 | p. 341	
2.7.10.1	c-Kit receptor tyrosine kinase, receptor protein-tyrosine kinase, v. S2 | p. 341	
2.7.10.1	c-Kit RTK, receptor protein-tyrosine kinase, v. S2 | p. 341	
2.7.10.1	c-kitR tyrosine kinase, receptor protein-tyrosine kinase, v. S2 | p. 341	
2.7.10.1	c-Kit tyrosine kinase, receptor protein-tyrosine kinase, v. S2 | p. 341	
2.7.11.1	Kiz-1, non-specific serine/threonine protein kinase, v. S3 | p. 1	
1.1.1.1	KlADH4, alcohol dehydrogenase, v. 16 | p. 1	
2.3.1.84	KlAtf, alcohol O-acetyltransferase, v. 30 | p. 125	
1.1.1.184	KLCR1, carbonyl reductase (NADPH), v. 18 | p. 105	
1.1.1.1	KlDH3, alcohol dehydrogenase, v. 16 | p. 1	
3.2.1.1	Kleistase L 1, α-amylase, v. 12 | p. 1	
2.7.7.7	Klenow fragment, DNA-directed DNA polymerase, v. 38 | p. 118	
1.14.19.6	KlFAD2, Δ12-fatty-acid desaturase	
3.6.1.42	KlGdap1, guanosine-diphosphatase, v. 15 | p. 464	
1.3.3.3	KlHEM13, coproporphyrinogen oxidase, v. 21 | p. 367	

2.7.1.1	KlHxk1, hexokinase, v. 35	p. 74
3.4.21.35	KLK, tissue kallikrein, v. 7	p. 141
3.4.21.35	KLK-L3, tissue kallikrein, v. 7	p. 141
3.4.21.35	KLK-S3, tissue kallikrein, v. 7	p. 141
3.4.21.35	KLK1, tissue kallikrein, v. 7	p. 141
3.4.21.35	KLK11, tissue kallikrein, v. 7	p. 141
3.4.21.119	KLK13, kallikrein 13, v. S5	p. 447
3.4.21.77	KLK3, semenogelase, v. 7	p. 385
3.4.21.35	KLK4, tissue kallikrein, v. 7	p. 141
3.4.21.117	KLK7, stratum corneum chymotryptic enzyme, v. S5	p. 425
3.4.21.118	KLK8, kallikrein 8, v. S5	p. 435
3.4.21.35	KLK9, tissue kallikrein, v. 7	p. 141
3.2.1.45	Klotho-related protein, glucosylceramidase, v. 12	p. 614
3.2.1.62	Klotho-related protein, glycosylceramidase, v. 13	p. 168
3.2.1.62	KLotho lactase phlorizin hydrolase, glycosylceramidase, v. 13	p. 168
3.6.4.5	KLP-15, minus-end-directed kinesin ATPase, v. 15	p. 784
3.6.4.4	Klp5/Klp6 kinesin, plus-end-directed kinesin ATPase, v. 15	p. 778
3.6.4.5	klpA, minus-end-directed kinesin ATPase, v. 15	p. 784
4.1.1.1	KlPDC, Pyruvate decarboxylase, v. 3	p. 1
3.2.1.45	KLrP, glucosylceramidase, v. 12	p. 614
3.5.2.6	KLUA-9, β-lactamase, v. 14	p. 683
1.1.1.49	KlZWF1, glucose-6-phosphate dehydrogenase, v. 16	p. 474
3.6.4.2	km23, dynein ATPase, v. 15	p. 764
1.1.1.1	KmADH3, alcohol dehydrogenase, v. 16	p. 1
1.1.1.1	KmADH4, alcohol dehydrogenase, v. 16	p. 1
3.4.17.14	KM endopeptidase, Zinc D-Ala-D-Ala carboxypeptidase, v. 6	p. 475
1.2.1.12	kmGAPDH1p, glyceraldehyde-3-phosphate dehydrogenase (phosphorylating), v. 20	p. 135
3.2.2.22	KML, rRNA N-glycosylase, v. 14	p. 107
1.14.13.9	KMO, kynurenine 3-monooxygenase, v. 26	p. 269
1.15.1.1	KmSod1p, superoxide dismutase, v. 27	p. 399
3.2.1.106	KNOPF, mannosyl-oligosaccharide glucosidase, v. 13	p. 427
1.14.13.78	KO, ent-kaurene oxidase, v. 26	p. 574
3.1.26.4	KOD1, calf thymus ribonuclease H, v. 11	p. 517
2.4.1.230	kojibiose phosphorylase, kojibiose phosphorylase, v. 32	p. 631
3.4.21.32	kollaza, brachyurin, v. 7	p. 129
3.4.24.7	kollaza, interstitial collagenase, v. 8	p. 218
3.4.24.3	kollaza, microbial collagenase, v. 8	p. 205
2.4.1.19	konchizaimu, cyclomaltodextrin glucanotransferase, v. 31	p. 210
1.2.7.3	KOR, 2-oxoglutarate synthase, v. 20	p. 556
3.4.24.74	Korea-BFT, fragilysin, v. 8	p. 572
1.14.13.78	KOS1, ent-kaurene oxidase, v. 26	p. 574
1.14.13.78	KOS2, ent-kaurene oxidase, v. 26	p. 574
1.14.13.78	KOS3, ent-kaurene oxidase, v. 26	p. 574
1.14.13.78	KOS4, ent-kaurene oxidase, v. 26	p. 574
1.18.6.1	Kp2, nitrogenase, v. 27	p. 569
1.11.1.6	KpA, catalase, v. 25	p. 194
1.1.1.169	KPA reductase, 2-dehydropantoate 2-reductase, v. 18	p. 60
2.4.1.230	KPase, kojibiose phosphorylase, v. 32	p. 631
3.5.2.6	KPC-3, β-lactamase, v. 14	p. 683
6.3.2.19	KPC1, Ubiquitin-protein ligase, v. 2	p. 506
6.3.2.19	KPC2, Ubiquitin-protein ligase, v. 2	p. 506
1.8.1.5	2-KPCC, 2-oxopropyl-CoM reductase (carboxylating), v. 24	p. 483
2.1.2.11	KPHMT, 3-methyl-2-oxobutanoate hydroxymethyltransferase, v. 29	p. 84
2.7.11.19	KPI-2 kinase, phosphorylase kinase, v. S4	p. 89

3.1.21.3	KpnBI, type I site-specific deoxyribonuclease, v. 11	p. 448	
3.1.21.4	KpnI, type II site-specific deoxyribonuclease, v. 11	p. 454	
2.1.1.72	KpnI DNA-(N6-adenine)-methyltransferase, site-specific DNA-methyltransferase (adenine-specific), v. 28	p. 390	
2.1.1.72	KpnI DNA methyltransferase, site-specific DNA-methyltransferase (adenine-specific), v. 28	p. 390	
2.1.1.72	KpnI MTase, site-specific DNA-methyltransferase (adenine-specific), v. 28	p. 390	
3.1.3.45	KPP, 3-deoxy-manno-octulosonate-8-phosphatase, v. 10	p. 392	
1.1.1.189	9-KPR, prostaglandin-E2 9-reductase, v. 18	p. 139	
1.1.1.169	KPR, 2-dehydropantoate 2-reductase, v. 18	p. 60	
2.7.7.38	KpsF, 3-deoxy-manno-octulosonate cytidylyltransferase, v. 38	p. 396	
5.3.1.13	KpsF, Arabinose-5-phosphate isomerase, v. 1	p. 325	
5.3.1.13	KPSF protein, Arabinose-5-phosphate isomerase, v. 1	p. 325	
3.6.3.38	kpsT, capsular-polysaccharide-transporting ATPase, v. 15	p. 683	
2.7.1.160	KptA, 2'-phosphotransferase, v. S2	p. 287	
1.1.1.215	2KR, gluconate 2-dehydrogenase, v. 18	p. 302	
1.1.1.184	KR, carbonyl reductase (NADPH), v. 18	p. 105	
3.2.1.1	KRA, α-amylase, v. 12	p. 1	
2.7.11.1	Krct, non-specific serine/threonine protein kinase, v. S3	p. 1	
3.6.5.2	Krev-1, small monomeric GTPase, v. S6	p. 476	
3.4.21.118	KRP/hK8, kallikrein 8, v. S5	p. 435	
6.1.1.6	KRS, Lysine-tRNA ligase, v. 2	p. 42	
6.1.1.6	KRS-1, Lysine-tRNA ligase, v. 2	p. 42	
4.2.3.19	KS, ent-kaurene synthase, v. S7	p. 281	
4.2.3.19	KS1, ent-kaurene synthase, v. S7	p. 281	
3.2.1.103	KSase II, keratan-sulfate endo-1,4-β-galactosidase, v. 13	p. 412	
1.3.99.4	KsdD, 3-oxosteroid 1-dehydrogenase, v. 21	p. 508	
1.3.99.4	KsdD1, 3-oxosteroid 1-dehydrogenase, v. 21	p. 508	
1.3.99.4	KsdD2, 3-oxosteroid 1-dehydrogenase, v. 21	p. 508	
1.3.99.4	KSDH, 3-oxosteroid 1-dehydrogenase, v. 21	p. 508	
2.8.2.21	KSG6ST, keratan sulfotransferase, v. 39	p. 430	
2.8.2.21	KSGal6ST, keratan sulfotransferase, v. 39	p. 430	
2.1.1.48	ksgA methyltransferase, rRNA (adenine-N6-)-methyltransferase, v. 28	p. 281	
4.6.1.2	KSGC, guanylate cyclase, v. 5	p. 430	
5.3.3.1	KSI, steroid Δ-isomerase, v. 1	p. 376	
3.6.4.3	KSP, microtubule-severing ATPase, v. 15	p. 774	
3.6.4.4	KSP, plus-end-directed kinesin ATPase, v. 15	p. 778	
3.1.21.4	Ksp6321, type II site-specific deoxyribonuclease, v. 11	p. 454	
1.1.1.270	3-KSR, 3-keto-steroid reductase, v. 18	p. 485	
1.1.1.102	Ksr1p, 3-dehydrosphinganine reductase, v. 17	p. 273	
1.1.1.102	KsrA, 3-dehydrosphinganine reductase, v. 17	p. 273	
2.7.11.24	Kss1, mitogen-activated protein kinase, v. S4	p. 233	
2.7.11.24	Kss1p, mitogen-activated protein kinase, v. S4	p. 233	
2.8.2.21	KSST, keratan sulfotransferase, v. 39	p. 430	
1.3.99.4	KSTD1, 3-oxosteroid 1-dehydrogenase, v. 21	p. 508	
1.3.99.4	KSTD2, 3-oxosteroid 1-dehydrogenase, v. 21	p. 508	
1.3.99.4	KSTD3, 3-oxosteroid 1-dehydrogenase, v. 21	p. 508	
1.3.99.4	KSTD3 orthologue, 3-oxosteroid 1-dehydrogenase, v. 21	p. 508	
3.4.24.81	kuzbanian, ADAM10 endopeptidase, v. S6	p. 311	
3.4.24.81	Kuzbanian protein, ADAM10 endopeptidase, v. S6	p. 311	
1.3.1.31	KYE1, 2-enoate reductase, v. 21	p. 182	
1.14.13.9	KYN-OHase, kynurenine 3-monooxygenase, v. 26	p. 269	
1.3.1.18	kynurenate 7,8-dihydrodiol dehydrogenase, kynurenate-7,8-dihydrodiol dehydrogenase, v. 21	p. 92	
1.14.99.2	kynurenate 7,8-hydroxylase, kynurenine 7,8-hydroxylase, v. 27	p. 258	

1.14.99.2	kynurenic acid hydroxylase, kynurenine 7,8-hydroxylase, v. 27 | p. 258	
1.14.99.2	kynurenic hydroxylase, kynurenine 7,8-hydroxylase, v. 27 | p. 258	
3.7.1.3	kynureninase, kynureninase, v. 15 | p. 832	
1.14.13.9	L-kynurenine,NADPH2:oxygen oxidoreductase (3-hydroxylating), kynurenine 3-monooxygenase, v. 26 | p. 269	
2.6.1.7	kynurenine-2-oxoglutarate aminotransferase, kynurenine-oxoglutarate transaminase, v. 34 | p. 316	
1.14.13.9	L-kynurenine-3-hydroxylase, kynurenine 3-monooxygenase, v. 26 | p. 269	
2.6.1.39	kynurenine/α-aminoadipate aminotransferase, 2-aminoadipate transaminase, v. 34 | p. 483	
2.6.1.7	kynurenine 2-oxoglutarate transaminase, kynurenine-oxoglutarate transaminase, v. 34 | p. 316	
1.14.13.9	kynurenine 3-hydroxylase, kynurenine 3-monooxygenase, v. 26 | p. 269	
2.6.1.7	L-kynurenine aminotransferase, kynurenine-oxoglutarate transaminase, v. 34 | p. 316	
4.4.1.13	kynurenine aminotransferase, cysteine-S-conjugate β-lyase, v. 5 | p. 370	
2.6.1.7	kynurenine aminotransferase, kynurenine-oxoglutarate transaminase, v. 34 | p. 316	
2.6.1.7	kynurenine aminotransferase-1, kynurenine-oxoglutarate transaminase, v. 34 | p. 316	
2.6.1.7	kynurenine aminotransferase-I, kynurenine-oxoglutarate transaminase, v. 34 | p. 316	
2.6.1.64	kynurenine aminotransferase/glutamine transaminase K, glutamine-phenylpyruvate transaminase, v. 35 | p. 21	
2.6.1.7	kynurenine aminotransferase II, kynurenine-oxoglutarate transaminase, v. 34 | p. 316	
2.6.1.7	kynurenine aminotransferase III, kynurenine-oxoglutarate transaminase, v. 34 | p. 316	
2.6.1.7	kynurenine aminotransferases I, kynurenine-oxoglutarate transaminase, v. 34 | p. 316	
2.6.1.7	kynurenine aminotransferases II, kynurenine-oxoglutarate transaminase, v. 34 | p. 316	
3.5.1.9	kynurenine formamidase, arylformamidase, v. 14 | p. 274	
3.7.1.3	L-kynurenine hydrolase, kynureninase, v. 15 | p. 832	
1.14.13.9	kynurenine hydroxylase, kynurenine 3-monooxygenase, v. 26 | p. 269	
1.14.13.9	kynurenine monooxygenase, kynurenine 3-monooxygenase, v. 26 | p. 269	
2.6.1.7	kynurenine pyruvate aminotransferase, kynurenine-oxoglutarate transaminase, v. 34 | p. 316	
2.6.1.7	kynurenine transaminase (cyclizing), kynurenine-oxoglutarate transaminase, v. 34 | p. 316	
3.5.1.9	kynurine formamidase, arylformamidase, v. 14 | p. 274	
3.4.21.63	Kyorinase, Oryzin, v. 7 | p. 300	
6.3.2.24	kyotorphin-synthesizing enzyme, tyrosine-arginine ligase, v. 2 | p. 521	
6.3.2.24	kyotorphin synthase, tyrosine-arginine ligase, v. 2 | p. 521	
6.3.2.24	kyotorphin synthetase, tyrosine-arginine ligase, v. 2 | p. 521	

Index of Synonyms: L

3.4.11.2	L,(L/D)-aminopeptidase, membrane alanyl aminopeptidase, v. 6 | p. 53
3.4.17.13	L,D-carboxypeptidase A, Muramoyltetrapeptide carboxypeptidase, v. 6 | p. 471
2.3.2.12	L,D-transpeptidase, peptidyltransferase, v. 30 | p. 542
1.2.1.31	Nα-Z-L-AASA dehydrogenase, L-aminoadipate-semialdehyde dehydrogenase, v. 20 | p. 262
5.2.1.8	L.p.Cyp18, Peptidylprolyl isomerase, v. 1 | p. 218
2.3.2.6	L/F-transferase, leucyltransferase, v. 30 | p. 516
3.5.2.6	L1, β-lactamase, v. 14 | p. 683
1.1.1.75	L(+)-1-aminopropan-2-ol-NAD/NADP oxidoreductase, (R)-aminopropanol dehydrogenase, v. 17 | p. 115
1.1.1.75	L(+)-1-aminopropan-2-ol:NAD+ oxidoreductase, (R)-aminopropanol dehydrogenase, v. 17 | p. 115
3.1.3.62	L1Alp1, multiple inositol-polyphosphate phosphatase, v. 10 | p. 475
3.1.3.62	L1Alp2, multiple inositol-polyphosphate phosphatase, v. 10 | p. 475
3.1.1.3	L1D1, triacylglycerol lipase, v. 9 | p. 36
4.6.1.2	L1 H-NOX, guanylate cyclase, v. 5 | p. 430
3.1.1.3	L1 lipase, triacylglycerol lipase, v. 9 | p. 36
3.5.2.6	L1 metallo-β-lactamase, β-lactamase, v. 14 | p. 683
1.1.1.76	L(+)-2,3-butanediol dehydrogenase (L-acetoin forming), (S,S)-butanediol dehydrogenase, v. 17 | p. 121
4.6.1.2	L2 H-NOX, guanylate cyclase, v. 5 | p. 430
3.4.22.39	L3, adenain, v. 7 | p. 720
1.1.1.157	L(+)-3-hydroxybutyryl-CoA dehydrogenase, 3-hydroxybutyryl-CoA dehydrogenase, v. 18 | p. 10
3.4.22.39	L3/p23, adenain, v. 7 | p. 720
1.4.3.14	L6150, L-lysine oxidase, v. 22 | p. 346
3.4.21.53	la, Endopeptidase La, v. 7 | p. 241
3.4.11.1	la, leucyl aminopeptidase, v. 6 | p. 40
5.2.1.5	LA-I, Linoleate isomerase, v. 1 | p. 210
2.3.1.182	LA2350, (R)-citramalate synthase, v. S2 | p. 131
2.4.1.206	LA2 synthase, lactosylceramide 1,3-N-acetyl-β-D-glucosaminyltransferase, v. 32 | p. 518
3.4.21.83	La_OpB, Oligopeptidase B, v. 7 | p. 410
3.5.1.14	LAA, aminoacylase, v. 14 | p. 317
1.4.3.2	LAAO, L-amino-acid oxidase, v. 22 | p. 225
1.4.3.2	LAAO-I, L-amino-acid oxidase, v. 22 | p. 225
1.10.3.2	Lac-3.5, laccase, v. 25 | p. 115
1.10.3.2	Lac-4.8, laccase, v. 25 | p. 115
3.1.26.3	Lac-RNase III, ribonuclease III, v. 11 | p. 509
2.3.1.24	LAC1, sphingosine N-acyltransferase, v. 29 | p. 455
2.3.1.24	Lac1p, sphingosine N-acyltransferase, v. 29 | p. 455
3.2.1.23	LacA, β-galactosidase, v. 12 | p. 368
2.3.1.18	LacA, galactoside O-acetyltransferase, v. 29 | p. 385
5.3.1.26	LacAB, Galactose-6-phosphate isomerase, v. 1 | p. 364
1.10.3.2	Lacc, laccase, v. 25 | p. 115
2.7.1.144	Lacc, tagatose-6-phosphate kinase, v. 37 | p. 210
1.10.3.2	laccase, laccase, v. 25 | p. 115
1.10.3.2	laccase 1, laccase, v. 25 | p. 115
1.10.3.2	laccase A, laccase, v. 25 | p. 115
1.10.3.2	Laccase allele OR, laccase, v. 25 | p. 115

1.10.3.2	Laccase allele TS, laccase, v. 25 | p. 115	
1.10.3.2	laccase CueO, laccase, v. 25 | p. 115	
2.4.1.206	LacCer(β1,3)N-acetylglucosaminyltransferase, lactosylceramide 1,3-N-acetyl-β-D-glucosaminyltransferase, v. 32 | p. 518	
2.4.99.9	Laccer sialyltransferase, lactosylceramide α-2,3-sialyltransferase, v. 33 | p. 378	
4.1.2.40	LacD.1, Tagatose-bisphosphate aldolase, v. 3 | p. 582	
3.1.2.20	LACH1, acyl-CoA hydrolase, v. 9 | p. 539	
3.1.2.2	LACH1, palmitoyl-CoA hydrolase, v. 9 | p. 459	
3.1.2.20	LACH2, acyl-CoA hydrolase, v. 9 | p. 539	
3.1.2.2	LACH2, palmitoyl-CoA hydrolase, v. 9 | p. 459	
1.10.3.2	Lac I, laccase, v. 25 | p. 115	
1.10.3.2	Lac II, laccase, v. 25 | p. 115	
3.1.1.32	lacrimal lipase, phospholipase A1, v. 9 | p. 252	
6.2.1.3	LACS, Long-chain-fatty-acid-CoA ligase, v. 2 | p. 206	
6.2.1.3	LACS2, Long-chain-fatty-acid-CoA ligase, v. 2 | p. 206	
5.3.1.1	Lactacin B inducer protein, Triose-phosphate isomerase, v. 1 | p. 235	
1.2.1.22	L-lactaldehyde:NAD oxidoreductase, lactaldehyde dehydrogenase, v. 20 | p. 216	
1.1.1.77	L-lactaldehyde:propanediol oxidoreductase, lactaldehyde reductase, v. 17 | p. 126	
1.1.1.78	D-lactaldehyde dehydrogenase, methylglyoxal reductase (NADH-dependent), v. 17 | p. 131	
1.1.1.283	D-lactaldehyde dehydrogenase, methylglyoxal reductase (NADPH-dependent), v. S1 | p. 32	
1.2.1.22	Lactaldehyde dehydrogenase, lactaldehyde dehydrogenase, v. 20 | p. 216	
6.3.3.4	β-lactam-forming enzyme, (carboxyethyl)arginine β-lactam-synthase, v. S7 | p. 622	
3.5.2.6	β-lactamase, β-lactamase, v. 14 | p. 683	
3.5.2.6	β-lactamase, class C, β-lactamase, v. 14 | p. 683	
3.5.2.6	β-lactamase A-C, β-lactamase, v. 14 | p. 683	
3.5.2.6	β-lactamase ACT-1, β-lactamase, v. 14 | p. 683	
3.5.2.6	β-lactamase AME I, β-lactamase, v. 14 | p. 683	
3.5.2.6	β-lactamase Bla-A, β-lactamase, v. 14 | p. 683	
3.5.2.6	β-lactamase Bla-B, β-lactamase, v. 14 | p. 683	
3.5.2.6	β-lactamase CMY-1, β-lactamase, v. 14 | p. 683	
3.5.2.6	β-lactamase CMY-2, β-lactamase, v. 14 | p. 683	
3.5.2.6	β-lactamase I-III, β-lactamase, v. 14 | p. 683	
3.5.2.6	β-lactamase II, β-lactamase, v. 14 | p. 683	
3.5.2.6	β-lactamase MIR-1, β-lactamase, v. 14 | p. 683	
3.5.2.6	β-lactamase OXA-1, β-lactamase, v. 14 | p. 683	
3.5.2.6	β lactamase OXA-10, β-lactamase, v. 14 | p. 683	
3.5.2.6	β-lactamase OXA-10, β-lactamase, v. 14 | p. 683	
3.5.2.6	β-lactamase P99, β-lactamase, v. 14 | p. 683	
3.5.2.6	β-lactamase PSE-1, β-lactamase, v. 14 | p. 683	
3.5.2.6	β-lactamases CTX-M-25, β-lactamase, v. 14 | p. 683	
3.5.2.6	β-lactamases CTX-M-26, β-lactamase, v. 14 | p. 683	
3.5.2.6	β-lactamase YRC-1, β-lactamase, v. 14 | p. 683	
3.5.2.6	β-lactamse A-D, β-lactamase, v. 14 | p. 683	
3.2.1.23	lactase, β-galactosidase, v. 12 | p. 368	
3.2.1.108	lactase, lactase, v. 13 | p. 443	
3.2.1.62	lactase-phlorizin hydrolase, glycosylceramidase, v. 13 | p. 168	
3.2.1.108	lactase-phlorizin hydrolase, lactase, v. 13 | p. 443	
3.7.1.4	lactase-phlorizin hydrolase, phloretin hydrolase, v. 15 | p. 842	
3.2.1.108	lactase-phlorizin hydrolase LPH, lactase, v. 13 | p. 443	
3.2.1.108	lactase/phlorizin hydrolase, lactase, v. 13 | p. 443	
3.7.1.4	lactase/phlorizin hydrolase, phloretin hydrolase, v. 15 | p. 842	
3.2.1.108	lactase phlorizin hydrolase, lactase, v. 13 | p. 443	
3.7.1.4	lactase phlorizin hydrolase, phloretin hydrolase, v. 15 | p. 842	
1.13.12.4	L-lactate-2-monooxygenase, lactate 2-monooxygenase, v. 25 | p. 692	
1.1.2.4	D-lactate-cytochrome c reductase, D-lactate dehydrogenase (cytochrome), v. 19 | p. 15	

1.1.2.5	D-lactate:ferricytochrome C-553 oxidoreductase, D-lactate dehydrogenase (cytochrome c-553), v. 19 | p. 21	
1.1.2.3	L-lactate cytochrome c oxidoreducase, L-lactate dehydrogenase (cytochrome), v. 19 | p. 5	
1.1.2.3	L-lactate cytochrome c oxidoreductase, L-lactate dehydrogenase (cytochrome), v. 19 | p. 5	
1.1.2.3	L-lactate cytochrome c reductase, L-lactate dehydrogenase (cytochrome), v. 19 | p. 5	
1.1.1.28	D-lactate dehydrogenase, D-lactate dehydrogenase, v. 16 | p. 274	
1.1.1.27	L-(+)-lactate dehydrogenase, L-lactate dehydrogenase, v. 16 | p. 253	
1.1.1.27	lactate dehydrogenase, L-lactate dehydrogenase, v. 16 | p. 253	
1.1.2.3	lactate dehydrogenase (cytochrome), L-lactate dehydrogenase (cytochrome), v. 19 | p. 5	
1.1.99.6	L-lactate dehydrogenase (FMN-dependent), D-2-hydroxy-acid dehydrogenase, v. 19 | p. 297	
1.1.1.28	D-(-)-lactate dehydrogenase (NAD), D-lactate dehydrogenase, v. 16 | p. 274	
1.1.2.3	L-lactate dehydrogenase [Cytochrome], L-lactate dehydrogenase (cytochrome), v. 19 | p. 5	
1.1.1.27	L-lactate dehydrogenase B, L-lactate dehydrogenase, v. 16 | p. 253	
1.1.1.27	lactate dehydrogenase NAD-dependent, L-lactate dehydrogenase, v. 16 | p. 253	
3.4.23.1	lactated pepsin, pepsin A, v. 8 | p. 1	
3.4.23.1	lactated pepsin elixir, pepsin A, v. 8 | p. 1	
1.1.2.4	D-lactate ferricytochrome c oxidoreductase, D-lactate dehydrogenase (cytochrome), v. 19 | p. 15	
1.1.2.3	L-lactate ferricytochrome C oxidoreductase, L-lactate dehydrogenase (cytochrome), v. 19 | p. 5	
1.13.12.4	L-lactate monooxygenase, lactate 2-monooxygenase, v. 25 | p. 692	
1.13.12.4	lactate monooxygenase, lactate 2-monooxygenase, v. 25 | p. 692	
1.13.12.4	lactate oxidase, lactate 2-monooxygenase, v. 25 | p. 692	
1.13.12.4	lactate oxidative decarboxylase, lactate 2-monooxygenase, v. 25 | p. 692	
1.13.12.4	lactate oxygenase, lactate 2-monooxygenase, v. 25 | p. 692	
5.1.2.1	lactate racemase, Lactate racemase, v. 1 | p. 68	
4.1.2.36	lactate synthase, lactate aldolase, v. 3 | p. 567	
1.1.1.28	D-lactic acid dehydrogenase, D-lactate dehydrogenase, v. 16 | p. 274	
1.1.1.27	L-lactic acid dehydrogenase, L-lactate dehydrogenase, v. 16 | p. 253	
1.1.1.28	lactic acid dehydrogenase, D-lactate dehydrogenase, v. 16 | p. 274	
1.1.2.4	lactic acid dehydrogenase, D-lactate dehydrogenase (cytochrome), v. 19 | p. 15	
1.1.1.27	lactic acid dehydrogenase, L-lactate dehydrogenase, v. 16 | p. 253	
1.1.2.3	lactic acid dehydrogenase, L-lactate dehydrogenase (cytochrome), v. 19 | p. 5	
5.1.2.1	Lactic acid racemase, Lactate racemase, v. 1 | p. 68	
1.1.2.3	lactic cytochrome c reductase, L-lactate dehydrogenase (cytochrome), v. 19 | p. 5	
1.1.1.28	D-lactic dehydrogenase, D-lactate dehydrogenase, v. 16 | p. 274	
1.1.1.27	L-lactic dehydrogenase, L-lactate dehydrogenase, v. 16 | p. 253	
1.1.1.27	lactic dehydrogenase, L-lactate dehydrogenase, v. 16 | p. 253	
5.1.2.1	Lacticoracemase, Lactate racemase, v. 1 | p. 68	
1.13.12.4	lactic oxidase, lactate 2-monooxygenase, v. 25 | p. 692	
1.13.12.4	lactic oxygenase, lactate 2-monooxygenase, v. 25 | p. 692	
2.4.1.211	lacto-N-biose phosphorylase, 1,3-β-galactosyl-N-acetylhexonamine phosphorylase, v. 32 | p. 555	
3.2.1.140	lacto-N-biosidase, lacto-N-biosidase, v. 13 | p. 561	
3.2.1.140	lacto-N-biosidase (Streptomyces strain 142), lacto-N-biosidase, v. 13 | p. 561	
3.4.21.96	Lactocepin, Lactocepin, v. 7 | p. 460	
3.4.21.96	Lactocepin I, Lactocepin, v. 7 | p. 460	
3.4.21.96	Lactococcal cell envelope-associated proteinase, Lactocepin, v. 7 | p. 460	
3.4.21.96	lactococcal cell envelope proteinase, Lactocepin, v. 7 | p. 460	
3.4.21.96	Lactococcal cell wall-associated proteinase, Lactocepin, v. 7 | p. 460	
3.4.21.96	Lactococcal PI-type proteinase, Lactocepin, v. 7 | p. 460	
3.4.21.96	Lactococcal PIII-type poteinase, Lactocepin, v. 7 | p. 460	
3.4.21.96	Lactococcal proteinase, Lactocepin, v. 7 | p. 460	
3.4.21.96	Lactococcal proteinase PI, Lactocepin, v. 7 | p. 460	

3.1.21.1	lactoferrin, deoxyribonuclease I, v. 11 | p. 431	
3.1.1.25	γ-lactonase, 1,4-lactonase, v. 9 | p. 219	
3.1.1.17	lactonase, gluconolactonase, v. 9 | p. 179	
3.1.1.25	lactonase, γ, 1,4-lactonase, v. 9 | p. 219	
3.1.1.27	lactonase, 4-pyridoxo, 4-pyridoxolactonase, v. 9 | p. 232	
3.1.1.39	lactonase, actinomycin, actinomycin lactonase, v. 9 | p. 285	
3.1.1.15	lactonase, arabinono, L-arabinonolactonase, v. 9 | p. 176	
3.1.1.30	lactonase, D-arabinono-, D-arabinonolactonase, v. 9 | p. 246	
3.1.1.36	lactonase, limonin-D-ring, limonin-D-ring-lactonase, v. 9 | p. 279	
3.1.1.31	lactonase, phosphoglucono-, 6-phosphogluconolactonase, v. 9 | p. 247	
3.1.1.37	lactonase, steroid, steroid-lactonase, v. 9 | p. 281	
3.1.1.38	lactonase, triacetate, triacetate-lactonase, v. 9 | p. 283	
3.1.1.19	lactonase, urono, uronolactonase, v. 9 | p. 185	
3.1.1.81	lactonase-like enzyme, quorum-quenching N-acyl-homoserine lactonase, v. S5 | p. 23	
1.11.1.7	lactoperoxidase, peroxidase, v. 25 | p. 211	
2.4.1.90	lactosamine synthase, N-acetyllactosamine synthase, v. 32 | p. 1	
2.4.1.38	lactosamine synthase, β-N-acetylglucosaminylglycopeptide β-1,4-galactosyltransferase, v. 31 | p. 353	
2.4.1.90	lactosamine synthetase, N-acetyllactosamine synthase, v. 32 | p. 1	
2.4.1.38	lactosamine synthetase, β-N-acetylglucosaminylglycopeptide β-1,4-galactosyltransferase, v. 31 | p. 353	
2.4.1.22	lactose synthetase, lactose synthase, v. 31 | p. 264	
2.4.1.90	lactose synthetase A protein, N-acetyllactosamine synthase, v. 32 | p. 1	
2.4.1.38	lactose synthetase A protein, β-N-acetylglucosaminylglycopeptide β-1,4-galactosyltransferase, v. 31 | p. 353	
3.2.1.23	β-D-lactosidase, β-galactosidase, v. 12 | p. 368	
3.2.1.23	β-lactosidase, β-galactosidase, v. 12 | p. 368	
3.2.1.46	lactosylceramidase, galactosylceramidase, v. 12 | p. 625	
3.2.1.46	lactosylceramidase I, galactosylceramidase, v. 12 | p. 625	
3.2.1.23	lactosylceramidase II, β-galactosidase, v. 12 | p. 368	
2.4.1.206	lactosylceramide β-acetylglucosaminyltransferase, lactosylceramide 1,3-N-acetyl-β-D-glucosaminyltransferase, v. 32 | p. 518	
2.4.1.228	lactosylceramide α1,4-galactosyltransferase, lactosylceramide 4-α-galactosyltransferase, v. 32 | p. 622	
2.4.1.228	lactosylceramide α1,4galactosyltransferase, lactosylceramide 4-α-galactosyltransferase, v. 32 | p. 622	
2.4.99.9	lactosylceramide α2,3-sialyltransferase, lactosylceramide α-2,3-sialyltransferase, v. 33 | p. 378	
2.4.99.11	lactosylceramide α2,3-sialyltransferase, lactosylceramide α-2,6-N-sialyltransferase, v. 33 | p. 391	
2.4.1.228	lactosylceramide 4-α-galactosyltransferase, lactosylceramide 4-α-galactosyltransferase, v. 32 | p. 622	
2.4.1.206	lactosylceramide: N-acetylglucosaminyltransferase, lactosylceramide 1,3-N-acetyl-β-D-glucosaminyltransferase, v. 32 | p. 518	
2.4.1.206	lactosylceramide:N-acetylglucosaminyltransferase, lactosylceramide 1,3-N-acetyl-β-D-glucosaminyltransferase, v. 32 | p. 518	
2.4.1.206	lactotriaosylceramide synthase, lactosylceramide 1,3-N-acetyl-β-D-glucosaminyltransferase, v. 32 | p. 518	
4.2.1.54	lactoyl coenzyme A dehydratase, lactoyl-CoA dehydratase, v. 4 | p. 537	
4.4.1.5	S-D-lactoylglutathione:methylglyoxal lyase, lactoylglutathione lyase, v. 5 | p. 322	
4.4.1.5	lactoylglutathione lyase, lactoylglutathione lyase, v. 5 | p. 322	
4.4.1.5	S-D-lactoylglutathione methylglyoxal lyase, lactoylglutathione lyase, v. 5 | p. 322	
4.4.1.5	lactoylglutathione methylglyoxal lyase, lactoylglutathione lyase, v. 5 | p. 322	
3.2.1.23	Lactozym, β-galactosidase, v. 12 | p. 368	
3.2.1.23	Lactozym 3000L, β-galactosidase, v. 12 | p. 368	

4.2.1.54	lactyl-CoA dehydrase, lactoyl-CoA dehydratase, v. 4 | p. 537	
4.2.1.54	lactyl-CoA dehydratase, lactoyl-CoA dehydratase, v. 4 | p. 537	
4.2.1.54	lactyl-coenzyme A dehydrase, lactoyl-CoA dehydratase, v. 4 | p. 537	
4.2.1.54	lactyl CoA dehydratase, lactoyl-CoA dehydratase, v. 4 | p. 537	
3.5.4.4	LADA, adenosine deaminase, v. 15 | p. 28	
1.8.1.4	LADH, dihydrolipoyl dehydrogenase, v. 24 | p. 463	
3.5.3.6	LADI, arginine deiminase, v. 14 | p. 776	
3.1.3.16	laforin, phosphoprotein phosphatase, v. 10 | p. 213	
3.5.1.2	LAG, glutaminase, v. 14 | p. 205	
2.3.1.24	LAG1 longevity assurance homolog 1, sphingosine N-acyltransferase, v. 29 | p. 455	
2.3.1.24	LAG1 longevity assurance homolog 2, sphingosine N-acyltransferase, v. 29 | p. 455	
2.3.1.24	LAG1 longevity assurance homolog 4, sphingosine N-acyltransferase, v. 29 | p. 455	
2.3.1.24	LAG1 longevity assurance homolog 5, sphingosine N-acyltransferase, v. 29 | p. 455	
2.3.1.24	LAG1 longevity assurance homolog 6, sphingosine N-acyltransferase, v. 29 | p. 455	
2.3.1.24	Lag1p, sphingosine N-acyltransferase, v. 29 | p. 455	
3.1.1.26	LAH, galactolipase, v. 9 | p. 222	
5.2.1.5	LAI, Linoleate isomerase, v. 1 | p. 210	
5.2.1.5	LA isomerase, Linoleate isomerase, v. 1 | p. 210	
2.3.2.13	Laki-Lorand factor, protein-glutamine γ-glutamyltransferase, v. 30 | p. 550	
6.3.2.28	LAL, L-amino-acid α-ligase, v. S7 | p. 609	
3.2.1.17	LAL, lysozyme, v. 12 | p. 228	
3.1.1.13	LAL, sterol esterase, v. 9 | p. 150	
4.2.3.20	LaLIMS, (R)-limonene synthase, v. S7 | p. 288	
4.1.2.5	LalloTA, Threonine aldolase, v. 3 | p. 425	
3.6.1.5	LALP1, apyrase, v. 15 | p. 269	
5.4.3.4	5,6-LAM, D-lysine 5,6-aminomutase, v. 1 | p. 562	
5.4.3.3	5,6-LAM, β-lysine 5,6-aminomutase, v. 1 | p. 558	
5.4.3.7	LAM, leucine 2,3-aminomutase, v. 1 | p. 571	
5.4.3.2	LAM, lysine 2,3-aminomutase, v. 1 | p. 553	
3.2.1.6	Lam16A, endo-1,3(4)-β-glucanase, v. 12 | p. 118	
3.2.1.58	Lam55A, glucan 1,3-β-glucosidase, v. 13 | p. 137	
3.2.1.24	Laman, α-mannosidase, v. 12 | p. 407	
3.6.1.3	lambda1 protein, adenosinetriphosphatase, v. 15 | p. 263	
3.1.11.3	lambda exonuclease, exodeoxyribonuclease (lambda-induced), v. 11 | p. 368	
3.1.3.16	LAMBDAPP, phosphoprotein phosphatase, v. 10 | p. 213	
3.2.1.6	laminaranase, endo-1,3(4)-β-glucanase, v. 12 | p. 118	
3.2.1.39	laminaranase, glucan endo-1,3-β-D-glucosidase, v. 12 | p. 567	
2.4.1.30	laminaridextrin phosphorylase, 1,3-β-oligoglucan phosphorylase, v. 31 | p. 302	
3.2.1.6	laminarinase, endo-1,3(4)-β-glucanase, v. 12 | p. 118	
3.2.1.39	laminarinase, glucan endo-1,3-β-D-glucosidase, v. 12 | p. 567	
3.2.1.73	laminarinase, licheninase, v. 13 | p. 223	
3.2.1.6	laminarinase II, endo-1,3(4)-β-glucanase, v. 12 | p. 118	
3.2.1.6	laminarinase Lam16A, endo-1,3(4)-β-glucanase, v. 12 | p. 118	
2.4.1.97	laminarin phosphorylase, 1,3-β-D-glucan phosphorylase, v. 32 | p. 52	
2.4.1.97	laminarin phosphoryltransferase, 1,3-β-D-glucan phosphorylase, v. 32 | p. 52	
1.3.1.70	lamin B receptor, Δ14-sterol reductase, v. 21 | p. 317	
4.2.1.11	Laminin binding protein, phosphopyruvate hydratase, v. 4 | p. 312	
3.2.2.22	lamjapin, rRNA N-glycosylase, v. 14 | p. 107	
3.2.1.6	LamR, endo-1,3(4)-β-glucanase, v. 12 | p. 118	
3.2.1.1	LAMY, α-amylase, v. 12 | p. 1	
1.14.13.70	lanosterol-14α-demethylase, sterol 14-demethylase, v. 26 | p. 547	
1.14.13.70	lanosterol 14 α-demethylase, sterol 14-demethylase, v. 26 | p. 547	
1.14.13.70	lanosterol 14-demethylase, sterol 14-demethylase, v. 26 | p. 547	
1.14.13.70	lanosterol 14α-demethylase, sterol 14-demethylase, v. 26 | p. 547	
1.14.13.70	lanosterol 14α-methylmethylase, sterol 14-demethylase, v. 26 | p. 547	

5.4.99.7	Lanosterol 2,3-oxidosqualene cyclase, Lanosterol synthase, v. 1	p. 624
1.3.1.72	lanosterol 24-reductase, Δ24-sterol reductase, v. 21	p. 328
1.3.1.72	lanosterol Δ24-reductase, Δ24-sterol reductase, v. 21	p. 328
1.14.13.70	lanosterol C-14 demethylase, sterol 14-demethylase, v. 26	p. 547
1.14.13.70	P-450 lanosterol demethylase, sterol 14-demethylase, v. 26	p. 547
1.14.13.70	lanosterol demethylase, sterol 14-demethylase, v. 26	p. 547
1.3.1.72	lanosterol reductase, Δ24-sterol reductase, v. 21	p. 328
5.4.99.7	lanosterol synthase, Lanosterol synthase, v. 1	p. 624
1.4.3.2	LAO, L-amino-acid oxidase, v. 22	p. 225
1.4.3.16	LAO, L-aspartate oxidase, v. 22	p. 354
1.4.3.2	M-LAO, L-amino-acid oxidase, v. 22	p. 225
3.4.11.1	A-LAP, leucyl aminopeptidase, v. 6	p. 40
3.1.3.2	LAP, acid phosphatase, v. 10	p. 31
3.4.11.22	LAP, aminopeptidase I, v. 6	p. 178
3.4.11.10	LAP, bacterial leucyl aminopeptidase, v. 6	p. 125
3.4.11.1	LAP, leucyl aminopeptidase, v. 6	p. 40
3.4.11.3	P-LAP, cystinyl aminopeptidase, v. 6	p. 66
3.4.11.7	LAP-A, glutamyl aminopeptidase, v. 6	p. 102
3.4.11.1	LAP-A, leucyl aminopeptidase, v. 6	p. 40
3.4.11.3	P-LAP/IRAP, cystinyl aminopeptidase, v. 6	p. 66
3.4.11.3	P-LAP/OTase, cystinyl aminopeptidase, v. 6	p. 66
3.4.11.6	LAPase, aminopeptidase B, v. 6	p. 92
3.4.11.22	LAPase, aminopeptidase I, v. 6	p. 178
3.4.11.15	LapB, aminopeptidase Y, v. 6	p. 147
3.4.11.1	LAPc, leucyl aminopeptidase, v. 6	p. 40
3.4.11.22	LAP II, aminopeptidase I, v. 6	p. 178
3.4.11.10	LAPII, bacterial leucyl aminopeptidase, v. 6	p. 125
3.4.11.22	LAP IV, aminopeptidase I, v. 6	p. 178
3.4.11.22	LAPIV, aminopeptidase I, v. 6	p. 178
3.4.11.1	LAP yspII, leucyl aminopeptidase, v. 6	p. 40
5.1.2.1	LAR, Lactate racemase, v. 1	p. 68
1.17.1.3	LAR, leucoanthocyanidin reductase, v. 27	p. 486
3.1.3.48	LAR, protein-tyrosine-phosphatase, v. 10	p. 407
3.4.25.1	large multicatalytic protease, proteasome endopeptidase complex, v. 8	p. 587
1.6.3.1	large NOX, NAD(P)H oxidase, v. 24	p. 92
2.7.7.48	large structural protein, RNA-directed RNA polymerase, v. 38	p. 468
3.2.1.76	laronidase, L-iduronidase, v. 13	p. 255
6.1.1.4	LARS1, Leucine-tRNA ligase, v. 2	p. 23
1.2.1.12	Larval antigen OVB95, glyceraldehyde-3-phosphate dehydrogenase (phosphorylating), v. 20	p. 135
5.4.99.7	LAS, Lanosterol synthase, v. 1	p. 624
5.4.99.7	LAS1, Lanosterol synthase, v. 1	p. 624
3.4.24.26	LasB, pseudolysin, v. 8	p. 363
2.3.1.184	LasI, acyl-homoserine-lactone synthase, v. S2	p. 140
1.4.3.16	LASPO, L-aspartate oxidase, v. 22	p. 354
2.3.1.184	LasR, acyl-homoserine-lactone synthase, v. S2	p. 140
2.3.1.24	Lass, sphingosine N-acyltransferase, v. 29	p. 455
2.3.1.24	LASS1, sphingosine N-acyltransferase, v. 29	p. 455
2.3.1.24	Lass2, sphingosine N-acyltransferase, v. 29	p. 455
2.3.1.24	LASS3, sphingosine N-acyltransferase, v. 29	p. 455
2.3.1.24	Lass4, sphingosine N-acyltransferase, v. 29	p. 455
2.3.1.24	LASS5, sphingosine N-acyltransferase, v. 29	p. 455
2.3.1.24	Lass6, sphingosine N-acyltransferase, v. 29	p. 455
6.3.2.19	Lasu1, Ubiquitin-protein ligase, v. 2	p. 506
2.6.1.36	LAT, L-lysine 6-transaminase, v. 34	p. 467

2.3.1.43	LAT, phosphatidylcholine-sterol O-acyltransferase, v. 29 | p. 608	
2.3.1.12	Lat1, dihydrolipoyllysine-residue acetyltransferase, v. 29 | p. 323	
3.4.22.39	Late L3 23 kDa protein, adenain, v. 7 | p. 720	
4.1.3.12	Late nodulin 56, 2-isopropylmalate synthase, v. 4 | p. 86	
3.2.1.17	Late protein gp15, lysozyme, v. 12 | p. 228	
3.1.3.48	Late protein H1, protein-tyrosine-phosphatase, v. 10 | p. 407	
5.99.1.2	Late protein H6, DNA topoisomerase, v. 1 | p. 721	
1.14.21.6	Lathosterol 5-desaturase, lathosterol oxidase, v. S1 | p. 662	
1.14.21.6	lathosterol oxidase, lathosterol oxidase, v. S1 | p. 662	
1.14.99.21	Latia luciferase, Latia-luciferin monooxygenase (demethylating), v. 27 | p. 347	
1.14.99.21	Latia luciferin monooxygenase (demethylating), Latia-luciferin monooxygenase (demethylating), v. 27 | p. 347	
1.14.14.1	Laurate ω-1 hydroxylase, unspecific monooxygenase, v. 26 | p. 584	
1.14.14.1	Lauric acid ω-6-hydroxylase, unspecific monooxygenase, v. 26 | p. 584	
1.14.15.3	Lauric acid ω-hydroxylase, alkane 1-monooxygenase, v. 27 | p. 16	
3.1.2.21	Lauroyl-acyl carrier protein thioesterase, dodecanoyl-[acyl-carrier-protein] hydrolase, v. 9 | p. 546	
3.1.2.21	Lauryl-acyl-carrier-protein hydrolase, dodecanoyl-[acyl-carrier-protein] hydrolase, v. 9 | p. 546	
3.1.3.4	Laza, phosphatidate phosphatase, v. 10 | p. 82	
3.1.3.4	Lazaro phosphatidic acid phosphatase, phosphatidate phosphatase, v. 10 | p. 82	
1.1.1.2	LB-RADH, alcohol dehydrogenase (NADP+), v. 16 | p. 45	
1.1.1.2	LBADH, alcohol dehydrogenase (NADP+), v. 16 | p. 45	
3.4.21.1	LBCP, chymotrypsin, v. 7 | p. 1	
3.2.1.26	lbβfruct2, β-fructofuranosidase, v. 12 | p. 451	
3.2.1.26	lbβfruct3, β-fructofuranosidase, v. 12 | p. 451	
3.4.22.46	Lbpro, L-peptidase, v. 7 | p. 751	
3.4.22.46	Lb proC, L-peptidase, v. 7 | p. 751	
1.3.1.70	LBR, Δ14-sterol reductase, v. 21 | p. 317	
6.2.1.3	LC-FACS, Long-chain-fatty-acid-CoA ligase, v. 2 | p. 206	
3.1.2.14	LC-FAT, oleoyl-[acyl-carrier-protein] hydrolase, v. 9 | p. 516	
2.4.1.206	Lc2Cer-Glc-NAc-Tr, lactosylceramide 1,3-N-acetyl-β-D-glucosaminyltransferase, v. 32 | p. 518	
2.4.1.206	Lc3 synthase, lactosylceramide 1,3-N-acetyl-β-D-glucosaminyltransferase, v. 32 | p. 518	
2.4.1.206	Lc3 synthase/bGn-T5, lactosylceramide 1,3-N-acetyl-β-D-glucosaminyltransferase, v. 32 | p. 518	
3.1.3.48	LCA, protein-tyrosine-phosphatase, v. 10 | p. 407	
3.1.3.48	LCA-related phosphatase, protein-tyrosine-phosphatase, v. 10 | p. 407	
1.3.99.3	LCAD, acyl-CoA dehydrogenase, v. 21 | p. 488	
1.3.99.13	LCAD, long-chain-acyl-CoA dehydrogenase, v. 21 | p. 561	
1.4.3.22	LCAO, diamine oxidase	
1.1.3.20	LCAO, long-chain-alcohol oxidase, v. 19 | p. 169	
2.3.1.43	LCAT, phosphatidylcholine-sterol O-acyltransferase, v. 29 | p. 608	
3.1.1.5	LCAT-like lysophospholipase, lysophospholipase, v. 9 | p. 82	
2.3.1.50	LCB1, serine C-palmitoyltransferase, v. 29 | p. 661	
1.2.1.8	LcBADH, βine-aldehyde dehydrogenase, v. 20 | p. 94	
1.10.3.2	lccδ, laccase, v. 25 | p. 115	
1.10.3.2	lccγ, laccase, v. 25 | p. 115	
1.10.3.2	lcc1, laccase, v. 25 | p. 115	
1.10.3.2	Lcc2, laccase, v. 25 | p. 115	
2.4.1.16	LcCHS-1, chitin synthase, v. 31 | p. 147	
4.4.1.1	LCD, cystathionine γ-lyase, v. 5 | p. 297	
3.4.24.66	LCE, choriolysin L, v. 8 | p. 541	
3.4.24.12	LCE, envelysin, v. 8 | p. 248	
4.2.1.74	LCEH, long-chain-enoyl-CoA hydratase, v. 4 | p. 592	

6.2.1.3	LCFACoAS,	Long-chain-fatty-acid-CoA ligase, v. 2 | p. 206
6.2.1.3	LCFA synthetase,	Long-chain-fatty-acid-CoA ligase, v. 2 | p. 206
1.1.1.211	LCHAD,	long-chain-3-hydroxyacyl-CoA dehydrogenase, v. 18 | p. 280
1.1.3.15	LCHAO,	(S)-2-hydroxy-acid oxidase, v. 19 | p. 129
2.7.10.2	Lck,	non-specific protein-tyrosine kinase, v. S2 | p. 441
2.7.10.2	Lck Tyrosine kinase,	non-specific protein-tyrosine kinase, v. S2 | p. 441
2.4.1.86	LcOseCer:GT,	glucosaminylgalactosylglucosylceramide β-galactosyltransferase, v. 31 | p. 608
1.1.2.4	D-LCR,	D-lactate dehydrogenase (cytochrome), v. 19 | p. 15
1.1.2.3	L-LCR,	L-lactate dehydrogenase (cytochrome), v. 19 | p. 5
1.1.1.184	LCR,	carbonyl reductase (NADPH), v. 18 | p. 105
2.4.1.182	lcsC,	lipid-A-disaccharide synthase, v. 32 | p. 433
2.4.1.182	lcsC/lpxB1,	lipid-A-disaccharide synthase, v. 32 | p. 433
3.7.1.4	LCT,	phloretin hydrolase, v. 15 | p. 842
1.13.12.4	LctO,	lactate 2-monooxygenase, v. 25 | p. 692
3.4.17.13	LD-Carboxypeptidase,	Muramoyltetrapeptide carboxypeptidase, v. 6 | p. 471
3.1.3.6	Ld3'NT/NU,	3'-nucleotidase, v. 10 | p. 118
2.7.1.20	LdAdK,	adenosine kinase, v. 35 | p. 252
4.1.1.18	LDC,	Lysine decarboxylase, v. 3 | p. 98
3.4.17.13	LdcA,	Muramoyltetrapeptide carboxypeptidase, v. 6 | p. 471
4.1.1.18	LdcI,	Lysine decarboxylase, v. 3 | p. 98
3.4.15.5	LdDCP,	Peptidyl-dipeptidase Dcp, v. 6 | p. 365
3.2.1.64	LDE,	2,6-β-fructan 6-levanbiohydrolase, v. 13 | p. 184
1.1.99.6	D-LDH,	D-2-hydroxy-acid dehydrogenase, v. 19 | p. 297
1.1.1.28	D-LDH,	D-lactate dehydrogenase, v. 16 | p. 274
1.1.99.6	L-LDH,	D-2-hydroxy-acid dehydrogenase, v. 19 | p. 297
1.1.1.27	L-LDH,	L-lactate dehydrogenase, v. 16 | p. 253
1.1.1.28	LDH,	D-lactate dehydrogenase, v. 16 | p. 274
1.1.1.27	LDH,	L-lactate dehydrogenase, v. 16 | p. 253
1.8.1.4	LDH,	dihydrolipoyl dehydrogenase, v. 24 | p. 463
1.1.2.3	L-LDH (FMN-dependent),	L-lactate dehydrogenase (cytochrome), v. 19 | p. 5
1.1.1.27	LDH-A,	L-lactate dehydrogenase, v. 16 | p. 253
1.1.1.27	LDH-A4,	L-lactate dehydrogenase, v. 16 | p. 253
1.1.1.27	LDH-m4,	L-lactate dehydrogenase, v. 16 | p. 253
1.1.1.27	LDH1,	L-lactate dehydrogenase, v. 16 | p. 253
3.6.3.6	LDH1A protein,	H+-exporting ATPase, v. 15 | p. 554
3.6.3.6	LDH1B protein,	H+-exporting ATPase, v. 15 | p. 554
1.1.1.27	LdhA,	L-lactate dehydrogenase, v. 16 | p. 253
1.1.1.27	LDHB,	L-lactate dehydrogenase, v. 16 | p. 253
3.1.1.47	LDL-associated phospholipase A2,	1-alkyl-2-acetylglycerophosphocholine esterase, v. 9 | p. 320
3.1.1.47	LDL-PLA(2),	1-alkyl-2-acetylglycerophosphocholine esterase, v. 9 | p. 320
3.1.1.36	LDLH,	limonin-D-ring-lactonase, v. 9 | p. 279
2.7.11.29	LDL receptor kinase,	low-density-lipoprotein receptor kinase, v. S4 | p. 337
1.14.13.70	LDM,	sterol 14-demethylase, v. 26 | p. 547
6.5.1.1	LdMNPV DNA ligase,	DNA ligase (ATP), v. 2 | p. 755
3.6.3.1	LdMT,	phospholipid-translocating ATPase, v. 15 | p. 532
3.4.13.19	LDP,	membrane dipeptidase, v. 6 | p. 239
1.8.1.4	LDP-Glc,	dihydrolipoyl dehydrogenase, v. 24 | p. 463
1.8.1.4	LDP-Val,	dihydrolipoyl dehydrogenase, v. 24 | p. 463
3.1.1.36	LDRLase,	limonin-D-ring-lactonase, v. 9 | p. 279
3.6.3.1	LdRos3,	phospholipid-translocating ATPase, v. 15 | p. 532
2.4.1.191	LDT,	luteolin-7-O-diglucuronide 4'-O-glucuronosyltransferase, v. 32 | p. 465
2.3.2.12	LdtBS,	peptidyltransferase, v. 30 | p. 542
2.3.2.12	Ldtfm,	peptidyltransferase, v. 30 | p. 542

2.3.2.12	Ldtfm217, peptidyltransferase, v. 30	p. 542
2.3.2.12	Ldtfs, peptidyltransferase, v. 30	p. 542
5.99.1.2	LdTop1, DNA topoisomerase, v. 1	p. 721
5.99.1.2	LdTOP1L, DNA topoisomerase, v. 1	p. 721
5.99.1.2	LdTOP1LS, DNA topoisomerase, v. 1	p. 721
5.99.1.2	LdTOP1S, DNA topoisomerase, v. 1	p. 721
4.4.1.14	LE-ACS1A, 1-aminocyclopropane-1-carboxylate synthase, v. 5	p. 377
4.4.1.14	LE-ACS2, 1-aminocyclopropane-1-carboxylate synthase, v. 5	p. 377
4.4.1.14	LE-ACS3, 1-aminocyclopropane-1-carboxylate synthase, v. 5	p. 377
4.4.1.14	LE-ACS4, 1-aminocyclopropane-1-carboxylate synthase, v. 5	p. 377
4.4.1.14	LE-ACS6, 1-aminocyclopropane-1-carboxylate synthase, v. 5	p. 377
1.14.19.6	Le-FAD2, Δ12-fatty-acid desaturase
3.2.1.65	LeA, levanase, v. 13	p. 186
2.4.1.65	(Lea)-dependent α-3/4-fucosyltransferase, 3-galactosyl-N-acetylglucosaminide 4-α-L-fucosyltransferase, v. 31	p. 487
2.5.1.71	leachianone G 2-dimethylallyltransferase, leachianone-G 2-dimethylallyltransferase, v. S2	p. 232
4.4.1.14	LeACS2, 1-aminocyclopropane-1-carboxylate synthase, v. 5	p. 377
3.4.22.46	Leader peptidase, L-peptidase, v. 7	p. 751
3.4.21.89	Leader peptidase, Signal peptidase I, v. 7	p. 431
3.4.21.89	Leader peptidase I, Signal peptidase I, v. 7	p. 431
3.4.23.36	Leader peptidase II, Signal peptidase II, v. 8	p. 170
3.4.22.46	Leader peptide hydrolase, L-peptidase, v. 7	p. 751
3.4.21.89	Leader peptide hydrolase, Signal peptidase I, v. 7	p. 431
3.4.22.46	leader protease, L-peptidase, v. 7	p. 751
3.4.22.46	Leader proteinase, L-peptidase, v. 7	p. 751
3.4.21.89	Leader proteinase, Signal peptidase I, v. 7	p. 431
2.5.1.29	leaf-specific geranylgeranyl pyrophosphate synthase, farnesyltranstransferase, v. 33	p. 604
1.13.11.12	leaf 13-lipoxygenase, lipoxygenase, v. 25	p. 473
3.4.11.9	LeAPP1, Xaa-Pro aminopeptidase, v. 6	p. 111
3.4.11.9	LeAPP2, Xaa-Pro aminopeptidase, v. 6	p. 111
3.1.4.17	Learning/ memory process protein, 3′,5′-cyclic-nucleotide phosphodiesterase, v. 11	p. 116
3.1.1.40	lecanorate hydrolase, orsellinate-depside hydrolase, v. 9	p. 288
2.4.1.16	LeChs1, chitin synthase, v. 31	p. 147
2.3.1.43	lecithin-cholesterol acyltransferase, phosphatidylcholine-sterol O-acyltransferase, v. 29	p. 608
2.3.1.135	lecithin-retinol acyltransferase, phosphatidylcholine-retinol O-acyltransferase, v. 30	p. 339
2.3.1.136	lecithin-retinol acyltransferase, polysialic-acid O-acetyltransferase, v. 30	p. 348
2.3.1.43	lecithin/cholesterol acyltransferase, phosphatidylcholine-sterol O-acyltransferase, v. 29	p. 608
2.3.1.43	lecithin: cholesterol acyltransferase, phosphatidylcholine-sterol O-acyltransferase, v. 29	p. 608
2.3.1.43	lecithin:cholesterol acyltransferase, phosphatidylcholine-sterol O-acyltransferase, v. 29	p. 608
2.3.1.135	lecithin: retinol acyltransferase, phosphatidylcholine-retinol O-acyltransferase, v. 30	p. 339
2.3.1.135	lecithin:retinol acyl transferase, phosphatidylcholine-retinol O-acyltransferase, v. 30	p. 339
2.3.1.136	lecithin:retinol acyl transferase, polysialic-acid O-acetyltransferase, v. 30	p. 348
2.3.1.135	lecithin:retinol acyltransferase, phosphatidylcholine-retinol O-acyltransferase, v. 30	p. 339
2.3.1.136	lecithin:retinol acyltransferase, polysialic-acid O-acetyltransferase, v. 30	p. 348
3.1.4.3	Lecithinase, phospholipase C, v. 11	p. 32
3.1.1.4	lecithinase A, phospholipase A2, v. 9	p. 52
3.1.1.5	lecithinase B, lysophospholipase, v. 9	p. 82
3.1.4.3	lecithinase C, phospholipase C, v. 11	p. 32
3.1.4.4	lecithinase D, phospholipase D, v. 11	p. 47
2.3.1.135	lecithin retinol acyl transferase, phosphatidylcholine-retinol O-acyltransferase, v. 30	p. 339

2.3.1.136	lecithin retinol acyl transferase, polysialic-acid O-acetyltransferase, v. 30	p. 348
2.3.1.135	lecithin retinol acyltransferase, phosphatidylcholine-retinol O-acyltransferase, v. 30	p. 339
2.3.1.136	lecithin retinol acyltransferase, polysialic-acid O-acetyltransferase, v. 30	p. 348
3.1.1.5	lecitholipase, lysophospholipase, v. 9	p. 82
1.3.1.30	LeDET2, progesterone 5α-reductase, v. 21	p. 176
2.7.13.3	LeETR1, histidine kinase, v. S4	p. 420
1.4.1.3	Legdh1, glutamate dehydrogenase [NAD(P)+], v. 22	p. 43
3.4.19.9	LeGGH1, γ-glutamyl hydrolase, v. 6	p. 560
3.4.19.9	LeGGH2, γ-glutamyl hydrolase, v. 6	p. 560
3.4.19.9	LeGGH3, γ-glutamyl hydrolase, v. 6	p. 560
1.13.11.27	Legiolysin, 4-hydroxyphenylpyruvate dioxygenase, v. 25	p. 546
2.4.1.182	Legionella cytotoxic suppressor C, lipid-A-disaccharide synthase, v. 32	p. 433
6.3.2.19	LegionellaU-box protein, Ubiquitin-protein ligase, v. 2	p. 506
2.3.1.15	LeGPAT, glycerol-3-phosphate O-acyltransferase, v. 29	p. 347
6.3.2.19	LegU2, Ubiquitin-protein ligase, v. 2	p. 506
3.1.22.1	LEI, deoxyribonuclease II, v. 11	p. 474
3.6.3.30	LeIRT1, Fe3+-transporting ATPase, v. 15	p. 656
4.1.2.13	Leishmania aldolase, Fructose-bisphosphate aldolase, v. 3	p. 455
3.4.24.36	Leishmania metalloproteinase, leishmanolysin, v. 8	p. 408
3.4.24.36	Leishmania surface metalloprotease, leishmanolysin, v. 8	p. 408
3.2.1.78	LeMAN4, mannan endo-1,4-β-mannosidase, v. 13	p. 264
3.2.1.78	LeMAN4a, mannan endo-1,4-β-mannosidase, v. 13	p. 264
4.2.3.26	LeMTS1, R-linalool synthase, v. S7	p. 317
1.13.11.51	LeNCED1, 9-cis-epoxycarotenoid dioxygenase, v. S1	p. 436
1.4.3.21	lentil seedling amine oxidase, primary-amine oxidase
3.4.21.89	LEP, Signal peptidase I, v. 7	p. 431
3.4.21.50	LEP, lysyl endopeptidase, v. 7	p. 231
3.1.4.4	LePLDα1, phospholipase D, v. 11	p. 47
3.1.4.4	LePLDβ1, phospholipase D, v. 11	p. 47
3.1.3.16	LePP5, phosphoprotein phosphatase, v. 10	p. 213
2.7.10.1	leptin receptor, receptor protein-tyrosine kinase, v. S2	p. 341
1.1.1.14	LeSDH, L-iditol 2-dehydrogenase, v. 16	p. 158
2.7.7.7	lesion-bypass DNA polymerase, DNA-directed DNA polymerase, v. 38	p. 118
4.1.1.39	LESS17, Ribulose-bisphosphate carboxylase, v. 3	p. 244
2.7.10.1	Let-23 receptor protein-tyrosine kinase, receptor protein-tyrosine kinase, v. S2	p. 341
3.4.24.83	lethal factor, anthrax lethal factor endopeptidase, v. S6	p. 332
3.4.24.83	lethal factor of anthrax toxin, anthrax lethal factor endopeptidase, v. S6	p. 332
1.14.12.20	lethal leaf-spot 1 homolog, pheophorbide a oxygenase, v. S1	p. 532
1.14.12.20	lethal leaf spot protein LLS1, pheophorbide a oxygenase, v. S1	p. 532
3.4.24.83	lethal toxin, anthrax lethal factor endopeptidase, v. S6	p. 332
3.4.24.83	LeTx, anthrax lethal factor endopeptidase, v. S6	p. 332
3.4.21.57	Leu-proteinase, Leucyl endopeptidase, v. 7	p. 261
3.4.11.22	Leu.AP, aminopeptidase I, v. 6	p. 178
4.2.1.33	LEU1S, 3-isopropylmalate dehydratase, v. 4	p. 451
3.4.11.1	LeuAP, leucyl aminopeptidase, v. 6	p. 40
3.4.11.2	LeuAP M, membrane alanyl aminopeptidase, v. 6	p. 53
3.4.11.1	leucinamide aminopeptidase, leucyl aminopeptidase, v. 6	p. 40
3.4.11.1	leucinaminopeptidase, leucyl aminopeptidase, v. 6	p. 40
3.4.11.22	Leucin aminopeptidase V, aminopeptidase I, v. 6	p. 178
2.6.1.42	L-leucine-α-ketoglutarate transaminase, branched-chain-amino-acid transaminase, v. 34	p. 499
2.6.1.6	leucine-α-ketoglutarate transaminase, leucine transaminase, v. 34	p. 312
6.1.1.4	Leucine–tRNA ligase, Leucine-tRNA ligase, v. 2	p. 23
2.6.1.12	leucine-alanine transaminase, alanine-oxo-acid transaminase, v. 34	p. 347
3.4.21.57	Leucine-specific serine proteinase, Leucyl endopeptidase, v. 7	p. 261

leucyl aminopeptidase (plant)

2.7.11.25	Leucine-zipper protein kinase, mitogen-activated protein kinase kinase kinase, v. S4 | p. 278
2.6.1.6	leucine 2-oxoglutarate transaminase, leucine transaminase, v. 34 | p. 312
1.4.1.9	L-leucine:NAD+ oxidoreductase, deaminating, leucine dehydrogenase, v. 22 | p. 110
2.3.1.66	leucine acyltransferase, leucine N-acetyltransferase, v. 30 | p. 34
3.4.11.1	leucine aminopeptdase, leucyl aminopeptidase, v. 6 | p. 40
3.4.11.1	L-leucine aminopeptidase, leucyl aminopeptidase, v. 6 | p. 40
3.4.11.1	leucine amino peptidase, leucyl aminopeptidase, v. 6 | p. 40
3.4.11.22	leucine aminopeptidase, aminopeptidase I, v. 6 | p. 178
3.4.11.24	leucine aminopeptidase, aminopeptidase S
3.4.11.10	leucine aminopeptidase, bacterial leucyl aminopeptidase, v. 6 | p. 125
3.4.11.1	leucine aminopeptidase, leucyl aminopeptidase, v. 6 | p. 40
3.4.11.3	leucine aminopeptidase/oxytocinase, cystinyl aminopeptidase, v. 6 | p. 66
3.4.11.7	leucine aminopeptidase A, glutamyl aminopeptidase, v. 6 | p. 102
3.4.11.22	Leucineaminopeptidase I, aminopeptidase I, v. 6 | p. 178
3.4.11.22	leucine aminopeptidase II, aminopeptidase I, v. 6 | p. 178
3.4.11.10	leucine aminopeptidase II, bacterial leucyl aminopeptidase, v. 6 | p. 125
3.4.11.22	Leucine aminopeptidase IV, aminopeptidase I, v. 6 | p. 178
3.4.11.1	leucine aminopeptidase N, leucyl aminopeptidase, v. 6 | p. 40
2.6.1.42	leucine aminotranferase, branched-chain-amino-acid transaminase, v. 34 | p. 499
2.6.1.6	L-leucine aminotransferase, leucine transaminase, v. 34 | p. 312
2.6.1.6	leucine aminotransferase, leucine transaminase, v. 34 | p. 312
3.4.11.10	leucine APN, bacterial leucyl aminopeptidase, v. 6 | p. 125
4.1.1.14	Leucine decarboxylase, valine decarboxylase, v. 3 | p. 70
1.4.1.9	L-leucine dehydrogenase, leucine dehydrogenase, v. 22 | p. 110
3.4.21.57	Leucine endopeptidase, Leucyl endopeptidase, v. 7 | p. 261
2.6.1.67	leucine L-norleucine:2-oxoglutarate aminotransferase, 2-aminohexanoate transaminase, v. 35 | p. 36
2.6.1.42	leucine transaminase, branched-chain-amino-acid transaminase, v. 34 | p. 499
6.1.1.4	Leucine translase, Leucine-tRNA ligase, v. 2 | p. 23
1.17.1.3	leucoanthocyanidin 4-reductase, leucoanthocyanidin reductase, v. 27 | p. 486
1.14.11.19	leucocyanidin dioxygenase, leucocyanidin oxygenase, v. 26 | p. 115
1.17.1.3	leucocyanidin reductase, leucoanthocyanidin reductase, v. 27 | p. 486
3.4.24.6	Leucostoma neutral proteinase, leucolysin, v. 8 | p. 215
3.4.24.6	Leucostoma peptidase A, leucolysin, v. 8 | p. 215
6.1.1.4	leucyl—tRNA synthetase, Leucine-tRNA ligase, v. 2 | p. 23
2.3.2.6	leucyl, phenylalanine-tRNA-protein transferase, leucyltransferase, v. 30 | p. 516
2.3.2.6	leucyl, phenylalanyl transfer ribonucleic acid-protein transferase, leucyltransferase, v. 30 | p. 516
2.3.2.6	leucyl-phenylalanine-transfer ribonucleate-protein aminoacyltransferase, leucyltransferase, v. 30 | p. 516
2.3.2.6	leucyl-phenylalanine-transfer ribonucleate-protein transferase, leucyltransferase, v. 30 | p. 516
6.1.1.4	Leucyl-transfer ribonucleate synthetase, Leucine-tRNA ligase, v. 2 | p. 23
6.1.1.4	Leucyl-transfer ribonucleic acid synthetase, Leucine-tRNA ligase, v. 2 | p. 23
6.1.1.4	Leucyl-transfer RNA synthetase, Leucine-tRNA ligase, v. 2 | p. 23
6.1.1.4	leucyl-tRNA ligase, Leucine-tRNA ligase, v. 2 | p. 23
6.1.1.4	Leucyl-tRNA synthetase, Leucine-tRNA ligase, v. 2 | p. 23
6.1.1.4	leucyl-tRNA synthetase 1, Leucine-tRNA ligase, v. 2 | p. 23
2.3.2.6	leucyl/phenylalanyl-tRNA-protein transferase, leucyltransferase, v. 30 | p. 516
2.3.2.6	leucyl/phenylalanyl-tRNA protein transferase, leucyltransferase, v. 30 | p. 516
3.4.11.22	Leucyl aminopeptidase, aminopeptidase I, v. 6 | p. 178
3.4.11.10	Leucyl aminopeptidase, bacterial leucyl aminopeptidase, v. 6 | p. 125
3.4.11.1	Leucyl aminopeptidase, leucyl aminopeptidase, v. 6 | p. 40
3.4.11.1	leucyl aminopeptidase (animal), leucyl aminopeptidase, v. 6 | p. 40
3.4.11.1	leucyl aminopeptidase (plant), leucyl aminopeptidase, v. 6 | p. 40

3.4.11.1	leucyl aminopeptidase yspII, leucyl aminopeptidase, v. 6 | p. 40
3.4.11.1	leucyl peptidase, leucyl aminopeptidase, v. 6 | p. 40
3.4.11.1	leucylpeptidase, leucyl aminopeptidase, v. 6 | p. 40
1.4.1.9	LeuDH, leucine dehydrogenase, v. 22 | p. 110
3.4.11.2	Leukemia antigen CD13, membrane alanyl aminopeptidase, v. 6 | p. 53
3.4.11.6	leukocyte-derived arginine aminopeptidase, aminopeptidase B, v. 6 | p. 92
1.13.11.31	leukocyte-type 12-lipoxygenase, arachidonate 12-lipoxygenase, v. 25 | p. 568
1.13.11.31	leukocyte-type 12-LOX, arachidonate 12-lipoxygenase, v. 25 | p. 568
1.13.11.31	leukocyte-type lipoxygenase, arachidonate 12-lipoxygenase, v. 25 | p. 568
3.4.14.5	leukocyte antigen CD26, dipeptidyl-peptidase IV, v. 6 | p. 286
3.1.3.48	Leukocyte antigen related, protein-tyrosine-phosphatase, v. 10 | p. 407
3.1.3.48	leukocyte common antigen-related, protein-tyrosine-phosphatase, v. 10 | p. 407
3.4.21.37	leukocyte elastase, leukocyte elastase, v. 7 | p. 164
2.7.10.2	Leukocyte janus kinase, non-specific protein-tyrosine kinase, v. S2 | p. 441
3.4.21.76	Leukocyte proteinase 3, Myeloblastin, v. 7 | p. 380
3.4.21.76	Leukocyte proteinase 4, Myeloblastin, v. 7 | p. 380
2.7.10.1	leukocyte tyrosine kinase receptor, receptor protein-tyrosine kinase, v. S2 | p. 341
3.1.27.1	leukocytic-type acid RNase, ribonuclease T2, v. 11 | p. 557
3.3.2.6	leukotriene-A4 hydrolase, leukotriene-A4 hydrolase, v. 14 | p. 178
1.13.11.34	leukotriene-A4 synthase, arachidonate 5-lipoxygenase, v. 25 | p. 591
1.14.13.30	leukotriene-B4 ω-hydroxylase, leukotriene-B4 20-monooxygenase, v. 26 | p. 390
1.14.13.30	Leukotriene-B4 20-monooxygenase, leukotriene-B4 20-monooxygenase, v. 26 | p. 390
1.14.13.34	leukotriene-E4 ω-hydroxylase, leukotriene-E4 20-monooxygenase, v. 26 | p. 406
3.3.2.6	leukotriene A(4) hydrolase, leukotriene-A4 hydrolase, v. 14 | p. 178
4.4.1.20	leukotriene A4:glutathione S-leukotrienyltransferase, leukotriene-C4 synthase, v. S7 | p. 388
3.3.2.6	leukotriene A4 hydrolase, leukotriene-A4 hydrolase, v. 14 | p. 178
3.3.2.6	leukotriene A4 hydrolase/aminopeptidase, leukotriene-A4 hydrolase, v. 14 | p. 178
1.13.11.34	leukotriene A4 synthase, arachidonate 5-lipoxygenase, v. 25 | p. 591
1.13.11.31	leukotriene A4 synthase M, arachidonate 12-lipoxygenase, v. 25 | p. 568
1.14.13.30	leukotriene B4 ω-1/ω-2 hydroxylase, leukotriene-B4 20-monooxygenase, v. 26 | p. 390
1.14.13.30	leukotriene B4 ω-hydroxylase, leukotriene-B4 20-monooxygenase, v. 26 | p. 390
1.3.1.74	leukotriene B4 12-dehydrogenase, 2-alkenal reductase, v. 21 | p. 336
1.3.1.74	leukotriene B4 12-hydroxydehydrogenase, 2-alkenal reductase, v. 21 | p. 336
1.3.1.48	leukotriene B4 12-hydroxydehydrogenase/15-ketoprostaglandin 13-reductase, 15-oxo-prostaglandin 13-oxidase, v. 21 | p. 263
1.14.13.30	leukotriene B4 20-hydroxylase, leukotriene-B4 20-monooxygenase, v. 26 | p. 390
4.4.1.20	leukotriene C4 synthase, leukotriene-C4 synthase, v. S7 | p. 388
4.4.1.20	leukotriene C4 synthetase, leukotriene-C4 synthase, v. S7 | p. 388
3.5.1.1	leunase, asparaginase, v. 14 | p. 190
6.1.1.4	LeuRS, Leucine-tRNA ligase, v. 2 | p. 23
6.1.1.4	αβ-LeuRS, Leucine-tRNA ligase, v. 2 | p. 23
6.1.1.4	LeuRSTT, Leucine-tRNA ligase, v. 2 | p. 23
2.4.1.10	Lev, levansucrase, v. 31 | p. 76
3.2.1.154	levanase, fructan β-(2,6)-fructosidase, v. S5 | p. 150
3.2.1.80	levanase, fructan β-fructosidase, v. 13 | p. 275
3.2.1.65	levanase, levanase, v. 13 | p. 186
2.4.1.10	levanase-sucrase, levansucrase, v. 31 | p. 76
3.2.1.64	levanbiohydrolase, 2,6-β-fructan 6-, 2,6-β-fructan 6-levanbiohydrolase, v. 13 | p. 184
4.2.2.16	levan fructotransferase, levan fructotransferase (DFA-IV-forming), v. S7 | p. 134
3.2.1.65	levan hydrolase, levanase, v. 13 | p. 186
2.4.1.10	levansucrase, levansucrase, v. 31 | p. 76
2.4.1.10	LevJ, levansucrase, v. 31 | p. 76
3.1.1.25	levo-lactonase, 1,4-lactonase, v. 9 | p. 219
4.2.1.24	5-levulinic acid dehydratase, porphobilinogen synthase, v. 4 | p. 399

2.4.1.65	Lewis(Le) blood group gene-dependent α-3/4-L-fucosyltransferase, 3-galactosyl-N-acetylglucosaminide 4-α-L-fucosyltransferase, v. 31	p. 487
2.4.1.65	Lewis α-3-fucosyltransferase, 3-galactosyl-N-acetylglucosaminide 4-α-L-fucosyltransferase, v. 31	p. 487
2.4.1.65	Lewis α-3/4-fucosyltransferase, 3-galactosyl-N-acetylglucosaminide 4-α-L-fucosyltransferase, v. 31	p. 487
2.4.1.152	lewis-negative α-3-fucosyltransferase, 4-galactosyl-N acetylglucosaminide 3-α-L-fucosyltransferase, v. 32	p. 318
2.4.1.152	LEwis-type α1,3-fucosyltransferase, 4-galactosyl-N-acetylglucosaminide 3-α-L-fucosyltransferase, v. 32	p. 318
2.4.1.65	Lewis α1-3/4 fucosyltransferase, 3-galactosyl-N-acetylglucosaminide 4-α-L-fucosyltransferase, v. 31	p. 487
2.4.1.65	Lewis blood group α1-3/4 fucosyltransferase, 3-galactosyl-N-acetylglucosaminide 4-α-L-fucosyltransferase, v. 31	p. 487
2.4.1.152	Lewis type α1,3-FucT, 4-galactosyl-N-acetylglucosaminide 3-α-L-fucosyltransferase, v. 32	p. 318
3.4.21.88	LexA, Repressor LexA, v. 7	p. 428
3.4.21.88	LexA protein, Repressor LexA, v. 7	p. 428
3.4.21.88	LexA repressor, Repressor LexA, v. 7	p. 428
3.2.1.151	LeXTH1, xyloglucan-specific endo-β-1,4-glucanase, v. S5	p. 132
3.4.24.83	LF, anthrax lethal factor endopeptidase, v. S6	p. 332
2.3.2.6	LF-transferase, leucyltransferase, v. 30	p. 516
1.14.13.26	LFAH12, phosphatidylcholine 12-monooxygenase, v. 26	p. 375
2.4.1.222	LFNG, O-fucosylpeptide 3-β-N-acetylglucosaminyltransferase, v. 32	p. 599
1.18.1.2	LFNR1, ferredoxin-NADP+ reductase, v. 27	p. 543
1.18.1.2	LFNR2, ferredoxin-NADP+ reductase, v. 27	p. 543
4.2.2.16	LFTase, levan fructotransferase (DFA-IV-forming), v. S7	p. 134
4.2.2.16	LftM, levan fructotransferase (DFA-IV-forming), v. S7	p. 134
2.3.1.84	Lg-ATF1, alcohol O-acetyltransferase, v. 30	p. 125
2.5.1.71	LG 2-dimethylallyltransferase, leachianone-G 2-dimethylallyltransferase, v. S2	p. 232
3.5.1.2	LGA, glutaminase, v. 14	p. 205
2.5.1.71	LGDT, leachianone-G 2-dimethylallyltransferase, v. S2	p. 232
4.4.1.5	LGL, lactoylglutathione lyase, v. 5	p. 322
3.2.1.133	LGMA, glucan 1,4-α-maltohydrolase, v. 13	p. 538
3.4.22.34	LGMN, Legumain, v. 7	p. 689
1.1.3.8	LGO , L-gulonolactone oxidase, v. 19	p. 76
1.4.3.11	LGOX, L-glutamate oxidase, v. 22	p. 333
2.4.1.189	LGT, luteolin 7-O-glucuronosyltransferase, v. 32	p. 459
2.4.1.56	LgtA, lipopolysaccharide N-acetylglucosaminyltransferase, v. 31	p. 456
2.4.1.210	LGTase, limonoid glucosyltransferase, v. 32	p. 552
2.4.1.38	LgtB, β-N-acetylglucosaminylglycopeptide β-1,4-galactosyltransferase, v. 31	p. 353
2.4.1.22	LgtB, lactose synthase, v. 31	p. 264
1.14.13.59	LH, L-Lysine 6-monooxygenase (NADPH), v. 26	p. 512
1.14.11.4	LH, procollagen-lysine 5-dioxygenase, v. 26	p. 49
1.14.11.4	LH1, procollagen-lysine 5-dioxygenase, v. 26	p. 49
1.14.11.4	LH2, procollagen-lysine 5-dioxygenase, v. 26	p. 49
1.14.11.4	LH2 (long), procollagen-lysine 5-dioxygenase, v. 26	p. 49
1.14.11.4	LH2a, procollagen-lysine 5-dioxygenase, v. 26	p. 49
1.14.11.4	LH2b, procollagen-lysine 5-dioxygenase, v. 26	p. 49
1.14.11.4	LH3, procollagen-lysine 5-dioxygenase, v. 26	p. 49
1.4.3.3	LH99, D-amino-acid oxidase, v. 22	p. 243
1.1.1.211	LHCAD, long-chain-3-hydroxyacyl-CoA dehydrogenase, v. 18	p. 280
1.14.13.90	LHCII, zeaxanthin epoxidase, v. S1	p. 585
3.5.2.6	LHK-5, β-lactamase, v. 14	p. 683
1.3.1.33	LHPP, protochlorophyllide reductase, v. 21	p. 200

3.6.1.1	LHPPase, inorganic diphosphatase, v. 15 | p. 240
3.2.1.6	LIC 1, endo-1,3(4)-β-glucanase, v. 12 | p. 118
2.6.1.83	LIC12841, LL-diaminopimelate aminotransferase, v. S2 | p. 253
3.2.1.39	Lic16A, glucan endo-1,3-β-D-glucosidase, v. 12 | p. 567
2.4.99.4	Lic3A, β-galactoside α-2,3-sialyltransferase, v. 33 | p. 346
2.4.99.4	Lic3B, β-galactoside α-2,3-sialyltransferase, v. 33 | p. 346
3.4.22.60	LICE2 cysteine protease, caspase-7, v. S6 | p. 156
3.2.1.73	Lichenase, licheninase, v. 13 | p. 223
3.2.1.73	LicKM, licheninase, v. 13 | p. 223
2.3.1.182	LiCMS, (R)-citramalate synthase, v. S2 | p. 131
1.14.13.86	licorice 2-hydroxyisoflavanone synthase, 2-hydroxyisoflavanone synthase, v. S1 | p. 559
1.14.13.86	licorice IFS, 2-hydroxyisoflavanone synthase, v. S1 | p. 559
6.5.1.1	Lig, DNA ligase (ATP), v. 2 | p. 755
6.5.1.1	Lig(Tk), DNA ligase (ATP), v. 2 | p. 755
6.5.1.1	LIG1, DNA ligase (ATP), v. 2 | p. 755
6.5.1.1	Lig4, DNA ligase (ATP), v. 2 | p. 755
6.5.1.1	LigA, DNA ligase (ATP), v. 2 | p. 755
6.5.1.2	LigA, DNA ligase (NAD+), v. 2 | p. 773
1.13.11.8	LigAB, protocatechuate 4,5-dioxygenase, v. 25 | p. 447
6.5.1.2	Ligase, polynucleotide (nicotinamide adenine dinucleotide), DNA ligase (NAD+), v. 2 | p. 773
6.5.1.1	LigB, DNA ligase (ATP), v. 2 | p. 755
6.5.1.1	LigC, DNA ligase (ATP), v. 2 | p. 755
6.5.1.1	LigD, DNA ligase (ATP), v. 2 | p. 755
1.3.1.33	light-dependent NADPH: protochlorophyllide oxidoreductase, protochlorophyllide reductase, v. 21 | p. 200
1.3.1.33	light-independent (dark) Pchlide oxidoreductase, protochlorophyllide reductase, v. 21 | p. 200
1.3.1.33	light-independent protochlorophyllide oxidoreductase, protochlorophyllide reductase, v. 21 | p. 200
2.5.1.9	light riboflavin synthase, riboflavin synthase, v. 33 | p. 458
2.7.13.3	light sensor histidine kinase, histidine kinase, v. S4 | p. 420
6.5.1.1	Lig I, DNA ligase (ATP), v. 2 | p. 755
6.5.1.1	LigI, DNA ligase (ATP), v. 2 | p. 755
6.5.1.1	Lig III, DNA ligase (ATP), v. 2 | p. 755
6.5.1.1	LigIII, DNA ligase (ATP), v. 2 | p. 755
6.5.1.1	LIG k α, DNA ligase (ATP), v. 2 | p. 755
6.5.1.1	Lig K protein, DNA ligase (ATP), v. 2 | p. 755
3.1.2.6	LiGLO2, hydroxyacylglutathione hydrolase, v. 9 | p. 486
1.14.13.82	LigM, vanillate monooxygenase, v. S1 | p. 535
6.5.1.2	LigN, DNA ligase (NAD+), v. 2 | p. 773
1.11.1.14	ligninase H8, lignin peroxidase, v. 25 | p. 309
1.11.1.14	ligninase I, lignin peroxidase, v. 25 | p. 309
1.11.1.14	ligninase LG5, lignin peroxidase, v. 25 | p. 309
1.10.3.2	Ligninolytic phenoloxidase, laccase, v. 25 | p. 115
1.11.1.14	lignin peroxidase LIII, lignin peroxidase, v. 25 | p. 309
1.13.11.43	lignostilbenedioxygenase II, lignostilbene αβ-dioxygenase, v. 25 | p. 649
6.5.1.1	LigTh1519, DNA ligase (ATP), v. 2 | p. 755
6.5.1.1	ligTK, DNA ligase (ATP), v. 2 | p. 755
1.2.1.67	LigV, vanillin dehydrogenase, v. 20 | p. 403
3.1.1.3	LIII, triacylglycerol lipase, v. 9 | p. 36
3.4.22.66	3C-like protease, calicivirin, v. S6 | p. 215
3.4.22.66	3C-like proteinase, calicivirin, v. S6 | p. 215
3.1.27.1	S-like RNase, ribonuclease T2, v. 11 | p. 557
3.4.22.66	3C-like viral protease, calicivirin, v. S6 | p. 215

2.7.10.2	LIM-kinase, non-specific protein-tyrosine kinase, v. S2	p. 441
3.2.1.21	limarase, β-glucosidase, v. 12	p. 299
2.7.11.1	LIM domain kinase 1, non-specific serine/threonine protein kinase, v. S3	p. 1
2.7.10.2	LIM domain kinase 2, non-specific protein-tyrosine kinase, v. S2	p. 441
3.2.1.10	limit-dextrinase, oligo-1,6-glucosidase, v. 12	p. 162
3.2.1.41	limit dextrinase, pullulanase, v. 12	p. 594
2.7.13.3	limited host range virA protein(LHR virA), histidine kinase, v. S4	p. 420
2.7.10.2	LIMK, non-specific protein-tyrosine kinase, v. S2	p. 441
2.7.11.1	LIMK, non-specific serine/threonine protein kinase, v. S3	p. 1
2.7.10.2	LIMK-2, non-specific protein-tyrosine kinase, v. S2	p. 441
1.14.13.47	(-)-limonene,NADPH:oxygen oxidoreductase (3-hydroxylating), (S)-limonene 3-monooxygenase, v. 26	p. 473
1.14.13.80	(+)-limonene,NADPH:oxygen oxidoreductase (6-hydroxylating), (R)-limonene 6-monooxygenase, v. 26	p. 580
1.14.13.48	(-)-limonene,NADPH:oxygen oxidoreductase (6-hydroxylating), (S)-limonene 6-monooxygenase, v. 26	p. 477
1.14.13.49	(-)-limonene,NADPH:oxygen oxidoreductase (7-hydroxylating), (S)-limonene 7-monooxygenase, v. 26	p. 481
1.14.13.47	limonene-3-hydroxylase, (S)-limonene 3-monooxygenase, v. 26	p. 473
1.14.13.80	(+)-limonene-6-hydroxylase, (R)-limonene 6-monooxygenase, v. 26	p. 580
1.14.13.48	(-)-limonene-6-hydroxylase, (S)-limonene 6-monooxygenase, v. 26	p. 477
1.14.13.48	4S-limonene-6-hydroxylase, (S)-limonene 6-monooxygenase, v. 26	p. 477
1.14.13.48	limonene-6-hydroxylase, (S)-limonene 6-monooxygenase, v. 26	p. 477
4.2.3.14	(-)-limonene/(-)-α-pinene synthase, pinene synthase, v. S7	p. 256
1.14.13.47	(-)-limonene 3-hydroxylase, (S)-limonene 3-monooxygenase, v. 26	p. 473
1.14.13.47	(-)-limonene 3-monooxygenase, (S)-limonene 3-monooxygenase, v. 26	p. 473
1.14.13.48	(-)-limonene 6-hydroxylase, (S)-limonene 6-monooxygenase, v. 26	p. 477
1.14.13.80	(+)-limonene 6-monooxygenase, (R)-limonene 6-monooxygenase, v. 26	p. 580
1.14.13.48	(-)-limonene 6-monooxygenase, (S)-limonene 6-monooxygenase, v. 26	p. 477
1.14.13.49	(-)-limonene 7-monooxygenase, (S)-limonene 7-monooxygenase, v. 26	p. 481
1.14.13.49	(-)-limonene hydroxylase, (S)-limonene 7-monooxygenase, v. 26	p. 481
3.3.2.8	limonene oxide hydrolase, limonene-1,2-epoxide hydrolase, v. 14	p. 187
4.2.3.20	(+)-limonene synthase, (R)-limonene synthase, v. S7	p. 288
4.2.3.16	(-)-limonene synthase, (4S)-limonene synthase, v. S7	p. 267
4.2.3.20	d-limonene synthase, (R)-limonene synthase, v. S7	p. 288
4.2.3.16	limonene synthase, (4S)-limonene synthase, v. S7	p. 267
4.2.3.20	limonene synthase, (R)-limonene synthase, v. S7	p. 288
3.1.1.36	limonin-D-ring-lactone hydrolase, limonin-D-ring-lactonase, v. 9	p. 279
3.1.1.36	limonin lactone hydrolase, limonin-D-ring-lactonase, v. 9	p. 279
2.4.1.210	limonoid glucosyltransferase, limonoid glucosyltransferase, v. 32	p. 552
2.4.1.210	limonoid GTase, limonoid glucosyltransferase, v. 32	p. 552
2.4.1.210	limonoid UDP-glucosyltransferase, limonoid glucosyltransferase, v. 32	p. 552
1.11.1.15	LimTXNPx, peroxiredoxin, v. S1	p. 403
3.4.21.86	Limulus clotting enzyme, Limulus clotting enzyme, v. 7	p. 422
3.4.21.84	Limulus factor C, limulus clotting factor C, v. 7	p. 415
3.2.1.26	Lin6, β-fructofuranosidase, v. 12	p. 451
1.14.99.28	linalool-8-monooxygenase, linalool 8-monooxygenase, v. 27	p. 367
4.2.3.25	linalool/nerolidol synthase, S-linalool synthase, v. S7	p. 311
4.2.3.25	(-)-linalool synthase, S-linalool synthase, v. S7	p. 311
4.2.3.26	R-linalool synthase, R-linalool synthase, v. S7	p. 317
4.2.3.25	S-linalool synthase, S-linalool synthase, v. S7	p. 311
4.2.3.25	linalool synthase, S-linalool synthase, v. S7	p. 311
3.2.1.21	linamarase, β-glucosidase, v. 12	p. 299
3.8.1.5	LinB, haloalkane dehalogenase, v. 15	p. 891
3.1.1.3	Lingual lipase, triacylglycerol lipase, v. 9	p. 36

3.2.1.153	β-(2-1)-linkage-specific fructan-β-fructosidase, fructan β-(2,1)-fructosidase, v. S5 | p. 144	
3.2.1.163	α-1,6-linkage-specific mannosidase, 1,6-α-D-mannosidase, v. S5 | p. 186	
3.2.1.153	β-(2-1)-linkage specific FEH, fructan β-(2,1)-fructosidase, v. S5 | p. 144	
3.2.1.153	β-(2-1)-linkage specific fructan-β-fructosidase, fructan β-(2,1)-fructosidase, v. S5 | p. 144	
3.2.1.154	β-(2-6)-linkage specific fructan-β-fructosidase, fructan β-(2,6)-fructosidase, v. S5 | p. 150	
2.4.1.94	O-linked β-N-acetylglucosamine transferase, protein N-acetylglucosaminyltransferase, v. 32 | p. 39	
6.3.2.19	X-linked inhibitor of apoptosis, Ubiquitin-protein ligase, v. 2 | p. 506	
2.4.1.94	O-linked N-acetylglucosamine transferase, protein N-acetylglucosaminyltransferase, v. 32 | p. 39	
1.13.11.44	linoleate (8R)-dioxygenase, linoleate diol synthase, v. 25 | p. 653	
5.2.1.5	Linoleate Δ12-cis,Δ11-trans isomerase, Linoleate isomerase, v. 1 | p. 210	
1.13.11.44	linoleate 8-dioxygenase, linoleate diol synthase, v. 25 | p. 653	
1.14.99.33	Δ12 linoleate acetylenase, Δ12-fatty acid dehydrogenase, v. 27 | p. 382	
1.14.19.3	linoleate desaturase, linoleoyl-CoA desaturase, v. 27 | p. 217	
1.13.11.45	linoleate dioxygenase, linoleate 11-lipoxygenase, v. 25 | p. 658	
4.2.1.92	linoleate hydroperoxide isomerase, hydroperoxide dehydratase, v. 4 | p. 653	
1.3.1.35	linoleate synthase, phosphatidylcholine desaturase, v. 21 | p. 215	
1.13.11.44	linoleic acid (8R)-dioxygenase, linoleate diol synthase, v. 25 | p. 653	
1.13.11.33	linoleic acid ω-6-lipoxygenase, arachidonate 15-lipoxygenase, v. 25 | p. 585	
5.2.1.5	linoleic acid Δ12-cis,Δ11-trans-isomerase, Linoleate isomerase, v. 1 | p. 210	
1.13.11.44	linoleic acid 8R-dioxygenase, linoleate diol synthase, v. 25 | p. 653	
1.14.19.3	linoleic acid desaturase, linoleoyl-CoA desaturase, v. 27 | p. 217	
4.2.1.92	linoleic acid hydroperoxide isomerase, hydroperoxide dehydratase, v. 4 | p. 653	
5.2.1.5	Linoleic acid isomerase, Linoleate isomerase, v. 1 | p. 210	
1.14.19.3	linoleic desaturase, linoleoyl-CoA desaturase, v. 27 | p. 217	
1.14.19.3	linoleoyl-coenzyme A desaturase, linoleoyl-CoA desaturase, v. 27 | p. 217	
1.14.19.3	linoleoyl CoA desaturase, linoleoyl-CoA desaturase, v. 27 | p. 217	
2.7.10.1	Linotte protein, receptor protein-tyrosine kinase, v. S2 | p. 341	
1.13.11.12	lionoleate:O2 oxidoreductase, lipoxygenase, v. 25 | p. 473	
1.11.1.14	LIP, lignin peroxidase, v. 25 | p. 309	
3.1.1.3	LIP, triacylglycerol lipase, v. 9 | p. 36	
3.1.1.3	Lip-1, triacylglycerol lipase, v. 9 | p. 36	
3.1.1.3	Lip-2, triacylglycerol lipase, v. 9 | p. 36	
3.1.1.3	Lip1, triacylglycerol lipase, v. 9 | p. 36	
2.3.1.181	LIP2, lipoyl(octanoyl) transferase, v. S2 | p. 127	
3.1.1.3	LIP2, triacylglycerol lipase, v. 9 | p. 36	
3.1.1.3	LIP3, triacylglycerol lipase, v. 9 | p. 36	
3.1.1.3	Lip9, triacylglycerol lipase, v. 9 | p. 36	
2.7.7.60	LipA, 2-C-methyl-D-erythritol 4-phosphate cytidylyltransferase, v. 38 | p. 560	
2.8.1.8	LipA, lipoyl synthase, v. S4 | p. 478	
3.1.1.3	LipA, triacylglycerol lipase, v. 9 | p. 36	
3.1.1.3	LipA1, triacylglycerol lipase, v. 9 | p. 36	
3.1.1.3	LipAB, triacylglycerol lipase, v. 9 | p. 36	
2.8.1.8	LipA protein, lipoyl synthase, v. S4 | p. 478	
3.1.1.3	lipase, triacylglycerol lipase, v. 9 | p. 36	
3.1.1.3	lipase, triacylglycerol, triacylglycerol lipase, v. 9 | p. 36	
3.1.1.26	lipase-related protein 2, galactolipase, v. 9 | p. 222	
3.1.1.3	lipase 2, triacylglycerol lipase, v. 9 | p. 36	
3.1.1.3	lipase A, triacylglycerol lipase, v. 9 | p. 36	
3.1.1.3	lipase AK, triacylglycerol lipase, v. 9 | p. 36	
3.1.1.3	lipase AS, triacylglycerol lipase, v. 9 | p. 36	
3.1.1.3	lipase AYS, triacylglycerol lipase, v. 9 | p. 36	
3.1.1.3	lipase B, triacylglycerol lipase, v. 9 | p. 36	
3.1.1.3	lipase B26, triacylglycerol lipase, v. 9 | p. 36	

3.1.1.3	lipase F-AP, triacylglycerol lipase, v. 9 | p. 36	
3.1.1.3	lipase F-AP15, triacylglycerol lipase, v. 9 | p. 36	
3.1.1.3	lipase G, triacylglycerol lipase, v. 9 | p. 36	
3.1.1.32	lipase H, phospholipase A1, v. 9 | p. 252	
3.1.1.3	lipase homologous to DAD1, triacylglycerol lipase, v. 9 | p. 36	
3.1.1.3	lipase I, triacylglycerol lipase, v. 9 | p. 36	
3.1.1.3	lipase II, triacylglycerol lipase, v. 9 | p. 36	
3.1.1.3	lipase M, triacylglycerol lipase, v. 9 | p. 36	
3.1.1.3	lipase MY, triacylglycerol lipase, v. 9 | p. 36	
3.1.1.3	lipase OF, triacylglycerol lipase, v. 9 | p. 36	
3.1.1.3	lipase PS, triacylglycerol lipase, v. 9 | p. 36	
3.1.1.3	lipase R, triacylglycerol lipase, v. 9 | p. 36	
3.1.1.3	lipazin, triacylglycerol lipase, v. 9 | p. 36	
1.3.99.3	LipB, acyl-CoA dehydrogenase, v. 21 | p. 488	
3.1.1.23	LipB, acylglycerol lipase, v. 9 | p. 209	
2.3.1.181	LipB, lipoyl(octanoyl) transferase, v. S2 | p. 127	
3.1.1.3	LipB, triacylglycerol lipase, v. 9 | p. 36	
3.1.1.3	LipB68, triacylglycerol lipase, v. 9 | p. 36	
3.5.1.88	LiPDF, peptide deformylase, v. 14 | p. 631	
1.8.1.4	LipDH, dihydrolipoyl dehydrogenase, v. 24 | p. 463	
3.1.1.34	lipemia-clearing factor, lipoprotein lipase, v. 9 | p. 266	
3.1.1.3	LipH, triacylglycerol lipase, v. 9 | p. 36	
3.1.1.32	LIPI, phospholipase A1, v. 9 | p. 252	
3.6.3.14	Lipid-binding protein, H+-transporting two-sector ATPase, v. 15 | p. 598	
3.6.3.15	Lipid-binding protein, Na+-transporting two-sector ATPase, v. 15 | p. 611	
2.7.1.130	lipid A 4'-kinase, tetraacyldisaccharide 4'-kinase, v. 37 | p. 144	
3.1.1.26	lipid acyl-hydrolase, galactolipase, v. 9 | p. 222	
3.1.1.26	lipid acyl hydrolase, galactolipase, v. 9 | p. 222	
2.4.1.182	lipid A disaccharide synthase, lipid-A-disaccharide synthase, v. 32 | p. 433	
2.4.1.227	Lipid I acetylglucosaminyltransferase, undecaprenyldiphospho-muramoylpentapeptide β-N-acetylglucosaminyltransferase, v. 32 | p. 616	
2.1.1.17	lipid methyl transferase, phosphatidylethanolamine N-methyltransferase, v. 28 | p. 95	
6.2.1.3	lipidosin, Long-chain-fatty-acid-CoA ligase, v. 2 | p. 206	
3.1.3.76	lipid phosphatase, lipid-phosphate phosphatase, v. S5 | p. 87	
3.1.3.4	lipidphosphate-related protein 1, phosphatidate phosphatase, v. 10 | p. 82	
3.1.3.36	lipid phosphatase SHIP2, phosphoinositide 5-phosphatase, v. 10 | p. 339	
3.1.3.76	lipid phosphate phosphatase, lipid-phosphate phosphatase, v. S5 | p. 87	
3.1.3.4	lipid phosphate phosphatase, phosphatidate phosphatase, v. 10 | p. 82	
3.1.3.4	lipid phosphate phosphatase-1, phosphatidate phosphatase, v. 10 | p. 82	
3.1.3.4	lipid phosphate phosphatase-2, phosphatidate phosphatase, v. 10 | p. 82	
3.1.3.4	lipid phosphate phosphatase-related protein, phosphatidate phosphatase, v. 10 | p. 82	
3.1.3.4	lipid phosphate phosphatase-related protein type 1, phosphatidate phosphatase, v. 10 | p. 82	
3.1.3.4	lipid phosphate phosphatase-related protein type 2, phosphatidate phosphatase, v. 10 | p. 82	
3.1.3.4	lipid phosphate phosphatase-related protein type 3, phosphatidate phosphatase, v. 10 | p. 82	
3.1.3.4	lipid phosphate phosphatase-related protein type 4, phosphatidate phosphatase, v. 10 | p. 82	
3.1.3.4	lipid phosphate phosphatase 1, phosphatidate phosphatase, v. 10 | p. 82	
3.1.3.4	lipid phosphate phosphatase 3, phosphatidate phosphatase, v. 10 | p. 82	
3.1.3.4	lipid phosphate phosphohydrolase, phosphatidate phosphatase, v. 10 | p. 82	
3.1.3.4	lipin, phosphatidate phosphatase, v. 10 | p. 82	
3.1.3.4	lipin-1, phosphatidate phosphatase, v. 10 | p. 82	
3.1.3.4	lipin-2, phosphatidate phosphatase, v. 10 | p. 82	

3.1.3.4	lipin-3, phosphatidate phosphatase, v.10 | p.82	
3.1.3.4	Lipin1, phosphatidate phosphatase, v.10 | p.82	
3.1.3.4	lipin 1, phosphatidate phosphatase, v.10 | p.82	
3.1.3.4	lipin 2, phosphatidate phosphatase, v.10 | p.82	
3.1.3.4	lipin Pah1p/Smp2p, phosphatidate phosphatase, v.10 | p.82	
1.11.1.14	lipJ, lignin peroxidase, v.25 | p.309	
3.1.1.3	LipMatCCR11 lipase, triacylglycerol lipase, v.9 | p.36	
3.5.1.12	lipoamidase, biotinidase, v.14 | p.296	
1.8.1.4	lipoamide-dehydrogenase-valine, dihydrolipoyl dehydrogenase, v.24 | p.463	
1.8.1.4	lipoamide dehydrogenase, dihydrolipoyl dehydrogenase, v.24 | p.463	
1.8.1.4	lipoamide dehydrogenase (NADH), dihydrolipoyl dehydrogenase, v.24 | p.463	
1.8.1.4	lipoamide dehydrogenase C, dihydrolipoyl dehydrogenase, v.24 | p.463	
1.8.1.4	lipoamide oxidoreductase (NADH), dihydrolipoyl dehydrogenase, v.24 | p.463	
1.8.1.4	lipoamide reductase, dihydrolipoyl dehydrogenase, v.24 | p.463	
1.21.4.1	lipoate-linked proline reductase, D-proline reductase (dithiol), v.27 | p.624	
2.7.7.63	lipoate-protein ligase A, lipoate-protein ligase, v.S2 | p.320	
2.3.1.181	lipoate/octanoate transferase, lipoyl(octanoyl) transferase, v.S2 | p.127	
2.3.1.12	lipoate acetyltransferase, dihydrolipoyllysine-residue acetyltransferase, v.29 | p.323	
1.8.1.4	lipoate dehydrogenase, dihydrolipoyl dehydrogenase, v.24 | p.463	
2.7.7.63	lipoate ligase like protein, lipoate-protein ligase, v.S2 | p.320	
2.3.1.61	lipoate succinyltransferase, dihydrolipoyllysine-residue succinyltransferase, v.30 | p.7	
2.3.1.12	lipoate transacetylase, dihydrolipoyllysine-residue acetyltransferase, v.29 | p.323	
1.14.13.90	lipocalin-like protein, zeaxanthin epoxidase, v.S1 | p.585	
5.3.99.2	lipocalin-type prostaglandin D2 synthase, Prostaglandin-D synthase, v.1 | p.451	
5.3.99.2	lipocalin-type prostaglandin d synthase, Prostaglandin-D synthase, v.1 | p.451	
5.3.99.2	lipocaline-type prostaglandin D synthase, Prostaglandin-D synthase, v.1 | p.451	
2.3.1.12	lipoic acetyltransferase, dihydrolipoyllysine-residue acetyltransferase, v.29 | p.323	
2.3.1.12	lipoic acid acetyltransferase, dihydrolipoyllysine-residue acetyltransferase, v.29 | p.323	
1.8.1.4	lipoic acid dehydrogenase, dihydrolipoyl dehydrogenase, v.24 | p.463	
2.3.1.12	lipoic transacetylase, dihydrolipoyllysine-residue acetyltransferase, v.29 | p.323	
2.3.1.61	lipoic transsuccinylase, dihydrolipoyllysine-residue succinyltransferase, v.30 | p.7	
3.5.1.12	lipolysine hydrolase, biotinidase, v.14 | p.296	
1.13.11.12	lipoperoxidase, lipoxygenase, v.25 | p.473	
3.1.4.3	lipophosphodiesterase C, phospholipase C, v.11 | p.32	
3.1.4.3	lipophosphodiesterase I, phospholipase C, v.11 | p.32	
3.1.4.4	lipophosphodiesterase II, phospholipase D, v.11 | p.47	
2.4.1.58	lipopolysaccharide glucosyltransferase, lipopolysaccharide glucosyltransferase I, v.31 | p.463	
3.1.1.47	lipoprotein-associated phospholipase A2, 1-alkyl-2-acetylglycerophosphocholine esterase, v.9 | p.320	
3.1.1.4	lipoprotein-associated phospholipase A2, phospholipase A2, v.9 | p.52	
3.1.1.47	lipoprotein-associated PLA2, 1-alkyl-2-acetylglycerophosphocholine esterase, v.9 | p.320	
3.1.1.4	lipoprotein-associated PLA2, phospholipase A2, v.9 | p.52	
3.1.1.47	lipoprotein-associated platelet-activating factor acetylhydrolase, 1-alkyl-2-acetylglycerophosphocholine esterase, v.9 | p.320	
3.1.1.47	lipoprotein-PLA2, 1-alkyl-2-acetylglycerophosphocholine esterase, v.9 | p.320	
3.4.23.36	lipoprotein-specific (typeII) signal peptidase, Signal peptidase II, v.8 | p.170	
3.4.23.36	lipoprotein-specific signal peptidase, Signal peptidase II, v.8 | p.170	
3.1.1.47	lipoprotein associated phospholipase A2, 1-alkyl-2-acetylglycerophosphocholine esterase, v.9 | p.320	
3.1.3.2	lipoprotein e, acid phosphatase, v.10 | p.31	
3.1.3.2	lipoprotein e acid phosphatase, acid phosphatase, v.10 | p.31	
3.1.1.34	lipoprotein lipase, lipoprotein lipase, v.9 | p.266	
3.1.1.3	lipoprotein lipase, triacylglycerol lipase, v.9 | p.36	
3.4.23.36	lipoprotein signal peptidase, Signal peptidase II, v.8 | p.170	

1.3.1.33	LIPOR, protochlorophyllide reductase, v. 21	p. 200	
1.13.11.12	lipoxidase, lipoxygenase, v. 25	p. 473	
1.13.11.12	lipoxidase type I-B, lipoxygenase, v. 25	p. 473	
1.13.11.12	lipoxydase, lipoxygenase, v. 25	p. 473	
1.13.11.31	11R-lipoxygenase, arachidonate 12-lipoxygenase, v. 25	p. 568	
1.13.11.31	12-lipoxygenase, arachidonate 12-lipoxygenase, v. 25	p. 568	
1.13.11.31	12/15 lipoxygenase, arachidonate 12-lipoxygenase, v. 25	p. 568	
1.13.11.33	12/15 lipoxygenase, arachidonate 15-lipoxygenase, v. 25	p. 585	
1.13.11.31	12/15-lipoxygenase, arachidonate 12-lipoxygenase, v. 25	p. 568	
1.13.11.33	12/15-lipoxygenase, arachidonate 15-lipoxygenase, v. 25	p. 585	
1.13.11.31	12Δ-lipoxygenase, arachidonate 12-lipoxygenase, v. 25	p. 568	
1.13.11.31	12R-lipoxygenase, arachidonate 12-lipoxygenase, v. 25	p. 568	
1.13.11.31	12S-lipoxygenase, arachidonate 12-lipoxygenase, v. 25	p. 568	
1.13.11.33	15-lipoxygenase, arachidonate 15-lipoxygenase, v. 25	p. 585	
1.13.11.33	15S-lipoxygenase, arachidonate 15-lipoxygenase, v. 25	p. 585	
1.13.11.34	5-lipoxygenase, arachidonate 5-lipoxygenase, v. 25	p. 591	
1.13.11.34	5Δ-lipoxygenase, arachidonate 5-lipoxygenase, v. 25	p. 591	
1.13.11.40	8-lipoxygenase, arachidonate 8-lipoxygenase, v. 25	p. 627	
1.13.11.40	8R-lipoxygenase, arachidonate 8-lipoxygenase, v. 25	p. 627	
1.13.11.40	8S-lipoxygenase, arachidonate 8-lipoxygenase, v. 25	p. 627	
1.13.11.12	9-13 lipoxygenase, lipoxygenase, v. 25	p. 473	
1.13.11.31	C-12 lipoxygenase, arachidonate 12-lipoxygenase, v. 25	p. 568	
1.13.11.34	C-5-lipoxygenase, arachidonate 5-lipoxygenase, v. 25	p. 591	
1.13.11.31	Δ 12-lipoxygenase, arachidonate 12-lipoxygenase, v. 25	p. 568	
1.13.11.34	Δ5-lipoxygenase, arachidonate 5-lipoxygenase, v. 25	p. 591	
1.13.11.33	ω-6 lipoxygenase, arachidonate 15-lipoxygenase, v. 25	p. 585	
1.13.11.33	15-lipoxygenase-1, arachidonate 15-lipoxygenase, v. 25	p. 585	
1.13.11.12	lipoxygenase-1, lipoxygenase, v. 25	p. 473	
1.13.11.33	15-lipoxygenase-2, arachidonate 15-lipoxygenase, v. 25	p. 585	
1.13.11.12	lipoxygenase-3, lipoxygenase, v. 25	p. 473	
1.13.11.33	15-lipoxygenase-I, arachidonate 15-lipoxygenase, v. 25	p. 585	
1.13.11.33	15-lipoxygenase 1, arachidonate 15-lipoxygenase, v. 25	p. 585	
1.13.11.33	15-lipoxygenase 2, arachidonate 15-lipoxygenase, v. 25	p. 585	
1.13.11.33	lipoxygenase L-1, arachidonate 15-lipoxygenase, v. 25	p. 585	
1.13.11.33	15-lipoxygenase type-1, arachidonate 15-lipoxygenase, v. 25	p. 585	
1.13.11.33	15-lipoxygenase type 2, arachidonate 15-lipoxygenase, v. 25	p. 585	
1.13.11.12	lipoxygenase type I-B, lipoxygenase, v. 25	p. 473	
1.13.11.12	lipoxygenase type III, lipoxygenase, v. 25	p. 473	
2.3.1.181	lipoyl(octanoyl)-[acyl-carrier-protein]-protein N-lipoyltransferase, lipoyl(octanoyl) transferase, v. S2	p. 127	
2.3.1.181	lipoyl (octanoyl)-acyl carrier protein:protein transferase, lipoyl(octanoyl) transferase, v. S2	p. 127	
2.3.1.181	lipoyl(octanoyl) transferase, lipoyl(octanoyl) transferase, v. S2	p. 127	
2.3.1.181	lipoyl(octanoyl)transferase, lipoyl(octanoyl) transferase, v. S2	p. 127	
2.7.7.63	lipoyl-protein ligase A, lipoate-protein ligase, v. S2	p. 320	
3.5.1.12	lipoyl-X-hydrolase, biotinidase, v. 14	p. 296	
2.3.1.12	lipoylacetyltransferase, dihydrolipoyllysine-residue acetyltransferase, v. 29	p. 323	
1.8.1.4	lipoyl dehydrogenase, dihydrolipoyl dehydrogenase, v. 24	p. 463	
2.3.1.181	lipoyltransferase, lipoyl(octanoyl) transferase, v. S2	p. 127	
2.3.1.61	lipoyl transsuccinylase, dihydrolipoyllysine-residue succinyltransferase, v. 30	p. 7	
3.1.1.23	lipozyme IM, acylglycerol lipase, v. 9	p. 209	
3.1.1.3	lipozyme RM-IM, triacylglycerol lipase, v. 9	p. 36	
3.1.1.3	Lipozyme TL IM, triacylglycerol lipase, v. 9	p. 36	
3.1.1.79	LipY, hormone-sensitive lipase, v. S5	p. 4	
3.1.1.3	LipY, triacylglycerol lipase, v. 9	p. 36	

3.1.1.3	LipY7p, triacylglycerol lipase, v. 9 | p. 36	
3.1.1.3	LipY8p, triacylglycerol lipase, v. 9 | p. 36	
3.2.1.15	liquifying polygalacturonase, polygalacturonase, v. 12 | p. 208	
3.2.1.1	liquozyme, α-amylase, v. 12 | p. 1	
3.1.4.4	LiRecDT1, phospholipase D, v. 11 | p. 47	
3.1.4.4	LiRecDT2, phospholipase D, v. 11 | p. 47	
3.1.4.4	LiRecDT3, phospholipase D, v. 11 | p. 47	
4.2.3.25	LIS, S-linalool synthase, v. S7 | p. 311	
4.2.3.25	S-LIS, S-linalool synthase, v. S7 | p. 311	
4.2.3.25	LIS1, S-linalool synthase, v. S7 | p. 311	
4.2.3.25	LIS2, S-linalool synthase, v. S7 | p. 311	
3.1.1.47	Lissencephaly-1 protein, 1-alkyl-2-acetylglycerophosphocholine esterase, v. 9 | p. 320	
3.1.3.25	Lithium-sensitive myo-inositol monophosphatase A1, inositol-phosphate phosphatase, v. 10 | p. 278	
1.14.13.94	lithocholate 6β-monooxygenase, lithocholate 6β-hydroxylase, v. S1 | p. 608	
1.14.13.94	lithocholic acid 6β-hydroxylase, lithocholate 6β-hydroxylase, v. S1 | p. 608	
1.3.99.10	LiuA, isovaleryl-CoA dehydrogenase, v. 21 | p. 535	
4.1.2.13	Liver-type aldolase, Fructose-bisphosphate aldolase, v. 3 | p. 455	
3.5.3.1	Liver-type arginase, arginase, v. 14 | p. 749	
3.5.1.2	liver-type glutaminase, glutaminase, v. 14 | p. 205	
3.1.3.1	Liver/bone/kidney isozyme, alkaline phosphatase, v. 10 | p. 1	
1.1.1.2	liver alcohol dehydrogenase, alcohol dehydrogenase (NADP+), v. 16 | p. 45	
3.3.1.1	Liver copper binding protein, adenosylhomocysteinase, v. 14 | p. 120	
1.14.14.1	liver cytochrome P450-dependent monooxygenase, unspecific monooxygenase, v. 26 | p. 584	
3.1.1.3	liver lipase, triacylglycerol lipase, v. 9 | p. 36	
3.1.1.1	Liver microsomal carboxylesterase, carboxylesterase, v. 9 | p. 1	
1.14.13.89	LjCY-2 protein, isoflavone 2'-hydroxylase, v. S1 | p. 582	
1.1.3.20	LjFAO1 protein, long-chain-alcohol oxidase, v. 19 | p. 169	
2.3.2.15	LjPCS1, glutathione γ-glutamylcysteinyltransferase, v. 30 | p. 576	
2.3.2.15	LjPCS3, glutathione γ-glutamylcysteinyltransferase, v. 30 | p. 576	
4.1.1.31	Ljpepc1, phosphoenolpyruvate carboxylase, v. 3 | p. 175	
2.4.1.13	LjSUS3, sucrose synthase, v. 31 | p. 113	
2.7.3.5	LK, lombricine kinase, v. 37 | p. 403	
1.5.1.8	LKR, saccharopine dehydrogenase (NADP+, L-lysine-forming), v. 23 | p. 84	
1.5.1.9	LKR/SDH, saccharopine dehydrogenase (NAD+, L-glutamate-forming), v. 23 | p. 97	
1.5.1.8	LKR/SDH, saccharopine dehydrogenase (NADP+, L-lysine-forming), v. 23 | p. 84	
2.6.1.83	LL-DAP-AT, LL-diaminopimelate aminotransferase, v. S2 | p. 253	
2.6.1.83	LL-DAP aminotransferase, LL-diaminopimelate aminotransferase, v. S2 | p. 253	
5.1.1.7	LL-Diaminopimelate epimerase, Diaminopimelate epimerase, v. 1 | p. 27	
1.1.2.3	L(+)-lactate:cytochrome c oxidoreductase, L-lactate dehydrogenase (cytochrome), v. 19 | p. 5	
3.1.21.4	LlaDI, type II site-specific deoxyribonuclease, v. 11 | p. 454	
3.1.21.5	LlaFI, type III site-specific deoxyribonuclease, v. 11 | p. 467	
3.1.21.4	LlaII, type II site-specific deoxyribonuclease, v. 11 | p. 454	
3.2.1.14	LlChi18A, chitinase, v. 12 | p. 185	
4.1.2.5	LlowTA, Threonine aldolase, v. 3 | p. 425	
3.2.1.15	LLP-A1.1 protein, polygalacturonase, v. 12 | p. 208	
3.2.1.15	LLP-PG, polygalacturonase, v. 12 | p. 208	
3.1.3.4	LLP1, phosphatidate phosphatase, v. 10 | p. 82	
3.1.3.4	LLP2, phosphatidate phosphatase, v. 10 | p. 82	
1.1.1.44	LlPDH, phosphogluconate dehydrogenase (decarboxylating), v. 16 | p. 421	
3.1.1.5	LLPL, lysophospholipase, v. 9 | p. 82	
3.1.1.4	LLPL, phospholipase A2, v. 9 | p. 52	
1.14.12.20	Lls1, pheophorbide a oxygenase, v. S1 | p. 532	

3.1.3.2	LM-ACP, acid phosphatase, v. 10	p. 31	
3.1.1.4	LM-PLA2-I, phospholipase A2, v. 9	p. 52	
3.1.1.4	LM-PLA2-II, phospholipase A2, v. 9	p. 52	
3.1.3.46	Lm1, fructose-2,6-bisphosphate 2-phosphatase, v. 10	p. 395	
3.1.3.48	LmACR2, protein-tyrosine-phosphatase, v. 10	p. 407	
1.8.99.2	LMAPR, adenylyl-sulfate reductase, v. 24	p. 694	
1.11.1.11	LmAPX, L-ascorbate peroxidase, v. 25	p. 257	
1.14.14.1	LMC1, unspecific monooxygenase, v. 26	p. 584	
1.3.3.1	LmDHODH, dihydroorotate oxidase, v. 21	p. 347	
2.5.1.10	LmFPPS, geranyltranstransferase, v. 33	p. 470	
2.7.1.2	LmGlcK, glucokinase, v. 35	p. 109	
3.1.4.53	LmjPDEB1, 3',5'-cyclic-AMP phosphodiesterase	
3.1.4.53	LmjPDEB2, 3',5'-cyclic-AMP phosphodiesterase	
2.3.1.97	LmNMT, glycylpeptide N-tetradecanoyltransferase, v. 30	p. 193	
2.4.1.94	Lmo0688, protein N-acetylglucosaminyltransferase, v. 32	p. 39	
3.1.26.4	lmo1273, calf thymus ribonuclease H, v. 11	p. 517	
3.6.1.11	LmPPX, exopolyphosphatase, v. 15	p. 343	
3.6.3.44	LmrA, xenobiotic-transporting ATPase, v. 15	p. 700	
2.4.1.7	LmSPase, sucrose phosphorylase, v. 31	p. 61	
2.4.1.190	LMT, luteolin-7-O-glucuronide 2-O-glucuronosyltransferase, v. 32	p. 462	
2.1.1.17	LMTase, phosphatidylethanolamine N-methyltransferase, v. 28	p. 95	
3.1.1.4	LmTX-I, phospholipase A2, v. 9	p. 52	
3.1.1.4	LmTX-II, phospholipase A2, v. 9	p. 52	
3.1.3.48	LMW-PTP, protein-tyrosine-phosphatase, v. 10	p. 407	
3.1.3.2	LMW AcPase, acid phosphatase, v. 10	p. 31	
2.4.1.211	lnba, 1,3-β-galactosyl-N-acetylhexosamine phosphorylase, v. 32	p. 555	
2.4.1.211	lnba1, 1,3-β-galactosyl-N-acetylhexosamine phosphorylase, v. 32	p. 555	
2.4.1.211	lnba2, 1,3-β-galactosyl-N-acetylhexosamine phosphorylase, v. 32	p. 555	
2.4.1.211	LNBP, 1,3-β-galactosyl-N-acetylhexosamine phosphorylase, v. 32	p. 555	
3.5.1.87	Lnc, N-carbamoyl-L-amino-acid hydrolase, v. 14	p. 625	
3.5.1.87	LNCA, N-carbamoyl-L-amino-acid hydrolase, v. 14	p. 625	
2.3.1.161	LNKS, lovastatin nonaketide synthase, v. 30	p. 433	
1.1.1.27	L(+)-nLDH, L-lactate dehydrogenase, v. 16	p. 253	
1.6.3.1	LNOX, NAD(P)H oxidase, v. 24	p. 92	
2.4.1.211	lnpA, 1,3-β-galactosyl-N-acetylhexosamine phosphorylase, v. 32	p. 555	
2.7.1.162	lnpB, N-acetylhexosamine 1-kinase	
1.13.11.31	12-LO, arachidonate 12-lipoxygenase, v. 25	p. 568	
1.13.11.31	12/15-LO, arachidonate 12-lipoxygenase, v. 25	p. 568	
1.13.11.33	12/15-LO, arachidonate 15-lipoxygenase, v. 25	p. 585	
1.13.11.31	12/15LO, arachidonate 12-lipoxygenase, v. 25	p. 568	
1.13.11.33	12/15LO, arachidonate 15-lipoxygenase, v. 25	p. 585	
1.13.11.33	15-LO, arachidonate 15-lipoxygenase, v. 25	p. 585	
1.13.11.34	5-LO, arachidonate 5-lipoxygenase, v. 25	p. 591	
1.13.11.34	5LO, arachidonate 5-lipoxygenase, v. 25	p. 591	
1.13.11.12	LO, lipoxygenase, v. 25	p. 473	
1.4.3.13	LO, protein-lysine 6-oxidase, v. 22	p. 341	
1.13.11.33	15-LO-1, arachidonate 15-lipoxygenase, v. 25	p. 585	
1.13.11.33	LO-1, arachidonate 15-lipoxygenase, v. 25	p. 585	
1.13.11.33	15-LO-2, arachidonate 15-lipoxygenase, v. 25	p. 585	
1.13.11.33	15-LO-I, arachidonate 15-lipoxygenase, v. 25	p. 585	
1.4.3.20	Lod, L-lysine 6-oxidase, v. S1	p. 275	
1.4.3.20	LodA, L-lysine 6-oxidase, v. S1	p. 275	
2.1.1.50	loganate methyltransferase, loganate O-methyltransferase, v. 28	p. 292	
3.4.21.53	lon, Endopeptidase La, v. 7	p. 241	
3.4.21.53	lon (la) protease, Endopeptidase La, v. 7	p. 241	

3.4.21.53	Lon (Pim1p) protease, Endopeptidase La, v. 7 | p. 241	
3.4.21.53	Lon-like protease, Endopeptidase La, v. 7 | p. 241	
3.4.21.53	Lon1, Endopeptidase La, v. 7 | p. 241	
3.4.21.53	Lon2, Endopeptidase La, v. 7 | p. 241	
3.4.21.53	Lon3, Endopeptidase La, v. 7 | p. 241	
3.4.21.53	Lon4, Endopeptidase La, v. 7 | p. 241	
3.4.21.53	LonA, Endopeptidase La, v. 7 | p. 241	
3.4.21.53	Lon ATP-dependent protease, Endopeptidase La, v. 7 | p. 241	
3.4.21.53	LonB, Endopeptidase La, v. 7 | p. 241	
3.4.21.53	LonB protease, Endopeptidase La, v. 7 | p. 241	
3.4.21.53	LonD, Endopeptidase La, v. 7 | p. 241	
3.5.1.55	long-chain-fatty-acyl-glutamate deacylase, long-chain-fatty-acyl-glutamate deacylase, v. 14 | p. 501	
1.3.3.6	long-chain-specific acyl-CoA oxidase 1, acyl-CoA oxidase, v. 21 | p. 401	
5.3.3.8	Long-chain $\Delta 3,\Delta 2$-enoyl-CoA isomerase, dodecenoyl-CoA isomerase, v. 1 | p. 413	
1.1.1.211	long-chain 3-hydroxyacyl-CoA dehydrogenase, long-chain-3-hydroxyacyl-CoA dehydrogenase, v. 18 | p. 280	
1.1.1.211	long-chain 3-hydroxyacyl coenzyme A dehydrogenase, long-chain-3-hydroxyacyl-CoA dehydrogenase, v. 18 | p. 280	
2.3.1.16	long-chain 3-oxoacyl-CoA thiolase, acetyl-CoA C-acyltransferase, v. 29 | p. 371	
1.3.99.3	long-chain acyl-CoA dehydrogenase, acyl-CoA dehydrogenase, v. 21 | p. 488	
1.3.99.13	long-chain acyl-CoA dehydrogenase, long-chain-acyl-CoA dehydrogenase, v. 21 | p. 561	
3.1.2.20	long-chain acyl-CoA hydrolase, acyl-CoA hydrolase, v. 9 | p. 539	
1.3.99.13	long-chain acyl-CoA hydrolase, long-chain-acyl-CoA dehydrogenase, v. 21 | p. 561	
3.1.2.2	long-chain acyl-CoA hydrolase, palmitoyl-CoA hydrolase, v. 9 | p. 459	
6.2.1.3	long-chain acyl-CoA synthetase, Long-chain-fatty-acid-CoA ligase, v. 2 | p. 206	
6.2.1.3	long-chain acyl-CoA synthetase 6, Long-chain-fatty-acid-CoA ligase, v. 2 | p. 206	
6.2.1.3	Long-chain acyl-CoA synthetase I, Long-chain-fatty-acid-CoA ligase, v. 2 | p. 206	
6.2.1.3	Long-chain acyl-CoA synthetase II, Long-chain-fatty-acid-CoA ligase, v. 2 | p. 206	
6.2.1.3	long-chain acyl-CoA synthetases, Long-chain-fatty-acid-CoA ligase, v. 2 | p. 206	
3.1.2.20	long-chain acyl-CoA thioesterase, acyl-CoA hydrolase, v. 9 | p. 539	
3.1.2.2	long-chain acyl-CoA thioesterase, palmitoyl-CoA hydrolase, v. 9 | p. 459	
3.1.2.2	long-chain acyl-CoA thioesterase 2, palmitoyl-CoA hydrolase, v. 9 | p. 459	
1.3.99.13	long-chain acyl-coenzyme A dehydrogenase, long-chain-acyl-CoA dehydrogenase, v. 21 | p. 561	
6.2.1.3	Long-chain acyl-coenzyme A synthetase, Long-chain-fatty-acid-CoA ligase, v. 2 | p. 206	
3.1.1.28	long-chain acyl-L-carnitine hydrolase, acylcarnitine hydrolase, v. 9 | p. 234	
6.2.1.3	Long-chain acyl CoA synthetase, Long-chain-fatty-acid-CoA ligase, v. 2 | p. 206	
3.1.2.2	long-chain acyl CoA thioesterase, palmitoyl-CoA hydrolase, v. 9 | p. 459	
1.3.99.3	long-chain acyl coenzyme A dehydrogenase, acyl-CoA dehydrogenase, v. 21 | p. 488	
6.2.1.3	long-chain acyl coenzyme A synthetase 1, Long-chain-fatty-acid-CoA ligase, v. 2 | p. 206	
3.5.1.55	long-chain acylglutamate amidase, long-chain-fatty-acyl-glutamate deacylase, v. 14 | p. 501	
1.1.1.192	long-chain alcohol dehydrogenase, long-chain-alcohol dehydrogenase, v. 18 | p. 154	
1.2.1.48	long-chain aldehyde dehydrogenase, long-chain-aldehyde dehydrogenase, v. 20 | p. 338	
3.5.1.55	long-chain aminoacylase, long-chain-fatty-acyl-glutamate deacylase, v. 14 | p. 501	
1.1.1.192	long-chain dehydrogenase, long-chain-alcohol dehydrogenase, v. 18 | p. 154	
6.2.1.3	long-chain fatty-acid-CoA ligase 3, Long-chain-fatty-acid-CoA ligase, v. 2 | p. 206	
1.14.19.3	long-chain fatty acid $\Delta 6$-desaturase, linoleoyl-CoA desaturase, v. 27 | p. 217	
1.14.19.1	long-chain fatty acid $\Delta 9$-desaturase, stearoyl-CoA 9-desaturase, v. 27 | p. 194	
6.2.1.3	long-chain fatty acid:CoA ligase, Long-chain-fatty-acid-CoA ligase, v. 2 | p. 206	
1.1.3.20	long-chain fatty acid oxidase, long-chain-alcohol oxidase, v. 19 | p. 169	
6.2.1.3	long-chain fatty acyl-CoA synthetase, Long-chain-fatty-acid-CoA ligase, v. 2 | p. 206	
3.1.2.2	long-chain fatty acyl-CoA thioesterase, palmitoyl-CoA hydrolase, v. 9 | p. 459	
6.2.1.3	Long-chain fatty acyl coenzyme A synthetase, Long-chain-fatty-acid-CoA ligase, v. 2 | p. 206	

1.1.3.20	long-chain fatty alcohol oxidase, long-chain-alcohol oxidase, v. 19 | p. 169	
1.2.1.48	long-chain fatty aldehyde dehydrogenase, long-chain-aldehyde dehydrogenase, v. 20 | p. 338	
1.1.1.211	long-chain L-3 hydroxyacyl-CoA dehydrogenase, long-chain-3-hydroxyacyl-CoA dehydrogenase, v. 18 | p. 280	
1.1.1.17	long-chain mannitol-1-phosphate 5-dehydrogenase, mannitol-1-phosphate 5-dehydrogenase, v. 16 | p. 180	
6.2.1.3	long-chain polyunsaturated fatty acid acyl-coenzyme A synthetase, Long-chain-fatty-acid-CoA ligase, v. 2 | p. 206	
3.5.1.14	long acyl amidoacylase, aminoacylase, v. 14 | p. 317	
1.3.99.13	long chain acyl-CoA dehydrogenase, long-chain-acyl-CoA dehydrogenase, v. 21 | p. 561	
3.1.2.20	long chain acyl-CoA hydrolase, acyl-CoA hydrolase, v. 9 | p. 539	
3.1.2.2	long chain acyl-CoA hydrolase, palmitoyl-CoA hydrolase, v. 9 | p. 459	
1.3.3.6	long chain acyl-CoA oxidase, acyl-CoA oxidase, v. 21 | p. 401	
6.2.1.3	long chain acyl-CoA synthetase, Long-chain-fatty-acid-CoA ligase, v. 2 | p. 206	
6.2.1.3	long chain acyl-CoA synthetase 1, Long-chain-fatty-acid-CoA ligase, v. 2 | p. 206	
6.2.1.3	long chain acyl-CoA synthetase 2, Long-chain-fatty-acid-CoA ligase, v. 2 | p. 206	
6.2.1.3	long chain acyl-CoA synthetase 3, Long-chain-fatty-acid-CoA ligase, v. 2 | p. 206	
6.2.1.3	long chain acyl-CoA synthetase 4, Long-chain-fatty-acid-CoA ligase, v. 2 | p. 206	
6.2.1.3	long chain acyl-CoA synthetase 5, Long-chain-fatty-acid-CoA ligase, v. 2 | p. 206	
3.1.2.20	long chain acyl-CoA thioesterase, acyl-CoA hydrolase, v. 9 | p. 539	
3.1.2.2	long chain acyl-CoA thioesterase, palmitoyl-CoA hydrolase, v. 9 | p. 459	
3.1.2.2	long chain acyl-CoA thioester hydrolase, palmitoyl-CoA hydrolase, v. 9 | p. 459	
3.5.1.82	Long chain acyl aminoacylase, N-Acyl-D-glutamate deacylase, v. 14 | p. 610	
1.1.3.20	long chain alcohol oxidase, long-chain-alcohol oxidase, v. 19 | p. 169	
3.1.2.20	long chain fatty-acyl-CoA hydrolase, acyl-CoA hydrolase, v. 9 | p. 539	
3.1.2.2	long chain fatty-acyl-CoA hydrolase, palmitoyl-CoA hydrolase, v. 9 | p. 459	
3.1.2.20	long chain fatty-acyl-CoA thioesterase, acyl-CoA hydrolase, v. 9 | p. 539	
3.1.2.2	long chain fatty-acyl-CoA thioesterase, palmitoyl-CoA hydrolase, v. 9 | p. 459	
1.1.3.20	long chain fatty acid oxidase, long-chain-alcohol oxidase, v. 19 | p. 169	
1.11.1.3	long chain fatty acid peroxidase, fatty-acid peroxidase, v. 25 | p. 182	
6.2.1.3	Long chain fatty acyl-CoA synthetase, Long-chain-fatty-acid-CoA ligase, v. 2 | p. 206	
6.2.1.3	long chain fatty acyl-CoA synthetase 5, Long-chain-fatty-acid-CoA ligase, v. 2 | p. 206	
6.2.1.3	Long chain fatty acyl CoA ligase, Long-chain-fatty-acid-CoA ligase, v. 2 | p. 206	
1.1.3.13	long chain fatty alcohol oxidase, alcohol oxidase, v. 19 | p. 115	
1.1.3.20	long chain fatty alcohol oxidase, long-chain-alcohol oxidase, v. 19 | p. 169	
1.1.3.15	long chain hydroxy acid oxidase, (S)-2-hydroxy-acid oxidase, v. 19 | p. 129	
2.7.11.18	long chain myosin light chain kinase, myosin-light-chain kinase, v. S4 | p. 54	
2.3.1.24	longevity assurance factor 1, sphingosine N-acyltransferase, v. 29 | p. 455	
2.3.1.24	longevity assurance homolog 5, sphingosine N-acyltransferase, v. 29 | p. 455	
2.3.1.24	longevity assurance homologue 3, sphingosine N-acyltransferase, v. 29 | p. 455	
2.3.1.24	longevity assurance protein 1, sphingosine N-acyltransferase, v. 29 | p. 455	
2.7.11.18	long myosin light chain kinase, myosin-light-chain kinase, v. S4 | p. 54	
3.4.21.53	lon protease, Endopeptidase La, v. 7 | p. 241	
3.4.21.53	Lon proteinase, Endopeptidase La, v. 7 | p. 241	
3.4.21.53	lonR9, Endopeptidase La, v. 7 | p. 241	
3.4.21.53	lonS, Endopeptidase La, v. 7 | p. 241	
3.4.21.53	lonTK, Endopeptidase La, v. 7 | p. 241	
3.4.21.53	lonV, Endopeptidase La, v. 7 | p. 241	
3.6.1.15	P-loop NTPase, nucleoside-triphosphatase, v. 15 | p. 365	
3.4.21.60	Lopap, Scutelarin, v. 7 | p. 277	
2.4.1.30	LOPase, 1,3-β-oligoglucan phosphorylase, v. 31 | p. 302	
1.5.1.8	LOR, saccharopine dehydrogenase (NADP+, L-lysine-forming), v. 23 | p. 84	
1.5.1.9	LOR-SDH, saccharopine dehydrogenase (NAD+, L-glutamate-forming), v. 23 | p. 97	
1.5.1.8	LOR-SDH, saccharopine dehydrogenase (NADP+, L-lysine-forming), v. 23 | p. 84	

5.4.99.8	Lotus japonicus, Cycloartenol synthase, v.1|p.631	
2.3.1.161	lovastatin nonaketide synthase, lovastatin nonaketide synthase, v.30|p.433	
2.3.1.161	LovB, lovastatin nonaketide synthase, v.30|p.433	
3.1.4.17	Low-affinity cAMP phosphodiesterase, 3′,5′-cyclic-nucleotide phosphodiesterase, v.11|p.116	
2.7.11.29	low-density-lipoprotein receptor kinase (phosphorylating), low-density-lipoprotein receptor kinase, v.S4|p.337	
2.7.11.29	low-density lipoprotein receptor kinase, low-density-lipoprotein receptor kinase, v.S4|p.337	
1.1.1.2	low-Km aldehyde reductase, alcohol dehydrogenase (NADP+), v.16|p.45	
4.1.2.5	Low-specificity L-TA, Threonine aldolase, v.3|p.425	
4.1.2.5	Low-specificity L-threonine aldolase, Threonine aldolase, v.3|p.425	
4.1.2.5	low-specificity TA, Threonine aldolase, v.3|p.425	
3.1.1.3	low-temperature-active lipase, triacylglycerol lipase, v.9|p.36	
3.1.8.1	low activity paraoxonase, aryldialkylphosphatase, v.11|p.343	
3.4.24.66	Low choriolytic enzyme, choriolysin L, v.8|p.541	
3.4.24.12	Low choriolytic enzyme, envelysin, v.8|p.248	
3.1.3.36	Lowe's oculocerebrorenal syndrome protein, phosphoinositide 5-phosphatase, v.10|p.339	
3.1.3.2	low molecular mass acid phosphatase, acid phosphatase, v.10|p.31	
3.1.3.48	low molecular weight-PTP, protein-tyrosine-phosphatase, v.10|p.407	
3.1.3.2	low molecular weight acid phosphatase, acid phosphatase, v.10|p.31	
3.1.3.48	Low molecular weight cytosolic acid phosphatase, protein-tyrosine-phosphatase, v.10|p.407	
3.1.3.1	Low molecular weight phosphatase, alkaline phosphatase, v.10|p.1	
3.1.3.2	Low molecular weight phosphotyrosine protein phosphatase, acid phosphatase, v.10|p.31	
3.2.1.1	Low pI α-amylase, α-amylase, v.12|p.1	
4.1.2.42	low specificity D-TA, D-threonine aldolase, v.S7|p.42	
4.1.2.42	low specificity D-threonine aldolase, D-threonine aldolase, v.S7|p.42	
1.13.11.31	11R-LOX, arachidonate 12-lipoxygenase, v.25|p.568	
1.13.11.31	12-LOX, arachidonate 12-lipoxygenase, v.25|p.568	
1.13.11.31	12/15-LOX, arachidonate 12-lipoxygenase, v.25|p.568	
1.13.11.33	12/15-LOX, arachidonate 15-lipoxygenase, v.25|p.585	
1.13.11.31	12R-LOX, arachidonate 12-lipoxygenase, v.25|p.568	
1.13.11.12	13-LOX, lipoxygenase, v.25|p.473	
1.13.11.33	15-LOX, arachidonate 15-lipoxygenase, v.25|p.585	
1.13.11.34	5-LOX, arachidonate 5-lipoxygenase, v.25|p.591	
1.13.11.40	8-LOX, arachidonate 8-lipoxygenase, v.25|p.627	
1.13.11.40	8R-LOX, arachidonate 8-lipoxygenase, v.25|p.627	
1.13.11.40	8S-LOX, arachidonate 8-lipoxygenase, v.25|p.627	
1.13.11.12	LOX, lipoxygenase, v.25|p.473	
1.4.3.13	LOX, protein-lysine 6-oxidase, v.22|p.341	
1.13.11.31	P-12LOX, arachidonate 12-lipoxygenase, v.25|p.568	
1.13.11.33	15-LOX-1, arachidonate 15-lipoxygenase, v.25|p.585	
1.13.11.34	5LOX-1, arachidonate 5-lipoxygenase, v.25|p.591	
1.13.11.12	LOX-1, lipoxygenase, v.25|p.473	
1.13.11.31	12R-LOX-2, arachidonate 12-lipoxygenase, v.25|p.568	
1.13.11.33	15-LOX-2, arachidonate 15-lipoxygenase, v.25|p.585	
1.13.11.12	LOX-3, lipoxygenase, v.25|p.473	
1.13.11.33	15-LOX-A, arachidonate 15-lipoxygenase, v.25|p.585	
1.4.3.13	LOX-like protein, protein-lysine 6-oxidase, v.22|p.341	
1.4.3.13	LOX-PP, protein-lysine 6-oxidase, v.22|p.341	
1.13.11.33	15S-LOX1, arachidonate 15-lipoxygenase, v.25|p.585	
1.13.11.33	15-LOX2, arachidonate 15-lipoxygenase, v.25|p.585	
1.13.11.12	LOX2, lipoxygenase, v.25|p.473	
1.13.11.33	LoxA, arachidonate 15-lipoxygenase, v.25|p.585	

1.4.3.13	LOXL, protein-lysine 6-oxidase, v. 22 | p. 341	
1.4.3.13	LOXL-2, protein-lysine 6-oxidase, v. 22 | p. 341	
1.4.3.13	LOXL1, protein-lysine 6-oxidase, v. 22 | p. 341	
1.4.3.13	LOXL1 protein, protein-lysine 6-oxidase, v. 22 | p. 341	
1.4.3.13	Loxl2, protein-lysine 6-oxidase, v. 22 | p. 341	
1.4.3.13	LOXL2a, protein-lysine 6-oxidase, v. 22 | p. 341	
1.4.3.13	LOXL3-sv1, protein-lysine 6-oxidase, v. 22 | p. 341	
1.4.3.13	LOXL3a, protein-lysine 6-oxidase, v. 22 | p. 341	
1.4.3.13	LOXL3b, protein-lysine 6-oxidase, v. 22 | p. 341	
1.4.3.13	LOXL4, protein-lysine 6-oxidase, v. 22 | p. 341	
1.4.3.13	LOXL5a, protein-lysine 6-oxidase, v. 22 | p. 341	
1.4.3.13	LOXL5b, protein-lysine 6-oxidase, v. 22 | p. 341	
1.13.11.12	LOX type I-B, lipoxygenase, v. 25 | p. 473	
3.4.21.12	αLP, α-lytic endopeptidase, v. 7 | p. 66	
3.2.1.4	Lp-egl-1, cellulase, v. 12 | p. 88	
3.1.1.47	Lp-PLA2, 1-alkyl-2-acetylglycerophosphocholine esterase, v. 9 | p. 320	
3.1.1.4	Lp-PLA2, phospholipase A2, v. 9 | p. 52	
3.2.1.153	Lp1-FEHa, fructan β-(2,1)-fructosidase, v. S5 | p. 144	
3.4.21.96	LP151, Lactocepin, v. 7 | p. 460	
3.1.3.2	LPA-phosphatase, acid phosphatase, v. 10 | p. 31	
2.3.1.51	LPA acyltransferase, 1-acylglycerol-3-phosphate O-acyltransferase, v. 29 | p. 670	
2.3.1.51	LPAAT, 1-acylglycerol-3-phosphate O-acyltransferase, v. 29 | p. 670	
2.3.1.15	LPAAT-theta, glycerol-3-phosphate O-acyltransferase, v. 29 | p. 347	
2.3.1.15	LPAAT-zeta, glycerol-3-phosphate O-acyltransferase, v. 29 | p. 347	
2.3.1.67	lpafat1, 1-alkylglycerophosphocholine O-acetyltransferase, v. 30 | p. 37	
2.3.1.51	LPAT, 1-acylglycerol-3-phosphate O-acyltransferase, v. 29 | p. 670	
2.3.1.23	LPAT, 1-acylglycerophosphocholine O-acyltransferase, v. 29 | p. 440	
3.1.1.32	LPC, phospholipase A1, v. 9 | p. 252	
2.3.1.23	LPCAT, 1-acylglycerophosphocholine O-acyltransferase, v. 29 | p. 440	
2.3.1.23	LPCAT1, 1-acylglycerophosphocholine O-acyltransferase, v. 29 | p. 440	
2.3.1.23	LPCAT3, 1-acylglycerophosphocholine O-acyltransferase, v. 29 | p. 440	
1.8.1.4	LPD, dihydrolipoyl dehydrogenase, v. 24 | p. 463	
1.8.1.4	LPD-GLC, dihydrolipoyl dehydrogenase, v. 24 | p. 463	
1.8.1.4	LPD-VAL, dihydrolipoyl dehydrogenase, v. 24 | p. 463	
1.8.1.4	LPD1, dihydrolipoyl dehydrogenase, v. 24 | p. 463	
1.8.1.8	LpdA, protein-disulfide reductase, v. 24 | p. 514	
1.8.1.4	LpdC, dihydrolipoyl dehydrogenase, v. 24 | p. 463	
6.3.2.19	Lpg2830, Ubiquitin-protein ligase, v. 2 | p. 506	
2.3.1.23	LPGAT1, 1-acylglycerophosphocholine O-acyltransferase, v. 29 | p. 440	
2.3.2.3	LPG synthetase, lysyltransferase, v. 30 | p. 498	
3.2.1.62	LPH, glycosylceramidase, v. 13 | p. 168	
3.2.1.108	LPH, lactase, v. 13 | p. 443	
3.7.1.4	LPH, phloretin hydrolase, v. 15 | p. 842	
3.4.14.9	LPIC, tripeptidyl-peptidase I, v. 6 | p. 316	
3.1.1.34	LPL, lipoprotein lipase, v. 9 | p. 266	
3.1.1.5	LPL, lysophospholipase, v. 9 | p. 82	
3.1.1.3	LPL, triacylglycerol lipase, v. 9 | p. 36	
3.1.1.5	LPL1, lysophospholipase, v. 9 | p. 82	
2.7.7.63	LPLA, lipoate-protein ligase, v. S2 | p. 320	
3.1.1.5	LPLA, lysophospholipase, v. 9 | p. 82	
2.7.7.63	LplA1, lipoate-protein ligase, v. S2 | p. 320	
2.7.7.63	Lpla2, lipoate-protein ligase, v. S2 | p. 320	
3.1.1.4	Lpla2, phospholipase A2, v. 9 | p. 52	
3.1.1.5	LPLase, lysophospholipase, v. 9 | p. 82	
3.1.4.39	LPLD, alkylglycerophosphoethanolamine phosphodiesterase, v. 11 | p. 187	

4.2.99.18	LplExo, DNA-(apurinic or apyrimidinic site) lyase, v. 5 | p. 150	
1.11.1.7	LPO, peroxidase, v. 25 | p. 211	
1.3.1.33	LPOR, protochlorophyllide reductase, v. 21 | p. 200	
3.1.3.4	LPP, phosphatidate phosphatase, v. 10 | p. 82	
3.1.3.4	LPP-1, phosphatidate phosphatase, v. 10 | p. 82	
3.1.3.4	LPP1, phosphatidate phosphatase, v. 10 | p. 82	
3.1.3.4	LPP1-encoded lipid phosphatase, phosphatidate phosphatase, v. 10 | p. 82	
3.1.3.4	Lpp1p, phosphatidate phosphatase, v. 10 | p. 82	
3.1.3.4	LPP2, phosphatidate phosphatase, v. 10 | p. 82	
3.1.3.4	LPP3, phosphatidate phosphatase, v. 10 | p. 82	
3.1.1.47	LpPLA2, 1-alkyl-2-acetylglycerophosphocholine esterase, v. 9 | p. 320	
3.1.3.4	LPPR2, phosphatidate phosphatase, v. 10 | p. 82	
3.1.3.4	LPR, phosphatidate phosphatase, v. 10 | p. 82	
3.1.3.4	LPR-1, phosphatidate phosphatase, v. 10 | p. 82	
3.1.3.4	LPR-2, phosphatidate phosphatase, v. 10 | p. 82	
3.1.3.4	LPR-3, phosphatidate phosphatase, v. 10 | p. 82	
3.1.3.4	LPR-4, phosphatidate phosphatase, v. 10 | p. 82	
3.1.3.4	LPR1, phosphatidate phosphatase, v. 10 | p. 82	
3.4.22.46	Lpro, L-peptidase, v. 7 | p. 751	
2.7.7.48	L protein, RNA-directed RNA polymerase, v. 38 | p. 468	
1.4.4.2	L protein, glycine dehydrogenase (decarboxylating), v. 22 | p. 371	
3.4.22.46	L proteinase, L-peptidase, v. 7 | p. 751	
1.11.1.7	LPS, peroxidase, v. 25 | p. 211	
3.1.1.5	h-LPTA, lysophospholipase, v. 9 | p. 82	
2.3.1.129	LpxA, acyl-[acyl-carrier-protein]-UDP-N-acetylglucosamine O-acyltransferase, v. 30 | p. 316	
2.4.1.182	LpxB, lipid-A-disaccharide synthase, v. 32 | p. 433	
2.3.1.184	LqsA, acyl-homoserine-lactone synthase, v. S2 | p. 140	
3.4.11.6	LRAP, aminopeptidase B, v. 6 | p. 92	
2.3.1.135	LRAT, phosphatidylcholine-retinol O-acyltransferase, v. 30 | p. 339	
2.3.1.136	LRAT, polysialic-acid O-acyltransferase, v. 30 | p. 348	
1.1.1.138	LRMDH, mannitol 2-dehydrogenase (NADP+), v. 17 | p. 403	
3.1.26.4	LRNase HII, calf thymus ribonuclease H, v. 11 | p. 517	
3.1.3.48	LRP, protein-tyrosine-phosphatase, v. 10 | p. 407	
2.5.1.17	LrPduO, cob(I)yrinic acid a,c-diamide adenosyltransferase, v. 33 | p. 517	
1.5.1.12	LRRP Ba1-651, 1-pyrroline-5-carboxylate dehydrogenase, v. 23 | p. 122	
4.2.3.16	LS, (4S)-limonene synthase, v. S7 | p. 267	
1.14.13.87	LS, licodione synthase, v. S1 | p. 568	
2.8.1.8	LS, lipoyl synthase, v. S4 | p. 478	
1.1.1.1	LSADH, alcohol dehydrogenase, v. 16 | p. 1	
1.4.3.22	LSAO, diamine oxidase	
1.4.3.21	LSAO, primary-amine oxidase	
2.7.1.67	Lsb6, 1-phosphatidylinositol 4-kinase, v. 36 | p. 176	
2.7.1.67	Lsb6p, 1-phosphatidylinositol 4-kinase, v. 36 | p. 176	
3.2.1.54	LsCda13, cyclomaltodextrinase, v. 13 | p. 95	
2.4.1.16	LsCHS-1, chitin synthase, v. 31 | p. 147	
1.13.11.43	LSD, lignostilbene $\alpha\beta$-dioxygenase, v. 25 | p. 649	
3.2.1.11	LSD1, dextranase, v. 12 | p. 173	
2.4.1.10	LsdA, levansucrase, v. 31 | p. 76	
3.2.1.65	LsdB, levanase, v. 13 | p. 186	
3.1.1.53	Lse, sialate O-acetylesterase, v. 9 | p. 344	
2.7.10.2	LSK, non-specific protein-tyrosine kinase, v. S2 | p. 441	
2.1.1.127	LSMT, [ribulose-bisphosphate carboxylase]-lysine N-methyltransferase, v. 28 | p. 586	
1.13.11.51	LsNCED1, 9-cis-epoxycarotenoid dioxygenase, v. S1 | p. 436	
1.13.11.51	LsNCED2, 9-cis-epoxycarotenoid dioxygenase, v. S1 | p. 436	

1.13.11.51	LsNCED3, 9-cis-epoxycarotenoid dioxygenase, v. S1 | p. 436	
1.13.11.51	LsNCED4, 9-cis-epoxycarotenoid dioxygenase, v. S1 | p. 436	
3.2.1.54	Lsp26X-Mdase, cyclomaltodextrinase, v. 13 | p. 95	
3.4.23.36	LspA, Signal peptidase II, v. 8 | p. 170	
4.3.1.24	LsPAL1, phenylalanine ammonia-lyase	
3.6.3.50	lspDE, protein-secreting ATPase, v. 15 | p. 737	
3.4.24.75	Lspn, lysostaphin, v. 8 | p. 576	
4.4.1.21	lsrR, S-ribosylhomocysteine lyase, v. S7 | p. 400	
2.8.2.21	LSST, keratan sulfotransferase, v. 39 | p. 430	
3.1.1.3	LST-03 lipase, triacylglycerol lipase, v. 9 | p. 36	
2.7.2.4	LT-aspartokinase, aspartate kinase, v. 37 | p. 314	
4.1.2.5	LTA, Threonine aldolase, v. 3 | p. 425	
3.3.2.6	LTA-4 hydrolase, leukotriene-A4 hydrolase, v. 14 | p. 178	
3.3.2.6	LTA4H, leukotriene-A4 hydrolase, v. 14 | p. 178	
3.3.2.6	LTA4 hydrolase, leukotriene-A4 hydrolase, v. 14 | p. 178	
1.13.11.31	LTA4 synthase, arachidonate 12-lipoxygenase, v. 25 | p. 568	
1.13.11.34	LTA4 synthase, arachidonate 5-lipoxygenase, v. 25 | p. 591	
1.13.11.34	LTA synthase, arachidonate 5-lipoxygenase, v. 25 | p. 591	
1.14.13.30	LTB4 ω-hydroxylase, leukotriene-B4 20-monooxygenase, v. 26 | p. 390	
1.3.1.48	LTB4 12-HD/PGR, 15-oxoprostaglandin 13-oxidase, v. 21 | p. 263	
1.3.1.74	LTB4 12-HD/PGR, 2-alkenal reductase, v. 21 | p. 336	
1.3.1.74	LTB4 12-hydroxydehydrogenase, 2-alkenal reductase, v. 21 | p. 336	
1.14.13.30	LTB4 20-hydroxylase, leukotriene-B4 20-monooxygenase, v. 26 | p. 390	
1.14.13.30	LTB4 ω hydroxylase, leukotriene-B4 20-monooxygenase, v. 26 | p. 390	
4.4.1.20	LTC4S, leukotriene-C4 synthase, v. S7 | p. 388	
4.4.1.20	LTC4 synthase, leukotriene-C4 synthase, v. S7 | p. 388	
4.4.1.20	LTC4 synthetase, leukotriene-C4 synthase, v. S7 | p. 388	
4.4.1.20	LTCS, leukotriene-C4 synthase, v. S7 | p. 388	
2.7.10.1	ltk receptor tyrosine kinase, receptor protein-tyrosine kinase, v. S2 | p. 341	
1.3.3.10	LTO, tryptophan α,β-oxidase, v. S1 | p. 251	
6.3.2.19	LubX, Ubiquitin-protein ligase, v. 2 | p. 506	
1.13.12.7	Luc, Photinus-luciferin 4-monooxygenase (ATP-hydrolysing), v. 25 | p. 711	
1.13.12.5	Luc, Renilla-luciferin 2-monooxygenase, v. 25 | p. 704	
4.2.2.1	LUCA-1, hyaluronate lyase, v. 5 | p. 1	
4.2.2.1	LUCA-2, hyaluronate lyase, v. 5 | p. 1	
1.13.12.8	luciferase, Watasenia-luciferin 2-monooxygenase, v. 25 | p. 722	
1.14.14.3	luciferase, alkanal monooxygenase (FMN-linked), v. 26 | p. 595	
1.13.12.6	luciferase (Cypridina luciferin), Cypridina-luciferin 2-monooxygenase, v. 25 | p. 708	
1.13.12.7	luciferase (firefly luciferin), Photinus-luciferin 4-monooxygenase (ATP-hydrolysing), v. 25 | p. 711	
1.14.99.21	luciferase (Latia luciferin), Latia-luciferin monooxygenase (demethylating), v. 27 | p. 347	
1.13.12.8	luciferase (Photobacterium leiognathi), Watasenia-luciferin 2-monooxygenase, v. 25 | p. 722	
1.13.12.5	luciferase (Renilla luciferin), Renilla-luciferin 2-monooxygenase, v. 25 | p. 704	
6.2.1.3	luciferase-like protein, Long-chain-fatty-acid-CoA ligase, v. 2 | p. 206	
2.8.2.10	luciferin sulfokinase, Renilla-luciferin sulfotransferase, v. 39 | p. 365	
2.8.2.10	luciferin sulfokinase(3'-phosphoadenylyl sulfate:luciferin sulfotransferase), Renilla-luciferin sulfotransferase, v. 39 | p. 365	
2.8.2.10	luciferin sulfotransferase, Renilla-luciferin sulfotransferase, v. 39 | p. 365	
3.2.2.22	luffaculin I, rRNA N-glycosylase, v. 14 | p. 107	
3.2.2.22	luffin P1, rRNA N-glycosylase, v. 14 | p. 107	
4.1.2.37	LuHNL, hydroxynitrilase, v. 3 | p. 569	
3.6.1.6	lumenal ecto-nucleoside di-phosphohydrolase, nucleoside-diphosphatase, v. 15 | p. 283	
3.6.1.6	lumenal uridine diphosphatase, nucleoside-diphosphatase, v. 15 | p. 283	
2.4.1.222	Lunatic Fringe, O-fucosylpeptide 3-β-N-acetylglucosaminyltransferase, v. 32 | p. 599	

2.4.1.222	lunatic fringe glycosyltransferase, O-fucosylpeptide 3-β-N-acetylglucosaminyltransferase, v. 32 | p. 599
2.3.1.23	lung-type acyl-CoA:lysophosphatidylcholine acyltransferase 1, 1-acylglycerophosphocholine O-acyltransferase, v. 29 | p. 440
3.4.21.59	Lung tryptase, Tryptase, v. 7 | p. 265
2.5.1.50	lupinic acid synthase, zeatin 9-aminocarboxyethyltransferase, v. 34 | p. 133
2.5.1.50	lupinic acid synthetase, zeatin 9-aminocarboxyethyltransferase, v. 34 | p. 133
3.2.2.16	lupin MeSAdo nucleosidase, methylthioadenosine nucleosidase, v. 14 | p. 78
3.1.1.11	luPME, pectinesterase, v. 9 | p. 136
2.4.1.190	luteolin-7-O-glucuronide 7-O-glucuronosyltransferase, luteolin-7-O-glucuronide 2-O-glucuronosyltransferase, v. 32 | p. 462
2.1.1.42	luteolin 3'-O-methyltransferase, luteolin O-methyltransferase, v. 28 | p. 231
2.1.1.42	luteolin methyltransferase, luteolin O-methyltransferase, v. 28 | p. 231
1.14.14.3	LuxA, alkanal monooxygenase (FMN-linked), v. 26 | p. 595
1.13.12.8	LuxAB, Watasenia-luciferin 2-monooxygenase, v. 25 | p. 722
1.14.14.3	LuxAB, alkanal monooxygenase (FMN-linked), v. 26 | p. 595
1.14.14.3	LuxB, alkanal monooxygenase (FMN-linked), v. 26 | p. 595
1.5.1.29	LuxG, FMN reductase, v. 23 | p. 217
2.3.1.184	LuxI, acyl-homoserine-lactone synthase, v. S2 | p. 140
2.3.1.184	LuxI protein, acyl-homoserine-lactone synthase, v. S2 | p. 140
2.3.1.184	LuxM, acyl-homoserine-lactone synthase, v. S2 | p. 140
4.4.1.21	LuxS, S-ribosylhomocysteine lyase, v. S7 | p. 400
4.4.1.21	LuxS protein, S-ribosylhomocysteine lyase, v. S7 | p. 400
3.4.21.95	LVV-V, Snake venom factor V activator, v. 7 | p. 457
4.1.2.30	17,20 lyase, 17α-Hydroxyprogesterone aldolase, v. 3 | p. 549
4.1.2.30	17-20 lyase, 17α-Hydroxyprogesterone aldolase, v. 3 | p. 549
4.1.2.30	C-17,20 lyase, 17α-Hydroxyprogesterone aldolase, v. 3 | p. 549
4.4.1.4	C-S-lyase, alliin lyase, v. 5 | p. 313
4.4.1.1	C-S-lyase, cystathionine γ-lyase, v. 5 | p. 297
4.1.2.27	S-1-P-lyase, Sphinganine-1-phosphate aldolase, v. 3 | p. 540
4.4.1.13	β-lyase, cysteine-S-conjugate β-lyase, v. 5 | p. 370
5.5.1.10	lyase, α-pinene oxide, α-pinene-oxide decyclase, v. 1 | p. 713
4.1.3.32	Lyase, 2,3-dimethylmalate, 2,3-Dimethylmalate lyase, v. 4 | p. 186
4.1.3.26	Lyase, 3-hydroxy-3-isohexenylglutaryl coenzyme A, 3-Hydroxy-3-isohexenylglutaryl-CoA lyase, v. 4 | p. 158
4.3.3.1	lyase, 3-ketovalidoxylamine A C-N-, 3-ketovalidoxylamine C-N-lyase, v. 5 | p. 282
4.1.2.37	Lyase, acetone-cyanohydrin, hydroxynitrilase, v. 3 | p. 569
4.1.3.3	Lyase, acetylneuraminate, N-acetylneuraminate lyase, v. 4 | p. 24
4.3.2.2	lyase, adenylosuccinate, adenylosuccinate lyase, v. 5 | p. 263
4.2.2.3	lyase, alginate, poly(β-D-mannuronate) lyase, v. 5 | p. 19
4.99.1.2	lyase, alkylmercury, alkylmercury lyase, v. 5 | p. 488
4.4.1.4	lyase, alliin, alliin lyase, v. 5 | p. 313
4.3.2.1	lyase, argininosuccinate, argininosuccinate lyase, v. 5 | p. 255
4.1.2.38	lyase, benzaldehyde, benzoin aldolase, v. 3 | p. 573
4.2.99.12	lyase, carboxymethyloxysuccinate, carboxymethyloxysuccinate lyase, v. 5 | p. 134
4.2.2.5	lyase, chondroitin AC, chondroitin AC lyase, v. 5 | p. 31
4.2.2.19	lyase, chondroitin B, chondroitin B lyase, v. S7 | p. 152
4.1.3.22	lyase, citramalate, citramalate lyase, v. 4 | p. 145
4.1.3.25	lyase, citramalyl coenzyme A, citramalyl-CoA lyase, v. 4 | p. 155
4.1.3.6	lyase, citrate, citrate (pro-3S)-lyase, v. 4 | p. 47
4.4.1.8	lyase, cystathionine β-, cystathionine β-lyase, v. 5 | p. 341
4.4.1.1	lyase, cystathionine γ-, cystathionine γ-lyase, v. 5 | p. 297
4.4.1.10	lyase, cysteine (sulfite), cysteine lyase, v. 5 | p. 358
4.4.1.13	lyase, cysteine conjugate.β., cysteine-S-conjugate β-lyase, v. 5 | p. 370

4.1.99.3	lyase, deoxyribonucleate pyrimidine dimer, deoxyribodipyrimidine photo-lyase, v. 4 | p. 223	
4.2.2.9	lyase, exopolygalacturonate, pectate disaccharide-lyase, v. 5 | p. 50	
4.1.2.33	lyase, fucosterol epoxide, fucosterol-epoxide lyase, v. 3 | p. 559	
4.2.2.1	lyase, glucuronoglycosaminoglycan, hyaluronate lyase, v. 5 | p. 1	
4.2.2.7	Lyase, heparin, heparin lyase, v. 5 | p. 41	
4.2.2.8	lyase, heparin sulfate, heparin-sulfate lyase, v. 5 | p. 46	
4.2.2.1	lyase, hyaluronate, hyaluronate lyase, v. 5 | p. 1	
4.1.2.11	Lyase, hydroxymandelonitrile, Hydroxymandelonitrile lyase, v. 3 | p. 448	
4.1.3.1	lyase, isocitrate, isocitrate lyase, v. 4 | p. 1	
4.4.1.5	lyase, lactoylglutathione, lactoylglutathione lyase, v. 5 | p. 322	
4.1.3.24	lyase, malyl coenzyme A, malyl-CoA lyase, v. 4 | p. 151	
4.1.2.10	Lyase, mandelonitrile, Mandelonitrile lyase, v. 3 | p. 440	
4.4.1.11	lyase, methionine, methionine γ-lyase, v. 5 | p. 361	
4.1.3.30	Lyase, methylisocitrate, Methylisocitrate lyase, v. 4 | p. 178	
4.2.2.6	lyase, oligogalacturonide, oligogalacturonide lyase, v. 5 | p. 37	
4.1.3.13	Lyase, oxalomalate, Oxalomalate lyase, v. 4 | p. 95	
4.2.2.2	lyase, pectate, pectate lyase, v. 5 | p. 6	
4.2.2.10	lyase, pectin, pectin lyase, v. 5 | p. 55	
4.3.2.5	lyase, peptidyl-α hydroxyglycine, peptidylamidoglycolate lyase, v. 5 | p. 278	
4.2.2.11	lyase, polyguluronate, poly(α-L-guluronate) lyase, v. 5 | p. 64	
4.4.1.6	lyase, S-alkylcysteine, S-alkylcysteine lyase, v. 5 | p. 336	
4.3.2.3	lyase, ureidoglycolate, ureidoglycolate lyase, v. 5 | p. 271	
4.2.2.12	lyase, xanthan, xanthan lyase, v. 5 | p. 68	
4.4.1.1	C-S-lyase1, cystathionine γ-lyase, v. 5 | p. 297	
4.4.1.1	C-S-lyase2, cystathionine γ-lyase, v. 5 | p. 297	
4.4.1.1	C-S-lyase3, cystathionine γ-lyase, v. 5 | p. 297	
4.4.1.1	C-S-lyase4, cystathionine γ-lyase, v. 5 | p. 297	
3.2.1.26	Lyc e 2.01, β-fructofuranosidase, v. 12 | p. 451	
3.2.1.26	Lyc e 2.02, β-fructofuranosidase, v. 12 | p. 451	
3.4.14.5	lymphocyte, antigen CD26, dipeptidyl-peptidase IV, v. 6 | p. 286	
2.7.11.1	Lymphocyte-oriented kinase, non-specific serine/threonine protein kinase, v. S3 | p. 1	
3.5.3.6	lymphocyte blastogenesis inhibitory factor, arginine deiminase, v. 14 | p. 776	
3.2.2.5	Lymphocyte differentiation antigen CD38, NAD+ nucleosidase, v. 14 | p. 25	
3.4.21.79	Lymphocyte protease, Granzyme B, v. 7 | p. 393	
3.1.3.48	lymphoid-specific tyrosine phosphatase, protein-tyrosine-phosphatase, v. 10 | p. 407	
3.6.1.5	Lymphoid cell activation antigen, apyrase, v. 15 | p. 269	
3.1.3.48	Lymphoid phosphatase, protein-tyrosine-phosphatase, v. 10 | p. 407	
3.4.11.4	lymphopeptidase, tripeptide aminopeptidase, v. 6 | p. 75	
2.7.10.2	Lyn, non-specific protein-tyrosine kinase, v. S2 | p. 441	
2.7.10.2	Lyn protein tyrosine kinase, non-specific protein-tyrosine kinase, v. S2 | p. 441	
2.7.10.2	Lyn tyrosine kinase, non-specific protein-tyrosine kinase, v. S2 | p. 441	
1.4.3.14	LyOx, L-lysine oxidase, v. 22 | p. 346	
3.1.3.48	LyP, protein-tyrosine-phosphatase, v. 10 | p. 407	
3.4.11.2	Lys-AP, membrane alanyl aminopeptidase, v. 6 | p. 53	
2.6.1.71	lys-AT, lysine-pyruvate 6-transaminase, v. 35 | p. 47	
3.4.21.50	Lys-C, lysyl endopeptidase, v. 7 | p. 231	
3.4.22.47	Lys-gingipain, gingipain K, v. S6 | p. 1	
3.2.1.17	Lys-rich lysozyme 2, lysozyme, v. 12 | p. 228	
1.2.1.31	Lys1p, L-aminoadipate-semialdehyde dehydrogenase, v. 20 | p. 262	
2.3.3.14	LYS20, homocitrate synthase, v. 30 | p. 688	
2.3.3.14	LYS21, homocitrate synthase, v. 30 | p. 688	
3.2.1.17	Lys411, lysozyme, v. 12 | p. 228	
3.2.1.17	Lys44, lysozyme, v. 12 | p. 228	
3.1.1.4	Lys49-phospholipase A2 homologue, phospholipase A2, v. 9 | p. 52	

3.1.1.4	Lys49-PLA2, phospholipase A2, v. 9 | p. 52	
3.1.1.4	Lys49 phospholipase A2 homologue, phospholipase A2, v. 9 | p. 52	
1.5.1.10	Lys7, saccharopine dehydrogenase (NADP+, L-glutamate-forming), v. 23 | p. 104	
4.1.1.20	LysA, Diaminopimelate decarboxylase, v. 3 | p. 116	
1.4.1.18	LysDH, lysine 6-dehydrogenase, v. 22 | p. 188	
4.2.1.36	lysF, homoaconitate hydratase, v. 4 | p. 464	
3.2.1.17	LysgaY, lysozyme, v. 12 | p. 228	
3.2.1.17	LysGL, lysozyme, v. 12 | p. 228	
3.4.24.38	Lysin, gametolysin, v. 8 | p. 416	
3.4.24.38	g-lysin, gametolysin, v. 8 | p. 416	
3.5.2.11	L-lysinamidase, L-lysine-lactamase, v. 14 | p. 728	
1.14.11.4	lysine, 2-oxoglutarate 5-dioxygenase, procollagen-lysine 5-dioxygenase, v. 26 | p. 49	
1.5.1.7	Lysine–2-oxoglutarate reductase, saccharopine dehydrogenase (NAD+, L-lysine-forming), v. 23 | p. 78	
2.6.1.36	L-lysine-ε-aminotransferase, L-lysine 6-transaminase, v. 34 | p. 467	
2.6.1.36	L-lysine-α-ketoglutarate 6-aminotransferase, L-lysine 6-transaminase, v. 34 | p. 467	
2.6.1.36	L-lysine-α-ketoglutarate aminotransferase, L-lysine 6-transaminase, v. 34 | p. 467	
1.5.1.8	L-lysine-α-ketoglutarate reductase, saccharopine dehydrogenase (NADP+, L-lysine-forming), v. 23 | p. 84	
1.5.1.8	lysine-α-ketoglutarate reductase, saccharopine dehydrogenase (NADP+, L-lysine-forming), v. 23 | p. 84	
6.1.1.6	Lysine-tRNA ligase, Lysine-tRNA ligase, v. 2 | p. 42	
5.4.3.2	L-Lysine-2,3-aminomutase, lysine 2,3-aminomutase, v. 1 | p. 553	
1.13.12.2	L-lysine-2-monooxygenase, lysine 2-monooxygenase, v. 25 | p. 679	
1.14.11.4	lysine-2-oxoglutarate dioxygenase, procollagen-lysine 5-dioxygenase, v. 26 | p. 49	
1.5.1.7	lysine-2-oxoglutarate reductase, saccharopine dehydrogenase (NAD+, L-lysine-forming), v. 23 | p. 78	
1.5.1.8	lysine-2-oxoglutarate reductase, saccharopine dehydrogenase (NADP+, L-lysine-forming), v. 23 | p. 84	
1.4.3.14	L-lysine-a-oxidase, L-lysine oxidase, v. 22 | p. 346	
2.6.1.36	lysine ε-aminotransferase, L-lysine 6-transaminase, v. 34 | p. 467	
1.4.1.18	L-lysine ε-dehydrogenase, lysine 6-dehydrogenase, v. 22 | p. 188	
1.5.1.8	lysine α-ketoglutarate reductase, saccharopine dehydrogenase (NADP+, L-lysine-forming), v. 23 | p. 84	
1.5.1.8	lysine-ketoglutarate reductase, saccharopine dehydrogenase (NADP+, L-lysine-forming), v. 23 | p. 84	
1.5.1.9	lysine-ketoglutarate reductase/saccharopine dehydrogenase, saccharopine dehydrogenase (NAD+, L-glutamate-forming), v. 23 | p. 97	
1.5.1.8	lysine-ketoglutarate reductase/saccharopine dehydrogenase, saccharopine dehydrogenase (NADP+, L-lysine-forming), v. 23 | p. 84	
1.5.1.8	lysine-ketoglutaric reductase, saccharopine dehydrogenase (NADP+, L-lysine-forming), v. 23 | p. 84	
1.4.3.14	L-lysine α-oxidase, L-lysine oxidase, v. 22 | p. 346	
1.4.3.20	L-lysine-ε oxidase, L-lysine 6-oxidase, v. S1 | p. 275	
1.4.3.14	lysine-oxidase, L-lysine oxidase, v. 22 | p. 346	
2.6.1.71	lysine-pyruvate aminotransferase, lysine-pyruvate 6-transaminase, v. 35 | p. 47	
3.4.22.47	lysine-sepcific cysteine protease, gingipain K, v. S6 | p. 1	
3.4.11.6	lysine-specific aminopeptidase, aminopeptidase B, v. 6 | p. 92	
3.4.22.47	lysine-specific gingipain, gingipain K, v. S6 | p. 1	
3.4.22.47	lysine-specific gingipain K, gingipain K, v. S6 | p. 1	
3.4.22.47	lysine-specific gingipain proteinase, gingipain K, v. S6 | p. 1	
3.4.21.50	lysine-specific protease, lysyl endopeptidase, v. 7 | p. 231	
3.4.22.47	lysine-specific proteinase, gingipain K, v. S6 | p. 1	
2.6.1.36	lysine ε-transaminase, L-lysine 6-transaminase, v. 34 | p. 467	
6.1.1.6	L-Lysine-transfer RNA ligase, Lysine-tRNA ligase, v. 2 | p. 42	

6.1.1.6	Lysine-tRNA synthetase, Lysine-tRNA ligase, v. 2 | p. 42
2.6.1.68	lysine/ornithine:2-oxoglutarate aminotransferase, ornithine(lysine) transaminase, v. 35 | p. 40
5.4.3.2	lysine 2,3-aminomutase, lysine 2,3-aminomutase, v. 1 | p. 553
1.5.1.8	lysine 2-oxoglutarate reductase, saccharopine dehydrogenase (NADP+, L-lysine-forming), v. 23 | p. 84
1.5.1.9	lysine 2-oxoglutarate reductase-saccharopine dehydrogenase, saccharopine dehydrogenase (NAD+, L-glutamate-forming), v. 23 | p. 97
1.5.1.8	lysine 2-oxoglutarate reductase-saccharopine dehydrogenase, saccharopine dehydrogenase (NADP+, L-lysine-forming), v. 23 | p. 84
5.4.3.3	L-β-Lysine 5,6-aminomutase, β-lysine 5,6-aminomutase, v. 1 | p. 558
5.4.3.3	lysine 5,6-aminomutase, β-lysine 5,6-aminomutase, v. 1 | p. 558
2.6.1.36	lysine 6-aminotransferase, L-lysine 6-transaminase, v. 34 | p. 467
1.5.1.8	lysine:α-ketoglutarate:TPNH oxidoreductase (ε-N-[glutaryl-2]-L-lysine forming), saccharopine dehydrogenase (NADP+, L-lysine-forming), v. 23 | p. 84
2.6.1.36	lysine:2-ketoglutarate 6-aminotransferase, L-lysine 6-transaminase, v. 34 | p. 467
1.14.13.59	lysine:N(6)-hydroxylase, L-Lysine 6-monooxygenase (NADPH), v. 26 | p. 512
1.14.13.59	Lysine:N6-hydroxylase, L-Lysine 6-monooxygenase (NADPH), v. 26 | p. 512
1.14.13.59	lysine: N6-hydroxylase, L-Lysine 6-monooxygenase (NADPH), v. 26 | p. 512
2.3.1.32	lysine acetyltransferase, lysine N-acetyltransferase, v. 29 | p. 521
3.5.1.17	ε-lysine acylase, acyl-lysine deacylase, v. 14 | p. 342
6.1.1.6	lysine aminoacyl-tRNA synthetase, Lysine-tRNA ligase, v. 2 | p. 42
1.4.1.15	L-lysine ε dehydrogenase, lysine dehydrogenase, v. 22 | p. 172
3.4.21.50	lysine endoproteinase, lysyl endopeptidase, v. 7 | p. 231
1.14.11.4	lysine hydroxylase, procollagen-lysine 5-dioxygenase, v. 26 | p. 49
1.13.12.2	lysine monooxygenase, lysine 2-monooxygenase, v. 25 | p. 679
5.4.3.4	D-α-Lysine mutase, D-lysine 5,6-aminomutase, v. 1 | p. 562
5.4.3.3	L-β-Lysine mutase, β-lysine 5,6-aminomutase, v. 1 | p. 558
5.4.3.4	α-Lysine mutase, D-lysine 5,6-aminomutase, v. 1 | p. 562
5.4.3.3	β-Lysine mutase, β-lysine 5,6-aminomutase, v. 1 | p. 558
1.14.13.59	Lysine N(6)-hydroxylase, L-Lysine 6-monooxygenase (NADPH), v. 26 | p. 512
1.14.13.59	Lysine N6-hydroxylase, L-Lysine 6-monooxygenase (NADPH), v. 26 | p. 512
1.13.12.2	lysine oxygenase, lysine 2-monooxygenase, v. 25 | p. 679
3.4.21.50	lysine specific proteinase, lysyl endopeptidase, v. 7 | p. 231
2.1.3.8	lysine transcarbamylase, lysine carbamoyltransferase, v. 29 | p. 149
6.1.1.6	Lysine translase, Lysine-tRNA ligase, v. 2 | p. 42
3.2.1.17	Lysis protein, lysozyme, v. 12 | p. 228
4.2.2.3	Lysis protein, poly(β-D-mannuronate) lyase, v. 5 | p. 19
2.3.1.67	lyso-GPC:acetyl CoA acetyltransferase, 1-alkylglycerophosphocholine O-acetyltransferase, v. 30 | p. 37
2.3.1.67	lyso-PAF-AcT, 1-alkylglycerophosphocholine O-acetyltransferase, v. 30 | p. 37
3.1.4.12	Lyso-PAF-PLC, sphingomyelin phosphodiesterase, v. 11 | p. 86
2.3.1.67	lyso-PAF acetyltransferase, 1-alkylglycerophosphocholine O-acetyltransferase, v. 30 | p. 37
2.3.1.67	lyso-PAF acetyltransferase:LPC acyltransferase 1, 1-alkylglycerophosphocholine O-acetyltransferase, v. 30 | p. 37
2.3.1.67	lyso-PAF AT, 1-alkylglycerophosphocholine O-acetyltransferase, v. 30 | p. 37
2.3.1.23	lyso-PC acyltransferase, 1-acylglycerophosphocholine O-acyltransferase, v. 29 | p. 440
2.3.1.67	lyso-platelet-activating factor:acetyl-CoA acetyltransferase, 1-alkylglycerophosphocholine O-acetyltransferase, v. 30 | p. 37
2.3.1.67	lyso-platelet activating factor:acetyl-CoA acetyltransferase, 1-alkylglycerophosphocholine O-acetyltransferase, v. 30 | p. 37
3.1.4.39	lyso-PLD, alkylglycerophosphoethanolamine phosphodiesterase, v. 11 | p. 187
2.3.1.25	lyso-PmeC ATase, plasmalogen synthase, v. 29 | p. 460
3.1.1.5	Lysolecithin acylhydrolase, lysophospholipase, v. 9 | p. 82
2.3.1.23	lysolecithin acyltransferase, 1-acylglycerophosphocholine O-acyltransferase, v. 29 | p. 440

2.3.1.43	lysolecithin acyltransferase, phosphatidylcholine-sterol O-acyltransferase, v. 29	p. 608
3.1.1.5	lysolecithinase, lysophospholipase, v. 9	p. 82
5.4.1.1	Lysolecithin migratase, Lysolecithin acylmutase, v. 1	p. 488
2.3.1.67	lysoPAF:acetyl CoA acetyltransferase, 1-alkylglycerophosphocholine O-acetyltransferase, v. 30	p. 37
2.3.1.67	lysoPAFAT, 1-alkylglycerophosphocholine O-acetyltransferase, v. 30	p. 37
2.3.1.23	lysoPC acyltransferase, 1-acylglycerophosphocholine O-acyltransferase, v. 29	p. 440
3.1.1.5	lysophopholipase L2, lysophospholipase, v. 9	p. 82
3.1.1.5	lysophosphatidase, lysophospholipase, v. 9	p. 82
2.3.1.23	lysophosphatide acyltransferase, 1-acylglycerophosphocholine O-acyltransferase, v. 29	p. 440
2.3.1.51	lysophosphatidic acid-acyltransferase, 1-acylglycerol-3-phosphate O-acyltransferase, v. 29	p. 670
2.3.1.51	lysophosphatidic acid acyltransferase, 1-acylglycerol-3-phosphate O-acyltransferase, v. 29	p. 670
2.3.1.51	lysophosphatidic acid ayltransferase, 1-acylglycerol-3-phosphate O-acyltransferase, v. 29	p. 670
2.3.1.51	lysophosphatidyl acyltransferase, 1-acylglycerol-3-phosphate O-acyltransferase, v. 29	p. 670
3.1.1.5	lysophosphatidylcholine/transacylase, lysophospholipase, v. 9	p. 82
2.3.1.23	lysophosphatidylcholine acyltransferase, 1-acylglycerophosphocholine O-acyltransferase, v. 29	p. 440
2.3.1.25	lysophosphatidylcholine acyltransferase, plasmalogen synthase, v. 29	p. 460
3.1.1.5	lysophosphatidylcholine hydrolase, lysophospholipase, v. 9	p. 82
3.1.1.5	lysophosphatidylcholine lysophospholipase, lysophospholipase, v. 9	p. 82
2.3.2.3	lysophosphatidylglycerol synthetase, lysyltransferase, v. 30	p. 498
3.1.1.5	lysophospholipase, lysophospholipase, v. 9	p. 82
3.1.1.4	lysophospholipase, phospholipase A2, v. 9	p. 52
3.1.1.5	lysophospholipase-transacylase, lysophospholipase, v. 9	p. 82
3.1.1.5	lysophospholipase 3, lysophospholipase, v. 9	p. 82
3.1.1.5	lysophospholipase A, lysophospholipase, v. 9	p. 82
3.1.1.5	lysophospholipase A1, lysophospholipase, v. 9	p. 82
3.1.4.39	lysophospholipase D, alkylglycerophosphoethanolamine phosphodiesterase, v. 11	p. 187
3.1.1.5	lysophospholipase I, lysophospholipase, v. 9	p. 82
3.1.1.5	lysophospholipase L2, lysophospholipase, v. 9	p. 82
2.3.1.23	lysophospholipid acyltransferase, 1-acylglycerophosphocholine O-acyltransferase, v. 29	p. 440
2.3.1.23	lysophospholipid acyltransferases, 1-acylglycerophosphocholine O-acyltransferase, v. 29	p. 440
1.5.1.16	lysopine dehydrogenase, D-lysopine dehydrogenase, v. 23	p. 154
1.5.1.16	D-lysopine synthase, D-lysopine dehydrogenase, v. 23	p. 154
1.5.1.16	Lysopine synthase, D-lysopine dehydrogenase, v. 23	p. 154
3.1.1.5	lysoPLA, lysophospholipase, v. 9	p. 82
3.1.1.5	LysoPLA I, lysophospholipase, v. 9	p. 82
3.3.2.2	lysoplasmalogenase, alkenylglycerophosphocholine hydrolase, v. 14	p. 146
3.3.2.5	lysoplasmalogenase, alkenylglycerophosphoethanolamine hydrolase, v. 14	p. 175
2.3.1.25	lysoplasmenylcholine acyltransferase, plasmalogen synthase, v. 29	p. 460
3.1.4.39	lysoPLD, alkylglycerophosphoethanolamine phosphodiesterase, v. 11	p. 187
3.1.4.39	lysoPLD/NPP2, alkylglycerophosphoethanolamine phosphodiesterase, v. 11	p. 187
3.1.4.39	lysoPLD autotaxin, alkylglycerophosphoethanolamine phosphodiesterase, v. 11	p. 187
3.2.1.163	lysosomal α (1-6)-mannosidase, 1,6-α-D-mannosidase, v. S5	p. 186
3.2.1.24	lysosomal α-D-mannosidase, α-mannosidase, v. 12	p. 407
3.2.1.3	lysosomal α-glucosidase, glucan 1,4-α-glucosidase, v. 12	p. 59
3.4.19.9	lysosomal γ-glutamyl carboxypeptidase, γ-glutamyl hydrolase, v. 6	p. 560
3.2.1.24	lysosomal α-mannosidase, α-mannosidase, v. 12	p. 407

3.1.4.45	lysosomal α-N-acetyl-glucosaminidase, N-acetylglucosamine-1-phosphodiester α-N-acetylglucosaminidase, v. 11 | p. 208	
3.1.4.45	lysosomal α-N-acetylglucosaminidase, N-acetylglucosamine-1-phosphodiester α-N-acetylglucosaminidase, v. 11 | p. 208	
3.2.1.163	lysosomal α 1,6-mannosidase, 1,6-α-D-mannosidase, v. S5 | p. 186	
3.2.1.24	Lysosomal acid α-mannosidase, α-mannosidase, v. 12 | p. 407	
3.1.1.13	lysosomal acid lipase, sterol esterase, v. 9 | p. 150	
3.6.1.6	Lysosomal apyrase-like protein of 70 kDa, nucleoside-diphosphatase, v. 15 | p. 283	
3.4.22.34	lysosomal asparaginycysteine endopeptidase, Legumain, v. 7 | p. 689	
3.4.21.1	lysosomal Bid cleavage protease, chymotrypsin, v. 7 | p. 1	
3.4.16.2	lysosomal carboxypeptidase, lysosomal Pro-Xaa carboxypeptidase, v. 6 | p. 370	
3.4.16.5	lysosomal carboxypeptidase A, carboxypeptidase C, v. 6 | p. 385	
3.4.18.1	lysosomal carboxypeptidase B, cathepsin X, v. 6 | p. 510	
3.4.16.2	lysosomal carboxypeptidase C, lysosomal Pro-Xaa carboxypeptidase, v. 6 | p. 370	
3.4.22.34	lysosomal cysteine proteinase, Legumain, v. 7 | p. 689	
1.2.2.4	lysosomal cytochrome b-561, carbon-monoxide dehydrogenase (cytochrome b-561), v. 20 | p. 422	
3.4.13.19	lysosomal dipeptidase, membrane dipeptidase, v. 6 | p. 239	
3.1.22.1	lysosomal DNase II, deoxyribonuclease II, v. 11 | p. 474	
3.4.21.37	lysosomal elastase, leukocyte elastase, v. 7 | p. 164	
2.7.8.17	lysosomal enzyme precursor acetylglucosamine-1-phosphotransferase, UDP-N-acetyl-glucosamine-lysosomal-enzyme N-acetylglucosaminephosphotransferase, v. 39 | p. 117	
3.4.14.9	lysosomal pepstatin insensitive protease, tripeptidyl-peptidase I, v. 6 | p. 316	
3.1.1.4	lysosomal phospholipase A2, phospholipase A2, v. 9 | p. 52	
3.1.1.4	lysosomal PLA2, phospholipase A2, v. 9 | p. 52	
3.4.16.2	lysosomal Pro-X carboxypeptidase, lysosomal Pro-Xaa carboxypeptidase, v. 6 | p. 370	
3.4.16.5	lysosomal protective protein, carboxypeptidase C, v. 6 | p. 385	
3.1.1.53	lysosomal sialic acid 9-O-acetylesterase, sialate O-acetylesterase, v. 9 | p. 344	
3.1.1.53	lysosomal sialic acid O-acetylesterase, sialate O-acetylesterase, v. 9 | p. 344	
3.2.1.18	Lysosomal sialidase, exo-α-sialidase, v. 12 | p. 244	
3.6.3.43	lysosomal transport complex ABCB9, peptide-transporting ATPase, v. 15 | p. 695	
3.4.24.75	lysostaphin, lysostaphin, v. 8 | p. 576	
3.4.24.75	r-lysostaphin, lysostaphin, v. 8 | p. 576	
3.4.24.75	Lysostaphin endopeptidase, lysostaphin, v. 8 | p. 576	
3.2.1.17	Lysosyme, lysozyme, v. 12 | p. 228	
3.2.1.17	Lysozyme, lysozyme, v. 12 | p. 228	
3.2.1.17	g-lysozyme, lysozyme, v. 12 | p. 228	
3.2.1.17	lysozyme 1, lysozyme, v. 12 | p. 228	
3.2.1.17	lysozyme 1 precursor, lysozyme, v. 12 | p. 228	
3.2.1.17	lysozyme c, lysozyme, v. 12 | p. 228	
3.2.1.17	lysozyme g, lysozyme, v. 12 | p. 228	
6.1.1.6	LysRS, Lysine-tRNA ligase, v. 2 | p. 42	
6.1.1.6	LysRS-I, Lysine-tRNA ligase, v. 2 | p. 42	
6.1.1.6	LysRS-II, Lysine-tRNA ligase, v. 2 | p. 42	
6.1.1.6	LysRS1, Lysine-tRNA ligase, v. 2 | p. 42	
6.1.1.25	LysRS1, lysine-tRNAPyl ligase, v. S7 | p. 578	
6.1.1.6	LysRS2, Lysine-tRNA ligase, v. 2 | p. 42	
6.1.1.25	LysRS2, lysine-tRNAPyl ligase, v. S7 | p. 578	
6.1.1.6	LysU, Lysine-tRNA ligase, v. 2 | p. 42	
1.4.3.14	L-lysyl-α-oxidase, L-lysine oxidase, v. 22 | p. 346	
3.4.17.13	L-Lysyl-D-alanine carboxypeptidase, Muramoyltetrapeptide carboxypeptidase, v. 6 | p. 471	
6.1.1.6	Lysyl-transfer ribonucleate synthetase, Lysine-tRNA ligase, v. 2 | p. 42	
6.1.1.6	Lysyl-transfer RNA synthetase, Lysine-tRNA ligase, v. 2 | p. 42	
6.1.1.6	Lysyl-tRNA synthetase, Lysine-tRNA ligase, v. 2 | p. 42	
6.1.1.25	Lysyl-tRNA synthetase, lysine-tRNAPyl ligase, v. S7 | p. 578	

Lysyl aminopeptidase

3.4.11.2	Lysyl aminopeptidase, membrane alanyl aminopeptidase, v.6 | p.53	
3.4.21.50	lysyl bond specific proteinase, lysyl endopeptidase, v.7 | p.231	
3.4.21.50	Lysyl endopeptidase, lysyl endopeptidase, v.7 | p.231	
1.14.11.4	lysyl hydroxylase, procollagen-lysine 5-dioxygenase, v.26 | p.49	
1.14.11.4	Lysyl hydroxylase-2b, procollagen-lysine 5-dioxygenase, v.26 | p.49	
1.14.11.4	lysyl hydroxylase 2, procollagen-lysine 5-dioxygenase, v.26 | p.49	
1.14.11.4	lysyl hydroxylase 2 (long), procollagen-lysine 5-dioxygenase, v.26 | p.49	
2.4.1.66	lysyl hydroxylase 3, procollagen glucosyltransferase, v.31 | p.502	
1.14.11.4	lysyl hydroxylase 3, procollagen-lysine 5-dioxygenase, v.26 | p.49	
1.4.3.13	lysyl oxidase, protein-lysine 6-oxidase, v.22 | p.341	
1.4.3.13	lysyl oxidase-like 1, protein-lysine 6-oxidase, v.22 | p.341	
1.4.3.13	lysyl oxidase-like1 protein, protein-lysine 6-oxidase, v.22 | p.341	
1.4.3.13	lysyl oxidase-like 2, protein-lysine 6-oxidase, v.22 | p.341	
1.4.3.13	lysyl oxidase-like 2a, protein-lysine 6-oxidase, v.22 | p.341	
1.4.3.13	lysyl oxidase-like 2b, protein-lysine 6-oxidase, v.22 | p.341	
1.4.3.13	lysyl oxidase-like 3a, protein-lysine 6-oxidase, v.22 | p.341	
1.4.3.13	lysyl oxidase-like 3b, protein-lysine 6-oxidase, v.22 | p.341	
1.4.3.13	lysyl oxidase-like 4, protein-lysine 6-oxidase, v.22 | p.341	
1.4.3.13	lysyl oxidase-like 5a, protein-lysine 6-oxidase, v.22 | p.341	
1.4.3.13	lysyl oxidase-like 5b, protein-lysine 6-oxidase, v.22 | p.341	
1.4.3.13	lysyl oxidase-like protein, protein-lysine 6-oxidase, v.22 | p.341	
1.4.3.13	lysyl oxidase like-1, protein-lysine 6-oxidase, v.22 | p.341	
1.4.3.13	lysyl oxidase like-1 protein, protein-lysine 6-oxidase, v.22 | p.341	
1.4.3.13	lysyl oxidase like 4, protein-lysine 6-oxidase, v.22 | p.341	
1.4.3.13	lysyl oxidase propetide, protein-lysine 6-oxidase, v.22 | p.341	
1.14.11.4	lysylprotocollagen dioxygenase, procollagen-lysine 5-dioxygenase, v.26 | p.49	
3.5.1.28	LytA, N-acetylmuramoyl-L-alanine amidase, v.14 | p.396	
3.5.1.28	LytA-like N-acetylmuramoyl-L-alanine amidase, N-acetylmuramoyl-L-alanine amidase, v.14 | p.396	
3.5.1.28	LytAB6, N-acetylmuramoyl-L-alanine amidase, v.14 | p.396	
3.5.1.28	LytAHER, N-acetylmuramoyl-L-alanine amidase, v.14 | p.396	
3.2.1.39	lytic β-(1-3)-glucanase I, glucan endo-1,3-β-D-glucosidase, v.12 | p.567	
3.2.1.39	lytic β-(1-3)-glucanase II, glucan endo-1,3-β-D-glucosidase, v.12 | p.567	
3.5.1.28	Lytic amidase, N-acetylmuramoyl-L-alanine amidase, v.14 | p.396	
3.4.21.12	α-lytic endopeptidase, α-lytic endopeptidase, v.7 | p.66	
3.4.24.32	β-lytic metalloproteinase, β-Lytic metalloendopeptidase, v.8 | p.392	
3.4.21.12	α-lytic protease, α-lytic endopeptidase, v.7 | p.66	
3.4.24.32	β-Lytic protease, β-Lytic metalloendopeptidase, v.8 | p.392	
3.4.21.12	α-lytic proteinase, α-lytic endopeptidase, v.7 | p.66	
5.3.1.15	D-Lyxose isomerase, D-Lyxose ketol-isomerase, v.1 | p.333	
5.3.1.15	D-lyxose ketol-isomerase, D-Lyxose ketol-isomerase, v.1 | p.333	
2.7.11.25	LZK, mitogen-activated protein kinase kinase kinase, v.S4 | p.278	

Index of Synonyms:

1.14.99.22	E-20-M, ecdysone 20-monooxygenase, v. 27 | p. 349	
2.1.1.113	M.AvaI, site-specific DNA-methyltransferase (cytosine-N4-specific), v. 28 | p. 541	
2.1.1.113	M.BalI, site-specific DNA-methyltransferase (cytosine-N4-specific), v. 28 | p. 541	
2.1.1.113	M.BcnIA, site-specific DNA-methyltransferase (cytosine-N4-specific), v. 28 | p. 541	
2.1.1.113	M.BcnIB, site-specific DNA-methyltransferase (cytosine-N4-specific), v. 28 | p. 541	
2.1.1.113	M.BglII, site-specific DNA-methyltransferase (cytosine-N4-specific), v. 28 | p. 541	
2.1.1.72	M.BseCI, site-specific DNA-methyltransferase (adenine-specific), v. 28 | p. 390	
2.1.1.113	M.BsoBI, site-specific DNA-methyltransferase (cytosine-N4-specific), v. 28 | p. 541	
2.1.1.37	M.BssHII, DNA (cytosine-5-)-methyltransferase, v. 28 | p. 197	
2.1.1.72	M.BstZ1II, site-specific DNA-methyltransferase (adenine-specific), v. 28 | p. 390	
2.1.1.37	M.BsuRIa, DNA (cytosine-5-)-methyltransferase, v. 28 | p. 197	
2.1.1.37	M.BsuRIb, DNA (cytosine-5-)-methyltransferase, v. 28 | p. 197	
2.1.1.72	M.Csp231I, site-specific DNA-methyltransferase (adenine-specific), v. 28 | p. 390	
2.1.1.113	M.CsyAIP, site-specific DNA-methyltransferase (cytosine-N4-specific), v. 28 | p. 541	
2.1.1.113	M.CsyBIP, site-specific DNA-methyltransferase (cytosine-N4-specific), v. 28 | p. 541	
2.1.1.72	M.DpnM, site-specific DNA-methyltransferase (adenine-specific), v. 28 | p. 390	
2.1.1.72	M.EcaI, site-specific DNA-methyltransferase (adenine-specific), v. 28 | p. 390	
2.1.1.72	M.EcoKCcrM, site-specific DNA-methyltransferase (adenine-specific), v. 28 | p. 390	
2.1.1.72	M.EcoP15I, site-specific DNA-methyltransferase (adenine-specific), v. 28 | p. 390	
2.1.1.72	M.EcoRI, site-specific DNA-methyltransferase (adenine-specific), v. 28 | p. 390	
2.1.1.72	M.EcoRII, site-specific DNA-methyltransferase (adenine-specific), v. 28 | p. 390	
2.1.1.72	M.EcoRV, site-specific DNA-methyltransferase (adenine-specific), v. 28 | p. 390	
2.1.1.72	M.EfaBMDam, site-specific DNA-methyltransferase (adenine-specific), v. 28 | p. 390	
2.1.1.37	M.HhaI, DNA (cytosine-5-)-methyltransferase, v. 28 | p. 197	
2.1.1.37	M.HhaIII, DNA (cytosine-5-)-methyltransferase, v. 28 | p. 197	
2.1.1.113	M.Hpy99ORF244P, site-specific DNA-methyltransferase (cytosine-N4-specific), v. 28 | p. 541	
2.1.1.113	M.Hpy99ORF248P, site-specific DNA-methyltransferase (cytosine-N4-specific), v. 28 | p. 541	
2.1.1.113	M.Hpy99ORF629P, site-specific DNA-methyltransferase (cytosine-N4-specific), v. 28 | p. 541	
2.1.1.113	M.HpyAIIP, site-specific DNA-methyltransferase (cytosine-N4-specific), v. 28 | p. 541	
2.1.1.113	M.HpyAXIIBP, site-specific DNA-methyltransferase (cytosine-N4-specific), v. 28 | p. 541	
2.1.1.72	M.KpnI, site-specific DNA-methyltransferase (adenine-specific), v. 28 | p. 390	
2.1.1.72	M.MboIIA, site-specific DNA-methyltransferase (adenine-specific), v. 28 | p. 390	
2.1.1.113	M.MjaIP, site-specific DNA-methyltransferase (cytosine-N4-specific), v. 28 | p. 541	
2.1.1.113	M.MjaV, site-specific DNA-methyltransferase (cytosine-N4-specific), v. 28 | p. 541	
2.1.1.37	M.MspI, DNA (cytosine-5-)-methyltransferase, v. 28 | p. 197	
2.1.1.113	M.MthZI, site-specific DNA-methyltransferase (cytosine-N4-specific), v. 28 | p. 541	
2.1.1.113	M.MwoI, site-specific DNA-methyltransferase (cytosine-N4-specific), v. 28 | p. 541	
2.1.1.113	M.NcoI, site-specific DNA-methyltransferase (cytosine-N4-specific), v. 28 | p. 541	
2.1.1.113	M.NgoMXV, site-specific DNA-methyltransferase (cytosine-N4-specific), v. 28 | p. 541	
2.1.1.113	M.Pac25I, site-specific DNA-methyltransferase (cytosine-N4-specific), v. 28 | p. 541	
2.1.1.113	M.PhiGIP, site-specific DNA-methyltransferase (cytosine-N4-specific), v. 28 | p. 541	
2.1.1.113	M.PhiHII, site-specific DNA-methyltransferase (cytosine-N4-specific), v. 28 | p. 541	
2.1.1.113	M.PhoIIIP, site-specific DNA-methyltransferase (cytosine-N4-specific), v. 28 | p. 541	
2.1.1.113	M.PspGI, site-specific DNA-methyltransferase (cytosine-N4-specific), v. 28 | p. 541	
2.1.1.113	M.PvuII, site-specific DNA-methyltransferase (cytosine-N4-specific), v. 28 | p. 541	

2.1.1.72	M.RsrI, site-specific DNA-methyltransferase (adenine-specific), v. 28	p. 390	
2.1.1.113	M.SapIA, site-specific DNA-methyltransferase (cytosine-N4-specific), v. 28	p. 541	
2.1.1.113	M.SapIB, site-specific DNA-methyltransferase (cytosine-N4-specific), v. 28	p. 541	
2.1.1.113	M.ScaI, site-specific DNA-methyltransferase (cytosine-N4-specific), v. 28	p. 541	
2.1.1.113	M.SfiI, site-specific DNA-methyltransferase (cytosine-N4-specific), v. 28	p. 541	
2.1.1.113	M.SmaI, site-specific DNA-methyltransferase (cytosine-N4-specific), v. 28	p. 541	
2.1.1.37	M.SssI, DNA (cytosine-5-)-methyltransferase, v. 28	p. 197	
2.1.1.113	M.StyCIP, site-specific DNA-methyltransferase (cytosine-N4-specific), v. 28	p. 541	
2.1.1.72	M.TaqI, site-specific DNA-methyltransferase (adenine-specific), v. 28	p. 390	
2.1.1.72	M. TthP, site-specific DNA-methyltransferase (adenine-specific), v. 28	p. 390	
2.1.1.113	M.XcyI, site-specific DNA-methyltransferase (cytosine-N4-specific), v. 28	p. 541	
2.1.1.113	M.XmaI, site-specific DNA-methyltransferase (cytosine-N4-specific), v. 28	p. 541	
2.1.1.113	M.XveII protein, site-specific DNA-methyltransferase (cytosine-N4-specific), v. 28	p. 541	
2.7.1.40	M1-PYK, pyruvate kinase, v. 36	p. 33	
3.4.17.12	M14006 (Merops-ID), carboxypeptidase M, v. 6	p. 467	
3.4.13.22	M15.011, D-Ala-D-Ala dipeptidase, v. S5	p. 292	
3.1.3.48	M1851, protein-tyrosine-phosphatase, v. 10	p. 407	
3.4.11.21	M18AAP, aspartyl aminopeptidase, v. 6	p. 173	
3.4.11.21	M18 aspartyl aminopeptidase, aspartyl aminopeptidase, v. 6	p. 173	
3.4.11.7	M18 aspartyl aminopeptidase, glutamyl aminopeptidase, v. 6	p. 102	
3.5.2.6	M19, β-lactamase, v. 14	p. 683	
2.1.1.36	m1A58 tRNA methyltransferase, tRNA (adenine-N1-)-methyltransferase, v. 28	p. 188	
2.4.1.10	m1ft, levansucrase, v. 31	p. 76	
3.1.26.5	M1GS, ribonuclease P, v. 11	p. 531	
3.1.26.5	M1GS RNA, ribonuclease P, v. 11	p. 531	
2.1.1.31	m1GT, tRNA (guanine-N1-)-methyltransferase, v. 28	p. 151	
3.2.1.17	M1L, lysozyme, v. 12	p. 228	
3.1.30.1	M1 nuclease, Aspergillus nuclease S1, v. 11	p. 610	
3.1.3.22	M1Pase, mannitol-1-phosphatase, v. 10	p. 261	
1.1.1.17	M1PDH, mannitol-1-phosphate 5-dehydrogenase, v. 16	p. 180	
2.7.7.48	M1 phosphoprotein, RNA-directed RNA polymerase, v. 38	p. 468	
5.3.1.23	M1Pi, S-methyl-5-thioribose-1-phosphate isomerase, v. 1	p. 351	
3.1.3.22	M1Pse, mannitol-1-phosphatase, v. 10	p. 261	
2.7.1.40	M2-PK, pyruvate kinase, v. 36	p. 33	
3.5.1.14	M20, aminoacylase, v. 14	p. 317	
3.4.17.1	M20.008, carboxypeptidase A, v. 6	p. 401	
3.4.11.24	M28.003, aminopeptidase S	
3.5.2.6	M29, β-lactamase, v. 14	p. 683	
1.1.1.67	M2DH, mannitol 2-dehydrogenase, v. 17	p. 84	
2.1.1.52	m2G966 specific 16 S rRNA methyltransferase, rRNA (guanine-N2-)-methyltransferase, v. 28	p. 297	
2.1.1.52	m2G methyltransferase, rRNA (guanine-N2-)-methyltransferase, v. 28	p. 297	
2.7.1.40	M2 type phosphoenolpyruvate kinase, pyruvate kinase, v. 36	p. 33	
3.1.3.16	M3/6, phosphoprotein phosphatase, v. 10	p. 213	
3.5.2.6	M37, β-lactamase, v. 14	p. 683	
3.2.2.20	m3A DNA glycosylase I, DNA-3-methyladenine glycosylase I, v. 14	p. 99	
3.2.2.21	m3A DNA glycosylase II, DNA-3-methyladenine glycosylase II, v. 14	p. 103	
2.7.11.25	M3Kα, mitogen-activated protein kinase kinase kinase, v. S4	p. 278	
3.6.3.14	M40, H+-transporting two-sector ATPase, v. 15	p. 598	
2.1.1.113	m4C-forming Mtase, site-specific DNA-methyltransferase (cytosine-N4-specific), v. 28	p. 541	
3.4.21.116	M50.002, SpoIVB peptidase, v. S5	p. 418	
2.1.1.35	m5U-methyltransferase, tRNA (uracil-5-)-methyltransferase, v. 28	p. 177	
2.1.1.35	m5U 54 tRNA methyltransferase, tRNA (uracil-5-)-methyltransferase, v. 28	p. 177	
2.1.1.35	m5U 54 tRNA MTase, tRNA (uracil-5-)-methyltransferase, v. 28	p. 177	

2.1.1.35	m5U methyltransferase, tRNA (uracil-5-)-methyltransferase, v. 28 | p. 177	
2.1.1.72	m6A methyltransferase, site-specific DNA-methyltransferase (adenine-specific), v. 28 | p. 390	
2.1.1.129	m6OMT, inositol 4-methyltransferase, v. 28 | p. 594	
1.1.1.224	M6PR, mannose-6-phosphate 6-reductase, v. 18 | p. 336	
3.6.1.30	m7G(5')pppN pyrophosphatase, m7G(5')pppN diphosphatase, v. 15 | p. 440	
2.1.1.33	m7G-methyltransferase, tRNA (guanine-N7-)-methyltransferase, v. 28 | p. 166	
2.1.1.33	m7G46 methyltransferase Trm8p/Trm82p, tRNA (guanine-N7-)-methyltransferase, v. 28 | p. 166	
3.6.1.30	m7GpppX pyrophosphatase, m7G(5')pppN diphosphatase, v. 15 | p. 440	
3.6.1.15	M86L protein, nucleoside-triphosphatase, v. 15 | p. 365	
4.4.1.14	MA-ACS4, 1-aminocyclopropane-1-carboxylate synthase, v. 5 | p. 377	
4.6.1.1	Ma1120, adenylate cyclase, v. 5 | p. 415	
2.6.1.83	MA1712, LL-diaminopimelate aminotransferase, v. S2 | p. 253	
1.8.1.8	MA3736, protein-disulfide reductase, v. 24 | p. 514	
2.3.1.79	maa gene product, maltose O-acetyltransferase, v. 30 | p. 96	
5.2.1.2	MAAI, Maleylacetoacetate isomerase, v. 1 | p. 197	
3.4.11.14	mAAP, cytosol alanyl aminopeptidase, v. 6 | p. 143	
3.4.11.2	mAAP, membrane alanyl aminopeptidase, v. 6 | p. 53	
1.3.1.32	MAA reductase, maleylacetate reductase, v. 21 | p. 191	
1.1.1.100	MabA, 3-oxoacyl-[acyl-carrier-protein] reductase, v. 17 | p. 259	
4.6.1.1	mAC, adenylate cyclase, v. 5 | p. 415	
5.2.1.2	MAc-tI, Maleylacetoacetate isomerase, v. 1 | p. 197	
3.4.15.1	mACE2, peptidyl-dipeptidase A, v. 6 | p. 334	
3.5.1.23	maCER1, ceramidase, v. 14 | p. 367	
3.2.1.67	macerating enzyme, galacturan 1,4-α-galacturonidase, v. 13 | p. 195	
4.2.2.10	Macerin G 10X, pectin lyase, v. 5 | p. 55	
3.4.22.61	MACH, caspase-8, v. S6 | p. 168	
4.2.1.3	mACON, aconitate hydratase, v. 4 | p. 273	
2.1.1.101	macrocin methyltransferase, macrocin O-methyltransferase, v. 28 | p. 501	
2.7.1.136	macrolide 2'-phosphotransferase, macrolide 2'-kinase, v. 37 | p. 166	
2.7.1.136	macrolide 2'-phosphotransferase II, macrolide 2'-kinase, v. 37 | p. 166	
5.2.1.8	Macrolide binding protein, Peptidylprolyl isomerase, v. 1 | p. 218	
3.4.25.1	macropain, proteasome endopeptidase complex, v. 8 | p. 587	
2.7.10.1	macrophage-stimulating protein receptor, receptor protein-tyrosine kinase, v. S2 | p. 341	
2.7.10.1	macrophage colony-stimulating factor receptor, receptor protein-tyrosine kinase, v. S2 | p. 341	
2.7.10.1	macrophage colony stimulating factor I receptor, receptor protein-tyrosine kinase, v. S2 | p. 341	
3.4.24.65	Macrophage elastase, macrophage elastase, v. 8 | p. 537	
3.4.24.35	Macrophage gelatinase, gelatinase B, v. 8 | p. 403	
5.2.1.8	Macrophage infectivity potentiator, Peptidylprolyl isomerase, v. 1 | p. 218	
3.4.24.65	macrophage metalloelastase, macrophage elastase, v. 8 | p. 537	
5.3.2.1	Macrophage migration inhibitory factor, Phenylpyruvate tautomerase, v. 1 | p. 367	
2.7.10.1	macrophage stimulating 1-receptor, receptor protein-tyrosine kinase, v. S2 | p. 341	
6.2.1.2	MACS2, Butyrate-CoA ligase, v. 2 | p. 199	
6.2.1.3	mACS4, Long-chain-fatty-acid-CoA ligase, v. 2 | p. 206	
1.1.1.138	MAD1p, mannitol 2-dehydrogenase (NADP+), v. 17 | p. 403	
2.3.1.187	MadA, acetyl-S-ACP:malonate ACP transferase	
4.3.99.2	MadB, carboxybiotin decarboxylase	
2.1.3.10	MadC,D, malonyl-S-ACP:biotin-protein carboxyltransferase	
1.4.99.3	MADH, amine dehydrogenase, v. 22 | p. 402	
1.1.1.40	MaeB, malate dehydrogenase (oxaloacetate-decarboxylating) (NADP+), v. 16 | p. 381	
3.1.21.4	MaeI, type II site-specific deoxyribonuclease, v. 11 | p. 454	
3.1.21.4	MaeII, type II site-specific deoxyribonuclease, v. 11 | p. 454	

3.1.21.4	MaeIII, type II site-specific deoxyribonuclease, v. 11 | p. 454	
6.3.2.19	MAFbx, Ubiquitin-protein ligase, v. 2 | p. 506	
3.2.2.21	MAG, DNA-3-methyladenine glycosylase II, v. 14 | p. 103	
3.2.2.20	Mag1 3-methyladenine DNA glycosylase, DNA-3-methyladenine glycosylase I, v. 14 | p. 99	
3.2.2.21	Mag1 protein, DNA-3-methyladenine glycosylase II, v. 14 | p. 103	
3.1.1.23	MAGL, acylglycerol lipase, v. 9 | p. 209	
3.1.1.23	MAGL-cy, acylglycerol lipase, v. 9 | p. 209	
3.1.1.23	MAGL-m, acylglycerol lipase, v. 9 | p. 209	
3.1.1.23	MAG lipase, acylglycerol lipase, v. 9 | p. 209	
3.2.1.15	Magnaporthe oryzae density dependent germination regulator, polygalacturonase, v. 12 | p. 208	
6.6.1.1	magnesium-chelatase, magnesium chelatase, v. S7 | p. 665	
3.8.1.3	magnesium-dependent acid phosphatase-1, haloacetate dehalogenase, v. 15 | p. 877	
3.1.3.16	Magnesium-dependent calcium inhibitable phosphatase, phosphoprotein phosphatase, v. 10 | p. 213	
3.1.4.12	magnesium-dependent neutral sphingomyelinase, sphingomyelin phosphodiesterase, v. 11 | p. 86	
1.14.13.81	magnesium-protoporphyrin-IX monomethyl ester cyclase, magnesium-protoporphyrin IX monomethyl ester (oxidative) cyclase, v. 26 | p. 582	
1.14.13.81	magnesium-protoporphyrin-IX monomethyl ester oxidative cyclase, magnesium-protoporphyrin IX monomethyl ester (oxidative) cyclase, v. 26 | p. 582	
6.6.1.1	magnesium-protoporphyrin chelatase, magnesium chelatase, v. S7 | p. 665	
6.6.1.1	magnesium-protoporphyrin IX chelatase, magnesium chelatase, v. S7 | p. 665	
2.1.1.11	magnesium protoporphyrin IX methyltransferase, magnesium protoporphyrin IX methyltransferase, v. 28 | p. 64	
2.1.1.11	magnesium protoporphyrin methyltransferase, magnesium protoporphyrin IX methyltransferase, v. 28 | p. 64	
2.1.1.11	magnesium protoporphyrin O-methyltransferase, magnesium protoporphyrin IX methyltransferase, v. 28 | p. 64	
3.6.3.2	magnesium transporter, Mg2+-importing ATPase, v. 15 | p. 538	
2.3.1.51	mAGPAT1, 1-acylglycerol-3-phosphate O-acyltransferase, v. 29 | p. 670	
2.3.1.51	mAGPAT2, 1-acylglycerol-3-phosphate O-acyltransferase, v. 29 | p. 670	
2.3.1.51	mAGPAT3, 1-acylglycerol-3-phosphate O-acyltransferase, v. 29 | p. 670	
2.3.1.51	mAGPAT4, 1-acylglycerol-3-phosphate O-acyltransferase, v. 29 | p. 670	
2.3.1.51	mAGPAT5, 1-acylglycerol-3-phosphate O-acyltransferase, v. 29 | p. 670	
2.7.4.8	MAGUK, guanylate kinase, v. 37 | p. 543	
2.7.4.8	MAGUKs, guanylate kinase, v. 37 | p. 543	
3.5.1.86	MAH, mandelamide amidase, v. 14 | p. 623	
6.3.2.19	mahogunin, Ubiquitin-protein ligase, v. 2 | p. 506	
5.2.1.1	MaiA, Maleate isomerase, v. 1 | p. 192	
2.5.1.19	maize EPSPS, 3-phosphoshikimate 1-carboxyvinyltransferase, v. 33 | p. 546	
2.5.1.19	maize EPSP synthase, 3-phosphoshikimate 1-carboxyvinyltransferase, v. 33 | p. 546	
3.6.4.10	maize stress70er, non-chaperonin molecular chaperone ATPase, v. 15 | p. 810	
3.2.1.68	maize Sugary-1 isoamylase, isoamylase, v. 13 | p. 204	
3.2.1.18	Major 85 kDa surface antigen, exo-α-sialidase, v. 12 | p. 244	
4.2.1.11	Major allergen Alt a 11, phosphopyruvate hydratase, v. 4 | p. 312	
1.11.1.9	Major androgen-regulated protein, glutathione peroxidase, v. 25 | p. 233	
3.6.1.11	major cytosolic exopolyphosphatase PPX1, exopolyphosphatase, v. 15 | p. 343	
3.4.22.15	major excreted protein, cathepsin L, v. 7 | p. 582	
3.4.22.65	major house dust mite allergen, peptidase 1 (mite), v. S6 | p. 208	
4.2.1.3	Major iron-containing protein, aconitate hydratase, v. 4 | p. 273	
1.2.1.12	Major larval surface antigen, glyceraldehyde-3-phosphate dehydrogenase (phosphorylating), v. 20 | p. 135	
3.4.24.36	major surface-metalloprotease, leishmanolysin, v. 8 | p. 408	
3.2.1.18	Major surface antigen, exo-α-sialidase, v. 12 | p. 244	

1.11.1.9	**Major surface antigen GP29**, glutathione peroxidase, v. 25 | p. 233	
3.4.24.36	**Major surface glycoprotein**, leishmanolysin, v. 8 | p. 408	
3.4.24.36	**major surface protease**, leishmanolysin, v. 8 | p. 408	
4.3.1.2	**MAL**, methylaspartate ammonia-lyase, v. 5 | p. 172	
3.2.1.20	**MAL2**, α-glucosidase, v. 12 | p. 263	
3.2.1.20	**MalA**, α-glucosidase, v. 12 | p. 263	
3.4.23.38	**malaria aspartic hemoglobinase**, plasmepsin I, v. 8 | p. 175	
3.4.23.39	**malarial aspartic protease**, plasmepsin II, v. 8 | p. 178	
2.3.1.37	**mALAS-2**, 5-aminolevulinate synthase, v. 29 | p. 538	
1.1.1.37	**malate (NAD) dehydrogenase**, malate dehydrogenase, v. 16 | p. 336	
1.1.99.7	**malate-lactate transhydrogenase**, lactate-malate transhydrogenase, v. 19 | p. 302	
1.1.99.16	**malate-vitamin K reductase**, malate dehydrogenase (acceptor), v. 19 | p. 355	
1.1.1.40	**L-malate:NADP oxidoreductase**, malate dehydrogenase (oxaloacetate-decarboxylating) (NADP+), v. 16 | p. 381	
1.1.1.40	**L-malate:NADP oxidoreductase (oxaloacetate decarboxylating)**, malate dehydrogenase (oxaloacetate-decarboxylating) (NADP+), v. 16 | p. 381	
1.1.1.40	**L-malate: NADP oxidoreductase [oxaloacetate decarboxylating]**, malate dehydrogenase (oxaloacetate-decarboxylating) (NADP+), v. 16 | p. 381	
1.1.99.16	**malate:quinone oxidoreductase**, malate dehydrogenase (acceptor), v. 19 | p. 355	
1.1.99.16	**malate:vitamin K oxidoreductase**, malate dehydrogenase (acceptor), v. 19 | p. 355	
1.1.1.83	**D-malate dehydrogenase**, D-malate dehydrogenase (decarboxylating), v. 17 | p. 172	
1.1.1.37	**L-malate dehydrogenase**, malate dehydrogenase, v. 16 | p. 336	
1.1.1.37	**malate dehydrogenase**, malate dehydrogenase, v. 16 | p. 336	
1.1.1.40	**malate dehydrogenase (decarboxylating, NADP)**, malate dehydrogenase (oxaloacetate-decarboxylating) (NADP+), v. 16 | p. 381	
1.1.1.37	**malate dehydrogenase (NAD)**, malate dehydrogenase, v. 16 | p. 336	
1.1.1.40	**malate dehydrogenase (NADP, decarboxylating)**, malate dehydrogenase (oxaloacetate-decarboxylating) (NADP+), v. 16 | p. 381	
1.1.1.37	**malate dehydrogenase 2**, malate dehydrogenase, v. 16 | p. 336	
1.1.99.16	**Malate dehydrogenase [acceptor]**, malate dehydrogenase (acceptor), v. 19 | p. 355	
2.3.3.9	**L-malate glyoxylate-lyase (CoA-acetylating)**, malate synthase, v. 30 | p. 644	
4.2.1.31	**D-malate hydro-lyase**, maleate hydratase, v. 4 | p. 440	
4.2.1.2	**L-malate hydro-lyase**, fumarate hydratase, v. 4 | p. 262	
1.1.1.82	**malate NADP dehydrogenase**, malate dehydrogenase (NADP+), v. 17 | p. 155	
2.3.3.9	**malate synthase 1**, malate synthase, v. 30 | p. 644	
2.3.3.9	**malate synthase G**, malate synthase, v. 30 | p. 644	
2.3.3.9	**malate synthetase**, malate synthase, v. 30 | p. 644	
6.2.1.9	**Malate thiokinase**, Malate-CoA ligase, v. 2 | p. 245	
3.1.1.1	**malathion carboxylesterase**, carboxylesterase, v. 9 | p. 1	
1.1.1.37	**MalDH**, malate dehydrogenase, v. 16 | p. 336	
3.6.3.19	**MalE**, maltose-transporting ATPase, v. 15 | p. 628	
4.2.1.31	**malease**, maleate hydratase, v. 4 | p. 440	
2.7.11.22	**male germ cell-associated kinase**, cyclin-dependent kinase, v. S4 | p. 156	
4.2.1.31	**maleic-acid hydratase**, maleate hydratase, v. 4 | p. 440	
1.3.1.32	**maleoylacetate reductase**, maleylacetate reductase, v. 21 | p. 191	
3.1.1.45	**maleylacetate enol-lactonase**, carboxymethylenebutenolidase, v. 9 | p. 310	
1.3.1.32	**maleylacetate reductase**, maleylacetate reductase, v. 21 | p. 191	
5.2.1.2	**maleylacetoacetate isomerase**, Maleylacetoacetate isomerase, v. 1 | p. 197	
5.2.1.2	**Maleylacetoacetic isomerase**, Maleylacetoacetate isomerase, v. 1 | p. 197	
5.2.1.2	**Maleylacetone cis-trans-isomerase**, Maleylacetoacetate isomerase, v. 1 | p. 197	
5.2.1.2	**Maleylacetone isomerase**, Maleylacetoacetate isomerase, v. 1 | p. 197	
5.2.1.4	**3-maleylpyruvate cis-trans-isomerase**, Maleylpyruvate isomerase, v. 1 | p. 206	
5.2.1.4	**maleylpyruvate isomerase**, Maleylpyruvate isomerase, v. 1 | p. 206	
3.6.3.19	**MalFGK2**, maltose-transporting ATPase, v. 15 | p. 628	
3.2.1.122	**MalH**, maltose-6'-phosphate glucosidase, v. 13 | p. 499	

2.3.3.9	malic-condensing enzyme, malate synthase, v. 30 | p. 644	
1.1.1.37	malic acid dehydrogenase, malate dehydrogenase, v. 16 | p. 336	
1.1.1.37	malic dehydrogenase, malate dehydrogenase, v. 16 | p. 336	
1.1.1.82	malic dehydrogenase (nicotinamide adenine dinucleotide phosphate), malate dehydrogenase (NADP+), v. 17 | p. 155	
1.1.3.3	malic dehydrogenase II, malate oxidase, v. 19 | p. 26	
1.1.1.83	D-malic enzyme, D-malate dehydrogenase (decarboxylating), v. 17 | p. 172	
1.1.1.39	malic enzyme, malate dehydrogenase (decarboxylating), v. 16 | p. 371	
1.1.1.38	malic enzyme, malate dehydrogenase (oxaloacetate-decarboxylating), v. 16 | p. 360	
1.1.1.40	malic enzyme, malate dehydrogenase (oxaloacetate-decarboxylating) (NADP+), v. 16 | p. 381	
1.1.3.3	malic oxidase, malate oxidase, v. 19 | p. 26	
2.3.3.9	malic synthetase, malate synthase, v. 30 | p. 644	
3.6.3.19	MalK, maltose-transporting ATPase, v. 15 | p. 628	
3.2.1.10	MalL, oligo-1,6-glucosidase, v. 12 | p. 162	
4.2.1.27	malonate-semialdehyde dehydratase, acetylenecarboxylate hydratase, v. 4 | p. 418	
1.2.1.18	malonate-semialdehyde dehydrogenase (NADP+) (acylating), malonate-semialdehyde dehydrogenase (acetylating), v. 20 | p. 191	
2.3.1.187	malonate/acetyl-CoA transferase, acetyl-S-ACP:malonate ACP transferase	
2.3.1.187	malonate:ACP transferase, acetyl-S-ACP:malonate ACP transferase	
2.8.3.3	malonate coenzyme A-transferase, malonate CoA-transferase, v. 39 | p. 477	
4.1.1.89	malonate decarboxylase, biotin-dependent malonate decarboxylase	
4.1.1.88	malonate decarboxylase, biotin-independent malonate decarboxylase	
4.1.1.88	malonate decarboxylase (without biotin), biotin-independent malonate decarboxylase	
2.7.7.61	malonate decarboxylase holo-ACP synthetase, citrate lyase holo-[acyl-carrier protein] synthase, v. 38 | p. 565	
2.7.7.61	malonate decarboxylase holo-acyl-carrier protein synthetase, citrate lyase holo-[acyl-carrier protein] synthase, v. 38 | p. 565	
4.2.1.27	malonate semialdehyde dehydratase, acetylenecarboxylate hydratase, v. 4 | p. 418	
4.2.1.27	malonate semialdehyde dehydratase, malonate semialdehyde, acetylenecarboxylate hydratase, v. 4 | p. 418	
1.2.1.18	malonate semialdehyde oxidative decarboxylase, malonate-semialdehyde dehydrogenase (acetylating), v. 20 | p. 191	
1.2.1.18	malonic semialdehyde oxidative decarboxylase, malonate-semialdehyde dehydrogenase (acetylating), v. 20 | p. 191	
1.2.1.18	malonmate-semialdehyde: nicotinamide adenine dinucleotide, malonate-semialdehyde dehydrogenase (acetylating), v. 20 | p. 191	
2.1.3.10	malonyl-[acyl-carrier protein]:biotinyl-[protein] carboxyltransferase, malonyl-S-ACP:biotin-protein carboxyltransferase	
2.3.1.39	malonyl-CoA–acyl carrier protein transacylase, [acyl-carrier-protein] S-malonyltransferase, v. 29 | p. 566	
2.3.1.39	malonyl-CoA-acyl carrier protein transacylase, [acyl-carrier-protein] S-malonyltransferase, v. 29 | p. 566	
2.3.1.38	malonyl-CoA/acetyl-CoA:acyl carrier protein S-acyltransferase, [acyl-carrier-protein] S-acetyltransferase, v. 29 | p. 558	
2.3.1.39	malonyl-CoA:AcpM transacylase, [acyl-carrier-protein] S-malonyltransferase, v. 29 | p. 566	
2.3.1.39	malonyl-CoA:ACP transacylase, [acyl-carrier-protein] S-malonyltransferase, v. 29 | p. 566	
2.3.1.187	malonyl-CoA:ACP transacylase, acetyl-S-ACP:malonate ACP transferase	
2.3.1.39	malonyl-CoA:acyl carrier protein transacylase, [acyl-carrier-protein] S-malonyltransferase, v. 29 | p. 566	
2.3.1.172	malonyl-CoA:anthocyanin, anthocyanin 5-O-glucoside 6'''-O-malonyltransferase, v. S2 | p. 65	
2.3.1.171	malonyl-CoA:anthocyanin 3-O-glucoside-6''-O-malonyltransferase, anthocyanin 6-O-malonyltransferase, v. S2 | p. 58	

2.3.1.172	malonyl-CoA:anthocyanin 5-O-glucoside-6'''-O-malonyltransferase, anthocyanin 5-O-glucoside 6'''-O-malonyltransferase, v. S2 | p. 65	
2.3.1.172	malonyl-CoA:anthocyanin 5-O-glucoside-6-O-malonyltransferase, anthocyanin 5-O-glucoside 6'''-O-malonyltransferase, v. S2 | p. 65	
2.3.1.115	malonyl-CoA:flavone/flavonol 7-O-glucoside malonyltransferase, isoflavone-7-O-β-glucoside 6-O-malonyltransferase, v. 30 | p. 273	
2.3.1.39	malonyl-CoA acyl carrier protein transacylase, [acyl-carrier-protein] S-malonyltransferase, v. 29 | p. 566	
4.1.1.9	Malonyl-CoA decarboxylase, Malonyl-CoA decarboxylase, v. 3 | p. 49	
2.3.1.39	malonyl-coenzyme A:ACP transacylase, [acyl-carrier-protein] S-malonyltransferase, v. 29 | p. 566	
2.3.1.171	malonyl-coenzyme A:anthocyanidin-3-O-β-D-glucoside 6''-O-malonyltransferase, anthocyanin 6-O-malonyltransferase, v. S2 | p. 58	
2.3.1.171	malonyl-coenzyme A:anthocyanidin 3-O-glucoside-6'-O-malonyltransferase, anthocyanin 6-O-malonyltransferase, v. S2 | p. 58	
2.3.1.171	malonyl-coenzyme A:anthocyanidin 3-O-glucoside 6-O-malonyltransferase, anthocyanin 6-O-malonyltransferase, v. S2 | p. 58	
2.3.1.171	malonyl-coenzyme A:anthocyanidin malonyltransferase, anthocyanin 6-O-malonyltransferase, v. S2 | p. 58	
2.3.1.115	malonyl-coenzyme A:flavone/flavonol-7-O-glycoside malonyltransferase, isoflavone-7-O-β-glucoside 6-O-malonyltransferase, v. 30 | p. 273	
2.3.1.116	malonyl-coenzyme A:flavonol-3-O-glucoside malonyltransferase, flavonol-3-O-β-glucoside O-malonyltransferase, v. 30 | p. 278	
2.3.1.115	malonyl-coenzyme A:isoflavone 7-O-glucoside-6-malonyltransferase, isoflavone-7-O-β-glucoside 6-O-malonyltransferase, v. 30 | p. 273	
2.1.3.10	malonyl-S-acyl-carrier protein:biotin-protein carboxyltransferase, malonyl-S-ACP:biotin-protein carboxyltransferase	
4.1.1.87	malonyl-S-acyl-carrier protein decarboxylase, malonyl-S-ACP decarboxylase	
2.3.1.39	malonyl CoA-acyl carrier protein transacylase, [acyl-carrier-protein] S-malonyltransferase, v. 29 | p. 566	
2.3.1.171	malonyl CoA:anthocyanidin 5-O-glucoside-6'-O-malonyltransferase, anthocyanin 6-O-malonyltransferase, v. S2 | p. 58	
4.1.1.9	malonyl CoA decarboxylase, Malonyl-CoA decarboxylase, v. 3 | p. 49	
2.3.1.39	malonyl coenzyme A-acyl carrier protein transacylase, [acyl-carrier-protein] S-malonyltransferase, v. 29 | p. 566	
2.3.1.39	malonyl coenzyme A:acyl carrier protein transacylase, [acyl-carrier-protein] S-malonyltransferase, v. 29 | p. 566	
4.1.1.9	Malonyl coenzyme A decarboxylase, Malonyl-CoA decarboxylase, v. 3 | p. 49	
2.3.1.39	malonyl transacylase, [acyl-carrier-protein] S-malonyltransferase, v. 29 | p. 566	
2.3.1.39	malonyl transferase, [acyl-carrier-protein] S-malonyltransferase, v. 29 | p. 566	
2.3.1.39	malonyltransferase, [acyl-carrier-protein], [acyl-carrier-protein] S-malonyltransferase, v. 29 | p. 566	
2.3.1.171	malonyltransferase, anthocyanidin 3-glucoside, anthocyanin 6-O-malonyltransferase, v. S2 | p. 58	
2.3.1.172	malonyltransferase, anthocyanidin 5-glycoside, anthocyanin 5-O-glucoside 6'''-O-malonyltransferase, v. S2 | p. 65	
2.3.1.113	malonyltransferase, anthranilate, anthranilate N-malonyltransferase, v. 30 | p. 268	
2.3.1.112	malonyltransferase, D-tryptophan, D-tryptophan N-malonyltransferase, v. 30 | p. 265	
2.3.1.115	malonyltransferase, flavone (flavonol) 7-O-glycoside, isoflavone-7-O-β-glucoside 6-O-malonyltransferase, v. 30 | p. 273	
2.3.1.116	malonyltransferase, flavonol 3-O-glucoside, flavonol-3-O-β-glucoside O-malonyltransferase, v. 30 | p. 278	
2.3.1.115	malonyltransferase, isoflavone 7-O-glucoside 6-O-, isoflavone-7-O-β-glucoside 6-O-malonyltransferase, v. 30 | p. 273	
3.6.3.19	MalP, maltose-transporting ATPase, v. 15 | p. 628	

2.4.1.1	MalP, phosphorylase, v. 31 | p. 1	
2.4.1.25	MalQ, 4-α-glucanotransferase, v. 31 | p. 276	
3.6.3.19	MalT, maltose-transporting ATPase, v. 15 | p. 628	
2.7.1.69	MalT, protein-Npi-phosphohistidine-sugar phosphotransferase, v. 36 | p. 207	
3.2.1.20	maltase, α-glucosidase, v. 12 | p. 263	
3.2.1.20	maltase-glucoamylase, α-glucosidase, v. 12 | p. 263	
3.2.1.3	maltase-glucoamylase, glucan 1,4-α-glucosidase, v. 12 | p. 59	
3.2.1.3	maltase glucoamylase, glucan 1,4-α-glucosidase, v. 12 | p. 59	
5.4.99.15	Malto-oligosyltrehalose synthase, (1->4)-α-D-Glucan 1-α-D-glucosylmutase, v. 1 | p. 652	
3.2.1.141	malto-oligosyltrehalose trehalohydrolase, 4-α-D-{(1->4)-α-D-glucano}trehalose trehalohydrolase, v. 13 | p. 564	
5.4.99.15	Maltodextrin α-D-glucosyltransferase, (1->4)-α-D-Glucan 1-α-D-glucosylmutase, v. 1 | p. 652	
3.2.1.54	maltodextrin glucosidase, cyclomaltodextrinase, v. 13 | p. 95	
2.4.1.25	maltodextrin glycosyltransferase, 4-α-glucanotransferase, v. 31 | p. 276	
2.4.1.1	maltodextrin phosphorylase, phosphorylase, v. 31 | p. 1	
3.2.1.133	maltogenic α-amylase, glucan 1,4-α-maltohydrolase, v. 13 | p. 538	
3.2.1.133	maltogenic amylase, glucan 1,4-α-maltohydrolase, v. 13 | p. 538	
3.2.1.98	maltohexaohydrolase, exo-, glucan 1,4-α-maltohexaosidase, v. 13 | p. 379	
3.2.1.98	maltohexaose-forming amylase, glucan 1,4-α-maltohexaosidase, v. 13 | p. 379	
3.2.1.1	maltohexaose-producing α-amylase, α-amylase, v. 12 | p. 1	
3.2.1.98	maltohexaose-producing α-amylase, glucan 1,4-α-maltohexaosidase, v. 13 | p. 379	
3.2.1.98	Maltohexaose-producing amylase, glucan 1,4-α-maltohexaosidase, v. 13 | p. 379	
3.2.1.98	maltohexaose-producing exo-amylase, glucan 1,4-α-maltohexaosidase, v. 13 | p. 379	
3.2.1.98	maltohexaose and maltoheptaose-forming amylase, glucan 1,4-α-maltohexaosidase, v. 13 | p. 379	
3.2.1.98	maltohexaose producing amylase, glucan 1,4-α-maltohexaosidase, v. 13 | p. 379	
3.2.1.3	maltooligosaccharide-metabolizing enzyme, glucan 1,4-α-glucosidase, v. 12 | p. 59	
5.4.99.15	maltooligosyl-trehalose synthase, (1->4)-α-D-Glucan 1-α-D-glucosylmutase, v. 1 | p. 652	
5.4.99.15	maltooligosyl trehalose synthase, (1->4)-α-D-Glucan 1-α-D-glucosylmutase, v. 1 | p. 652	
5.4.99.15	maltooligosyltrehalose synthase, (1->4)-α-D-Glucan 1-α-D-glucosylmutase, v. 1 | p. 652	
5.4.99.15	Maltooligosyl trehalose synthase (Rhizobium strain M-11 clone pBMTU1 gene treY reduced), (1->4)-α-D-Glucan 1-α-D-glucosylmutase, v. 1 | p. 652	
3.2.1.141	Maltooligosyl trehalose trehalohydrolase, 4-α-D-{(1->4)-α-D-glucano}trehalose trehalohydrolase, v. 13 | p. 564	
3.2.1.141	maltooligosyltrehalose trehalohydrolase, 4-α-D-{(1->4)-α-D-glucano}trehalose trehalohydrolase, v. 13 | p. 564	
3.2.1.141	maltooligosyl trehalose trehalohydrolase (Rhizobium strain M-11 clone pMBTU1 gene treZ reduced), 4-α-D-{(1->4)-α-D-glucano}trehalose trehalohydrolase, v. 13 | p. 564	
3.2.1.141	maltooligosyltrehalose trehalosidase, 4-α-D-{(1->4)-α-D-glucano}trehalose trehalohydrolase, v. 13 | p. 564	
5.4.99.16	Maltose α-D-glucosylmutase, maltose α-D-glucosyltransferase, v. 1 | p. 656	
5.4.99.16	Maltose α-D-glucosyltransferase, maltose α-D-glucosyltransferase, v. 1 | p. 656	
3.6.3.19	maltose-specific enzyme IICB, maltose-transporting ATPase, v. 15 | p. 628	
3.2.1.122	maltose 6P hydrolase, maltose-6'-phosphate glucosidase, v. 13 | p. 499	
5.4.99.16	Maltose glucosylmutase, maltose α-D-glucosyltransferase, v. 1 | p. 656	
2.3.1.79	maltose transacetylase, maltose O-acetyltransferase, v. 30 | p. 96	
3.2.1.60	maltotetraohydrolase, exo-, glucan 1,4-α-maltotetraohydrolase, v. 13 | p. 157	
3.2.1.60	Maltotetraose-forming amylase, glucan 1,4-α-maltotetraohydrolase, v. 13 | p. 157	
3.2.1.60	Maltotetraose-forming exo-amylase, glucan 1,4-α-maltotetraohydrolase, v. 13 | p. 157	
3.2.1.116	maltotriohydrolase, glucan 1,4-α-maltotriohydrolase, v. 13 | p. 481	
3.2.1.116	maltotriohydrolase, exo-, glucan 1,4-α-maltotriohydrolase, v. 13 | p. 481	
3.2.1.60	maltotriose-forming exo-amylase, glucan 1,4-α-maltotetraohydrolase, v. 13 | p. 157	
3.2.1.1	maltotriose-producing α-amylase, α-amylase, v. 12 | p. 1	
3.2.1.116	maltotriose-producing α-amylase, glucan 1,4-α-maltotriohydrolase, v. 13 | p. 481	

4.4.1.8	MalY, cystathionine β-lyase, v. 5	p. 341
4.1.3.24	L-malyl-CoA lyase/β-methylmalyl-CoA lyase, malyl-CoA lyase, v. 4	p. 151
6.2.1.9	Malyl-CoA synthetase, Malate-CoA ligase, v. 2	p. 245
4.1.3.24	L-malyl-coenzyme A/β-methylmalyl-coenzyme A lyase, malyl-CoA lyase, v. 4	p. 151
4.1.3.24	malyl coenzyme A lyase, malyl-CoA lyase, v. 4	p. 151
6.2.1.9	Malyl coenzyme A synthetase, Malate-CoA ligase, v. 2	p. 245
3.5.4.5	mammalian deminase, cytidine deaminase, v. 15	p. 42
3.4.24.81	mammalian disintegrin-metalloprotease, ADAM10 endopeptidase, v. S6	p. 311
3.1.22.4	mammalian HJ resolvase, crossover junction endodeoxyribonuclease, v. 11	p. 487
2.7.12.2	mammalian MAP kinase kinase, mitogen-activated protein kinase kinase, v. S4	p. 392
3.4.24.19	mammalian tolloid, procollagen C-endopeptidase, v. 8	p. 317
3.4.24.19	Mammalian tolloid protein, procollagen C-endopeptidase, v. 8	p. 317
3.4.11.9	mAmP, Xaa-Pro aminopeptidase, v. 6	p. 111
3.2.1.1	MAmy, α-amylase, v. 12	p. 1
3.2.1.78	Man, mannan endo-1,4-β-mannosidase, v. 13	p. 264
3.2.1.25	β-MAN, β-mannosidase, v. 12	p. 437
3.2.1.113	Man(9)-α-mannosidase, mannosyl-oligosaccharide 1,2-α-mannosidase, v. 13	p. 458
3.2.1.78	Man26A-50K, mannan endo-1,4-β-mannosidase, v. 13	p. 264
3.2.1.25	Man2A, β-mannosidase, v. 12	p. 437
3.2.1.24	Man2C1, α-mannosidase, v. 12	p. 407
3.2.1.24	Man2C1 α-mannosidase, α-mannosidase, v. 12	p. 407
3.2.1.78	man5D, mannan endo-1,4-β-mannosidase, v. 13	p. 264
3.2.1.24	Man9-α-mannosidase, α-mannosidase, v. 12	p. 407
3.2.1.113	Man9-mannosidase, mannosyl-oligosaccharide 1,2-α-mannosidase, v. 13	p. 458
3.2.1.113	Man9GlcNAc2-specific processing α-mannosidase, mannosyl-oligosaccharide 1,2-α-mannosidase, v. 13	p. 458
3.2.1.24	ManA, α-mannosidase, v. 12	p. 407
3.2.1.78	ManA, mannan endo-1,4-β-mannosidase, v. 13	p. 264
2.7.1.60	ManAc kinase, N-acylmannosamine kinase, v. 36	p. 144
3.2.1.25	ManB, β-mannosidase, v. 12	p. 437
3.2.1.78	ManB, mannan endo-1,4-β-mannosidase, v. 13	p. 264
4.2.1.8	ManD, Mannonate dehydratase, v. 4	p. 293
3.5.1.86	mandelamide hydrolase, mandelamide amidase, v. 14	p. 623
1.14.16.6	L-mandelate-4-hydroxylase, mandelate 4-monooxygenase, v. 27	p. 123
1.1.1.272	D-mandelate dehydrogenase, (R)-2-hydroxyacid dehydrogenase, v. 18	p. 497
1.1.99.31	L-mandelate dehydrogenase, (S)-mandelate dehydrogenase, v. S1	p. 144
1.1.1.272	D-mandelate dehydrogenases, (R)-2-hydroxyacid dehydrogenase, v. 18	p. 497
5.1.2.2	mandelate racemase, mandelate racemase, v. 1	p. 72
1.14.16.6	mandelic acid 4-hydroxylase, mandelate 4-monooxygenase, v. 27	p. 123
5.1.2.2	mandelic acid racemase, mandelate racemase, v. 1	p. 72
4.1.2.10	mandelonitrile lyase, Mandelonitrile lyase, v. 3	p. 440
1.1.1.272	D-ManDH, (R)-2-hydroxyacid dehydrogenase, v. 18	p. 497
1.1.1.272	D-ManDH2, (R)-2-hydroxyacid dehydrogenase, v. 18	p. 497
1.15.1.1	manganese-containing superoxide dismutase, superoxide dismutase, v. 27	p. 399
3.6.1.1	manganese-dependent inorganic pyrophosphatase, inorganic diphosphatase, v. 15	p. 240
1.11.1.6	manganese catalase, catalase, v. 25	p. 194
1.13.11.45	manganese lipoxygenase, linoleate 11-lipoxygenase, v. 25	p. 658
1.15.1.1	manganese superoxide dismutase, superoxide dismutase, v. 27	p. 399
3.2.1.78	MAN I, mannan endo-1,4-β-mannosidase, v. 13	p. 264
3.2.1.113	ManI, mannosyl-oligosaccharide 1,2-α-mannosidase, v. 13	p. 458
2.4.1.222	Manic fringe, O-fucosylpeptide 3-β-N-acetylglucosaminyltransferase, v. 32	p. 599
2.4.1.222	manic fringe glycosyltransferase, O-fucosylpeptide 3-β-N-acetylglucosaminyltransferase, v. 32	p. 599
3.2.1.78	Man II, mannan endo-1,4-β-mannosidase, v. 13	p. 264
3.2.1.114	Man II, mannosyl-oligosaccharide 1,3-1,6-α-mannosidase, v. 13	p. 470

3.2.1.114	ManII, mannosyl-oligosaccharide 1,3-1,6-α-mannosidase, v. 13 | p. 470
3.2.1.114	ManIII, mannosyl-oligosaccharide 1,3-1,6-α-mannosidase, v. 13 | p. 470
3.2.1.114	MAN IIx, mannosyl-oligosaccharide 1,3-1,6-α-mannosidase, v. 13 | p. 470
3.2.1.24	α-mann, α-mannosidase, v. 12 | p. 407
2.4.1.180	ManNAcA transferase, lipopolysaccharide N-acetylmannosaminouronosyltransferase, v. 32 | p. 428
3.4.21.42	mannan-binding lectin-associated serine protease-2, complement subcomponent C1s, v. 7 | p. 197
3.4.21.104	mannan-binding lectin-associated serine protease-2, mannan-binding lectin-associated serine protease-2, v. S5 | p. 313
3.4.21.104	Mannan-binding lectin associated serine protease-2, mannan-binding lectin-associated serine protease-2, v. S5 | p. 313
3.2.1.100	mannan 1,4-β-mannobiosidase, mannan 1,4-mannobiosidase, v. 13 | p. 400
3.2.1.78	β-1,4-mannan 4-mannanohydrolase, mannan endo-1,4-β-mannosidase, v. 13 | p. 264
3.2.1.78	β-mannanase, mannan endo-1,4-β-mannosidase, v. 13 | p. 264
3.2.1.78	β-D-mannanase, mannan endo-1,4-β-mannosidase, v. 13 | p. 264
3.2.1.24	mannanase, α-mannosidase, v. 12 | p. 407
3.2.1.25	mannanase, β-mannosidase, v. 12 | p. 437
3.2.1.78	mannanase, mannan endo-1,4-β-mannosidase, v. 13 | p. 264
3.2.1.78	mannanase, endo-1,4-β-, mannan endo-1,4-β-mannosidase, v. 13 | p. 264
3.2.1.101	mannanase, endo-1,6-α-, mannan endo-1,6-α-mannosidase, v. 13 | p. 403
3.2.1.78	β-mannanase B, mannan endo-1,4-β-mannosidase, v. 13 | p. 264
3.2.1.78	(1,4)-β-D-mannan mannanohydrolase, mannan endo-1,4-β-mannosidase, v. 13 | p. 264
3.2.1.78	1,4-β-D-mannan mannanohydrolase, mannan endo-1,4-β-mannosidase, v. 13 | p. 264
3.2.1.77	α-D-mannan mannohydrolase, mannan 1,2-(1,3)-α-mannosidase, v. 13 | p. 261
3.2.1.25	mannase, β-mannosidase, v. 12 | p. 437
3.1.3.22	mannitol-1-phosphate-specific phosphatase, mannitol-1-phosphatase, v. 10 | p. 261
1.1.1.17	D-mannitol-1-phosphate dehydrogenase, mannitol-1-phosphate 5-dehydrogenase, v. 16 | p. 180
1.1.1.17	mannitol-1-phosphate dehydrogenase, mannitol-1-phosphate 5-dehydrogenase, v. 16 | p. 180
1.1.1.67	mannitol-2-dehydrogenase, mannitol 2-dehydrogenase, v. 17 | p. 84
1.1.1.255	mannitol 1-dehydrogenase, mannitol dehydrogenase, v. 18 | p. 440
1.1.1.255	mannitol 1-oxidoreductase, mannitol dehydrogenase, v. 18 | p. 440
3.1.3.22	D-mannitol 1-phosphatase, mannitol-1-phosphatase, v. 10 | p. 261
3.1.3.22	mannitol 1-phosphatase, mannitol-1-phosphatase, v. 10 | p. 261
1.1.1.17	mannitol 1-phosphate 5-dehydrogenase, mannitol-1-phosphate 5-dehydrogenase, v. 16 | p. 180
1.1.1.17	mannitol 1-phosphate dehydrogenase, mannitol-1-phosphate 5-dehydrogenase, v. 16 | p. 180
3.1.3.22	mannitol 1-phosphate phosphatase, mannitol-1-phosphatase, v. 10 | p. 261
1.1.1.138	D-mannitol 2-dehydrogenase, mannitol 2-dehydrogenase (NADP+), v. 17 | p. 403
1.1.1.67	mannitol 2-dehydrogenase, mannitol 2-dehydrogenase, v. 17 | p. 84
1.1.1.138	Mannitol 2-dehydrogenase [NADP+], mannitol 2-dehydrogenase (NADP+), v. 17 | p. 403
1.1.1.255	mannitol:mannose 1-oxidoreductase, mannitol dehydrogenase, v. 18 | p. 440
1.1.1.67	D-mannitol dehydrogenase, mannitol 2-dehydrogenase, v. 17 | p. 84
1.1.1.138	D-mannitol dehydrogenase, mannitol 2-dehydrogenase (NADP+), v. 17 | p. 403
1.1.1.67	mannitol dehydrogenase, mannitol 2-dehydrogenase, v. 17 | p. 84
1.1.1.138	mannitol dehydrogenase, mannitol 2-dehydrogenase (NADP+), v. 17 | p. 403
3.1.3.22	mannitol dehydrogenase, mannitol-1-phosphatase, v. 10 | p. 261
1.1.1.138	mannitol dehydrogenase (NADP+), mannitol 2-dehydrogenase (NADP+), v. 17 | p. 403
1.1.1.138	mannitol dehydrogenase (nicotinamide dinucleotide phosphate), mannitol 2-dehydrogenase (NADP+), v. 17 | p. 403
1.1.1.138	D-mannitol dehydrogenase, NADP-dependent, mannitol 2-dehydrogenase (NADP+), v. 17 | p. 403

1.1.1.138	mannitol dehydrogenase 1, mannitol 2-dehydrogenase (NADP+), v. 17 | p. 403
1.1.3.40	mannitol oxidase, D-mannitol oxidase, v. 19 | p. 245
2.7.1.69	mannitol transport protein enzyme II mtl, protein-Npi-phosphohistidine-sugar phosphotransferase, v. 36 | p. 207
3.2.1.100	mannobiohydrolase, exo-1,4-β-, mannan 1,4-mannobiosidase, v. 13 | p. 400
1.1.1.131	mannonate (nicotinamide adenine dinucleotide (phosphate))dehydrogenase, mannuronate reductase, v. 17 | p. 379
1.1.1.57	D-mannonate:NAD+ oxidoreductase, fructuronate reductase, v. 17 | p. 32
1.1.1.131	D-mannonate:nicontinamide adenine dinucleotide (phosphate oxidoreductase (D-mannuronate-forming)), mannuronate reductase, v. 17 | p. 379
4.2.1.8	D-mannonate dehydratase, Mannonate dehydratase, v. 4 | p. 293
1.1.1.57	D-mannonate dehydrogenase, fructuronate reductase, v. 17 | p. 32
1.1.1.131	mannonate dehydrogenase, mannuronate reductase, v. 17 | p. 379
1.1.1.131	mannonate dehydrogenase (NAD(P)+), mannuronate reductase, v. 17 | p. 379
4.2.1.8	D-mannonate hydrolase, Mannonate dehydratase, v. 4 | p. 293
4.2.1.8	D-Mannonate hydrolyase, Mannonate dehydratase, v. 4 | p. 293
4.2.1.8	Mannonate hydrolyase, Mannonate dehydratase, v. 4 | p. 293
1.1.1.57	mannonate oxidoreductase, fructuronate reductase, v. 17 | p. 32
1.1.1.57	mannonic dehydrogenase, fructuronate reductase, v. 17 | p. 32
4.2.1.8	Mannonic hydrolase, Mannonate dehydratase, v. 4 | p. 293
3.2.1.24	α-D-mannopyranosidase, α-mannosidase, v. 12 | p. 407
3.2.1.25	βMANNOS1, β-mannosidase, v. 12 | p. 437
2.4.1.57	α-D-mannose-α(1,2)-phosphatidyl-myoinositol transferase, phosphatidylinositol α-mannosyltransferase, v. 31 | p. 461
5.3.1.8	D-mannose-6-phosphate ketol-isomerase, Mannose-6-phosphate isomerase, v. 1 | p. 289
1.1.1.224	mannose-6-phosphate reductase, mannose-6-phosphate 6-reductase, v. 18 | p. 336
3.2.1.113	mannose-9 processing α-mannosidase, mannosyl-oligosaccharide 1,2-α-mannosidase, v. 13 | p. 458
3.4.21.104	mannose-binding lectin-associated-serine protease-2, mannan-binding lectin-associated serine protease-2, v. S5 | p. 313
3.4.21.104	mannose-binding lectin-associated serine protease-2, mannan-binding lectin-associated serine protease-2, v. S5 | p. 313
2.7.7.22	mannose 1-phosphate guanylyltransferase, mannose-1-phosphate guanylyltransferase (GDP), v. 38 | p. 287
2.7.7.13	mannose 1-phosphate guanylyltransferase (guanosine triphosphate), mannose-1-phosphate guanylyltransferase, v. 38 | p. 209
3.1.4.45	mannose 6-phosphate-uncovering enzyme, N-acetylglucosamine-1-phosphodiester α-N-acetylglucosaminidase, v. 11 | p. 208
1.1.1.224	mannose 6-phosphate reductase, mannose-6-phosphate 6-reductase, v. 18 | p. 336
3.1.4.45	mannose 6-phosphate uncovering enzyme, N-acetylglucosamine-1-phosphodiester α-N-acetylglucosaminidase, v. 11 | p. 208
2.7.1.69	mannose class phosphoenolpyruvate:sugar phosphotransferase system, protein-Npi-phosphohistidine-sugar phosphotransferase, v. 36 | p. 207
5.3.1.7	D-Mannose isomerase, Mannose isomerase, v. 1 | p. 285
5.3.1.7	D-mannose ketol-isomerase, Mannose isomerase, v. 1 | p. 285
5.3.1.8	Mannose phosphate isomerase, Mannose-6-phosphate isomerase, v. 1 | p. 289
2.7.8.9	mannosephosphotransferase, phosphomannan, phosphomannan mannosephosphotransferase, v. 39 | p. 76
3.2.1.24	1,2-α-D-mannosidase, α-mannosidase, v. 12 | p. 407
3.2.1.24	1,2-α-mannosidase, α-mannosidase, v. 12 | p. 407
3.2.1.113	1,2-α-mannosidase, mannosyl-oligosaccharide 1,2-α-mannosidase, v. 13 | p. 458
3.2.1.114	1,3(1,6)-α-D-mannosidase, mannosyl-oligosaccharide 1,3-1,6-α-mannosidase, v. 13 | p. 470
3.2.1.114	1,6-α-D-mannosidase, mannosyl-oligosaccharide 1,3-1,6-α-mannosidase, v. 13 | p. 470
3.2.1.24	α 1,2-mannosidase, α-mannosidase, v. 12 | p. 407
3.2.1.163	α 1,6-mannosidase, 1,6-α-D-mannosidase, v. S5 | p. 186

653

α-1,2-mannosidase

3.2.1.113	α-1,2-mannosidase, mannosyl-oligosaccharide 1,2-α-mannosidase, v. 13 | p. 458	
3.2.1.24	α-D-mannosidase, α-mannosidase, v. 12 | p. 407	
3.2.1.24	α-mannosidase, α-mannosidase, v. 12 | p. 407	
3.2.1.113	α-mannosidase, mannosyl-oligosaccharide 1,2-α-mannosidase, v. 13 | p. 458	
3.2.1.24	α1,2-mannosidase, α-mannosidase, v. 12 | p. 407	
3.2.1.113	α1,2-mannosidase, mannosyl-oligosaccharide 1,2-α-mannosidase, v. 13 | p. 458	
3.2.1.114	α1-3,6-mannosidase, mannosyl-oligosaccharide 1,3-1,6-α-mannosidase, v. 13 | p. 470	
3.2.1.25	β-D-mannosidase, β-mannosidase, v. 12 | p. 437	
3.2.1.25	β-mannosidase, β-mannosidase, v. 12 | p. 437	
3.2.1.25	mannosidase, β-, β-mannosidase, v. 12 | p. 437	
3.2.1.113	mannosidase, exo-1,2-α-, mannosyl-oligosaccharide 1,2-α-mannosidase, v. 13 | p. 458	
3.2.1.137	mannosidase, exo-1,2-1,6-α, mannan exo-1,2-1,6-α-mannosidase, v. 13 | p. 548	
3.2.1.114	mannosidase, exo-1,3-1,6-α-, mannosyl-oligosaccharide 1,3-1,6-α-mannosidase, v. 13 | p. 470	
3.2.1.113	(α1,2)-mannosidase-I, mannosyl-oligosaccharide 1,2-α-mannosidase, v. 13 | p. 458	
3.2.1.113	mannosidase 1A, mannosyl-oligosaccharide 1,2-α-mannosidase, v. 13 | p. 458	
3.2.1.113	mannosidase 1B, mannosyl-oligosaccharide 1,2-α-mannosidase, v. 13 | p. 458	
3.2.1.25	β-mannosidase 2A, β-mannosidase, v. 12 | p. 437	
3.2.1.25	mannosidase 5A, β-mannosidase, v. 12 | p. 437	
3.2.1.24	α mannosidase 6A8B, α-mannosidase, v. 12 | p. 407	
3.2.1.24	α-mannosidase C, α-mannosidase, v. 12 | p. 407	
3.2.1.113	α1,2-mannosidase E-I, mannosyl-oligosaccharide 1,2-α-mannosidase, v. 13 | p. 458	
3.2.1.24	α-mannosidase E-II, α-mannosidase, v. 12 | p. 407	
3.2.1.113	α1,2-mannosidase E-II, mannosyl-oligosaccharide 1,2-α-mannosidase, v. 13 | p. 458	
3.2.1.113	α-(1,2)-mannosidase I, mannosyl-oligosaccharide 1,2-α-mannosidase, v. 13 | p. 458	
3.2.1.113	α-(1-2)-mannosidase I, mannosyl-oligosaccharide 1,2-α-mannosidase, v. 13 | p. 458	
3.2.1.113	α-1,2 mannosidase I, mannosyl-oligosaccharide 1,2-α-mannosidase, v. 13 | p. 458	
3.2.1.24	α-mannosidase I, α-mannosidase, v. 12 | p. 407	
3.2.1.113	mannosidase I, mannosyl-oligosaccharide 1,2-α-mannosidase, v. 13 | p. 458	
3.2.1.24	α-mannosidase IA, α-mannosidase, v. 12 | p. 407	
3.2.1.113	α-1,2-mannosidase IC, mannosyl-oligosaccharide 1,2-α-mannosidase, v. 13 | p. 458	
3.2.1.114	α-D-mannosidase II, mannosyl-oligosaccharide 1,3-1,6-α-mannosidase, v. 13 | p. 470	
3.2.1.114	α-mannosidase II, mannosyl-oligosaccharide 1,3-1,6-α-mannosidase, v. 13 | p. 470	
3.2.1.114	mannosidase II, mannosyl-oligosaccharide 1,3-1,6-α-mannosidase, v. 13 | p. 470	
3.2.1.24	α-mannosidase III, α-mannosidase, v. 12 | p. 407	
3.2.1.114	α-mannosidase III, mannosyl-oligosaccharide 1,3-1,6-α-mannosidase, v. 13 | p. 470	
3.2.1.114	α-mannosidase IIx, mannosyl-oligosaccharide 1,3-1,6-α-mannosidase, v. 13 | p. 470	
2.4.1.101	α3-D-mannoside-β-1,2-N-acetylglucosaminyltransferase I, α-1,3-mannosyl-glycoprotein 2-β-N-acetylglucosaminyltransferase, v. 32 | p. 70	
2.4.1.144	β-D-mannoside β-1,4-N-acetylglucosaminyltransferase, β-1,4-mannosyl-glycoprotein 4-β-N-acetylglucosaminyltransferase, v. 32 | p. 267	
2.4.1.155	α-mannoside β-1,6-N-acetylglucosaminyltransferase, α-1,6-mannosyl-glycoprotein 6-β-N-acetylglucosaminyltransferase, v. 32 | p. 334	
3.2.1.24	α-D-mannoside mannohydrolase, α-mannosidase, v. 12 | p. 407	
3.2.1.25	β-mannoside mannohydrolase, β-mannosidase, v. 12 | p. 437	
2.4.1.54	mannosyl-1-phosphoryl-undecaprenol synthetase, undecaprenyl-phosphate mannosyltransferase, v. 31 | p. 451	
2.4.1.217	mannosyl-3-P-glycerate synthase, mannosyl-3-phosphoglycerate synthase, v. 32 | p. 581	
3.1.3.70	mannosyl-3-phosphoglycerate phosphatase, mannosyl-3-phosphoglycerate phosphatase, v. S5 | p. 55	
2.4.1.217	mannosyl-3-phosphoglycerate synthase, mannosyl-3-phosphoglycerate synthase, v. 32 | p. 581	
2.4.1.101	α-1,3-mannosyl-glycoprotein β-1,2-N-acetylglucosaminyltransferase, α-1,3-mannosyl-glycoprotein 2-β-N-acetylglucosaminyltransferase, v. 32 | p. 70	

2.4.1.143	α-1,6-mannosyl-glycoprotein β-1,2-N-acetylglucosaminyltransferase, α-1,6-mannosyl-glycoprotein 2-β-N-acetylglucosaminyltransferase, v. 32 | p. 259
2.4.1.144	β-1,4-mannosyl-glycoprotein β-1,4-N-acetylglucosaminyltransferase, β-1,4-mannosyl-glycoprotein 4-β-N-acetylglucosaminyltransferase, v. 32 | p. 267
2.4.1.201	mannosyl-glycoprotein β-1,4-N-acetylglucosaminyltransferase, α-1,6-mannosyl-glycoprotein 4-β-N-acetylglucosaminyltransferase, v. 32 | p. 501
3.2.1.96	mannosyl-glycoprotein 1,4-N-acetamidodeoxy-β-D-glycohydrolase, mannosyl-glycoprotein endo-β-N-acetylglucosaminidase, v. 13 | p. 350
2.4.1.155	α-1,6-mannosyl-glycoprotein 6-β-N-acetylglucosaminyltransferase, α-1,6-mannosyl-glycoprotein 6-β-N-acetylglucosaminyltransferase, v. 32 | p. 334
3.2.1.96	Mannosyl-glycoprotein endo-β-N-acetyl-glucosaminidase, mannosyl-glycoprotein endo-β-N-acetylglucosaminidase, v. 13 | p. 350
3.2.1.96	Mannosyl-glycoprotein endo-β-N-acetyl-glucosaminidase F1, mannosyl-glycoprotein endo-β-N-acetylglucosaminidase, v. 13 | p. 350
3.2.1.96	Mannosyl-glycoprotein endo-β-N-acetyl-glucosaminidase F2, mannosyl-glycoprotein endo-β-N-acetylglucosaminidase, v. 13 | p. 350
3.2.1.96	Mannosyl-glycoprotein endo-β-N-acetyl-glucosaminidase F3, mannosyl-glycoprotein endo-β-N-acetylglucosaminidase, v. 13 | p. 350
3.2.1.114	mannosyl-oligosaccharide 1,3-1,6-α-mannosidase, mannosyl-oligosaccharide 1,3-1,6-α-mannosidase, v. 13 | p. 470
3.2.1.106	mannosyl-oligosaccharide glucosidase, mannosyl-oligosaccharide glucosidase, v. 13 | p. 427
2.4.1.217	mannosylglycerate synthase, mannosyl-3-phosphoglycerate synthase, v. 32 | p. 581
2.4.2.38	β-1,4-mannosylglycoprotein β-1,2-xylosyltransferase, glycoprotein 2-β-D-xylosyltransferase, v. 33 | p. 304
2.4.1.145	α-1,3-mannosylglycoprotein β-1,4-N-acetylglucosaminyltransferase, α-1,3-mannosyl-glycoprotein 4-β-N-acetylglucosaminyltransferase, v. 32 | p. 278
2.4.1.155	α-1,3(6)-mannosylglycoprotein β-1,6-N-acetylglucosaminyltransferase, α-1,6-mannosyl-glycoprotein 6-β-N-acetylglucosaminyltransferase, v. 32 | p. 334
2.4.1.143	α-1,6-mannosylglycoprotein β-1-2-N-acetylglucosaminyltransferase, α-1,6-mannosyl-glycoprotein 2-β-N-acetylglucosaminyltransferase, v. 32 | p. 259
3.1.4.49	mannosylphosphodolichol phosphodiesterase, dolichylphosphate-mannose phosphodiesterase, v. 11 | p. 224
2.4.1.83	mannosylphospho dolichol synthase, dolichyl-phosphate β-D-mannosyltransferase, v. 31 | p. 591
2.4.1.83	mannosylphosphodolichol synthase, dolichyl-phosphate β-D-mannosyltransferase, v. 31 | p. 591
2.4.1.199	mannosylphospholipid-methylmannoside α-1,6-mannosyltransferase, β-mannosylphosphodecaprenol-mannooligosaccharide 6-mannosyltransferase, v. 32 | p. 497
2.4.1.83	mannosylphosphoryldolichol synthase, dolichyl-phosphate β-D-mannosyltransferase, v. 31 | p. 591
2.4.1.54	mannosylphosphorylundecaprenol synthase, undecaprenyl-phosphate mannosyltransferase, v. 31 | p. 451
2.4.1.132	α-1,3-mannosyltransferase, glycolipid 3-α-mannosyltransferase, v. 32 | p. 214
2.4.1.232	α-1,6-mannosyltransferase, initiation-specific α-1,6-mannosyltransferase, v. 32 | p. 640
2.4.1.232	α-mannosyltransferase, initiation-specific α-1,6-mannosyltransferase, v. 32 | p. 640
2.4.1.142	mannosyltransferase, chitobiosyldiphosphodolichol β-mannosyltransferase, v. 32 | p. 256
2.4.1.57	mannosyltransferase, phosphatidylinositol α-mannosyltransferase, v. 31 | p. 461
2.4.1.130	mannosyltransferase, dolichol phosphomannose-oligosaccharide-lipid, dolichyl-phosphate-mannose-glycolipid α-mannosyltransferase, v. 32 | p. 205
2.4.1.109	mannosyltransferase, dolichol phosphomannose-protein, dolichyl-phosphate-mannose-protein mannosyltransferase, v. 32 | p. 110
2.4.1.32	mannosyltransferase, glucomannan 4-β-, glucomannan 4-β-mannosyltransferase, v. 31 | p. 312
2.4.1.83	mannosyltransferase, guanosine diphosphomannose-dolichol phosphate, dolichyl-phosphate β-D-mannosyltransferase, v. 31 | p. 591

2.4.1.232	mannosyltransferase, guanosine diphosphomannose-glycoprotein α1-6-, initiation-specific α-1,6-mannosyltransferase, v. 32 | p. 640
2.4.1.48	mannosyltransferase, guanosine diphosphomannose-heteroglycan α-, heteroglycan α-mannosyltransferase, v. 31 | p. 431
2.4.1.131	mannosyltransferase, guanosine diphosphomannose-oligosaccharide-lipid, glycolipid 2-α-mannosyltransferase, v. 32 | p. 210
2.4.1.132	mannosyltransferase, guanosine diphosphomannose-oligosaccharide-lipid II, glycolipid 3-α-mannosyltransferase, v. 32 | p. 214
2.4.1.54	mannosyltransferase, guanosine diphosphomannose-undecaprenyl phosphate, undecaprenyl-phosphate mannosyltransferase, v. 31 | p. 451
2.4.1.199	mannosyltransferase, mannosylphospholipid-methylmannoside α-1,6-, β-mannosylphosphodecaprenol-mannooligosaccharide 6-mannosyltransferase, v. 32 | p. 497
2.4.1.109	O-mannosyltransferase 1, dolichyl-phosphate-mannose-protein mannosyltransferase, v. 32 | p. 110
2.4.1.142	mannosyltransferase I, chitobiosyldiphosphodolichol β-mannosyltransferase, v. 32 | p. 256
2.4.1.132	mannosyltransferase II, glycolipid 3-α-mannosyltransferase, v. 32 | p. 214
2.4.1.232	α1,6-mannosyltransferase KlOch1p, initiation-specific α-1,6-mannosyltransferase, v. 32 | p. 640
1.1.3.40	mannox, D-mannitol oxidase, v. 19 | p. 245
4.2.2.3	mannuronate alginate lyase, poly(β-D-mannuronate) lyase, v. 5 | p. 19
2.4.1.33	mannuronosyl transferase, alginate synthase, v. 31 | p. 316
1.4.3.4	MAO, monoamine oxidase, v. 22 | p. 260
1.4.3.4	MAO-A, monoamine oxidase, v. 22 | p. 260
1.4.3.4	MAO-B, monoamine oxidase, v. 22 | p. 260
1.4.3.4	MAO-N, monoamine oxidase, v. 22 | p. 260
1.4.3.4	MAO A, monoamine oxidase, v. 22 | p. 260
1.4.3.4	MAOA, monoamine oxidase, v. 22 | p. 260
1.4.3.4	MAO B, monoamine oxidase, v. 22 | p. 260
1.4.3.4	MAOB, monoamine oxidase, v. 22 | p. 260
1.4.3.4	MAO type B, monoamine oxidase, v. 22 | p. 260
1.4.3.6	MAOXI, amine oxidase (copper-containing), v. 22 | p. 291
1.4.3.6	MAOXII, amine oxidase (copper-containing), v. 22 | p. 291
3.1.3.2	MAP, acid phosphatase, v. 10 | p. 31
3.4.11.18	MAP, methionyl aminopeptidase, v. 6 | p. 159
3.2.2.22	MAP, rRNA N-glycosylase, v. 14 | p. 107
2.7.11.17	MAP-2 kinase, Ca2+/calmodulin-dependent protein kinase, v. S4 | p. 1
2.7.11.17	MAP-2 protein serine kinase, Ca2+/calmodulin-dependent protein kinase, v. S4 | p. 1
3.1.3.48	MAP-kinase phosphatase CPG21, protein-tyrosine-phosphatase, v. 10 | p. 407
2.7.11.25	MAP/ERK kinase kinase 1, mitogen-activated protein kinase kinase kinase, v. S4 | p. 278
4.6.1.1	MAP0426c, adenylate cyclase, v. 5 | p. 415
4.6.1.1	MAP1279c, adenylate cyclase, v. 5 | p. 415
4.6.1.1	MAP1318c, adenylate cyclase, v. 5 | p. 415
4.6.1.1	MAP1357, adenylate cyclase, v. 5 | p. 415
3.4.17.17	MAP1B, tubulinyl-Tyr carboxypeptidase, v. 6 | p. 483
3.4.11.18	MAP1D, methionyl aminopeptidase, v. 6 | p. 159
4.6.1.1	MAP2079, adenylate cyclase, v. 5 | p. 415
4.6.1.1	MAP2250c, adenylate cyclase, v. 5 | p. 415
4.6.1.1	MAP2440, adenylate cyclase, v. 5 | p. 415
4.6.1.1	MAP2507c, adenylate cyclase, v. 5 | p. 415
4.6.1.1	MAP2672, adenylate cyclase, v. 5 | p. 415
4.6.1.1	MAP2695c, adenylate cyclase, v. 5 | p. 415
2.7.11.25	MAP 3-kinase, mitogen-activated protein kinase kinase kinase, v. S4 | p. 278
4.6.1.1	MAP3844, adenylate cyclase, v. 5 | p. 415
2.7.11.25	MAP3K, mitogen-activated protein kinase kinase kinase, v. S4 | p. 278
2.7.11.25	MAP3K1, mitogen-activated protein kinase kinase kinase, v. S4 | p. 278

2.7.12.2	MAP3K11, mitogen-activated protein kinase kinase, v. S4 | p. 392	
2.7.11.25	MAP3K6, mitogen-activated protein kinase kinase, v. S4 | p. 278	
2.7.11.25	MAP3Kα, mitogen-activated protein kinase kinase, v. S4 | p. 278	
4.6.1.1	MAP4266, adenylate cyclase, v. 5 | p. 415	
3.1.3.2	mAPA, acid phosphatase, v. 10 | p. 31	
3.4.11.7	mAPA, glutamyl aminopeptidase, v. 6 | p. 102	
3.1.1.1	MAP esterase, carboxylesterase, v. 9 | p. 1	
2.7.11.23	MAPK, [RNA-polymerase]-subunit kinase, v. S4 | p. 220	
2.7.11.24	MAPK, mitogen-activated protein kinase, v. S4 | p. 233	
2.7.11.24	MAPK-activated protein kinase-2, mitogen-activated protein kinase, v. S4 | p. 233	
2.7.11.1	MAPK-activated protein kinase-2, non-specific serine/threonine protein kinase, v. S3 | p. 1	
2.7.11.1	MAPK-activated protein kinase 1a, non-specific serine/threonine protein kinase, v. S3 | p. 1	
2.7.11.1	MAPK-activated protein kinase 2, non-specific serine/threonine protein kinase, v. S3 | p. 1	
3.1.3.48	MAPK-specific tyrosine phosphatase, protein-tyrosine-phosphatase, v. 10 | p. 407	
2.7.11.25	MAPK-upstream kinase, mitogen-activated protein kinase kinase, v. S4 | p. 278	
2.7.12.2	MAPK/Erk kinase, mitogen-activated protein kinase kinase, v. S4 | p. 392	
2.7.12.2	MAPK/ERK kinase 5, mitogen-activated protein kinase kinase, v. S4 | p. 392	
2.7.11.25	MAPK/ERK kinase kinase 1, mitogen-activated protein kinase kinase kinase, v. S4 | p. 278	
2.7.11.25	MAPK/ERKkinase kinase 3, mitogen-activated protein kinase kinase kinase, v. S4 | p. 278	
2.7.11.24	MAPK2, mitogen-activated protein kinase, v. S4 | p. 233	
2.7.11.1	MAPKAP-K1a, non-specific serine/threonine protein kinase, v. S3 | p. 1	
2.7.11.1	MAPKAP-K2, non-specific serine/threonine protein kinase, v. S3 | p. 1	
2.7.11.1	MAPKAPK-2, non-specific serine/threonine protein kinase, v. S3 | p. 1	
2.7.11.24	MAPKAP kinase-2, mitogen-activated protein kinase, v. S4 | p. 233	
2.7.11.1	MAPKAP kinase-2, non-specific serine/threonine protein kinase, v. S3 | p. 1	
2.7.11.17	MAP kinase, Ca2+/calmodulin-dependent protein kinase, v. S4 | p. 1	
2.7.11.24	MAP kinase, mitogen-activated protein kinase, v. S4 | p. 233	
2.7.11.1	MAP kinase-activated protein kinase 2, non-specific serine/threonine protein kinase, v. S3 | p. 1	
2.7.11.24	MAP kinase 4, mitogen-activated protein kinase, v. S4 | p. 233	
2.7.11.1	MAP kinase activated protein kinase 2, non-specific serine/threonine protein kinase, v. S3 | p. 1	
2.7.12.2	MAP kinase kinase, mitogen-activated protein kinase kinase, v. S4 | p. 392	
2.7.12.2	MAP kinase kinase 4, mitogen-activated protein kinase kinase, v. S4 | p. 392	
2.7.12.2	MAP kinase kinase homologue, mitogen-activated protein kinase kinase, v. S4 | p. 392	
2.7.11.25	MAP kinase kinase kinase, mitogen-activated protein kinase kinase kinase, v. S4 | p. 278	
2.7.11.25	MAP kinase kinase kinase 1, mitogen-activated protein kinase kinase kinase, v. S4 | p. 278	
2.7.11.25	MAP kinase kinase kinase 3, mitogen-activated protein kinase kinase kinase, v. S4 | p. 278	
2.7.11.25	MAP kinase kinase kinase mkh1, mitogen-activated protein kinase kinase kinase, v. S4 | p. 278	
2.7.11.25	MAP kinase kinase kinase SSK2, mitogen-activated protein kinase kinase kinase, v. S4 | p. 278	
2.7.11.25	MAP kinase kinase kinase win1, mitogen-activated protein kinase kinase kinase, v. S4 | p. 278	
2.7.11.25	MAP kinase kinase kinase wis4, mitogen-activated protein kinase kinase kinase, v. S4 | p. 278	
2.7.12.2	MAP kinase kinase MKK1/SSP32, mitogen-activated protein kinase kinase, v. S4 | p. 392	
2.7.12.2	MAP kinase kinase MKK2/SSP33, mitogen-activated protein kinase kinase, v. S4 | p. 392	
2.7.12.2	MAP kinase kinase skh1/pek1, mitogen-activated protein kinase kinase, v. S4 | p. 392	
2.7.11.24	MAP kinase MXI2, mitogen-activated protein kinase, v. S4 | p. 233	
2.7.11.24	MAP kinase p38 β, mitogen-activated protein kinase, v. S4 | p. 233	
2.7.11.24	MAP kinase p38 δ, mitogen-activated protein kinase, v. S4 | p. 233	
2.7.11.24	MAP kinase p38 γ, mitogen-activated protein kinase, v. S4 | p. 233	
2.7.11.24	MAP kinase p38α, mitogen-activated protein kinase, v. S4 | p. 233	

2.7.11.24	MAP kinase p38a, mitogen-activated protein kinase, v. S4	p. 233
2.7.11.24	MAP kinase p38b, mitogen-activated protein kinase, v. S4	p. 233
3.1.3.48	MAP kinase phosphatase, protein-tyrosine-phosphatase, v. 10	p. 407
2.7.12.2	MAPKK, mitogen-activated protein kinase kinase, v. S4	p. 392
2.7.12.2	MAPKK 1, mitogen-activated protein kinase kinase, v. S4	p. 392
2.7.12.2	MAPKK1, mitogen-activated protein kinase kinase, v. S4	p. 392
2.7.12.2	MAPKK 10-2, mitogen-activated protein kinase kinase, v. S4	p. 392
2.7.12.2	MAPKK2, mitogen-activated protein kinase kinase, v. S4	p. 392
2.7.12.2	MAPKK 3, mitogen-activated protein kinase kinase, v. S4	p. 392
2.7.12.2	MAPKK 4, mitogen-activated protein kinase kinase, v. S4	p. 392
2.7.12.2	MAPKK 6, mitogen-activated protein kinase kinase, v. S4	p. 392
2.7.12.2	MAPK kinase, mitogen-activated protein kinase kinase, v. S4	p. 392
2.7.12.2	MAPK kinase-1, mitogen-activated protein kinase kinase, v. S4	p. 392
2.7.12.2	MAPK kinase 3, mitogen-activated protein kinase kinase, v. S4	p. 392
2.7.11.25	MAPK kinase kinase, mitogen-activated protein kinase kinase kinase, v. S4	p. 278
2.7.12.2	MAPK kinase kinase-1, mitogen-activated protein kinase kinase, v. S4	p. 392
2.7.11.25	MAPKKK, mitogen-activated protein kinase kinase kinase, v. S4	p. 278
2.7.11.25	MAPKKKα, mitogen-activated protein kinase kinase kinase, v. S4	p. 278
2.7.12.2	MAPKKK5, mitogen-activated protein kinase kinase, v. S4	p. 392
2.7.11.25	MAPKKK6, mitogen-activated protein kinase kinase kinase, v. S4	p. 278
2.7.11.25	MAPKK kinase, mitogen-activated protein kinase kinase kinase, v. S4	p. 278
2.5.1.34	MaPT, tryptophan dimethylallyltransferase, v. 34	p. 35
1.3.1.32	MAR, maleylacetate reductase, v. 21	p. 191
6.3.2.19	MARCH7, Ubiquitin-protein ligase, v. 2	p. 506
1.4.3.20	marinocine, L-lysine 6-oxidase, v. S1	p. 275
1.4.3.20	marinocine antimicrobial protein, L-lysine 6-oxidase, v. S1	p. 275
5.4.99.7	marneral synthase, Lanosterol synthase, v. 1	p. 624
6.3.2.19	mARNIP, Ubiquitin-protein ligase, v. 2	p. 506
2.4.2.31	MART-A, NAD+-protein-arginine ADP-ribosyltransferase, v. 33	p. 272
3.4.24.64	Mas1, mitochondrial processing peptidase, v. 8	p. 525
3.4.24.64	Mas2, mitochondrial processing peptidase, v. 8	p. 525
3.1.3.77	MASA, acireductone synthase, v. S5	p. 97
4.2.1.11	MASA, phosphopyruvate hydratase, v. 4	p. 312
3.4.21.104	MASP, mannan-binding lectin-associated serine protease-2, v. S5	p. 313
3.4.21.42	MASP-2, complement subcomponent C1s, v. 7	p. 197
3.4.21.104	MASP-2, mannan-binding lectin-associated serine protease-2, v. S5	p. 313
3.4.21.104	MASP2, mannan-binding lectin-associated serine protease-2, v. S5	p. 313
4.3.1.1	maspase 1, aspartate ammonia-lyase, v. 5	p. 162
4.3.1.1	maspase 2, aspartate ammonia-lyase, v. 5	p. 162
4.3.1.1	maspase 3, aspartate ammonia-lyase, v. 5	p. 162
6.1.1.12	mAspRS, Aspartate-tRNA ligase, v. 2	p. 86
3.4.17.1	mast-cell carboxypeptidase A, carboxypeptidase A, v. 6	p. 401
3.4.17.1	mast-cell CPA, carboxypeptidase A, v. 6	p. 401
2.7.11.1	MAST-1, non-specific serine/threonine protein kinase, v. S3	p. 1
2.7.10.1	mast/stem cell growth factor receptor, receptor protein-tyrosine kinase, v. S2	p. 341
2.7.11.1	MAST1, non-specific serine/threonine protein kinase, v. S3	p. 1
2.7.11.1	MAST2, non-specific serine/threonine protein kinase, v. S3	p. 1
2.7.11.1	MAST3, non-specific serine/threonine protein kinase, v. S3	p. 1
2.7.11.1	MAST4, non-specific serine/threonine protein kinase, v. S3	p. 1
3.4.17.1	mast cell-CPA, carboxypeptidase A, v. 6	p. 401
3.4.21.59	mast cell-specific protease, Tryptase, v. 7	p. 265
3.4.17.1	mast cell carboxypeptidase A, carboxypeptidase A, v. 6	p. 401
3.4.21.39	mast cell chymase, chymase, v. 7	p. 175
3.4.17.1	mast cell CPA, carboxypeptidase A, v. 6	p. 401
3.4.21.59	Mast cell neutral proteinase, Tryptase, v. 7	p. 265

3.4.21.39	mast cell protease, chymase, v. 7 | p. 175	
3.4.21.39	mast cell protease-4, chymase, v. 7 | p. 175	
3.4.21.39	mast cell protease 4, chymase, v. 7 | p. 175	
3.4.21.39	mast cell protease I, chymase, v. 7 | p. 175	
3.4.21.59	Mast cell protease II, Tryptase, v. 7 | p. 265	
3.4.21.59	Mast cell proteinase II, Tryptase, v. 7 | p. 265	
3.4.21.59	Mast cell tryptase, Tryptase, v. 7 | p. 265	
2.3.1.171	3MaT, anthocyanin 6-O-malonyltransferase, v. S2 | p. 58	
2.3.1.39	MAT, [acyl-carrier-protein] S-malonyltransferase, v. 29 | p. 566	
2.3.1.79	MAT, maltose O-acetyltransferase, v. 30 | p. 96	
2.5.1.6	MAT, methionine adenosyltransferase, v. 33 | p. 424	
2.3.1.116	MAT-3, flavonol-3-O-β-glucoside O-malonyltransferase, v. 30 | p. 278	
2.3.1.115	MAT-7, isoflavone-7-O-β-glucoside 6-O-malonyltransferase, v. 30 | p. 273	
2.3.1.116	MaT1, flavonol-3-O-β-glucoside O-malonyltransferase, v. 30 | p. 278	
2.5.1.6	MAT2, methionine adenosyltransferase, v. 33 | p. 424	
2.5.1.6	MAT2β, methionine adenosyltransferase, v. 33 | p. 424	
2.5.1.6	MAT2A, methionine adenosyltransferase, v. 33 | p. 424	
2.5.1.6	MAT I, methionine adenosyltransferase, v. 33 | p. 424	
2.5.1.6	MAT II, methionine adenosyltransferase, v. 33 | p. 424	
2.5.1.6	MAT III, methionine adenosyltransferase, v. 33 | p. 424	
3.4.24.3	matirx metalloproteinase-18, microbial collagenase, v. 8 | p. 205	
2.7.10.2	MATK, non-specific protein-tyrosine kinase, v. S2 | p. 441	
3.6.4.1	matpase, myosin ATPase, v. 15 | p. 754	
3.4.24.23	matrilysin, matrilysin, v. 8 | p. 344	
3.4.24.23	matrilysin-1, matrilysin, v. 8 | p. 344	
3.4.24.23	matrilysin 1, matrilysin, v. 8 | p. 344	
3.4.24.23	Matrin, matrilysin, v. 8 | p. 344	
3.4.21.109	matriptase, matriptase, v. S5 | p. 367	
3.4.21.109	matriptase-1, matriptase, v. S5 | p. 367	
3.4.21.109	matriptase-2, matriptase, v. S5 | p. 367	
3.4.21.109	matriptase-3, matriptase, v. S5 | p. 367	
3.4.21.109	matriptase1, matriptase, v. S5 | p. 367	
3.4.21.109	matriptase1a, matriptase, v. S5 | p. 367	
3.4.24.23	matrix-metalloproteinase-7, matrilysin, v. 8 | p. 344	
3.6.3.51	matrix heat shock protein 70, mitochondrial protein-transporting ATPase, v. 15 | p. 744	
3.6.3.51	matrix heat shock protein Hsp70, mitochondrial protein-transporting ATPase, v. 15 | p. 744	
3.4.24.17	matrixin, stromelysin 1, v. 8 | p. 296	
3.4.24.80	matrix metalloprotease 14, membrane-type matrix metalloproteinase-1, v. S6 | p. 292	
3.4.24.34	matrix metalloproteinase, neutrophil collagenase, v. 8 | p. 399	
3.4.21.32	matrix metalloproteinase-1, brachyurin, v. 7 | p. 129	
3.4.24.7	matrix metalloproteinase-1, interstitial collagenase, v. 8 | p. 218	
3.4.24.3	matrix metalloproteinase-1, microbial collagenase, v. 8 | p. 205	
3.4.24.22	Matrix metalloproteinase-10, stromelysin 2, v. 8 | p. 340	
3.4.24.65	Matrix metalloproteinase-12, macrophage elastase, v. 8 | p. 537	
3.4.24.80	matrix metalloproteinase-14, membrane-type matrix metalloproteinase-1, v. S6 | p. 292	
3.4.21.32	matrix metalloproteinase-18, brachyurin, v. 7 | p. 129	
3.4.24.7	matrix metalloproteinase-18, interstitial collagenase, v. 8 | p. 218	
3.4.24.24	matrix metalloproteinase-2, gelatinase A, v. 8 | p. 351	
3.4.24.17	matrix metalloproteinase-3, stromelysin 1, v. 8 | p. 296	
3.4.24.23	Matrix metalloproteinase-7, matrilysin, v. 8 | p. 344	
3.4.21.32	Matrix metalloproteinase-8, brachyurin, v. 7 | p. 129	
3.4.24.7	Matrix metalloproteinase-8, interstitial collagenase, v. 8 | p. 218	
3.4.24.3	Matrix metalloproteinase-8, microbial collagenase, v. 8 | p. 205	
3.4.24.34	Matrix metalloproteinase-8, neutrophil collagenase, v. 8 | p. 399	

3.4.24.35	matrix metalloproteinase-9, gelatinase B, v. 8 | p. 403	
3.4.24.7	matrix metalloproteinase 1, interstitial collagenase, v. 8 | p. 218	
3.4.24.22	Matrix metalloproteinase 10, stromelysin 2, v. 8 | p. 340	
3.4.24.65	matrix metalloproteinase 12, macrophage elastase, v. 8 | p. 537	
3.4.24.80	matrix metalloproteinase 14, membrane-type matrix metalloproteinase-1, v. S6 | p. 292	
3.4.24.24	Matrix metalloproteinase 2, gelatinase A, v. 8 | p. 351	
3.4.24.17	Matrix metalloproteinase 3, stromelysin 1, v. 8 | p. 296	
3.4.24.23	Matrix metalloproteinase 7, matrilysin, v. 8 | p. 344	
3.4.24.34	Matrix metalloproteinase 8, neutrophil collagenase, v. 8 | p. 399	
3.4.24.35	Matrix metalloproteinase 9, gelatinase B, v. 8 | p. 403	
3.4.24.80	matrix metalloproteinase MT-MMP-1, membrane-type matrix metalloproteinase-1, v. S6 | p. 292	
3.4.24.80	matrix metalloproteinase MT 1, membrane-type matrix metalloproteinase-1, v. S6 | p. 292	
3.4.24.80	matrix metalloproteinase MT1-MMP, membrane-type matrix metalloproteinase-1, v. S6 | p. 292	
3.4.24.23	Matrix metalloproteinase pump 1, matrilysin, v. 8 | p. 344	
3.4.24.24	matrix metalloprotenase-2, gelatinase A, v. 8 | p. 351	
3.4.24.64	Matrix peptidase, mitochondrial processing peptidase, v. 8 | p. 525	
3.4.16.2	matrix PK activator, lysosomal Pro-Xaa carboxypeptidase, v. 6 | p. 370	
3.4.24.64	Matrix processing peptidase, mitochondrial processing peptidase, v. 8 | p. 525	
3.4.24.64	Matrix processing proteinase, mitochondrial processing peptidase, v. 8 | p. 525	
3.4.21.97	maturation proteinase, assemblin, v. 7 | p. 465	
1.2.1.3	Matured fruit 60 kDa protein, aldehyde dehydrogenase (NAD+), v. 20 | p. 32	
3.1.4.39	mATX, alkylglycerophosphoethanolamine phosphodiesterase, v. 11 | p. 187	
3.1.4.39	mATXy, alkylglycerophosphoethanolamine phosphodiesterase, v. 11 | p. 187	
3.2.1.1	Maxamyl, α-amylase, v. 12 | p. 1	
3.4.21.62	Maxatase, Subtilisin, v. 7 | p. 285	
5.3.1.5	Maxazyme, Xylose isomerase, v. 1 | p. 259	
3.2.1.4	Maxazyme, cellulase, v. 12 | p. 88	
3.2.1.23	Maxilact, β-galactosidase, v. 12 | p. 368	
3.2.1.23	Maxilact-L/2000, β-galactosidase, v. 12 | p. 368	
3.2.1.1	Maxilase, α-amylase, v. 12 | p. 1	
3.2.1.26	maxinvert L 1000, β-fructofuranosidase, v. 12 | p. 451	
3.6.1.19	MazG, nucleoside-triphosphate diphosphatase, v. 15 | p. 386	
3.6.1.19	MazG protein, nucleoside-triphosphate diphosphatase, v. 15 | p. 386	
2.7.3.2	MB-CK, creatine kinase, v. 37 | p. 369	
2.1.1.6	MB-COMT, catechol O-methyltransferase, v. 28 | p. 27	
3.1.4.52	MbaA, cyclic-guanylate-specific phosphodiesterase, v. S5 | p. 100	
2.3.1.65	mBAT, bile acid-CoA:amino acid N-acyltransferase, v. 30 | p. 26	
1.3.99.12	2MBCD, 2-methylacyl-CoA dehydrogenase, v. 21 | p. 557	
3.4.13.19	MBD, membrane dipeptidase, v. 6 | p. 239	
3.4.13.19	MBD-1, membrane dipeptidase, v. 6 | p. 239	
3.4.13.19	MBD-2, membrane dipeptidase, v. 6 | p. 239	
3.4.13.19	MBD-3, membrane dipeptidase, v. 6 | p. 239	
2.5.1.15	MbDHPS, dihydropteroate synthase, v. 33 | p. 494	
3.1.2.14	MbFatB, oleoyl-[acyl-carrier-protein] hydrolase, v. 9 | p. 516	
1.12.7.2	Mbh, ferredoxin hydrogenase, v. 25 | p. 338	
3.5.2.6	MBL, β-lactamase, v. 14 | p. 683	
3.4.21.104	MBL-associated-serine protease-2, mannan-binding lectin-associated serine protease-2, v. S5 | p. 313	
3.4.21.104	MBL-associated serine protease, mannan-binding lectin-associated serine protease-2, v. S5 | p. 313	
3.4.21.42	MBL-associated serine protease-2, complement subcomponent C1s, v. 7 | p. 197	
3.4.21.104	MBL-associated serine protease-2, mannan-binding lectin-associated serine protease-2, v. S5 | p. 313	

3.4.21.104	MBL-associated serine protease 2, mannan-binding lectin-associated serine protease-2, v. S5 | p. 313	
1.1.1.37	mbNAD-MDH, malate dehydrogenase, v. 16 | p. 336	
3.1.21.4	MboI, type II site-specific deoxyribonuclease, v. 11 | p. 454	
3.1.21.4	MboII, type II site-specific deoxyribonuclease, v. 11 | p. 454	
3.4.21.104	MBP-associated serine protease, mannan-binding lectin-associated serine protease-2, v. S5 | p. 313	
3.4.21.104	MBP-associated serine protease-2, mannan-binding lectin-associated serine protease-2, v. S5 | p. 313	
3.4.21.104	MBP-associated serine protease 2, mannan-binding lectin-associated serine protease-2, v. S5 | p. 313	
3.1.1.3	MBP-lipase, triacylglycerol lipase, v. 9 | p. 36	
3.1.22.4	MBP-RuvC, crossover junction endodeoxyribonuclease, v. 11 | p. 487	
3.1.3.53	MBS, [myosin-light-chain] phosphatase, v. 10 | p. 439	
5.4.4.2	MbtI, Isochorismate synthase, v. S7 | p. 526	
2.7.11.1	mBub1b, non-specific serine/threonine protein kinase, v. S3 | p. 1	
3.1.1.8	mBuChE I, cholinesterase, v. 9 | p. 118	
3.1.1.8	mBuChE II, cholinesterase, v. 9 | p. 118	
5.5.1.1	MC, Muconate cycloisomerase, v. 1 | p. 660	
1.14.14.1	P-450MC, unspecific monooxygenase, v. 26 | p. 584	
6.4.1.4	MC-CoA carboxylase, Methylcrotonoyl-CoA carboxylase, v. 2 | p. 744	
3.4.17.1	MC-CP, carboxypeptidase A, v. 6 | p. 401	
3.4.17.1	MC-CPA, carboxypeptidase A, v. 6 | p. 401	
1.6.5.3	MC-I, NADH dehydrogenase (ubiquinone), v. 24 | p. 106	
3.6.4.5	MC1, minus-end-directed kinesin ATPase, v. 15 | p. 784	
3.6.1.15	MC100R, nucleoside-triphosphatase, v. 15 | p. 365	
2.8.2.5	mC4ST-1, chondroitin 4-sulfotransferase, v. 39 | p. 325	
3.6.4.5	MC6, minus-end-directed kinesin ATPase, v. 15 | p. 784	
2.8.2.17	mC6ST-1, chondroitin 6-sulfotransferase, v. 39 | p. 402	
2.3.3.5	MCA condensing enzyme, 2-methylcitrate synthase, v. 30 | p. 618	
1.3.99.3	MCAD, acyl-CoA dehydrogenase, v. 21 | p. 488	
1.3.1.8	MCAD, acyl-CoA dehydrogenase (NADP+), v. 21 | p. 34	
1.3.99.3	MCADH, acyl-CoA dehydrogenase, v. 21 | p. 488	
1.3.3.6	MCAD Y375K, acyl-CoA oxidase, v. 21 | p. 401	
3.6.4.4	MCAK, plus-end-directed kinesin ATPase, v. 15 | p. 778	
6.4.1.4	Mcase, Methylcrotonoyl-CoA carboxylase, v. 2 | p. 744	
2.3.1.39	MCAT, [acyl-carrier-protein] S-malonyltransferase, v. 29 | p. 566	
3.1.21.4	McaTI, type II site-specific deoxyribonuclease, v. 11 | p. 454	
4.2.1.1	mCA V, carbonate dehydratase, v. 4 | p. 242	
4.2.1.1	mCA XIII, carbonate dehydratase, v. 4 | p. 242	
5.4.99.2	MCB-β, Methylmalonyl-CoA mutase, v. 1 | p. 589	
6.4.1.4	3-MCC, Methylcrotonoyl-CoA carboxylase, v. 2 | p. 744	
6.4.1.4	MCC, Methylcrotonoyl-CoA carboxylase, v. 2 | p. 744	
3.4.21.39	MCC, chymase, v. 7 | p. 175	
6.4.1.4	β-MCC, Methylcrotonoyl-CoA carboxylase, v. 2 | p. 744	
6.4.1.4	MCCase, Methylcrotonoyl-CoA carboxylase, v. 2 | p. 744	
6.4.1.4	MCCC, Methylcrotonoyl-CoA carboxylase, v. 2 | p. 744	
3.4.21.39	MC chymase, chymase, v. 7 | p. 175	
3.4.17.1	MCCPA, carboxypeptidase A, v. 6 | p. 401	
4.1.1.9	MCD, Malonyl-CoA decarboxylase, v. 3 | p. 49	
5.1.99.1	MCE, Methylmalonyl-CoA epimerase, v. 1 | p. 179	
3.1.1.1	MCE, carboxylesterase, v. 9 | p. 1	
5.1.99.1	MCE-1, Methylmalonyl-CoA epimerase, v. 1 | p. 179	
5.1.99.1	MCEE, Methylmalonyl-CoA epimerase, v. 1 | p. 179	
3.1.1.28	mCES2, acylcarnitine hydrolase, v. 9 | p. 234	

3.5.4.27	Mch, methenyltetrahydromethanopterin cyclohydrolase, v. 15 | p. 166	
3.4.22.59	MCH2, caspase-6, v. S6 | p. 145	
3.4.22.63	Mch4, caspase-10, v. S6 | p. 195	
3.4.22.61	Mch5, caspase-8, v. S6 | p. 168	
3.4.22.62	Mch6, caspase-9, v. S6 | p. 183	
2.7.8.2	mCHPT1, diacylglycerol cholinephosphotransferase, v. 39 | p. 14	
5.5.1.1	MCI, Muconate cycloisomerase, v. 1 | p. 660	
5.5.1.1	MCIase, Muconate cycloisomerase, v. 1 | p. 660	
1.1.1.41	McIDH, isocitrate dehydrogenase (NAD+), v. 16 | p. 394	
5.5.1.1	MC II, Muconate cycloisomerase, v. 1 | p. 660	
2.7.3.2	MCK, creatine kinase, v. 37 | p. 369	
2.7.11.25	MCK1, mitogen-activated protein kinase kinase kinase, v. S4 | p. 278	
2.7.11.26	MCK1, τ-protein kinase, v. S4 | p. 303	
4.1.3.30	MCL, Methylisocitrate lyase, v. 4 | p. 178	
3.1.1.75	MCL-PHA depolymerase, poly(3-hydroxybutyrate) depolymerase, v. 9 | p. 437	
3.1.1.76	MCL-PHA depolymerase, poly(3-hydroxyoctanoate) depolymerase, v. 9 | p. 446	
5.4.99.2	MCM, Methylmalonyl-CoA mutase, v. 1 | p. 589	
5.4.99.2	MCM-α, Methylmalonyl-CoA mutase, v. 1 | p. 589	
5.4.99.2	MCM-β, Methylmalonyl-CoA mutase, v. 1 | p. 589	
2.7.11.22	Mcm1p, cyclin-dependent kinase, v. S4 | p. 156	
5.4.99.2	mcmB, Methylmalonyl-CoA mutase, v. 1 | p. 589	
5.5.1.1	MC O, Muconate cycloisomerase, v. 1 | p. 660	
1.3.3.6	MCOX, acyl-CoA oxidase, v. 21 | p. 401	
1.9.3.1	MCOX2, cytochrome-c oxidase, v. 25 | p. 1	
3.4.17.10	MCP, carboxypeptidase E, v. 6 | p. 455	
3.4.17.19	MCP-1, Carboxypeptidase Taq, v. 6 | p. 489	
3.4.21.39	MCP-1, chymase, v. 7 | p. 175	
3.4.21.59	MCP-11, Tryptase, v. 7 | p. 265	
3.4.17.1	MCP-2, carboxypeptidase A, v. 6 | p. 401	
3.4.21.39	MCP-2, chymase, v. 7 | p. 175	
3.4.21.39	MCP-4, chymase, v. 7 | p. 175	
3.4.21.39	MCP-5, chymase, v. 7 | p. 175	
3.4.21.59	MCP-6, Tryptase, v. 7 | p. 265	
3.4.21.59	MCP-7, Tryptase, v. 7 | p. 265	
3.4.21.39	MCP-8, chymase, v. 7 | p. 175	
3.4.24.28	MCP 76, bacillolysin, v. 8 | p. 374	
3.8.1.9	D-2-MCPA dehalogenase, (R)-2-haloacid dehalogenase, v. S6 | p. 546	
3.8.1.2	L-2-MCPA dehalogenase, (S)-2-haloacid dehalogenase, v. 15 | p. 867	
2.1.1.80	MCP methyltransferase I, protein-glutamate O-methyltransferase, v. 28 | p. 432	
2.1.1.80	MCP methyltransferase II, protein-glutamate O-methyltransferase, v. 28 | p. 432	
3.1.3.16	MCPP, phosphoprotein phosphatase, v. 10 | p. 213	
3.4.21.39	Mcpt, chymase, v. 7 | p. 175	
5.1.99.4	MCR, α-Methylacyl-CoA racemase, v. 1 | p. 188	
2.8.4.1	MCR, coenzyme-B sulfoethylthiotransferase, v. 39 | p. 538	
2.8.4.1	MCR I, coenzyme-B sulfoethylthiotransferase, v. 39 | p. 538	
2.8.4.1	MCR I α, coenzyme-B sulfoethylthiotransferase, v. 39 | p. 538	
2.8.4.1	MCR I β, coenzyme-B sulfoethylthiotransferase, v. 39 | p. 538	
2.8.4.1	MCR I γ, coenzyme-B sulfoethylthiotransferase, v. 39 | p. 538	
3.1.21.4	McrI, type II site-specific deoxyribonuclease, v. 11 | p. 454	
2.8.4.1	MCR II α, coenzyme-B sulfoethylthiotransferase, v. 39 | p. 538	
2.8.4.1	MCR II β, coenzyme-B sulfoethylthiotransferase, v. 39 | p. 538	
2.8.4.1	MCR II γ, coenzyme-B sulfoethylthiotransferase, v. 39 | p. 538	
4.6.1.12	MCS, 2-C-methyl-D-erythritol 2,4-cyclodiphosphate synthase, v. S7 | p. 415	
2.3.3.5	MCS, 2-methylcitrate synthase, v. 30 | p. 618	
2.3.3.1	MCS, citrate (Si)-synthase, v. 30 | p. 582	

2.3.3.5	2-MCS1, 2-methylcitrate synthase, v. 30	p. 618
2.7.7.43	mCSS, N-acylneuraminate cytidylyltransferase, v. 38	p. 436
2.7.7.60	MCT, 2-C-methyl-D-erythritol 4-phosphate cytidylyltransferase, v. 38	p. 560
1.1.99.6	McyI, D-2-hydroxy-acid dehydrogenase, v. 19	p. 297
5.3.4.1	5'-MD, Protein disulfide-isomerase, v. 1	p. 436
1.2.1.66	MD-FALDH, mycothiol-dependent formaldehyde dehydrogenase, v. 20	p. 399
1.6.5.4	MDA, monodehydroascorbate reductase (NADH), v. 24	p. 126
1.6.5.2	MdaB, NAD(P)H dehydrogenase (quinone), v. 24	p. 105
1.6.5.5	MdaB, NADPH:quinone reductase, v. 24	p. 135
6.3.2.13	mDAP ligase, UDP-N-acetylmuramoyl-L-alanyl-D-glutamate-2,6-diaminopimelate ligase, v. 2	p. 473
1.6.5.4	MDAR, monodehydroascorbate reductase (NADH), v. 24	p. 126
1.6.5.4	MDA reductase, monodehydroascorbate reductase (NADH), v. 24	p. 126
1.6.5.4	MDAsA reductase (NADPH), monodehydroascorbate reductase (NADH), v. 24	p. 126
1.14.17.1	MDBH, dopamine β-monooxygenase, v. 27	p. 126
2.3.1.187	MdcA, acetyl-S-ACP:malonate ACP transferase	
4.1.1.87	MdcD,E, malonyl-S-ACP decarboxylase	
4.1.1.87	MdcD/MdcE, malonyl-S-ACP decarboxylase	
2.7.7.66	MdcG, malonate decarboxylase holo-[acyl-carrier protein] synthase	
2.3.1.187	MdcH, acetyl-S-ACP:malonate ACP transferase	
3.5.4.12	5-mdCMP deaminase, dCMP deaminase, v. 15	p. 92
3.4.17.1	MDCP-A1, carboxypeptidase A, v. 6	p. 401
3.4.17.1	MDCP-A2, carboxypeptidase A, v. 6	p. 401
4.1.1.33	MDD, Diphosphomevalonate decarboxylase, v. 3	p. 208
4.2.1.109	Mde1p, methylthioribulose 1-phosphate dehydratase, v. 57	p. 109
3.2.1.15	MDG1, polygalacturonase, v. 12	p. 208
1.1.99.31	L-MDH, (S)-mandelate dehydrogenase, v. S1	p. 144
1.1.99.31	MDH, (S)-mandelate dehydrogenase, v. S1	p. 144
1.1.99.8	MDH, alcohol dehydrogenase (acceptor), v. 19	p. 305
1.1.1.37	MDH, malate dehydrogenase, v. 16	p. 336
1.1.1.67	MDH, mannitol 2-dehydrogenase, v. 17	p. 84
1.1.1.138	MDH, mannitol 2-dehydrogenase (NADP+), v. 17	p. 403
1.1.1.244	MDH, methanol dehydrogenase, v. 18	p. 401
1.1.1.37	m-MDH, malate dehydrogenase, v. 16	p. 336
1.1.1.37	s-MDH, malate dehydrogenase, v. 16	p. 336
1.1.1.37	Mdh1, malate dehydrogenase, v. 16	p. 336
1.1.1.37	MDH2, malate dehydrogenase, v. 16	p. 336
1.1.1.37	Mdh2a, malate dehydrogenase, v. 16	p. 336
1.1.1.37	Mdh2b, malate dehydrogenase, v. 16	p. 336
1.6.5.4	MDHA, monodehydroascorbate reductase (NADH), v. 24	p. 126
1.6.5.4	MDHAR, monodehydroascorbate reductase (NADH), v. 24	p. 126
1.6.5.4	MDHAR1, monodehydroascorbate reductase (NADH), v. 24	p. 126
1.6.5.4	MDHAR2, monodehydroascorbate reductase (NADH), v. 24	p. 126
1.6.5.4	MDHAR3, monodehydroascorbate reductase (NADH), v. 24	p. 126
2.7.10.1	MDK1, receptor protein-tyrosine kinase, v. S2	p. 341
4.1.2.10	MDL, Mandelonitrile lyase, v. 3	p. 440
3.2.1.17	Mdl1, lysozyme, v. 12	p. 228
3.6.3.43	Mdl1, peptide-transporting ATPase, v. 15	p. 695
4.1.1.7	MdlC, Benzoylformate decarboxylase, v. 3	p. 41
6.3.2.19	Mdm2, Ubiquitin-protein ligase, v. 2	p. 506
5.2.1.4	MDMPI, Maleylpyruvate isomerase, v. 1	p. 206
3.1.3.34	mdN, deoxynucleotide 3'-phosphatase, v. 10	p. 332
2.1.1.43	mDot1a, histone-lysine N-methyltransferase, v. 28	p. 235
4.1.1.33	MDP, Diphosphomevalonate decarboxylase, v. 3	p. 208
3.4.13.19	MDP, membrane dipeptidase, v. 6	p. 239

3.8.1.3	MDP-1, haloacetate dehalogenase, v. 15	p. 877
3.4.24.15	MdpA, thimet oligopeptidase, v. 8	p. 275
4.2.2.2	MdPL1, pectate lyase, v. 5	p. 6
1.1.1.105	MDR, retinol dehydrogenase, v. 17	p. 287
3.6.3.44	MDR, xenobiotic-transporting ATPase, v. 15	p. 700
3.6.3.44	MDR1, xenobiotic-transporting ATPase, v. 15	p. 700
3.6.3.44	Mdr1a, xenobiotic-transporting ATPase, v. 15	p. 700
3.6.3.44	MDR1b, xenobiotic-transporting ATPase, v. 15	p. 700
3.6.3.44	MDR1 P-glycoprotein, xenobiotic-transporting ATPase, v. 15	p. 700
3.6.3.1	MDR3 P-glycoprotein, phospholipid-translocating ATPase, v. 15	p. 532
3.6.3.44	MDR3 P-glycoprotein, xenobiotic-transporting ATPase, v. 15	p. 700
1.8.1.8	MdrA, protein-disulfide reductase, v. 24	p. 514
4.1.1.50	MdSAMDC1, adenosylmethionine decarboxylase, v. 3	p. 306
4.1.1.50	MdSAMDC2, adenosylmethionine decarboxylase, v. 3	p. 306
3.5.3.21	MDUase, methylenediurea deaminase, v. 14	p. 843
5.1.3.2	MdUGE1, UDP-glucose 4-epimerase, v. 1	p. 97
3.1.1.1	ME, carboxylesterase, v. 9	p. 1
3.4.24.65	ME, macrophage elastase, v. 8	p. 537
1.1.1.39	ME, malate dehydrogenase (decarboxylating), v. 16	p. 371
1.1.1.40	ME, malate dehydrogenase (oxaloacetate-decarboxylating) (NADP+), v. 16	p. 381
1.1.1.40	ME1, malate dehydrogenase (oxaloacetate-decarboxylating) (NADP+), v. 16	p. 381
3.2.2.22	ME1, rRNA N-glycosylase, v. 14	p. 107
1.5.99.2	Me2GlyDH, dimethylglycine dehydrogenase, v. 23	p. 354
1.5.3.10	Me2GlyDH, dimethylglycine oxidase, v. 23	p. 309
3.2.2.20	3MeA, DNA-3-methyladenine glycosylase I, v. 14	p. 99
3.6.4.10	MecB protein, non-chaperonin molecular chaperone ATPase, v. 15	p. 810
4.6.1.12	MECDP-synthase, 2-C-methyl-D-erythritol 2,4-cyclodiphosphate synthase, v. S7	p. 415
4.6.1.12	MECDP synthase, 2-C-methyl-D-erythritol 2,4-cyclodiphosphate synthase, v. S7	p. 415
5.3.3.8	MECI, dodecenoyl-CoA isomerase, v. 1	p. 413
4.6.1.12	MECP, 2-C-methyl-D-erythritol 2,4-cyclodiphosphate synthase, v. S7	p. 415
4.6.1.12	MECPS, 2-C-methyl-D-erythritol 2,4-cyclodiphosphate synthase, v. S7	p. 415
4.6.1.12	MECS, 2-C-methyl-D-erythritol 2,4-cyclodiphosphate synthase, v. S7	p. 415
4.6.1.12	MEC synthase, 2-C-methyl-D-erythritol 2,4-cyclodiphosphate synthase, v. S7	p. 415
3.4.24.67	medaka hatching enzyme, choriolysin H, v. 8	p. 544
3.4.24.66	medaka hatching enzyme, choriolysin L, v. 8	p. 541
3.4.24.66	medaka low choriolytic enzyme, choriolysin L, v. 8	p. 541
1.1.99.8	MEDH, alcohol dehydrogenase (acceptor), v. 19	p. 305
1.1.1.244	MEDH, methanol dehydrogenase, v. 18	p. 401
3.1.1.76	medium-chain-length poly(3-hydroxyalkanoate) depolymerase, poly(3-hydroxyoctanoate) depolymerase, v. 9	p. 446
2.3.1.137	medium-chain/long-chain carnitine acyltransferase, carnitine O-octanoyltransferase, v. 30	p. 351
1.3.99.3	medium-chain acyl-CoA dehydrogenase, acyl-CoA dehydrogenase, v. 21	p. 488
1.3.1.8	medium-chain acyl-CoA dehydrogenase, acyl-CoA dehydrogenase (NADP+), v. 21	p. 34
3.1.2.19	medium-chain acyl-CoA hydrolase, ADP-dependent medium-chain-acyl-CoA hydrolase, v. 9	p. 536
6.2.1.2	medium-chain acyl-CoA synthetase 2, Butyrate-CoA ligase, v. 2	p. 199
1.3.99.3	medium-chain acyl-coenzyme A dehydrogenase, acyl-CoA dehydrogenase, v. 21	p. 488
3.1.2.19	medium-chain acyl-thioester hydrolase, ADP-dependent medium-chain-acyl-CoA hydrolase, v. 9	p. 536
3.1.2.19	medium-chain acyl coenzyme A hydrolase, ADP-dependent medium-chain-acyl-CoA hydrolase, v. 9	p. 536
2.3.1.137	medium-chain carnitine acyltransferase, carnitine O-octanoyltransferase, v. 30	p. 351
1.3.99.3	medium-chain coenzyme A dehydrogenase, acyl-CoA dehydrogenase, v. 21	p. 488
3.1.2.19	medium-chain hydrolase, ADP-dependent medium-chain-acyl-CoA hydrolase, v. 9	p. 536

1.1.1.1	medium-chain secondary alcohol dehydrogenase, alcohol dehydrogenase, v. 16 | p. 1	
1.3.99.3	medium chain-specific acyl-CoA oxidase, acyl-CoA oxidase, v. 21 | p. 488	
1.3.99.3	medium chain acyl-CoA dehydrogenase, acyl-CoA dehydrogenase, v. 21 | p. 488	
6.2.1.2	medium chain acyl-CoA synthase, Butyrate-CoA ligase, v. 2 | p. 199	
6.2.1.2	medium chain acyl-CoA synthetase, Butyrate-CoA ligase, v. 2 | p. 199	
6.2.1.2	Medium chain acyl-coenzyme A synthetase, Butyrate-CoA ligase, v. 2 | p. 199	
1.1.1.1	medium chain alcohol dehydrogenase, alcohol dehydrogenase, v. 16 | p. 1	
3.1.1.75	medium chain length polyhydroxyalkanoate depolymerase, poly(3-hydroxybutyrate) depolymerase, v. 9 | p. 437	
3.1.1.76	medium chain length polyhydroxyalkanoate depolymerase, poly(3-hydroxyoctanoate) depolymerase, v. 9 | p. 446	
3.1.3.48	MEG, protein-tyrosine-phosphatase, v. 10 | p. 407	
3.1.1.4	megacin A-216, phospholipase A2, v. 9 | p. 52	
2.7.10.2	megakaryocyte-associated tyrosine-protein kinase, non-specific protein-tyrosine kinase, v. S2 | p. 441	
3.4.24.28	Megateriopeptidase, bacillolysin, v. 8 | p. 374	
3.5.1.67	MeGln amidohydrolase, 4-methyleneglutaminase, v. 14 | p. 542	
3.3.2.9	mEH, microsomal epoxide hydrolase, v. S5 | p. 200	
3.3.2.10	mEH, soluble epoxide hydrolase, v. S5 | p. 228	
3.3.2.9	mEH-like protein, microsomal epoxide hydrolase, v. S5 | p. 200	
4.1.2.10	MeHNL, Mandelonitrile lyase, v. 3 | p. 440	
4.1.2.37	MeHNL, hydroxynitrilase, v. 3 | p. 569	
3.6.4.3	mei-1, microtubule-severing ATPase, v. 15 | p. 774	
3.6.4.3	MEI-1/MEI-2 complex, microtubule-severing ATPase, v. 15 | p. 774	
3.6.4.3	MEI-1/MEI-2 katanin complex, microtubule-severing ATPase, v. 15 | p. 774	
3.2.1.4	Meicelase, cellulase, v. 12 | p. 88	
2.7.11.1	meiosis-specific serine/threonine-protein kinase MEK1, non-specific serine/threonine protein kinase, v. S3 | p. 1	
3.1.4.4	Meiosis-specific sporulation protein SPO14, phospholipase D, v. 11 | p. 47	
2.7.11.22	meiosis induction protein kinase IME2/SME1, cyclin-dependent kinase, v. S4 | p. 156	
3.2.1.3	Meiotic expression upregulated protein 17, glucan 1,4-α-glucosidase, v. 12 | p. 59	
3.2.1.1	Meiotic expression upregulated protein 30, α-amylase, v. 12 | p. 1	
2.7.11.22	meiotic mRNA stability protein kinase UME5, cyclin-dependent kinase, v. S4 | p. 156	
5.3.3.6	MeIT isomerase, methylitaconate Δ-isomerase, v. 1 | p. 406	
3.1.1.3	meito MY 30, triacylglycerol lipase, v. 9 | p. 36	
3.1.1.3	meito Sangyo OF lipase, triacylglycerol lipase, v. 9 | p. 36	
2.7.12.2	MEK, mitogen-activated protein kinase kinase, v. S4 | p. 392	
2.7.12.2	MEK-1, mitogen-activated protein kinase kinase, v. S4 | p. 392	
2.7.12.2	MEK-2, mitogen-activated protein kinase kinase, v. S4 | p. 392	
2.7.12.2	MEK/ERK, mitogen-activated protein kinase kinase, v. S4 | p. 392	
2.7.12.2	MEK 1, mitogen-activated protein kinase kinase, v. S4 | p. 392	
2.7.12.2	MEK1, mitogen-activated protein kinase kinase, v. S4 | p. 392	
2.7.12.2	MEK1/2, mitogen-activated protein kinase kinase, v. S4 | p. 392	
2.7.11.24	Mek1p, mitogen-activated protein kinase kinase, v. S4 | p. 233	
2.7.12.2	MEK 2, mitogen-activated protein kinase kinase, v. S4 | p. 392	
2.7.12.2	MEK2, mitogen-activated protein kinase kinase, v. S4 | p. 392	
2.7.10.1	MEK4, receptor protein-tyrosine kinase, v. S2 | p. 341	
2.7.12.2	MEK5, mitogen-activated protein kinase kinase, v. S4 | p. 392	
2.7.12.2	MEKK-1, mitogen-activated protein kinase kinase, v. S4 | p. 392	
2.7.11.25	D-MEKK1, mitogen-activated protein kinase kinase kinase, v. S4 | p. 278	
2.7.12.2	MEKK1, mitogen-activated protein kinase kinase, v. S4 | p. 392	
2.7.11.25	MEKK1, mitogen-activated protein kinase kinase kinase, v. S4 | p. 278	
6.3.2.19	MEKK1-related protein X, Ubiquitin-protein ligase, v. 2 | p. 506	
2.7.12.2	MEKK 2, mitogen-activated protein kinase kinase, v. S4 | p. 392	
2.7.11.25	MEKK2, mitogen-activated protein kinase kinase kinase, v. S4 | p. 278	

2.7.12.2	MEKK3, mitogen-activated protein kinase kinase, v. S4 | p. 392
2.7.11.25	MEKK3, mitogen-activated protein kinase kinase kinase, v. S4 | p. 278
2.7.11.25	MEKK4, mitogen-activated protein kinase kinase kinase, v. S4 | p. 278
2.7.11.25	MEKK5, mitogen-activated protein kinase kinase kinase, v. S4 | p. 278
2.7.11.25	MEKK8, mitogen-activated protein kinase kinase kinase, v. S4 | p. 278
2.7.11.25	Mek kinase, mitogen-activated protein kinase kinase kinase, v. S4 | p. 278
2.7.12.2	MEK kinase 1, mitogen-activated protein kinase kinase, v. S4 | p. 392
2.7.11.25	MEK kinase 1, mitogen-activated protein kinase kinase kinase, v. S4 | p. 278
2.7.12.2	MEK kinase 2, mitogen-activated protein kinase kinase, v. S4 | p. 392
2.7.11.25	MEK kinase 3, mitogen-activated protein kinase kinase kinase, v. S4 | p. 278
2.7.10.1	melanoma receptor protein-tyrosine kinase, receptor protein-tyrosine kinase, v. S2 | p. 341
1.10.99.2	melatonin-binding site MT3, ribosyldihydronicotinamide dehydrogenase (quinone), v. S1 | p. 383
3.2.1.22	melibiase, α-galactosidase, v. 12 | p. 342
1.3.1.11	melilotate dehydrogenase, 2-coumarate reductase, v. 21 | p. 58
1.14.13.4	melilotate hydroxylase, melilotate 3-monooxygenase, v. 26 | p. 232
1.14.13.4	melilotic hydroxylase, melilotate 3-monooxygenase, v. 26 | p. 232
3.1.27.1	melosin, ribonuclease T2, v. 11 | p. 557
3.4.23.45	memapsin-1, memapsin 1, v. S6 | p. 228
3.4.23.46	memapsin 1, memapsin 2, v. S6 | p. 236
3.4.23.45	memapsin1, memapsin 1, v. S6 | p. 228
3.4.23.46	memapsin 2, memapsin 2, v. S6 | p. 236
3.6.3.14	membrane-associated ATPase, H+-transporting two-sector ATPase, v. 15 | p. 598
3.4.13.19	membrane-associated dipeptidase, membrane dipeptidase, v. 6 | p. 239
2.7.4.8	membrane-associated guanylate kinase, guanylate kinase, v. 37 | p. 543
2.7.4.8	membrane-associated guanylate kinases, guanylate kinase, v. 37 | p. 543
1.14.13.25	membrane-associated methane monooxygenase, methane monooxygenase, v. 26 | p. 360
3.6.3.23	membrane-associated oligopeptide permease, oligopeptide-transporting ATPase, v. 15 | p. 641
5.3.99.3	membrane-associated PGE2 synthase, prostaglandin-E synthase, v. 1 | p. 459
3.1.1.32	membrane-associated phosphatidic acid-selective phospholipase A1, phospholipase A1, v. 9 | p. 252
5.3.99.3	membrane-associated prostaglandin E(2) synthase-1, prostaglandin-E synthase, v. 1 | p. 459
5.3.99.3	membrane-associated prostaglandin E(2) synthase-2, prostaglandin-E synthase, v. 1 | p. 459
2.7.11.1	membrane-associated protein-serine/threonine kinase, non-specific serine/threonine protein kinase, v. S3 | p. 1
6.3.2.19	membrane-associated RING-CH7, Ubiquitin-protein ligase, v. 2 | p. 506
3.1.1.7	membrane-bound acetylcholinesterase, acetylcholinesterase, v. 9 | p. 104
3.1.3.2	membrane-bound acid phosphatase, acid phosphatase, v. 10 | p. 31
3.4.11.9	Membrane-bound AmP, Xaa-Pro aminopeptidase, v. 6 | p. 111
3.4.11.9	Membrane-bound APP, Xaa-Pro aminopeptidase, v. 6 | p. 111
3.4.23.46	membrane-bound aspartic protease, memapsin 2, v. S6 | p. 236
3.4.11.7	membrane-bound aspartyl-AP, glutamyl aminopeptidase, v. 6 | p. 102
3.4.17.10	membrane-bound carboxypeptidase, carboxypeptidase E, v. 6 | p. 455
3.1.1.17	membrane-bound D-glucono-δ-lactone hydrolase, gluconolactonase, v. 9 | p. 179
3.6.1.11	membrane-bound exopolyphosphatase, exopolyphosphatase, v. 15 | p. 343
4.6.1.2	membrane-bound GC, guanylate cyclase, v. 5 | p. 430
1.1.5.2	membrane-bound glucose dehydrogenase, quinoprotein glucose dehydrogenase, v. S1 | p. 88
4.6.1.2	membrane-bound guanylate cyclase, guanylate cyclase, v. 5 | p. 430
4.6.1.2	membrane-bound guanylyl cyclase, guanylate cyclase, v. 5 | p. 430
1.12.98.3	membrane-bound hydrogenase, Methanosarcina-phenazine hydrogenase, v. 25 | p. 365
1.1.99.12	membrane-bound L-sorbose dehydrogenase, sorbose dehydrogenase, v. 19 | p. 337
3.4.21.26	membrane-bound PE, prolyl oligopeptidase, v. 7 | p. 110

2.7.8.20	membrane-bound phosphoglycerol transferase I, phosphatidylglycerol-membrane-oligosaccharide glycerophosphotransferase, v. 39 | p. 131	
3.6.1.1	membrane-bound proton-translocating pyrophosphatase, inorganic diphosphatase, v. 15 | p. 240	
1.14.19.1	membrane-bound stearoyl-CoA Δ9 desaturase, stearoyl-CoA 9-desaturase, v. 27 | p. 194	
3.4.24.80	membrane-type 1-matrix metalloproteinase, membrane-type matrix metalloproteinase-1, v. S6 | p. 292	
3.4.24.7	membrane-type 1-MMP, interstitial collagenase, v. 8 | p. 218	
3.4.24.80	membrane-type 1 matrix metalloproteinase, membrane-type matrix metalloproteinase-1, v. S6 | p. 292	
1.13.11.53	membrane-type 1 matrix metalloproteinase cytoplasmic tail binding protein-1, acireductone dioxygenase (Ni2+-requiring), v. S1 | p. 470	
3.4.24.80	membrane-type matrix metalloproteinase MT1-MMP, membrane-type matrix metalloproteinase-1, v. S6 | p. 292	
3.4.24.80	membrane-type metalloproteinase MT1-MMP, membrane-type matrix metalloproteinase-1, v. S6 | p. 292	
3.4.21.109	membrane-type serine protease-1, matriptase, v. S5 | p. 367	
3.4.21.109	membrane-type serine protease 1, matriptase, v. S5 | p. 367	
3.4.21.109	membrane-type serine protease1, matriptase, v. S5 | p. 367	
3.4.21.109	membrane-type serine protease 1/matripase, matriptase, v. S5 | p. 367	
3.4.21.109	membrane-type serine proteinase matripase, matriptase, v. S5 | p. 367	
3.4.21.109	membrane-type serine proteinase matriptase, matriptase, v. S5 | p. 367	
4.6.1.1	membrane adenylyl cyclases, adenylate cyclase, v. 5 | p. 415	
3.4.11.14	membrane alanyl aminopeptidase, cytosol alanyl aminopeptidase, v. 6 | p. 143	
3.4.11.7	membrane aminopeptidase II, glutamyl aminopeptidase, v. 6 | p. 102	
4.2.1.1	Membrane antigen MN, carbonate dehydratase, v. 4 | p. 242	
3.4.23.45	membrane aspartic protease of the pepsin family, memapsin 1, v. S6 | p. 228	
3.1.4.12	membrane associated neutral sphingomyelinase, sphingomyelin phosphodiesterase, v. 11 | p. 86	
4.6.1.2	membrane bound guanylate cyclase, guanylate cyclase, v. 5 | p. 430	
4.6.1.2	membrane bound guanylyl cyclase, guanylate cyclase, v. 5 | p. 430	
1.12.7.2	membrane bound NiFe hydrogenase, ferredoxin hydrogenase, v. 25 | p. 338	
1.1.5.2	membrane glucose dehydrogenase, quinoprotein glucose dehydrogenase, v. S1 | p. 88	
3.4.17.21	Membrane glutamate carboxypeptidase, Glutamate carboxypeptidase II, v. 6 | p. 498	
3.4.11.2	Membrane glycoprotein H11, membrane alanyl aminopeptidase, v. 6 | p. 53	
4.6.1.2	membrane guanylate cyclase, guanylate cyclase, v. 5 | p. 430	
4.6.1.2	membrane guanylyl cyclase receptor, guanylate cyclase, v. 5 | p. 430	
3.1.4.44	membrane interacting protein of regulator of G protein signaling 16, glycerophosphoinositol glycerophosphodiesterase, v. 11 | p. 206	
3.1.4.44	membrane interacting protein of RGS16, glycerophosphoinositol glycerophosphodiesterase, v. 11 | p. 206	
3.4.24.11	membrane metalloendopeptidase, neprilysin, v. 8 | p. 230	
3.4.17.16	membrane Pro-Xaa carboxypeptidase, membrane Pro-Xaa carboxypeptidase, v. 6 | p. 480	
1.4.1.3	Membrane protein 50, glutamate dehydrogenase [NAD(P)+], v. 22 | p. 43	
3.4.11.2	Membrane protein p161, membrane alanyl aminopeptidase, v. 6 | p. 53	
3.2.1.18	Membrane sialidase, exo-α-sialidase, v. 12 | p. 244	
3.4.24.80	membrane type-1 matrix metalloprotease, membrane-type matrix metalloproteinase-1, v. S6 | p. 292	
3.4.24.80	membrane type-1 matrix metalloprotease 1, membrane-type matrix metalloproteinase-1, v. S6 | p. 292	
3.4.24.80	membrane type-1 matrix metalloproteinase, membrane-type matrix metalloproteinase-1, v. S6 | p. 292	
3.4.24.80	membrane type 1-matrix metalloproteinase, membrane-type matrix metalloproteinase-1, v. S6 | p. 292	
3.4.24.80	membrane type 1-MMP, membrane-type matrix metalloproteinase-1, v. S6 | p. 292	

3.4.24.80	membrane type 1 matrix metalloproteinase, membrane-type matrix metalloproteinase-1, v. S6	p. 292
3.4.24.80	membrane type 1 MMP, membrane-type matrix metalloproteinase-1, v. S6	p. 292
3.4.24.80	membrane type MMP-1, membrane-type matrix metalloproteinase-1, v. S6	p. 292
3.4.24.80	membrane type MT1-MMP, membrane-type matrix metalloproteinase-1, v. S6	p. 292
1.3.1.74	Menadione oxidoreductase, 2-alkenal reductase, v. 21	p. 336
1.6.5.2	Menadione oxidoreductase, NAD(P)H dehydrogenase (quinone), v. 24	p. 105
1.6.5.5	Menadione oxidoreductase, NADPH:quinone reductase, v. 24	p. 135
1.3.1.74	Menadione reductase, 2-alkenal reductase, v. 21	p. 336
1.6.5.2	Menadione reductase, NAD(P)H dehydrogenase (quinone), v. 24	p. 105
1.6.5.5	Menadione reductase, NADPH:quinone reductase, v. 24	p. 135
1.3.5.1	menaquinol-fumarate oxidase, succinate dehydrogenase (ubiquinone), v. 21	p. 424
1.3.1.6	menaquinol-fumarate oxidoreductase, fumarate reductase (NADH), v. 21	p. 25
1.3.5.1	menaquinol:fumarate oxidoreductase, succinate dehydrogenase (ubiquinone), v. 21	p. 424
5.4.4.2	menaquinone-specific isochorismate synthase, Isochorismate synthase, v. S7	p. 526
3.2.2.25	N-MeNase, N-methyl nucleosidase, v. S5	p. 196
4.1.3.36	MenB, naphthoate synthase, v. 4	p. 196
2.2.1.9	MenD, 2-succinyl-5-enolpyruvyl-6-hydroxy-3-cyclohexene-1-carboxylic-acid synthase
6.2.1.3	MenE, Long-chain-fatty-acid-CoA ligase, v. 2	p. 206
5.4.4.2	MenF, Isochorismate synthase, v. S7	p. 526
4.2.99.20	MenH, 2-succinyl-6-hydroxy-2,4-cyclohexadiene-1-carboxylate synthase
3.6.3.4	Menkes ATPase, Cu2+-exporting ATPase, v. 15	p. 544
3.6.3.4	Menkes copper-translocating P-type ATPase, Cu2+-exporting ATPase, v. 15	p. 544
3.6.3.4	Menkes copper-transporting ATPase, Cu2+-exporting ATPase, v. 15	p. 544
3.6.3.4	Menkes copper ATPase, Cu2+-exporting ATPase, v. 15	p. 544
3.6.3.4	Menkes copper P-type ATPase, Cu2+-exporting ATPase, v. 15	p. 544
3.6.3.4	Menkes copper transporting P-type ATPase, Cu2+-exporting ATPase, v. 15	p. 544
3.6.3.4	Menkes disease-associated protein, Cu2+-exporting ATPase, v. 15	p. 544
3.6.3.4	Menkes disease-associated protein homolog, Cu2+-exporting ATPase, v. 15	p. 544
3.6.3.4	Menkes disease protein, Cu2+-exporting ATPase, v. 15	p. 544
3.6.3.4	Menkes P-type ATPase, Cu2+-exporting ATPase, v. 15	p. 544
3.6.3.4	Menkes protein, Cu2+-exporting ATPase, v. 15	p. 544
1.14.13.104	menthofuran synthase, (+)-menthofuran synthase
1.14.13.46	l-menthol monooxygenase, (-)-menthol monooxygenase, v. 26	p. 471
2.3.1.69	menthol transacetylase, monoterpenol O-acetyltransferase, v. 30	p. 49
1.1.1.207	(-)-menthone:(3R)-menthol reductase, (-)-menthol dehydrogenase, v. 18	p. 267
1.1.1.208	(-)-menthone:(3S)-neomenthol reductase, (+)-neomenthol dehydrogenase, v. 18	p. 269
1.1.1.208	menthone:(+)-(3S)-neomenthol reductase, (+)-neomenthol dehydrogenase, v. 18	p. 269
3.4.22.15	MEP, cathepsin L, v. 7	p. 582
3.4.24.16	MEP, neurolysin, v. 8	p. 286
3.4.24.20	MEP, peptidyl-Lys metalloendopeptidase, v. 8	p. 323
2.7.7.60	MEP cytidyltransferase, 2-C-methyl-D-erythritol 4-phosphate cytidylyltransferase, v. 38	p. 560
2.7.7.60	MEP cytidylyltransferase, 2-C-methyl-D-erythritol 4-phosphate cytidylyltransferase, v. 38	p. 560
1.14.14.1	Mephenytoin 4-hydroxylase, unspecific monooxygenase, v. 26	p. 584
1.14.14.1	S-mephenytoin 4-hydroxylase, unspecific monooxygenase, v. 26	p. 584
3.4.24.63	mephrin β, meprin B, v. 8	p. 521
3.4.24.18	Meprin, meprin A, v. 8	p. 305
3.4.24.18	meprin-α, meprin A, v. 8	p. 305
3.4.24.18	Meprin-a, meprin A, v. 8	p. 305
3.4.24.18	meprin A metalloprotease, meprin A, v. 8	p. 305
3.4.24.18	meprin A metalloproteinase, meprin A, v. 8	p. 305
3.4.24.63	Meprin b, meprin B, v. 8	p. 521
3.4.24.63	meprin B metalloprotease, meprin B, v. 8	p. 521

3.4.24.18	meprin metalloproteinase, meprin A, v. 8	p. 305
3.4.24.63	meprin metalloproteinase, meprin B, v. 8	p. 521
3.4.24.63	meprin metalloproteinase β, meprin B, v. 8	p. 521
1.1.1.267	MEP synthase, 1-deoxy-D-xylulose-5-phosphate reductoisomerase, v. 18	p. 476
1.13.11.47	MeQDO, 3-hydroxy-4-oxoquinoline 2,4-dioxygenase, v. 25	p. 663
2.7.10.1	C-mer, receptor protein-tyrosine kinase, v. S2	p. 341
2.7.10.1	Mer, receptor protein-tyrosine kinase, v. S2	p. 341
1.16.1.1	Mer A, mercury(II) reductase, v. 27	p. 431
1.16.1.1	MerA, mercury(II) reductase, v. 27	p. 431
1.16.1.1	MerA protein, mercury(II) reductase, v. 27	p. 431
4.99.1.2	merB, alkylmercury lyase, v. 5	p. 488
3.4.22.39	mercapto proteinase, adenain, v. 7	p. 720
3.4.22.14	mercaptoproteinase A2, actinidain, v. 7	p. 576
2.1.1.67	mercaptopurine methyltransferase, thiopurine S-methyltransferase, v. 28	p. 360
2.4.2.8	6-mercaptopurine phosphoribosyltransferase, hypoxanthine phosphoribosyltransferase, v. 33	p. 95
2.8.1.2	3-mercaptopyruvate sulfurtransferase, 3-mercaptopyruvate sulfurtransferase, v. 39	p. 206
2.8.1.2	β-mercaptopyruvate sulfurtransferase, 3-mercaptopyruvate sulfurtransferase, v. 39	p. 206
2.8.1.2	mercaptopyruvate sulfurtransferase, 3-mercaptopyruvate sulfurtransferase, v. 39	p. 206
2.8.1.2	β-mercaptopyruvate trans-sulfurase, 3-mercaptopyruvate sulfurtransferase, v. 39	p. 206
1.16.1.1	mercurate(II) reductase, mercury(II) reductase, v. 27	p. 431
1.16.1.1	mercuric ion reductase, mercury(II) reductase, v. 27	p. 431
1.16.1.1	mercuric reductase, mercury(II) reductase, v. 27	p. 431
1.16.1.1	mercury reductase, mercury(II) reductase, v. 27	p. 431
3.4.21.112	MEROPS S08.8063, site-1 protease, v. S5	p. 400
2.7.10.1	Mer receptor tyrosine kinase, receptor protein-tyrosine kinase, v. S2	p. 341
2.7.10.1	Mertk, receptor protein-tyrosine kinase, v. S2	p. 341
4.2.1.34	Mesaconase, (S)-2-Methylmalate dehydratase, v. 4	p. 456
4.2.1.34	Mesaconase, mesaconate, (S)-2-Methylmalate dehydratase, v. 4	p. 456
4.2.1.34	Mesaconate hydratase, (S)-2-Methylmalate dehydratase, v. 4	p. 456
2.4.2.28	MeSAdo/Ado phosphorylase, S-methyl-5'-thioadenosine phosphorylase, v. 33	p. 236
3.2.2.16	MeSAdo nucleosidase, methylthioadenosine nucleosidase, v. 14	p. 78
2.4.2.28	MeSAdo phosphorylase, S-methyl-5'-thioadenosine phosphorylase, v. 33	p. 236
3.4.21.62	mesenteroicopeptidase, Subtilisin, v. 7	p. 285
1.4.1.16	meso-α,ε-diaminopimelate dehydrogenase, diaminopimelate dehydrogenase, v. 22	p. 178
4.2.1.28	meso-2,3-butanediol dehydrase, propanediol dehydratase, v. 4	p. 420
1.1.1.4	meso-2,3-butanediol dehydrogenase, (R,R)-butanediol dehydrogenase, v. 16	p. 91
6.3.2.13	Meso-diaminopimelate-adding enzyme, UDP-N-acetylmuramoyl-L-alanyl-D-glutamate-2,6-diaminopimelate ligase, v. 2	p. 473
4.1.1.20	meso-diaminopimelate decarboxylase, Diaminopimelate decarboxylase, v. 3	p. 116
1.4.1.16	meso-diaminopimelate dehydrogenase, diaminopimelate dehydrogenase, v. 22	p. 178
1.13.99.1	meso-Inositol oxygenase, inositol oxygenase, v. 25	p. 734
1.5.1.17	meso-N-(1-Carboxyethyl)-alanine dehydrogenase, Alanopine dehydrogenase, v. 23	p. 158
1.11.1.5	mesocytochrome c peroxidase azide, cytochrome-c peroxidase, v. 25	p. 186
1.11.1.5	mesocytochrome c peroxidase cyanate, cytochrome-c peroxidase, v. 25	p. 186
1.11.1.5	mesocytochrome c peroxidase cyanide, cytochrome-c peroxidase, v. 25	p. 186
3.1.1.3	mesophilic lipase, triacylglycerol lipase, v. 9	p. 36
1.1.1.93	mesotartrate dehydrogenase, tartrate dehydrogenase, v. 17	p. 228
3.4.21.4	mesotrypsin, trypsin, v. 7	p. 12
3.4.21.4	Mesotrypsinogen, trypsin, v. 7	p. 12
2.1.1.62	messenger ribonucleate 2'-O-methyladenosine NG-methyltransferase, mRNA (2'-O-methyladenosine-N6-)-methyltransferase, v. 28	p. 340
2.1.1.56	messenger ribonucleate guanine 7-methyltransferase, mRNA (guanine-N7-)-methyltransferase, v. 28	p. 310

2.1.1.57	messenger ribonucleate nucleoside 2'-methyltransferase, mRNA (nucleoside-2'-O-)-methyltransferase, v. 28	p. 320
2.1.1.57	messenger RNA (nucleoside-2'-)-methyltransferase, mRNA (nucleoside-2'-O-)-methyltransferase, v. 28	p. 320
2.1.1.56	messenger RNA guanine 7-methyltransferase, mRNA (guanine-N7-)-methyltransferase, v. 28	p. 310
2.7.7.50	messenger RNA guanylyltransferase, mRNA guanylyltransferase, v. 38	p. 509
2.7.10.1	MET, receptor protein-tyrosine kinase, v. S2	p. 341
2.7.10.1	c-met, receptor protein-tyrosine kinase, v. S2	p. 341
2.7.10.1	Met-related kinase, receptor protein-tyrosine kinase, v. S2	p. 341
2.7.10.1	Met/hepatocyte growth factor receptor tyrosine kinase, receptor protein-tyrosine kinase, v. S2	p. 341
2.3.1.31	MET2, homoserine O-acetyltransferase, v. 29	p. 515
2.1.1.14	Met6p, 5-methyltetrahydropteroyltriglutamate-homocysteine S-methyltransferase, v. 28	p. 84
1.3.1.76	Met8p, precorrin-2 dehydrogenase, v. S1	p. 226
4.99.1.4	Met8p, sirohydrochlorin ferrochelatase, v. S7	p. 460
2.3.1.31	MetA, homoserine O-acetyltransferase, v. 29	p. 515
2.3.1.46	MetA, homoserine O-succinyltransferase, v. 29	p. 630
3.7.1.9	meta-cleavage compound hydrolase, 2-hydroxymuconate-semialdehyde hydrolase, v. 15	p. 856
1.13.11.2	meta-cleavage dioxygenase, catechol 2,3-dioxygenase, v. 25	p. 395
3.7.1.9	meta-cleavage product hydrolase, 2-hydroxymuconate-semialdehyde hydrolase, v. 15	p. 856
3.5.2.6	metallo-β-L-lactamase, β-lactamase, v. 14	p. 683
3.5.2.6	metallo-β-lactamase, β-lactamase, v. 14	p. 683
3.5.2.6	metallo-β-lactamase, β-lactamase, v. 14	p. 683
3.5.2.6	metallo-β-lactamase BceII, β-lactamase, v. 14	p. 683
3.5.2.6	metallo-β-lactamase BcII, β-lactamase, v. 14	p. 683
3.5.2.6	metallo-β-lactamase ImiS, β-lactamase, v. 14	p. 683
3.5.2.6	metallo-β-lactamase IMP-1, β-lactamase, v. 14	p. 683
3.5.2.6	metallo-β-lactamase VIM-1, β-lactamase, v. 14	p. 683
3.5.2.6	metallo-β-lactamase VIM-2, β-lactamase, v. 14	p. 683
3.5.2.6	metallo-β-lactamase VIM-6, β-lactamase, v. 14	p. 683
3.4.24.15	metallo-dipeptidase aeruginosa, thimet oligopeptidase, v. 8	p. 275
3.1.4.2	metallo-glycerophosphodiesterase, glycerophosphocholine phosphodiesterase, v. 11	p. 23
3.1.4.46	metallo-glycerophosphodiesterase, glycerophosphodiester phosphodiesterase, v. 11	p. 214
3.4.11.22	Metallo aminopeptidase, aminopeptidase I, v. 6	p. 178
3.4.17.10	metallocarboxypeptidase, carboxypeptidase E, v. 6	p. 455
3.4.21.32	metallocollagenase, brachyurin, v. 7	p. 129
3.4.24.7	metallocollagenase, interstitial collagenase, v. 8	p. 218
3.4.24.3	metallocollagenase, microbial collagenase, v. 8	p. 205
3.4.17.8	Metallo DD-peptidase, muramoylpentapeptide carboxypeptidase, v. 6	p. 448
3.4.24.65	Metalloelastase, macrophage elastase, v. 8	p. 537
3.4.24.77	metalloendopeptidase, snapalysin, v. 8	p. 583
3.4.24.15	metalloendopeptidase 24.15, thimet oligopeptidase, v. 8	p. 275
3.4.24.30	metalloendopeptidase II, coccolysin, v. 8	p. 383
3.4.24.77	metalloendoprotease, snapalysin, v. 8	p. 583
3.4.24.56	Metalloinsulinase, insulysin, v. 8	p. 485
3.4.24.15	metallopeptidase, thimet oligopeptidase, v. 8	p. 275
3.4.24.77	metalloprotease, snapalysin, v. 8	p. 583
3.4.24.86	metalloprotease-disintegrin tumour necrosis factor α convertase, ADAM 17 endopeptidase, v. S6	p. 348
3.4.24.18	metalloprotease meprin A, meprin A, v. 8	p. 305
3.4.24.63	metalloprotease meprin B, meprin B, v. 8	p. 521

3.4.24.86	metalloprotease TACE, ADAM 17 endopeptidase, v. S6	p. 348
3.4.24.77	metalloproteinase, snapalysin, v. 8	p. 583
3.4.21.32	metalloproteinase-1, brachyurin, v. 7	p. 129
3.4.24.7	metalloproteinase-1, interstitial collagenase, v. 8	p. 218
3.4.24.3	metalloproteinase-1, microbial collagenase, v. 8	p. 205
3.4.24.24	metalloproteinase-2, gelatinase A, v. 8	p. 351
3.4.24.34	metalloproteinase-8, neutrophil collagenase, v. 8	p. 399
3.4.24.81	metalloproteinase-disintegrin, ADAM10 endopeptidase, v. S6	p. 311
3.4.24.81	metalloproteinase ADAM10, ADAM10 endopeptidase, v. S6	p. 311
3.4.24.86	metalloproteinase ADAM17, ADAM 17 endopeptidase, v. S6	p. 348
3.4.24.52	Metalloproteinase HR1A, trimerelysin I, v. 8	p. 471
3.4.24.81	metalloproteinase Kuzbanian, ADAM10 endopeptidase, v. S6	p. 311
3.4.24.81	metalloproteinase MADM, ADAM10 endopeptidase, v. S6	p. 311
3.4.24.58	Metalloproteinase RVV-x, russellysin, v. 8	p. 497
3.4.11.18	MetAP, methionyl aminopeptidase, v. 6	p. 159
3.4.11.18	MetAP-1, methionyl aminopeptidase, v. 6	p. 159
3.4.11.18	MetAP-2, methionyl aminopeptidase, v. 6	p. 159
3.4.11.18	MetAP-I, methionyl aminopeptidase, v. 6	p. 159
3.4.11.18	MetAP-II, methionyl aminopeptidase, v. 6	p. 159
3.4.11.18	MetAP1, methionyl aminopeptidase, v. 6	p. 159
3.4.11.18	MetAP1b, methionyl aminopeptidase, v. 6	p. 159
3.4.11.18	MetAP1D, methionyl aminopeptidase, v. 6	p. 159
3.4.11.18	MetAP2, methionyl aminopeptidase, v. 6	p. 159
3.6.1.10	metaphosphatase, endopolyphosphatase, v. 15	p. 340
3.6.1.11	metaphosphatase, exopolyphosphatase, v. 15	p. 343
1.13.11.2	metapyrocatechase, catechol 2,3-dioxygenase, v. 25	p. 395
3.4.24.46	metargidin, adamalysin, v. 8	p. 455
4.4.1.11	METase, methionine γ-lyase, v. 5	p. 361
4.4.1.8	MetC, cystathionine β-lyase, v. 5	p. 341
2.1.1.14	MetE, 5-methyltetrahydropteroyltriglutamate-homocysteine S-methyltransferase, v. 28	p. 84
2.1.1.13	MetH, methionine synthase, v. 28	p. 73
1.14.13.25	methane hydroxylase, methane monooxygenase, v. 26	p. 360
1.14.13.25	methane mono-oxygenase, methane monooxygenase, v. 26	p. 360
1.14.15.3	methane monooxygenase, alkane 1-monooxygenase, v. 27	p. 16
1.14.13.25	methane monooxygenase hydroxylase, methane monooxygenase, v. 26	p. 360
2.7.1.161	Methanocaldococcus jannaschii Mj0056, CTP-dependent riboflavin kinase	
4.2.1.114	methanogen HACN, methanogen homoaconitase	
6.1.1.11	methanogenic-type SerRSs, Serine-tRNA ligase, v. 2	p. 77
6.1.1.11	methanogenic SerRS, Serine-tRNA ligase, v. 2	p. 77
6.1.1.11	methanogenic type seryl-tRNA synthetase, Serine-tRNA ligase, v. 2	p. 77
2.1.1.90	methanol:5-hydroxy-benzimidazolylcobamide methyltransferase, methanol-5-hydroxy-benzimidazolylcobamide Co-methyltransferase, v. 28	p. 459
2.3.1.89	methanol:5-hydroxy-benzimidazolylcobamide methyltransferase, tetrahydrodipicolinate N-acetyltransferase, v. 30	p. 166
2.1.1.90	methanol:5-hydroxybenzimidazolylcobamide methyltransferase, methanol-5-hydroxy-benzimidazolylcobamide Co-methyltransferase, v. 28	p. 459
2.1.1.90	methanol cobalamin methyltransferase, methanol-5-hydroxybenzimidazolylcobamide Co-methyltransferase, v. 28	p. 459
1.1.99.8	methanol dehydrogenase, alcohol dehydrogenase (acceptor), v. 19	p. 305
1.1.3.13	methanol oxidase, alcohol oxidase, v. 19	p. 115
2.7.13.3	methanol utilization control sensor protein moxY, histidine kinase, v. S4	p. 420
1.12.98.3	methanophenazine hydrogenase, Methanosarcina-phenazine hydrogenase, v. 25	p. 365
1.5.1.29	methemoglobin reductase, FMN reductase, v. 23	p. 217

3.5.4.9	5,10-methenyl-H4folate cyclohydrolase, methenyltetrahydrofolate cyclohydrolase, v. 15 | p. 72
3.5.4.27	methenyl-H4MPT cyclohydrolase, methenyltetrahydromethanopterin cyclohydrolase, v. 15 | p. 166
6.3.3.2	5,10-methenyl-tetrahydrofolate synthetase, 5-Formyltetrahydrofolate cyclo-ligase, v. 2 | p. 535
3.5.4.9	methenyl-THF cyclohydrolase, methenyltetrahydrofolate cyclohydrolase, v. 15 | p. 72
6.3.3.2	Methenyl-THF synthetase, 5-Formyltetrahydrofolate cyclo-ligase, v. 2 | p. 535
3.5.4.9	methenylH4F cyclohydrolase, methenyltetrahydrofolate cyclohydrolase, v. 15 | p. 72
2.1.2.2	5,10-methenyltetrahydrofolate:2-amino-N-ribosylacetamide ribonucleotide transformylase, phosphoribosylglycinamide formyltransferase, v. 29 | p. 19
3.5.4.9	5,10-methenyltetrahydrofolate cyclohydrolase, methenyltetrahydrofolate cyclohydrolase, v. 15 | p. 72
3.5.4.9	methenyltetrahydrofolate dehydrogenase/cyclohydrolase, methenyltetrahydrofolate cyclohydrolase, v. 15 | p. 72
6.3.3.2	5,10-Methenyltetrahydrofolate synthetase, 5-Formyltetrahydrofolate cyclo-ligase, v. 2 | p. 535
3.5.4.9	5,10-Methenyltetrahydrofolate synthetase, methenyltetrahydrofolate cyclohydrolase, v. 15 | p. 72
6.3.3.2	Methenyltetrahydrofolate synthetase, 5-Formyltetrahydrofolate cyclo-ligase, v. 2 | p. 535
3.5.4.27	5,10-methenyltetrahydromethanopterin cyclohydrolase, methenyltetrahydromethanopterin cyclohydrolase, v. 15 | p. 166
6.3.3.2	5,10-Methenyltetrahydropteroylglutamate synthetase, 5-Formyltetrahydrofolate cyclo-ligase, v. 2 | p. 535
6.3.3.2	Methenyl THFS, 5-Formyltetrahydrofolate cyclo-ligase, v. 2 | p. 535
4.4.1.11	L-methioninase, methionine γ-lyase, v. 5 | p. 361
4.4.1.11	methioninase, methionine γ-lyase, v. 5 | p. 361
4.4.1.11	methionine α,γ-lyase, methionine γ-lyase, v. 5 | p. 361
4.4.1.11	L-methionine-α-deamino-γ-mercaptomethane-lyase, methionine γ-lyase, v. 5 | p. 361
4.4.1.11	L-methionine-α-deamino-γ-mercaptomethane lyase, methionine γ-lyase, v. 5 | p. 361
4.4.1.11	L-methionine-γ-lyase, methionine γ-lyase, v. 5 | p. 361
4.4.1.11	methionine-γ-lyase, methionine γ-lyase, v. 5 | p. 361
6.1.1.10	Methionine–tRNA ligase, Methionine-tRNA ligase, v. 2 | p. 68
2.5.1.6	methionine-activating enzyme, methionine adenosyltransferase, v. 33 | p. 424
2.6.1.73	methionine-glyoxylate aminotransferase, methionine-glyoxylate transaminase, v. 35 | p. 52
2.1.1.2	methionine-guanidinoacetic transmethylase, guanidinoacetate N-methyltransferase, v. 28 | p. 6
4.4.1.11	L-methionine γ-lyase, methionine γ-lyase, v. 5 | p. 361
4.4.1.11	methionine γ-lyase, methionine γ-lyase, v. 5 | p. 361
4.4.1.11	L-methionine γ-lyase 1, methionine γ-lyase, v. 5 | p. 361
1.8.4.12	methionine-R-sulfoxide reductase, peptide-methionine (R)-S-oxide reductase, v. S1 | p. 328
1.8.4.12	methionine-R-sulfoxide reductase B, peptide-methionine (R)-S-oxide reductase, v. S1 | p. 328
1.8.4.11	methionine-S-sulfoxide reductase, peptide-methionine (S)-S-oxide reductase, v. S1 | p. 291
2.5.1.6	methionine adenosyltransferase, methionine adenosyltransferase, v. 33 | p. 424
2.5.1.6	methionine adenosyltransferase 2β, methionine adenosyltransferase, v. 33 | p. 424
2.5.1.6	methionine adenosyl transferase 2A, methionine adenosyltransferase, v. 33 | p. 424
2.5.1.6	methionine adenosyltransferase 2A, methionine adenosyltransferase, v. 33 | p. 424
2.5.1.6	methionine adenosyltransferase II, methionine adenosyltransferase, v. 33 | p. 424
3.4.11.18	L-methionine aminopeptidase, methionyl aminopeptidase, v. 6 | p. 159
3.4.11.18	methionine aminopeptidase, methionyl aminopeptidase, v. 6 | p. 159
3.4.11.18	methionine aminopeptidase-1, methionyl aminopeptidase, v. 6 | p. 159
3.4.11.18	methionine aminopeptidase-2, methionyl aminopeptidase, v. 6 | p. 159
3.4.11.18	methionine aminopeptidase 1b, methionyl aminopeptidase, v. 6 | p. 159
3.4.11.18	methionine aminopeptidase 2, methionyl aminopeptidase, v. 6 | p. 159

3.4.11.18	methionine aminopeptidase II, methionyl aminopeptidase, v. 6 | p. 159
3.4.11.18	methionine aminopeptidase type-2, methionyl aminopeptidase, v. 6 | p. 159
3.4.11.18	methionine aminopeptidase type 1, methionyl aminopeptidase, v. 6 | p. 159
3.4.11.18	methionine amino peptidase type 2, methionyl aminopeptidase, v. 6 | p. 159
3.4.11.18	methionine aminopeptidase type 2, methionyl aminopeptidase, v. 6 | p. 159
3.4.11.18	methionine aminopeptidase type II, methionyl aminopeptidase, v. 6 | p. 159
3.4.11.18	methionine aminopetidase-2, methionyl aminopeptidase, v. 6 | p. 159
2.6.1.41	D-methionine aminotransferase, D-methionine-pyruvate transaminase, v. 34 | p. 496
4.1.1.57	L-Methionine decarboxylase, Methionine decarboxylase, v. 3 | p. 336
4.4.1.11	methionine dethiomethylase, methionine γ-lyase, v. 5 | p. 361
4.4.1.11	methionine lyase, methionine γ-lyase, v. 5 | p. 361
2.1.1.12	methionine methyltransferase, methionine S-methyltransferase, v. 28 | p. 69
2.5.1.6	methionine S-adenosyltransferase, methionine adenosyltransferase, v. 33 | p. 424
2.1.1.9	methionine S-methyltransferase, thiol S-methyltransferase, v. 28 | p. 51
1.8.4.11	methionine S-oxide reductase (S-form oxidizing), peptide-methionine (S)-S-oxide reductase, v. S1 | p. 291
1.8.4.11	methionine sulfoxide-S-reductase, peptide-methionine (S)-S-oxide reductase, v. S1 | p. 291
1.8.4.14	methionine sulfoxide reductase, L-methionine (R)-S-oxide reductase, v. S1 | p. 361
1.8.4.13	methionine sulfoxide reductase, L-methionine (S)-S-oxide reductase, v. S1 | p. 357
1.8.4.12	methionine sulfoxide reductase, peptide-methionine (R)-S-oxide reductase, v. S1 | p. 328
1.8.4.11	methionine sulfoxide reductase, peptide-methionine (S)-S-oxide reductase, v. S1 | p. 291
1.8.4.11	methionine sulfoxide reductase A, peptide-methionine (S)-S-oxide reductase, v. S1 | p. 291
1.8.4.12	methionine sulfoxide reductase B, peptide-methionine (R)-S-oxide reductase, v. S1 | p. 328
1.8.4.12	methionine sulfoxide reductase B1, peptide-methionine (R)-S-oxide reductase, v. S1 | p. 328
1.8.4.12	methionine sulfoxide reductase B2, peptide-methionine (R)-S-oxide reductase, v. S1 | p. 328
1.8.4.12	methionine sulfoxide reductase MsrB3, peptide-methionine (R)-S-oxide reductase, v. S1 | p. 328
1.8.4.11	methionine sulfoxide reductases A, peptide-methionine (S)-S-oxide reductase, v. S1 | p. 291
1.8.4.12	methionine sulfoxide reductases B, peptide-methionine (R)-S-oxide reductase, v. S1 | p. 328
1.8.4.12	methionine sulfoxide reductases B2, peptide-methionine (R)-S-oxide reductase, v. S1 | p. 328
1.8.4.12	methionine sulphoxide reductase, peptide-methionine (R)-S-oxide reductase, v. S1 | p. 328
1.8.4.11	methionine sulphoxide reductase, peptide-methionine (S)-S-oxide reductase, v. S1 | p. 291
1.8.4.11	methionine sulphoxide reductase A, peptide-methionine (S)-S-oxide reductase, v. S1 | p. 291
2.5.1.49	methionine synthase, O-acetylhomoserine aminocarboxypropyltransferase, v. 34 | p. 122
2.1.1.13	methionine synthase, methionine synthase, v. 28 | p. 73
1.16.1.8	Methionine synthase cob(II)alamin reductase (methylating), [methionine synthase] reductase, v. 27 | p. 463
1.16.1.8	Methionine synthase reductase, [methionine synthase] reductase, v. 27 | p. 463
2.1.1.13	methionine synthetase, methionine synthase, v. 28 | p. 73
2.6.1.41	D-methionine transaminase, D-methionine-pyruvate transaminase, v. 34 | p. 496
6.1.1.10	Methionine translase, Methionine-tRNA ligase, v. 2 | p. 68
6.1.1.10	Methionyl-transfer ribonucleate synthetase, Methionine-tRNA ligase, v. 2 | p. 68
6.1.1.10	Methionyl-transfer ribonucleic acid synthetase, Methionine-tRNA ligase, v. 2 | p. 68
2.1.2.9	methionyl-transfer ribonucleic transformylase, methionyl-tRNA formyltransferase, v. 29 | p. 66
6.1.1.10	Methionyl-transfer RNA synthetase, Methionine-tRNA ligase, v. 2 | p. 68
2.1.2.9	methionyl-transfer RNA transformylase, methionyl-tRNA formyltransferase, v. 29 | p. 66
2.1.2.9	methionyl-tRNA-Formyltransferase, methionyl-tRNA formyltransferase, v. 29 | p. 66
2.1.2.9	methionyl-tRNA Met formyltransferase, methionyl-tRNA formyltransferase, v. 29 | p. 66
6.1.1.10	methionyl-tRNA synthetase, Methionine-tRNA ligase, v. 2 | p. 68
2.1.2.9	methionyl-tRNA transformylase, methionyl-tRNA formyltransferase, v. 29 | p. 66
3.4.13.12	methionyl dipeptidase, Met-Xaa dipeptidase, v. 6 | p. 216
2.1.2.9	methionyl ribonucleic formyltransferase, methionyl-tRNA formyltransferase, v. 29 | p. 66

6.1.1.10	Methionyl tRNA synthetase, Methionine-tRNA ligase, v. 2 | p. 68	
2.1.1.99	16-methoxy-2,3-dihydro-3-hydroxytabersonine N-methyltransferase, 3-hydroxy-16-methoxy-2,3-dihydrotabersonine N-methyltransferase, v. 28 | p. 487	
1.14.99.15	4-methoxybenzoate 4-monooxygenase (O-demethylating), 4-methoxybenzoate monooxygenase (O-demethylating), v. 27 | p. 318	
1.14.99.15	4-methoxybenzoate O-demethylase, 4-methoxybenzoate monooxygenase (O-demethylating), v. 27 | p. 318	
3.2.1.139	(4-O-methyl)-α-glucuronidase, α-glucuronidase, v. 13 | p. 553	
3.2.1.139	α-(4-O-methyl)-D-glucuronidase, α-glucuronidase, v. 13 | p. 553	
4.1.3.17	γ-methyl-γ-hydroxy-α-ketoglutaric aldolase, 4-hydroxy-4-methyl-2-oxoglutarate aldolase, v. 4 | p. 111	
2.3.1.156	3-methyl-1-(trihydroxyphenyl)butan-1-one synthase, phloroisovalerophenone synthase, v. 30 | p. 417	
1.2.7.7	3-methyl-2-oxobutanoate dehydrogenase, 3-methyl-2-oxobutanoate dehydrogenase (ferredoxin), v. S1 | p. 207	
3.1.3.52	[3-methyl-2-oxobutanoate dehydrogenase (lipoamide)]-phosphatase, [3-methyl-2-oxobutanoate dehydrogenase (2-methylpropanoyl-transferring)]-phosphatase, v. 10 | p. 435	
3.1.3.52	[3-methyl-2-oxobutanoate dehydrogenase (lipoamide)]-phosphate phosphohydrolase, [3-methyl-2-oxobutanoate dehydrogenase (2-methylpropanoyl-transferring)]-phosphatase, v. 10 | p. 435	
1.2.7.7	3-methyl-2-oxobutanoate synthase (ferredoxin), 3-methyl-2-oxobutanoate dehydrogenase (ferredoxin), v. S1 | p. 207	
5.4.99.14	4-Methyl-3-enelactone methyl isomerase, 4-Carboxymethyl-4-methylbutenolide mutase, v. 1 | p. 648	
1.1.1.178	2-methyl-3-hydroxy-butyryl CoA dehydrogenase, 3-hydroxy-2-methylbutyryl-CoA dehydrogenase, v. 18 | p. 89	
1.1.1.178	2-methyl-3-hydroxybutyryl-CoA dehydrogenase, 3-hydroxy-2-methylbutyryl-CoA dehydrogenase, v. 18 | p. 89	
1.3.99.2	2-methyl-3-hydroxybutyryl-CoA dehydrogenase, butyryl-CoA dehydrogenase, v. 21 | p. 473	
1.1.1.178	2-methyl-3-hydroxybutyryl coenzyme A dehydrogenase, 3-hydroxy-2-methylbutyryl-CoA dehydrogenase, v. 18 | p. 89	
1.14.12.4	2-methyl-3-hydroxypyridine 5-carboxylic acid dioxygenase, 3-hydroxy-2-methylpyridinecarboxylate dioxygenase, v. 26 | p. 132	
1.1.1.280	2-methyl-3-oxobutanoate reductase, (S)-3-hydroxyacid-ester dehydrogenase, v. S1 | p. 16	
2.7.4.7	2-methyl-4-amino-5-hydroxymethylpyrimidine monophosphate kinase, phosphomethylpyrimidine kinase, v. 37 | p. 539	
2.5.1.3	2-methyl-4-amino-5-hydroxymethylpyrimidinepyrophosphate:4-methyl-5-(2'-phosphoethyl)-thiazole 2-methyl-4-aminopyrimidine-5-methenyltransferase, thiamine-phosphate diphosphorylase, v. 33 | p. 413	
2.7.1.50	4-methyl-5-(β-hydroxyethyl) thiazole kinase, hydroxyethylthiazole kinase, v. 36 | p. 103	
2.7.1.50	4-methyl-5-(β-hydroxyethyl)thiazole kinase, hydroxyethylthiazole kinase, v. 36 | p. 103	
2.7.1.50	4-methyl-5-β-hydroxyethylthiazole kinase, hydroxyethylthiazole kinase, v. 36 | p. 103	
2.7.1.50	4-methyl-5-β-hydroxyethylthiazole kinase , hydroxyethylthiazole kinase, v. 36 | p. 103	
3.1.1.61	methyl-accepting chemotaxis protein, protein-glutamate methylesterase, v. 9 | p. 378	
2.1.1.80	methyl-accepting chemotaxis protein methyltransferase II, protein-glutamate O-methyltransferase, v. 28 | p. 432	
2.1.1.80	methyl-accepting chemotaxis protein O-methyltransferase, protein-glutamate O-methyltransferase, v. 28 | p. 432	
2.8.4.1	methyl-coenzyme-M reductase, coenzyme-B sulfoethylthiotransferase, v. 39 | p. 538	
2.8.4.1	S-methyl-coenzyme M reductase, coenzyme-B sulfoethylthiotransferase, v. 39 | p. 538	
2.8.4.1	methyl-coenzyme M reductase, coenzyme-B sulfoethylthiotransferase, v. 39 | p. 538	
2.8.4.1	methyl-coenzyme M reductase A, coenzyme-B sulfoethylthiotransferase, v. 39 | p. 538	
2.8.4.1	methyl-CoM reductase, coenzyme-B sulfoethylthiotransferase, v. 39 | p. 538	
2.7.7.60	2-C-methyl-D-erythritol-4-phosphate cytidylyltransferase, 2-C-methyl-D-erythritol 4-phosphate cytidylyltransferase, v. 38 | p. 560	

2.7.7.60	2-C-methyl-D-erythritol 4-phosphate cytidyltransferase, 2-C-methyl-D-erythritol 4-phosphate cytidylyltransferase, v. 38	p. 560
1.1.1.267	2-C-methyl-D-erythritol 4-phosphate synthase, 1-deoxy-D-xylulose-5-phosphate reductoisomerase, v. 18	p. 476
4.6.1.12	2C-methyl-D-erythrol-2,4-cyclodiphosphate synthase, 2-C-methyl-D-erythritol 2,4-cyclodiphosphate synthase, v. S7	p. 415
3.5.4.13	5-methyl-dCTP deaminase, dCTP deaminase, v. 15	p. 110
3.4.13.5	X-methyl-His dipeptidase, Xaa-methyl-His dipeptidase, v. 6	p. 195
4.3.1.2	3-methyl-L-aspartic acid ammonia-lyase, methylaspartate ammonia-lyase, v. 5	p. 172
3.3.1.2	methyl-L-methionine sulfonium salt hydrolase, adenosylmethionine hydrolase, v. 14	p. 138
3.2.2.25	7-methyl-N9-nucleoside hydrolase, N-methyl nucleosidase, v. S5	p. 196
2.8.4.1	methyl-ScoM reductase, coenzyme-B sulfoethylthiotransferase, v. 39	p. 538
2.1.1.86	methyl-tetrahydromethanopterin methyltransferase, tetrahydromethanopterin S-methyltransferase, v. 28	p. 450
2.3.1.9	2-methylacetoacetyl-CoA thiolase, acetyl-CoA C-acetyltransferase, v. 29	p. 305
5.1.99.4	2-methylacyl-CoA racemase, α-Methylacyl-CoA racemase, v. 1	p. 188
5.1.99.4	α-methylacyl-CoA racemase, α-Methylacyl-CoA racemase, v. 1	p. 188
5.1.99.4	α-methylacyl-coenzyme A racemase, α-Methylacyl-CoA racemase, v. 1	p. 188
5.1.99.4	α-Methylacyl CoA racemase, α-Methylacyl-CoA racemase, v. 1	p. 188
5.1.99.4	α-methylacyl coenzyme A racemase, α-Methylacyl-CoA racemase, v. 1	p. 188
3.2.2.21	3-methyladenine-DNA glycosidase II, DNA-3-methyladenine glycosylase II, v. 14	p. 103
3.2.2.21	3-methyladenine-DNA glycosylase II, DNA-3-methyladenine glycosylase II, v. 14	p. 103
3.2.2.20	3-methyladenine DNA glycosylase I, DNA-3-methyladenine glycosylase I, v. 14	p. 99
3.2.2.21	3-methyladenine DNA glycosylase II, DNA-3-methyladenine glycosylase II, v. 14	p. 103
2.1.1.36	1-methyladenine transfer RNA methyltransferase, tRNA (adenine-N1-)-methyltransferase, v. 28	p. 188
3.2.2.13	1-methyladenosine hydrolase, 1-methyladenosine nucleosidase, v. 14	p. 68
3.2.2.9	5'-methyladenosine nucleosidase, adenosylhomocysteine nucleosidase, v. 14	p. 55
2.1.1.21	methylamine-glutamate methyltransferase, methylamine-glutamate N-methyltransferase, v. 28	p. 114
1.4.99.3	methylamine dehydrogenase, amine dehydrogenase, v. 22	p. 402
1.4.3.6	Methylamine oxidase, amine oxidase (copper-containing), v. 22	p. 291
1.5.3.2	N-methylamino acid oxidase, N-methyl-L-amino-acid oxidase, v. 23	p. 282
2.1.1.61	5-methylaminomethyl-2-thiouridylate-methyltransferase, tRNA (5-methylaminomethyl-2-thiouridylate)-methyltransferase, v. 28	p. 337
4.3.1.2	3-methylaspartase, methylaspartate ammonia-lyase, v. 5	p. 172
4.3.1.2	β-methylaspartase, methylaspartate ammonia-lyase, v. 5	p. 172
4.3.1.2	3-methylaspartate ammonia-lyase, methylaspartate ammonia-lyase, v. 5	p. 172
4.3.1.2	methylaspartate ammonia-lyase, methylaspartate ammonia-lyase, v. 5	p. 172
5.4.99.1	Methylaspartic acid mutase, Methylaspartate mutase, v. 1	p. 582
2.1.1.63	methylated-DNA-[protein]-cysteine S-methyltransferase, methylated-DNA-[protein]-cysteine S-methyltransferase, v. 28	p. 343
1.2.1.3	m-methylbenzaldehyde dehydrogenase, aldehyde dehydrogenase (NAD+), v. 20	p. 32
1.3.1.52	2-Methyl branched-chain acyl-CoA dehydrogenase, 2-methyl-branched-chain-enoyl-CoA reductase, v. 21	p. 277
1.3.1.52	2-Methyl branched-chain enoyl-CoA reductase, 2-methyl-branched-chain-enoyl-CoA reductase, v. 21	p. 277
1.3.1.52	Methyl branched-chain enoyl-CoA reductase, 2-methyl-branched-chain-enoyl-CoA reductase, v. 21	p. 277
1.3.1.52	2-Methyl branched-chain enoyl CoA reductase, 2-methyl-branched-chain-enoyl-CoA reductase, v. 21	p. 277
1.3.99.12	2-methyl branched chain acyl-CoA dehydrogenase, 2-methylacyl-CoA dehydrogenase, v. 21	p. 557
5.3.3.2	Methylbutenylpyrophosphate isomerase, isopentenyl-diphosphate Δ-isomerase, v. 1	p. 386

1.1.1.265	3-methylbutyraldehyde reductase, 3-methylbutanal reductase, v. 18 | p. 469
3.1.1.1	methylbutyrase, carboxylesterase, v. 9 | p. 1
3.1.1.1	methylbutyrate esterase, carboxylesterase, v. 9 | p. 1
1.3.99.12	2-methylbutyryl-CoA dehydrogenase, 2-methylacyl-CoA dehydrogenase, v. 21 | p. 557
4.2.1.79	methylcitrate dehydratase, 2-Methylcitrate dehydratase, v. 4 | p. 610
4.2.1.79	2-Methylcitrate hydro-lyase, 2-Methylcitrate dehydratase, v. 4 | p. 610
2.3.3.5	2-methylcitrate oxaloacetate-lyase, 2-methylcitrate synthase, v. 30 | p. 618
2.3.3.5	Methylcitrate synthase, 2-methylcitrate synthase, v. 30 | p. 618
4.1.3.31	Methylcitrate synthase, 2-methylcitrate synthase, v. 4 | p. 182
2.3.3.5	2-methylcitrate synthase 2, 2-methylcitrate synthase, v. 30 | p. 618
2.3.3.5	methylcitrate synthetase, 2-methylcitrate synthase, v. 30 | p. 618
5.1.99.4	α-methyl CoA racemase, α-Methylacyl-CoA racemase, v. 1 | p. 188
1.14.13.71	N-methylcoclaurine 3'-hydroxylase, N-methylcoclaurine 3'-monooxygenase, v. 26 | p. 557
2.8.4.1	methyl coenzyme-M reductase, coenzyme-B sulfoethylthiotransferase, v. 39 | p. 538
2.8.4.1	methyl coenzyme M reductase, coenzyme-B sulfoethylthiotransferase, v. 39 | p. 538
2.8.4.1	methyl coenzyme M reductase A, coenzyme-B sulfoethylthiotransferase, v. 39 | p. 538
2.8.4.1	methyl coenzyme M reductase I, coenzyme-B sulfoethylthiotransferase, v. 39 | p. 538
6.4.1.4	3-methylcrotonyl-CoA:carbon-dioxide ligase (ADP-forming), Methylcrotonoyl-CoA carboxylase, v. 2 | p. 744
6.4.1.4	3-methylcrotonyl-CoA carboxylase, Methylcrotonoyl-CoA carboxylase, v. 2 | p. 744
6.4.1.4	β-methylcrotonyl-CoA carboxylase, Methylcrotonoyl-CoA carboxylase, v. 2 | p. 744
6.4.1.4	methylcrotonyl-CoA carboxylase, Methylcrotonoyl-CoA carboxylase, v. 2 | p. 744
6.4.1.4	3-methylcrotonyl-coenzyme A carboxylase, Methylcrotonoyl-CoA carboxylase, v. 2 | p. 744
6.4.1.4	3-methylcrotonyl CoA carboxylase, Methylcrotonoyl-CoA carboxylase, v. 2 | p. 744
6.4.1.4	β-methylcrotonyl CoA carboxylase, Methylcrotonoyl-CoA carboxylase, v. 2 | p. 744
6.4.1.4	3-methylcrotonyl coenzyme A carboxylase, Methylcrotonoyl-CoA carboxylase, v. 2 | p. 744
6.4.1.4	Methylcrotonyl coenzyme A carboxylase, Methylcrotonoyl-CoA carboxylase, v. 2 | p. 744
6.4.1.4	β-Methylcrotonyl coenzyme A carboxylase, Methylcrotonoyl-CoA carboxylase, v. 2 | p. 744
6.3.4.11	β-methylcrotonyl coenzyme A holocarboxylase synthetase, Biotin-[methylcrotonoyl-CoA-carboxylase] ligase, v. 2 | p. 622
4.2.1.22	Methylcysteine synthase, Cystathionine β-synthase, v. 4 | p. 390
3.5.4.12	5-methyldeoxycytidine monophosphate deaminase, dCMP deaminase, v. 15 | p. 92
1.5.99.9	Methylene-H4MPT:coenzyme F420 oxidoreductase, Methylenetetrahydromethanopterin dehydrogenase, v. 23 | p. 387
1.12.98.2	5,10-methylene-H4MPT dehydrogenase, 5,10-methenyltetrahydromethanopterin hydrogenase, v. 25 | p. 361
1.5.99.11	5,10-methylene-H4MPT reductase, 5,10-methylenetetrahydromethanopterin reductase, v. 23 | p. 394
1.14.21.1	methylenedioxy bridge-forming enzyme, (S)-stylopine synthase, v. 27 | p. 233
3.5.3.21	Methylenediurea deiminase, methylenediurea deaminase, v. 14 | p. 843
3.5.3.21	Methylenediurease, methylenediurea deaminase, v. 14 | p. 843
3.5.1.67	4-methyleneglutamine amidohydrolase, 4-methyleneglutaminase, v. 14 | p. 542
3.5.1.67	4-methyleneglutamine deamidase, 4-methyleneglutaminase, v. 14 | p. 542
6.3.1.7	4-Methyleneglutamine synthetase, 4-Methyleneglutamate-ammonia ligase, v. 2 | p. 383
5.4.99.4	α-Methyleneglutarate mutase, 2-Methyleneglutarate mutase, v. 1 | p. 599
3.5.4.9	methyleneH4folate cyclohydrolase, methenyltetrahydrofolate cyclohydrolase, v. 15 | p. 72
1.14.15.1	methylene hydroxylase, camphor 5-monooxygenase, v. 27 | p. 1
2.1.1.143	24-methylenelophenol C-24¹-methyltransferase, 24-methylenesterol C-methyltransferase, v. 28 | p. 629
1.14.15.1	methylene monooxygenase, camphor 5-monooxygenase, v. 27 | p. 1
6.3.1.7	4-Methylenenglutamate:ammonia ligase (AMP-forming), 4-Methyleneglutamate-ammonia ligase, v. 2 | p. 383
1.3.1.17	3-methyleneoxindole reductase, 3-methyleneoxindole, 3-methyleneoxindole reductase, v. 21 | p. 88
1.3.1.71	24-methylene sterol 24(28)-reductase, Δ24(241)-sterol reductase, v. 21 | p. 326

1.5.1.20	methylenetetrahydrofolate (reduced riboflavin adenine dinucleotide) reductase, methylenetetrahydrofolate reductase [NAD(P)H], v. 23	p. 174
2.1.1.74	methylenetetrahydrofolate-transfer ribonucleate uracil 5-methyltransferase,, methylenetetrahydrofolate-tRNA-(uracil-5-)-methyltransferase (FADH2-oxidizing), v. 28	p. 398
2.1.2.11	5,10-methylene tetrahydrofolate:α-ketoisovalerate hydroxymethyltransferase, 3-methyl-2-oxobutanoate hydroxymethyltransferase, v. 29	p. 84
2.1.1.45	methylenetetrahydrofolate:dUMP C-methyltransferase, thymidylate synthase, v. 28	p. 244
1.5.1.20	5-methylenetetrahydrofolate:NADP+ oxidoreductase, methylenetetrahydrofolate reductase [NAD(P)H], v. 23	p. 174
1.5.1.5	5,10-methylenetetrahydrofolate dehydrogenase, methylenetetrahydrofolate dehydrogenase (NADP+), v. 23	p. 53
1.5.1.5	methylenetetrahydrofolate dehydrogenase, methylenetetrahydrofolate dehydrogenase (NADP+), v. 23	p. 53
1.5.1.15	methylenetetrahydrofolate dehydrogenase-cyclohydrolase, methylenetetrahydrofolate dehydrogenase (NAD+), v. 23	p. 144
1.5.1.15	methylenetetrahydrofolate dehydrogenase-methenyltetrahydrofolate cyclohydrolase, methylenetetrahydrofolate dehydrogenase (NAD+), v. 23	p. 144
6.3.4.3	methylenetetrahydrofolate dehydrogenase-methenyltetrahydrofolate cyclohydrolase-formyltetrahydrofolate synthetase enzyme, formate-tetrahydrofolate ligase, v. 2	p. 567
3.5.2.13	5-methylenetetrahydrofolate dehydrogenase/cyclohydrolase, 2,5-dioxopiperazine hydrolase, v. 14	p. 733
3.5.4.9	5,10-methylenetetrahydrofolate dehydrogenase/cyclohydrolase, methenyltetrahydrofolate cyclohydrolase, v. 15	p. 72
1.5.1.5	5,10-methylenetetrahydrofolate dehydrogenase/cyclohydrolase, methylenetetrahydrofolate dehydrogenase (NADP+), v. 23	p. 53
3.5.4.9	methylenetetrahydrofolate dehydrogenase/methenyltetrahydrofolate cyclohydrolase/formyltetrahydrofolate synthetase, methenyltetrahydrofolate cyclohydrolase, v. 15	p. 72
1.5.1.20	10-methylenetetrahydrofolate reductase, methylenetetrahydrofolate reductase [NAD(P)H], v. 23	p. 174
1.5.1.15	5,10-methylenetetrahydrofolate reductase, methylenetetrahydrofolate dehydrogenase (NAD+), v. 23	p. 144
1.5.7.1	5,10-methylenetetrahydrofolate reductase, methylenetetrahydrofolate reductase (ferredoxin), v. S1	p. 279
1.5.1.20	5,10-methylenetetrahydrofolate reductase, methylenetetrahydrofolate reductase [NAD(P)H], v. 23	p. 174
1.5.1.15	methylenetetrahydrofolate reductase, methylenetetrahydrofolate dehydrogenase (NAD+), v. 23	p. 144
1.5.1.20	methylenetetrahydrofolate reductase, methylenetetrahydrofolate reductase [NAD(P)H], v. 23	p. 174
1.5.1.20	5,10-methylenetetrahydrofolate reductase (FADH2), methylenetetrahydrofolate reductase [NAD(P)H], v. 23	p. 174
1.5.1.20	5,10-methylenetetrahydrofolate reductase (NADPH), methylenetetrahydrofolate reductase [NAD(P)H], v. 23	p. 174
1.5.1.20	methylenetetrahydrofolate reductase (NADPH), methylenetetrahydrofolate reductase [NAD(P)H], v. 23	p. 174
1.5.1.20	5,10-methylenetetrahydrofolic acid reductase, methylenetetrahydrofolate reductase [NAD(P)H], v. 23	p. 174
1.5.1.20	methylenetetrahydrofolic acid reductase, methylenetetrahydrofolate reductase [NAD(P)H], v. 23	p. 174
1.5.99.9	Methylene tetrahydromethanopterin:coenzyme F420 oxidoreductase, Methylenetetrahydromethanopterin dehydrogenase, v. 23	p. 387
1.12.98.2	methylenetetrahydromethanopterin dehydrogenase, 5,10-methenyltetrahydromethanopterin hydrogenase, v. 25	p. 361
1.5.1.20	5,10-methylenetetrahydropteroylglutamate reductase, methylenetetrahydrofolate reductase [NAD(P)H], v. 23	p. 174

1.5.1.15	methyleneTHF dehydrogenase, methylenetetrahydrofolate dehydrogenase (NAD+), v. 23 | p. 144
2.7.7.60	2-C-methylerythritol 4-cytidylyltransferase, 2-C-methyl-D-erythritol 4-phosphate cytidylyltransferase, v. 38 | p. 560
2.7.7.60	2-C-methyl erythritol 4-phosphate cytidylyltransferase, 2-C-methyl-D-erythritol 4-phosphate cytidylyltransferase, v. 38 | p. 560
1.1.1.267	methylerythritol phosphate synthase, 1-deoxy-D-xylulose-5-phosphate reductoisomerase, v. 18 | p. 476
3.1.1.61	methylesterae CheB, protein-glutamate methylesterase, v. 9 | p. 378
3.1.1.61	methylesterase CheB, protein-glutamate methylesterase, v. 9 | p. 378
3.2.1.139	4-O-methylglucuronidase, α-glucuronidase, v. 13 | p. 553
4.2.1.18	methylglutaconase, methylglutaconyl-CoA hydratase, v. 4 | p. 370
4.2.1.18	3-methylglutaconyl-CoA hydratase, methylglutaconyl-CoA hydratase, v. 4 | p. 370
4.2.1.18	3-methylglutaconyl CoA hydratase, methylglutaconyl-CoA hydratase, v. 4 | p. 370
4.2.1.18	methylglutaconyl coenzyme A hydratase, methylglutaconyl-CoA hydratase, v. 4 | p. 370
1.5.99.5	N-methylglutamate dehydrogenase, methylglutamate dehydrogenase, v. 23 | p. 368
2.1.1.21	N-methylglutamate synthase, methylamine-glutamate N-methyltransferase, v. 28 | p. 114
4.4.1.5	methylglyoxalase, lactoylglutathione lyase, v. 5 | p. 322
1.2.1.23	methylglyoxal dehydrogenase, 2-oxoaldehyde dehydrogenase (NAD+), v. 20 | p. 221
1.2.1.49	methylglyoxal dehydrogenase, 2-oxoaldehyde dehydrogenase (NADP+), v. 20 | p. 345
1.1.1.78	methylglyoxal reductase, methylglyoxal reductase (NADH-dependent), v. 17 | p. 131
1.1.1.283	methylglyoxal reductase, methylglyoxal reductase (NADPH-dependent), v. S1 | p. 32
1.1.1.283	methylglyoxal reductase (NADPH dependent), methylglyoxal reductase (NADPH-dependent), v. S1 | p. 32
4.2.3.3	methylglyoxal synthase, methylglyoxal synthase, v. S7 | p. 185
4.2.3.3	methylglyoxal synthetase, methylglyoxal synthase, v. S7 | p. 185
4.4.1.5	methylglyoxylase, lactoylglutathione lyase, v. 5 | p. 322
3.5.3.16	methylguanidine-decomposing enzyme, methylguanidinase, v. 14 | p. 826
3.5.3.16	methylguanidine hydrolase, methylguanidinase, v. 14 | p. 826
2.1.1.63	methylguanine DNA methyltransferase, methylated-DNA-[protein]-cysteine S-methyltransferase, v. 28 | p. 343
2.1.1.33	7-methylguanine transfer ribonucleate methylase, tRNA (guanine-N7-)-methyltransferase, v. 28 | p. 166
3.5.2.14	methylhydantoin amidase, N-methylhydantoinase (ATP-hydrolysing), v. 14 | p. 735
3.5.2.14	N-methylhydantoin amidohydohydrolase, N-methylhydantoinase (ATP-hydrolysing), v. 14 | p. 735
3.5.2.14	N-methylhydantoinase, N-methylhydantoinase (ATP-hydrolysing), v. 14 | p. 735
3.5.2.14	N-methylhydantoin hydrolase, N-methylhydantoinase (ATP-hydrolysing), v. 14 | p. 735
1.14.12.4	methylhydroxypyridine carboxylate dioxygenase, 3-hydroxy-2-methylpyridinecarboxylate dioxygenase, v. 26 | p. 132
1.14.12.4	methylhydroxypyridinecarboxylate oxidase, 3-hydroxy-2-methylpyridinecarboxylate dioxygenase, v. 26 | p. 132
4.2.1.99	2/2-methylisocitrate dehydratase, 2-methylisocitrate dehydratase, v. 4 | p. 678
4.1.3.30	2-Methylisocitrate lyase, Methylisocitrate lyase, v. 4 | p. 178
5.3.3.6	Methylitaconate isomerase, methylitaconate Δ-isomerase, v. 1 | p. 406
1.5.3.4	ε-N-methyllysine demethylase, N6-methyl-lysine oxidase, v. 23 | p. 286
1.2.1.27	methylmalonate-semialdehyde dehydrogenase, methylmalonate-semialdehyde dehydrogenase (acylating), v. 20 | p. 241
1.2.1.27	methylmalonate semialdehyde dehydrogenase, methylmalonate-semialdehyde dehydrogenase (acylating), v. 20 | p. 241
1.2.1.27	methylmalonic acid semialdehyde dehydrogenase, methylmalonate-semialdehyde dehydrogenase (acylating), v. 20 | p. 241
5.4.99.2	L-methylmalonate-co-enzyme-A mutase, Methylmalonyl-CoA mutase, v. 1 | p. 589
5.4.99.2	Methylmalonyl-CoA-carbonyl mutase, Methylmalonyl-CoA mutase, v. 1 | p. 589
5.1.99.1	methylmalonyl-CoA 2-epimerase, Methylmalonyl-CoA epimerase, v. 1 | p. 179

5.1.99.1	methylmalonyl-CoA 2-racemase, Methylmalonyl-CoA epimerase, v. 1	p. 179
4.1.1.41	Methylmalonyl-CoA decarboxylase, Methylmalonyl-CoA decarboxylase, v. 3	p. 264
5.1.99.1	methylmalonyl-CoA epimerase, Methylmalonyl-CoA epimerase, v. 1	p. 179
3.1.2.17	D-methylmalonyl-CoA hydrolase, (S)-methylmalonyl-CoA hydrolase, v. 9	p. 531
5.4.99.2	L-methylmalonyl-CoA mutase, Methylmalonyl-CoA mutase, v. 1	p. 589
5.4.99.2	methylmalonyl-CoA mutase, Methylmalonyl-CoA mutase, v. 1	p. 589
5.1.99.1	Methylmalonyl-CoA racemase, Methylmalonyl-CoA epimerase, v. 1	p. 179
2.1.3.1	methylmalonyl-CoA transcarboxylase, methylmalonyl-CoA carboxytransferase, v. 29	p. 93
4.1.1.41	Methylmalonyl-coenzyme A decarboxylase, Methylmalonyl-CoA decarboxylase, v. 3	p. 264
3.1.2.17	D-methylmalonyl-coenzyme A hydrolase, (S)-methylmalonyl-CoA hydrolase, v. 9	p. 531
2.1.3.1	methylmalonyl CoA-oxalacetate transcarboxylase, methylmalonyl-CoA carboxytransferase, v. 29	p. 93
2.1.3.1	methyl malonyl CoA carboxyl transferase, methylmalonyl-CoA carboxytransferase, v. 29	p. 93
2.1.3.1	methylmalonyl CoA carboxyltransferase, methylmalonyl-CoA carboxytransferase, v. 29	p. 93
5.4.99.2	Methylmalonyl CoA mutase, Methylmalonyl-CoA mutase, v. 1	p. 589
5.4.99.2	Methylmalonyl coenzyme A carbonylmutase, Methylmalonyl-CoA mutase, v. 1	p. 589
2.1.3.1	methylmalonyl coenzyme A carboxyltransferase, methylmalonyl-CoA carboxytransferase, v. 29	p. 93
6.3.4.9	Methylmalonyl coenzyme A holotranscarboxylase synthetase, Biotin-[methylmalonyl-CoA-carboxytransferase] ligase, v. 2	p. 613
5.4.99.2	Methylmalonyl coenzyme A mutase, Methylmalonyl-CoA mutase, v. 1	p. 589
5.1.99.1	Methylmalonyl coenzyme A racemase, Methylmalonyl-CoA epimerase, v. 1	p. 179
1.8.3.4	methyl mercaptan oxidase, methanethiol oxidase, v. 24	p. 609
1.8.3.4	methylmercaptan oxidase, methanethiol oxidase, v. 24	p. 609
3.3.1.2	methylmethionine-sulfonim-salt hydrolase, adenosylmethionine hydrolase, v. 14	p. 138
3.3.1.2	methylmethionine-sulfonium-salt hydrolase, adenosylmethionine hydrolase, v. 14	p. 138
2.1.1.10	S-methylmethionine: homocysteine methyltransferase, homocysteine S-methyltransferase, v. 28	p. 59
2.1.1.10	methylmethionine:homocysteine methyltransferase, homocysteine S-methyltransferase, v. 28	p. 59
2.1.1.10	S-methylmethionine: homocysteine S-methyltransferase, homocysteine S-methyltransferase, v. 28	p. 59
2.1.1.10	S-methylmethionine homocysteine transmethylase, homocysteine S-methyltransferase, v. 28	p. 59
3.3.1.2	methylmethionine sulfonim hydrolase, adenosylmethionine hydrolase, v. 14	p. 138
3.3.1.2	methylmethionine sulfonium salt hydrolase, adenosylmethionine hydrolase, v. 14	p. 138
5.3.3.4	Methylmuconolactone isomerase, muconolactone Δ-isomerase, v. 1	p. 399
5.4.99.14	4-Methylmuconolactone methylisomerase, 4-Carboxymethyl-4-methylbutenolide mutase, v. 1	p. 648
2.1.1.121	(6-O-Methylnorlaudanosoline)-5'-O-methyltransferase, 6-O-methylnorlaudanosoline 5'-O-methyltransferase, v. 28	p. 568
1.14.13.72	4α-methyl oxidase, methylsterol monooxygenase, v. 26	p. 559
3.1.8.1	methyl parathion hydrolase, aryldialkylphosphatase, v. 11	p. 343
2.1.1.37	methylphosphotriester-DNA methyltransferase, DNA (cytosine-5-)-methyltransferase, v. 28	p. 197
1.4.3.6	N-methylputrescine oxidase, amine oxidase (copper-containing), v. 22	p. 291
1.4.3.6	methylputrescine oxidase, amine oxidase (copper-containing), v. 22	p. 291
1.7.1.6	methyl red azoreductase, azobenzene reductase, v. 24	p. 288
3.1.26.2	2'-O-methyl RNase, ribonuclease α, v. 11	p. 507
2.3.1.165	6-methylsalicylic-acid synthase, 6-methylsalicylic-acid synthase, v. 30	p. 444

EC	Description
4.1.1.52	6-Methylsalicylic acid (2,6-cresotic acid) decarboxylase, 6-Methylsalicylate decarboxylase, v. 3 | p. 320
4.1.1.52	6-Methylsalicylic acid decarboxylase, 6-Methylsalicylate decarboxylase, v. 3 | p. 320
2.3.1.165	6-methylsalicylic acid synthase, 6-methylsalicylic-acid synthase, v. 30 | p. 444
2.1.2.7	2-methylserine hydroxymethyltransferase, D-alanine 2-hydroxymethyltransferase, v. 29 | p. 56
2.1.2.7	α-methylserine hydroxymethyltransferase, D-alanine 2-hydroxymethyltransferase, v. 29 | p. 56
1.14.13.70	14α-methylsterol 14α-demethylase, sterol 14-demethylase, v. 26 | p. 547
1.14.13.70	methylsterol 14α-demethylase (P 450 CYP51), sterol 14-demethylase, v. 26 | p. 547
1.14.13.72	4α-methylsterole-4α-methyl oxidase, methylsterol monooxygenase, v. 26 | p. 559
1.14.13.72	methylsterol hydroxylase, methylsterol monooxygenase, v. 26 | p. 559
1.14.13.72	methylsterol monooxygenase, methylsterol monooxygenase, v. 26 | p. 559
1.14.13.72	4-methylsterol oxidase, methylsterol monooxygenase, v. 26 | p. 559
1.14.13.72	C-4 methyl sterol oxidase, methylsterol monooxygenase, v. 26 | p. 559
2.1.1.13	5-methyltetrahydrofolate-homocysteine S-methyltransferase, methionine synthase, v. 28 | p. 73
2.1.1.13	5-methyltetrahydrofolate-homocysteine transmethylase, methionine synthase, v. 28 | p. 73
2.1.1.13	methyltetrahydrofolate-homocysteine vitamin B12 methyltransferase, methionine synthase, v. 28 | p. 73
1.5.1.20	5-methyltetrahydrofolate:(acceptor) oxidoreductase, methylenetetrahydrofolate reductase [NAD(P)H], v. 23 | p. 174
2.1.1.13	N-methyltetrahydrofolate:L-homocysteine methyltransferase, methionine synthase, v. 28 | p. 73
1.5.1.20	5-methyltetrahydrofolate:NAD+ oxidoreductase, methylenetetrahydrofolate reductase [NAD(P)H], v. 23 | p. 174
1.5.1.20	5-methyltetrahydrofolate:NAD oxidoreductase, methylenetetrahydrofolate reductase [NAD(P)H], v. 23 | p. 174
1.5.1.20	5-methyltetrahydrofolate:NADP+ oxidoreductase, methylenetetrahydrofolate reductase [NAD(P)H], v. 23 | p. 174
2.1.1.13	5-methyltetrahydrofolate homocysteine methyltransferase, methionine synthase, v. 28 | p. 73
1.14.13.37	methyltetrahydroprotoberberine 14-hydroxylase, methyltetrahydroprotoberberine 14-monooxygenase, v. 26 | p. 419
2.1.1.14	methyltetrahydropteroylpolyglutamate:homocysteine methyltransferase, 5-methyltetrahydropteroyltriglutamate-homocysteine S-methyltransferase, v. 28 | p. 84
2.1.1.14	5-methyltetrahydropteroyltriglutamate-homocysteine methyltransferase, 5-methyltetrahydropteroyltriglutamate-homocysteine S-methyltransferase, v. 28 | p. 84
2.8.4.1	2-(methylthio)ethanesulfonic acid reductase, coenzyme-B sulfoethylthiotransferase, v. 39 | p. 538
5.3.1.23	5-methylthio-5-deoxy-D-ribose-1-phosphate ketol-isomerase, S-methyl-5-thioribose-1-phosphate isomerase, v. 1 | p. 351
3.2.2.9	5'-methylthioadenosine/S-adenosylhomocysteine, adenosylhomocysteine nucleosidase, v. 14 | p. 55
3.2.2.9	5'-methylthioadenosine/S-adenosylhomocysteine nucleosidase, adenosylhomocysteine nucleosidase, v. 14 | p. 55
2.4.2.28	5'-methylthioadenosine nucleosidase, S-methyl-5'-thioadenosine phosphorylase, v. 33 | p. 236
3.2.2.9	5'-methylthioadenosine nucleosidase, adenosylhomocysteine nucleosidase, v. 14 | p. 55
3.2.2.16	5'-methylthioadenosine nucleosidase, methylthioadenosine nucleosidase, v. 14 | p. 78
2.4.2.28	methylthioadenosine nucleoside phosphorylase, S-methyl-5'-thioadenosine phosphorylase, v. 33 | p. 236
2.4.2.28	5'-methylthioadenosine phosphorylase, S-methyl-5'-thioadenosine phosphorylase, v. 33 | p. 236

2.4.2.28	5-methylthioadenosine phosphorylase, S-methyl-5'-thioadenosine phosphorylase, v. 33 | p. 236
2.4.2.28	methylthioadenosine phosphorylase, S-methyl-5'-thioadenosine phosphorylase, v. 33 | p. 236
3.1.3.14	methylthiophosphoglycerate phosphatase, methylphosphothioglycerate phosphatase, v. 10 | p. 206
5.3.1.23	5'-methylthioribose-1-phosphate isomerase, S-methyl 5-thioribose-1-phosphate isomerase, v. 1 | p. 351
5.3.1.23	5-methylthioribose-1-phosphate isomerase, S-methyl-5-thioribose-1-phosphate isomerase, v. 1 | p. 351
5.3.1.23	methylthioribose-1-phosphate isomerase, S-methyl-5-thioribose-1-phosphate isomerase, v. 1 | p. 351
5.3.1.23	5-methylthioribose 1-phosphate isomerase, S-methyl-5-thioribose-1-phosphate isomerase, v. 1 | p. 351
2.7.1.100	5-methylthioribose kinase, S-methyl-5-thioribose kinase, v. 36 | p. 398
2.7.1.100	methylthioribose kinase, S-methyl-5-thioribose kinase, v. 36 | p. 398
4.2.1.109	5-Methylthioribulose-1-phosphate, methylthioribulose 1-phosphate dehydratase, v. S7 | p. 109
2.1.1.42	3'-O-methyltransferase, luteolin O-methyltransferase, v. 28 | p. 231
2.1.1.158	7-N-methyltransferase, 7-methylxanthosine synthase, v. S2 | p. 25
2.1.1.150	7-O-methyltransferase, isoflavone 7-O-methyltransferase, v. 28 | p. 649
2.1.1.143	Δ24-methyltransferase, 24-methylenesterol C-methyltransferase, v. 28 | p. 629
2.1.1.41	Δ24-methyltransferase, sterol 24-C-methyltransferase, v. 28 | p. 220
2.1.1.160	N-1 methyltransferase, caffeine synthase, v. S2 | p. 40
2.1.1.159	N-3 methyltransferase, theobromine synthase, v. S2 | p. 31
2.1.1.158	N-methyltransferase, 7-methylxanthosine synthase, v. S2 | p. 25
2.1.1.159	N-methyltransferase, theobromine synthase, v. S2 | p. 31
2.1.1.9	S-methyltransferase, thiol S-methyltransferase, v. 28 | p. 51
2.1.1.133	Methyltransferase (Pseudomonas denitrificans clone pXL151 gene cobF reduced), Precorrin-4 C11-methyltransferase, v. 28 | p. 606
2.1.1.146	methyltransferase, (iso)eugenol, (iso)eugenol O-methyltransferase, v. 28 | p. 636
2.1.1.116	Methyltransferase, (S)-3'-hydroxy-N-methylcoclaurine 4'-, 3'-hydroxy-N-methyl-(S)-coclaurine 4'-O-methyltransferase, v. 28 | p. 555
2.1.1.128	Methyltransferase, (S)-coclaurine N-, (RS)-norcoclaurine 6-O-methyltransferase, v. 28 | p. 589
2.1.1.117	Methyltransferase, (S)-scoularine 9-, (S)-scoulerine 9-O-methyltransferase, v. 28 | p. 558
2.1.1.117	Methyltransferase, (S)-scoularine 9- (Coptis japonica clone pCJSMT), (S)-scoulerine 9-O-methyltransferase, v. 28 | p. 558
2.1.1.119	Methyltransferase, 10-dihydroxydihydrosanguinarine O-, 10-hydroxydihydrosanguinarine 10-O-methyltransferase, v. 28 | p. 564
2.1.1.94	methyltransferase, 11-demethyl-17-deacetylvindoline 11-, tabersonine 16-O-methyltransferase, v. 28 | p. 472
2.1.1.120	Methyltransferase, 12-hydroxydihydrochelirubine-12-O, 12-hydroxydihydrochelirubine 12-O-methyltransferase, v. 28 | p. 566
2.1.1.99	methyltransferase, 16-methoxy-2,3-dihydro-3-hydroxytabersonine, 3-hydroxy-16-methoxy-2,3-dihydrotabersonine N-methyltransferase, v. 28 | p. 487
2.1.1.143	methyltransferase, Δ24-sterol, 24-methylenesterol C-methyltransferase, v. 28 | p. 629
2.1.1.41	methyltransferase, Δ24-sterol, sterol 24-C-methyltransferase, v. 28 | p. 220
2.1.1.46	methyltransferase, 4'-hydroxyisoflavone, isoflavone 4'-O-methyltransferase, v. 28 | p. 273
2.1.1.108	o-methyltransferase, 6-hydroxymellein, 6-hydroxymellein O-methyltransferase, v. 28 | p. 528
2.1.1.121	Methyltransferase, 6-methylnorlaudanosoline 5'-, 6-O-methylnorlaudanosoline 5'-O-methyltransferase, v. 28 | p. 568
2.1.1.4	methyltransferase, acetylserotonin, acetylserotonin O-methyltransferase, v. 28 | p. 15

2.1.1.18	methyltransferase, acylpolysacharide 6-O, polysaccharide O-methyltransferase, v. 28 | p. 105
2.1.1.91	methyltransferase, aldoxime O-, isobutyraldoxime O-methyltransferase, v. 28 | p. 463
2.1.1.146	methyltransferase, allylphenol O-, (iso)eugenol O-methyltransferase, v. 28 | p. 636
2.1.1.69	methyltransferase, bergaptol, 5-hydroxyfuranocoumarin 5-O-methyltransferase, v. 28 | p. 378
2.1.1.60	methyltransferase, calmodulin (lysine), calmodulin-lysine N-methyltransferase, v. 28 | p. 333
2.1.1.6	methyltransferase, catechol, catechol O-methyltransferase, v. 28 | p. 27
2.1.1.118	methyltransferase, columbamine, columbamine O-methyltransferase, v. 28 | p. 562
2.1.1.59	methyltransferase, cytochrome c (lysine), [cytochrome c]-lysine N-methyltransferase, v. 28 | p. 329
2.1.1.123	Methyltransferase, cytochrome c (methionine), [cytochrome-c]-methionine S-methyltransferase, v. 28 | p. 574
2.1.1.109	methyltransferase, demethylsterigmatocystin, demethylsterigmatocystin 6-O-methyltransferase, v. 28 | p. 531
2.1.1.54	methyltransferase, deoxycytidylate, deoxycytidylate C-methyltransferase, v. 28 | p. 305
2.1.1.37	methyltransferase, deoxyribonucleate, DNA (cytosine-5-)-methyltransferase, v. 28 | p. 197
2.1.1.3	methyltransferase, dimethylthetin-homocysteine, thetin-homocysteine S-methyltransferase, v. 28 | p. 12
2.1.1.98	methyltransferase, diphthine, diphthine synthase, v. 28 | p. 484
2.1.1.75	methyltransferase, flavonoid, apigenin 4'-O-methyltransferase, v. 28 | p. 400
2.1.1.155	methyltransferase, flavonoid, kaempferol 4'-O-methyltransferase, v. S2 | p. 8
2.1.1.149	methyltransferase, flavonoid, myricetin O-methyltransferase, v. 28 | p. 647
2.1.1.83	methyltransferase, flavonol 4'-, 3,7-dimethylquercetin 4'-O-methyltransferase, v. 28 | p. 441
2.1.1.84	methyltransferase, flavonol 6-, methylquercetagetin 6-O-methyltransferase, v. 28 | p. 444
2.1.1.82	methyltransferase, flavonol 7-, 3-methylquercetin 7-O-methyltransferase, v. 28 | p. 438
2.1.1.88	methyltransferase, flavonol 8-, 8-hydroxyquercetin 8-O-methyltransferase, v. 28 | p. 454
2.1.1.20	methyltransferase, glycine, glycine N-methyltransferase, v. 28 | p. 109
2.1.1.8	methyltransferase, histamine, histamine N-methyltransferase, v. 28 | p. 43
2.1.1.44	methyltransferase, histidine Nα-, dimethylhistidine N-methyltransferase, v. 28 | p. 241
2.1.1.47	methyltransferase, indolepyruvate, indolepyruvate C-methyltransferase, v. 28 | p. 278
2.1.1.5	methyltransferase, βine-homocysteine, βine-homocysteine S-methyltransferase, v. 28 | p. 21
2.1.1.40	methyltransferase, inositol, D-1-, inositol 1-methyltransferase, v. 28 | p. 217
2.1.1.129	methyltransferase, inositol 6-O, inositol 4-methyltransferase, v. 28 | p. 594
2.1.1.39	methyltransferase, inositol L-1-, inositol 3-methyltransferase, v. 28 | p. 214
2.1.1.129	methyltransferase, inositol L-1- (Mesembryanthemum crystallinum clone Imt1 reduced), inositol 4-methyltransferase, v. 28 | p. 594
2.1.1.65	methyltransferase, licodione 2'-O-, licodione 2'-O-methyltransferase, v. 28 | p. 354
2.1.1.50	methyltransferase, loganate, loganate O-methyltransferase, v. 28 | p. 292
2.1.1.11	methyltransferase, magnesium protoporphyrin, magnesium protoporphyrin IX methyltransferase, v. 28 | p. 64
2.1.1.56	methyltransferase, messenger ribonucleate guanine 7-, mRNA (guanine-N7-)-methyltransferase, v. 28 | p. 310
2.1.1.57	methyltransferase, messenger ribonucleate nucleoside 2'-, mRNA (nucleoside-2'-O-)-methyltransferase, v. 28 | p. 320
2.1.1.90	methyltransferase, methanol-cobalamin, methanol-5-hydroxybenzimidazolylcobamide Co-methyltransferase, v. 28 | p. 459
2.1.1.12	methyltransferase, methionine S-, methionine S-methyltransferase, v. 28 | p. 69
2.1.2.9	methyltransferase, methionyl-transfer ribonucleate, methionyl-tRNA formyltransferase, v. 29 | p. 66
2.1.1.13	methyltransferase, methyltetrahydrofolate-homocysteine, methionine synthase, v. 28 | p. 73
2.1.1.1	methyltransferase, nicotinamide, nicotinamide N-methyltransferase, v. 28 | p. 1
2.1.1.7	methyltransferase, nicotinate, nicotinate N-methyltransferase, v. 28 | p. 40

2.1.1.28	methyltransferase, noradrenaline N-, phenylethanolamine N-methyltransferase, v. 28 | p. 132	
2.1.1.128	Methyltransferase, norlaudanosoline, (RS)-norcoclaurine 6-O-methyltransferase, v. 28 | p. 589	
2.1.1.25	methyltransferase, phenol, phenol O-methyltransferase, v. 28 | p. 123	
2.1.1.17	methyltransferase, phosphatidylethanolamine, phosphatidylethanolamine N-methyltransferase, v. 28 | p. 95	
2.1.1.18	methyltransferase, polysaccharide, polysaccharide O-methyltransferase, v. 28 | p. 105	
2.1.1.130	Methyltransferase, precorrin 2, Precorrin-2 C20-methyltransferase, v. 28 | p. 598	
2.1.1.130	Methyltransferase, precorrin 2 (Methanococcus jannaschii gene MJ0771), Precorrin-2 C20-methyltransferase, v. 28 | p. 598	
2.1.1.130	Methyltransferase, precorrin 2- (Methanobacterium thermoautotrophicum strain ΔH gene MTH1348), Precorrin-2 C20-methyltransferase, v. 28 | p. 598	
2.1.1.130	Methyltransferase, precorrin 2- (Pseudomonas denitrificans clone pXL151), Precorrin-2 C20-methyltransferase, v. 28 | p. 598	
2.1.1.133	Methyltransferase, precorrin 2- (Pseudomonas denitrificans clone pXL151), Precorrin-4 C11-methyltransferase, v. 28 | p. 606	
2.1.1.132	methyltransferase, precorrin 6Y, Precorrin-6Y C5,15-methyltransferase (decarboxylating), v. 28 | p. 603	
2.1.1.132	Methyltransferase, precorrin 6y (Methanococcus jannaschii), Precorrin-6Y C5,15-methyltransferase (decarboxylating), v. 28 | p. 603	
2.1.1.132	Methyltransferase, precorrin 6y (Salmonella typhimurium strain LT2 gene cbiT), Precorrin-6Y C5,15-methyltransferase (decarboxylating), v. 28 | p. 603	
2.1.1.124	Methyltransferase, protein (arginine), [cytochrome c]-arginine N-methyltransferase, v. 28 | p. 576	
2.1.1.125	Methyltransferase, protein (arginine), histone-arginine N-methyltransferase, v. 28 | p. 578	
2.1.1.126	Methyltransferase, protein(arginine), [myelin basic protein]-arginine N-methyltransferase, v. 28 | p. 583	
2.1.1.77	methyltransferase, protein (D-aspartate), protein-L-isoaspartate(D-aspartate) O-methyltransferase, v. 28 | p. 406	
2.1.1.85	methyltransferase, protein (histidine), protein-histidine N-methyltransferase, v. 28 | p. 447	
2.1.1.43	methyltransferase, protein (lysine), histone-lysine N-methyltransferase, v. 28 | p. 235	
2.1.1.100	methyltransferase, protein C-terminal farnesylcysteine O-, protein-S-isoprenylcysteine O-methyltransferase, v. 28 | p. 490	
2.1.1.80	methyltransferase, protein O-, protein-glutamate O-methyltransferase, v. 28 | p. 432	
2.1.1.147	methyltransferase, protoberberine, corydaline synthase, v. 28 | p. 640	
2.1.1.53	methyltransferase, putrescine, putrescine N-methyltransferase, v. 28 | p. 300	
2.1.1.87	methyltransferase, pyridine, pyridine N-methyltransferase, v. 28 | p. 452	
2.1.1.48	methyltransferase, ribosomal ribonucleate adenine 6-, rRNA (adenine-N6-)-methyltransferase, v. 28 | p. 281	
2.1.1.51	methyltransferase, ribosomal ribonucleate guanine 1-, rRNA (guanine-N1-)-methyltransferase, v. 28 | p. 294	
2.1.1.52	methyltransferase, ribosomal ribonucleate guanine 2-, rRNA (guanine-N2-)-methyltransferase, v. 28 | p. 297	
2.1.1.127	Methyltransferase, ribulose diphosphate carboxylase large subunit(lysine), [ribulose-bisphosphate carboxylase]-lysine N-methyltransferase, v. 28 | p. 586	
2.1.1.110	methyltransferase, sterigmatocystin, sterigmatocystin 8-O-methyltransferase, v. 28 | p. 534	
2.1.1.115	Methyltransferase, tetrahydrobenzylisoquinoline, (RS)-1-benzyl-1,2,3,4-tetrahydroisoquinoline N-methyltransferase, v. 28 | p. 550	
2.1.1.122	Methyltransferase, tetrahydroberberine N-, (S)-tetrahydroprotoberberine N-methyltransferase, v. 28 | p. 570	
2.1.1.89	methyltransferase, tetrahydrocolumbamine, tetrahydrocolumbamine 2-O-methyltransferase, v. 28 | p. 457	
2.1.1.86	methyltransferase, tetrahydromethanopterin, tetrahydromethanopterin S-methyltransferase, v. 28 | p. 450	

2.1.1.14	methyltransferase, tetrahydropteroylglutamate-homocysteine transmethylase, 5-methyltetrahydropteroyltriglutamate-homocysteine S-methyltransferase, v. 28 | p. 84
2.1.1.9	methyltransferase, thiol, thiol S-methyltransferase, v. 28 | p. 51
2.1.1.61	methyltransferase, transfer ribonucleate 5-methylaminomethyl-2-thiouridylate 5-, tRNA (5-methylaminomethyl-2-thiouridylate)-methyltransferase, v. 28 | p. 337
2.1.1.36	methyltransferase, transfer ribonucleate adenine 1-, tRNA (adenine-N1-)-methyltransferase, v. 28 | p. 188
2.1.1.29	methyltransferase, transfer ribonucleate cytosine 5-, tRNA (cytosine-5-)-methyltransferase, v. 28 | p. 144
2.1.1.31	methyltransferase, transfer ribonucleate guanine 1-, tRNA (guanine-N1-)-methyltransferase, v. 28 | p. 151
2.1.1.32	methyltransferase, transfer ribonucleate guanine 2-, tRNA (guanine-N2-)-methyltransferase, v. 28 | p. 160
2.1.1.33	methyltransferase, transfer ribonucleate guanine 7-, tRNA (guanine-N7-)-methyltransferase, v. 28 | p. 166
2.1.1.34	methyltransferase, transfer ribonucleate guanosine 2'-, tRNA guanosine-2'-O-methyltransferase, v. 28 | p. 172
2.1.1.35	methyltransferase, transfer ribonucleate uracil 5-, tRNA (uracil-5-)-methyltransferase, v. 28 | p. 177
2.1.1.49	methyltransferase, tryptamine, amine N-methyltransferase, v. 28 | p. 285
2.1.1.27	methyltransferase, tyramine N-, tyramine N-methyltransferase, v. 28 | p. 129
2.1.1.16	methyltransferase, unsaturated phospholipid, methylene-fatty-acyl-phospholipid synthase, v. 28 | p. 93
2.1.1.153	methyltransferase, vitexin 2"-O-rhamnoside 7-O-, vitexin 2-O-rhamnoside 7-O-methyltransferase, v. S2 | p. 1
2.1.1.70	methyltransferase, xanthotoxol, 8-hydroxyfuranocoumarin 8-O-methyltransferase, v. 28 | p. 381
2.1.1.9	S-methyltransferase 1, thiol S-methyltransferase, v. 28 | p. 51
2.1.1.160	1-N-methyltransferase activity, caffeine synthase, v. S2 | p. 40
2.1.1.159	3-N-methyltransferase activity, theobromine synthase, v. S2 | p. 31
2.1.1.80	methyltransferase CheR, protein-glutamate O-methyltransferase, v. 28 | p. 432
2.1.1.61	methyltransferase F6, tRNA (5-methylaminomethyl-2-thiouridylate)-methyltransferase, v. 28 | p. 337
2.1.1.109	O-methyltransferase I, demethylsterigmatocystin 6-O-methyltransferase, v. 28 | p. 531
2.1.1.110	O-methyltransferase II, sterigmatocystin 8-O-methyltransferase, v. 28 | p. 534
2.1.1.71	methyltransferase II, phosphatidyl-N-methylethanolamine N-methyltransferase, v. 28 | p. 384
2.1.1.151	20-methyl transferase of corrin biosynthesis, cobalt-factor II C20-methyltransferase, v. 28 | p. 653
2.1.1.132	Methyltransferase precorrin 6y (Salmonella typhimurium strain LT2 gene cbiE), Precorrin-6Y C5,15-methyltransferase (decarboxylating), v. 28 | p. 603
2.4.1.17	4-methylumbelliferone UDP-glucuronosyltransferase, glucuronosyltransferase, v. 31 | p. 162
3.2.1.149	4-methylumbelliferyl-β-D-glucopyranoside:β-glucosidase, β-primeverosidase, v. 13 | p. 609
3.1.6.1	4-methylumbelliferyl sulfatase, arylsulfatase, v. 11 | p. 236
2.1.1.35	5-methyluridine 54 tRNA methyltransferase, tRNA (uracil-5-)-methyltransferase, v. 28 | p. 177
1.12.99.6	methyl viologen-reducing hydrogenase, hydrogenase (acceptor), v. 25 | p. 373
1.12.98.3	methylviologen-reducing hydrogenase, Methanosarcina-phenazine hydrogenase, v. 25 | p. 365
1.12.99.6	methylviologen hydrogenase, hydrogenase (acceptor), v. 25 | p. 373
2.1.1.158	7-methylxanthine 3-N-methyltransferase, 7-methylxanthosine synthase, v. S2 | p. 25
2.1.1.159	7-methylxanthine 3-N-methyltransferase, theobromine synthase, v. S2 | p. 31
2.1.1.159	7-methylxanthine methyltransferase, theobromine synthase, v. S2 | p. 31
2.1.1.159	7-methylxanthine N-methyltransferase, theobromine synthase, v. S2 | p. 31

2.1.1.158	7-methylxanthine synthase, 7-methylxanthosine synthase, v. S2	p. 25
2.1.1.158	7-methylxanthosine synthase, 7-methylxanthosine synthase, v. S2	p. 25
2.1.1.158	7-methylxanthosine synthase 1, 7-methylxanthosine synthase, v. S2	p. 25
3.4.24.34	MetMMP-8, neutrophil collagenase, v. 8	p. 399
2.7.10.1	Met proto-oncogene tyrosine kinase, receptor protein-tyrosine kinase, v. S2	p. 341
2.7.10.1	Met receptor-tyrosine kinase, receptor protein-tyrosine kinase, v. S2	p. 341
2.7.10.1	c-Met receptor tyrosine kinase, receptor protein-tyrosine kinase, v. S2	p. 341
3.4.21.3	metridium proteinase A, metridin, v. 7	p. 10
3.4.24.24	metrix metalloproteinase-2, gelatinase A, v. 8	p. 351
3.4.24.35	metrix metalloproteinase-9, gelatinase B, v. 8	p. 403
6.1.1.10	MetRS, Methionine-tRNA ligase, v. 2	p. 68
2.7.10.1	Met RTK, receptor protein-tyrosine kinase, v. S2	p. 341
2.7.10.1	c-Met RTK, receptor protein-tyrosine kinase, v. S2	p. 341
6.1.1.10	MetS, Methionine-tRNA ligase, v. 2	p. 68
2.1.1.13	MetS, methionine synthase, v. 28	p. 73
2.1.1.9	Met S-methyltransferase, thiol S-methyltransferase, v. 28	p. 51
1.8.4.11	MetSO-L12 reductase, peptide-methionine (S)-S-oxide reductase, v. S1	p. 291
1.10.3.1	mettyrosinase, catechol oxidase, v. 25	p. 105
5.3.1.23	Meu1p, S-methyl-5-thioribose-1-phosphate isomerase, v. 1	p. 351
1.1.1.33	mevaldate (reduced nicotinamide adenine dinucleotide phosphate) reductase, mevaldate reductase (NADPH), v. 16	p. 307
1.1.1.2	mevaldate reductase, alcohol dehydrogenase (NADP+), v. 16	p. 45
4.1.1.33	Mevalonate (diphospho)decarboxylase, Diphosphomevalonate decarboxylase, v. 3	p. 208
2.7.4.2	mevalonate-5-phosphate kinase, phosphomevalonate kinase, v. 37	p. 487
4.1.1.33	Mevalonate-5-pyrophosphate decarboxylase, Diphosphomevalonate decarboxylase, v. 3	p. 208
4.1.1.33	mevalonate 5'-diphosphate decarboxylase, Diphosphomevalonate decarboxylase, v. 3	p. 208
4.1.1.33	Mevalonate 5-diphosphate decarboxylase, Diphosphomevalonate decarboxylase, v. 3	p. 208
2.7.1.36	mevalonate 5-phosphotransferase, mevalonate kinase, v. 35	p. 407
1.1.1.34	mevalonate:NADP+ oxidoreductase (acetylating CoA), hydroxymethylglutaryl-CoA reductase (NADPH), v. 16	p. 309
4.1.1.33	mevalonate diphosphate decarboxylase, Diphosphomevalonate decarboxylase, v. 3	p. 208
2.7.4.2	mevalonate phosphate kinase, phosphomevalonate kinase, v. 37	p. 487
2.7.1.36	mevalonate phosphokinase, mevalonate kinase, v. 35	p. 407
4.1.1.33	Mevalonate pyrophosphate decarboxylase, Diphosphomevalonate decarboxylase, v. 3	p. 208
4.1.1.33	mevalonate pyrophosphate decraboxylase, Diphosphomevalonate decarboxylase, v. 3	p. 208
2.7.1.36	mevalonic acid kinase, mevalonate kinase, v. 35	p. 407
2.7.4.2	mevalonic acid phosphate kinase, phosphomevalonate kinase, v. 37	p. 487
1.1.1.32	mevalonic dehydrogenase, mevaldate reductase, v. 16	p. 304
2.7.1.36	mevalonic kinase, mevalonate kinase, v. 35	p. 407
6.3.2.19	MEX, Ubiquitin-protein ligase, v. 2	p. 506
1.2.1.3	MF-60, aldehyde dehydrogenase (NAD+), v. 20	p. 32
3.4.17.1	MF-CPA, carboxypeptidase A, v. 6	p. 401
1.1.1.62	mf17β-HSD12, estradiol 17β-dehydrogenase, v. 17	p. 48
3.2.1.14	MF1 antigen, chitinase, v. 12	p. 185
3.7.1.2	mFAH, fumarylacetoacetase, v. 15	p. 824
2.3.1.22	MFAT, 2-acylglycerol O-acyltransferase, v. 29	p. 431
2.3.1.20	MFAT, diacylglycerol O-acyltransferase, v. 29	p. 396
2.3.1.75	MFAT, long-chain-alcohol O-fatty-acyltransferase, v. 30	p. 79
2.3.1.76	MFAT, retinol O-fatty-acyltransferase, v. 30	p. 83
1.1.1.36	MFE-2, acetoacetyl-CoA reductase, v. 16	p. 328

5.3.3.8	MFE1, dodecenoyl-CoA isomerase, v. 1 | p. 413
3.1.21.4	MfeI, type II site-specific deoxyribonuclease, v. 11 | p. 454
6.3.2.17	mFGPS, tetrahydrofolate synthase, v. 2 | p. 488
3.7.1.9	MfhA, 2-hydroxymuconate-semialdehyde hydrolase, v. 15 | p. 856
3.6.5.5	Mfn1, dynamin GTPase, v. S6 | p. 522
4.1.1.25	MfnA protein, Tyrosine decarboxylase, v. 3 | p. 146
2.7.1.86	Mfnk, NADH kinase, v. 36 | p. 321
3.5.2.6	MFO, β-lactamase, v. 14 | p. 683
1.14.14.1	MFO, unspecific monooxygenase, v. 26 | p. 584
3.1.3.79	MFPP, mannosylfructose-phosphate phosphatase
2.4.1.246	MFPS, mannosylfructose-phosphate synthase
2.7.10.1	MFR, receptor protein-tyrosine kinase, v. S2 | p. 341
1.14.13.104	(+)-MFS, (+)-menthofuran synthase
1.14.13.104	MFS, (+)-menthofuran synthase
3.6.5.6	mFtsZ, tubulin GTPase, v. S6 | p. 539
2.4.1.69	MFUT-I, galactoside 2-α-L-fucosyltransferase, v. 31 | p. 532
2.4.1.69	MFUT-II, galactoside 2-α-L-fucosyltransferase, v. 31 | p. 532
1.2.1.3	Mg(2+)-ACDH, aldehyde dehydrogenase (NAD+), v. 20 | p. 32
1.2.1.3	Mg(2+)-activated acetaldehyde dehydrogenase, aldehyde dehydrogenase (NAD+), v. 20 | p. 32
6.6.1.1	Mg-chelatase, magnesium chelatase, v. S7 | p. 665
4.2.1.18	3-MG-CoA, methylglutaconyl-CoA hydratase, v. 4 | p. 370
4.2.1.18	MG-CoA hydratase, methylglutaconyl-CoA hydratase, v. 4 | p. 370
6.6.1.1	Mg-protoporphyrin IX magnesio-lyase, magnesium chelatase, v. S7 | p. 665
1.14.13.81	Mg-protoporphyrin IX monomethyl ester (oxidative) cyclase, magnesium-protoporphyrin IX monomethyl ester (oxidative) cyclase, v. 26 | p. 582
1.14.13.81	Mg-protoporphyrin IX monomethyl ester cyclase, magnesium-protoporphyrin IX monomethyl ester (oxidative) cyclase, v. 26 | p. 582
1.14.13.81	Mg-protoporphyrin IX monomethylester cyclase system, magnesium-protoporphyrin IX monomethyl ester (oxidative) cyclase, v. 26 | p. 582
1.5.1.15	Mg2+-/phosphate-dependent dehydrogenase, methylenetetrahydrofolate dehydrogenase (NAD+), v. 23 | p. 144
3.6.1.3	Mg2+-ATPase, adenosinetriphosphatase, v. 15 | p. 263
3.6.3.1	Mg2+-ATPase, phospholipid-translocating ATPase, v. 15 | p. 532
3.6.3.1	Mg2+-ATPase A, phospholipid-translocating ATPase, v. 15 | p. 532
3.1.3.4	Mg2+-dependent phosphatidate phosphatase, phosphatidate phosphatase, v. 10 | p. 82
3.1.3.4	Mg2+-dependent phosphatidic acid phosphatase, phosphatidate phosphatase, v. 10 | p. 82
1.5.1.15	Mg2+/NAD-dependent methylenetetrahydrofolate dehydrogenase, methylenetetrahydrofolate dehydrogenase (NAD+), v. 23 | p. 144
3.6.3.2	Mg2+ transporter, Mg2+-importing ATPase, v. 15 | p. 538
3.2.1.3	MGA, glucan 1,4-α-glucosidase, v. 12 | p. 59
4.1.1.15	MGAD, Glutamate decarboxylase, v. 3 | p. 74
2.8.2.33	mGalNAc4S-6ST, N-acetylgalactosamine 4-sulfate 6-O-sulfotransferase, v. S4 | p. 489
3.2.1.20	MGAM, α-glucosidase, v. 12 | p. 263
3.2.1.3	MGAM, glucan 1,4-α-glucosidase, v. 12 | p. 59
2.3.1.22	MGAT, 2-acylglycerol O-acyltransferase, v. 29 | p. 431
2.3.1.20	MGAT, diacylglycerol O-acyltransferase, v. 29 | p. 396
2.6.1.73	MGAT, methionine-glyoxylate transaminase, v. 35 | p. 52
2.4.1.143	Mgat2, α-1,6-mannosyl-glycoprotein 2-β-N-acetylglucosaminyltransferase, v. 32 | p. 259
2.4.1.155	Mgat5, α-1,6-mannosyl-glycoprotein 6-β-N-acetylglucosaminyltransferase, v. 32 | p. 334
2.7.7.4	MgATP:sulfate adenylyltransferase, sulfate adenylyltransferase, v. 38 | p. 77
3.6.1.3	mgatpase, adenosinetriphosphatase, v. 15 | p. 263
4.6.1.2	mGc, guanylate cyclase, v. 5 | p. 430
3.1.3.31	MGC52693 protein, nucleotidase, v. 10 | p. 316
4.2.1.18	MGCH, methylglutaconyl-CoA hydratase, v. 4 | p. 370

6.6.1.1	Mg chelatase, magnesium chelatase, v. S7	p. 665
3.4.17.21	mGCP, Glutamate carboxypeptidase II, v. 6	p. 498
2.4.1.46	MGD, monogalactosyldiacylglycerol synthase, v. 31	p. 422
2.4.1.46	MGD1, monogalactosyldiacylglycerol synthase, v. 31	p. 422
2.4.1.46	MGDG synthase, monogalactosyldiacylglycerol synthase, v. 31	p. 422
1.1.5.2	mGDH, quinoprotein glucose dehydrogenase, v. S1	p. 88
3.4.24.61	MGE, nardilysin, v. 8	p. 511
3.2.1.35	MGEA5, hyaluronoglucosaminidase, v. 12	p. 526
2.4.1.208	MgGlcDAG (1->2) glucosyltransferase, diglucosyl diacylglycerol synthase, v. 32	p. 545
4.2.1.18	3MGH, methylglutaconyl-CoA hydratase, v. 4	p. 370
2.7.1.94	MGK, acylglycerol kinase, v. 36	p. 368
3.4.21.119	MGK-13, kallikrein 13, v. S5	p. 447
3.4.21.54	MGK-16, γ-Renin, v. 7	p. 253
3.1.1.23	MGL, acylglycerol lipase, v. 9	p. 209
3.1.1.17	MGL, gluconolactonase, v. 9	p. 179
4.4.1.11	MGL, methionine γ-lyase, v. 5	p. 361
3.1.1.23	MGL-like activity, acylglycerol lipase, v. 9	p. 209
3.1.1.23	MGLP, acylglycerol lipase, v. 9	p. 209
2.1.1.63	MGMT, methylated-DNA-[protein]-cysteine S-methyltransferase, v. 28	p. 343
5.4.99.4	α-MG mutase, 2-Methyleneglutarate mutase, v. 1	p. 599
1.1.5.3	mGPDH, glycerol-3-phosphate dehydrogenase	
1.1.1.8	mGPDH, glycerol-3-phosphate dehydrogenase (NAD+), v. 16	p. 120
2.1.1.11	MgPIXMT protein, magnesium protoporphyrin IX methyltransferase, v. 28	p. 64
2.1.1.11	MgPMT, magnesium protoporphyrin IX methyltransferase, v. 28	p. 64
1.1.1.78	MGR, methylglyoxal reductase (NADH-dependent), v. 17	p. 131
1.1.1.78	MGR I, methylglyoxal reductase (NADH-dependent), v. 17	p. 131
1.1.1.78	MGR II, methylglyoxal reductase (NADH-dependent), v. 17	p. 131
4.2.3.3	MGS, methylglyoxal synthase, v. S7	p. 185
2.4.1.217	MGSD, mannosyl-3-phosphoglycerate synthase, v. 32	p. 581
2.5.1.18	MGST1, glutathione transferase, v. 33	p. 524
2.1.1.31	1MGT, tRNA (guanine-N1-)-methyltransferase, v. 28	p. 151
3.6.3.2	MgtA, Mg2+-importing ATPase, v. 15	p. 538
3.6.3.2	MgtB, Mg2+-importing ATPase, v. 15	p. 538
3.6.3.2	MgtC, Mg2+-importing ATPase, v. 15	p. 538
3.6.3.2	MgtE, Mg2+-importing ATPase, v. 15	p. 538
3.2.1.132	MH-K1 chitosanase, chitosanase, v. 13	p. 529
1.1.1.178	MHBD, 3-hydroxy-2-methylbutyryl-CoA dehydrogenase, v. 18	p. 89
1.3.99.2	MHBD, butyryl-CoA dehydrogenase, v. 21	p. 473
1.14.13.23	MHBH, 3-hydroxybenzoate 4-monooxygenase, v. 26	p. 351
3.4.24.67	MHCE, choriolysin H, v. 8	p. 544
2.7.11.7	MHCK, myosin-heavy-chain kinase, v. S3	p. 186
2.7.11.7	MHCK A, myosin-heavy-chain kinase, v. S3	p. 186
2.7.11.7	MHCK B, myosin-heavy-chain kinase, v. S3	p. 186
3.2.1.73	mHG, licheninase, v. 13	p. 223
4.1.3.17	MHK aldolase, 4-hydroxy-4-methyl-2-oxoglutarate aldolase, v. 4	p. 111
4.1.3.17	MHKG aldolase, 4-hydroxy-4-methyl-2-oxoglutarate aldolase, v. 4	p. 111
3.7.1.8	MhpC, 2,6-dioxo-6-phenylhexa-3-enoate hydrolase, v. 15	p. 853
4.1.3.39	MhpE, 4-hydroxy-2-oxovalerate aldolase, v. S7	p. 53
3.6.3.51	mhsp70, mitochondrial protein-transporting ATPase, v. 15	p. 744
5.3.3.4	MI, muconolactone Δ-isomerase, v. 1	p. 399
5.5.1.4	MI-1-P synthase, inositol-3-phosphate synthase, v. 1	p. 674
2.7.3.2	Mi-CK, creatine kinase, v. 37	p. 369
5.4.99.5	MI-CM-1, Chorismate mutase, v. 1	p. 604
5.4.99.5	MI-CM-2, Chorismate mutase, v. 1	p. 604
2.5.1.8	MiaA, tRNA isopentenyltransferase, v. 33	p. 454

5.3.3.4	MIase, muconolactone Δ-isomerase, v. 1 | p. 399	
1.1.1.42	mICDH, isocitrate dehydrogenase (NADP+), v. 16 | p. 402	
4.1.3.30	MICL, Methylisocitrate lyase, v. 4 | p. 178	
4.2.1.3	MICP, aconitate hydratase, v. 4 | p. 273	
3.4.22.52	micro-calpain, calpain-1, v. S6 | p. 45	
3.5.2.2	microbial hydantoinase, dihydropyrimidinase, v. 14 | p. 651	
3.4.24.39	Microbial neutral proteinase II, deuterolysin, v. 8 | p. 421	
3.1.3.8	microbial phytase, 3-phytase, v. 10 | p. 129	
3.4.24.30	microbial proteinase, coccolysin, v. 8 | p. 383	
1.1.3.4	microcid, glucose oxidase, v. 19 | p. 30	
3.1.31.1	micrococcal DNase, micrococcal nuclease, v. 11 | p. 632	
3.1.31.1	micrococcal endonuclease, micrococcal nuclease, v. 11 | p. 632	
3.1.31.1	Micrococcal nuclease, micrococcal nuclease, v. 11 | p. 632	
3.5.1.2	Micrococcus luteus K-3-type glutaminase, glutaminase, v. 14 | p. 205	
4.2.99.18	Micrococcus luteus UV endonuclease, DNA-(apurinic or apyrimidinic site) lyase, v. 5 | p. 150	
3.4.21.105	microneme rhomboid protease, rhomboid protease, v. S5 | p. 325	
1.1.1.62	microsomal 17-β-hydroxysteroid dehydrogenase, estradiol 17β-dehydrogenase, v. 17 | p. 48	
3.4.11.14	microsomal alanyl aminopeptidase, cytosol alanyl aminopeptidase, v. 6 | p. 143	
3.4.11.2	Microsomal aminopeptidase, membrane alanyl aminopeptidase, v. 6 | p. 53	
3.2.1.45	microsomal bile acid β-glucosidase, glucosylceramidase, v. 12 | p. 614	
1.1.1.184	microsomal carbonyl reductase, carbonyl reductase (NADPH), v. 18 | p. 105	
3.4.17.16	Microsomal carboxypeptidase, membrane Pro-Xaa carboxypeptidase, v. 6 | p. 480	
3.4.24.16	Microsomal endopeptidase, neurolysin, v. 8 | p. 286	
3.3.2.9	microsomal epoxide hydrolase-like protein, microsomal epoxide hydrolase, v. S5 | p. 200	
2.5.1.18	microsomal glutathione transferase-1, glutathione transferase, v. 33 | p. 524	
1.1.1.34	microsomal HMG-CoA reductase, hydroxymethylglutaryl-CoA reductase (NADPH), v. 16 | p. 309	
3.4.11.2	microsomal leucine aminopeptidase, membrane alanyl aminopeptidase, v. 6 | p. 53	
3.4.13.19	microsomal MBD, membrane dipeptidase, v. 6 | p. 239	
1.14.14.1	microsomal monooxygenase, unspecific monooxygenase, v. 26 | p. 584	
4.1.2.24	Microsomal N-oxide dealkylase, Dimethylaniline-N-oxide aldolase, v. 3 | p. 531	
4.1.2.24	Microsomal oxidase II, Dimethylaniline-N-oxide aldolase, v. 3 | p. 531	
1.14.14.1	microsomal P-450, unspecific monooxygenase, v. 26 | p. 584	
3.1.1.1	Microsomal palmitoyl-CoA hydrolase, carboxylesterase, v. 9 | p. 1	
5.3.99.3	microsomal PGE2 synthase, prostaglandin-E synthase, v. 1 | p. 459	
5.3.99.3	microsomal PGE2 synthase-1, prostaglandin-E synthase, v. 1 | p. 459	
5.3.99.3	microsomal PGE synthase-1, prostaglandin-E synthase, v. 1 | p. 459	
5.3.99.3	microsomal PG synthase-1, prostaglandin-E synthase, v. 1 | p. 459	
5.3.99.3	microsomal prostaglandin-E synthase-1, prostaglandin-E synthase, v. 1 | p. 459	
5.3.99.3	microsomal prostaglandin E(2) synthase-1, prostaglandin-E synthase, v. 1 | p. 459	
5.3.99.3	microsomal prostaglandin E(2) synthase-2, prostaglandin-E synthase, v. 1 | p. 459	
5.3.99.3	microsomal prostaglandin E2 synthase-1, prostaglandin-E synthase, v. 1 | p. 459	
5.3.99.3	microsomal prostaglandin E synthase-1, prostaglandin-E synthase, v. 1 | p. 459	
5.3.99.3	microsomal prostaglandin E synthase-2, prostaglandin-E synthase, v. 1 | p. 459	
5.3.99.3	microsomal prostaglandin E synthase 1, prostaglandin-E synthase, v. 1 | p. 459	
5.3.99.3	microsomal prostaglandin E synthase type 1, prostaglandin-E synthase, v. 1 | p. 459	
5.3.99.3	microsomal prostaglandin E synthase type 2, prostaglandin-E synthase, v. 1 | p. 459	
5.3.99.3	microsomal prostaglandin synthase-1, prostaglandin-E synthase, v. 1 | p. 459	
1.1.1.105	microsomal retinol dehydrogenase, retinol dehydrogenase, v. 17 | p. 287	
1.3.1.4	microsomal steroid reductase (5α), cortisone α-reductase, v. 21 | p. 19	
3.3.2.9	microsomal xenobiotic epoxide hydrolase, microsomal epoxide hydrolase, v. S5 | p. 200	
3.4.17.17	microtubule-associated protein 1B, tubulinyl-Tyr carboxypeptidase, v. 6 | p. 483	
2.7.11.17	microtubule-associated protein 2 kinase, Ca2+/calmodulin-dependent protein kinase, v. S4 | p. 1	

2.7.11.1	microtubule-associated serine/threonine kinase family, non-specific serine/threonine protein kinase, v. S3 | p. 1	
3.6.4.3	microtubule-severing AAA ATPase, microtubule-severing ATPase, v. 15 | p. 774	
3.6.4.3	microtubule-severing ATPase, microtubule-severing ATPase, v. 15 | p. 774	
3.6.4.3	microtubule-severing complex katanin, microtubule-severing ATPase, v. 15 | p. 774	
3.6.4.3	microtubule-severing complex MEI-1/MEI-2 katanin, microtubule-severing ATPase, v. 15 | p. 774	
3.6.4.3	microtubule-severing protein, microtubule-severing ATPase, v. 15 | p. 774	
3.6.4.3	microtubule-stimulated ATPase, microtubule-severing ATPase, v. 15 | p. 774	
3.6.4.4	microtubule-stimulated ATPase, plus-end-directed kinesin ATPase, v. 15 | p. 778	
2.7.11.17	microtubule associated protein kinase, Ca2+/calmodulin-dependent protein kinase, v. S4 | p. 1	
3.6.4.3	microtubule severing protein, microtubule-severing ATPase, v. 15 | p. 774	
3.1.3.16	microtubule star, phosphoprotein phosphatase, v. 10 | p. 213	
3.1.3.16	Microtubule star protein, phosphoprotein phosphatase, v. 10 | p. 213	
3.1.1.4	MiDCA1, phospholipase A2, v. 9 | p. 52	
1.2.1.5	MI dehydrogenase, aldehyde dehydrogenase [NAD(P)+], v. 20 | p. 72	
1.13.11.52	mIDO, indoleamine 2,3-dioxygenase, v. S1 | p. 445	
5.3.2.1	MIF, Phenylpyruvate tautomerase, v. 1 | p. 367	
2.7.7.65	MifA, diguanylate cyclase, v. S2 | p. 331	
2.7.7.65	MifB, diguanylate cyclase, v. S2 | p. 331	
3.6.1.6	MIG-23, nucleoside-diphosphatase, v. 15 | p. 283	
6.2.1.2	Mig protein, Butyrate-CoA ligase, v. 2 | p. 199	
4.1.1.48	mIGPS, indole-3-glycerol-phosphate synthase, v. 3 | p. 289	
2.7.11.7	MIHCK, myosin-heavy-chain kinase, v. S3 | p. 186	
2.7.11.7	MIHC kinase, myosin-heavy-chain kinase, v. S3 | p. 186	
3.2.1.114	MII, mannosyl-oligosaccharide 1,3-1,6-α-mannosidase, v. 13 | p. 470	
2.7.1.64	MIK, inositol 3-kinase, v. 36 | p. 165	
2.7.11.25	mik-1, mitogen-activated protein kinase kinase kinase, v. S4 | p. 278	
2.7.3.5	MiLK, lombricine kinase, v. 37 | p. 403	
3.4.23.29	milk-clotting enzyme, Polyporopepsin, v. 8 | p. 136	
3.1.1.4	milleporin-1, phospholipase A2, v. 9 | p. 52	
3.4.22.53	milli-calpain, calpain-2, v. S6 | p. 64	
2.7.11.1	c-mil protein, non-specific serine/threonine protein kinase, v. S3 | p. 1	
2.7.11.1	MIL proto-oncogene serine/threonine-protein kinase, non-specific serine/threonine protein kinase, v. S3 | p. 1	
3.6.3.1	miltefosine transporter, phospholipid-translocating ATPase, v. 15 | p. 532	
2.7.3.2	MiMi-CK, creatine kinase, v. 37 | p. 369	
5.2.1.8	mimicyp, Peptidylprolyl isomerase, v. 1 | p. 218	
6.5.1.2	MimiLIG, DNA ligase (NAD+), v. 2 | p. 773	
5.99.1.2	MimiTopIB, DNA topoisomerase, v. 1 | p. 721	
3.5.1.61	mimosine-degrading enzyme, mimosinase, v. 14 | p. 523	
3.5.1.61	mimosine degrading enzyme, mimosinase, v. 14 | p. 523	
3.1.26.3	mini-III, ribonuclease III, v. 11 | p. 509	
6.1.1.2	mini-TrpRS, Tryptophan-tRNA ligase, v. 2 | p. 9	
6.1.1.1	mini-tyrosyl-tRNA synthetase, Tyrosine-tRNA ligase, v. 2 | p. 1	
6.1.1.1	mini-TyrRS, Tyrosine-tRNA ligase, v. 2 | p. 1	
3.4.24.61	miniglucagon-generating endopeptidase, nardilysin, v. 8 | p. 511	
3.6.4.5	minnus-end nonclaret disjunctional kinesin, minus-end-directed kinesin ATPase, v. 15 | p. 784	
3.1.3.2	Minor phosphate-irrepressible acid phosphatase, acid phosphatase, v. 10 | p. 31	
2.8.2.1	minoxidil sulfotransferase, aryl sulfotransferase, v. 39 | p. 247	
3.1.3.26	Minpp, 4-phytase, v. 10 | p. 289	
3.1.3.62	Minpp, multiple inositol-polyphosphate phosphatase, v. 10 | p. 475	
3.6.4.5	minus-end kinesin depolymerase Kar3, minus-end-directed kinesin ATPase, v. 15 | p. 784	

3.6.4.5	minus-end nonclaret disjunctional kinesin, minus-end-directed kinesin ATPase, v. 15 | p. 784	
3.6.4.5	minus end-directed kinesin-like motor protein, minus-end-directed kinesin ATPase, v. 15 | p. 784	
1.13.99.1	MIOX, inositol oxygenase, v. 25 | p. 734	
1.13.99.1	MIOX1, inositol oxygenase, v. 25 | p. 734	
1.13.99.1	MIOX2, inositol oxygenase, v. 25 | p. 734	
1.13.99.1	MIOX4, inositol oxygenase, v. 25 | p. 734	
1.13.99.1	MIOX5, inositol oxygenase, v. 25 | p. 734	
5.2.1.8	MIP, Peptidylprolyl isomerase, v. 1 | p. 218	
3.4.24.59	MIP, mitochondrial intermediate peptidase, v. 8 | p. 501	
3.4.24.59	MIP1, mitochondrial intermediate peptidase, v. 8 | p. 501	
3.1.3.62	MIPP, multiple inositol-polyphosphate phosphatase, v. 10 | p. 475	
5.5.1.4	MIPS, inositol-3-phosphate synthase, v. 1 | p. 674	
5.5.1.4	MIPS1, inositol-3-phosphate synthase, v. 1 | p. 674	
5.5.1.4	MIPS2, inositol-3-phosphate synthase, v. 1 | p. 674	
5.5.1.4	MIP synthase, inositol-3-phosphate synthase, v. 1 | p. 674	
2.7.10.1	MIR, receptor protein-tyrosine kinase, v. S2 | p. 341	
6.3.2.19	MIR1, Ubiquitin-protein ligase, v. 2 | p. 506	
3.1.4.44	MIR16, glycerophosphoinositol glycerophosphodiesterase, v. 11 | p. 206	
6.3.2.19	MIR2, Ubiquitin-protein ligase, v. 2 | p. 506	
3.2.2.22	Mirabilis antiviral protein, rRNA N-glycosylase, v. 14 | p. 107	
2.7.10.2	MISRII, non-specific protein-tyrosine kinase, v. S2 | p. 441	
2.7.11.30	MISRII, receptor protein serine/threonine kinase, v. S4 | p. 340	
3.2.2.22	mistletoe lectin I, rRNA N-glycosylase, v. 14 | p. 107	
3.2.2.22	mistletoe lectin II, rRNA N-glycosylase, v. 14 | p. 107	
3.2.2.22	mistletoe lectin III, rRNA N-glycosylase, v. 14 | p. 107	
2.7.10.2	MIS type II receptor, non-specific protein-tyrosine kinase, v. S2 | p. 441	
2.7.11.30	MIS type II receptor, receptor protein serine/threonine kinase, v. S4 | p. 340	
2.7.3.2	mit-CK, creatine kinase, v. 37 | p. 369	
2.6.1.1	mitAAT, aspartate transaminase, v. 34 | p. 247	
3.4.22.65	mite major group 1 allergens, peptidase 1 (mite), v. S6 | p. 208	
2.7.3.4	MiTK, taurocyamine kinase, v. 37 | p. 399	
1.15.1.1	mitMn-SOD, superoxide dismutase, v. 27 | p. 399	
6.1.1.6	mito-LysRS, Lysine-tRNA ligase, v. 2 | p. 42	
3.1.2.20	mitochondrial acyl-CoA thioesterase, acyl-CoA hydrolase, v. 9 | p. 539	
3.1.2.2	mitochondrial acyl-CoA thioesterase, palmitoyl-CoA hydrolase, v. 9 | p. 459	
1.2.1.3	mitochondrial aldehyde dehydrogenase, aldehyde dehydrogenase (NAD+), v. 20 | p. 32	
6.1.1.12	mitochondrial aspartyl-tRNA synthetase, Aspartate-tRNA ligase, v. 2 | p. 86	
3.4.21.53	mitochondrial ATP-dependent protease, Endopeptidase La, v. 7 | p. 241	
3.6.3.14	mitochondrial ATPase, H+-transporting two-sector ATPase, v. 15 | p. 598	
6.3.4.16	mitochondrial carbamoylphosphate synthetase I, Carbamoyl-phosphate synthase (ammonia), v. 2 | p. 641	
3.4.24.64	Mitochondrial chelator-sensitive protease, mitochondrial processing peptidase, v. 8 | p. 525	
2.3.3.1	mitochondrial citrate synthase, citrate (Si)-synthase, v. 30 | p. 582	
1.6.5.3	mitochondrial complex I, NADH dehydrogenase (ubiquinone), v. 24 | p. 106	
1.3.5.1	mitochondrial complex II, succinate dehydrogenase (ubiquinone), v. 21 | p. 424	
3.1.14.1	mitochondrial degradosome complex, yeast ribonuclease, v. 11 | p. 412	
3.6.5.5	mitochondrial dynamin, dynamin GTPase, v. S6 | p. 522	
1.6.5.3	mitochondrial electron transport complex 1, NADH dehydrogenase (ubiquinone), v. 24 | p. 106	
1.6.5.3	mitochondrial electron transport complex I, NADH dehydrogenase (ubiquinone), v. 24 | p. 106	
1.10.2.2	mitochondrial electron transport complex III, ubiquinol-cytochrome-c reductase, v. 25 | p. 83	

3.6.5.3	mitochondrial elongation factor G, protein-synthesizing GTPase, v. S6	p. 494
3.6.3.14	mitochondrial F(1)-ATPase, H+-transporting two-sector ATPase, v. 15	p. 598
3.6.3.51	mitochondrial heat-shock protein 70, mitochondrial protein-transporting ATPase, v. 15	p. 744
3.6.3.51	mitochondrial hsp70, mitochondrial protein-transporting ATPase, v. 15	p. 744
3.6.4.10	mitochondrial hsp70, non-chaperonin molecular chaperone ATPase, v. 15	p. 810
3.6.5.3	mitochondrial initiation factor 2, protein-synthesizing GTPase, v. S6	p. 494
1.1.1.37	mitochondrial malate dehydrogenase, malate dehydrogenase, v. 16	p. 336
3.6.3.2	mitochondrial Mg2+ channel protein, Mg2+-importing ATPase, v. 15	p. 538
1.1.1.39	mitochondrial NAD(P)+-dependent malic enzyme, malate dehydrogenase (decarboxylating), v. 16	p. 371
1.1.1.39	mitochondrial NAD+-dependent malic enzyme, malate dehydrogenase (decarboxylating), v. 16	p. 371
1.1.1.39	mitochondrial NAD-malic enzyme, malate dehydrogenase (decarboxylating), v. 16	p. 371
1.6.99.3	mitochondrial NADH dehydrogenase, NADH dehydrogenase, v. 24	p. 207
1.2.7.3	mitochondrial nitric oxid synthase, 2-oxoglutarate synthase, v. 20	p. 556
2.7.4.6	mitochondrial nucleoside diphosphate kinase, nucleoside-diphosphate kinase, v. 37	p. 521
6.1.1.20	mitochondrial phenylalanyl-tRNA synthetase, Phenylalanine-tRNA ligase, v. 2	p. 156
6.1.1.20	mitochondrial PheRS, Phenylalanine-tRNA ligase, v. 2	p. 156
3.6.3.51	mitochondrial presequence translocase, mitochondrial protein-transporting ATPase, v. 15	p. 744
3.6.3.51	mitochondrial protein-transporting ATPase, mitochondrial protein-transporting ATPase, v. 15	p. 744
3.4.24.64	Mitochondrial protein precursor-processing proteinase, mitochondrial processing peptidase, v. 8	p. 525
3.6.1.1	mitochondrial pyrophosphatase, inorganic diphosphatase, v. 15	p. 240
1.2.4.1	mitochondrial pyruvate dehydrogenase, pyruvate dehydrogenase (acetyl-transferring), v. 20	p. 488
1.3.5.1	mitochondrial succinate:ubiquinone oxidoreductase, succinate dehydrogenase (ubiquinone), v. 21	p. 424
1.3.5.1	mitochondrial succinate dehydrogenase, succinate dehydrogenase (ubiquinone), v. 21	p. 424
3.1.2.2	mitochondrial thioesterase I, palmitoyl-CoA hydrolase, v. 9	p. 459
3.6.3.51	mitochondrial TIM23 preprotein translocase, mitochondrial protein-transporting ATPase, v. 15	p. 744
1.6.1.1	mitochondrial transhydrogenase, NAD(P)+ transhydrogenase (B-specific), v. 24	p. 1
2.1.1.61	mitochondrial tRNA-specific 2-thiouridinylase 1, tRNA (5-methylaminomethyl-2-thiouridylate)-methyltransferase, v. 28	p. 337
2.7.8.7	mitochondrial type II fatty acid synthase, holo-[acyl-carrier-protein] synthase, v. 39	p. 50
6.1.1.1	mitochondrial tyrosyl-tRNA synthetase, Tyrosine-tRNA ligase, v. 2	p. 1
6.3.2.19	mitochondrial ubiquitin ligase activator of NF-kappaB, Ubiquitin-protein ligase, v. 2	p. 506
6.1.1.9	mitochondrial valyl tRNA synthetase, Valine-tRNA ligase, v. 2	p. 59
3.6.5.5	mitofusin 1, dynamin GTPase, v. S6	p. 522
2.7.11.25	mitogen-activated protein/ERK kinase kinase 3, mitogen-activated protein kinase kinase kinase, v. S4	p. 278
2.7.12.2	mitogen-activated protein/ERK kinase kinases, mitogen-activated protein kinase kinase, v. S4	p. 392
2.7.11.24	mitogen-activated protein kinase, mitogen-activated protein kinase, v. S4	p. 233
3.1.3.48	mitogen-activated protein kinase-specific tyrosine phosphatase, protein-tyrosine-phosphatase, v. 10	p. 407
2.7.12.2	mitogen-activated protein kinase/ERK kinase kinase 3, mitogen-activated protein kinase kinase, v. S4	p. 392
2.7.11.25	mitogen-activated protein kinase/extracellular-regulated kinase kinase kinase-3, mitogen-activated protein kinase kinase kinase, v. S4	p. 278

2.7.11.25	mitogen-activated protein kinase/extracellular-signal-regulated kinase kinase kinase 1, mitogen-activated protein kinase kinase kinase, v. S4	p. 278
2.7.11.24	mitogen-activated protein kinase 1, mitogen-activated protein kinase, v. S4	p. 233
2.7.11.24	mitogen-activated protein kinase 10, mitogen-activated protein kinase, v. S4	p. 233
2.7.11.24	mitogen-activated protein kinase 11, mitogen-activated protein kinase, v. S4	p. 233
2.7.11.24	mitogen-activated protein kinase 13, mitogen-activated protein kinase, v. S4	p. 233
2.7.11.24	mitogen-activated protein kinase 14, mitogen-activated protein kinase, v. S4	p. 233
2.7.11.24	mitogen-activated protein kinase 14A, mitogen-activated protein kinase, v. S4	p. 233
2.7.11.24	mitogen-activated protein kinase 14B, mitogen-activated protein kinase, v. S4	p. 233
2.7.11.24	mitogen-activated protein kinase 2, mitogen-activated protein kinase, v. S4	p. 233
2.7.11.24	mitogen-activated protein kinase 3, mitogen-activated protein kinase, v. S4	p. 233
2.7.11.24	mitogen-activated protein kinase 4, mitogen-activated protein kinase, v. S4	p. 233
2.7.11.24	mitogen-activated protein kinase 6, mitogen-activated protein kinase, v. S4	p. 233
2.7.11.24	mitogen-activated protein kinase 7, mitogen-activated protein kinase, v. S4	p. 233
2.7.11.24	mitogen-activated protein kinase 8, mitogen-activated protein kinase, v. S4	p. 233
2.7.11.24	mitogen-activated protein kinase 8A, mitogen-activated protein kinase, v. S4	p. 233
2.7.11.24	mitogen-activated protein kinase 8B, mitogen-activated protein kinase, v. S4	p. 233
2.7.11.24	mitogen-activated protein kinase 9, mitogen-activated protein kinase, v. S4	p. 233
2.7.11.24	mitogen-activated protein kinase ERK-A, mitogen-activated protein kinase, v. S4	p. 233
2.7.11.24	mitogen-activated protein kinase FUS3, mitogen-activated protein kinase, v. S4	p. 233
2.7.11.24	mitogen-activated protein kinase HOG1, mitogen-activated protein kinase, v. S4	p. 233
2.7.11.24	mitogen-activated protein kinase homolog 1, mitogen-activated protein kinase, v. S4	p. 233
2.7.11.24	mitogen-activated protein kinase homolog 2, mitogen-activated protein kinase, v. S4	p. 233
2.7.11.24	mitogen-activated protein kinase homolog 3, mitogen-activated protein kinase, v. S4	p. 233
2.7.11.24	mitogen-activated protein kinase homolog 4, mitogen-activated protein kinase, v. S4	p. 233
2.7.11.24	mitogen-activated protein kinase homolog 5, mitogen-activated protein kinase, v. S4	p. 233
2.7.11.24	mitogen-activated protein kinase homolog 6, mitogen-activated protein kinase, v. S4	p. 233
2.7.11.24	mitogen-activated protein kinase homolog D5, mitogen-activated protein kinase, v. S4	p. 233
2.7.11.24	mitogen-activated protein kinase homolog MMK1, mitogen-activated protein kinase, v. S4	p. 233
2.7.11.24	mitogen-activated protein kinase homolog MMK2, mitogen-activated protein kinase, v. S4	p. 233
2.7.11.24	mitogen-activated protein kinase homolog NTF3, mitogen-activated protein kinase, v. S4	p. 233
2.7.11.24	mitogen-activated protein kinase homolog NTF4, mitogen-activated protein kinase, v. S4	p. 233
2.7.11.24	mitogen-activated protein kinase homolog NTF6, mitogen-activated protein kinase, v. S4	p. 233
2.7.12.2	mitogen-activated protein kinase kinase, mitogen-activated protein kinase kinase, v. S4	p. 392
2.7.12.2	mitogen-activated protein kinase kinase-1, mitogen-activated protein kinase kinase, v. S4	p. 392
2.7.12.2	mitogen-activated protein kinase kinase-4, mitogen-activated protein kinase kinase, v. S4	p. 392
2.7.12.2	mitogen-activated protein kinase kinase/extracellular signal–regulated kinase, mitogen-activated protein kinase kinase, v. S4	p. 392
2.7.12.2	mitogen-activated protein kinase kinase 1, mitogen-activated protein kinase kinase, v. S4	p. 392

2.7.12.2	mitogen-activated protein kinase kinase 2, mitogen-activated protein kinase kinase, v. S4	p. 392
2.7.12.2	mitogen-activated protein kinase kinase 3, mitogen-activated protein kinase kinase, v. S4	p. 392
2.7.12.2	mitogen-activated protein kinase kinase 4, mitogen-activated protein kinase kinase, v. S4	p. 392
2.7.12.2	mitogen-activated protein kinase kinase 7γ1, mitogen-activated protein kinase kinase, v. S4	p. 392
2.7.12.2	mitogen-activated protein kinase kinase homologue, mitogen-activated protein kinase kinase, v. S4	p. 392
2.7.11.25	mitogen-activated protein kinase kinase kinase, mitogen-activated protein kinase kinase kinase, v. S4	p. 278
2.7.11.25	mitogen-activated protein kinase kinase kinase-1, mitogen-activated protein kinase kinase kinase, v. S4	p. 278
2.7.12.2	mitogen-activated protein kinase kinase kinase 1, mitogen-activated protein kinase kinase, v. S4	p. 392
2.7.11.25	mitogen-activated protein kinase kinase kinase 1, mitogen-activated protein kinase kinase kinase, v. S4	p. 278
2.7.12.2	mitogen-activated protein kinase kinase kinase 11, mitogen-activated protein kinase kinase, v. S4	p. 392
2.7.12.2	mitogen-activated protein kinase kinase kinase 2, mitogen-activated protein kinase kinase, v. S4	p. 392
2.7.12.2	mitogen-activated protein kinase kinase kinase 3, mitogen-activated protein kinase kinase, v. S4	p. 392
2.7.12.2	mitogen-activated protein kinase kinase kinase 4, mitogen-activated protein kinase kinase, v. S4	p. 392
2.7.11.25	mitogen-activated protein kinase kinase kinase 4, mitogen-activated protein kinase kinase kinase, v. S4	p. 278
2.7.12.2	mitogen-activated protein kinase kinase kinase 5, mitogen-activated protein kinase kinase, v. S4	p. 392
2.7.11.25	mitogen-activated protein kinase kinase kinase 6, mitogen-activated protein kinase kinase, v. S4	p. 278
2.7.11.25	mitogen-activated protein kinase kinase kinase kinase, mitogen-activated protein kinase kinase kinase, v. S4	p. 278
2.7.12.2	mitogen-activated protein kinase kinase type 2, mitogen-activated protein kinase kinase, v. S4	p. 392
2.7.11.24	mitogen-activated protein kinase KSS1, mitogen-activated protein kinase, v. S4	p. 233
2.7.11.24	Mitogen-activated protein kinase p38 β, mitogen-activated protein kinase, v. S4	p. 233
2.7.11.24	Mitogen-activated protein kinase p38 δ, mitogen-activated protein kinase, v. S4	p. 233
2.7.11.24	Mitogen-activated protein kinase p38 γ, mitogen-activated protein kinase, v. S4	p. 233
2.7.11.24	Mitogen-activated protein kinase p38α, mitogen-activated protein kinase, v. S4	p. 233
2.7.11.24	Mitogen-activated protein kinase p38a, mitogen-activated protein kinase, v. S4	p. 233
2.7.11.24	Mitogen-activated protein kinase p38b, mitogen-activated protein kinase, v. S4	p. 233
2.7.11.24	mitogen-activated protein kinase p44erk1, mitogen-activated protein kinase, v. S4	p. 233
3.1.3.48	mitogen-activated protein kinase phosphatase, protein-tyrosine-phosphatase, v. 10	p. 407
3.1.3.48	mitogen-activated protein kinase phosphatase-1, protein-tyrosine-phosphatase, v. 10	p. 407
2.7.11.24	mitogen-activated protein kinase SLT2/MPK1, mitogen-activated protein kinase, v. S4	p. 233
2.7.11.24	mitogen-activated protein kinase spk1, mitogen-activated protein kinase, v. S4	p. 233
2.7.11.24	mitogen-activated protein kinase spm1, mitogen-activated protein kinase, v. S4	p. 233
2.7.11.24	mitogen-activated protein kinase sty1, mitogen-activated protein kinase, v. S4	p. 233
2.7.11.24	mitogen-activated protein kinase sur-1, mitogen-activated protein kinase, v. S4	p. 233
2.7.11.1	mitogen-activated S6 kinase, non-specific serine/threonine protein kinase, v. S3	p. 1

2.7.12.2	mitogen activated protein kinase kinase 6, mitogen-activated protein kinase kinase, v. S4 | p. 392	
2.7.11.25	mitogen activated protein kinase kinase kinase, mitogen-activated protein kinase kinase kinase, v. S4 | p. 278	
6.1.1.6	mitoKARS, Lysine-tRNA ligase, v. 2 | p. 42	
2.7.11.1	mitosis inducer protein kinase cdr1, non-specific serine/threonine protein kinase, v. S3 | p. 1	
2.7.11.1	mitosis inducer protein kinase cdr2, non-specific serine/threonine protein kinase, v. S3 | p. 1	
3.1.3.48	Mitosis initiation protein, protein-tyrosine-phosphatase, v. 10 | p. 407	
3.1.3.48	Mitosis initiation protein MIH1, protein-tyrosine-phosphatase, v. 10 | p. 407	
2.7.11.1	mitotic checkpoint serine/threonine-protein kinase BUB1, non-specific serine/threonine protein kinase, v. S3 | p. 1	
2.7.11.1	mitotic checkpoint serine/threonine-protein kinase BUB1 β, non-specific serine/threonine protein kinase, v. S3 | p. 1	
2.7.11.1	mitotic control element nim1+, non-specific serine/threonine protein kinase, v. S3 | p. 1	
3.1.3.48	Mitotic inducer homolog, protein-tyrosine-phosphatase, v. 10 | p. 407	
6.1.1.20	mitPheRS, Phenylalanine-tRNA ligase, v. 2 | p. 156	
1.14.13.8	mixed-function amine oxidase, flavin-containing monooxygenase, v. 26 | p. 257	
2.4.1.207	mixed-linkage β-glucan:xyloglucan endotransglucosylase, xyloglucan:xyloglucosyl transferase, v. 32 | p. 524	
1.14.14.1	mixed function oxygenase, unspecific monooxygenase, v. 26 | p. 584	
2.7.11.25	Mixed Lineage Kinase, mitogen-activated protein kinase kinase kinase, v. S4 | p. 278	
3.2.1.73	Mixed linkage β-glucanase, licheninase, v. 13 | p. 223	
2.7.1.161	MJ0056, CTP-dependent riboflavin kinase	
3.1.3.25	MJ0109, inositol-phosphate phosphatase, v. 10 | p. 278	
4.1.2.13	MJ0400-His6, Fructose-bisphosphate aldolase, v. 3 | p. 455	
2.7.1.23	MJ0917, NAD+ kinase, v. 35 | p. 293	
1.2.1.22	MJ1411, lactaldehyde dehydrogenase, v. 20 | p. 216	
2.1.1.63	MJ1529, methylated-DNA-[protein]-cysteine S-methyltransferase, v. 28 | p. 343	
3.6.4.9	Mja-cpn, chaperonin ATPase, v. 15 | p. 803	
3.1.22.4	Mja-Hjc, crossover junction endodeoxyribonuclease, v. 11 | p. 487	
3.1.21.4	MjaIV, type II site-specific deoxyribonuclease, v. 11 | p. 454	
3.1.26.11	MjaTrz, tRNase Z, v. S5 | p. 105	
3.1.21.4	MjaV, type II site-specific deoxyribonuclease, v. 11 | p. 454	
5.4.99.5	MjCM, Chorismate mutase, v. 1 | p. 604	
4.2.1.51	MjPDT, prephenate dehydratase, v. 4 | p. 519	
3.5.4.10	MjPurO, IMP cyclohydrolase, v. 15 | p. 82	
3.1.1.4	MjTX-II, phospholipase A2, v. 9 | p. 52	
1.1.99.16	MK-reductase, malate dehydrogenase (acceptor), v. 19 | p. 355	
3.4.21.35	mK1, tissue kallikrein, v. 7 | p. 141	
3.4.21.119	mK13, kallikrein 13, v. S5 | p. 447	
3.4.21.35	mK13, tissue kallikrein, v. 7 | p. 141	
3.4.21.54	mK 16, γ-Renin, v. 7 | p. 253	
1.14.14.1	P-450-MK2, unspecific monooxygenase, v. 26 | p. 584	
3.4.21.35	mK22, tissue kallikrein, v. 7 | p. 141	
3.4.21.35	mK24, tissue kallikrein, v. 7 | p. 141	
3.4.21.118	mK8, kallikrein 8, v. S5 | p. 435	
3.4.21.35	mK9, tissue kallikrein, v. 7 | p. 141	
2.7.11.25	Mkh1, mitogen-activated protein kinase kinase kinase, v. S4 | p. 278	
3.2.2.9	MKIGIIGA, adenosylhomocysteine nucleosidase, v. 14 | p. 55	
2.7.12.2	MKK, mitogen-activated protein kinase kinase, v. S4 | p. 392	
2.7.12.2	MKK1, mitogen-activated protein kinase kinase, v. S4 | p. 392	
2.7.12.2	MKK2, mitogen-activated protein kinase kinase, v. S4 | p. 392	
2.7.12.2	MKK3, mitogen-activated protein kinase kinase, v. S4 | p. 392	

2.7.12.2	MKK4, mitogen-activated protein kinase kinase, v. S4	p. 392
2.7.12.2	MKK4/SEK1, mitogen-activated protein kinase kinase, v. S4	p. 392
2.7.12.2	MKK6, mitogen-activated protein kinase kinase, v. S4	p. 392
2.7.12.2	MKK7, mitogen-activated protein kinase kinase, v. S4	p. 392
2.7.12.2	MKK7γ1, mitogen-activated protein kinase kinase, v. S4	p. 392
2.7.12.2	MKK homologue, mitogen-activated protein kinase kinase, v. S4	p. 392
2.7.11.25	MKKK, mitogen-activated protein kinase kinase kinase, v. S4	p. 278
2.7.11.25	MKL3, mitogen-activated protein kinase kinase kinase, v. S4	p. 278
3.1.3.48	MKP, protein-tyrosine-phosphatase, v. 10	p. 407
3.1.3.16	MKP-1, phosphoprotein phosphatase, v. 10	p. 213
3.1.3.48	MKP-1, protein-tyrosine-phosphatase, v. 10	p. 407
3.1.3.48	MKP-1 like protein tyrosine phosphatase, protein-tyrosine-phosphatase, v. 10	p. 407
3.1.3.48	MKP-2, protein-tyrosine-phosphatase, v. 10	p. 407
3.1.3.48	MKP-3, protein-tyrosine-phosphatase, v. 10	p. 407
3.1.3.48	MKP-4, protein-tyrosine-phosphatase, v. 10	p. 407
3.1.3.16	MKP-5, phosphoprotein phosphatase, v. 10	p. 213
3.1.3.48	MKP-5, protein-tyrosine-phosphatase, v. 10	p. 407
3.1.3.48	MKP-7, protein-tyrosine-phosphatase, v. 10	p. 407
3.1.3.16	MKP-8, phosphoprotein phosphatase, v. 10	p. 213
3.1.3.48	MKP-X, protein-tyrosine-phosphatase, v. 10	p. 407
3.1.3.48	MKP1, protein-tyrosine-phosphatase, v. 10	p. 407
3.1.3.48	MKP5-C, protein-tyrosine-phosphatase, v. 10	p. 407
3.5.2.6	MβL, β-lactamase, v. 14	p. 683
3.2.2.22	ML-I, rRNA N-glycosylase, v. 14	p. 107
4.6.1.1	ML1399, adenylate cyclase, v. 5	p. 415
2.7.11.18	MLC-kinase, myosin-light-chain kinase, v. S4	p. 54
3.4.24.66	MLCE, choriolysin L, v. 8	p. 541
2.7.11.18	MLCK, myosin-light-chain kinase, v. S4	p. 54
2.7.11.18	MLCK-210, myosin-light-chain kinase, v. S4	p. 54
2.7.11.18	MLCK-A, myosin-light-chain kinase, v. S4	p. 54
2.7.11.18	MLC kinase, myosin-light-chain kinase, v. S4	p. 54
3.1.3.53	MLCP, [myosin-light-chain] phosphatase, v. 10	p. 439
3.1.3.53	MLCPase, [myosin-light-chain] phosphatase, v. 10	p. 439
3.1.3.53	mLC phosphatase, [myosin-light-chain] phosphatase, v. 10	p. 439
3.1.3.53	MLCPPase, [myosin-light-chain] phosphatase, v. 10	p. 439
1.1.1.27	mLDH, L-lactate dehydrogenase, v. 16	p. 253
5.5.1.2	MLE, 3-Carboxy-cis,cis-muconate cycloisomerase, v. 1	p. 668
5.5.1.1	MLE, Muconate cycloisomerase, v. 1	p. 660
5.5.1.1	MLEI, Muconate cycloisomerase, v. 1	p. 660
5.5.1.7	MLE II, Chloromuconate cycloisomerase, v. 1	p. 699
3.1.2.14	MlFatB, oleoyl-[acyl-carrier-protein] hydrolase, v. 9	p. 516
2.4.1.207	MLG:xyloglucan endotransglucosylase, xyloglucan:xyloglucosyl transferase, v. 32	p. 524
3.1.1.83	mlhB, monoterpene ε-lactone hydrolase	
5.3.3.4	MLI, muconolactone Δ-isomerase, v. 1	p. 399
3.2.2.22	MLI, rRNA N-glycosylase, v. 14	p. 107
3.2.2.22	MLII, rRNA N-glycosylase, v. 14	p. 107
3.2.2.22	MLIII, rRNA N-glycosylase, v. 14	p. 107
2.7.11.25	MLK, mitogen-activated protein kinase kinase kinase, v. S4	p. 278
2.7.11.25	MLK-like mitogen-activated protein triple kinase, mitogen-activated protein kinase kinase kinase, v. S4	p. 278
2.7.11.25	MLK1, mitogen-activated protein kinase kinase kinase, v. S4	p. 278
2.7.11.25	MLK2, mitogen-activated protein kinase kinase kinase, v. S4	p. 278
2.7.11.25	MLK3, mitogen-activated protein kinase kinase kinase, v. S4	p. 278
2.7.11.25	MLK4, mitogen-activated protein kinase kinase kinase, v. S4	p. 278
2.7.10.1	MLN 19, receptor protein-tyrosine kinase, v. S2	p. 341

2.3.1.5	MINAT1, arylamine N-acetyltransferase, v. 29 | p. 243	
2.7.11.25	MLTKα, mitogen-activated protein kinase kinase kinase, v. S4 | p. 278	
3.1.21.4	MluI, type II site-specific deoxyribonuclease, v. 11 | p. 454	
3.1.21.4	Mly113I, type II site-specific deoxyribonuclease, v. 11 | p. 454	
3.1.21.4	MlyI, type II site-specific deoxyribonuclease, v. 11 | p. 454	
2.3.1.67	mLysoPAFAT/LPCAT2, 1-alkylglycerophosphocholine O-acetyltransferase, v. 30 | p. 37	
2.7.3.2	MM-CK, creatine kinase, v. 37 | p. 369	
3.6.4.9	Mm-cpn, chaperonin ATPase, v. 15 | p. 803	
1.8.3.4	MM-oxidase, methanethiol oxidase, v. 24 | p. 609	
4.6.1.1	MM0123, adenylate cyclase, v. 5 | p. 415	
4.6.1.1	MM0157, adenylate cyclase, v. 5 | p. 415	
4.6.1.1	MM0286, adenylate cyclase, v. 5 | p. 415	
4.6.1.1	MM0666, adenylate cyclase, v. 5 | p. 415	
4.6.1.1	MM0730, adenylate cyclase, v. 5 | p. 415	
4.6.1.1	MM0935, adenylate cyclase, v. 5 | p. 415	
4.6.1.1	MM1414, adenylate cyclase, v. 5 | p. 415	
3.1.3.73	Mm2058 protein, α-ribazole phosphatase, v. S5 | p. 66	
4.6.1.1	MM2428, adenylate cyclase, v. 5 | p. 415	
4.6.1.1	MM2454, adenylate cyclase, v. 5 | p. 415	
4.6.1.1	MM2550, adenylate cyclase, v. 5 | p. 415	
4.6.1.1	MM2962, adenylate cyclase, v. 5 | p. 415	
4.6.1.1	MM3042, adenylate cyclase, v. 5 | p. 415	
4.6.1.1	MM3043, adenylate cyclase, v. 5 | p. 415	
4.6.1.1	MM3257, adenylate cyclase, v. 5 | p. 415	
4.6.1.1	MM3505, adenylate cyclase, v. 5 | p. 415	
4.6.1.1	MM3522, adenylate cyclase, v. 5 | p. 415	
4.6.1.1	MM3640, adenylate cyclase, v. 5 | p. 415	
4.6.1.1	MM3755, adenylate cyclase, v. 5 | p. 415	
4.6.1.1	MM3757, adenylate cyclase, v. 5 | p. 415	
4.6.1.1	MM3795, adenylate cyclase, v. 5 | p. 415	
4.6.1.1	MM4078, adenylate cyclase, v. 5 | p. 415	
4.6.1.1	MM4079, adenylate cyclase, v. 5 | p. 415	
4.6.1.1	MM4080, adenylate cyclase, v. 5 | p. 415	
4.6.1.1	MM4120, adenylate cyclase, v. 5 | p. 415	
4.6.1.1	MM4173, adenylate cyclase, v. 5 | p. 415	
4.6.1.1	MM4340, adenylate cyclase, v. 5 | p. 415	
4.6.1.1	MM4370, adenylate cyclase, v. 5 | p. 415	
4.6.1.1	MM4438, adenylate cyclase, v. 5 | p. 415	
4.6.1.1	MM5137, adenylate cyclase, v. 5 | p. 415	
4.6.1.1	MM5254, adenylate cyclase, v. 5 | p. 415	
4.6.1.1	MM5257, adenylate cyclase, v. 5 | p. 415	
1.20.4.2	MMA(V) reductase, methylarsonate reductase, v. 27 | p. 596	
2.5.1.17	MMAB, cob(I)yrinic acid a,c-diamide adenosyltransferase, v. 33 | p. 517	
2.5.1.17	MMAB protein, cob(I)yrinic acid a,c-diamide adenosyltransferase, v. 33 | p. 517	
3.1.3.16	MMAC-1, phosphoprotein phosphatase, v. 10 | p. 213	
3.1.3.67	MMAC1/TEP1, phosphatidylinositol-3,4,5-trisphosphate 3-phosphatase, v. 10 | p. 491	
6.1.1.11	mMbSerRS, Serine-tRNA ligase, v. 2 | p. 77	
4.2.1.2	MmcBC, fumarate hydratase, v. 4 | p. 262	
4.1.1.41	MMCD, Methylmalonyl-CoA decarboxylase, v. 3 | p. 264	
5.1.99.1	MMCE, Methylmalonyl-CoA epimerase, v. 1 | p. 179	
3.2.1.14	MmChi60, chitinase, v. 12 | p. 185	
5.4.99.2	mmcm-1, Methylmalonyl-CoA mutase, v. 1 | p. 589	
3.4.21.39	MMCP-1, chymase, v. 7 | p. 175	
3.4.21.59	mMCP-6, Tryptase, v. 7 | p. 265	
4.3.99.2	MmdB, carboxybiotin decarboxylase	

1.1.1.37	mMDH, malate dehydrogenase, v. 16 | p. 336	
3.4.24.65	MME, macrophage elastase, v. 8 | p. 537	
1.5.99.2	mMe2GlyDH, dimethylglycine dehydrogenase, v. 23 | p. 354	
3.1.21.4	MmeI, type II site-specific deoxyribonuclease, v. 11 | p. 454	
4.2.99.18	MMH, DNA-(apurinic or apyrimidinic site) lyase, v. 5 | p. 150	
2.7.11.24	MMK2, mitogen-activated protein kinase, v. S4 | p. 233	
2.7.11.24	MMK3, mitogen-activated protein kinase, v. S4 | p. 233	
1.14.13.105	MMKMO, monocyclic monoterpene ketone monooxygenase	
2.3.1.5	MMNAT, arylamine N-acetyltransferase, v. 29 | p. 243	
3.2.1.18	MmNEU3, exo-α-sialidase, v. 12 | p. 244	
1.14.13.25	MMO, methane monooxygenase, v. 26 | p. 360	
1.14.13.25	MMOB, methane monooxygenase, v. 26 | p. 360	
1.14.13.25	MMO Bath, methane monooxygenase, v. 26 | p. 360	
1.14.13.25	MMOH, methane monooxygenase, v. 26 | p. 360	
1.14.13.25	MMOR, methane monooxygenase, v. 26 | p. 360	
3.4.23.23	MMP, Mucorpepsin, v. 8 | p. 106	
3.4.24.23	MMP, matrilysin, v. 8 | p. 344	
3.4.21.32	MMP-1, brachyurin, v. 7 | p. 129	
3.4.24.7	MMP-1, interstitial collagenase, v. 8 | p. 218	
3.4.24.3	MMP-1, microbial collagenase, v. 8 | p. 205	
3.4.24.22	MMP-10, stromelysin 2, v. 8 | p. 340	
3.4.24.65	MMP-12, macrophage elastase, v. 8 | p. 537	
3.4.24.80	MMP-14, membrane-type matrix metalloproteinase-1, v. S6 | p. 292	
3.4.24.24	MMP-2, gelatinase A, v. 8 | p. 351	
3.4.24.17	MMP-3, stromelysin 1, v. 8 | p. 296	
3.4.24.23	MMP-7, matrilysin, v. 8 | p. 344	
3.4.21.32	MMP-8, brachyurin, v. 7 | p. 129	
3.4.24.7	MMP-8, interstitial collagenase, v. 8 | p. 218	
3.4.24.3	MMP-8, microbial collagenase, v. 8 | p. 205	
3.4.24.34	MMP-8, neutrophil collagenase, v. 8 | p. 399	
3.4.24.35	MMP-9, gelatinase B, v. 8 | p. 403	
3.4.24.38	mmp1, gametolysin, v. 8 | p. 416	
3.4.24.7	mmp1, interstitial collagenase, v. 8 | p. 218	
5.4.2.10	MMP1077, phosphoglucosamine mutase, v. S7 | p. 519	
3.4.24.80	MMP14, membrane-type matrix metalloproteinase-1, v. S6 | p. 292	
3.4.24.24	MMP 2, gelatinase A, v. 8 | p. 351	
3.4.24.23	MMP 7, matrilysin, v. 8 | p. 344	
3.4.24.23	MMP7, matrilysin, v. 8 | p. 344	
3.4.24.34	MMP8, neutrophil collagenase, v. 8 | p. 399	
3.4.24.35	MMP 9, gelatinase B, v. 8 | p. 403	
3.4.24.35	MMP9, gelatinase B, v. 8 | p. 403	
3.4.24.85	MmpA, S2P endopeptidase, v. S6 | p. 343	
3.1.4.17	MMPDE8, 3',5'-cyclic-nucleotide phosphodiesterase, v. 11 | p. 116	
1.1.1.207	MMR, (-)-menthol dehydrogenase, v. 18 | p. 267	
1.2.1.27	MMSDH, methylmalonate-semialdehyde dehydrogenase (acylating), v. 20 | p. 241	
3.3.1.2	MMSHase, adenosylmethionine hydrolase, v. 14 | p. 138	
2.1.1.12	MMT, methionine S-methyltransferase, v. 28 | p. 69	
2.1.1.9	MMT, thiol S-methyltransferase, v. 28 | p. 51	
3.1.3.62	(MMU)Minpp1, multiple inositol-polyphosphate phosphatase, v. 10 | p. 475	
3.1.31.1	MN, micrococcal nuclease, v. 11 | p. 632	
1.13.11.15	Mn(II)-dependent 3,4-dihydroxyphenylacetate 2,3-dioxygenase, 3,4-dihydroxyphenylacetate 2,3-dioxygenase, v. 25 | p. 496	
1.11.1.13	Mn-dependent (NADH-oxidizing) peroxidase, manganese peroxidase, v. 25 | p. 283	
4.2.1.92	Mn-LO, hydroperoxide dehydratase, v. 4 | p. 653	
1.13.11.45	Mn-LO, linoleate 11-lipoxygenase, v. 25 | p. 658	

1.13.11.45	Mn-LOX, linoleate 11-lipoxygenase, v. 25 | p. 658	
1.15.1.1	Mn-SOD, superoxide dismutase, v. 27 | p. 399	
1.15.1.1	Mn-type SOD, superoxide dismutase, v. 27 | p. 399	
1.15.1.1	Mn/Fe superoxide dismutase, superoxide dismutase, v. 27 | p. 399	
3.6.1.53	Mn2+-dependent ADP-ribose/CDP-alcohol pyrophosphatase, Mn2+-dependent ADP-ribose/CDP-alcohol diphosphatase	
3.5.3.14	Mn2+-dependent amidinoaspartase, amidinoaspartase, v. 14 | p. 814	
1.1.1.37	mNAD-MDH, malate dehydrogenase, v. 16 | p. 336	
2.7.12.1	MNB protein, dual-specificity kinase, v. S4 | p. 372	
3.6.3.4	MNK, Cu2+-exporting ATPase, v. 15 | p. 544	
3.6.3.4	MNK1, Cu2+-exporting ATPase, v. 15 | p. 544	
3.6.3.4	MNK protein, Cu2+-exporting ATPase, v. 15 | p. 544	
3.1.21.4	MnlI, type II site-specific deoxyribonuclease, v. 11 | p. 454	
2.4.1.232	Mnn9p, initiation-specific α-1,6-mannosyltransferase, v. 32 | p. 640	
1.11.1.13	L-MnP, manganese peroxidase, v. 25 | p. 283	
1.11.1.13	MnP, manganese peroxidase, v. 25 | p. 283	
1.11.1.13	MnP-GY, manganese peroxidase, v. 25 | p. 283	
1.11.1.13	MnP-PGY, manganese peroxidase, v. 25 | p. 283	
1.11.1.13	MnP 1, manganese peroxidase, v. 25 | p. 283	
1.11.1.13	mnp1, manganese peroxidase, v. 25 | p. 283	
1.11.1.13	MnP2, manganese peroxidase, v. 25 | p. 283	
1.11.1.13	MnP3, manganese peroxidase, v. 25 | p. 283	
3.1.4.3	mNPP6, phospholipase C, v. 11 | p. 32	
1.1.1.208	MNR, (+)-neomenthol dehydrogenase, v. 18 | p. 269	
3.1.4.12	mnSMase, sphingomyelin phosphodiesterase, v. 11 | p. 86	
1.15.1.1	MnSOD, superoxide dismutase, v. 27 | p. 399	
1.15.1.1	MnSOD1, superoxide dismutase, v. 27 | p. 399	
3.6.1.13	mNUDT5 protein, ADP-ribose diphosphatase, v. 15 | p. 354	
2.7.11.22	MO15/CDK7, cyclin-dependent kinase, v. S4 | p. 156	
3.4.16.5	MO54, carboxypeptidase C, v. 6 | p. 385	
1.14.13.23	MobA, 3-hydroxybenzoate 4-monooxygenase, v. 26 | p. 351	
1.1.3.13	Mod1p, alcohol oxidase, v. 19 | p. 115	
1.1.3.13	Mod2p, alcohol oxidase, v. 19 | p. 115	
2.4.2.30	ModA, NAD+ ADP-ribosyltransferase, v. 33 | p. 263	
3.6.3.29	ModA, molybdate-transporting ATPase, v. 15 | p. 654	
3.6.3.29	ModABC, molybdate-transporting ATPase, v. 15 | p. 654	
2.4.2.30	ModB, NAD+ ADP-ribosyltransferase, v. 33 | p. 263	
3.6.3.29	ModB, molybdate-transporting ATPase, v. 15 | p. 654	
3.6.3.29	ModBC, molybdate-transporting ATPase, v. 15 | p. 654	
3.6.3.29	ModC, molybdate-transporting ATPase, v. 15 | p. 654	
3.2.2.22	modeccin, rRNA N-glycosylase, v. 14 | p. 107	
2.1.1.72	modification methylase, site-specific DNA-methyltransferase (adenine-specific), v. 28 | p. 390	
2.1.1.113	modification methylase, site-specific DNA-methyltransferase (cytosine-N4-specific), v. 28 | p. 541	
6.3.2.19	modulator of immune recognition 1, Ubiquitin-protein ligase, v. 2 | p. 506	
6.3.2.19	modulator of immune recognition 2, Ubiquitin-protein ligase, v. 2 | p. 506	
1.14.15.1	moe, camphor 5-monooxygenase, v. 27 | p. 1	
3.1.3.8	MOK1 phytase, 3-phytase, v. 10 | p. 129	
3.1.3.26	MOK1 phytase, 4-phytase, v. 10 | p. 289	
3.4.23.20	mold kinase, Penicillopepsin, v. 8 | p. 89	
3.6.4.10	molecular chaperone BiP, non-chaperonin molecular chaperone ATPase, v. 15 | p. 810	
3.6.4.10	molecular chaperone GroEl, non-chaperonin molecular chaperone ATPase, v. 15 | p. 810	
3.6.4.10	molecular chaperone Hsc70 ATPase, non-chaperonin molecular chaperone ATPase, v. 15 | p. 810	

3.1.6.11	mollusc N-sulfoglucosaminidase, disulfoglucosamine-6-sulfatase, v. 11	p. 298
3.4.17.1	molting fluid carboxypeptidase A, carboxypeptidase A, v. 6	p. 401
3.6.3.29	molybdate transporter, molybdate-transporting ATPase, v. 15	p. 654
3.6.3.29	molybdate transport system, molybdate-transporting ATPase, v. 15	p. 654
3.2.2.22	β-momorcharin, rRNA N-glycosylase, v. 14	p. 107
3.2.2.22	momorcochin, rRNA N-glycosylase, v. 14	p. 107
3.2.2.22	momorcochin-S, rRNA N-glycosylase, v. 14	p. 107
3.2.2.22	momordin, rRNA N-glycosylase, v. 14	p. 107
3.2.2.22	momordin I, rRNA N-glycosylase, v. 14	p. 107
3.2.2.22	momordin II, rRNA N-glycosylase, v. 14	p. 107
3.2.2.22	momorgrosvin, rRNA N-glycosylase, v. 14	p. 107
1.4.3.6	Monamine oxidase, amine oxidase (copper-containing), v. 22	p. 291
2.4.2.31	mono(ADP-ribosyl)transferase , NAD+-protein-arginine ADP-ribosyltransferase, v. 33	p. 272
2.4.2.36	mono(ADPribosyl)transferase, NAD+-diphthamide ADP-ribosyltransferase, v. 33	p. 296
2.4.1.184	mono-β-D-galactosyldiacylglycerol:mono-β-D-galactosyldiacylglycerol β-D-galactosyl-transferase, galactolipid galactosyltransferase, v. 32	p. 440
2.4.2.30	mono-ADP-ribosyltransferase, NAD+ ADP-ribosyltransferase, v. 33	p. 263
2.4.2.36	mono-ADP-ribosyltransferase, NAD+-diphthamide ADP-ribosyltransferase, v. 33	p. 296
2.4.2.31	mono-ADP-ribosyltransferase, NAD+-protein-arginine ADP-ribosyltransferase, v. 33	p. 272
2.4.2.31	mono-ADP-ribosyltransferase A, NAD+-protein-arginine ADP-ribosyltransferase, v. 33	p. 272
1.14.99.36	15,15'-mono-oxygenase, β-carotene 15,15'-monooxygenase, v. 27	p. 388
2.3.1.22	monoacylglycerol acyltransferase, 2-acylglycerol O-acyltransferase, v. 29	p. 431
2.3.1.20	monoacylglycerol acyltransferase, diacylglycerol O-acyltransferase, v. 29	p. 396
3.1.1.23	monoacylglycerol hydrolase, acylglycerol lipase, v. 9	p. 209
2.7.1.94	monoacylglycerol kinase, acylglycerol kinase, v. 36	p. 368
3.1.1.23	monoacylglycerol lipase, acylglycerol lipase, v. 9	p. 209
1.4.3.4	monoamine-oxidase-A, monoamine oxidase, v. 22	p. 260
1.4.3.4	monoamine:O2 oxidoreductase (deaminating), monoamine oxidase, v. 22	p. 260
1.4.3.6	monoamine oxidase, amine oxidase (copper-containing), v. 22	p. 291
1.4.3.4	monoamine oxidase, monoamine oxidase, v. 22	p. 260
1.4.3.4	monoamine oxidase-A, monoamine oxidase, v. 22	p. 260
1.4.3.4	monoamine oxidase-B, monoamine oxidase, v. 22	p. 260
1.4.3.4	monoamine oxidase A, monoamine oxidase, v. 22	p. 260
1.4.3.4	monoamine oxidaseA, monoamine oxidase, v. 22	p. 260
1.4.3.4	monoamine oxidase B, monoamine oxidase, v. 22	p. 260
1.4.3.4	monoamine oxidase type B, monoamine oxidase, v. 22	p. 260
2.8.2.1	monoamine sulfotransferase, aryl sulfotransferase, v. 39	p. 247
1.4.3.15	D-monoaminodicarboxylic acid oxidase, D-glutamate(D-aspartate) oxidase, v. 22	p. 352
1.4.3.4	monoaminoxidase B, monoamine oxidase, v. 22	p. 260
3.1.1.1	monobutyrase, carboxylesterase, v. 9	p. 1
1.14.13.105	monocyclic monoterpene ketone mono-oxygenase, monocyclic monoterpene ketone monooxygenase	
3.1.1.1	Monocyte/macrophage serine esterase, carboxylesterase, v. 9	p. 1
1.6.5.4	monodehydroascorbate radical reductase, monodehydroascorbate reductase (NADH), v. 24	p. 126
1.6.5.4	monodehydroascorbate reductase, monodehydroascorbate reductase (NADH), v. 24	p. 126
4.2.1.51	monofunctional prephenate dehydratase, prephenate dehydratase, v. 4	p. 519
2.4.1.46	monogalactosyldiacylglycerol synthase, monogalactosyldiacylglycerol synthase, v. 31	p. 422
2.4.1.208	monoglucosyl diacylglycerol (1->2) glucosyltransferase, diglucosyl diacylglycerol synthase, v. 32	p. 545

2.4.1.208	monoglucosyldiacylglycerol glucosyltransferase, diglucosyl diacylglycerol synthase, v. 32 | p. 545
3.1.1.23	monoglyceridase, acylglycerol lipase, v. 9 | p. 209
2.3.1.22	monoglyceride acyltransferase, 2-acylglycerol O-acyltransferase, v. 29 | p. 431
3.1.1.23	monoglyceride hydrolase, acylglycerol lipase, v. 9 | p. 209
2.7.1.94	monoglyceride kinase, acylglycerol kinase, v. 36 | p. 368
3.1.1.23	monoglyceride lipase, acylglycerol lipase, v. 9 | p. 209
3.1.1.23	monoglyceride lipase-like activity, acylglycerol lipase, v. 9 | p. 209
2.7.1.94	monoglyceride phosphokinase, acylglycerol kinase, v. 36 | p. 368
3.1.1.23	monoglycerid lipase, acylglycerol lipase, v. 9 | p. 209
3.1.1.23	monoglyceridyllipase, acylglycerol lipase, v. 9 | p. 209
3.8.1.3	monohaloacetate dehalogenase, haloacetate dehalogenase, v. 15 | p. 877
3.8.1.3	monohaloacetate halidohydrolase, haloacetate dehalogenase, v. 15 | p. 877
1.11.1.8	monoiodotyrosine deiodinase, iodide peroxidase, v. 25 | p. 227
3.1.1.8	monomeric butyrylcholinesterase I, cholinesterase, v. 9 | p. 118
3.1.1.8	monomeric butyrylcholinesterase II, cholinesterase, v. 9 | p. 118
1.5.3.1	monomeric sarcosine oxidase, sarcosine oxidase, v. 23 | p. 273
1.20.4.2	monomethylarsonic acid (MMA V) reductase/hGSTO1, methylarsonate reductase, v. 27 | p. 596
2.7.7.57	monomethylethanolamine phosphate cytidylyltransferase, N-methylphosphoethanolamine cytidylyltransferase, v. 38 | p. 548
1.5.99.1	monomethylglycine dehydrogenase, sarcosine dehydrogenase, v. 23 | p. 348
3.1.3.6	3'-mononucleotidase, 3'-nucleotidase, v. 10 | p. 118
3.1.3.5	5'-mononucleotidase, 5'-nucleotidase, v. 10 | p. 95
1.14.13.8	monooxygenase FMO1, flavin-containing monooxygenase, v. 26 | p. 257
1.14.14.1	monooxygenase P450 BM-3, unspecific monooxygenase, v. 26 | p. 584
1.14.18.1	monophenol, 3,4-dihydroxy L-phenylalanine (L-DOPA):oxygen oxidoreductase, monophenol monooxygenase, v. 27 | p. 156
1.14.18.1	monophenol, dihydroxy-L-phenylalanine:oxygen oxidoreductase, monophenol monooxygenase, v. 27 | p. 156
1.14.18.1	monophenol, dihydroxy-L-phenylalanine oxygen oxidoreductase, monophenol monooxygenase, v. 27 | p. 156
1.14.18.1	monophenol, dihydroxyphenylalanine:oxygen oxidoreductase, monophenol monooxygenase, v. 27 | p. 156
1.14.18.1	monophenol, o-diphenol:O2 oxidoreductase, monophenol monooxygenase, v. 27 | p. 156
1.14.18.1	monophenol, o-diphenol:oxygen oxido-reductase, monophenol monooxygenase, v. 27 | p. 156
1.10.3.1	monophenol, o-diphenol: oxygen oxidoreductase, catechol oxidase, v. 25 | p. 105
1.14.18.1	monophenol, o-diphenol: oxygen oxidoreductase, monophenol monooxygenase, v. 27 | p. 156
1.10.3.1	monophenol, o-diphenol:oxygen oxidoreductase, catechol oxidase, v. 25 | p. 105
1.14.18.1	monophenol, o-diphenol:oxygen oxidoreductase, monophenol monooxygenase, v. 27 | p. 156
1.14.18.1	monophenol, polyphenol oxidase, monophenol monooxygenase, v. 27 | p. 156
1.16.3.1	monophenol-o-monoxygenase, ferroxidase, v. 27 | p. 466
1.14.18.1	monophenol: dioxygen oxidoreductases, hydroxylating, monophenol monooxygenase, v. 27 | p. 156
1.14.18.1	monophenolase, monophenol monooxygenase, v. 27 | p. 156
1.14.18.1	monophenol dihydroxyphenylalanine:oxygen oxidoreductase, monophenol monooxygenase, v. 27 | p. 156
1.14.18.1	monophenol monooxidase, monophenol monooxygenase, v. 27 | p. 156
1.14.18.1	monophenol monooxygenase, monophenol monooxygenase, v. 27 | p. 156
1.14.16.2	monophenol monooxygenase, tyrosine 3-monooxygenase, v. 27 | p. 81
1.14.18.1	monophenol oxidase, monophenol monooxygenase, v. 27 | p. 156
1.14.18.1	monophenol oxygen oxidoreductase, monophenol monooxygenase, v. 27 | p. 156

4.6.1.13	monophosphatidylinositol phosphodiesterase, phosphatidylinositol diacylglycerol-lyase, v. S7	p. 421	
3.1.4.11	monophosphatidylinositol phosphodiesterase, phosphoinositide phospholipase C, v. 11	p. 75	
5.4.2.1	Monophosphoglycerate mutase, phosphoglycerate mutase, v. 1	p. 493	
5.4.2.1	Monophosphoglyceromutase, phosphoglycerate mutase, v. 1	p. 493	
1.14.99.34	monoprenyl isoflavone monooxygenase, monoprenyl isoflavone epoxidase, v. 27	p. 384	
5.1.99.5	5'-monosubstituted-hydantoin racemase, hydantoin racemase	
4.2.3.14	monoterpene cyclase II, pinene synthase, v. S7	p. 256	
1.1.1.208	monoterpenoid dehydrogenase, (+)-neomenthol dehydrogenase, v. 18	p. 269	
1.1.1.207	monoterpenoid dehydrogenase, (-)-menthol dehydrogenase, v. 18	p. 267	
3.1.7.3	monoterpenyl-pyrophosphatase, monoterpenyl-diphosphatase, v. 11	p. 340	
5.3.1.1	monoTIM, Triose-phosphate isomerase, v. 1	p. 235	
1.14.18.1	monphenol mono-oxgenase, monophenol monooxygenase, v. 27	p. 156	
2.4.1.17	monUGT1A6, glucuronosyltransferase, v. 31	p. 162	
1.13.99.1	MOO, inositol oxygenase, v. 25	p. 734	
1.2.99.7	MOP, aldehyde dehydrogenase (FAD-independent), v. S1	p. 219	
3.6.3.29	MOP, molybdate-transporting ATPase, v. 15	p. 654	
3.4.24.16	MOP, neurolysin, v. 8	p. 286	
3.6.5.5	mOPA1, dynamin GTPase, v. S6	p. 522	
1.2.99.7	MOP molybdenum-containing protein, aldehyde dehydrogenase (FAD-independent), v. S1	p. 219	
5.5.1.11	more (not identical with EC 5.5.1.1 or EC 5.5.1.7), dichloromuconate cycloisomerase, v. 1	p. 716	
2.3.1.48	MORF histone acetyltransferases, histone acetyltransferase, v. 29	p. 641	
1.1.1.218	morphine 6-dehydrogenase, morphine 6-dehydrogenase, v. 18	p. 314	
2.4.1.17	morphine glucuronyltransferase, glucuronosyltransferase, v. 31	p. 162	
1.3.1.42	morphine reductase, 12-oxophytodienoate reductase, v. 21	p. 237	
3.4.22.61	MORT1-associated CED-3 homolog, caspase-8, v. S6	p. 168	
3.6.3.51	mortalin/mtHsp70, mitochondrial protein-transporting ATPase, v. 15	p. 744	
3.6.4.10	mortalin/mtHsp70, non-chaperonin molecular chaperone ATPase, v. 15	p. 810	
2.7.11.25	Mos, mitogen-activated protein kinase kinase kinase, v. S4	p. 278	
2.7.11.25	c-mos, mitogen-activated protein kinase kinase kinase, v. S4	p. 278	
4.2.1.52	MosA, dihydrodipicolinate synthase, v. 4	p. 527	
4.2.1.52	MosA protein, dihydrodipicolinate synthase, v. 4	p. 527	
3.5.4.9	mosquito cyclohydrolase, methenyltetrahydrofolate cyclohydrolase, v. 15	p. 72	
3.6.3.29	MOT1, molybdate-transporting ATPase, v. 15	p. 654	
2.6.1.83	Moth_0889, LL-diaminopimelate aminotransferase, v. S2	p. 253	
5.4.99.15	MOTS, (1->4)-α-D-Glucan 1-α-D-glucosylmutase, v. 1	p. 652	
3.6.4.10	mouse αβ crystallin, non-chaperonin molecular chaperone ATPase, v. 15	p. 810	
2.7.10.1	mouse developmental kinase 1, receptor protein-tyrosine kinase, v. S2	p. 341	
6.3.2.19	mouse double minute 2, Ubiquitin-protein ligase, v. 2	p. 506	
6.3.2.19	mouse double minute 2 homolog, Ubiquitin-protein ligase, v. 2	p. 506	
3.4.24.65	mouse macrophage metalloelastase, macrophage elastase, v. 8	p. 537	
3.4.21.59	mouse mast cell protease 6, Tryptase, v. 7	p. 265	
3.4.24.18	mouse meprin α, meprin A, v. 8	p. 305	
3.4.24.63	mouse meprin β, meprin B, v. 8	p. 521	
6.3.4.4	mouse muscle synthetase, Adenylosuccinate synthase, v. 2	p. 579	
3.2.1.18	Mouse skeletal muscle sialidase, exo-α-sialidase, v. 12	p. 244	
2.3.1.48	MOZ histone acetyltransferases, histone acetyltransferase, v. 29	p. 641	
3.1.3.53	MP, [myosin-light-chain] phosphatase, v. 10	p. 439	
1.11.1.13	MP, manganese peroxidase, v. 25	p. 283	
1.14.14.1	P-450MP, unspecific monooxygenase, v. 26	p. 584	
3.1.1.4	MP-III 4R, phospholipase A2, v. 9	p. 52	
3.4.11.14	MP100, cytosol alanyl aminopeptidase, v. 6	p. 143	

1.4.1.3	MP50, glutamate dehydrogenase [NAD(P)+], v. 22	p. 43
3.4.24.15	MP78, thimet oligopeptidase, v. 8	p. 275
2.4.1.8	mpA, maltose phosphorylase, v. 31	p. 67
3.1.1.32	mPA-PLA1, phospholipase A1, v. 9	p. 252
3.1.1.32	mPA-PLA1α, phospholipase A1, v. 9	p. 252
3.1.1.32	mPA-PLA1β, phospholipase A1, v. 9	p. 252
2.7.1.33	mPank, pantothenate kinase, v. 35	p. 385
2.7.1.33	mPank1, pantothenate kinase, v. 35	p. 385
2.7.1.33	mPanK2, pantothenate kinase, v. 35	p. 385
2.7.1.33	mPanK3, pantothenate kinase, v. 35	p. 385
1.5.3.11	MPAO, polyamine oxidase, v. 23	p. 312
2.4.1.8	MPase, maltose phosphorylase, v. 31	p. 67
3.1.4.3	mPC-PLC, phospholipase C, v. 11	p. 32
3.4.21.93	mPC1, Proprotein convertase 1, v. 7	p. 452
3.4.21.93	mPC1/3, Proprotein convertase 1, v. 7	p. 452
3.4.21.93	mPC3, Proprotein convertase 1, v. 7	p. 452
4.1.1.33	MPD, Diphosphomevalonate decarboxylase, v. 3	p. 208
5.3.4.1	Mpd1p, Protein disulfide-isomerase, v. 1	p. 436
5.3.4.1	Mpd2p, Protein disulfide-isomerase, v. 1	p. 436
3.5.1.88	mPDF, peptide deformylase, v. 14	p. 631
1.1.1.17	MPDH, mannitol-1-phosphate 5-dehydrogenase, v. 16	p. 180
2.7.11.1	mPDK1, non-specific serine/threonine protein kinase, v. S3	p. 1
2.4.1.83	MPD synthase, dolichyl-phosphate β-D-mannosyltransferase, v. 31	p. 591
1.14.13.81	MPE-cyclase, magnesium-protoporphyrin IX monomethyl ester (oxidative) cyclase, v. 26	p. 582
1.14.13.81	MPE cyclase system, magnesium-protoporphyrin IX monomethyl ester (oxidative) cyclase, v. 26	p. 582
3.2.2.20	MPG, DNA-3-methyladenine glycosylase I, v. 14	p. 99
3.2.2.21	MPG, DNA-3-methyladenine glycosylase II, v. 14	p. 103
5.3.99.3	mPGES, prostaglandin-E synthase, v. 1	p. 459
1.1.1.189	mPGES, prostaglandin-E2 9-reductase, v. 18	p. 139
5.3.99.3	mPGES-1, prostaglandin-E synthase, v. 1	p. 459
5.3.99.3	mPGES-2, prostaglandin-E synthase, v. 1	p. 459
5.3.99.3	MPGES1, prostaglandin-E synthase, v. 1	p. 459
5.3.99.3	MPGES2, prostaglandin-E synthase, v. 1	p. 459
5.3.99.3	mPGE synthase-2, prostaglandin-E synthase, v. 1	p. 459
3.2.2.20	MpgI, DNA-3-methyladenine glycosylase I, v. 14	p. 99
5.4.2.1	MPGM, phosphoglycerate mutase, v. 1	p. 493
3.1.3.70	MPGP, mannosyl-3-phosphoglycerate phosphatase, v. S5	p. 55
3.1.3.70	MPG phosphatase, mannosyl-3-phosphoglycerate phosphatase, v. S5	p. 55
2.4.1.217	MPGS, mannosyl-3-phosphoglycerate synthase, v. 32	p. 581
2.4.1.217	MPG synthase, mannosyl-3-phosphoglycerate synthase, v. 32	p. 581
2.7.7.13	MPG transferase, mannose-1-phosphate guanylyltransferase, v. 38	p. 209
3.1.8.1	Mph, aryldialkylphosphatase, v. 11	p. 343
2.7.1.136	Mph, macrolide 2'-kinase, v. 37	p. 166
1.14.13.7	Mph, phenol 2-monooxygenase, v. 26	p. 246
2.7.1.136	MPH (2'), macrolide 2'-kinase, v. 37	p. 166
2.7.1.136	MPH(2'), macrolide 2'-kinase, v. 37	p. 166
2.7.11.1	M phase-specific cdc2 kinase, non-specific serine/threonine protein kinase, v. S3	p. 1
5.2.1.4	MPI, Maleylpyruvate isomerase, v. 1	p. 206
5.3.1.8	MPI, Mannose-6-phosphate isomerase, v. 1	p. 289
3.4.16.5	MpiCP-1, carboxypeptidase C, v. 6	p. 385
3.4.16.5	MpiCP-2, carboxypeptidase C, v. 6	p. 385
2.7.11.24	MPK, mitogen-activated protein kinase, v. S4	p. 233
2.7.11.24	MPK1, mitogen-activated protein kinase, v. S4	p. 233

2.7.11.24	Mpk1p, mitogen-activated protein kinase, v. S4 | p. 233	
2.7.11.24	MPK2, mitogen-activated protein kinase, v. S4 | p. 233	
2.7.11.1	MPK38, non-specific serine/threonine protein kinase, v. S3 | p. 1	
2.7.11.24	MPK4, mitogen-activated protein kinase, v. S4 | p. 233	
3.1.4.11	mPLC-eta, phosphoinositide phospholipase C, v. 11 | p. 75	
3.1.4.4	mPLD1, phospholipase D, v. 11 | p. 47	
3.1.4.4	mPLD2, phospholipase D, v. 11 | p. 47	
3.5.1.52	MPng1, peptide-N4-(N-acetyl-β-glucosaminyl)asparagine amidase, v. 14 | p. 485	
3.1.21.3	MpnORFDAP, type I site-specific deoxyribonuclease, v. 11 | p. 448	
3.1.21.3	MpnORFDBP, type I site-specific deoxyribonuclease, v. 11 | p. 448	
1.4.3.6	MPO, amine oxidase (copper-containing), v. 22 | p. 291	
1.11.1.7	MPO, peroxidase, v. 25 | p. 211	
1.4.3.6	MPO1, amine oxidase (copper-containing), v. 22 | p. 291	
3.4.21.26	mPOP, prolyl oligopeptidase, v. 7 | p. 110	
3.4.24.64	α-MPP, mitochondrial processing peptidase, v. 8 | p. 525	
3.4.24.64	β-MPP, mitochondrial processing peptidase, v. 8 | p. 525	
3.4.24.64	MPP, mitochondrial processing peptidase, v. 8 | p. 525	
3.4.23.23	MPR, Mucorpepsin, v. 8 | p. 106	
2.3.2.3	MprF protein, lysyltransferase, v. 30 | p. 498	
2.7.10.2	Mps1p, non-specific protein-tyrosine kinase, v. S2 | p. 441	
2.7.11.1	MPSK, non-specific serine/threonine protein kinase, v. S3 | p. 1	
2.8.1.2	3-MPST, 3-mercaptopyruvate sulfurtransferase, v. 39 | p. 206	
2.8.1.2	MPST, 3-mercaptopyruvate sulfurtransferase, v. 39 | p. 206	
3.5.4.16	MptA, GTP cyclohydrolase I, v. 15 | p. 120	
3.1.3.48	MPTP, protein-tyrosine-phosphatase, v. 10 | p. 407	
3.1.3.48	MPTP-PEST, protein-tyrosine-phosphatase, v. 10 | p. 407	
3.1.3.48	MPtpA, protein-tyrosine-phosphatase, v. 10 | p. 407	
3.1.3.48	MPtpB, protein-tyrosine-phosphatase, v. 10 | p. 407	
6.3.5.3	mPurL, phosphoribosylformylglycinamidine synthase, v. 2 | p. 666	
5.4.99.12	mPus1p, tRNA-pseudouridine synthase I, v. 1 | p. 642	
5.4.99.12	mPus3p, tRNA-pseudouridine synthase I, v. 1 | p. 642	
2.4.1.54	MPU synthetase, undecaprenyl-phosphate mannosyltransferase, v. 31 | p. 451	
1.11.1.15	MPX, peroxiredoxin, v. S1 | p. 403	
3.2.2.26	MqnB, futalosine hydrolase	
1.1.99.16	Mqo, malate dehydrogenase (acceptor), v. 19 | p. 355	
5.1.2.2	MR, mandelate racemase, v. 1 | p. 72	
1.5.1.20	MR, methylenetetrahydrofolate reductase [NAD(P)H], v. 23 | p. 174	
2.7.8.13	MraY, phospho-N-acetylmuramoyl-pentapeptide-transferase, v. 39 | p. 96	
2.7.8.13	MraY protein, phospho-N-acetylmuramoyl-pentapeptide-transferase, v. 39 | p. 96	
2.7.8.13	MraY transferase, phospho-N-acetylmuramoyl-pentapeptide-transferase, v. 39 | p. 96	
2.7.8.13	MraY translocase, phospho-N-acetylmuramoyl-pentapeptide-transferase, v. 39 | p. 96	
3.6.3.44	MRD1a, xenobiotic-transporting ATPase, v. 15 | p. 700	
1.1.1.105	mRDH1, retinol dehydrogenase, v. 17 | p. 287	
1.3.1.10	Mrf1p, enoyl-[acyl-carrier-protein] reductase (NADPH, B-specific), v. 21 | p. 52	
5.3.1.23	MRI1, S-methyl-5-thioribose-1-phosphate isomerase, v. 1 | p. 351	
5.3.1.23	Mri1p, S-methyl-5-thioribose-1-phosphate isomerase, v. 1 | p. 351	
2.7.11.30	MRII, receptor protein serine/threonine kinase, v. S4 | p. 340	
2.7.11.22	mrk, cyclin-dependent kinase, v. S4 | p. 156	
2.7.7.50	mRNA-capping enzyme, mRNA guanylyltransferase, v. 38 | p. 509	
3.1.3.33	mRNA 5'-triphosphatase, polynucleotide 5'-phosphatase, v. 10 | p. 330	
2.1.1.57	mRNA 5' cap-specific (nucleoside-2'-O)-methyltransferase, mRNA (nucleoside-2'-O)-methyltransferase, v. 28 | p. 320	
2.1.1.56	mRNA cap (guanine-N7) methyltransferase, mRNA (guanine-N7-)-methyltransferase, v. 28 | p. 310	

2.1.1.56	mRNA cap (guanine N-7) methyltransferase, mRNA (guanine-N7-)-methyltransferase, v. 28 | p. 310	
2.1.1.57	mRNA cap (nucleoside-2'-O)-methyltransferase, mRNA (nucleoside-2'-O-)-methyltransferase, v. 28 | p. 320	
2.1.1.62	mRNA cap (nucleoside-2'O)-methyltransferase, mRNA (2'-O-methyladenosine-N6-)-methyltransferase, v. 28 | p. 340	
2.1.1.57	mRNA cap-specific 2'-O-methyltransferase, mRNA (nucleoside-2'-O-)-methyltransferase, v. 28 | p. 320	
2.1.1.56	mRNA cap methyltransferase, mRNA (guanine-N7-)-methyltransferase, v. 28 | p. 310	
2.1.1.57	mRNA cap methyltransferase, mRNA (nucleoside-2'-O-)-methyltransferase, v. 28 | p. 320	
2.7.7.50	mRNA capping enzyme, mRNA guanylyltransferase, v. 38 | p. 509	
2.7.7.50	mRNA guanylyl transferase, mRNA guanylyltransferase, v. 38 | p. 509	
2.7.10.1	mROR1, receptor protein-tyrosine kinase, v. S2 | p. 341	
2.7.10.1	mROR2, receptor protein-tyrosine kinase, v. S2 | p. 341	
3.6.3.44	MRP, xenobiotic-transporting ATPase, v. 15 | p. 700	
3.6.3.44	MRP1, xenobiotic-transporting ATPase, v. 15 | p. 700	
3.6.3.44	MRP3, xenobiotic-transporting ATPase, v. 15 | p. 700	
3.6.3.44	MRP3/ABCC3, xenobiotic-transporting ATPase, v. 15 | p. 700	
1.17.4.1	mRR, ribonucleoside-diphosphate reductase, v. 27 | p. 489	
6.1.1.10	MRS, Methionine-tRNA ligase, v. 2 | p. 68	
3.6.3.2	Mrs2p, Mg2+-importing ATPase, v. 15 | p. 538	
4.2.1.52	MRSA-DHDPS, dihydrodipicolinate synthase, v. 4 | p. 527	
2.1.1.13	MS, methionine synthase, v. 28 | p. 73	
2.7.1.145	ms-dNK, deoxynucleoside kinase, v. 37 | p. 214	
3.4.21.53	Ms-Lon, Endopeptidase La, v. 7 | p. 241	
2.7.11.1	Ms-pknF, non-specific serine/threonine protein kinase, v. S3 | p. 1	
3.6.4.8	MS73, proteasome ATPase, v. 15 | p. 797	
4.1.3.2	MSA, malate synthase, v. 4 | p. 14	
4.1.1.52	6-MSA decarboxylase, 6-Methylsalicylate decarboxylase, v. 3 | p. 320	
2.3.1.165	6-MSAS, 6-methylsalicylic-acid synthase, v. 30 | p. 444	
2.3.1.165	MSAS, 6-methylsalicylic-acid synthase, v. 30 | p. 444	
3.6.3.39	MsbA protein, lipopolysaccharide-transporting ATPase, v. 15 | p. 686	
2.4.1.18	mSBEIIa, 1,4-α-glucan branching enzyme, v. 31 | p. 197	
6.3.2.19	Msc1, Ubiquitin-protein ligase, v. 2 | p. 506	
2.3.3.5	MscA, 2-methylcitrate synthase, v. 30 | p. 618	
3.2.1.14	MsChi386, chitinase, v. 12 | p. 185	
3.2.1.14	MsChi535, chitinase, v. 12 | p. 185	
3.2.1.132	mschito, chitosanase, v. 13 | p. 529	
2.4.1.16	MsCHS-1, chitin synthase, v. 31 | p. 147	
2.4.1.16	MsCHS1, chitin synthase, v. 31 | p. 147	
2.4.1.16	MsCHS2, chitin synthase, v. 31 | p. 147	
1.2.1.27	MSDH, methylmalonate-semialdehyde dehydrogenase (acylating), v. 20 | p. 241	
4.2.1.11	MSE, phosphopyruvate hydratase, v. 4 | p. 312	
3.1.21.4	MseI, type II site-specific deoxyribonuclease, v. 11 | p. 454	
6.5.1.2	MsEPV DNA ligase, DNA ligase (NAD+), v. 2 | p. 773	
2.7.11.24	MsERK1, mitogen-activated protein kinase, v. S4 | p. 233	
6.1.1.11	mSerRS, Serine-tRNA ligase, v. 2 | p. 77	
2.3.3.9	MSG, malate synthase, v. 30 | p. 644	
4.1.3.2	MSG, malate synthase, v. 4 | p. 14	
2.4.99.6	MSGb5 synthase, N-acetyllactosaminide α-2,3-sialyltransferase, v. 33 | p. 361	
1.2.1.66	MSH-dependent formaldehyde dehydrogenase, mycothiol-dependent formaldehyde dehydrogenase, v. 20 | p. 399	
1.8.1.15	MSH disulfide reductase, mycothione reductase, v. 24 | p. 563	
5.2.1.4	msh gene, Maleylpyruvate isomerase, v. 1 | p. 206	
3.4.24.70	68000-M Signalpeptide hydrolase, oligopeptidase A, v. 8 | p. 559	

3.1.1.59	MsJHE, Juvenile-hormone esterase, v. 9 | p. 368	
4.2.3.16	MsLS, (4S)-limonene synthase, v. S7 | p. 267	
3.1.4.12	N-mSMase, sphingomyelin phosphodiesterase, v. 11 | p. 86	
3.1.4.12	S-mSMase, sphingomyelin phosphodiesterase, v. 11 | p. 86	
3.1.4.12	T-mSMase, sphingomyelin phosphodiesterase, v. 11 | p. 86	
4.6.1.1	MSMEG0218, adenylate cyclase, v. 5 | p. 415	
4.6.1.1	MSMEG0536, adenylate cyclase, v. 5 | p. 415	
4.6.1.1	MSMEG3253, adenylate cyclase, v. 5 | p. 415	
4.6.1.1	MSMEG3579, adenylate cyclase, v. 5 | p. 415	
4.6.1.1	MSMEG3786, adenylate cyclase, v. 5 | p. 415	
4.6.1.1	MSMEG4282, adenylate cyclase, v. 5 | p. 415	
4.6.1.1	MSMEG4472, adenylate cyclase, v. 5 | p. 415	
3.2.1.28	MSMEG 4528, α,α-trehalase, v. 12 | p. 478	
4.6.1.1	MSMEG4909, adenylate cyclase, v. 5 | p. 415	
4.6.1.1	MSMEG5003, adenylate cyclase, v. 5 | p. 415	
4.6.1.1	MSMEG6117, adenylate cyclase, v. 5 | p. 415	
2.3.1.5	MSNAT, arylamine N-acetyltransferase, v. 29 | p. 243	
1.5.3.1	MSOX, sarcosine oxidase, v. 23 | p. 273	
3.4.24.36	MSP, leishmanolysin, v. 8 | p. 408	
3.1.3.48	MSP, protein-tyrosine-phosphatase, v. 10 | p. 407	
2.6.1.83	Msp_0924, LL-diaminopimelate aminotransferase, v. S2 | p. 253	
3.1.21.4	MspAII, type II site-specific deoxyribonuclease, v. 11 | p. 454	
2.4.2.30	msPARP , NAD+ ADP-ribosyltransferase, v. 33 | p. 263	
3.4.21.93	mSPC3, Proprotein convertase 1, v. 7 | p. 452	
3.1.21.4	MspI, type II site-specific deoxyribonuclease, v. 11 | p. 454	
2.1.1.37	MspI DNA methyltransferase, DNA (cytosine-5-)-methyltransferase, v. 28 | p. 197	
2.7.10.1	MSP receptor, receptor protein-tyrosine kinase, v. S2 | p. 341	
1.16.1.8	MSR, [methionine synthase] reductase, v. 27 | p. 463	
1.8.4.12	MSR, peptide-methionine (R)-S-oxide reductase, v. S1 | p. 328	
1.8.4.11	MSR, peptide-methionine (S)-S-oxide reductase, v. S1 | p. 291	
1.8.4.11	MsrA, peptide-methionine (S)-S-oxide reductase, v. S1 | p. 291	
1.8.4.12	MsrA/B, peptide-methionine (R)-S-oxide reductase, v. S1 | p. 328	
1.8.4.11	MsrA/B, peptide-methionine (S)-S-oxide reductase, v. S1 | p. 291	
1.8.4.12	MsrA/MsrB, peptide-methionine (R)-S-oxide reductase, v. S1 | p. 328	
1.8.4.11	MsrA/MsrB, peptide-methionine (S)-S-oxide reductase, v. S1 | p. 291	
1.8.4.12	msrAB, peptide-methionine (R)-S-oxide reductase, v. S1 | p. 328	
1.8.4.12	MsrABTk, peptide-methionine (R)-S-oxide reductase, v. S1 | p. 328	
1.8.4.11	MsrABTk, peptide-methionine (S)-S-oxide reductase, v. S1 | p. 291	
1.8.4.12	MsrB, peptide-methionine (R)-S-oxide reductase, v. S1 | p. 328	
1.8.4.12	MSRB1, peptide-methionine (R)-S-oxide reductase, v. S1 | p. 328	
1.8.4.12	MsrB2, peptide-methionine (R)-S-oxide reductase, v. S1 | p. 328	
1.8.4.12	MsrB3, peptide-methionine (R)-S-oxide reductase, v. S1 | p. 328	
1.8.4.12	MsrBA, peptide-methionine (R)-S-oxide reductase, v. S1 | p. 328	
1.8.4.11	MsrBA, peptide-methionine (S)-S-oxide reductase, v. S1 | p. 291	
3.2.1.18	MSS, exo-α-sialidase, v. 12 | p. 244	
2.7.1.68	Mss4, 1-phosphatidylinositol-4-phosphate 5-kinase, v. 36 | p. 196	
2.7.1.68	MSS4p, 1-phosphatidylinositol-4-phosphate 5-kinase, v. 36 | p. 196	
2.7.4.14	MssA protein, cytidylate kinase, v. 37 | p. 582	
2.8.1.2	3MST, 3-mercaptopyruvate sulfurtransferase, v. 39 | p. 206	
2.8.1.2	MST, 3-mercaptopyruvate sulfurtransferase, v. 39 | p. 206	
2.7.10.1	MST1R, receptor protein-tyrosine kinase, v. S2 | p. 341	
3.1.21.4	MstI, type II site-specific deoxyribonuclease, v. 11 | p. 454	
2.4.1.13	Msus1, sucrose synthase, v. 31 | p. 113	
2.4.1.232	α-1,6-MT, initiation-specific α-1,6-mannosyltransferase, v. 32 | p. 640	
6.1.1.2	(Mt)TrpRS, Tryptophan-tRNA ligase, v. 2 | p. 9	

6.2.1.1	MT-ACS1, Acetate-CoA ligase, v. 2	p. 186
3.1.2.20	MT-ACT48, acyl-CoA hydrolase, v. 9	p. 539
3.1.2.2	MT-ACT48, palmitoyl-CoA hydrolase, v. 9	p. 459
3.5.1.23	mt-CDase, ceramidase, v. 14	p. 367
1.1.1.67	mt-dh, mannitol 2-dehydrogenase, v. 17	p. 84
2.4.1.142	MT-I, chitobiosyldiphosphodolichol β-mannosyltransferase, v. 32	p. 256
6.5.1.1	Mt-Lig, DNA ligase (ATP), v. 2	p. 755
3.4.24.80	MT-MMP-1, membrane-type matrix metalloproteinase-1, v. S6	p. 292
3.4.24.80	MT-MMP1, membrane-type matrix metalloproteinase-1, v. S6	p. 292
1.8.3.4	MT-oxidase, methanethiol oxidase, v. 24	p. 609
2.7.11.1	MT-PK, non-specific serine/threonine protein kinase, v. S3	p. 1
3.4.22.37	mt-RgpA, Gingipain R, v. 7	p. 707
3.4.22.37	mt-RgpB, Gingipain R, v. 7	p. 707
3.6.4.3	MT-severing AAA ATPase, microtubule-severing ATPase, v. 15	p. 774
3.4.21.109	MT-SP-1, matriptase, v. S5	p. 367
3.4.21.109	MT-SP1, matriptase, v. S5	p. 367
3.4.21.109	MT-SP1/matripase, matriptase, v. S5	p. 367
2.7.1.21	Mt-TK, thymidine kinase, v. 35	p. 270
6.1.1.1	mt-TyrRS, Tyrosine-tRNA ligase, v. 2	p. 1
3.2.1.151	Mt-XTH1, xyloglucan-specific endo-β-1,4-glucanase, v. S5	p. 132
2.1.1.90	MT 1, methanol-5-hydroxybenzimidazolylcobamide Co-methyltransferase, v. 28	p. 459
3.4.24.7	MT1-MMP, interstitial collagenase, v. 8	p. 218
3.4.24.80	MT1-MMP, membrane-type matrix metalloproteinase-1, v. S6	p. 292
3.4.24.80	MT1-MPP, membrane-type matrix metalloproteinase-1, v. S6	p. 292
3.1.3.22	Mt1Pase, mannitol-1-phosphatase, v. 10	p. 261
3.1.1.1	MT2282, carboxylesterase, v. 9	p. 1
2.1.1.57	MT57, mRNA (nucleoside-2'-O-)-methyltransferase, v. 28	p. 320
3.2.2.9	MTA/AdoHcy nucleosidase, adenosylhomocysteine nucleosidase, v. 14	p. 55
3.2.2.9	MTA/SAH nucleosidase, adenosylhomocysteine nucleosidase, v. 14	p. 55
2.1.1.90	MtaB, methanol-5-hydroxybenzimidazolylcobamide Co-methyltransferase, v. 28	p. 459
3.2.2.9	MTAN, adenosylhomocysteine nucleosidase, v. 14	p. 55
3.2.2.16	MTAN, methylthioadenosine nucleosidase, v. 14	p. 78
1.3.1.77	MtANR, anthocyanidin reductase, v. S1	p. 231
3.2.2.16	MTA nucleosidase, methylthioadenosine nucleosidase, v. 14	p. 78
2.4.2.28	MTAP, S-methyl-5'-thioadenosine phosphorylase, v. 33	p. 236
2.4.2.28	MTAPase, S-methyl-5'-thioadenosine phosphorylase, v. 33	p. 236
4.2.99.18	mtAPE, DNA-(apurinic or apyrimidinic site) lyase, v. 5	p. 150
2.4.2.28	MTA phosphorylase, S-methyl-5'-thioadenosine phosphorylase, v. 33	p. 236
2.4.2.28	Mtap protein, S-methyl-5'-thioadenosine phosphorylase, v. 33	p. 236
3.2.2.16	MTA ribohydrolase, methylthioadenosine nucleosidase, v. 14	p. 78
5.4.99.16	MTase, maltose α-D-glucosyltransferase, v. 1	p. 656
2.1.1.72	MTase, site-specific DNA-methyltransferase (adenine-specific), v. 28	p. 390
5.4.99.5	MtbCM, Chorismate mutase, v. 1	p. 604
2.8.1.1	MtbCysA3, thiosulfate sulfurtransferase, v. 39	p. 183
2.1.3.3	Mtb OTC, ornithine carbamoyltransferase, v. 29	p. 119
4.2.1.51	MtbPDT, prephenate dehydratase, v. 4	p. 519
1.13.11.54	MTCBP-1, acireductone dioxygenase [iron(II)-requiring], v. S1	p. 476
1.1.99.18	MtCDH, cellobiose dehydrogenase (acceptor), v. 19	p. 377
2.7.3.2	MtCK, creatine kinase, v. 37	p. 369
5.4.99.5	105-MtCM, Chorismate mutase, v. 1	p. 604
5.4.99.5	90-MtCM, Chorismate mutase, v. 1	p. 604
5.4.99.5	MtCM, Chorismate mutase, v. 1	p. 604
2.7.1.33	MtCoaA, pantothenate kinase, v. 35	p. 385
6.2.1.1	mtCODH/ACS, Acetate-CoA ligase, v. 2	p. 186
1.5.1.29	MtCS, FMN reductase, v. 23	p. 217

4.2.3.5	MtCS, chorismate synthase, v. S7	p. 202
1.14.13.89	MtCYP81E7, isoflavone 2'-hydroxylase, v. S1	p. 582
1.14.13.52	MtCYP81E9, isoflavone 3'-hydroxylase, v. 26	p. 493
1.5.99.9	MTD, Methylenetetrahydromethanopterin dehydrogenase, v. 23	p. 387
1.1.1.255	MTD, mannitol dehydrogenase, v. 18	p. 440
1.5.1.15	MTD, methylenetetrahydrofolate dehydrogenase (NAD+), v. 23	p. 144
1.1.1.67	MtDH, mannitol 2-dehydrogenase, v. 17	p. 84
1.1.1.138	MtDH, mannitol 2-dehydrogenase (NADP+), v. 17	p. 403
2.5.1.15	MtDHPS, dihydropteroate synthase, v. 33	p. 494
2.7.7.7	mtDNA replicase, DNA-directed DNA polymerase, v. 38	p. 118
2.7.7.31	mTdT, DNA nucleotidylexotransferase, v. 38	p. 364
2.2.1.7	MtDXS2, 1-deoxy-D-xylulose-5-phosphate synthase, v. 29	p. 217
3.1.2.2	MTE-I, palmitoyl-CoA hydrolase, v. 9	p. 459
3.1.2.20	MTE-II, acyl-CoA hydrolase, v. 9	p. 539
1.3.99.13	MTE-II, long-chain-acyl-CoA dehydrogenase, v. 21	p. 561
2.5.1.19	Mt EPSPS, 3-phosphoshikimate 1-carboxyvinyltransferase, v. 33	p. 546
3.1.14.1	mtEXO, yeast ribonuclease, v. 11	p. 412
2.1.2.9	MTF, methionyl-tRNA formyltransferase, v. 29	p. 66
2.3.1.39	mtFabD, [acyl-carrier-protein] S-malonyltransferase, v. 29	p. 566
2.3.1.180	mtFabH, β-ketoacyl-acyl-carrier-protein synthase III, v. S2	p. 99
4.1.2.13	MtFBA, Fructose-bisphosphate aldolase, v. 3	p. 455
5.2.1.8	MtFK, Peptidylprolyl isomerase, v. 1	p. 218
5.2.1.8	MtFKBP17, Peptidylprolyl isomerase, v. 1	p. 218
2.3.1.15	mtGPAT, glycerol-3-phosphate O-acyltransferase, v. 29	p. 347
2.3.1.15	mtGPAT1, glycerol-3-phosphate O-acyltransferase, v. 29	p. 347
2.3.1.15	mtGPAT2, glycerol-3-phosphate O-acyltransferase, v. 29	p. 347
3.2.1.141	MTH, 4-α-D-{(1->4)-α-D-glucano}trehalose trehalohydrolase, v. 13	p. 564
3.1.22.4	Mth-Hjc, crossover junction endodeoxyribonuclease, v. 11	p. 487
3.6.1.15	MTH1, nucleoside-triphosphatase, v. 15	p. 365
2.6.1.83	MTH52, LL-diaminopimelate aminotransferase, v. S2	p. 253
3.2.1.141	MTHase, 4-α-D-{(1->4)-α-D-glucano}trehalose trehalohydrolase, v. 13	p. 564
6.3.4.3	MTHFD, formate-tetrahydrofolate ligase, v. 2	p. 567
6.3.4.3	MTHFD1, formate-tetrahydrofolate ligase, v. 2	p. 567
3.5.4.9	MTHFD1, methenyltetrahydrofolate cyclohydrolase, v. 15	p. 72
3.5.2.13	MTHFDC, 2,5-dioxopiperazine hydrolase, v. 14	p. 733
3.5.4.9	MTHFDC, methenyltetrahydrofolate cyclohydrolase, v. 15	p. 72
1.5.1.5	MTHFDC, methylenetetrahydrofolate dehydrogenase (NADP+), v. 23	p. 53
1.5.1.15	MTHFR, methylenetetrahydrofolate dehydrogenase (NAD+), v. 23	p. 144
1.5.1.20	MTHFR, methylenetetrahydrofolate reductase [NAD(P)H], v. 23	p. 174
1.5.1.20	MTHFR2, methylenetetrahydrofolate reductase [NAD(P)H], v. 23	p. 174
6.3.3.2	MTHFS, 5-Formyltetrahydrofolate cyclo-ligase, v. 2	p. 535
6.5.1.1	Mth ligase, DNA ligase (ATP), v. 2	p. 755
1.1.1.88	Mt HMGR1, hydroxymethylglutaryl-CoA reductase, v. 17	p. 200
3.5.4.10	MthPurO, IMP cyclohydrolase, v. 15	p. 82
3.6.3.51	mtHSP70, mitochondrial protein-transporting ATPase, v. 15	p. 744
3.4.24.80	MTI-MMP, membrane-type matrix metalloproteinase-1, v. S6	p. 292
2.1.1.150	MtI7OMT, isoflavone 7-O-methyltransferase, v. 28	p. 649
3.4.24.19	mTld, procollagen C-endopeptidase, v. 8	p. 317
2.3.3.13	MtαIPMS, 2-isopropylmalate synthase, v. 30	p. 676
2.7.7.60	MtIspD, 2-C-methyl-D-erythritol 4-phosphate cytidylyltransferase, v. 38	p. 560
2.7.1.100	MTK, S-methyl-5-thioribose kinase, v. 36	p. 398
6.2.1.9	MTK-α, Malate-CoA ligase, v. 2	p. 245
6.2.1.9	MTK-β, Malate-CoA ligase, v. 2	p. 245
2.7.1.100	MTK1, S-methyl-5-thioribose kinase, v. 36	p. 398
2.7.11.25	MTK1, mitogen-activated protein kinase kinase kinase, v. S4	p. 278

4.1.1.72	MtKDC, branched-chain-2-oxoacid decarboxylase, v. 3	p. 393
1.14.13.52	MtI3'H, isoflavone 3'-hydroxylase, v. 26	p. 493
1.1.1.67	MtlD, mannitol 2-dehydrogenase, v. 17	p. 84
3.4.24.19	MtlD, procollagen C-endopeptidase, v. 8	p. 317
6.1.1.4	mtLeuRS, Leucine-tRNA ligase, v. 2	p. 23
3.1.3.64	MTM, phosphatidylinositol-3-phosphatase, v. 10	p. 483
3.1.3.64	MTM-6, phosphatidylinositol-3-phosphatase, v. 10	p. 483
3.1.3.64	MTM-9, phosphatidylinositol-3-phosphatase, v. 10	p. 483
3.1.3.64	MTM1, phosphatidylinositol-3-phosphatase, v. 10	p. 483
3.6.4.5	MT minus-end-directed non claret disjunctional, minus-end-directed kinesin ATPase, v. 15	p. 784
3.1.3.64	MTMR13, phosphatidylinositol-3-phosphatase, v. 10	p. 483
3.1.3.64	MTMR2, phosphatidylinositol-3-phosphatase, v. 10	p. 483
3.1.3.16	MTMR5, phosphoprotein phosphatase, v. 10	p. 213
3.1.3.64	MTMR6, phosphatidylinositol-3-phosphatase, v. 10	p. 483
4.2.1.109	MtnB, methylthioribulose 1-phosphate dehydratase, v. S7	p. 109
2.7.1.100	MtnK, S-methyl-5-thioribose kinase, v. 36	p. 398
1.2.7.3	mtNOS, 2-oxoglutarate synthase, v. 20	p. 556
1.14.13.39	mtNOS, nitric-oxide synthase, v. 26	p. 426
1.8.1.9	MtNTRC, thioredoxin-disulfide reductase, v. 24	p. 517
5.99.1.2	mTopoI, DNA topoisomerase, v. 1	p. 721
3.1.4.3	MTP40 antigen, phospholipase C, v. 11	p. 32
1.2.4.1	MtPDC, pyruvate dehydrogenase (acetyl-transferring), v. 20	p. 488
6.1.1.20	mtPheRS, Phenylalanine-tRNA ligase, v. 2	p. 156
3.6.4.4	MT plus-end-directed kinesin, plus-end-directed kinesin ATPase, v. 15	p. 778
2.7.1.160	mTPT1, 2'-phosphotransferase, v. S2	p. 287
2.1.1.13	MTR, methionine synthase, v. 28	p. 73
1.8.1.15	MTR, mycothione reductase, v. 24	p. 563
1.8.1.9	mTR3, thioredoxin-disulfide reductase, v. 24	p. 517
2.7.13.3	MtrA, histidine kinase, v. S4	p. 420
2.7.13.3	MtrB, histidine kinase, v. S4	p. 420
2.7.1.100	MTRK, S-methyl-5-thioribose kinase, v. 36	p. 398
2.7.1.100	MTR kinase, S-methyl-5-thioribose kinase, v. 36	p. 398
2.7.1.100	MTR kinase1, S-methyl-5-thioribose kinase, v. 36	p. 398
2.7.7.6	mtRNAP, DNA-directed RNA polymerase, v. 38	p. 103
1.16.1.8	MTRR, [methionine synthase] reductase, v. 27	p. 463
4.2.1.109	MTRu-1-P dehydratase, methylthioribulose 1-phosphate dehydratase, v. S7	p. 109
5.4.99.15	MTS, (1->4)-α-D-Glucan 1-α-D-glucosylmutase, v. 1	p. 652
3.2.1.18	MTS, exo-α-sialidase, v. 12	p. 244
3.1.3.16	MTS, phosphoprotein phosphatase, v. 10	p. 213
5.4.99.15	MTSase, (1->4)-α-D-Glucan 1-α-D-glucosylmutase, v. 1	p. 652
6.1.1.11	mtSerRS, Serine-tRNA ligase, v. 2	p. 77
5.4.99.15	MTSH, (1->4)-α-D-Glucan 1-α-D-glucosylmutase, v. 1	p. 652
2.7.1.71	MtSK, shikimate kinase, v. 36	p. 220
2.4.1.13	MtSucS1, sucrose synthase, v. 31	p. 113
2.4.1.13	mtSUS, sucrose synthase, v. 31	p. 113
2.1.1.48	h-mtTFB1, rRNA (adenine-N6-)-methyltransferase, v. 28	p. 281
1.11.1.15	MtTPx, peroxiredoxin, v. S1	p. 403
4.2.3.1	MtTS, threonine synthase, v. S7	p. 173
6.1.1.9	MTTV, Valine-tRNA ligase, v. 2	p. 59
6.1.1.1	mtTyrRS, Tyrosine-tRNA ligase, v. 2	p. 1
2.1.1.61	MTU1, tRNA (5-methylaminomethyl-2-thiouridylate)-methyltransferase, v. 28	p. 337
6.5.1.2	MtuLigA, DNA ligase (NAD+), v. 2	p. 773
6.5.1.1	MtuLigB, DNA ligase (ATP), v. 2	p. 755
6.5.1.1	MtuLigC, DNA ligase (ATP), v. 2	p. 755

6.5.1.1	MtuLigD, DNA ligase (ATP), v. 2 | p. 755	
1.14.13.82	Mtv, vanillate monooxygenase, v. S1 | p. 535	
1.14.18.1	mTyr, monophenol monooxygenase, v. 27 | p. 156	
3.4.22.52	mu-calpain, calpain-1, v. S6 | p. 45	
3.4.22.52	muCANP, calpain-1, v. S6 | p. 45	
3.4.21.107	MucD, peptidase Do, v. S5 | p. 342	
2.4.1.122	mucin-type core-1 β1-3 galactosyltransferase, glycoprotein-N-acetylgalactosamine 3-β-galactosyltransferase, v. 32 | p. 174	
2.4.1.148	mucin-type core 2 β-1,6-N-acetylglucosaminyltransferase-M, acetylgalactosaminyl-O-glycosyl-glycoprotein β-1,6-N-acetylglucosaminyltransferase, v. 32 | p. 293	
2.4.1.148	mucin-type core 2 β-6-GlcNAc-transferase, acetylgalactosaminyl-O-glycosyl-glycoprotein β-1,6-N-acetylglucosaminyltransferase, v. 32 | p. 293	
4.2.2.1	mucinase, hyaluronate lyase, v. 5 | p. 1	
2.4.1.147	mucin core 3 β3-GlcNAc-transferase, acetylgalactosaminyl-O-glycosyl-glycoprotein β-1,3-N-acetylglucosaminyltransferase, v. 32 | p. 287	
2.4.99.3	mucin sialyltransferase, α-N-acetylgalactosaminide α-2,6-sialyltransferase, v. 33 | p. 335	
5.5.1.1	Muconate cycloisomerase I, Muconate cycloisomerase, v. 1 | p. 660	
5.5.1.7	Muconate cycloisomerase II, Chloromuconate cycloisomerase, v. 1 | p. 699	
5.5.1.1	Muconate lactonizing enzyme, Muconate cycloisomerase, v. 1 | p. 660	
5.3.3.4	Muconolactone Δ-isomerase, muconolactone Δ-isomerase, v. 1 | p. 399	
5.3.3.4	Muconolactone isomerase, muconolactone Δ-isomerase, v. 1 | p. 399	
3.5.1.28	Mucopeptide aminohydrolase, N-acetylmuramoyl-L-alanine amidase, v. 14 | p. 396	
3.2.1.17	mucopeptide glucohydrolase, lysozyme, v. 12 | p. 228	
3.2.1.17	mucopeptide N-acetylmuramoylhydrolase, lysozyme, v. 12 | p. 228	
3.2.1.18	mucopolysaccharide N-acetylneuraminylhydrolase, exo-α-sialidase, v. 12 | p. 244	
3.4.23.23	Mucor acid protease, Mucorpepsin, v. 8 | p. 106	
3.4.23.23	Mucor acid proteinase, Mucorpepsin, v. 8 | p. 106	
3.4.23.23	Mucor aspartic proteinase, Mucorpepsin, v. 8 | p. 106	
3.4.23.23	Mucor miehei aspartic protease, Mucorpepsin, v. 8 | p. 106	
3.4.23.23	Mucor miehei aspartic proteinase, Mucorpepsin, v. 8 | p. 106	
3.4.23.23	Mucor miehei rennin, Mucorpepsin, v. 8 | p. 106	
3.4.23.23	Mucor pusillus emporase, Mucorpepsin, v. 8 | p. 106	
3.4.23.23	Mucor pusillus rennin, Mucorpepsin, v. 8 | p. 106	
3.4.23.23	Mucor rennin, Mucorpepsin, v. 8 | p. 106	
3.4.21.39	mucosal mast cell protease, chymase, v. 7 | p. 175	
3.4.21.39	mucosal mast cell protease-1, chymase, v. 7 | p. 175	
3.4.24.54	Mucrotoxin A, mucrolysin, v. 8 | p. 478	
2.4.1.102	mucus-type core 2 β1,6 N-acetylglucosaminyltransferase, β-1,3-galactosyl-O-glycosyl-glycoprotein β-1,6-N-acetylglucosaminyltransferase, v. 32 | p. 84	
2.3.1.96	mucus glycoprotein fatty acyltransferase, glycoprotein N-palmitoyltransferase, v. 30 | p. 190	
3.6.1.52	muDIPP1, diphosphoinositol-polyphosphate diphosphatase, v. 15 | p. 520	
6.3.2.7	MuE, UDP-N-acetylmuramoyl-L-alanyl-D-glutamate-L-lysine ligase, v. 2 | p. 439	
2.5.1.18	mu glutathione transferase, glutathione transferase, v. 33 | p. 524	
2.7.11.25	MUK, mitogen-activated protein kinase kinase kinase, v. S4 | p. 278	
6.3.2.19	MULAN, Ubiquitin-protein ligase, v. 2 | p. 506	
6.3.2.19	Mule, Ubiquitin-protein ligase, v. 2 | p. 506	
2.7.1.94	MULK, acylglycerol kinase, v. 36 | p. 368	
2.7.10.2	mullerian inhibiting substance type II receptor, non-specific protein-tyrosine kinase, v. S2 | p. 441	
3.6.3.12	multi-subunit K+-transport ATPase, K+-transporting ATPase, v. 15 | p. 593	
3.4.25.1	multicatalytic endopeptidase complex, proteasome endopeptidase complex, v. 8 | p. 587	
3.4.25.1	Multicatalytic endopeptidase complex C7, proteasome endopeptidase complex, v. 8 | p. 587	
3.4.25.1	multicatalytic protease, proteasome endopeptidase complex, v. 8 | p. 587	
3.4.25.1	multicatalytic proteinase, proteasome endopeptidase complex, v. 8 | p. 587	
1.14.13.7	multicomponent PH, phenol 2-monooxygenase, v. 26 | p. 246	

1.14.13.7	multicomponent phenol hydroxylase, phenol 2-monooxygenase, v. 26 | p. 246
1.16.3.1	multicopper oxidase, ferroxidase, v. 27 | p. 466
2.7.13.3	multidomain membrane sensor kinase, histidine kinase, v. S4 | p. 420
3.6.3.44	multidrug-resistance protein, xenobiotic-transporting ATPase, v. 15 | p. 700
3.6.3.1	multidrug resistance 3 P-glycoprotein, phospholipid-translocating ATPase, v. 15 | p. 532
3.6.3.44	multidrug resistance protein 3, xenobiotic-transporting ATPase, v. 15 | p. 700
2.3.1.169	multienzyme carbon monoxide dehydrogenase complex, CO-methylating acetyl-CoA synthase, v. 30 | p. 459
2.3.1.169	multienzyme CO dehydrogenase/acetyl-CoA synthase complex, CO-methylating acetyl-CoA synthase, v. 30 | p. 459
1.1.1.35	multifunctional β-oxidation enzyme, 3-hydroxyacyl-CoA dehydrogenase, v. 16 | p. 318
3.1.1.41	multifunctional CE-7 esterase, cephalosporin-C deacetylase, v. 9 | p. 291
2.7.1.145	multifunctional deoxynucleoside kinase, deoxynucleoside kinase, v. 37 | p. 214
1.3.1.74	multifunctional eicosanoid oxidoreductase, 2-alkenal reductase, v. 21 | p. 336
1.11.1.13	multifunctional manganese peroxidase, manganese peroxidase, v. 25 | p. 283
2.3.1.22	multifunctional O-acyltransferase, 2-acylglycerol O-acyltransferase, v. 29 | p. 431
2.3.1.20	multifunctional O-acyltransferase, diacylglycerol O-acyltransferase, v. 29 | p. 396
2.3.1.75	multifunctional O-acyltransferase, long-chain-alcohol O-fatty-acyltransferase, v. 30 | p. 79
2.3.1.76	multifunctional O-acyltransferase, retinol O-fatty-acyltransferase, v. 30 | p. 83
5.3.4.1	multifunctional protein disulfide isomerase, Protein disulfide-isomerase, v. 1 | p. 436
2.4.99.4	multifunctional sialyltransferase, β-galactoside α-2,3-sialyltransferase, v. 33 | p. 346
1.8.1.7	multifunctional thioredoxin-glutathione reductase, glutathione-disulfide reductase, v. 24 | p. 488
1.8.1.9	multifunctional thioredoxin-glutathione reductase, thioredoxin-disulfide reductase, v. 24 | p. 517
1.7.2.2	multihaem c NiR, nitrite reductase (cytochrome; ammonia-forming), v. 24 | p. 331
1.7.2.2	multiheme nitrite reductase, nitrite reductase (cytochrome; ammonia-forming), v. 24 | p. 331
3.1.3.26	multiple inositol polyphosphate phosphatase, 4-phytase, v. 10 | p. 289
3.1.3.62	multiple inositol polyphosphate phosphatase, multiple inositol-polyphosphate phosphatase, v. 10 | p. 475
2.7.1.145	multispecific deoxynucleoside kinase, deoxynucleoside kinase, v. 37 | p. 214
2.7.1.145	multisubstrate deoxyribonucleoside kinase, deoxynucleoside kinase, v. 37 | p. 214
2.7.1.94	multisubstrate lipid kinase, acylglycerol kinase, v. 36 | p. 368
2.7.7.49	MuLV RT, RNA-directed DNA polymerase, v. 38 | p. 492
3.1.30.1	mung bean endonuclease, Aspergillus nuclease S1, v. 11 | p. 610
3.1.30.1	mung bean nuclease, Aspergillus nuclease S1, v. 11 | p. 610
3.1.30.2	mung bean nuclease, Serratia marcescens nuclease, v. 11 | p. 626
3.1.30.1	mung bean nuclease I, Aspergillus nuclease S1, v. 11 | p. 610
3.1.21.4	MunI, type II site-specific deoxyribonuclease, v. 11 | p. 454
6.1.1.5	Mupirocin resistance protein, Isoleucine-tRNA ligase, v. 2 | p. 33
4.2.1.47	MUR1, GDP-mannose 4,6-dehydratase, v. 4 | p. 501
2.5.1.7	MurA, UDP-N-acetylglucosamine 1-carboxyvinyltransferase, v. 33 | p. 443
3.2.1.17	muramidase, lysozyme, v. 12 | p. 228
3.4.17.13	muramoyltetrapeptide carboxypeptidase, Muramoyltetrapeptide carboxypeptidase, v. 6 | p. 471
2.5.1.7	MurA transferase, UDP-N-acetylglucosamine 1-carboxyvinyltransferase, v. 33 | p. 443
1.1.1.158	MurB, UDP-N-acetylmuramate dehydrogenase, v. 18 | p. 15
6.3.2.8	MurC, UDP-N-acetylmuramate-L-alanine ligase, v. 2 | p. 442
6.3.2.8	MurC ligase, UDP-N-acetylmuramate-L-alanine ligase, v. 2 | p. 442
6.3.2.9	MurD, UDP-N-acetylmuramoyl-L-alanine-D-glutamate ligase, v. 2 | p. 452
6.3.2.9	MurD cell wall enzyme, UDP-N-acetylmuramoyl-L-alanine-D-glutamate ligase, v. 2 | p. 452
6.3.2.9	MurD ligase, UDP-N-acetylmuramoyl-L-alanine-D-glutamate ligase, v. 2 | p. 452

6.3.2.13	MurE, UDP-N-acetylmuramoyl-L-alanyl-D-glutamate-2,6-diaminopimelate ligase, v. 2 | p. 473
6.3.2.7	MurE, UDP-N-acetylmuramoyl-L-alanyl-D-glutamate-L-lysine ligase, v. 2 | p. 439
3.5.1.28	murein hydrolase, N-acetylmuramoyl-L-alanine amidase, v. 14 | p. 396
3.2.1.96	murein hydrolase, mannosyl-glycoprotein endo-β-N-acetylglucosaminidase, v. 13 | p. 350
3.5.1.4	murein peptide amidase A, amidase, v. 14 | p. 231
6.3.2.13	MurE synthetase, UDP-N-acetylmuramoyl-L-alanyl D-glutamate-2,6-diaminopimelate ligase, v. 2 | p. 473
6.3.2.10	MurF, UDP-N-acetylmuramoyl-tripeptide-D-alanyl-D-alanine ligase, v. 2 | p. 458
6.3.2.19	MuRF-1, Ubiquitin-protein ligase, v. 2 | p. 506
6.3.2.10	MurF1, UDP-N-acetylmuramoyl-tripeptide-D-alanyl-D-alanine ligase, v. 2 | p. 458
6.3.2.19	MurF1, Ubiquitin-protein ligase, v. 2 | p. 506
2.4.1.227	MurG, undecaprenyldiphospho-muramoylpentapeptide β-N-acetylglucosaminyltransferase, v. 32 | p. 616
2.4.1.227	MurG glycosyltransferase, undecaprenyldiphospho-muramoylpentapeptide β-N-acetylglucosaminyltransferase, v. 32 | p. 616
2.4.1.227	MurG transferase, undecaprenyldiphospho-muramoylpentapeptide β-N-acetylglucosaminyltransferase, v. 32 | p. 616
5.1.1.3	MurI, Glutamate racemase, v. 1 | p. 11
3.5.1.15	murine aspartoacylase, aspartoacylase, v. 14 | p. 331
2.1.1.43	murine disruptor of telomeric silencing alternative splice variant a, histone-lysine N-methyltransferase, v. 28 | p. 235
3.6.4.4	murine kinesin, plus-end-directed kinesin ATPase, v. 15 | p. 778
3.4.21.93	murine PC1/3, Proprotein convertase 1, v. 7 | p. 452
3.4.21.93	murine proprotein convertase-1, Proprotein convertase 1, v. 7 | p. 452
3.4.21.93	murine proprotein convertase-1/3, Proprotein convertase 1, v. 7 | p. 452
2.7.11.1	Murine serine-threonine kinase 38, non-specific serine/threonine protein kinase, v. S3 | p. 1
3.2.1.18	Murine thymic sialidase, exo-α-sialidase, v. 12 | p. 244
1.14.18.1	murine tyrosinase, monophenol monooxygenase, v. 27 | p. 156
6.1.1.7	MurM, Alanine-tRNA ligase, v. 2 | p. 51
6.1.1.7	MurN, Alanine-tRNA ligase, v. 2 | p. 51
3.1.22.4	Mus81, crossover junction endodeoxyribonuclease, v. 11 | p. 487
3.1.22.4	Mus81-Eme1, crossover junction endodeoxyribonuclease, v. 11 | p. 487
3.1.22.4	Mus81-Eme1/Mms4, crossover junction endodeoxyribonuclease, v. 11 | p. 487
3.1.22.4	MUS81-EME1A complex, crossover junction endodeoxyribonuclease, v. 11 | p. 487
3.1.22.4	MUS81-EME1B complex, crossover junction endodeoxyribonuclease, v. 11 | p. 487
3.1.22.4	Mus81-Eme1 endonuclease, crossover junction endodeoxyribonuclease, v. 11 | p. 487
3.1.22.4	Mus81-Eme1 endonuclease complex, crossover junction endodeoxyribonuclease, v. 11 | p. 487
3.1.22.4	Mus81-Mms4/Eme1 endonuclease, crossover junction endodeoxyribonuclease, v. 11 | p. 487
3.1.22.4	Mus81-Mms4 endonuclease, crossover junction endodeoxyribonuclease, v. 11 | p. 487
3.1.22.4	Mus81.Eme1 Holliday junction resolvase, crossover junction endodeoxyribonuclease, v. 11 | p. 487
3.1.22.4	Mus81/Eme1, crossover junction endodeoxyribonuclease, v. 11 | p. 487
3.1.22.4	Mus81 endonuclease, crossover junction endodeoxyribonuclease, v. 11 | p. 487
3.1.22.4	MUS81 endonuclease complex, crossover junction endodeoxyribonuclease, v. 11 | p. 487
3.1.22.4	Mus81 nuclease, crossover junction endodeoxyribonuclease, v. 11 | p. 487
3.1.1.4	Muscarinic inhibitor, phospholipase A2, v. 9 | p. 52
3.4.22.54	muscle-specific calcium-activated neutral protease 3, calpain-3, v. S6 | p. 81
3.4.22.54	muscle-specific calpain, calpain-3, v. S6 | p. 81
5.4.2.1	Muscle-specific phosphoglycerate mutase, phosphoglycerate mutase, v. 1 | p. 493
2.7.10.1	muscle-specific receptor tyrosine kinase, receptor protein-tyrosine kinase, v. S2 | p. 341
6.3.2.19	muscle-specific RING finger-1, Ubiquitin-protein ligase, v. 2 | p. 506

6.3.2.19	muscle-specific ubiquitin ligase, Ubiquitin-protein ligase, v. 2 | p. 506	
4.1.2.13	Muscle-type aldolase, Fructose-bisphosphate aldolase, v. 3 | p. 455	
6.3.2.19	muscle atrophy F-box, Ubiquitin-protein ligase, v. 2 | p. 506	
3.4.22.54	muscle calpain, calpain-3, v. S6 | p. 81	
2.3.1.21	muscle carnitine palmitoyltransferase I, carnitine O-palmitoyltransferase, v. 29 | p. 411	
2.7.1.1	muscle form hexokinase, hexokinase, v. 35 | p. 74	
1.1.1.27	muscle LDH, L-lactate dehydrogenase, v. 16 | p. 253	
2.4.1.1	muscle phosphorylase, phosphorylase, v. 31 | p. 1	
2.4.1.1	muscle phosphorylase a and b, phosphorylase, v. 31 | p. 1	
1.16.3.1	mushroom tyrosinase, ferroxidase, v. 27 | p. 466	
2.7.10.1	MuSK, receptor protein-tyrosine kinase, v. S2 | p. 341	
3.1.2.15	mUSP25, ubiquitin thiolesterase, v. 9 | p. 523	
4.1.2.37	mut-HNL1, hydroxynitrilase, v. 3 | p. 569	
3.4.21.74	mut-II, Venombin A, v. 7 | p. 364	
3.4.21.74	mutalysin II, Venombin A, v. 7 | p. 364	
3.2.1.84	mutanase, glucan 1,3-α-glucosidase, v. 13 | p. 294	
3.2.1.84	Mutanase RM1, glucan 1,3-α-glucosidase, v. 13 | p. 294	
3.2.1.17	mutanolysin, lysozyme, v. 12 | p. 228	
3.2.1.59	MutAp, glucan endo-1,3-α-glucosidase, v. 13 | p. 151	
5.1.3.3	Mutarotase, Aldose 1-epimerase, v. 1 | p. 113	
5.1.3.3	mutarotase YeaD, Aldose 1-epimerase, v. 1 | p. 113	
5.4.99.9	mutase, UDP-galactopyranose mutase, v. 1 | p. 635	
5.4.99.4	Mutase, 2-methyleneglutarate, 2-Methyleneglutarate mutase, v. 1 | p. 599	
5.4.99.3	Mutase, acetolactate, 2-Acetolactate mutase, v. 1 | p. 597	
5.4.99.5	Mutase, chorismate, Chorismate mutase, v. 1 | p. 604	
5.4.3.4	Mutase, D-α-lysine mutase, D-lysine 5,6-aminomutase, v. 1 | p. 562	
5.4.3.2	Mutase, lysine 2,3-amino-, lysine 2,3-aminomutase, v. 1 | p. 553	
5.4.1.1	Mutase, lysolecithin acyl-, Lysolecithin acylmutase, v. 1 | p. 488	
5.4.99.1	Mutase, methylaspartate, Methylaspartate mutase, v. 1 | p. 582	
5.4.99.2	Mutase, methylmalonyl coenzyme A, Methylmalonyl-CoA mutase, v. 1 | p. 589	
5.4.1.2	Mutase, precorrin 8x, Precorrin-8X methylmutase, v. 1 | p. 490	
5.4.99.9	Mutase, uridine diphosphogalactopyranose, UDP-galactopyranose mutase, v. 1 | p. 635	
3.2.2.23	MutM, DNA-formamidopyrimidine glycosylase, v. 14 | p. 111	
3.2.1.35	Mu toxin, hyaluronoglucosaminidase, v. 12 | p. 526	
3.6.1.19	MutT, nucleoside-triphosphate diphosphatase, v. 15 | p. 386	
3.6.1.15	MutT homologue 1, nucleoside-triphosphatase, v. 15 | p. 365	
3.6.1.19	MutT nucleoside triphosphate pyrophosphohydrolase, nucleoside-triphosphate diphosphatase, v. 15 | p. 386	
3.2.1.17	MV1 lysin, lysozyme, v. 12 | p. 228	
3.1.21.4	Mva1269I, type II site-specific deoxyribonuclease, v. 11 | p. 454	
3.1.21.4	Mva1269I restriction endonuclease, type II site-specific deoxyribonuclease, v. 11 | p. 454	
2.7.1.36	MVA kinase, mevalonate kinase, v. 35 | p. 407	
1.3.3.5	MvBO, bilirubin oxidase, v. 21 | p. 392	
4.1.1.33	MVD, Diphosphomevalonate decarboxylase, v. 3 | p. 208	
1.1.1.21	MVDP, aldehyde reductase, v. 16 | p. 203	
2.7.1.36	MVK, mevalonate kinase, v. 35 | p. 407	
3.1.21.4	MwoI, type II site-specific deoxyribonuclease, v. 11 | p. 454	
2.7.7.49	MX162-RT, RNA-directed DNA polymerase, v. 38 | p. 492	
2.7.7.49	MX65-RT, RNA-directed DNA polymerase, v. 38 | p. 492	
2.4.1.207	MXE, xyloglucan:xyloglucosyl transferase, v. 32 | p. 524	
2.1.1.159	MXMT, theobromine synthase, v. S2 | p. 31	
2.1.1.159	MXMT1, theobromine synthase, v. S2 | p. 31	
2.1.1.159	MXMT2, theobromine synthase, v. S2 | p. 31	
3.6.3.14	My032 protein, H+-transporting two-sector ATPase, v. 15 | p. 598	
3.1.1.3	mycelium-bound lipase, triacylglycerol lipase, v. 9 | p. 36	

1.2.1.2	MycFDH, formate dehydrogenase, v. 20	p. 16
2.7.11.1	mycobacterial serine/threonine protein kinase, non-specific serine/threonine protein kinase, v. S3	p. 1
3.4.21.12	Mycobacterium sorangium α-lytic proteinase, α-lytic endopeptidase, v. 7	p. 66
2.5.1.19	Mycobacterium tuberculosis 5-enolpyruvylshikimate-3-phosphate synthase, 3-phosphoshikimate 1-carboxyvinyltransferase, v. 33	p. 546
5.4.99.5	Mycobacterium tuberculosis chorismate mutase, Chorismate mutase, v. 1	p. 604
2.5.1.15	Mycobacterium tuberculosis dihydropteroate synthase, dihydropteroate synthase, v. 33	p. 494
5.4.99.5	Mycobacterium tuberculosis H37Rv chorismate mutase, Chorismate mutase, v. 1	p. 604
2.3.1.111	mycocerosic acid synthase, mycocerosate synthase, v. 30	p. 262
2.3.1.122	mycolyl-transferase Ag85A, trehalose O-mycolyltransferase, v. 30	p. 300
2.3.1.122	mycolyltransferase, trehalose O-mycolyltransferase, v. 30	p. 300
2.3.1.122	mycolyltransferase, trehalose 6-monomycolate-trehalose, trehalose O-mycolyltransferase, v. 30	p. 300
3.6.3.27	mycorrhiza-specific phosphate transporter, phosphate-transporting ATPase, v. 15	p. 649
1.8.1.15	mycothiol-disulfide reductase, mycothione reductase, v. 24	p. 563
3.5.1.4	mycothiol-S-conjugate amidase, amidase, v. 14	p. 231
1.8.1.15	mycothiol disulfide reductase, mycothione reductase, v. 24	p. 563
1.8.1.15	mycothione reductase, mycothione reductase, v. 24	p. 563
3.1.1.4	mycotoxin II, phospholipase A2, v. 9	p. 52
3.1.27.3	MycRne, ribonuclease T1, v. 11	p. 572
3.4.24.81	myelin-associated disintegrin metalloproteinase, ADAM10 endopeptidase, v. S6	p. 311
2.3.1.12	myelin-proteolipid O-palmitoyltransferase, dihydrolipoyllysine-residue acetyltransferase, v. 29	p. 323
2.1.1.126	Myelin basic protein methylase I, [myelin basic protein]-arginine N-methyltransferase, v. 28	p. 583
2.3.1.100	myelin PLP acyltransferase, [myelin-proteolipid] O-palmitoyltransferase, v. 30	p. 220
3.4.21.76	myeloblastin, Myeloblastin, v. 7	p. 380
3.4.11.2	Myeloid plasma membrane glycoprotein CD13, membrane alanyl aminopeptidase, v. 6	p. 53
1.11.1.7	myeloperoxidase, peroxidase, v. 25	p. 211
2.7.11.18	MYLK, myosin-light-chain kinase, v. S4	p. 54
3.1.3.26	myo-inositol(1,2,3,4,5,6)hexakisphosphate phosphohydrolase, 4-phytase, v. 10	p. 289
3.1.3.56	D-myo-inositol(1,4,5)/(1,3,4,5)-polyphosphate 5-phosphatase, inositol-polyphosphate 5-phosphatase, v. 10	p. 448
3.1.3.25	myo-inositol-1(or 4)-phosphate phosphohydrolase, inositol-phosphate phosphatase, v. 10	p. 278
3.1.3.62	1D-myo-inositol-1,3,4,5-tetrakisphosphate 3-phosphohydrolase, multiple inositol-polyphosphate phosphatase, v. 10	p. 475
3.1.3.56	myo-inositol-1,4,5-trisphosphate 5-phosphatase, inositol-polyphosphate 5-phosphatase, v. 10	p. 448
3.1.3.25	myo-inositol-1-phosphatase, inositol-phosphate phosphatase, v. 10	p. 278
3.1.3.25	myo-inositol-1-phosphatase/aryl-phosphatase, inositol-phosphate phosphatase, v. 10	p. 278
3.1.3.25	L-myo-inositol-1-phosphate phosphatase, inositol-phosphate phosphatase, v. 10	p. 278
3.1.3.25	myo-inositol-1-phosphate phosphohydrolase, inositol-phosphate phosphatase, v. 10	p. 278
5.5.1.4	1L-myo-Inositol-1-phosphate synthase, inositol-3-phosphate synthase, v. 1	p. 674
5.5.1.4	L-myo-Inositol-1-phosphate synthase, inositol-3-phosphate synthase, v. 1	p. 674
5.5.1.4	Myo-inositol-1-phosphate synthase, inositol-3-phosphate synthase, v. 1	p. 674
5.5.1.4	myo-Inositol-1-P synthase, inositol-3-phosphate synthase, v. 1	p. 674
3.1.3.66	D-myo-inositol-3,4-bisphosphate 4-phosphohydrolase, phosphatidylinositol-3,4-bisphosphate 4-phosphatase, v. 10	p. 489
3.1.3.8	MYO-inositol-hexaphosphate 3-phosphohydrolase, 3-phytase, v. 10	p. 129
3.1.3.8	myo-inositol-hexaphosphate phosphohydrolase, 3-phytase, v. 10	p. 129

3.1.3.25	myo-inositol-phosphatase, inositol-phosphate phosphatase, v. 10 | p. 278	
2.7.1.134	1D-myo-inositol-tetrakisphosphate 1-kinase, inositol-tetrakisphosphate 1-kinase, v. 37 | p. 155	
2.7.1.140	1D-myo-inositol-tetrakisphosphate 5-kinase, inositol-tetrakisphosphate 5-kinase, v. 37 | p. 197	
2.7.1.127	1D-myo-inositol-trisphosphate 3-kinase, inositol-trisphosphate 3-kinase, v. 37 | p. 107	
2.7.1.134	1D-myo-inositol-trisphosphate 5-kinase, inositol-tetrakisphosphate 1-kinase, v. 37 | p. 155	
2.7.1.134	1-myo-inositol-trisphosphate 6-kinase, inositol-tetrakisphosphate 1-kinase, v. 37 | p. 155	
3.1.3.25	myo-inositol 1 (or 4) -monophosphatase, inositol-phosphate phosphatase, v. 10 | p. 278	
3.1.3.25	myo-inositol 1 (or 4) monophosphatase, inositol-phosphate phosphatase, v. 10 | p. 278	
3.1.3.64	D-myo-inositol 1,3-bisphosphate 3-phosphohydrolase, phosphatidylinositol-3-phosphatase, v. 10 | p. 483	
3.1.3.56	D-myo-inositol 1,4,5-triphosphate 5-phosphatase, inositol-polyphosphate 5-phosphatase, v. 10 | p. 448	
3.1.3.56	L-myo-inositol 1,4,5-trisphosphate-monoesterase, inositol-polyphosphate 5-phosphatase, v. 10 | p. 448	
2.7.1.127	D-myo-inositol 1,4,5-trisphosphate 3-kinase, inositol-trisphosphate 3-kinase, v. 37 | p. 107	
3.1.3.56	D-myo-inositol 1,4,5-trisphosphate 5-phosphatase, inositol-polyphosphate 5-phosphatase, v. 10 | p. 448	
3.1.3.56	myo-Inositol 1,4,5-trisphosphate 5-phosphatase, inositol-polyphosphate 5-phosphatase, v. 10 | p. 448	
2.1.1.39	myo-inositol 1-methyltransferase, inositol 3-methyltransferase, v. 28 | p. 214	
3.1.3.25	myo-inositol 1-phosphatase, inositol-phosphate phosphatase, v. 10 | p. 278	
3.1.3.25	L-myo-inositol 1-phosphate phosphatase, inositol-phosphate phosphatase, v. 10 | p. 278	
5.5.1.4	L-myo-inositol 1-phosphate synthase, inositol-3-phosphate synthase, v. 1 | p. 674	
5.5.1.4	myo-inositol 1-phosphate synthase, inositol-3-phosphate synthase, v. 1 | p. 674	
5.5.1.4	L-myo-Inositol 1-phosphate synthetase, inositol-3-phosphate synthase, v. 1 | p. 674	
3.1.4.43	D-myo-inositol 1:2-cyclic phosphate 2-inositolphosphohydrolase, glycerophosphoinositol inositolphosphodiesterase, v. 11 | p. 204	
3.1.4.43	D-myo-inositol 1:2-cyclic phosphate 2-phosphohydrolase, glycerophosphoinositol inositolphosphodiesterase, v. 11 | p. 204	
1.1.1.18	myo-inositol 2-dehydrogenase, inositol 2-dehydrogenase, v. 16 | p. 188	
2.7.1.64	myo-inositol 3-kinase, inositol 3-kinase, v. 36 | p. 165	
2.1.1.40	myo-inositol 3-O-methyltransferase, inositol 1-methyltransferase, v. 28 | p. 217	
5.5.1.4	1D-myo-inositol 3-phosphate synthase, inositol-3-phosphate synthase, v. 1 | p. 674	
2.1.1.129	myo-inositol 4-O-methyltransferase, inositol 4-methyltransferase, v. 28 | p. 594	
2.1.1.129	myo-inositol 6-O-methyltransferase, inositol 4-methyltransferase, v. 28 | p. 594	
1.1.1.18	myo-inositol:NAD2 oxidoreductase, inositol 2-dehydrogenase, v. 16 | p. 188	
1.2.1.5	myo-inositol dehydrogenase, aldehyde dehydrogenase [NAD(P)+], v. 20 | p. 72	
1.1.1.18	myo-inositol dehydrogenase, inositol 2-dehydrogenase, v. 16 | p. 188	
3.1.3.8	myo-inositol hexakiphosphate phosphohydrolase, 3-phytase, v. 10 | p. 129	
3.1.3.8	myo-inositol hexakisphosphate 3-phosphohydrolase, 3-phytase, v. 10 | p. 129	
3.1.3.26	myo-inositol hexakisphosphate phosphohydrolase, 4-phytase, v. 10 | p. 289	
3.1.3.26	myo-inositolhexakisphosphate phosphohydrolase, 4-phytase, v. 10 | p. 289	
3.1.3.8	myo-inositol hexaphosphate phosphohydrolase, 3-phytase, v. 10 | p. 129	
2.7.1.64	myo-inositol kinase, inositol 3-kinase, v. 36 | p. 165	
3.1.3.25	myo-inositol monophosphatase, inositol-phosphate phosphatase, v. 10 | p. 278	
3.1.3.25	myo-inositol monophosphatase 2, inositol-phosphate phosphatase, v. 10 | p. 278	
3.1.3.25	Myo-inositol monophosphatase A2, inositol-phosphate phosphatase, v. 10 | p. 278	
3.1.3.25	myo-inositol monophosphate phosphatase, inositol-phosphate phosphatase, v. 10 | p. 278	
2.1.1.129	myo-inositol O-methyltransferase, inositol 4-methyltransferase, v. 28 | p. 594	
2.1.1.39	myo-inositol O-Me transferase, inositol 3-methyltransferase, v. 28 | p. 214	
1.13.99.1	Myo-inositol oxygenase, inositol oxygenase, v. 25 | p. 734	
5.5.1.4	myo-inositol phosphate synthase, inositol-3-phosphate synthase, v. 1 | p. 674	

3.1.3.56	myo-inositol polyphosphate 5-phosphatase, inositol-polyphosphate 5-phosphatase, v. 10	p. 448	
3.5.4.6	Myoadenylate deaminase, AMP deaminase, v. 15	p. 57	
2.7.10.1	myoblast growth factor receptor egl-15, receptor protein-tyrosine kinase, v. S2	p. 341	
3.4.24.7	Myocardial collagenase, interstitial collagenase, v. 8	p. 218	
3.6.4.1	myofibril ATPase, myosin ATPase, v. 15	p. 754	
3.1.4.43	D-myoinositol 1,2-cyclic phosphate 2-phosphohydrolase, glycerophosphoinositol inositolphosphodiesterase, v. 11	p. 204	
2.7.1.64	myoinositol kinase, inositol 3-kinase, v. 36	p. 165	
2.7.4.3	myokinase, adenylate kinase, v. 37	p. 493	
2.4.1.1	myophosphorylase, phosphorylase, v. 31	p. 1	
3.6.4.1	myosin-ATPase, myosin ATPase, v. 15	p. 754	
3.1.3.53	[myosin-light-chain] phosphatase, [myosin-light-chain] phosphatase, v. 10	p. 439	
3.1.3.53	myosin-targeting protein 1, [myosin-light-chain] phosphatase, v. 10	p. 439	
3.6.4.1	myosin ATPase, myosin ATPase, v. 15	p. 754	
2.7.11.18	myosine light chain kinase, myosin-light-chain kinase, v. S4	p. 54	
2.7.11.7	myosin heavy chain kinase, myosin-heavy-chain kinase, v. S3	p. 186	
2.7.11.7	myosin heavy chain kinase A, myosin-heavy-chain kinase, v. S3	p. 186	
2.7.11.7	myosin I heavy-chain kinase, myosin-heavy-chain kinase, v. S3	p. 186	
2.7.11.7	myosin II heavy-chain kinase, myosin-heavy-chain kinase, v. S3	p. 186	
2.7.11.7	myosin II heavy chain kinase, myosin-heavy-chain kinase, v. S3	p. 186	
2.7.11.7	myosin II heavy chain kinases A, myosin-heavy-chain kinase, v. S3	p. 186	
2.7.11.7	myosin II heavy chain kinases B, myosin-heavy-chain kinase, v. S3	p. 186	
2.7.11.18	myosin kinase, myosin-light-chain kinase, v. S4	p. 54	
2.7.11.18	myosin light-chain kinase, myosin-light-chain kinase, v. S4	p. 54	
2.7.11.18	myosin light chain kinase, myosin-light-chain kinase, v. S4	p. 54	
2.7.11.18	myosin light chain kinase, skeletal muscle, myosin-light-chain kinase, v. S4	p. 54	
2.7.11.18	myosin light chain kinase, smooth muscle, myosin-light-chain kinase, v. S4	p. 54	
2.7.11.18	myosin light chain kinase, smooth muscle and non-muscle isozymes, myosin-light-chain kinase, v. S4	p. 54	
2.7.11.18	myosin light chain kinase 2, skeletal/cardiac muscle, myosin-light-chain kinase, v. S4	p. 54	
2.7.11.18	myosin light chain kinase A, myosin-light-chain kinase, v. S4	p. 54	
3.1.3.53	myosin light chain kinase phosphatase, [myosin-light-chain] phosphatase, v. 10	p. 439	
3.1.3.53	myosin light chain phosphatase, [myosin-light-chain] phosphatase, v. 10	p. 439	
2.7.11.18	myosin light chain protein kinase, myosin-light-chain kinase, v. S4	p. 54	
2.4.1.16	myosin motor-like chitin synthase, chitin synthase, v. 31	p. 147	
3.1.3.53	myosin phosphatase, [myosin-light-chain] phosphatase, v. 10	p. 439	
3.6.4.1	myosin S1 ATPase, myosin ATPase, v. 15	p. 754	
2.7.11.1	myotonic dystrophy protein kinase, non-specific serine/threonine protein kinase, v. S3	p. 1	
2.7.11.1	myotonin-protein kinase, non-specific serine/threonine protein kinase, v. S3	p. 1	
3.1.1.4	myotoxic Asp49-phospholipase A2, phospholipase A2, v. 9	p. 52	
3.1.1.4	Myotoxin, phospholipase A2, v. 9	p. 52	
3.1.1.4	myotoxin I, phospholipase A2, v. 9	p. 52	
3.1.3.64	myotubularin, phosphatidylinositol-3-phosphatase, v. 10	p. 483	
3.1.3.64	myotubularin-related 2, phosphatidylinositol-3-phosphatase, v. 10	p. 483	
3.1.3.64	myotubularin-related protein, phosphatidylinositol-3-phosphatase, v. 10	p. 483	
3.1.3.64	myotubular myopathy 1 PI 3-phosphatase, phosphatidylinositol-3-phosphatase, v. 10	p. 483	
3.2.1.20	myozyme, α-glucosidase, v. 12	p. 263	
3.1.3.53	MYPT1, [myosin-light-chain] phosphatase, v. 10	p. 439	
3.2.1.147	MYR1 myrosinase, thioglucosidase, v. 13	p. 587	
3.2.1.147	MYRc, thioglucosidase, v. 13	p. 587	
4.2.3.15	myrcene/(E)-β-ocimene synthase, myrcene synthase, v. S7	p. 264	
4.2.3.15	myrcene synthase, myrcene synthase, v. S7	p. 264	

2.3.1.97	myristoyl-CoA-protein N-myristoyltransferase, glycylpeptide N-tetradecanoyltransferase, v. 30 | p. 193
2.3.1.97	myristoyl-CoA: protein N-myristoyltransferase, glycylpeptide N-tetradecanoyltransferase, v. 30 | p. 193
2.3.1.97	myristoyl-CoA:protein N-myristoyltransferase, glycylpeptide N-tetradecanoyltransferase, v. 30 | p. 193
2.3.1.97	myristoyl-CoA:protein N-myristoyltransferase 1, glycylpeptide N-tetradecanoyltransferase, v. 30 | p. 193
2.3.1.97	myristoyl-CoA:protein N-myristoyltransferase 2, glycylpeptide N-tetradecanoyltransferase, v. 30 | p. 193
2.3.1.97	myristoyl-CoA:protein N-myristoyltransferases, glycylpeptide N-tetradecanoyltransferase, v. 30 | p. 193
1.14.19.5	Δ11-myristoyl-CoA desaturase, Δ11-fatty-acid desaturase
3.1.2.19	myristoyl-CoA thioesterase, ADP-dependent medium-chain-acyl-CoA hydrolase, v. 9 | p. 536
2.3.1.97	myristoyl-coenzyme A:protein N-myristoyl transferase, glycylpeptide N-tetradecanoyltransferase, v. 30 | p. 193
2.7.11.1	Myristoylated and palmitoylated serine-threonine kinase, non-specific serine/threonine protein kinase, v. S3 | p. 1
2.3.1.97	myristoylating enzymes, glycylpeptide N-tetradecanoyltransferase, v. 30 | p. 193
2.3.1.97	N-myristoyltransferase, glycylpeptide N-tetradecanoyltransferase, v. 30 | p. 193
2.3.1.97	myristoyltransferase, glycylpeptide N-tetradecanoyltransferase, v. 30 | p. 193
2.3.1.97	myristoyltransferase, protein N-, glycylpeptide N-tetradecanoyltransferase, v. 30 | p. 193
2.3.1.97	N-myristoyltransferase 1, glycylpeptide N-tetradecanoyltransferase, v. 30 | p. 193
2.3.1.97	N-myristoyltransferase 2, glycylpeptide N-tetradecanoyltransferase, v. 30 | p. 193
2.3.1.97	myristoyltransferase type 1, glycylpeptide N-tetradecanoyltransferase, v. 30 | p. 193
3.2.1.147	myrosin, thioglucosidase, v. 13 | p. 587
3.2.1.147	myrosinase, thioglucosidase, v. 13 | p. 587
3.2.1.147	myrosinase A, thioglucosidase, v. 13 | p. 587
3.2.1.147	myrosinase B, thioglucosidase, v. 13 | p. 587
2.3.1.48	MYST-related histone acetyltransferase complex, histone acetyltransferase, v. 29 | p. 641
3.1.3.53	MYTP 1, [myosin-light-chain] phosphatase, v. 10 | p. 439
3.4.21.12	Myxobacter α-lytic proteinase, α-lytic endopeptidase, v. 7 | p. 66
3.4.24.32	Myxobacter β-lytic proteinase, β-Lytic metalloendopeptidase, v. 8 | p. 392
3.4.21.12	Myxobacter 495 α-lytic proteinase, α-lytic endopeptidase, v. 7 | p. 66
3.4.24.32	Myxobacter495 β-lytic proteinase, β-Lytic metalloendopeptidase, v. 8 | p. 392
3.4.24.32	Myxobacter AL-1 proteinase I, β-Lytic metalloendopeptidase, v. 8 | p. 392
3.4.24.32	Myxobacterium sorangium β-lytic proteinase, β-Lytic metalloendopeptidase, v. 8 | p. 392
5.2.1.8	mzFKBP-66, Peptidylprolyl isomerase, v. 1 | p. 218

Index of Synonyms: N

3.1.3.5	5'N, 5'-nucleotidase, v. 10 | p. 95
3.1.3.5	e-N, 5'-nucleotidase, v. 10 | p. 95
3.5.1.28	Nacetylmuramoyl-L-alanine amidase activity, N-acetylmuramoyl-L-alanine amidase, v. 14 | p. 396
3.1.3.6	3'-N'ase, 3'-nucleotidase, v. 10 | p. 118
5.3.1.16	N'-[(5'-phosphoribosyl)-formimino]-5-aminoimidazole-4-carboxamide ribonucleotide isomerase, 1-(5-phosphoribosyl)-5-[(5-phosphoribosylamino)methylideneamino]imidazole-4-carboxamide isomerase, v. 1 | p. 335
1.8.1.12	N(1),N(8)-bis(glutathionyl)spermidine reductase, trypanothione-disulfide reductase, v. 24 | p. 543
2.4.2.21	N(1)-α-phosphoribosyltransferase, nicotinate-nucleotide-dimethylbenzimidazole phosphoribosyltransferase, v. 33 | p. 201
1.7.99.6	N(2)OR, nitrous-oxide reductase, v. 24 | p. 432
1.5.1.24	N(5)-(L-1-carboxyethyl)-L-ornithine:NADP(+) oxidoreductase, N5-(carboxyethyl)ornithine synthase, v. 23 | p. 198
2.4.99.6	α2,3-(N)-sialyltransferase, N-acetyllactosaminide α-2,3-sialyltransferase, v. 33 | p. 361
2.4.99.6	α2,3(N)ST, N-acetyllactosaminide α-2,3-sialyltransferase, v. 33 | p. 361
2.4.99.4	α2,3(N)ST, β-galactoside α-2,3-sialyltransferase, v. 33 | p. 346
2.4.1.141	N,N'-diacetylchitobiosylpyrophosphoryldolichol synthase, N-acetylglucosaminyldiphosphodolichol N-acetylglucosaminyltransferase, v. 32 | p. 252
2.4.1.244	N,N'-diacetyllactosediamine synthase, N-acetyl-β-glucosaminyl-glycoprotein 4-β-N-acetylgalactosaminyltransferase, v. S2 | p. 201
1.7.1.11	N,N'-dimethyl-p-aminoazobenzene oxide reductase, 4-(dimethylamino)phenylazoxybenzene reductase, v. 24 | p. 319
1.7.1.6	N,N-dimethyl-4-phenylazoaniline azoreductase, azobenzene reductase, v. 24 | p. 288
3.5.3.18	Nω,Nω-dimethyl-L-arginine dimethylaminohydrolase-1, dimethylargininase, v. 14 | p. 831
1.14.13.8	N,N-dimethylaniline monooxygenase, flavin-containing monooxygenase, v. 26 | p. 257
1.5.99.2	N,N-dimethylglycine oxidase, dimethylglycine dehydrogenase, v. 23 | p. 354
2.3.1.56	N,O-acetyltransferase, aromatic-hydroxylamine O-acetyltransferase, v. 29 | p. 700
3.2.1.17	N,O-diacetylmuramidase, lysozyme, v. 12 | p. 228
2.4.2.21	N1-α-phosphoribosyltransferase, nicotinate-nucleotide-dimethylbenzimidazole phosphoribosyltransferase, v. 33 | p. 201
1.5.3.11	N1-acetylated polyamine oxidase, polyamine oxidase, v. 23 | p. 312
1.5.3.11	N1-acetylpolyamine oxidase, polyamine oxidase, v. 23 | p. 312
3.5.1.48	N1-acetylspermidine amidohydrolase, acetylspermidine deacetylase, v. 14 | p. 473
2.3.1.57	N1-SAT, diamine N-acetyltransferase, v. 29 | p. 708
2.3.1.57	N1-spermidine/spermine acetyltransferase, diamine N-acetyltransferase, v. 29 | p. 708
1.5.1.6	N10-formyltetrahydrofolate dehydrogenase, formyltetrahydrofolate dehydrogenase, v. 23 | p. 65
2.1.2.9	N10-formyltetrahydrofolic-methionyl-transfer ribonucleic transformylase, methionyl-tRNA formyltransferase, v. 29 | p. 66
2.1.2.2	N10-formyltetrahydrofolate:2-amino-N-ribosylacetamide-5'-phosphate transformylase, phosphoribosylglycinamide formyltransferase, v. 29 | p. 19
6.3.2.17	N10-Formyltetrahydropteroyldiglutamate synthetase, tetrahydrofolate synthase, v. 2 | p. 488
3.5.3.11	N130D variant of arginase type I, agmatinase, v. 14 | p. 801
3.2.1.132	N174 chitosanase, chitosanase, v. 13 | p. 529
3.4.22.34	N197 legumain, Legumain, v. 7 | p. 689

2.3.1.57	N1SSAT, diamine N-acetyltransferase, v. 29 | p. 708	
2.5.1.66	N2-(2-carboxyethyl)arginine synthetase, N2-(2-carboxyethyl)arginine synthase, v. S2 | p. 214	
3.4.13.4	N2-(4-amino-butyryl)-L-lysine hydrolase, Xaa-Arg dipeptidase, v. 6 | p. 193	
1.5.1.11	N2-(D-1-carboxyethyl)-L-arginine:NAD+-oxidoreductase, D-Octopine dehydrogenase, v. 23 | p. 108	
1.5.1.11	N2-(D-1-carboxyethyl)-L-arginine:NAD+ oxidoreductase, D-Octopine dehydrogenase, v. 23 | p. 108	
3.4.13.18	N2-β-alanylarginine dipeptidase, cytosol nonspecific dipeptidase, v. 6 | p. 227	
2.6.1.11	N2-acetyl-L-ornithine:2-oxoglutarate 5-aminotransferase, acetylornithine transaminase, v. 34 | p. 342	
2.6.1.11	N2-acetylornithine 5-aminotransferase, acetylornithine transaminase, v. 34 | p. 342	
2.6.1.11	N2-acetylornithine 5-transaminase, acetylornithine transaminase, v. 34 | p. 342	
2.6.1.81	N2-succinylornithine 5-aminotransferase, succinylornithine transaminase, v. S2 | p. 244	
1.7.99.6	N2OR, nitrous-oxide reductase, v. 24 | p. 432	
1.7.99.6	N2O reductase, nitrous-oxide reductase, v. 24 | p. 432	
3.5.1.26	N4-(N-acetyl-β-glucosaminyl)-L-asparagine amidase, N4-(β-N-acetylglucosaminyl)-L-asparaginase, v. 14 | p. 385	
6.3.1.2	N47/N48, Glutamate-ammonia ligase, v. 2 | p. 347	
2.1.1.113	N4mC MTase, site-specific DNA-methyltransferase (cytosine-N4-specific), v. 28 | p. 541	
1.5.1.20	N5,10-methylenetetrahydrofolate reductase, methylenetetrahydrofolate reductase [NAD(P)H], v. 23 | p. 174	
3.5.4.27	N5,N10-methenyltetrahydromethanopterin cyclohydrolase, methenyltetrahydromethanopterin cyclohydrolase, v. 15 | p. 166	
1.12.98.2	N5,N10-methenyltetrahydromethanopterin hydrogenase, 5,10-methenyltetrahydromethanopterin hydrogenase, v. 25 | p. 361	
1.5.1.5	N5,N10-methylenetetrahydrofolate dehydrogenase, methylenetetrahydrofolate dehydrogenase (NADP+), v. 23 | p. 53	
1.5.1.20	N5,N10-methylenetetrahydrofolate reductase, methylenetetrahydrofolate reductase [NAD(P)H], v. 23 | p. 174	
1.5.99.11	N5,N10-methylenetetrahydromethanopterin:coenzyme-F420 oxidoreductase, 5,10-methylenetetrahydromethanopterin reductase, v. 23 | p. 394	
1.12.98.2	N5,N10-Methylenetetrahydromethanopterin dehydrogenase, 5,10-methenyltetrahydromethanopterin hydrogenase, v. 25 | p. 361	
1.5.99.9	N5,N10-Methylenetetrahydromethanopterin dehydrogenase, Methylenetetrahydromethanopterin dehydrogenase, v. 23 | p. 387	
1.12.98.2	N5,N10-methylenetetrahydromethanopterin dehydrogenase (H2-forming), 5,10-methenyltetrahydromethanopterin hydrogenase, v. 25 | p. 361	
1.5.1.24	N5-(CE) ornithine synthase, N5-(carboxyethyl)ornithine synthase, v. 23 | p. 198	
5.4.99.18	N5-CAIR mutase, 5-(carboxyamino)imidazole ribonucleotide mutase, v. S7 | p. 548	
6.3.4.18	N5-CAIR synthetase, 5-(carboxyamino)imidazole ribonucleotide synthase, v. S7 | p. 625	
5.4.99.18	N5-carboxyaminoimidazole ribonucleotide mutase, 5-(carboxyamino)imidazole ribonucleotide mutase, v. S7 | p. 548	
6.3.4.18	N5-carboxyaminoimidazole ribonucleotide synthetase, 5-(carboxyamino)imidazole ribonucleotide synthase, v. S7 | p. 625	
1.5.1.24	N5-CEO synthase, N5-(carboxyethyl)ornithine synthase, v. 23 | p. 198	
6.3.1.6	N5-Ethyl-L-glutamine synthetase, Glutamate-ethylamine ligase, v. 2 | p. 381	
6.3.3.2	N5-Formyltetrahydrofolic acid cyclodehydrase, 5-Formyltetrahydrofolate cyclo-ligase, v. 2 | p. 535	
2.1.1.13	N5-methyltetrahydrofolate-homocysteine cobalamin methyltransferase, methionine synthase, v. 28 | p. 73	
2.1.1.13	N5-methyltetrahydrofolate methyltransferase, methionine synthase, v. 28 | p. 73	
2.1.1.13	N5-methyltetrahydrofolic-homocysteine vitamin B12 transmethylase, methionine synthase, v. 28 | p. 73	
1.5.99.12	N6-(D2-isopentenyl)adenosine oxidase, cytokinin dehydrogenase, v. 23 | p. 398	

1.5.1.7	N6-(glutar-2-yl)-L-lysine:NAD oxidoreductase (L-lysine-forming), saccharopine dehydrogenase (NAD+, L-lysine-forming), v. 23 | p. 78
1.5.1.7	N6-(glutaryl-2)-L-lysine:NAD oxidoreductase (L-lysine forming), saccharopine dehydrogenase (NAD+, L-lysine-forming), v. 23 | p. 78
1.5.1.7	N6-(glutaryl-2)-L-lysine:nicotinamide adenine dinucleotide (NAD+) oxidoreductase (L-lysine-forming), saccharopine dehydrogenase (NAD+, L-lysine-forming), v. 23 | p. 78
2.1.1.72	N6-Ade MTase, site-specific DNA-methyltransferase (adenine specific), v. 28 | p. 390
2.1.1.72	[N6-adenine] MTase, site-specific DNA-methyltransferase (adenine-specific), v. 28 | p. 390
2.1.1.72	N6-adenine DNA -methyltransferase, site-specific DNA-methyltransferase (adenine-specific), v. 28 | p. 390
2.1.1.72	N6-adenine methyltransferase, site-specific DNA-methyltransferase (adenine-specific), v. 28 | p. 390
2.1.1.72	N6-adenine MTase, site-specific DNA-methyltransferase (adenine-specific), v. 28 | p. 390
1.5.99.12	N6-isopentenyladenine oxidase, cytokinin dehydrogenase, v. 23 | p. 398
1.5.3.4	N6-methyllysine oxidase, N6-methyl-lysine oxidase, v. 23 | p. 286
2.1.1.72	N6_N4_MTase, site-specific DNA-methyltransferase (adenine-specific), v. 28 | p. 390
2.1.1.33	N7-methylguanine methylase, tRNA (guanine-N7-)-methyltransferase, v. 28 | p. 166
3.5.1.48	N8-acetyl-monoacetylspermidine deacetylase, acetylspermidine deacetylase, v. 14 | p. 473
3.5.1.48	N8-acetylspermidine deacetylase, acetylspermidine deacetylase, v. 14 | p. 473
2.5.1.70	N8DT, naringenin 8-dimethylallyltransferase, v. S2 | p. 229
3.2.1.18	NA, exo-α-sialidase, v. 12 | p. 244
3.6.3.9	(Na+ + K+)-activated ATPase, Na+/K+-exchanging ATPase, v. 15 | p. 573
3.6.3.9	(Na+ + K+)-ATPase, Na+/K+-exchanging ATPase, v. 15 | p. 573
3.6.3.9	(Na+,K+)-activated ATPase, Na+/K+-exchanging ATPase, v. 15 | p. 573
3.6.3.9	Na+,K+-adenosine triphosphatase, Na+/K+-exchanging ATPase, v. 15 | p. 573
3.6.3.7	Na+,K+-ATPase, Na+-exporting ATPase, v. 15 | p. 561
3.6.3.9	Na+,K+-ATPase, Na+/K+-exchanging ATPase, v. 15 | p. 573
3.6.3.9	Na+,K+-pump, Na+/K+-exchanging ATPase, v. 15 | p. 573
4.1.1.89	Na+-activated malonate decarboxylase, biotin-dependent malonate decarboxylase
3.6.3.7	Na+-ATPase, Na+-exporting ATPase, v. 15 | p. 561
3.6.3.15	Na+-ATPase, Na+-transporting two-sector ATPase, v. 15 | p. 611
3.6.3.7	Na+-exporting ATPase, Na+-exporting ATPase, v. 15 | p. 561
3.6.3.9	(Na+-K+)-ATPase, Na+/K+-exchanging ATPase, v. 15 | p. 573
3.6.3.9	Na+-K+ ATPase, Na+/K+-exchanging ATPase, v. 15 | p. 573
3.6.3.9	Na+-K+ pump, Na+/K+-exchanging ATPase, v. 15 | p. 573
1.6.99.5	Na+-motive NADH:quinone oxidoreductase, NADH dehydrogenase (quinone), v. 24 | p. 219
1.6.99.5	Na+-NQR, NADH dehydrogenase (quinone), v. 24 | p. 219
1.6.5.3	Na+-NQR, NADH dehydrogenase (ubiquinone), v. 24 | p. 106
3.6.3.27	Na+-Pi transporter, phosphate-transporting ATPase, v. 15 | p. 649
3.6.3.15	Na+-translocating ATPase, Na+-transporting two-sector ATPase, v. 15 | p. 611
1.6.99.5	Na+-translocating complex 1, NADH dehydrogenase (quinone), v. 24 | p. 219
3.6.3.15	Na+-translocating F1FO-ATPase, Na+-transporting two-sector ATPase, v. 15 | p. 611
1.6.99.5	Na+-translocating NADH:quinone oxidoreductase, NADH dehydrogenase (quinone), v. 24 | p. 219
1.6.5.3	Na+-translocating NADH:ubiquinone oxidoreductase, NADH dehydrogenase (ubiquinone), v. 24 | p. 106
1.6.99.5	Na+-translocating NADH dehydrogenase, NADH dehydrogenase (quinone), v. 24 | p. 219
3.6.3.9	Na+/K+ ATPase, Na+/K+-exchanging ATPase, v. 15 | p. 573
3.6.3.9	Na+/K+ pump, Na+/K+-exchanging ATPase, v. 15 | p. 573
4.1.1.89	Na+ pumping malonate decarboxylase, biotin-dependent malonate decarboxylase
4.3.99.2	Na+ pumping malonate decarboxylase, carboxybiotin decarboxylase
3.6.3.7	Na+ stimulated P-type ATPase, Na+-exporting ATPase, v. 15 | p. 561
3.6.3.15	Na+ V-ATPase, Na+-transporting two-sector ATPase, v. 15 | p. 611
3.6.3.9	Na,K-activated ATPase, Na+/K+-exchanging ATPase, v. 15 | p. 573

3.6.3.9	Na,K-adenosine triphosphatase, Na+/K+-exchanging ATPase, v.15 | p.573	
3.6.3.9	Na,K-ATPase, Na+/K+-exchanging ATPase, v.15 | p.573	
3.6.3.9	Na,K-Pump, Na+/K+-exchanging ATPase, v.15 | p.573	
3.6.3.9	Na,K pump, Na+/K+-exchanging ATPase, v.15 | p.573	
3.6.3.9	Na-K-ATPase, Na+/K+-exchanging ATPase, v.15 | p.573	
3.6.3.9	Na/K-ATPase, Na+/K+-exchanging ATPase, v.15 | p.573	
3.6.3.9	Na/K pump, Na+/K+-exchanging ATPase, v.15 | p.573	
3.2.1.18	NA1, exo-α-sialidase, v.12 | p.244	
6.5.1.1	NA1 ligase, DNA ligase (ATP), v.2 | p.755	
6.5.1.2	NA1 ligase, DNA ligase (NAD+), v.2 | p.773	
3.2.1.18	NA2, exo-α-sialidase, v.12 | p.244	
3.5.1.4	NAAA, amidase, v.14 | p.231	
3.5.1.15	NAA acylase, aspartoacylase, v.14 | p.331	
3.4.17.21	NAADLADase, Glutamate carboxypeptidase II, v.6 | p.498	
3.4.17.21	NAADLADse, Glutamate carboxypeptidase II, v.6 | p.498	
3.4.17.21	NAAG-hydrolyzing activity, Glutamate carboxypeptidase II, v.6 | p.498	
3.4.17.21	NAAG peptidase, Glutamate carboxypeptidase II, v.6 | p.498	
3.4.17.21	NAAG peptidase II, Glutamate carboxypeptidase II, v.6 | p.498	
3.4.17.21	NAALADase, Glutamate carboxypeptidase II, v.6 | p.498	
3.4.17.21	Naaladase I, Glutamate carboxypeptidase II, v.6 | p.498	
3.4.17.21	NAALADase II, Glutamate carboxypeptidase II, v.6 | p.498	
3.4.17.21	NAALA dipeptidase, Glutamate carboxypeptidase II, v.6 | p.498	
2.6.1.80	naat-A, nicotianamine aminotransferase, v.S2 | p.242	
2.6.1.80	naat-B, nicotianamine aminotransferase, v.S2 | p.242	
2.6.1.80	NAAT-III, nicotianamine aminotransferase, v.S2 | p.242	
2.6.1.80	NAAT1, nicotianamine aminotransferase, v.S2 | p.242	
2.6.1.80	NAAT I, nicotianamine aminotransferase, v.S2 | p.242	
2.6.1.80	NAAT II, nicotianamine aminotransferase, v.S2 | p.242	
3.4.23.46	NACE1, memapsin 2, v.S6 | p.236	
3.4.13.5	NacHDE, Xaa-methyl-His dipeptidase, v.6 | p.195	
3.4.22.51	NACrI, cruzipain, v.S6 | p.30	
2.4.2.30	NAD(+) ADP-ribosyltransferase, NAD+ ADP-ribosyltransferase, v.33 | p.263	
3.2.2.5	NAD(+) nucleosidase, NAD+ nucleosidase, v.14 | p.25	
6.3.5.1	NAD(+) synthase [glutamine-hydrolyzing], NAD+ synthase (glutamine-hydrolysing), v.2 | p.651	
1.1.1.1	NAD(H)-dependent alcohol dehydrogenase, alcohol dehydrogenase, v.16 | p.1	
1.4.1.2	NAD(H)-dependent glutamate dehydrogenase, glutamate dehydrogenase, v.22 | p.27	
2.7.1.86	NAD(H)K, NADH kinase, v.36 | p.321	
2.7.1.86	NAD(H) kinase, NADH kinase, v.36 | p.321	
1.2.1.59	NAD(NADP)-dependent glyceraldehyde-3-phosphate dehydrogenase, glyceraldehyde-3-phosphate dehydrogenase (NAD(P)+) (phosphorylating), v.20 | p.378	
1.6.1.1	NAD(P)(+) transhydrogenase [B-specific], NAD(P)+ transhydrogenase (B-specific), v.24 | p.1	
1.1.1.50	NAD(P)+-3α-hydroxysteroid dehydrogenase, 3α-hydroxysteroid dehydrogenase (B-specific), v.16 | p.487	
2.4.2.31	NAD(P)+-arginine ADP-ribosyltransferase, NAD+-protein-arginine ADP-ribosyltransferase, v.33 | p.272	
1.2.1.28	NAD(P)+-dependent benzaldehyde dehydrogenase, benzaldehyde dehydrogenase (NAD+), v.20 | p.246	
4.2.1.115	NAD(P)+-dependent dehydratase/epimerase, UDP-N-acetylglucosamine 4,6-dehydratase (inverting)	
1.4.1.3	NAD(P)+-dependent glutamate dehydrogenase, glutamate dehydrogenase [NAD(P)+], v.22 | p.43	
1.1.1.41	NAD(P)+-dependent isocitrate dehydrogenase, isocitrate dehydrogenase (NAD+), v.16 | p.394	

3.2.2.6	NAD(P)+-glycohydrolase, NAD(P)+ nucleosidase, v. 14	p. 37	
1.7.1.2	NAD(P)+:nitrate oxidoreductase, Nitrate reductase [NAD(P)H], v. 24	p. 260	
3.2.2.6	NAD(P)+ glycohydrolase, NAD(P)+ nucleosidase, v. 14	p. 37	
1.2.1.28	NAD(P)-dependent benzaldehyde dehydrogenase, benzaldehyde dehydrogenase (NAD +), v. 20	p. 246	
1.2.99.6	NAD(P)-dependent carboxylic acid reductase, Carboxylate reductase, v. 20	p. 598	
1.2.1.59	NAD(P)-dependent G3P dehydrogenase, glyceraldehyde-3-phosphate dehydrogenase (NAD(P)+) (phosphorylating), v. 20	p. 378	
1.4.1.4	NAD(P)-dependent GDH, glutamate dehydrogenase (NADP+), v. 22	p. 68	
1.1.1.47	NAD(P)-dependent glucose-1-dehydrogenase, glucose 1-dehydrogenase, v. 16	p. 451	
1.4.1.3	NAD(P)-dependent glutamate dehydrogenase, glutamate dehydrogenase [NAD(P)+], v. 22	p. 43	
1.2.1.59	NAD(P)-dependent glyceraldehyde-3-phosphate dehydrogenase, glyceraldehyde-3-phosphate dehydrogenase (NAD(P)+) (phosphorylating), v. 20	p. 378	
1.2.1.13	NAD(P)-GAPDH, glyceraldehyde-3-phosphate dehydrogenase (NADP+) (phosphorylating), v. 20	p. 163	
1.4.1.4	NAD(P)-glutamate dehydrogenase, glutamate dehydrogenase (NADP+), v. 22	p. 68	
1.4.1.3	NAD(P)-glutamate dehydrogenase, glutamate dehydrogenase [NAD(P)+], v. 22	p. 43	
3.2.2.6	NAD(P)-glycohydrolase, NAD(P)+ nucleosidase, v. 14	p. 37	
1.1.99.25	NAD(P)-independent quinate dehydrogenase, quinate dehydrogenase (pyrroloquinoline-quinone), v. 19	p. 412	
1.4.1.19	NAD(P)-L-tryptophan dehydrogenase, tryptophan dehydrogenase, v. 22	p. 192	
1.18.1.4	NAD(P)-rubredoxin oxidoreductase, rubredoxin-NAD(P)+ reductase, v. 27	p. 565	
3.2.2.6	NAD(P)ase, NAD(P)+ nucleosidase, v. 14	p. 37	
1.3.1.48	NAD(P)H-dependent alkenal/one oxidoreductase, 15-oxoprostaglandin 13-oxidase, v. 21	p. 263	
1.3.1.74	NAD(P)H-dependent alkenal/one oxidoreductase, 2-alkenal reductase, v. 21	p. 336	
1.1.1.94	NAD(P)H-dependent dihydroxyacetone-phosphate reductase, glycerol-3-phosphate dehydrogenase [NAD(P)+], v. 17	p. 235	
1.5.1.29	NAD(P)H-dependent FMN reductase, FMN reductase, v. 23	p. 217	
1.4.1.4	NAD(P)H-dependent glutamate dehydrogenase, glutamate dehydrogenase (NADP+), v. 22	p. 68	
1.4.1.3	NAD(P)H-dependent glutamate dehydrogenase, glutamate dehydrogenase [NAD(P)+], v. 22	p. 43	
1.1.1.94	NAD(P)H-dependent glycerol-3-phosphate dehydrogenase, glycerol-3-phosphate dehydrogenase [NAD(P)+], v. 17	p. 235	
1.5.1.29	NAD(P)H-flavin oxidoreductase, FMN reductase, v. 23	p. 217	
1.5.1.29	NAD(P)H-FMN oxidoreductase, FMN reductase, v. 23	p. 217	
1.5.1.29	NAD(P)H-FMN reductase, FMN reductase, v. 23	p. 217	
1.7.1.2	NAD(P)H-nitrate reductase, Nitrate reductase [NAD(P)H], v. 24	p. 260	
1.6.5.2	NAD(P)H-QR, NAD(P)H dehydrogenase (quinone), v. 24	p. 105	
1.3.1.74	NAD(P)H-quinone dehydrogenase, 2-alkenal reductase, v. 21	p. 336	
1.6.5.2	NAD(P)H-quinone dehydrogenase, NAD(P)H dehydrogenase (quinone), v. 24	p. 105	
1.6.5.5	NAD(P)H-quinone dehydrogenase, NADPH:quinone reductase, v. 24	p. 135	
1.3.1.74	NAD(P)H-quinone oxidoreductase, 2-alkenal reductase, v. 21	p. 336	
1.6.5.2	NAD(P)H-quinone oxidoreductase, NAD(P)H dehydrogenase (quinone), v. 24	p. 105	
1.6.5.5	NAD(P)H-quinone oxidoreductase, NADPH:quinone reductase, v. 24	p. 135	
1.3.1.74	NAD(P)H-quinone reductase, 2-alkenal reductase, v. 21	p. 336	
1.6.5.5	NAD(P)H-quinone reductase, NADPH:quinone reductase, v. 24	p. 135	
1.18.1.4	NAD(P)H-rubredoxin oxidoreductase, rubredoxin-NAD(P)+ reductase, v. 27	p. 565	
1.5.1.29	NAD(P)H-utilizing flavin reductase FRG/FRase I, FMN reductase, v. 23	p. 217	
1.4.1.3	NAD(P)H-utilizing glutamate dehydrogenase, glutamate dehydrogenase [NAD(P)+], v. 22	p. 43	
1.7.1.9	NAD(P)H2:4-nitroquinoline-N-oxide oxidoreductase, nitroquinoline-N-oxide reductase, v. 24	p. 307	

1.5.1.29	**NAD(P)H2:FMN oxidoreductase**, FMN reductase, v. 23 | p. 217
1.7.1.12	**NAD(P)H2:N-hydroxy-2-acetamidofluorene N-oxidoreductase**, N-hydroxy-2-acetamidofluorene reductase, v. 24 | p. 322
1.5.1.29	**NAD(P)H2 dehydrogenase (FMN)**, FMN reductase, v. 23 | p. 217
1.6.5.2	**NAD(P)H: (quinone-acceptor)oxidoreductase**, NAD(P)H dehydrogenase (quinone), v. 24 | p. 105
1.6.5.5	**NAD(P)H:(quinone-acceptor) oxidoreductase**, NADPH:quinone reductase, v. 24 | p. 135
1.3.1.74	**NAD(P)H:(quinone-acceptor)oxidoreductase**, 2-alkenal reductase, v. 21 | p. 336
1.3.1.74	**NAD(P)H:(quinone-acceptor)oxidoreductase (EC1.6.99.2)**, 2-alkenal reductase, v. 21 | p. 336
1.6.5.2	**NAD(P)H: (quinone acceptor) oxidoreductase**, NAD(P)H dehydrogenase (quinone), v. 24 | p. 105
1.7.1.6	**NAD(P)H:1-(4'-sulfophenylazo)-2-naphthol oxidoreductase**, azobenzene reductase, v. 24 | p. 288
1.17.1.1	**NAD(P)H:CDP-4-keto-6-deoxy-D-glucose oxidoreductase**, CDP-4-dehydro-6-deoxyglucose reductase, v. 27 | p. 481
1.5.1.29	**NAD(P)H:flavin mononucleotide oxidoreductase**, FMN reductase, v. 23 | p. 217
1.5.1.29	**NAD(P)H:flavin oxidoreductase**, FMN reductase, v. 23 | p. 217
1.5.1.29	**NAD(P)H:FMN oxidoreductase**, FMN reductase, v. 23 | p. 217
1.8.1.4	**NAD(P)H:lipoamide oxidoreductase**, dihydrolipoyl dehydrogenase, v. 24 | p. 463
1.6.5.2	**NAD(P)H: menadione oxidoreductase**, NAD(P)H dehydrogenase (quinone), v. 24 | p. 105
1.3.1.74	**NAD(P)H:menadione oxidoreductase**, 2-alkenal reductase, v. 21 | p. 336
1.6.5.5	**NAD(P)H:menadione oxidoreductase**, NADPH:quinone reductase, v. 24 | p. 135
1.7.1.2	**NAD(P)H:nitrate-oxidoreductase**, Nitrate reductase [NAD(P)H], v. 24 | p. 260
1.7.1.2	**NAD(P)H:nitrate reductase**, Nitrate reductase [NAD(P)H], v. 24 | p. 260
1.7.1.4	**NAD(P)H:nitrite oxidoreductase**, nitrite reductase [NAD(P)H], v. 24 | p. 277
1.6.5.5	**NAD(P)H:paraquat diaphorase**, NADPH:quinone reductase, v. 24 | p. 135
1.8.1.9	**NAD(P)H:paraquat oxidoreductase**, thioredoxin-disulfide reductase, v. 24 | p. 517
1.8.1.8	**NAD(P)H:protein-disulfide oxidoreductase**, protein-disulfide reductase, v. 24 | p. 514
1.6.5.2	**NAD(P)H:quinone acceptor oxidoreductase**, NAD(P)H dehydrogenase (quinone), v. 24 | p. 105
1.6.5.2	**NAD(P)H:quinone oxidoreducatase 1**, NAD(P)H dehydrogenase (quinone), v. 24 | p. 105
1.6.5.2	**NAD(P)H: Quinone oxidoreductase**, NAD(P)H dehydrogenase (quinone), v. 24 | p. 105
1.6.5.2	**NAD(P)H:quinone oxidoreductase**, NAD(P)H dehydrogenase (quinone), v. 24 | p. 105
1.10.99.2	**NAD(P)H:quinone oxidoreductase-2**, ribosyldihydronicotinamide dehydrogenase (quinone), v. S1 | p. 383
1.6.5.2	**NAD(P)H: quinone oxidoreductase 1**, NAD(P)H dehydrogenase (quinone), v. 24 | p. 105
1.6.5.2	**NAD(P)H:quinone oxidoreductase 1**, NAD(P)H dehydrogenase (quinone), v. 24 | p. 105
1.6.5.2	**NAD(P)H:quinoneoxidoreductase 1**, NAD(P)H dehydrogenase (quinone), v. 24 | p. 105
1.10.99.2	**NAD(P)H:quinone oxidoreductase2**, ribosyldihydronicotinamide dehydrogenase (quinone), v. S1 | p. 383
1.6.5.2	**NAD(P)H:quinone oxidoreductase I**, NAD(P)H dehydrogenase (quinone), v. 24 | p. 105
1.6.5.2	**NAD(P)H: quinone reductase**, NAD(P)H dehydrogenase (quinone), v. 24 | p. 105
1.6.5.2	**NAD(P)H:quinone reductase**, NAD(P)H dehydrogenase (quinone), v. 24 | p. 105
1.18.1.1	**NAD(P)H:rubredoxin reductase**, rubredoxin-NAD+ reductase, v. 27 | p. 538
1.7.1.2	**NAD(P)H bispecific nitrate reductase**, Nitrate reductase [NAD(P)H], v. 24 | p. 260
1.6.2.4	**NAD(P)H cytochrome P450 reductase**, NADPH-hemoprotein reductase, v. 24 | p. 58
1.3.1.74	**NAD(P)H dehydrogenase**, 2-alkenal reductase, v. 21 | p. 336
1.6.5.2	**NAD(P)H dehydrogenase**, NAD(P)H dehydrogenase (quinone), v. 24 | p. 105
1.6.5.5	**NAD(P)H dehydrogenase**, NADPH:quinone reductase, v. 24 | p. 135
1.3.1.74	**NAD(P)H dehydrogenase (quinone)**, 2-alkenal reductase, v. 21 | p. 336
1.6.5.5	**NAD(P)H dehydrogenase (quinone)**, NADPH:quinone reductase, v. 24 | p. 135
1.6.5.2	**NAD(P)H dehydrogenase complex**, NAD(P)H dehydrogenase (quinone), v. 24 | p. 105
1.5.1.29	**NAD(P)H flavin oxidoreductase**, FMN reductase, v. 23 | p. 217
1.3.1.74	**NAD(P)H menadione reductase**, 2-alkenal reductase, v. 21 | p. 336

1.6.5.2	NAD(P)H menadione reductase, NAD(P)H dehydrogenase (quinone), v. 24 | p. 105	
1.6.5.5	NAD(P)H menadione reductase, NADPH:quinone reductase, v. 24 | p. 135	
1.6.3.1	NAD(P)H oxidase 4, NAD(P)H oxidase, v. 24 | p. 92	
1.3.1.74	NAD(P)H paraquat diaphorase, 2-alkenal reductase, v. 21 | p. 336	
1.6.5.2	NAD(P)H quinone oxidoreductase-1, NAD(P)H dehydrogenase (quinone), v. 24 | p. 105	
1.6.5.2	NAD(P)H quinone oxidoreductase1, NAD(P)H dehydrogenase (quinone), v. 24 | p. 105	
1.6.5.2	NAD(P)H quinone reductase, NAD(P)H dehydrogenase (quinone), v. 24 | p. 105	
1.6.5.5	NAD(P)H quinone reductase, NADPH:quinone reductase, v. 24 | p. 135	
3.2.2.6	NAD(P) nucleosidase, NAD(P)+ nucleosidase, v. 14 | p. 37	
1.6.1.2	NAD(P) transhydrogenase, NAD(P)+ transhydrogenase (AB-specific), v. 24 | p. 10	
1.6.1.1	NAD(P) transhydrogenase, NAD(P)+ transhydrogenase (B-specific), v. 24 | p. 1	
1.1.1.175	(NAD)-linked D-xylose dehydrogenase, D-xylose 1-dehydrogenase, v. 18 | p. 78	
1.1.1.141	NAD+-15-hydroxy prostanoate oxidoreductase, 15-hydroxyprostaglandin dehydrogenase (NAD+), v. 17 | p. 417	
1.2.1.46	NAD+- and glutathione-dependent formaldehyde dehydrogenase, formaldehyde dehydrogenase, v. 20 | p. 328	
1.2.1.46	NAD+- and glutathione-independent formaldehyde dehydrogenase, formaldehyde dehydrogenase, v. 20 | p. 328	
1.1.1.141	NAD+-dependent 15-hydroxyprostaglandin dehydrogenase, 15-hydroxyprostaglandin dehydrogenase (NAD+), v. 17 | p. 417	
1.1.1.141	NAD+-dependent 15-hydroxyprostaglandin dehydrogenase (type I), 15-hydroxyprostaglandin dehydrogenase (NAD+), v. 17 | p. 417	
1.1.1.141	NAD+-dependent 15-PGDH, 15-hydroxyprostaglandin dehydrogenase (NAD+), v. 17 | p. 417	
2.7.1.160	NAD+-dependent 2'-phosphotransferase, 2'-phosphotransferase, v. S2 | p. 287	
1.1.1.213	NAD+-dependent 3α-HSD, 3α-hydroxysteroid dehydrogenase (A-specific), v. 18 | p. 285	
1.1.1.50	NAD+-dependent 3α-HSD, 3α-hydroxysteroid dehydrogenase (B-specific), v. 16 | p. 487	
1.4.1.1	NAD+-dependent alanine dehydrogenase, alanine dehydrogenase, v. 22 | p. 1	
1.4.1.5	NAD+-dependent amino acid dehydrogenase, L-Amino-acid dehydrogenase, v. 22 | p. 89	
6.5.1.2	NAD+-dependent DNA ligase, DNA ligase (NAD+), v. 2 | p. 773	
1.2.1.2	NAD+-dependent formate dehydrogenase, formate dehydrogenase, v. 20 | p. 16	
1.4.1.2	NAD+-dependent GDH, glutamate dehydrogenase, v. 22 | p. 27	
1.4.1.2	NAD+-dependent GluDH, glutamate dehydrogenase, v. 22 | p. 27	
1.1.1.8	NAD+-dependent glycerol-3-phosphate dehydrogenase, glycerol-3-phosphate dehydrogenase (NAD+), v. 16 | p. 120	
1.1.1.41	NAD+-dependent ICDH, isocitrate dehydrogenase (NAD+), v. 16 | p. 394	
1.1.1.41	NAD+-dependent isocitrate dehydrogenase, isocitrate dehydrogenase (NAD+), v. 16 | p. 394	
1.1.1.41	NAD+-dependent isocitrate dehydrogenase 1, isocitrate dehydrogenase (NAD+), v. 16 | p. 394	
1.1.1.39	NAD+-dependent malic enzyme, malate dehydrogenase (decarboxylating), v. 16 | p. 371	
1.1.1.38	NAD+-dependent malic enzyme, malate dehydrogenase (oxaloacetate-decarboxylating), v. 16 | p. 360	
1.1.1.24	NAD+-dependent QDH, quinate dehydrogenase, v. 16 | p. 236	
1.1.1.24	NAD+-dependent quinate dehydrogenase, quinate dehydrogenase, v. 16 | p. 236	
1.1.1.14	NAD+-dependent sorbitol dehydrogenase, L-iditol 2-dehydrogenase, v. 16 | p. 158	
1.1.1.175	NAD+-dependent xylose dehydrogenase, D-xylose 1-dehydrogenase, v. 18 | p. 78	
1.2.1.12	NAD+-G-3-P dehydrogenase, glyceraldehyde-3-phosphate dehydrogenase (phosphorylating), v. 20 | p. 135	
1.4.1.2	NAD+-glutamate dehydrogenase, glutamate dehydrogenase, v. 22 | p. 27	
3.2.2.5	NAD+-glycohydrolase, NAD+ nucleosidase, v. 14 | p. 25	
1.1.99.8	NAD+-independent, PQQ-containing alcohol dehydrogenase, alcohol dehydrogenase (acceptor), v. 19 | p. 305	
1.2.99.3	NAD+-independent, PQQ-containing alcohol dehydrogenase, aldehyde dehydrogenase (pyrroloquinoline-quinone), v. 20 | p. 578	

1.1.99.8	NAD+-independent 1-butanol dehydrogenase, alcohol dehydrogenase (acceptor), v. 19 | p. 305
1.1.99.6	NAD+-independent D-lactate dehydrogenase, D-2-hydroxy-acid dehydrogenase, v. 19 | p. 297
1.1.99.6	NAD+-independent L-lactate dehydrogenase, D-2-hydroxy-acid dehydrogenase, v. 19 | p. 297
1.1.2.3	NAD+ - independent LDH, L-lactate dehydrogenase (cytochrome), v. 19 | p. 5
1.1.99.6	NAD+-independent LDH, D-2-hydroxy-acid dehydrogenase, v. 19 | p. 297
1.1.2.4	NAD+-independent LDH, D-lactate dehydrogenase (cytochrome), v. 19 | p. 15
1.1.1.141	NAD+-linked 15-hydroxyprostaglandin dehydrogenase, 15-hydroxyprostaglandin dehydrogenase (NAD+), v. 17 | p. 417
1.2.1.3	NAD+-linked aldehyde dehydrogenase, aldehyde dehydrogenase (NAD+), v. 20 | p. 32
1.1.1.37	NAD+-MDH enzymes, malate dehydrogenase, v. 16 | p. 336
1.12.1.2	NAD+-reducing [NiFe]-hydrogenase, hydrogen dehydrogenase, v. 25 | p. 316
1.12.1.2	NAD+-reducing hydrogenase, hydrogen dehydrogenase, v. 25 | p. 316
1.12.1.2	NAD+-reducing NiFe hydrogenase, hydrogen dehydrogenase, v. 25 | p. 316
1.1.3.37	NAD+ - specific D-arabinose dehydrogenase, D-Arabinono-1,4-lactone oxidase, v. 19 | p. 230
1.1.1.41	NAD+-specific ICDH, isocitrate dehydrogenase (NAD+), v. 16 | p. 394
1.1.1.41	NAD+-specific IDH, isocitrate dehydrogenase (NAD+), v. 16 | p. 394
1.1.1.41	NAD+-specific isocitrate dehydrogenase, isocitrate dehydrogenase (NAD+), v. 16 | p. 394
1.2.1.10	NAD+/CoA-dependent aldehyde dehydrogenase, acetaldehyde dehydrogenase (acetylating), v. 20 | p. 115
1.2.1.28	NAD+/NADP+-dependent benzaldehyde dehydrogenase, benzaldehyde dehydrogenase (NAD+), v. 20 | p. 246
2.4.2.30	NAD+:ADP-ribosyltransferase (polymerizing), NAD+ ADP-ribosyltransferase, v. 33 | p. 263
2.4.2.31	NAD+:arginine ADP-ribosyltransferase, NAD+-protein-arginine ADP-ribosyltransferase, v. 33 | p. 272
2.4.2.31	NAD+:arginine ecto-mono(ADP-ribosyl)transferase, NAD+-protein-arginine ADP-ribosyltransferase, v. 33 | p. 272
2.4.2.31	NAD+:L-arginine ADP-D-ribosyltransferase, NAD+-protein-arginine ADP-ribosyltransferase, v. 33 | p. 272
1.1.1.141	NAD+ dependent 15-hydroxyprostaglandin dehydrogenase, 15-hydroxyprostaglandin dehydrogenase (NAD+), v. 17 | p. 417
1.4.1.1	NAD+ dependent amino acid dehydrogenase, alanine dehydrogenase, v. 22 | p. 1
1.1.1.141	NAD+ dependent PGDH, 15-hydroxyprostaglandin dehydrogenase (NAD+), v. 17 | p. 417
3.6.1.22	NAD+ diphosphatase, NAD+ diphosphatase, v. 15 | p. 396
1.5.1.9	NAD+ oxidoreductase (L-2-aminoadipic-δ-semialdehyde and glutamate forming), saccharopine dehydrogenase (NAD+, L-glutamate-forming), v. 23 | p. 97
3.6.1.22	NAD+ pyrophosphatase, NAD+ diphosphatase, v. 15 | p. 396
2.7.7.1	NAD+ pyrophosphorylase, nicotinamide-nucleotide adenylyltransferase, v. 38 | p. 49
6.3.1.5	NAD+ synthetase, NAD+ synthase, v. 2 | p. 377
6.3.5.1	NAD+ synthetase, NAD+ synthase (glutamine-hydrolysing), v. 2 | p. 651
6.3.5.1	NAD+ synthetase (glutamine-hydrolysing), NAD+ synthase (glutamine-hydrolysing), v. 2 | p. 651
1.1.1.8	NAD-α-glycerophosphate dehydrogenase, glycerol-3-phosphate dehydrogenase (NAD+), v. 16 | p. 120
1.1.1.30	NAD-β-hydroxybutyrate dehydrogenase, 3-hydroxybutyrate dehydrogenase, v. 16 | p. 287
1.2.1.3	NAD-aldehyde dehydrogenase, aldehyde dehydrogenase (NAD+), v. 20 | p. 32
1.1.1.284	NAD- and glutathione-dependent formaldehyde dehydrogenase, S-(hydroxymethyl) glutathione dehydrogenase, v. S1 | p. 38
2.4.2.31	NAD-arginine ADP-ribosyltransferase, NAD+-protein-arginine ADP-ribosyltransferase, v. 33 | p. 272

2.4.2.31	NAD-arginine mono-ADP-ribosyltransferase B, NAD+-protein-arginine ADP-ribosyltransferase, v. 33 | p. 272
2.4.2.37	NAD-azoferredoxin (ADPribose)transferase, NAD+-dinitrogen-reductase ADP-D-ribosyltransferase, v. 33 | p. 299
1.2.1.73	NAD-coupled sulfoacetaldehyde dehydrogenase, sulfoacetaldehyde dehydrogenase
1.1.1.175	NAD-D-xylose, D-xylose 1-dehydrogenase, v. 18 | p. 78
1.2.1.23	NAD-dependent α-ketoaldehyde dehydrogenase, 2-oxoaldehyde dehydrogenase (NAD+), v. 20 | p. 221
1.1.1.146	NAD-dependent 11-β-hydroxysteroid dehydrogenase, 11β-hydroxysteroid dehydrogenase, v. 17 | p. 449
1.1.1.176	NAD-dependent 12α-hydroxysteroid dehydrogenase, 12α-hydroxysteroid dehydrogenase, v. 18 | p. 82
1.1.1.141	NAD-dependent 15-hydroxyprostaglandin dehydrogenase, 15-hydroxyprostaglandin dehydrogenase (NAD+), v. 17 | p. 417
1.2.1.3	NAD-dependent 4-hydroxynonenal dehydrogenase, aldehyde dehydrogenase (NAD+), v. 20 | p. 32
2.4.2.30	NAD-dependent ADP-ribosyltransferase, NAD+ ADP-ribosyltransferase, v. 33 | p. 263
2.4.2.31	NAD-dependent ADPribosyltransferase, NAD+-protein-arginine ADP-ribosyltransferase, v. 33 | p. 272
1.4.1.1	NAD-dependent alanine dehydrogenase, alanine dehydrogenase, v. 22 | p. 1
1.1.1.1	NAD-dependent alcohol dehydrogenase, alcohol dehydrogenase, v. 16 | p. 1
1.2.1.3	NAD-dependent aldehyde dehydrogenase, aldehyde dehydrogenase (NAD+), v. 20 | p. 32
1.1.1.250	NAD-dependent arabitol dehydrogenase (Candida albicans clone pEMBLYe23), D-arabinitol 2-dehydrogenase, v. 18 | p. 422
1.4.1.21	NAD-dependent aspartate dehydrogenase, aspartate dehydrogenase, v. S1 | p. 270
1.1.1.272	NAD-dependent D-2-hydroxyacid dehydrogenase, (R)-2-hydroxyacid dehydrogenase, v. 18 | p. 497
1.1.1.48	NAD-dependent D-galactose dehydrogenase, galactose 1-dehydrogenase, v. 16 | p. 467
1.5.1.15	NAD-dependent dehydrogenase-cyclohydrolase, methylenetetrahydrofolate dehydrogenase (NAD+), v. 23 | p. 144
1.3.1.9	NAD-dependent enoyl-ACP reductase, enoyl-[acyl-carrier-protein] reductase (NADH), v. 21 | p. 43
1.1.1.284	NAD-dependent formaldehyde dehydrogenase, S-(hydroxymethyl)glutathione dehydrogenase, v. S1 | p. 38
1.2.1.46	NAD-dependent formaldehyde dehydrogenase, formaldehyde dehydrogenase, v. 20 | p. 328
1.2.1.2	NAD-dependent formate dehydrogenase, formate dehydrogenase, v. 20 | p. 16
1.1.1.251	NAD-dependent Gat1P-dehydrogenase, galactitol-1-phosphate 5-dehydrogenase, v. 18 | p. 425
1.4.1.2	NAD-dependent glutamate dehydrogenase, glutamate dehydrogenase, v. 22 | p. 27
1.4.1.2	NAD-dependent glutamic dehydrogenase, glutamate dehydrogenase, v. 22 | p. 27
1.2.1.12	NAD-dependent glyceraldehyde-3-phosphate dehydrogenase, glyceraldehyde-3-phosphate dehydrogenase (phosphorylating), v. 20 | p. 135
1.2.1.12	NAD-dependent glyceraldehyde phosphate dehydrogenase, glyceraldehyde-3-phosphate dehydrogenase (phosphorylating), v. 20 | p. 135
1.1.1.8	NAD-dependent glycerol-3-phosphate dehydrogenase, glycerol-3-phosphate dehydrogenase (NAD+), v. 16 | p. 120
1.1.1.8	NAD-dependent glycerol phosphate dehydrogenase, glycerol-3-phosphate dehydrogenase (NAD+), v. 16 | p. 120
1.12.1.2	NAD-dependent hydrogenase, hydrogen dehydrogenase, v. 25 | p. 316
1.1.1.41	NAD-dependent isocitrate dehydrogenase, isocitrate dehydrogenase (NAD+), v. 16 | p. 394
1.1.1.85	NAD-dependent isopropylmalate dehydrogenase, 3-isopropylmalate dehydrogenase, v. 17 | p. 179
1.4.1.2	NAD-dependent L-glutamate dehydrogenase, glutamate dehydrogenase, v. 22 | p. 27
1.2.1.22	NAD-dependent lactaldehyde dehydrogenase, lactaldehyde dehydrogenase, v. 20 | p. 216
1.1.1.37	NAD-dependent malate dehydrogenase, malate dehydrogenase, v. 16 | p. 336

1.1.1.37	NAD-dependent malic dehydrogenase, malate dehydrogenase, v. 16 | p. 336
1.1.1.255	NAD-dependent mannitol dehydrogenase, mannitol dehydrogenase, v. 18 | p. 440
1.2.1.12	NAD-dependent non-phosphorylating glyceraldehyde-3-phosphate dehydrogenase, glyceraldehyde-3-phosphate dehydrogenase (phosphorylating), v. 20 | p. 135
1.20.1.1	NAD-dependent phosphite dehydrogenase, phosphonate dehydrogenase, v. 27 | p. 591
1.2.1.12	NAD-dependent phosphorylating glyceraldehyde-3-phosphate dehydrogenase, glyceraldehyde-3-phosphate dehydrogenase (phosphorylating), v. 20 | p. 135
1.1.1.14	NAD-dependent polyol dehydrogenase, L-iditol 2-dehydrogenase, v. 16 | p. 158
1.1.1.14	NAD-dependent sorbitol dehydrogenase, L-iditol 2-dehydrogenase, v. 16 | p. 158
1.1.1.262	NAD-dependent threonine 4-phosphate dehydrogenase, 4-hydroxythreonine-4-phosphate dehydrogenase, v. 18 | p. 461
1.1.1.9	NAD-dependent xylitol dehydrogenase, D-xylulose reductase, v. 16 | p. 137
2.4.2.37	NAD-dinitrogen-reductase ADP-D-ribosyltransferase, NAD+-dinitrogen-reductase ADP-D-ribosyltransferase, v. 33 | p. 299
2.4.2.36	NAD-diphthamide ADP-ribosyltransferase, NAD+-diphthamide ADP-ribosyltransferase, v. 33 | p. 296
2.4.2.36	NAD-diphthamide ADP-ribosyltransferase NAD-elongation factor 2 ADP-ribosyltransferase, NAD+-diphthamide ADP-ribosyltransferase, v. 33 | p. 296
1.18.1.3	NAD-ferredocinTOL reductase, ferredoxin-NAD+ reductase, v. 27 | p. 559
1.18.1.3	NAD-ferredoxin reductase, ferredoxin-NAD+ reductase, v. 27 | p. 559
1.2.1.2	NAD-formate dehydrogenase, formate dehydrogenase, v. 20 | p. 16
1.2.1.12	NAD-G3PDH, glyceraldehyde-3-phosphate dehydrogenase (phosphorylating), v. 20 | p. 135
1.1.1.47	NAD-GDH, glucose 1-dehydrogenase, v. 16 | p. 451
1.4.1.2	NAD-GDH, glutamate dehydrogenase, v. 22 | p. 27
1.4.1.2	NAD-glutamate dehydrogenase, glutamate dehydrogenase, v. 22 | p. 27
3.2.2.5	NAD-glycohydrolase, NAD+ nucleosidase, v. 14 | p. 25
1.1.1.41	NAD-ICDH, isocitrate dehydrogenase (NAD+), v. 16 | p. 394
1.1.1.41	NAD-IDH, isocitrate dehydrogenase (NAD+), v. 16 | p. 394
1.1.1.41	NAD-isocitrate dehydrogenase, isocitrate dehydrogenase (NAD+), v. 16 | p. 394
1.1.1.8	NAD-L-glycerol-3-phosphate dehydrogenase, glycerol-3-phosphate dehydrogenase (NAD+), v. 16 | p. 120
1.1.1.37	NAD-L-malate dehydrogenase, malate dehydrogenase, v. 16 | p. 336
1.1.1.27	NAD-lactate dehydrogenase, L-lactate dehydrogenase, v. 16 | p. 253
1.2.1.23	NAD-linked α-ketoaldehyde dehydrogenase, 2-oxoaldehyde dehydrogenase (NAD+), v. 20 | p. 221
1.4.1.1	NAD-linked alanine dehydrogenase, alanine dehydrogenase, v. 22 | p. 1
1.2.1.3	NAD-linked aldehyde dehydrogenase, aldehyde dehydrogenase (NAD+), v. 20 | p. 32
1.1.1.284	NAD-linked formaldehyde dehydrogenase, S-(hydroxymethyl)glutathione dehydrogenase, v. S1 | p. 38
1.2.1.46	NAD-linked formaldehyde dehydrogenase, formaldehyde dehydrogenase, v. 20 | p. 328
1.2.1.2	NAD-linked formate dehydrogenase, formate dehydrogenase, v. 20 | p. 16
1.4.1.2	NAD-linked glutamate dehydrogenase, glutamate dehydrogenase, v. 22 | p. 27
1.4.1.2	NAD-linked glutamic dehydrogenase, glutamate dehydrogenase, v. 22 | p. 27
1.1.1.8	NAD-linked glycerol 3-phosphate dehydrogenase, glycerol-3-phosphate dehydrogenase (NAD+), v. 16 | p. 120
1.1.1.6	NAD-linked glycerol dehydrogenase, glycerol dehydrogenase, v. 16 | p. 108
1.1.1.41	NAD-linked isocitrate dehydrogenase, isocitrate dehydrogenase (NAD+), v. 16 | p. 394
1.1.1.37	NAD-linked malate dehydrogenase, malate dehydrogenase, v. 16 | p. 336
1.1.1.37	NAD-malate dehydrogenase, malate dehydrogenase, v. 16 | p. 336
1.1.1.37	NAD-malic dehydrogenase, malate dehydrogenase, v. 16 | p. 336
1.1.1.39	NAD-malic enzyme, malate dehydrogenase (decarboxylating), v. 16 | p. 371
1.1.1.38	NAD-malic enzyme, malate dehydrogenase (oxaloacetate-decarboxylating), v. 16 | p. 360
1.1.1.37	NAD-MDH, malate dehydrogenase, v. 16 | p. 336
1.1.1.39	NAD-ME, malate dehydrogenase (decarboxylating), v. 16 | p. 371

1.1.1.38	NAD-ME, malate dehydrogenase (oxaloacetate-decarboxylating), v. 16	p. 360
1.1.1.39	m-NAD-ME, malate dehydrogenase (decarboxylating), v. 16	p. 371
1.1.1.39	NAD-ME1, malate dehydrogenase (decarboxylating), v. 16	p. 371
1.1.1.39	NAD-ME2, malate dehydrogenase (decarboxylating), v. 16	p. 371
1.1.1.116	NAD-pentose-dehydrogenase, D-arabinose 1-dehydrogenase, v. 17	p. 323
2.4.2.30	NAD-protein ADP-ribosyltransferase, NAD+ ADP-ribosyltransferase, v. 33	p. 263
1.12.1.2	NAD-reducing hydrogenase, hydrogen dehydrogenase, v. 25	p. 316
1.1.1.14	NAD-sorbitol dehydrogenase, L-iditol 2-dehydrogenase, v. 16	p. 158
1.1.1.141	NAD-specific 15-hydroxyprostaglandin dehydrogenase, 15-hydroxyprostaglandin dehydrogenase (NAD+), v. 17	p. 417
1.1.1.1	NAD-specific aromatic alcohol dehydrogenase, alcohol dehydrogenase, v. 16	p. 1
1.2.1.2	NAD-specific formate dehydrogenase, formate dehydrogenase, v. 20	p. 16
1.4.1.2	NAD-specific glutamate dehydrogenase, glutamate dehydrogenase, v. 22	p. 27
1.4.1.2	NAD-specific glutamic dehydrogenase, glutamate dehydrogenase, v. 22	p. 27
1.1.1.6	NAD-specific glycerol dehydrogenase, glycerol dehydrogenase, v. 16	p. 108
1.1.1.41	NAD-specific isocitrate dehydrogenase, isocitrate dehydrogenase (NAD+), v. 16	p. 394
1.1.1.37	NAD-specific malate dehydrogenase, malate dehydrogenase, v. 16	p. 336
1.1.1.39	NAD-specific malic enzyme, malate dehydrogenase (decarboxylating), v. 16	p. 371
1.1.1.38	NAD-specific malic enzyme, malate dehydrogenase (oxaloacetate-decarboxylating), v. 16	p. 360
1.1.1.173	NAD-utilizing L-rhamnose 1-dehydrogenase, L-rhamnose 1-dehydrogenase, v. 18	p. 74
1.17.1.4	NAD-xanthine dehydrogenase, xanthine dehydrogenase, v. S1	p. 674
1.2.1.66	NAD/factor-dependent formaldehyde dehydrogenase, mycothiol-dependent formaldehyde dehydrogenase, v. 20	p. 399
2.4.2.31	NAD:arginine ADP-ribosyltransferase, NAD+-protein-arginine ADP-ribosyltransferase, v. 33	p. 272
2.4.2.31	NAD:arginine ADP-ribosyltransferase B, NAD+-protein-arginine ADP-ribosyltransferase, v. 33	p. 272
2.4.2.36	NAD:elongation factor 2-adenosine diphosphate ribose-transferase, NAD+-diphthamide ADP-ribosyltransferase, v. 33	p. 296
1.4.1.2	NAD:glutamate oxidoreductase, glutamate dehydrogenase, v. 22	p. 27
1.20.1.1	NAD:phosphite oxidoreductase, phosphonate dehydrogenase, v. 27	p. 591
1.5.1.23	NAD: tauropine oxidoreductase, Tauropine dehydrogenase, v. 23	p. 190
1.6.5.2	NAD[P]H:quinone acceptor oxidoreductase 1, NAD(P)H dehydrogenase (quinone), v. 24	p. 105
3.5.4.2	NadA, adenine deaminase, v. 15	p. 12
2.5.1.72	NadA, quinolinate synthase
3.2.2.6	NADase, NAD(P)+ nucleosidase, v. 14	p. 37
3.2.2.5	NADase, NAD+ nucleosidase, v. 14	p. 25
2.4.2.19	NadC, nicotinate-nucleotide diphosphorylase (carboxylating), v. 33	p. 188
6.5.1.2	NAD(+)-dependent DNA ligase, DNA ligase (NAD+), v. 2	p. 773
1.4.1.2	NAD(+)-dependent glutamate dehydrogenase, glutamate dehydrogenase, v. 22	p. 27
1.1.1.41	NAD dependent isocitrate dehydrogenase, isocitrate dehydrogenase (NAD+), v. 16	p. 394
1.2.1.24	NAD(+)-dependent succinic semialdehyde dehydrogenase, succinate-semialdehyde dehydrogenase, v. 20	p. 228
3.6.1.22	NAD diphosphatase, NAD+ diphosphatase, v. 15	p. 396
2.4.2.36	NAD(+)-diphthamide ADP-ribosyltransferase, NAD+-diphthamide ADP-ribosyltransferase, v. 33	p. 296
6.3.1.5	NadE, NAD+ synthase, v. 2	p. 377
6.3.5.1	NadE-679, NAD+ synthase (glutamine-hydrolysing), v. 2	p. 651
6.3.5.1	NadE-738, NAD+ synthase (glutamine-hydrolysing), v. 2	p. 651
3.2.2.5	NAD glycohydrolase, NAD+ nucleosidase, v. 14	p. 25
1.1.1.53	NADH-20β-hydroxysteroid dehydrogenase, 3α(or 20β)-hydroxysteroid dehydrogenase, v. 17	p. 9
1.1.1.1	NADH-alcohol dehydrogenase, alcohol dehydrogenase, v. 16	p. 1

1.1.1.1	NADH-aldehyde dehydrogenase, alcohol dehydrogenase, v. 16 | p. 1	
1.6.5.3	NADH-coenzyme Q oxidoreductase, NADH dehydrogenase (ubiquinone), v. 24 | p. 106	
1.6.5.3	NADH-coenzyme Q reductase, NADH dehydrogenase (ubiquinone), v. 24 | p. 106	
1.6.5.3	NADH-CoQ1 reductase, NADH dehydrogenase (ubiquinone), v. 24 | p. 106	
1.6.5.3	NADH-CoQ oxidoreductase, NADH dehydrogenase (ubiquinone), v. 24 | p. 106	
1.6.5.3	NADH-CoQ reductase, NADH dehydrogenase (ubiquinone), v. 24 | p. 106	
1.6.2.2	NADH-cytochrome-b5 reductase, cytochrome-b5 reductase, v. 24 | p. 35	
1.6.2.2	NADH-cytochrome b5 reductase, cytochrome-b5 reductase, v. 24 | p. 35	
1.6.99.5	NADH-dependent 1,4-benzoquinone reductase, NADH dehydrogenase (quinone), v. 24 | p. 219	
1.4.1.1	NADH-dependent alanine dehydrogenase, alanine dehydrogenase, v. 22 | p. 1	
1.8.1.6	NADH-dependent cystine reductase, cystine reductase, v. 24 | p. 486	
1.3.1.9	NADH-dependent enoyl-ACP reductase, enoyl-[acyl-carrier-protein] reductase (NADH), v. 21 | p. 43	
1.3.1.9	NADH-dependent enoyl-acyl carrier protein reductase, enoyl-[acyl-carrier-protein] reductase (NADH), v. 21 | p. 43	
1.3.1.9	NADH-dependent enoyl reductase, enoyl-[acyl-carrier-protein] reductase (NADH), v. 21 | p. 43	
1.12.1.2	NADH-dependent Fe-only hydrogenase, hydrogen dehydrogenase, v. 25 | p. 316	
1.18.1.3	NADH-dependent ferredoxin reductase, ferredoxin-NAD+ reductase, v. 27 | p. 559	
1.3.1.6	NADH-dependent fumarate reductase, fumarate reductase (NADH), v. 21 | p. 25	
1.4.1.2	NADH-dependent GDH, glutamate dehydrogenase, v. 22 | p. 27	
1.4.1.2	NADH-dependent glutamate dehydrogenase, glutamate dehydrogenase, v. 22 | p. 27	
1.4.1.14	NADH-dependent glutamate synthase, glutamate synthase (NADH), v. 22 | p. 158	
1.4.1.14	NADH-dependent glutamine-2-oxoglutarate aminotransferase, glutamate synthase (NADH), v. 22 | p. 158	
1.1.1.26	NADH-dependent glyoxylate reductase, glyoxylate reductase, v. 16 | p. 247	
1.1.1.29	NADH-dependent hydroxypyruvate reductase, glycerate dehydrogenase, v. 16 | p. 283	
1.7.1.1	NADH-dependent nitrate reductase, nitrate reductase (NADH), v. 24 | p. 237	
1.5.1.34	NADH-dihydropteridine reductase, 6,7-dihydropteridine reductase, v. 23 | p. 248	
1.1.1.8	NADH-dihydroxyacetone phosphate reductase, glycerol-3-phosphate dehydrogenase (NAD+), v. 16 | p. 120	
1.3.1.9	NADH-enoyl acyl carrier protein reductase, enoyl-[acyl-carrier-protein] reductase (NADH), v. 21 | p. 43	
1.3.1.9	NADH-ENR, enoyl-[acyl-carrier-protein] reductase (NADH), v. 21 | p. 43	
1.18.1.3	NADH-ferredoxinNAP reductase, ferredoxin-NAD+ reductase, v. 27 | p. 559	
1.18.1.3	NADH-ferredoxin oxidoreductase, ferredoxin-NAD+ reductase, v. 27 | p. 559	
1.18.1.3	NADH-ferredoxin reductase, ferredoxin-NAD+ reductase, v. 27 | p. 559	
1.6.5.3	NADH-ferricyanide reductase, NADH dehydrogenase (ubiquinone), v. 24 | p. 106	
1.6.2.2	NADH-ferricytochrome b5 oxidoreductase, cytochrome-b5 reductase, v. 24 | p. 35	
1.3.1.6	NADH-FRD, fumarate reductase (NADH), v. 21 | p. 25	
1.3.1.6	NADH-fumarate reductase, fumarate reductase (NADH), v. 21 | p. 25	
1.4.1.2	NADH-GDH, glutamate dehydrogenase, v. 22 | p. 27	
1.4.1.14	NADH-GltS, glutamate synthase (NADH), v. 22 | p. 158	
1.4.1.2	NADH-glutamate dehydrogenase, glutamate dehydrogenase, v. 22 | p. 27	
1.4.1.14	NADH-glutamate synthase, glutamate synthase (NADH), v. 22 | p. 158	
1.2.1.12	NADH-glyceraldehyde phosphate dehydrogenase, glyceraldehyde-3-phosphate dehydrogenase (phosphorylating), v. 20 | p. 135	
1.1.1.26	NADH-glyoxylate reductase, glyoxylate reductase, v. 16 | p. 247	
1.4.1.14	NADH-GOGAT, glutamate synthase (NADH), v. 22 | p. 158	
1.4.1.14	NADH-GOGAT I, glutamate synthase (NADH), v. 22 | p. 158	
1.4.1.14	NADH-GOGAT II, glutamate synthase (NADH), v. 22 | p. 158	
1.1.1.284	NADH-GSNO oxidoreductase, S-(hydroxymethyl)glutathione dehydrogenase, v. S1 | p. 38	
1.7.1.10	NADH-hydroxylamine reductase, hydroxylamine reductase (NADH), v. 24 | p. 310	
1.16.1.3	NADH-linked aquacobalamin reductase, aquacobalamin reductase, v. 27 | p. 444	

1.8.1.8	NADH-linked disulfide reductase, protein-disulfide reductase, v. 24	p. 514
1.16.1.7	NADH-linked FeEDTA reductase, ferric-chelate reductase, v. 27	p. 460
1.16.1.7	NADH-linked ferric chelate (turbo) reductase, ferric-chelate reductase, v. 27	p. 460
1.4.1.2	NADH-linked glutamate dehydrogenase, glutamate dehydrogenase, v. 22	p. 27
1.6.99.3	NADH-menadione oxidoreductase, NADH dehydrogenase, v. 24	p. 207
1.6.5.2	NADH-menadione reductase, NAD(P)H dehydrogenase (quinone), v. 24	p. 105
1.6.5.5	NADH-menadione reductase, NADPH:quinone reductase, v. 24	p. 135
1.6.5.5	NADH-menaquinone reductase, NADPH:quinone reductase, v. 24	p. 135
1.6.1.2	NADH-NADP-transhydrogenase, NAD(P)+ transhydrogenase (AB-specific), v. 24	p. 10
1.6.1.1	NADH-NADP-transhydrogenase, NAD(P)+ transhydrogenase (B-specific), v. 24	p. 1
1.7.1.1	NADH-nitrate reductase, nitrate reductase (NADH), v. 24	p. 237
1.7.1.4	NADH-nitrite oxidoreductase, nitrite reductase [NAD(P)H], v. 24	p. 277
1.11.1.1	NADH-peroxidase, NADH peroxidase, v. 25	p. 172
1.11.1.1	NADH-POD, NADH peroxidase, v. 25	p. 172
1.6.5.3	NADH-Q1 oxidoreductase, NADH dehydrogenase (ubiquinone), v. 24	p. 106
1.6.5.3	NADH-Q6 oxidoreductase, NADH dehydrogenase (ubiquinone), v. 24	p. 106
1.6.99.5	NADH-Q oxidoreductase, NADH dehydrogenase (quinone), v. 24	p. 219
1.6.99.5	NADH-quinone (NADH-ferricyanide) reductase, NADH dehydrogenase (quinone), v. 24	p. 219
1.6.99.5	NADH-quinone oxidoreductase, NADH dehydrogenase (quinone), v. 24	p. 219
1.6.5.3	NADH-quinone oxidoreductase, NADH dehydrogenase (ubiquinone), v. 24	p. 106
1.6.99.5	NADH-quinone oxidoreductase-1, NADH dehydrogenase (quinone), v. 24	p. 219
1.6.99.5	NADH-quinone oxidoreductases, NADH dehydrogenase (quinone), v. 24	p. 219
1.6.5.3	NADH-quinone reductase, NADH dehydrogenase (ubiquinone), v. 24	p. 106
1.18.1.1	NADH-rubredoxin oxidoreductase, rubredoxin-NAD+ reductase, v. 27	p. 538
1.18.1.1	NADH-rubredoxin reductase, rubredoxin-NAD+ reductase, v. 27	p. 538
1.6.5.4	NADH-semidehydroascorbate oxidoreductase, monodehydroascorbate reductase (NADH), v. 24	p. 126
1.3.1.9	NADH-specific enoyl-ACP reductase, enoyl-[acyl-carrier-protein] reductase (NADH), v. 21	p. 43
1.6.5.3	NADH-ubiquinone-1 reductase, NADH dehydrogenase (ubiquinone), v. 24	p. 106
1.6.5.3	NADH-ubiquinone oxidoreductase, NADH dehydrogenase (ubiquinone), v. 24	p. 106
1.6.5.3	NADH-ubiquinone oxidoreductase (complex I), NADH dehydrogenase (ubiquinone), v. 24	p. 106
1.6.5.3	NADH-ubiquinone reductase, NADH dehydrogenase (ubiquinone), v. 24	p. 106
1.4.1.21	NADH2-dependent aspartate dehydrogenase, aspartate dehydrogenase, v. S1	p. 270
1.18.1.3	NADH2-ferredoxin oxidoreductase, ferredoxin-NAD+ reductase, v. 27	p. 559
1.8.1.11	NADH2:asparagusate oxidoreductase, asparagusate reductase, v. 24	p. 539
1.8.1.14	NADH2:CoA-disulfide oxidoreductase, CoA-disulfide reductase, v. 24	p. 561
1.16.1.4	NADH2:cob(II)alamin oxidoreductase, cob(II)alamin reductase, v. 27	p. 449
1.16.1.3	NADH2:cob(III)alamin oxidoreductase, aquacobalamin reductase, v. 27	p. 444
1.7.1.5	NADH2:hyponitrite oxidoreductase, hyponitrite reductase, v. 24	p. 286
1.8.1.6	NADH2:L-cystine oxidoreductase, cystine reductase, v. 24	p. 486
2.7.1.86	NADH2 kinase, NADH kinase, v. 36	p. 321
1.11.1.1	NADH2 peroxidase, NADH peroxidase, v. 25	p. 172
1.6.5.4	NADH:AFR oxidoreductase, monodehydroascorbate reductase (NADH), v. 24	p. 126
1.6.5.4	NADH:ascorbate radical oxidoreductase, monodehydroascorbate reductase (NADH), v. 24	p. 126
1.6.5.3	NADH:caldariella quinone oxidoreductase, NADH dehydrogenase (ubiquinone), v. 24	p. 106
1.8.1.14	NADH:CoA-disulfide oxidoreductase, CoA-disulfide reductase, v. 24	p. 561
1.6.5.3	NADH:coenzyme Q oxidoreductase, NADH dehydrogenase (ubiquinone), v. 24	p. 106
1.6.5.3	NADH:CoQ1 oxidoreductase, NADH dehydrogenase (ubiquinone), v. 24	p. 106
1.6.5.3	NADH:cytochrome c reductase, NADH dehydrogenase (ubiquinone), v. 24	p. 106
1.6.5.3	NADH:DBQ oxidoreductase, NADH dehydrogenase (ubiquinone), v. 24	p. 106

1.6.5.3	NADH:external quinone reductase, NADH dehydrogenase (ubiquinone), v. 24 | p. 106	
1.16.1.7	NADH:Fe3+ oxidoreductase, ferric-chelate reductase, v. 27 | p. 460	
1.6.2.2	NADH:ferricytochrome b5 oxidoreductase, cytochrome-b5 reductase, v. 24 | p. 35	
1.5.1.29	NADH:flavin oxidoreductase, FMN reductase, v. 23 | p. 217	
1.5.1.29	NADH:FMN oxidoreductase, FMN reductase, v. 23 | p. 217	
1.4.1.14	NADH: GOGAT, glutamate synthase (NADH), v. 22 | p. 158	
1.1.1.81	NADH:hydroxypyruvate reductase, hydroxypyruvate reductase, v. 17 | p. 147	
1.8.1.4	NADH:lipoamide oxidoreductase, dihydrolipoyl dehydrogenase, v. 24 | p. 463	
1.6.99.5	NADH:menadione oxidoreductase, NADH dehydrogenase (quinone), v. 24 | p. 219	
1.6.5.3	NADH: n-decylubiquinone oxidoreductase, NADH dehydrogenase (ubiquinone), v. 24 | p. 106	
1.7.1.1	NADH:nitrate oxidoreductase, nitrate reductase (NADH), v. 24 | p. 237	
1.7.1.1	NADH:NR, nitrate reductase (NADH), v. 24 | p. 237	
1.6.99.3	NADH:oxygen oxidoreductase, NADH dehydrogenase, v. 24 | p. 207	
1.6.5.3	NADH:Q oxidoreductase, NADH dehydrogenase (ubiquinone), v. 24 | p. 106	
1.6.99.5	NADH:quinone oxidoreductase, NADH dehydrogenase (quinone), v. 24 | p. 219	
1.6.5.3	NADH:quinone oxidoreductase, NADH dehydrogenase (ubiquinone), v. 24 | p. 106	
1.3.1.74	NADH:quinone reductase, 2-alkenal reductase, v. 21 | p. 336	
1.6.5.5	NADH:quinone reductase, NADPH:quinone reductase, v. 24 | p. 135	
1.5.1.29	NADH:riboflavin 5'-phosphate (FMN) oxidoreductase, FMN reductase, v. 23 | p. 217	
1.18.1.1	NADH: rubredoxin oxidoreductase, rubredoxin-NAD+ reductase, v. 27 | p. 538	
1.6.5.4	NADH:semidehydroascorbic acid oxidoreductase, monodehydroascorbate reductase (NADH), v. 24 | p. 126	
1.6.5.3	NADH:ubiquinone-1 oxidoreductase, NADH dehydrogenase (ubiquinone), v. 24 | p. 106	
1.6.5.3	NADH: ubiquinone oxidoreductase, NADH dehydrogenase (ubiquinone), v. 24 | p. 106	
1.6.5.3	NADH:ubiquinone oxidoreductase, NADH dehydrogenase (ubiquinone), v. 24 | p. 106	
1.6.5.3	NADH:ubiquinone oxidoreductase complex, NADH dehydrogenase (ubiquinone), v. 24 | p. 106	
1.6.5.3	NADH coenzyme Q1 reductase, NADH dehydrogenase (ubiquinone), v. 24 | p. 106	
1.6.5.3	NADH CoQ reductase, NADH dehydrogenase (ubiquinone), v. 24 | p. 106	
1.6.2.2	NADH cytochrome B5 reductase, cytochrome-b5 reductase, v. 24 | p. 35	
1.9.3.1	NADH cytochrome c oxidase, cytochrome-c oxidase, v. 25 | p. 1	
1.6.99.3	NADH dehydrogenase, NADH dehydrogenase, v. 24 | p. 207	
1.6.5.3	NADH dehydrogenase, NADH dehydrogenase (ubiquinone), v. 24 | p. 106	
1.8.1.4	NADH dehydrogenase, dihydrolipoyl dehydrogenase, v. 24 | p. 463	
1.6.99.3	β-NADH dehydrogenase, NADH dehydrogenase, v. 24 | p. 207	
1.6.5.3	NADH dehydrogenase 1, NADH dehydrogenase (ubiquinone), v. 24 | p. 106	
1.6.99.3	NADH dehydrogenase 1 α subcomplex 5, NADH dehydrogenase, v. 24 | p. 207	
1.6.99.3	NADH dehydrogenase I, NADH dehydrogenase, v. 24 | p. 207	
1.6.99.3	NADH dehydrogenase subunit 5, NADH dehydrogenase, v. 24 | p. 207	
1.6.99.3	NADH diaphorase, NADH dehydrogenase, v. 24 | p. 207	
1.8.1.4	NADH diaphorase, dihydrolipoyl dehydrogenase, v. 24 | p. 463	
1.16.1.2	NADH diferric transferrin reductase, diferric-transferrin reductase, v. 27 | p. 441	
1.18.1.3	NADH flavodoxin oxidoreductase, ferredoxin-NAD+ reductase, v. 27 | p. 559	
1.4.1.14	NADH glutamate synthase, glutamate synthase (NADH), v. 22 | p. 158	
1.6.99.3	NADH hydrogenase, NADH dehydrogenase, v. 24 | p. 207	
2.7.1.86	NADHK, NADH kinase, v. 36 | p. 321	
2.7.1.86	NADH kinase, NADH kinase, v. 36 | p. 321	
2.7.1.86	NADH kinase POS5, mitochondrial, NADH kinase, v. 36 | p. 321	
1.3.1.74	NADH menaquinone reductase, 2-alkenal reductase, v. 21 | p. 336	
1.6.99.3	NADH oxidoreductase, NADH dehydrogenase, v. 24 | p. 207	
1.11.1.2	NADHP2 peroxidase, NADPH peroxidase, v. 25 | p. 180	
3.6.1.22	NADH pyrophosphatase, NAD+ diphosphatase, v. 15 | p. 396	
1.6.1.2	NADH transhydrogenase, NAD(P)+ transhydrogenase (AB-specific), v. 24 | p. 10	
1.6.1.1	NADH transhydrogenase, NAD(P)+ transhydrogenase (B-specific), v. 24 | p. 1	

3.2.2.5	NAD hydrolase, NAD+ nucleosidase, v. 14 | p. 25
1.1.1.41	NAD isocitrate dehydrogenase, isocitrate dehydrogenase (NAD+), v. 16 | p. 394
1.1.1.41	NAD isocitric dehydrogenase, isocitrate dehydrogenase (NAD+), v. 16 | p. 394
2.7.1.23	NADK, NAD+ kinase, v. 35 | p. 293
2.7.1.86	NADK-1, NADH kinase, v. 36 | p. 321
2.7.1.23	NADK1, NAD+ kinase, v. 35 | p. 293
2.7.1.23	NADK2, NAD+ kinase, v. 35 | p. 293
2.7.1.86	NADK3, NADH kinase, v. 36 | p. 321
2.7.1.23	NAD kinase, NAD+ kinase, v. 35 | p. 293
3.6.1.13	NadM-Nudix, ADP-ribose diphosphatase, v. 15 | p. 354
3.6.1.22	NadN, NAD+ diphosphatase, v. 15 | p. 396
3.2.2.5	NAD nucleosidase, NAD+ nucleosidase, v. 14 | p. 25
1.13.11.38	1-H-2-NADO, 1-hydroxy-2-naphthoate 1,2-dioxygenase, v. 25 | p. 616
1.1.1.263	NADP(H)-dependent 1,5-anhydro-D-fructose reductase, 1,5-anhydro-D-fructose reductase, v. 18 | p. 464
1.1.1.213	NADP(H)-dependent 3α-HSD, 3α-hydroxysteroid dehydrogenase (A-specific), v. 18 | p. 285
1.1.1.50	NADP(H)-dependent 3α-HSD, 3α-hydroxysteroid dehydrogenase (B-specific), v. 16 | p. 487
1.1.1.2	NADP(H)-dependent alcohol dehydrogenase, alcohol dehydrogenase (NADP+), v. 16 | p. 45
1.1.99.28	NADP(H)-dependent glucose-fructose oxidoreductase, glucose-fructose oxidoreductase, v. 19 | p. 419
1.2.1.13	NADP(H)-glyceraldehyde-3-phosphate dehydrogenase, glyceraldehyde-3-phosphate dehydrogenase (NADP+) (phosphorylating), v. 20 | p. 163
1.1.1.196	NADP+-dependent 15-hydroxyprostaglandin dehydrogenase, 15-hydroxyprostaglandin-D dehydrogenase (NADP+), v. 18 | p. 175
1.4.1.21	NADP+-dependent aspartate dehydrogenase, aspartate dehydrogenase, v. S1 | p. 270
1.1.1.179	NADP+-dependent D-xylose dehydrogenase, D-xylose 1-dehydrogenase (NADP+), v. 18 | p. 92
1.1.1.42	NADP+-dependent Ds-threo-isocitrate:NADP+ oxidoreductase, isocitrate dehydrogenase (NADP+), v. 16 | p. 402
1.1.1.42	NADP+-dependent Ds-threo-isocitrate dehydrogenase, isocitrate dehydrogenase (NADP+), v. 16 | p. 402
1.2.1.13	NADP+-dependent G-3-P dehydrogenase, glyceraldehyde-3-phosphate dehydrogenase (NADP+) (phosphorylating), v. 20 | p. 163
1.4.1.4	NADP+-dependent GDH, glutamate dehydrogenase (NADP+), v. 22 | p. 68
1.1.1.42	NADP+-dependent isocitrate dehydrogenase, isocitrate dehydrogenase (NADP+), v. 16 | p. 402
1.1.1.40	NADP+-dependent malic enzyme, malate dehydrogenase (oxaloacetate-decarboxylating) (NADP+), v. 16 | p. 381
1.1.1.231	NADP+-dependent PGI2-specific 15-hydroxyprostaglandin dehydrogenase, 15-hydroxyprostaglandin-I dehydrogenase (NADP+), v. 18 | p. 357
1.4.1.4	NADP+-Gdh, glutamate dehydrogenase (NADP+), v. 22 | p. 68
1.1.1.42	NADP+-isocitrate dehydrogenase, isocitrate dehydrogenase (NADP+), v. 16 | p. 402
1.1.1.196	NADP+-linked 15-hydroxyprostaglandin dehydrogenase, 15-hydroxyprostaglandin-D dehydrogenase (NADP+), v. 18 | p. 175
1.1.1.42	NADP+-linked isocitrate dehydrogenase, isocitrate dehydrogenase (NADP+), v. 16 | p. 402
1.1.1.196	NADP+-linkedprostaglandin D2 dehydrogenase, 15-hydroxyprostaglandin-D dehydrogenase (NADP+), v. 18 | p. 175
1.1.1.40	NADP+-ME, malate dehydrogenase (oxaloacetate-decarboxylating) (NADP+), v. 16 | p. 381
1.1.1.196	NADP+-specific 15-hydroxyprostaglandindehydrogenase, 15-hydroxyprostaglandin-D dehydrogenase (NADP+), v. 18 | p. 175
1.1.1.42	NADP+-specific ICDH, isocitrate dehydrogenase (NADP+), v. 16 | p. 402

NADP+-specific isocitrate dehydrogenase

1.1.1.42	NADP+-specific isocitrate dehydrogenase, isocitrate dehydrogenase (NADP+), v. 16 | p. 402
1.1.1.179	NADP+:D-xylose dehydrogenase, D-xylose 1-dehydrogenase (NADP+), v. 18 | p. 92
1.1.1.40	NADP+ dependent malic enzyme, malate dehydrogenase (oxaloacetate-decarboxylating) (NADP+), v. 16 | p. 381
1.1.1.55	NADP-1,2-propanediol dehydrogenase, lactaldehyde reductase (NADPH), v. 17 | p. 24
1.1.1.263	NADP-1,5-anhydro-D-fructose reductase, 1,5-anhydro-D-fructose reductase, v. 18 | p. 464
1.1.1.176	NADP-12α-hydroxysteroid dehydrogenase, 12α-hydroxysteroid dehydrogenase, v. 18 | p. 82
1.1.1.151	NADP-21-hydroxysteroid dehydrogenase, 21-hydroxysteroid dehydrogenase (NADP+), v. 17 | p. 490
1.2.1.4	NADP-acetaldehyde dehydrogenase, aldehyde dehydrogenase (NADP+), v. 20 | p. 63
1.1.1.2	NADP-alcohol dehydrogenase, alcohol dehydrogenase (NADP+), v. 16 | p. 45
1.1.1.2	NADP-aldehyde reductase, alcohol dehydrogenase (NADP+), v. 16 | p. 45
1.6.2.4	NADP-cytochrome c reductase, NADPH-hemoprotein reductase, v. 24 | p. 58
1.6.2.4	NADP-cytochrome P-450 reductase, NADPH-hemoprotein reductase, v. 24 | p. 58
1.6.2.4	NADP-cytochrome reductase, NADPH-hemoprotein reductase, v. 24 | p. 58
1.6.99.1	NADP-d, NADPH dehydrogenase, v. 24 | p. 179
1.2.1.49	NADP-dependent α-ketoaldehyde dehydrogenase, 2-oxoaldehyde dehydrogenase (NADP+), v. 20 | p. 345
1.1.1.176	NADP-dependent 12α-hydroxysteroid dehydrogenase, 12α-hydroxysteroid dehydrogenase, v. 18 | p. 82
1.1.1.197	NADP-dependent 15-hydroxyprostaglandin dehydrogenase, 15-hydroxyprostaglandin dehydrogenase (NADP+), v. 18 | p. 179
1.5.1.5	NADP-dependent 5,10-methylene-THF dehydrogenase, methylenetetrahydrofolate dehydrogenase (NADP+), v. 23 | p. 53
1.1.1.201	NADP-dependent 7β-hydroxysteroid dehydrogenase, 7β-hydroxysteroid dehydrogenase (NADP+), v. 18 | p. 194
1.2.1.4	NADP-dependent aldehyde dehydrogenase, aldehyde dehydrogenase (NADP+), v. 20 | p. 63
1.1.1.2	NADP-dependent aldehyde reductase, alcohol dehydrogenase (NADP+), v. 16 | p. 45
1.2.1.43	NADP-dependent formate dehydrogenase, formate dehydrogenase (NADP+), v. 20 | p. 311
1.1.1.49	NADP-dependent glucose 6-phophate dehydrogenase, glucose-6-phosphate dehydrogenase, v. 16 | p. 474
1.1.1.119	NADP-dependent glucose dehydrogenase, glucose 1-dehydrogenase (NADP+), v. 17 | p. 335
1.4.1.4	NADP-dependent glutamate dehydrogenase, glutamate dehydrogenase (NADP+), v. 22 | p. 68
1.4.1.3	NADP-dependent glutamate dehydrogenase, glutamate dehydrogenase [NAD(P)+], v. 22 | p. 43
1.4.1.4	NADP-dependent glutamate dehydrogenases, glutamate dehydrogenase (NADP+), v. 22 | p. 68
1.2.1.13	NADP-dependent glyceraldehyde 3-phosphate dehydrogenase, glyceraldehyde-3-phosphate dehydrogenase (NADP+) (phosphorylating), v. 20 | p. 163
1.2.1.13	NADP-dependent glyceraldehyde phosphate dehydrogenase, glyceraldehyde-3-phosphate dehydrogenase (NADP+) (phosphorylating), v. 20 | p. 163
1.2.1.13	NADP-dependent glyceraldehydephosphate dehydrogenase, glyceraldehyde-3-phosphate dehydrogenase (NADP+) (phosphorylating), v. 20 | p. 163
1.1.1.42	NADP-dependent IDH, isocitrate dehydrogenase (NADP+), v. 16 | p. 402
1.1.1.42	NADP-dependent isocitrate dehydrogenase, isocitrate dehydrogenase (NADP+), v. 16 | p. 402
1.1.1.42	NADP-dependent isocitric dehydrogenase, isocitrate dehydrogenase (NADP+), v. 16 | p. 402
1.1.1.82	NADP-dependent malate dehydrogenase, malate dehydrogenase (NADP+), v. 17 | p. 155

1.1.1.40	NADP-dependent malate dehydrogenase, malate dehydrogenase (oxaloacetate-decarboxylating) (NADP+), v. 16 | p. 381
1.1.1.40	NADP-dependent malic enzyme, malate dehydrogenase (oxaloacetate-decarboxylating) (NADP+), v. 16 | p. 381
1.1.1.138	NADP-dependent mannitol dehydrgenase, mannitol 2-dehydrogenase (NADP+), v. 17 | p. 403
1.1.1.138	NADP-dependent mannitol dehydrogenase, mannitol 2-dehydrogenase (NADP+), v. 17 | p. 403
1.1.1.224	NADP-dependent mannose-6-P:mannitol-1-P oxidoreductase, mannose-6-phosphate 6-reductase, v. 18 | p. 336
1.1.1.138	NADP-dependent MtDH, mannitol 2-dehydrogenase (NADP+), v. 17 | p. 403
1.2.1.9	NADP-dependent nonphosphorylating glyceraldehyde-3-phosphate dehydrogenase, glyceraldehyde-3-phosphate dehydrogenase (NADP+), v. 20 | p. 108
1.1.1.25	NADP-dependent shikimate dehydrogenase, shikimate dehydrogenase, v. 16 | p. 241
1.1.1.64	NADP-dependent testosterone-17β-oxidoreductase, testosterone 17β-dehydrogenase (NADP+), v. 17 | p. 71
1.1.1.216	NADP-farnesol dehydrogenase, farnesol dehydrogenase, v. 18 | p. 308
1.2.1.13	NADP-GAPDH, glyceraldehyde-3-phosphate dehydrogenase (NADP+) (phosphorylating), v. 20 | p. 163
1.4.1.4	NADP-GDH, glutamate dehydrogenase (NADP+), v. 22 | p. 68
1.4.1.3	NADP-GDH, glutamate dehydrogenase [NAD(P)+], v. 22 | p. 43
1.1.1.49	NADP-glucose-6-phosphate dehydrogenase, glucose-6-phosphate dehydrogenase, v. 16 | p. 474
1.4.1.4	NADP-glutamate dehydrogenase, glutamate dehydrogenase (NADP+), v. 22 | p. 68
1.2.1.9	NADP-glyceraldehyde-3-phosphate dehydrogenase, glyceraldehyde-3-phosphate dehydrogenase (NADP+), v. 20 | p. 108
1.2.1.13	NADP-glyceraldehyde-3-phosphate dehydrogenase, glyceraldehyde-3-phosphate dehydrogenase (NADP+) (phosphorylating), v. 20 | p. 163
1.2.1.9	NADP-glyceraldehyde phosphate dehydrogenase, glyceraldehyde-3-phosphate dehydrogenase (NADP+), v. 20 | p. 108
1.2.1.13	NADP-glyceraldehyde phosphate dehydrogenase, glyceraldehyde-3-phosphate dehydrogenase (NADP+) (phosphorylating), v. 20 | p. 163
1.2.1.13	NADP-GPD, glyceraldehyde-3-phosphate dehydrogenase (NADP+) (phosphorylating), v. 20 | p. 163
1.1.1.42	NADP-ICDH, isocitrate dehydrogenase (NADP+), v. 16 | p. 402
1.1.1.42	NADP-IDH, isocitrate dehydrogenase (NADP+), v. 16 | p. 402
1.1.1.42	NADP-IDH Idp1p, isocitrate dehydrogenase (NADP+), v. 16 | p. 402
1.1.1.42	NADP-isocitrate dehydrogenase, isocitrate dehydrogenase (NADP+), v. 16 | p. 402
1.1.1.19	NADP-L-gulonate dehydrogenase, glucuronate reductase, v. 16 | p. 193
1.2.1.49	NADP-linked α-ketoaldehyde dehydrogenase, 2-oxoaldehyde dehydrogenase (NADP+), v. 20 | p. 345
1.1.1.231	NADP-linked 15-hydroxyprostaglandin (prostacyclin) dehydrogenase, 15-hydroxyprostaglandin-I dehydrogenase (NADP+), v. 18 | p. 357
1.1.1.197	NADP-linked 15-hydroxyprostglandin dehydrogenase, 15-hydroxyprostaglandin dehydrogenase (NADP+), v. 18 | p. 179
1.1.1.36	NADP-linked acetoacetyl CoA reductase, acetoacetyl-CoA reductase, v. 16 | p. 328
1.1.1.119	NADP-linked aldohexose dehydrogenase, glucose 1-dehydrogenase (NADP+), v. 17 | p. 335
1.1.1.2	NADP-linked aryl alcohol dehydrogenase, alcohol dehydrogenase (NADP+), v. 16 | p. 45
1.2.1.7	NADP-linked benzaldehyde dehydrogenase, benzaldehyde dehydrogenase (NADP+), v. 20 | p. 89
1.1.1.40	NADP-linked decarboxylating malic enzyme, malate dehydrogenase (oxaloacetate-decarboxylating) (NADP+), v. 16 | p. 381
1.4.1.3	NADP-linked glutamate dehydrogenase, glutamate dehydrogenase [NAD(P)+], v. 22 | p. 43
1.12.1.3	NADP-linked hydrogenase, hydrogen dehydrogenase (NADP+), v. 25 | p. 325
1.1.1.42	NADP-linked isocitrate dehydrogenase, isocitrate dehydrogenase (NADP+), v. 16 | p. 402

1.1.1.82	NADP-linked malate dehydrogenase, malate dehydrogenase (NADP+), v. 17 | p. 155	
1.8.1.9	NADP-linked thioredoxin reductase, thioredoxin-disulfide reductase, v. 24 | p. 517	
1.1.1.82	NADP-malate dehydrogenase, malate dehydrogenase (NADP+), v. 17 | p. 155	
1.1.1.82	NADP-malic enzyme, malate dehydrogenase (NADP+), v. 17 | p. 155	
1.1.1.40	NADP-malic enzyme, malate dehydrogenase (oxaloacetate-decarboxylating) (NADP+), v. 16 | p. 381	
1.1.1.138	NADP-mannitol dehydrogenase, mannitol 2-dehydrogenase (NADP+), v. 17 | p. 403	
1.1.1.82	NADP-MDH, malate dehydrogenase (NADP+), v. 17 | p. 155	
1.1.1.40	NADP-MDH, malate dehydrogenase (oxaloacetate-decarboxylating) (NADP+), v. 16 | p. 381	
1.1.1.82	NADP-MDH1, malate dehydrogenase (NADP+), v. 17 | p. 155	
1.1.1.82	NADP-MDH2, malate dehydrogenase (NADP+), v. 17 | p. 155	
1.1.1.40	NADP-ME, malate dehydrogenase (oxaloacetate-decarboxylating) (NADP+), v. 16 | p. 381	
1.1.1.40	NADP-ME1, malate dehydrogenase (oxaloacetate-decarboxylating) (NADP+), v. 16 | p. 381	
1.1.1.40	NADP-ME2, malate dehydrogenase (oxaloacetate-decarboxylating) (NADP+), v. 16 | p. 381	
1.1.1.40	NADP-ME3, malate dehydrogenase (oxaloacetate-decarboxylating) (NADP+), v. 16 | p. 381	
1.1.1.40	NADP-ME4, malate dehydrogenase (oxaloacetate-decarboxylating) (NADP+), v. 16 | p. 381	
1.1.1.115	NADP-pentose-dehydrogenase, ribose 1-dehydrogenase (NADP+), v. 17 | p. 321	
1.1.1.196	NADP-PGD2 dehydrogenase, 15-hydroxyprostaglandin-D dehydrogenase (NADP+), v. 18 | p. 175	
1.12.1.3	NADP-reducing hydrogenase, hydrogen dehydrogenase (NADP+), v. 25 | p. 325	
1.1.1.200	NADP-S6PDH, aldose-6-phosphate reductase (NADPH), v. 18 | p. 191	
1.1.1.197	NADP-specific 15-hydroxyprostaglandin dehydrogenase, 15-hydroxyprostaglandin dehydrogenase (NADP+), v. 18 | p. 179	
1.4.1.4	NADP-specific glutamate dehydrogenase, glutamate dehydrogenase (NADP+), v. 22 | p. 68	
1.1.1.42	NADP-specific isocitrate dehydrogenase, isocitrate dehydrogenase (NADP+), v. 16 | p. 402	
1.4.1.4	NADP-specific L-glutamate dehydrogenase, glutamate dehydrogenase (NADP+), v. 22 | p. 68	
1.1.1.40	NADP-specific malate dehydrogenase, malate dehydrogenase (oxaloacetate-decarboxylating) (NADP+), v. 16 | p. 381	
1.1.1.40	NADP-specific malic enzyme, malate dehydrogenase (oxaloacetate-decarboxylating) (NADP+), v. 16 | p. 381	
1.1.1.40	NADP-specific ME, malate dehydrogenase (oxaloacetate-decarboxylating) (NADP+), v. 16 | p. 381	
1.8.1.9	NADP-thioredoxin reductase, thioredoxin-disulfide reductase, v. 24 | p. 517	
1.8.1.9	NADP-thioredoxin reductase C, thioredoxin-disulfide reductase, v. 24 | p. 517	
1.2.1.13	NADP-triose phosphate dehydrogenase, glyceraldehyde-3-phosphate dehydrogenase (NADP+) (phosphorylating), v. 20 | p. 163	
1.18.1.2	NADP:ferredoxin oxidoreductase, ferredoxin-NADP+ reductase, v. 27 | p. 543	
1.1.1.287	NADP(+)-dependent D-arabitol dehydrogenase, D-arabinitol dehydrogenase (NADP+), v. S1 | p. 64	
1.1.1.40	NADP dependent malic enzyme, malate dehydrogenase (oxaloacetate-decarboxylating) (NADP+), v. 16 | p. 381	
1.1.1.10	NADP(+)-dependent xylitol dehydrogenase, L-xylulose reductase, v. 16 | p. 144	
1.11.1.1	NAD peroxidase, NADH peroxidase, v. 25 | p. 172	
1.1.1.2	NADPH-aldehyde reductase, alcohol dehydrogenase (NADP+), v. 16 | p. 45	
1.1.1.21	NADPH-aldopentose reductase, aldehyde reductase, v. 16 | p. 203	
1.1.1.21	NADPH-aldose reductase, aldehyde reductase, v. 16 | p. 203	
1.1.1.184	NADPH-carbonyl reductase, carbonyl reductase (NADPH), v. 18 | p. 105	
1.6.2.4	NADPH-CPR, NADPH-hemoprotein reductase, v. 24 | p. 58	
1.6.2.4	NADPH-CYP reductase, NADPH-hemoprotein reductase, v. 24 | p. 58	
1.6.2.4	NADPH-cytochrome c oxidoreductase, NADPH-hemoprotein reductase, v. 24 | p. 58	
1.6.2.4	NADPH-cytochrome c reductase, NADPH-hemoprotein reductase, v. 24 | p. 58	
1.1.1.2	NADPH-cytochrome c reductase, alcohol dehydrogenase (NADP+), v. 16 | p. 45	
1.6.2.5	NADPH-cytochrome f reductase, NADPH-cytochrome-c2 reductase, v. 24 | p. 84	

1.6.2.4	NADPH-cytochrome p-450 reductase, NADPH-hemoprotein reductase, v.24	p.58
1.6.2.4	NADPH-cytochrome P450 (CYP) oxidoreductase, NADPH-hemoprotein reductase, v.24	p.58
1.6.2.4	NADPH-cytochrome P450 oxidoreductase, NADPH-hemoprotein reductase, v.24	p.58
1.14.13.68	NADPH-cytochrome P450 reductase, 4-hydroxyphenylacetaldehyde oxime monooxygenase, v.26	p.540
1.6.2.4	NADPH-cytochrome P450 reductase, NADPH-hemoprotein reductase, v.24	p.58
1.6.99.1	NADPH-d, NADPH dehydrogenase, v.24	p.179
1.2.1.13	NADPH-D-GA3P, glyceraldehyde-3-phosphate dehydrogenase (NADP+) (phosphorylating), v.20	p.163
1.6.99.1	NADPH-dehydrogenase, NADPH dehydrogenase, v.24	p.179
1.5.1.30	NADPH-dependant FMN reductase, flavin reductase, v.23	p.232
1.14.13.105	NADPH-dependent 1-hydroxy-2-oxolimonene 1,2-monooxygenase, monocyclic monoterpene ketone monooxygenase
1.1.1.36	NADPH-dependent acetoacetyl-CoA reductase, acetoacetyl-CoA reductase, v.16	p.328
1.1.1.2	NADPH-dependent aldehyde reductase, alcohol dehydrogenase (NADP+), v.16	p.45
1.1.1.200	NADPH-dependent aldose 6-phosphate reductase, aldose-6-phosphate reductase (NADPH), v.18	p.191
1.3.1.74	NADPH-dependent alkenal/one oxidoreductase, 2-alkenal reductase, v.21	p.336
1.1.1.263	NADPH-dependent anhydrofructose reductase, 1,5-anhydro-D-fructose reductase, v.18	p.464
1.1.1.184	NADPH-dependent carbonyl reductase, carbonyl reductase (NADPH), v.18	p.105
1.3.1.37	NADPH-dependent cis-enoyl-CoA reductase, cis-2-enoyl-CoA reductase (NADPH), v.21	p.221
1.8.1.10	NADPH-dependent coenzyme A-SS-glutathione reductase, CoA-glutathione reductase, v.24	p.535
1.6.2.4	NADPH-dependent cytochrome c reductase, NADPH-hemoprotein reductase, v.24	p.58
1.6.99.1	NADPH-dependent diaphorase, NADPH dehydrogenase, v.24	p.179
1.5.1.30	NADPH-dependent diaphorase, flavin reductase, v.23	p.232
1.16.1.8	NADPH-dependent diflavin oxidoreductase, [methionine synthase] reductase, v.27	p.463
1.14.13.105	NADPH-dependent dihydrocarvone monooxygenase, monocyclic monoterpene ketone monooxygenase
1.7.1.11	NADPH-dependent DMAB N-oxide reductase, 4-(dimethylamino)phenylazoxybenzene reductase, v.24	p.319
1.18.1.2	NADPH-dependent ferredoxin reductase, ferredoxin-NADP+ reductase, v.27	p.543
1.4.1.4	NADPH-dependent glutamate dehydrogenase, glutamate dehydrogenase (NADP+), v.22	p.68
1.4.1.13	NADPH-dependent glutamate synthase, glutamate synthase (NADPH), v.22	p.138
1.1.1.177	NADPH-dependent glycerin-3-phosphate dehydrogenase, glycerol-3-phosphate 1-dehydrogenase (NADP+), v.18	p.87
1.8.4.4	NADPH-dependent GSH-cystine transhydrogenase, glutathione-cystine transhydrogenase, v.24	p.635
1.1.1.289	NADPH-dependent L-sorbose reductase, sorbose reductase, v.S1	p.71
1.1.1.224	NADPH-dependent M6P reductase, mannose-6-phosphate 6-reductase, v.18	p.336
1.1.1.224	NADPH-dependent mannose 6-phosphate reductase, mannose-6-phosphate 6-reductase, v.18	p.336
1.1.1.263	NADPH-dependent monomeric reductase, 1,5-anhydro-D-fructose reductase, v.18	p.464
1.8.1.15	NADPH-dependent mycothiol reductase, mycothione reductase, v.24	p.563
1.1.1.252	NADPH-dependent naphthol reductase, tetrahydroxynaphthalene reductase, v.18	p.427
1.7.1.3	NADPH-dependent nitrate reductase, nitrate reductase (NADPH), v.24	p.267
1.6.2.4	NADPH-dependent P450 reductase, NADPH-hemoprotein reductase, v.24	p.58
1.1.1.188	NADPH-dependent prostaglandin D2 11-keto reductase, prostaglandin-F synthase, v.18	p.130
1.8.1.2	NADPH-dependent sulfite reductase, sulfite reductase (NADPH), v.24	p.452
1.8.1.9	NADPH-dependent thioredoxin reductase, thioredoxin-disulfide reductase, v.24	p.517

1.8.1.9	NADPH-dependent thioredoxin reductase-1, thioredoxin-disulfide reductase,	v. 24 | p. 517
1.8.1.9	NADPH-dependent thioredoxin reductase I, thioredoxin-disulfide reductase,	v. 24 | p. 517
1.3.1.38	NADPH-dependent trans-2-enoyl-CoA reductase, trans-2-enoyl-CoA reductase (NADPH),	v. 21 | p. 223
1.6.99.1	NADPH-diaphorase, NADPH dehydrogenase,	v. 24 | p. 179
1.14.13.39	NADPH-diaphorase, nitric-oxide synthase,	v. 26 | p. 426
1.5.1.3	NADPH-dihydrofolate reductase, dihydrofolate reductase,	v. 23 | p. 17
1.1.1.219	NADPH-dihydromyricetin reductase, dihydrokaempferol 4-reductase,	v. 18 | p. 321
1.5.1.34	NADPH-dihydropteridine reductase, 6,7-dihydropteridine reductase,	v. 23 | p. 248
1.5.1.33	NADPH-dihydropteridine reductase, pteridine reductase,	v. 23 | p. 243
1.6.2.4	NADPH-ferricytochrome c oxidoreductase, NADPH-hemoprotein reductase,	v. 24 | p. 58
1.6.2.4	NADPH-ferrihemoprotein reductase, NADPH-hemoprotein reductase,	v. 24 | p. 58
1.7.1.6	NADPH-flavin azoreductase, azobenzene reductase,	v. 24 | p. 288
1.5.1.30	NADPH-flavin reductase, flavin reductase,	v. 23 | p. 232
1.5.1.30	NADPH-FMN oxidoreductase, flavin reductase,	v. 23 | p. 232
1.4.1.13	NADPH-GltS, glutamate synthase (NADPH),	v. 22 | p. 138
1.4.1.13	NADPH-glutamate synthase, glutamate synthase (NADPH),	v. 22 | p. 138
1.8.1.7	NADPH-glutathione reductase, glutathione-disulfide reductase,	v. 24 | p. 488
1.4.1.13	NADPH-GOGAT, glutamate synthase (NADPH),	v. 22 | p. 138
1.8.1.7	NADPH-GSSG reductase, glutathione-disulfide reductase,	v. 24 | p. 488
1.1.1.34	NADPH-hydroxymethylglutaryl-CoA reductase, hydroxymethylglutaryl-CoA reductase (NADPH),	v. 16 | p. 309
1.5.1.2	NADPH-L-Δ'-pyrroline carboxylic acid reductase, pyrroline-5-carboxylate reductase,	v. 23 | p. 4
1.1.1.36	NADPH-linked acetoacetyl-CoA reductase, acetoacetyl-CoA reductase,	v. 16 | p. 328
1.1.1.2	NADPH-linked aldehyde reductase, alcohol dehydrogenase (NADP+),	v. 16 | p. 45
1.16.1.5	NADPH-linked aquacobalamin reductase, aquacobalamin reductase (NADPH),	v. 27 | p. 451
1.1.1.91	NADPH-linked benzaldehyde reductase, aryl-alcohol dehydrogenase (NADP+),	v. 17 | p. 218
1.4.1.13	NADPH-linked glutamate synthase, glutamate synthase (NADPH),	v. 22 | p. 138
1.1.1.224	NADPH-mannose-6-P reductase, mannose-6-phosphate 6-reductase,	v. 18 | p. 336
1.1.1.82	NADPH-MDH, malate dehydrogenase (NADP+),	v. 17 | p. 155
1.5.1.29	NADPH-methemoglobin reductase, FMN reductase,	v. 23 | p. 217
1.6.99.1	NADPH-methemoglobin reductase, NADPH dehydrogenase,	v. 24 | p. 179
1.6.1.2	NADPH-NAD oxidoreductase, NAD(P)+ transhydrogenase (AB-specific),	v. 24 | p. 10
1.6.1.1	NADPH-NAD oxidoreductase, NAD(P)+ transhydrogenase (B-specific),	v. 24 | p. 1
1.6.1.2	NADPH-NAD transhydrogenase, NAD(P)+ transhydrogenase (AB-specific),	v. 24 | p. 10
1.6.1.1	NADPH-NAD transhydrogenase, NAD(P)+ transhydrogenase (B-specific),	v. 24 | p. 1
1.7.1.3	NADPH-nitrate reductase, nitrate reductase (NADPH),	v. 24 | p. 267
1.7.1.4	NADPH-nitrite reductase, nitrite reductase [NAD(P)H],	v. 24 | p. 277
1.6.2.4	NADPH-P450 reductase, NADPH-hemoprotein reductase,	v. 24 | p. 58
1.3.1.33	NADPH-Pchlide oxidoreductase, protochlorophyllide reductase,	v. 21 | p. 200
1.3.1.33	NADPH-protochlorophyllide oxidoreductase, protochlorophyllide reductase,	v. 21 | p. 200
1.3.1.33	NADPH-protochlorophyllide oxidoreductase (POR)-like protein, protochlorophyllide reductase,	v. 21 | p. 200
1.3.1.33	NADPH-protochlorophyllide oxidoreductase A, protochlorophyllide reductase,	v. 21 | p. 200
1.3.1.33	NADPH-protochlorophyllide oxidoreductase B, protochlorophyllide reductase,	v. 21 | p. 200
1.3.1.33	NADPH-protochlorophyllide reductase, protochlorophyllide reductase,	v. 21 | p. 200
1.8.1.7	NADPH-reduced GR, glutathione-disulfide reductase,	v. 24 | p. 488
1.1.1.100	NADPH-specific 3-oxoacyl-[acylcarrier protein]reductase, 3-oxoacyl-[acyl-carrier-protein] reductase,	v. 17 | p. 259
1.5.1.34	NADPH-specific dihydropteridine reductase, 6,7-dihydropteridine reductase,	v. 23 | p. 248

1.5.1.30	NADPH-specific flavin reductase, flavin reductase, v. 23 | p. 232	
1.1.1.289	NADPH-SR, sorbose reductase, v. S1 | p. 71	
1.8.1.2	NADPH-sulfite reductase, sulfite reductase (NADPH), v. 24 | p. 452	
1.8.1.9	NADPH-thioredoxin reductase, thioredoxin-disulfide reductase, v. 24 | p. 517	
1.8.1.9	NADPH-Trx reductase, thioredoxin-disulfide reductase, v. 24 | p. 517	
1.1.1.113	NADPH-xylose reductase, L-xylose 1-dehydrogenase, v. 17 | p. 316	
1.5.1.27	NADPH 1,2-dehydroreticuline reductase, 1,2-Dehydroreticulinium reductase (NADPH), v. 23 | p. 208	
1.6.99.1	NADPH2-dehydrogenase, NADPH dehydrogenase, v. 24 | p. 179	
1.7.1.6	NADPH2-dependent azoreductase, azobenzene reductase, v. 24 | p. 288	
1.3.1.39	NADPH 2-enoyl Co A reductase, enoyl-[acyl-carrier-protein] reductase (NADPH, A-specific), v. 21 | p. 229	
1.3.1.10	NADPH 2-enoyl Co A reductase, enoyl-[acyl-carrier-protein] reductase (NADPH, B-specific), v. 21 | p. 52	
1.3.1.33	NADPH2-protochlorophyllide oxidoreductase, protochlorophyllide reductase, v. 21 | p. 200	
1.8.1.13	NADPH2:bis-g-glutamylcysteine oxidoreductase, bis-γ-glutamylcystine reductase, v. 24 | p. 558	
1.8.1.10	NADPH2:CoA-glutathione oxidoreductase, CoA-glutathione reductase, v. 24 | p. 535	
1.16.1.6	NADPH2:cyanocob(III)alamin oxidoreductase (cyanide-eliminating), cyanocobalamin reductase (cyanide-eliminating), v. 27 | p. 458	
1.7.1.3	NADPH2:nitrate oxidoreductase, nitrate reductase (NADPH), v. 24 | p. 267	
1.8.1.9	NADPH2:oxidized thioredoxin oxidoreductase, thioredoxin-disulfide reductase, v. 24 | p. 517	
1.8.1.12	NADPH2:trypanothione oxidoreductase, trypanothione-disulfide reductase, v. 24 | p. 543	
1.3.1.51	NADPH:2'-hydroxydaidzein oxidoreductase, 2'-hydroxydaidzein reductase, v. 21 | p. 275	
1.3.1.45	NADPH:2'-hydroxyisoflavone oxidoreductase, 2'-hydroxyisoflavone reductase, v. 21 | p. 255	
1.8.1.5	NADPH:2-(2-ketopropylthio)ethanesulfonate oxidoreductase/carboxylase, 2-oxopropyl-CoM reductase (carboxylating), v. 24 | p. 483	
1.3.1.74	NADPH:2-alkenal α,β-hydrogenase, 2-alkenal reductase, v. 21 | p. 336	
1.6.5.5	NADPH:2-alkenal α,β-hydrogenase, NADPH:quinone reductase, v. 24 | p. 135	
1.8.1.5	NADPH:2-ketopropyl-coenzyme M carboxylase/oxidoreductase, 2-oxopropyl-CoM reductase (carboxylating), v. 24 | p. 483	
1.8.1.5	NADPH:2-ketopropyl-coenzyme M oxidoreductase/carboxylase, 2-oxopropyl-CoM reductase (carboxylating), v. 24 | p. 483	
1.8.1.5	NADPH:2-ketopropyl-CoM oxidoreductase/carboxylase, 2-oxopropyl-CoM reductase (carboxylating), v. 24 | p. 483	
1.3.1.4	NADPH:Δ4-3-oxosteroid-5α-oxidoreductase, cortisone α-reductase, v. 21 | p. 19	
1.1.1.50	NADPH:5α-dihydroprogesterone 3α-hydroxysteroid oxidoreductase, 3α-hydroxysteroid dehydrogenase (B-specific), v. 16 | p. 487	
1.1.1.36	NADPH:acetoacetyl-CoA reductase, acetoacetyl-CoA reductase, v. 16 | p. 328	
1.16.1.5	NADPH:aquacob(III)alamin oxidoreductase, aquacobalamin reductase (NADPH), v. 27 | p. 451	
1.6.2.4	NADPH:cytochrome P450 oxidoreductase, NADPH-hemoprotein reductase, v. 24 | p. 58	
1.6.2.4	NADPH:cytochrome P450 reductase, NADPH-hemoprotein reductase, v. 24 | p. 58	
1.14.13.76	NADPH:cytochrome P450 reductase, taxane 10β-hydroxylase, v. 26 | p. 570	
1.3.1.8	NADPH:enoyl-CoA oxidoreductase, acyl-CoA dehydrogenase (NADP+), v. 21 | p. 34	
1.5.1.30	NADPH:FAD oxidoreductase, flavin reductase, v. 23 | p. 232	
1.18.1.2	NADPH:ferredoxin oxidoreductase, ferredoxin-NADP+ reductase, v. 27 | p. 543	
1.6.2.4	NADPH:ferrihemoprotein oxidoreductase, NADPH-hemoprotein reductase, v. 24 | p. 58	
1.5.1.30	NADPH:flavin oxidoreductase, flavin reductase, v. 23 | p. 232	
1.14.13.21	NADPH:flavonoid-3'-hydroxylase, flavonoid 3'-monooxygenase, v. 26 | p. 332	
1.5.1.30	NADPH:FMN oxidoreductase, flavin reductase, v. 23 | p. 232	
1.7.1.7	NADPH:GMP oxidoreductase (deaminating), GMP reductase, v. 24 | p. 299	
1.6.1.2	NADPH:NAD+ transhydrogenase, NAD(P)+ transhydrogenase (AB-specific), v. 24 | p. 10	
1.6.1.1	NADPH:NAD+ transhydrogenase, NAD(P)+ transhydrogenase (B-specific), v. 24 | p. 1	

1.7.1.3	NADPH:nitrate reductase, nitrate reductase (NADPH), v. 24	p. 267
1.7.1.3	NADPH:NR, nitrate reductase (NADPH), v. 24	p. 267
1.8.1.7	NADPH:oxidized-glutathione oxidoreductase, glutathione-disulfide reductase, v. 24	p. 488
1.3.1.33	NADPH:Pchlide oxidoreductase, protochlorophyllide reductase, v. 21	p. 200
1.3.1.33	NADPH:Pchlide oxidoreductase A, protochlorophyllide reductase, v. 21	p. 200
1.3.1.33	NADPH:protochlorophyllide oxidoreductase, protochlorophyllide reductase, v. 21	p. 200
1.3.1.33	NADPH:protochlorophyllide oxidoreductase A, protochlorophyllide reductase, v. 21	p. 200
1.6.5.2	NADPH:quinone oxidoreductase, NAD(P)H dehydrogenase (quinone), v. 24	p. 105
1.6.5.5	NADPH:quinone oxidoreductase, NADPH:quinone reductase, v. 24	p. 135
1.6.5.2	NADPH: quinone oxidoreductase-1, NAD(P)H dehydrogenase (quinone), v. 24	p. 105
1.6.5.5	NADPH:quinone oxidoreductase-1, NADPH:quinone reductase, v. 24	p. 135
1.6.5.5	NADPH:quinone oxidoreductase 1, NADPH:quinone reductase, v. 24	p. 135
1.6.5.5	NADPH:quinone reductase, NADPH:quinone reductase, v. 24	p. 135
1.5.1.29	NADPH:riboflavin 5'-phosphate (FMN) oxidoreductase, FMN reductase, v. 23	p. 217
1.3.1.74	NADPH alkenal/one oxidoreductase, 2-alkenal reductase, v. 21	p. 336
1.6.2.4	NADPH cytochrome P450 reductase, NADPH-hemoprotein reductase, v. 24	p. 58
1.3.1.31	NADPH dehydrogenase 1, 2-enoate reductase, v. 21	p. 182
1.1.1.263	NADPH dependent 1,5-anhydro-D-fructose reductase, 1,5-anhydro-D-fructose reductase, v. 18	p. 464
1.1.1.292	NADPH dependent 1,5-anhydro-D-fructose reductase, 1,5-anhydro-D-fructose reductase (1,5-anhydro-D-mannitol-forming), v. S1	p. 80
1.6.99.1	NADPH diaphorase, NADPH dehydrogenase, v. 24	p. 179
1.3.1.74	NADPH DT-diaphorase, 2-alkenal reductase, v. 21	p. 336
1.6.5.5	NADPH DT-diaphorase, NADPH:quinone reductase, v. 24	p. 135
1.18.1.2	NADPH ferredoxin reductase, ferredoxin-NADP+ reductase, v. 27	p. 543
1.6.3.1	NADPH oxidase, NAD(P)H oxidase, v. 24	p. 92
1.6.99.6	NADPH oxidase, NADPH dehydrogenase (quinone), v. 24	p. 225
1.6.3.1	NADPH oxidase 5, NAD(P)H oxidase, v. 24	p. 92
1.6.2.4	NADPH P450 oxidoreductase, NADPH-hemoprotein reductase, v. 24	p. 58
1.6.2.4	NADPH P450 reductase, NADPH-hemoprotein reductase, v. 24	p. 58
1.3.1.33	NADPH Pchlide oxidoreductase, protochlorophyllide reductase, v. 21	p. 200
1.11.1.2	NADPH peroxidase, NADPH peroxidase, v. 25	p. 180
1.6.99.6	NADPH quinone oxidoreductase, NADPH dehydrogenase (quinone), v. 24	p. 225
1.6.5.5	NADPH quinone oxidoreductase, NADPH:quinone reductase, v. 24	p. 135
1.6.5.2	NADPH quinone reductase, NAD(P)H dehydrogenase (quinone), v. 24	p. 105
1.6.99.6	NADPH quinone reductase, NADPH dehydrogenase (quinone), v. 24	p. 225
1.8.1.9	NADPH thioredoxin reductase, thioredoxin-disulfide reductase, v. 24	p. 517
1.1.1.42	NADP isocitric dehydrogenase, isocitrate dehydrogenase (NADP+), v. 16	p. 402
1.1.1.82	NADP malate dehydrogenase, malate dehydrogenase (NADP+), v. 17	p. 155
1.1.1.40	NADP malic enzyme, malate dehydrogenase (oxaloacetate-decarboxylating) (NADP+), v. 16	p. 381
1.11.1.2	NADP peroxidase, NADPH peroxidase, v. 25	p. 180
2.7.1.23	NADP phosphatase/NAD kinase, NAD+ kinase, v. 35	p. 293
3.6.1.22	NADP pyrophosphatase, NAD+ diphosphatase, v. 15	p. 396
3.6.1.22	NAD pyrophosphatase, NAD+ diphosphatase, v. 15	p. 396
2.4.2.19	NAD pyrophosphorylase, nicotinate-nucleotide diphosphorylase (carboxylating), v. 33	p. 188
2.7.1.22	NadR, ribosylnicotinamide kinase, v. 35	p. 290
6.3.1.5	NADS, NAD+ synthase, v. 2	p. 377
1.1.1.116	NAD(+)-specific D-arabinose dehydrogenase, D-arabinose 1-dehydrogenase, v. 17	p. 323
6.3.1.5	NAD synthase, NAD+ synthase, v. 2	p. 377
6.3.1.5	NAD synthetase, NAD+ synthase, v. 2	p. 377
6.3.5.1	NAD synthetase (glutamine), NAD+ synthase (glutamine-hydrolysing), v. 2	p. 651
1.6.1.2	NAD transhydrogenase, NAD(P)+ transhydrogenase (AB-specific), v. 24	p. 10

1.6.1.1	NAD transhydrogenase, NAD(P)+ transhydrogenase (B-specific), v. 24	p. 1
3.1.21.4	NaeI, type II site-specific deoxyribonuclease, v. 11	p. 454
3.2.1.50	NAG, α-N-acetylglucosaminidase, v. 13	p. 18
3.2.1.20	NAG, α-glucosidase, v. 12	p. 263
3.2.1.52	NAG-68, β-N-acetylhexosaminidase, v. 13	p. 50
3.2.1.52	Nag3, β-N-acetylhexosaminidase, v. 13	p. 50
3.5.1.25	NagA, N-acetylglucosamine-6-phosphate deacetylase, v. 14	p. 379
3.2.1.49	α-NAGA, α-N-acetylgalactosaminidase, v. 13	p. 10
3.2.1.49	α-NAGAL, α-N-acetylgalactosaminidase, v. 13	p. 10
3.2.1.49	NaGalase, α-N-acetylgalactosaminidase, v. 13	p. 10
3.2.1.49	α-NaGalase, α-N-acetylgalactosaminidase, v. 13	p. 10
3.1.3.1	Nagao isozyme, alkaline phosphatase, v. 10	p. 1
3.4.21.62	Nagarse, Subtilisin, v. 7	p. 285
3.2.1.50	NAGase, α-N-acetylglucosaminidase, v. 13	p. 18
3.5.99.6	NagB, glucosamine-6-phosphate deaminase, v. 15	p. 225
2.7.1.59	NagK, N-acetylglucosamine kinase, v. 36	p. 135
2.7.2.8	NagK, acetylglutamate kinase, v. 37	p. 342
2.7.2.8	NAGK1, acetylglutamate kinase, v. 37	p. 342
3.1.4.45	NAGLU, N-acetylglucosamine-1-phosphodiester α-N-acetylglucosaminidase, v. 11	p. 208
3.2.1.50	NAGLU, α-N-acetylglucosaminidase, v. 13	p. 18
3.5.1.25	NAGPase, N-acetylglucosamine-6-phosphate deacetylase, v. 14	p. 379
2.3.1.1	NAGS, amino-acid N-acetyltransferase, v. 29	p. 224
2.7.2.8	NAGS-K, acetylglutamate kinase, v. 37	p. 342
2.3.1.1	NAGS-K, amino-acid N-acetyltransferase, v. 29	p. 224
1.2.1.38	NAGSA dehydrogenase, N-acetyl-γ-glutamyl-phosphate reductase, v. 20	p. 289
1.2.1.38	NAGSD, N-acetyl-γ-glutamyl-phosphate reductase, v. 20	p. 289
1.14.13.24	NagX, 3-hydroxybenzoate 6-monooxygenase, v. 26	p. 355
1.17.1.5	NAH, nicotinate dehydrogenase, v. S1	p. 719
3.2.1.52	NAHA, β-N-acetylhexosaminidase, v. 13	p. 50
3.2.1.52	β-NAHA, β-N-acetylhexosaminidase, v. 13	p. 50
3.2.1.52	β-NAHASE, β-N-acetylhexosaminidase, v. 13	p. 50
3.2.1.52	NAHase, β-N-acetylhexosaminidase, v. 13	p. 50
1.2.1.65	NahF, salicylaldehyde dehydrogenase, v. 20	p. 396
1.14.13.1	NahG, salicylate 1-monooxygenase, v. 26	p. 200
2.7.1.162	NahK, N-acetylhexosamine 1-kinase
3.1.1.81	NAHL-lactonase, quorum-quenching N-acyl-homoserine lactonase, v. S5	p. 23
1.14.13.1	NahU, salicylate 1-monooxygenase, v. 26	p. 200
1.2.1.65	NahV, salicylaldehyde dehydrogenase, v. 20	p. 396
3.1.1.4	NAJPLA-2A, phospholipase A2, v. 9	p. 52
3.1.1.4	NAJPLA-2B, phospholipase A2, v. 9	p. 52
3.1.1.4	NAJPLA-2C, phospholipase A2, v. 9	p. 52
3.6.3.9	Na(+)-K(+)-exchanging ATPase, Na+/K+-exchanging ATPase, v. 15	p. 573
4.1.3.3	NAL, N-acetylneuraminate lyase, v. 4	p. 24
4.1.3.3	NALase, N-acetylneuraminate lyase, v. 4	p. 24
1.1.1.218	naloxone reductase, morphine 6-dehydrogenase, v. 18	p. 314
3.6.1.15	NALP14, nucleoside-triphosphatase, v. 15	p. 365
2.4.1.90	NAL synthetase, N-acetyllactosamine synthase, v. 32	p. 1
2.4.1.38	NAL synthetase, β-N-acetylglucosaminylglycopeptide β-1,4-galactosyltransferase, v. 31	p. 353
3.2.1.114	NAM, mannosyl-oligosaccharide 1,3-1,6-α-mannosidase, v. 13	p. 470
1.1.1.233	NAM-DH, N-acylmannosamine 1-dehydrogenase, v. 18	p. 364
3.5.1.28	NAMLAA, N-acetylmuramoyl-L-alanine amidase, v. 14	p. 396
2.7.7.18	NaMN-ATase, nicotinate-nucleotide adenylyltransferase, v. 38	p. 240
2.7.7.18	NaMN AT, nicotinate-nucleotide adenylyltransferase, v. 38	p. 240
2.7.7.18	NaMNAT, nicotinate-nucleotide adenylyltransferase, v. 38	p. 240

2.4.2.12	NAmPRTase, nicotinamide phosphoribosyltransferase, v. 33 | p. 146	
2.4.2.12	Nampt, nicotinamide phosphoribosyltransferase, v. 33 | p. 146	
2.4.2.12	Nampt/PBEF/Visfatin, nicotinamide phosphoribosyltransferase, v. 33 | p. 146	
2.4.2.12	Nampt/visfatin, nicotinamide phosphoribosyltransferase, v. 33 | p. 146	
3.2.1.18	NAN1, exo-α-sialidase, v. 12 | p. 244	
4.1.3.3	NanA, N-acetylneuraminate lyase, v. 4 | p. 24	
2.5.1.56	(NANA) condensing enzyme, N-acetylneuraminate synthase, v. 34 | p. 184	
2.5.1.56	NANA condensing enzyme, N-acetylneuraminate synthase, v. 34 | p. 184	
4.1.3.3	NANA lyase, N-acetylneuraminate lyase, v. 4 | p. 24	
3.2.1.18	NANase, exo-α-sialidase, v. 12 | p. 244	
4.2.2.15	NanB, anhydrosialidase, v. S7 | p. 131	
3.2.1.18	NanB, exo-α-sialidase, v. 12 | p. 244	
2.5.1.57	NANS, N-acylneuraminate-9-phosphate synthase, v. 34 | p. 190	
1.13.11.32	NAO, 2-nitropropane dioxygenase, v. 25 | p. 581	
3.5.1.16	NAO, acetylornithine deacetylase, v. 14 | p. 338	
1.7.3.1	NAO, nitroalkane oxidase, v. 24 | p. 341	
3.4.11.14	NAP, cytosol alanyl aminopeptidase, v. 6 | p. 143	
1.7.99.4	NAP, nitrate reductase, v. 24 | p. 396	
1.7.1.1	NAP, nitrate reductase (NADH), v. 24 | p. 237	
1.7.1.3	NAP, nitrate reductase (NADPH), v. 24 | p. 267	
3.6.4.11	NAP-1, nucleoplasmin ATPase, v. 15 | p. 817	
1.7.99.4	NapA, nitrate reductase, v. 24 | p. 396	
1.5.1.20	NapAB, methylenetetrahydrofolate reductase [NAD(P)H], v. 23 | p. 174	
1.7.99.4	NapAB, nitrate reductase, v. 24 | p. 396	
1.9.6.1	NapAB, nitrate reductase (cytochrome), v. 25 | p. 49	
1.2.1.13	NAPD-linked glyceraldehyde-3-P dehydrogenase, glyceraldehyde-3-phosphate dehydrogenase (NADP+) (phosphorylating), v. 20 | p. 163	
4.2.99.18	NapE, DNA-(apurinic or apyrimidinic site) lyase, v. 5 | p. 150	
3.1.3.2	NapE, acid phosphatase, v. 10 | p. 31	
3.1.4.4	NAPE-PLD, phospholipase D, v. 11 | p. 47	
2.4.2.11	NA phosphoribosyltransferase, nicotinate phosphoribosyltransferase, v. 33 | p. 137	
1.3.1.60	naphtalene dihydrodiol dehydrogenase, dibenzothiophene dihydrodiol dehydrogenase, v. 21 | p. 300	
3.1.1.72	Naphthal AS-D chloroacetate deacetylase, Acetylxylan esterase, v. 9 | p. 406	
1.3.1.29	naphthalene cis-dihydrodiol dehydrogenase, cis-1,2-dihydro-1,2-dihydroxynaphthalene dehydrogenase, v. 21 | p. 171	
1.3.1.29	naphthalene dihydrodiol dehydrogenase, cis-1,2-dihydro-1,2-dihydroxynaphthalene dehydrogenase, v. 21 | p. 171	
1.14.12.12	naphthalene dioxygenase, naphthalene 1,2-dioxygenase, v. 26 | p. 167	
1.14.12.12	naphthalene oxygenase, naphthalene 1,2-dioxygenase, v. 26 | p. 167	
4.1.3.36	naphthoate synthase, naphthoate synthase, v. 4 | p. 196	
4.1.3.36	naphthoate synthase (MenB), naphthoate synthase, v. 4 | p. 196	
2.4.1.17	1-naphthol-UDP-glucuronosyltransferase, glucuronosyltransferase, v. 31 | p. 162	
2.4.1.17	1-naphthol glucuronyltransferase, glucuronosyltransferase, v. 31 | p. 162	
2.8.2.1	1-naphthol phenol sulfotransferase, aryl sulfotransferase, v. 39 | p. 247	
1.1.1.252	naphthol reductase, tetrahydroxynaphthalene reductase, v. 18 | p. 427	
2.8.2.1	2-naphtholsulfotransferase, aryl sulfotransferase, v. 39 | p. 247	
1.14.99.27	naphthoquinone-hydroxylase, juglone 3-monooxygenase, v. 27 | p. 364	
1.14.99.27	naphthoquinone hydroxylase, juglone 3-monooxygenase, v. 27 | p. 364	
1.3.1.74	Naphthoquinone reductase, 2-alkenal reductase, v. 21 | p. 336	
1.6.5.2	Naphthoquinone reductase, NAD(P)H dehydrogenase (quinone), v. 24 | p. 105	
1.6.5.5	Naphthoquinone reductase, NADPH:quinone reductase, v. 24 | p. 135	
2.3.1.5	2-naphthylamine N-acetyltransferase, arylamine N-acetyltransferase, v. 29 | p. 243	
2.3.1.5	β-naphthylamine N-acetyltransferase, arylamine N-acetyltransferase, v. 29 | p. 243	
3.6.3.27	NaPi-2a, phosphate-transporting ATPase, v. 15 | p. 649	

2.4.2.12	NAPRT, nicotinamide phosphoribosyltransferase, v. 33 | p. 146
2.4.2.11	NAPRT, nicotinate phosphoribosyltransferase, v. 33 | p. 137
2.4.2.11	NAPRTase, nicotinate phosphoribosyltransferase, v. 33 | p. 137
1.6.99.5	Na(+)-pumping NADH:quinone oxidoreductase, NADH dehydrogenase (quinone), v. 24 | p. 219
1.7.99.4	NaR, nitrate reductase, v. 24 | p. 396
1.7.1.1	NaR, nitrate reductase (NADH), v. 24 | p. 237
1.9.6.1	NaR, nitrate reductase (cytochrome), v. 25 | p. 49
1.7.1.1	NaR1, nitrate reductase (NADH), v. 24 | p. 237
1.7.1.3	NaR1, nitrate reductase (NADPH), v. 24 | p. 267
1.7.7.2	narB, ferredoxin-nitrate reductase, v. 24 | p. 381
3.4.24.61	nardilysin (V8), nardilysin, v. 8 | p. 511
2.4.2.30	NarE, NAD+ ADP-ribosyltransferase, v. 33 | p. 263
1.5.1.20	NarGHI, methylenetetrahydrofolate reductase [NAD(P)H], v. 23 | p. 174
1.7.99.4	NarGHI, nitrate reductase, v. 24 | p. 396
1.9.6.1	NarGHI, nitrate reductase (cytochrome), v. 25 | p. 49
3.1.21.4	NarI, type II site-specific deoxyribonuclease, v. 11 | p. 454
1.14.11.9	naringenin,2-oxoglutarate:oxygen oxidoreductase (3-hydroxylating), flavanone 3-dioxygenase, v. 26 | p. 73
2.3.1.74	naringenin-chalcone synthase 6, naringenin-chalcone synthase, v. 30 | p. 66
1.14.11.9	naringenin 3-dioxygenase, flavanone 3-dioxygenase, v. 26 | p. 73
2.4.1.185	naringenin 7-O-glucosyltransferase, flavanone 7-O-β-glucosyltransferase, v. 32 | p. 444
2.5.1.70	naringenin 8-prenyltransferase, naringenin 8-dimethylallyltransferase, v. S2 | p. 229
3.6.3.26	NarK1, nitrate-transporting ATPase, v. 15 | p. 646
3.6.3.26	NarK2, nitrate-transporting ATPase, v. 15 | p. 646
3.6.3.26	narK gene product, nitrate-transporting ATPase, v. 15 | p. 646
2.5.1.43	NAS, nicotianamine synthase, v. 34 | p. 59
6.3.5.4	NAS2, Asparagine synthase (glutamine-hydrolysing), v. 2 | p. 672
3.1.3.5	5'Nase, 5'-nucleotidase, v. 10 | p. 95
2.5.1.43	NASHOR1, nicotianamine synthase, v. 34 | p. 59
2.5.1.43	NASHOR2, nicotianamine synthase, v. 34 | p. 59
2.5.1.43	NA synthase, nicotianamine synthase, v. 34 | p. 59
2.3.1.87	NAT, aralkylamine N-acetyltransferase, v. 30 | p. 149
2.3.1.56	NAT, aromatic-hydroxylamine O-acetyltransferase, v. 29 | p. 700
2.3.1.5	NAT, arylamine N-acetyltransferase, v. 29 | p. 243
2.3.1.88	NAT, peptide α-N-acetyltransferase, v. 30 | p. 157
2.3.1.5	NAT-a, arylamine N-acetyltransferase, v. 29 | p. 243
2.3.1.5	NAT-b, arylamine N-acetyltransferase, v. 29 | p. 243
2.3.1.5	NAT 1, arylamine N-acetyltransferase, v. 29 | p. 243
2.3.1.5	NAT1, arylamine N-acetyltransferase, v. 29 | p. 243
2.3.1.5	NAT2, arylamine N-acetyltransferase, v. 29 | p. 243
2.3.1.5	NAT2*1, arylamine N-acetyltransferase, v. 29 | p. 243
2.3.1.5	NAT2*2, arylamine N-acetyltransferase, v. 29 | p. 243
2.3.1.5	NAT3, arylamine N-acetyltransferase, v. 29 | p. 243
2.3.1.48	NAT4, histone acetyltransferase, v. 29 | p. 641
2.3.1.88	NatA, peptide α-N-acetyltransferase, v. 30 | p. 157
3.6.1.7	native acylphosphatase, acylphosphatase, v. 15 | p. 292
3.4.21.9	native enterokinase, enteropeptidase, v. 7 | p. 49
2.7.1.23	native plant calcium- and calmodulin-dependent NAD+-kinase, NAD+ kinase, v. 35 | p. 293
1.6.99.5	Na(+)-translocating NADH:quinone oxidoreductase, NADH dehydrogenase (quinone), v. 24 | p. 219
1.6.5.3	Na(+)-translocating NADH:ubiquinone oxidoreductase, NADH dehydrogenase (ubiquinone), v. 24 | p. 106
3.1.1.4	natratoxin, phospholipase A2, v. 9 | p. 52

4.6.1.2	natriuretic peptide-activated guanylate cyclase, guanylate cyclase, v. 5 | p. 430	
3.1.3.26	(natto) phytase, 4-phytase, v. 10 | p. 289	
3.1.3.8	Natuphos, 3-phytase, v. 10 | p. 129	
3.4.21.9	natural enteropeptidase, enteropeptidase, v. 7 | p. 49	
3.4.21.79	natural killer cell protease 1, Granzyme B, v. 7 | p. 393	
1.11.1.15	natural killer enhancing factor-B, peroxiredoxin, v. S1 | p. 403	
3.6.3.26	NAX1, nitrate-transporting ATPase, v. 15 | p. 646	
4.1.1.45	NbaD enzyme, Aminocarboxymuconate-semialdehyde decarboxylase, v. 3 | p. 277	
1.3.1.8	NbECR, acyl-CoA dehydrogenase (NADP+), v. 21 | p. 34	
3.5.99.5	nbzE, 2-aminomuconate deaminase, v. 15 | p. 222	
3.1.3.48	NC-PTPCOM1, protein-tyrosine-phosphatase, v. 10 | p. 407	
1.7.1.6	NC-reductase, azobenzene reductase, v. 24 | p. 288	
3.5.1.6	NCβA, β-ureidopropionase, v. 14 | p. 263	
3.5.1.77	D-NCAase, N-carbamoyl-D-amino-acid hydrolase, v. 14 | p. 586	
3.5.1.87	NCC amidohydrolase, N-carbamoyl-L-amino-acid hydrolase, v. 14 | p. 625	
1.6.5.3	NCCR, NADH dehydrogenase (ubiquinone), v. 24 | p. 106	
1.3.1.29	ncd, cis-1,2-dihydro-1,2-dihydroxynaphthalene dehydrogenase, v. 21 | p. 171	
3.6.4.5	ncd, minus-end-directed kinesin ATPase, v. 15 | p. 784	
3.5.1.23	nCDase, ceramidase, v. 14 | p. 367	
1.13.11.51	NCED, 9-cis-epoxycarotenoid dioxygenase, v. S1 | p. 436	
1.13.11.51	NCED1, 9-cis-epoxycarotenoid dioxygenase, v. S1 | p. 436	
1.13.11.51	NCED2, 9-cis-epoxycarotenoid dioxygenase, v. S1 | p. 436	
1.13.11.51	NCED5, 9-cis-epoxycarotenoid dioxygenase, v. S1 | p. 436	
1.13.11.51	NCED9, 9-cis-epoxycarotenoid dioxygenase, v. S1 | p. 436	
3.1.1.13	NCEH, sterol esterase, v. 9 | p. 150	
3.1.1.73	NcFaeD-3.544, feruloyl esterase, v. 9 | p. 414	
2.5.1.54	NCgl0950 DAHP synthase, 3-deoxy-7-phosphoheptulonate synthase, v. 34 | p. 146	
1.14.13.2	ncgl1032, 4-hydroxybenzoate 3-monooxygenase, v. 26 | p. 208	
2.5.1.54	NCgl2098 DAHP synthase, 3-deoxy-7-phosphoheptulonate synthase, v. 34 | p. 146	
2.4.1.57	NCgl2106, phosphatidylinositol α-mannosyltransferase, v. 31 | p. 461	
5.2.1.4	ncgl2918 gene, Maleylpyruvate isomerase, v. 1 | p. 206	
3.6.4.4	NcKin3, plus-end-directed kinesin ATPase, v. 15 | p. 778	
3.4.22.54	nCL-1, calpain-3, v. S6 | p. 81	
3.4.22.53	nCL-2, calpain-2, v. S6 | p. 61	
2.1.1.29	Ncl1p, tRNA (cytosine-5-)-methyltransferase, v. 28 | p. 144	
3.4.21.92	nClpP7, Endopeptidase Clp, v. 7 | p. 445	
3.4.21.92	nClpP8, Endopeptidase Clp, v. 7 | p. 445	
3.1.30.1	NcNase, Aspergillus nuclease S1, v. 11 | p. 610	
2.3.1.48	NCOAT, histone acetyltransferase, v. 29 | p. 641	
2.4.1.94	ncOGT, protein N-acetylglucosaminyltransferase, v. 32 | p. 39	
3.1.21.4	NcoI, type II site-specific deoxyribonuclease, v. 11 | p. 454	
3.5.1.53	NCP amidohydrolase, N-carbamoylputrescine amidase, v. 14 | p. 495	
4.2.1.78	NCS, (S)-norcoclaurine synthase, v. 4 | p. 607	
3.5.1.33	ND, N-acetylglucosamine deacetylase, v. 14 | p. 422	
6.1.1.23	ND-AspRS, aspartate-tRNAAsn ligase, v. S7 | p. 562	
6.1.1.24	ND-GluRS, glutamate-tRNAGln ligase, v. S7 | p. 572	
1.6.5.3	ND1, NADH dehydrogenase (ubiquinone), v. 24 | p. 106	
1.6.99.3	ND5, NADH dehydrogenase, v. 24 | p. 207	
1.3.1.29	NDDH, cis-1,2-dihydro-1,2-dihydroxynaphthalene dehydrogenase, v. 21 | p. 171	
3.1.21.4	NdeI, type II site-specific deoxyribonuclease, v. 11 | p. 454	
1.6.5.3	NDH, NADH dehydrogenase (ubiquinone), v. 24 | p. 106	
1.17.1.5	NDH, nicotinate dehydrogenase, v. S1 | p. 719	
1.5.99.4	NDH, nicotine dehydrogenase, v. 23 | p. 363	
1.6.99.3	NDH-1, NADH dehydrogenase, v. 24 | p. 207	
1.6.99.5	NDH-1, NADH dehydrogenase (quinone), v. 24 | p. 219	

1.6.5.3	NDH-1, NADH dehydrogenase (ubiquinone), v. 24	p. 106
1.6.99.5	NDH-2, NADH dehydrogenase (quinone), v. 24	p. 219
1.6.5.3	NDH-2, NADH dehydrogenase (ubiquinone), v. 24	p. 106
1.6.5.3	NDH-II, NADH dehydrogenase (ubiquinone), v. 24	p. 106
1.6.5.3	NDH2, NADH dehydrogenase (ubiquinone), v. 24	p. 106
1.6.5.2	Ndh complex, NAD(P)H dehydrogenase (quinone), v. 24	p. 105
1.6.5.3	Ndh complex, NADH dehydrogenase (ubiquinone), v. 24	p. 106
1.6.99.3	Ndi1, NADH dehydrogenase, v. 24	p. 207
2.7.4.6	NDK, nucleoside-diphosphate kinase, v. 37	p. 521
2.7.4.6	NDK-1, nucleoside-diphosphate kinase, v. 37	p. 521
2.7.4.6	NDK B, nucleoside-diphosphate kinase, v. 37	p. 521
2.7.4.6	NDKB, nucleoside-diphosphate kinase, v. 37	p. 521
1.14.12.12	NDO, naphthalene 1,2-dioxygenase, v. 26	p. 167
2.7.7.37	NDP-aldose phosphorylase, aldose-1-phosphate nucleotidyltransferase, v. 38	p. 393
2.4.1.242	NDP-glucose-starch glucosyltransferase, NDP-glucose-starch glucosyltransferase, v. S2	p. 188
3.6.1.6	NDPase, nucleoside-diphosphatase, v. 15	p. 283
2.4.1.242	NDPglucose-starch glucosyltransferase, NDP-glucose-starch glucosyltransferase, v. S2	p. 188
2.7.7.28	NDP hexose pyrophosphorylase, nucleoside-triphosphate-aldose-1-phosphate nucleotidyltransferase, v. 38	p. 354
2.7.4.6	NDPK, nucleoside-diphosphate kinase, v. 37	p. 521
2.7.4.6	NDPK-D, nucleoside-diphosphate kinase, v. 37	p. 521
2.7.4.6	NDPK2, nucleoside-diphosphate kinase, v. 37	p. 521
2.7.4.6	NDPK3a, nucleoside-diphosphate kinase, v. 37	p. 521
2.7.4.6	NDPKA, nucleoside-diphosphate kinase, v. 37	p. 521
2.7.4.6	NDPK B, nucleoside-diphosphate kinase, v. 37	p. 521
2.7.4.6	NDPKB, nucleoside-diphosphate kinase, v. 37	p. 521
2.7.4.6	NDPK I, nucleoside-diphosphate kinase, v. 37	p. 521
2.7.4.6	NDPK II, nucleoside-diphosphate kinase, v. 37	p. 521
2.7.4.6	NDPK III, nucleoside-diphosphate kinase, v. 37	p. 521
2.7.4.6	NDP kinase α, nucleoside-diphosphate kinase, v. 37	p. 521
2.7.4.6	NDP kinase β, nucleoside-diphosphate kinase, v. 37	p. 521
2.7.4.6	NDP kinase A, nucleoside-diphosphate kinase, v. 37	p. 521
2.7.7.37	NDP sugar phosphorylase, aldose-1-phosphate nucleotidyltransferase, v. 38	p. 393
2.7.11.1	NDR1, non-specific serine/threonine protein kinase, v. S3	p. 1
2.7.11.1	NDR protein kinase, non-specific serine/threonine protein kinase, v. S3	p. 1
2.4.2.6	NDRT, nucleoside deoxyribosyltransferase, v. 33	p. 66
2.4.2.6	NdRT-II, nucleoside deoxyribosyltransferase, v. 33	p. 66
2.8.2.8	NDST, [heparan sulfate]-glucosamine N-sulfotransferase, v. 39	p. 342
2.8.2.8	NDST-1, [heparan sulfate]-glucosamine N-sulfotransferase, v. 39	p. 342
2.8.2.8	Ndst1, [heparan sulfate]-glucosamine N-sulfotransferase, v. 39	p. 342
3.6.1.13	Ndx2, ADP-ribose diphosphatase, v. 15	p. 354
3.4.21.37	NE, leukocyte elastase, v. 7	p. 164
1.6.5.4	NEC3, monodehydroascorbate reductase (NADH), v. 24	p. 126
1.15.1.1	nectarin I, superoxide dismutase, v. 27	p. 399
1.6.5.4	Nectarin III, monodehydroascorbate reductase (NADH), v. 24	p. 126
3.1.1.3	nectar protein 1, triacylglycerol lipase, v. 9	p. 36
6.3.2.19	Nedd4, Ubiquitin-protein ligase, v. 2	p. 506
6.3.2.19	Nedd4-1, Ubiquitin-protein ligase, v. 2	p. 506
6.3.2.19	Nedd4-2, Ubiquitin-protein ligase, v. 2	p. 506
6.3.2.19	Nedd4-2s, Ubiquitin-protein ligase, v. 2	p. 506
6.3.2.19	Nedd4-like ubiquitin ligase, Ubiquitin-protein ligase, v. 2	p. 506
6.3.2.19	NEDD4-like ubiquitin protein ligase-1, Ubiquitin-protein ligase, v. 2	p. 506
6.3.2.19	Nedd4L, Ubiquitin-protein ligase, v. 2	p. 506

6.3.2.19	Nedd8-conjugating enzyme Ubc12, Ubiquitin-protein ligase, v. 2 | p. 506
3.1.2.15	NEDD8-specific protease, ubiquitin thiolesterase, v. 9 | p. 523
6.3.2.19	NEDL1, Ubiquitin-protein ligase, v. 2 | p. 506
1.15.1.2	neelaredoxin, superoxide reductase, v. 27 | p. 426
3.2.1.75	neg-1, glucan endo-1,6-β-glucosidase, v. 13 | p. 247
2.7.11.1	negative regulator of sexual conjugation and meiosis, non-specific serine/threonine protein kinase, v. S3 | p. 1
2.7.11.22	negative regulator of the PHO system, cyclin-dependent kinase, v. S4 | p. 156
3.2.2.23	NEH1, DNA-formamidopyrimidine glycosylase, v. 14 | p. 111
3.2.2.23	NEH2, DNA-formamidopyrimidine glycosylase, v. 14 | p. 111
4.2.99.18	Nei, DNA-(apurinic or apyrimidinic site) lyase, v. 5 | p. 150
3.4.24.16	NEL, neurolysin, v. 8 | p. 286
3.6.4.6	NEM-sensitive fusion protein, vesicle-fusing ATPase, v. 15 | p. 789
1.3.3.3	NemN, coproporphyrinogen oxidase, v. 21 | p. 367
2.7.1.95	Neo, kanamycin kinase, v. 36 | p. 373
2.6.1.50	neo-6, glutamine-scyllo-inositol transaminase, v. 34 | p. 574
2.7.7.19	neo-PAP, polynucleotide adenylyltransferase, v. 38 | p. 245
3.2.2.22	neo-trichosanthin, rRNA N-glycosylase, v. 14 | p. 107
3.6.3.1	Neo1p, phospholipid-translocating ATPase, v. 15 | p. 532
2.7.1.95	neomycin-kanamycin phosphotransferase, kanamycin kinase, v. 36 | p. 373
2.7.1.95	neomycin phosphotransferase, kanamycin kinase, v. 36 | p. 373
3.2.1.35	Neopermease, hyaluronoglucosaminidase, v. 12 | p. 526
3.2.1.54	neopullulanase, cyclomaltodextrinase, v. 13 | p. 95
3.2.1.135	neopullulanase-α-amylase, neopullulanase, v. 13 | p. 542
1.6.2.4	neotetrazolin reductase, NADPH-hemoprotein reductase, v. 24 | p. 58
3.4.24.11	NEP, neprilysin, v. 8 | p. 230
3.4.24.11	NEP, enkephalinase, neutrophil cluster-differentiation antigen 10, common acute lymphoblastic leukemia antigen, neprilysin, v. 8 | p. 230
3.4.24.11	NEP-1, neprilysin, v. 8 | p. 230
3.4.24.11	NEP/CD10, neprilysin, v. 8 | p. 230
3.4.24.11	NEP2, neprilysin, v. 8 | p. 230
3.4.24.11	NEP 24.11, neprilysin, v. 8 | p. 230
3.4.23.12	nepenthacin, nepenthesin, v. 8 | p. 51
3.4.23.12	nepenthasin;aspartyl endopeptidase, nepenthesin, v. 8 | p. 51
3.4.23.12	nepenthes aspartic protease, nepenthesin, v. 8 | p. 51
3.4.23.40	Nepenthesin, Phytepsin, v. 8 | p. 181
3.4.23.12	Nepenthesin, nepenthesin, v. 8 | p. 51
3.4.23.12	nepenthesin I, nepenthesin, v. 8 | p. 51
3.4.23.12	nepenthesin II, nepenthesin, v. 8 | p. 51
3.4.24.21	nephrosin, astacin, v. 8 | p. 330
3.4.23.12	Nep I, nepenthesin, v. 8 | p. 51
3.4.23.12	Nep II, nepenthesin, v. 8 | p. 51
2.7.7.7	Neq DNA polymerase, DNA-directed DNA polymerase, v. 38 | p. 118
3.1.3.16	NERPP-2C, phosphoprotein phosphatase, v. 10 | p. 213
2.7.10.1	nerve growth factor receptor, receptor protein-tyrosine kinase, v. S2 | p. 341
3.4.17.17	nervous system nuclear protein induced by axotomy, tubulinyl-Tyr carboxypeptidase, v. 6 | p. 483
2.5.1.28	neryl-diphosphate synthase, dimethylallylcistransferase, v. 33 | p. 602
1.11.1.15	NES-Prx1, peroxiredoxin, v. S1 | p. 403
2.7.10.1	NET, receptor protein-tyrosine kinase, v. S2 | p. 341
3.2.1.18	Neu, exo-α-sialidase, v. 12 | p. 244
2.7.10.2	Neu, non-specific protein-tyrosine kinase, v. S2 | p. 441
3.2.1.18	NEU1, exo-α-sialidase, v. 12 | p. 244
3.2.1.18	Neu3, exo-α-sialidase, v. 12 | p. 244
3.2.1.18	NEU4, exo-α-sialidase, v. 12 | p. 244

3.2.1.18	Neu4L sialidase, exo-α-sialidase, v. 12	p. 244
3.1.3.29	Neu5Ac-9-Pase, N-acylneuraminate-9-phosphatase, v. 10	p. 312
3.1.3.29	Neu5Ac-9-phosphate phosphatase, N-acylneuraminate-9-phosphatase, v. 10	p. 312
2.5.1.57	neu5ac-9-P synthase, N-acylneuraminate-9-phosphate synthase, v. 34	p. 190
2.5.1.57	Neu5Ac 9-phosphate synthase, N-acylneuraminate-9-phosphate synthase, v. 34	p. 190
2.5.1.57	Neu5Ac 9-phosphate synthetase, N-acylneuraminate-9-phosphate synthase, v. 34	p. 190
4.1.3.3	Neu5Ac aldolase, N-acetylneuraminate lyase, v. 4	p. 24
4.1.3.3	Neu5Ac lyase, N-acetylneuraminate lyase, v. 4	p. 24
2.4.99.7	NeuAc-α-2,3-Gal-β-1,3-GalNAc-α-2,6-sialyltransferase , α-N-acetylneuraminyl-2,3-β-galactosyl-1,3-N-acetylgalactosaminide 6-α-sialyltransferase, v. 33	p. 367
2.4.99.4	NeuAc α-2,3-sialyltransferase, β-galactoside α-2,3-sialyltransferase, v. 33	p. 346
2.5.1.57	neuac-9-phosphate synthase, N-acylneuraminate-9-phosphate synthase, v. 34	p. 190
3.1.3.29	NeuAc 9-phosphatase, N-acylneuraminate-9-phosphatase, v. 10	p. 312
4.1.3.3	NeuAc aldolase, N-acetylneuraminate lyase, v. 4	p. 24
4.1.3.3	NeuAc lyase, N-acetylneuraminate lyase, v. 4	p. 24
2.5.1.56	NeuAc synthase, N-acetylneuraminate synthase, v. 34	p. 184
2.5.1.56	NeuB, N-acetylneuraminate synthase, v. 34	p. 184
5.1.3.14	NeuC protein, UDP-N-acetylglucosamine 2-epimerase, v. 1	p. 154
2.3.1.45	NeuD, N-acetylneuraminate 7-O(or 9-O)-acetyltransferase, v. 29	p. 625
2.5.1.57	NeuNAc-9-P synthase, N-acylneuraminate-9-phosphate synthase, v. 34	p. 190
2.5.1.57	NeuNAc phosphate synthase, N-acylneuraminate-9-phosphate synthase, v. 34	p. 190
2.5.1.56	NeuNAc synthase, N-acetylneuraminate synthase, v. 34	p. 184
2.3.1.136	NeuO, polysialic-acid O-acetyltransferase, v. 30	p. 348
2.7.10.1	NEU proto-oncogene, receptor protein-tyrosine kinase, v. S2	p. 341
3.1.3.48	Neural-specific protein-tyrosine phosphatase, protein-tyrosine-phosphatase, v. 10	p. 407
4.2.1.11	Neural enolase, phosphopyruvate hydratase, v. 4	p. 312
6.3.2.19	neuralprecursor-cell-expressed developmentally down-regulated gene 4, Ubiquitin-protein ligase, v. 2	p. 506
6.3.2.19	neural precursor cell-expressed developmentally downregulated gene 4, Ubiquitin-protein ligase, v. 2	p. 506
6.3.2.19	neural precursor cells-expressed developmentally down-regulated 4, Ubiquitin-protein ligase, v. 2	p. 506
4.1.3.3	Neuraminate aldolase, N-acetylneuraminate lyase, v. 4	p. 24
4.1.3.3	Neuraminic acid aldolase, N-acetylneuraminate lyase, v. 4	p. 24
4.1.3.3	Neuraminic aldolase, N-acetylneuraminate lyase, v. 4	p. 24
3.2.1.18	α-neuraminidase, exo-α-sialidase, v. 12	p. 244
3.2.1.18	neuraminidase, exo-α-sialidase, v. 12	p. 244
4.2.2.15	neuraminidase, anhydro-, anhydrosialidase, v. S7	p. 131
3.2.1.129	neuraminidase, endo-, endo-α-sialidase, v. 13	p. 521
4.2.2.15	neuraminidase B, anhydrosialidase, v. S7	p. 131
3.4.23.21	Neurase, Rhizopuspepsin, v. 8	p. 96
2.7.10.1	neuregulin receptor ErbB-4, receptor protein-tyrosine kinase, v. S2	p. 341
1.8.3.2	neuroblastoma-derived sulfhydryl oxidase, thiol oxidase, v. 24	p. 594
3.4.21.93	Neuroendocrine convertase 1, Proprotein convertase 1, v. 7	p. 452
3.4.21.94	Neuroendocrine convertase 2, proprotein convertase 2, v. 7	p. 455
5.3.1.9	Neuroleukin, Glucose-6-phosphate isomerase, v. 1	p. 298
4.2.1.11	neuron-specific enolase, phosphopyruvate hydratase, v. 4	p. 312
1.14.13.39	neuronal nitric-oxide synthase, nitric-oxide synthase, v. 26	p. 426
1.14.13.39	neuronal nitric oxide synthase, nitric-oxide synthase, v. 26	p. 426
1.14.13.39	neuronal NOS, nitric-oxide synthase, v. 26	p. 426
1.14.13.39	neuronal NO synthase, nitric-oxide synthase, v. 26	p. 426
6.3.2.19	neuronal precursor cell-expressed, developmentally downregulated 4, Ubiquitin-protein ligase, v. 2	p. 506
2.7.10.2	neuronal proto-oncogene tyrosine-protein kinase SRC, non-specific protein-tyrosine kinase, v. S2	p. 441

2.8.2.1	neuronal SULT, aryl sulfotransferase, v. 39	p. 247
3.4.19.12	Neuron cytoplasmic protein 9.5, ubiquitinyl hydrolase 1, v. 6	p. 575
3.1.1.5	neuropathy target esterase, lysophospholipase, v. 9	p. 82
3.1.1.4	neuropathy target esterase, phospholipase A2, v. 9	p. 52
3.1.1.2	neuropathy target esterase-related esterase, arylesterase, v. 9	p. 28
3.4.21.118	neuropsin, kallikrein 8, v. S5	p. 435
2.7.10.1	Neurospecific receptor tyrosine kinase, receptor protein-tyrosine kinase, v. S2	p. 341
3.1.30.1	Neurospora crassa endonuclease, Aspergillus nuclease S1, v. 11	p. 610
3.1.30.1	Neurospora crassa nuclease, Aspergillus nuclease S1, v. 11	p. 610
3.1.30.1	Neurospora crassa single-strand specific endonuclease, Aspergillus nuclease S1, v. 11	p. 610
3.1.6.2	neurosteroid sulfatase, steryl-sulfatase, v. 11	p. 250
3.4.24.16	neurotensin endopeptidase, neurolysin, v. 8	p. 286
3.4.24.69	neurotoxin A, bontoxilysin, v. 8	p. 553
2.7.10.1	neurotrophin tyrosine receptor kinase, receptor protein-tyrosine kinase, v. S2	p. 341
4.2.2.2	neutral-alkaline pectate lyase, pectate lyase, v. 5	p. 6
2.4.1.19	neutral-cyclodextrin glycosyltransferase, cyclomaltodextrin glucanotransferase, v. 31	p. 210
3.2.1.20	neutral α-glucosidase, α-glucosidase, v. 12	p. 263
3.2.1.45	neutral β-glycosylceramidase, glucosylceramidase, v. 12	p. 614
3.2.1.24	neutral α-mannosidase, α-mannosidase, v. 12	p. 407
3.2.1.114	neutral α-mannosidase, mannosyl-oligosaccharide 1,3-1,6-α-mannosidase, v. 13	p. 470
3.2.1.24	neutral/cytosol mannosidase, α-mannosidase, v. 12	p. 407
3.6.3.22	neutral amino acid permease N-I, nonpolar-amino-acid-transporting ATPase, v. 15	p. 640
3.4.11.14	neutral aminopeptidase, cytosol alanyl aminopeptidase, v. 6	p. 143
3.4.11.2	neutral aminopeptidase, membrane alanyl aminopeptidase, v. 6	p. 53
3.2.1.1	neutral amylase, α-amylase, v. 12	p. 1
3.5.1.23	neutral CDase, ceramidase, v. 14	p. 367
3.5.1.23	neutral ceramidase, ceramidase, v. 14	p. 367
3.5.1.23	neutral ceramidase 2, ceramidase, v. 14	p. 367
3.1.1.13	neutral cholesterol esterase, sterol esterase, v. 9	p. 150
3.1.1.13	neutral cholesterol ester hydrolase, sterol esterase, v. 9	p. 150
3.1.1.13	neutral cholesteryl ester hydrolase, sterol esterase, v. 9	p. 150
3.1.21.1	neutral DNase, deoxyribonuclease I, v. 11	p. 431
3.4.24.11	neutral endopeptidase, neprilysin, v. 8	p. 230
3.4.24.11	neutral endopeptidase 24.11, neprilysin, v. 8	p. 230
3.4.24.11	neutral endopeptidase 24.11/CD10, neprilysin, v. 8	p. 230
3.4.24.15	neutral endopeptidase 24.15, thimet oligopeptidase, v. 8	p. 275
3.4.24.11	neutral metallendopeptidase, neprilysin, v. 8	p. 230
3.4.24.31	Neutral metalloproteinase, mycolysin, v. 8	p. 389
3.4.24.26	Neutral metalloproteinase, pseudolysin, v. 8	p. 363
3.1.21.1	neutral nuclease, deoxyribonuclease I, v. 11	p. 431
1.11.1.7	neutral peroxidase, peroxidase, v. 25	p. 211
3.5.1.52	neutral PNGase M, peptide-N4-(N-acetyl-β-glucosaminyl)asparagine amidase, v. 14	p. 485
1.11.1.7	neutral POD, peroxidase, v. 25	p. 211
3.4.24.28	Neutral protease, bacillolysin, v. 8	p. 374
3.4.21.20	neutral proteinase, cathepsin G, v. 7	p. 82
3.4.24.39	Neutral proteinase II, deuterolysin, v. 8	p. 421
3.4.24.17	Neutral proteoglycanase, stromelysin 1, v. 8	p. 296
3.2.1.28	neutral regulatory trehalase, α,α-trehalase, v. 12	p. 478
3.1.4.12	neutral SMase, sphingomyelin phosphodiesterase, v. 11	p. 86
3.1.4.12	neutral SMase 1, sphingomyelin phosphodiesterase, v. 11	p. 86
3.1.4.12	neutral sphingomyelin-specific phospholipase C, sphingomyelin phosphodiesterase, v. 11	p. 86

3.1.4.12	neutral sphingomyelinase, sphingomyelin phosphodiesterase, v. 11	p. 86
3.1.4.12	neutral sphingomyelinase-1, sphingomyelin phosphodiesterase, v. 11	p. 86
3.1.4.12	neutral sphingomyelinase-2, sphingomyelin phosphodiesterase, v. 11	p. 86
3.1.4.12	neutral sphingomyelinase-3, sphingomyelin phosphodiesterase, v. 11	p. 86
3.1.4.12	neutral sphingomyelinase 1, sphingomyelin phosphodiesterase, v. 11	p. 86
3.1.4.12	neutral sphingomyelinase 2, sphingomyelin phosphodiesterase, v. 11	p. 86
3.1.4.12	neutral sphingomyelinase C, sphingomyelin phosphodiesterase, v. 11	p. 86
3.1.4.12	neutral sphingomyelinases, sphingomyelin phosphodiesterase, v. 11	p. 86
3.1.4.12	neutral sphingomylinase 2, sphingomyelin phosphodiesterase, v. 11	p. 86
3.2.1.28	neutral trehalase, α,α-trehalase, v. 12	p. 478
3.5.2.6	neutrapen, β-lactamase, v. 14	p. 683
3.1.1.77	neutrophil acyloxyacyl hydrolase, acyloxyacyl hydrolase, v. 9	p. 448
3.4.24.35	neutrophil collagenase, gelatinase B, v. 8	p. 403
3.4.24.34	neutrophil collagenase, neutrophil collagenase, v. 8	p. 399
3.4.24.34	neutrophil collagenase MMP-8, neutrophil collagenase, v. 8	p. 399
3.4.21.37	neutrophil elastase, leukocyte elastase, v. 7	p. 164
3.4.24.34	neutrophil interstitial collagenase, neutrophil collagenase, v. 8	p. 399
3.4.21.76	neutrophil protease PR3, Myeloblastin, v. 7	p. 380
3.4.21.76	neutrophil proteinase 3, Myeloblastin, v. 7	p. 380
3.4.24.72	neuwiedase, fibrolase, v. 8	p. 565
1.7.1.6	new Coccine (NC)-reductase, azobenzene reductase, v. 24	p. 288
3.1.1.3	Newlase F3G, triacylglycerol lipase, v. 9	p. 36
6.3.5.9	new NaMN:Me2Bza phosphoribosyltransferase enzyme, hydrogenobyrinic acid a,c-diamide synthase (glutamine-hydrolysing), v. S7	p. 645
1.14.13.67	NF-25, quinine 3-monooxygenase, v. 26	p. 537
2.7.11.25	NF-kappa β-inducing kinase, mitogen-activated protein kinase kinase kinase, v. S4	p. 278
1.11.1.13	Nf b19 MNP2, manganese peroxidase, v. 25	p. 283
3.5.1.91	NfdA, N-substituted formamide deformylase, v. S6	p. 376
2.3.1.5	NfNAT, arylamine N-acetyltransferase, v. 29	p. 243
4.2.99.18	Nfo, DNA-(apurinic or apyrimidinic site) lyase, v. 5	p. 150
1.18.1.2	NFR, ferredoxin-NADP+ reductase, v. 27	p. 543
1.3.1.6	NFRD, fumarate reductase (NADH), v. 21	p. 25
2.8.1.7	Nfs1, cysteine desulfurase, v. 39	p. 238
2.8.1.7	Nfs1p, cysteine desulfurase, v. 39	p. 238
5.2.1.8	Ng-MIP, Peptidylprolyl isomerase, v. 1	p. 218
4.2.1.1	NGCA, carbonate dehydratase, v. 4	p. 242
3.4.21.77	γ-NGF, semenogelase, v. 7	p. 385
2.7.10.1	NGF RPTK, receptor protein-tyrosine kinase, v. S2	p. 341
3.1.21.4	NgoMIV, type II site-specific deoxyribonuclease, v. 11	p. 454
3.2.2.8	NH, ribosylpyrimidine nucleosidase, v. 14	p. 50
6.3.1.5	NH3-dependent NAD+ synthetase, NAD+ synthase, v. 2	p. 377
6.3.1.1	NH4+-dependent asparagine synthetase, Aspartate-ammonia ligase, v. 2	p. 344
4.2.1.84	H-NHase, nitrile hydratase, v. 4	p. 625
4.2.1.84	L-Nhase, nitrile hydratase, v. 4	p. 625
4.2.1.84	NHase, nitrile hydratase, v. 4	p. 625
3.1.21.4	NheI, type II site-specific deoxyribonuclease, v. 11	p. 454
6.5.1.1	NHEJ DNA repair ligase, DNA ligase (ATP), v. 2	p. 755
1.13.11.53	Ni(II)-ARD, acireductone dioxygenase (Ni2+-requiring), v. S1	p. 470
1.12.7.2	[Ni-Fe] hydrogenase, ferredoxin hydrogenase, v. 25	p. 338
1.2.99.2	Ni-Fe carbon monoxide dehydrogenase II, carbon-monoxide dehydrogenase (acceptor), v. 20	p. 564
1.12.99.6	Ni-Fe hydrogenase, hydrogenase (acceptor), v. 25	p. 373
4.2.1.84	NI1 NHase, nitrile hydratase, v. 4	p. 625
3.4.22.44	NIA, nuclear-inclusion-a endopeptidase, v. 7	p. 742
1.8.3.1	NIA, sulfite oxidase, v. 24	p. 584

1.7.1.1	Nia2, nitrate reductase (NADH), v. 24 | p. 237	
2.4.2.11	niacin ribonucleotidase, nicotinate phosphoribosyltransferase, v. 33 | p. 137	
3.4.22.44	NIa protease, nuclear-inclusion-a endopeptidase, v. 7 | p. 742	
3.4.22.44	NIa protein, nuclear-inclusion-a endopeptidase, v. 7 | p. 742	
3.4.22.44	NIa proteins, nuclear-inclusion-a endopeptidase, v. 7 | p. 742	
2.7.7.48	NIB, RNA-directed RNA polymerase, v. 38 | p. 468	
1.12.99.6	nickel-iron hydrogenase, hydrogenase (acceptor), v. 25 | p. 373	
5.99.1.2	Nicking-closing enzyme, DNA topoisomerase, v. 1 | p. 721	
2.5.1.43	nicotianamine synthase, nicotianamine synthase, v. 34 | p. 59	
2.6.1.80	nicotianamine transaminase, nicotianamine aminotransferase, v. S2 | p. 242	
3.6.5.5	Nicotiana tabacum dynamin-related protein 3, dynamin GTPase, v. S6 | p. 522	
3.1.1.11	Nicotiana tabacum pollen tube PME1, pectinesterase, v. 9 | p. 136	
3.5.1.19	nicotinamidase, nicotinamidase, v. 14 | p. 349	
3.5.1.19	nicotinamidase/pyrazinamidase, nicotinamidase, v. 14 | p. 349	
3.5.1.19	nicotinamidase PNC-1, nicotinamidase, v. 14 | p. 349	
3.5.1.19	nicotinamidase Pnc1p, nicotinamidase, v. 14 | p. 349	
2.7.7.1	nicotinamide 5'-mononucleotide adenylyltransferase, nicotinamide-nucleotide adenylyltransferase, v. 38 | p. 49	
2.7.7.1	nicotinamide 5'-mononucleotide adenylyltransferase-2, nicotinamide-nucleotide adenylyltransferase, v. 38 | p. 49	
1.2.1.22	nicotinamide adenine dinucleotide (NAD)-linked dehydrogenase, lactaldehyde dehydrogenase, v. 20 | p. 216	
1.1.1.47	nicotinamide adenine dinucleotide (NAD)-linked glucose dehydrogenase, glucose 1-dehydrogenase, v. 16 | p. 451	
1.7.1.6	nicotinamide adenine dinucleotide (phosphate) azoreductase, azobenzene reductase, v. 24 | p. 288	
3.2.2.6	nicotinamide adenine dinucleotide (phosphate) glycohydrolase, NAD(P)+ nucleosidase, v. 14 | p. 37	
3.2.2.6	nicotinamide adenine dinucleotide (phosphate) nucleosidase, NAD(P)+ nucleosidase, v. 14 | p. 37	
1.6.1.2	nicotinamide adenine dinucleotide (phosphate) transhydrogenase, NAD(P)+ transhydrogenase (AB-specific), v. 24 | p. 10	
1.6.1.1	nicotinamide adenine dinucleotide (phosphate) transhydrogenase, NAD(P)+ transhydrogenase (B-specific), v. 24 | p. 1	
2.7.1.86	nicotinamide adenine dinucleotide (reduced) kinase, NADH kinase, v. 36 | p. 321	
1.6.5.3	nicotinamide adenine dinucleotide-ubiquinone oxidoreductase, NADH dehydrogenase (ubiquinone), v. 24 | p. 106	
1.8.1.4	nicotinamide adenine dinucleotide diaphorase, dihydrolipoyl dehydrogenase, v. 24 | p. 463	
3.2.2.5	nicotinamide adenine dinucleotide glycohydrolase, NAD+ nucleosidase, v. 14 | p. 25	
2.7.1.23	nicotinamide adenine dinucleotide kinase, NAD+ kinase, v. 35 | p. 293	
3.2.2.5	nicotinamide adenine dinucleotide nucleosidase, NAD+ nucleosidase, v. 14 | p. 25	
1.11.1.1	nicotinamide adenine dinucleotide peroxidase, NADH peroxidase, v. 25 | p. 172	
1.1.1.119	nicotinamide adenine dinucleotide phosphate-linked aldohexose dehydrogenase, glucose 1-dehydrogenase (NADP+), v. 17 | p. 335	
1.6.5.2	nicotinamide adenine dinucleotide phosphate:quinone oxidoreductase 1, NAD(P)H dehydrogenase (quinone), v. 24 | p. 105	
1.11.1.2	nicotinamide adenine dinucleotide phosphate peroxidase, NADPH peroxidase, v. 25 | p. 180	
3.6.1.22	nicotinamide adenine dinucleotide pyrophosphatase, NAD+ diphosphatase, v. 15 | p. 396	
2.7.7.1	nicotinamide adenine dinucleotide pyrophosphorylase, nicotinamide-nucleotide adenylyltransferase, v. 38 | p. 49	
6.3.1.5	Nicotinamide adenine dinucleotide synthetase, NAD+ synthase, v. 2 | p. 377	
6.3.5.1	Nicotinamide adenine dinucleotide synthetase (glutamine), NAD+ synthase (glutamine-hydrolysing), v. 2 | p. 651	
3.5.1.19	nicotinamide amidase, nicotinamidase, v. 14 | p. 349	

3.5.1.19	nicotinamide deaminase, nicotinamidase, v. 14	p. 349
3.2.2.14	nicotinamide mononucleotidase, NMN nucleosidase, v. 14	p. 70
2.7.7.1	nicotinamide mononucleotide adenylyltransferase, nicotinamide-nucleotide adenylyltransferase, v. 38	p. 49
2.7.7.1	nicotinamide mononucleotide adenylyltransferase 1, nicotinamide-nucleotide adenylyltransferase, v. 38	p. 49
2.7.7.1	nicotinamide mononucleotide adenylyltransferase1, nicotinamide-nucleotide adenylyltransferase, v. 38	p. 49
3.5.1.42	nicotinamide mononucleotide amidohydrolase, nicotinamide-nucleotide amidase, v. 14	p. 453
3.5.1.42	nicotinamide mononucleotide deamidase, nicotinamide-nucleotide amidase, v. 14	p. 453
3.5.1.42	nicotinamide mononucleotide deaminase, nicotinamide-nucleotide amidase, v. 14	p. 453
3.2.2.14	nicotinamide mononucleotide glycohydrolase, NMN nucleosidase, v. 14	p. 70
3.2.2.14	nicotinamide mononucleotide nucleosidase, NMN nucleosidase, v. 14	p. 70
2.4.2.12	nicotinamide mononucleotide pyrophosphorylase, nicotinamide phosphoribosyltransferase, v. 33	p. 146
2.4.2.12	nicotinamide mononucleotide synthetase, nicotinamide phosphoribosyltransferase, v. 33	p. 146
3.5.1.42	nicotinamide nucleoside amidase, nicotinamide-nucleotide amidase, v. 14	p. 453
1.6.1.2	nicotinamide nucleotide transhydrogenase, NAD(P)+ transhydrogenase (AB-specific), v. 24	p. 10
1.6.1.1	nicotinamide nucleotide transhydrogenase, NAD(P)+ transhydrogenase (B-specific), v. 24	p. 1
2.4.2.12	nicotinamide phosphoribosyltransferase, nicotinamide phosphoribosyltransferase, v. 33	p. 146
2.7.1.22	nicotinamide ribose kinase, ribosylnicotinamide kinase, v. 35	p. 290
2.7.1.22	nicotinamide riboside kinase, ribosylnicotinamide kinase, v. 35	p. 290
2.4.2.11	nicotinate-nucleotide:pyrophosphate phospho-α-D-ribosyltransferase, nicotinate phosphoribosyltransferase, v. 33	p. 137
2.4.2.19	nicotinate-nucleotide:pyrophosphate phospho-α-D-ribosyltransferase (decarboxylating), nicotinate-nucleotide diphosphorylase (carboxylating), v. 33	p. 188
2.4.2.19	nicotinate-nucleotide pyrophosphorylase (carboxylating), nicotinate-nucleotide diphosphorylase (carboxylating), v. 33	p. 188
2.7.7.1	nicotinate/nicotinamide mononucleotide adenyltransferase, nicotinamide-nucleotide adenylyltransferase, v. 38	p. 49
2.7.7.18	nicotinate/nicotinamide mononucleotide adenyltransferase, nicotinate-nucleotide adenylyltransferase, v. 38	p. 240
2.1.1.7	nicotinate methyltransferase, nicotinate N-methyltransferase, v. 28	p. 40
2.4.2.21	nicotinate mononucleotide-dimethylbenzimidazole phosphoribosyltransferase, nicotinate-nucleotide-dimethylbenzimidazole phosphoribosyltransferase, v. 33	p. 201
2.4.2.19	nicotinate mononucleotide pyrophosphorylase (carboxylating) (EC 2.4.2.19), nicotinate-nucleotide diphosphorylase (carboxylating), v. 33	p. 188
2.4.2.11	nicotinate phosphoribosyltransferase, nicotinate phosphoribosyltransferase, v. 33	p. 137
2.4.2.11	nicotinate phosphoribosyltransferases, nicotinate phosphoribosyltransferase, v. 33	p. 137
2.4.2.21	nicotinate ribonucleotide:benzimidazole (adenine) phosphoribosyltransferase, nicotinate-nucleotide-dimethylbenzimidazole phosphoribosyltransferase, v. 33	p. 201
3.5.1.19	Nicotine deamidase, nicotinamidase, v. 14	p. 349
1.5.99.4	nicotine dehydrogenase, nicotine dehydrogenase, v. 23	p. 363
2.1.1.49	nicotine N-methyltransferase, amine N-methyltransferase, v. 28	p. 285
1.5.99.4	D-nicotine oxidase, nicotine dehydrogenase, v. 23	p. 363
1.5.99.4	nicotine oxidase, nicotine dehydrogenase, v. 23	p. 363
1.14.14.1	nicotine oxidase, unspecific monooxygenase, v. 26	p. 584
1.17.1.5	nicotinic acid hydroxylase, nicotinate dehydrogenase, v. S1	p. 719
1.5.99.4	nicotinic acid hydroxylase, nicotine dehydrogenase, v. 23	p. 363
2.1.1.7	nicotinic acid methyltransferase, nicotinate N-methyltransferase, v. 28	p. 40

2.7.7.18	nicotinic acid mononucleotide adenylyltransferase, nicotinate-nucleotide adenylyltransferase, v. 38	p. 240
2.4.2.11	nicotinic acid mononucleotide glycohydrolase, nicotinate phosphoribosyltransferase, v. 33	p. 137
2.4.2.11	nicotinic acid mononucleotide pyrophosphorylase, nicotinate phosphoribosyltransferase, v. 33	p. 137
2.4.2.11	nicotinic acid phosphoribosyltransferase, nicotinate phosphoribosyltransferase, v. 33	p. 137
1.2.1.5	nicotinprotein aldehyde dehydrogenase, aldehyde dehydrogenase [NAD(P)+], v. 20	p. 72
1.12.1.3	NiFe-hydrogenase, hydrogen dehydrogenase (NADP), v. 25	p. 325
1.12.99.6	NiFe-hydrogenase, hydrogenase (acceptor), v. 25	p. 373
1.12.2.1	[NiFe]-hydrogenase, cytochrome-c3 hydrogenase, v. 25	p. 328
1.12.1.2	[NiFe]-hydrogenase, hydrogen dehydrogenase, v. 25	p. 316
1.12.99.6	[NiFe]-hydrogenase, hydrogenase (acceptor), v. 25	p. 373
1.12.99.6	[NiFe]-hydrogenase-2, hydrogenase (acceptor), v. 25	p. 373
1.12.1.2	[NiFe] H2ase, hydrogen dehydrogenase, v. 25	p. 316
1.12.2.1	[NiFe] Hase, cytochrome-c3 hydrogenase, v. 25	p. 328
1.12.1.2	[NiFe] hydrogenase, hydrogen dehydrogenase, v. 25	p. 316
1.14.13.67	Nifedipine oxidase, quinine 3-monooxygenase, v. 26	p. 537
1.12.7.2	NiFe hydrogenase, ferredoxin hydrogenase, v. 25	p. 338
1.12.1.2	NiFe hydrogenase, hydrogen dehydrogenase, v. 25	p. 316
1.12.99.6	NiFe hydrogenase, hydrogenase (acceptor), v. 25	p. 373
1.12.99.6	NIFeSe-hydrogenase, hydrogenase (acceptor), v. 25	p. 373
1.12.2.1	[NiFeSe] Hase, cytochrome-c3 hydrogenase, v. 25	p. 328
1.12.2.1	[NiFeSe] hydrogenase, cytochrome-c3 hydrogenase, v. 25	p. 328
2.8.1.7	NIFS, cysteine desulfurase, v. 39	p. 238
2.8.1.7	NifS4, cysteine desulfurase, v. 39	p. 238
2.3.3.14	nifV2, homocitrate synthase, v. 30	p. 688
1.11.1.1	nigerythrin, NADH peroxidase, v. 25	p. 172
3.1.1.4	Nigexine, phospholipase A2, v. 9	p. 52
3.2.2.22	nigrin b, rRNA N-glycosylase, v. 14	p. 107
3.2.2.22	nigritin f1, rRNA N-glycosylase, v. 14	p. 107
3.2.2.22	nigritin f2, rRNA N-glycosylase, v. 14	p. 107
4.2.1.84	NilCo, nitrile hydratase, v. 4	p. 625
4.2.1.84	NilFe, nitrile hydratase, v. 4	p. 625
3.2.2.5	NIM-R5 antigen, NAD+ nucleosidase, v. 14	p. 25
2.7.11.22	NIMA protein kinase, cyclin-dependent kinase, v. S4	p. 156
3.2.1.26	Nin88, β-fructofuranosidase, v. 12	p. 451
1.13.11.51	nine-cis-epoxycarotenoid dioxygenase, 9-cis-epoxycarotenoid dioxygenase, v. S1	p. 436
1.13.11.51	nine-cis-epoxy dioxygenase, 9-cis-epoxycarotenoid dioxygenase, v. S1	p. 436
1.7.7.1	NiR, ferredoxin-nitrite reductase, v. 24	p. 370
1.7.2.1	NiR, nitrite reductase (NO-forming), v. 24	p. 325
1.7.2.2	NiR, nitrite reductase (cytochrome; ammonia-forming), v. 24	p. 331
1.7.1.4	NiR, nitrite reductase [NAD(P)H], v. 24	p. 277
1.7.2.1	NiR-Pa, nitrite reductase (NO-forming), v. 24	p. 325
1.8.7.1	NirA, sulfite reductase (ferredoxin), v. 24	p. 679
1.7.2.2	NiR cytochrome c552, nitrite reductase (cytochrome; ammonia-forming), v. 24	p. 331
3.5.5.1	nirilase II, nitrilase, v. 15	p. 174
1.7.1.4	NirK, nitrite reductase [NAD(P)H], v. 24	p. 277
2.7.13.3	nisin biosynthesis sensor protein nisK, histidine kinase, v. S4	p. 420
3.5.5.1	NIT-T2, nitrilase, v. 15	p. 174
3.5.5.4	NIT-T4, cyanoalanine nitrilase, v. 15	p. 189
3.5.5.1	Nit06, nitrilase, v. 15	p. 174
3.5.5.4	NIT1, cyanoalanine nitrilase, v. 15	p. 189
3.5.5.1	NIT1, nitrilase, v. 15	p. 174

nitrile hydratase/amidase

3.5.5.1	Nit102, nitrilase, v. 15 | p. 174	
3.5.5.1	NIT2, nitrilase, v. 15 | p. 174	
3.5.5.1	NIT3, nitrilase, v. 15 | p. 174	
4.2.1.65	Nit4, 3-Cyanoalanine hydratase, v. 4 | p. 563	
3.5.5.7	Nit4, Aliphatic nitrilase, v. 15 | p. 201	
3.5.5.4	NIT4A/B1, cyanoalanine nitrilase, v. 15 | p. 189	
3.5.5.1	NIT4A/B1, nitrilase, v. 15 | p. 174	
3.5.5.4	NIT4A/B2, cyanoalanine nitrilase, v. 15 | p. 189	
3.5.5.1	NIT4A/B2, nitrilase, v. 15 | p. 174	
1.7.7.2	nitrate (ferredoxin) reductase, ferredoxin-nitrate reductase, v. 24 | p. 381	
2.7.13.3	nitrate-nitrite sensor protein, histidine kinase, v. S4 | p. 420	
3.6.3.26	nitrate/nitrite ABC transporter, nitrate-transporting ATPase, v. 15 | p. 646	
2.7.13.3	nitrate/nitrite sensor protein, histidine kinase, v. S4 | p. 420	
2.7.13.3	nitrate/nitrite sensor protein narQ, histidine kinase, v. S4 | p. 420	
2.7.13.3	nitrate/nitrite sensor protein narX, histidine kinase, v. S4 | p. 420	
1.7.7.2	nitrate reductase, ferredoxin-nitrate reductase, v. 24 | p. 381	
1.7.99.4	nitrate reductase, nitrate reductase, v. 24 | p. 396	
1.7.1.3	nitrate reductase, nitrate reductase (NADPH), v. 24 | p. 267	
1.7.99.4	nitrate reductase (acceptor), nitrate reductase, v. 24 | p. 396	
1.7.1.2	Nitrate reductase (NAD(P)H), Nitrate reductase [NAD(P)H], v. 24 | p. 260	
1.7.1.3	nitrate reductase (NADPH), nitrate reductase (NADPH), v. 24 | p. 267	
1.7.1.2	Nitrate reductase (reduced nicotinamide adenine dinucleotide (phosphate)), Nitrate reductase [NAD(P)H], v. 24 | p. 260	
1.7.1.3	nitrate reductase (reduced nicotinamide adenine dinucleotide phosphate), nitrate reductase (NADPH), v. 24 | p. 267	
1.5.1.20	nitrate reductase A, methylenetetrahydrofolate reductase [NAD(P)H], v. 23 | p. 174	
1.7.99.4	nitrate reductase A, nitrate reductase, v. 24 | p. 396	
1.9.6.1	nitrate reductase A, nitrate reductase (cytochrome), v. 25 | p. 49	
1.7.1.2	Nitrate reductase NAD(P)H, Nitrate reductase [NAD(P)H], v. 24 | p. 260	
3.6.3.26	nitrate transporter, nitrate-transporting ATPase, v. 15 | p. 646	
4.6.1.2	nitric-oxide-sensitive guanylyl cyclase, guanylate cyclase, v. 5 | p. 430	
1.14.13.39	nitric oxide synthase, nitric-oxide synthase, v. 26 | p. 426	
4.6.1.2	nitric oxide-sensitive guanylate cyclase, guanylate cyclase, v. 5 | p. 430	
1.7.99.7	nitric oxide reductase, nitric-oxide reductase, v. 24 | p. 441	
1.7.99.7	nitric oxide reductase cytochrome, nitric-oxide reductase, v. 24 | p. 441	
4.6.1.2	nitric oxide sensitive-guanylyl cyclase, guanylate cyclase, v. 5 | p. 430	
1.6.99.1	nitric oxide synthase, NADPH dehydrogenase, v. 24 | p. 179	
1.14.13.39	nitric oxide synthase, nitric-oxide synthase, v. 26 | p. 426	
1.14.13.39	nitric oxide synthase-like protein, nitric-oxide synthase, v. 26 | p. 426	
1.14.13.39	nitric oxide synthetase, nitric-oxide synthase, v. 26 | p. 426	
4.6.1.2	nitric oxid sensitive guanylyl cyclase, guanylate cyclase, v. 5 | p. 430	
1.14.13.39	nitric oxid synthase, nitric-oxide synthase, v. 26 | p. 426	
4.2.1.84	H-nitrilase, nitrile hydratase, v. 4 | p. 625	
4.2.1.84	L-nitrilase, nitrile hydratase, v. 4 | p. 625	
3.5.5.7	nitrilase, Aliphatic nitrilase, v. 15 | p. 201	
3.5.5.5	nitrilase, Arylacetonitrilase, v. 15 | p. 192	
4.2.1.84	nitrilase, nitrile hydratase, v. 4 | p. 625	
3.5.5.5	Nitrilase, arylaceto-, Arylacetonitrilase, v. 15 | p. 192	
3.5.5.1	nitrilase 1, nitrilase, v. 15 | p. 174	
3.5.5.4	nitrilase 4, cyanoalanine nitrilase, v. 15 | p. 189	
3.5.5.1	nitrilase AtNIT1, nitrilase, v. 15 | p. 174	
3.5.5.1	nitrilase bll6402, nitrilase, v. 15 | p. 174	
3.5.5.1	nitrilase I, nitrilase, v. 15 | p. 174	
4.2.1.84	nitrile hydratase, nitrile hydratase, v. 4 | p. 625	
3.5.5.1	nitrile hydratase/amidase, nitrilase, v. 15 | p. 174	

1.7.99.4	nitrite oxidoreductase, nitrate reductase, v. 24 | p. 396	
1.7.7.1	nitrite reductase, ferredoxin-nitrite reductase, v. 24 | p. 370	
1.7.2.1	nitrite reductase, nitrite reductase (NO-forming), v. 24 | p. 325	
1.7.1.4	nitrite reductase, nitrite reductase [NAD(P)H], v. 24 | p. 277	
1.7.1.4	nitrite reductase (reduced nicotinamide adenine dinucleotide (phosphate)), nitrite reductase [NAD(P)H], v. 24 | p. 277	
1.7.1.4	nitrite reductase [NAD(P)H2], nitrite reductase [NAD(P)H], v. 24 | p. 277	
1.13.11.32	nitroalkane oxidase, 2-nitropropane dioxygenase, v. 25 | p. 581	
1.7.3.1	nitroalkane oxidase, nitroalkane oxidase, v. 24 | p. 341	
1.3.1.16	nitroalkene reductase, β-nitroacrylate reductase, v. 21 | p. 85	
1.3.1.16	nitroalkene reductase-I, β-nitroacrylate reductase, v. 21 | p. 85	
1.3.1.16	nitroalkene reductase-II, β-nitroacrylate reductase, v. 21 | p. 85	
3.1.6.1	nitrocatechol sulfatase, arylsulfatase, v. 11 | p. 236	
2.8.2.1	4-nitrocatechol sulfokinase, aryl sulfotransferase, v. 39 | p. 247	
1.7.3.1	nitroethane:oxygen oxidoreductase, nitroalkane oxidase, v. 24 | p. 341	
1.7.3.1	nitroethane oxidase, nitroalkane oxidase, v. 24 | p. 341	
6.3.5.1	Nitrogen-regulatory protein, NAD+ synthase (glutamine-hydrolysing), v. 2 | p. 651	
1.19.6.1	nitrogenase, nitrogenase (flavodoxin), v. 27 | p. 587	
1.18.6.1	nitrogenase Fe-protein, nitrogenase, v. 27 | p. 569	
1.18.6.1	nitrogenase Fe protein, nitrogenase, v. 27 | p. 569	
1.18.6.1	nitrogenase iron-protein, nitrogenase, v. 27 | p. 569	
1.7.99.7	nitrogen oxide reductase, nitric-oxide reductase, v. 24 | p. 441	
2.7.11.1	nitrogen permease reactivator protein, non-specific serine/threonine protein kinase, v. S3 | p. 1	
2.7.13.3	nitrogen regulation protein NR(II), histidine kinase, v. S4 | p. 420	
2.7.13.3	nitrogen regulation protein ntrB, histidine kinase, v. S4 | p. 420	
2.7.13.3	nitrogen regulation protein ntrY, histidine kinase, v. S4 | p. 420	
2.7.13.3	nitrogen regulation protein ntrY homolog, histidine kinase, v. S4 | p. 420	
1.14.13.29	4-nitrophenol-2-hydroxylase, 4-nitrophenol 2-monooxygenase, v. 26 | p. 386	
1.14.13.29	p-nitrophenol 2-hydroxylase, 4-nitrophenol 2-monooxygenase, v. 26 | p. 386	
1.14.13.29	4-nitrophenol hydroxylase, 4-nitrophenol 2-monooxygenase, v. 26 | p. 386	
1.14.13.29	p-nitrophenol hydroxylase component A, 4-nitrophenol 2-monooxygenase, v. 26 | p. 386	
1.14.13.31	nitrophenol oxygenase, 2-nitrophenol 2-monooxygenase, v. 26 | p. 396	
2.8.2.1	p-nitrophenol sulfotransferase, aryl sulfotransferase, v. 39 | p. 247	
2.4.1.17	4-nitrophenol UDP-glucuronosyltransferase, glucuronosyltransferase, v. 31 | p. 162	
2.4.1.17	p-nitrophenol UDP-glucuronosyltransferase, glucuronosyltransferase, v. 31 | p. 162	
2.4.1.17	4-nitrophenol UDP-glucuronyltransferase, glucuronosyltransferase, v. 31 | p. 162	
2.4.1.17	p-nitrophenol UDP-glucuronyltransferase, glucuronosyltransferase, v. 31 | p. 162	
2.4.1.17	4-nitrophenol UDPGT, glucuronosyltransferase, v. 31 | p. 162	
3.2.1.24	p-nitrophenyl-α-mannosidase, α-mannosidase, v. 12 | p. 407	
3.2.1.49	4-nitrophenyl-α-N-acetylgalactosaminidase, α-N-acetylgalactosaminidase, v. 13 | p. 10	
4.3.3.1	p-nitrophenyl-3-ketovalidamine p-nitroaniline lyase, 3-ketovalidoxylamine C-N-lyase, v. 5 | p. 282	
3.2.1.139	p-nitrophenyl α-D-glucuronide-hydrolyzing enzyme, α-glucuronidase, v. 13 | p. 553	
3.2.1.23	p-nitrophenyl β-galactosidase, β-galactosidase, v. 12 | p. 368	
3.2.1.21	p-nitrophenyl β-glucosidase, β-glucosidase, v. 12 | p. 299	
3.2.1.149	p-nitrophenyl β-glucosidase, β-primeverosidase, v. 13 | p. 609	
3.1.1.6	p-nitrophenyl acetate esterase, acetylesterase, v. 9 | p. 96	
3.1.1.1	4-nitrophenyl esterase, carboxylesterase, v. 9 | p. 1	
2.4.1.17	p-nitrophenylglucuronosyltransferase, glucuronosyltransferase, v. 31 | p. 162	
3.1.3.41	p-nitrophenyl phosphatase, 4-nitrophenylphosphatase, v. 10 | p. 364	
3.1.3.41	p-nitrophenylphosphatase, 4-nitrophenylphosphatase, v. 10 | p. 364	
3.1.4.38	p-nitrophenylphosphocholine cholinphosphodiesterase, glycerophosphocholine cholinephosphodiesterase, v. 11 | p. 182	
3.1.6.1	p-nitrophenyl sulfatase, arylsulfatase, v. 11 | p. 236	

1.7.1.9	4-nitroquinoline 1-oxide reductase, nitroquinoline-N-oxide reductase, v. 24 | p. 307	
1.1.1.284	S-nitrosoglutathione reductase, S-(hydroxymethyl)glutathione dehydrogenase, v. S1 | p. 38	
1.2.1.1	S-nitrosoglutathione reductase, formaldehyde dehydrogenase (glutathione), v. 20 | p. 1	
1.7.99.6	nitrous oxide reductase, nitrous-oxide reductase, v. 24 | p. 432	
3.1.1.4	NK-PLA2-I, phospholipase A2, v. 9 | p. 52	
3.1.1.4	NK-PLA2-II, phospholipase A2, v. 9 | p. 52	
3.6.4.4	nKHC, plus-end-directed kinesin ATPase, v. 15 | p. 778	
3.4.24.11	NL-1, neprilysin, v. 8 | p. 230	
3.1.21.4	NlaIII, type II site-specific deoxyribonuclease, v. 11 | p. 454	
3.1.21.4	NlaIV, type II site-specific deoxyribonuclease, v. 11 | p. 454	
3.5.5.1	Nlase, nitrilase, v. 15 | p. 174	
3.4.17.21	NLD I, Glutamate carboxypeptidase II, v. 6 | p. 498	
3.2.1.45	NLGase, glucosylceramidase, v. 12 | p. 614	
5.3.1.9	NLK, Glucose-6-phosphate isomerase, v. 1 | p. 298	
3.5.1.53	NLP1, N-carbamoylputrescine amidase, v. 14 | p. 495	
1.15.1.2	Nlr, superoxide reductase, v. 27 | p. 426	
2.1.1.128	NLS-OMT, (RS)-norcoclaurine 6-O-methyltransferase, v. 28 | p. 589	
1.11.1.15	NLS-Prx1, peroxiredoxin, v. S1 | p. 403	
2.7.4.6	Nm23-H1, nucleoside-diphosphate kinase, v. 37 | p. 521	
2.7.4.6	NM23-H4, nucleoside-diphosphate kinase, v. 37 | p. 521	
2.7.4.6	NM23 metastasis suppressor, nucleoside-diphosphate kinase, v. 37 | p. 521	
3.2.1.133	NM319, glucan 1,4-α-maltohydrolase, v. 13 | p. 538	
3.2.1.133	NM326, glucan 1,4-α-maltohydrolase, v. 13 | p. 538	
3.2.1.133	NM398, glucan 1,4-α-maltohydrolase, v. 13 | p. 538	
3.2.1.133	NM404, glucan 1,4-α-maltohydrolase, v. 13 | p. 538	
3.2.1.133	NM447, glucan 1,4-α-maltohydrolase, v. 13 | p. 538	
3.4.21.108	Nma11p, HtrA2 peptidase, v. S5 | p. 354	
3.4.21.72	NMB IgA1 protease, IgA-specific serine endopeptidase, v. 7 | p. 353	
4.1.1.1	8-10 nm cytoplasmic filament-associated protein, Pyruvate decarboxylase, v. 3 | p. 1	
1.5.1.15	NMDMC, methylenetetrahydrofolate dehydrogenase (NAD+), v. 23 | p. 144	
3.1.21.4	NmeDIP, type II site-specific deoxyribonuclease, v. 11 | p. 454	
2.3.1.180	nmFabH, β-ketoacyl-acyl-carrier-protein synthase III, v. S2 | p. 99	
4.1.3.7	14 NM filament-forming protein, citrate (si)-synthase, v. 4 | p. 55	
3.6.4.1	NMIIB, myosin ATPase, v. 15 | p. 754	
2.7.11.18	nmMLCK, myosin-light-chain kinase, v. S4 | p. 54	
2.7.11.18	nmMLCK2, myosin-light-chain kinase, v. S4 | p. 54	
2.7.7.1	NMN-adenylyltransferase, nicotinamide-nucleotide adenylyltransferase, v. 38 | p. 49	
2.7.7.1	NMN adenylyltransferase, nicotinamide-nucleotide adenylyltransferase, v. 38 | p. 49	
3.6.1.13	NMN adenylyltransferase/ADP-ribose pyrophosphatase, ADP-ribose diphosphatase, v. 15 | p. 354	
2.7.7.1	NMN adenylyl transferase 1, nicotinamide-nucleotide adenylyltransferase, v. 38 | p. 49	
3.2.2.14	NMNase, NMN nucleosidase, v. 14 | p. 70	
2.7.7.1	NMNAT, nicotinamide-nucleotide adenylyltransferase, v. 38 | p. 49	
2.7.7.1	NMNAT1, nicotinamide-nucleotide adenylyltransferase, v. 38 | p. 49	
2.7.7.1	NMNAT2, nicotinamide-nucleotide adenylyltransferase, v. 38 | p. 49	
2.7.7.1	NMNAT3, nicotinamide-nucleotide adenylyltransferase, v. 38 | p. 49	
3.5.1.42	NMN deaminase, nicotinamide-nucleotide amidase, v. 14 | p. 453	
3.2.2.14	NMNGhase, NMN nucleosidase, v. 14 | p. 70	
3.2.2.14	NMN glycohydrolase, NMN nucleosidase, v. 14 | p. 70	
2.4.2.12	NMN pyrophosphorylase, nicotinamide phosphoribosyltransferase, v. 33 | p. 146	
2.4.2.12	NMN synthetase, nicotinamide phosphoribosyltransferase, v. 33 | p. 146	
2.7.4.4	NMP-kinase, nucleoside-phosphate kinase, v. 37 | p. 517	
2.4.2.12	NMPRTase, nicotinamide phosphoribosyltransferase, v. 33 | p. 146	
2.7.1.22	NmR-K, ribosylnicotinamide kinase, v. 35 | p. 290	
2.1.1.160	1NMT, caffeine synthase, v. S2 | p. 40	

2.1.1.159	3NMT, theobromine synthase, v. S2	p. 31
2.1.1.158	7NMT, 7-methylxanthosine synthase, v. S2	p. 25
2.1.1.115	NMT, (RS)-1-benzyl-1,2,3,4-tetrahydroisoquinoline N-methyltransferase, v. 28	p. 550
2.1.1.99	NMT, 3-hydroxy-16-methoxy-2,3-dihydrotabersonine N-methyltransferase, v. 28	p. 487
2.3.1.97	NMT, glycylpeptide N-tetradecanoyltransferase, v. 30	p. 193
2.1.1.28	NMT, phenylethanolamine N-methyltransferase, v. 28	p. 132
2.3.1.97	NMT-1, glycylpeptide N-tetradecanoyltransferase, v. 30	p. 193
2.3.1.97	NMT-2, glycylpeptide N-tetradecanoyltransferase, v. 30	p. 193
2.3.1.97	NMT 1, glycylpeptide N-tetradecanoyltransferase, v. 30	p. 193
2.3.1.97	NMT1, glycylpeptide N-tetradecanoyltransferase, v. 30	p. 193
2.3.1.97	Nmt1p, glycylpeptide N-tetradecanoyltransferase, v. 30	p. 193
2.3.1.97	NMT 2, glycylpeptide N-tetradecanoyltransferase, v. 30	p. 193
2.3.1.97	NMT2, glycylpeptide N-tetradecanoyltransferase, v. 30	p. 193
3.1.1.4	NN-X-PLA2, phospholipase A2, v. 9	p. 52
3.1.1.4	NN-XI-PLA2, phospholipase A2, v. 9	p. 52
3.1.1.4	NN-XIa-PLA2, phospholipase A2, v. 9	p. 52
2.4.2.21	NN:DBI PRT, nicotinate-nucleotide-dimethylbenzimidazole phosphoribosyltransferase, v. 33	p. 201
3.4.17.17	Nna1-like peptidase, tubulinyl-Tyr carboxypeptidase, v. 6	p. 483
3.4.17.1	Nna1/CCP1, carboxypeptidase A, v. 6	p. 401
3.1.1.4	NND-IV-PLA2, phospholipase A2, v. 9	p. 52
4.2.1.11	NNE, phosphopyruvate hydratase, v. 4	p. 312
3.2.1.35	NNH1, hyaluronoglucosaminidase, v. 12	p. 526
3.2.1.35	NNH2, hyaluronoglucosaminidase, v. 12	p. 526
2.1.1.1	NNMT, nicotinamide N-methyltransferase, v. 28	p. 1
2.1.1.7	NNMT, nicotinate N-methyltransferase, v. 28	p. 40
1.14.13.39	nNOS, nitric-oxide synthase, v. 26	p. 426
1.14.13.39	nNOSα, nitric-oxide synthase, v. 26	p. 426
1.6.1.2	NNT, NAD(P)+ transhydrogenase (AB-specific), v. 24	p. 10
4.6.1.2	NO- and haem-independent sGC, guanylate cyclase, v. 5	p. 430
4.6.1.2	NO- and haem-independent soluble guanylate cyclase, guanylate cyclase, v. 5	p. 430
4.6.1.2	NO-GC, guanylate cyclase, v. 5	p. 430
4.6.1.2	NO-GC1, guanylate cyclase, v. 5	p. 430
4.6.1.2	NO-GC2, guanylate cyclase, v. 5	p. 430
4.6.1.2	NO-independent, heme-dependent soluble guanylate cyclase, guanylate cyclase, v. 5	p. 430
1.7.99.7	NO-reductase, nitric-oxide reductase, v. 24	p. 441
4.6.1.2	NO-sensitive GC, guanylate cyclase, v. 5	p. 430
4.6.1.2	NO-sensitive guanylyl cyclase, guanylate cyclase, v. 5	p. 430
4.6.1.2	NO-sGC, guanylate cyclase, v. 5	p. 430
3.6.4.11	NO29, nucleoplasmin ATPase, v. 15	p. 817
3.6.4.11	NO38, nucleoplasmin ATPase, v. 15	p. 817
3.1.13.4	Noc, poly(A)-specific ribonuclease, v. 11	p. 407
2.5.1.38	nocardicin aminocarboxypropyltransferase, isonocardicin synthase, v. 34	p. 46
5.1.1.14	nocardicin C-9'epimerase, Nocardicin-A epimerase, v. 1	p. 59
5.1.1.14	NocJ, Nocardicin-A epimerase, v. 1	p. 59
3.1.13.4	nocturnin, poly(A)-specific ribonuclease, v. 11	p. 407
1.14.12.17	NOD, nitric oxide dioxygenase, v. 26	p. 190
3.4.23.44	Nodavirus endopeptidase, nodavirus endopeptidase, v. 8	p. 197
1.14.12.17	NO degrading dioxygenase, nitric oxide dioxygenase, v. 26	p. 190
2.7.13.3	nodulation protein V, histidine kinase, v. S4	p. 420
1.7.3.3	Nodule specific uricase, urate oxidase, v. 24	p. 346
1.7.3.3	Nodulin 35, urate oxidase, v. 24	p. 346
1.7.3.3	Nodulin 35 homolog, urate oxidase, v. 24	p. 346
2.7.13.3	NodV protein, histidine kinase, v. S4	p. 420

2.4.1.68	NodZ fucosyltransferase, glycoprotein 6-α-L-fucosyltransferase, v. 31	p. 522
1.1.1.294	NOL, chlorophyll(ide) b reductase, v. S1	p. 85
3.2.1.15	non-acidic polygalacturonase, polygalacturonase, v. 12	p. 208
3.1.27.1	non-base specific ribonuclease, ribonuclease T2, v. 11	p. 557
2.7.11.10	non-canonical IkappaBkinase ε, IkappaB kinase, v. S3	p. 210
3.4.21.53	non-canonical RNA viral Lon proteinase, Endopeptidase La, v. 7	p. 241
1.16.3.1	non-ceruloplasmin ferroxidase, ferroxidase, v. 27	p. 466
6.1.1.12	non-discriminating aspartyl-tRNA synthetase, Aspartate-tRNA ligase, v. 2	p. 86
6.1.1.23	non-discriminating aspartyl-tRNA synthetase, aspartate-tRNAAsn ligase, v. S7	p. 562
6.1.1.12	non-discriminating AspRS, Aspartate-tRNA ligase, v. 2	p. 86
6.1.1.24	non-discriminating glutamyl-tRNA synthetase, glutamate-tRNAGln ligase, v. S7	p. 572
1.6.1.1	non-energy-linked transhydrogenase, NAD(P)+ transhydrogenase (B-specific), v. 24	p. 1
3.6.3.10	non-gastric H+/K+ATPase, H+/K+-exchanging ATPase, v. 15	p. 581
3.6.3.10	non-gastric H,K-ATPase, H+/K+-exchanging ATPase, v. 15	p. 581
3.4.24.72	Non-hemorrhagic fibrinolytic metalloproteinase, fibrolase, v. 8	p. 565
3.5.3.1	Non-hepatic arginase, arginase, v. 14	p. 749
5.1.3.14	non-hydrolyzing UDP-N-acetylglucosamine 2-epimerase, UDP-N-acetylglucosamine 2-epimerase, v. 1	p. 154
1.2.1.3	Non-lens ALDH1, aldehyde dehydrogenase (NAD+), v. 20	p. 32
3.2.1.45	non-lysosomal glucosylceramidase, glucosylceramidase, v. 12	p. 614
2.7.11.18	non-muscle myosin light chain kinase, myosin-light-chain kinase, v. S4	p. 54
4.2.1.11	Non-neural enolase, phosphopyruvate hydratase, v. 4	p. 312
3.1.1.4	Non-pancreatic secretory phospholipase A2, phospholipase A2, v. 9	p. 52
3.4.23.34	Non-pepsin proteinase, Cathepsin E, v. 8	p. 153
3.4.23.19	non-pepsin type acid proteinase, Aspergillopepsin II, v. 8	p. 87
1.2.1.9	non-phosphorylating glyceraldehyde-3-phosphate dehydrogenase, glyceraldehyde-3-phosphate dehydrogenase (NADP+), v. 20	p. 108
1.2.1.9	non-phosphorylating glyceraldehyde-3-phosphate dehydrogenase GAPN, glyceraldehyde-3-phosphate dehydrogenase (NADP+), v. 20	p. 108
1.2.1.9	Non-phosphorylating glyceraldehyde 3-phosphate dehydrogenase, glyceraldehyde-3-phosphate dehydrogenase (NADP+), v. 20	p. 108
1.2.1.9	non-phosphorylating NADP-dependent glyceraldehyde-3-phosphate dehydrogenase, glyceraldehyde-3-phosphate dehydrogenase (NADP+), v. 20	p. 108
2.7.10.2	non-receptor membrane-associated PTK, non-specific protein-tyrosine kinase, v. S2	p. 441
2.7.10.2	non-receptor protein-tyrosine kinase, non-specific protein-tyrosine kinase, v. S2	p. 441
2.7.10.2	non-receptor protein tyrosine kinase, non-specific protein-tyrosine kinase, v. S2	p. 441
2.7.10.1	non-receptor protein tyrosine kinase, receptor protein-tyrosine kinase, v. S2	p. 341
2.7.10.2	non-receptor PTK, non-specific protein-tyrosine kinase, v. S2	p. 441
2.7.10.2	non-receptor tyrosine-protein kinase TYK2, non-specific protein-tyrosine kinase, v. S2	p. 441
2.7.10.2	non-receptor tyrosine kinase, non-specific protein-tyrosine kinase, v. S2	p. 441
2.7.10.2	non-receptor tyrosine kinase brk, non-specific protein-tyrosine kinase, v. S2	p. 441
2.7.12.1	non-receptor tyrosine kinase spore lysis A, dual-specificity kinase, v. S4	p. 372
1.11.1.12	non-selenocysteine PHGPx, phospholipid-hydroperoxide glutathione peroxidase, v. 25	p. 274
3.1.1.6	non-specific acetyl esterase, acetylesterase, v. 9	p. 96
3.5.4.7	non-specific acid ADP-deaminating enzyme, ADP deaminase, v. 15	p. 66
3.1.3.2	non-specific acid phosphatase, acid phosphatase, v. 10	p. 31
3.1.3.1	non-specific alkaline phosphatase, alkaline phosphatase, v. 10	p. 1
3.1.1.1	Non-specific carboxylesterase, carboxylesterase, v. 9	p. 1
3.1.1.8	non-specific cholinesterase, cholinesterase, v. 9	p. 118
3.4.13.18	non-specific dipeptidase, cytosol nonspecific dipeptidase, v. 6	p. 227
2.3.1.176	non-specific lipid transfer protein, propanoyl-CoA C-acyltransferase, v. S2	p. 81
3.4.11.22	non-specific monoaminopeptidase, aminopeptidase I, v. 6	p. 178
3.6.1.15	non-specific nucleoside triphosphatase, nucleoside-triphosphatase, v. 15	p. 365

755

3.4.21.98	non-structural 3 protein, hepacivirin, v. 7 | p. 474	
3.4.21.98	non-structural protein 3 serine protease, hepacivirin, v. 7 | p. 474	
3.4.21.114	non-structural protein 4, equine arterivirus serine peptidase, v. S5 | p. 411	
2.7.3.9	non-sugar-specific phosphotransferase, phosphoenolpyruvate-protein phosphotransferase, v. 37 | p. 414	
1.7.3.3	Non-symbiotic uricase, urate oxidase, v. 24 | p. 346	
3.2.1.139	non-xylanolytic α-glucuronidase, α-glucuronidase, v. 13 | p. 553	
2.5.1.39	nonaprenyl-4-hydroxybenzoate transferase, 4-hydroxybenzoate nonaprenyltransferase, v. 34 | p. 48	
2.5.1.11	nonaprenyl pyrophosphate synthetase, trans-octaprenyltranstransferase, v. 33 | p. 483	
3.1.27.1	nonbase-specific RNase, ribonuclease T2, v. 11 | p. 557	
6.1.1.23	nondicriminating AspRS, aspartate-tRNAAsn ligase, v. S7 | p. 562	
6.1.1.23	nondiscriminating aspartyl-tRNA synthetase, aspartate-tRNAAsn ligase, v. S7 | p. 562	
6.1.1.23	nondiscriminating AspRS, aspartate-tRNAAsn ligase, v. S7 | p. 562	
6.1.1.24	nondiscriminating glutamyl-tRNA synthetase, glutamate-tRNAGln ligase, v. S7 | p. 572	
3.6.3.10	nongastric H+-K+-ATPase, H+/K+-exchanging ATPase, v. 15 | p. 581	
3.6.3.10	nongastric H,K-ATPase, H+/K+-exchanging ATPase, v. 15 | p. 581	
3.6.3.10	nongastric H-K-ATPase, H+/K+-exchanging ATPase, v. 15 | p. 581	
3.1.4.3	nonhemolytic PLC, phospholipase C, v. 11 | p. 32	
3.1.1.3	noninduced lipase, triacylglycerol lipase, v. 9 | p. 36	
3.2.1.6	nonlytic endo-β-1,3-glucanase I, endo-1,3(4)-β-glucanase, v. 12 | p. 118	
1.2.1.9	non phosphorylating glyceraldehyde-3-phosphate dehydrogenase, glyceraldehyde-3-phosphate dehydrogenase (NADP+), v. 20 | p. 108	
1.2.1.9	nonphosphorylating glyceraldehyde-3-phosphate dehydrogenase, glyceraldehyde-3-phosphate dehydrogenase (NADP+), v. 20 | p. 108	
1.2.1.9	nonphosphorylating NADP-dependent glyceraldehyde-3-phosphate dehydrogenase, glyceraldehyde-3-phosphate dehydrogenase (NADP+), v. 20 | p. 108	
2.7.11.1	nonphototropic hypocotyl protein 1, non-specific serine/threonine protein kinase, v. S3 | p. 1	
2.7.10.2	nonreceptor protein tyrosine kinase, non-specific protein-tyrosine kinase, v. S2 | p. 441	
2.7.10.2	nonreceptor PTK, non-specific protein-tyrosine kinase, v. S2 | p. 441	
2.7.10.2	nonreceptor tyrosine kinase, non-specific protein-tyrosine kinase, v. S2 | p. 441	
2.7.10.2	nonreceptor tyrosine kinase Fes, non-specific protein-tyrosine kinase, v. S2 | p. 441	
2.7.10.2	nonreceptor tyrosine kinase Src, non-specific protein-tyrosine kinase, v. S2 | p. 441	
2.7.10.2	nonreceptor tyrosine kinase Srm, non-specific protein-tyrosine kinase, v. S2 | p. 441	
3.1.1.1	nonspecific carboxylesterase, carboxylesterase, v. 9 | p. 1	
3.1.1.8	non specific cholinesterase, cholinesterase, v. 9 | p. 118	
3.4.13.19	nonspecific dipeptidase, membrane dipeptidase, v. 6 | p. 239	
3.1.1.13	nonspecific lipase, sterol esterase, v. 9 | p. 150	
1.1.1.184	nonspecific NADPH-dependent carbonyl reductase, carbonyl reductase (NADPH), v. 18 | p. 105	
2.7.1.77	nonspecific nucleoside phosphotransferase, nucleoside phosphotransferase, v. 36 | p. 265	
3.1.27.1	nonspecific RNase, ribonuclease T2, v. 11 | p. 557	
1.1.1.2	nonspecific succinic semialdehyde reductase, alcohol dehydrogenase (NADP+), v. 16 | p. 45	
3.4.21.98	nonstructural 3 protease, hepacivirin, v. 7 | p. 474	
3.4.22.28	nonstructural 3 protease, picornain 3C, v. 7 | p. 646	
2.7.7.48	nonstructural phosphoprotein, RNA-directed RNA polymerase, v. 38 | p. 468	
2.7.7.48	nonstructural protein, RNA-directed RNA polymerase, v. 38 | p. 468	
3.6.1.15	nonstructural protein 13, nucleoside-triphosphatase, v. 15 | p. 365	
3.4.21.91	nonstructural protein 3, Flavivirin, v. 7 | p. 442	
3.4.21.98	nonstructural protein 3, hepacivirin, v. 7 | p. 474	
3.6.1.15	nonstructural protein 3, nucleoside-triphosphatase, v. 15 | p. 365	
3.4.21.113	nonstructural protein 3, pestivirus NS3 polyprotein peptidase, v. S5 | p. 408	
3.6.1.3	nonstructural protein 3 (NS3)-associated NTPase/helicase, adenosinetriphosphatase, v. 15 | p. 263	

3.6.1.15	nonstructural protein 3 (NS3)-associated NTPase/helicase, nucleoside-triphosphatase, v. 15 | p. 365	
3.4.21.114	nonstructural protein 4, equine arterivirus serine peptidase, v. S5 | p. 411	
2.7.7.48	nonstructural protein 5B, RNA-directed RNA polymerase, v. 38 | p. 468	
3.4.21.113	nonstructural protein NS3, pestivirus NS3 polyprotein peptidase, v. S5 | p. 408	
1.5.1.19	nopaline dehydrogenase, D-nopaline dehydrogenase, v. 23 | p. 170	
1.5.1.19	D-nopaline synthase, D-nopaline dehydrogenase, v. 23 | p. 170	
1.5.1.19	nopaline synthase, D-nopaline dehydrogenase, v. 23 | p. 170	
1.7.99.7	NOR, nitric-oxide reductase, v. 24 | p. 441	
1.18.1.1	NOR, rubredoxin-NAD+ reductase, v. 27 | p. 538	
1.7.99.7	S-NOR, nitric-oxide reductase, v. 24 | p. 441	
2.1.1.28	noradrenaline N-methyltransferase, phenylethanolamine N-methyltransferase, v. 28 | p. 132	
2.1.1.28	noradrenalin methyltransferase, phenylethanolamine N-methyltransferase, v. 28 | p. 132	
2.1.1.28	noradrenalin N-methyltransferase, phenylethanolamine N-methyltransferase, v. 28 | p. 132	
1.7.99.7	NorB, nitric-oxide reductase, v. 24 | p. 441	
1.7.99.7	NorCB, nitric-oxide reductase, v. 24 | p. 441	
2.1.1.128	Norcoclaurine 6-O-methyltransferase, (RS)-norcoclaurine 6-O-methyltransferase, v. 28 | p. 589	
4.2.1.78	norcoclaurine synthase, (S)-norcoclaurine synthase, v. 4 | p. 607	
4.6.1.2	NO receptor, guanylate cyclase, v. 5 | p. 430	
3.1.4.11	No receptor potential A protein, phosphoinositide phospholipase C, v. 11 | p. 75	
4.6.1.2	NO receptor soluble guanylyl cyclase, guanylate cyclase, v. 5 | p. 430	
1.7.99.7	NO reductase, nitric-oxide reductase, v. 24 | p. 441	
2.1.1.28	norepinephrine methyltransferase, phenylethanolamine N-methyltransferase, v. 28 | p. 132	
2.1.1.28	norepinephrine N-methyltransferase, phenylethanolamine N-methyltransferase, v. 28 | p. 132	
2.1.1.28	norepinephrin N-methyltransferase, phenylethanolamine N-methyltransferase, v. 28 | p. 132	
2.6.1.67	norleucine (leucine) aminotransferase, 2-aminohexanoate transaminase, v. 35 | p. 36	
2.6.1.67	L-norleucine,leucine:2-oxoglutarate aminotransferase, 2-aminohexanoate transaminase, v. 35 | p. 36	
2.6.1.67	norleucine transaminase, 2-aminohexanoate transaminase, v. 35 | p. 36	
3.1.4.11	NorpA, phosphoinositide phospholipase C, v. 11 | p. 75	
2.1.1.115	Norreticuline N-methyltransferase, (RS)-1-benzyl-1,2,3,4-tetrahydroisoquinoline N-methyltransferase, v. 28 | p. 550	
1.7.99.7	NorZ, nitric-oxide reductase, v. 24 | p. 441	
1.5.1.19	NOS, D-nopaline dehydrogenase, v. 23 | p. 170	
1.14.13.39	NOS, nitric-oxide synthase, v. 26 | p. 426	
1.14.13.39	e-NOS, nitric-oxide synthase, v. 26 | p. 426	
1.14.13.39	i-NOS, nitric-oxide synthase, v. 26 | p. 426	
1.14.13.39	n-NOS, nitric-oxide synthase, v. 26 | p. 426	
1.14.13.39	NOS1, nitric-oxide synthase, v. 26 | p. 426	
1.14.13.39	NOS2, nitric-oxide synthase, v. 26 | p. 426	
1.14.13.39	NOS3, nitric-oxide synthase, v. 26 | p. 426	
2.7.1.31	NosGLYK, glycerate kinase, v. 35 | p. 366	
1.14.13.39	NOS I, nitric-oxide synthase, v. 26 | p. 426	
1.14.13.39	NO synthase, nitric-oxide synthase, v. 26 | p. 426	
1.7.99.6	NosZ, nitrous-oxide reductase, v. 24 | p. 432	
1.1.3.4	notatin, glucose oxidase, v. 19 | p. 30	
3.4.24.81	notch proteinase, ADAM10 endopeptidase, v. S6 | p. 311	
3.1.1.4	Notechis 11'2, phospholipase A2, v. 9 | p. 52	
3.1.1.4	Notexin, phospholipase A2, v. 9 | p. 52	
3.1.1.4	notexinII-1, phospholipase A2, v. 9 | p. 52	
3.1.21.4	NotI, type II site-specific deoxyribonuclease, v. 11 | p. 454	
3.4.22.66	NoV 3CLpro, calicivirin, v. S6 | p. 215	

3.2.1.133	Novamyl, glucan 1,4-α-maltohydrolase, v. 13 | p. 538	
3.1.1.11	Novoshape, pectinesterase, v. 9 | p. 136	
3.5.1.11	novozym 217, penicillin amidase, v. 14 | p. 287	
3.1.1.3	novozym 435, triacylglycerol lipase, v. 9 | p. 36	
3.2.1.21	Novozyme 188, β-glucosidase, v. 12 | p. 299	
3.1.1.3	Novozyme 435, triacylglycerol lipase, v. 9 | p. 36	
5.1.3.13	NovW gene product, dTDP-4-dehydrorhamnose 3,5-epimerase, v. 1 | p. 152	
4.6.1.2	H-NOX, guanylate cyclase, v. 5 | p. 430	
1.6.3.1	NOX1, NAD(P)H oxidase, v. 24 | p. 92	
1.6.3.1	NOX3, NAD(P)H oxidase, v. 24 | p. 92	
1.6.3.1	NOX5, NAD(P)H oxidase, v. 24 | p. 92	
1.6.99.3	NOXase, NADH dehydrogenase, v. 24 | p. 207	
3.4.21.118	NP, kallikrein 8, v. S5 | p. 435	
1.2.1.9	NP-Ga3PDHase, glyceraldehyde-3-phosphate dehydrogenase (NADP+), v. 20 | p. 108	
1.2.1.9	NP-GAPDH, glyceraldehyde-3-phosphate dehydrogenase (NADP+), v. 20 | p. 108	
4.6.1.2	NP-GC, guanylate cyclase, v. 5 | p. 430	
3.1.1.3	NP1, triacylglycerol lipase, v. 9 | p. 36	
5.99.1.3	NP170 proteins, DNA topoisomerase (ATP-hydrolysing), v. 1 | p. 737	
6.1.1.1	NpAla TyrRS, Tyrosine-tRNA ligase, v. 2 | p. 1	
1.13.11.37	NpcC, hydroxyquinol 1,2-dioxygenase, v. 25 | p. 610	
3.1.4.1	5'-NPDase, phosphodiesterase I, v. 11 | p. 1	
3.1.4.1	5'NPDE, phosphodiesterase I, v. 11 | p. 1	
3.4.11.14	NPEPPS, cytosol alanyl aminopeptidase, v. 6 | p. 143	
1.11.1.12	NPGPx, phospholipid-hydroperoxide glutathione peroxidase, v. 25 | p. 274	
1.14.13.29	4-NPH, 4-nitrophenol 2-monooxygenase, v. 26 | p. 386	
2.7.11.1	NPH1, non-specific serine/threonine protein kinase, v. S3 | p. 1	
1.11.1.12	nPHGPx, phospholipid-hydroperoxide glutathione peroxidase, v. 25 | p. 274	
3.4.24.39	NPII, deuterolysin, v. 8 | p. 421	
2.7.11.13	nPKC eta, protein kinase C, v. S3 | p. 325	
4.1.3.3	NPL, N-acetylneuraminate lyase, v. 4 | p. 24	
3.1.1.4	NPLA, phospholipase A2, v. 9 | p. 52	
4.2.2.2	NPLase, pectate lyase, v. 5 | p. 6	
3.6.4.11	NPM3, nucleoplasmin ATPase, v. 15 | p. 817	
3.6.1.9	NPP, nucleotide diphosphatase, v. 15 | p. 317	
3.1.3.16	NPP, phosphoprotein phosphatase, v. 10 | p. 213	
3.1.4.39	NPP-2, alkylglycerophosphoethanolamine phosphodiesterase, v. 11 | p. 187	
3.6.1.9	NPP-5, nucleotide diphosphatase, v. 15 | p. 317	
3.1.4.1	NPP/PDE, phosphodiesterase I, v. 11 | p. 1	
3.6.1.9	NPP1, nucleotide diphosphatase, v. 15 | p. 317	
3.1.16.1	NPP1, spleen exonuclease, v. 11 | p. 424	
3.1.15.1	NPP1, venom exonuclease, v. 11 | p. 417	
3.1.4.39	NPP2, alkylglycerophosphoethanolamine phosphodiesterase, v. 11 | p. 187	
3.6.1.9	NPP2, nucleotide diphosphatase, v. 15 | p. 317	
3.1.4.39	NPP2α, alkylglycerophosphoethanolamine phosphodiesterase, v. 11 | p. 187	
3.1.4.39	NPP2γ, alkylglycerophosphoethanolamine phosphodiesterase, v. 11 | p. 187	
3.6.1.9	E-NPP3, nucleotide diphosphatase, v. 15 | p. 317	
3.6.1.9	NPP3, nucleotide diphosphatase, v. 15 | p. 317	
3.1.4.3	NPP6, phospholipase C, v. 11 | p. 32	
3.1.4.12	NPP7, sphingomyelin phosphodiesterase, v. 11 | p. 86	
3.6.1.9	NPPase, nucleotide diphosphatase, v. 15 | p. 317	
1.11.1.1	NPR, NADH peroxidase, v. 25 | p. 172	
3.4.24.31	NPR, mycolysin, v. 8 | p. 389	
4.6.1.2	NPR-A, guanylate cyclase, v. 5 | p. 430	
4.6.1.2	NPR-B, guanylate cyclase, v. 5 | p. 430	
1.5.1.34	NprA nitroreductase, 6,7-dihydropteridine reductase, v. 23 | p. 248	

3.4.24.27	NprM, thermolysin, v. 8	p. 367	
2.4.2.11	NPRTase, nicotinate phosphoribosyltransferase, v. 33	p. 137	
2.5.1.57	NPS, N-acylneuraminate-9-phosphate synthase, v. 34	p. 190	
3.1.1.4	NPS-PLA2, phospholipase A2, v. 9	p. 52	
2.7.1.95	NPT, kanamycin kinase, v. 36	p. 373	
2.7.1.77	NPT, nucleoside phosphotransferase, v. 36	p. 265	
3.4.22.50	NPV protease, V-cath endopeptidase, v. S6	p. 27	
1.11.1.1	Npx, NADH peroxidase, v. 25	p. 172	
1.11.1.1	NPXase, NADH peroxidase, v. 25	p. 172	
3.6.1.22	NPY1, NAD+ diphosphatase, v. 15	p. 396	
1.6.5.2	NQO1, NAD(P)H dehydrogenase (quinone), v. 24	p. 105	
1.6.5.5	NQO1, NADPH:quinone reductase, v. 24	p. 135	
1.10.99.2	NQO2, ribosyldihydronicotinamide dehydrogenase (quinone), v. S1	p. 383	
1.7.1.9	4NQO reductase, nitroquinoline-N-oxide reductase, v. 24	p. 307	
1.6.5.3	NqrF, NADH dehydrogenase (ubiquinone), v. 24	p. 106	
1.7.99.4	NR, nitrate reductase, v. 24	p. 396	
1.7.1.1	NR, nitrate reductase (NADH), v. 24	p. 237	
1.7.1.3	NR, nitrate reductase (NADPH), v. 24	p. 267	
1.7.1.1	NR1, nitrate reductase (NADH), v. 24	p. 237	
1.7.1.1	NR2, nitrate reductase (NADH), v. 24	p. 237	
1.7.99.4	NRA, nitrate reductase, v. 24	p. 396	
3.4.24.61	NRD-convertase, nardilysin, v. 8	p. 511	
3.4.24.61	NRDc, nardilysin, v. 8	p. 511	
3.4.24.61	NRD convertase, nardilysin, v. 8	p. 511	
6.3.2.19	Nrdp1, Ubiquitin-protein ligase, v. 2	p. 506	
6.3.2.19	Nrdp1/FLRF, Ubiquitin-protein ligase, v. 2	p. 506	
3.1.1.2	NRE, arylesterase, v. 9	p. 28	
3.1.1.5	NRE, lysophospholipase, v. 9	p. 82	
2.7.13.3	NreB, histidine kinase, v. S4	p. 420	
3.1.1.2	NRECV, arylesterase, v. 9	p. 28	
1.7.2.2	NrfA, nitrite reductase (cytochrome; ammonia-forming), v. 24	p. 331	
1.7.1.4	NrfA, nitrite reductase [NAD(P)H], v. 24	p. 277	
1.7.2.2	NrfA2NrfH complex, nitrite reductase (cytochrome; ammonia-forming), v. 24	p. 331	
1.7.1.4	NrfA reductase, nitrite reductase [NAD(P)H], v. 24	p. 277	
1.7.1.4	NrfH, nitrite reductase [NAD(P)H], v. 24	p. 277	
1.7.2.2	NrfHA, nitrite reductase (cytochrome; ammonia-forming), v. 24	p. 331	
1.10.99.2	NRH-oxidizing enzyme, ribosyldihydronicotinamide dehydrogenase (quinone), v. S1	p. 383	
1.3.1.74	NRH:quinone oxidoreductase, 2-alkenal reductase, v. 21	p. 336	
1.10.99.2	NRH:quinone oxidoreductase, ribosyldihydronicotinamide dehydrogenase (quinone), v. S1	p. 383	
1.10.99.2	NRH:quinone oxidoreductase 2, ribosyldihydronicotinamide dehydrogenase (quinone), v. S1	p. 383	
1.10.99.2	NRH:quinone oxireductase 2, ribosyldihydronicotinamide dehydrogenase (quinone), v. S1	p. 383	
1.6.5.2	NRH:quinone reductase 1, NAD(P)H dehydrogenase (quinone), v. 24	p. 105	
1.10.99.2	NRH:quinone reductase 2, ribosyldihydronicotinamide dehydrogenase (quinone), v. S1	p. 383	
2.7.1.22	Nrk, ribosylnicotinamide kinase, v. 35	p. 290	
2.7.1.22	NRK1, ribosylnicotinamide kinase, v. 35	p. 290	
1.18.1.4	NROR, rubredoxin-NAD(P)+ reductase, v. 27	p. 565	
3.6.3.26	NRT1.1 NO3- transporter, nitrate-transporting ATPase, v. 15	p. 646	
3.6.3.26	NRT2.1, nitrate-transporting ATPase, v. 15	p. 646	
3.6.3.26	NRT2.2, nitrate-transporting ATPase, v. 15	p. 646	
2.7.10.1	NRTK, receptor protein-tyrosine kinase, v. S2	p. 341	

3.6.3.26	NrtP, nitrate-transporting ATPase, v. 15	p. 646
3.6.3.26	NrtP permease, nitrate-transporting ATPase, v. 15	p. 646
3.1.21.4	NruI, type II site-specific deoxyribonuclease, v. 11	p. 454
3.4.21.115	NS, infectious pancreatic necrosis birnavirus Vp4 peptidase, v. S5	p. 415
4.2.3.23	NS1, germacrene-A synthase, v. S7	p. 301
3.4.21.91	NS2-3 protease, Flavivirin, v. 7	p. 442
3.4.21.98	NS2/3 protease, hepacivirin, v. 7	p. 474
3.4.21.91	NS2B-3 proteinase, Flavivirin, v. 7	p. 442
3.4.21.91	NS2B-NS3(pro)teinase, Flavivirin, v. 7	p. 442
3.4.21.91	NS2B-NS3 protease, Flavivirin, v. 7	p. 442
3.4.21.91	NS2B-NS3 proteinase, Flavivirin, v. 7	p. 442
3.4.21.98	NS2B-NS3 proteinase, hepacivirin, v. 7	p. 474
3.4.21.91	NS2B-NS3 proteolytic complex, Flavivirin, v. 7	p. 442
3.4.21.91	NS2B-NS3 serine proteinase, Flavivirin, v. 7	p. 442
3.4.21.91	NS2B/NS3, Flavivirin, v. 7	p. 442
3.4.21.98	NS2B/NS3 protease, hepacivirin, v. 7	p. 474
3.4.21.91	NS2B/NS3 protease complex, Flavivirin, v. 7	p. 442
3.4.21.91	NS2BNS3(pro)tease, Flavivirin, v. 7	p. 442
3.4.21.91	NS3, Flavivirin, v. 7	p. 442
3.6.1.3	NS3, adenosinetriphosphatase, v. 15	p. 263
3.4.21.98	NS3, hepacivirin, v. 7	p. 474
3.6.1.15	NS3, nucleoside-triphosphatase, v. 15	p. 365
3.4.21.113	NS3, pestivirus NS3 polyprotein peptidase, v. S5	p. 408
3.4.21.98	NS3-4A, hepacivirin, v. 7	p. 474
3.4.21.98	NS3-4A protease, hepacivirin, v. 7	p. 474
3.4.21.98	NS3-4A serine protease, hepacivirin, v. 7	p. 474
3.4.21.98	NS3-4A serine protease complex, hepacivirin, v. 7	p. 474
3.4.21.98	NS3-NS4A protease, hepacivirin, v. 7	p. 474
3.4.21.98	NS3-protease, hepacivirin, v. 7	p. 474
3.4.21.98	NS3-SP, hepacivirin, v. 7	p. 474
3.4.21.113	NS3-SP, pestivirus NS3 polyprotein peptidase, v. S5	p. 408
3.4.21.98	NS3/4A protease, hepacivirin, v. 7	p. 474
3.4.21.98	NS3/4A serine protease, hepacivirin, v. 7	p. 474
3.6.1.15	NS3FL, nucleoside-triphosphatase, v. 15	p. 365
3.6.1.3	NS3 NTPase/helicase, adenosinetriphosphatase, v. 15	p. 263
3.6.1.15	NS3 NTPase/helicase, nucleoside-triphosphatase, v. 15	p. 365
3.4.21.91	NS3 protease, Flavivirin, v. 7	p. 442
3.4.21.98	NS3 protease, hepacivirin, v. 7	p. 474
3.4.21.113	NS3 protease, pestivirus NS3 polyprotein peptidase, v. S5	p. 408
3.4.22.28	NS3 protease, picornain 3C, v. 7	p. 646
3.4.21.91	NS3 protease-helicase, Flavivirin, v. 7	p. 442
3.6.1.15	NS3 protein, nucleoside-triphosphatase, v. 15	p. 365
3.4.21.113	NS3 protein, pestivirus NS3 polyprotein peptidase, v. S5	p. 408
3.4.21.98	NS3 proteinase, hepacivirin, v. 7	p. 474
3.4.21.113	NS3 proteinase, pestivirus NS3 polyprotein peptidase, v. S5	p. 408
3.4.21.98	NS3 serine protease, hepacivirin, v. 7	p. 474
3.4.21.113	NS3 serine protease, pestivirus NS3 polyprotein peptidase, v. S5	p. 408
3.4.21.98	NS3 serine proteinase, hepacivirin, v. 7	p. 474
2.7.7.48	NS5, RNA-directed RNA polymerase, v. 38	p. 468
3.4.21.98	NS5A-5B protease, hepacivirin, v. 7	p. 474
2.7.7.48	NS5B, RNA-directed RNA polymerase, v. 38	p. 468
2.7.7.48	NS5b-directed RNA polymerase, RNA-directed RNA polymerase, v. 38	p. 468
2.7.7.48	NS5B enzyme, RNA-directed RNA polymerase, v. 38	p. 468
2.7.7.48	NS5B protein, RNA-directed RNA polymerase, v. 38	p. 468
2.7.7.48	NS5B RdRp, RNA-directed RNA polymerase, v. 38	p. 468

2.7.7.48	NS5B RNA-dependent RNA polymerase, RNA-directed RNA polymerase, v. 38	p. 468
2.1.1.57	NS5MTase, mRNA (nucleoside-2'-O-)-methyltransferase, v. 28	p. 320
2.1.1.62	NS5MTaseDV, mRNA (2'-O-methyladenosine-N6-)-methyltransferase, v. 28	p. 340
2.7.7.48	NS5 protein, RNA-directed RNA polymerase, v. 38	p. 468
2.7.7.48	NS5 RdRp, RNA-directed RNA polymerase, v. 38	p. 468
3.1.3.2	NSAP, acid phosphatase, v. 10	p. 31
5.1.1.10	NSAR, Amino-acid racemase, v. 1	p. 41
1.13.11.51	NSC1, 9-cis-epoxycarotenoid dioxygenase, v. S1	p. 436
1.13.11.51	NSC2, 9-cis-epoxycarotenoid dioxygenase, v. S1	p. 436
1.13.11.51	NSC3, 9-cis-epoxycarotenoid dioxygenase, v. S1	p. 436
4.2.1.11	NSE, phosphopyruvate hydratase, v. 4	p. 312
4.2.1.11	R-NSE, phosphopyruvate hydratase, v. 4	p. 312
3.6.4.7	NSF, peroxisome-assembly ATPase, v. 15	p. 794
3.6.4.6	NSF, vesicle-fusing ATPase, v. 15	p. 789
3.6.4.6	NSF-1, vesicle-fusing ATPase, v. 15	p. 789
3.6.4.7	NSF-like ATPase, peroxisome-assembly ATPase, v. 15	p. 794
3.6.4.6	NSF2, vesicle-fusing ATPase, v. 15	p. 789
3.6.4.6	NSFII, vesicle-fusing ATPase, v. 15	p. 789
3.6.4.6	NSF protein, vesicle-fusing ATPase, v. 15	p. 789
2.3.1.176	nsLTP, propanoyl-CoA C-acyltransferase, v. S2	p. 81
3.1.4.12	nSMase, sphingomyelin phosphodiesterase, v. 11	p. 86
3.1.4.12	nSMase-1, sphingomyelin phosphodiesterase, v. 11	p. 86
3.1.4.12	NSMase-2, sphingomyelin phosphodiesterase, v. 11	p. 86
3.1.4.12	nSMase 1, sphingomyelin phosphodiesterase, v. 11	p. 86
3.1.4.12	nSMase1, sphingomyelin phosphodiesterase, v. 11	p. 86
3.1.4.12	nSMase2, sphingomyelin phosphodiesterase, v. 11	p. 86
3.1.4.12	nSMase3, sphingomyelin phosphodiesterase, v. 11	p. 86
3.1.3.31	NSP-I, nucleotidase, v. 10	p. 316
3.1.3.31	NSP-II, nucleotidase, v. 10	p. 316
3.6.1.15	nsp13, nucleoside-triphosphatase, v. 15	p. 365
3.4.21.90	nsP2, Togavirin, v. 7	p. 440
3.4.21.90	nsP2 protease, Togavirin, v. 7	p. 440
3.4.21.90	NsP2 proteinase, Togavirin, v. 7	p. 440
2.7.7.48	nsp4, RNA-directed RNA polymerase, v. 38	p. 468
3.4.21.114	nsp4, equine arterivirus serine peptidase, v. S5	p. 411
3.4.21.114	nsp4 serine protease, equine arterivirus serine peptidase, v. S5	p. 411
3.4.21.114	nsp4SP, equine arterivirus serine peptidase, v. S5	p. 411
3.1.21.4	NspBII, type II site-specific deoxyribonuclease, v. 11	p. 454
2.3.2.15	NsPCS, glutathione γ-glutamylcysteinyltransferase, v. 30	p. 576
3.4.21.115	NS protease, infectious pancreatic necrosis birnavirus Vp4 peptidase, v. S5	p. 415
3.1.21.4	NspV, type II site-specific deoxyribonuclease, v. 11	p. 454
3.1.6.2	NSS, steryl-sulfatase, v. 11	p. 250
2.7.11.25	NSY-1, mitogen-activated protein kinase kinase kinase, v. S4	p. 278
3.1.3.5	5'-NT, 5'-nucleotidase, v. 10	p. 95
2.4.1.101	NT, α-1,3-mannosyl-glycoprotein 2-β-N-acetylglucosaminyltransferase, v. 32	p. 70
3.4.24.69	NT, bontoxilysin, v. 8	p. 553
3.1.3.5	5'-NT-1, 5'-nucleotidase, v. 10	p. 95
3.1.3.5	5'-NT-2, 5'-nucleotidase, v. 10	p. 95
3.1.3.5	5'-NT-3, 5'-nucleotidase, v. 10	p. 95
2.7.10.1	NT-3 growth factor receptor, receptor protein-tyrosine kinase, v. S2	p. 341
3.1.3.5	5'-NT-4, 5'-nucleotidase, v. 10	p. 95
2.1.1.37	Nt-DRM1, DNA (cytosine-5-)-methyltransferase, v. 28	p. 197
2.5.1.47	Nt-OAS-TL, cysteine synthase, v. 34	p. 84
1.11.1.9	Nt-SubC08, glutathione peroxidase, v. 25	p. 233
3.1.21.4	Nt.BspD6I, type II site-specific deoxyribonuclease, v. 11	p. 454

3.1.3.6	3'-NT/Nu, 3'-nucleotidase, v. 10 | p. 118	
3.1.3.6	3'NT/NU, 3'-nucleotidase, v. 10 | p. 118	
2.1.1.8	Ntau-methyltransferase, histamine N-methyltransferase, v. 28 | p. 43	
3.2.1.28	Ntc1p, α,α-trehalase, v. 12 | p. 478	
3.2.1.14	NtChitIV, chitinase, v. 12 | p. 185	
2.4.2.6	NTD, nucleoside deoxyribosyltransferase, v. 33 | p. 66	
4.2.1.10	NtDHD/SHD-1, 3-dehydroquinate dehydratase, v. 4 | p. 304	
4.2.1.10	NtDHD/SHD-2, 3-dehydroquinate dehydratase, v. 4 | p. 304	
3.6.5.5	NtDRP3, dynamin GTPase, v. S6 | p. 522	
3.1.1.5	NTE, lysophospholipase, v. 9 | p. 82	
3.1.1.2	NTE-R1, arylesterase, v. 9 | p. 28	
3.1.1.2	NTE-related 1, arylesterase, v. 9 | p. 28	
3.1.1.2	NTE-related esterase, arylesterase, v. 9 | p. 28	
3.1.1.5	NTE-related esterase, lysophospholipase, v. 9 | p. 82	
3.1.3.76	Nterm-phos, lipid-phosphate phosphatase, v. S5 | p. 87	
4.2.99.18	Ntg1, DNA-(apurinic or apyrimidinic site) lyase, v. 5 | p. 150	
4.2.99.18	Ntg1p, DNA-(apurinic or apyrimidinic site) lyase, v. 5 | p. 150	
4.2.99.18	Ntg2, DNA-(apurinic or apyrimidinic site) lyase, v. 5 | p. 150	
4.2.99.18	Ntg2p, DNA-(apurinic or apyrimidinic site) lyase, v. 5 | p. 150	
2.4.1.237	NTGT2, flavonol 7-O-β-glucosyltransferase, v. S2 | p. 166	
4.2.99.18	NTH1, DNA-(apurinic or apyrimidinic site) lyase, v. 5 | p. 150	
3.2.1.28	NTH1, α,α-trehalase, v. 12 | p. 478	
3.2.1.28	Nth1p, α,α-trehalase, v. 12 | p. 478	
3.2.1.28	Nth2p, α,α-trehalase, v. 12 | p. 478	
3.2.1.28	NTHA, α,α-trehalase, v. 12 | p. 478	
4.1.1.36	NtHAL3, phosphopantothenoylcysteine decarboxylase, v. 3 | p. 223	
2.7.13.3	NTHK2, histidine kinase, v. S4 | p. 420	
2.7.11.1	NTHK2 kinase, non-specific serine/threonine protein kinase, v. S3 | p. 1	
2.7.10.2	Ntk, non-specific protein-tyrosine kinase, v. S2 | p. 441	
2.7.11.26	NtK-4, τ-protein kinase, v. S4 | p. 303	
2.7.10.2	NTK38, non-specific protein-tyrosine kinase, v. S2 | p. 441	
3.6.3.3	NTKII, Cd2+-exporting ATPase, v. 15 | p. 542	
1.8.4.12	NtMsrB2, peptide-methionine (R)-S-oxide reductase, v. S1 | p. 328	
3.6.3.15	Ntp, Na+-transporting two-sector ATPase, v. 15 | p. 611	
2.7.1.113	NTP-deoxyguanosine 5'-phosphotransferase, deoxyguanosine kinase, v. 37 | p. 1	
3.2.1.28	Ntp1p, α,α-trehalase, v. 12 | p. 478	
2.7.7.62	NTP: adenosylcobinamide kinase, adenosylcobinamide-phosphate guanylyltransferase, v. 38 | p. 568	
2.7.1.156	NTP:adenosylcobinamide kinase, adenosylcobinamide kinase, v. 37 | p. 255	
2.7.1.156	NTP:AdoCbi kinase, adenosylcobinamide kinase, v. 37 | p. 255	
2.7.1.74	NTP:deoxycytidine 5'-phosphotransferase, deoxycytidine kinase, v. 36 | p. 237	
2.7.7.28	NTP:hexose-1-phosphate nucleotidyltransferase, nucleoside-triphosphate-aldose-1-phosphate nucleotidyltransferase, v. 38 | p. 354	
3.6.1.15	NTPase, nucleoside-triphosphatase, v. 15 | p. 365	
3.6.1.3	NTPase/helicase, adenosinetriphosphatase, v. 15 | p. 263	
3.6.1.15	NTPase/helicase, nucleoside-triphosphatase, v. 15 | p. 365	
3.6.1.5	E-NTPDase, apyrase, v. 15 | p. 269	
3.1.3.31	NTPDase, nucleotidase, v. 10 | p. 316	
3.6.1.5	NTPDase1, apyrase, v. 15 | p. 269	
3.6.1.3	NTPDase2, adenosinetriphosphatase, v. 15 | p. 263	
3.6.1.5	NTPDase3, apyrase, v. 15 | p. 269	
3.1.3.31	NTPDase3, nucleotidase, v. 10 | p. 316	
3.6.1.6	NTPDase4, nucleoside-diphosphatase, v. 15 | p. 283	
3.6.1.6	NTPDase5, nucleoside-diphosphatase, v. 15 | p. 283	
3.6.1.6	NTPDase6, nucleoside-diphosphatase, v. 15 | p. 283	

3.6.1.6	NTPDase6 (CD39L2) nucleotidase, nucleoside-diphosphatase, v. 15 | p. 283	
3.1.3.31	E-NTPDases, nucleotidase, v. 10 | p. 316	
3.1.1.11	NtPPME1, pectinesterase, v. 9 | p. 136	
2.7.7.19	NTP polymerase, polynucleotide adenylyltransferase, v. 38 | p. 245	
2.7.7.21	NTR, tRNA cytidylyltransferase, v. 38 | p. 265	
1.8.1.9	NTR, thioredoxin-disulfide reductase, v. 24 | p. 517	
1.8.1.9	NTRA, thioredoxin-disulfide reductase, v. 24 | p. 517	
1.8.1.9	NTRAB, thioredoxin-disulfide reductase, v. 24 | p. 517	
1.8.1.9	NTRC, thioredoxin-disulfide reductase, v. 24 | p. 517	
1.1.1.54	NtRed-1, allyl-alcohol dehydrogenase, v. 17 | p. 20	
3.1.3.5	E-5'-Nu, 5'-nucleotidase, v. 10 | p. 95	
2.3.1.48	NuA4 histone acetyltransferase, histone acetyltransferase, v. 29 | p. 641	
3.1.22.1	Nuc-1, deoxyribonuclease II, v. 11 | p. 474	
3.1.22.1	NUC-1 apoptotic nuclease, deoxyribonuclease II, v. 11 | p. 474	
3.1.30.2	NUC49, Serratia marcescens nuclease, v. 11 | p. 626	
3.1.30.2	nucA, Serratia marcescens nuclease, v. 11 | p. 626	
2.3.1.48	nuclear cytoplasmicO-GlcNAcase and acetyltransferase, histone acetyltransferase, v. 29 | p. 641	
2.7.11.1	nuclear Dbf2-related protein kinase, non-specific serine/threonine protein kinase, v. S3 | p. 1	
3.6.1.11	nuclear exopolyphosphatase, exopolyphosphatase, v. 15 | p. 343	
1.11.1.15	nuclear export signal-Prx1, peroxiredoxin, v. S1 | p. 403	
2.7.10.1	nuclear growth factor tyrosine protein kinase, receptor protein-tyrosine kinase, v. S2 | p. 341	
3.4.22.44	nuclear inclusion body protein a, nuclear-inclusion-a endopeptidase, v. 7 | p. 742	
3.4.22.44	nuclear inclusion protein A protease, nuclear-inclusion-a endopeptidase, v. 7 | p. 742	
1.11.1.15	nuclear localization signal-Prx1, peroxiredoxin, v. S1 | p. 403	
2.1.1.125	Nuclear protein (histone) N-methyltransferase, histone-arginine N-methyltransferase, v. 28 | p. 578	
5.99.1.3	Nuclear proteins 170,000-mol.wt., DNA topoisomerase (ATP-hydrolysing), v. 1 | p. 737	
3.1.26.5	nuclear ribonuclease P ribonucleoprotein, ribonuclease P, v. 11 | p. 531	
2.7.7.19	nuclear speckle targeted PIPKIα regulated-poly(A) polymerase, polynucleotide adenylyltransferase, v. 38 | p. 245	
2.7.10.2	Nuclear tyrosine protein kinase RAK, non-specific protein-tyrosine kinase, v. S2 | p. 441	
4.2.99.18	nuclease, apurinic-apyrimidinic endodeoxyribo-, DNA-(apurinic or apyrimidinic site) lyase, v. 5 | p. 150	
4.2.99.18	nuclease, apurinic endodeoxyribo-, DNA-(apurinic or apyrimidinic site) lyase, v. 5 | p. 150	
3.1.21.1	nuclease, deoxyribo-, deoxyribonuclease I, v. 11 | p. 431	
3.1.21.3	nuclease, deoxyribo-, type I site-specific deoxyribonuclease, v. 11 | p. 448	
3.1.21.3	nuclease, deoxyribo-, ATP-dependent, type I site-specific deoxyribonuclease, v. 11 | p. 448	
3.1.21.4	nuclease, deoxyribonucleic restriction endo-, type II site-specific deoxyribonuclease, v. 11 | p. 454	
3.1.21.6	Nuclease, endodeoxyribo-, CC-preferring endodeoxyribonuclease, v. 11 | p. 470	
4.2.99.18	nuclease, endodeoxyribo-, III, DNA-(apurinic or apyrimidinic site) lyase, v. 5 | p. 150	
3.1.21.2	nuclease, endodeoxyribo-oder redoxyendonuclease, deoxyribonuclease IV (phage-T4-induced), v. 11 | p. 446	
3.1.11.2	nuclease, endoribo-, III, exodeoxyribonuclease III, v. 11 | p. 362	
3.1.21.1	nuclease, Escherichia coli endo-, I, deoxyribonuclease I, v. 11 | p. 431	
3.1.11.2	nuclease, Escherichia coli exo-, III, exodeoxyribonuclease III, v. 11 | p. 362	
3.1.27.1	nuclease, Escherichia coli ribo-, II, ribonuclease T2, v. 11 | p. 557	
3.1.25.1	nuclease, Escherichia coli UV-endodeoxyribonuclease, deoxyribonuclease (pyrimidine dimer), v. 11 | p. 495	
3.1.11.6	nuclease, exodeoxyribo-, VII, exodeoxyribonuclease VII, v. 11 | p. 385	
3.1.11.5	nuclease, exodeoxyribo V, exodeoxyribonuclease V, v. 11 | p. 375	
3.1.27.3	Nuclease, guanyloribo-, ribonuclease T1, v. 11 | p. 572	

3.1.26.4	nuclease, hybrid ribo-, calf thymus ribonuclease H, v.11	p.517
3.1.31.1	nuclease, micrococcal, micrococcal nuclease, v.11	p.632
3.1.30.2	nuclease, nucleate endo-, Serratia marcescens nuclease, v.11	p.626
3.1.13.4	nuclease, polyadenylate-specific exoribo-, poly(A)-specific ribonuclease, v.11	p.407
3.1.21.4	nuclease, restriction endodeoxyribo-, type II site-specific deoxyribonuclease, v.11	p.454
3.1.27.5	nuclease, ribo-, pancreatic ribonuclease, v.11	p.584
3.1.26.8	nuclease, ribo-, ribonuclease M5, v.11	p.549
3.1.27.1	nuclease, ribo- (non-base specific), ribonuclease T2, v.11	p.557
3.1.26.9	nuclease, ribo- (uracil-specific), ribonuclease [poly-(U)-specific], v.11	p.552
3.1.27.3	Nuclease, ribo-, Aspergillus oryzae, ribonuclease T1, v.11	p.572
3.1.26.3	nuclease, ribo-, D, ribonuclease III, v.11	p.509
3.1.26.4	nuclease, ribo-, H, calf thymus ribonuclease H, v.11	p.517
3.1.26.5	nuclease, ribo-, P, ribonuclease P, v.11	p.531
2.7.7.56	nuclease, ribo-, PH, tRNA nucleotidyltransferase, v.38	p.544
3.1.26.8	nuclease, ribosomal ribonucleate maturation endoribo-, ribonuclease M5, v.11	p.549
3.1.31.1	nuclease, staphylococcal, micrococcal nuclease, v.11	p.632
3.1.27.9	nuclease, transfer ribonucleate intron endoribo-, tRNA-intron endonuclease, v.11	p.604
3.1.26.11	nuclease, transfer ribonucleate maturation 3'-endoribo-(9CI), tRNase Z, v.S5	p.105
3.1.14.1	nuclease 1, yeast ribonuclease, v.11	p.412
3.1.31.1	nuclease 8V, micrococcal nuclease, v.11	p.632
3.1.30.2	nuclease A, Serratia marcescens nuclease, v.11	p.626
3.1.21.1	nuclease Bh1, deoxyribonuclease I, v.11	p.431
3.1.30.1	nuclease S1, Aspergillus nuclease S1, v.11	p.610
4.2.99.18	nuclease SmnA, DNA-(apurinic or apyrimidinic site) lyase, v.5	p.150
3.1.21.1	nuclease Stn β, deoxyribonuclease I, v.11	p.431
3.1.31.1	nuclease T, micrococcal nuclease, v.11	p.632
3.1.31.1	nuclease T', micrococcal nuclease, v.11	p.632
3.1.25.1	nuclease V, bacteriophage T4 endodeoxyribonuclease V, deoxyribonuclease (pyrimidine dimer), v.11	p.495
3.1.30.2	nucleate endonuclease, Serratia marcescens nuclease, v.11	p.626
3.6.1.3	nucleic acid-independent nucleoside triphosphatase, adenosinetriphosphatase, v.15	p.263
3.6.1.15	nucleic acid-independent nucleoside triphosphatase, nucleoside-triphosphatase, v.15	p.365
2.7.7.48	nucleocapsid phosphoprotein, RNA-directed RNA polymerase, v.38	p.468
2.4.1.94	nucleocytoplasmic OGT, protein N-acetylglucosaminyltransferase, v.32	p.39
5.2.1.8	Nucleolar proline isomerase, Peptidylprolyl isomerase, v.1	p.218
3.4.21.32	nucleolysin, brachyurin, v.7	p.129
3.4.24.7	nucleolysin, interstitial collagenase, v.8	p.218
3.4.24.3	nucleolysin, microbial collagenase, v.8	p.205
3.6.4.11	nucleoplasmin, nucleoplasmin ATPase, v.15	p.817
3.4.22.50	nucleopolyhedrosis virus protease, V-cath endopeptidase, v.S6	p.27
3.2.2.9	nucleosidase, adenosylhomocysteine nucleosidase, v.14	p.55
3.2.2.1	nucleosidase, purine nucleosidase, v.14	p.1
3.2.2.12	nucleosidase, inosinate, inosinate nucleosidase, v.14	p.67
3.2.2.2	nucleosidase, inosine, inosine nucleosidase, v.14	p.10
3.2.2.6	nucleosidase, nicotinamide adenine dinucleotide (phosphate), NAD(P)+ nucleosidase, v.14	p.37
3.2.2.8	nucleosidase, pyrimidine, ribosylpyrimidine nucleosidase, v.14	p.50
3.2.2.3	nucleosidase, uridine, uridine nucleosidase, v.14	p.13
3.2.2.1	nucleosidase g, purine nucleosidase, v.14	p.1
3.1.4.37	nucleoside-2':3'-cyclic-phosphate 2'-nucleotidohydrolase, 2',3'-cyclic-nucleotide 3'-phosphodiesterase, v.11	p.170
2.1.1.57	(nucleoside-20-O-)-methyltransferase, mRNA (nucleoside-2'-O-)-methyltransferase, v.28	p.320

3.1.4.17	nucleoside-3',5-monophosphate phosphodiesterase, 3',5'-cyclic-nucleotide phosphodiesterase, v. 11 | p. 116
3.6.1.15	nucleoside-5-triphosphate phosphohydrolase, nucleoside-triphosphatase, v. 15 | p. 365
2.7.7.28	nucleoside-triphosphate-hexose-1-phosphate nucleotidyltransferase, nucleoside-triphosphate-aldose-1-phosphate nucleotidyltransferase, v. 38 | p. 354
3.6.1.19	nucleoside-triphosphate pyrophosphatase, nucleoside-triphosphate diphosphatase, v. 15 | p. 386
2.4.2.6	nucleoside 2'-deoxyribosyltransferase type II, nucleoside deoxyribosyltransferase, v. 33 | p. 66
2.4.2.6	nucleoside 2-deoxyribosyltransferase, nucleoside deoxyribosyltransferase, v. 33 | p. 66
3.1.4.17	nucleoside 3',5'-cyclic phosphate diesterase, 3',5'-cyclic-nucleotide phosphodiesterase, v. 11 | p. 116
3.6.1.6	nucleoside 5'-diphosphatase, nucleoside-diphosphatase, v. 15 | p. 283
2.7.4.6	nucleoside 5'-diphosphate kinase, nucleoside-diphosphate kinase, v. 37 | p. 521
3.6.1.15	nucleoside 5'-triphosphatase, nucleoside-triphosphatase, v. 15 | p. 365
3.6.1.15	nucleoside 5-triphosphatase, nucleoside-triphosphatase, v. 15 | p. 365
2.4.2.6	nucleoside deoxyribosyltransferase I, nucleoside deoxyribosyltransferase, v. 33 | p. 66
2.4.2.6	nucleoside deoxyribosyltransferase II, nucleoside deoxyribosyltransferase, v. 33 | p. 66
3.6.1.6	Nucleoside diphosphatase, nucleoside-diphosphatase, v. 15 | p. 283
2.7.4.6	nucleoside diphosphate (UDP) kinase, nucleoside-diphosphate kinase, v. 37 | p. 521
3.6.1.45	nucleosidediphosphate-sugar diphosphatase, UDP-sugar diphosphatase, v. 15 | p. 476
3.6.1.45	nucleosidediphosphate-sugar pyrophosphatase, UDP-sugar diphosphatase, v. 15 | p. 476
2.7.7.8	nucleoside diphosphate:polynucleotidyl transferase, polyribonucleotide nucleotidyltransferase, v. 38 | p. 145
2.7.4.6	nucleoside diphosphate kinase, nucleoside-diphosphate kinase, v. 37 | p. 521
2.7.4.6	nucleoside diphosphate kinase-1, nucleoside-diphosphate kinase, v. 37 | p. 521
2.7.4.6	nucleoside diphosphate kinase-2, nucleoside-diphosphate kinase, v. 37 | p. 521
2.7.4.6	nucleoside diphosphate kinase 1, nucleoside-diphosphate kinase, v. 37 | p. 521
2.7.4.6	nucleoside diphosphate kinase 2, nucleoside-diphosphate kinase, v. 37 | p. 521
2.7.4.6	nucleoside diphosphate kinase 3, nucleoside-diphosphate kinase, v. 37 | p. 521
2.7.4.6	nucleoside diphosphate kinase 3a, nucleoside-diphosphate kinase, v. 37 | p. 521
2.7.4.6	nucleoside diphosphate kinase A, nucleoside-diphosphate kinase, v. 37 | p. 521
2.7.4.6	nucleoside diphosphate kinase B, nucleoside-diphosphate kinase, v. 37 | p. 521
2.7.4.6	nucleoside diphosphate kinase D, nucleoside-diphosphate kinase, v. 37 | p. 521
2.7.4.6	nucleoside diphosphate kinases α, nucleoside-diphosphate kinase, v. 37 | p. 521
2.7.4.6	nucleoside diphosphate kinases β, nucleoside-diphosphate kinase, v. 37 | p. 521
3.6.1.6	nucleoside diphosphate phosphatase, nucleoside-diphosphatase, v. 15 | p. 283
3.6.1.6	nucleoside diphosphate phosphohydrolase, nucleoside-diphosphatase, v. 15 | p. 283
1.17.4.1	nucleoside diphosphate reductase, ribonucleoside-diphosphate reductase, v. 27 | p. 489
2.7.7.37	nucleoside diphosphate sugar:orthophosphate nucleotidyltransferase, aldose-1-phosphate nucleotidyltransferase, v. 38 | p. 393
3.6.1.15	nucleoside diphosphate X hydrolase, nucleoside-triphosphatase, v. 15 | p. 365
2.7.7.28	nucleoside diphosphohexose pyrophosphorylase, nucleoside-triphosphate-aldose-1-phosphate nucleotidyltransferase, v. 38 | p. 354
2.7.4.6	nucleoside diphosphokinase, nucleoside-diphosphate kinase, v. 37 | p. 521
2.7.7.37	nucleoside diphosphosugar phosphorylase, aldose-1-phosphate nucleotidyltransferase, v. 38 | p. 393
3.2.2.1	nucleoside hydrolase, purine nucleosidase, v. 14 | p. 1
3.2.2.8	nucleoside hydrolase, ribosylpyrimidine nucleosidase, v. 14 | p. 50
2.7.4.14	nucleoside monophosphate kinase, cytidylate kinase, v. 37 | p. 582
2.4.2.6	nucleoside N-deoxyribosyltransferase, nucleoside deoxyribosyltransferase, v. 33 | p. 66
2.4.2.5	nucleoside N-ribosyltransferase, nucleoside ribosyltransferase, v. 33 | p. 64
2.7.7.49	nucleoside reverse transcriptase, RNA-directed DNA polymerase, v. 38 | p. 492
3.6.1.14	nucleoside tetraphosphatase, adenosine-tetraphosphatase, v. 15 | p. 361
2.4.2.6	nucleoside trans-N-deoxyribosylase, nucleoside deoxyribosyltransferase, v. 33 | p. 66

nucleoside triphosphatase

3.6.1.15	nucleoside triphosphatase, nucleoside-triphosphatase, v. 15 | p. 365
3.6.1.3	nucleoside triphosphatase (NTPase)/helicase, adenosinetriphosphatase, v. 15 | p. 263
3.6.1.15	nucleoside triphosphatase (NTPase)/helicase, nucleoside-triphosphatase, v. 15 | p. 365
3.6.1.15	nucleoside triphosphatase/helicase, nucleoside-triphosphatase, v. 15 | p. 365
3.6.1.15	nucleoside triphosphatase/RNA helicase and 5'-RNA triphosphatase, nucleoside-triphosphatase, v. 15 | p. 365
2.7.4.10	nucleoside triphosphate-adenosine monophosphate transphosphorylase, nucleoside-triphosphate-adenylate kinase, v. 37 | p. 567
2.7.4.10	nucleoside triphosphate-adenylate kinase, nucleoside-triphosphate-adenylate kinase, v. 37 | p. 567
2.7.1.113	nucleoside triphosphate: deoxyguanosine 5'-phosphotransferase, deoxyguanosine kinase, v. 37 | p. 1
2.7.1.145	nucleoside triphosphate: deoxyribonucleoside 5'-phosphotransferase, deoxynucleoside kinase, v. 37 | p. 214
3.6.1.19	nucleoside triphosphate diphosphatase, nucleoside-triphosphate diphosphatase, v. 15 | p. 386
3.6.1.5	nucleoside triphosphate diphosphohydrolase-1, NDPDase 1, apyrase, v. 15 | p. 269
3.6.1.5	nucleoside triphosphate diphosphohydrolase-3, apyrase, v. 15 | p. 269
3.6.1.15	nucleoside triphosphate phosphohydrolase, nucleoside-triphosphatase, v. 15 | p. 365
3.6.1.19	nucleoside triphosphate pyrophosphohydrolase, nucleoside-triphosphate diphosphatase, v. 15 | p. 386
2.3.1.48	nucleosome-histone acetyltransferase, histone acetyltransferase, v. 29 | p. 641
3.1.3.31	5'(3')-nucleotidase, nucleotidase, v. 10 | p. 316
3.6.1.18	5'-nucleotidase, FAD diphosphatase, v. 15 | p. 380
3.1.3.31	5'-nucleotidase, nucleotidase, v. 10 | p. 316
3.1.3.5	5'nucleotidase, 5'-nucleotidase, v. 10 | p. 95
3.1.3.6	nucleotidase, 3'-, 3'-nucleotidase, v. 10 | p. 118
3.1.3.34	nucleotidase, 3'-deoxyribo, deoxynucleotide 3'-phosphatase, v. 10 | p. 332
3.1.13.3	nucleotidase, oligo-, oligonucleotidase, v. 11 | p. 402
3.1.3.7	nucleotidase, phosphoadenylate 3'-, 3'(2'),5'-bisphosphate nucleotidase, v. 10 | p. 125
3.1.3.35	nucleotidase, thymidylate, thymidylate 5'-phosphatase, v. 10 | p. 335
3.1.3.6	3'-nucleotidase/nuclease, 3'-nucleotidase, v. 10 | p. 118
3.1.3.6	3'nucleotidase/nuclease, 3'-nucleotidase, v. 10 | p. 118
3.1.3.5	5'-nucleotidase I, 5'-nucleotidase, v. 10 | p. 95
3.1.3.5	5'-nucleotidase II, 5'-nucleotidase, v. 10 | p. 95
3.1.3.31	nucleotide-specific phosphatase, nucleotidase, v. 10 | p. 316
3.6.1.9	nucleotide-sugar pyrophosphatase, nucleotide diphosphatase, v. 15 | p. 317
3.6.1.9	nucleotide-sugar pyrophosphatase/phosphodiesterase, nucleotide diphosphatase, v. 15 | p. 317
2.7.6.4	nucleotide 3'-pyrophosphokinase, nucleotide diphosphokinase, v. 38 | p. 37
3.6.1.15	nucleotide 5'-triphosphatase, nucleoside-triphosphatase, v. 15 | p. 365
2.7.1.77	nucleotide:3'-deoxynucleoside 5'-phosphotransferase, nucleoside phosphotransferase, v. 36 | p. 265
2.7.4.6	nucleotide diphosphate kinase, nucleoside-diphosphate kinase, v. 37 | p. 521
3.1.3.31	nucleotide phosphatase, nucleotidase, v. 10 | p. 316
2.4.2.1	nucleotide phosphatase (2.4.2.1), purine-nucleoside phosphorylase, v. 33 | p. 1
2.7.4.6	nucleotide phosphate kinase, nucleoside-diphosphate kinase, v. 37 | p. 521
3.1.4.17	3',5'-nucleotide phosphodiesterase, 3',5'-cyclic-nucleotide phosphodiesterase, v. 11 | p. 116
3.1.16.1	3'-nucleotide phosphodiesterase, spleen exonuclease, v. 11 | p. 424
3.1.4.1	5'-nucleotide phosphodiesterase, phosphodiesterase I, v. 11 | p. 1
3.1.15.1	5'-nucleotide phosphodiesterase, venom exonuclease, v. 11 | p. 417
3.6.1.18	nucleotide phosphodiesterase, FAD diphosphatase, v. 15 | p. 380
3.1.4.1	5' nucleotide phosphodiesterase/alkaline phosphodiesterase I, phosphodiesterase I, v. 11 | p. 1
3.6.1.18	nucleotide pyrophosphatase, FAD diphosphatase, v. 15 | p. 380

3.6.1.9	nucleotide pyrophosphatase, nucleotide diphosphatase, v. 15 | p. 317	
3.6.1.9	nucleotide pyrophosphatase-5, nucleotide diphosphatase, v. 15 | p. 317	
3.1.4.39	nucleotide pyrophosphatase-phosphodiesterase, alkylglycerophosphoethanolamine phosphodiesterase, v. 11 | p. 187	
3.1.4.1	nucleotide pyrophosphatase/alkaline phosphodiesterase I, phosphodiesterase I, v. 11 | p. 1	
3.1.4.3	nucleotide pyrophosphatase/phosphodiesterase, phospholipase C, v. 11 | p. 32	
3.6.1.9	nucleotide pyrophosphatase/phosphodiesterase-I, nucleotide diphosphatase, v. 15 | p. 317	
3.1.16.1	nucleotide pyrophosphatase/phosphodiesterase 1, spleen exonuclease, v. 11 | p. 424	
3.1.4.1	nucleotide pyrophosphatase/phosphodiesterase I, phosphodiesterase I, v. 11 | p. 1	
3.6.1.9	nucleotide pyrophosphatase/phosphodiesterase NPP1, nucleotide diphosphatase, v. 15 | p. 317	
3.1.15.1	nucleotide pyrophosphatase phosphodiesterase, venom exonuclease, v. 11 | p. 417	
3.1.15.1	nucleotide pyrophosphatase phosphodiesterase-1, venom exonuclease, v. 11 | p. 417	
3.6.1.9	nucleotide pyrophosphohydrolase, nucleotide diphosphatase, v. 15 | p. 317	
2.7.6.4	nucleotide pyrophosphokinase, nucleotide diphosphokinase, v. 38 | p. 37	
2.7.6.4	nucleotide pyrophosphotransferase, nucleotide diphosphokinase, v. 38 | p. 37	
2.7.1.11	nucleotide triphosphate-dependent phosphofructokinase, 6-phosphofructokinase, v. 35 | p. 168	
2.7.7.7	nucleotidyltransferase, deoxyribonucleate, DNA-directed DNA polymerase, v. 38 | p. 118	
2.7.7.49	nucleotidyltransferase, deoxyribonucleate, RNA-dependent, RNA-directed DNA polymerase, v. 38 | p. 492	
2.7.7.28	nucleotidyltransferase, hexose 1-phosphate, nucleoside-triphosphate-aldose-1-phosphate nucleotidyltransferase, v. 38 | p. 354	
2.7.7.19	nucleotidyltransferase, polyadenylate, polynucleotide adenylyltransferase, v. 38 | p. 245	
2.7.7.8	nucleotidyltransferase, polyribonucleotide, polyribonucleotide nucleotidyltransferase, v. 38 | p. 145	
2.7.7.6	nucleotidyltransferase, ribonucleate, DNA-directed RNA polymerase, v. 38 | p. 103	
2.7.7.48	nucleotidyltransferase, ribonucleate, RNA-dependent, RNA-directed RNA polymerase, v. 38 | p. 468	
2.7.7.37	nucleotidyltransferase, sugar 1-phosphate, aldose-1-phosphate nucleotidyltransferase, v. 38 | p. 393	
2.7.7.37	nucleotidyltransferase, sugar phosphate, aldose-1-phosphate nucleotidyltransferase, v. 38 | p. 393	
2.7.7.31	nucleotidyltransferase, terminal deoxyribo-, DNA nucleotidylexotransferase, v. 38 | p. 364	
3.1.21.1	NucT, deoxyribonuclease I, v. 11 | p. 431	
3.6.1.17	Nudix hydrolase, bis(5'-nucleosyl)-tetraphosphatase (asymmetrical), v. 15 | p. 372	
3.6.1.15	Nudix hydrolases, nucleoside-triphosphatase, v. 15 | p. 365	
3.6.1.13	NUDT5, ADP-ribose diphosphatase, v. 15 | p. 354	
3.6.1.13	NUDT5 protein, ADP-ribose diphosphatase, v. 15 | p. 354	
3.6.1.13	NUDT9, ADP-ribose diphosphatase, v. 15 | p. 354	
3.6.1.13	NUDT9 protein, ADP-ribose diphosphatase, v. 15 | p. 354	
3.6.1.13	NUDT9α protein, ADP-ribose diphosphatase, v. 15 | p. 354	
3.6.1.13	NuhA, ADP-ribose diphosphatase, v. 15 | p. 354	
2.7.10.1	NUK, receptor protein-tyrosine kinase, v. S2 | p. 341	
1.6.99.5	NUO1, NADH dehydrogenase (quinone), v. 24 | p. 219	
1.6.99.5	NUO10, NADH dehydrogenase (quinone), v. 24 | p. 219	
1.6.99.5	NUO11, NADH dehydrogenase (quinone), v. 24 | p. 219	
1.6.99.5	NUO12, NADH dehydrogenase (quinone), v. 24 | p. 219	
1.6.99.5	NUO13, NADH dehydrogenase (quinone), v. 24 | p. 219	
1.6.99.5	NUO14, NADH dehydrogenase (quinone), v. 24 | p. 219	
1.6.99.5	NUO2, NADH dehydrogenase (quinone), v. 24 | p. 219	
1.6.99.5	NUO3/NUO4, NADH dehydrogenase (quinone), v. 24 | p. 219	
1.6.99.5	NUO5, NADH dehydrogenase (quinone), v. 24 | p. 219	
1.6.99.5	NUO6, NADH dehydrogenase (quinone), v. 24 | p. 219	
1.6.99.5	NUO7, NADH dehydrogenase (quinone), v. 24 | p. 219	

1.6.99.5	NUO8, NADH dehydrogenase (quinone), v. 24 | p. 219	
1.6.99.5	NUO9, NADH dehydrogenase (quinone), v. 24 | p. 219	
3.4.22.66	NVPro, calicivirin, v. S6 | p. 215	
3.4.22.66	NV protease, calicivirin, v. S6 | p. 215	
2.4.1.207	NXET, xyloglucan:xyloglucosyl transferase, v. 32 | p. 524	
2.7.11.1	NY-REN-55 antigen, non-specific serine/threonine protein kinase, v. S3 | p. 1	
1.1.1.294	NYC-like, chlorophyll(ide) b reductase, v. S1 | p. 85	
1.1.1.294	NYC1, chlorophyll(ide) b reductase, v. S1 | p. 85	
2.7.10.1	NYK/FLK-1, receptor protein-tyrosine kinase, v. S2 | p. 341	
3.5.1.46	NylCA, 6-aminohexanoate-dimer hydrolase, v. 14 | p. 467	
3.5.1.46	NylCK, 6-aminohexanoate-dimer hydrolase, v. 14 | p. 467	
3.5.1.46	NylCP2, 6-aminohexanoate-dimer hydrolase, v. 14 | p. 467	
3.5.1.46	nylon-oligomer degrading enzyme, 6-aminohexanoate-dimer hydrolase, v. 14 | p. 467	
3.5.1.46	nylon oligomer hydrolase, 6-aminohexanoate-dimer hydrolase, v. 14 | p. 467	
3.5.2.12	Nylon oligomers degrading enzyme EI, 6-aminohexanoate-cyclic-dimer hydrolase, v. 14 | p. 730	
3.5.1.46	Nylon oligomers degrading enzyme EII, 6-aminohexanoate-dimer hydrolase, v. 14 | p. 467	
3.5.1.46	Nylon oligomers degrading enzyme EII', 6-aminohexanoate-dimer hydrolase, v. 14 | p. 467	

Index of Synonyms: O

2.4.99.4	α2,3-(O)-sialyltransferase, β-galactoside α-2,3-sialyltransferase, v. 33 | p. 346	
2.4.99.6	α2,3(O)ST, N-acetyllactosaminide α-2,3-sialyltransferase, v. 33 | p. 361	
2.4.99.4	α2,3(O)ST, β-galactoside α-2,3-sialyltransferase, v. 33 | p. 346	
3.1.6.14	O,N-disulfid O-sulfohydrolase, N-acetylglucosamine-6-sulfatase, v. 11 | p. 316	
3.1.6.11	O,N-disulfoglucosamine O-sulfatase, disulfoglucosamine-6-sulfatase, v. 11 | p. 298	
3.2.1.10	O16G, oligo-1,6-glucosidase, v. 12 | p. 162	
1.3.3.3	O2-dependent coproporphyrinogen III oxidase, coproporphyrinogen oxidase, v. 21 | p. 367	
2.5.1.53	O3-acetyl-L-serine acetate-lyase, uracilylalanine synthase, v. 34 | p. 143	
2.5.1.52	O3-acetyl-L-serine acetate-lyase (adding 3,4-dihydroxypyridin-1-yl), L-mimosine synthase, v. 34 | p. 140	
2.1.1.63	O6-alkylguanine-DNA alkyl-transferase, methylated-DNA-[protein]-cysteine S-methyltransferase, v. 28 | p. 343	
2.1.1.63	O6-alkylguanine-DNA alkyltransferase, methylated-DNA-[protein]-cysteine S-methyltransferase, v. 28 | p. 343	
2.1.1.63	O6-alkylguanine-DNA alkyltransferase, methylated-DNA-[protein]-cysteine S-methyltransferase, v. 28 | p. 343	
2.1.1.63	O6-methylguanine-DNA methyltransferase, methylated-DNA-[protein]-cysteine S-methyltransferase, v. 28 | p. 343	
2.1.1.63	O6-methylguanine DNA methyltransferase, methylated-DNA-[protein]-cysteine S-methyltransferase, v. 28 | p. 343	
2.1.1.63	O6-MGMT, methylated-DNA-[protein]-cysteine S-methyltransferase, v. 28 | p. 343	
2.3.1.87	oAANAT, aralkylamine N-acetyltransferase, v. 30 | p. 149	
5.3.2.2	OAA tautomerase, oxaloacetate tautomerase, v. 1 | p. 371	
4.1.1.3	OAD, Oxaloacetate decarboxylase, v. 3 | p. 15	
4.1.1.3	OAD-1, Oxaloacetate decarboxylase, v. 3 | p. 15	
4.1.1.3	OAD-2, Oxaloacetate decarboxylase, v. 3 | p. 15	
3.1.1.53	OAE, sialate O-acetylesterase, v. 9 | p. 344	
2.5.1.49	OAH, O-acetylhomoserine aminocarboxypropyltransferase, v. 34 | p. 122	
3.7.1.1	OAH, oxaloacetase, v. 15 | p. 821	
3.7.1.1	OAH-active petal death protein, oxaloacetase, v. 15 | p. 821	
2.5.1.49	OAH-OAS sulfhydrylase, O-acetylhomoserine aminocarboxypropyltransferase, v. 34 | p. 122	
2.5.1.49	oah2 gene product, O-acetylhomoserine aminocarboxypropyltransferase, v. 34 | p. 122	
2.5.1.49	OAHS, O-acetylhomoserine aminocarboxypropyltransferase, v. 34 | p. 122	
2.5.1.49	OAH SHase, O-acetylhomoserine aminocarboxypropyltransferase, v. 34 | p. 122	
2.5.1.49	OAH SHLase, O-acetylhomoserine aminocarboxypropyltransferase, v. 34 | p. 122	
4.2.99.10	OAH sulfhydrylase, O-acetylhomoserine (thiol)-lyase, v. 5 | p. 120	
2.5.1.49	OAH sulfhydrylase, O-acetylhomoserine aminocarboxypropyltransferase, v. 34 | p. 122	
5.4.3.5	OAM, D-ornithine 4,5-aminomutase, v. 1 | p. 565	
1.1.1.100	OAR, 3-oxoacyl-[acyl-carrier-protein] reductase, v. 17 | p. 259	
2.5.1.49	OAS-OAH sulfhydrylase, O-acetylhomoserine aminocarboxypropyltransferase, v. 34 | p. 122	
2.5.1.47	OAS-TL, cysteine synthase, v. 34 | p. 84	
4.2.99.8	OAS-TL, cysteine synthase, v. 5 | p. 93	
4.2.99.8	OAS-TL4, cysteine synthase, v. 5 | p. 93	
4.2.99.8	OAS-TL6, cysteine synthase, v. 5 | p. 93	
2.5.1.47	OAS-TL A, cysteine synthase, v. 34 | p. 84	
2.5.1.47	OAS-TL B, cysteine synthase, v. 34 | p. 84	

4.1.3.27	OASA, anthranilate synthase, v. 4 | p. 160
4.1.3.27	OASA1, anthranilate synthase, v. 4 | p. 160
4.1.3.27	OASA1D, anthranilate synthase, v. 4 | p. 160
4.1.3.27	OASA2, anthranilate synthase, v. 4 | p. 160
2.5.1.65	OASS, O-phosphoserine sulfhydrylase, v. S2 | p. 207
2.5.1.47	OASS, cysteine synthase, v. 34 | p. 84
2.5.1.47	OASS-A, cysteine synthase, v. 34 | p. 84
2.5.1.47	OASS-B, cysteine synthase, v. 34 | p. 84
2.5.1.47	OAS Shase, cysteine synthase, v. 34 | p. 84
4.2.99.8	OAS sulfhydrylase, cysteine synthase, v. 5 | p. 93
2.5.1.47	OAS thiol-lyases, cysteine synthase, v. 34 | p. 84
2.5.1.47	OASTL, cysteine synthase, v. 34 | p. 84
2.5.1.47	OASTL-A, cysteine synthase, v. 34 | p. 84
2.3.1.45	7(9)-OAT, N-acetylneuraminate 7-O(or 9-O)-acetyltransferase, v. 29 | p. 625
2.3.1.45	OAT, N-acetylneuraminate 7-O(or 9-O)-acetyltransferase, v. 29 | p. 625
2.3.1.35	OAT, glutamate N-acetyltransferase, v. 29 | p. 529
2.6.1.13	OAT, ornithine aminotransferase, v. 34 | p. 350
5.3.2.2	OAT, oxaloacetate tautomerase, v. 1 | p. 371
2.6.1.13	δ-OAT, ornithine aminotransferase, v. 34 | p. 350
5.3.2.2	OAT-1, oxaloacetate tautomerase, v. 1 | p. 371
5.3.2.2	OAT-2, oxaloacetate tautomerase, v. 1 | p. 371
3.1.1.3	OBL1, triacylglycerol lipase, v. 9 | p. 36
1.8.1.7	OBP29, glutathione-disulfide reductase, v. 24 | p. 488
2.7.11.18	obscurin-associated kinase, myosin-light-chain kinase, v. S4 | p. 54
2.7.11.18	obscurin-MLCK-like kinase, myosin-light-chain kinase, v. S4 | p. 54
1.14.13.70	P-450OBT 14DM, sterol 14-demethylase, v. 26 | p. 547
1.14.13.70	obtusifoliol-metabolizing 14α-demethylase, sterol 14-demethylase, v. 26 | p. 547
1.14.13.70	Obtusifoliol 14-α demethylase, sterol 14-demethylase, v. 26 | p. 547
1.14.13.70	obtusifoliol 14-demethylase, sterol 14-demethylase, v. 26 | p. 547
1.14.13.70	obtusifoliol 14α-demethylase, sterol 14-demethylase, v. 26 | p. 547
1.14.13.70	obtusufoliol 14-demethylase, sterol 14-demethylase, v. 26 | p. 547
3.4.22.38	OC-2 protein, Cathepsin K, v. 7 | p. 711
4.2.1.87	OCAH, octopamine dehydratase, v. 4 | p. 640
4.3.1.12	OCD, ornithine cyclodeaminase, v. 5 | p. 241
1.5.1.11	OcDH, D-Octopine dehydrogenase, v. 23 | p. 108
2.4.1.232	Och1p, initiation-specific α-1,6-mannosyltransferase, v. 32 | p. 640
3.4.17.1	ochratoxin A hydrolytic enzyme, carboxypeptidase A, v. 6 | p. 401
3.1.3.36	OCRL, phosphoinositide 5-phosphatase, v. 10 | p. 339
3.1.3.36	OCRL1, phosphoinositide 5-phosphatase, v. 10 | p. 339
3.1.3.36	OCRL1a, phosphoinositide 5-phosphatase, v. 10 | p. 339
3.1.3.36	OCRL protein, phosphoinositide 5-phosphatase, v. 10 | p. 339
6.2.1.8	OCS, Oxalate-CoA ligase, v. 2 | p. 242
2.1.3.3	OCT, ornithine carbamoyltransferase, v. 29 | p. 119
3.4.24.59	OCT1, mitochondrial intermediate peptidase, v. 8 | p. 501
1.1.1.73	1-octanol dehydrogenase, octanol dehydrogenase, v. 17 | p. 111
1.1.1.1	Octanol dehydrogenase, alcohol dehydrogenase, v. 16 | p. 1
2.3.1.181	octanoyl-[acyl carrier protein]-protein N-octanoyltransferase, lipoyl(octanoyl) transferase, v. S2 | p. 127
2.3.1.181	octanoyl-[acyl carrier protein]:protein N-octanoyltransferase, lipoyl(octanoyl) transferase, v. S2 | p. 127
2.1.1.64	2-octaprenyl-3-methyl-5-hydroxy-6-methoxy-1,4-benzoquinone methyltransferase, 3-demethylubiquinone-9 3-O-methyltransferase, v. 28 | p. 351
4.2.1.17	2-octenoyl coenzyme A hydrase, enoyl-CoA hydratase, v. 4 | p. 360
4.2.1.87	octopamine hydrolyase, octopamine dehydratase, v. 4 | p. 640
1.5.1.11	Octopine:NAD oxidoreductase, D-Octopine dehydrogenase, v. 23 | p. 108

1.5.1.11	Octopine dehydrogenase, D-Octopine dehydrogenase, v. 23	p. 108
1.1.1.2	Octopine dehydrogenase, alcohol dehydrogenase (NADP+), v. 16	p. 45
1.5.1.11	D-Octopine synthase, D-Octopine dehydrogenase, v. 23	p. 108
1.5.1.11	Octopine synthase, D-Octopine dehydrogenase, v. 23	p. 108
3.2.1.124	octulofuranosylono hydrolase, 3-deoxy-2-octulosonidase, v. 13	p. 507
3.2.1.124	octulopyranosylonohydrolase, 3-deoxy-2-octulosonidase, v. 13	p. 507
3.2.1.124	octulosylono hydrolase, 3-deoxy-2-octulosonidase, v. 13	p. 507
4.1.1.77	4-OD, 4-Oxalocrotonate decarboxylase, v. 3	p. 411
4.1.1.77	4OD, 4-Oxalocrotonate decarboxylase, v. 3	p. 411
2.3.1.58	ODAP synthase, 2,3-diaminopropionate N-oxalyltransferase, v. 29	p. 720
4.1.1.17	ODC, Ornithine decarboxylase, v. 3	p. 85
4.1.1.2	ODC, Oxalate decarboxylase, v. 3	p. 11
4.1.1.17	ODC-paralogue, Ornithine decarboxylase, v. 3	p. 85
4.1.1.23	ODCase, Orotidine-5'-phosphate decarboxylase, v. 3	p. 136
1.5.1.11	ODH, D-Octopine dehydrogenase, v. 23	p. 108
1.5.1.28	ODH, Opine dehydrogenase, v. 23	p. 211
1.1.1.73	ODH, octanol dehydrogenase, v. 17	p. 111
3.1.1.40	ODH, orsellinate-depside hydrolase, v. 9	p. 288
1.2.4.2	ODH, oxoglutarate dehydrogenase (succinyl-transferring), v. 20	p. 507
1.11.1.9	Odorant-metabolizing protein RY2D1, glutathione peroxidase, v. 25	p. 233
4.1.2.14	ODPG aldolase, 2-dehydro-3-deoxy-phosphogluconate aldolase, v. 3	p. 476
4.2.1.1	OEC33 protein, carbonate dehydratase, v. 4	p. 242
4.2.1 80	OEH 2-keto-4-pentenoate hydratase, 2-oxopent-4-enoate hydratase, v. 4	p. 613
3.2.1.17	OEL, lysozyme, v. 12	p. 228
1.1.1.62	oestradiol-17β hydroxysteroid dehydrogenase, estradiol 17β-dehydrogenase, v. 17	p. 48
2.8.2.4	oestrogen sulphotransferase, estrone sulfotransferase, v. 39	p. 303
3.1.6.2	oestrone sulfatase, steryl-sulfatase, v. 11	p. 250
2.4.1.221	OFUT1, peptide-O-fucosyltransferase, v. 32	p. 596
2.4.1.221	OFUTI, peptide-O-fucosyltransferase, v. 32	p. 596
6.4.1.7	OGC, 2-oxoglutarate carboxylase, v. S7	p. 662
1.2.4.2	OGDC, oxoglutarate dehydrogenase (succinyl-transferring), v. 20	p. 507
2.3.1.61	OGDC-E2, dihydrolipoyllysine-residue succinyltransferase, v. 30	p. 7
1.2.4.2	2-OGDH, oxoglutarate dehydrogenase (succinyl-transferring), v. 20	p. 507
1.2.4.2	2OGDH, oxoglutarate dehydrogenase (succinyl-transferring), v. 20	p. 507
1.2.4.2	OGDH, oxoglutarate dehydrogenase (succinyl-transferring), v. 20	p. 507
1.2.4.2	OGDHL, oxoglutarate dehydrogenase (succinyl-transferring), v. 20	p. 507
3.2.1.15	OGH, polygalacturonase, v. 12	p. 208
1.2.4.2	OGHDC-E2, oxoglutarate dehydrogenase (succinyl-transferring), v. 20	p. 507
4.2.2.6	Ogl, oligogalacturonide lyase, v. 5	p. 37
2.4.1.109	ogm1, dolichyl-phosphate-mannose-protein mannosyltransferase, v. 32	p. 110
2.4.1.109	ogm2, dolichyl-phosphate-mannose-protein mannosyltransferase, v. 32	p. 110
2.4.1.109	ogm4, dolichyl-phosphate-mannose-protein mannosyltransferase, v. 32	p. 110
1.2.7.3	OGOR, 2-oxoglutarate synthase, v. 20	p. 556
2.4.1.94	OGT, protein N-acetylglucosaminyltransferase, v. 32	p. 39
4.2.2.6	OGTE, oligogalacturonide lyase, v. 5	p. 37
1.14.13.13	[25(OH)D3]-1α-hydroxylase, calcidiol 1-monooxygenase, v. 26	p. 296
2.5.1.39	OH-benzoate polyprenyltransferase, 4-hydroxybenzoate nonaprenyltransferase, v. 34	p. 48
1.1.1.141	15-OH-PGDH, 15-hydroxyprostaglandin dehydrogenase (NAD+), v. 17	p. 417
1.1.1.149	20α-OH-SDH, 20α-hydroxysteroid dehydrogenase, v. 17	p. 471
3.4.24.51	ohagin, ophiolysin, v. 8	p. 469
2.4.1.17	3-OH androgenic UDPGT, glucuronosyltransferase, v. 31	p. 162
1.14.13.13	1-OHase, calcidiol 1-monooxygenase, v. 26	p. 296
1.14.99.9	17α-OHase, steroid 17α-monooxygenase, v. 27	p. 290
1.14.13.13	1α-OHase, calcidiol 1-monooxygenase, v. 26	p. 296

1.13.11.39	23 OHBP oxygnase, biphenyl-2,3-diol 1,2-dioxygenase, v. 25 | p. 618
1.1.1.146	11β-OHSD, 11β-hydroxysteroid dehydrogenase, v. 17 | p. 449
2.4.1.17	17-OH steroid UDPGT, glucuronosyltransferase, v. 31 | p. 162
3.1.1.4	OHV-APLA2, phospholipase A2, v. 9 | p. 52
3.1.1.4	OHV A-PLA2, phospholipase A2, v. 9 | p. 52
6.6.1.1	Oil Yellow1, magnesium chelatase, v. S7 | p. 665
5.99.1.2	OjTop1, DNA topoisomerase, v. 1 | p. 721
2.7.9.5	OK1, phosphoglucan, water dikinase, v. S2 | p. 339
3.4.21.55	Okinaxobin II, Venombin AB, v. 7 | p. 255
2.5.1.72	Old5, quinolinate synthase
1.3.1.42	old yellow enzyme, 12-oxophytodienoate reductase, v. 21 | p. 237
1.3.1.31	old yellow enzyme, 2-enoate reductase, v. 21 | p. 182
1.6.99.1	old yellow enzyme, NADPH dehydrogenase, v. 24 | p. 179
1.6.99.1	Old yellow enzyme homolog, NADPH dehydrogenase, v. 24 | p. 179
1.14.13.26	oleate 12-hydroxylase, phosphatidylcholine 12-monooxygenase, v. 26 | p. 375
1.14.13.26	oleate Δ12-hydroxylase, phosphatidylcholine 12-monooxygenase, v. 26 | p. 375
1.3.1.35	oleate desaturase, phosphatidylcholine desaturase, v. 21 | p. 215
1.14.13.26	Δ12 oleate hydroxylase, phosphatidylcholine 12-monooxygenase, v. 26 | p. 375
1.14.13.26	oleate hydroxylase, phosphatidylcholine 12-monooxygenase, v. 26 | p. 375
1.14.19.6	oleoyl-Δ12/linoleoyl-Δ3 desaturase, Δ12-fatty-acid desaturase
1.14.19.6	oleoyl-Δ12 desaturase, Δ12-fatty-acid desaturase
3.1.2.14	oleoyl-ACP thioesterase, oleoyl-[acyl-carrier-protein] hydrolase, v. 9 | p. 516
3.1.2.14	oleoyl-acyl carrier protein thioesterase, oleoyl-[acyl-carrier-protein] hydrolase, v. 9 | p. 516
1.14.19.6	oleoyl-CoA Δ12 desaturase, Δ12-fatty-acid desaturase
1.3.1.35	oleoyl-CoA desaturase, phosphatidylcholine desaturase, v. 21 | p. 215
2.3.1.51	oleoyl-CoA lysophosphatidic acid acyltransferase, 1-acylglycerol-3-phosphate O-acyltransferase, v. 29 | p. 670
6.2.1.3	Oleoyl-CoA synthetase, Long-chain-fatty-acid-CoA ligase, v. 2 | p. 206
1.3.1.35	oleoyl-PC desaturase, phosphatidylcholine desaturase, v. 21 | p. 215
1.3.1.35	oleoyl-phosphatidylcholine desaturase, phosphatidylcholine desaturase, v. 21 | p. 215
1.14.19.6	oleoyl coenzyme A desaturase, Δ12-fatty-acid desaturase
1.3.1.35	oleoylphosphatidylcholine desaturase, phosphatidylcholine desaturase, v. 21 | p. 215
1.14.14.1	OLF2, unspecific monooxygenase, v. 26 | p. 584
1.14.14.1	Olfactive, unspecific monooxygenase, v. 26 | p. 584
3.2.1.33	oligo-α-1,4-glucan:α-1,4-glucan-4-glycosyltransferase-amylo-1,6-glucosidase, amylo-α-1,6-glucosidase, v. 12 | p. 509
3.2.1.39	oligo-1,3-glucosidase, glucan endo-1,3-β-D-glucosidase, v. 12 | p. 567
2.4.1.25	oligo-1,4-1,4-glucantransferase, 4-α-glucanotransferase, v. 31 | p. 276
3.2.1.10	oligo-1,4-1,6-α-glucosidase, oligo-1,6-glucosidase, v. 12 | p. 162
3.2.1.10	oligo-1,6-glucosidase, oligo-1,6-glucosidase, v. 12 | p. 162
4.2.2.3	oligoalginate lyase, poly(β-D-mannuronate) lyase, v. 5 | p. 19
3.2.1.21	oligofurostanoside-specific β-glucosidase, β-glucosidase, v. 12 | p. 299
3.2.1.123	oligogalactosyl-N-acylsphingosine 1,1'-β-galactohydrolase, endoglycosylceramidase, v. 13 | p. 501
4.2.2.6	oligogalacturonan lyase, oligogalacturonide lyase, v. 5 | p. 37
3.2.1.67	oligogalacturonate hydrolase, galacturan 1,4-α-galacturonidase, v. 13 | p. 195
3.2.1.15	oligogalacturonate hydrolase, polygalacturonase, v. 12 | p. 208
4.2.2.6	oligogalacturonate lyase, oligogalacturonide lyase, v. 5 | p. 37
4.2.2.6	oligogalacturonide trans-eliminase, oligogalacturonide lyase, v. 5 | p. 37
4.2.2.6	oligogalacturonide transeliminase, oligogalacturonide lyase, v. 5 | p. 37
2.4.1.24	oligoglucan-branching glycosyltransferase, 1,4-α-glucan 6-α-glucosyltransferase, v. 31 | p. 273
2.4.1.49	β-1,4-oligoglucan:orthophosphate glucosyltransferase, cellodextrin phosphorylase, v. 31 | p. 434

2.4.1.30	β-1,3-oligoglucan:orthophosphate glucosyltransferase II, 1,3-β-oligoglucan phosphorylase, v. 31 | p. 302
2.4.1.30	β-1,3-oligoglucan phosphorylase, 1,3-β-oligoglucan phosphorylase, v. 31 | p. 302
3.6.3.23	oligogopeptide permease, oligopeptide-transporting ATPase, v. 15 | p. 641
3.6.3.23	oligogopeptide permease protein A, oligopeptide-transporting ATPase, v. 15 | p. 641
2.4.1.130	oligomannosylsynthase, dolichyl-phosphate-mannose-glycolipid α-mannosyltransferase, v. 32 | p. 205
2.4.1.119	oligomannosyltransferase, dolichyl-diphosphooligosaccharide-protein glycotransferase, v. 32 | p. 155
3.6.3.14	Oligomycin sensitivity conferral protein, H+-transporting two-sector ATPase, v. 15 | p. 598
3.4.24.70	oligopeptidase A, oligopeptidase A, v. 8 | p. 559
3.4.21.83	oligopeptidase B, Oligopeptidase B, v. 7 | p. 410
3.4.24.16	oligopeptidase M, neurolysin, v. 8 | p. 286
3.4.24.37	Oligopeptidase YSCD, saccharolysin, v. 8 | p. 413
3.6.3.23	oligopeptide-binding protein, oligopeptide-transporting ATPase, v. 15 | p. 641
3.6.3.23	oligopeptide ABC transporter, oligopeptide-transporting ATPase, v. 15 | p. 641
3.6.3.23	oligopeptide permease, oligopeptide-transporting ATPase, v. 15 | p. 641
3.6.3.23	oligopeptide permease A, oligopeptide-transporting ATPase, v. 15 | p. 641
3.6.3.23	oligopeptide permease transporter, oligopeptide-transporting ATPase, v. 15 | p. 641
3.6.3.23	oligopeptide transporter, oligopeptide-transporting ATPase, v. 15 | p. 641
3.1.13.3	oligoribonuclease, oligonucleotidase, v. 11 | p. 402
3.2.1.10	Oligosaccharide α-1,6-glucosidase, oligo-1,6-glucosidase, v. 12 | p. 162
3.6.1.44	oligosaccharide-diphosphodolichol pyrophosphatase, oligosaccharide-diphosphodolichol diphosphatase, v. 15 | p. 474
2.4.1.131	oligosaccharide-lipid mannosyltransferase, glycolipid 2-α-mannosyltransferase, v. 32 | p. 210
2.7.8.20	oligosaccharide glycerophosphotransferase, phosphatidylglycerol-membrane-oligosaccharide glycerophosphotransferase, v. 39 | p. 131
3.5.1.52	N-oligosaccharide glycopeptidase, peptide-N4-(N-acetyl-β-glucosaminyl)asparagine amidase, v. 14 | p. 485
2.4.1.119	oligosaccharide transferase, dolichyl-diphosphooligosaccharide-protein glycotransferase, v. 32 | p. 155
2.4.1.119	oligosaccharyl transferase, dolichyl-diphosphooligosaccharide-protein glycotransferase, v. 32 | p. 155
2.4.1.119	oligosaccharyltransferase, dolichyl-diphosphooligosaccharide-protein glycotransferase, v. 32 | p. 155
2.4.1.119	oligosaccharyltransferase, dolichyldiphosphoryloligosaccharide-protein, dolichyl-diphosphooligosaccharide-protein glycotransferase, v. 32 | p. 155
2.4.1.119	oligosaccharyl transferase 16 kDa subunit, dolichyl-diphosphooligosaccharide-protein glycotransferase, v. 32 | p. 155
2.4.1.119	oligosaccharyltransferase STT3, dolichyl-diphosphooligosaccharide-protein glycotransferase, v. 32 | p. 155
2.4.1.119	oligosaccharyl transferase subunit ε, dolichyl-diphosphooligosaccharide-protein glycotransferase, v. 32 | p. 155
2.4.1.119	oligosaccharyl transferase subunit OST2, dolichyl-diphosphooligosaccharide-protein glycotransferase, v. 32 | p. 155
3.2.1.120	oligoxyloglucan hydrolase, oligoxyloglucan β-glycosidase, v. 13 | p. 495
3.2.1.151	oligoxyloglucan hydrolase, xyloglucan-specific endo-β-1,4-glucanase, v. S5 | p. 132
3.2.1.150	oligoxyloglucan reducing-end-specific cellobiohydrolase, oligoxyloglucan reducing-end-specific cellobiohydrolase, v. S5 | p. 128
3.2.1.150	oligoxyloglucan reducing end-specific cellobiohydrolase, oligoxyloglucan reducing-end-specific cellobiohydrolase, v. S5 | p. 128
3.1.3.31	olpA, nucleotidase, v. 10 | p. 316
5.99.1.2	OlTop1, DNA topoisomerase, v. 1 | p. 721
2.4.1.109	Oma1, dolichyl-phosphate-mannose-protein mannosyltransferase, v. 32 | p. 110

2.4.1.109	Oma2, dolichyl-phosphate-mannose-protein mannosyltransferase, v. 32	p. 110
2.4.1.109	Oma4, dolichyl-phosphate-mannose-protein mannosyltransferase, v. 32	p. 110
4.2.1.83	OMA hydratase, 4-oxalmesaconate hydratase, v. 4	p. 622
2.4.1.109	Omg1, dolichyl-phosphate-mannose-protein mannosyltransferase, v. 32	p. 110
2.4.1.109	Omg2, dolichyl-phosphate-mannose-protein mannosyltransferase, v. 32	p. 110
2.4.1.109	Omg4, dolichyl-phosphate-mannose-protein mannosyltransferase, v. 32	p. 110
2.1.1.64	OMHMB-methyltransferase, 3-demethylubiquinone-9 3-O-methyltransferase, v. 28	p. 351
3.4.21.108	Omi, HtrA2 peptidase, v. S5	p. 354
3.4.21.108	Omi/HtrA2, HtrA2 peptidase, v. S5	p. 354
3.4.21.108	Omi/HtrA2 protease, HtrA2 peptidase, v. S5	p. 354
3.4.21.107	Omi/HtrA protease orthologue Ynm3p, peptidase Do, v. S5	p. 342
3.4.21.108	Omi protease, HtrA2 peptidase, v. S5	p. 354
1.14.13.61	OMO, 2-Hydroxyquinoline 8-monooxygenase, v. 26	p. 519
4.1.1.23	OMP-DC, Orotidine-5'-phosphate decarboxylase, v. 3	p. 136
4.1.1.23	OMPD, Orotidine-5'-phosphate decarboxylase, v. 3	p. 136
4.1.1.23	OMPDC, Orotidine-5'-phosphate decarboxylase, v. 3	p. 136
4.1.1.23	OMPDCase, Orotidine-5'-phosphate decarboxylase, v. 3	p. 136
4.1.1.23	OMP decarboxylase, Orotidine-5'-phosphate decarboxylase, v. 3	p. 136
4.1.1.23	OMPdecase, Orotidine-5'-phosphate decarboxylase, v. 3	p. 136
3.1.1.32	OM PLA, phospholipase A1, v. 9	p. 252
3.1.1.32	OMPLA, phospholipase A1, v. 9	p. 252
3.4.23.49	OmpP, omptin, v. S6	p. 262
3.4.23.49	OmpP protease, omptin, v. S6	p. 262
3.4.23.49	ompT, omptin, v. S6	p. 262
3.4.23.49	Omptin, omptin, v. S6	p. 262
3.4.23.49	OmpT protease, omptin, v. S6	p. 262
3.4.23.49	OmpT protein, omptin, v. S6	p. 262
4.3.1.19	OMR1, threonine ammonia-lyase, v. S7	p. 356
2.1.1.94	16OMT, tabersonine 16-O-methyltransferase, v. 28	p. 472
2.1.1.76	3-OMT, quercetin 3-O-methyltransferase, v. 28	p. 402
2.1.1.116	4'-OMT, 3'-hydroxy-N-methyl-(S)-coclaurine 4'-O-methyltransferase, v. 28	p. 555
2.1.1.83	4'-OMT, 3,7-dimethylquercetin 4'-O-methyltransferase, v. 28	p. 441
2.1.1.116	4'OMT, 3'-hydroxy-N-methyl-(S)-coclaurine 4'-O-methyltransferase, v. 28	p. 555
2.1.1.155	4'OMT, kaempferol 4'-O-methyltransferase, v. S2	p. 8
2.1.1.128	6-OMT, (RS)-norcoclaurine 6-O-methyltransferase, v. 28	p. 589
2.1.1.84	6-OMT, methylquercetagetin 6-O-methyltransferase, v. 28	p. 444
2.1.1.128	6OMT, (RS)-norcoclaurine 6-O-methyltransferase, v. 28	p. 589
2.1.1.82	7-OMT, 3-methylquercetin 7-O-methyltransferase, v. 28	p. 438
2.1.1.150	OMT, isoflavone 7-O-methyltransferase, v. 28	p. 649
2.1.1.154	OMT, isoliquiritigenin 2'-O-methyltransferase, v. S2	p. 4
2.1.1.57	2'OMTases, mRNA (nucleoside-2'-O-)-methyltransferase, v. 28	p. 320
2.7.11.25	OMTK1, mitogen-activated protein kinase kinase kinase, v. S4	p. 278
3.1.27.5	onconase, pancreatic ribonuclease, v. 11	p. 584
4.6.1.2	ONE-GC, guanylate cyclase, v. 5	p. 430
4.6.1.2	ONE-GC membrane guanylate cyclase, guanylate cyclase, v. 5	p. 430
3.4.21.34	onokrein P, plasma kallikrein, v. 7	p. 136
3.4.21.35	onokrein P., tissue kallikrein, v. 7	p. 141
3.4.21.63	Onoprose, Oryzin, v. 7	p. 300
3.4.21.63	Onoprose SA, Oryzin, v. 7	p. 300
3.2.1.4	Onozuka R10, cellulase, v. 12	p. 88
1.14.13.31	ONP 2-monooxygenase, 2-nitrophenol 2-monooxygenase, v. 26	p. 396
1.14.13.31	OnpA, 2-nitrophenol 2-monooxygenase, v. 26	p. 396
3.4.21.83	OP-Tb, Oligopeptidase B, v. 7	p. 410
3.4.19.1	OP85, acylaminoacyl-peptidase, v. 6	p. 513
3.6.5.5	OPA1, dynamin GTPase, v. S6	p. 522

3.1.8.2	OPAA, diisopropyl-fluorophosphatase, v. 11 | p. 350	
3.1.8.2	OPAA-2, diisopropyl-fluorophosphatase, v. 11 | p. 350	
3.1.8.1	OPA anhydrase, aryldialkylphosphatase, v. 11 | p. 343	
3.1.8.2	OPA anhydrase, diisopropyl-fluorophosphatase, v. 11 | p. 350	
3.1.8.2	OPA anhydrolase, diisopropyl-fluorophosphatase, v. 11 | p. 350	
1.5.3.11	OPAO, polyamine oxidase, v. 23 | p. 312	
3.5.2.9	5-OPase, 5-oxoprolinase (ATP-hydrolysing), v. 14 | p. 714	
6.2.1.3	OPC-8:CoA ligase, Long-chain-fatty-acid-CoA ligase, v. 2 | p. 206	
6.2.1.3	OPCL1, Long-chain-fatty-acid-CoA ligase, v. 2 | p. 206	
3.1.8.1	OpdA, aryldialkylphosphatase, v. 11 | p. 343	
3.4.24.70	OpdA, oligopeptidase A, v. 8 | p. 559	
1.3.1.42	OPDA reductase, 12-oxophytodienoate reductase, v. 21 | p. 237	
1.3.1.42	OPDA reductase I, 12-oxophytodienoate reductase, v. 21 | p. 237	
3.4.21.83	Opd B, Oligopeptidase B, v. 7 | p. 410	
3.4.21.83	OpdB, Oligopeptidase B, v. 7 | p. 410	
1.5.1.26	OpDH, β-alanopine dehydrogenase, v. 23 | p. 206	
4.1.1.68	OPET decarboxylase, 5-Oxopent-3-ene-1,2,5-tricarboxylate decarboxylase, v. 3 | p. 380	
2.7.8.20	OPG, phosphatidylglycerol-membrane-oligosaccharide glycerophosphotransferase, v. 39 | p. 131	
1.14.99.1	oPGHS-1, prostaglandin-endoperoxide synthase, v. 27 | p. 246	
3.1.8.1	OPH, aryldialkylphosphatase, v. 11 | p. 343	
3.7.1.7	OPH, β-diketone hydrolase, v. 15 | p. 850	
3.1.8.1	OPHC2, aryldialkylphosphatase, v. 11 | p. 343	
3.7.1.7	OPH hydrolase, β-diketone hydrolase, v. 15 | p. 850	
1.4.3.3	ophio-amino-acid oxidase, D-amino-acid oxidase, v. 22 | p. 243	
1.4.3.2	ophio-amino-acid oxidase, L-amino-acid oxidase, v. 22 | p. 225	
3.4.24.51	Ophiophagus metalloendopeptidase, ophiolysin, v. 8 | p. 469	
3.1.8.1	OP hydrolase, aryldialkylphosphatase, v. 11 | p. 343	
1.5.1.26	opine dehydrogenase, β-alanopine dehydrogenase, v. 23 | p. 206	
3.1.1.3	OPL, triacylglycerol lipase, v. 9 | p. 36	
3.1.1.4	OPLA2, phospholipase A2, v. 9 | p. 52	
1.13.12.13	Oplophorus luciferase, Oplophorus-luciferin 2-monooxygenase, v. S1 | p. 488	
3.6.3.23	Opp, oligopeptide-transporting ATPase, v. 15 | p. 641	
3.6.3.23	OppA, oligopeptide-transporting ATPase, v. 15 | p. 641	
3.6.3.23	Opp transporter, oligopeptide-transporting ATPase, v. 15 | p. 641	
1.3.1.42	OPR, 12-oxophytodienoate reductase, v. 21 | p. 237	
1.3.1.42	OPR-1, 12-oxophytodienoate reductase, v. 21 | p. 237	
1.3.1.42	OPR-3, 12-oxophytodienoate reductase, v. 21 | p. 237	
1.3.1.42	OPR1, 12-oxophytodienoate reductase, v. 21 | p. 237	
1.3.1.31	OPR1, 2-enoate reductase, v. 21 | p. 182	
1.3.1.42	OPR2, 12-oxophytodienoate reductase, v. 21 | p. 237	
1.3.1.42	OPR3, 12-oxophytodienoate reductase, v. 21 | p. 237	
1.3.1.31	OPR3, 2-enoate reductase, v. 21 | p. 182	
1.3.1.42	OPR3 oxidoreductase, 12-oxophytodienoate reductase, v. 21 | p. 237	
1.3.1.42	OPR4, 12-oxophytodienoate reductase, v. 21 | p. 237	
1.3.1.42	OPR5, 12-oxophytodienoate reductase, v. 21 | p. 237	
1.3.1.42	OPR6, 12-oxophytodienoate reductase, v. 21 | p. 237	
1.3.1.42	OPR7, 12-oxophytodienoate reductase, v. 21 | p. 237	
1.3.1.42	OPR8, 12-oxophytodienoate reductase, v. 21 | p. 237	
1.3.1.42	OPRI, 12-oxophytodienoate reductase, v. 21 | p. 237	
1.3.1.42	OPRII, 12-oxophytodienoate reductase, v. 21 | p. 237	
2.4.2.10	OPRT, orotate phosphoribosyltransferase, v. 33 | p. 127	
2.4.2.10	OPRTase, orotate phosphoribosyltransferase, v. 33 | p. 127	
2.7.11.14	opsin kinase, rhodopsin kinase, v. S3 | p. 370	
2.5.1.65	OPSS, O-phosphoserine sulfhydrylase, v. S2 | p. 207	

3.4.21.62	Opticlean, Subtilisin, v. 7 | p. 285	
1.11.1.6	optidase, catalase, v. 25 | p. 194	
3.1.3.26	OptiPhos phytase, 4-phytase, v. 10 | p. 289	
5.3.1.5	Optisweet, Xylose isomerase, v. 1 | p. 259	
5.99.1.2	OpTop1, DNA topoisomerase, v. 1 | p. 721	
3.6.3.32	OpuA, quaternary-amine-transporting ATPase, v. 15 | p. 664	
3.6.3.32	OpuB, quaternary-amine-transporting ATPase, v. 15 | p. 664	
3.6.3.32	OpuC, quaternary-amine-transporting ATPase, v. 15 | p. 664	
3.6.3.32	OpuD, quaternary-amine-transporting ATPase, v. 15 | p. 664	
1.1.1.50	3α-OR, 3α-hydroxysteroid dehydrogenase (B-specific), v. 16 | p. 487	
5.3.3.1	$\Delta 5$(or $\Delta 4$)-3-keto steroid isomerase, steroid Δ-isomerase, v. 1 | p. 376	
1.7.1.6	Orange I azoreductase, azobenzene reductase, v. 24 | p. 288	
1.7.1.6	Orange II azoreductase, azobenzene reductase, v. 24 | p. 288	
1.14.13.6	orcinol hydroxylase, orcinol 2-monooxygenase, v. 26 | p. 241	
1.8.1.4	ORF-E3, dihydrolipoyl dehydrogenase, v. 24 | p. 463	
2.7.7.48	ORF1, RNA-directed RNA polymerase, v. 38 | p. 468	
4.2.1.47	ORF13.7, GDP-mannose 4,6-dehydratase, v. 4 | p. 501	
3.6.5.6	ORF156, tubulin GTPase, v. S6 | p. 539	
5.4.2.8	ORF17, phosphomannomutase, v. 1 | p. 540	
2.7.7.48	ORF1A, RNA-directed RNA polymerase, v. 38 | p. 468	
2.7.7.48	ORF1B, RNA-directed RNA polymerase, v. 38 | p. 468	
3.2.1.8	ORF4, endo-1,4-β-xylanase, v. 12 | p. 133	
2.7.11.1	ORF47 protein, non-specific serine/threonine protein kinase, v. S3 | p. 1	
4.4.1.8	ORF5, cystathionine β-lyase, v. 5 | p. 341	
3.1.3.48	ORF5, protein-tyrosine-phosphatase, v. 10 | p. 407	
2.7.10.2	ORF6, non-specific protein-tyrosine kinase, v. S2 | p. 441	
6.3.5.3	ORF75c, phosphoribosylformylglycinamidine synthase, v. 2 | p. 666	
3.5.1.28	ORFL3, N-acetylmuramoyl-L-alanine amidase, v. 14 | p. 396	
2.4.1.18	ORF Rv1326c, 1,4-α-glucan branching enzyme, v. 31 | p. 197	
3.6.3.3	ORF STM3576 gene product, Cd2+-exporting ATPase, v. 15 | p. 542	
3.4.25.1	organelle, proteasome, proteasome endopeptidase complex, v. 8 | p. 587	
3.1.1.3	organic solvent-stable lipase, triacylglycerol lipase, v. 9 | p. 36	
4.99.1.2	organomercurial lyase, alkylmercury lyase, v. 5 | p. 488	
4.99.1.2	organomercury lyase, alkylmercury lyase, v. 5 | p. 488	
3.1.8.2	organophosphate acid anhydrase, diisopropyl-fluorophosphatase, v. 11 | p. 350	
3.1.8.1	organophosphate hydrolase, aryldialkylphosphatase, v. 11 | p. 343	
3.1.8.1	organophosphorous hydrolase, aryldialkylphosphatase, v. 11 | p. 343	
3.1.8.1	organophosphorus acid anhydrase, aryldialkylphosphatase, v. 11 | p. 343	
3.1.8.2	organophosphorus acid anhydrolase, diisopropyl-fluorophosphatase, v. 11 | p. 350	
3.1.8.1	organophosphorus hydrolase, aryldialkylphosphatase, v. 11 | p. 343	
3.1.8.1	organophosphorus pesticide hydrolase, aryldialkylphosphatase, v. 11 | p. 343	
3.2.1.36	orgelase, hyaluronoglucuronidase, v. 12 | p. 534	
3.4.21.62	Orientase 10B, Subtilisin, v. 7 | p. 285	
3.4.13.17	D-(orL-)aminoacyl dipeptidase, non-stereospecific dipeptidase, v. 6 | p. 223	
3.1.13.3	ORN, oligonucleotidase, v. 11 | p. 402	
2.6.1.13	Orn-AT, ornithine aminotransferase, v. 34 | p. 350	
2.6.1.13	ornithine-α-ketoglutarate aminotransferase, ornithine aminotransferase, v. 34 | p. 350	
2.6.1.13	ornithine-2-oxoacid aminotransferase, ornithine aminotransferase, v. 34 | p. 350	
2.6.1.13	ornithine δ-amino transferase, ornithine aminotransferase, v. 34 | p. 350	
2.6.1.13	ornithine-keto acid aminotransferase, ornithine aminotransferase, v. 34 | p. 350	
2.6.1.13	ornithine-keto acid transaminase, ornithine aminotransferase, v. 34 | p. 350	
2.6.1.13	ornithine-ketoglutarate aminotransferase, ornithine aminotransferase, v. 34 | p. 350	
2.6.1.13	ornithine-oxo-acid transaminase, ornithine aminotransferase, v. 34 | p. 350	
2.6.1.13	ornithine-oxo acid aminotransferase, ornithine aminotransferase, v. 34 | p. 350	
2.6.1.13	ornithine δ-transaminase, ornithine aminotransferase, v. 34 | p. 350	

5.4.3.5	ornithine 4,5-aminomutase, D-ornithine 4,5-aminomutase, v. 1	p. 565
2.6.1.13	L-ornithine 5-aminotransferase, ornithine aminotransferase, v. 34	p. 350
2.6.1.13	ornithine 5-aminotransferase, ornithine aminotransferase, v. 34	p. 350
2.6.1.13	L-ornithine:α-ketoglutarate δ-aminotransferase, ornithine aminotransferase, v. 34	p. 350
2.6.1.13	ornithine:α-oxoglutarate transaminase, ornithine aminotransferase, v. 34	p. 350
2.3.1.35	ornithine acetyltransferase, glutamate N-acetyltransferase, v. 29	p. 529
2.6.1.13	L-ornithine aminotransferase, ornithine aminotransferase, v. 34	p. 350
2.6.1.13	ornithine aminotransferase, ornithine aminotransferase, v. 34	p. 350
2.1.3.3	L-ornithine carbamoyltransferase, ornithine carbamoyltransferase, v. 29	p. 119
2.1.3.3	L-ornithine carbamyltransferase, ornithine carbamoyltransferase, v. 29	p. 119
2.1.3.3	ornithine carbamyltransferase, ornithine carbamoyltransferase, v. 29	p. 119
4.3.1.12	ornithine cyclase, ornithine cyclodeaminase, v. 5	p. 241
4.3.1.12	ornithine cyclase (deaminating), ornithine cyclodeaminase, v. 5	p. 241
4.3.1.12	ornithine cyclo-deaminase, ornithine cyclodeaminase, v. 5	p. 241
4.3.1.12	ornithine cyclodeamidase, ornithine cyclodeaminase, v. 5	p. 241
4.3.1.12	ornithine cyclodeaminase, ornithine cyclodeaminase, v. 5	p. 241
4.3.1.12	ornithine cyclodeaminase/mucrystaline family protein, ornithine cyclodeaminase, v. 5	p. 241
4.1.1.17	ornithine decarboxylase, Ornithine decarboxylase, v. 3	p. 85
2.7.13.3	ornithine decarboxylase antizyme, histidine kinase, v. S4	p. 420
3.1.1.48	ornithine esterase, fusarinine-C ornithinesterase, v. 9	p. 328
2.3.1.127	ornithine N-acyltransferase, ornithine N-benzoyltransferase, v. 30	p. 312
2.3.1.127	ornithine N-benzoyltransferase, ornithine N-benzoyltransferase, v. 30	p. 312
2.3.1.35	ornithine transacetylase, glutamate N-acetyltransferase, v. 29	p. 529
2.6.1.13	ornithine transaminase, ornithine aminotransferase, v. 34	p. 350
2.1.3.3	ornithine transcarbamoylase, ornithine carbamoyltransferase, v. 29	p. 119
2.1.3.3	L-ornithine transcarbamylase, ornithine carbamoyltransferase, v. 29	p. 119
2.1.3.3	ornithine transcarbamylase, ornithine carbamoyltransferase, v. 29	p. 119
4.1.1.23	Orotate decarboxylase, Orotidine-5'-phosphate decarboxylase, v. 3	p. 136
4.1.1.23	Orotate monophosphate decarboxylase, Orotidine-5'-phosphate decarboxylase, v. 3	p. 136
2.4.2.10	orotate phosphoribosyl pyrophosphate transferase, orotate phosphoribosyltransferase, v. 33	p. 127
2.4.2.10	orotate phosphoribosyl transferase, orotate phosphoribosyltransferase, v. 33	p. 127
2.4.2.10	orotate phosphoribosyltransferase, orotate phosphoribosyltransferase, v. 33	p. 127
2.4.2.10	orotate PRTase, orotate phosphoribosyltransferase, v. 33	p. 127
1.3.1.14	orotate reductase, orotate reductase (NADH), v. 21	p. 75
2.4.2.10	orotic acid phosphoribosyltransferase, orotate phosphoribosyltransferase, v. 33	p. 127
4.1.1.23	Orotic decarboxylase, Orotidine-5'-phosphate decarboxylase, v. 3	p. 136
4.1.1.23	Orotidine-5'-monophosphate decarboxylase, Orotidine-5'-phosphate decarboxylase, v. 3	p. 136
4.1.1.23	orotidine-5'-phosphate decarboxylase, Orotidine-5'-phosphate decarboxylase, v. 3	p. 136
2.4.2.10	orotidine-5'-phosphate pyrophosphorylase, orotate phosphoribosyltransferase, v. 33	p. 127
4.1.1.23	orotidine-5-monophosphate decarboxylase, Orotidine-5'-phosphate decarboxylase, v. 3	p. 136
4.1.1.23	Orotidine 5'-monophosphate decarboxylase, Orotidine-5'-phosphate decarboxylase, v. 3	p. 136
2.4.2.10	orotidine 5'-monophosphate pyrophosphorylase, orotate phosphoribosyltransferase, v. 33	p. 127
4.1.1.23	Orotidine 5'-phosphate decarboxylase, Orotidine-5'-phosphate decarboxylase, v. 3	p. 136
2.4.2.10	orotidine 5'-phosphate pyrophosphorylase, orotate phosphoribosyltransferase, v. 33	p. 127
4.1.1.23	orotidine 5-monophosphate decarboxylase, Orotidine-5'-phosphate decarboxylase, v. 3	p. 136
4.1.1.23	orotidine 5-phosphate decarboxylase, Orotidine-5'-phosphate decarboxylase, v. 3	p. 136
4.1.1.23	Orotidine monophosphate decarboxylase, Orotidine-5'-phosphate decarboxylase, v. 3	p. 136

2.4.2.10	orotidine monophosphate pyrophosphorylase, orotate phosphoribosyltransferase, v. 33 | p. 127
4.1.1.23	Orotidine phosphate decarboxylase, Orotidine-5'-phosphate decarboxylase, v. 3 | p. 136
2.4.2.10	orotidine phosphoribosyltransferase, orotate phosphoribosyltransferase, v. 33 | p. 127
4.1.1.23	Orotidylate decarboxylase, Orotidine-5'-phosphate decarboxylase, v. 3 | p. 136
2.4.2.10	orotidylate phosphoribosyltransferase, orotate phosphoribosyltransferase, v. 33 | p. 127
2.4.2.10	orotidylate pyrophosphorylase, orotate phosphoribosyltransferase, v. 33 | p. 127
4.1.1.23	Orotidylic acid decarboxylase, Orotidine-5'-phosphate decarboxylase, v. 3 | p. 136
2.4.2.10	orotidylic acid phosphorylase, orotate phosphoribosyltransferase, v. 33 | p. 127
2.4.2.10	orotidylic acid pyrophosphorylase, orotate phosphoribosyltransferase, v. 33 | p. 127
4.1.1.23	Orotidylic decarboxylase, Orotidine-5'-phosphate decarboxylase, v. 3 | p. 136
2.4.2.10	orotidylic phosphorylase, orotate phosphoribosyltransferase, v. 33 | p. 127
2.4.2.10	orotidylic pyrophosphorylase, orotate phosphoribosyltransferase, v. 33 | p. 127
4.1.1.23	Orotodylate decarboxylase, Orotidine-5'-phosphate decarboxylase, v. 3 | p. 136
1.14.99.3	ORP33 proteins, heme oxygenase, v. 27 | p. 261
4.2.1.70	ORP protein, pseudouridylate synthase, v. 4 | p. 578
3.1.1.40	orsellinate depside hydrolase, orsellinate-depside hydrolase, v. 9 | p. 288
6.3.2.19	ORTH1, Ubiquitin-protein ligase, v. 2 | p. 506
6.3.2.19	ORTH2, Ubiquitin-protein ligase, v. 2 | p. 506
6.3.2.19	ORTH5, Ubiquitin-protein ligase, v. 2 | p. 506
6.3.2.19	ORTHlike-1, Ubiquitin-protein ligase, v. 2 | p. 506
3.1.3.2	orthophosphoric-monoester phosphohydrolase, acid phosphatase, v. 10 | p. 31
3.1.3.1	orthophosphoric-mono phosphohydrolase, alkaline phosphatase, v. 10 | p. 1
3.1.4.1	orthophosphoric diester phosphohydrolase, phosphodiesterase I, v. 11 | p. 1
3.1.3.2	orthophosphoric monoester phosphohydrolase, acid phosphatase, v. 10 | p. 31
3.1.3.2	orthophosphoric monoester phosphohydrolase (acid optimum), acid phosphatase, v. 10 | p. 31
3.4.22.39	oryzain, adenain, v. 7 | p. 720
2.7.7.63	Oryza s. lipoate-protein ligase A, lipoate-protein ligase, v. S2 | p. 320
3.4.23.40	Oryzasin, Phytepsin, v. 8 | p. 181
3.2.1.23	Oryzatym, β-galactosidase, v. 12 | p. 368
1.14.14.1	Os05g0482400 protein, unspecific monooxygenase, v. 26 | p. 584
1.1.1.44	Os6PGDH2, phosphogluconate dehydrogenase (decarboxylating), v. 16 | p. 421
4.4.1.14	OsACS1, 1-aminocyclopropane-1-carboxylate synthase, v. 5 | p. 377
1.11.1.11	OsAPx1, L-ascorbate peroxidase, v. 25 | p. 257
1.11.1.11	OsAPx2, L-ascorbate peroxidase, v. 25 | p. 257
1.11.1.11	OsAPx3, L-ascorbate peroxidase, v. 25 | p. 257
1.11.1.11	OsAPx4, L-ascorbate peroxidase, v. 25 | p. 257
1.11.1.11	OsAPx5, L-ascorbate peroxidase, v. 25 | p. 257
1.11.1.11	OsAPx6, L-ascorbate peroxidase, v. 25 | p. 257
1.11.1.11	OsAPx7, L-ascorbate peroxidase, v. 25 | p. 257
1.11.1.11	OsAPx8, L-ascorbate peroxidase, v. 25 | p. 257
1.11.1.11	OsAPXa, L-ascorbate peroxidase, v. 25 | p. 257
1.11.1.11	OsAPXb, L-ascorbate peroxidase, v. 25 | p. 257
1.13.11.54	OsARD1, acireductone dioxygenase [iron(II)-requiring], v. S1 | p. 476
6.2.1.26	OSB-CoA ligase, O-succinylbenzoate-CoA ligase, v. 2 | p. 320
6.2.1.26	OSB-CoA synthetase, O-succinylbenzoate-CoA ligase, v. 2 | p. 320
6.2.1.26	OSB:CoA ligase, O-succinylbenzoate-CoA ligase, v. 2 | p. 320
1.2.1.8	OsBADH1, βine-aldehyde dehydrogenase, v. 20 | p. 94
1.2.1.8	OsBADH2, βine-aldehyde dehydrogenase, v. 20 | p. 94
4.2.1.113	OSBS, o-succinylbenzoate synthase, v. S7 | p. 123
4.2.1.113	OSB synthase, o-succinylbenzoate synthase, v. S7 | p. 123
5.4.99.7	OSC, Lanosterol synthase, v. 1 | p. 624
1.2.1.44	OsCCR1, cinnamoyl-CoA reductase, v. 20 | p. 316
3.1.3.11	OscFBP1, fructose-bisphosphatase, v. 10 | p. 167

3.2.1.14	OsChia1b, chitinase, v. 12 | p. 185	
3.2.1.14	OsChia1c, chitinase, v. 12 | p. 185	
3.2.1.14	OsChia1cΔChBD, chitinase, v. 12 | p. 185	
3.2.1.14	OsChia1d, chitinase, v. 12 | p. 185	
3.2.1.14	OsChia2a, chitinase, v. 12 | p. 185	
3.2.1.14	OsChia2b, chitinase, v. 12 | p. 185	
3.2.1.14	OsChia4a, chitinase, v. 12 | p. 185	
3.2.1.14	OsChib1a, chitinase, v. 12 | p. 185	
3.5.99.6	oscillin, glucosamine-6-phosphate deaminase, v. 15 | p. 225	
1.5.99.12	OsCKX2, cytokinin dehydrogenase, v. 23 | p. 398	
2.1.1.68	OsCOMT1, caffeate O-methyltransferase, v. 28 | p. 369	
3.6.3.14	OSCP, H+-transporting two-sector ATPase, v. 15 | p. 598	
5.5.1.13	OsCPS1, ent-copalyl diphosphate synthase, v. S7 | p. 557	
5.5.1.13	OsCPS1ent, ent-copalyl diphosphate synthase, v. S7 | p. 557	
5.5.1.13	OsCPS2ent, ent-copalyl diphosphate synthase, v. S7 | p. 557	
5.5.1.14	OsCPSsyn, syn-copalyl-diphosphate synthase	
5.5.1.14	OsCyc1, syn-copalyl-diphosphate synthase	
5.5.1.13	OsCyc2, ent-copalyl diphosphate synthase, v. S7 | p. 557	
2.7.1.107	OsDAGK1, diacylglycerol kinase, v. 36 | p. 438	
4.2.3.28	OsDTC1, ent-cassa-12,15-diene synthase	
4.2.3.33	OsDTC2, stemar-13-ene synthase	
4.2.3.35	OsDTS2, syn-pimara-7,15-diene synthase	
4.2.1.11	OSE1, phosphopyruvate hydratase, v. 4 | p. 312	
3.1.11.1	OsEXO1, exodeoxyribonuclease I, v. 11 | p. 357	
2.7.1.105	OsF2KP1, 6-phosphofructo-2-kinase, v. 36 | p. 412	
3.1.3.46	OsF2KP1, fructose-2,6-bisphosphate 2-phosphatase, v. 10 | p. 395	
2.7.1.105	OsF2KP2, 6-phosphofructo-2-kinase, v. 36 | p. 412	
3.1.3.46	OsF2KP2, fructose-2,6-bisphosphate 2-phosphatase, v. 10 | p. 395	
2.4.1.21	OsGBSSII, starch synthase, v. 31 | p. 251	
3.4.24.57	OSGE, O-sialoglycoprotein endopeptidase, v. 8 | p. 494	
6.3.1.2	OsGLN1,1, Glutamate-ammonia ligase, v. 2 | p. 347	
6.3.1.2	OsGLN1,2, Glutamate-ammonia ligase, v. 2 | p. 347	
3.2.1.39	OsGlu1, glucan endo-1,3-β-D-glucosidase, v. 12 | p. 567	
3.2.1.39	OsGlu2, glucan endo-1,3-β-D-glucosidase, v. 12 | p. 567	
3.1.2.6	OsglyII, hydroxyacylglutathione hydrolase, v. 9 | p. 486	
2.7.1.31	OsGLYK, glycerate kinase, v. 35 | p. 366	
5.1.3.18	OsGME, GDP-mannose 3,5-epimerase, v. 1 | p. 170	
2.3.1.4	OsGNA1, glucosamine-phosphate N-acetyltransferase, v. 29 | p. 237	
2.7.1.134	OsIpk, inositol-tetrakisphosphate 1-kinase, v. 37 | p. 155	
2.5.1.27	OSIPT1, adenylate dimethylallyltransferase, v. 33 | p. 599	
2.5.1.27	OSIPT3, adenylate dimethylallyltransferase, v. 33 | p. 599	
3.2.1.68	OsISA1, isoamylase, v. 13 | p. 204	
3.2.1.68	OsISA2, isoamylase, v. 13 | p. 204	
2.7.1.159	OsITL1, inositol-1,3,4-trisphosphate 5/6-kinase, v. S2 | p. 279	
1.14.13.79	OsKAO, ent-kaurenoic acid oxidase, v. 26 | p. 577	
1.14.13.78	OsKO, ent-kaurene oxidase, v. 26 | p. 574	
4.2.3.29	OsKS10, ent-sandaracopimaradiene synthase	
4.2.3.35	OsKS4, syn-pimara-7,15-diene synthase	
4.2.3.30	OsKS5, ent-pimara-8(14),15-diene synthase	
4.2.3.29	OsKSL10, ent-sandaracopimaradiene synthase	
4.2.3.34	OsKSL11, stemod-13(17)-ene synthase	
4.2.3.28	OsKSL7, ent-cassa-12,15-diene synthase	
2.6.1.19	Osl2, 4-aminobutyrate transaminase, v. 34 | p. 395	
2.7.7.63	OsLPLA, lipoate-protein ligase, v. S2 | p. 320	
1.1.1.295	OsMAS, momilactone-A synthase	

2.7.13.3	osmolarity sensor protein (protein histidine), histidine kinase, v. S4	p. 420
2.7.13.3	osmolarity sensor protein envZ, histidine kinase, v. S4	p. 420
2.7.13.3	osmolarity two-component system protein SLN1, histidine kinase, v. S4	p. 420
4.2.1.70	Osmoprotectant regulator of PLC, pseudouridylate synthase, v. 4	p. 578
4.2.1.22	osmoprotectant transporter OpuC, Cystathionine β-synthase, v. 4	p. 390
2.6.1.80	OsNAAT1, nicotianamine aminotransferase, v. S2	p. 242
2.6.1.80	OsNAAT2, nicotianamine aminotransferase, v. S2	p. 242
2.6.1.80	OsNAAT3, nicotianamine aminotransferase, v. S2	p. 242
2.6.1.80	OsNAAT4, nicotianamine aminotransferase, v. S2	p. 242
2.6.1.80	OsNAAT5, nicotianamine aminotransferase, v. S2	p. 242
2.5.1.43	OsNAS1, nicotianamine synthase, v. 34	p. 59
2.5.1.43	OsNAS2, nicotianamine synthase, v. 34	p. 59
2.5.1.43	OsNAS3, nicotianamine synthase, v. 34	p. 59
1.11.1.12	OsPHGPx, phospholipid-hydroperoxide glutathione peroxidase, v. 25	p. 274
2.7.7.7	OsPOLP1, DNA-directed DNA polymerase, v. 38	p. 118
4.1.1.49	OsPPCK1, phosphoenolpyruvate carboxykinase (ATP), v. 3	p. 297
4.1.1.49	OsPPCK3, phosphoenolpyruvate carboxykinase (ATP), v. 3	p. 297
2.7.9.1	OsPPDKB, pyruvate, phosphate dikinase, v. 39	p. 149
2.5.1.39	OsPPT1a, 4-hydroxybenzoate nonaprenyltransferase, v. 34	p. 48
4.1.1.50	OsSAMDC, adenosylmethionine decarboxylase, v. 3	p. 306
2.7.1.71	OsSK1, shikimate kinase, v. 36	p. 220
2.7.1.71	OsSK2, shikimate kinase, v. 36	p. 220
2.7.1.71	OsSK3, shikimate kinase, v. 36	p. 220
2.4.1.21	OsSSIII-1, starch synthase, v. 31	p. 251
2.4.1.21	OsSSIII-2, starch synthase, v. 31	p. 251
2.4.1.21	OsSSIV-1, starch synthase, v. 31	p. 251
2.4.1.21	OsSSIV-2, starch synthase, v. 31	p. 251
2.4.1.119	OST, dolichyl-diphosphooligosaccharide-protein glycotransferase, v. 32	p. 155
2.8.2.23	3-OST-1, [heparan sulfate]-glucosamine 3-sulfotransferase 1, v. 39	p. 445
2.8.2.29	3-OST-2, [heparan sulfate]-glucosamine 3-sulfotransferase 2, v. 39	p. 467
2.8.2.30	3-OST-3, [heparan sulfate]-glucosamine 3-sulfotransferase 3, v. 39	p. 469
2.8.2.30	3-OST-3A, [heparan sulfate]-glucosamine 3-sulfotransferase 3, v. 39	p. 469
2.8.2.30	3-OST-3B, [heparan sulfate]-glucosamine 3-sulfotransferase 3, v. 39	p. 469
2.4.1.119	OST-I, dolichyl-diphosphooligosaccharide-protein glycotransferase, v. 32	p. 155
2.4.1.119	OST-II, dolichyl-diphosphooligosaccharide-protein glycotransferase, v. 32	p. 155
2.4.1.119	OST-III, dolichyl-diphosphooligosaccharide-protein glycotransferase, v. 32	p. 155
3.1.3.48	OST-PTP, protein-tyrosine-phosphatase, v. 10	p. 407
2.4.1.119	OST1, dolichyl-diphosphooligosaccharide-protein glycotransferase, v. 32	p. 155
2.4.1.119	OST2, dolichyl-diphosphooligosaccharide-protein glycotransferase, v. 32	p. 155
2.4.1.119	OST3, dolichyl-diphosphooligosaccharide-protein glycotransferase, v. 32	p. 155
2.4.1.119	OST4, dolichyl-diphosphooligosaccharide-protein glycotransferase, v. 32	p. 155
2.4.1.119	OST5, dolichyl-diphosphooligosaccharide-protein glycotransferase, v. 32	p. 155
2.4.1.119	OSTC(I), dolichyl-diphosphooligosaccharide-protein glycotransferase, v. 32	p. 155
2.4.1.119	OSTC(II), dolichyl-diphosphooligosaccharide-protein glycotransferase, v. 32	p. 155
2.4.1.119	OSTC(III), dolichyl-diphosphooligosaccharide-protein glycotransferase, v. 32	p. 155
3.4.22.34	osteoclast inhibitory peptide 2, Legumain, v. 7	p. 689
4.4.1.8	osteotoxin, cystathionine β-lyase, v. 5	p. 341
3.1.3.12	OsTPP1, trehalose-phosphatase, v. 10	p. 194
4.1.1.35	OsUXS1, UDP-glucuronate decarboxylase, v. 3	p. 218
4.1.1.35	OsUXS2, UDP-glucuronate decarboxylase, v. 3	p. 218
4.1.1.35	OsUXS3, UDP-glucuronate decarboxylase, v. 3	p. 218
3.2.1.25	OT-1, β-mannosidase, v. 12	p. 437
3.4.11.3	OTase, cystinyl aminopeptidase, v. 6	p. 66
2.4.1.119	OTase, dolichyl-diphosphooligosaccharide-protein glycotransferase, v. 32	p. 155
2.1.3.3	OTC, ornithine carbamoyltransferase, v. 29	p. 119

2.1.3.3	otcase, ornithine carbamoyltransferase, v. 29	p. 119	
3.1.2.14	OTE, oleoyl-[acyl-carrier-protein] hydrolase, v. 9	p. 516	
3.2.1.35	OTH, hyaluronoglucosaminidase, v. 12	p. 526	
2.4.1.36	OtsA, α,α-trehalose-phosphate synthase (GDP-forming), v. 31	p. 341	
2.4.1.15	OtsA, α,α-trehalose-phosphate synthase (UDP-forming), v. 31	p. 137	
3.1.3.12	OtsB, trehalose-phosphatase, v. 10	p. 194	
3.6.3.50	out apparatus, protein-secreting ATPase, v. 15	p. 737	
3.4.23.49	outer-membrane protease T, omptin, v. S6	p. 262	
3.1.1.32	outer membrane phospholipase A, phospholipase A1, v. 9	p. 252	
3.4.23.49	Outer membrane protein 3B, omptin, v. S6	p. 262	
3.1.4.46	outer membrane protein D, glycerophosphodiester phosphodiesterase, v. 11	p. 214	
3.2.1.17	Outer wedge of baseplate protein, lysozyme, v. 12	p. 228	
2.4.1.16	Ov-chs-2, chitin synthase, v. 31	p. 147	
4.1.2.13	Ov-fba-1, Fructose-bisphosphate aldolase, v. 3	p. 455	
1.2.1.13	Ov-GAPDH, glyceraldehyde-3-phosphate dehydrogenase (NADP+) (phosphorylating), v. 20	p. 163	
1.4.3.21	OVAO, primary-amine oxidase	
2.7.11.1	ovarian-specific serine/threonine-protein kinase Lok, non-specific serine/threonine protein kinase, v. S3	p. 1	
1.14.14.1	Ovarian aromatase, unspecific monooxygenase, v. 26	p. 584	
3.4.21.118	ovasin, kallikrein 8, v. S5	p. 435	
5.2.1.8	OvCYP-16, Peptidylprolyl isomerase, v. 1	p. 218	
2.3.1.137	overt mitochondrial carnitine palmitoyltransferase, carnitine O-octanoyltransferase, v. 30	p. 351	
3.4.21.120	oviductal protease, oviductin, v. S5	p. 454	
3.4.21.120	oviductin, oviductin, v. S5	p. 454	
3.4.21.120	oviductin-1, oviductin, v. S5	p. 454	
3.4.21.120	oviductin-I, oviductin, v. S5	p. 454	
3.6.1.1	OVP1, inorganic diphosphatase, v. 15	p. 240	
3.7.1.1	OXA, oxaloacetase, v. 15	p. 821	
3.5.2.6	OXA-1, β-lactamase, v. 14	p. 683	
3.5.2.6	OXA-10, β-lactamase, v. 14	p. 683	
3.5.2.6	OXA-17, β-lactamase, v. 14	p. 683	
3.5.2.6	OXA-18, β-lactamase, v. 14	p. 683	
3.5.2.6	OXA-2, β-lactamase, v. 14	p. 683	
3.5.2.6	OXA-40, β-lactamase, v. 14	p. 683	
3.5.2.6	Oxa-50, β-lactamase, v. 14	p. 683	
3.5.2.6	OXA-55, β-lactamase, v. 14	p. 683	
3.5.2.6	OXA-57, β-lactamase, v. 14	p. 683	
3.5.2.6	OXA-63, β-lactamase, v. 14	p. 683	
3.5.2.6	OXA-69, β-lactamase, v. 14	p. 683	
3.5.2.6	OXA-85, β-lactamase, v. 14	p. 683	
3.5.2.6	OXA-type metallo-β-lactamase, β-lactamase, v. 14	p. 683	
3.5.2.6	OXA114, β-lactamase, v. 14	p. 683	
3.5.2.6	Oxacillinase, β-lactamase, v. 14	p. 683	
4.1.1.3	OXAD, Oxaloacetate decarboxylase, v. 3	p. 15	
3.5.2.6	OXA group I, β-lactamase, v. 14	p. 683	
3.5.2.6	OXA group II, β-lactamase, v. 14	p. 683	
3.7.1.1	oxalacetase, oxaloacetase, v. 15	p. 821	
4.1.1.3	Oxalacetate decarboxylase, Oxaloacetate decarboxylase, v. 3	p. 15	
4.1.1.3	Oxalacetic β-decarboxylase, Oxaloacetate decarboxylase, v. 3	p. 15	
4.1.1.3	Oxalacetic acid decarboxylase, Oxaloacetate decarboxylase, v. 3	p. 15	
4.1.1.3	Oxalacetic carboxylase, Oxaloacetate decarboxylase, v. 3	p. 15	
3.7.1.1	oxalacetic hydrolase, oxaloacetase, v. 15	p. 821	
5.3.2.2	Oxalacetic keto-enol isomerase, oxaloacetate tautomerase, v. 1	p. 371	

2.3.3.1	oxalacetic transacetase, citrate (Si)-synthase, v. 30 | p. 582
2.1.3.1	oxalacetic transcarboxylase, methylmalonyl-CoA carboxytransferase, v. 29 | p. 93
4.1.1.3	Oxalate β-decarboxylase, Oxaloacetate decarboxylase, v. 3 | p. 15
4.1.1.2	oxalate-decarboxylase, Oxalate decarboxylase, v. 3 | p. 11
6.2.1.8	Oxalate:CoA ligase (AMP), Oxalate-CoA ligase, v. 2 | p. 242
2.8.3.2	oxalate coenzyme A-transferase, oxalate CoA-transferase, v. 39 | p. 475
1.2.3.4	oxalic acid oxidase, oxalate oxidase, v. 20 | p. 450
4.2.1.83	oxalmesaconate hydratase, 4-oxalmesaconate hydratase, v. 4 | p. 622
3.7.1.1	oxaloacetase, oxaloacetate, v. 15 | p. 821
2.6.1.1	oxaloacetate-aspartate aminotransferase, aspartate transaminase, v. 34 | p. 247
3.7.1.1	oxaloacetate acethylhydrolase, oxaloacetate, v. 15 | p. 821
3.7.1.1	oxaloacetate acetylhydrolase, oxaloacetase, v. 15 | p. 821
4.1.1.3	oxaloacetate carboxylase Na+ pump, Oxaloacetate decarboxylase, v. 3 | p. 15
4.1.1.3	Oxaloacetate carboxylyase, Oxaloacetate decarboxylase, v. 3 | p. 15
4.1.1.3	oxaloacetate decarboxylase, Oxaloacetate decarboxylase, v. 3 | p. 15
4.1.1.3	oxaloacetate decarboxylase Na+ pump, Oxaloacetate decarboxylase, v. 3 | p. 15
4.1.1.3	oxaloacetate decarboxylase Na+ pump OAD-1, Oxaloacetate decarboxylase, v. 3 | p. 15
4.1.1.3	oxaloacetate decarboxylase Na+ pump OAD-2, Oxaloacetate decarboxylase, v. 3 | p. 15
4.1.1.3	oxaloacetate decarboxylase OAD-1, Oxaloacetate decarboxylase, v. 3 | p. 15
4.1.1.3	oxaloacetate decarboxylase OAD-2, Oxaloacetate decarboxylase, v. 3 | p. 15
3.7.1.1	oxaloacetate hydrolase, oxaloacetase, v. 15 | p. 821
5.3.2.2	Oxaloacetate keto-enol tautomerase, oxaloacetate tautomerase, v. 1 | p. 371
4.1.1.32	oxaloacetate kinase (decarboxylating, GDP), phosphoenolpyruvate carboxykinase (GTP), v. 3 | p. 195
5.3.2.2	Oxaloacetate tautomerase-1, oxaloacetate tautomerase, v. 1 | p. 371
5.3.2.2	Oxaloacetate tautomerase-2, oxaloacetate tautomerase, v. 1 | p. 371
2.3.3.1	oxaloacetate transacetase, citrate (Si)-synthase, v. 30 | p. 582
2.6.1.1	oxaloacetate transferase, aspartate transaminase, v. 34 | p. 247
4.1.1.77	4-Oxalocrotonate decarboxylase, 4-Oxalocrotonate decarboxylase, v. 3 | p. 411
4.1.1.77	Oxalocrotonate decarboxylase, 4-Oxalocrotonate decarboxylase, v. 3 | p. 411
4.2.1.83	4-oxalomesaconate hydratase, 4-oxalmesaconate hydratase, v. 4 | p. 622
4.2.1.83	γ-oxalomesaconate hydratase, 4-oxalmesaconate hydratase, v. 4 | p. 622
1.1.1.42	oxalosuccinate decarboxylase, isocitrate dehydrogenase (NADP+), v. 16 | p. 402
6.4.1.7	oxalosuccinate synthetase, 2-oxoglutarate carboxylase, v. S7 | p. 662
1.1.1.42	oxalsuccinic decarboxylase, isocitrate dehydrogenase (NADP+), v. 16 | p. 402
2.3.1.58	oxalyl-CoA:L-α,β-diaminopropionic acid oxalyltransferase, 2,3-diaminopropionate N-oxalyltransferase, v. 29 | p. 720
1.2.1.17	oxalyl-CoA reductase, glyoxylate dehydrogenase (acylating), v. 20 | p. 188
6.2.1.8	Oxalyl-CoA synthetase, Oxalate-CoA ligase, v. 2 | p. 242
4.1.1.8	oxalyl-coenzyme A decarboxylase, Oxalyl-CoA decarboxylase, v. 3 | p. 46
6.2.1.8	Oxalyl CoA synthetase, Oxalate-CoA ligase, v. 2 | p. 242
4.1.1.8	Oxalyl coenzyme A decarboxylase, Oxalyl-CoA decarboxylase, v. 3 | p. 46
6.2.1.8	Oxalyl coenzyme A synthetase, Oxalate-CoA ligase, v. 2 | p. 242
2.3.1.58	oxalyldiaminopropionate synthase, 2,3-diaminopropionate N-oxalyltransferase, v. 29 | p. 720
2.3.1.58	oxalyldiaminopropionic synthase, 2,3-diaminopropionate N-oxalyltransferase, v. 29 | p. 720
2.3.1.58	oxalyltransferase, 2,3-diaminopropionate, 2,3-diaminopropionate N-oxalyltransferase, v. 29 | p. 720
2.1.3.5	oxamic transcarbamylase, oxamate carbamoyltransferase, v. 29 | p. 140
4.1.1.8	OXC, Oxalyl-CoA decarboxylase, v. 3 | p. 46
4.1.1.2	OXD, Oxalate decarboxylase, v. 3 | p. 11
4.99.1.5	OXD, aliphatic aldoxime dehydratase, v. S7 | p. 465
4.99.1.5	OxdA, aliphatic aldoxime dehydratase, v. S7 | p. 465
4.99.1.5	OxdB, aliphatic aldoxime dehydratase, v. S7 | p. 465
4.99.1.7	OxdB, phenylacetaldoxime dehydratase, v. S7 | p. 476

4.1.1.2	OXDC, Oxalate decarboxylase, v. 3	p. 11	
4.1.1.2	OxDc-CLEC, Oxalate decarboxylase, v. 3	p. 11	
4.1.1.2	OxdD, Oxalate decarboxylase, v. 3	p. 11	
4.99.1.7	OxdFG, phenylacetaldoxime dehydratase, v. S7	p. 476	
4.99.1.5	OxdK, aliphatic aldoxime dehydratase, v. S7	p. 465	
4.99.1.5	OxdRE, aliphatic aldoxime dehydratase, v. S7	p. 465	
4.99.1.7	OxdRE, phenylacetaldoxime dehydratase, v. S7	p. 476	
4.99.1.5	OxdRG, aliphatic aldoxime dehydratase, v. S7	p. 465	
3.2.1.91	OXG-RCBH, cellulose 1,4-β-cellobiosidase, v. 13	p. 325	
3.2.1.150	OXG-RCBH, oligoxyloglucan reducing-end-specific cellobiohydrolase, v. S5	p. 128	
1.3.3.8	oxidase, (S)-tetrahydroberberine, tetrahydroberberine oxidase, v. 21	p. 417	
1.7.3.2	oxidase, acetylindoxyl, acetylindoxyl oxidase, v. 24	p. 344	
1.3.3.6	oxidase, acyl-coenzyme A, acyl-CoA oxidase, v. 21	p. 401	
1.1.3.13	oxidase, alcohol, alcohol oxidase, v. 19	p. 115	
1.2.7.5	oxidase, aldehyde (ferredoxin), aldehyde ferredoxin oxidoreductase, v. S1	p. 188	
1.14.17.4	oxidase, aminocyclopropanecarboxylate, aminocyclopropanecarboxylate oxidase, v. 27	p. 154	
1.1.3.7	oxidase, aryl alcohol, aryl-alcohol oxidase, v. 19	p. 69	
1.10.3.3	oxidase, ascorbate, L-ascorbate oxidase, v. 25	p. 134	
1.14.21.3	oxidase, benzyltetrahydroisoquinoline, berbamunine synthase, v. 27	p. 237	
1.3.3.5	oxidase, bilirubin, bilirubin oxidase, v. 21	p. 392	
1.1.3.14	oxidase, catechol (dimerizing), catechol oxidase (dimerizing), v. 19	p. 127	
1.1.99.18	oxidase, cellobiose, cellobiose dehydrogenase (acceptor), v. 19	p. 377	
1.1.3.6	oxidase, cholesterol, cholesterol oxidase, v. 19	p. 53	
1.1.99.1	oxidase, choline, choline dehydrogenase, v. 19	p. 265	
1.3.99.22	oxidase, coproporphyrinogen, coproporphyrinogen dehydrogenase, v. S1	p. 262	
1.9.3.1	oxidase, cytochrome, cytochrome-c oxidase, v. 25	p. 1	
1.4.3.3	oxidase, D-amino acid, D-amino-acid oxidase, v. 22	p. 243	
1.1.3.37	Oxidase, D-arabinono-γ-lactone, D-Arabinono-1,4-lactone oxidase, v. 19	p. 230	
1.5.3.12	Oxidase, dihydrobenzophenanthridine, Dihydrobenzophenanthridine oxidase, v. 23	p. 320	
1.3.3.1	oxidase, dihydroorotate, dihydroorotate oxidase, v. 21	p. 347	
1.3.3.7	oxidase, dihydrouracil, dihydrouracil oxidase, v. 21	p. 414	
1.1.3.16	oxidase, ecdysone, ecdysone oxidase, v. 19	p. 148	
1.4.3.8	oxidase, ethanolamine, ethanolamine oxidase, v. 22	p. 320	
1.1.3.4	oxidase, glucose, glucose oxidase, v. 19	p. 30	
1.8.3.3	oxidase, glutathione, glutathione oxidase, v. 24	p. 604	
1.1.3.21	oxidase, glycerol phosphate, glycerol-3-phosphate oxidase, v. 19	p. 177	
1.7.3.4	oxidase, hydroxylamine HAO, hydroxylamine oxidase, v. 24	p. 360	
1.2.3.7	oxidase, indoleacetaldehyde, indole-3-acetaldehyde oxidase, v. 20	p. 464	
1.1.3.15	oxidase, L-2-hydroxy acid, (S)-2-hydroxy-acid oxidase, v. 19	p. 129	
1.4.3.16	oxidase, L-aspartate, L-aspartate oxidase, v. 22	p. 354	
1.14.21.6	oxidase, lathosterol, lathosterol oxidase, v. S1	p. 662	
1.1.3.20	oxidase, long-chain fatty alcohol, long-chain-alcohol oxidase, v. 19	p. 169	
1.1.3.3	oxidase, malate, malate oxidase, v. 19	p. 26	
1.1.3.40	oxidase, mannitol, D-mannitol oxidase, v. 19	p. 245	
1.8.3.4	oxidase, methyl mercaptan, methanethiol oxidase, v. 24	p. 609	
1.1.3.29	oxidase, N-acyl-D-hexosamine, N-acylhexosamine oxidase, v. 19	p. 216	
1.5.3.2	oxidase, N-methylamino acid, N-methyl-L-amino-acid oxidase, v. 23	p. 282	
1.5.3.4	oxidase, N6-methyllysine, N6-methyl-lysine oxidase, v. 23	p. 286	
1.13.11.32	oxidase, nitroalkane, 2-nitropropane dioxygenase, v. 25	p. 581	
1.7.3.1	oxidase, nitroethane, nitroalkane oxidase, v. 24	p. 341	
1.10.3.4	oxidase, o-aminophenol, o-aminophenol oxidase, v. 25	p. 149	
1.17.5.1	oxidase, phenylacetyl coenzyme A (α-oxidizing), phenylacetyl-CoA dehydrogenase, v. S1	p. 761	

1.13.12.9	oxidase, phenylalanine (deaminating, decarboxylating), phenylalanine 2-monooxygenase, v. 25 | p. 724	
1.7.2.1	oxidase, Pseudomonas cytochrome, nitrite reductase (NO-forming), v. 24 | p. 325	
1.17.3.1	oxidase, pteridine, pteridine oxidase, v. 27 | p. 487	
1.4.3.10	oxidase, putrescine, putrescine oxidase, v. 22 | p. 325	
1.4.3.5	oxidase, pyridoxamine phosphate, pyridoxal 5'-phosphate synthase, v. 22 | p. 273	
1.1.3.12	oxidase, pyridoxol 4-, pyridoxine 4-oxidase, v. 19 | p. 113	
1.3.99.18	Oxidase, quinaldate 4-, Quinaldate 4-oxidoreductase, v. 21 | p. 588	
1.5.3.1	oxidase, sarcosine, sarcosine oxidase, v. 23 | p. 273	
1.1.3.11	oxidase, sorbose, L-sorbose oxidase, v. 19 | p. 111	
1.8.3.1	oxidase, sulfite, sulfite oxidase, v. 24 | p. 584	
1.21.3.4	Oxidase, sulochrin, sulochrin oxidase [(+)-bisdechlorogeodin-forming], v. 27 | p. 617	
1.21.3.5	Oxidase, sulochrin, sulochrin oxidase [(-)-bisdechlorogeodin-forming], v. 27 | p. 621	
1.8.3.2	oxidase, thiol, thiol oxidase, v. 24 | p. 594	
1.8.2.2	oxidase, thiosulfate, thiosulfate dehydrogenase, v. 24 | p. 574	
1.13.99.3	oxidase, tryptophan side-chain α,β-, tryptophan 2'-dioxygenase, v. 25 | p. 741	
1.13.99.3	oxidase, tryptophan side-chain α,β-, II, tryptophan 2'-dioxygenase, v. 25 | p. 741	
1.7.3.3	oxidase, urate, urate oxidase, v. 24 | p. 346	
1.1.3.38	Oxidase, vanillyl alcohol, vanillyl-alcohol oxidase, v. 19 | p. 233	
1.17.3.2	oxidase, xanthine, xanthine oxidase, v. S1 | p. 729	
1.4.3.13	oxidase-like protein 1, protein-lysine 6-oxidase, v. 22 | p. 341	
1.14.14.1	oxidase IV, unspecific monooxygenase, v. 26 | p. 584	
1.13.12.15	oxidative deaminase, 3,4-dihydroxyphenylalanine oxidative deaminase	
2.7.11.25	oxidative stress-activated MAP triple-kinase 1, mitogen-activated protein kinase kinase kinase, v. S4 | p. 278	
3.7.1.7	oxidized polyvinyl alcohol hydrolase, β-diketone hydrolase, v. 15 | p. 850	
3.6.1.15	oxidized purine nucleoside triphosphatase, nucleoside-triphosphatase, v. 15 | p. 365	
3.7.1.7	oxidized PVA hydrolase, β-diketone hydrolase, v. 15 | p. 850	
1.1.1.50	3α-oxidoreductase, 3α-hydroxysteroid dehydrogenase (B-specific), v. 16 | p. 487	
1.3.7.2	oxidoreductase, ferredoxin:15,16-dihydrobiliverdin, 15,16-dihydrobiliverdin:ferredoxin oxidoreductase, v. 21 | p. 453	
1.3.7.5	oxidoreductase, ferredoxin:3Z-phycocyanobilin, phycocyanobilin:ferredoxin oxidoreductase, v. 21 | p. 460	
1.3.7.3	oxidoreductase, ferredoxin:3Z-phycoerythrobilin, phycoerythrobilin:ferredoxin oxidoreductase, v. 21 | p. 455	
5.4.99.7	Oxidosqualene–lanosterol cyclase, Lanosterol synthase, v. 1 | p. 624	
5.4.99.8	2,3-Oxidosqualene-cycloartenol cyclase, Cycloartenol synthase, v. 1 | p. 631	
5.4.99.7	2,3-Oxidosqualene-lanosterol cyclase, Lanosterol synthase, v. 1 | p. 624	
5.4.99.7	Oxidosqualene-lanosterol cyclase, Lanosterol synthase, v. 1 | p. 624	
5.4.99.8	2,3-Oxidosqualene:cycloartenol cyclase, Cycloartenol synthase, v. 1 | p. 631	
5.4.99.7	2,3-oxidosqualene:lanosterol cyclase, Lanosterol synthase, v. 1 | p. 624	
5.4.99.7	oxidosqualene:lanosterol cyclase, Lanosterol synthase, v. 1 | p. 624	
5.4.99.7	2,3-Oxidosqualene cyclase, Lanosterol synthase, v. 1 | p. 624	
5.4.99.7	Oxidosqualene cyclase, Lanosterol synthase, v. 1 | p. 624	
5.4.99.7	2,3-oxidosqualene cyclase-lanosterol synthase, Lanosterol synthase, v. 1 | p. 624	
5.4.99.7	oxidosqualene cyclase/lanosterol synthase, Lanosterol synthase, v. 1 | p. 624	
5.4.99.8	2,3-Oxidosqualene cycloartenol cyclase, Cycloartenol synthase, v. 1 | p. 631	
5.4.99.7	2,3-Oxidosqualene sterol cyclase, Lanosterol synthase, v. 1 | p. 624	
2.6.3.1	oximase, oximinotransferase, v. 35 | p. 69	
1.2.3.4	OXO, oxalate oxidase, v. 20 | p. 450	
1.14.12.16	2-Oxo-1,2-dihydroquinoline 5,6-dioxygenase, 2-Hydroxyquinoline 5,6-dioxygenase, v. 26 | p. 187	
1.14.13.61	2-Oxo-1,2-dihydroquinoline 8-monooxygenase, 2-Hydroxyquinoline 8-monooxygenase, v. 26 | p. 519	

1.14.13.61	2-Oxo-1,2-dihydroquinoline 8-monooxygenase (Pseudomonas putida strain 86 gene oxoO subunit), 2-Hydroxyquinoline 8-monooxygenase, v. 26	p. 519
1.14.13.61	2-Oxo-1,2-dihydroquinoline 8-monooxygenase (Pseudomonas putida strain 86 gene oxoR subunit), 2-Hydroxyquinoline 8-monooxygenase, v. 26	p. 519
4.1.2.21	2-Oxo-3-deoxy-6-phosphogalactonate aldolase, 2-dehydro-3-deoxy-6-phosphogalactonate aldolase, v. 3	p. 519
4.1.2.14	2-Oxo-3-deoxy-6-phosphogluconate aldolase, 2-dehydro 3 deoxy-phosphogluconate aldolase, v. 3	p. 476
4.1.2.21	2-oxo-3-deoxygalactonate 6-phosphate aldolase, 2-dehydro-3-deoxy-6-phosphogalactonate aldolase, v. 3	p. 519
2.7.1.58	2-oxo-3-deoxygalactonate kinase, 2-dehydro-3-deoxygalactonokinase, v. 36	p. 132
4.1.3.16	2-Oxo-4-hydroxyglutarate aldolase, 4-Hydroxy-2-oxoglutarate aldolase, v. 4	p. 103
4.1.3.16	2-Oxo-4-hydroxyglutaric aldolase, 4-Hydroxy-2-oxoglutarate aldolase, v. 4	p. 103
1.3.99.6	3-oxo-Δ4-steroid-5β-reductase, 3-oxo-5β-steroid 4-dehydrogenase, v. 21	p. 520
1.3.1.3	3-oxo-Δ4-steroid 5β-reductase, Δ4-3-oxosteroid 5β-reductase, v. 21	p. 15
1.3.99.5	3-oxo-5α-steroid Δ4-dehydrogenase, 3-oxo-5α-steroid 4-dehydrogenase, v. 21	p. 516
1.3.99.6	3-oxo-5β-steroid Δ4-dehydrogenase, 3-oxo-5β-steroid 4-dehydrogenase, v. 21	p. 520
5.3.3.1	3-oxo-Δ5-steroid isomerase, steroid Δ-isomerase, v. 1	p. 376
5.3.3.1	3-Oxo-δ5 steroid isomerase, steroid Δ-isomerase, v. 1	p. 376
3.6.1.15	8-oxo-7,8-dihydro-2'-deoxyguanosine triphosphatase, nucleoside-triphosphatase, v. 15	p. 365
2.3.1.47	7-oxo-8-aminononanoate synthase, 8-amino-7-oxononanoate synthase, v. 29	p. 634
2.8.3.5	3-oxo-CoA transferase, 3-oxoacid CoA-transferase, v. 39	p. 480
3.6.1.15	8-oxo-dGTPase, nucleoside-triphosphatase, v. 15	p. 365
1.2.3.4	OXO-G, oxalate oxidase, v. 20	p. 450
3.5.2.9	5-oxo-L-prolinase, 5-oxoprolinase (ATP-hydrolysing), v. 14	p. 714
1.3.1.42	12-oxo-phytodienoic acid reductase, 12-oxophytodienoate reductase, v. 21	p. 237
1.2.7.3	2-oxoacid: ferredoxin oxidoreductase, 2-oxoglutarate synthase, v. 20	p. 556
1.2.7.1	2-oxoacid:ferredoxin oxidoreductase, pyruvate synthase, v. 20	p. 537
2.8.3.5	3-oxoacid CoA dehydrogenase, 3-oxoacid CoA-transferase, v. 39	p. 480
2.8.3.5	3-oxoacid coenzyme A-transferase, 3-oxoacid CoA-transferase, v. 39	p. 480
1.1.1.96	2-oxo acid reductase, diiodophenylpyruvate reductase, v. 17	p. 248
1.1.99.30	2-oxoacid reductase, 2-oxo-acid reductase, v. S1	p. 134
1.1.1.100	3-oxoacyl-[ACP]reductase, 3-oxoacyl-[acyl-carrier-protein] reductase, v. 17	p. 259
2.3.1.41	3-oxoacyl-[acyl-carrier-protein] synthase, β-ketoacyl-acyl-carrier-protein synthase I, v. 29	p. 580
2.3.1.180	3-oxoacyl-[acyl-carrier-protein] synthase III, β-ketoacyl-acyl-carrier-protein synthase III, v. S2	p. 99
1.1.1.212	3-oxoacyl-[acyl carrier protein] (reduced nicotinamide adenine dinucleotide) reductase, 3-oxoacyl-[acyl-carrier-protein] reductase (NADH), v. 18	p. 283
1.1.1.100	3-oxoacyl-ACP reductase, 3-oxoacyl-[acyl-carrier-protein] reductase, v. 17	p. 259
2.3.1.16	3-oxoacyl-CoA thiolase, acetyl-CoA C-acyltransferase, v. 29	p. 371
2.3.1.16	6-oxoacyl-CoA thiolase, acetyl-CoA C-acyltransferase, v. 29	p. 371
2.3.1.16	3-oxoacyl-coenzyme A thiolase, acetyl-CoA C-acyltransferase, v. 29	p. 371
2.3.1.16	oxoacyl-coenzyme A thiolase, acetyl-CoA C-acyltransferase, v. 29	p. 371
2.3.1.41	3-oxoacyl synthase, β-ketoacyl-acyl-carrier-protein synthase I, v. 29	p. 580
2.8.3.6	3-oxoadipate coenzyme A-transferase, 3-oxoadipate CoA-transferase, v. 39	p. 491
3.1.1.24	3-oxoadipate enol-lactone hydrolase, 3-oxoadipate enol-lactonase, v. 9	p. 215
4.1.1.44	3-oxoadipate enol-lactone hydrolase/4-carboxymuconolactone decarboxylase, 4-carboxymuconolactone decarboxylase, v. 3	p. 274
2.8.3.6	3-oxoadipate succinyl-CoA transferase, 3-oxoadipate CoA-transferase, v. 39	p. 491
1.2.7.2	2-oxobutyrate (methylviologen), 2-oxobutyrate synthase, v. 20	p. 552
1.2.7.2	2-oxobutyrate-ferredoxin oxidoreductase, 2-oxobutyrate synthase, v. 20	p. 552
1.2.7.2	2-oxobutyrate synthase (benzylviologen), 2-oxobutyrate synthase, v. 20	p. 552
1.14.13.51	6-oxocineole oxygenase, 6-oxocineole dehydrogenase, v. 26	p. 491

1.1.1.280	3-oxo ester (S)-reductase, (S)-3-hydroxyacid-ester dehydrogenase, v. S1 | p. 16
1.1.99.4	2-oxogluconate dehydrogenase, dehydrogluconate dehydrogenase, v. 19 | p. 279
1.14.11.13	2-oxoglutarate-dependent dioxygenase of gibberellin biosynthesis, gibberellin 2β-dioxygenase, v. 26 | p. 90
1.2.7.3	2-oxoglutarate-ferredoxin oxidoreductase, 2-oxoglutarate synthase, v. 20 | p. 556
2.6.1.1	2-oxoglutarate-glutamate aminotransferase, aspartate transaminase, v. 34 | p. 247
1.2.7.3	2-oxoglutarate:ferredoxin oxidoreductase, 2-oxoglutarate synthase, v. 20 | p. 556
2.2.1.5	2-oxoglutarate: glyoxylate carboligase, 2-hydroxy-3-oxoadipate synthase, v. 29 | p. 197
2.2.1.5	oxoglutarate: glyoxylate carboligase, 2-hydroxy-3-oxoadipate synthase, v. 29 | p. 197
1.2.4.2	2-oxoglutarate:lipoate oxidoreductase, oxoglutarate dehydrogenase (succinyl-transferring), v. 20 | p. 507
1.2.4.2	2-oxoglutarate decarboxylase, oxoglutarate dehydrogenase (succinyl-transferring), v. 20 | p. 507
4.1.1.71	oxoglutarate decarboxylase, 2-oxoglutarate decarboxylase, v. 3 | p. 389
1.2.4.2	oxoglutarate decarboxylase, oxoglutarate dehydrogenase (succinyl-transferring), v. 20 | p. 507
1.2.4.2	2-oxoglutarate dehydrogenase, oxoglutarate dehydrogenase (succinyl-transferring), v. 20 | p. 507
1.2.4.2	α-oxoglutarate dehydrogenase, oxoglutarate dehydrogenase (succinyl-transferring), v. 20 | p. 507
1.2.4.2	oxoglutarate dehydrogenase, oxoglutarate dehydrogenase (succinyl-transferring), v. 20 | p. 507
1.2.4.2	2-oxoglutarate dehydrogenase complex, oxoglutarate dehydrogenase (succinyl-transferring), v. 20 | p. 507
1.2.1.26	2-oxoglutarate semialdehyde dehydrogenase, 2,5-dioxovalerate dehydrogenase, v. 20 | p. 239
1.2.7.3	oxoglutarate synthase, 2-oxoglutarate synthase, v. 20 | p. 556
3.2.2.23	8-oxoguanine DNA glycosylase, DNA-formamidopyrimidine glycosylase, v. 14 | p. 111
1.2.4.4	2-oxoisocaproate dehydrogenase, 3-methyl-2-oxobutanoate dehydrogenase (2-methylpropanoyl-transferring), v. 20 | p. 522
1.2.4.4	α-oxoisocaproate dehydrogenase, 3-methyl-2-oxobutanoate dehydrogenase (2-methylpropanoyl-transferring), v. 20 | p. 522
5.3.1.9	Oxoisomerase, Glucose-6-phosphate isomerase, v. 1 | p. 298
1.2.1.25	2-oxoisovalerate dehydrogenase, 2-oxoisovalerate dehydrogenase (acylating), v. 20 | p. 237
1.2.4.4	2-oxoisovalerate dehydrogenase (lipoate), 3-methyl-2-oxobutanoate dehydrogenase (2-methylpropanoyl-transferring), v. 20 | p. 522
1.2.7.7	2-oxoisovalerate ferredoxin reductase, 3-methyl-2-oxobutanoate dehydrogenase (ferredoxin), v. S1 | p. 207
1.2.7.7	2-oxoisovalerate oxidoreductase, 3-methyl-2-oxobutanoate dehydrogenase (ferredoxin), v. S1 | p. 207
4.1.1.56	3-oxolaurate carboxy-lyase, 3-Oxolaurate decarboxylase, v. 3 | p. 333
2.3.1.155	3-oxopalmitoyl-CoA-CoA acetyltransferase, acetyl-CoA C-myristoyltransferase, v. 30 | p. 414
2.3.1.155	3-oxopalmitoyl-CoA hydrolase, acetyl-CoA C-myristoyltransferase, v. 30 | p. 414
2.1.2.11	oxopantoate hydroxymethyltransferase, 3-methyl-2-oxobutanoate hydroxymethyltransferase, v. 29 | p. 84
1.1.1.169	2-oxopantoate reductase, 2-dehydropantoate 2-reductase, v. 18 | p. 60
1.1.1.214	2-oxopantoyl lactone reductase, 2-dehydropantolactone reductase (B-specific), v. 18 | p. 299
4.1.1.68	5-Oxopenta-3-ene-1,2,5-tricarboxylate decarboxylase, 5-Oxopent-3-ene-1,2,5-tricarboxylate decarboxylase, v. 3 | p. 380
1.3.1.42	12-oxophytodienoate-10,11-reductase, 12-oxophytodienoate reductase, v. 21 | p. 237
1.3.1.42	12-oxophytodienoate10,11-reductase, 12-oxophytodienoate reductase, v. 21 | p. 237
1.3.1.42	12-oxo phytodienoic acid reductase, 12-oxophytodienoate reductase, v. 21 | p. 237
1.3.1.42	oxophytodienoic acid reductase, 12-oxophytodienoate reductase, v. 21 | p. 237

2.3.1.154	3-oxopristanoyl-CoA hydrolase, propionyl-CoA C2-trimethyltridecanoyltransferase, v. 30 | p. 409	
2.3.1.154	3-oxopristanoyl-CoA thiolase, propionyl-CoA C2-trimethyltridecanoyltransferase, v. 30 | p. 409	
2.3.1.154	oxopristanoyl-CoA thiolase, propionyl-CoA C2-trimethyltridecanoyltransferase, v. 30 | p. 409	
3.5.2.9	5-oxoprolinase, 5-oxoprolinase (ATP-hydrolysing), v. 14 | p. 714	
3.5.2.9	oxoprolinase, 5-oxoprolinase (ATP-hydrolysing), v. 14 | p. 714	
3.4.19.3	5-oxoprolyl-peptidase, pyroglutamyl-peptidase I, v. 6 | p. 529	
4.1.1.45	3-(3-oxoprop-2-enyl)-2-aminobut-2-endioate carboxy-lyase, Aminocarboxymuconate-semialdehyde decarboxylase, v. 3 | p. 277	
1.3.1.48	15-oxoprostaglandin-Δ13-reductase, 15-oxoprostaglandin 13-oxidase, v. 21 | p. 263	
1.3.1.48	15-oxoprostaglandin 13-reductase, 15-oxoprostaglandin 13-oxidase, v. 21 | p. 263	
1.3.1.74	15-oxoprostaglandin 13-reductase, 2-alkenal reductase, v. 21 | p. 336	
1.3.1.48	15-oxoprostaglandin Δ13-reductase, 15-oxoprostaglandin 13-oxidase, v. 21 | p. 263	
2.4.2.8	6-oxopurine phosphoribosyltransferase, hypoxanthine phosphoribosyltransferase, v. 33 | p. 95	
1.14.13.61	2-oxoquinoline 8-monooxygenase oxygenase, 2-Hydroxyquinoline 8-monooxygenase, v. 26 | p. 519	
1.14.13.62	1H-4-Oxoquinoline monooxygenase, 4-Hydroxyquinoline 3-monooxygenase, v. 26 | p. 522	
1.1.1.102	D-3-oxosphinganine:B-NADPH oxidoreductase, 3-dehydrosphinganine reductase, v. 17 | p. 273	
1.1.1.102	3-oxosphinganine:NADPH oxidoreductase, 3-dehydrosphinganine reductase, v. 17 | p. 273	
1.1.1.102	3-oxosphinganine reductase, 3-dehydrosphinganine reductase, v. 17 | p. 273	
1.1.1.102	D-3-oxosphinganine reductase, 3-dehydrosphinganine reductase, v. 17 | p. 273	
2.3.1.50	3-oxosphinganine synthetase, serine C-palmitoyltransferase, v. 29 | p. 661	
1.3.1.4	Δ4-3-oxosteroid-5 α-reductase, cortisone α-reductase, v. 21 | p. 19	
1.3.99.5	Δ4-3-oxosteroid-5α-reductase, 3-oxo-5α-steroid 4-dehydrogenase, v. 21 | p. 516	
1.3.99.4	3-oxosteroid δ1-dehydrogenase, 3-oxosteroid 1-dehydrogenase, v. 21 | p. 508	
5.3.3.1	3-Oxo steroid Δ4-Δ5-isomerase, steroid Δ-isomerase, v. 1 | p. 376	
5.3.3.1	3-Oxosteroid Δ4-Δ5-isomerase, steroid Δ-isomerase, v. 1 | p. 376	
1.3.99.5	3-oxosteroid Δ4-dehydrogenase, 3-oxo-5α-steroid 4-dehydrogenase, v. 21 | p. 516	
1.3.1.22	3-oxosteroid Δ4-dehydrogenase, cholestenone 5α-reductase, v. 21 | p. 124	
5.3.3.1	3-Oxosteroid Δ5-Δ4-isomerase, steroid Δ-isomerase, v. 1 | p. 376	
1.3.1.22	3-oxosteroid 5α-reductase, cholestenone 5α-reductase, v. 21 | p. 124	
1.3.99.6	Δ4-3-oxosteroid 5β-reductase, 3-oxo-5β-steroid 4-dehydrogenase, v. 21 | p. 520	
1.3.99.4	3-oxosteroid:(2,6-dichlorphenolindophenol) Δ1-oxidoreductase, 3-oxosteroid 1-dehydrogenase, v. 21 | p. 508	
1.3.99.4	3-oxosteroid:(2,6-dichlorphenolindophenol)D1-oxidoreductase, 3-oxosteroid 1-dehydrogenase, v. 21 | p. 508	
1.3.99.4	3-oxosteroid D1-dehydrogenase, 3-oxosteroid 1-dehydrogenase, v. 21 | p. 508	
5.3.3.1	3-Oxosteroid isomerase, steroid Δ-isomerase, v. 1 | p. 376	
5.3.3.1	Δ5-3-oxosteroid isomerase, steroid Δ-isomerase, v. 1 | p. 376	
1.1.1.270	3-oxo steroid reductase, 3-keto-steroid reductase, v. 18 | p. 485	
1.1.1.270	3-oxosteroid reductase, 3-keto-steroid reductase, v. 18 | p. 485	
1.3.99.5	Δ4-3-oxo steroid reductase, 3-oxo-5α-steroid 4-dehydrogenase, v. 21 | p. 516	
1.3.7.1	6-oxotetrahydronicotinate dehydrogenase, 6-hydroxynicotinate reductase, v. 21 | p. 450	
2.3.1.9	3-oxothiolase, acetyl-CoA C-acetyltransferase, v. 29 | p. 305	
1.2.3.4	OxOx, oxalate oxidase, v. 20 | p. 450	
3.5.2.6	oxycillinase, β-lactamase, v. 14 | p. 683	
1.3.3.3	oxygen-dependent coproporphyrinogen III oxidase, coproporphyrinogen oxidase, v. 21 | p. 367	
1.14.13.81	oxygen-dependent Mg-protoporphyrin IX monomethylester cyclase system, magnesium-protoporphyrin IX monomethyl ester (oxidative) cyclase, v. 26 | p. 582	

1.3.99.22	oxygen-independent coproporphyrinogen-III oxidase, coproporphyrinogen dehydrogenase, v. S1 | p. 262
1.3.99.22	oxygen-independent coproporphyrinogen III oxidase, coproporphyrinogen dehydrogenase, v. S1 | p. 262
1.3.99.22	oxygen-independent CPO, coproporphyrinogen dehydrogenase, v. S1 | p. 262
1.14.13.81	oxygen-independent Mg-protoporphyrin IX monomethylester cyclase system, magnesium-protoporphyrin IX monomethyl ester (oxidative) cyclase, v. 26 | p. 582
1.13.11.2	oxygenase, catechol 2,3-dioxygenase, v. 25 | p. 395
1.14.13.37	oxygenase, (S)-cis-N-methyltetrahydroberberine 14-mono-, methyltetrahydroprotoberberine 14-monooxygenase, v. 26 | p. 419
1.14.11.1	oxygenase, γ-butyroβine di-, γ-butyroβine dioxygenase, v. 26 | p. 1
1.14.99.36	oxygenase, β-carotene 15,15'-di-, β-carotene 15,15'-monooxygenase, v. 27 | p. 388
1.13.11.38	oxygenase, 1-hydroxy-2-naphthoate di-, 1-hydroxy-2-naphthoate 1,2-dioxygenase, v. 25 | p. 616
1.13.11.47	Oxygenase, 1H-3-hydroxy-4-oxoquinoline 2,4-di, 3-hydroxy-4-oxoquinoline 2,4-dioxygenase, v. 25 | p. 663
1.14.12.16	Oxygenase, 2(1H)-quinolinone 5,6-di-, 2-Hydroxyquinoline 5,6-dioxygenase, v. 26 | p. 187
1.13.11.14	oxygenase, 2,3-dihydroxybenzoate 3,4-di-, 2,3-dihydroxybenzoate 3,4-dioxygenase, v. 25 | p. 493
1.14.13.20	oxygenase, 2,4-dichlorophenol 6-mono-, 2,4-dichlorophenol 6-monooxygenase, v. 26 | p. 326
1.14.13.20	oxygenase, 2,4-dichlorophenol mono-, 2,4-dichlorophenol 6-monooxygenase, v. 26 | p. 326
1.13.11.9	oxygenase, 2,5-dihydroxypyridine 5,6-di-, 2,5-dihydroxypyridine 5,6-dioxygenase, v. 25 | p. 451
1.14.12.14	Oxygenase, 2-aminobenzenesulfonate di-, 2-Aminobenzenesulfonate 2,3-dioxygenase, v. 26 | p. 183
1.14.13.44	oxygenase, 2-hydroxybiphenyl 3-mono-, 2-hydroxybiphenyl 3-monooxygenase, v. 26 | p. 458
1.14.13.66	Oxygenase, 2-hydroxycyclohexanone 2-mono-, 2-Hydroxycyclohexanone 2-monooxygenase, v. 26 | p. 535
1.14.13.31	oxygenase, 2-nitrophenol, 2-nitrophenol 2-monooxygenase, v. 26 | p. 396
1.13.11.32	oxygenase, 2-nitropropane di-, 2-nitropropane dioxygenase, v. 25 | p. 581
1.14.13.61	Oxygenase, 2-oxo-1,2-dihydroquinoline 8-mono-, 2-Hydroxyquinoline 8-monooxygenase, v. 26 | p. 519
1.14.13.61	Oxygenase, 2-oxo-1,2-dihydroquinoline 8-mono- (Pseudomonas putida strain 86 gene oxoO subunit), 2-Hydroxyquinoline 8-monooxygenase, v. 26 | p. 519
1.14.13.61	Oxygenase, 2-oxo-1,2-dihydroquinoline 8-mono- (Pseudomonas putida strain 86 gene oxoR subunit), 2-Hydroxyquinoline 8-monooxygenase, v. 26 | p. 519
1.3.99.19	Oxygenase, 2-quinolinecarboxylate 4-mono, Quinoline-4-carboxylate 2-oxidoreductase, v. 21 | p. 591
1.14.13.13	oxygenase, 25-hydroxycholecalciferol 1-mono-, calcidiol 1-monooxygenase, v. 26 | p. 296
1.14.13.60	Oxygenase, 27-hydroxycholesterol 7α-mono, 27-Hydroxycholesterol 7α-monooxygenase, v. 26 | p. 516
1.14.13.28	oxygenase, 3,9-dihydroxypterocarpan 6α-mono-, 3,9-dihydroxypterocarpan 6a-monooxygenase, v. 26 | p. 382
1.13.11.6	oxygenase, 3-hydroxyanthranilate 3,4-di-, 3-hydroxyanthranilate 3,4-dioxygenase, v. 25 | p. 439
1.14.99.23	oxygenase, 3-hydroxybenzoate 2-mono-, 3-hydroxybenzoate 2-monooxygenase, v. 27 | p. 355
1.14.13.23	oxygenase, 3-hydroxybenzoate 4-mono-, 3-hydroxybenzoate 4-monooxygenase, v. 26 | p. 351
1.14.13.24	oxygenase, 3-hydroxybenzoate 6-mono-, 3-hydroxybenzoate 6-monooxygenase, v. 26 | p. 355
1.14.13.63	Oxygenase, 3-hydroxyphenylacetate 6-mono, 3-Hydroxyphenylacetate 6-hydroxylase, v. 26 | p. 525

1.14.13.62	Oxygenase, 4(1H)-oxoquinoline 3-mono-, 4-Hydroxyquinoline 3-monooxygenase, v. 26 | p. 522	
1.14.13.27	oxygenase, 4-aminobenzoate mono-, 4-aminobenzoate 1-monooxygenase, v. 26 | p. 378	
1.14.12.9	oxygenase, 4-chlorophenylacetate 3,4-di-, 4-chlorophenylacetate 3,4-dioxygenase, v. 26 | p. 148	
1.14.13.84	oxygenase, 4-hydroxyacetophenone mono-, 4-hydroxyacetophenone monooxygenase, v. S1 | p. 545	
1.14.13.64	Oxygenase, 4-hydroxybenzoate 1-mono, 4-Hydroxybenzoate 1-hydroxylase, v. 26 | p. 528	
1.14.13.2	oxygenase, 4-hydroxybenzoate 3-mono-, 4-hydroxybenzoate 3-monooxygenase, v. 26 | p. 208	
1.14.13.33	oxygenase, 4-hydroxybenzoate 3-mono- (reduced nicotinamide adenine dinucleotide (phosphate)), 4-hydroxybenzoate 3-monooxygenase [NAD(P)H], v. 26 | p. 403	
1.14.13.18	oxygenase, 4-hydroxyphenylacetate 1-mono-, 4-hydroxyphenylacetate 1-monooxygenase, v. 26 | p. 321	
1.14.13.42	oxygenase, 4-hydroxyphenylacetonitrile mono-, hydroxyphenylacetonitrile 2-monooxygenase, v. 26 | p. 454	
1.13.11.27	oxygenase, 4-hydroxyphenylpyruvate di-, 4-hydroxyphenylpyruvate dioxygenase, v. 25 | p. 546	
1.14.99.15	oxygenase, 4-methoxybenzoate 4-mono- (O-demethylating), 4-methoxybenzoate monooxygenase (O-demethylating), v. 27 | p. 318	
1.14.13.29	oxygenase, 4-nitrophenol 2-mono-, 4-nitrophenol 2-monooxygenase, v. 26 | p. 386	
1.14.12.8	oxygenase, 4-sulfobenzoate di-, 4-sulfobenzoate 3,4-dioxygenase, v. 26 | p. 144	
1.14.14.5	oxygenase, alkanesulfonate 1-mono-, alkanesulfonate monooxygenase, v. 26 | p. 607	
1.14.99.12	oxygenase, androstenedione mono-, androst-4-ene-3,17-dione monooxygenase, v. 27 | p. 310	
1.14.13.38	oxygenase, anhydrotetracycline, anhydrotetracycline monooxygenase, v. 26 | p. 422	
1.14.16.3	oxygenase, anthranilate 3-mono-, anthranilate 3-monooxygenase, v. 27 | p. 95	
1.13.11.34	oxygenase, arachidonate, 5-lip-, arachidonate 5-lipoxygenase, v. 25 | p. 591	
1.13.11.33	oxygenase, arachidonate 15-lip-, arachidonate 15-lipoxygenase, v. 25 | p. 585	
1.13.12.1	oxygenase, arginine 2-mono-, arginine 2-monooxygenase, v. 25 | p. 675	
1.13.11.13	oxygenase, ascorbate 2,3-di-, ascorbate 2,3-dioxygenase, v. 25 | p. 491	
1.13.11.50	oxygenase, b-diketone di-, acetylacetone-cleaving enzyme, v. 25 | p. 673	
1.14.12.3	oxygenase, benzene 1,2-di-, benzene 1,2-dioxygenase, v. 26 | p. 127	
1.14.12.10	oxygenase, benzoate 1,2-di-, benzoate 1,2-dioxygenase, v. 26 | p. 152	
1.14.13.12	oxygenase, benzoate 4-mono-, benzoate 4-monooxygenase, v. 26 | p. 289	
1.14.13.58	Oxygenase, benzoyl coenzyme A 3-mono, Benzoyl-CoA 3-monooxygenase, v. 26 | p. 509	
1.14.15.2	oxygenase, camphor 1,2-mono, camphor 1,2-monooxygenase, v. 27 | p. 9	
1.14.15.1	oxygenase, camphor 5-mono-, camphor 5-monooxygenase, v. 27 | p. 1	
1.14.13.15	oxygenase, cholestanetriol 26-mono-, cholestanetriol 26-monooxygenase, v. 26 | p. 308	
1.14.13.17	oxygenase, cholesterol 7α-mono-, cholesterol 7α-monooxygenase, v. 26 | p. 316	
1.14.13.11	oxygenase, cinnamate 4-mono-, trans-cinnamate 4-monooxygenase, v. 26 | p. 281	
1.14.15.5	oxygenase, corticosterone 18-mono-, corticosterone 18-monooxygenase, v. 27 | p. 41	
1.14.13.22	oxygenase, cyclohexanone mono-, cyclohexanone monooxygenase, v. 26 | p. 337	
1.13.11.19	oxygenase, cysteamine, cysteamine dioxygenase, v. 25 | p. 517	
1.13.11.19	oxygenase, cysteamine di-, cysteamine dioxygenase, v. 25 | p. 517	
1.13.11.20	oxygenase, cysteine di-, cysteine dioxygenase, v. 25 | p. 522	
1.14.18.2	oxygenase, cytidine monophosphoacetylneuraminate mono-, CMP-N-acetylneuraminate monooxygenase, v. S1 | p. 651	
1.14.99.29	oxygenase, deoxyhypusine di-, deoxyhypusine monooxygenase, v. 27 | p. 370	
1.14.11.10	oxygenase, deoxyuridine-uridine 1'-di-, pyrimidine-deoxynucleoside 1'-dioxygenase, v. 26 | p. 80	
1.11.1.14	oxygenase, diarylpropane, lignin peroxidase, v. 25 | p. 309	
1.14.13.57	Oxygenase, dihydrochelirubine 12-mono, Dihydrochelirubine 12-monooxygenase, v. 26 | p. 507	

1.14.13.56	Oxygenase, dihydrosanguinarine 10-mono, Dihydrosanguinarine 10-monooxygenase, v. 26 | p. 505	
1.14.13.8	oxygenase, dimethylaniline mono- (N-oxide-forming), flavin-containing monooxygenase, v. 26 | p. 257	
1.14.17.1	oxygenase, dopamine β-mono-, dopamine β-monooxygenase, v. 27 | p. 126	
1.14.99.11	oxygenase, estradiol 6β-mono-, estradiol 6β-monooxygenase, v. 27 | p. 308	
1.14.11.9	oxygenase, flavanone 3-di-, flavanone 3-dioxygenase, v. 26 | p. 73	
1.14.13.21	oxygenase, flavonoid 3'-mono-, flavonoid 3'-monooxygenase, v. 26 | p. 332	
1.14.13.21	oxygenase, flavonoid 3-mono-, flavonoid 3'-monooxygenase, v. 26 | p. 332	
1.14.14.1	oxygenase, flavoprotein-linked mono-, unspecific monooxygenase, v. 26 | p. 584	
1.13.11.4	oxygenase, gentisate 1,2-di-, gentisate 1,2-dioxygenase, v. 25 | p. 422	
1.14.11.15	oxygenase, gibberellin 3β-di-, gibberellin 3β-dioxygenase, v. 26 | p. 98	
1.14.11.12	oxygenase, gibberellin A44 di-, gibberellin-44 dioxygenase, v. 26 | p. 88	
1.14.16.5	oxygenase, glyceryl ether mono-, glyceryl-ether monooxygenase, v. 27 | p. 111	
1.14.99.3	oxygenase, heme (decyclizing), heme oxygenase, v. 27 | p. 261	
1.13.11.15	oxygenase, homoprotocatechuate 2,3-di-, 3,4-dihydroxyphenylacetate 2,3-dioxygenase, v. 25 | p. 496	
1.13.11.37	oxygenase, hydroxyquinol 1,2-di-, hydroxyquinol 1,2-dioxygenase, v. 25 | p. 610	
1.13.11.37	oxygenase, hydroxyquinol di-, hydroxyquinol 1,2-dioxygenase, v. 25 | p. 610	
1.14.11.11	oxygenase, hyoscyamine 6β-di-, hyoscyamine (6S)-dioxygenase, v. 26 | p. 82	
1.13.11.17	oxygenase, indole 2,3-di-, indole 2,3-dioxygenase, v. 25 | p. 509	
1.13.99.1	Oxygenase, inositol, inositol oxygenase, v. 25 | p. 734	
1.14.13.9	oxygenase, kynurenine 3-mono-, kynurenine 3-monooxygenase, v. 26 | p. 269	
1.14.13.30	oxygenase, leukotriene B4 20-mono-, leukotriene-B4 20-monooxygenase, v. 26 | p. 390	
1.14.13.34	oxygenase, leukotriene E4 20-mono, leukotriene-E4 20-monooxygenase, v. 26 | p. 406	
1.14.13.47	oxygenase, (-)-limonene 3-mono-, (S)-limonene 3-monooxygenase, v. 26 | p. 473	
1.14.13.48	oxygenase, (-)-limonene 6-mono-, (S)-limonene 6-monooxygenase, v. 26 | p. 477	
1.14.13.49	oxygenase, (-)-limonene mono-, (S)-limonene 7-monooxygenase, v. 26 | p. 481	
1.14.99.28	oxygenase, linalool 8-mono-, linalool 8-monooxygenase, v. 27 | p. 367	
1.13.11.12	Oxygenase, lip-, lipoxygenase, v. 25 | p. 473	
1.14.13.59	Oxygenase, lysine N6-mono-, L-Lysine 6-monooxygenase (NADPH), v. 26 | p. 512	
1.14.16.6	oxygenase, mandelate 4-mono-, mandelate 4-monooxygenase, v. 27 | p. 123	
1.14.13.4	oxygenase, melilotate 3-mono-, melilotate 3-monooxygenase, v. 26 | p. 232	
1.14.13.25	oxygenase, methane mono-, methane monooxygenase, v. 26 | p. 360	
1.14.13.8	oxygenase, methylphenyltetrahydropyridine N-mono-, flavin-containing monooxygenase, v. 26 | p. 257	
1.14.12.12	oxygenase, naphthalene di-, naphthalene 1,2-dioxygenase, v. 26 | p. 167	
1.14.13.26	oxygenase, oleate Δ12-mono, phosphatidylcholine 12-monooxygenase, v. 26 | p. 375	
1.14.13.6	oxygenase, orcinol 2-mono, orcinol 2-monooxygenase, v. 26 | p. 241	
1.14.13.50	oxygenase, pentachlorophenol 4-mono-, pentachlorophenol monooxygenase, v. 26 | p. 484	
1.14.13.7	oxygenase, phenol 2-mono-, phenol 2-monooxygenase, v. 26 | p. 246	
1.14.16.1	oxygenase, phenylalanine 4-mono-, phenylalanine 4-monooxygenase, v. 27 | p. 60	
1.14.12.7	oxygenase, phthalate 4,5-di-, phthalate 4,5-dioxygenase, v. 26 | p. 140	
1.14.99.20	oxygenase, phylloquinone mono- (2,3-epoxidizing), phylloquinone monooxygenase (2,3-epoxidizing), v. 27 | p. 342	
1.13.11.3	oxygenase, protocatechuate 3,4-di-, protocatechuate 3,4-dioxygenase, v. 25 | p. 408	
1.14.11.4	oxygenase, protocollagen lysine, di-, procollagen-lysine 5-dioxygenase, v. 26 | p. 49	
1.14.11.7	oxygenase, protocollagen proline 3-di-, procollagen-proline 3-dioxygenase, v. 26 | p. 65	
1.14.13.55	Oxygenase, protropine 6-mono-, Protopine 6-monooxygenase, v. 26 | p. 503	
1.14.13.1	oxygenase, salicylate 1-mono-, salicylate 1-monooxygenase, v. 26 | p. 200	
1.14.13.101	oxygenase, senecionine N-, senecionine N-oxygenase, v. S1 | p. 638	
1.14.99.7	oxygenase, squalene mono-, squalene monooxygenase, v. 27 | p. 280	
1.14.13.54	Oxygenase, steroid mono-, Ketosteroid monooxygenase, v. 26 | p. 499	
1.14.13.73	oxygenase, tabersonine 16-mono-, tabersonine 16-hydroxylase, v. 26 | p. 563	
1.14.99.37	oxygenase, taxadiene 5-mono-, taxadiene 5α-hydroxylase, v. 27 | p. 396	

1.14.13.76	oxygenase, taxane 10β-mono-, taxane 10β-hydroxylase, v. 26 | p. 570	
1.14.12.15	Oxygenase, terephthalate, 1,2-di, Terephthalate 1,2-dioxygenase, v. 26 | p. 185	
1.14.12.11	oxygenase, toluene 2,3-di-, toluene dioxygenase, v. 26 | p. 156	
1.14.11.8	oxygenase, trimethyllysine di-, trimethyllysine dioxygenase, v. 26 | p. 70	
1.13.11.11	oxygenase, tryptophan 2,3-di-, tryptophan 2,3-dioxygenase, v. 25 | p. 457	
1.13.12.3	oxygenase, tryptophan 2-mono-, tryptophan 2-monooxygenase, v. 25 | p. 687	
1.14.16.4	oxygenase, tryptophan 5-mono-, tryptophan 5-monooxygenase, v. 27 | p. 98	
1.14.16.2	oxygenase, tyrosine 3-mono-, tyrosine 3-monooxygenase, v. 27 | p. 81	
1.14.12.11	oxygenaseTOL, toluene dioxygenase, v. 26 | p. 156	
1.14.11.17	oxygenative alkylsulfatase, taurine dioxygenase, v. 26 | p. 108	
1.14.18.1	oxygen oxidoreductase, monophenol monooxygenase, v. 27 | p. 156	
4.1.2.10	D-Oxynitrilase, Mandelonitrile lyase, v. 3 | p. 440	
4.1.2.11	Oxynitrilase, Hydroxymandelonitrile lyase, v. 3 | p. 448	
4.1.2.10	Oxynitrilase, Mandelonitrile lyase, v. 3 | p. 440	
4.1.2.37	Oxynitrilase, hydroxynitrilase, v. 3 | p. 569	
4.1.2.11	S-Oxynitrilase, Hydroxymandelonitrile lyase, v. 3 | p. 448	
1.11.1.7	oxyperoxidase, peroxidase, v. 25 | p. 211	
1.14.13.100	Oxysterol 7α-hydroxylase, 25-hydroxycholesterol 7α-hydroxylase, v. S1 | p. 633	
1.14.13.60	Oxysterol 7α-hydroxylase, 27-Hydroxycholesterol 7α-monooxygenase, v. 26 | p. 516	
1.14.13.99	oxysterol 7α-hydroxylase CYP39A1, 24-hydroxycholesterol 7α-hydroxylase, v. S1 | p. 631	
3.4.11.3	oxytocinase, cystinyl aminopeptidase, v. 6 | p. 66	
3.4.11.3	oxytocinase/insulin-regulated aminopeptidase, cystinyl aminopeptidase, v. 6 | p. 66	
3.4.11.3	oxytocin peptidase, cystinyl aminopeptidase, v. 6 | p. 66	
1.10.3.1	oxytyrosinase, catechol oxidase, v. 25 | p. 105	
6.6.1.1	Oy1, magnesium chelatase, v. S7 | p. 665	
1.3.1.42	OYE, 12-oxophytodienoate reductase, v. 21 | p. 237	
1.6.99.1	OYE, NADPH dehydrogenase, v. 24 | p. 179	
1.5.1.29	OYE2, FMN reductase, v. 23 | p. 217	
1.6.99.1	OYE2, NADPH dehydrogenase, v. 24 | p. 179	
1.6.99.1	OYE3, NADPH dehydrogenase, v. 24 | p. 179	
1.13.11.31	oygenase, arachidonate 12-lip-, arachidonate 12-lipoxygenase, v. 25 | p. 568	

Index of Synonyms: P

2.4.1.15	T-6-P, α,α-trehalose-phosphate synthase (UDP-forming), v. 31 | p. 137	
1.14.14.1	P(3)450, unspecific monooxygenase, v. 26 | p. 584	
3.1.1.75	P(3HB) depolymerase, poly(3-hydroxybutyrate) depolymerase, v. 9 | p. 437	
3.1.1.75	P(3HB) depolymerase A, poly(3-hydroxybutyrate) depolymerase, v. 9 | p. 437	
3.1.1.75	P(3HB) depolymerase B, poly(3-hydroxybutyrate) depolymerase, v. 9 | p. 437	
3.1.1.76	[P(3HO)] depolymerase, poly(3-hydroxyoctanoate) depolymerase, v. 9 | p. 446	
3.1.1.76	P(3HO) depolymerase, poly(3-hydroxyoctanoate) depolymerase, v. 9 | p. 446	
3.1.1.75	P(3HV) depolymerase, poly(3-hydroxybutyrate) depolymerase, v. 9 | p. 437	
2.7.6.5	(p)ppGpp synthetase/hydrolase, GTP diphosphokinase, v. 38 | p. 44	
3.1.7.2	(p)ppGpp synthetase/hydrolase, guanosine-3',5'-bis(diphosphate) 3'-diphosphatase, v. 11 | p. 337	
2.7.6.5	(p)ppGpp synthetase I, GTP diphosphokinase, v. 38 | p. 44	
2.7.6.5	(p)ppGpp synthetase II, GTP diphosphokinase, v. 38 | p. 44	
5.1.1.13	P. AspR, Aspartate racemase, v. 1 | p. 55	
1.14.14.1	P1-88, unspecific monooxygenase, v. 26 | p. 584	
1.3.1.74	P1-Z-Cr, 2-alkenal reductase, v. 21 | p. 336	
1.6.5.5	P1-ZCr, NADPH:quinone reductase, v. 24 | p. 135	
1.6.5.5	P1-zeta-crystallin, NADPH:quinone reductase, v. 24 | p. 135	
3.2.1.15	P1/P3, polygalacturonase, v. 12 | p. 208	
3.1.3.16	P10, phosphoprotein phosphatase, v. 10 | p. 213	
2.7.1.153	p101-PI3K, phosphatidylinositol-4,5-bisphosphate 3-kinase, v. 37 | p. 241	
3.1.3.16	P11, phosphoprotein phosphatase, v. 10 | p. 213	
2.4.1.94	p110, protein N-acetylglucosaminyltransferase, v. 32 | p. 39	
2.7.1.153	p110δ, phosphatidylinositol-4,5-bisphosphate 3-kinase, v. 37 | p. 241	
2.7.1.137	p110a, phosphatidylinositol 3-kinase, v. 37 | p. 170	
2.7.1.137	p110g-related PI 3-kinase, phosphatidylinositol 3-kinase, v. 37 | p. 170	
2.7.1.137	p110δ I PI3K., phosphatidylinositol 3-kinase, v. 37 | p. 170	
2.7.1.153	p110δ PI 3-kinase, phosphatidylinositol-4,5-bisphosphate 3-kinase, v. 37 | p. 241	
1.13.11.31	p12-LO, arachidonate 12-lipoxygenase, v. 25 | p. 568	
2.7.1.153	P120-PI3K, phosphatidylinositol-4,5-bisphosphate 3-kinase, v. 37 | p. 241	
2.7.12.2	p120cdc7 protein kinase, mitogen-activated protein kinase kinase, v. S4 | p. 392	
3.2.1.17	P13, lysozyme, v. 12 | p. 228	
2.7.10.2	p135tyk2 tyrosine kinase, non-specific protein-tyrosine kinase, v. S2 | p. 441	
1.6.3.1	p138 thyroid-oxidase, NAD(P)H oxidase, v. 24 | p. 92	
1.6.3.1	p138tox, NAD(P)H oxidase, v. 24 | p. 92	
2.7.10.1	p140-TrkA, receptor protein-tyrosine kinase, v. S2 | p. 341	
2.7.10.1	P140 TEK, receptor protein-tyrosine kinase, v. S2 | p. 341	
2.7.10.1	p145c-kit, receptor protein-tyrosine kinase, v. S2 | p. 341	
3.4.11.2	p146 type II alveolar epithelial cell antigen, membrane alanyl aminopeptidase, v. 6 | p. 53	
2.7.10.2	p150, non-specific protein-tyrosine kinase, v. S2 | p. 441	
3.1.3.36	p150, phosphoinositide 5-phosphatase, v. 10 | p. 339	
6.3.4.16	p165, Carbamoyl-phosphate synthase (ammonia), v. 2 | p. 641	
5.2.1.8	p17.7, Peptidylprolyl isomerase, v. 1 | p. 218	
3.4.17.22	p170, Metallocarboxypeptidase D, v. 6 | p. 505	
2.7.1.154	p170, phosphatidylinositol-4-phosphate 3-kinase, v. 37 | p. 245	
3.1.4.17	p17 protein, 3',5'-cyclic-nucleotide phosphodiesterase, v. 11 | p. 116	
6.3.2.19	P18, Ubiquitin-protein ligase, v. 2 | p. 506	
3.6.1.23	P18, dUTP diphosphatase, v. 15 | p. 403	

2.7.7.48	P180, RNA-directed RNA polymerase, v. 38 | p. 468	
2.7.10.1	p180erbB4, receptor protein-tyrosine kinase, v. S2 | p. 341	
2.7.10.1	p185-Ron, receptor protein-tyrosine kinase, v. S2 | p. 341	
2.7.10.1	p185erbB2, receptor protein-tyrosine kinase, v. S2 | p. 341	
3.1.3.48	P19-PTP, protein-tyrosine-phosphatase, v. 10 | p. 407	
2.7.10.1	p190MET kinase, receptor protein-tyrosine kinase, v. S2 | p. 341	
3.6.3.5	P1B type ATPase, Zn2+-exporting ATPase, v. 15 | p. 550	
3.4.21.118	P1 kallikrein, kallikrein 8, v. S5 | p. 435	
3.4.21.35	P1 kallikrein, tissue kallikrein, v. 7 | p. 141	
3.1.30.1	P1 nuclease, Aspergillus nuclease S1, v. 11 | p. 610	
3.1.3.46	F-2,6-P2, fructose-2,6-bisphosphate 2-phosphatase, v. 10 | p. 395	
1.11.1.1	P2, NADH peroxidase, v. 25 | p. 172	
1.11.1.7	p20, peroxidase, v. 25 | p. 211	
2.7.11.1	P21-activated kinase-1, non-specific serine/threonine protein kinase, v. S3 | p. 1	
2.7.12.2	p21cdc42/rac1 binding protein, mitogen-activated protein kinase kinase, v. S4 | p. 392	
3.6.5.2	p21 ras, small monomeric GTPase, v. S6 | p. 476	
1.11.1.9	6P229, glutathione peroxidase, v. 25 | p. 233	
3.4.22.39	p23, adenain, v. 7 | p. 720	
3.4.21.4	p23, trypsin, v. 7 | p. 12	
1.14.14.1	P24, unspecific monooxygenase, v. 26 | p. 584	
3.1.26.3	p241, ribonuclease III, v. 11 | p. 509	
2.7.4.14	P25, cytidylate kinase, v. 37 | p. 582	
2.7.11.22	p25-Cdk5 kinase complex, cyclin-dependent kinase, v. S4 | p. 156	
2.7.11.26	p25-Cdk5 kinase complex, τ-protein kinase, v. S4 | p. 303	
1.13.11.4	P25X gentisate 1,2-dioxygenase, gentisate 1,2-dioxygenase, v. 25 | p. 422	
3.6.1.1	p26.1a, inorganic diphosphatase, v. 15 | p. 240	
3.6.1.1	p26.1b, inorganic diphosphatase, v. 15 | p. 240	
2.1.1.37	P26358 {SwissProt}, DNA (cytosine-5-)-methyltransferase, v. 28 | p. 197	
3.4.25.1	p27K, proteasome endopeptidase complex, v. 8 | p. 587	
3.4.21.76	P29, Myeloblastin, v. 7 | p. 380	
3.1.4.17	P2A, 3',5'-cyclic-nucleotide phosphodiesterase, v. 11 | p. 116	
3.4.22.29	P2A, picornain 2A, v. 7 | p. 657	
3.2.1.15	P2C, polygalacturonase, v. 12 | p. 208	
1.5.1.21	P2C reductase, Δ1-piperideine-2-carboxylate reductase, v. 23 | p. 182	
1.1.3.10	P2Ox, pyranose oxidase, v. 19 | p. 99	
2.3.1.48	p300, histone acetyltransferase, v. 29 | p. 641	
2.3.1.48	p300/CBP, histone acetyltransferase, v. 29 | p. 641	
2.3.1.48	p300/CBP-associated factor (pCAF), histone acetyltransferase, v. 29 | p. 641	
2.3.1.48	p300 HAT, histone acetyltransferase, v. 29 | p. 641	
2.3.1.48	p300 histone acetyltransferase, histone acetyltransferase, v. 29 | p. 641	
3.6.3.14	P31, H+-transporting two-sector ATPase, v. 15 | p. 598	
5.2.1.8	P31, Peptidylprolyl isomerase, v. 1 | p. 218	
1.1.1.10	P31h, L-xylulose reductase, v. 16 | p. 144	
1.1.1.5	P31h, acetoin dehydrogenase, v. 16 | p. 97	
3.1.26.4	P32, calf thymus ribonuclease H, v. 11 | p. 517	
1.1.1.105	P32, retinol dehydrogenase, v. 17 | p. 287	
1.6.2.2	P34/P32, cytochrome-b5 reductase, v. 24 | p. 35	
2.7.11.22	p34cdc2, cyclin-dependent kinase, v. S4 | p. 156	
2.7.11.22	p34cdc2 homologue, cyclin-dependent kinase, v. S4 | p. 156	
2.7.11.22	p34cdc2 protein kinase, cyclin-dependent kinase, v. S4 | p. 156	
1.1.1.10	P34H, L-xylulose reductase, v. 16 | p. 144	
1.1.1.5	P34H, acetoin dehydrogenase, v. 16 | p. 97	
1.6.2.2	P35, cytochrome-b5 reductase, v. 24 | p. 35	
1.1.1.271	P35B tumour rejection antigen, GDP-L-fucose synthase, v. 18 | p. 492	
4.2.1.70	P35 protein, pseudouridylate synthase, v. 4 | p. 578	

1.13.11.4	P35X gentisate 1,2-dioxygenase, gentisate 1,2-dioxygenase,	v. 25 | p. 422
1.6.5.5	P36, NADPH:quinone reductase,	v. 24 | p. 135
2.7.11.24	p38, mitogen-activated protein kinase,	v. S4 | p. 233
2.7.11.24	p38α, mitogen-activated protein kinase,	v. S4 | p. 233
2.7.11.24	p38β, mitogen-activated protein kinase,	v. S4 | p. 233
2.7.11.24	p38δ, mitogen-activated protein kinase,	v. S4 | p. 233
2.7.11.24	p38γ, mitogen-activated protein kinase,	v. S4 | p. 233
2.7.11.24	p38-2, mitogen-activated protein kinase,	v. S4 | p. 233
2.7.11.24	p38-MAPK, mitogen-activated protein kinase,	v. S4 | p. 233
2.7.11.24	P38α-MAPKAP kinase 2, mitogen-activated protein kinase,	v. S4 | p. 233
2.7.11.24	p38-δ mitogen-activated protein kinase, mitogen-activated protein kinase,	v. S4 | p. 233
2.7.11.24	p38a, mitogen-activated protein kinase,	v. S4 | p. 233
2.7.11.24	p38a MAP kinase, mitogen-activated protein kinase,	v. S4 | p. 233
2.7.11.24	D-p38b, mitogen-activated protein kinase,	v. S4 | p. 233
2.7.11.24	p38b, mitogen-activated protein kinase,	v. S4 | p. 233
2.7.11.24	p38b1, mitogen-activated protein kinase,	v. S4 | p. 233
2.7.11.24	p38b2, mitogen-activated protein kinase,	v. S4 | p. 233
2.7.11.24	p38α kinase, mitogen-activated protein kinase,	v. S4 | p. 233
2.7.11.24	p38 MAPK, mitogen-activated protein kinase,	v. S4 | p. 233
2.7.11.24	p38 MAPKα, mitogen-activated protein kinase,	v. S4 | p. 233
2.7.11.24	p38α MAPK, mitogen-activated protein kinase,	v. S4 | p. 233
2.7.11.24	p38 MAP kinase, mitogen-activated protein kinase,	v. S4 | p. 233
2.7.11.24	p38 MAP kinase α, mitogen-activated protein kinase,	v. S4 | p. 233
2.7.11.24	p38α MAP kinase, mitogen-activated protein kinase,	v. S4 | p. 233
2.7.11.24	p38 mitogen-activated protein kinase, mitogen-activated protein kinase,	v. S4 | p. 233
2.7.11.24	p38 mitogen-activated protein kinase α, mitogen-activated protein kinase,	v. S4 | p. 233
2.7.11.24	p38α mitogen-activated protein kinase, mitogen-activated protein kinase,	v. S4 | p. 233
2.7.11.24	p38 mitogen-activated protein MAP kinase, mitogen-activated protein kinase,	v. S4 | p. 233
2.7.11.24	p38 mitogen activated protein kinase, mitogen-activated protein kinase,	v. S4 | p. 233
3.6.3.14	P39, H+-transporting two-sector ATPase,	v. 15 | p. 598
3.4.22.28	P3C, picornain 3C,	v. 7 | p. 646
2.7.7.48	P3D, RNA-directed RNA polymerase,	v. 38 | p. 468
1.14.11.7	P3H1, procollagen-proline 3-dioxygenase,	v. 26 | p. 65
1.14.11.28	P3H1, proline 3-hydroxylase,	v. S1 | p. 524
3.1.30.1	P4, Aspergillus nuclease S1,	v. 11 | p. 610
3.1.3.2	P4, acid phosphatase,	v. 10 | p. 31
3.1.26.7	P4, ribonuclease P4,	v. 11 | p. 547
3.4.24.76	P40, flavastacin,	v. 8 | p. 581
2.7.11.22	p40MO15, cyclin-dependent kinase,	v. S4 | p. 156
2.7.10.2	p40mos, non-specific protein-tyrosine kinase,	v. S2 | p. 441
2.7.11.22	p42, cyclin-dependent kinase,	v. S4 | p. 156
2.7.11.24	p42, mitogen-activated protein kinase,	v. S4 | p. 233
2.7.11.24	p44, mitogen-activated protein kinase,	v. S4 | p. 233
3.4.22.36	p45, caspase-1,	v. 7 | p. 699
3.6.4.8	p45, proteasome ATPase,	v. 15 | p. 797
3.6.4.8	p45/Rpt6, proteasome ATPase,	v. 15 | p. 797
1.14.14.1	P450, unspecific monooxygenase,	v. 26 | p. 584
1.14.15.4	P450(11 β)-DS, steroid 11β-monooxygenase,	v. 27 | p. 26
1.14.13.70	P450(14DM), sterol 14-demethylase,	v. 26 | p. 547
1.14.99.9	P450(17α), steroid 17α-monooxygenase,	v. 27 | p. 290
1.14.14.1	P450(I), unspecific monooxygenase,	v. 26 | p. 584
1.14.15.6	P450(scc), cholesterol monooxygenase (side-chain-cleaving),	v. 27 | p. 44
1.14.14.1	P450-11A, unspecific monooxygenase,	v. 26 | p. 584
1.14.13.70	P450-14DM, sterol 14-demethylase,	v. 26 | p. 547
1.14.14.1	P450-15-α, unspecific monooxygenase,	v. 26 | p. 584

1.14.14.1	P450-15-COH, unspecific monooxygenase, v. 26	p. 584
1.14.14.1	P450-16-α, unspecific monooxygenase, v. 26	p. 584
1.14.14.1	P450-254C, unspecific monooxygenase, v. 26	p. 584
1.14.14.1	P450-3C, unspecific monooxygenase, v. 26	p. 584
1.14.13.78	P450-4, ent-kaurene oxidase, v. 26	p. 574
1.14.14.1	P450-6B/29C, unspecific monooxygenase, v. 26	p. 584
1.14.14.1	P450-A3, unspecific monooxygenase, v. 26	p. 584
1.14.14.1	P450-AFB, unspecific monooxygenase, v. 26	p. 584
1.14.14.1	P450-ALC, unspecific monooxygenase, v. 26	p. 584
1.14.99.9	P450-C17, steroid 17α-monooxygenase, v. 27	p. 290
1.14.99.10	P450-C21, steroid 21-monooxygenase, v. 27	p. 302
1.14.99.10	P450-C21B, steroid 21-monooxygenase, v. 27	p. 302
1.14.14.1	P450-CMF1A, unspecific monooxygenase, v. 26	p. 584
1.14.14.1	P450-CMF1B, unspecific monooxygenase, v. 26	p. 584
1.14.14.1	P450-CMF2, unspecific monooxygenase, v. 26	p. 584
1.14.14.1	P450-CMF3, unspecific monooxygenase, v. 26	p. 584
1.14.14.1	P450-DB1, unspecific monooxygenase, v. 26	p. 584
1.14.14.1	P450-DB2, unspecific monooxygenase, v. 26	p. 584
1.14.14.1	P450-DB3, unspecific monooxygenase, v. 26	p. 584
1.14.14.1	P450-DB4, unspecific monooxygenase, v. 26	p. 584
1.14.14.1	P450-DB5, unspecific monooxygenase, v. 26	p. 584
1.14.14.1	P450-HFLA, unspecific monooxygenase, v. 26	p. 584
1.14.15.3	P450-HL-ω, alkane 1-monooxygenase, v. 27	p. 16
1.14.14.1	P450-HP, unspecific monooxygenase, v. 26	p. 584
1.14.14.1	P450-IIA10, unspecific monooxygenase, v. 26	p. 584
1.14.14.1	P450-IIA11, unspecific monooxygenase, v. 26	p. 584
1.14.14.1	P450-IIA3.1, unspecific monooxygenase, v. 26	p. 584
1.14.14.1	P450-IIA3.2, unspecific monooxygenase, v. 26	p. 584
1.14.14.1	P450-IIA4, unspecific monooxygenase, v. 26	p. 584
1.14.14.1	P450-KP1, unspecific monooxygenase, v. 26	p. 584
1.14.13.70	P450-L1A1, sterol 14-demethylase, v. 26	p. 547
1.14.14.1	P450-LM2, unspecific monooxygenase, v. 26	p. 584
1.14.14.1	P450-MC1, unspecific monooxygenase, v. 26	p. 584
1.14.14.1	P450-MC4, unspecific monooxygenase, v. 26	p. 584
1.14.14.1	P450-MK1, unspecific monooxygenase, v. 26	p. 584
1.14.14.1	P450-MKJ1, unspecific monooxygenase, v. 26	p. 584
1.14.14.1	P450-MKMP13, unspecific monooxygenase, v. 26	p. 584
1.14.14.1	P450-MKNF2, unspecific monooxygenase, v. 26	p. 584
1.14.14.1	P450-NMB, unspecific monooxygenase, v. 26	p. 584
1.14.14.1	P450-OLF1, unspecific monooxygenase, v. 26	p. 584
1.14.14.1	P450-OLF3, unspecific monooxygenase, v. 26	p. 584
1.14.14.1	P450-P1, unspecific monooxygenase, v. 26	p. 584
1.14.14.1	P450-P2/P450-P3, unspecific monooxygenase, v. 26	p. 584
1.14.14.1	P450-P3, unspecific monooxygenase, v. 26	p. 584
1.14.14.1	P450-PB1 and P450-PB2, unspecific monooxygenase, v. 26	p. 584
1.14.13.67	P450-PCN1, quinine 3-monooxygenase, v. 26	p. 537
1.14.14.1	P450-PCN1, unspecific monooxygenase, v. 26	p. 584
1.14.14.1	P450-PCN2, unspecific monooxygenase, v. 26	p. 584
1.14.14.1	P450-PCN3, unspecific monooxygenase, v. 26	p. 584
1.14.14.1	P450-PM4, unspecific monooxygenase, v. 26	p. 584
1.14.14.1	P450-PP1, unspecific monooxygenase, v. 26	p. 584
1.14.14.1	P450-PROS2, unspecific monooxygenase, v. 26	p. 584
1.14.15.4	P45011β, steroid 11β-monooxygenase, v. 27	p. 26
1.14.13.70	P45014DM, sterol 14-demethylase, v. 26	p. 547
1.14.99.9	P450 17, steroid 17α-monooxygenase, v. 27	p. 290

4.1.2.30	P45017α, 17α-Hydroxyprogesterone aldolase, v. 3 | p. 549
1.14.14.1	P450 17-α, unspecific monooxygenase, v. 26 | p. 584
1.14.14.1	P4501A1, unspecific monooxygenase, v. 26 | p. 584
1.14.13.86	P450 2-hydroxyisoflavanone synthase, 2-hydroxyisoflavanone synthase, v. S1 | p. 559
1.14.13.15	P450 27A1, cholestanetriol 26-monooxygenase, v. 26 | p. 308
1.14.14.1	P450 2D-29/2D-35, unspecific monooxygenase, v. 26 | p. 584
1.6.2.4	P450 BM3, NADPH-hemoprotein reductase, v. 24 | p. 58
1.14.14.1	P450 BM3, unspecific monooxygenase, v. 26 | p. 584
1.14.15.4	P450C11, steroid 11β-monooxygenase, v. 27 | p. 26
4.1.2.30	P450c17, 17α-Hydroxyprogesterone aldolase, v. 3 | p. 549
1.14.99.9	P450c17, steroid 17α-monooxygenase, v. 27 | p. 290
1.14.99.10	P450c21, steroid 21-monooxygenase, v. 27 | p. 302
1.14.13.11	P450C4H, trans-cinnamate 4-monooxygenase, v. 26 | p. 281
1.14.15.1	P450cam, camphor 5-monooxygenase, v. 27 | p. 1
1.14.14.1	P450CB, unspecific monooxygenase, v. 26 | p. 584
1.14.15.6	P450 cholesterol side-chain cleavage enzyme, cholesterol monooxygenase (side-chain-cleaving), v. 27 | p. 44
1.14.14.1	P450 CM3A-10, unspecific monooxygenase, v. 26 | p. 584
1.14.14.1	P450CMEF, unspecific monooxygenase, v. 26 | p. 584
1.14.13.13	P450 cytochrome 25-hydroxyvitamin D3 1α-hydroxylase, calcidiol 1-monooxygenase, v. 26 | p. 296
1.14.14.1	P450 DUT2, unspecific monooxygenase, v. 26 | p. 584
1.14.14.1	P450E, unspecific monooxygenase, v. 26 | p. 584
1.14.14.1	P450EF, unspecific monooxygenase, v. 26 | p. 584
1.14.14.1	P450F, unspecific monooxygenase, v. 26 | p. 584
1.14.14.1	P450 FA, unspecific monooxygenase, v. 26 | p. 584
1.14.14.1	P450 FI, unspecific monooxygenase, v. 26 | p. 584
1.14.14.1	P450 form 3B, unspecific monooxygenase, v. 26 | p. 584
1.14.14.1	P450 form HP1, unspecific monooxygenase, v. 26 | p. 584
1.14.14.1	P450H, unspecific monooxygenase, v. 26 | p. 584
1.14.14.1	P450 HSM1, unspecific monooxygenase, v. 26 | p. 584
1.14.14.1	P450 HSM2, unspecific monooxygenase, v. 26 | p. 584
1.14.14.1	P450 HSM3, unspecific monooxygenase, v. 26 | p. 584
1.14.14.1	P450 HSM4, unspecific monooxygenase, v. 26 | p. 584
1.14.14.1	P450I, unspecific monooxygenase, v. 26 | p. 584
1.14.14.1	P450 IIB1, unspecific monooxygenase, v. 26 | p. 584
1.14.14.1	P450 IIC2, unspecific monooxygenase, v. 26 | p. 584
1.14.14.1	P450IIC5, unspecific monooxygenase, v. 26 | p. 584
1.14.13.86	P450 isoflavonoid synthase, 2-hydroxyisoflavanone synthase, v. S1 | p. 559
1.14.13.70	P 450 lanosterol C-14 demethylase, sterol 14-demethylase, v. 26 | p. 547
1.14.14.1	P450 LM4, unspecific monooxygenase, v. 26 | p. 584
1.14.14.1	P450 LM6, unspecific monooxygenase, v. 26 | p. 584
1.14.14.1	P450 LMC2, unspecific monooxygenase, v. 26 | p. 584
1.14.14.1	P450 MD, unspecific monooxygenase, v. 26 | p. 584
1.14.14.1	P450 monooxygenase, unspecific monooxygenase, v. 26 | p. 584
1.14.14.1	P450 MP-12/MP-20, unspecific monooxygenase, v. 26 | p. 584
1.14.14.1	P450MT2, unspecific monooxygenase, v. 26 | p. 584
1.7.99.7	P450nor, nitric-oxide reductase, v. 24 | p. 441
1.6.2.4	P450 oxidoreductase, NADPH-hemoprotein reductase, v. 24 | p. 58
1.14.14.1	P450 P49, unspecific monooxygenase, v. 26 | p. 584
1.14.14.1	P450 PB1, unspecific monooxygenase, v. 26 | p. 584
1.14.14.1	P450 PB4, unspecific monooxygenase, v. 26 | p. 584
1.14.14.1	P450 PBC1, unspecific monooxygenase, v. 26 | p. 584
1.14.14.1	P450 PBC2, unspecific monooxygenase, v. 26 | p. 584
1.14.14.1	P450 PBC3, unspecific monooxygenase, v. 26 | p. 584

1.14.14.1	P450 PBC4, unspecific monooxygenase, v. 26 | p. 584	
1.14.14.1	P450 PCHP3, unspecific monooxygenase, v. 26 | p. 584	
1.14.14.1	P450 PCHP7, unspecific monooxygenase, v. 26 | p. 584	
1.6.2.4	P450R, NADPH-hemoprotein reductase, v. 24 | p. 58	
1.14.14.1	P450RAP, unspecific monooxygenase, v. 26 | p. 584	
1.6.2.4	P450 Red, NADPH-hemoprotein reductase, v. 24 | p. 58	
1.6.2.4	P450REd, NADPH-hemoprotein reductase, v. 24 | p. 58	
1.6.2.4	P450 reductase, NADPH-hemoprotein reductase, v. 24 | p. 58	
1.14.14.1	P450RLM6, unspecific monooxygenase, v. 26 | p. 584	
1.14.15.6	P450scc, cholesterol monooxygenase (side-chain-cleaving), v. 27 | p. 44	
1.14.14.1	P450 TCDDAA, unspecific monooxygenase, v. 26 | p. 584	
1.14.14.1	P450 TCDDAHH, unspecific monooxygenase, v. 26 | p. 584	
1.14.14.1	P450 type B2, unspecific monooxygenase, v. 26 | p. 584	
1.14.14.1	P450 types B0 and B1, unspecific monooxygenase, v. 26 | p. 584	
1.14.15.3	P452, alkane 1-monooxygenase, v. 27 | p. 16	
4.2.1.11	P46, phosphopyruvate hydratase, v. 4 | p. 312	
2.7.11.1	P460, non-specific serine/threonine protein kinase, v. S3 | p. 1	
2.7.11.1	p46Eg265, non-specific serine/threonine protein kinase, v. S3 | p. 1	
2.7.11.1	p46XlEg22, non-specific serine/threonine protein kinase, v. S3 | p. 1	
3.5.2.2	P479, dihydropyrimidinase, v. 14 | p. 651	
2.7.11.24	p493F12 kinase, mitogen-activated protein kinase, v. S4 | p. 233	
4.2.1.96	P4aCD, 4a-hydroxytetrahydrobiopterin dehydratase, v. 4 | p. 665	
3.6.1.14	p4A phosphohydrolase, adenosine-tetraphosphatase, v. 15 | p. 361	
1.14.11.2	C-P4H, procollagen-proline dioxygenase, v. 26 | p. 9	
1.14.11.2	P4H, procollagen-proline dioxygenase, v. 26 | p. 9	
1.14.11.2	C-P4H α(I), procollagen-proline dioxygenase, v. 26 | p. 9	
1.14.11.2	C-P4H α(III), procollagen-proline dioxygenase, v. 26 | p. 9	
1.14.11.2	P4H1, procollagen-proline dioxygenase, v. 26 | p. 9	
1.14.11.2	P4ha1, procollagen-proline dioxygenase, v. 26 | p. 9	
1.14.11.2	P4ha2, procollagen-proline dioxygenase, v. 26 | p. 9	
1.14.11.2	C-P4H α subunit (III), procollagen-proline dioxygenase, v. 26 | p. 9	
5.3.4.1	P5, Protein disulfide-isomerase, v. 1 | p. 436	
3.1.3.16	P5, phosphoprotein phosphatase, v. 10 | p. 213	
3.1.3.5	P5'N-1, 5'-nucleotidase, v. 10 | p. 95	
5.1.99.4	P504S, α-Methylacyl-CoA racemase, v. 1 | p. 188	
1.2.1.3	P51, aldehyde dehydrogenase (NAD+), v. 20 | p. 32	
3.5.4.3	p51-nedasin, guanine deaminase, v. 15 | p. 17	
6.5.1.3	P52, RNA ligase (ATP), v. 2 | p. 787	
1.14.14.1	P52, unspecific monooxygenase, v. 26 | p. 584	
2.7.11.1	p53-related protein kinase, non-specific serine/threonine protein kinase, v. S3 | p. 1	
3.4.21.63	P 5380, Oryzin, v. 7 | p. 300	
5.2.1.8	P54, Peptidylprolyl isomerase, v. 1 | p. 218	
4.2.1.1	P54/58N, carbonate dehydratase, v. 4 | p. 242	
2.7.11.1	p54 S6 kinase 2, non-specific serine/threonine protein kinase, v. S3 | p. 1	
5.3.4.1	P55, Protein disulfide-isomerase, v. 1 | p. 436	
2.7.10.2	p55-BLK, non-specific protein-tyrosine kinase, v. S2 | p. 441	
2.7.10.2	P55-FGR, non-specific protein-tyrosine kinase, v. S2 | p. 441	
2.7.10.2	p55blk kinase, non-specific protein-tyrosine kinase, v. S2 | p. 441	
3.1.3.2	P56, acid phosphatase, v. 10 | p. 31	
2.7.10.2	p56-HCK, non-specific protein-tyrosine kinase, v. S2 | p. 441	
2.7.10.2	p56-HCK/p59-HCK, non-specific protein-tyrosine kinase, v. S2 | p. 441	
2.7.10.2	P56-LCK, non-specific protein-tyrosine kinase, v. S2 | p. 441	
2.7.10.2	p56lck, non-specific protein-tyrosine kinase, v. S2 | p. 441	
2.7.10.2	p56lck kinase, non-specific protein-tyrosine kinase, v. S2 | p. 441	
2.7.10.2	p56lck protein kinase, non-specific protein-tyrosine kinase, v. S2 | p. 441	

2.7.10.2	p56lck protein tyrosine kinase, non-specific protein-tyrosine kinase, v. S2	p. 441
2.7.10.2	p56lck tyrosine kinase, non-specific protein-tyrosine kinase, v. S2	p. 441
2.7.10.2	P57-STK, non-specific protein-tyrosine kinase, v. S2	p. 441
5.3.4.1	P58, Protein disulfide-isomerase, v. 1	p. 436
2.7.11.22	p58clk-1 protein kinase, cyclin-dependent kinase, v. S4	p. 156
2.7.10.2	P59-FYN, non-specific protein-tyrosine kinase, v. S2	p. 441
2.7.10.2	p59-HCK/p60-HCK, non-specific protein-tyrosine kinase, v. S2	p. 441
4.1.1.1	P59NC, Pyruvate decarboxylase, v. 3	p. 1
5.2.1.8	p59 protein, Peptidylprolyl isomerase, v. 1	p. 218
1.5.1.12	P5C-DH, 1-pyrroline-5-carboxylate dehydrogenase, v. 23	p. 122
1.5.1.12	P5CD, 1-pyrroline-5-carboxylate dehydrogenase, v. 23	p. 122
1.5.1.12	P5C dehydrogenase, 1-pyrroline-5-carboxylate dehydrogenase, v. 23	p. 122
1.5.1.12	P5CDH, 1-pyrroline-5-carboxylate dehydrogenase, v. 23	p. 122
1.5.1.2	P5CDH, pyrroline-5-carboxylate reductase, v. 23	p. 4
1.5.1.2	P5CR, pyrroline-5-carboxylate reductase, v. 23	p. 4
1.5.1.2	P5C reductase, pyrroline-5-carboxylate reductase, v. 23	p. 4
1.3.99.6	P5βR, 3-oxo-5β-steroid 4-dehydrogenase, v. 21	p. 520
3.1.3.16	P6, phosphoprotein phosphatase, v. 10	p. 213
3.1.3.2	P60, acid phosphatase, v. 10	p. 31
3.6.4.3	P60, microtubule-severing ATPase, v. 15	p. 774
2.7.10.2	P60-SRC, non-specific protein-tyrosine kinase, v. S2	p. 441
2.7.10.2	p60-YRK, non-specific protein-tyrosine kinase, v. S2	p. 441
2.7.10.2	P61-YES, non-specific protein-tyrosine kinase, v. S2	p. 441
3.1.1.11	P65, pectinesterase, v. 9	p. 136
3.1.3.48	p65 PTPε, protein-tyrosine-phosphatase, v. 10	p. 407
2.7.7.48	P66, RNA-directed RNA polymerase, v. 38	p. 468
2.7.7.49	p66 RT, RNA-directed DNA polymerase, v. 38	p. 492
3.4.11.18	p67, methionyl aminopeptidase, v. 6	p. 159
3.4.11.18	p67eIF2, methionyl aminopeptidase, v. 6	p. 159
3.1.3.48	p67 PTPε, protein-tyrosine-phosphatase, v. 10	p. 407
3.1.3.16	P7, phosphoprotein phosphatase, v. 10	p. 213
2.7.7.48	P70, RNA-directed RNA polymerase, v. 38	p. 468
3.1.6.1	P70, arylsulfatase, v. 11	p. 236
3.4.21.98	P70, hepacivirin, v. 7	p. 474
2.7.11.1	p70(S6k), non-specific serine/threonine protein kinase, v. S3	p. 1
3.6.4.8	P700, proteasome ATPase, v. 15	p. 797
2.7.11.1	p70 ribosomal S6 kinase 1, non-specific serine/threonine protein kinase, v. S3	p. 1
2.7.11.1	p70 S6 kinase, non-specific serine/threonine protein kinase, v. S3	p. 1
2.7.7.49	P72, RNA-directed DNA polymerase, v. 38	p. 492
2.7.10.1	p72ITK/EMT, receptor protein-tyrosine kinase, v. S2	p. 341
2.7.10.1	p75 neurotrophin receptor, receptor protein-tyrosine kinase, v. S2	p. 341
2.7.10.1	p75NTR, receptor protein-tyrosine kinase, v. S2	p. 341
3.1.3.16	P8, phosphoprotein phosphatase, v. 10	p. 213
3.1.3.48	P80, protein-tyrosine-phosphatase, v. 10	p. 407
3.4.21.113	P80pestivirus P80 protein, pestivirus NS3 polyprotein peptidase, v. S5	p. 408
3.6.4.3	p81-p60, microtubule-severing ATPase, v. 15	p. 774
2.7.11.1	p82 Kinase, non-specific serine/threonine protein kinase, v. S3	p. 1
6.1.1.17	P85, Glutamate-tRNA ligase, v. 2	p. 128
2.7.1.137	p85/p110 phosphoinositide 3-kinase, phosphatidylinositol 3-kinase, v. 37	p. 170
2.7.1.137	p85/p110 type phosphatidylinositol kinase, phosphatidylinositol 3-kinase, v. 37	p. 170
2.7.1.137	p85a phosphoinositide 3-kinase, phosphatidylinositol 3-kinase, v. 37	p. 170
1.13.11.12	P87-LOX, lipoxygenase, v. 25	p. 473
2.7.7.48	P88 protein, RNA-directed RNA polymerase, v. 38	p. 468
3.1.3.16	P9, phosphoprotein phosphatase, v. 10	p. 213
2.7.11.1	p90 ribosomal S6 kinase, non-specific serine/threonine protein kinase, v. S3	p. 1

3.4.22.54	p94, calpain-3, v. S6 | p. 81
3.4.22.54	p94-calpain, calpain-3, v. S6 | p. 81
2.7.10.2	p94-FER, non-specific protein-tyrosine kinase, v. S2 | p. 441
3.4.22.54	p94/calpain 3, calpain-3, v. S6 | p. 81
3.6.4.6	p97, vesicle-fusing ATPase, v. 15 | p. 789
3.6.4.10	p97-valosin-containing protein, non-chaperonin molecular chaperone ATPase, v. 15 | p. 810
3.6.4.10	p97-VCP, non-chaperonin molecular chaperone ATPase, v. 15 | p. 810
3.6.4.6	p97/VCP/Cdc48p, vesicle-fusing ATPase, v. 15 | p. 789
3.6.4.6	p97/VCP/Cdc48p homologue, vesicle-fusing ATPase, v. 15 | p. 789
3.6.4.6	p97ATPase, vesicle-fusing ATPase, v. 15 | p. 789
2.7.11.24	p97MAPK, mitogen-activated protein kinase, v. S4 | p. 233
3.5.2.6	P99, β-lactamase, v. 14 | p. 683
3.5.2.6	P99 β-lactamase, β-lactamase, v. 14 | p. 683
4.1.2.17	F-1PA, L-Fuculose-phosphate aldolase, v. 3 | p. 504
3.5.1.11	PA, penicillin amidase, v. 14 | p. 287
3.4.21.68	t-PA, t-Plasminogen activator, v. 7 | p. 331
3.4.21.73	u-PA, u-Plasminogen activator, v. 7 | p. 357
6.2.1.30	PA-CoA ligase, phenylacetate-CoA ligase, v. 2 | p. 330
4.1.2.10	pa-Hnl, Mandelonitrile lyase, v. 3 | p. 440
3.1.3.4	PA-P, phosphatidate phosphatase, v. 10 | p. 82
3.1.1.32	PA-PLA1, phospholipase A1, v. 9 | p. 252
3.1.3.4	PA-PSP, phosphatidate phosphatase, v. 10 | p. 82
2.6.1.48	PA0266, 5-aminovalerate transaminase, v. 34 | p. 565
1.11.1.7	PA1, peroxidase, v. 25 | p. 211
1.1.1.22	PA2022, UDP-glucose 6-dehydrogenase, v. 16 | p. 221
3.5.1.97	PA2385, acyl-homoserine-lactone acylase, v. S6 | p. 434
3.5.1.97	PA2385 protein, acyl-homoserine-lactone acylase, v. S6 | p. 434
3.1.3.16	PA3346, phosphoprotein phosphatase, v. 10 | p. 213
1.1.1.22	PA3559, UDP-glucose 6-dehydrogenase, v. 16 | p. 221
3.1.1.1	PA3859, carboxylesterase, v. 9 | p. 1
5.5.1.2	PA4204 protein, 3-Carboxy-cis,cis-muconate cycloisomerase, v. 1 | p. 668
3.1.4.52	PA4367, cyclic-guanylate-specific phosphodiesterase, v. S5 | p. 100
2.7.7.65	PA4367, diguanylate cyclase, v. S2 | p. 331
3.4.24.15	PA4498, thimet oligopeptidase, v. 8 | p. 275
4.1.1.3	PA4872, Oxaloacetate decarboxylase, v. 3 | p. 15
3.5.3.13	Pa5106, formimidoylglutamate deiminase, v. 14 | p. 811
3.6.4.8	PA700, proteasome ATPase, v. 15 | p. 797
3.6.3.4	PAA1, Cu2+-exporting ATPase, v. 15 | p. 544
3.6.3.4	Paa1 P-type ATPase, Cu2+-exporting ATPase, v. 15 | p. 544
3.6.3.4	PAA2, Cu2+-exporting ATPase, v. 15 | p. 544
3.6.3.4	Paa2 P-type ATPase, Cu2+-exporting ATPase, v. 15 | p. 544
4.1.1.19	PaADC1, Arginine decarboxylase, v. 3 | p. 106
4.1.1.19	PaADC2, Arginine decarboxylase, v. 3 | p. 106
3.5.3.6	PaADI, arginine deiminase, v. 14 | p. 776
6.2.1.30	PaaF2, phenylacetate-CoA ligase, v. 2 | p. 330
3.4.11.1	PaAP, leucyl aminopeptidase, v. 6 | p. 40
1.8.4.10	PaAPR, adenylyl-sulfate reductase (thioredoxin), v. 24 | p. 668
3.1.6.1	PaAtsA, arylsulfatase, v. 11 | p. 236
3.1.22.4	Pab-Hjc, crossover junction endodeoxyribonuclease, v. 11 | p. 487
3.6.5.4	PAB0955, signal-recognition-particle GTPase, v. S6 | p. 511
2.1.1.32	PAB1283, tRNA (guanine-N2-)-methyltransferase, v. 28 | p. 160
3.1.13.4	PAB1P-dependent poly(A)-nuclease, poly(A)-specific ribonuclease, v. 11 | p. 407
3.1.11.5	PAB2263, exodeoxyribonuclease V, v. 11 | p. 375
3.4.24.18	PABA-peptide hydrolase, meprin A, v. 8 | p. 305

1.2.1.8	PaBADH, βine-aldehyde dehydrogenase, v.20 | p.94	
3.4.24.18	PABA peptide hydrolase, meprin A, v.8 | p.305	
2.6.1.85	PabB, aminodeoxychorismate synthase, v.S2 | p.260	
2.7.13.3	PaBphP-PCD, histidine kinase, v.S4 | p.420	
2.1.1.32	PabTrm-G10, tRNA (guanine-N2-)-methyltransferase, v.28 | p.160	
3.5.1.11	PAC, penicillin amidase, v.14 | p.287	
3.1.3.16	Pac-1, phosphoprotein phosphatase, v.10 | p.213	
2.3.1.28	Pacat, chloramphenicol O-acetyltransferase, v.29 | p.485	
3.4.21.75	PACE, Furin, v.7 | p.371	
3.5.1.14	pAcy1, aminoacylase, v.14 | p.317	
4.1.1.36	P-PaCySH decarboxylase, phosphopantothenoylcysteine decarboxylase, v.3 | p.223	
1.2.1.39	PAD, phenylacetaldehyde dehydrogenase, v.20 | p.293	
3.5.3.15	PAD, protein-arginine deiminase, v.14 | p.817	
3.5.3.15	PAD-H19, protein-arginine deiminase, v.14 | p.817	
3.5.3.15	PAD-R11, protein-arginine deiminase, v.14 | p.817	
3.5.3.15	PAD-R4, protein-arginine deiminase, v.14 | p.817	
3.5.3.15	PAD1, protein-arginine deiminase, v.14 | p.817	
3.5.3.15	PAD 2, protein-arginine deiminase, v.14 | p.817	
6.3.2.2	PAD2, Glutamate-cysteine ligase, v.2 | p.399	
3.5.3.15	PAD2, protein-arginine deiminase, v.14 | p.817	
3.5.3.15	PAD3, protein-arginine deiminase, v.14 | p.817	
3.5.3.15	PAD4, protein-arginine deiminase, v.14 | p.817	
3.5.3.15	PAD6, protein-arginine deiminase, v.14 | p.817	
4.2.3.43	PaDC4, fusicocca-2,10(14)-diene synthase	
3.5.3.18	PaDDAH, dimethylargininase, v.14 | p.831	
1.2.1.39	PADH, phenylacetaldehyde dehydrogenase, v.20 | p.293	
3.5.3.15	PADI1, protein-arginine deiminase, v.14 | p.817	
3.5.3.15	PADI3, protein-arginine deiminase, v.14 | p.817	
3.5.3.15	PADI4, protein-arginine deiminase, v.14 | p.817	
3.5.3.15	PAD IV, protein-arginine deiminase, v.14 | p.817	
1.8.4.8	PAdoPS reductase, phosphoadenylyl-sulfate reductase (thioredoxin), v.24 | p.659	
2.4.2.30	pADPRT, NAD+ ADP-ribosyltransferase, v.33 | p.263	
3.4.21.34	padreatin, plasma kallikrein, v.7 | p.136	
3.4.21.35	padreatin, tissue kallikrein, v.7 | p.141	
3.5.3.15	PAD type 2, protein-arginine deiminase, v.14 | p.817	
3.4.21.34	padutin, plasma kallikrein, v.7 | p.136	
3.4.21.35	padutin, tissue kallikrein, v.7 | p.141	
2.2.1.7	PaDXS1, 1-deoxy-D-xylulose-5-phosphate synthase, v.29 | p.217	
2.2.1.7	PaDXS2A, 1-deoxy-D-xylulose-5-phosphate synthase, v.29 | p.217	
2.2.1.7	PaDXS2B, 1-deoxy-D-xylulose-5-phosphate synthase, v.29 | p.217	
3.4.24.26	PAE, pseudolysin, v.8 | p.363	
3.4.23.26	Paecilomyces proteinase, Rhodotorulapepsin, v.8 | p.126	
6.5.1.1	PaeLigD, DNA ligase (ATP), v.2 | p.755	
3.1.26.11	PaeTrz, tRNase Z, v.S5 | p.105	
3.1.1.47	(PAF)-acetylhydrolase, 1-alkyl-2-acetylglycerophosphocholine esterase, v.9 | p.320	
3.6.4.7	PAF-2, peroxisome-assembly ATPase, v.15 | p.794	
3.1.1.47	PAF-acetylhydrolase, 1-alkyl-2-acetylglycerophosphocholine esterase, v.9 | p.320	
3.1.1.47	PAF-acetylhydrolase II, 1-alkyl-2-acetylglycerophosphocholine esterase, v.9 | p.320	
3.1.1.47	PAF-AH, 1-alkyl-2-acetylglycerophosphocholine esterase, v.9 | p.320	
3.1.1.47	PAF-AH α, 1-alkyl-2-acetylglycerophosphocholine esterase, v.9 | p.320	
3.1.1.47	PAF-AH (II), 1-alkyl-2-acetylglycerophosphocholine esterase, v.9 | p.320	
3.1.1.47	PAF-AH I, 1-alkyl-2-acetylglycerophosphocholine esterase, v.9 | p.320	
3.1.1.47	PAF-AH II, 1-alkyl-2-acetylglycerophosphocholine esterase, v.9 | p.320	
2.7.8.2	PAF-CPT, diacylglycerol cholinephosphotransferase, v.39 | p.14	
3.1.1.47	PAF 2-acylhydrolase, 1-alkyl-2-acetylglycerophosphocholine esterase, v.9 | p.320	

2.3.1.149	PAF: acyllyso-GPC transacetylase, Platelet-activating factor acetyltransferase, v. 30 | p. 396
2.3.1.180	paFabH, β-ketoacyl-acyl-carrier-protein synthase III, v. S2 | p. 99
4.2.1.60	PaFabZ, 3-Hydroxydecanoyl-[acyl-carrier-protein] dehydratase, v. 4 | p. 551
3.1.1.47	PAF acetylhydrolase, 1-alkyl-2-acetylglycerophosphocholine esterase, v. 9 | p. 320
3.1.1.47	PAF acetylhydrolase I, 1-alkyl-2-acetylglycerophosphocholine esterase, v. 9 | p. 320
3.1.1.47	PAF acetylhydrolase II, 1-alkyl-2-acetylglycerophosphocholine esterase, v. 9 | p. 320
2.3.1.67	PAF acetyltransferase, 1-alkylglycerophosphocholine O-acetyltransferase, v. 30 | p. 37
2.3.1.149	PAF acetyltransferase, Platelet-activating factor acetyltransferase, v. 30 | p. 396
3.1.1.47	PAFAH, 1-alkyl-2-acetylglycerophosphocholine esterase, v. 9 | p. 320
3.1.1.47	PAFAH α, 1-alkyl-2-acetylglycerophosphocholine esterase, v. 9 | p. 320
3.1.1.47	PAFAH1B2, 1-alkyl-2-acetylglycerophosphocholine esterase, v. 9 | p. 320
3.1.1.47	PAFAH2, 1-alkyl-2-acetylglycerophosphocholine esterase, v. 9 | p. 320
4.2.3.43	PaFS, fusicocca-2,10(14)-diene synthase
3.5.1.2	PAG, glutaminase, v. 14 | p. 205
3.2.2.22	PAG, rRNA N-glycosylase, v. 14 | p. 107
2.7.10.1	PAG, receptor protein-tyrosine kinase, v. S2 | p. 341
3.2.2.22	PAGase, rRNA N-glycosylase, v. 14 | p. 107
3.2.1.122	PagL, maltose-6'-phosphate glucosidase, v. 13 | p. 499
2.7.10.1	Pagliaccio, receptor protein-tyrosine kinase, v. S2 | p. 341
5.4.2.3	PAGM, phosphoacetylglucosamine mutase, v. 1 | p. 515
1.14.16.1	PAH, phenylalanine 4-monooxygenase, v. 27 | p. 60
3.1.3.4	PAH, phosphatidate phosphatase, v. 10 | p. 82
3.5.3.22	PAH, proclavaminate amidinohydrolase, v. S6 | p. 443
3.1.14.1	pah1, yeast ribonuclease, v. 11 | p. 412
3.1.3.4	Pah1p, phosphatidate phosphatase, v. 10 | p. 82
4.1.2.10	PaHNL, Mandelonitrile lyase, v. 3 | p. 440
4.1.2.10	R-PaHNL, Mandelonitrile lyase, v. 3 | p. 440
4.1.2.10	PaHNL1, Mandelonitrile lyase, v. 3 | p. 440
4.1.2.10	PaHNL5, Mandelonitrile lyase, v. 3 | p. 440
4.1.2.37	PaHNL5, hydroxynitrilase, v. 3 | p. 569
1.14.11.18	PAHX, phytanoyl-CoA dioxygenase, v. 26 | p. 111
5.3.1.24	PAI, phosphoribosylanthranilate isomerase, v. 1 | p. 353
2.3.1.57	PaiA, diamine N-acetyltransferase, v. 29 | p. 708
6.3.2.6	PAICS, phosphoribosylaminoimidazolesuccinocarboxamide synthase, v. 2 | p. 434
3.4.21.61	Paired-basic endopeptidase, Kexin, v. 7 | p. 280
3.4.21.75	Paired basic amino acid cleaving enzyme, Furin, v. 7 | p. 371
3.4.21.75	Paired basic amino acid converting enzyme, Furin, v. 7 | p. 371
3.4.21.75	Paired basic amino acid residue cleaving enzyme, Furin, v. 7 | p. 371
2.7.1.33	PAK, pantothenate kinase, v. 35 | p. 385
2.7.11.13	PAK-1, protein kinase C, v. S3 | p. 325
2.7.11.1	PAK-3, non-specific serine/threonine protein kinase, v. S3 | p. 1
2.7.11.1	Pak1, non-specific serine/threonine protein kinase, v. S3 | p. 1
2.7.11.1	Pak1 protein, non-specific serine/threonine protein kinase, v. S3 | p. 1
2.7.11.1	PAK4, non-specific serine/threonine protein kinase, v. S3 | p. 1
4.2.99.18	PaKae1, DNA-(apurinic or apyrimidinic site) lyase, v. 5 | p. 150
3.6.3.12	PaKPA1, K+-transporting ATPase, v. 15 | p. 593
4.3.2.5	PAL, peptidylamidoglycolate lyase, v. 5 | p. 278
4.3.1.24	PAL, phenylalanine ammonia-lyase
4.3.1.5	PAL, phenylalanine ammonia-lyase, v. 5 | p. 198
4.3.1.25	PAL, phenylalanine/tyrosine ammonia-lyase
4.3.2.3	PAL, ureidoglycolate lyase, v. 5 | p. 271
4.3.1.25	PAL/TAL, phenylalanine/tyrosine ammonia-lyase
4.3.1.24	PAL1, phenylalanine ammonia-lyase
4.3.2.5	PAL2, peptidylamidoglycolate lyase, v. 5 | p. 278
4.3.1.24	PAL2, phenylalanine ammonia-lyase

4.3.1.24	PAL3, phenylalanine ammonia-lyase
4.3.1.24	PAL3a, phenylalanine ammonia-lyase
4.3.1.24	PAL3b, phenylalanine ammonia-lyase
4.3.1.24	PAL4, phenylalanine ammonia-lyase
4.2.99.18	PALF, DNA-(apurinic or apyrimidinic site) lyase, v. 5	p. 150
5.4.99.11	PalI, Isomaltulose synthase, v. 1	p. 638
3.1.2.14	palmitoyl-ACP thioesterase, oleoyl-[acyl-carrier-protein] hydrolase, v. 9	p. 516
3.1.2.14	palmitoyl-acyl carrier protein thioesterase, oleoyl-[acyl-carrier-protein] hydrolase, v. 9	p. 516
1.14.19.5	Δ11-palmitoyl-CoA-desaturase, Δ11-fatty-acid desaturase
2.3.1.20	palmitoyl-CoA-sn-1,2-diacylglycerol acyltransferase, diacylglycerol O-acyltransferase, v. 29	p. 396
2.3.1.12	palmitoyl-CoA:myelin-proteolipid O-palmitoyltransferase, dihydrolipoyllysine-residue acetyltransferase, v. 29	p. 323
3.1.2.20	palmitoyl-CoA deacylase, acyl-CoA hydrolase, v. 9	p. 539
3.1.2.2	palmitoyl-CoA deacylase, palmitoyl-CoA hydrolase, v. 9	p. 459
1.3.99.13	palmitoyl-CoA dehydrogenase, long-chain-acyl-CoA dehydrogenase, v. 21	p. 561
1.14.19.1	palmitoyl-CoA desaturase, stearoyl-CoA 9-desaturase, v. 27	p. 194
3.1.2.20	palmitoyl-CoA hydrolase, acyl-CoA hydrolase, v. 9	p. 539
3.1.2.2	palmitoyl-CoA hydrolase, palmitoyl-CoA hydrolase, v. 9	p. 459
6.2.1.3	Palmitoyl-CoA ligase, Long-chain-fatty-acid-CoA ligase, v. 2	p. 206
1.3.3.6	palmitoyl-CoA oxidase, acyl-CoA oxidase, v. 21	p. 401
1.3.99.13	palmitoyl-coenzyme A dehydrogenase, long-chain-acyl-CoA dehydrogenase, v. 21	p. 561
1.14.19.5	Δ11-palmitoyl-coenzyme A desaturase, Δ11-fatty-acid desaturase
1.1.1.101	palmitoyl-dihydroxyacetone-phosphate reductase, acylglycerone-phosphate reductase, v. 17	p. 266
3.1.1.28	palmitoyl-L-carnitine hydrolase, acylcarnitine hydrolase, v. 9	p. 234
3.1.2.22	palmitoyl-protein hydrolase, palmitoyl[protein] hydrolase, v. 9	p. 550
3.1.2.22	Palmitoyl-protein thioesterase, palmitoyl[protein] hydrolase, v. 9	p. 550
3.1.2.22	Palmitoyl-protein thioesterase (bovine clone pBovPPT-17 precursor), palmitoyl[protein] hydrolase, v. 9	p. 550
3.1.2.22	Palmitoyl-protein thioesterase (bovine clone pBovPPT-25 precursor), palmitoyl[protein] hydrolase, v. 9	p. 550
3.1.2.22	Palmitoyl-protein thioesterase (human clone pHuPPT-5'), palmitoyl[protein] hydrolase, v. 9	p. 550
3.1.2.22	Palmitoyl-protein thioesterase (rat clone pRatPPT-44 precursor), palmitoyl[protein] hydrolase, v. 9	p. 550
3.1.2.22	palmitoyl-protein thioesterase-1, palmitoyl[protein] hydrolase, v. 9	p. 550
3.1.2.22	palmitoyl-protein thioesterase 1, palmitoyl[protein] hydrolase, v. 9	p. 550
3.1.2.22	Palmitoyl-protein thioesterase PPT2 (human clone B lysosome associated), palmitoyl[protein] hydrolase, v. 9	p. 550
3.1.2.22	palmitoyl-thioesterase, palmitoyl[protein] hydrolase, v. 9	p. 550
3.1.1.28	palmitoyl carnitine hydrolase, acylcarnitine hydrolase, v. 9	p. 234
3.1.1.28	palmitoylcarnitine hydrolase, acylcarnitine hydrolase, v. 9	p. 234
2.3.1.21	palmitoylcarnitine transferase, carnitine O-palmitoyltransferase, v. 29	p. 411
1.14.19.1	palmitoyl CoA desaturase, stearoyl-CoA 9-desaturase, v. 27	p. 194
3.1.2.20	palmitoyl coenzyme A hydrolase, acyl-CoA hydrolase, v. 9	p. 539
3.1.2.2	palmitoyl coenzyme A hydrolase, palmitoyl-CoA hydrolase, v. 9	p. 459
6.2.1.3	Palmitoyl coenzyme A synthetase, Long-chain-fatty-acid-CoA ligase, v. 2	p. 206
1.1.1.101	palmitoyldihydroxyacetone-phosphate reductase, acylglycerone-phosphate reductase, v. 17	p. 266
1.1.1.101	palmitoyl dihydroxyacetone phosphate reductase, acylglycerone-phosphate reductase, v. 17	p. 266
3.1.2.22	palmitoyl protein thioesterase, palmitoyl[protein] hydrolase, v. 9	p. 550
3.1.2.22	palmitoyl protein thioesterase-1, palmitoyl[protein] hydrolase, v. 9	p. 550

3.1.2.22	palmitoyl protein thioesterase-2, palmitoyl[protein] hydrolase, v. 9 | p. 550
3.1.2.22	palmitoyl protein thioesterase 1, palmitoyl[protein] hydrolase, v. 9 | p. 550
3.1.2.20	palmitoyl thioesterase, acyl-CoA hydrolase, v. 9 | p. 539
3.1.2.2	palmitoyl thioesterase, palmitoyl-CoA hydrolase, v. 9 | p. 459
2.3.1.22	palmitoyltransferase, acylglycerol, 2-acylglycerol O-acyltransferase, v. 29 | p. 431
2.3.1.21	palmitoyltransferase, carnitine, carnitine O-palmitoyltransferase, v. 29 | p. 411
2.3.1.50	palmitoyltransferase, serine, serine C-palmitoyltransferase, v. 29 | p. 661
6.2.1.3	Palmityl-coenzyme A synthetase, Long-chain-fatty-acid-CoA ligase, v. 2 | p. 206
3.1.2.20	palmityl coenzyme A deacylase, acyl-CoA hydrolase, v. 9 | p. 539
3.1.2.2	palmityl coenzyme A deacylase, palmitoyl-CoA hydrolase, v. 9 | p. 459
3.1.2.20	palmityl thioesterase, acyl-CoA hydrolase, v. 9 | p. 539
3.1.2.2	palmityl thioesterase, palmitoyl-CoA hydrolase, v. 9 | p. 459
3.1.2.20	palmityl thioesterase I, acyl-CoA hydrolase, v. 9 | p. 539
3.1.2.2	palmityl thioesterase I, palmitoyl-CoA hydrolase, v. 9 | p. 459
3.1.2.20	palmityl thioesterase II, acyl-CoA hydrolase, v. 9 | p. 539
3.1.2.2	palmityl thioesterase II, palmitoyl-CoA hydrolase, v. 9 | p. 459
3.1.3.1	PALP, alkaline phosphatase, v. 10 | p. 1
4.3.1.24	PALrs1, phenylalanine ammonia-lyase
1.18.1.3	palustrisredoxin reductase, ferredoxin-NAD+ reductase, v. 27 | p. 559
3.6.3.51	PAM, mitochondrial protein-transporting ATPase, v. 15 | p. 744
1.14.17.3	PAM, peptidylglycine monooxygenase, v. 27 | p. 140
4.3.2.3	PAM, ureidoglycolate lyase, v. 5 | p. 271
3.4.11.14	PAM-1, cytosol alanyl aminopeptidase, v. 6 | p. 143
1.14.17.3	PAM-A, peptidylglycine monooxygenase, v. 27 | p. 140
1.14.17.3	PAM-B, peptidylglycine monooxygenase, v. 27 | p. 140
1.14.17.3	PAM/PHM, peptidylglycine monooxygenase, v. 27 | p. 140
3.6.3.51	PAM18, mitochondrial protein-transporting ATPase, v. 15 | p. 744
6.3.2.19	Pam F3, Ubiquitin-protein ligase, v. 2 | p. 506
1.14.13.92	PAMO, phenylacetone monooxygenase, v. S1 | p. 595
3.1.13.4	PAN, poly(A)-specific ribonuclease, v. 11 | p. 407
3.6.4.8	PAN, proteasome ATPase, v. 15 | p. 797
3.1.13.4	PAN2, poly(A)-specific ribonuclease, v. 11 | p. 407
3.1.13.4	PAN3, poly(A)-specific ribonuclease, v. 11 | p. 407
3.1.3.31	PanA, nucleotidase, v. 10 | p. 316
2.3.1.5	PANAT, arylamine N-acetyltransferase, v. 29 | p. 243
2.1.2.11	PanB, 3-methyl-2-oxobutanoate hydroxymethyltransferase, v. 29 | p. 84
3.1.3.31	PanB, nucleotidase, v. 10 | p. 316
6.3.2.1	PanC, Pantoate-β-alanine ligase, v. 2 | p. 394
3.2.1.4	pancellase SS, cellulase, v. 12 | p. 88
3.4.17.2	Pancreas-specific protein, carboxypeptidase B, v. 6 | p. 418
3.2.1.1	Pancreatic α-amylase, α-amylase, v. 12 | p. 1
3.1.26.10	pancreatic-type ribonuclease, ribonuclease IX, v. 11 | p. 555
3.4.21.35	pancreatic/renal kallikrein, tissue kallikrein, v. 7 | p. 141
3.1.1.13	pancreatic carboxyl ester hydrlase, sterol esterase, v. 9 | p. 150
3.1.1.13	pancreatic cholesterol esterase, sterol esterase, v. 9 | p. 150
3.1.21.1	pancreatic deoxyribonuclease, deoxyribonuclease I, v. 11 | p. 431
3.1.21.1	pancreatic DNase, deoxyribonuclease I, v. 11 | p. 431
3.1.21.1	pancreatic DNase I, deoxyribonuclease I, v. 11 | p. 431
3.1.22.1	pancreatic DNase II, deoxyribonuclease II, v. 11 | p. 474
3.1.21.1	pancreatic dornase, deoxyribonuclease I, v. 11 | p. 431
3.4.21.36	pancreatic elastase-1, pancreatic elastase, v. 7 | p. 158
3.4.21.36	pancreatic elastase 3B, pancreatic elastase, v. 7 | p. 158
3.4.21.36	pancreatic elastase I, pancreatic elastase, v. 7 | p. 158
3.4.21.70	pancreatic endopeptidase E, Pancreatic endopeptidase E, v. 7 | p. 346
3.2.1.68	pancreatic isoamylase isoA, isoamylase, v. 13 | p. 204

3.4.21.34	pancreatic kallikrein, plasma kallikrein, v. 7 | p. 136	
3.4.21.35	pancreatic kallikrein, tissue kallikrein, v. 7 | p. 141	
3.1.1.3	Pancreatic lipase, triacylglycerol lipase, v. 9 | p. 36	
3.1.1.32	pancreatic lipase-associated protein 2, phospholipase A1, v. 9 | p. 252	
3.1.1.26	pancreatic lipase-related protein 1, galactolipase, v. 9 | p. 222	
3.1.1.26	pancreatic lipase-related protein 2, galactolipase, v. 9 | p. 222	
3.1.1.32	pancreatic lipase-related protein 2, phospholipase A1, v. 9 | p. 252	
3.1.1.3	pancreatic lipase-related protein 2, triacylglycerol lipase, v. 9 | p. 36	
3.1.1.13	Pancreatic lysophospholipase, sterol esterase, v. 9 | p. 150	
3.1.1.3	Pancreatic lysophospholipase, triacylglycerol lipase, v. 9 | p. 36	
3.1.1.4	pancreatic phospholipase A2, phospholipase A2, v. 9 | p. 52	
3.4.21.70	Pancreatic protease E, Pancreatic endopeptidase E, v. 7 | p. 346	
3.4.21.70	Pancreatic proteinase E, Pancreatic endopeptidase E, v. 7 | p. 346	
3.1.27.5	pancreatic ribonuclease, pancreatic ribonuclease, v. 11 | p. 584	
3.1.27.5	pancreatic RNase, pancreatic ribonuclease, v. 11 | p. 584	
3.1.1.3	pancreatic triglyceride lipase, triacylglycerol lipase, v. 9 | p. 36	
3.4.21.36	pancreatopeptidase E, pancreatic elastase, v. 7 | p. 158	
4.1.1.11	PanD, aspartate 1-decarboxylase, v. 3 | p. 58	
4.1.1.12	PanD, aspartate 4-decarboxylase, v. 3 | p. 61	
1.7.2.1	PaNiR, nitrite reductase (NO-forming), v. 24 | p. 325	
2.7.1.33	PanK, pantothenate kinase, v. 35 | p. 385	
2.7.1.33	PanK-III, pantothenate kinase, v. 35 | p. 385	
2.7.1.33	PanK1α, pantothenate kinase, v. 35 | p. 385	
2.7.1.33	PanK2, pantothenate kinase, v. 35 | p. 385	
2.7.1.33	PanK3, pantothenate kinase, v. 35 | p. 385	
2.7.1.33	PanK4, pantothenate kinase, v. 35 | p. 385	
2.7.1.33	PanKBa, pantothenate kinase, v. 35 | p. 385	
3.2.1.58	panomycocin, glucan 1,3-β-glucosidase, v. 13 | p. 137	
3.5.1.92	pantetheinase, pantetheine hydrolase, v. S6 | p. 379	
3.5.1.92	pantetheine hydrolase, pantetheine hydrolase, v. S6 | p. 379	
2.7.1.34	pantetheine kinase (phosphorylating), pantetheine kinase, v. 35 | p. 393	
2.7.7.3	pantetheine phosphate adenylyltransferase, pantetheine-phosphate adenylyltransferase, v. 38 | p. 71	
1.8.1.8	panthethine 4'4-diphosphate-specific reductase, protein-disulfide reductase, v. 24 | p. 514	
6.3.2.1	panthotenate synthetase, Pantoate-β-alanine ligase, v. 2 | p. 394	
6.3.2.1	D-Pantoate:β-alanine ligase (AMP-forming), Pantoate-β-alanine ligase, v. 2 | p. 394	
1.1.1.106	D-pantoate:NAD+ 4-oxidoreductase, pantoate 4-dehydrogenase, v. 17 | p. 291	
6.3.2.1	Pantoate activating enzyme, Pantoate-β-alanine ligase, v. 2 | p. 394	
1.1.1.106	pantoate dehydrogenase, pantoate 4-dehydrogenase, v. 17 | p. 291	
6.3.2.1	Pantoic-activating enzyme, Pantoate-β-alanine ligase, v. 2 | p. 394	
1.1.1.106	pantothenase, pantoate 4-dehydrogenase, v. 17 | p. 291	
6.3.2.5	pantothenate 4'-phosphate:L-cysteine ligase, phosphopantothenate-cysteine ligase, v. 2 | p. 431	
3.5.1.22	pantothenate hydrolase, pantothenase, v. 14 | p. 362	
2.7.1.33	D-pantothenate kinase, pantothenate kinase, v. 35 | p. 385	
2.7.1.33	pantothenate kinase 2, pantothenate kinase, v. 35 | p. 385	
2.7.1.33	pantothenate kinase 4, pantothenate kinase, v. 35 | p. 385	
6.3.2.1	Pantothenate synthetase, Pantoate-β-alanine ligase, v. 2 | p. 394	
2.7.1.33	pantothenic acid kinase, pantothenate kinase, v. 35 | p. 385	
4.1.1.30	pantothenylcysteine decarboxylase, pantothenoylcysteine decarboxylase, v. 3 | p. 172	
1.14.12.20	PAO, pheophorbide a oxygenase, v. S1 | p. 532	
1.5.3.11	PAO, polyamine oxidase, v. 23 | p. 312	
2.6.1.18	PAO2, β-alanine-pyruvate transaminase, v. 34 | p. 390	
1.5.3.11	PAOh1/SMO, polyamine oxidase, v. 23 | p. 312	
3.1.3.2	PAP, acid phosphatase, v. 10 | p. 31	

3.1.3.4	PAP, phosphatidate phosphatase, v. 10 | p. 82	
2.7.7.19	PAP, polynucleotide adenylyltransferase, v. 38 | p. 245	
3.4.11.5	PAP, prolyl aminopeptidase, v. 6 | p. 83	
3.4.19.3	PAP, pyroglutamyl-peptidase I, v. 6 | p. 529	
3.2.2.22	PAP, rRNA N-glycosylase, v. 14 | p. 107	
2.7.7.19	PAPα, polynucleotide adenylyltransferase, v. 38 | p. 245	
2.7.7.19	PAPβ, polynucleotide adenylyltransferase, v. 38 | p. 245	
2.7.7.19	PAPγ, polynucleotide adenylyltransferase, v. 38 | p. 245	
3.1.3.4	PAP-1, phosphatidate phosphatase, v. 10 | p. 82	
3.1.3.4	PAP-2, phosphatidate phosphatase, v. 10 | p. 82	
3.1.3.4	PAP-2b, phosphatidate phosphatase, v. 10 | p. 82	
3.4.19.3	PAP-I, pyroglutamyl-peptidase I, v. 6 | p. 529	
3.2.2.22	PAP-I, rRNA N-glycosylase, v. 14 | p. 107	
3.2.2.22	PAP-II, rRNA N-glycosylase, v. 14 | p. 107	
3.2.2.22	PAP-III, rRNA N-glycosylase, v. 14 | p. 107	
3.1.3.7	PAP-phosphatease, 3'(2'),5'-bisphosphate nucleotidase, v. 10 | p. 125	
3.2.2.22	PAP-R, rRNA N-glycosylase, v. 14 | p. 107	
3.2.2.22	PAP-S, rRNA N-glycosylase, v. 14 | p. 107	
3.1.3.2	PAP1, acid phosphatase, v. 10 | p. 31	
3.1.3.4	PAP1, phosphatidate phosphatase, v. 10 | p. 82	
2.7.7.19	PAP1, polynucleotide adenylyltransferase, v. 38 | p. 245	
3.4.19.3	PAP1, pyroglutamyl-peptidase I, v. 6 | p. 529	
3.1.3.2	PAP15, acid phosphatase, v. 10 | p. 31	
2.7.7.19	Pap1p, polynucleotide adenylyltransferase, v. 38 | p. 245	
3.1.3.4	PAP2, phosphatidate phosphatase, v. 10 | p. 82	
3.1.3.4	PAP2-like protein, phosphatidate phosphatase, v. 10 | p. 82	
3.1.3.2	PAP26, acid phosphatase, v. 10 | p. 31	
3.1.3.4	PAP2a, phosphatidate phosphatase, v. 10 | p. 82	
3.1.3.4	PAP2d, phosphatidate phosphatase, v. 10 | p. 82	
3.1.3.4	PAP2L2, phosphatidate phosphatase, v. 10 | p. 82	
3.4.22.39	papain-like cysteine protease, adenain, v. 7 | p. 720	
3.4.22.2	papaine, papain, v. 7 | p. 518	
3.1.3.7	3'-PAPase, 3'(2'),5'-bisphosphate nucleotidase, v. 10 | p. 125	
3.1.3.7	PAPase, 3'(2'),5'-bisphosphate nucleotidase, v. 10 | p. 125	
3.1.3.4	PAPase, phosphatidate phosphatase, v. 10 | p. 82	
3.4.22.30	Papaya peptidase A, Caricain, v. 7 | p. 667	
3.4.22.25	Papaya peptidase B, Glycyl endopeptidase, v. 7 | p. 629	
3.4.22.2	papaya peptidase I, papain, v. 7 | p. 518	
3.4.22.30	Papaya peptidase II, Caricain, v. 7 | p. 667	
3.4.22.30	Papaya proteinase OMEGA, Caricain, v. 7 | p. 667	
3.4.22.2	papaya proteinase 1, papain, v. 7 | p. 518	
3.4.22.30	Papaya proteinase 3, Caricain, v. 7 | p. 667	
3.4.22.25	Papaya proteinase 4, Glycyl endopeptidase, v. 7 | p. 629	
3.4.22.30	Papaya proteinase A, Caricain, v. 7 | p. 667	
3.4.22.6	papaya proteinase II, chymopapain, v. 6 | p. 544	
3.4.22.30	Papaya proteinase III, Caricain, v. 7 | p. 667	
3.4.22.25	Papaya proteinase IV, Glycyl endopeptidase, v. 7 | p. 629	
3.4.22.2	papayotin, papain, v. 7 | p. 518	
4.2.1.24	PaPBGS, porphobilinogen synthase, v. 4 | p. 399	
3.4.11.22	pApe1p, aminopeptidase I, v. 6 | p. 178	
3.1.3.4	PA phosphatase, phosphatidate phosphatase, v. 10 | p. 82	
2.7.7.19	PAP I, polynucleotide adenylyltransferase, v. 38 | p. 245	
2.7.7.19	Pap II, polynucleotide adenylyltransferase, v. 38 | p. 245	
3.2.1.4	PaPopCel1, cellulase, v. 12 | p. 88	
3.4.24.79	PAPP-A, pappalysin-1, v. S6 | p. 286	

3.4.24.79	PAPP-A2, pappalysin-1, v. S6 | p. 286	
3.1.3.16	PAPP2C, phosphoprotein phosphatase, v. 10 | p. 213	
2.8.2.24	PAPS-desulfoglucosinolate sulfotransferase, desulfoglucosinolate sulfotransferase, v. 39 | p. 448	
2.7.1.25	PAPS 2, adenylyl-sulfate kinase, v. 35 | p. 314	
2.8.2.6	PAPS:choline sulfotransferase, choline sulfotransferase, v. 39 | p. 332	
2.8.2.8	PAPS:DSH sulfotransferase, [heparan sulfate]-glucosamine N-sulfotransferase, v. 39 | p. 342	
2.8.2.28	PAPS:flavonol 3,3'/3,4'-disulfate 7-sulfotransferase, quercetin-3,3'-bissulfate 7-sulfotransferase, v. 39 | p. 464	
2.8.2.26	PAPS:flavonol 3-sulfate 3'-sulfotransferase, quercetin-3-sulfate 3'-sulfotransferase, v. 39 | p. 458	
2.8.2.27	PAPS:flavonol 3-sulfate 4'-sulfotransferase, quercetin-3-sulfate 4'-sulfotransferase, v. 39 | p. 461	
2.8.2.8	PAPS:N-desulfoheparin sulfotransferase, [heparan sulfate]-glucosamine N-sulfotransferase, v. 39 | p. 342	
2.8.2.13	PAPS:psychosine sulphotransferase, psychosine sulfotransferase, v. 39 | p. 376	
1.8.4.8	PAPS reductase, phosphoadenylyl-sulfate reductase (thioredoxin), v. 24 | p. 659	
1.8.4.8	PAPS reductase, thioredoxin-dependent, phosphoadenylyl-sulfate reductase (thioredoxin), v. 24 | p. 659	
1.8.4.8	PAPS reductase, thioredoxin dependent, phosphoadenylyl-sulfate reductase (thioredoxin), v. 24 | p. 659	
1.8.4.9	PAPS reductase homolog 19, adenylyl-sulfate reductase (glutathione), v. 24 | p. 663	
1.8.4.9	PAPS reductase homolog 26, adenylyl-sulfate reductase (glutathione), v. 24 | p. 663	
1.8.4.9	PAPS reductase homolog 43, adenylyl-sulfate reductase (glutathione), v. 24 | p. 663	
2.7.1.25	PAPSS, adenylyl-sulfate kinase, v. 35 | p. 314	
2.7.1.25	PAPSS 1, adenylyl-sulfate kinase, v. 35 | p. 314	
2.7.1.25	PAPSS1, adenylyl-sulfate kinase, v. 35 | p. 314	
2.7.7.4	PAPSS1, sulfate adenylyltransferase, v. 38 | p. 77	
2.7.7.4	PAPSs2, sulfate adenylyltransferase, v. 38 | p. 77	
3.6.2.2	PAPS sulfatase, phosphoadenylylsulfatase, v. 15 | p. 529	
3.6.2.2	PAPS sulfohydrolase, phosphoadenylylsulfatase, v. 15 | p. 529	
1.8.4.8	PAPS sulfotransferase, phosphoadenylyl-sulfate reductase (thioredoxin), v. 24 | p. 659	
2.8.2.16	PAPS sulfotransferase, thiol sulfotransferase, v. 39 | p. 398	
2.7.1.25	PAPS synthase, adenylyl-sulfate kinase, v. 35 | p. 314	
2.7.7.4	PAPS synthase1, sulfate adenylyltransferase, v. 38 | p. 77	
2.7.7.4	PAPS synthase2, sulfate adenylyltransferase, v. 38 | p. 77	
2.7.1.25	PAPS synthetase, adenylyl-sulfate kinase, v. 35 | p. 314	
2.5.1.16	PAPT, spermidine synthase, v. 33 | p. 502	
5.2.1.8	Par10, Peptidylprolyl isomerase, v. 1 | p. 218	
5.2.1.8	Par14, Peptidylprolyl isomerase, v. 1 | p. 218	
5.2.1.8	Par27, Peptidylprolyl isomerase, v. 1 | p. 218	
1.14.13.2	para-hydroxybenzoate hydroxylase, 4-hydroxybenzoate 3-monooxygenase, v. 26 | p. 208	
3.1.3.41	para-nitrophenyl phosphatase, 4-nitrophenylphosphatase, v. 10 | p. 364	
2.4.1.86	paragloboside synthase, glucosaminylgalactosylglucosylceramide β-galactosyltransferase, v. 31 | p. 608	
2.4.1.34	paramylon synthetase, 1,3-β-glucan synthase, v. 31 | p. 318	
3.1.8.1	paraoxonase, aryldialkylphosphatase, v. 11 | p. 343	
3.1.1.2	paraoxonase, arylesterase, v. 9 | p. 28	
3.1.8.1	paraoxonase-1, aryldialkylphosphatase, v. 11 | p. 343	
3.1.1.2	paraoxonase-1, arylesterase, v. 9 | p. 28	
3.1.8.1	paraoxonase-2, aryldialkylphosphatase, v. 11 | p. 343	
3.1.1.2	paraoxonase/arylesterase, arylesterase, v. 9 | p. 28	
3.1.8.1	paraoxonase 1, aryldialkylphosphatase, v. 11 | p. 343	
3.1.8.1	paraoxonase1, aryldialkylphosphatase, v. 11 | p. 343	
3.1.1.2	paraoxonase1, arylesterase, v. 9 | p. 28	

3.1.8.1	paraoxonase 1A, aryldialkylphosphatase, v. 11	p. 343
3.1.8.1	paraoxonase 3, aryldialkylphosphatase, v. 11	p. 343
3.1.8.1	paraoxon hydrolase, aryldialkylphosphatase, v. 11	p. 343
3.4.23.2	parapepsin I, pepsin B, v. 8	p. 11
3.4.23.3	parapepsin II, gastricsin, v. 8	p. 14
4.99.1.1	parasite genome-coded ferrochelatase, ferrochelatase, v. 5	p. 478
3.1.8.1	parathion hydrolase, aryldialkylphosphatase, v. 11	p. 343
3.4.21.4	parenzyme, trypsin, v. 7	p. 12
3.4.21.4	parenzymol, trypsin, v. 7	p. 12
3.2.1.143	PARG, poly(ADP-ribose) glycohydrolase, v. 13	p. 571
3.2.1.143	PARG110, poly(ADP-ribose) glycohydrolase, v. 13	p. 571
6.3.2.19	Parkin, Ubiquitin-protein ligase, v. 2	p. 506
3.4.21.105	PARL, rhomboid protease, v. S5	p. 325
3.1.13.4	PARN, poly(A)-specific ribonuclease, v. 11	p. 407
2.4.2.30	PARP, NAD+ ADP-ribosyltransferase, v. 33	p. 263
2.4.2.30	PARP-1, NAD+ ADP-ribosyltransferase, v. 33	p. 263
2.4.2.30	PARP-related/Iαl-related H5/proline-rich, NAD+ ADP-ribosyltransferase, v. 33	p. 263
2.4.2.30	PARP , NAD+ ADP-ribosyltransferase, v. 33	p. 263
2.4.2.30	PAR polymerase, NAD+ ADP-ribosyltransferase, v. 33	p. 263
2.4.2.30	PARPss, NAD+ ADP-ribosyltransferase, v. 33	p. 263
3.4.11.2	particle-bound aminopeptidase, membrane alanyl aminopeptidase, v. 6	p. 53
4.6.1.1	particulate adenylyl cyclase, adenylate cyclase, v. 5	p. 415
4.6.1.2	particulate GC, guanylate cyclase, v. 5	p. 430
4.6.1.2	particulate guanylate cyclase, guanylate cyclase, v. 5	p. 430
4.6.1.2	particulate guanylyl cyclase, guanylate cyclase, v. 5	p. 430
1.14.13.25	particulate methane-oxidizing complex, methane monooxygenase, v. 26	p. 360
1.14.13.25	particulate methane monooxygenase, methane monooxygenase, v. 26	p. 360
5.2.1.8	Parvulin, Peptidylprolyl isomerase, v. 1	p. 218
5.2.1.8	parvulin-like protein, Peptidylprolyl isomerase, v. 1	p. 218
5.2.1.8	Parvulin 14, Peptidylprolyl isomerase, v. 1	p. 218
5.2.1.8	parvulin1 4, Peptidylprolyl isomerase, v. 1	p. 218
3.1.6.1	PAS, arylsulfatase, v. 11	p. 236
3.6.4.7	PAS1, peroxisome-assembly ATPase, v. 15	p. 794
3.6.4.7	PAS1p, peroxisome-assembly ATPase, v. 15	p. 794
3.6.4.7	PAS8, peroxisome-assembly ATPase, v. 15	p. 794
3.1.3.10	G-1-Pase, glucose-1-phosphatase, v. 10	p. 160
3.1.3.9	G-6-Pase, glucose-6-phosphatase, v. 10	p. 147
3.1.3.25	I-1-Pase, inositol-phosphate phosphatase, v. 10	p. 278
3.6.3.52	PaSecA, chloroplast protein-transporting ATPase, v. 15	p. 747
2.7.11.1	PASK, non-specific serine/threonine protein kinase, v. S3	p. 1
3.4.17.2	PASP, carboxypeptidase B, v. 6	p. 418
3.4.24.26	PASP, pseudolysin, v. 8	p. 363
2.4.2.18	Pat, anthranilate phosphoribosyltransferase, v. 33	p. 181
2.6.1.78	Pat, aspartate-prephenate aminotransferase, v. S2	p. 235
3.6.3.47	Pat, fatty-acyl-CoA-transporting ATPase, v. 15	p. 724
2.3.1.142	Pat, glycoprotein O-fatty-acyltransferase, v. 30	p. 372
2.3.1.183	Pat, phosphinothricin acetyltransferase, v. S2	p. 134
3.6.3.47	Pat1p, fatty-acyl-CoA-transporting ATPase, v. 15	p. 724
3.6.3.6	PAT2, H+-exporting ATPase, v. 15	p. 554
3.6.3.47	Pat2p, fatty-acyl-CoA-transporting ATPase, v. 15	p. 724
2.6.1.82	PATase, putrescine aminotransferase, v. S2	p. 250
3.1.1.4	patatin, phospholipase A2, v. 9	p. 52
3.1.1.2	patatin-like phospholipase 7, arylesterase, v. 9	p. 28
4.4.1.8	PatB protein, cystathionine β-lyase, v. 5	p. 341
3.1.2.14	PATE, oleoyl-[acyl-carrier-protein] hydrolase, v. 9	p. 516

807

4.2.2.2	PATE, pectate lyase, v.5 | p.6
2.7.11.24	pathogenicity MAP kinase 1, mitogen-activated protein kinase, v.S4 | p.233
2.3.1.142	PATI, glycoprotein O-fatty-acyltransferase, v.30 | p.372
3.1.1.26	PAT IIA, galactolipase, v.9 | p.222
4.2.3.44	PaTPS-Iso, isopimara-7,15-diene synthase
2.7.9.3	Patufet protein, selenide, water dikinase, v.39 | p.173
1.2.1.36	PB-RALDH, retinal dehydrogenase, v.20 | p.282
2.7.7.48	PB1, RNA-directed RNA polymerase, v.38 | p.468
1.14.14.1	PB15, unspecific monooxygenase, v.26 | p.584
2.7.7.48	PB1 proteins, RNA-directed RNA polymerase, v.38 | p.468
2.7.7.48	PB2, RNA-directed RNA polymerase, v.38 | p.468
2.7.7.48	PB2 proteins, RNA-directed RNA polymerase, v.38 | p.468
4.2.3.42	PbACS, aphidicolan-16β-ol synthase
4.1.1.19	PBCV-1 DC, Arginine decarboxylase, v.3 | p.106
6.5.1.1	PBCV-1 DNA ligase, DNA ligase (ATP), v.2 | p.755
4.2.1.47	PBCV-1 GMD, GDP-mannose 4,6-dehydratase, v.4 | p.501
1.14.11.2	PBCV-1 P4H, procollagen-proline dioxygenase, v.26 | p.9
2.4.2.12	PBEF, nicotinamide phosphoribosyltransferase, v.33 | p.146
3.4.21.47	PBF2, alternative-complement-pathway C3/C5 convertase, v.7 | p.218
3.2.1.85	PBG, 6-phospho-β-galactosidase, v.13 | p.302
2.5.1.61	PBG-D, hydroxymethylbilane synthase, v.34 | p.226
2.5.1.61	PBG-deaminase, hydroxymethylbilane synthase, v.34 | p.226
4.2.1.24	PBG-S, porphobilinogen synthase, v.4 | p.399
2.5.1.61	PBGD, hydroxymethylbilane synthase, v.34 | p.226
2.5.1.61	PBG deaminase, hydroxymethylbilane synthase, v.34 | p.226
4.2.1.24	PBGS, porphobilinogen synthase, v.4 | p.399
2.4.1.129	PBP, peptidoglycan glycosyltransferase, v.32 | p.200
3.4.16.4	PBP, serine-type D-Ala-D-Ala carboxypeptidase, v.6 | p.376
3.4.16.4	PBP-5*, serine-type D-Ala-D-Ala carboxypeptidase, v.6 | p.376
3.4.16.4	PBP-6B, serine-type D-Ala-D-Ala carboxypeptidase, v.6 | p.376
2.4.1.129	PBP1a, peptidoglycan glycosyltransferase, v.32 | p.200
3.4.16.4	PBP1a, serine-type D-Ala-D-Ala carboxypeptidase, v.6 | p.376
2.4.1.129	PBP1b, peptidoglycan glycosyltransferase, v.32 | p.200
3.4.16.4	PBP1b, serine-type D-Ala-D-Ala carboxypeptidase, v.6 | p.376
3.4.16.4	PBP 2, serine-type D-Ala-D-Ala carboxypeptidase, v.6 | p.376
3.4.16.4	PBP2x, serine-type D-Ala-D-Ala carboxypeptidase, v.6 | p.376
2.4.1.129	PBP 3, peptidoglycan glycosyltransferase, v.32 | p.200
3.4.16.4	PBP 3, serine-type D-Ala-D-Ala carboxypeptidase, v.6 | p.376
3.4.16.4	PBP3, serine-type D-Ala-D-Ala carboxypeptidase, v.6 | p.376
3.4.17.14	PBP4, Zinc D-Ala-D-Ala carboxypeptidase, v.6 | p.475
2.4.1.129	PBP4, peptidoglycan glycosyltransferase, v.32 | p.200
3.4.16.4	PBP4, serine-type D-Ala-D-Ala carboxypeptidase, v.6 | p.376
3.4.17.14	PBP4a, Zinc D-Ala-D-Ala carboxypeptidase, v.6 | p.475
3.4.16.4	PBP4a, serine-type D-Ala-D-Ala carboxypeptidase, v.6 | p.376
3.4.17.14	PBP4B, Zinc D-Ala-D-Ala carboxypeptidase, v.6 | p.475
3.4.17.8	PBP 5, muramoylpentapeptide carboxypeptidase, v.6 | p.448
3.4.16.4	PBP 5, serine-type D-Ala-D-Ala carboxypeptidase, v.6 | p.376
3.4.17.8	PBP5, muramoylpentapeptide carboxypeptidase, v.6 | p.448
3.4.16.4	PBP5, serine-type D-Ala-D-Ala carboxypeptidase, v.6 | p.376
1.6.5.6	pBQR, p-benzoquinone reductase (NADPH), v.24 | p.142
4.1.1.23	PbrURA3, Orotidine-5'-phosphate decarboxylase, v.3 | p.136
6.4.1.1	PC, Pyruvate carboxylase, v.2 | p.708
6.3.4.14	PC-β, Biotin carboxylase, v.2 | p.632
3.1.4.1	PC-1, phosphodiesterase I, v.11 | p.1
3.1.15.1	PC-1, venom exonuclease, v.11 | p.417

2.7.8.3	PC-ceramide transferase, ceramide cholinephosphotransferase, v. 39 | p. 31	
3.1.4.3	PC-PLC, phospholipase C, v. 11 | p. 32	
2.6.1.83	pc0685, LL-diaminopimelate aminotransferase, v. S2 | p. 253	
3.4.21.75	PC1, Furin, v. 7 | p. 371	
3.4.21.61	PC1, Kexin, v. 7 | p. 280	
3.4.21.93	PC1, Proprotein convertase 1, v. 7 | p. 452	
3.4.21.61	PC 1/3, Kexin, v. 7 | p. 280	
3.4.21.61	PC1/3, Kexin, v. 7 | p. 280	
3.4.21.93	PC1/3, Proprotein convertase 1, v. 7 | p. 452	
3.4.21.93	PC1/PC3, Proprotein convertase 1, v. 7 | p. 452	
3.1.3.48	PC12-PTP1, protein-tyrosine-phosphatase, v. 10 | p. 407	
3.4.21.61	PC2, Kexin, v. 7 | p. 280	
3.4.21.94	PC2, proprotein convertase 2, v. 7 | p. 455	
3.4.21.93	PC3, Proprotein convertase 1, v. 7 | p. 452	
2.7.8.3	PC:ceramide cholinephosphotransferase, ceramide cholinephosphotransferase, v. 39 | p. 31	
2.7.8.27	PC:ceramide cholinephosphotransferase, sphingomyelin synthase, v. S2 | p. 332	
2.7.8.27	PC:ceramide phosphocholinetransferase, sphingomyelin synthase, v. S2 | p. 332	
3.6.3.3	PCA1, Cd2+-exporting ATPase, v. 15 | p. 542	
3.6.3.6	PCA1, H+-exporting ATPase, v. 15 | p. 554	
1.20.4.1	PcAcr2, arsenate reductase (glutaredoxin), v. 27 | p. 594	
2.3.1.48	PCAF histone acetyltransferases, histone acetyltransferase, v. 29 | p. 641	
2.4.1.183	PcagsA, α-1,3-glucan synthase, v. 32 | p. 437	
2.4.1.183	PcagsB, α-1,3-glucan synthase, v. 32 | p. 437	
2.4.1.183	PcagsC, α-1,3-glucan synthase, v. 32 | p. 437	
4.1.1.44	PcaL, 4-carboxymuconolactone decarboxylase, v. 3 | p. 274	
3.1.3.16	PCaMPP, phosphoprotein phosphatase, v. 10 | p. 213	
4.4.1.9	PCAS-1, L-3-cyanoalanine synthase, v. 5 | p. 351	
4.4.1.9	PCAS-2, L-3-cyanoalanine synthase, v. 5 | p. 351	
1.13.11.3	3,4-PCase, protocatechuate 3,4-dioxygenase, v. 25 | p. 408	
6.4.1.3	Pcase, Propionyl-CoA carboxylase, v. 2 | p. 738	
6.4.1.1	Pcase, Pyruvate carboxylase, v. 2 | p. 708	
6.4.1.1	PCB, Pyruvate carboxylase, v. 2 | p. 708	
3.4.17.2	PCB, carboxypeptidase B, v. 6 | p. 418	
3.2.1.52	Pcb-NAHA1, β-N-acetylhexosaminidase, v. 13 | p. 50	
1.14.13.50	PCB hydroxylase, pentachlorophenol monooxygenase, v. 26 | p. 484	
6.4.1.3	PCC, Propionyl-CoA carboxylase, v. 2 | p. 738	
6.4.1.1	PCC, Pyruvate carboxylase, v. 2 | p. 708	
6.4.1.3	PCCase, Propionyl-CoA carboxylase, v. 2 | p. 738	
1.13.11.3	3,4-PCD, protocatechuate 3,4-dioxygenase, v. 25 | p. 408	
4.2.1.96	PCD, 4a-hydroxytetrahydrobiopterin dehydratase, v. 4 | p. 665	
4.2.1.96	PCD/DCoH, 4a-hydroxytetrahydrobiopterin dehydratase, v. 4 | p. 665	
4.2.1.96	PCD/PhhB, 4a-hydroxytetrahydrobiopterin dehydratase, v. 4 | p. 665	
1.13.11.8	PCD 4,5, protocatechuate 4,5-dioxygenase, v. 25 | p. 447	
1.13.11.8	PCD4,5, protocatechuate 4,5-dioxygenase, v. 25 | p. 447	
4.2.1.96	PCDH, 4a-hydroxytetrahydrobiopterin dehydratase, v. 4 | p. 665	
3.6.3.22	PcDIP5, nonpolar-amino-acid-transporting ATPase, v. 15 | p. 640	
3.4.23.17	PCE, Pro-opiomelanocortin converting enzyme, v. 8 | p. 73	
1.97.1.8	PCE-dechlorinating enzyme, tetrachloroethene reductive dehalogenase, v. 27 | p. 661	
1.97.1.8	PCE-RD, tetrachloroethene reductive dehalogenase, v. 27 | p. 661	
1.97.1.8	PCE-RDase, tetrachloroethene reductive dehalogenase, v. 27 | p. 661	
1.97.1.8	PCE-reductive dehalogenase, tetrachloroethene reductive dehalogenase, v. 27 | p. 661	
1.97.1.8	PCE/TCERD, tetrachloroethene reductive dehalogenase, v. 27 | p. 661	
1.97.1.8	pceA gene product, tetrachloroethene reductive dehalogenase, v. 27 | p. 661	
1.97.1.8	PceC, tetrachloroethene reductive dehalogenase, v. 27 | p. 661	
1.97.1.8	pceC gene product, tetrachloroethene reductive dehalogenase, v. 27 | p. 661	

1.97.1.8	PCE dehalogenase, tetrachloroethene reductive dehalogenase, v. 27 | p. 661	
1.97.1.8	PCER, tetrachloroethene reductive dehalogenase, v. 27 | p. 661	
1.97.1.8	PCERD, tetrachloroethene reductive dehalogenase, v. 27 | p. 661	
1.97.1.8	PCE reductase, tetrachloroethene reductive dehalogenase, v. 27 | p. 661	
1.97.1.8	PCE reductive dehalogenase, tetrachloroethene reductive dehalogenase, v. 27 | p. 661	
1.14.13.70	PCERG11, sterol 14-demethylase, v. 26 | p. 547	
3.6.3.50	PcfC, protein-secreting ATPase, v. 15 | p. 737	
3.6.3.21	PcGap1, polar-amino-acid-transporting ATPase, v. 15 | p. 633	
6.3.2.19	PcG complex 1, Ubiquitin-protein ligase, v. 2 | p. 506	
5.4.4.2	PchA, Isochorismate synthase, v. S7 | p. 526	
2.3.1.6	pChAT, choline O-acetyltransferase, v. 29 | p. 259	
3.3.2.1	PchB, isochorismatase, v. 14 | p. 142	
1.3.1.33	Pchilde reductase, protochlorophyllide reductase, v. 21 | p. 200	
1.3.1.33	Pchlide oxidoreductase, protochlorophyllide reductase, v. 21 | p. 200	
3.1.3.75	PChP, phosphoethanolamine/phosphocholine phosphatase, v. S5 | p. 80	
3.4.24.14	PC I-NP, procollagen N-endopeptidase, v. 8 | p. 268	
2.1.1.129	PcIMT1, inositol 4-methyltransferase, v. 28 | p. 594	
5.5.1.4	PcINO1, inositol-3-phosphate synthase, v. 1 | p. 674	
4.2.3.27	PcISPS, isoprene synthase, v. S7 | p. 320	
4.1.1.49	PCK, phosphoenolpyruvate carboxykinase (ATP), v. 3 | p. 297	
4.1.1.32	PCK, phosphoenolpyruvate carboxykinase (GTP), v. 3 | p. 195	
4.1.1.38	PCK, phosphoenolpyruvate carboxykinase (diphosphate), v. 3 | p. 239	
4.1.1.37	PCL, Uroporphyrinogen decarboxylase, v. 3 | p. 228	
6.2.1.30	PCL, phenylacetate-CoA ligase, v. 2 | p. 330	
1.8.3.5	PCL, prenylcysteine oxidase, v. 24 | p. 612	
1.8.3.5	PCLY, prenylcysteine oxidase, v. 24 | p. 612	
2.1.1.77	PCM, protein-L-isoaspartate(D-aspartate) O-methyltransferase, v. 28 | p. 406	
3.6.3.8	PCMA4b, Ca2+-transporting ATPase, v. 15 | p. 566	
1.17.99.1	PCMH, 4-cresol dehydrogenase (hydroxylating), v. 27 | p. 527	
2.1.1.77	PCMT, protein-L-isoaspartate(D-aspartate) O-methyltransferase, v. 28 | p. 406	
2.1.1.80	PCMT, protein-glutamate O-methyltransferase, v. 28 | p. 432	
2.1.1.77	PCMT1, protein-L-isoaspartate(D-aspartate) O-methyltransferase, v. 28 | p. 406	
2.7.7.48	3P complex, RNA-directed RNA polymerase, v. 38 | p. 468	
3.4.16.2	PCP, lysosomal Pro-Xaa carboxypeptidase, v. 6 | p. 370	
3.4.24.19	PCP, procollagen C-endopeptidase, v. 8 | p. 317	
3.4.19.3	PCP, pyroglutamyl-peptidase I, v. 6 | p. 529	
3.4.21.100	PCP, sedolisin, v. 7 | p. 487	
3.4.21.101	PCP, xanthomonalisin, v. 7 | p. 490	
3.4.19.3	PCP-0SH, pyroglutamyl-peptidase I, v. 6 | p. 529	
3.4.24.19	PCP-1, procollagen C-endopeptidase, v. 8 | p. 317	
3.4.24.19	PCP-2, procollagen C-endopeptidase, v. 8 | p. 317	
1.14.13.50	PCP-4-monooxygenase, pentachlorophenol monooxygenase, v. 26 | p. 484	
1.14.13.50	PCP-monooxygenase, pentachlorophenol monooxygenase, v. 26 | p. 484	
3.4.21.89	Pcp1, Signal peptidase I, v. 7 | p. 431	
3.4.21.105	Pcp1, rhomboid protease, v. S5 | p. 325	
3.4.21.105	Pcp1/Rbd1, rhomboid protease, v. S5 | p. 325	
1.14.13.50	PCP4MO, pentachlorophenol monooxygenase, v. 26 | p. 484	
1.14.13.50	PcpB, pentachlorophenol monooxygenase, v. 26 | p. 484	
1.14.13.50	PcpD, pentachlorophenol monooxygenase, v. 26 | p. 484	
1.14.13.50	PCP hydroxylase, pentachlorophenol monooxygenase, v. 26 | p. 484	
1.11.1.15	PcPrx-1, peroxiredoxin, v. S1 | p. 403	
2.7.8.7	PcpS, holo-[acyl-carrier-protein] synthase, v. 39 | p. 50	
3.1.3.48	PCPTP1, protein-tyrosine-phosphatase, v. 10 | p. 407	
1.3.1.33	PCR, protochlorophyllide reductase, v. 21 | p. 200	
2.3.2.15	PCS, glutathione γ-glutamylcysteinyltransferase, v. 30 | p. 576	

2.7.8.24	PCS, phosphatidylcholine synthase, v.39	p.143
2.3.2.15	PCS1, glutathione γ-glutamylcysteinyltransferase, v.30	p.576
2.7.8.24	PcsA, phosphatidylcholine synthase, v.39	p.143
3.4.21.94	PCSK2, proprotein convertase 2, v.7	p.455
3.4.21.61	PCSK9, Kexin, v.7	p.280
2.3.2.15	PC synthase, glutathione γ-glutamylcysteinyltransferase, v.30	p.576
2.7.8.24	PC synthase, phosphatidylcholine synthase, v.39	p.143
2.8.3.1	PCT, propionate CoA-transferase, v.39	p.472
2.7.11.22	PCTAIRE-3, cyclin-dependent kinase, v.S4	p.156
2.7.11.22	PCTAIRE 2, cyclin-dependent kinase, v.S4	p.156
4.1.1.25	PcTYDC2, Tyrosine decarboxylase, v.3	p.146
6.4.1.1	PCx, Pyruvate carboxylase, v.2	p.708
1.3.7.5	PcyA, phycocyanobilin:ferredoxin oxidoreductase, v.21	p.460
5.2.1.8	pCYP B, Peptidylprolyl isomerase, v.1	p.218
2.7.7.14	Pcyt2, ethanolamine-phosphate cytidylyltransferase, v.38	p.219
2.7.7.14	Pcyt2α, ethanolamine-phosphate cytidylyltransferase, v.38	p.219
2.7.7.14	Pcyt2β, ethanolamine-phosphate cytidylyltransferase, v.38	p.219
1.1.1.49	G-6-PD, glucose-6-phosphate dehydrogenase, v.16	p.474
1.1.1.49	G-6PD, glucose-6-phosphate dehydrogenase, v.16	p.474
1.3.1.12	PD, prephenate dehydrogenase, v.21	p.60
1.1.1.202	1,3-PD-DH, 1,3-propanediol dehydrogenase, v.18	p.199
3.2.2.17	PD-DNA glycosylase, deoxyribodipyrimidine endonucleosidase, v.14	p.84
2.4.2.4	PD-ECGF, thymidine phosphorylase, v.33	p.52
2.4.2.4	PD-ECGF/TP, thymidine phosphorylase, v.33	p.52
2.4.2.4	PD-ECGF/TP platelet-derived endothelial cell growth factor, thymidine phosphorylase, v.33	p.52
3.2.2.17	PD-glycosylase, deoxyribodipyrimidine endonucleosidase, v.14	p.84
3.2.2.22	PD-L1, rRNA N-glycosylase, v.14	p.107
3.2.2.22	PD-L4, rRNA N-glycosylase, v.14	p.107
3.2.2.17	PD-specific DNA glycosylase, deoxyribodipyrimidine endonucleosidase, v.14	p.84
1.1.1.202	1,3-PD:NAD+ oxidoreductase, 1,3-propanediol dehydrogenase, v.18	p.199
1.2.4.1	Pda1p, pyruvate dehydrogenase (acetyl-transferring), v.20	p.488
3.1.1.58	pdaB, N-acetylgalactosaminoglycan deacetylase, v.9	p.365
3.4.14.11	X-PDAP, Xaa-Pro dipeptidyl-peptidase, v.6	p.326
3.4.14.5	X-PDAP, dipeptidyl-peptidase IV, v.6	p.286
2.6.1.57	pdArAT, aromatic-amino-acid transaminase, v.34	p.604
2.6.1.57	pdAroAT, aromatic-amino-acid transaminase, v.34	p.604
3.1.4.1	5'-PDase, phosphodiesterase I, v.11	p.1
3.1.4.1	PDase, phosphodiesterase I, v.11	p.1
1.5.4.1	PDA synthase, pyrimidodiazepine synthase, v.23	p.323
2.3.1.20	PDAT, diacylglycerol O-acyltransferase, v.29	p.396
2.3.1.158	PDAT, phospholipid:diacylglycerol acyltransferase, v.30	p.424
5.1.1.1	PDB, Alanine racemase, v.1	p.1
3.1.4.17	PDB1, 3',5'-cyclic-nucleotide phosphodiesterase, v.11	p.116
3.1.4.17	PDB2, 3',5'-cyclic-nucleotide phosphodiesterase, v.11	p.116
3.1.4.17	PDB3, 3',5'-cyclic-nucleotide phosphodiesterase, v.11	p.116
3.1.4.35	PDB5, 3',5'-cyclic-GMP phosphodiesterase, v.11	p.153
4.1.1.1	PDC, Pyruvate decarboxylase, v.3	p.1
1.2.4.1	PDC, pyruvate dehydrogenase (acetyl-transferring), v.20	p.488
4.1.1.32	PDC-E2, phosphoenolpyruvate carboxykinase (GTP), v.3	p.195
4.1.1.1	PDC1, Pyruvate decarboxylase, v.3	p.1
4.1.1.1	Pdc1p, Pyruvate decarboxylase, v.3	p.1
4.1.1.1	PDC2, Pyruvate decarboxylase, v.3	p.1
4.1.1.1	Pdc6, Pyruvate decarboxylase, v.3	p.1
3.4.17.8	PdcA, muramoylpentapeptide carboxypeptidase, v.6	p.448

4.1.1.1	PDC I, Pyruvate decarboxylase, v. 3 | p. 1	
4.1.1.1	PDC II, Pyruvate decarboxylase, v. 3 | p. 1	
4.1.1.1	PDCS.c., Pyruvate decarboxylase, v. 3 | p. 1	
4.1.1.1	PDCZ.m., Pyruvate decarboxylase, v. 3 | p. 1	
1.3.1.49	PDD DHase, cis-3,4-dihydrophenanthrene-3,4-diol dehydrogenase, v. 21 | p. 272	
1.3.1.29	PDDH, cis-1,2-dihydro-1,2-dihydroxynaphthalene dehydrogenase, v. 21 | p. 171	
3.1.4.1	5'-PDE, phosphodiesterase I, v. 11 | p. 1	
3.1.4.53	PDE, 3',5'-cyclic-AMP phosphodiesterase	
3.1.4.35	PDE, 3',5'-cyclic-GMP phosphodiesterase, v. 11 | p. 153	
3.1.4.35	PDEγ, 3',5'-cyclic-GMP phosphodiesterase, v. 11 | p. 153	
3.1.4.53	PDE-46, 3',5'-cyclic-AMP phosphodiesterase	
3.1.4.53	PDE-4D3, 3',5'-cyclic-AMP phosphodiesterase	
3.1.4.35	PDE-5, 3',5'-cyclic-GMP phosphodiesterase, v. 11 | p. 153	
3.1.4.52	PDE-A, cyclic-guanylate-specific phosphodiesterase, v. S5 | p. 100	
3.1.4.17	PDE1, 3',5'-cyclic-nucleotide phosphodiesterase, v. 11 | p. 116	
3.1.4.17	PDE10, 3',5'-cyclic-nucleotide phosphodiesterase, v. 11 | p. 116	
3.1.4.17	PDE10A, 3',5'-cyclic-nucleotide phosphodiesterase, v. 11 | p. 116	
3.1.4.17	PDE11, 3',5'-cyclic-nucleotide phosphodiesterase, v. 11 | p. 116	
3.1.4.17	PDE11A, 3',5'-cyclic-nucleotide phosphodiesterase, v. 11 | p. 116	
3.1.4.17	PDE11A1, 3',5'-cyclic-nucleotide phosphodiesterase, v. 11 | p. 116	
3.1.4.17	PDE11A2, 3',5'-cyclic-nucleotide phosphodiesterase, v. 11 | p. 116	
3.1.4.17	PDE11A3, 3',5'-cyclic-nucleotide phosphodiesterase, v. 11 | p. 116	
3.1.4.17	PDE11A4, 3',5'-cyclic-nucleotide phosphodiesterase, v. 11 | p. 116	
3.1.4.17	PDE1A, 3',5'-cyclic-nucleotide phosphodiesterase, v. 11 | p. 116	
3.1.4.17	PDE1A_v7, 3',5'-cyclic-nucleotide phosphodiesterase, v. 11 | p. 116	
3.1.4.17	PDE1B, 3',5'-cyclic-nucleotide phosphodiesterase, v. 11 | p. 116	
3.1.4.17	PDE2, 3',5'-cyclic-nucleotide phosphodiesterase, v. 11 | p. 116	
3.1.4.17	PDE21, 3',5'-cyclic-nucleotide phosphodiesterase, v. 11 | p. 116	
3.1.4.17	PDE2A, 3',5'-cyclic-nucleotide phosphodiesterase, v. 11 | p. 116	
3.1.4.17	PDE3, 3',5'-cyclic-nucleotide phosphodiesterase, v. 11 | p. 116	
3.1.4.17	PDE32, 3',5'-cyclic-nucleotide phosphodiesterase, v. 11 | p. 116	
3.1.4.17	PDE3A, 3',5'-cyclic-nucleotide phosphodiesterase, v. 11 | p. 116	
3.1.4.17	PDE3B, 3',5'-cyclic-nucleotide phosphodiesterase, v. 11 | p. 116	
3.1.4.53	PDE4, 3',5'-cyclic-AMP phosphodiesterase	
3.1.4.35	PDE4, 3',5'-cyclic-GMP phosphodiesterase, v. 11 | p. 153	
3.1.4.17	PDE43, 3',5'-cyclic-nucleotide phosphodiesterase, v. 11 | p. 116	
3.1.4.17	PDE46, 3',5'-cyclic-nucleotide phosphodiesterase, v. 11 | p. 116	
3.1.4.53	PDE4A, 3',5'-cyclic-AMP phosphodiesterase	
3.1.4.53	PDE4A1, 3',5'-cyclic-AMP phosphodiesterase	
3.1.4.53	PDE4A10, 3',5'-cyclic-AMP phosphodiesterase	
3.1.4.53	PDE4A5, 3',5'-cyclic-AMP phosphodiesterase	
3.1.4.53	PDE4A8, 3',5'-cyclic-AMP phosphodiesterase	
3.1.4.53	**PDE4A cAMP-specific phosphodiesterase splice variant RD1**, 3',5'-cyclic-AMP phosphodiesterase	
3.1.4.53	PDE4B, 3',5'-cyclic-AMP phosphodiesterase	
3.1.4.53	PDE4B1, 3',5'-cyclic-AMP phosphodiesterase	
3.1.4.53	PDE4B2, 3',5'-cyclic-AMP phosphodiesterase	
3.1.4.53	PDE4B3, 3',5'-cyclic-AMP phosphodiesterase	
3.1.4.53	PDE4B4, 3',5'-cyclic-AMP phosphodiesterase	
3.1.4.53	PDE4B5, 3',5'-cyclic-AMP phosphodiesterase	
3.1.4.53	PDE4C, 3',5'-cyclic-AMP phosphodiesterase	
3.1.4.53	PDE4D, 3',5'-cyclic-AMP phosphodiesterase	
3.1.4.53	PDE4D1, 3',5'-cyclic-AMP phosphodiesterase	
3.1.4.53	PDE4D11, 3',5'-cyclic-AMP phosphodiesterase	
3.1.4.53	PDE4D5, 3',5'-cyclic-AMP phosphodiesterase	

3.1.4.53	PDE5, 3',5'-cyclic-AMP phosphodiesterase
3.1.4.35	PDE5, 3',5'-cyclic-GMP phosphodiesterase, v. 11	p. 153
3.1.4.35	PDE5/6, 3',5'-cyclic-GMP phosphodiesterase, v. 11	p. 153
3.1.4.35	PDE5A, 3',5'-cyclic-GMP phosphodiesterase, v. 11	p. 153
3.1.4.35	PDE5A1, 3',5'-cyclic-GMP phosphodiesterase, v. 11	p. 153
3.1.4.35	PDE6, 3',5'-cyclic-GMP phosphodiesterase, v. 11	p. 153
3.1.4.35	PDE6α, 3',5'-cyclic-GMP phosphodiesterase, v. 11	p. 153
3.1.4.35	PDE6β, 3',5'-cyclic-GMP phosphodiesterase, v. 11	p. 153
3.1.4.35	PDE6γ, 3',5'-cyclic-GMP phosphodiesterase, v. 11	p. 153
3.1.4.35	PDE6α', 3',5'-cyclic-GMP phosphodiesterase, v. 11	p. 153
3.1.4.35	PDE6B, 3',5'-cyclic-GMP phosphodiesterase, v. 11	p. 153
3.1.4.35	PDE6C, 3',5'-cyclic-GMP phosphodiesterase, v. 11	p. 153
3.1.4.35	PDE6R, 3',5'-cyclic-GMP phosphodiesterase, v. 11	p. 153
3.1.4.53	PDE7, 3',5'-cyclic-AMP phosphodiesterase
3.1.1.51	PDE74H, phorbol-diester hydrolase, v. 9	p. 338
3.1.4.53	PDE7A, 3',5'-cyclic-AMP phosphodiesterase
3.1.4.53	PDE7A1, 3',5'-cyclic-AMP phosphodiesterase
3.1.4.53	PDE7A2, 3',5'-cyclic-AMP phosphodiesterase
3.1.4.53	PDE7B, 3',5'-cyclic-AMP phosphodiesterase
3.1.4.53	PDE8, 3',5'-cyclic-AMP phosphodiesterase
3.1.4.53	PDE8A, 3',5'-cyclic-AMP phosphodiesterase
3.1.4.53	PDE8A1, 3',5'-cyclic-AMP phosphodiesterase
3.1.4.53	PDE8B, 3',5'-cyclic-AMP phosphodiesterase
3.1.4.35	PDE9, 3',5'-cyclic-GMP phosphodiesterase, v. 11	p. 153
3.1.4.35	PDE9A, 3',5'-cyclic-GMP phosphodiesterase, v. 11	p. 153
3.1.4.35	PDE9A1, 3',5'-cyclic-GMP phosphodiesterase, v. 11	p. 153
3.1.4.17	PdeA, 3',5'-cyclic-nucleotide phosphodiesterase, v. 11	p. 116
3.1.4.52	PDEA1, cyclic-guanylate-specific phosphodiesterase, v. S5	p. 100
3.1.4.17	PDEase, 3',5'-cyclic-nucleotide phosphodiesterase, v. 11	p. 116
3.1.4.1	PDEase, phosphodiesterase I, v. 11	p. 1
3.1.4.17	PDEase regA, 3',5'-cyclic-nucleotide phosphodiesterase, v. 11	p. 116
3.1.4.16	PdeB, 2',3'-cyclic-nucleotide 2'-phosphodiesterase, v. 11	p. 108
3.1.4.17	PdeB, 3',5'-cyclic-nucleotide phosphodiesterase, v. 11	p. 116
3.1.4.53	PDEB1, 3',5'-cyclic-AMP phosphodiesterase
3.1.4.17	PdeC, 3',5'-cyclic-nucleotide phosphodiesterase, v. 11	p. 116
2.4.2.4	PDECGF, thymidine phosphorylase, v. 33	p. 52
3.1.4.35	PdeD, 3',5'-cyclic-GMP phosphodiesterase, v. 11	p. 153
1.1.1.261	G-1-P dehydrogenase, glycerol-1-phosphate dehydrogenase [NAD(P)+], v. 18	p. 457
1.1.99.5	G-3-P dehydrogenase, glycerol-3-phosphate dehydrogenase, v. 19	p. 283
1.1.1.8	G-3-P dehydrogenase, glycerol-3-phosphate dehydrogenase (NAD+), v. 16	p. 120
3.1.4.1	PDE I, phosphodiesterase I, v. 11	p. 1
3.1.4.17	PDEI, 3',5'-cyclic-nucleotide phosphodiesterase, v. 11	p. 116
3.1.4.53	PDE IVB, 3',5'-cyclic-AMP phosphodiesterase
1.14.19.5	PDesat-TnΔ11 Z protein, Δ11-fatty-acid desaturase
3.1.4.17	PDE V-B1, 3',5'-cyclic-nucleotide phosphodiesterase, v. 11	p. 116
3.1.4.17	PDE V-C1, 3',5'-cyclic-nucleotide phosphodiesterase, v. 11	p. 116
3.5.1.27	PDF, N-formylmethionylaminoacyl-tRNA deformylase, v. 14	p. 394
3.5.1.88	PDF, peptide deformylase, v. 14	p. 631
3.5.1.88	PdfA, peptide deformylase, v. 14	p. 631
3.5.1.88	PdfB, peptide deformylase, v. 14	p. 631
3.5.1.88	PdfC, peptide deformylase, v. 14	p. 631
2.7.10.1	PDGF-R-α, receptor protein-tyrosine kinase, v. S2	p. 341
2.7.10.1	PDGF-R-β, receptor protein-tyrosine kinase, v. S2	p. 341
2.7.10.1	PDGF β-receptor, receptor protein-tyrosine kinase, v. S2	p. 341
2.7.10.1	PDGF-α receptor, receptor protein-tyrosine kinase, v. S2	p. 341

2.7.10.1	PDGF-β receptor, receptor protein-tyrosine kinase, v.S2 | p.341	
2.7.10.1	PDGF A, receptor protein-tyrosine kinase, v.S2 | p.341	
2.7.10.1	PDGFR, receptor protein-tyrosine kinase, v.S2 | p.341	
2.7.10.1	PDGFRα, receptor protein-tyrosine kinase, v.S2 | p.341	
2.7.10.1	PDGFRβ, receptor protein-tyrosine kinase, v.S2 | p.341	
2.7.10.1	PDGFR-α, receptor protein-tyrosine kinase, v.S2 | p.341	
2.7.10.1	PDGFR-β, receptor protein-tyrosine kinase, v.S2 | p.341	
2.7.10.1	PDGF receptor, receptor protein-tyrosine kinase, v.S2 | p.341	
2.7.10.1	PDGF receptor tyrosine kinase, receptor protein-tyrosine kinase, v.S2 | p.341	
2.7.10.1	PDGFR kinase, receptor protein-tyrosine kinase, v.S2 | p.341	
1.1.1.49	G-6-PDH, glucose-6-phosphate dehydrogenase, v.16 | p.474	
1.5.1.12	PDH, 1-pyrroline-5-carboxylate dehydrogenase, v.23 | p.122	
3.4.15.1	PDH, peptidyl-dipeptidase A, v.6 | p.334	
1.4.1.20	PDH, phenylalanine dehydrogenase, v.22 | p.196	
1.3.1.12	PDH, prephenate dehydrogenase, v.21 | p.60	
1.5.99.8	PDH, proline dehydrogenase, v.23 | p.381	
1.1.99.29	PDH, pyranose dehydrogenase (acceptor), v.S1 | p.124	
1.2.4.1	PDH, pyruvate dehydrogenase (acetyl-transferring), v.20 | p.488	
1.2.4.1	PDHα, pyruvate dehydrogenase (acetyl-transferring), v.20 | p.488	
1.14.17.1	pDβH, dopamine β-monooxygenase, v.27 | p.126	
1.5.99.8	PDH1, proline dehydrogenase, v.23 | p.381	
1.5.99.8	PDH2, proline dehydrogenase, v.23 | p.381	
1.2.4.1	PDHa, pyruvate dehydrogenase (acetyl-transferring), v.20 | p.488	
1.1.99.29	PDH AM, pyranose dehydrogenase (acceptor), v.S1 | p.124	
1.1.99.29	PDH AX, pyranose dehydrogenase (acceptor), v.S1 | p.124	
1.2.4.2	PDHC, oxoglutarate dehydrogenase (succinyl-transferring), v.20 | p.507	
1.2.4.1	PDHC, pyruvate dehydrogenase (acetyl-transferring), v.20 | p.488	
1.2.4.1	PDHc-E1, pyruvate dehydrogenase (acetyl-transferring), v.20 | p.488	
1.2.4.1	PDHc E1, pyruvate dehydrogenase (acetyl-transferring), v.20 | p.488	
2.7.11.2	PDHK, [pyruvate dehydrogenase (acetyl-transferring)] kinase, v.S3 | p.124	
2.7.11.2	PDHK2, [pyruvate dehydrogenase (acetyl-transferring)] kinase, v.S3 | p.124	
2.7.11.2	PDHK4, [pyruvate dehydrogenase (acetyl-transferring)] kinase, v.S3 | p.124	
2.7.11.2	PDH kinase, [pyruvate dehydrogenase (acetyl-transferring)] kinase, v.S3 | p.124	
2.7.13.3	PdhS, histidine kinase, v.S4 | p.420	
1.2.4.1	PDH subunit E1-β, pyruvate dehydrogenase (acetyl-transferring), v.20 | p.488	
5.3.4.1	PDI, Protein disulfide-isomerase, v.1 | p.436	
3.1.1.75	PDI, poly(3-hydroxybutyrate) depolymerase, v.9 | p.437	
5.3.4.1	pdi-15, Protein disulfide-isomerase, v.1 | p.436	
5.3.4.1	pdi-40, Protein disulfide-isomerase, v.1 | p.436	
5.3.4.1	pdi-47, Protein disulfide-isomerase, v.1 | p.436	
5.3.4.1	pdi-52, Protein disulfide-isomerase, v.1 | p.436	
5.3.4.1	PDI-related protein, Protein disulfide-isomerase, v.1 | p.436	
5.3.4.1	PDI1, Protein disulfide-isomerase, v.1 | p.436	
5.3.4.1	PDIA1, Protein disulfide-isomerase, v.1 | p.436	
5.3.4.1	PDIA2, Protein disulfide-isomerase, v.1 | p.436	
5.3.4.1	PDIA4, Protein disulfide-isomerase, v.1 | p.436	
5.3.4.1	PDI I, Protein disulfide-isomerase, v.1 | p.436	
5.3.4.1	PDI II, Protein disulfide-isomerase, v.1 | p.436	
5.3.4.1	PDIL-1, Protein disulfide-isomerase, v.1 | p.436	
5.3.4.1	PDIL-2, Protein disulfide-isomerase, v.1 | p.436	
5.3.4.1	PDILT, Protein disulfide-isomerase, v.1 | p.436	
1.1.1.202	1,3-Pdiol dehydrogenase, 1,3-propanediol dehydrogenase, v.18 | p.199	
5.3.4.1	PDIp, Protein disulfide-isomerase, v.1 | p.436	
1.8.1.8	PDI reductase, protein-disulfide reductase, v.24 | p.514	
2.7.11.2	PDK, [pyruvate dehydrogenase (acetyl-transferring)] kinase, v.S3 | p.124	

2.7.11.2	PDK-2, [pyruvate dehydrogenase (acetyl-transferring)] kinase, v. S3	p. 124
2.7.11.2	PDK-4, [pyruvate dehydrogenase (acetyl-transferring)] kinase, v. S3	p. 124
2.7.11.2	PDK1, [pyruvate dehydrogenase (acetyl-transferring)] kinase, v. S3	p. 124
2.7.11.1	PDK1, non-specific serine/threonine protein kinase, v. S3	p. 1
2.7.11.2	PDK2, [pyruvate dehydrogenase (acetyl-transferring)] kinase, v. S3	p. 124
2.7.11.1	PDK2, non-specific serine/threonine protein kinase, v. S3	p. 1
2.7.11.2	PDK3, [pyruvate dehydrogenase (acetyl-transferring)] kinase, v. S3	p. 124
2.7.11.2	PDK4, [pyruvate dehydrogenase (acetyl-transferring)] kinase, v. S3	p. 124
1.14.12.7	PDO, phthalate 4,5-dioxygenase, v. 26	p. 140
1.8.1.8	PDO, protein-disulfide reductase, v. 24	p. 514
1.1.1.202	PDOR, 1,3-propanediol dehydrogenase, v. 18	p. 199
1.1.1.202	1,3-PD oxidoreductase, 1,3-propanediol dehydrogenase, v. 18	p. 199
3.1.3.43	PDP, [pyruvate dehydrogenase (acetyl-transferring)]-phosphatase, v. 10	p. 381
3.4.22.15	PDP, cathepsin L, v. 7	p. 582
4.1.3.1	PDP, isocitrate lyase, v. 4	p. 1
3.1.3.43	PDP1, [pyruvate dehydrogenase (acetyl-transferring)]-phosphatase, v. 10	p. 381
3.1.3.16	PDP1, phosphoprotein phosphatase, v. 10	p. 213
3.1.3.43	PDP2, [pyruvate dehydrogenase (acetyl-transferring)]-phosphatase, v. 10	p. 381
3.1.3.16	PDP2, phosphoprotein phosphatase, v. 10	p. 213
1.1.1.7	PDP dehydrogenase, propanediol-phosphate dehydrogenase, v. 16	p. 118
4.2.1.10	pDQD, 3-dehydroquinate dehydratase, v. 4	p. 304
1.18.1.3	Pdr, ferredoxin-NAD+ reductase, v. 27	p. 559
4.2.1.51	PDT, prephenate dehydratase, v. 4	p. 519
4.2.1.51	PDT protein, prephenate dehydratase, v. 4	p. 519
2.5.1.17	PduO, cob(I)yrinic acid a,c-diamide adenosyltransferase, v. 33	p. 517
2.5.1.17	PduO-type ACA, cob(I)yrinic acid a,c-diamide adenosyltransferase, v. 33	p. 517
2.5.1.17	PduO-type ATP:Co(I)rrinoid adenosyltransferase, cob(I)yrinic acid a,c-diamide adenosyltransferase, v. 33	p. 517
2.5.1.17	PduO-type ATP:cob(I)alamin adenosyltransferase, cob(I)yrinic acid a,c-diamide adenosyltransferase, v. 33	p. 517
2.5.1.17	PduO-type ATP: cobalamin adenosyltransferase, cob(I)yrinic acid a,c-diamide adenosyltransferase, v. 33	p. 517
2.5.1.17	PduO adenosyltransferase, cob(I)yrinic acid a,c-diamide adenosyltransferase, v. 33	p. 517
2.5.1.17	PduO enzyme, cob(I)yrinic acid a,c-diamide adenosyltransferase, v. 33	p. 517
1.16.1.4	PduS, cob(II)alamin reductase, v. 27	p. 449
2.7.2.15	PduW, propionate kinase, v. S2	p. 296
3.5.1.2	PDX2, glutaminase, v. 14	p. 205
1.1.1.262	PdxA, 4-hydroxythreonine-4-phosphate dehydrogenase, v. 18	p. 461
1.1.1.290	PDXB, 4-phosphoerythronate dehydrogenase, v. S1	p. 75
1.1.1.290	PdxB 4PE dehydrogenase, 4-phosphoerythronate dehydrogenase, v. S1	p. 75
1.1.1.290	pdx gene product, 4-phosphoerythronate dehydrogenase, v. S1	p. 75
2.6.99.2	PdxJ, pyridoxine 5'-phosphate synthase, v. S2	p. 264
2.7.1.35	PdxK, pyridoxal kinase, v. 35	p. 395
3.1.3.74	PDXP, pyridoxal phosphatase, v. S5	p. 68
3.1.1.11	PE, pectinesterase, v. 9	p. 136
3.4.21.26	PE, prolyl oligopeptidase, v. 7	p. 110
3.4.24.26	PE, pseudolysin, v. 8	p. 363
4.2.99.18	pE296R, DNA-(apurinic or apyrimidinic site) lyase, v. 5	p. 150
3.4.21.36	PE 3B, pancreatic elastase, v. 7	p. 158
3.1.3.10	pea-seed acid phosphatase, glucose-1-phosphatase, v. 10	p. 160
3.2.1.67	peach exopolygalacturonase, galacturan 1,4-α-galacturonidase, v. 13	p. 195
1.2.1.39	PeaE protein, phenylacetaldehyde dehydrogenase, v. 20	p. 293
2.1.1.103	PEAMT, phosphoethanolamine N-methyltransferase, v. 28	p. 508
1.4.3.21	pea seedling amine oxidase, primary-amine oxidase	
1.3.7.2	PebA, 15,16-dihydrobiliverdin:ferredoxin oxidoreductase, v. 21	p. 453

1.3.7.6	PebA, phycoerythrobilin synthase	
1.3.7.3	PebB, phycoerythrobilin:ferredoxin oxidoreductase, v. 21	p. 455	
1.3.7.6	PebS, phycoerythrobilin synthase	
5.3.3.8	PECI, dodecenoyl-CoA isomerase, v. 1	p. 413	
3.2.1.67	PECI, galacturan 1,4-α-galacturonidase, v. 13	p. 195	
4.2.2.9	PECI, pectate disaccharide-lyase, v. 5	p. 50	
2.7.7.14	PECT1, ethanolamine-phosphate cytidylyltransferase, v. 38	p. 219	
3.1.1.11	pectase, pectinesterase, v. 9	p. 136	
3.2.1.15	pectate hydrolase, polygalacturonase, v. 12	p. 208	
4.2.2.2	pectate lyase, pectate lyase, v. 5	p. 6	
3.2.1.15	pectate lyase, polygalacturonase, v. 12	p. 208	
4.2.2.2	pectate lyase 10A, pectate lyase, v. 5	p. 6	
4.2.2.22	pectate lyase 2A, pectate trisaccharide-lyase, v. S7	p. 169	
4.2.2.2	pectate lyase 9A, pectate lyase, v. 5	p. 6	
4.2.2.2	pectate lyase A, pectate lyase, v. 5	p. 6	
4.2.2.22	pectate lyase A, pectate trisaccharide-lyase, v. S7	p. 169	
4.2.2.2	pectate lyase B, pectate lyase, v. 5	p. 6	
4.2.2.2	pectate lyase C, pectate lyase, v. 5	p. 6	
4.2.2.2	pectate lyase E, pectate lyase, v. 5	p. 6	
4.2.2.2	pectate lyase I, pectate lyase, v. 5	p. 6	
4.2.2.2	pectate lyase L, pectate lyase, v. 5	p. 6	
4.2.2.2	pectate lyase Pel10A, pectate lyase, v. 5	p. 6	
4.2.2.2	pectate lyase Pel9A, pectate lyase, v. 5	p. 6	
4.2.2.2	pectate lyase PL 47, pectate lyase, v. 5	p. 6	
4.2.2.2	pectate transeliminase, pectate lyase, v. 5	p. 6	
4.2.2.22	pectate transeliminases,, pectate trisaccharide-lyase, v. S7	p. 169	
4.2.2.2	pectic acid lyase, pectate lyase, v. 5	p. 6	
4.2.2.2	pectic acid transeliminase, pectate lyase, v. 5	p. 6	
3.2.1.15	pectic depolymerase, polygalacturonase, v. 12	p. 208	
3.2.1.15	pectic hydrolase, polygalacturonase, v. 12	p. 208	
4.2.2.2	pectic lyase, pectate lyase, v. 5	p. 6	
3.2.1.67	pectinase, galacturan 1,4-α-galacturonidase, v. 13	p. 195	
4.2.2.10	pectinase, pectin lyase, v. 5	p. 55	
3.2.1.15	pectinase, polygalacturonase, v. 12	p. 208	
3.2.1.15	pectinase SS, polygalacturonase, v. 12	p. 208	
3.1.1.11	pectin demethoxylase, pectinesterase, v. 9	p. 136	
3.2.1.15	pectin depolymerase, polygalacturonase, v. 12	p. 208	
3.1.1.11	pectine methylesterase, pectinesterase, v. 9	p. 136	
3.1.1.11	pectin esterase, pectinesterase, v. 9	p. 136	
3.1.1.11	pectinesterase, pectinesterase, v. 9	p. 136	
2.4.1.43	pectin GalAT, polygalacturonate 4-α-galacturonosyltransferase, v. 31	p. 407	
3.2.1.15	pectin hydrolase, polygalacturonase, v. 12	p. 208	
4.2.2.10	pectinliase, pectin lyase, v. 5	p. 55	
4.2.2.10	pectin lyase, pectin lyase, v. 5	p. 55	
3.2.1.15	pectin lyase, polygalacturonase, v. 12	p. 208	
4.2.2.10	pectinlyase, pectin lyase, v. 5	p. 55	
4.2.2.10	pectin lyase 1, pectin lyase, v. 5	p. 55	
4.2.2.10	pectin lyase A, pectin lyase, v. 5	p. 55	
3.1.1.11	pectin methoxylase, pectinesterase, v. 9	p. 136	
3.1.1.11	pectin methyl esterase, pectinesterase, v. 9	p. 136	
3.1.1.11	pectin methylesterase, pectinesterase, v. 9	p. 136	
3.1.1.11	pectinmethylesterase, pectinesterase, v. 9	p. 136	
3.1.1.11	pectin methylesterase 3, pectinesterase, v. 9	p. 136	
4.2.2.10	pectin methyltranseliminase, pectin lyase, v. 5	p. 55	
3.1.1.11	pectinoesterase, pectinesterase, v. 9	p. 136	

3.2.1.15	pectin polygalacturonase, polygalacturonase, v. 12 | p. 208	
4.2.2.10	pectin transeliminase, pectin lyase, v. 5 | p. 55	
3.1.1.11	pectofoetidin, pectinesterase, v. 9 | p. 136	
3.2.1.15	pectolase, polygalacturonase, v. 12 | p. 208	
4.2.2.10	pectolyase Y23, pectin lyase, v. 5 | p. 55	
3.2.1.15	pectolyase Y23, polygalacturonase, v. 12 | p. 208	
3.2.1.15	pectozyme, polygalacturonase, v. 12 | p. 208	
3.6.3.47	Ped3, fatty-acyl-CoA-transporting ATPase, v. 15 | p. 724	
3.4.21.70	PEE, Pancreatic endopeptidase E, v. 7 | p. 346	
3.4.21.1	PEG-α-chymotrypsin, chymotrypsin, v. 7 | p. 1	
1.2.1.5	PEG-ALDH, aldehyde dehydrogenase [NAD(P)+], v. 20 | p. 72	
1.4.3.3	PEG-DAO, D-amino-acid oxidase, v. 22 | p. 243	
1.1.99.20	PEG-DH, alkan-1-ol dehydrogenase (acceptor), v. 19 | p. 391	
3.4.21.1	PEG-modified α-chymotrypsin, chymotrypsin, v. 7 | p. 1	
2.7.11.1	pEg2, non-specific serine/threonine protein kinase, v. S3 | p. 1	
1.1.99.20	PEGDH, alkan-1-ol dehydrogenase (acceptor), v. 19 | p. 391	
3.2.1.15	Peh28A, polygalacturonase, v. 12 | p. 208	
3.2.1.15	PehA, polygalacturonase, v. 12 | p. 208	
4.2.2.2	Pel, pectate lyase, v. 5 | p. 6	
4.2.2.2	Pel-15, pectate lyase, v. 5 | p. 6	
4.2.2.2	Pel-15E, pectate lyase, v. 5 | p. 6	
4.2.2.2	Pel-15H, pectate lyase, v. 5 | p. 6	
4.2.2.2	Pel10A, pectate lyase, v. 5 | p. 6	
4.2.2.2	Pel9A, pectate lyase, v. 5 | p. 6	
4.2.2.2	PelA, pectate lyase, v. 5 | p. 6	
4.2.2.22	PelA, pectate trisaccharide-lyase, v. S7 | p. 169	
3.2.1.67	PelB, galacturan 1,4-α-galacturonidase, v. 13 | p. 195	
3.2.1.41	PelBsp-PulA, pullulanase, v. 12 | p. 594	
4.2.2.2	pelC, pectate lyase, v. 5 | p. 6	
4.2.2.2	Pel I, pectate lyase, v. 5 | p. 6	
4.2.2.2	PelI, pectate lyase, v. 5 | p. 6	
4.2.2.2	Pel II, pectate lyase, v. 5 | p. 6	
4.2.2.2	Pel III, pectate lyase, v. 5 | p. 6	
4.2.2.9	PelL, pectate disaccharide-lyase, v. 5 | p. 50	
4.2.2.9	PelW, pectate disaccharide-lyase, v. 5 | p. 50	
4.2.2.9	PelX, pectate disaccharide-lyase, v. 5 | p. 50	
4.2.3.21	pemnaspirodiene synthase, vetispiradiene synthase, v. S7 | p. 292	
2.1.1.17	PEMT, phosphatidylethanolamine N-methyltransferase, v. 28 | p. 95	
2.1.1.71	PE N-MTase, phosphatidyl-N-methylethanolamine N-methyltransferase, v. 28 | p. 384	
2.1.1.17	PE N-MTase, phosphatidylethanolamine N-methyltransferase, v. 28 | p. 95	
1.1.3.4	penatin, glucose oxidase, v. 19 | p. 30	
3.4.23.20	pencillopepsin-JT1, Penicillopepsin, v. 8 | p. 89	
3.4.23.20	pencillopepsin-JT2, Penicillopepsin, v. 8 | p. 89	
3.4.16.4	penicillin-binding protein, serine-type D-Ala-D-Ala carboxypeptidase, v. 6 | p. 376	
2.4.1.129	penicillin-binding protein 1a, peptidoglycan glycosyltransferase, v. 32 | p. 200	
2.4.1.129	penicillin-binding protein 1B, peptidoglycan glycosyltransferase, v. 32 | p. 200	
3.4.16.4	penicillin-binding protein 1B, serine-type D-Ala-D-Ala carboxypeptidase, v. 6 | p. 376	
2.4.1.129	penicillin-binding protein 3, peptidoglycan glycosyltransferase, v. 32 | p. 200	
3.4.17.14	penicillin-binding protein 4a, Zinc D-Ala-D-Ala carboxypeptidase, v. 6 | p. 475	
3.4.16.4	penicillin-binding protein 4a, serine-type D-Ala-D-Ala carboxypeptidase, v. 6 | p. 376	
3.4.17.8	penicillin-binding protein 5, muramoylpentapeptide carboxypeptidase, v. 6 | p. 448	
3.4.16.4	penicillin-binding protein 5, serine-type D-Ala-D-Ala carboxypeptidase, v. 6 | p. 376	
3.4.16.4	penicillin-binding protein 5a, serine-type D-Ala-D-Ala carboxypeptidase, v. 6 | p. 376	
3.5.1.11	penicillin-G acylase, penicillin amidase, v. 14 | p. 287	
3.5.1.11	penicillin acylase, penicillin amidase, v. 14 | p. 287	

3.5.1.11	Penicillin amidohydrolase, penicillin amidase, v. 14 | p. 287
3.5.2.6	penicillinase, β-lactamase, v. 14 | p. 683
3.5.2.6	penicillinase I, II, β-lactamase, v. 14 | p. 683
2.4.1.129	penicillin binding protein 1b, peptidoglycan glycosyltransferase, v. 32 | p. 200
3.4.17.14	penicillin binding protein 4, Zinc D-Ala-D-Ala carboxypeptidase, v. 6 | p. 475
3.4.17.8	penicillin binding protein 5, muramoylpentapeptide carboxypeptidase, v. 6 | p. 448
3.4.16.4	penicillin binding protein 5, serine-type D-Ala-D-Ala carboxypeptidase, v. 6 | p. 376
3.5.1.11	penicillin G acylase, penicillin amidase, v. 14 | p. 287
3.5.1.11	Penicillin G amidase, penicillin amidase, v. 14 | p. 287
3.5.1.11	Penicillin G amidohydrolase, penicillin amidase, v. 14 | p. 287
1.14.20.1	penicillin N expandase, deacetoxycephalosporin-C synthase, v. 27 | p. 223
3.5.1.11	penicillin V acylase, penicillin amidase, v. 14 | p. 287
3.5.1.11	Penicillin V amidase, penicillin amidase, v. 14 | p. 287
3.4.23.20	Penicillium citrinum acid proteinase, Penicillopepsin, v. 8 | p. 89
3.4.23.20	Penicillium cyclopium acid proteinase, Penicillopepsin, v. 8 | p. 89
3.4.23.20	Penicillium expansum acid proteinase, Penicillopepsin, v. 8 | p. 89
3.4.23.20	Penicillium janthinellum acid proteinase, Penicillopepsin, v. 8 | p. 89
3.4.23.20	Penicillium janthinellum aspartic proteinase, Penicillopepsin, v. 8 | p. 89
3.4.23.20	penicillium kinase, Penicillopepsin, v. 8 | p. 89
3.4.23.20	Penicillium roqueforti acid proteinase, Penicillopepsin, v. 8 | p. 89
3.4.24.39	Penicillium roqueforti metalloproteinase, deuterolysin, v. 8 | p. 421
3.4.24.39	Penicillium roqueforti protease II, deuterolysin, v. 8 | p. 421
3.4.23.20	penicillopepsin-JT1, Penicillopepsin, v. 8 | p. 89
3.4.23.20	penicillopepsin-JT2, Penicillopepsin, v. 8 | p. 89
3.4.23.20	penicillopepsin-JT3, Penicillopepsin, v. 8 | p. 89
4.1.1.70	pent-2-enoyl-CoA carboxy-lyase, glutaconyl-CoA decarboxylase, v. 3 | p. 385
3.1.7.2	penta-phosphate guanosine-3'-diphosphohydrolase, guanosine-3',5'-bis(diphosphate) 3'-diphosphatase, v. 11 | p. 337
3.1.7.2	penta-phosphate guanosine-3'-pyrophosphohydrolase, guanosine-3',5'-bis(diphosphate) 3'-diphosphatase, v. 11 | p. 337
1.14.13.50	pentachlorophenol-4-monooxygenase, pentachlorophenol monooxygenase, v. 26 | p. 484
1.14.13.50	pentachlorophenol 4-mono-oxygenase, pentachlorophenol monooxygenase, v. 26 | p. 484
1.14.13.50	pentachlorophenol 4-monooxygenase, pentachlorophenol monooxygenase, v. 26 | p. 484
1.14.13.50	pentachlorophenol dechlorinase, pentachlorophenol monooxygenase, v. 26 | p. 484
1.14.13.50	pentachlorophenol dehalogenase, pentachlorophenol monooxygenase, v. 26 | p. 484
1.14.13.50	pentachlorophenol hydroxylase, pentachlorophenol monooxygenase, v. 26 | p. 484
1.14.13.50	pentachlorophenol monooxygenase, pentachlorophenol monooxygenase, v. 26 | p. 484
4.2.3.7	pentalenene synthase, pentalenene synthase, v. S7 | p. 211
4.2.3.7	pentalenene synthetase, pentalenene synthase, v. S7 | p. 211
1.13.11.50	pentane-2,4-dione hydrolase, acetylacetone-cleaving enzyme, v. 25 | p. 673
1.1.1.9	pentitol-DPN dehydrogenase, D-xylulose reductase, v. 16 | p. 137
1.1.1.12	pentitol-DPN dehydrogenase, L-arabinitol 4-dehydrogenase, v. 16 | p. 154
5.1.3.1	Pentose-5-phosphate 3-epimerase, Ribulose-phosphate 3-epimerase, v. 1 | p. 91
4.1.2.9	Pentulose-5-phosphate phosphoketolase, Phosphoketolase, v. 3 | p. 435
4.1.1.31	PEOC, phosphoenolpyruvate carboxylase, v. 3 | p. 175
3.4.24.64	PEP, mitochondrial processing peptidase, v. 8 | p. 525
3.4.21.26	PEP, prolyl oligopeptidase, v. 7 | p. 110
4.1.1.32	PEP-carboxykinase, phosphoenolpyruvate carboxykinase (GTP), v. 3 | p. 195
4.1.1.31	PEP-carboxylase, phosphoenolpyruvate carboxylase, v. 3 | p. 175
2.7.1.69	PEP-dependent carbohydrate:phosphotransferase system, protein-Npi-phosphohistidine-sugar phosphotransferase, v. 36 | p. 207
2.7.1.29	PEP-dependent Dha kinase, glycerone kinase, v. 35 | p. 345
2.7.1.69	PEP-dependent phosphotransferase enzyme II, protein-Npi-phosphohistidine-sugar phosphotransferase, v. 36 | p. 207

2.7.1.69	PEP-sugar phosphotransferase enzyme II, protein-Npi-phosphohistidine-sugar phosphotransferase, v. 36	p. 207
3.4.14.11	Pep-XP, Xaa-Pro dipeptidyl-peptidase, v. 6	p. 326
3.4.23.25	PEP4 gene product, Saccharopepsin, v. 8	p. 120
3.4.23.25	Pep4p, Saccharopepsin, v. 8	p. 120
3.4.23.25	Pep4p vacuolar proteinase, Saccharopepsin, v. 8	p. 120
2.7.3.9	PEP:sugar phosphotransferase system enzyme I, phosphoenolpyruvate-protein phosphotransferase, v. 37	p. 414
2.7.3.9	PEP:sugar PT, phosphoenolpyruvate-protein phosphotransferase, v. 37	p. 414
3.4.23.18	PepA, Aspergillopepsin I, v. 8	p. 78
3.4.11.10	PepA, bacterial leucyl aminopeptidase, v. 6	p. 125
3.4.11.7	PepA, glutamyl aminopeptidase, v. 6	p. 102
3.4.11.1	PepA peptidase A, leucyl aminopeptidase, v. 6	p. 40
3.1.3.60	PEPase, phosphoenolpyruvate phosphatase, v. 10	p. 468
3.4.11.23	PepB, PepB aminopeptidase, v. S5	p. 287
3.4.11.1	PepB, leucyl aminopeptidase, v. 6	p. 40
3.4.22.40	PEPC, bleomycin hydrolase, v. 7	p. 725
4.1.1.49	PEPC, phosphoenolpyruvate carboxykinase (ATP), v. 3	p. 297
4.1.1.31	PEPC, phosphoenolpyruvate carboxylase, v. 3	p. 175
4.1.1.31	PEPC(p102)kinase, phosphoenolpyruvate carboxylase, v. 3	p. 175
4.1.1.31	PEPC1, phosphoenolpyruvate carboxylase, v. 3	p. 175
4.1.1.31	PEPC2, phosphoenolpyruvate carboxylase, v. 3	p. 175
4.1.1.31	PEPC3, phosphoenolpyruvate carboxylase, v. 3	p. 175
4.1.1.49	PEP carboxykinase, phosphoenolpyruvate carboxykinase (ATP), v. 3	p. 297
4.1.1.32	PEP carboxykinase, phosphoenolpyruvate carboxykinase (GTP), v. 3	p. 195
4.1.1.38	PEP carboxykinase, phosphoenolpyruvate carboxykinase (diphosphate), v. 3	p. 239
4.1.1.49	PEP carboxylase, phosphoenolpyruvate carboxykinase (ATP), v. 3	p. 297
4.1.1.32	PEP carboxylase, phosphoenolpyruvate carboxykinase (GTP), v. 3	p. 195
4.1.1.38	PEP carboxylase, phosphoenolpyruvate carboxykinase (diphosphate), v. 3	p. 239
4.1.1.31	PEP carboxylase, phosphoenolpyruvate carboxylase, v. 3	p. 175
4.1.1.49	PEP carboxylase kinase, phosphoenolpyruvate carboxykinase (ATP), v. 3	p. 297
4.1.1.38	PEP carboxyphosphotransferase, phosphoenolpyruvate carboxykinase (diphosphate), v. 3	p. 239
4.1.1.31	PEPCase, phosphoenolpyruvate carboxylase, v. 3	p. 175
4.1.1.49	PEPCK, phosphoenolpyruvate carboxykinase (ATP), v. 3	p. 297
4.1.1.32	PEPCK, phosphoenolpyruvate carboxykinase (GTP), v. 3	p. 195
4.1.1.38	PEPCK, phosphoenolpyruvate carboxykinase (diphosphate), v. 3	p. 239
4.1.1.49	PEPCK (ATP), phosphoenolpyruvate carboxykinase (ATP), v. 3	p. 297
4.1.1.49	PEPCK-ATP, phosphoenolpyruvate carboxykinase (ATP), v. 3	p. 297
4.1.1.32	PEPCK-C, phosphoenolpyruvate carboxykinase (GTP), v. 3	p. 195
4.1.1.32	PEPCK-M, phosphoenolpyruvate carboxykinase (GTP), v. 3	p. 195
4.1.1.49	PEPC kinase, phosphoenolpyruvate carboxykinase (ATP), v. 3	p. 297
4.1.1.38	PEPCTrP, phosphoenolpyruvate carboxykinase (diphosphate), v. 3	p. 239
3.4.13.9	PepD, Xaa-Pro dipeptidase, v. 6	p. 204
3.4.13.19	PepD, membrane dipeptidase, v. 6	p. 239
3.4.13.21	PepE gene product, Salmonella typhimurium, dipeptidase E, v. 6	p. 251
3.4.13.9	PepI, Xaa-Pro dipeptidase, v. 6	p. 204
3.4.11.5	pepIP, prolyl aminopeptidase, v. 6	p. 83
4.1.1.49	PEPK, phosphoenolpyruvate carboxykinase (ATP), v. 3	p. 297
4.1.1.31	PEPK, phosphoenolpyruvate carboxylase, v. 3	p. 175
5.4.2.9	PEP mutase, phosphoenolpyruvate mutase, v. 1	p. 546
3.4.11.2	PepN, membrane alanyl aminopeptidase, v. 6	p. 53
3.4.23.18	PEPO, Aspergillopepsin I, v. 8	p. 78
3.4.21.26	PepO2, prolyl oligopeptidase, v. 7	p. 110
3.2.2.22	pepocin, rRNA N-glycosylase, v. 14	p. 107

3.1.3.60	PEPP, phosphoenolpyruvate phosphatase, v. 10	p. 468
3.4.11.5	PEPP, prolyl aminopeptidase, v. 6	p. 83
3.1.3.60	PEP phosphatase, phosphoenolpyruvate phosphatase, v. 10	p. 468
5.4.2.9	PEP phosphomutase, phosphoenolpyruvate mutase, v. 1	p. 546
5.4.2.9	PEPPM, phosphoenolpyruvate mutase, v. 1	p. 546
3.4.13.9	PepQ, Xaa-Pro dipeptidase, v. 6	p. 204
2.7.9.2	PEPS, pyruvate, water dikinase, v. 39	p. 166
3.4.23.1	pepsin, pepsin A, v. 8	p. 1
3.4.23.25	pepsin-like aspartic proteinase, Saccharopepsin, v. 8	p. 120
3.4.23.18	Pepsin-type aspartic proteinase, Aspergillopepsin I, v. 8	p. 78
3.4.23.3	pepsin C, gastricsin, v. 8	p. 14
3.4.23.1	pepsin D, pepsin A, v. 8	p. 1
3.4.23.1	pepsin fortior, pepsin A, v. 8	p. 1
3.4.23.1	Pepsin I/II, pepsin A, v. 8	p. 1
3.4.23.3	pepsin II, gastricsin, v. 8	p. 14
3.4.23.1	pepsin R, pepsin A, v. 8	p. 1
3.4.23.1	pepsins A1, pepsin A, v. 8	p. 1
3.4.23.1	pepsins A2, pepsin A, v. 8	p. 1
3.4.21.100	Pepstatin-insensitive carboxyl proteinase, sedolisin, v. 7	p. 487
2.7.9.2	PEP synthase, pyruvate, water dikinase, v. 39	p. 166
2.7.9.2	PEP synthase , pyruvate, water dikinase, v. 39	p. 166
2.7.9.2	PEP synthetase, pyruvate, water dikinase, v. 39	p. 166
3.4.11.4	PepT, tripeptide aminopeptidase, v. 6	p. 75
3.4.13.9	γ-peptidase, Xaa-Pro dipeptidase, v. 6	p. 204
3.4.19.11	Peptidase, γ-D-glutamyldiaminopimelate endo-, γ-D-Glutamyl-meso-diaminopimelate peptidase, v. 6	p. 571
3.4.21.32	peptidase, clostridio-, A, brachyurin, v. 7	p. 129
3.4.24.3	peptidase, clostridio-, A, microbial collagenase, v. 8	p. 205
3.4.14.2	peptidase, dipeptidyl, II, dipeptidyl-peptidase II, v. 6	p. 268
3.4.14.4	peptidase, dipeptidyl, III, dipeptidyl-peptidase III, v. 6	p. 279
3.4.14.5	peptidase, dipeptidyl, IV, dipeptidyl-peptidase IV, v. 6	p. 286
3.4.24.11	peptidase, endo-, neprilysin, v. 8	p. 230
3.4.21.9	peptidase, entero-, enteropeptidase, v. 7	p. 49
3.4.24.11	peptidase, membrane metalloendo-, neprilysin, v. 8	p. 230
3.4.24.16	peptidase, neurotensin endo, neurolysin, v. 8	p. 286
3.4.24.16	peptidase, neurotensin endo-, neurolysin, v. 8	p. 286
3.4.21.36	peptidase, pancreato-, E, pancreatic elastase, v. 7	p. 158
3.4.21.26	peptidase, postproline endo-, prolyl oligopeptidase, v. 7	p. 110
3.4.24.19	Peptidase, procollagen C-terminal, procollagen C-endopeptidase, v. 8	p. 317
3.4.22.46	Peptidase, signal, L-peptidase, v. 7	p. 751
3.4.21.89	Peptidase, signal, Signal peptidase I, v. 7	p. 431
3.4.21.62	Peptidase, subtilo-, A, Subtilisin, v. 7	p. 285
3.4.24.15	peptidase, thimet oligo-, thimet oligopeptidase, v. 8	p. 275
3.4.23.20	Peptidase A, Penicillopepsin, v. 8	p. 89
3.4.11.10	Peptidase A, bacterial leucyl aminopeptidase, v. 6	p. 125
3.4.13.18	Peptidase A, cytosol nonspecific dipeptidase, v. 6	p. 227
3.4.11.1	peptidase B, leucyl aminopeptidase, v. 6	p. 40
3.4.11.4	peptidase B, tripeptide aminopeptidase, v. 6	p. 75
3.4.13.9	peptidase D, Xaa-Pro dipeptidase, v. 6	p. 204
3.4.11.21	peptidase E, aspartyl aminopeptidase, v. 6	p. 173
3.4.13.21	peptidase E, dipeptidase E, v. 6	p. 251
3.4.11.1	peptidase II, leucyl aminopeptidase, v. 6	p. 40
3.4.11.18	peptidase M, methionyl aminopeptidase, v. 6	p. 159
3.4.15.1	peptidase P, peptidyl-dipeptidase A, v. 6	p. 334
3.4.11.1	peptidase S, leucyl aminopeptidase, v. 6	p. 40

3.4.11.4	peptidase T, tripeptide aminopeptidase, v. 6 | p. 75	
1.14.17.3	peptide-α-amide synthetase, peptidylglycine monooxygenase, v. 27 | p. 140	
1.14.17.3	peptide α-amidating enzyme, peptidylglycine monooxygenase, v. 27 | p. 140	
1.14.17.3	peptide α-amide synthase, peptidylglycine monooxygenase, v. 27 | p. 140	
1.8.4.11	peptide-methionine (S)-S-oxide reductase, peptide-methionine (S)-S-oxide reductase, v. S1 | p. 291	
1.8.4.11	peptide-methionine sulfoxide reductase, peptide-methionine (S)-S-oxide reductase, v. S1 | p. 291	
3.5.1.52	peptide-N-(N-acetyl-β-glucosaminyl) asparagine amidase F, peptide-N4-(N-acetyl-β-glucosaminyl)asparagine amidase, v. 14 | p. 485	
3.5.1.52	peptide-N-glycosidase F, peptide-N4-(N-acetyl-β-glucosaminyl)asparagine amidase, v. 14 | p. 485	
3.5.1.52	peptide-N4-(N-acetyl-β-D-glucosaminyl)asparagine amidase F, peptide-N4-(N-acetyl-β-glucosaminyl)asparagine amidase, v. 14 | p. 485	
2.4.2.26	peptide-O-xylosyltransferase, protein xylosyltransferase, v. 33 | p. 224	
3.6.5.3	peptide-release or termination factor, protein-synthesizing GTPase, v. S6 | p. 494	
3.6.3.43	peptide-transporting ATPase, peptide-transporting ATPase, v. 15 | p. 695	
3.5.1.52	peptide: N-glycanase, peptide-N4-(N-acetyl-β-glucosaminyl)asparagine amidase, v. 14 | p. 485	
3.5.1.52	peptide:N-glycanase, peptide-N4-(N-acetyl-β-glucosaminyl)asparagine amidase, v. 14 | p. 485	
2.3.1.88	peptide acetyltransferase, peptide α-N-acetyltransferase, v. 30 | p. 157	
5.2.1.8	Peptide bond isomerase, Peptidylprolyl isomerase, v. 1 | p. 218	
5.1.1.16	Peptide D-serine-L-serine isomerase, Protein-serine epimerase, v. 1 | p. 66	
3.5.1.27	peptide deformylase, N-formylmethionylaminoacyl-tRNA deformylase, v. 14 | p. 394	
3.5.1.88	peptide deformylase, peptide deformylase, v. 14 | p. 631	
3.5.1.88	peptide deformylase 2, peptide deformylase, v. 14 | p. 631	
3.4.24.60	Peptide hormone inactivating endopeptidase, dactylysin, v. 8 | p. 505	
3.4.24.60	peptide hormone inactivating enzyme, dactylysin, v. 8 | p. 505	
4.6.1.2	peptide hormone receptor guanylyl cyclase-C, guanylate cyclase, v. 5 | p. 430	
2.7.11.27	I-peptide kinase, [acetyl-CoA carboxylase] kinase, v. S4 | p. 326	
1.8.4.11	Peptide Met(O) reductase, peptide-methionine (S)-S-oxide reductase, v. S1 | p. 291	
1.8.4.11	peptide methionine S-sulfoxide reductase, peptide-methionine (S)-S-oxide reductase, v. S1 | p. 291	
1.8.4.12	peptide methionine sulfoxide reductase, peptide-methionine (R)-S-oxide reductase, v. S1 | p. 328	
1.8.4.11	peptide methionine sulfoxide reductase, peptide-methionine (S)-S-oxide reductase, v. S1 | p. 291	
1.8.4.11	peptide methionine sulfoxide reductase A, peptide-methionine (S)-S-oxide reductase, v. S1 | p. 291	
1.8.4.11	peptide methionine sulfoxide reductase type A, peptide-methionine (S)-S-oxide reductase, v. S1 | p. 291	
1.8.4.12	peptide methionine sulfoxide reductase type B, peptide-methionine (R)-S-oxide reductase, v. S1 | p. 328	
1.8.4.11	peptide methionine sulphoxide reductase, peptide-methionine (S)-S-oxide reductase, v. S1 | p. 291	
3.5.1.52	peptide N-glycanase, peptide-N4-(N-acetyl-β-glucosaminyl)asparagine amidase, v. 14 | p. 485	
2.3.1.97	peptide N-myristoyltransferase, glycylpeptide N-tetradecanoyltransferase, v. 30 | p. 193	
2.3.1.97	peptide N-myristoyltransferase 1, glycylpeptide N-tetradecanoyltransferase, v. 30 | p. 193	
2.3.1.97	peptide N-myristoyltransferase 2, glycylpeptide N-tetradecanoyltransferase, v. 30 | p. 193	
3.5.1.52	peptide N4(N-acetyl-glucosaminyl)asparagine amidase, peptide-N4-(N-acetyl-β-glucosaminyl)asparagine amidase, v. 14 | p. 485	
2.4.2.26	peptide O-xylosyltransferase, protein xylosyltransferase, v. 33 | p. 224	
2.4.2.26	peptide O-xylosyltransferase 1, protein xylosyltransferase, v. 33 | p. 224	

Peptide serine isomerase

5.1.1.16	Peptide serine isomerase, Protein-serine epimerase, v. 1 | p. 66	
3.5.1.43	peptidoglutaminase, peptidyl-glutaminase, v. 14 | p. 458	
3.5.1.43	peptidoglutaminase I, peptidyl-glutaminase, v. 14 | p. 458	
2.4.1.227	peptidoglycan glycosyltransferase, undecaprenyldiphospho-muramoylpentapeptide β-N-acetylglucosaminyltransferase, v. 32 | p. 616	
3.2.1.17	Peptidoglycan hydrolase, lysozyme, v. 12 | p. 228	
3.5.1.28	peptidoglycan recognition protein-L, N-acetylmuramoyl-L-alanine amidase, v. 14 | p. 396	
3.5.1.28	peptidoglycan recognition protein 2, N-acetylmuramoyl-L-alanine amidase, v. 14 | p. 396	
3.5.1.28	peptidoglycan recognition protein SC1a, N-acetylmuramoyl-L-alanine amidase, v. 14 | p. 396	
2.4.1.129	peptidoglycan transglycosylase, peptidoglycan glycosyltransferase, v. 32 | p. 200	
2.3.2.12	peptidoglycan transpeptidase, peptidyltransferase, v. 30 | p. 542	
3.4.13.17	peptidy-D-amino acid hydrolase, non-stereospecific dipeptidase, v. 6 | p. 223	
4.3.2.5	peptidyl-α-hydroxyglycine α-amidating lyase, peptidylamidoglycolate lyase, v. 5 | p. 278	
4.3.2.3	peptidyl-α-hydroxyglycine α-amidating lyase, ureidoglycolate lyase, v. 5 | p. 271	
1.14.17.3	peptidyl α-amidating enzyme, peptidylglycine monooxygenase, v. 27 | p. 140	
3.4.19.2	peptidyl-aminoacylamidase, peptidyl-glycinamidase, v. 6 | p. 525	
3.4.24.33	Peptidyl-Asp metalloproteinase, peptidyl-Asp metalloendopeptidase, v. 8 | p. 395	
3.4.15.1	peptidyl-dipeptide hydrolase, peptidyl-dipeptidase A, v. 6 | p. 334	
3.4.19.2	peptidyl-glycinamidase, peptidyl-glycinamidase, v. 6 | p. 525	
1.14.17.3	peptidyl-glycine α-amidating monooxygenase, peptidylglycine monooxygenase, v. 27 | p. 140	
3.4.17.10	peptidyl-L-lysine(-L-arginine) hydrolase, carboxypeptidase E, v. 6 | p. 455	
3.4.17.3	peptidyl-L-lysine(-L-arginine) hydrolase, lysine carboxypeptidase, v. 6 | p. 428	
1.14.11.4	peptidyl-lysine, 2-oxoglutarate: oxygen oxidoreductase, procollagen-lysine 5-dioxygenase, v. 26 | p. 49	
5.2.1.8	Peptidyl-prolyl cis-trans isomerase, Peptidylprolyl isomerase, v. 1 | p. 218	
5.2.1.8	Peptidyl-prolyl cis-trans isomerase plp, Peptidylprolyl isomerase, v. 1 | p. 218	
5.2.1.8	Peptidyl-prolyl cis-trans isomerase surA, Peptidylprolyl isomerase, v. 1 | p. 218	
5.2.1.8	Peptidyl-prolyl cis/trans isomerase EPVH, Peptidylprolyl isomerase, v. 1 | p. 218	
3.1.1.29	peptidyl-tRNA hydrolase, aminoacyl-tRNA hydrolase, v. 9 | p. 239	
3.1.1.29	peptidyl-tRNA hydrolase 2, aminoacyl-tRNA hydrolase, v. 9 | p. 239	
4.3.2.5	peptidylamidoglycolate lyase, peptidylamidoglycolate lyase, v. 5 | p. 278	
3.4.19.2	peptidyl amino acid amide hydrolase, peptidyl-glycinamidase, v. 6 | p. 525	
3.5.3.15	peptidyl arginine deiminas 4, protein-arginine deiminase, v. 14 | p. 817	
3.5.3.15	peptidyl arginine deiminase, protein-arginine deiminase, v. 14 | p. 817	
3.5.3.15	peptidylarginine deiminase, protein-arginine deiminase, v. 14 | p. 817	
3.5.3.15	peptidylarginine deiminase 1, protein-arginine deiminase, v. 14 | p. 817	
3.5.3.15	peptidylarginine deiminase 2, protein-arginine deiminase, v. 14 | p. 817	
3.5.3.15	peptidylarginine deiminase 3, protein-arginine deiminase, v. 14 | p. 817	
3.5.3.15	peptidylarginine deiminase 4, protein-arginine deiminase, v. 14 | p. 817	
3.5.3.15	peptidylarginine deiminase IV, protein-arginine deiminase, v. 14 | p. 817	
3.5.3.15	Peptidylarginine deiminase type α, protein-arginine deiminase, v. 14 | p. 817	
3.5.3.15	peptidylarginine deiminase type 4, protein-arginine deiminase, v. 14 | p. 817	
3.5.3.15	peptidylarginine deiminase type I, protein-arginine deiminase, v. 14 | p. 817	
3.5.3.15	peptidylarginine deiminase type II, protein-arginine deiminase, v. 14 | p. 817	
3.5.3.15	peptidylarginine deiminase type III, protein-arginine deiminase, v. 14 | p. 817	
3.5.3.15	peptidylarginine deiminase type VI, protein-arginine deiminase, v. 14 | p. 817	
3.4.19.2	peptidyl carboxy-amidase, peptidyl-glycinamidase, v. 6 | p. 525	
3.4.19.2	peptidyl carboxyamidase, peptidyl-glycinamidase, v. 6 | p. 525	
3.4.15.1	peptidyl dipeptidase, peptidyl-dipeptidase A, v. 6 | p. 334	
3.4.15.1	peptidyl dipeptidase-4, peptidyl-dipeptidase A, v. 6 | p. 334	
3.4.15.1	peptidyl dipeptidase A, peptidyl-dipeptidase A, v. 6 | p. 334	
3.4.15.1	peptidyl dipeptidase I, peptidyl-dipeptidase A, v. 6 | p. 334	
3.4.15.1	peptidyl dipeptide hydrolase, peptidyl-dipeptidase A, v. 6 | p. 334	

3.4.15.1	peptidyldipeptide hydrolase, peptidyl-dipeptidase A, v.6	p.334
1.14.17.3	peptidylglycine-α-amidating monooxygenase, peptidylglycine monooxygenase, v.27	p.140
1.14.17.3	peptidylglycine α-amidating mono-oxygenase, peptidylglycine monooxygenase, v.27	p.140
1.14.17.3	peptidylglycine α-amidating monooxygenase, peptidylglycine monooxygenase, v.27	p.140
4.3.2.3	peptidylglycine α-amidating monooxygenase, ureidoglycolate lyase, v.5	p.271
1.14.17.3	peptidylglycine α-hydroxylase, peptidylglycine monooxygenase, v.27	p.140
1.14.17.3	peptidylglycine α-hydroxylating-monooxygenase, peptidylglycine monooxygenase, v.27	p.140
1.14.17.3	peptidylglycine α-hydroxylating monooxygenase, peptidylglycine monooxygenase, v.27	p.140
1.14.17.3	peptidylglycine α-monooxygenase, peptidylglycine monooxygenase, v.27	p.140
1.14.17.3	peptidylglycine 2-hydroxylase, peptidylglycine monooxygenase, v.27	p.140
1.14.17.3	peptidylglycine monooxygenase, peptidylglycine monooxygenase, v.27	p.140
1.14.11.4	peptidyllysine, 2-oxoglutarate:oxygen 5-oxidoreductase, procollagen-lysine 5-dioxygenase, v.26	p.49
3.4.24.20	Peptidyllysine metalloproteinase, peptidyl-Lys metalloendopeptidase, v.8	p.323
1.14.11.2	peptidyl proline hydroxylase, procollagen-proline dioxygenase, v.26	p.9
5.2.1.8	peptidylprolyl cis,trans-isomerase, Peptidylprolyl isomerase, v.1	p.218
5.2.1.8	Peptidylprolyl cis-trans isomerase, Peptidylprolyl isomerase, v.1	p.218
5.2.1.8	peptidyl prolyl isomerase-like protein 1, Peptidylprolyl isomerase, v.1	p.218
2.3.2.12	peptidyl transferase, peptidyltransferase, v.30	p.542
1.13.11.26	peptidyltryptophan 2,3-dioxygenase, peptide-tryptophan 2,3-dioxygenase, v.25	p.542
3.4.13.19	PepV, membrane dipeptidase, v.6	p.239
3.4.14.5	Pep X, dipeptidyl-peptidase IV, v.6	p.286
3.4.13.9	PepX, Xaa-Pro dipeptidase, v.6	p.204
3.4.14.11	PepX, Xaa-Pro dipeptidyl-peptidase, v.6	p.326
3.4.14.5	PepX, dipeptidyl-peptidase IV, v.6	p.286
3.4.14.11	PepXP, Xaa-Pro dipeptidyl-peptidase, v.6	p.326
3.5.2.6	PER-1, β-lactamase, v.14	p.683
1.97.1.1	perchlorate reductase, chlorate reductase, v.27	p.638
1.97.1.8	perchloroethylene dehalogenase, tetrachloroethene reductive dehalogenase, v.27	p.661
1.1.1.42	perICDH, isocitrate dehydrogenase (NADP+), v.16	p.402
1.1.1.144	perillyl alcohol dehydrogenase, perillyl-alcohol dehydrogenase, v.17	p.433
2.7.11.17	peripheral plasma membrane protein CaMGUK, Ca2+/calmodulin-dependent protein kinase, v.S4	p.1
2.7.11.1	peripheral plasma membrane protein CASK, non-specific serine/threonine protein kinase, v.S3	p.1
1.14.16.4	peripheral tryptophan hydroxylase, tryptophan 5-monooxygenase, v.27	p.98
1.7.99.4	periplasmatic nitrate reductase system, nitrate reductase, v.24	p.396
3.1.3.10	periplasmic acid glucose-1-phosphatase, glucose-1-phosphatase, v.10	p.160
3.5.1.38	periplasmic glutaminase/asparaginase, glutamin-(asparagin-)ase, v.14	p.433
3.6.3.26	periplasmic nitrate/nitrite binding subunit of NRT, nitrate-transporting ATPase, v.15	p.646
1.7.99.4	periplasmic nitrate reductase, nitrate reductase, v.24	p.396
2.7.8.21	periplasmic phosphoglycerotransferase, membrane-oligosaccharide glycerophosphotransferase, v.39	p.134
1.1.3.30	periplasmic poly(vinyl alcohol) dehydrogenase, polyvinyl-alcohol oxidase, v.19	p.220
4.2.1.17	perMFE, enoyl-CoA hydratase, v.4	p.360
1.15.1.1	perMn-SOD, superoxide dismutase, v.27	p.399
1.11.1.7	peroxidase, peroxidase, v.25	p.211
1.11.1.11	peroxidase, ascorbate, L-ascorbate peroxidase, v.25	p.257
1.11.1.10	peroxidase, chloride, chloride peroxidase, v.25	p.245

1.11.1.5	peroxidase, cytochrome c, cytochrome-c peroxidase, v. 25 | p. 186	
1.11.1.9	peroxidase, glutathione, glutathione peroxidase, v. 25 | p. 233	
1.11.1.13	peroxidase, manganese, manganese peroxidase, v. 25 | p. 283	
1.11.1.1	peroxidase, nicotinamide adenine dinucleotide, NADH peroxidase, v. 25 | p. 172	
1.11.1.13	peroxidase-M2, manganese peroxidase, v. 25 | p. 283	
1.11.1.7	peroxidase isoenzyme E5, peroxidase, v. 25 | p. 211	
1.11.1.12	peroxidation-inhibiting protein, phospholipid-hydroperoxide glutathione peroxidase, v. 25 | p. 274	
1.11.1.12	peroxidation-inhibiting protein: peroxidase, glutathione (phospholipid hydroperoxide-reducing), phospholipid-hydroperoxide glutathione peroxidase, v. 25 | p. 274	
1.11.1.7	peroxinectin, peroxidase, v. 25 | p. 211	
1.11.1.15	peroxiredoxin, peroxiredoxin, v. S1 | p. 403	
1.8.98.2	peroxiredoxin-(S-hydroxy-S-oxocysteine) reductase, sulfiredoxin, v. S1 | p. 378	
1.11.1.15	peroxiredoxin-1, peroxiredoxin, v. S1 | p. 403	
1.11.1.15	peroxiredoxin-3, peroxiredoxin, v. S1 | p. 403	
1.11.1.15	peroxiredoxin 1, peroxiredoxin, v. S1 | p. 403	
1.11.1.15	peroxiredoxin 2, peroxiredoxin, v. S1 | p. 403	
1.11.1.15	peroxiredoxin 5, peroxiredoxin, v. S1 | p. 403	
1.11.1.15	peroxiredoxin 6, peroxiredoxin, v. S1 | p. 403	
3.1.1.4	peroxiredoxin 6, phospholipase A2, v. 9 | p. 52	
1.11.1.15	peroxiredoxin I, peroxiredoxin, v. S1 | p. 403	
1.11.1.15	peroxiredoxin II, peroxiredoxin, v. S1 | p. 403	
1.11.1.15	peroxiredoxin III, peroxiredoxin, v. S1 | p. 403	
1.11.1.15	peroxiredoxin IV, peroxiredoxin, v. S1 | p. 403	
1.11.1.15	peroxiredoxin Q, peroxiredoxin, v. S1 | p. 403	
1.11.1.15	peroxiredoxin VI, peroxiredoxin, v. S1 | p. 403	
1.1.1.184	peroxisomal-type carbonyl reductase, carbonyl reductase (NADPH), v. 18 | p. 105	
2.3.1.155	peroxisomal 3-ketoacyl-CoA thiolase, acetyl-CoA C-myristoyltransferase, v. 30 | p. 414	
2.3.1.154	peroxisomal 3-oxoacyl coenzyme A thiolase, propionyl-CoA C2-trimethyltridecanoyl-transferase, v. 30 | p. 409	
3.6.3.47	peroxisomal ABC transporter, fatty-acyl-CoA-transporting ATPase, v. 15 | p. 724	
3.1.2.27	peroxisomal acyl-coA thioesterase, choloyl-CoA hydrolase, v. S5 | p. 49	
3.1.2.2	peroxisomal acyl-CoA thioesterase 2, palmitoyl-CoA hydrolase, v. 9 | p. 459	
1.1.3.13	peroxisomal alcohol oxidase, alcohol oxidase, v. 19 | p. 115	
2.3.3.1	peroxisomal citrate synthase, citrate (Si)-synthase, v. 30 | p. 582	
1.3.3.6	Peroxisomal fatty acyl-CoA oxidase, acyl-CoA oxidase, v. 21 | p. 401	
3.6.3.47	peroxisomal membrane protein, fatty-acyl-CoA-transporting ATPase, v. 15 | p. 724	
1.6.5.4	peroxisomal monodehydroascorbate reductase, monodehydroascorbate reductase (NADH), v. 24 | p. 126	
1.1.1.37	peroxisomal NAD+-malate dehydrogenase 1, malate dehydrogenase, v. 16 | p. 336	
1.1.1.37	peroxisomal NAD+-malate dehydrogenase 2, malate dehydrogenase, v. 16 | p. 336	
2.3.1.176	peroxisomal thiolase 2, propanoyl-CoA C-acyltransferase, v. S2 | p. 81	
3.6.4.7	peroxisome-assembly ATPase, peroxisome-assembly ATPase, v. 15 | p. 794	
3.6.4.7	peroxisome assembly factor-2, peroxisome-assembly ATPase, v. 15 | p. 794	
2.3.1.154	peroxisome sterol carrier protein thiolase, propionyl-CoA C2-trimethyltridecanoyl-transferase, v. 30 | p. 409	
1.13.11.19	persulfurase, cysteamine dioxygenase, v. 25 | p. 517	
4.1.3.1	petal death protein, isocitrate lyase, v. 4 | p. 1	
1.10.99.1	PetG, plastoquinol-plastocyanin reductase, v. 25 | p. 163	
1.10.99.1	PetL, plastoquinol-plastocyanin reductase, v. 25 | p. 163	
1.10.99.1	PetN, plastoquinol-plastocyanin reductase, v. 25 | p. 163	
2.8.2.2	petromyzonol sulfotransferase, alcohol sulfotransferase, v. 39 | p. 278	
3.6.4.7	Pex1, peroxisome-assembly ATPase, v. 15 | p. 794	
3.6.4.6	Pex1, vesicle-fusing ATPase, v. 15 | p. 789	
3.6.4.7	Pex1p, peroxisome-assembly ATPase, v. 15 | p. 794	

3.6.4.6	Pex1p, vesicle-fusing ATPase, v. 15 | p. 789	
3.6.4.6	pex22, vesicle-fusing ATPase, v. 15 | p. 789	
3.6.4.7	PEX6, peroxisome-assembly ATPase, v. 15 | p. 794	
3.6.4.7	Pex6p, peroxisome-assembly ATPase, v. 15 | p. 794	
3.6.4.6	Pex6p, vesicle-fusing ATPase, v. 15 | p. 789	
1.11.1.15	Pf1-Cys-Prx, peroxiredoxin, v. S1 | p. 403	
3.4.25.1	β1-PF1404, proteasome endopeptidase complex, v. 8 | p. 587	
3.6.4.3	Pf15, microtubule-severing ATPase, v. 15 | p. 774	
4.2.1.22	PF1953, Cystathionine β-synthase, v. 4 | p. 390	
2.7.1.105	6PF2K/Fru-2,6-P2ase, 6-phosphofructo-2-kinase, v. 36 | p. 412	
3.1.1.31	Pf6PGL, 6-phosphogluconolactonase, v. 9 | p. 247	
3.4.11.20	PfA-M1, aminopeptidase Ey, v. 6 | p. 169	
4.6.1.1	PfACα, adenylate cyclase, v. 5 | p. 415	
6.2.1.20	PfACP, Long-chain-fatty-acid-[acyl-carrier-protein] ligase, v. 2 | p. 296	
3.3.1.1	PfAdoHcyHD, adenosylhomocysteinase, v. 14 | p. 120	
4.1.1.50	PfAdoMetDC, adenosylmethionine decarboxylase, v. 3 | p. 306	
4.1.1.17	PfAdoMetDC-ODC, Ornithine decarboxylase, v. 3 | p. 85	
6.3.4.4	PfAdSS, Adenylosuccinate synthase, v. 2 | p. 579	
4.2.1.24	PfALAD, porphobilinogen synthase, v. 4 | p. 399	
1.13.11.49	Pfam chlorite dismutase, chlorite O2-lyase, v. 25 | p. 670	
1.11.1.15	PfAOP, peroxiredoxin, v. S1 | p. 403	
3.4.23.39	PFAPD, plasmepsin II, v. 8 | p. 178	
3.4.23.38	PFAPG, plasmepsin I, v. 8 | p. 175	
3.2.1.41	PfAPU, pullulanase, v. 12 | p. 594	
1.3.7.4	PFB synthase, phytochromobilin:ferredoxin oxidoreductase, v. 21 | p. 457	
2.7.11.11	pFC-PKA, cAMP-dependent protein kinase, v. S3 | p. 241	
2.4.1.19	PFCGT, cyclomaltodextrin glucanotransferase, v. 31 | p. 210	
2.7.1.32	PfCK, choline kinase, v. 35 | p. 373	
3.6.4.9	PfCPN, chaperonin ATPase, v. 15 | p. 803	
6.3.4.2	pfCTP synthetase, CTP synthase, v. 2 | p. 559	
5.2.1.8	PfCyP, Peptidylprolyl isomerase, v. 1 | p. 218	
1.3.5.2	PfDHODH, dihydroorotate dehydrogenase	
2.4.1.83	Pfdpm1, dolichyl-phosphate β-D-mannosyltransferase, v. 31 | p. 591	
3.6.5.5	PfDYN2, dynamin GTPase, v. S6 | p. 522	
4.2.1.11	r-Pfen, phosphopyruvate hydratase, v. 4 | p. 312	
1.3.1.9	pfENR, enoyl-[acyl-carrier-protein] reductase (NADH), v. 21 | p. 43	
3.1.1.73	PfFaeB, feruloyl esterase, v. 9 | p. 414	
4.99.1.1	PfFC, ferrochelatase, v. 5 | p. 478	
1.2.1.12	PfGAPDH, glyceraldehyde-3-phosphate dehydrogenase (phosphorylating), v. 20 | p. 135	
2.3.1.48	PfGCN5, histone acetyltransferase, v. 29 | p. 641	
2.3.1.48	PfGCN5 HAT, histone acetyltransferase, v. 29 | p. 641	
4.4.1.5	PfGlx I, lactoylglutathione lyase, v. 5 | p. 322	
1.8.1.7	PfGR, glutathione-disulfide reductase, v. 24 | p. 488	
3.6.4.10	PfHsp70, non-chaperonin molecular chaperone ATPase, v. 15 | p. 810	
5.3.3.13	PFI, polyenoic fatty acid isomerase, v. S7 | p. 502	
4.2.1.3	PfIRPa, aconitate hydratase, v. 4 | p. 273	
2.7.1.56	PFK, 1-phosphofructokinase, v. 36 | p. 124	
2.7.1.11	PFK, 6-phosphofructokinase, v. 35 | p. 168	
2.7.1.56	PFK-1, 1-phosphofructokinase, v. 36 | p. 124	
2.7.1.11	PFK-1, 6-phosphofructokinase, v. 35 | p. 168	
2.7.1.105	Pfk-2, 6-phosphofructo-2-kinase, v. 36 | p. 412	
3.1.3.46	Pfk-2, fructose-2,6-bisphosphate 2-phosphatase, v. 10 | p. 395	
2.7.1.105	PFK-2/FBPase, 6-phosphofructo-2-kinase, v. 36 | p. 412	
3.1.3.46	PFK-2/FBPase, fructose-2,6-bisphosphate 2-phosphatase, v. 10 | p. 395	
2.7.1.105	PFK-2/FBPase-2, 6-phosphofructo-2-kinase, v. 36 | p. 412	

3.1.3.46	PFK-2/FBPase-2, fructose-2,6-bisphosphate 2-phosphatase, v. 10 | p. 395	
3.1.3.46	PFK-2/FDPase-2, fructose-2,6-bisphosphate 2-phosphatase, v. 10 | p. 395	
3.1.3.46	PFK-2/Fru-2,6-P2, fructose-2,6-bisphosphate 2-phosphatase, v. 10 | p. 395	
2.7.1.11	PFK-L, 6-phosphofructokinase, v. 35 | p. 168	
2.7.1.11	PFK-M, 6-phosphofructokinase, v. 35 | p. 168	
2.7.1.11	PFK1, 6-phosphofructokinase, v. 35 | p. 168	
2.7.1.105	PFK2, 6-phosphofructo-2-kinase, v. 36 | p. 412	
2.7.1.11	PFK2, 6-phosphofructokinase, v. 35 | p. 168	
3.1.3.46	PFK2, fructose-2,6-bisphosphate 2-phosphatase, v. 10 | p. 395	
3.1.3.46	Pfk26, fructose-2,6-bisphosphate 2-phosphatase, v. 10 | p. 395	
3.1.3.46	Pfk27, fructose-2,6-bisphosphate 2-phosphatase, v. 10 | p. 395	
2.7.1.11	PFK3, 6-phosphofructokinase, v. 35 | p. 168	
2.7.1.11	PFK4, 6-phosphofructokinase, v. 35 | p. 168	
2.7.1.11	PFK5, 6-phosphofructokinase, v. 35 | p. 168	
2.7.1.11	PFK6, 6-phosphofructokinase, v. 35 | p. 168	
2.7.1.11	PFK7, 6-phosphofructokinase, v. 35 | p. 168	
2.7.1.11	PFKA1, 6-phosphofructokinase, v. 35 | p. 168	
2.7.1.11	PFKA2, 6-phosphofructokinase, v. 35 | p. 168	
2.7.1.11	PFKA3, 6-phosphofructokinase, v. 35 | p. 168	
2.7.8.7	PfKASIII, holo-[acyl-carrier-protein] synthase, v. 39 | p. 50	
3.1.3.46	PFKFB, fructose-2,6-bisphosphate 2-phosphatase, v. 10 | p. 395	
2.7.1.105	PFKFB-3, 6-phosphofructo-2-kinase, v. 36 | p. 412	
2.7.1.105	PFKFB1, 6-phosphofructo-2-kinase, v. 36 | p. 412	
3.1.3.46	PFKFB1, fructose-2,6-bisphosphate 2-phosphatase, v. 10 | p. 395	
3.1.3.46	PFKFB2, fructose-2,6-bisphosphate 2-phosphatase, v. 10 | p. 395	
2.7.1.105	PFKFB3, 6-phosphofructo-2-kinase, v. 36 | p. 412	
3.1.3.46	PFKFB3, fructose-2,6-bisphosphate 2-phosphatase, v. 10 | p. 395	
3.1.3.46	PFKFB4, fructose-2,6-bisphosphate 2-phosphatase, v. 10 | p. 395	
2.7.1.11	PFKM, 6-phosphofructokinase, v. 35 | p. 168	
2.3.1.54	PFL, formate C-acetyltransferase, v. 29 | p. 691	
3.1.1.3	PFL, triacylglycerol lipase, v. 9 | p. 36	
1.97.1.4	PFL-activating enzyme, [formate-C-acetyltransferase]-activating enzyme, v. 27 | p. 654	
1.97.1.4	PFL-AE, [formate-C-acetyltransferase]-activating enzyme, v. 27 | p. 654	
1.97.1.4	PFL-glycine:S-adenosyl-L-methionine H transferase (flavodoxin-oxidizing, S-adenosyl-L-methionine-cleaving), [formate-C-acetyltransferase]-activating enzyme, v. 27 | p. 654	
2.3.1.54	Pfl1, formate C-acetyltransferase, v. 29 | p. 691	
1.97.1.4	PFL activase, [formate-C-acetyltransferase]-activating enzyme, v. 27 | p. 654	
1.97.1.4	PFL activating enzyme, [formate-C-acetyltransferase]-activating enzyme, v. 27 | p. 654	
3.4.11.1	PfLAP, leucyl aminopeptidase, v. 6 | p. 40	
1.1.1.27	PfLDH, L-lactate dehydrogenase, v. 16 | p. 253	
6.5.1.1	PfLigI, DNA ligase (ATP), v. 2 | p. 755	
3.1.21.4	PflMI, type II site-specific deoxyribonuclease, v. 11 | p. 454	
1.1.1.67	pfMDH, mannitol 2-dehydrogenase, v. 17 | p. 84	
2.7.11.22	Pfmrk, cyclin-dependent kinase, v. S4 | p. 156	
1.2.7.1	PFO, pyruvate synthase, v. 20 | p. 537	
4.1.1.17	PfODC/AdoMetDC, Ornithine decarboxylase, v. 3 | p. 85	
4.1.1.23	PfODCase, Orotidine-5'-phosphate decarboxylase, v. 3 | p. 136	
4.1.1.23	PfOMPDC, Orotidine-5'-phosphate decarboxylase, v. 3 | p. 136	
1.2.7.1	PFOR, pyruvate synthase, v. 20 | p. 537	
2.7.1.90	PFP, diphosphate-fructose-6-phosphate 1-phosphotransferase, v. 36 | p. 331	
3.1.4.35	PfPDE1, 3',5'-cyclic-GMP phosphodiesterase, v. 11 | p. 153	
3.5.1.88	Pf PDF, peptide deformylase, v. 14 | p. 631	
3.5.1.88	PfPDF, peptide deformylase, v. 14 | p. 631	
4.1.1.49	PfPEPCK, phosphoenolpyruvate carboxykinase (ATP), v. 3 | p. 297	
2.7.8.11	PfPIS, CDP-diacylglycerol-inositol 3-phosphatidyltransferase, v. 39 | p. 80	

3.4.23.38	PfPM1, plasmepsin I, v. 8 | p. 175	
3.4.23.39	pfpm2, plasmepsin II, v. 8 | p. 178	
2.1.1.103	Pfpmt, phosphoethanolamine N-methyltransferase, v. 28 | p. 508	
2.4.2.1	PfPNP, purine-nucleoside phosphorylase, v. 33 | p. 1	
3.1.3.16	PfPP2A, phosphoprotein phosphatase, v. 10 | p. 213	
3.1.3.16	PfPP2B, phosphoprotein phosphatase, v. 10 | p. 213	
3.1.3.16	PfPP5, phosphoprotein phosphatase, v. 10 | p. 213	
3.1.3.16	PfPPJ, phosphoprotein phosphatase, v. 10 | p. 213	
2.5.1.15	pfPPK-DHPS, dihydropteroate synthase, v. 33 | p. 494	
3.4.13.9	Pfprol, Xaa-Pro dipeptidase, v. 6 | p. 204	
2.7.1.40	pfPyrK, pyruvate kinase, v. 36 | p. 33	
3.2.2.9	Pfs-2, adenosylhomocysteine nucleosidase, v. 14 | p. 55	
3.3.1.1	PfSAHH, adenosylhomocysteinase, v. 14 | p. 120	
2.5.1.58	PFT, protein farnesyltransferase, v. 34 | p. 195	
3.2.1.1	PFTA, α-amylase, v. 12 | p. 1	
3.2.1.54	PFTA, cyclomaltodextrinase, v. 13 | p. 95	
2.5.1.58	PFTase, protein farnesyltransferase, v. 34 | p. 195	
5.3.1.1	PfTIM, Triose-phosphate isomerase, v. 1 | p. 235	
2.7.11.22	PFTK1, cyclin-dependent kinase, v. S4 | p. 156	
2.7.11.22	PFTK1/CCND3 complex, cyclin-dependent kinase, v. S4 | p. 156	
5.99.1.2	PfTopI, DNA topoisomerase, v. 1 | p. 721	
1.11.1.15	PfTrx-Px1, peroxiredoxin, v. S1 | p. 403	
1.11.1.15	PfTrx-Px2, peroxiredoxin, v. S1 | p. 403	
3.1.31.1	PfTSN, micrococcal nuclease, v. 11 | p. 632	
3.6.4.9	Pfu-cpn, chaperonin ATPase, v. 15 | p. 803	
2.7.7.7	Pfu-POl, DNA-directed DNA polymerase, v. 38 | p. 118	
6.5.1.1	Pfu DNA ligase, DNA ligase (ATP), v. 2 | p. 755	
3.1.26.5	Pfu Pop5, ribonuclease P, v. 11 | p. 531	
5.3.1.1	PfuTIM, Triose-phosphate isomerase, v. 1 | p. 235	
3.2.1.15	PG, polygalacturonase, v. 12 | p. 208	
3.5.1.44	PG, protein-glutamine glutaminase, v. 14 | p. 462	
1.14.99.1	(PG)H synthase, prostaglandin-endoperoxide synthase, v. 27 | p. 246	
3.2.1.15	PG-2A, polygalacturonase, v. 12 | p. 208	
3.2.1.15	PG-3, polygalacturonase, v. 12 | p. 208	
1.14.99.1	PG-endoperoxide synthase 2, prostaglandin-endoperoxide synthase, v. 27 | p. 246	
2.4.1.129	PG-II, peptidoglycan glycosyltransferase, v. 32 | p. 200	
3.2.1.15	PG1, polygalacturonase, v. 12 | p. 208	
3.2.1.15	PG2, polygalacturonase, v. 12 | p. 208	
3.2.1.15	PG3, polygalacturonase, v. 12 | p. 208	
3.2.1.15	PG4, polygalacturonase, v. 12 | p. 208	
3.2.1.15	PG5, polygalacturonase, v. 12 | p. 208	
3.2.1.15	PG6, polygalacturonase, v. 12 | p. 208	
3.5.1.38	PGA, glutamin-(asparagin-)ase, v. 14 | p. 433	
3.5.1.11	PGA, penicillin amidase, v. 14 | p. 287	
3.2.1.15	PGA, polygalacturonase, v. 12 | p. 208	
3.5.1.11	PGA650, penicillin amidase, v. 14 | p. 287	
1.14.17.4	PgACO, aminocyclopropanecarboxylate oxidase, v. 27 | p. 154	
4.4.1.14	PgACS1, 1-aminocyclopropane-1-carboxylate synthase, v. 5 | p. 377	
4.4.1.14	PgACS2, 1-aminocyclopropane-1-carboxylate synthase, v. 5 | p. 377	
4.4.1.14	PgACS3a, 1-aminocyclopropane-1-carboxylate synthase, v. 5 | p. 377	
4.4.1.14	PgACS3b, 1-aminocyclopropane-1-carboxylate synthase, v. 5 | p. 377	
4.4.1.14	PgACS4, 1-aminocyclopropane-1-carboxylate synthase, v. 5 | p. 377	
1.1.1.43	6PGAD, phosphogluconate 2-dehydrogenase, v. 16 | p. 414	
1.1.1.43	6-PGADHase, phosphogluconate 2-dehydrogenase, v. 16 | p. 414	
5.3.3.9	PGA isomerase, prostaglandin-A1 Δ-isomerase, v. 1 | p. 423	

3.2.1.85	β-Pgal, 6-phospho-β-galactosidase, v. 13	p. 302
3.2.1.85	PGALase, 6-phospho-β-galactosidase, v. 13	p. 302
4.2.2.2	PGA lyase, pectate lyase, v. 5	p. 6
5.4.2.1	PGAM, phosphoglycerate mutase, v. 1	p. 493
5.4.2.1	PGAM-d, phosphoglycerate mutase, v. 1	p. 493
5.4.2.1	PGAM-i, phosphoglycerate mutase, v. 1	p. 493
5.4.2.1	PGAM1, phosphoglycerate mutase, v. 1	p. 493
5.4.2.1	PGAM2, phosphoglycerate mutase, v. 1	p. 493
5.4.2.1	PGA mutase, phosphoglycerate mutase, v. 1	p. 493
2.4.1.41	PGANT, polypeptide N-acetylgalactosaminyltransferase, v. 31	p. 384
2.4.1.41	PGANT1, polypeptide N-acetylgalactosaminyltransferase, v. 31	p. 384
2.4.1.41	PGANT2, polypeptide N-acetylgalactosaminyltransferase, v. 31	p. 384
2.4.1.41	PGANT3, polypeptide N-acetylgalactosaminyltransferase, v. 31	p. 384
2.4.1.41	PGANT4, polypeptide N-acetylgalactosaminyltransferase, v. 31	p. 384
2.4.1.41	PGANT5, polypeptide N-acetylgalactosaminyltransferase, v. 31	p. 384
2.4.1.41	PGANT6, polypeptide N-acetylgalactosaminyltransferase, v. 31	p. 384
2.4.1.41	PGANT7, polypeptide N-acetylgalactosaminyltransferase, v. 31	p. 384
2.4.1.41	PGANT8, polypeptide N-acetylgalactosaminyltransferase, v. 31	p. 384
3.4.19.3	PGAP, pyroglutamyl-peptidase I, v. 6	p. 529
3.1.3.38	3-PGA phosphatase, 3-phosphoglycerate phosphatase, v. 10	p. 354
3.2.1.67	PGase, galacturan 1,4-α-galacturonidase, v. 13	p. 195
3.5.1.43	PGase, peptidyl-glutaminase, v. 14	p. 458
3.2.1.15	PGase, polygalacturonase, v. 12	p. 208
3.2.2.22	PGase, rRNA N-glycosylase, v. 14	p. 107
3.2.1.15	PGase SM, polygalacturonase, v. 12	p. 208
4.2.1.24	PGBS, porphobilinogen synthase, v. 4	p. 399
4.6.1.2	PGC, guanylate cyclase, v. 5	p. 430
3.2.1.15	PGC, polygalacturonase, v. 12	p. 208
5.4.2.6	PgcM, β-Phosphoglucomutase, v. 1	p. 530
2.7.1.41	PgcM, glucose-1-phosphate phosphodismutase, v. 36	p. 67
1.1.1.44	6-Pgd, phosphogluconate dehydrogenase (decarboxylating), v. 16	p. 421
1.1.1.44	6PGD, phosphogluconate dehydrogenase (decarboxylating), v. 16	p. 421
5.3.99.2	PGD-S, Prostaglandin-D synthase, v. 1	p. 451
1.1.1.188	PGD 11-ketoreductase, prostaglandin-F synthase, v. 18	p. 130
1.1.1.188	PGD2 11-ketoreductase, prostaglandin-F synthase, v. 18	p. 130
1.1.1.188	PGD2 11-ketoreductase activity, prostaglandin-F synthase, v. 18	p. 130
5.3.99.2	PGD2 synthase, Prostaglandin-D synthase, v. 1	p. 451
5.3.99.2	PGD2 synthetase, Prostaglandin-D synthase, v. 1	p. 451
1.1.1.43	6-PGDase, phosphogluconate 2-dehydrogenase, v. 16	p. 414
4.2.1.12	6-PG dehydrase, phosphogluconate dehydratase, v. 4	p. 326
1.1.1.141	15-PGDH, 15-hydroxyprostaglandin dehydrogenase (NAD+), v. 17	p. 417
1.1.1.95	3-PGDH, phosphoglycerate dehydrogenase, v. 17	p. 238
1.1.1.95	3PGDH, phosphoglycerate dehydrogenase, v. 17	p. 238
1.1.1.43	6-PGDH, phosphogluconate 2-dehydrogenase, v. 16	p. 414
1.1.1.44	6-PGDH, phosphogluconate dehydrogenase (decarboxylating), v. 16	p. 421
1.1.1.44	6PG DH, phosphogluconate dehydrogenase (decarboxylating), v. 16	p. 421
1.1.1.44	6PGDH, phosphogluconate dehydrogenase (decarboxylating), v. 16	p. 421
1.1.1.141	PGDH, 15-hydroxyprostaglandin dehydrogenase (NAD+), v. 17	p. 417
1.1.1.95	PGDH, phosphoglycerate dehydrogenase, v. 17	p. 238
1.1.1.44	6PGDH/Gnd1, phosphogluconate dehydrogenase (decarboxylating), v. 16	p. 421
1.1.1.44	6-PGDHase, phosphogluconate dehydrogenase (decarboxylating), v. 16	p. 421
5.3.99.2	H-PGDS, Prostaglandin-D synthase, v. 1	p. 451
5.3.99.2	L-PGDS, Prostaglandin-D synthase, v. 1	p. 451
5.3.99.2	PGDS, Prostaglandin-D synthase, v. 1	p. 451
5.3.99.2	PGDS2, Prostaglandin-D synthase, v. 1	p. 451

5.3.99.2	PGD synthase, Prostaglandin-D synthase, v. 1 | p. 451	
4.2.1.12	6PGDT, phosphogluconate dehydratase, v. 4 | p. 326	
1.11.1.9	PGdx, glutathione peroxidase, v. 25 | p. 233	
5.3.99.3	PGE, prostaglandin-E synthase, v. 1 | p. 459	
3.1.1.3	PGE, triacylglycerol lipase, v. 9 | p. 36	
5.3.99.3	PGE2, prostaglandin-E synthase, v. 1 | p. 459	
1.1.1.189	PGE2-9-ketoreductase, prostaglandin-E2 9-reductase, v. 18 | p. 139	
1.1.1.189	PGE2-9-OR, prostaglandin-E2 9-reductase, v. 18 | p. 139	
1.1.1.189	PGE2 9-ketoreductase, prostaglandin-E2 9-reductase, v. 18 | p. 139	
5.3.99.3	PGE2 isomerase, prostaglandin-E synthase, v. 1 | p. 459	
1.1.1.189	PGE 9-ketoreductase, prostaglandin-E2 9-reductase, v. 18 | p. 139	
5.3.99.3	PGE isomerase, prostaglandin-E synthase, v. 1 | p. 459	
1.1.1.188	PG endoperoxide reductase, prostaglandin-F synthase, v. 18 | p. 130	
5.3.99.3	PGES, prostaglandin-E synthase, v. 1 | p. 459	
5.3.99.3	PGES-1, prostaglandin-E synthase, v. 1 | p. 459	
5.3.99.3	PGE synthase, prostaglandin-E synthase, v. 1 | p. 459	
5.3.99.3	PGE synthase-1, prostaglandin-E synthase, v. 1 | p. 459	
3.1.3.8	pGF11 phytase, 3-phytase, v. 10 | p. 129	
1.1.1.188	PGF2α-synthetic activity, prostaglandin-F synthase, v. 18 | p. 130	
1.1.1.188	PGF2α synthase, prostaglandin-F synthase, v. 18 | p. 130	
1.1.1.188	PGFS, prostaglandin-F synthase, v. 18 | p. 130	
1.1.1.188	m-PGFS, prostaglandin-F synthase, v. 18 | p. 130	
1.1.1.188	PGFS-I, prostaglandin-F synthase, v. 18 | p. 130	
1.1.1.188	PGFS-II, prostaglandin-F synthase, v. 18 | p. 130	
1.1.1.188	PGFSI, prostaglandin-F synthase, v. 18 | p. 130	
1.1.1.188	PGFSII, prostaglandin-F synthase, v. 18 | p. 130	
1.1.1.188	PGF synthase, prostaglandin-F synthase, v. 18 | p. 130	
1.1.1.188	PGF synthase I, prostaglandin-F synthase, v. 18 | p. 130	
1.1.1.188	PGF synthase II, prostaglandin-F synthase, v. 18 | p. 130	
2.5.1.59	PGGT, protein geranylgeranyltransferase type I, v. 34 | p. 209	
2.5.1.59	PGGT-I, protein geranylgeranyltransferase type I, v. 34 | p. 209	
2.5.1.60	PGGT-II, protein geranylgeranyltransferase type II, v. 34 | p. 219	
2.5.1.59	PGGTase-I, protein geranylgeranyltransferase type I, v. 34 | p. 209	
2.5.1.59	PGGTaseI, protein geranylgeranyltransferase type I, v. 34 | p. 209	
2.5.1.59	PGGT I, protein geranylgeranyltransferase type I, v. 34 | p. 209	
5.3.99.2	PGH-PGD isomerase, Prostaglandin-D synthase, v. 1 | p. 451	
5.3.99.3	PGH-PGE isomerase, prostaglandin-E synthase, v. 1 | p. 459	
3.6.3.44	Pgh1, xenobiotic-transporting ATPase, v. 15 | p. 700	
5.3.99.3	PGH2/PGE2 isomerase, prostaglandin-E synthase, v. 1 | p. 459	
1.1.1.188	PGH2 9,11-endoperoxidase, prostaglandin-F synthase, v. 18 | p. 130	
1.1.1.188	PGH2 9,11-endoperoxide reductase, prostaglandin-F synthase, v. 18 | p. 130	
1.1.1.188	PGH2 9-,11-endoperoxide reductase, prostaglandin-F synthase, v. 18 | p. 130	
5.3.99.2	PGH2 D-isomerase, Prostaglandin-D synthase, v. 1 | p. 451	
1.1.1.188	PGH 9-,11-endoperoxide reductase, prostaglandin-F synthase, v. 18 | p. 130	
3.4.19.9	PghP, γ-glutamyl hydrolase, v. 6 | p. 560	
1.14.99.1	PGHS, prostaglandin-endoperoxide synthase, v. 27 | p. 246	
1.14.99.1	PGHS-1, prostaglandin-endoperoxide synthase, v. 27 | p. 246	
1.14.99.1	PGHS-2, prostaglandin-endoperoxide synthase, v. 27 | p. 246	
1.14.99.1	PGHS isoform-1, prostaglandin-endoperoxide synthase, v. 27 | p. 246	
5.3.1.9	PGI, Glucose-6-phosphate isomerase, v. 1 | p. 298	
3.2.1.21	PGI, β-glucosidase, v. 12 | p. 299	
3.2.1.15	PGI, polygalacturonase, v. 12 | p. 208	
5.3.1.9	PGI2, Glucose-6-phosphate isomerase, v. 1 | p. 298	
1.1.1.231	PG I2 dehydrogenase, 15-hydroxyprostaglandin-I dehydrogenase (NADP+), v. 18 | p. 357	
5.3.99.4	PGI2 synthase, prostaglandin-I synthase, v. 1 | p. 465	

5.3.99.4	PGI2 synthetase, prostaglandin-I synthase, v. 1	p. 465	
5.3.1.9	PGI3, Glucose-6-phosphate isomerase, v. 1	p. 298	
3.2.1.15	PG II, polygalacturonase, v. 12	p. 208	
3.2.1.21	PGII, β-glucosidase, v. 12	p. 299	
3.2.1.15	PGII, polygalacturonase, v. 12	p. 208	
5.3.99.4	PGIS, prostaglandin-I synthase, v. 1	p. 465	
2.7.2.3	3-PGK, phosphoglycerate kinase, v. 37	p. 283	
1.1.1.95	PGK, phosphoglycerate dehydrogenase, v. 17	p. 238	
2.7.2.3	PGK, phosphoglycerate kinase, v. 37	p. 283	
2.7.2.3	PGK-1, phosphoglycerate kinase, v. 37	p. 283	
2.7.2.3	PGK 1, phosphoglycerate kinase, v. 37	p. 283	
2.7.2.3	PGK1, phosphoglycerate kinase, v. 37	p. 283	
2.7.2.3	PGK2, phosphoglycerate kinase, v. 37	p. 283	
2.7.2.3	PGKB, phosphoglycerate kinase, v. 37	p. 283	
2.7.2.3	PGKC, phosphoglycerate kinase, v. 37	p. 283	
3.1.1.31	6-PGL, 6-phosphogluconolactonase, v. 9	p. 247	
3.1.1.31	6PGL, 6-phosphogluconolactonase, v. 9	p. 247	
3.1.1.31	PGL, 6-phosphogluconolactonase, v. 9	p. 247	
4.2.2.2	PGL, pectate lyase, v. 5	p. 6	
4.2.2.10	PGL, pectin lyase, v. 5	p. 55	
4.3.2.5	PGL, peptidylamidoglycolate lyase, v. 5	p. 278	
3.2.1.15	PGL, polygalacturonase, v. 12	p. 208	
3.1.1.31	6PGL-G6PDH, 6-phosphogluconolactonase, v. 9	p. 247	
2.4.1.119	PglB, dolichyl-diphosphooligosaccharide-protein glycotransferase, v. 32	p. 155	
5.4.2.3	PGlcNAc mutase, phosphoacetylglucosamine mutase, v. 1	p. 515	
2.4.1.119	PglL, dolichyl-diphosphooligosaccharide-protein glycotransferase, v. 32	p. 155	
3.1.3.18	PGLP1, phosphoglycolate phosphatase, v. 10	p. 242	
3.1.3.18	PGLP2, phosphoglycolate phosphatase, v. 10	p. 242	
3.5.1.28	PGLYRP2, N-acetylmuramoyl-L-alanine amidase, v. 14	p. 396	
5.4.2.2	PGM, phosphoglucomutase, v. 1	p. 506	
5.4.2.1	PGM, phosphoglycerate mutase, v. 1	p. 493	
5.4.2.6	β-PGM, β-Phosphoglucomutase, v. 1	p. 530	
5.4.2.6	βPGM, β-Phosphoglucomutase, v. 1	p. 530	
5.4.2.8	PGM/PMM, phosphomannomutase, v. 1	p. 540	
5.4.2.2	PGM1, phosphoglucomutase, v. 1	p. 506	
5.4.2.2	PGM2, phosphoglucomutase, v. 1	p. 506	
2.7.1.106	PGM2L1, glucose-1,6-bisphosphate synthase, v. 36	p. 434	
3.1.3.14	PGMTE synthetase, methylphosphothioglycerate phosphatase, v. 10	p. 206	
3.5.1.52	PGNase, peptide-N4-(N-acetyl-β-glucosaminyl)asparagine amidase, v. 14	p. 485	
3.1.3.18	Pgp, phosphoglycolate phosphatase, v. 10	p. 242	
3.6.3.44	Pgp, xenobiotic-transporting ATPase, v. 15	p. 700	
3.4.19.3	PGP-1, pyroglutamyl-peptidase I, v. 6	p. 529	
3.1.3.27	PGP-A, phosphatidylglycerophosphatase, v. 10	p. 304	
3.1.3.27	PGP-B, phosphatidylglycerophosphatase, v. 10	p. 304	
3.1.3.27	PGP-C, phosphatidylglycerophosphatase, v. 10	p. 304	
3.1.3.27	PGP-tase, phosphatidylglycerophosphatase, v. 10	p. 304	
3.6.3.44	PGP1, xenobiotic-transporting ATPase, v. 15	p. 700	
3.1.3.8	pGP209 phytase, 3-phytase, v. 10	p. 129	
3.4.19.12	PGP 9.5, ubiquitinyl hydrolase 1, v. 6	p. 575	
3.4.19.12	PGP9.5, ubiquitinyl hydrolase 1, v. 6	p. 575	
3.4.19.12	PGP9.5.1, ubiquitinyl hydrolase 1, v. 6	p. 575	
3.4.19.12	PGP 9.5/UCHL1, ubiquitinyl hydrolase 1, v. 6	p. 575	
3.1.3.27	PGPA-tase, phosphatidylglycerophosphatase, v. 10	p. 304	
3.1.3.27	PGPase, phosphatidylglycerophosphatase, v. 10	p. 304	
3.1.3.18	PGPase, phosphoglycolate phosphatase, v. 10	p. 242	

3.6.1.27	PgpB, undecaprenyl-diphosphatase, v. 15 | p. 422	
3.1.3.27	PGPB-tase, phosphatidylglycerophosphatase, v. 10 | p. 304	
3.1.3.27	PGPC-tase, phosphatidylglycerophosphatase, v. 10 | p. 304	
3.4.19.3	PGPEP1, pyroglutamyl-peptidase I, v. 6 | p. 529	
3.4.19.3	PGP I, pyroglutamyl-peptidase I, v. 6 | p. 529	
3.1.1.4	pgPLA 1a/pgPLA 2a, phospholipase A2, v. 9 | p. 52	
3.1.3.27	PGP phosphatase, phosphatidylglycerophosphatase, v. 10 | p. 304	
2.7.8.5	PGPS, CDP-diacylglycerol-glycerol-3-phosphate 3-phosphatidyltransferase, v. 39 | p. 39	
2.7.8.5	PGP synthase, CDP-diacylglycerol-glycerol-3-phosphate 3-phosphatidyltransferase, v. 39 | p. 39	
2.7.1.63	PGPTase, polyphosphate-glucose phosphotransferase, v. 36 | p. 157	
1.11.1.9	pGPx, glutathione peroxidase, v. 25 | p. 233	
1.3.1.48	PGR, 15-oxoprostaglandin 13-oxidase, v. 21 | p. 263	
1.3.1.48	PGR-2, 15-oxoprostaglandin 13-oxidase, v. 21 | p. 263	
3.5.1.28	PGRP, N-acetylmuramoyl-L-alanine amidase, v. 14 | p. 396	
3.5.1.28	PGRP-L, N-acetylmuramoyl-L-alanine amidase, v. 14 | p. 396	
3.5.1.28	PGRP-SB1, N-acetylmuramoyl-L-alanine amidase, v. 14 | p. 396	
2.7.8.5	PGS, CDP-diacylglycerol-glycerol-3-phosphate 3-phosphatidyltransferase, v. 39 | p. 39	
2.7.8.5	PGS1, CDP-diacylglycerol-glycerol-3-phosphate 3-phosphatidyltransferase, v. 39 | p. 39	
2.7.8.5	Pgs1p, CDP-diacylglycerol-glycerol-3-phosphate 3-phosphatidyltransferase, v. 39 | p. 39	
1.14.99.1	PG synthetase, prostaglandin-endoperoxide synthase, v. 27 | p. 246	
2.7.8.2	PGT, diacylglycerol cholinephosphotransferase, v. 39 | p. 14	
3.4.23.49	PgtE, omptin, v. S6 | p. 262	
1.14.11.2	PH, procollagen-proline dioxygenase, v. 26 | p. 9	
3.2.1.35	PH-20, hyaluronoglucosaminidase, v. 12 | p. 526	
5.4.2.1	PH0037, phosphoglycerate mutase, v. 1 | p. 493	
2.4.1.83	PH0051, dolichyl-phosphate β-D-mannosyltransferase, v. 31 | p. 591	
4.2.1.22	PH0267, Cystathionine β-synthase, v. 4 | p. 390	
3.6.1.3	PH0284, adenosinetriphosphatase, v. 15 | p. 263	
3.6.1.3	PH0284 protein, adenosinetriphosphatase, v. 15 | p. 263	
3.8.1.3	PH0459, haloacetate dehalogenase, v. 15 | p. 877	
4.2.3.12	PH0634, 6-pyruvoyltetrahydropterin synthase, v. S7 | p. 235	
1.1.1.41	PH1722, isocitrate dehydrogenase (NAD+), v. 16 | p. 394	
3.1.3.2	pH 2.1 optimum acid phosphatase, acid phosphatase, v. 10 | p. 31	
3.1.3.2	pH 2.5 acid phosphatase, acid phosphatase, v. 10 | p. 31	
3.1.3.8	pH 2.5 optimum acid phosphatase, 3-phytase, v. 10 | p. 129	
2.4.2.30	PH5P , NAD+ ADP-ribosyltransferase, v. 33 | p. 263	
3.1.3.2	pH 6-optimum acid phosphatase, acid phosphatase, v. 10 | p. 31	
3.1.3.72	pH 8 phytase, 5-phytase, v. S5 | p. 61	
3.5.1.1	PhA, asparaginase, v. 14 | p. 190	
1.1.1.36	PhaB, acetoacetyl-CoA reductase, v. 16 | p. 328	
3.6.1.7	PhAcP, acylphosphatase, v. 15 | p. 292	
3.1.1.75	PHA depolymerase, poly(3-hydroxybutyrate) depolymerase, v. 9 | p. 437	
3.1.1.76	PHA depolymerase, poly(3-hydroxyoctanoate) depolymerase, v. 9 | p. 446	
3.1.1.75	i-PHA depolymerase, poly(3-hydroxybutyrate) depolymerase, v. 9 | p. 437	
4.2.99.18	phage-T4 UV endonuclease, DNA-(apurinic or apyrimidinic site) lyase, v. 5 | p. 150	
2.7.7.48	Phage f2 replicase, RNA-directed RNA polymerase, v. 38 | p. 468	
3.1.11.3	phage lambda-induced exonuclease, exodeoxyribonuclease (lambda-induced), v. 11 | p. 368	
6.5.1.3	phage Rnl2, RNA ligase (ATP), v. 2 | p. 787	
3.1.11.4	phage SP3, exodeoxyribonuclease (phage SP3-induced), v. 11 | p. 373	
3.1.11.4	phage SP3 DNase, exodeoxyribonuclease (phage SP3-induced), v. 11 | p. 373	
3.1.30.1	Phage T4 endonuclease IV, Aspergillus nuclease S1, v. 11 | p. 610	
1.6.3.1	phagocyte NADPH oxidase, NAD(P)H oxidase, v. 24 | p. 92	
4.1.2.10	PhaMDL, Mandelonitrile lyase, v. 3 | p. 440	
6.3.2.19	S-phase kinase-associated protein 2, Ubiquitin-protein ligase, v. 2 | p. 506	

3.4.22.34	Phaseolin, Legumain, v.7 | p.689	
3.4.16.5	Phaseolin, carboxypeptidase C, v.6 | p.385	
5.1.1.13	PhAspR, Aspartate racemase, v.1 | p.55	
3.1.1.75	PhaZ, poly(3-hydroxybutyrate) depolymerase, v.9 | p.437	
3.1.1.76	PhaZ, poly(3-hydroxyoctanoate) depolymerase, v.9 | p.446	
3.1.1.75	PhaZ-Th, poly(3-hydroxybutyrate) depolymerase, v.9 | p.437	
3.1.1.75	PhaZ1, poly(3-hydroxybutyrate) depolymerase, v.9 | p.437	
3.1.1.75	PhaZ1-Z6, poly(3-hydroxybutyrate) depolymerase, v.9 | p.437	
3.1.1.75	PhaZ5, poly(3-hydroxybutyrate) depolymerase, v.9 | p.437	
3.1.1.75	PhaZ7, poly(3-hydroxybutyrate) depolymerase, v.9 | p.437	
3.1.1.75	PhaZ7 depolymerase, poly(3-hydroxybutyrate) depolymerase, v.9 | p.437	
3.1.1.75	PhaZa1, poly(3-hydroxybutyrate) depolymerase, v.9 | p.437	
3.1.1.75	PhaZBm, poly(3-hydroxybutyrate) depolymerase, v.9 | p.437	
3.1.1.75	PhaZd, poly(3-hydroxybutyrate) depolymerase, v.9 | p.437	
3.1.1.75	PhaZRpiT1, poly(3-hydroxybutyrate) depolymerase, v.9 | p.437	
2.4.1.1	Phb, phosphorylase, v.31 | p.1	
2.4.1.194	PHB-O-glucosyltransferase, 4-hydroxybenzoate 4-O-β-D-glucosyltransferase, v.32 | p.475	
1.14.13.2	PHBAD, 4-hydroxybenzoate 3-monooxygenase, v.26 | p.208	
1.1.1.36	PhbB, acetoacetyl-CoA reductase, v.16 | p.328	
3.1.1.75	PHB depolymerase, poly(3-hydroxybutyrate) depolymerase, v.9 | p.437	
3.1.1.75	PHB depolymerase A, poly(3-hydroxybutyrate) depolymerase, v.9 | p.437	
3.1.1.75	PHB depolymerase inhibitor, poly(3-hydroxybutyrate) depolymerase, v.9 | p.437	
3.1.1.75	PHBDP, poly(3-hydroxybutyrate) depolymerase, v.9 | p.437	
2.4.1.194	PHB glucosyltransferase, 4-hydroxybenzoate 4-O-β-D-glucosyltransferase, v.32 | p.475	
1.14.13.2	PHBH, 4-hydroxybenzoate 3-monooxygenase, v.26 | p.208	
1.14.13.2	PHBHase, 4-hydroxybenzoate 3-monooxygenase, v.26 | p.208	
1.1.1.184	PHCR, carbonyl reductase (NADPH), v.18 | p.105	
1.4.1.20	PHD, phenylalanine dehydrogenase, v.22 | p.196	
1.14.11.2	PHD, procollagen-proline dioxygenase, v.26 | p.9	
1.14.11.2	PHD-1, procollagen-proline dioxygenase, v.26 | p.9	
1.14.11.2	PHD1, procollagen-proline dioxygenase, v.26 | p.9	
1.14.11.2	PHD2, procollagen-proline dioxygenase, v.26 | p.9	
1.14.11.2	PHD3, procollagen-proline dioxygenase, v.26 | p.9	
3.4.24.67	PHE, choriolysin H, v.8 | p.544	
6.1.1.20	Phe-RS, Phenylalanine-tRNA ligase, v.2 | p.156	
1.14.13.7	PheA, phenol 2-monooxygenase, v.26 | p.246	
5.1.1.11	PheATE, Phenylalanine racemase (ATP-hydrolysing), v.1 | p.48	
1.13.11.2	PheB, catechol 2,3-dioxygenase, v.25 | p.395	
3.1.1.82	phedase, pheophorbidase, v.S5 | p.39	
3.1.1.82	Phedase type 1, pheophorbidase, v.S5 | p.39	
3.1.1.82	Phedase type 2, pheophorbidase, v.S5 | p.39	
1.4.1.20	PheDH, phenylalanine dehydrogenase, v.22 | p.196	
1.14.16.1	PheH, phenylalanine 4-monooxygenase, v.27 | p.60	
1.14.12.20	pheide a monooxygenase, pheophorbide a oxygenase, v.S1 | p.532	
1.14.12.20	pheide a oxygenase, pheophorbide a oxygenase, v.S1 | p.532	
3.4.24.34	PheMMP-8, neutrophil collagenase, v.8 | p.399	
2.1.1.28	phenethanolamine methyltransferase, phenylethanolamine N-methyltransferase, v.28 | p.132	
2.1.1.28	phenethanolamine N-methyltransferase, phenylethanolamine N-methyltransferase, v.28 | p.132	
1.2.1.36	phenobarbital-induced aldehyde dehydrogenase, retinal dehydrogenase, v.20 | p.282	
2.4.1.35	phenol-β-D-glucosyltransferase, phenol β-glucosyltransferase, v.31 | p.331	
4.1.99.2	phenol-lyase, tyrosine, tyrosine phenol-lyase, v.4 | p.210	
2.4.1.17	phenol-metabolizing UDP-glucuronosyltransferase, glucuronosyltransferase, v.31 | p.162	
2.8.2.1	phenol/aryl sulfotransferase, aryl sulfotransferase, v.39 | p.247	

1.10.3.1	phenolase, catechol oxidase, v. 25	p. 105
1.14.18.1	phenolase, monophenol monooxygenase, v. 27	p. 156
4.1.1.61	Phenol carboxylase, 4-Hydroxybenzoate decarboxylase, v. 3	p. 350
1.14.13.7	phenol hydroxylase, phenol 2-monooxygenase, v. 26	p. 246
3.1.1.73	phenolic acid esterase, feruloyl esterase, v. 9	p. 414
3.1.6.2	phenolic steroid sulfatase, steryl-sulfatase, v. 11	p. 250
1.14.13.7	phenol o-hydroxylase, phenol 2-monooxygenase, v. 26	p. 246
1.10.3.1	phenol oxidase, catechol oxidase, v. 25	p. 105
1.14.18.1	phenol oxidase, monophenol monooxygenase, v. 27	p. 156
1.10.3.1	phenoloxidase, catechol oxidase, v. 25	p. 105
1.14.18.1	phenoloxidase, monophenol monooxygenase, v. 27	p. 156
3.1.6.1	phenolsulfatase, arylsulfatase, v. 11	p. 236
2.8.2.1	phenol sulfokinase, aryl sulfotransferase, v. 39	p. 247
2.8.2.3	phenol sulfotransferase, amine sulfotransferase, v. 39	p. 298
2.8.2.1	phenol sulfotransferase, aryl sulfotransferase, v. 39	p. 247
2.8.2.4	phenol sulfotransferase, estrone sulfotransferase, v. 39	p. 303
2.8.2.15	phenol sulfotransferase, steroid sulfotransferase, v. 39	p. 387
2.8.2.1	phenol sulfotransferase 1A1, aryl sulfotransferase, v. 39	p. 247
2.8.2.1	phenol sulfotransferase 1A3, aryl sulfotransferase, v. 39	p. 247
1.10.3.5	phenoxazine-synthetase, 3-hydroxyanthranilate oxidase, v. 25	p. 153
2.4.1.17	phenyl-UDP-glucuronosyltransferase, glucuronosyltransferase, v. 31	p. 162
4.1.1.43	phenyl/indolepyruvate decarboxylase, Phenylpyruvate decarboxylase, v. 3	p. 270
6.2.1.30	phenyl/phenoxyacetic acid activating enzyme, phenylacetate-CoA ligase, v. 2	p. 330
6.2.1.30	phenyl/phenoxyacetyl-CoA-ligase, phenylacetate-CoA ligase, v. 2	p. 330
1.2.1.39	phenylacetaldehyde dehydrogenase, phenylacetaldehyde dehydrogenase, v. 20	p. 293
4.99.1.7	phenylacetaldoxime dehydratase, phenylacetaldoxime dehydratase, v. S7	p. 476
3.1.1.2	phenyl acetate esterase, arylesterase, v. 9	p. 28
1.17.5.1	phenylacetyl-CoA-acceptor oxidoreductase, phenylacetyl-CoA dehydrogenase, v. S1	p. 761
1.17.5.1	phenylacetyl-CoA α-carbon-oxidizing oxidase, phenylacetyl-CoA dehydrogenase, v. S1	p. 761
1.17.5.1	phenylacetyl-CoA:acceptor oxidoreductase, phenylacetyl-CoA dehydrogenase, v. S1	p. 761
2.3.1.14	phenylacetyl-CoA:L-glutamine N-acetyltransferase, glutamine N-phenylacetyltransferase, v. 29	p. 344
6.2.1.30	phenylacetyl-CoA ligase, phenylacetate-CoA ligase, v. 2	p. 330
6.2.1.30	phenylacetyl-CoA ligase (AMP-forming), phenylacetate-CoA ligase, v. 2	p. 330
6.2.1.30	phenylacetyl-coenzyme A ligase, phenylacetate-CoA ligase, v. 2	p. 330
3.1.2.25	phenylacetyl coenzyme A hydrolase, phenylacetyl-CoA hydrolase, v. S5	p. 44
2.3.1.14	phenylacetyltransferase, glutamine, glutamine N-phenylacetyltransferase, v. 29	p. 344
1.14.16.1	phenylalaninase, phenylalanine 4-monooxygenase, v. 27	p. 60
2.6.1.58	phenylalanine(histidine):pyruvate aminotransferase, phenylalanine(histidine) transaminase, v. 35	p. 1
2.6.1.58	phenylalanine (histidine) aminotransferase, phenylalanine(histidine) transaminase, v. 35	p. 1
2.6.1.5	phenylalanine-α-ketoglutarate transaminase, tyrosine transaminase, v. 34	p. 301
6.1.1.20	Phenylalanine–tRNA ligase, Phenylalanine-tRNA ligase, v. 2	p. 156
2.6.1.27	L-phenylalanine-2-oxoglutarate aminotransferase, tryptophan transaminase, v. 34	p. 437
2.6.1.49	phenylalanine-DOPP transaminase, PDT, dihydroxyphenylalanine transaminase, v. 34	p. 570
6.1.1.20	Phenylalanine-tRNA synthetase, Phenylalanine-tRNA ligase, v. 2	p. 156
2.6.1.5	L-phenylalanine 2-oxoglutarate aminotransferase, tyrosine transaminase, v. 34	p. 301
1.14.16.1	phenylalanine 4-hydroxylase, phenylalanine 4-monooxygenase, v. 27	p. 60
1.4.1.20	L-phenylalanine:NAD+ oxidoreductase, deaminating, phenylalanine dehydrogenase, v. 22	p. 196
2.7.7.54	L-phenylalanine adenylyltransferase, phenylalanine adenylyltransferase, v. 38	p. 539
2.6.1.5	phenylalanine aminotransferase, tyrosine transaminase, v. 34	p. 301

4.3.1.24	L-phenylalanine ammonia-lyase, phenylalanine ammonia-lyase
4.3.1.24	phenylalanine ammonia-lyase 1, phenylalanine ammonia-lyase
4.3.1.24	phenylalanine ammonia-lyase 2, phenylalanine ammonia-lyase
4.3.1.24	phenylalanine ammonia-lyase 3, phenylalanine ammonia-lyase
4.3.1.24	phenylalanine ammonia-lyase 4, phenylalanine ammonia-lyase
4.3.1.5	phenylalanine ammonium-lyase, phenylalanine ammonia-lyase, v. 5 | p. 198
4.3.1.5	phenylalanine deaminase, phenylalanine ammonia-lyase, v. 5 | p. 198
4.1.1.53	L-Phenylalanine decarboxylase, Phenylalanine decarboxylase, v. 3 | p. 323
1.4.1.20	L-phenylalanine dehydrogenase, phenylalanine dehydrogenase, v. 22 | p. 196
1.14.16.1	phenylalanine hydroxylase, phenylalanine 4-monooxygenase, v. 27 | p. 60
4.2.1.96	Phenylalanine hydroxylase-stimulating protein, 4a-hydroxytetrahydrobiopterin dehydratase, v. 4 | p. 665
4.2.1.96	Phenylalanine hydroxylase-stimulating protein/pterin-4α-carbinolamine dehydratase, 4a-hydroxytetrahydrobiopterin dehydratase, v. 4 | p. 665
1.13.12.9	L-phenylalanine oxidase, phenylalanine 2-monooxygenase, v. 25 | p. 724
1.13.12.9	L-phenylalanine oxidase (deaminating and decarboxylating), phenylalanine 2-monooxygenase, v. 25 | p. 724
5.1.1.11	Phenylalanine racemase, Phenylalanine racemase (ATP-hydrolysing), v. 1 | p. 48
5.1.1.11	Phenylalanine racemase (adenosine triphosphate-hydrolyzing), Phenylalanine racemase (ATP-hydrolysing), v. 1 | p. 48
5.1.1.11	Phenylalanine racemase (ATP-hydrolyzing), Phenylalanine racemase (ATP-hydrolysing), v. 1 | p. 48
2.6.1.5	phenylalanine transaminase, tyrosine transaminase, v. 34 | p. 301
6.1.1.20	Phenylalanine translase, Phenylalanine-tRNA ligase, v. 2 | p. 156
6.1.1.20	phenylalanine tRNA synthetase, Phenylalanine-tRNA ligase, v. 2 | p. 156
6.1.1.20	Phenylalanyl-transfer ribonucleate synthetase, Phenylalanine-tRNA ligase, v. 2 | p. 156
6.1.1.20	Phenylalanyl-transfer RNA ligase, Phenylalanine-tRNA ligase, v. 2 | p. 156
6.1.1.20	Phenylalanyl-transfer RNA synthetase, Phenylalanine-tRNA ligase, v. 2 | p. 156
6.1.1.20	Phenylalanyl-tRNA ligase, Phenylalanine-tRNA ligase, v. 2 | p. 156
6.1.1.20	L-Phenylalanyl-tRNA synthetase, Phenylalanine-tRNA ligase, v. 2 | p. 156
6.1.1.20	Phenylalanyl-tRNA synthetase, Phenylalanine-tRNA ligase, v. 2 | p. 156
6.1.1.20	Phenylalanyl transfer ribonucleic acid synthetase, Phenylalanine-tRNA ligase, v. 2 | p. 156
1.14.17.1	phenylamine β-hydroxylase, dopamine β-monooxygenase, v. 27 | p. 126
1.13.11.39	3-phenylcatechol dioxygenase, biphenyl-2,3-diol 1,2-dioxygenase, v. 25 | p. 618
1.4.3.6	2-phenylethylamine oxidase, amine oxidase (copper-containing), v. 22 | p. 291
1.2.1.58	Phenylglyoxal:NAD+ oxidoreductase (CoA benzoylating), phenylglyoxylate dehydrogenase (acylating), v. 20 | p. 375
1.2.1.58	Phenylglyoxylate-acceptor oxidoreductase, phenylglyoxylate dehydrogenase (acylating), v. 20 | p. 375
1.2.1.58	Phenylglyoxylate:acceptor oxidoreductase, phenylglyoxylate dehydrogenase (acylating), v. 20 | p. 375
4.1.1.7	Phenylglyoxylate decarboxylase, Benzoylformate decarboxylase, v. 3 | p. 41
1.2.1.58	Phenylglyoxylate dehydrogenase (CoA benzoylating), phenylglyoxylate dehydrogenase (acylating), v. 20 | p. 375
3.7.1.8	6-phenyl HODA hydrolase, 2,6-dioxo-6-phenylhexa-3-enoate hydrolase, v. 15 | p. 853
2.4.1.17	p-phenylphenol glucuronyltransferase, glucuronosyltransferase, v. 31 | p. 162
1.14.12.19	3-phenylpropionate dioxygenase, 3-phenylpropanoate dioxygenase, v. S1 | p. 529
4.1.1.43	phenylpyruvate decarboxylase, Phenylpyruvate decarboxylase, v. 3 | p. 270
5.3.2.1	Phenylpyruvate keto-enol tautomerase, Phenylpyruvate tautomerase, v. 1 | p. 367
1.2.7.8	phenylpyruvate oxidase, indolepyruvate ferredoxin oxidoreductase, v. S1 | p. 213
4.1.1.84	phenylpyruvate tautomerase, D-dopachrome decarboxylase, v. S7 | p. 18
2.6.1.5	phenylpyruvate transaminase, tyrosine transaminase, v. 34 | p. 301
2.6.1.5	phenylpyruvic acid transaminase, tyrosine transaminase, v. 34 | p. 301
5.3.2.1	Phenylpyruvic keto-enol isomerase, Phenylpyruvate tautomerase, v. 1 | p. 367
3.1.6.1	phenylsulfatase, arylsulfatase, v. 11 | p. 236

3.1.1.2	phenyl valerate esterase, arylesterase, v. 9 | p. 28	
1.14.16.1	PheOH, phenylalanine 4-monooxygenase, v. 27 | p. 60	
6.1.1.20	PheRS, Phenylalanine-tRNA ligase, v. 2 | p. 156	
1.1.1.95	Phgdh, phosphoglycerate dehydrogenase, v. 17 | p. 238	
1.11.1.9	PHGPX, glutathione peroxidase, v. 25 | p. 233	
1.11.1.12	PHGPX, phospholipid-hydroperoxide glutathione peroxidase, v. 25 | p. 274	
1.14.13.7	PHH, phenol 2-monooxygenase, v. 26 | p. 246	
4.2.1.96	PhhB, 4a-hydroxytetrahydrobiopterin dehydratase, v. 4 | p. 665	
2.4.2.8	PhHGXPRT, hypoxanthine phosphoribosyltransferase, v. 33 | p. 95	
3.2.1.118	PH I, prunasin β-glucosidase, v. 13 | p. 488	
5.3.1.9	PHI, Glucose-6-phosphate isomerase, v. 1 | p. 298	
3.4.24.60	PHIE, dactylysin, v. 8 | p. 505	
3.2.1.118	PH IIa, prunasin β-glucosidase, v. 13 | p. 488	
3.2.1.118	PH IIb, prunasin β-glucosidase, v. 13 | p. 488	
3.2.1.17	phiKZ endolysin, lysozyme, v. 12 | p. 228	
3.1.1.59	PhJHE, Juvenile-hormone esterase, v. 9 | p. 368	
4.1.2.9	PhK, Phosphoketolase, v. 3 | p. 435	
2.7.11.19	PhK, phosphorylase kinase, v. S4 | p. 89	
2.6.1.7	phKAT-II, kynurenine-oxoglutarate transaminase, v. 34 | p. 316	
3.1.1.4	PhlA, phospholipase A2, v. 9 | p. 52	
6.2.1.30	phlB, phenylacetate-CoA ligase, v. 2 | p. 330	
3.2.1.62	phloretin-glucosidase, glycosylceramidase, v. 13 | p. 168	
3.7.1.4	phloretin hydrolase, phloretin hydrolase, v. 15 | p. 842	
3.2.1.62	phloridzin glucosidase, glycosylceramidase, v. 13 | p. 168	
3.2.1.62	phlorizin β-glucosidase, glycosylceramidase, v. 13 | p. 168	
3.2.1.62	phlorizin hydrolase, glycosylceramidase, v. 13 | p. 168	
6.2.1.30	Phl protein, phenylacetate-CoA ligase, v. 2 | p. 330	
5.3.1.8	PHM, Mannose-6-phosphate isomerase, v. 1 | p. 289	
1.14.17.3	PHM, peptidylglycine monooxygenase, v. 27 | p. 140	
1.14.17.3	PHMcc, peptidylglycine monooxygenase, v. 27 | p. 140	
3.6.3.27	Phn, phosphate-transporting ATPase, v. 15 | p. 649	
4.1.3.27	PhnAB anthranilate synthase, anthranilate synthase, v. 4 | p. 160	
3.6.3.28	PHNC, phosphonate-transporting ATPase, v. 15 | p. 652	
1.2.1.3	PhnN, aldehyde dehydrogenase (NAD+), v. 20 | p. 32	
2.7.4.23	PhnN protein, ribose 1,5-bisphosphate phosphokinase, v. S2 | p. 314	
1.14.13.7	PHO, phenol 2-monooxygenase, v. 26 | p. 246	
2.4.1.1	PHO, phosphorylase, v. 31 | p. 1	
3.1.1.76	(PHO) depolymerase, poly(3-hydroxyoctanoate) depolymerase, v. 9 | p. 446	
3.6.4.9	Pho-cpn, chaperonin ATPase, v. 15 | p. 803	
3.1.22.4	Pho-Hjc, crossover junction endodeoxyribonuclease, v. 11 | p. 487	
3.6.1.1	Pho-PPase, inorganic diphosphatase, v. 15 | p. 240	
2.4.1.1	Pho1, phosphorylase, v. 31 | p. 1	
3.1.3.1	PHO13, alkaline phosphatase, v. 10 | p. 1	
2.4.1.1	Pho 2, phosphorylase, v. 31 | p. 1	
3.1.3.1	PHO8, alkaline phosphatase, v. 10 | p. 1	
3.6.3.27	Pho84p, phosphate-transporting ATPase, v. 15 | p. 649	
2.7.11.22	PHO85, cyclin-dependent kinase, v. S4 | p. 156	
2.7.11.22	PHO85 homolog, cyclin-dependent kinase, v. S4 | p. 156	
3.1.3.1	PHOA, alkaline phosphatase, v. 10 | p. 1	
2.7.11.22	PHOA, cyclin-dependent kinase, v. S4 | p. 156	
3.5.1.14	PhoACY, aminoacylase, v. 14 | p. 317	
3.1.3.2	PhoAP, acid phosphatase, v. 10 | p. 31	
2.7.11.22	PHOB, cyclin-dependent kinase, v. S4 | p. 156	
3.1.1.76	PHO depolymerase, poly(3-hydroxyoctanoate) depolymerase, v. 9 | p. 446	
2.7.9.2	phoephoenol pyruvate synthetase, pyruvate, water dikinase, v. 39 | p. 166	

2.7.9.2	phoephoenolpyruvate synthetase, pyruvate, water dikinase, v. 39	p. 166
3.1.3.48	Phogrin, protein-tyrosine-phosphatase, v. 10	p. 407
3.1.21.4	PhoI, type II site-specific deoxyribonuclease, v. 11	p. 454
3.1.3.1	phoK, alkaline phosphatase, v. 10	p. 1
3.1.3.2	PhoN, acid phosphatase, v. 10	p. 31
3.1.3.2	PhoN-Se, acid phosphatase, v. 10	p. 31
3.1.3.2	PhoN-Sf, acid phosphatase, v. 10	p. 31
2.7.13.3	PhoR1, histidine kinase, v. S4	p. 420
3.1.1.51	phorbol-12,13-diester 12-ester hydrolase, phorbol-diester hydrolase, v. 9	p. 338
3.5.99.6	phoshoglucosamine isomerase, glucosamine-6-phosphate deaminase, v. 15	p. 225
3.1.3.4	phospatidic acid phosphatase, phosphatidate phosphatase, v. 10	p. 82
3.1.3.48	Phosphacan, protein-tyrosine-phosphatase, v. 10	p. 407
2.7.3.4	phosphagen kinase, taurocyamine kinase, v. 37	p. 399
2.7.3.10	phosphagen phosphokinase, agmatine kinase, v. 37	p. 424
3.1.3.32	3' phosphatase, polynucleotide 3'-phosphatase, v. 10	p. 326
3.1.3.6	3'-phosphatase, 3'-nucleotidase, v. 10	p. 118
3.1.3.32	3'-phosphatase, polynucleotide 3'-phosphatase, v. 10	p. 326
3.1.3.40	phosphatase, 1-guanidino-scyllo-inositol 4-, guanidinodeoxy-scyllo-inositol-4-phosphatase, v. 10	p. 362
3.1.3.63	phosphatase, 2-carboxyarabinitol 1-, 2-carboxy-D-arabinitol-1-phosphatase, v. 10	p. 479
3.1.3.68	Phosphatase, 2-deoxyglucose 6-, 2-deoxyglucose-6-phosphatase, v. 10	p. 493
3.1.3.68	Phosphatase, 2-deoxyglucose 6- (Escherichia coli strain K-12 Kohara clone 405 gene DOG1), 2-deoxyglucose-6-phosphatase, v. 10	p. 493
3.1.3.68	Phosphatase, 2-deoxyglucose 6- (Saccharomyces cerevisiae clone pGEMT-DOGR1), 2-deoxyglucose-6-phosphatase, v. 10	p. 493
3.1.3.68	Phosphatase, 2-deoxyglucose 6- (Saccharomyces cerevisiae gene DOGR1), 2-deoxyglucose-6-phosphatase, v. 10	p. 493
3.1.3.68	Phosphatase, 2-deoxyglucose 6- (Saccharomyces cerevisiae gene DOGR1 isoform), 2-deoxyglucose-6-phosphatase, v. 10	p. 493
3.1.3.68	Phosphatase, 2-deoxyglucose 6- (Saccharomyces cerevisiae gene DOGR2 isoform), 2-deoxyglucose-6-phosphatase, v. 10	p. 493
3.1.3.38	phosphatase, 3-phosphoglycerate, 3-phosphoglycerate phosphatase, v. 10	p. 354
3.1.3.44	phosphatase, acetyl coenzyme A carboxylase, [acetyl-CoA carboxylase]-phosphatase, v. 10	p. 389
3.6.1.7	phosphatase, acyl, acylphosphatase, v. 15	p. 292
3.1.3.29	phosphatase, acylneuraminate 9-, N-acylneuraminate-9-phosphatase, v. 10	p. 312
3.1.3.28	phosphatase, adenosine diphosphate phosphoglycerate, ADP-phosphoglycerate phosphatase, v. 10	p. 310
3.6.1.14	phosphatase, adenosine tetra-, adenosine-tetraphosphatase, v. 15	p. 361
3.6.3.8	phosphatase, adenosine tri, Ca2+-transporting ATPase, v. 15	p. 566
3.6.1.3	phosphatase, adenosine tri-, adenosinetriphosphatase, v. 15	p. 263
3.1.3.1	phosphatase, alkaline, alkaline phosphatase, v. 10	p. 1
3.1.3.59	phosphatase, alkylacetylglycerophosphate, alkylacetylglycerophosphatase, v. 10	p. 465
3.6.1.41	phosphatase, bis(5'-nucleosyl) tetra- (symmetrical), bis(5'-nucleosyl)-tetraphosphatase (symmetrical), v. 15	p. 460
3.1.3.52	phosphatase, branched-chain 2-keto acid dehydrogenase, [3-methyl-2-oxobutanoate dehydrogenase (2-methylpropanoyl-transferring)]-phosphatase, v. 10	p. 435
3.1.3.52	phosphatase, branched-chain oxo acid dehydrogenase, [3-methyl-2-oxobutanoate dehydrogenase (2-methylpropanoyl-transferring)]-phosphatase, v. 10	p. 435
3.1.3.55	phosphatase, caldesmon, caldesmon-phosphatase, v. 10	p. 446
3.6.1.12	phosphatase, deoxycytidine, tri-, dCTP diphosphatase, v. 15	p. 351
3.1.5.1	phosphatase, deoxyguanosine tri, dGTPase, v. 11	p. 232
3.6.1.52	phosphatase, diphosphoinositol polyphosphate, diphosphoinositol-polyphosphate diphosphatase, v. 15	p. 520
3.1.3.51	phosphatase, dolichol, dolichyl-phosphatase, v. 10	p. 428

3.6.1.10	phosphatase, endopoly-, endopolyphosphatase, v. 15	p. 340
3.6.1.11	phosphatase, exopoly-, exopolyphosphatase, v. 15	p. 343
3.1.3.46	phosphatase, fructose 2,6-di-, fructose-2,6-bisphosphate 2-phosphatase, v. 10	p. 395
3.1.3.54	phosphatase, fructose 2,6-diphosphate 6-, fructose-2,6-bisphosphate 6-phosphatase, v. 10	p. 443
3.1.3.9	phosphatase, glucose 6-, glucose-6-phosphatase, v. 10	p. 147
3.1.3.19	phosphatase, glycerol 2-, glycerol-2-phosphatase, v. 10	p. 248
3.6.1.40	phosphatase, guanosine 5'-triphosphate 3'-diphosphate 5'-, guanosine-5'-triphosphate,3'-diphosphate diphosphatase, v. 15	p. 457
3.6.1.42	phosphatase, guanosine di-, guanosine-diphosphatase, v. 15	p. 464
3.6.5.5	phosphatase, guanosine tri-, dynamin GTPase, v. S6	p. 522
3.6.5.1	phosphatase, guanosine tri-, heterotrimeric G-protein GTPase, v. S6	p. 462
3.1.3.56	phosphatase, inosine tri-5PTASE, inositol-polyphosphate 5-phosphatase, v. 10	p. 448
3.1.3.62	phosphatase, inositol 1,3,4,5-tetrakisphosphate 3-, multiple inositol-polyphosphate phosphatase, v. 10	p. 475
3.1.3.57	phosphatase, inositol 1,4-bisphosphate 1-, inositol-1,4-bisphosphate 1-phosphatase, v. 10	p. 458
3.1.3.66	phosphatase, inositol 3,4-bisphosphate 4-, phosphatidylinositol-3,4-bisphosphate 4-phosphatase, v. 10	p. 489
3.1.3.70	phosphatase, mannosyl-3-phosphoglycerate, mannosyl-3-phosphoglycerate phosphatase, v. S5	p. 55
3.1.3.14	phosphatase, methylthiophosphoglycerate, methylphosphothioglycerate phosphatase, v. 10	p. 206
3.1.3.53	phosphatase, myosin, [myosin-light-chain] phosphatase, v. 10	p. 439
3.1.3.53	phosphatase, myosin light-chain kinase, [myosin-light-chain] phosphatase, v. 10	p. 439
3.6.1.15	phosphatase, nucleoside tri-, nucleoside-triphosphatase, v. 15	p. 365
3.1.3.64	phosphatase, phosphatidylinositol 3-, phosphatidylinositol-3-phosphatase, v. 10	p. 483
3.1.3.45	phosphatase, phospho-3-deoxy-2-octulosonate, 3-deoxy-manno-octulosonate-8-phosphatase, v. 10	p. 392
3.1.3.60	phosphatase, phosphoenolpyruvate, phosphoenolpyruvate phosphatase, v. 10	p. 468
3.1.3.20	phosphatase, phosphoglycerate, phosphoglycerate phosphatase, v. 10	p. 253
3.1.3.18	Phosphatase, phosphoglycolate, phosphoglycolate phosphatase, v. 10	p. 242
3.1.3.48	phosphatase, phosphoprotein (phosphotyrosine), protein-tyrosine-phosphatase, v. 10	p. 407
3.1.3.3	phosphatase, phosphoserine, phosphoserine phosphatase, v. 10	p. 77
3.1.3.48	phosphatase, phosphotyrosine, protein-tyrosine-phosphatase, v. 10	p. 407
3.1.3.72	phosphatase, phytate, 5-phytase, v. S5	p. 61
3.1.3.32	phosphatase, polynucleotide 3'-, polynucleotide 3'-phosphatase, v. 10	p. 326
3.1.3.33	phosphatase, polynucleotide 5-, polynucleotide 5'-phosphatase, v. 10	p. 330
3.1.3.43	phosphatase, pyruvate dehydrogenase, [pyruvate dehydrogenase (acetyl-transferring)]-phosphatase, v. 10	p. 381
3.1.3.49	phosphatase, pyruvate kinase, [pyruvate kinase]-phosphatase, v. 10	p. 424
3.1.3.37	phosphatase, sedoheptulose di-, sedoheptulose-bisphosphatase, v. 10	p. 346
3.1.3.50	phosphatase, sorbitol 6-, sorbitol-6-phosphatase, v. 10	p. 426
3.1.3.39	phosphatase, streptomycin 6-, streptomycin-6-phosphatase, v. 10	p. 359
3.1.3.24	phosphatase, sucrose, sucrose-phosphate phosphatase, v. 10	p. 272
3.1.3.23	phosphatase, sugar, sugar-phosphatase, v. 10	p. 266
3.6.1.28	phosphatase, thiamine tri-, thiamine-triphosphatase, v. 15	p. 425
3.1.3.36	phosphatase, triphosphoinositide, phosphoinositide 5-phosphatase, v. 10	p. 339
3.1.3.32	3'-phosphatase/5'-OH kinase, polynucleotide 3'-phosphatase, v. 10	p. 326
3.1.3.16	phosphatase 2A, phosphoprotein phosphatase, v. 10	p. 213
3.1.3.16	phosphatase 2B, phosphoprotein phosphatase, v. 10	p. 213
3.1.3.67	phosphatase and tensin homolog, phosphatidylinositol-3,4,5-trisphosphate 3-phosphatase, v. 10	p. 491

3.1.3.67	phosphatase and tensin homologue deleted on chromosome 10, phosphatidylinositol-3,4,5-trisphosphate 3-phosphatase, v. 10 | p. 491	
3.1.3.16	phosphatase C-II, phosphoprotein phosphatase, v. 10 | p. 213	
3.1.3.16	Phosphatase esp1, phosphoprotein phosphatase, v. 10 | p. 213	
3.1.3.16	phosphatase H-II, phosphoprotein phosphatase, v. 10 | p. 213	
3.1.3.16	phosphatase I, phosphoprotein phosphatase, v. 10 | p. 213	
3.1.3.16	phosphatase IB, phosphoprotein phosphatase, v. 10 | p. 213	
3.1.3.16	phosphatase II, phosphoprotein phosphatase, v. 10 | p. 213	
3.1.3.16	phosphatase III, phosphoprotein phosphatase, v. 10 | p. 213	
3.1.3.16	phosphatase IV, phosphoprotein phosphatase, v. 10 | p. 213	
3.1.3.16	phosphatase lambda, phosphoprotein phosphatase, v. 10 | p. 213	
3.1.3.64	phosphatase myotubularin-related protein 6, phosphatidylinositol-3-phosphatase, v. 10 | p. 483	
3.1.3.16	phosphatase of activated cells 1, phosphoprotein phosphatase, v. 10 | p. 213	
3.1.3.16	phosphatase of regenerating liver, phosphoprotein phosphatase, v. 10 | p. 213	
3.1.3.48	phosphatase of regenerating liver-3, protein-tyrosine-phosphatase, v. 10 | p. 407	
3.1.3.16	phosphatase PP4, phosphoprotein phosphatase, v. 10 | p. 213	
3.1.3.16	phosphatase SP, phosphoprotein phosphatase, v. 10 | p. 213	
3.5.1.2	phosphate-activated glutaminase, glutaminase, v. 14 | p. 205	
3.5.1.2	phosphate-activated L-glutamine amidohydrolase, glutaminase, v. 14 | p. 205	
3.6.3.27	phosphate-bound PstS-1, phosphate-transporting ATPase, v. 15 | p. 649	
2.7.7.56	phosphate-dependent exonuclease, tRNA nucleotidyltransferase, v. 38 | p. 544	
3.6.3.27	phosphate-specific ABC transporter, phosphate-transporting ATPase, v. 15 | p. 649	
3.6.3.27	phosphate-specific transporter, phosphate-transporting ATPase, v. 15 | p. 649	
3.6.3.27	phosphate-specific transport substrate binding protein-1, phosphate-transporting ATPase, v. 15 | p. 649	
3.6.3.27	phosphate-specific transport system, phosphate-transporting ATPase, v. 15 | p. 649	
3.6.3.27	phosphate ABC transporter, phosphate-transporting ATPase, v. 15 | p. 649	
3.5.1.2	phosphate activated glutaminase, glutaminase, v. 14 | p. 205	
2.7.1.1	6-phosphate glucose kinase, hexokinase, v. 35 | p. 74	
5.3.1.6	5-phosphate ketol-isomerase, Ribose-5-phosphate isomerase, v. 1 | p. 277	
2.7.13.3	phosphate regulon sensor protein phoR, histidine kinase, v. S4 | p. 420	
3.6.3.27	phosphate specific transporter, phosphate-transporting ATPase, v. 15 | p. 649	
3.6.3.27	phosphate transporter, phosphate-transporting ATPase, v. 15 | p. 649	
3.6.3.27	phosphate transporter 1, phosphate-transporting ATPase, v. 15 | p. 649	
3.6.3.27	phosphate transporter1, phosphate-transporting ATPase, v. 15 | p. 649	
3.6.3.27	phosphate transporter 2, phosphate-transporting ATPase, v. 15 | p. 649	
3.1.1.4	phosphatidase, phospholipase A2, v. 9 | p. 52	
3.1.1.5	phosphatidase B, lysophospholipase, v. 9 | p. 82	
3.1.4.3	phosphatidase C, phospholipase C, v. 11 | p. 32	
3.1.1.32	phosphatidate 1-acylhydorolase, phospholipase A1, v. 9 | p. 252	
2.7.7.41	phosphatidate cytidyltransferase, phosphatidate cytidylyltransferase, v. 38 | p. 416	
2.7.7.41	phosphatidate cytidyltransferase 2, phosphatidate cytidylyltransferase, v. 38 | p. 416	
3.1.3.4	phosphatidate phosphatase, phosphatidate phosphatase, v. 10 | p. 82	
3.1.3.4	phosphatidate phosphatase-1, phosphatidate phosphatase, v. 10 | p. 82	
3.1.3.4	phosphatidate phosphatases, phosphatidate phosphatase, v. 10 | p. 82	
3.1.3.4	phosphatidate phosphatase type-1, phosphatidate phosphatase, v. 10 | p. 82	
3.1.3.4	phosphatidate phosphohydrolase, phosphatidate phosphatase, v. 10 | p. 82	
3.1.1.47	phosphatide 2-acylhydrolase, 1-alkyl-2-acetylglycerophosphocholine esterase, v. 9 | p. 320	
3.1.1.4	phosphatide 2-acylhydrolase, phospholipase A2, v. 9 | p. 52	
3.1.1.32	phosphatidic acid-preferring phospholipase A1, phospholipase A1, v. 9 | p. 252	
3.1.1.32	phosphatidic acid-selective phospholipase A, phospholipase A1, v. 9 | p. 252	
3.1.1.32	phosphatidic acid-specific phospholipase A1, phospholipase A1, v. 9 | p. 252	
2.7.7.41	phosphatidic acid cytidylyltransferase, phosphatidate cytidylyltransferase, v. 38 | p. 416	
3.1.3.4	phosphatidic acid phosphatase, phosphatidate phosphatase, v. 10 | p. 82	

3.1.3.4	phosphatidic acid phosphatase 2a, phosphatidate phosphatase, v. 10 | p. 82	
3.1.3.4	phosphatidic acid phosphatase type 2, phosphatidate phosphatase, v. 10 | p. 82	
3.1.3.4	phosphatidic acid phosphohydrolase, phosphatidate phosphatase, v. 10 | p. 82	
3.1.3.4	phosphatidic acid phosphohydrolase-1, phosphatidate phosphatase, v. 10 | p. 82	
3.1.3.4	phosphatidic acid phosphohydrolase 1, phosphatidate phosphatase, v. 10 | p. 82	
3.1.1.32	phosphatidlyserine-specific phospholipase A1, phospholipase A1, v. 9 | p. 252	
3.1.1.4	phosphatidolipase, phospholipase A2, v. 9 | p. 52	
2.7.8.11	phosphatidylinositol synthase, CDP-diacylglycerol-inositol 3-phosphatidyltransferase, v. 39 | p. 80	
2.7.1.67	1-phosphatidyl-1D-myo-inositol 4-phosphotransferase, 1-phosphatidylinositol 4-kinase, v. 36 | p. 176	
3.1.3.64	phosphatidyl-3-phosphate 3-phosphohydrolase, phosphatidylinositol-3-phosphatase, v. 10 | p. 483	
3.1.4.11	1-phosphatidyl-D-myo-inositol-4,5-bisphosphate inositoltrisphosphohydrolase, phosphoinositide phospholipase C, v. 11 | p. 75	
3.1.4.11	1-phosphatidyl-D-myo-inositol 4,5-bisphosphate inositoltrisphosphohydrolase, phosphoinositide phospholipase C, v. 11 | p. 75	
4.6.1.13	1-phosphatidyl-D-myo-inositol inositolphosphohydrolase (cyclic-phosphate-forming), phosphatidylinositol diacylglycerol-lyase, v. S7 | p. 421	
2.7.1.137	phosphatidyl-inositol-3-kinase, phosphatidylinositol 3-kinase, v. 37 | p. 170	
3.1.3.36	phosphatidyl-inositol 4,5-bisphosphate 5-phosphatase, phosphoinositide 5-phosphatase, v. 10 | p. 339	
3.1.3.36	phosphatidyl-myo-inositol-4,5-bisphosphate phosphatase, phosphoinositide 5-phosphatase, v. 10 | p. 339	
3.1.3.36	phosphatidyl-myo-inositol-4,5-bisphosphate phosphohydrolase, phosphoinositide 5-phosphatase, v. 10 | p. 339	
2.4.1.57	phosphatidyl-myo-inositol α-mannosyltransferase, phosphatidylinositol α-mannosyltransferase, v. 31 | p. 461	
2.1.1.71	phosphatidyl-N-methylethanolamine methyltransferase, phosphatidyl-N-methylethanolamine N-methyltransferase, v. 28 | p. 384	
2.1.1.71	phosphatidyl-N-monomethylethanolamine methyltransferase, phosphatidyl-N-methylethanolamine N-methyltransferase, v. 28 | p. 384	
2.7.8.5	3-phosphatidyl 1'-glycerol-3'-phosphate synthase, CDP-diacylglycerol-glycerol-3-phosphate 3-phosphatidyltransferase, v. 39 | p. 39	
3.1.3.36	phosphatidyl 4,5-bisphosphate-specific phosphomonoesterase, phosphoinositide 5-phosphatase, v. 10 | p. 339	
3.1.3.36	phosphatidyl bisphosphate phosphatase, phosphoinositide 5-phosphatase, v. 10 | p. 339	
3.1.4.3	phosphatidylcholine-hydrolyzing phospholipase C, phospholipase C, v. 11 | p. 32	
3.1.4.4	Phosphatidylcholine-hydrolyzing phospholipase D1, phospholipase D, v. 11 | p. 47	
3.1.4.4	Phosphatidylcholine-hydrolyzing phospholipase D2, phospholipase D, v. 11 | p. 47	
3.1.4.3	phosphatidylcholine-specific phospholipase C, phospholipase C, v. 11 | p. 32	
3.1.1.32	Phosphatidylcholine 1-acylhydrolase, phospholipase A1, v. 9 | p. 252	
3.1.1.4	Phosphatidylcholine 2-acylhydrolase, phospholipase A2, v. 9 | p. 52	
3.1.1.4	Phosphatidylcholine 2-acylhydrolase GIIC, phospholipase A2, v. 9 | p. 52	
3.1.1.4	Phosphatidylcholine 2-acylhydrolase GIID, phospholipase A2, v. 9 | p. 52	
3.1.1.4	Phosphatidylcholine 2-acylhydrolase GIIE, phospholipase A2, v. 9 | p. 52	
3.1.1.4	Phosphatidylcholine 2-acylhydrolase GIIF, phospholipase A2, v. 9 | p. 52	
3.1.1.4	Phosphatidylcholine 2-acylhydrolase GIII, phospholipase A2, v. 9 | p. 52	
3.1.1.4	Phosphatidylcholine 2-acylhydrolase GX, phospholipase A2, v. 9 | p. 52	
3.1.1.4	Phosphatidylcholine 2-acylhydrolase GXII, phospholipase A2, v. 9 | p. 52	
3.1.1.4	Phosphatidylcholine 2-acylhydrolase GXIII, phospholipase A2, v. 9 | p. 52	
2.7.8.27	phosphatidylcholine:ceramide cholinephosphotransferase 1, sphingomyelin synthase, v. S2 | p. 332	
2.7.8.27	phosphatidylcholine:ceramide cholinephosphotransferase 2, sphingomyelin synthase, v. S2 | p. 332	

2.7.8.3	phosphatidylcholine:ceramide phosphocholinetransferase, ceramide cholinephosphotransferase, v. 39 | p. 31
3.1.4.3	Phosphatidylcholine cholinephosphohydrolase, phospholipase C, v. 11 | p. 32
3.1.4.3	phosphatidylcholine specific phospholipase C, phospholipase C, v. 11 | p. 32
2.7.8.24	phosphatidylcholine synthase, phosphatidylcholine synthase, v. 39 | p. 143
2.1.1.17	phosphatidylethanolamine-N-methylase, phosphatidylethanolamine N-methyltransferase, v. 28 | p. 95
2.1.1.17	phosphatidylethanolamine-S-adenosylmethionine methyltransferase, phosphatidylethanolamine N-methyltransferase, v. 28 | p. 95
2.1.1.17	phosphatidylethanolamine methyltransferase, phosphatidylethanolamine N-methyltransferase, v. 28 | p. 95
2.1.1.71	phosphatidylethanolamine methyltransferase I, phosphatidyl-N-methylethanolamine N-methyltransferase, v. 28 | p. 384
2.7.8.5	phosphatidylglycerol phosphate synthase, CDP-diacylglycerol-glycerol-3-phosphate 3-phosphatidyltransferase, v. 39 | p. 39
2.7.8.5	phosphatidylglycerolphosphate synthase, CDP-diacylglycerol-glycerol-3-phosphate 3-phosphatidyltransferase, v. 39 | p. 39
2.7.8.5	phosphatidylglycerol phosphate synthetase, CDP-diacylglycerol-glycerol-3-phosphate 3-phosphatidyltransferase, v. 39 | p. 39
3.1.3.27	phosphatidylglycero phosphate phosphatase, phosphatidylglycerophosphatase, v. 10 | p. 304
2.7.8.5	phosphatidylglycerophosphate synthase, CDP-diacylglycerol-glycerol-3-phosphate 3-phosphatidyltransferase, v. 39 | p. 39
2.7.8.5	phosphatidylglycerophosphate synthetase, CDP-diacylglycerol-glycerol-3-phosphate 3-phosphatidyltransferase, v. 39 | p. 39
3.1.4.11	phosphatidylinosite-specific phospholipase C, phosphoinositide phospholipase C, v. 11 | p. 75
3.1.4.11	phosphatidylinositide-specific phospholipase C, phosphoinositide phospholipase C, v. 11 | p. 75
2.7.1.137	phosphatidylinositide 3-kinase C2α, phosphatidylinositol 3-kinase, v. 37 | p. 170
2.7.1.153	phosphatidylinositol (4,5)-bisphosphate 3-hydroxykinase, phosphatidylinositol-4,5-bisphosphate 3-kinase, v. 37 | p. 241
3.1.3.67	phosphatidylinositol-3,4,5-trisphosphate 3-phosphatase, phosphatidylinositol-3,4,5-trisphosphate 3-phosphatase, v. 10 | p. 491
3.1.3.67	1-phosphatidylinositol-3,4,5-trisphosphate 3-phosphohydrolase, phosphatidylinositol-3,4,5-trisphosphate 3-phosphatase, v. 10 | p. 491
2.7.1.150	phosphatidylinositol-3-phosphate-5-kinase PIKfyve, 1-phosphatidylinositol-3-phosphate 5-kinase, v. 37 | p. 234
2.7.1.150	Phosphatidylinositol-3-phosphate 5-kinase, 1-phosphatidylinositol-3-phosphate 5-kinase, v. 37 | p. 234
3.1.4.11	phosphatidylinositol-4,5-bisphosphate-specific phospholipase C, phosphoinositide phospholipase C, v. 11 | p. 75
3.1.3.78	phosphatidylinositol-4,5-bisphosphate 4-phosphatase I, phosphatidylinositol-4,5-bisphosphate 4-phosphatase
3.1.3.78	phosphatidylinositol-4,5-bisphosphate 4-phosphatase II, phosphatidylinositol-4,5-bisphosphate 4-phosphatase
3.1.4.11	1-phosphatidylinositol-4,5-bisphosphate phosphodiesterase, phosphoinositide phospholipase C, v. 11 | p. 75
3.1.4.11	phosphatidylinositol-4,5-bisphosphate phosphodiesterase, phosphoinositide phospholipase C, v. 11 | p. 75
3.1.4.11	1-phosphatidylinositol-4,5-bisphosphate phosphodiesterase β-1, phosphoinositide phospholipase C, v. 11 | p. 75
3.1.4.11	phosphatidylinositol-4,5-bisphosphate phospholipase C, phosphoinositide phospholipase C, v. 11 | p. 75
2.7.1.67	phosphatidylinositol-4-kinase type II α, 1-phosphatidylinositol 4-kinase, v. 36 | p. 176

phosphatidylinositol 4-phosphatase type II

2.7.1.68	phosphatidylinositol-4-phosphate 5' kinase, 1-phosphatidylinositol-4-phosphate 5-kinase, v. 36 | p. 196	
2.7.1.149	1-phosphatidylinositol-4-phosphate 5-kinase, 1-phosphatidylinositol-5-phosphate 4-kinase, v. 37 | p. 231	
2.7.1.68	phosphatidylinositol-4-phosphate 5-kinase, 1-phosphatidylinositol-4-phosphate 5-kinase, v. 36 | p. 196	
2.7.1.68	phosphatidylinositol-4-phosphate 5-kinase γ 635, 1-phosphatidylinositol-4-phosphate 5-kinase, v. 36 | p. 196	
2.7.1.149	1-phosphatidylinositol-4-phosphate kinase, 1-phosphatidylinositol-5-phosphate 4-kinase, v. 37 | p. 231	
2.7.1.149	1-phosphatidylinositol-5-phosphate 4-kinase, 1-phosphatidylinositol-5-phosphate 4-kinase, v. 37 | p. 231	
2.7.1.149	phosphatidylinositol-5-phosphate 4-kinase type II, 1-phosphatidylinositol-5-phosphate 4-kinase, v. 37 | p. 231	
3.1.3.36	phosphatidylinositol-bisphosphatase, phosphoinositide 5-phosphatase, v. 10 | p. 339	
3.1.4.11	phosphatidylinositol -phospholipase C, phosphoinositide phospholipase C, v. 11 | p. 75	
3.1.4.11	phosphatidylinositol-specific phospholipase, phosphoinositide phospholipase C, v. 11 | p. 75	
4.6.1.13	phosphatidylinositol-specific phospholipase C, phosphatidylinositol diacylglycerol-lyase, v. S7 | p. 421	
3.1.4.11	phosphatidylinositol-specific phospholipase C, phosphoinositide phospholipase C, v. 11 | p. 75	
3.1.4.11	phosphatidylinositol-specific phospholipase C-β, phosphoinositide phospholipase C, v. 11 | p. 75	
3.1.4.11	phosphatidylinositol-specific phospholipase C1, phosphoinositide phospholipase C, v. 11 | p. 75	
3.1.4.11	phosphatidylinositol-specific phospholipase C2, phosphoinositide phospholipase C, v. 11 | p. 75	
3.1.4.50	phosphatidylinositol-specific phospholipase D, glycosylphosphatidylinositol phospholipase D, v. 11 | p. 227	
2.4.1.198	phosphatidylinositol/UDP-GlcNAc:GlcNAc transferase, phosphatidylinositol N-acetylglucosaminyltransferase, v. 32 | p. 492	
2.7.1.137	phosphatidylinositol 3'-kinase, phosphatidylinositol 3-kinase, v. 37 | p. 170	
3.1.3.67	phosphatidylinositol 3,4,5-trisphosphate-specific phosphatase, phosphatidylinositol-3,4,5-trisphosphate 3-phosphatase, v. 10 | p. 491	
2.7.1.153	phosphatidylinositol 3-hydroxyl kinase, phosphatidylinositol-4,5-bisphosphate 3-kinase, v. 37 | p. 241	
2.7.1.137	phosphatidylinositol 3-kinase, phosphatidylinositol 3-kinase, v. 37 | p. 170	
2.7.1.150	phosphatidylinositol 3-phosphate 5-kinase, 1-phosphatidylinositol-3-phosphate 5-kinase, v. 37 | p. 234	
3.1.3.36	phosphatidylinositol 4,5-bisphosphate phosphatase, phosphoinositide 5-phosphatase, v. 10 | p. 339	
3.1.4.11	phosphatidylinositol 4,5-bisphosphate phosphodiesterase, phosphoinositide phospholipase C, v. 11 | p. 75	
3.1.4.11	phosphatidylinositol 4,5 bisphosphate-phospholipase C, phosphoinositide phospholipase C, v. 11 | p. 75	
2.7.1.67	phosphatidylinositol 4-kinase, 1-phosphatidylinositol 4-kinase, v. 36 | p. 176	
2.7.1.67	phosphatidylinositol 4-kinase β, 1-phosphatidylinositol 4-kinase, v. 36 | p. 176	
2.7.1.67	phosphatidylinositol 4-kinase β1, 1-phosphatidylinositol 4-kinase, v. 36 | p. 176	
2.7.1.67	phosphatidylinositol 4-kinase IIα, 1-phosphatidylinositol 4-kinase, v. 36 | p. 176	
2.7.1.67	phosphatidylinositol 4-kinase IIIβ, 1-phosphatidylinositol 4-kinase, v. 36 | p. 176	
2.7.1.67	phosphatidylinositol 4-kinase type-III α, 1-phosphatidylinositol 4-kinase, v. 36 | p. 176	
2.7.1.67	phosphatidylinositol 4-kinase type IIα, 1-phosphatidylinositol 4-kinase, v. 36 | p. 176	
3.1.3.66	phosphatidylinositol 4-phosphatase type II, phosphatidylinositol-3,4-bisphosphate 4-phosphatase, v. 10 | p. 489	

phosphatidylinositol 4-phosphate 5-kinase

2.7.1.68	phosphatidylinositol 4-phosphate 5-kinase, 1-phosphatidylinositol-4-phosphate 5-kinase, v. 36 | p. 196
2.7.1.68	phosphatidylinositol 4-phosphate 5-kinase-Iβ, 1-phosphatidylinositol-4-phosphate 5-kinase, v. 36 | p. 196
2.7.1.68	phosphatidylinositol 4-phosphate 5-kinase γ661, 1-phosphatidylinositol-4-phosphate 5-kinase, v. 36 | p. 196
2.7.1.68	phosphatidylinositol 4-phosphate 5-kinase Iγ b, 1-phosphatidylinositol-4-phosphate 5-kinase, v. 36 | p. 196
2.7.1.68	phosphatidylinositol 4-phosphate kinase, 1-phosphatidylinositol-4-phosphate 5-kinase, v. 36 | p. 196
2.7.1.68	phosphatidylinositol 5-kinase γ, 1-phosphatidylinositol-4-phosphate 5-kinase, v. 36 | p. 196
2.7.1.150	phosphatidylinositol 5-OH kinase, 1-phosphatidylinositol-3-phosphate 5-kinase, v. 37 | p. 234
4.6.1.13	Phosphatidylinositol diacylglycerol-lyase, phosphatidylinositol diacylglycerol-lyase, v. S7 | p. 421
2.7.1.67	phosphatidylinositol kinase, 1-phosphatidylinositol 4-kinase, v. 36 | p. 176
2.7.1.68	phosphatidylinositol kinase type I, 1-phosphatidylinositol-4-phosphate 5-kinase, v. 36 | p. 196
2.4.1.57	phosphatidylinositol mannosyltransferase, phosphatidylinositol α-mannosyltransferase, v. 31 | p. 461
2.7.1.68	phosphatidylinositol monophosphate 5-kinase, 1-phosphatidylinositol-4-phosphate 5-kinase, v. 36 | p. 196
2.7.1.68	phosphatidylinositol phosphate 5-kinase, 1-phosphatidylinositol-4-phosphate 5-kinase, v. 36 | p. 196
2.7.1.68	phosphatidylinositol phosphate 5-kinase 1, 1-phosphatidylinositol-4-phosphate 5-kinase, v. 36 | p. 196
2.7.1.68	phosphatidylinositol phosphate 5-kinase 10, 1-phosphatidylinositol-4-phosphate 5-kinase, v. 36 | p. 196
2.7.1.68	phosphatidylinositol phosphate 5-kinase Iβ, 1-phosphatidylinositol-4-phosphate 5-kinase, v. 36 | p. 196
2.7.1.150	phosphatidylinositol phosphate kinase 3, 1-phosphatidylinositol-3-phosphate 5-kinase, v. 37 | p. 234
2.7.1.149	phosphatidylinositol phosphate kinase II γ, 1-phosphatidylinositol-5-phosphate 4-kinase, v. 37 | p. 231
2.7.1.68	phosphatidylinositol phosphate kinase type I γ, 1-phosphatidylinositol-4-phosphate 5-kinase, v. 36 | p. 196
4.6.1.13	1-phosphatidylinositol phosphodiesterase, phosphatidylinositol diacylglycerol-lyase, v. S7 | p. 421
4.6.1.13	phosphatidylinositol phosphodiesterase, phosphatidylinositol diacylglycerol-lyase, v. S7 | p. 421
3.1.1.52	phosphatidylinositol phospholipase A2, phosphatidylinositol deacylase, v. 9 | p. 341
4.6.1.13	phosphatidylinositol phospholipase C, phosphatidylinositol diacylglycerol-lyase, v. S7 | p. 421
3.1.4.11	phosphatidylinositol phospholipase C, phosphoinositide phospholipase C, v. 11 | p. 75
3.1.4.50	phosphatidylinositol phospholipase D, glycosylphosphatidylinositol phospholipase D, v. 11 | p. 227
3.1.4.11	phosphatidylinositol specific phospholipase C, phosphoinositide phospholipase C, v. 11 | p. 75
2.7.8.11	phosphatidylinositol synthase, CDP-diacylglycerol-inositol 3-phosphatidyltransferase, v. 39 | p. 80
2.7.8.11	phosphatidylinositol synthase 1, CDP-diacylglycerol-inositol 3-phosphatidyltransferase, v. 39 | p. 80
2.7.8.11	phosphatidylinositol synthase1, CDP-diacylglycerol-inositol 3-phosphatidyltransferase, v. 39 | p. 80

Phospho-2-dehydro-3-deoxyoctonate aldolase

2.1.1.71	phosphatidylmonomethylethanolamine methyltransferase, phosphatidyl-N-methylethanolamine N-methyltransferase, v. 28 | p. 384
3.1.1.32	phosphatidylserine-specific phospholipase A1, phospholipase A1, v. 9 | p. 252
4.1.1.65	Phosphatidylserine decarboxylase, phosphatidylserine decarboxylase, v. 3 | p. 367
4.1.1.65	phosphatidyl serine decarboxylase, phosphatidylserine decarboxylase, v. 3 | p. 367
4.1.1.65	phosphatidylserine decarboxylase 1, phosphatidylserine decarboxylase, v. 3 | p. 367
4.1.1.65	phosphatidylserine decarboxylase 2, phosphatidylserine decarboxylase, v. 3 | p. 367
3.6.3.1	phosphatidylserine flippase, phospholipid-translocating ATPase, v. 15 | p. 532
2.7.8.8	phosphatidylserine synthase, CDP-diacylglycerol-serine O-phosphatidyltransferase, v. 39 | p. 64
2.7.8.8	phosphatidylserine synthase 1, CDP-diacylglycerol-serine O-phosphatidyltransferase, v. 39 | p. 64
2.7.8.8	phosphatidylserine synthetase, CDP-diacylglycerol-serine O-phosphatidyltransferase, v. 39 | p. 64
3.6.3.1	phosphatidylserine translocase, phospholipid-translocating ATPase, v. 15 | p. 532
2.7.8.8	phosphatidyltransferase, cytidine diphosphoglyceride-serine O-, CDP-diacylglycerol-serine O-phosphatidyltransferase, v. 39 | p. 64
2.7.8.5	phosphatidyltransferase, glycerol phosphate, CDP-diacylglycerol-glycerol-3-phosphate 3-phosphatidyltransferase, v. 39 | p. 39
2.7.8.8	phosphatidyserine synthase-1, CDP-diacylglycerol-serine O-phosphatidyltransferase, v. 39 | p. 64
2.7.8.8	phosphatidyserine synthase-2, CDP-diacylglycerol-serine O-phosphatidyltransferase, v. 39 | p. 64
2.3.1.183	phosphinothricin-N-acetyltransferase, phosphinothricin acetyltransferase, v. S2 | p. 134
2.3.1.183	phosphinothricin acetyltransferase, phosphinothricin acetyltransferase, v. S2 | p. 134
2.3.1.183	phosphinothricin N-acetyltransferase, phosphinothricin acetyltransferase, v. S2 | p. 134
1.20.1.1	phosphite dehydrogenase, phosphonate dehydrogenase, v. 27 | p. 591
3.2.1.85	6-phospho-β-D-galactosidase, 6-phospho-β-galactosidase, v. 13 | p. 302
3.2.1.122	6-phospho-α-D-glucosidase, maltose-6'-phosphate glucosidase, v. 13 | p. 499
2.4.2.22	5-phospho-α-D-ribose-1-diphosphate:xanthine phospho-D-ribosyltransferase, xanthine phosphoribosyltransferase, v. 33 | p. 206
5.3.1.24	N-(5-phospho-β-D-ribosyl)anthranilate ketol-isomerase, phosphoribosylanthranilate isomerase, v. 1 | p. 353
3.2.1.85	phospho-β-galactosidase, 6-phospho-β-galactosidase, v. 13 | p. 302
3.2.1.122	6-phospho-α-glucosidase, maltose-6'-phosphate glucosidase, v. 13 | p. 499
3.2.1.86	6-phospho-β-glucosidase, 6-phospho-β-glucosidase, v. 13 | p. 309
3.2.1.122	phospho-α-glucosidase, maltose-6'-phosphate glucosidase, v. 13 | p. 499
3.2.1.86	phospho-β-glucosidase, 6-phospho-β-glucosidase, v. 13 | p. 309
3.2.1.86	phospho-β-glucosidase A, 6-phospho-β-glucosidase, v. 13 | p. 309
2.7.1.11	phospho-1,6-fructokinase, 6-phosphofructokinase, v. 35 | p. 168
2.5.1.54	7-phospho-2-dehydro-3-deoxy-D-arabino-heptonate D-erythrose-4-phosphate-lyase (pyruvate-phosphorylating), 3-deoxy-7-phosphoheptulonate synthase, v. 34 | p. 146
4.1.2.14	6-phospho-2-dehydro-3-deoxy-D-gluconate D-glyceraldehyde-3-phosphate-lyase, 2-dehydro-3-deoxy-phosphogluconate aldolase, v. 3 | p. 476
2.5.1.55	8-phospho-2-dehydro-3-deoxy-D-octonate D-arabinose-5-phosphate-lyase (pyruvate-phosporylating), 3-deoxy-8-phosphooctulonate synthase, v. 34 | p. 172
4.1.2.21	6-phospho-2-dehydro-3-deoxygalactonate aldolase, 2-dehydro-3-deoxy-6-phosphogalactonate aldolase, v. 3 | p. 519
4.1.2.14	Phospho-2-dehydro-3-deoxygluconate aldolase, 2-dehydro-3-deoxy-phosphogluconate aldolase, v. 3 | p. 476
2.5.1.54	phospho-2-dehydro-3-deoxyheptonate aldolase, 3-deoxy-7-phosphoheptulonate synthase, v. 34 | p. 146
4.1.2.16	Phospho-2-dehydro-3-deoxyoctonate aldolase, 2-dehydro-3-deoxy-phosphooctonate aldolase, v. 3 | p. 497

2.5.1.55	Phospho-2-dehydro-3-deoxyoctonate aldolase, 3-deoxy-8-phosphooctulonate synthase, v. 34 | p. 172
2.5.1.54	7-phospho-2-keto-3-deoxy-D-arabino-heptonate D-erythrose-4-phosphate lyase (pyruvate-phosphorylating), 3-deoxy-7-phosphoheptulonate synthase, v. 34 | p. 146
4.1.2.21	6-Phospho-2-keto-3-deoxygalactonate aldolase, 2-dehydro-3-deoxy-6-phosphogalactonate aldolase, v. 3 | p. 519
4.1.2.21	Phospho-2-keto-3-deoxygalactonic aldolase, 2-dehydro-3-deoxy-6-phosphogalactonate aldolase, v. 3 | p. 519
4.1.2.14	6-Phospho-2-keto-3-deoxygluconate aldolase, 2-dehydro-3-deoxy-phosphogluconate aldolase, v. 3 | p. 476
4.1.2.14	Phospho-2-keto-3-deoxygluconate aldolase, 2-dehydro-3-deoxy-phosphogluconate aldolase, v. 3 | p. 476
4.1.2.14	Phospho-2-keto-3-deoxygluconic aldolase, 2-dehydro-3-deoxy-phosphogluconate aldolase, v. 3 | p. 476
2.5.1.54	phospho-2-keto-3-deoxyheptanoate aldolase, 3-deoxy-7-phosphoheptulonate synthase, v. 34 | p. 146
4.1.2.15	Phospho-2-keto-3-deoxyheptonate aldolase, 2-dehydro-3-deoxy-phosphoheptonate aldolase, v. 3 | p. 482
2.5.1.54	Phospho-2-keto-3-deoxyheptonate aldolase, 3-deoxy-7-phosphoheptulonate synthase, v. 34 | p. 146
2.5.1.54	phospho-2-keto-3-deoxyheptonic aldolase, 3-deoxy-7-phosphoheptulonate synthase, v. 34 | p. 146
2.5.1.55	phospho-2-keto-3-deoxyoctonate aldolase, 3-deoxy-8-phosphooctulonate synthase, v. 34 | p. 172
2.5.1.54	phospho-2-oxo-3-deoxyheptonate aldolase, 3-deoxy-7-phosphoheptulonate synthase, v. 34 | p. 146
5.3.1.27	6-phospho-3-hexuloisomerase, 6-phospho-3-hexuloisomerase
5.3.1.27	phospho-3-hexuloisomerase, 6-phospho-3-hexuloisomerase
4.1.2.29	6-phospho-5-dehydro-2-deoxy-D-gluconate malonate-semialdehyde-lyase, 5-dehydro-2-deoxyphosphogluconate aldolase, v. 3 | p. 547
4.1.2.29	phospho-5-dehydro-2-deoxygluconate aldolase, 5-dehydro-2-deoxyphosphogluconate aldolase, v. 3 | p. 547
4.1.2.29	Phospho-5-keto-2-deoxygluconate-aldolase, 5-dehydro-2-deoxyphosphogluconate aldolase, v. 3 | p. 547
1.8.4.8	Phospho-adenylylsulfate (PAPS) reductase, phosphoadenylyl-sulfate reductase (thioredoxin), v. 24 | p. 659
1.8.4.8	Phospho-adenylylsulfate reductase, phosphoadenylyl-sulfate reductase (thioredoxin), v. 24 | p. 659
1.1.1.44	6-phospho-D-gluconate-NADP+ oxidoreductase, decarboxylating, phosphogluconate dehydrogenase (decarboxylating), v. 16 | p. 421
1.1.1.44	6-phospho-D-gluconate dehydrogenase, phosphogluconate dehydrogenase (decarboxylating), v. 16 | p. 421
3.1.1.31	6-phospho-D-glucose-δ-lactone hydrolase, 6-phosphogluconolactonase, v. 9 | p. 247
4.2.1.11	2-phospho-D-glycerate hydro-lyase, phosphopyruvate hydratase, v. 4 | p. 312
4.2.1.11	2-phospho-D-glycerate hydrolase, phosphopyruvate hydratase, v. 4 | p. 312
2.4.2.17	1-(5-phospho-D-ribosyl)-ATP:pyrophosphate phospho-α-D-ribosyltransferase, ATP phosphoribosyltransferase, v. 33 | p. 173
2.7.6.1	5-phospho-α D-ribosyl 1-diphosphate synthase, ribose-phosphate diphosphokinase, v. 38 | p. 1
4.2.3.2	phospho-lyase, ethanolamine phosphate, ethanolamine-phosphate phospho-lyase, v. S7 | p. 182
2.7.8.13	phospho-MurNAc-pentapeptide transferase, phospho-N-acetylmuramoyl-pentapeptide-transferase, v. 39 | p. 96
2.7.8.13	phospho-MurNAc-pentapeptide translocase, phospho-N-acetylmuramoyl-pentapeptide-transferase, v. 39 | p. 96

4.1.1.36	**4'-Phospho-N-(D-pantothenoyl)-L-cysteine carboxy-lyase**, phosphopantothenoylcysteine decarboxylase, v. 3	p. 223
2.7.8.13	**phospho-N-acetyl-muramyl-pentapeptide translocase**, phospho-N-acetylmuramoyl-pentapeptide-transferase, v. 39	p. 96
5.4.2.3	**Phospho-N-acetylglucosamine mutase**, phosphoacetylglucosamine mutase, v. 1	p. 515
2.7.8.13	**phospho-N-acetylmuramoylpentapeptidetransferase**, phospho-N-acetylmuramoyl-pentapeptide-transferase, v. 39	p. 96
2.7.8.13	**phospho-N-acetylmuramoyl pentapeptide translocase**, phospho-N-acetylmuramoyl-pentapeptide-transferase, v. 39	p. 96
2.7.8.13	**phospho-NAc-muramoyl-pentapeptide translocase (UMP)**, phospho-N-acetylmuramoyl-pentapeptide-transferase, v. 39	p. 96
3.1.3.75	**PHOSPHO1**, phosphoethanolamine/phosphocholine phosphatase, v. S5	p. 80
2.7.8.13	**phosphoacetylmuramoylpentapeptidetransferase**, phospho-N-acetylmuramoyl-pentapeptide-transferase, v. 39	p. 96
2.7.8.13	**phosphoacetylmuramoylpentapeptide translocase**, phospho-N-acetylmuramoyl-pentapeptide-transferase, v. 39	p. 96
2.3.1.8	**phosphoacylase**, phosphate acetyltransferase, v. 29	p. 291
2.8.2.11	**3'-phosphoadenosine-5'-phosphosulfate-cerebroside sulfotransferase**, galactosylceramide sulfotransferase, v. 39	p. 367
2.8.2.24	**3'-phosphoadenosine-5'-phosphosulfate:desulfoglucosinolate sulfotransferase**, desulfoglucosinolate sulfotransferase, v. 39	p. 448
1.8.4.9	**3'-phosphoadenosine-5'-phosphosulfate reductase homolog 19**, adenylyl-sulfate reductase (glutathione), v. 24	p. 663
1.8.4.9	**3'-phosphoadenosine-5'-phosphosulfate reductase homolog 26**, adenylyl-sulfate reductase (glutathione), v. 24	p. 663
1.8.4.9	**3'-phosphoadenosine-5'-phosphosulfate reductase homolog 43**, adenylyl-sulfate reductase (glutathione), v. 24	p. 663
2.7.1.25	**3'-phosphoadenosine-5'-phosphosulfate synthetase**, adenylyl-sulfate kinase, v. 35	p. 314
3.1.3.7	**3-phosphoadenosine-5-phosphatase**, 3'(2'),5'-bisphosphate nucleotidase, v. 10	p. 125
3.1.3.7	**3'(2')-phosphoadenosine 5'-phosphate phosphatase**, 3'(2'),5'-bisphosphate nucleotidase, v. 10	p. 125
3.1.3.7	**3'-phosphoadenosine 5'-phosphate phosphatase**, 3'(2'),5'-bisphosphate nucleotidase, v. 10	p. 125
2.8.2.13	**3'-phosphoadenosine 5'-phosphosulfate-psychosine sulphotransferase**, psychosine sulfotransferase, v. 39	p. 376
2.8.2.17	**3'-phosphoadenosine 5'-phosphosulfate:chondroitin sulfate sulfotransferase**, chondroitin 6-sulfotransferase, v. 39	p. 402
1.8.4.8	**3'-Phosphoadenosine 5'-phosphosulfate reductase**, phosphoadenylyl-sulfate reductase (thioredoxin), v. 24	p. 659
2.7.1.25	**3'-phosphoadenosine 5'-phosphosulfate synthetase1**, adenylyl-sulfate kinase, v. 35	p. 314
3.1.3.7	**3-phosphoadenosine 5-phosphate phosphatase**, 3'(2'),5'-bisphosphate nucleotidase, v. 10	p. 125
3.6.2.2	**3-phosphoadenosine 5-phosphosulfate sulfatase**, phosphoadenylylsulfatase, v. 15	p. 529
3.6.1.20	**5-phosphoadenosine hydrolase**, 5'-acylphosphoadenosine hydrolase, v. 15	p. 390
2.7.1.25	**5'-phosphoadenosine sulfate kinase**, adenylyl-sulfate kinase, v. 35	p. 314
3.1.3.7	**phosphoadenylate 3'-nucleotidase**, 3'(2'),5'-bisphosphate nucleotidase, v. 10	p. 125
2.8.2.23	**3'-phosphoadenylyl-sulfate:heparin-glucosamine 3-O-sulfotransferase**, [heparan sulfate]-glucosamine 3-sulfotransferase 1, v. 39	p. 445
2.8.2.8	**3'-phosphoadenylyl-sulfate:heparitin N-sulfotransferase**, [heparan sulfate]-glucosamine N-sulfotransferase, v. 39	p. 342
2.8.2.14	**3'-phosphoadenylyl-sulfate:taurolithocholate sulfotransferase**, bile-salt sulfotransferase, v. 39	p. 379
2.8.2.21	**3'-phosphoadenylyl keratan sulfotransferase**, keratan sulfotransferase, v. 39	p. 430
3.6.2.2	**3-phosphoadenylyl sulfatase**, phosphoadenylylsulfatase, v. 15	p. 529
2.8.2.4	**3'-phosphoadenylyl sulfate-estrone 3-sulfotransferase**, estrone sulfotransferase, v. 39	p. 303

3'-phosphoadenylylsulfate 3'-phosphatase

3.1.3.7	3'-phosphoadenylylsulfate 3'-phosphatase, 3'(2'),5'-bisphosphate nucleotidase, v. 10 | p. 125
2.8.2.21	3'-phosphoadenylylsulfate:keratan sulfotransferase, keratan sulfotransferase, v. 39 | p. 430
2.8.2.8	3'-phosphoadenylylsulfate:N-desulfoheparin N-sulfotransferase, [heparan sulfate]-glucosamine N-sulfotransferase, v. 39 | p. 342
2.8.2.8	3'-phosphoadenylylsulfate:N-desulfoheparin sulfotransferase, [heparan sulfate]-glucosamine N-sulfotransferase, v. 39 | p. 342
2.8.2.4	3'-phosphoadenylyl sulfate:oestrone sulfotransferase, estrone sulfotransferase, v. 39 | p. 303
1.8.4.8	3'-Phosphoadenylylsulfate reductase, phosphoadenylyl-sulfate reductase (thioredoxin), v. 24 | p. 659
5.3.1.13	Phosphoarabinoisomerase, Arabinose-5-phosphate isomerase, v. 1 | p. 325
3.2.1.86	phosphocellobiase, 6-phospho-β-glucosidase, v. 13 | p. 309
2.7.7.15	phosphocholine cytidylyltransferase, choline-phosphate cytidylyltransferase, v. 38 | p. 224
2.7.7.15	phosphocholine cytidylyltransferase α, choline-phosphate cytidylyltransferase, v. 38 | p. 224
2.7.8.2	phosphocholine diacylglyceroltransferase, diacylglycerol cholinephosphotransferase, v. 39 | p. 14
2.7.3.2	phosphocreatine kinase, creatine kinase, v. 37 | p. 369
4.1.2.4	Phosphodeoxyriboaldolase, Deoxyribose-phosphate aldolase, v. 3 | p. 417
5.4.2.7	Phosphodeoxyribomutase, phosphopentomutase, v. 1 | p. 535
3.1.4.45	phosphodiester α-GlcNAcase, N-acetylglucosamine-1-phosphodiester α-N-acetylglucosaminidase, v. 11 | p. 208
3.1.4.1	5'-phosphodiesterase, phosphodiesterase I, v. 11 | p. 1
3.1.11.1	phosphodiesterase, exodeoxyribonuclease I, v. 11 | p. 357
3.1.13.3	phosphodiesterase, oligonucleotidase, v. 11 | p. 402
3.1.4.1	phosphodiesterase, phosphodiesterase I, v. 11 | p. 1
3.1.4.11	phosphodiesterase, phosphoinositide phospholipase C, v. 11 | p. 75
3.1.4.39	phosphodiesterase, alkylglycerophosphorylethanolamine, alkylglycerophosphoethanolamine phosphodiesterase, v. 11 | p. 187
3.1.4.16	phosphodiesterase, cyclic 2',3'-nucleotide 2'-, 2',3'-cyclic-nucleotide 2'-phosphodiesterase, v. 11 | p. 108
3.1.4.37	phosphodiesterase, cyclic 2',3'-nucleotide 3'-, 2',3'-cyclic-nucleotide 3'-phosphodiesterase, v. 11 | p. 170
3.1.4.17	phosphodiesterase, cyclic 3',5'-nucleotide, 3',5'-cyclic-nucleotide phosphodiesterase, v. 11 | p. 116
3.1.4.40	phosphodiesterase, cytidine monophosphoacylneuraminate, CMP-N-acylneuraminate phosphodiesterase, v. 11 | p. 191
3.1.4.42	phosphodiesterase, glycerol cyclic 1,2-phosphate 2-, glycerol-1,2-cyclic-phosphate 2-phosphodiesterase, v. 11 | p. 201
3.1.4.46	phosphodiesterase, glycerophosphodiester, glycerophosphodiester phosphodiesterase, v. 11 | p. 214
3.1.4.44	phosphodiesterase, glycerophosphoinositol, glycerophosphoinositol glycerophosphodiesterase, v. 11 | p. 206
3.1.4.43	phosphodiesterase, glycerophosphoinositol, glycerophosphoinositol inositolphosphodiesterase, v. 11 | p. 204
3.1.4.35	phosphodiesterase, guanosine cyclic 3',5'-phosphate, 3',5'-cyclic-GMP phosphodiesterase, v. 11 | p. 153
3.1.4.49	phosphodiesterase, mannosylphosphodolichol, dolichylphosphate-mannose phosphodiesterase, v. 11 | p. 224
3.1.4.13	phosphodiesterase, serine-ethanolamine phosphate, serine-ethanolaminephosphate phosphodiesterase, v. 11 | p. 99
3.1.4.12	phosphodiesterase, sphingomyelin, sphingomyelin phosphodiesterase, v. 11 | p. 86
3.1.4.11	phosphodiesterase, triphosphoinositide, phosphoinositide phospholipase C, v. 11 | p. 75
3.1.4.17	phosphodiesterase-1A, 3',5'-cyclic-nucleotide phosphodiesterase, v. 11 | p. 116
3.1.4.17	phosphodiesterase-1B, 3',5'-cyclic-nucleotide phosphodiesterase, v. 11 | p. 116
3.1.4.17	phosphodiesterase-3, 3',5'-cyclic-nucleotide phosphodiesterase, v. 11 | p. 116
3.1.4.53	phosphodiesterase-4, 3',5'-cyclic-AMP phosphodiesterase

3.1.4.53	phosphodiesterase-4B, 3',5'-cyclic-AMP phosphodiesterase
3.1.4.35	phosphodiesterase-5, 3',5'-cyclic-GMP phosphodiesterase, v. 11 | p. 153
3.1.4.17	phosphodiesterase 1, 3',5'-cyclic-nucleotide phosphodiesterase, v. 11 | p. 116
3.1.15.1	phosphodiesterase 1, venom exonuclease, v. 11 | p. 417
3.1.4.17	phosphodiesterase 10A, 3',5'-cyclic-nucleotide phosphodiesterase, v. 11 | p. 116
3.1.4.17	phosphodiesterase 11, 3',5'-cyclic-nucleotide phosphodiesterase, v. 11 | p. 116
3.1.4.17	phosphodiesterase 2, 3',5'-cyclic-nucleotide phosphodiesterase, v. 11 | p. 116
3.1.4.17	phosphodiesterase 3, 3',5'-cyclic-nucleotide phosphodiesterase, v. 11 | p. 116
3.1.4.53	phosphodiesterase 4, 3',5'-cyclic-AMP phosphodiesterase
3.1.4.53	phosphodiesterase 4B, 3',5'-cyclic-AMP phosphodiesterase
3.1.4.53	phosphodiesterase 4 isoform A8, 3',5'-cyclic-AMP phosphodiesterase
3.1.4.53	phosphodiesterase 5, 3',5'-cyclic-AMP phosphodiesterase
3.1.4.35	phosphodiesterase 5, 3',5'-cyclic-GMP phosphodiesterase, v. 11 | p. 153
3.1.4.35	phosphodiesterase 5 (cGMP-specific), 3',5'-cyclic-GMP phosphodiesterase, v. 11 | p. 153
3.1.4.35	phosphodiesterase 6C, 3',5'-cyclic-GMP phosphodiesterase, v. 11 | p. 153
3.1.4.35	phosphodiesterase 9, 3',5'-cyclic-GMP phosphodiesterase, v. 11 | p. 153
3.1.4.52	phosphodiesterase A, cyclic-guanylate-specific phosphodiesterase, v. S5 | p. 100
3.1.4.35	phosphodiesterase cGMP, 3',5'-cyclic-GMP phosphodiesterase, v. 11 | p. 153
3.1.16.1	phosphodiesterase II, spleen exonuclease, v. 11 | p. 424
3.1.4.53	phosphodiesterase type 4, 3',5'-cyclic-AMP phosphodiesterase
3.1.4.35	phosphodiesterase type 5, 3',5'-cyclic-GMP phosphodiesterase, v. 11 | p. 153
3.1.4.45	phosphodiester glycosidase, N-acetylglucosamine-1-phosphodiester α-N-acetylglucosaminidase, v. 11 | p. 208
2.1.1.103	phosphodimethylethanolamine methyltransferase, phosphoethanolamine N-methyltransferase, v. 28 | p. 508
2.7.1.41	phosphodismutase, glucose-1-phosphate phosphodismutase, v. 36 | p. 67
2.7.1.41	phosphodismutase, glucose 1-phosphate, glucose-1-phosphate phosphodismutase, v. 36 | p. 67
4.1.1.49	phosphoenolpyruvate(PEP)carboxykinase (GTP/ATP:oxaloacetate carboxy-lyase (transphosphorylating)EC 4.1.1.32/49), phosphoenolpyruvate carboxykinase (ATP), v. 3 | p. 297
2.7.1.69	phosphoenolpyruvate-dependent carbohydrate:phosphotransferase system, protein-Npi-phosphohistidine-sugar phosphotransferase, v. 36 | p. 207
2.7.1.69	phosphoenolpyruvate-dependent phosphotransferase system, protein-Npi-phosphohistidine-sugar phosphotransferase, v. 36 | p. 207
2.7.3.9	phosphoenolpyruvate-protein phosphotransferase, phosphoenolpyruvate-protein phosphotransferase, v. 37 | p. 414
2.7.1.69	phosphoenolpyruvate-sugar phosphotransferase enzyme II, protein-Npi-phosphohistidine-sugar phosphotransferase, v. 36 | p. 207
2.5.1.7	phosphoenolpyruvate-UDP-acetylglucosamine-3-enolpyruvyltransferase, UDP-N-acetylglucosamine 1-carboxyvinyltransferase, v. 33 | p. 443
2.7.3.9	phosphoenolpyruvate:glucose/mannose phosphotransferase system, phosphoenolpyruvate-protein phosphotransferase, v. 37 | p. 414
2.7.3.9	phosphoenolpyruvate:glycose phosphotransferase system, phosphoenolpyruvate-protein phosphotransferase, v. 37 | p. 414
2.7.3.9	phosphoenolpyruvate:glycose phosphotransferase system enzyme I, phosphoenolpyruvate-protein phosphotransferase, v. 37 | p. 414
2.7.3.9	phosphoenolpyruvate:protein-L-histidine N-pros-phosphotransferase, phosphoenolpyruvate-protein phosphotransferase, v. 37 | p. 414
2.7.3.9	phosphoenolpyruvate:sugar phosphotransferase, phosphoenolpyruvate-protein phosphotransferase, v. 37 | p. 414
2.7.1.69	phosphoenolpyruvate:sugar phosphotransferase, protein-Npi-phosphohistidine-sugar phosphotransferase, v. 36 | p. 207
2.7.3.9	phosphoenolpyruvate:sugar phosphotransferase system, phosphoenolpyruvate-protein phosphotransferase, v. 37 | p. 414

2.7.1.69	phosphoenolpyruvate:sugar phosphotransferase system, glucose-specific, protein-Npi-phosphohistidine-sugar phosphotransferase, v. 36	p. 207
2.5.1.7	phosphoenolpyruvate:UDP-2-acetamido-2-deoxy-D-glucose 2-enoyl-1-carboxyethyltransferase, UDP-N-acetylglucosamine 1-carboxyvinyltransferase, v. 33	p. 443
2.5.1.7	phosphoenolpyruvate:uridine-5'-diphospho-N-acetyl-2-amino-2-deoxyglucose-3-enolpyruvyltransferase, UDP-N-acetylglucosamine 1-carboxyvinyltransferase, v. 33	p. 443
2.5.1.7	phosphoenolpyruvate:uridine diphosphate N-acetylglucosamine enolpyruvyltransferase, UDP-N-acetylglucosamine 1-carboxyvinyltransferase, v. 33	p. 443
2.7.1.29	phosphoenolpyruvate carbohydrate phosphotransferase, glycerone kinase, v. 35	p. 345
4.1.1.49	phosphoenolpyruvate carboxykinase, phosphoenolpyruvate carboxykinase (ATP), v. 3	p. 297
4.1.1.32	phosphoenolpyruvate carboxykinase, phosphoenolpyruvate carboxykinase (GTP), v. 3	p. 195
4.1.1.38	phosphoenolpyruvate carboxykinase, phosphoenolpyruvate carboxykinase (diphosphate), v. 3	p. 239
4.1.1.32	phosphoenolpyruvate carboxykinase (GTP), phosphoenolpyruvate carboxykinase (GTP), v. 3	p. 195
4.1.1.38	phosphoenolpyruvate carboxykinase (pyrophosphate), phosphoenolpyruvate carboxykinase (diphosphate), v. 3	p. 239
4.1.1.32	phosphoenolpyruvate carboxykinase, GTP-dependent, phosphoenolpyruvate carboxykinase (GTP), v. 3	p. 195
4.1.1.49	phosphoenolpyruvate carboxykinase [ATP], phosphoenolpyruvate carboxykinase (ATP), v. 3	p. 297
4.1.1.49	phosphoenolpyruvate carboxykinase ATP-dependent, phosphoenolpyruvate carboxykinase (ATP), v. 3	p. 297
4.1.1.49	Phosphoenolpyruvate carboxylase, phosphoenolpyruvate carboxykinase (ATP), v. 3	p. 297
4.1.1.32	Phosphoenolpyruvate carboxylase, phosphoenolpyruvate carboxykinase (GTP), v. 3	p. 195
4.1.1.38	Phosphoenolpyruvate carboxylase, phosphoenolpyruvate carboxykinase (diphosphate), v. 3	p. 239
4.1.1.31	Phosphoenolpyruvate carboxylase, phosphoenolpyruvate carboxylase, v. 3	p. 175
4.1.1.49	Phosphoenolpyruvate carboxylase (ATP), phosphoenolpyruvate carboxykinase (ATP), v. 3	p. 297
4.1.1.32	Phosphoenolpyruvate carboxylase (GTP), phosphoenolpyruvate carboxykinase (GTP), v. 3	p. 195
4.1.1.38	phosphoenolpyruvate carboxylase (pyrophosphate), phosphoenolpyruvate carboxykinase (diphosphate), v. 3	p. 239
4.1.1.49	phosphoenolpyruvate carboxylase kinase, phosphoenolpyruvate carboxykinase (ATP), v. 3	p. 297
4.1.1.38	phosphoenolpyruvate carboxyphosphotransferase, phosphoenolpyruvate carboxykinase (diphosphate), v. 3	p. 239
4.1.1.38	phosphoenolpyruvate carboxytransphosphorylase, phosphoenolpyruvate carboxykinase (diphosphate), v. 3	p. 239
4.2.1.11	phosphoenolpyruvate hydratase, phosphopyruvate hydratase, v. 4	p. 312
2.7.1.40	phosphoenolpyruvate kinase, pyruvate kinase, v. 36	p. 33
5.4.2.9	phosphoenolpyruvate mutase, phosphoenolpyruvate mutase, v. 1	p. 546
3.1.3.60	phosphoenolpyruvate phosphatase, phosphoenolpyruvate phosphatase, v. 10	p. 468
5.4.2.9	phosphoenolpyruvate phosphomutase, phosphoenolpyruvate mutase, v. 1	p. 546
2.7.3.9	phosphoenolpyruvate sugar phosphotransferase enzyme I, phosphoenolpyruvate-protein phosphotransferase, v. 37	p. 414
2.7.9.2	phosphoenolpyruvate synthase, pyruvate, water dikinase, v. 39	p. 166
2.7.9.2	phosphoenolpyruvate synthetase, pyruvate, water dikinase, v. 39	p. 166
4.1.1.49	phosphoenolpyruvic carboxykinase, phosphoenolpyruvate carboxykinase (ATP), v. 3	p. 297
4.1.1.32	phosphoenolpyruvic carboxykinase, phosphoenolpyruvate carboxykinase (GTP), v. 3	p. 195

phosphofructokinase

4.1.1.38	phosphoenolpyruvic carboxykinase, phosphoenolpyruvate carboxykinase (diphosphate), v. 3 | p. 239
4.1.1.32	phosphoenolpyruvic carboxykinase (GTP), phosphoenolpyruvate carboxykinase (GTP), v. 3 | p. 195
4.1.1.32	phosphoenolpyruvic carboxykinase (inosine triphosphate), phosphoenolpyruvate carboxykinase (GTP), v. 3 | p. 195
4.1.1.38	phosphoenolpyruvic carboxykinase (pyrophosphate), phosphoenolpyruvate carboxykinase (diphosphate), v. 3 | p. 239
4.1.1.49	Phosphoenolpyruvic carboxylase, phosphoenolpyruvate carboxykinase (ATP), v. 3 | p. 297
4.1.1.32	Phosphoenolpyruvic carboxylase, phosphoenolpyruvate carboxykinase (GTP), v. 3 | p. 195
4.1.1.38	Phosphoenolpyruvic carboxylase, phosphoenolpyruvate carboxykinase (diphosphate), v. 3 | p. 239
4.1.1.31	Phosphoenolpyruvic carboxylase, phosphoenolpyruvate carboxylase, v. 3 | p. 175
4.1.1.32	phosphoenolpyruvic carboxylase (GTP), phosphoenolpyruvate carboxykinase (GTP), v. 3 | p. 195
4.1.1.32	phosphoenolpyruvic carboxylase (inosine triphosphate), phosphoenolpyruvate carboxykinase (GTP), v. 3 | p. 195
4.1.1.38	phosphoenolpyruvic carboxylase (pyrophosphate), phosphoenolpyruvate carboxykinase (diphosphate), v. 3 | p. 239
4.1.1.38	phosphoenolpyruvic carboxytransphosphorylase, phosphoenolpyruvate carboxykinase (diphosphate), v. 3 | p. 239
2.7.9.2	phosphoenolpyruvic synthase, pyruvate, water dikinase, v. 39 | p. 166
2.7.1.40	phosphoenol transphosphorylase, pyruvate kinase, v. 36 | p. 33
1.1.1.290	4-O-phosphoerythronate dehydrogenase, 4-phosphoerythronate dehydrogenase, v. S1 | p. 75
4.2.3.2	O-phosphoethanolamine-phospholyase, ethanolamine-phosphate phospho-lyase, v. S7 | p. 182
2.7.7.14	phosphoethanolamine cytidylyltransferase, ethanolamine-phosphate cytidylyltransferase, v. 38 | p. 219
2.1.1.103	phosphoethanolamine N-methyltransferase, phosphoethanolamine N-methyltransferase, v. 28 | p. 508
2.7.1.105	phosphofructikinase-2, 6-phosphofructo-2-kinase, v. 36 | p. 412
2.7.1.11	6-phosphofructo-1-kinase, 6-phosphofructokinase, v. 35 | p. 168
2.7.1.105	6-phosphofructo-2-kinase, 6-phosphofructo-2-kinase, v. 36 | p. 412
3.1.3.46	6-phosphofructo-2-kinase/fructose-2,6-bisphosphase, fructose-2,6-bisphosphate 2-phosphatase, v. 10 | p. 395
2.7.1.105	6-phosphofructo-2-kinase/fructose-2,6-bisphosphatase, 6-phosphofructo-2-kinase, v. 36 | p. 412
3.1.3.46	6-phosphofructo-2-kinase/fructose-2,6-bisphosphatase, fructose-2,6-bisphosphate 2-phosphatase, v. 10 | p. 395
2.7.1.105	6-phosphofructo-2-kinase/fructose-2,6-bisphosphatase-3, 6-phosphofructo-2-kinase, v. 36 | p. 412
3.1.3.46	6-phosphofructo-2-kinase/fructose-2,6-bisphosphatase-4, fructose-2,6-bisphosphate 2-phosphatase, v. 10 | p. 395
2.7.1.105	6-phosphofructo-2-kinase/fructose-2,6-bisphosphatase:glucokinase complex, 6-phosphofructo-2-kinase, v. 36 | p. 412
3.1.3.46	6-phosphofructo-2-kinase/fructose-2,6-bisphosphate, fructose-2,6-bisphosphate 2-phosphatase, v. 10 | p. 395
3.1.3.46	6-phosphofructo-2-kinase/fructose-2 6-biphosphatase, fructose-2,6-bisphosphate 2-phosphatase, v. 10 | p. 395
2.7.1.105	6-phosphofructo-2-kinase/fructose 2,6-bisphosphatase, 6-phosphofructo-2-kinase, v. 36 | p. 412
4.1.2.13	Phosphofructoaldolase, Fructose-bisphosphate aldolase, v. 3 | p. 455
2.7.1.11	phosphofructokinase, 6-phosphofructokinase, v. 35 | p. 168

2.7.1.90	6-phosphofructokinase (pyrophosphate), diphosphate-fructose-6-phosphate 1-phosphotransferase, v. 36	p. 331
2.7.1.11	6-phosphofructokinase, platelet type, 6-phosphofructokinase, v. 35	p. 168
2.7.1.56	phosphofructokinase-1, 1-phosphofructokinase, v. 36	p. 124
2.7.1.11	phosphofructokinase-1, 6-phosphofructokinase, v. 35	p. 168
2.7.1.105	phosphofructokinase-2, 6-phosphofructo-2-kinase, v. 36	p. 412
2.7.1.105	phosphofructokinase-2/fructose bisphosphatase-2, 6-phosphofructo-2-kinase, v. 36	p. 412
2.7.1.11	phosphofructokinase-M, 6-phosphofructokinase, v. 35	p. 168
2.7.1.56	phosphofructokinase 1, 1-phosphofructokinase, v. 36	p. 124
2.7.1.11	phosphofructokinase 1, 6-phosphofructokinase, v. 35	p. 168
2.7.1.105	phosphofructokinase 2, 6-phosphofructo-2-kinase, v. 36	p. 412
2.7.1.11	6-phosphofructose-1-kinase, 6-phosphofructokinase, v. 35	p. 168
2.7.1.11	6-phosphofructose 1-kinase, 6-phosphofructokinase, v. 35	p. 168
2.7.1.105	6-phosphofructose 2-kinase, 6-phosphofructo-2-kinase, v. 36	p. 412
3.2.1.85	β-D-phosphogalactosidase, 6-phospho-β-galactosidase, v. 13	p. 302
3.2.1.85	β-phosphogalactosidase, 6-phospho-β-galactosidase, v. 13	p. 302
3.2.1.85	β-D-phosphogalactoside galactohydrolase, 6-phospho-β-galactosidase, v. 13	p. 302
2.7.9.5	phosphoglucan, water dikinase, phosphoglucan, water dikinase, v. S2	p. 339
5.3.1.9	Phosphoglucoisomerase, Glucose-6-phosphate isomerase, v. 1	p. 298
2.7.1.106	phosphoglucomutase 2, glucose-1,6-bisphosphate synthase, v. 36	p. 434
1.1.1.44	6-phosphogluconate-dehydrogenase, phosphogluconate dehydrogenase (decarboxylating), v. 16	p. 421
1.1.1.44	6-phosphogluconate:NADP oxidoreductase, phosphogluconate dehydrogenase (decarboxylating), v. 16	p. 421
4.2.1.12	6-phosphogluconate dehydrase, phosphogluconate dehydratase, v. 4	p. 326
4.2.1.12	6-phosphogluconate dehydratase, phosphogluconate dehydratase, v. 4	p. 326
1.1.1.43	6-phosphogluconate dehydrogenase, phosphogluconate 2-dehydrogenase, v. 16	p. 414
1.1.1.44	6-phosphogluconate dehydrogenase, phosphogluconate dehydrogenase (decarboxylating), v. 16	p. 421
1.1.1.43	phosphogluconate dehydrogenase, phosphogluconate 2-dehydrogenase, v. 16	p. 414
1.1.1.44	6-phosphogluconate dehydrogenase (decarboxylating), phosphogluconate dehydrogenase (decarboxylating), v. 16	p. 421
1.1.1.43	6-phosphogluconate dehydrogenase (NAD), phosphogluconate 2-dehydrogenase, v. 16	p. 414
1.1.1.44	6-phosphogluconate dehydrogenase, decarboxylating, phosphogluconate dehydrogenase (decarboxylating), v. 16	p. 421
1.1.1.44	6-phosphogluconate dehydrogenase Gnd1, phosphogluconate dehydrogenase (decarboxylating), v. 16	p. 421
1.1.1.44	phosphogluconic acid dehydrogenase, phosphogluconate dehydrogenase (decarboxylating), v. 16	p. 421
1.1.1.44	6-phosphogluconic carboxylase, phosphogluconate dehydrogenase (decarboxylating), v. 16	p. 421
4.2.1.12	6-phosphogluconic dehydrase, phosphogluconate dehydratase, v. 4	p. 326
1.1.1.43	6-phosphogluconic dehydrogenase, phosphogluconate 2-dehydrogenase, v. 16	p. 414
1.1.1.44	6-phosphogluconic dehydrogenase, phosphogluconate dehydrogenase (decarboxylating), v. 16	p. 421
3.1.1.31	6-phosphoglucono-γ-lactonase, 6-phosphogluconolactonase, v. 9	p. 247
3.1.1.31	6-phosphogluconolactonase, 6-phosphogluconolactonase, v. 9	p. 247
3.1.1.31	phosphogluconolactonase, 6-phosphogluconolactonase, v. 9	p. 247
3.1.1.31	6-phosphogluconolactonase Name, 6-phosphogluconolactonase, v. 9	p. 247
2.3.1.4	phosphoglucosamine acetylase, glucosamine-phosphate N-acetyltransferase, v. 29	p. 237
2.3.1.4	phosphoglucosamine N-acetylase, glucosamine-phosphate N-acetyltransferase, v. 29	p. 237
2.3.1.4	phosphoglucosamine transacetylase, glucosamine-phosphate N-acetyltransferase, v. 29	p. 237

3.5.99.6	phosphoglucosaminisomerase, glucosamine-6-phosphate deaminase, v. 15 | p. 225
1.1.1.49	6-phosphoglucose dehydrogenase, glucose-6-phosphate dehydrogenase, v. 16 | p. 474
5.3.1.9	6-Phosphoglucose isomerase, Glucose-6-phosphate isomerase, v. 1 | p. 298
5.3.1.9	Phosphoglucose isomerase, Glucose-6-phosphate isomerase, v. 1 | p. 298
5.4.2.2	Phosphoglucose mutase, phosphoglucomutase, v. 1 | p. 506
5.4.2.2	α-phosphoglucose mutase, phosphoglucomutase, v. 1 | p. 506
1.1.1.43	6-phosphoglucuronic acid dehydrogenase, phosphogluconate 2-dehydrogenase, v. 16 | p. 414
1.2.1.12	3-phosphoglyceraldehyde dehydrogenase, glyceraldehyde-3-phosphate dehydrogenase (phosphorylating), v. 20 | p. 135
1.2.1.12	phosphoglyceraldehyde dehydrogenase, glyceraldehyde-3-phosphate dehydrogenase (phosphorylating), v. 20 | p. 135
1.1.1.95	D-3-phosphoglycerate:NAD oxidoreductase, phosphoglycerate dehydrogenase, v. 17 | p. 238
4.2.1.11	2-phosphoglycerate dehydratase, phosphopyruvate hydratase, v. 4 | p. 312
1.1.1.95	3-phosphoglycerate dehydrogenase, phosphoglycerate dehydrogenase, v. 17 | p. 238
1.1.1.95	D-3-phosphoglycerate dehydrogenase, phosphoglycerate dehydrogenase, v. 17 | p. 238
1.1.1.95	D-phosphoglycerate dehydrogenase, phosphoglycerate dehydrogenase, v. 17 | p. 238
1.1.1.95	α-phosphoglycerate dehydrogenase, phosphoglycerate dehydrogenase, v. 17 | p. 238
1.1.1.95	phosphoglycerate dehydrogenase, phosphoglycerate dehydrogenase, v. 17 | p. 238
4.2.1.11	2-phosphoglycerate enolase, phosphopyruvate hydratase, v. 4 | p. 312
2.7.2.3	3-phosphoglycerate kinase, phosphoglycerate kinase, v. 37 | p. 283
1.1.1.95	phosphoglycerate kinase, phosphoglycerate dehydrogenase, v. 17 | p. 238
2.7.2.3	phosphoglycerate kinase 1, phosphoglycerate kinase, v. 37 | p. 283
2.7.2.3	phosphoglycerate kinase 2, phosphoglycerate kinase, v. 37 | p. 283
5.4.2.1	3-phosphoglycerate mutase, phosphoglycerate mutase, v. 1 | p. 493
5.4.2.1	phosphoglycerate mutase 1, phosphoglycerate mutase, v. 1 | p. 493
5.4.2.1	phosphoglycerate mutase type B, phosphoglycerate mutase, v. 1 | p. 493
1.1.1.95	phosphoglycerate oxidoreductase, phosphoglycerate dehydrogenase, v. 17 | p. 238
3.1.3.20	D-2-phosphoglycerate phosphatase, phosphoglycerate phosphatase, v. 10 | p. 253
3.1.3.38	D-3-phosphoglycerate phosphatase, 3-phosphoglycerate phosphatase, v. 10 | p. 354
2.7.2.3	3-phosphoglycerate phosphokinase, phosphoglycerate kinase, v. 37 | p. 283
5.4.2.1	Phosphoglycerate phosphomutase, phosphoglycerate mutase, v. 1 | p. 493
2.7.13.3	phosphoglycerate transport system sensor protein pgtB, histidine kinase, v. S4 | p. 420
1.1.1.95	3-phosphoglyceric acid dehydrogenase, phosphoglycerate dehydrogenase, v. 17 | p. 238
1.1.1.95	phosphoglyceric acid dehydrogenase, phosphoglycerate dehydrogenase, v. 17 | p. 238
2.7.2.3	3-phosphoglyceric acid kinase, phosphoglycerate kinase, v. 37 | p. 283
2.7.2.3	phosphoglyceric acid kinase, phosphoglycerate kinase, v. 37 | p. 283
2.7.2.3	3-phosphoglyceric acid phosphokinase, phosphoglycerate kinase, v. 37 | p. 283
4.2.1.11	2-phosphoglyceric dehydratase, phosphopyruvate hydratase, v. 4 | p. 312
2.7.2.3	3-phosphoglyceric kinase, phosphoglycerate kinase, v. 37 | p. 283
2.7.2.3	phosphoglyceric kinase, phosphoglycerate kinase, v. 37 | p. 283
2.7.2.3	phosphoglycerokinase, phosphoglycerate kinase, v. 37 | p. 283
2.7.8.21	Phosphoglycerol cyclase, membrane-oligosaccharide glycerophosphotransferase, v. 39 | p. 134
3.1.3.19	2-phosphoglycerol phosphatase, glycerol-2-phosphatase, v. 10 | p. 248
2.7.4.17	3-phosphoglycerol phosphate-polyphosphate phosphotransferase, 3-phosphoglyceroyl-phosphate-polyphosphate phosphotransferase, v. 37 | p. 604
2.7.8.20	phosphoglycerol transferase, phosphatidylglycerol-membrane-oligosaccharide glycero-phosphotransferase, v. 39 | p. 131
2.7.8.20	phosphoglycerol transferase I, phosphatidylglycerol-membrane-oligosaccharide glycero-phosphotransferase, v. 39 | p. 131
5.4.2.1	Phosphoglyceromutase, phosphoglycerate mutase, v. 1 | p. 493
3.1.3.14	phosphoglyceryl methylthiol ester phosphatase, methylphosphothioglycerate phosphatase, v. 10 | p. 206

3.1.3.18	Phosphoglycolate hydrolase, phosphoglycolate phosphatase, v. 10 | p. 242	
3.1.3.18	2-Phosphoglycolate phosphatase, phosphoglycolate phosphatase, v. 10 | p. 242	
3.1.3.18	Phosphoglycolate phosphatase, phosphoglycolate phosphatase, v. 10 | p. 242	
5.3.1.9	Phosphohexoisomerase, Glucose-6-phosphate isomerase, v. 1 | p. 298	
5.3.1.8	Phosphohexoisomerase, Mannose-6-phosphate isomerase, v. 1 | p. 289	
2.7.1.11	phosphohexokinase, 6-phosphofructokinase, v. 35 | p. 168	
5.3.1.9	Phosphohexomutase, Glucose-6-phosphate isomerase, v. 1 | p. 298	
5.3.1.8	Phosphohexomutase, Mannose-6-phosphate isomerase, v. 1 | p. 289	
5.3.1.9	Phosphohexose isomerase, Glucose-6-phosphate isomerase, v. 1 | p. 298	
2.7.1.69	phosphohistidinoprotein-hexose phosphoribosyltransferase, protein-Npi-phosphohistidine-sugar phosphotransferase, v. 36 | p. 207	
2.7.1.69	phosphohistidinoprotein-hexose phosphotransferase, protein-Npi-phosphohistidine-sugar phosphotransferase, v. 36 | p. 207	
3.1.4.46	phosphohydrolase GpdQ, glycerophosphodiester phosphodiesterase, v. 11 | p. 214	
1.1.1.262	4-(phosphohydroxy)-L-threonine dehydrogenase, 4-hydroxythreonine-4-phosphate dehydrogenase, v. 18 | p. 461	
2.6.1.52	phosphohydroxypyruvate transaminase, phosphoserine transaminase, v. 34 | p. 588	
2.6.1.52	phosphohydroxypyruvic-glutamic transaminase, phosphoserine transaminase, v. 34 | p. 588	
3.1.4.11	phosphoinositidase C, phosphoinositide phospholipase C, v. 11 | p. 75	
3.1.3.64	phosphoinositide-3-phosphatase, phosphatidylinositol-3-phosphatase, v. 10 | p. 483	
2.7.11.1	phosphoinositide-dependent kinase-1, non-specific serine/threonine protein kinase, v. S3 | p. 1	
2.7.11.1	3-phosphoinositide-dependent kinase 1, non-specific serine/threonine protein kinase, v. S3 | p. 1	
2.7.11.1	phosphoinositide-dependent protein kinase-2, non-specific serine/threonine protein kinase, v. S3 | p. 1	
3.1.4.11	phosphoinositide-phospholipase C, phosphoinositide phospholipase C, v. 11 | p. 75	
3.1.4.11	phosphoinositide-phospholipase C β1, phosphoinositide phospholipase C, v. 11 | p. 75	
3.1.3.36	phosphoinositide-specific inositol polyphosphate 5-phosphatase IV, phosphoinositide 5-phosphatase, v. 10 | p. 339	
3.1.4.11	phosphoinositide-specific phospholipase, phosphoinositide phospholipase C, v. 11 | p. 75	
3.1.4.11	phosphoinositide-specific phospholipase-Cγ, phosphoinositide phospholipase C, v. 11 | p. 75	
3.1.4.11	phosphoinositide-specific phospholipase C, phosphoinositide phospholipase C, v. 11 | p. 75	
3.1.4.11	phosphoinositide-specific phospholipase C-zeta, phosphoinositide phospholipase C, v. 11 | p. 75	
2.7.1.137	phosphoinositide 3'-kinase, phosphatidylinositol 3-kinase, v. 37 | p. 170	
2.7.1.137	phosphoinositide 3-kinase, phosphatidylinositol 3-kinase, v. 37 | p. 170	
2.7.1.153	phosphoinositide 3-kinase, phosphatidylinositol-4,5-bisphosphate 3-kinase, v. 37 | p. 241	
2.7.1.154	phosphoinositide 3-kinase, phosphatidylinositol-4-phosphate 3-kinase, v. 37 | p. 245	
2.7.1.137	phosphoinositide 3-kinase γ, phosphatidylinositol 3-kinase, v. 37 | p. 170	
2.7.1.154	phosphoinositide 3-kinase-C2-β, phosphatidylinositol-4-phosphate 3-kinase, v. 37 | p. 245	
2.7.1.154	phosphoinositide 3-kinase-C2-γ, phosphatidylinositol-4-phosphate 3-kinase, v. 37 | p. 245	
2.7.1.154	phosphoinositide 3-kinase C2 β, phosphatidylinositol-4-phosphate 3-kinase, v. 37 | p. 245	
2.7.1.154	phosphoinositide 3-kinase C2β, phosphatidylinositol-4-phosphate 3-kinase, v. 37 | p. 245	
2.7.1.137	phosphoinositide 3-kinase Dp110, phosphatidylinositol 3-kinase, v. 37 | p. 170	
2.7.1.153	phosphoinositide 3-kinase p110δ, phosphatidylinositol-4,5-bisphosphate 3-kinase, v. 37 | p. 241	
3.1.3.64	phosphoinositide 3-phosphatase, phosphatidylinositol-3-phosphatase, v. 10 | p. 483	
3.1.3.66	phosphoinositide 4-phosphatase, phosphatidylinositol-3,4-bisphosphate 4-phosphatase, v. 10 | p. 489	
3.1.3.36	Phosphoinositide 5-phosphatase, phosphoinositide 5-phosphatase, v. 10 | p. 339	
2.7.11.1	3-phosphoinositide dependent protein kinase-1, non-specific serine/threonine protein kinase, v. S3 | p. 1	
3.1.3.36	phosphoinositide phosphatase, phosphoinositide 5-phosphatase, v. 10 | p. 339	

3.1.4.11	phosphoinositide phospholipase C, phosphoinositide phospholipase C, v. 11	p. 75
2.7.1.68	phosphoinositol-4-phosphate-5-kinase, 1-phosphatidylinositol-4-phosphate 5-kinase, v. 36	p. 196
2.7.1.151	phosphoinositol kinase, inositol-polyphosphate multikinase, v. 37	p. 236
4.1.2.9	phosphoketolase, Phosphoketolase, v. 3	p. 435
4.1.2.22	Phosphoketolase, fructose 6-phosphate, Fructose-6-phosphate phosphoketolase, v. 3	p. 523
4.1.2.9	phosphoketolase-1, Phosphoketolase, v. 3	p. 435
4.1.2.9	phosphoketolase-2, Phosphoketolase, v. 3	p. 435
5.1.3.1	Phosphoketopentose 3-epimerase, Ribulose-phosphate 3-epimerase, v. 1	p. 91
5.1.3.1	Phosphoketopentose epimerase, Ribulose-phosphate 3-epimerase, v. 1	p. 91
4.1.2.2	Phosphoketotetrose aldolase, Ketotetrose-phosphate aldolase, v. 3	p. 414
3.1.1.5	phospholipase A, lysophospholipase, v. 9	p. 82
3.1.1.4	phospholipase A, phospholipase A2, v. 9	p. 52
3.1.1.32	phospholipase A1, phospholipase A1, v. 9	p. 252
3.1.1.32	phospholipase A1β, phospholipase A1, v. 9	p. 252
3.1.1.47	phospholipase A2, 1-alkyl-2-acetylglycerophosphocholine esterase, v. 9	p. 320
3.1.1.4	phospholipase A2, phospholipase A2, v. 9	p. 52
3.1.1.4	phospholipase A2α, phospholipase A2, v. 9	p. 52
3.1.1.52	phospholipase A2, phosphatidylinositol, phosphatidylinositol deacylase, v. 9	p. 341
3.1.1.4	phospholipase A2 D49, phospholipase A2, v. 9	p. 52
3.1.1.4	Phospholipase A2 inhibitor, phospholipase A2, v. 9	p. 52
3.1.1.4	phospholipase A2 neurotoxin, phospholipase A2, v. 9	p. 52
3.1.1.4	phospholipase A2s, phospholipase A2, v. 9	p. 52
3.1.1.5	phospholipase B, lysophospholipase, v. 9	p. 82
3.1.1.5	phospholipase B/lipase, lysophospholipase, v. 9	p. 82
3.1.1.5	phospholipase B1, lysophospholipase, v. 9	p. 82
3.1.1.5	phospholipase B precursor, lysophospholipase, v. 9	p. 82
3.1.4.11	phospholipase C, phosphoinositide phospholipase C, v. 11	p. 75
3.1.4.3	phospholipase C, phospholipase C, v. 11	p. 32
3.1.4.11	phospholipase C ε, phosphoinositide phospholipase C, v. 11	p. 75
3.1.4.11	phospholipase Cε, phosphoinositide phospholipase C, v. 11	p. 75
4.6.1.14	phospholipase C, glycosylphosphatidylinositol, glycosylphosphatidylinositol diacylglycerol-lyase, v. S7	p. 441
3.1.4.11	phospholipase C-ε, phosphoinositide phospholipase C, v. 11	p. 75
3.1.4.11	phospholipase C-β-1, phosphoinositide phospholipase C, v. 11	p. 75
3.1.4.11	phospholipase C-δ-1, phosphoinositide phospholipase C, v. 11	p. 75
3.1.4.11	phospholipase C-β1, phosphoinositide phospholipase C, v. 11	p. 75
3.1.4.11	phospholipase C-δ1, phosphoinositide phospholipase C, v. 11	p. 75
3.1.4.11	phospholipase C-γ1, phosphoinositide phospholipase C, v. 11	p. 75
3.1.4.11	phospholipase C-β 2, phosphoinositide phospholipase C, v. 11	p. 75
3.1.4.11	phospholipase C-β2, phosphoinositide phospholipase C, v. 11	p. 75
3.1.4.11	phospholipase C-γ2, phosphoinositide phospholipase C, v. 11	p. 75
3.1.4.11	phospholipase C-β3, phosphoinositide phospholipase C, v. 11	p. 75
3.1.4.11	phospholipase C-eta, phosphoinositide phospholipase C, v. 11	p. 75
3.1.4.11	phospholipase C-eta1a, phosphoinositide phospholipase C, v. 11	p. 75
3.1.4.11	phospholipase C-eta1b, phosphoinositide phospholipase C, v. 11	p. 75
3.1.4.11	phospholipase C-eta1c, phosphoinositide phospholipase C, v. 11	p. 75
3.1.4.3	phospholipase C/sphingomyelinase, phospholipase C, v. 11	p. 32
3.1.4.12	phospholipase C/sphingomyelinase, sphingomyelin phosphodiesterase, v. 11	p. 86
3.1.4.11	phospholipase C 1, phosphoinositide phospholipase C, v. 11	p. 75
3.1.4.11	phospholipase C β1, phosphoinositide phospholipase C, v. 11	p. 75
3.1.4.11	phospholipase Cβ1, phosphoinositide phospholipase C, v. 11	p. 75
3.1.4.11	phospholipase Cγ1, phosphoinositide phospholipase C, v. 11	p. 75
3.1.4.11	phospholipase Cγ2, phosphoinositide phospholipase C, v. 11	p. 75

3.1.4.11	phospholipase C β3, phosphoinositide phospholipase C, v. 11 | p. 75
3.1.4.50	phospholipase D, glycosylphosphatidylinositol phospholipase D, v. 11 | p. 227
3.1.4.4	phospholipase D, phospholipase D, v. 11 | p. 47
3.1.4.41	phospholipase D, sphingomyelin phosphodiesterase D, v. 11 | p. 197
3.1.4.4	phospholipase D α, phospholipase D, v. 11 | p. 47
3.1.4.4	phospholipase D δ, phospholipase D, v. 11 | p. 47
3.1.4.4	phospholipase Dβ, phospholipase D, v. 11 | p. 47
3.1.4.50	phospholipase D, phosphatidylinositol, glycosylphosphatidylinositol phospholipase D, v. 11 | p. 227
3.1.4.4	phospholipase D1, phospholipase D, v. 11 | p. 47
3.1.4.4	phospholipase Dα1, phospholipase D, v. 11 | p. 47
3.1.4.4	Phospholipase D1 PHOX and PX containing domain, phospholipase D, v. 11 | p. 47
3.1.4.4	phospholipase D2, phospholipase D, v. 11 | p. 47
3.1.4.4	Phospholipase D2 PHOX and PX containing domain, phospholipase D, v. 11 | p. 47
3.1.4.4	phospholipase Dα3, phospholipase D, v. 11 | p. 47
2.3.1.43	phospholipid-cholesterol acyltransferase, phosphatidylcholine-sterol O-acyltransferase, v. 29 | p. 608
1.11.1.12	phospholipid-hydroperoxide glutathione peroxidases, phospholipid-hydroperoxide glutathione peroxidase, v. 25 | p. 274
3.6.3.1	phospholipid-translocase, phospholipid-translocating ATPase, v. 15 | p. 532
2.3.1.158	phospholipid:diacylglycerol acyltransferase, phospholipid:diacylglycerol acyltransferase, v. 30 | p. 424
1.11.1.9	phospholipid hydroperoxide glutathione peroxidase, glutathione peroxidase, v. 25 | p. 233
1.11.1.12	phospholipid hydroperoxide glutathione peroxidase, phospholipid-hydroperoxide glutathione peroxidase, v. 25 | p. 274
1.11.1.9	phospholipid hydroperoxide glutathione peroxidase, nuclear form, glutathione peroxidase, v. 25 | p. 233
1.11.1.12	phospholipid hydroperoxide glutathione peroxidase-4, phospholipid-hydroperoxide glutathione peroxidase, v. 25 | p. 274
2.1.1.71	phospholipid methyltransferase, phosphatidyl-N-methylethanolamine N-methyltransferase, v. 28 | p. 384
3.6.3.1	phospholipid translocase, phospholipid-translocating ATPase, v. 15 | p. 532
3.1.1.4	phospholipin, phospholipase A2, v. 9 | p. 52
3.6.1.1	phospholysine phosphohistidine inorganic pyrophosphate phosphatase, inorganic diphosphatase, v. 15 | p. 240
5.3.1.8	Phosphomannoisomerase, Mannose-6-phosphate isomerase, v. 1 | p. 289
5.4.2.2	phosphomannomutase/phosphoglucomutase, phosphoglucomutase, v. 1 | p. 506
5.4.2.8	phosphomannomutase/phosphoglucomutase, phosphomannomutase, v. 1 | p. 540
5.4.2.8	phosphomannomutase 1, phosphomannomutase, v. 1 | p. 540
5.3.1.8	Phosphomannose isomerase, Mannose-6-phosphate isomerase, v. 1 | p. 289
5.4.2.8	Phosphomannose mutase, phosphomannomutase, v. 1 | p. 540
1.1.1.224	6-phosphomannose reductase, mannose-6-phosphate 6-reductase, v. 18 | p. 336
2.7.4.2	5-phosphomevalonate kinase, phosphomevalonate kinase, v. 37 | p. 487
2.7.4.2	phosphomevalonate kinase, phosphomevalonate kinase, v. 37 | p. 487
2.7.4.2	phosphomevalonic kinase, phosphomevalonate kinase, v. 37 | p. 487
3.1.3.2	phosphomonoesterase, acid phosphatase, v. 10 | p. 31
3.1.3.1	phosphomonoesterase, alkaline phosphatase, v. 10 | p. 1
5.4.2.6	Phosphomutase, β-glucose, β-Phosphoglucomutase, v. 1 | p. 530
5.4.2.3	Phosphomutase, acetylglucosamine, phosphoacetylglucosamine mutase, v. 1 | p. 515
5.4.2.7	Phosphomutase, deoxyribose, phosphopentomutase, v. 1 | p. 535
5.4.2.2	Phosphomutase, glucose, phosphoglucomutase, v. 1 | p. 506
5.4.2.5	Phosphomutase, glucose (glucose-cofactor), phosphoglucomutase (glucose-cofactor), v. 1 | p. 527
5.4.2.1	Phosphomutase, glycerate, phosphoglycerate mutase, v. 1 | p. 493

phosphopyruvate carboxylase

5.4.2.4	Phosphomutase, glycerate (phosphoglycerate cofactor), Bisphosphoglycerate mutase, v. 1 | p. 520	
5.4.2.8	Phosphomutase, mannose, phosphomannomutase, v. 1 | p. 540	
5.4.2.9	phosphomutase, phosphoenolpyruvate-phosphonopyruvate, phosphoenolpyruvate mutase, v. 1 | p. 546	
3.11.1.1	phosphonatase, phosphonoacetaldehyde hydrolase, v. 15 | p. 925	
3.11.1.1	2-phosphonoacetaldehyde phosphonohydrolase, phosphonoacetaldehyde hydrolase, v. 15 | p. 925	
3.11.1.1	2-phosphonoacetylaldehyde phosphonohydrolase, phosphonoacetaldehyde hydrolase, v. 15 | p. 925	
1.1.1.44	6-phosphonogluconate dehydrogenase, phosphogluconate dehydrogenase (decarboxylating), v. 16 | p. 421	
3.1.1.31	6-phosphonogluconolactonase, 6-phosphogluconolactonase, v. 9 | p. 247	
2.7.8.7	phosphopantetheine:protein transferase, holo-[acyl-carrier-protein] synthase, v. 39 | p. 50	
2.7.7.3	4'-phosphopantetheine adenylyltransferase, pantetheine-phosphate adenylyltransferase, v. 38 | p. 71	
2.7.7.3	phosphopantetheine adenylyltransferase, pantetheine-phosphate adenylyltransferase, v. 38 | p. 71	
3.1.4.14	4'-phosphopantetheine hydrolase, [acyl-carrier-protein] phosphodiesterase, v. 11 | p. 102	
2.7.8.7	4'-phosphopantetheinyl transferase, holo-[acyl-carrier-protein] synthase, v. 39 | p. 50	
2.7.8.7	phosphopantetheinyl transferase, holo-[acyl-carrier-protein] synthase, v. 39 | p. 50	
4.1.1.36	4'-phosphopantothenoyl-cysteine decarboxylase, phosphopantothenoylcysteine decarboxylase, v. 3 | p. 223	
6.3.2.5	phosphopantothenoyl-cysteine ligase, phosphopantothenate-cysteine ligase, v. 2 | p. 431	
4.1.1.36	4'-Phosphopantothenoyl-L-cysteine decarboxylase, phosphopantothenoylcysteine decarboxylase, v. 3 | p. 223	
4.1.1.36	4'-phosphopantothenoylcysteine decarboxylase, phosphopantothenoylcysteine decarboxylase, v. 3 | p. 223	
4.1.1.36	Phosphopantothenoylcysteine decarboxylase, phosphopantothenoylcysteine decarboxylase, v. 3 | p. 223	
6.3.2.5	phosphopantothenoylcysteine synthetase, phosphopantothenate-cysteine ligase, v. 2 | p. 431	
4.1.1.36	4'-Phosphopantotheoylcysteine decarboxylase, phosphopantothenoylcysteine decarboxylase, v. 3 | p. 223	
5.3.1.6	Phosphopentoisomerase, Ribose-5-phosphate isomerase, v. 1 | p. 277	
2.7.1.19	phosphopentokinase, phosphoribulokinase, v. 35 | p. 241	
5.3.1.6	Phosphopentose isomerase, Ribose-5-phosphate isomerase, v. 1 | p. 277	
2.7.1.69	phosphoprotein factor-hexose phosphotransferase, protein-Npi-phosphohistidine-sugar phosphotransferase, v. 36 | p. 207	
3.6.1.1	phosphoprotein p26.1, inorganic diphosphatase, v. 15 | p. 240	
3.1.3.48	phosphoprotein phosphatase (phosphotyrosine), protein-tyrosine-phosphatase, v. 10 | p. 407	
2.7.3.9	phosphopyruvate-protein factor phosphotransferase, phosphoenolpyruvate-protein phosphotransferase, v. 37 | p. 414	
2.7.3.9	phosphopyruvate-protein phosphotransferase, phosphoenolpyruvate-protein phosphotransferase, v. 37 | p. 414	
2.5.1.7	phosphopyruvate-uridine diphosphoacetylglucosamine pyruvatetransferase, UDP-N-acetylglucosamine 1-carboxyvinyltransferase, v. 33 | p. 443	
4.1.1.49	phosphopyruvate carboxykinase, phosphoenolpyruvate carboxykinase (ATP), v. 3 | p. 297	
4.1.1.32	phosphopyruvate carboxykinase, phosphoenolpyruvate carboxykinase (GTP), v. 3 | p. 195	
4.1.1.38	phosphopyruvate carboxykinase, phosphoenolpyruvate carboxykinase (diphosphate), v. 3 | p. 239	
4.1.1.49	Phosphopyruvate carboxykinase (adenosine triphosphate), phosphoenolpyruvate carboxykinase (ATP), v. 3 | p. 297	
4.1.1.32	phosphopyruvate carboxylase, phosphoenolpyruvate carboxykinase (GTP), v. 3 | p. 195	

4.1.1.38	phosphopyruvate carboxylase, phosphoenolpyruvate carboxykinase (diphosphate), v. 3 | p. 239
4.1.1.32	phosphopyruvate carboxylase (GTP), phosphoenolpyruvate carboxykinase (GTP), v. 3 | p. 195
4.1.1.38	phosphopyruvate carboxylase (pyrophosphate), phosphoenolpyruvate carboxykinase (diphosphate), v. 3 | p. 239
3.1.3.43	phosphopyruvate dehydrogenase phosphatase, [pyruvate dehydrogenase (acetyl-transferring)]-phosphatase, v. 10 | p. 381
3.1.3.16	phosphopyruvate dehydrogenase phosphatase, phosphoprotein phosphatase, v. 10 | p. 213
4.2.1.11	Phosphopyruvate hydratase, phosphopyruvate hydratase, v. 4 | p. 312
2.7.9.2	phosphopyruvate synthetase, phosphopyruvate, pyruvate, water dikinase, v. 39 | p. 166
2.7.3.8	phosphoramidate-adenosine diphosphate phosphotransferase, ammonia kinase, v. 37 | p. 411
2.7.3.8	phosphoramidate-ADP-phosphotransferase, ammonia kinase, v. 37 | p. 411
2.7.1.62	phosphoramidate-hexose transphosphorylase, phosphoramidate-hexose phosphotransferase, v. 36 | p. 155
2.7.1.62	phosphoramidic-hexose transphosphorylase, phosphoramidate-hexose phosphotransferase, v. 36 | p. 155
5.3.1.6	Phosphoriboisomerase, Ribose-5-phosphate isomerase, v. 1 | p. 277
5.4.2.7	Phosphoribomutase, phosphopentomutase, v. 1 | p. 535
5.3.1.6	5-Phosphoribose isomerase, Ribose-5-phosphate isomerase, v. 1 | p. 277
2.4.2.14	phosphoribose pyrophosphate amidotransferase, amidophosphoribosyltransferase, v. 33 | p. 152
2.7.6.1	5-phosphoribose pyrophosphorylase, ribose-phosphate diphosphokinase, v. 38 | p. 1
5.3.1.16	5-phosphoribosyl, 1-(5-phosphoribosyl)-5-[(5-phosphoribosylamino)methylideneamino]imidazole-4-carboxamide isomerase, v. 1 | p. 335
2.7.7.61	2'-(5'-phosphoribosyl)-3'-dephospho-CoA transferase, citrate lyase holo-[acyl-carrier protein] synthase, v. 38 | p. 565
5.3.1.16	1-(5-phosphoribosyl)-5-[(5-phosphoribosylamino)methylideneamino]imidazole-4-carboxamide ketol-isomerase, 1-(5-phosphoribosyl)-5-[(5-phosphoribosylamino)methylideneamino]imidazole-4-carboxamide isomerase, v. 1 | p. 335
5.3.1.16	1-(5-phosphoribosyl)-5-[(5-phosphoribosylamino)methylideneamino]imidazole-4-carboxamide isomerase, 1-(5-phosphoribosyl)-5-[(5-phosphoribosylamino)methylideneamino]imidazole-4-carboxamide isomerase, v. 1 | p. 335
2.4.2.17	N-1-(5'-phosphoribosyl)-ATP transferase, ATP phosphoribosyltransferase, v. 33 | p. 173
5.3.1.24	N-(5'-phosphoribosyl)anthranilate isomerase, phosphoribosylanthranilate isomerase, v. 1 | p. 353
2.7.6.1	5-phosphoribosyl-α-1-pyrophosphate synthetase, ribose-phosphate diphosphokinase, v. 38 | p. 1
2.4.2.14	5-phosphoribosyl-1-pyrophosphate amidotransferase, amidophosphoribosyltransferase, v. 33 | p. 152
2.4.2.14	α-5-phosphoribosyl-1-pyrophosphate amidotransferase, amidophosphoribosyltransferase, v. 33 | p. 152
2.7.6.1	5-phosphoribosyl-1-pyrophosphate synthetase, ribose-phosphate diphosphokinase, v. 38 | p. 1
5.3.1.16	phosphoribosyl-5-amino-1-phosphoribosyl-4-imidazolecarboxamide isomerase, 1-(5-phosphoribosyl)-5-[(5-phosphoribosylamino)methylideneamino]imidazole-4-carboxamide isomerase, v. 1 | p. 335
2.1.2.3	5'-phosphoribosyl-5-amino-4-imidazolecarboxamide formyltransferase, phosphoribosylaminoimidazolecarboxamide formyltransferase, v. 29 | p. 32
4.1.1.21	5-Phosphoribosyl-5-aminoimidazole carboxylase, phosphoribosylaminoimidazole carboxylase, v. 3 | p. 122
6.3.3.1	5'-Phosphoribosyl-5-aminoimidazole synthetase, phosphoribosylformylglycinamidine cyclo-ligase, v. 2 | p. 530

6.3.3.1	Phosphoribosyl-aminoimidazole synthetase, phosphoribosylformylglycinamidine cyclo-ligase, v. 2 | p. 530
2.4.2.18	phosphoribosyl-anthranilate pyrophosphorylase, anthranilate phosphoribosyltransferase, v. 33 | p. 181
2.4.2.17	phosphoribosyl-ATP:pyrophosphate-phosphoribosyl phosphotransferase, ATP phosphoribosyltransferase, v. 33 | p. 173
3.6.1.31	phosphoribosyl-ATP pyrophosphatase, phosphoribosyl-ATP diphosphatase, v 15 | p. 443
2.4.2.17	phosphoribosyl-ATP pyrophosphorylase, ATP phosphoribosyltransferase, v. 33 | p. 173
2.7.6.1	phosphoribosyl-diphosphate synthetase, ribose-phosphate diphosphokinase, v. 38 | p. 1
3.5.4.19	phosphoribosyladenosine monophosphate cyclohydrolase, phosphoribosyl-AMP cyclohydrolase, v. 15 | p. 137
3.6.1.31	phosphoribosyladenosine triphosphate pyrophosphatase, phosphoribosyl-ATP diphosphatase, v. 15 | p. 443
2.4.2.17	phosphoribosyladenosine triphosphate pyrophosphorylase, ATP phosphoribosyltransferase, v. 33 | p. 173
2.4.2.17	phosphoribosyladenosine triphosphate synthetase, ATP phosphoribosyltransferase, v. 33 | p. 173
6.3.4.7	5-Phosphoribosylamine synthetase, Ribose-5-phosphate-ammonia ligase, v. 2 | p. 608
6.3.2.6	Phosphoribosylaminoimidazolesuccinocarboxamide synthetase, phosphoribosylaminoimidazolesuccinocarboxamide synthase, v. 2 | p. 434
6.3.2.6	phosphoribosylaminoimidazole succinocarboxamide synthetase, phosphoribosylaminoimidazolesuccinocarboxamide synthase, v. 2 | p. 434
6.3.3.1	Phosphoribosylaminoimidazole synthetase, phosphoribosylformylglycinamidine cyclo-ligase, v. 2 | p. 530
6.3.3.1	phosphoribosyl aminoimidazole synthetase, phosphoribosylformylglycinamidine cyclo-ligase, v. 2 | p. 530
5.3.1.24	phosphoribosyl anthranilate isomerase, phosphoribosylanthranilate isomerase, v. 1 | p. 353
4.1.1.48	Phosphoribosylanthranilate isomerase-indoleglycerol phosphate synthetase, indole-3-glycerol-phosphate synthase, v. 3 | p. 289
2.4.2.18	phosphoribosylanthranilate pyrophosphorylase, anthranilate phosphoribosyltransferase, v. 33 | p. 181
2.4.2.18	phosphoribosylanthranilate transferase, anthranilate phosphoribosyltransferase, v. 33 | p. 181
2.4.2.17	phosphoribosyl ATP:pyrophosphate phosphoribosyltransferase, ATP phosphoribosyltransferase, v. 33 | p. 173
2.4.2.17	phosphoribosyl ATP synthetase, ATP phosphoribosyltransferase, v. 33 | p. 173
2.4.2.14	phosphoribosyldiphosphate 5-amidotransferase, amidophosphoribosyltransferase, v. 33 | p. 152
5.3.1.16	Phosphoribosylformimino-5-aminoimidazole carboxamide ribotide isomerase, 1-(5-phosphoribosyl)-5-[(5-phosphoribosylamino)methylideneamino]imidazole-4-carboxamide isomerase, v. 1 | p. 335
6.3.5.3	phosphoribosylformylglycinamidine synthase II, phosphoribosylformylglycinamidine synthase, v. 2 | p. 666
6.3.5.3	5'-phosphoribosylformyl glycinamidine synthetase, phosphoribosylformylglycinamidine synthase, v. 2 | p. 666
6.3.5.3	Phosphoribosylformylglycinamidine synthetase, phosphoribosylformylglycinamidine synthase, v. 2 | p. 666
6.3.5.3	Phosphoribosylformylglycineamidine synthetase, phosphoribosylformylglycinamidine synthase, v. 2 | p. 666
2.1.2.2	phosphoribosylglycinamide formyltransferase, phosphoribosylglycinamide formyltransferase, v. 29 | p. 19
6.3.4.13	5'-Phosphoribosylglycinamide synthetase, phosphoribosylamine-glycine ligase, v. 2 | p. 626
6.3.4.13	Phosphoribosylglycinamide synthetase, phosphoribosylamine-glycine ligase, v. 2 | p. 626
6.3.4.13	Phosphoribosylglycineamide synthetase, phosphoribosylamine-glycine ligase, v. 2 | p. 626

5-Phosphoribosylimidazoleacetate synthetase

6.3.4.8	5-Phosphoribosylimidazoleacetate synthetase, Imidazoleacetate-phosphoribosyldiphosphate ligase, v.2 | p.611
2.4.2.14	5'-phosphoribosylpyrophosphate amidotransferase, amidophosphoribosyltransferase, v.33 | p.152
2.4.2.14	5-phosphoribosylpyrophosphate amidotransferase, amidophosphoribosyltransferase, v.33 | p.152
2.4.2.14	phosphoribosyl pyrophosphate amidotransferase, amidophosphoribosyltransferase, v.33 | p.152
2.4.2.14	phosphoribosylpyrophosphate glutamyl amidotransferase, amidophosphoribosyltransferase, v.33 | p.152
2.7.6.1	phosphoribosylpyrophosphate synthase, ribose-phosphate diphosphokinase, v.38 | p.1
2.7.6.1	phosphoribosyl pyrophosphate synthase 1 (PRS-1), ribose-phosphate diphosphokinase, v.38 | p.1
2.7.6.1	phosphoribosyl pyrophosphate synthase enzyme, ribose-phosphate diphosphokinase, v.38 | p.1
2.7.6.1	phosphoribosylpyrophosphate synthetase, ribose-phosphate diphosphokinase, v.38 | p.1
2.7.6.1	phosphoribosylpyrophosphate synthetase 1, ribose-phosphate diphosphokinase, v.38 | p.1
2.7.6.1	phosphoribosylpyrophosphate synthetase subunit 1, ribose-phosphate diphosphokinase, v.38 | p.1
2.4.2.8	phosphoribosyltransferase, 6-mercaptopurine, hypoxanthine phosphoribosyltransferase, v.33 | p.95
2.4.2.7	phosphoribosyltransferase, adenine, adenine phosphoribosyltransferase, v.33 | p.79
2.4.2.17	phosphoribosyltransferase, adenosine triphosphate, ATP phosphoribosyltransferase, v.33 | p.173
2.4.2.18	phosphoribosyltransferase, anthranilate, anthranilate phosphoribosyltransferase, v.33 | p.181
2.4.2.20	phosphoribosyltransferase, dioxotetrahydropyrimidine, dioxotetrahydropyrimidine phosphoribosyltransferase, v.33 | p.199
2.4.2.8	phosphoribosyltransferase, hypoxanthine, hypoxanthine phosphoribosyltransferase, v.33 | p.95
2.4.2.12	phosphoribosyltransferase, nicotinamide, nicotinamide phosphoribosyltransferase, v.33 | p.146
2.4.2.21	phosphoribosyltransferase, nicotinate mononucleotide-dimethylbenzimidazole, nicotinate-nucleotide-dimethylbenzimidazole phosphoribosyltransferase, v.33 | p.201
2.4.2.10	phosphoribosyltransferase, orotate, orotate phosphoribosyltransferase, v.33 | p.127
2.4.2.9	phosphoribosyltransferase, uracil, uracil phosphoribosyltransferase, v.33 | p.116
2.4.2.22	phosphoribosyltransferase, xanthine, xanthine phosphoribosyltransferase, v.33 | p.206
5.1.3.1	Phosphoribulose epimerase, Ribulose-phosphate 3-epimerase, v.1 | p.91
5.1.3.4	Phosphoribulose isomerase, L-ribulose-5-phosphate 4-epimerase, v.1 | p.123
2.7.1.19	5-phosphoribulose kinase, phosphoribulokinase, v.35 | p.241
3.1.4.1	phosphoric diester hydrolase, phosphodiesterase I, v.11 | p.1
2.4.2.14	5-phosphororibosyl-1-pyrophosphate amidotransferase, amidophosphoribosyltransferase, v.33 | p.152
3.2.1.122	6-phosphoryl-O-α-D-glucopyranosyl:6phosphoglucohydrolase, maltose-6'-phosphate glucosidase, v.13 | p.499
3.2.1.122	6-phosphoryl-O-α-D-glucopyranosyl:phosphoglucohydrolase, maltose-6'-phosphate glucosidase, v.13 | p.499
2.4.1.1	phosphorylase, α-glucan, phosphorylase, v.31 | p.1
2.4.1.97	phosphorylase, 1,3-β-glucan, 1,3-β-D-glucan phosphorylase, v.32 | p.52
2.4.1.30	phosphorylase, 1,3-β-oligoglucan, 1,3-β-oligoglucan phosphorylase, v.31 | p.302
2.4.1.49	phosphorylase, cellodextrin, cellodextrin phosphorylase, v.31 | p.434
2.4.2.23	phosphorylase, deoxyuridine, deoxyuridine phosphorylase, v.33 | p.215
2.4.2.15	phosphorylase, guanosine, guanosine phosphorylase, v.33 | p.168
2.4.1.8	phosphorylase, maltose, maltose phosphorylase, v.31 | p.67

2.4.2.28	phosphorylase, methylthioadenosine, S-methyl-5'-thioadenosine phosphorylase, v. 33	p. 236
2.4.2.1	phosphorylase, purine nucleoside, purine-nucleoside phosphorylase, v. 33	p. 1
2.4.2.2	phosphorylase, pyrimidine nucleoside, pyrimidine-nucleoside phosphorylase, v. 33	p. 34
2.4.2.4	phosphorylase, thymidine, thymidine phosphorylase, v. 33	p. 52
2.4.1.64	phosphorylase, trehalose, α,α-trehalose phosphorylase, v. 31	p. 482
2.4.2.16	phosphorylase, urate ribonucleotide, urate-ribonucleotide phosphorylase, v. 33	p. 170
2.4.2.3	phosphorylase, uridine, uridine phosphorylase, v. 33	p. 39
2.4.1.1	phosphorylase a, phosphorylase, v. 31	p. 1
3.1.3.17	phosphorylase a phosphatase, [phosphorylase] phosphatase, v. 10	p. 235
2.4.1.1	phosphorylase b, phosphorylase, v. 31	p. 1
2.7.11.19	Phosphorylase b kinase, phosphorylase kinase, v. S4	p. 89
2.7.11.19	phosphorylase B kinase GAMMA catalytic chain, phosphorylase kinase, v. S4	p. 89
2.7.11.19	phosphorylase B kinase γ catalytic chain, skeletal muscle isoform, phosphorylase kinase, v. S4	p. 89
2.7.11.19	phosphorylase B kinase γ catalytic chain, testis/liver, phosphorylase kinase, v. S4	p. 89
2.7.11.19	phosphorylase B kinase γ catalytic chain, testis/liver isoform, phosphorylase kinase, v. S4	p. 89
2.7.11.1	phosphorylase b kinase kinase, non-specific serine/threonine protein kinase, v. S3	p. 1
2.7.11.19	phosphorylase kinase, phosphorylase kinase, v. S4	p. 89
2.7.11.19	phosphorylase kinase-b, phosphorylase kinase, v. S4	p. 89
3.1.3.17	phosphorylase phosphatase, [phosphorylase] phosphatase, v. 10	p. 235
1.2.1.13	phosphorylating glyceraldehyde-3-phosphate dehydrogenase, glyceraldehyde-3-phosphate dehydrogenase (NADP+) (phosphorylating), v. 20	p. 163
1.2.1.12	phosphorylating NAD+-dependent GAPDH, glyceraldehyde-3-phosphate dehydrogenase (phosphorylating), v. 20	p. 135
2.7.8.3	phosphorylcholine-ceramide transferase, ceramide cholinephosphotransferase, v. 39	p. 31
2.7.8.2	phosphorylcholine-glyceride transferase, diacylglycerol cholinephosphotransferase, v. 39	p. 14
2.7.8.10	phosphorylcholine-sphingosine transferase, sphingosine cholinephosphotransferase, v. 39	p. 78
2.7.7.15	phosphorylcholine:CTP cytidylyltransferase, choline-phosphate cytidylyltransferase, v. 38	p. 224
2.7.7.15	phosphorylcholine cytidylyltransferase, choline-phosphate cytidylyltransferase, v. 38	p. 224
2.7.8.2	phosphorylcholine glyceride transferase, diacylglycerol cholinephosphotransferase, v. 39	p. 14
3.1.3.75	phosphorylcholine phosphatase, phosphoethanolamine/phosphocholine phosphatase, v. S5	p. 80
2.7.7.15	phosphorylcholine transferase, choline-phosphate cytidylyltransferase, v. 38	p. 224
4.2.3.2	O-phosphorylethanol-amine phospho-lyase, ethanolamine-phosphate phospho-lyase, v. S7	p. 182
2.7.8.1	phosphorylethanolamine-glyceride transferase, ethanolaminephosphotransferase, v. 39	p. 1
2.7.7.14	phosphorylethanolamine transferase, ethanolamine-phosphate cytidylyltransferase, v. 38	p. 219
5.3.1.9	Phosphosaccharomutase, Glucose-6-phosphate isomerase, v. 1	p. 298
2.5.1.65	O-phosphoserine(thiol)-lyase, O-phosphoserine sulfhydrylase, v. S2	p. 207
3.1.3.3	phosphoserine:homoserine phosphotransferase, phosphoserine phosphatase, v. 10	p. 77
2.6.1.52	3-phosphoserine aminotransferase, phosphoserine transaminase, v. 34	p. 588
2.6.1.52	L-phosphoserine aminotransferase, phosphoserine transaminase, v. 34	p. 588
2.6.1.52	phosphoserine aminotransferase, phosphoserine transaminase, v. 34	p. 588
3.1.3.3	3-phosphoserine phosphatase, phosphoserine phosphatase, v. 10	p. 77
3.1.3.3	L-phosphoserine phosphatase, phosphoserine phosphatase, v. 10	p. 77
3.1.3.3	O-phosphoserine phosphohydrolase, phosphoserine phosphatase, v. 10	p. 77

2.5.1.65	O-phosphoserine specific cysteine synthase, O-phosphoserine sulfhydrylase, v. S2 | p. 207
2.5.1.19	3-phosphoshikimate 1-carboxyvinyl-transferase, 3-phosphoshikimate 1-carboxyvinyl-transferase, v. 33 | p. 546
2.5.1.19	3-phosphoshikimate 1-carboxyvinyltransferase, 3-phosphoshikimate 1-carboxyvinyl-transferase, v. 33 | p. 546
3.1.3.16	phosphospectrin phosphatase, phosphoprotein phosphatase, v. 10 | p. 213
3.1.3.71	phosphosulfolactate phosphohydrolase, 2-phosphosulfolactate phosphatase, v. S5 | p. 57
4.4.1.19	phosphosulfolactate synthase, phosphosulfolactate synthase, v. S7 | p. 385
2.7.1.144	phosphotagatokinase, tagatose-6-phosphate kinase, v. 37 | p. 210
3.1.3.16	phosphothreonine/serine-specific PP, phosphoprotein phosphatase, v. 10 | p. 213
3.1.4.11	phosphotidylinositol 4,5-bisphosphate-specific phospholipase C, phosphoinositide phospholipase C, v. 11 | p. 75
2.3.1.8	phosphotransacetylase, phosphate acetyltransferase, v. 29 | p. 291
2.3.1.8	phosphotransacetylase EutD, phosphate acetyltransferase, v. 29 | p. 291
2.3.1.8	phosphotransacetylase Pta, phosphate acetyltransferase, v. 29 | p. 291
2.3.1.19	phosphotransbutyrylase, phosphate butyryltransferase, v. 29 | p. 391
2.7.1.160	2'-phosphotransferase, 2'-phosphotransferase, v. S2 | p. 287
2.7.1.61	phosphotransferase, acyl phosphate-hexose, acyl-phosphate-hexose phosphotransferase, v. 36 | p. 151
2.7.1.118	phosphotransferase, adenosine diphosphate-thymidine, ADP-thymidine kinase, v. 37 | p. 50
2.7.4.17	phosphotransferase, diphosphoglycerate-polyphosphate, 3-phosphoglyceroyl-phosphate-polyphosphate phosphotransferase, v. 37 | p. 604
2.7.4.20	phosphotransferase, dolichol diphosphate-polyphosphate, dolichyl-diphosphate-polyphosphate phosphotransferase, v. 37 | p. 611
2.7.1.119	phosphotransferase, hygromycin B, hygromycin-B 7-O-kinase, v. 37 | p. 52
2.7.1.136	phosphotransferase, macrolide 2'-, macrolide 2'-kinase, v. 37 | p. 166
2.7.1.77	phosphotransferase, nucleoside, nucleoside phosphotransferase, v. 36 | p. 265
2.7.3.9	phosphotransferase, phosphoenolpyruvate-protein, phosphoenolpyruvate-protein phosphotransferase, v. 37 | p. 414
2.7.1.121	phosphotransferase, phosphohistidinoprotein-dihydroxyacetone, phosphoenolpyruvate-glycerone phosphotransferase, v. 37 | p. 60
2.7.1.69	phosphotransferase, phosphohistidinoprotein-hexose, protein-Npi-phosphohistidine-sugar phosphotransferase, v. 36 | p. 207
2.7.1.62	phosphotransferase, phosphoramidate-hexose, phosphoramidate-hexose phosphotransferase, v. 36 | p. 155
2.7.1.63	phosphotransferase, polyphosphate-glucose, polyphosphate-glucose phosphotransferase, v. 36 | p. 157
2.7.2.12	phosphotransferase, pyrophosphate-acetate, acetate kinase (diphosphate), v. 37 | p. 358
2.7.1.90	phosphotransferase, pyrophosphate-D-fructose 6-phosphate 1-, diphosphate-fructose-6-phosphate 1-phosphotransferase, v. 36 | p. 331
2.7.1.79	phosphotransferase, pyrophosphate-glycerol, diphosphate-glycerol phosphotransferase, v. 36 | p. 295
2.7.99.1	phosphotransferase, pyrophosphate-protein, triphosphate-protein phosphotransferase, v. S4 | p. 475
2.7.1.80	phosphotransferase, pyrophosphate-serine, diphosphate-serine phosphotransferase, v. 36 | p. 297
2.7.1.42	phosphotransferase, riboflavin, riboflavin phosphotransferase, v. 36 | p. 70
2.7.1.122	phosphotransferase, xylitol, xylitol kinase, v. 37 | p. 62
2.7.3.9	phosphotransferase enzyme I, phosphoenolpyruvate-protein phosphotransferase, v. 37 | p. 414
3.2.1.93	α,α-phosphotrehalase, α,α-phosphotrehalase, v. 13 | p. 341
3.2.1.93	phosphotrehalase, α,α-phosphotrehalase, v. 13 | p. 341
2.4.1.15	phosphotrehalose-uridine diphosphate transglucosylase, α,α-trehalose-phosphate synthase (UDP-forming), v. 31 | p. 137

3.1.8.1	phosphotriesterase, aryldialkylphosphatase, v. 11 | p. 343	
5.3.1.1	Phosphotriose isomerase, Triose-phosphate isomerase, v. 1 | p. 235	
3.1.3.48	phosphotyrosine-specific PP, protein-tyrosine-phosphatase, v. 10 | p. 407	
3.1.3.48	[phosphotyrosine]protein phosphatase, protein-tyrosine-phosphatase, v. 10 | p. 407	
3.1.3.48	phosphotyrosine histone phosphatase, protein-tyrosine-phosphatase, v. 10 | p. 407	
3.1.3.2	phosphotyrosine phosphatase, acid phosphatase, v. 10 | p. 31	
3.1.3.48	phosphotyrosine phosphatase, protein-tyrosine-phosphatase, v. 10 | p. 407	
3.1.3.48	Phosphotyrosine phosphatase 1γ, protein-tyrosine-phosphatase, v. 10 | p. 407	
3.1.3.48	phosphotyrosine phosphatase 1B, protein-tyrosine-phosphatase, v. 10 | p. 407	
3.1.3.48	phosphotyrosine protein phosphatase, protein-tyrosine-phosphatase, v. 10 | p. 407	
2.7.10.2	phosphotyrosyl-protein kinase, non-specific protein-tyrosine kinase, v. S2 | p. 441	
3.1.3.48	phosphotyrosylprotein phosphatase, protein-tyrosine-phosphatase, v. 10 | p. 407	
5.3.1.8	Phosphhexomutase, Mannose-6-phosphate isomerase, v. 1 | p. 289	
1.13.12.7	Photinus luciferin 4-monooxygenase (ATP-hydrolyzing), Photinus-luciferin 4-monooxygenase (ATP-hydrolysing), v. 25 | p. 711	
1.13.12.7	Photinus pyralis luciferase, Photinus-luciferin 4-monooxygenase (ATP-hydrolysing), v. 25 | p. 711	
4.1.99.3	photolyase, deoxyribodipyrimidine photo-lyase, v. 4 | p. 223	
4.1.99.3	photoreactivating enzyme, deoxyribodipyrimidine photo-lyase, v. 4 | p. 223	
3.6.5.1	photoreceptor-specific G protein, heterotrimeric G-protein GTPase, v. S6 | p. 462	
4.6.1.2	photoreceptor guanylyl cyclase, guanylate cyclase, v. 5 | p. 430	
3.1.3.18	photorespiratory enzyme, phosphoglycolate phosphatase, v. 10 | p. 242	
1.13.12.8	Photorhabdus luminescens luciferase, Watasenia-luciferin 2-monooxygenase, v. 25 | p. 722	
1.2.1.13	photosynthetic GAPDH, glyceraldehyde-3-phosphate dehydrogenase (NADP+) (phosphorylating), v. 20 | p. 163	
3.4.21.102	photosystem D1 protein precursor carboxyl-terminal processing protease, C-terminal processing peptidase, v. 7 | p. 493	
3.4.21.102	photosystem II D1 C-terminal processing protease, C-terminal processing peptidase, v. 7 | p. 493	
3.4.21.102	photosystem II D1 protein, C-terminal processing peptidase, v. 7 | p. 493	
3.4.21.102	photosystem II D1 protein processing proteinase, C-terminal processing peptidase, v. 7 | p. 493	
2.7.11.1	Phototropin, non-specific serine/threonine protein kinase, v. S3 | p. 1	
1.6.3.1	phox, NAD(P)H oxidase, v. 24 | p. 92	
3.1.3.1	phox, alkaline phosphatase, v. 10 | p. 1	
1.14.14.1	PHP2, unspecific monooxygenase, v. 26 | p. 584	
1.14.14.1	PHP3, unspecific monooxygenase, v. 26 | p. 584	
3.5.1.23	PHP32, ceramidase, v. 14 | p. 367	
3.4.11.10	PhpA, bacterial leucyl aminopeptidase, v. 6 | p. 125	
4.1.1.83	pHPA decarboxylase, 4-hydroxyphenylacetate decarboxylase, v. S7 | p. 15	
1.14.14.1	P-450 PHPAH1, unspecific monooxygenase, v. 26 | p. 584	
6.2.1.3	PhpLL1, Long-chain-fatty-acid-CoA ligase, v. 2 | p. 206	
2.4.2.8	PhPRT, hypoxanthine phosphoribosyltransferase, v. 33 | p. 95	
4.1.99.3	PHR, deoxyribodipyrimidine photo-lyase, v. 4 | p. 223	
1.14.13.7	PHR, phenol 2-monooxygenase, v. 26 | p. 246	
4.1.99.3	PHR1, deoxyribodipyrimidine photo-lyase, v. 4 | p. 223	
4.1.99.3	PHR2, deoxyribodipyrimidine photo-lyase, v. 4 | p. 223	
4.1.99.3	phrA, deoxyribodipyrimidine photo-lyase, v. 4 | p. 223	
4.1.99.3	phr A photolyase, deoxyribodipyrimidine photo-lyase, v. 4 | p. 223	
4.1.99.3	PhrB photolyase, deoxyribodipyrimidine photo-lyase, v. 4 | p. 223	
4.2.1.96	PHS, 4a-hydroxytetrahydrobiopterin dehydratase, v. 4 | p. 665	
1.14.99.1	PHS, prostaglandin-endoperoxide synthase, v. 27 | p. 246	
1.14.99.1	PHS-1, prostaglandin-endoperoxide synthase, v. 27 | p. 246	
4.2.1.96	PHS/PCD, 4a-hydroxytetrahydrobiopterin dehydratase, v. 4 | p. 665	
2.3.1.138	PHT, putrescine N-hydroxycinnamoyltransferase, v. 30 | p. 361	

3.6.3.27	PHT1, phosphate-transporting ATPase, v. 15	p. 649	
3.6.3.27	PHT1;1, phosphate-transporting ATPase, v. 15	p. 649	
1.14.12.7	phthalate dioxygenase, phthalate 4,5-dioxygenase, v. 26	p. 140	
3.5.1.79	o-Phthalyl amidase, Phthalyl amidase, v. 14	p. 598	
3.1.1.75	PHV depolymerase, poly(3-hydroxybutyrate) depolymerase, v. 9	p. 437	
3.1.3.26	Phy, 4-phytase, v. 10	p. 289	
3.1.3.26	Phy1, 4-phytase, v. 10	p. 289	
3.1.3.26	168phyA, 4-phytase, v. 10	p. 289	
3.1.3.8	PhyA, 3-phytase, v. 10	p. 129	
3.1.3.26	PhyA, 4-phytase, v. 10	p. 289	
3.1.3.26	PhyA1, 4-phytase, v. 10	p. 289	
3.1.3.26	r-PhyA170, 4-phytase, v. 10	p. 289	
3.1.3.26	PhyA2, 4-phytase, v. 10	p. 289	
3.1.3.26	r-PhyA86, 4-phytase, v. 10	p. 289	
3.1.3.8	PhyA phytase, 3-phytase, v. 10	p. 129	
3.1.3.26	PhyA phytase, 4-phytase, v. 10	p. 289	
3.1.3.26	PhyB, 4-phytase, v. 10	p. 289	
3.1.3.8	PhyC, 3-phytase, v. 10	p. 129	
1.3.7.5	phycocyanobilin-ferredoxin oxidoreductase, phycocyanobilin:ferredoxin oxidoreductase, v. 21	p. 460	
1.14.11.18	PhyH, phytanoyl-CoA dioxygenase, v. 26	p. 111	
3.1.3.8	PhyK, 3-phytase, v. 10	p. 129	
3.1.3.8	phyL, 3-phytase, v. 10	p. 129	
3.1.3.26	phyL, 4-phytase, v. 10	p. 289	
3.2.1.15	phylendonase, polygalacturonase, v. 12	p. 208	
1.14.99.20	phylloquinone epoxidase, phylloquinone monooxygenase (2,3-epoxidizing), v. 27	p. 342	
1.1.4.1	phylloquinone epoxide reductase, vitamin-K-epoxide reductase (warfarin-sensitive), v. 19	p. 253	
1.3.1.74	Phylloquinone reductase, 2-alkenal reductase, v. 21	p. 336	
1.6.5.2	Phylloquinone reductase, NAD(P)H dehydrogenase (quinone), v. 24	p. 105	
1.6.5.5	Phylloquinone reductase, NADPH:quinone reductase, v. 24	p. 135	
3.4.21.103	physarolisin, physarolisin, v. S5	p. 308	
3.4.21.103	physarolysin II, physarolisin, v. S5	p. 308	
3.4.21.103	Physarum aspartic proteinase, physarolisin, v. S5	p. 308	
3.1.30.1	Physarum polycephalum nuclease, Aspergillus nuclease S1, v. 11	p. 610	
3.6.3.14	Physophilin, H+-transporting two-sector ATPase, v. 15	p. 598	
1.14.11.18	Phytanic acid oxidase, phytanoyl-CoA dioxygenase, v. 26	p. 111	
1.14.11.18	Phytanoyl-CoA α-hydroxylase, phytanoyl-CoA dioxygenase, v. 26	p. 111	
1.14.11.18	phytanoyl-CoA 2-hydroxylase, phytanoyl-CoA dioxygenase, v. 26	p. 111	
1.14.11.18	phytanoyl-CoA hydroxylase, phytanoyl-CoA dioxygenase, v. 26	p. 111	
6.2.1.24	Phytanoyl-CoA ligase, Phytanate-CoA ligase, v. 2	p. 311	
6.2.1.24	Phytanoyl-CoA synthetase, Phytanate-CoA ligase, v. 2	p. 311	
3.1.3.8	1-phytase, 3-phytase, v. 10	p. 129	
3.1.3.8	3'-phytase, 3-phytase, v. 10	p. 129	
3.1.3.8	3-phytase, 3-phytase, v. 10	p. 129	
3.1.3.26	4-phytase, 4-phytase, v. 10	p. 289	
3.1.3.26	6'-phytase, 4-phytase, v. 10	p. 289	
3.1.3.26	6-phytase, 4-phytase, v. 10	p. 289	
3.1.3.8	phytase, 3-phytase, v. 10	p. 129	
3.1.3.26	phytase, 4-phytase, v. 10	p. 289	
3.1.3.72	phytase, 5-phytase, v. S5	p. 61	
3.1.3.8	3-phytase A, 3-phytase, v. 10	p. 129	
3.1.3.8	phytase A, 3-phytase, v. 10	p. 129	
3.1.3.26	phytase B, 4-phytase, v. 10	p. 289	
3.1.3.72	phytaseed, 5-phytase, v. S5	p. 61	

3.1.3.72	phytase novo L, 5-phytase, v. S5	p. 61
3.1.3.8	phytate 1-phosphatase, 3-phytase, v. 10	p. 129
3.1.3.8	Phytate 3-phosphatase, 3-phytase, v. 10	p. 129
3.1.3.8	phytate 6-phosphatase, 3-phytase, v. 10	p. 129
3.1.3.26	phytate 6-phosphatase, 4-phytase, v. 10	p. 289
3.1.3.72	phytate phosphatase, 5-phytase, v. S5	p. 61
3.1.3.26	6-phythase, 4-phytase, v. 10	p. 289
3.5.1.23	phytoalkaline ceramidase, ceramidase, v. 14	p. 367
3.5.1.23	phytoCDase, ceramidase, v. 14	p. 367
2.3.2.15	phytochelatin synthase, glutathione γ-glutamylcysteinyltransferase, v. 30	p. 576
6.3.2.3	Phytochelatin synthetase, Glutathione synthase, v. 2	p. 410
3.1.3.16	phytochrome-associated protein phosphatase type 2C, phosphoprotein phosphatase, v. 10	p. 213
2.7.13.3	phytochrome-like protein cph1 (light-regulated histidine), histidine kinase, v. S4	p. 420
1.3.7.4	phytochromobilin synthase, phytochromobilin:ferredoxin oxidoreductase, v. 21	p. 457
2.5.1.32	phytoene-synthetase, phytoene synthase, v. 34	p. 21
2.5.1.32	phytoene synthase, phytoene synthase, v. 34	p. 21
2.5.1.32	phytoene synthetase, phytoene synthase, v. 34	p. 21
4.2.2.10	phytolyase, pectin lyase, v. 5	p. 55
2.1.1.41	phytosterol methyltransferase, sterol 24-C-methyltransferase, v. 28	p. 220
3.1.3.26	PHY US417, 4-phytase, v. 10	p. 289
3.1.3.26	Phyzyme XP, 4-phytase, v. 10	p. 289
3.3.2.1	PhzD, isochorismatase, v. 14	p. 142
2.6.1.86	PhzE, 2-amino-4-deoxychorismate synthase	
3.4.23.1	P I, pepsin A, v. 8	p. 1
2.7.1.150	PI(3)P 5-kinase, 1-phosphatidylinositol-3-phosphate 5-kinase, v. 37	p. 234
2.7.1.68	PI(4)P 5-kinase, 1-phosphatidylinositol-4-phosphate 5-kinase, v. 36	p. 196
3.1.3.36	PI(4,5)P2 5-phosphatase, phosphoinositide 5-phosphatase, v. 10	p. 339
2.7.1.137	PI-3K, phosphatidylinositol 3-kinase, v. 37	p. 170
3.1.3.66	PI-4-phosphatase II, phosphatidylinositol-3,4-bisphosphate 4-phosphatase, v. 10	p. 489
2.7.1.67	PI-4 kinase, 1-phosphatidylinositol 4-kinase, v. 36	p. 176
2.7.1.149	PI-5-phosphate 4-kinase type II, 1-phosphatidylinositol-5-phosphate 4-kinase, v. 37	p. 231
3.4.19.1	pi-APH, acylaminoacyl-peptidase, v. 6	p. 513
3.1.4.50	PI-G PLD, glycosylphosphatidylinositol phospholipase D, v. 11	p. 227
4.6.1.13	PI-PLC, phosphatidylinositol diacylglycerol-lyase, v. S7	p. 421
3.1.4.11	PI-PLC, phosphoinositide phospholipase C, v. 11	p. 75
3.1.4.11	PI-PLC ε, phosphoinositide phospholipase C, v. 11	p. 75
3.1.4.11	PI-PLCβ, phosphoinositide phospholipase C, v. 11	p. 75
3.1.4.11	PI-PLC-β1, phosphoinositide phospholipase C, v. 11	p. 75
3.1.4.11	PI-PLC-ß1, phosphoinositide phospholipase C, v. 11	p. 75
3.1.4.11	PI-PLC β 1, phosphoinositide phospholipase C, v. 11	p. 75
3.1.4.11	PI-PLC β1, phosphoinositide phospholipase C, v. 11	p. 75
3.1.4.11	PI-PLC δ1, phosphoinositide phospholipase C, v. 11	p. 75
3.1.4.11	PI-PLC γ1, phosphoinositide phospholipase C, v. 11	p. 75
3.1.4.11	PI-PLCβ1, phosphoinositide phospholipase C, v. 11	p. 75
3.1.4.11	PI-PLCγ1, phosphoinositide phospholipase C, v. 11	p. 75
3.1.4.11	PI-PLC β3, phosphoinositide phospholipase C, v. 11	p. 75
3.1.4.11	PI-PLC δ3, phosphoinositide phospholipase C, v. 11	p. 75
3.1.4.11	PI-PLC β4, phosphoinositide phospholipase C, v. 11	p. 75
3.1.4.11	PI-PLC δ4, phosphoinositide phospholipase C, v. 11	p. 75
3.1.4.11	PI-PLCβ4, phosphoinositide phospholipase C, v. 11	p. 75
3.1.4.11	PI-specific phospholipase C, phosphoinositide phospholipase C, v. 11	p. 75
3.1.3.2	pi-starvation inducible purple acid phosphatase, acid phosphatase, v. 10	p. 31
1.20.99.1	pI258 arsenate reductase, arsenate reductase (donor), v. 27	p. 601
2.7.1.137	PI 3-K, phosphatidylinositol 3-kinase, v. 37	p. 170

2.7.1.137	PI3-K, phosphatidylinositol 3-kinase, v. 37	p. 170
2.7.1.137	PI3-K-related protein MEC1, phosphatidylinositol 3-kinase, v. 37	p. 170
2.7.1.137	PI 3-kinase, phosphatidylinositol 3-kinase, v. 37	p. 170
2.7.1.154	PI 3-kinase, phosphatidylinositol-4-phosphate 3-kinase, v. 37	p. 245
2.7.1.137	PI3-kinase, phosphatidylinositol 3-kinase, v. 37	p. 170
2.7.1.154	PI 3-kinase C2α, phosphatidylinositol-4-phosphate 3-kinase, v. 37	p. 245
2.7.1.154	PI 3-kinase C2β, phosphatidylinositol-4-phosphate 3-kinase, v. 37	p. 245
2.7.1.154	PI 3-kinase C2γ, phosphatidylinositol-4-phosphate 3-kinase, v. 37	p. 245
3.1.3.67	PI 3-phosphatase, phosphatidylinositol-3,4,5-trisphosphate 3-phosphatase, v. 10	p. 491
2.7.1.137	PI3 K, phosphatidylinositol 3-kinase, v. 37	p. 170
2.7.1.151	PI3K, inositol-polyphosphate multikinase, v. 37	p. 236
2.7.1.137	PI3K, phosphatidylinositol 3-kinase, v. 37	p. 170
2.7.1.153	PI3K, phosphatidylinositol-4,5-bisphosphate 3-kinase, v. 37	p. 241
2.7.1.154	PI3K, phosphatidylinositol-4-phosphate 3-kinase, v. 37	p. 245
2.7.1.153	PI3Kβ, phosphatidylinositol-4,5-bisphosphate 3-kinase, v. 37	p. 241
2.7.1.153	PI3Kδ, phosphatidylinositol-4,5-bisphosphate 3-kinase, v. 37	p. 241
2.7.1.137	PI3Kγ, phosphatidylinositol 3-kinase, v. 37	p. 170
2.7.1.153	PI3Kγ, phosphatidylinositol-4,5-bisphosphate 3-kinase, v. 37	p. 241
2.7.1.154	PI3K-C2α, phosphatidylinositol-4-phosphate 3-kinase, v. 37	p. 245
2.7.1.154	PI3K-C2β, phosphatidylinositol-4-phosphate 3-kinase, v. 37	p. 245
2.7.1.154	PI3K-C2γ, phosphatidylinositol-4-phosphate 3-kinase, v. 37	p. 245
2.7.1.137	PI3K_59F, phosphatidylinositol 3-kinase, v. 37	p. 170
2.7.1.137	PI3K_68D, phosphatidylinositol 3-kinase, v. 37	p. 170
2.7.1.154	PI3K_68D, phosphatidylinositol-4-phosphate 3-kinase, v. 37	p. 245
2.7.1.154	PI3K_C2α, phosphatidylinositol-4-phosphate 3-kinase, v. 37	p. 245
2.7.1.154	PI3K_C2γ, phosphatidylinositol-4-phosphate 3-kinase, v. 37	p. 245
2.7.1.154	PI3KC2α, phosphatidylinositol-4-phosphate 3-kinase, v. 37	p. 245
2.7.1.154	PI3KC2β, phosphatidylinositol-4-phosphate 3-kinase, v. 37	p. 245
2.7.1.154	PI3KC2γ, phosphatidylinositol-4-phosphate 3-kinase, v. 37	p. 245
2.7.1.137	PI3 kinase, phosphatidylinositol 3-kinase, v. 37	p. 170
2.7.1.153	PI3K p110δ, phosphatidylinositol-4,5-bisphosphate 3-kinase, v. 37	p. 241
2.7.1.153	PI3Kp110δ, phosphatidylinositol-4,5-bisphosphate 3-kinase, v. 37	p. 241
2.7.1.150	PI3P 5-kinase, 1-phosphatidylinositol-3-phosphate 5-kinase, v. 37	p. 234
2.7.1.67	PI 4-kinase, 1-phosphatidylinositol 4-kinase, v. 36	p. 176
2.7.1.67	PI4-kinase, 1-phosphatidylinositol 4-kinase, v. 36	p. 176
2.7.1.67	PI4K, 1-phosphatidylinositol 4-kinase, v. 36	p. 176
2.7.1.67	PI4K β, 1-phosphatidylinositol 4-kinase, v. 36	p. 176
2.7.1.67	PI4Kβ, 1-phosphatidylinositol 4-kinase, v. 36	p. 176
2.7.1.67	PI4Kβ1, 1-phosphatidylinositol 4-kinase, v. 36	p. 176
2.7.1.67	PI4K2, 1-phosphatidylinositol 4-kinase, v. 36	p. 176
2.7.1.67	PI4K230, 1-phosphatidylinositol 4-kinase, v. 36	p. 176
2.7.1.67	PI4K92, 1-phosphatidylinositol 4-kinase, v. 36	p. 176
2.7.1.67	PI4KII, 1-phosphatidylinositol 4-kinase, v. 36	p. 176
2.7.1.67	PI4KIIα, 1-phosphatidylinositol 4-kinase, v. 36	p. 176
2.7.1.67	PI4KIIIβ, 1-phosphatidylinositol 4-kinase, v. 36	p. 176
2.7.1.67	PI4KIII-β, 1-phosphatidylinositol 4-kinase, v. 36	p. 176
2.7.1.68	PI4P 5-kinase, 1-phosphatidylinositol-4-phosphate 5-kinase, v. 36	p. 196
2.7.1.68	PI4P5K, 1-phosphatidylinositol-4-phosphate 5-kinase, v. 36	p. 196
3.1.1.1	PI 5.5 esterase, carboxylesterase, v. 9	p. 1
3.1.1.1	PI 6.1 esterase, carboxylesterase, v. 9	p. 1
3.1.3.36	(PI[4,5]P2) phosphatase, phosphoinositide 5-phosphatase, v. 10	p. 339
3.1.3.1	PiALP, alkaline phosphatase, v. 10	p. 1
3.4.23.43	PibD, prepilin peptidase, v. 8	p. 194
3.1.4.11	PIC, phosphoinositide phospholipase C, v. 11	p. 75
2.3.1.48	Piccolo NuA4 complex, histone acetyltransferase, v. 29	p. 641

3.2.1.21	piceid-β-D-glucosidase, β-glucosidase, v. 12 | p. 299	
2.7.11.13	PICK1, protein kinase C, v. S3 | p. 325	
4.1.1.45	Picolinic acid carboxylase, Aminocarboxymuconate-semialdehyde decarboxylase, v. 3 | p. 277	
4.1.1.45	Picolinic acid decarboxylase, Aminocarboxymuconate-semialdehyde decarboxylase, v. 3 | p. 277	
4.1.1.45	Picolinic decarboxylase, Aminocarboxymuconate-semialdehyde decarboxylase, v. 3 | p. 277	
3.4.22.28	picornain-3C, picornain 3C, v. 7 | p. 646	
3.4.22.29	picornaviral 2A proteinase, picornain 2A, v. 7 | p. 657	
3.4.22.29	picornavirus 2A proteinase, picornain 2A, v. 7 | p. 657	
3.4.22.29	picornavirus endopeptidase 2A, picornain 2A, v. 7 | p. 657	
3.4.22.28	picornavirus endopeptidase 3C, picornain 3C, v. 7 | p. 646	
2.7.11.1	piD261, non-specific serine/threonine protein kinase, v. S3 | p. 1	
3.2.1.58	PiEXO, glucan 1,3-β-glucosidase, v. 13 | p. 137	
2.4.1.198	PIG-A, phosphatidylinositol N-acetylglucosaminyltransferase, v. 32 | p. 492	
1.5.99.8	PIG6, proline dehydrogenase, v. 23 | p. 381	
1.1.1.138	PIG8p, mannitol 2-dehydrogenase (NADP+), v. 17 | p. 403	
2.4.1.101	pigGnT-I, α-1,3-mannosyl-glycoprotein 2-β-N-acetylglucosaminyltransferase, v. 32 | p. 70	
3.5.1.14	pig kidney aminoacylase, aminoacylase, v. 14 | p. 317	
3.1.1.1	pig liver esterase, carboxylesterase, v. 9 | p. 1	
3.4.23.3	pig parapepsin II, gastricsin, v. 8 | p. 14	
3.4.23.1	P II, pepsin A, v. 8 | p. 1	
3.4.24.73	PIII snake venom metalloprotease, jararhagin, v. 8 | p. 569	
3.4.24.73	PIII snake venom metalloproteinase, jararhagin, v. 8 | p. 569	
3.4.24.73	PIII SVMP, jararhagin, v. 8 | p. 569	
2.7.7.59	PII uridylyl-transferase, [protein-PII] uridylyltransferase, v. 38 | p. 553	
2.7.7.59	PII uridylyltransferase, [protein-PII] uridylyltransferase, v. 38 | p. 553	
2.7.7.59	PII uridylyltransferase (Escherichia coli gene glnD), [protein-PII] uridylyltransferase, v. 38 | p. 553	
2.7.1.67	Pik1, 1-phosphatidylinositol 4-kinase, v. 36 | p. 176	
2.7.1.67	Pik1p, 1-phosphatidylinositol 4-kinase, v. 36 | p. 176	
2.7.1.67	PIK230, 1-phosphatidylinositol 4-kinase, v. 36 | p. 176	
2.7.1.67	Pik2p, 1-phosphatidylinositol 4-kinase, v. 36 | p. 176	
2.7.1.153	Pik3r1, phosphatidylinositol-4,5-bisphosphate 3-kinase, v. 37 | p. 241	
2.7.1.67	Pik4ca, 1-phosphatidylinositol 4-kinase, v. 36 | p. 176	
2.7.1.67	PIK4IIα, 1-phosphatidylinositol 4-kinase, v. 36 | p. 176	
2.7.1.67	PIK4IIβ, 1-phosphatidylinositol 4-kinase, v. 36 | p. 176	
2.7.1.67	PIK4IIIα, 1-phosphatidylinositol 4-kinase, v. 36 | p. 176	
2.7.1.67	PIK4IIIβ, 1-phosphatidylinositol 4-kinase, v. 36 | p. 176	
2.7.1.67	PIK55, 1-phosphatidylinositol 4-kinase, v. 36 | p. 176	
1.14.14.1	PikC, unspecific monooxygenase, v. 26 | p. 584	
2.7.1.67	PIKCB, 1-phosphatidylinositol 4-kinase, v. 36 | p. 176	
1.14.14.1	PikC hydroxylase, unspecific monooxygenase, v. 26 | p. 584	
2.7.1.150	PIKfyve, 1-phosphatidylinositol-3-phosphate 5-kinase, v. 37 | p. 234	
2.7.1.150	PIKfyve/Fab1p, 1-phosphatidylinositol-3-phosphate 5-kinase, v. 37 | p. 234	
2.7.1.67	PI kinase, 1-phosphatidylinositol 4-kinase, v. 36 | p. 176	
1.8.4.11	PilA, peptide-methionine (S)-S-oxide reductase, v. S1 | p. 291	
3.6.1.3	PilB, adenosinetriphosphatase, v. 15 | p. 263	
3.6.1.15	PilB, nucleoside-triphosphatase, v. 15 | p. 365	
1.8.4.12	PilB, peptide-methionine (R)-S-oxide reductase, v. S1 | p. 328	
1.8.4.11	PilB, peptide-methionine (S)-S-oxide reductase, v. S1 | p. 291	
1.8.4.12	PilB protein, peptide-methionine (R)-S-oxide reductase, v. S1 | p. 328	
1.8.4.11	PilB protein, peptide-methionine (S)-S-oxide reductase, v. S1 | p. 291	
3.4.21.89	PilD, Signal peptidase I, v. 7 | p. 431	
3.4.23.43	PilD, prepilin peptidase, v. 8 | p. 194	

3.4.23.43	PilD-like protein, prepilin peptidase, v. 8	p. 194
3.4.21.89	Pilin leader peptidase, Signal peptidase I, v. 7	p. 431
3.4.23.43	Pilin leader peptidase, prepilin peptidase, v. 8	p. 194
2.4.1.119	PilO, dolichyl-diphosphooligosaccharide-protein glycotransferase, v. 32	p. 155
3.4.11.1	PILS-AP, leucyl aminopeptidase, v. 6	p. 40
3.4.11.1	PILSAP, leucyl aminopeptidase, v. 6	p. 40
3.6.1.3	PilT, adenosinetriphosphatase, v. 15	p. 263
3.6.1.15	PilT, nucleoside-triphosphatase, v. 15	p. 365
3.6.3.50	PilT, protein-secreting ATPase, v. 15	p. 737
3.6.1.3	PilU, adenosinetriphosphatase, v. 15	p. 263
3.6.1.15	PilU, nucleoside-triphosphatase, v. 15	p. 365
3.4.23.43	PilU, prepilin peptidase, v. 8	p. 194
2.7.11.1	Pim-2h, non-specific serine/threonine protein kinase, v. S3	p. 1
2.7.7.13	PIM-GMP, mannose-1-phosphate guanylyltransferase, v. 38	p. 209
3.4.21.53	PIM1, Endopeptidase La, v. 7	p. 241
3.4.21.53	Pim1p, Endopeptidase La, v. 7	p. 241
3.4.21.53	PIM1 protease, Endopeptidase La, v. 7	p. 241
3.4.21.53	PIM1 proteinase, Endopeptidase La, v. 7	p. 241
2.4.1.57	PimA, phosphatidylinositol α-mannosyltransferase, v. 31	p. 461
4.2.3.35	9β-pimara-7,15-diene synthase, syn-pimara-7,15-diene synthase
1.1.3.6	PimE, cholesterol oxidase, v. 19	p. 53
6.2.1.14	Pimeloyl-CoA synthase, 6-Carboxyhexanoate-CoA ligase, v. 2	p. 273
6.2.1.14	Pimeloyl-CoA synthetase, 6-Carboxyhexanoate-CoA ligase, v. 2	p. 273
1.3.1.62	pimelyl-CoA dehydrogenase, pimeloyl-CoA dehydrogenase, v. 21	p. 303
6.2.1.14	Pimelyl-CoA synthetase, 6-Carboxyhexanoate-CoA ligase, v. 2	p. 273
1.3.1.62	pimelyl-coenzyme A dehydrogenase, pimeloyl-CoA dehydrogenase, v. 21	p. 303
3.4.24.42	PI metalloproteinase, atrolysin C, v. 8	p. 439
2.1.1.77	PIMT, protein-L-isoaspartate(D-aspartate) O-methyltransferase, v. 28	p. 406
5.2.1.8	Pin1, Peptidylprolyl isomerase, v. 1	p. 218
5.2.1.8	PIN1At, Peptidylprolyl isomerase, v. 1	p. 218
3.6.3.4	Pinal night-specific ATPase, Cu2+-exporting ATPase, v. 15	p. 544
3.4.22.33	Pinase, Fruit bromelain, v. 7	p. 685
3.4.22.33	Pineapple enzyme, Fruit bromelain, v. 7	p. 685
3.4.22.32	Pineapple stem bromelain, Stem bromelain, v. 7	p. 675
4.2.3.14	pinene cyclase, pinene synthase, v. S7	p. 256
4.2.3.14	(-)-pinene cyclase (II), pinene synthase, v. S7	p. 256
5.5.1.10	α-pinene oxide lyase, α-pinene-oxide decyclase, v. 1	p. 713
4.2.3.14	(-)-β-pinene synthase, pinene synthase, v. S7	p. 256
4.2.3.14	(-)-pinene synthase, pinene synthase, v. S7	p. 256
4.2.3.14	β-pinene synthase, pinene synthase, v. S7	p. 256
4.2.3.14	pinene sythase, pinene synthase, v. S7	p. 256
2.3.1.146	pine stilbene synthase, pinosylvin synthase, v. 30	p. 384
1.1.1.143	D-pinitol dehydrogenase, sequoyitol dehydrogenase, v. 17	p. 431
5.5.1.4	PINO1 protein, inositol-3-phosphate synthase, v. 1	p. 674
2.3.1.146	pinosylvin synthase, pinosylvin synthase, v. 30	p. 384
3.4.11.5	PIP, prolyl aminopeptidase, v. 6	p. 83
3.1.4.11	PIP(2)-specific-phospholipase, phosphoinositide phospholipase C, v. 11	p. 75
2.7.1.149	PIP(4)K, 1-phosphatidylinositol-5-phosphate 4-kinase, v. 37	p. 231
2.7.1.68	PIP-5kin, 1-phosphatidylinositol-4-phosphate 5-kinase, v. 36	p. 196
3.1.4.11	PIP2-phospholipase C, phosphoinositide phospholipase C, v. 11	p. 75
3.1.4.11	PIP2-PLC, phosphoinositide phospholipase C, v. 11	p. 75
3.1.4.4	PIP2-PLD, phospholipase D, v. 11	p. 47
3.1.4.11	PIP2-specific phospholipase C, phosphoinositide phospholipase C, v. 11	p. 75
3.1.3.36	PIP2 5-phosphatase, phosphoinositide 5-phosphatase, v. 10	p. 339
3.1.4.11	PIP2 PDE, phosphoinositide phospholipase C, v. 11	p. 75

3.1.3.36	PIP2 phosphatase, phosphoinositide 5-phosphatase, v. 10 | p. 339	
3.1.4.11	PIP2 phosphodiesterase, phosphoinositide phospholipase C, v. 11 | p. 75	
3.6.1.23	PIP4, dUTP diphosphatase, v. 15 | p. 403	
2.7.1.149	PIP4K, 1-phosphatidylinositol-5-phosphate 4-kinase, v. 37 | p. 231	
2.7.1.149	PIP4Kγ, 1-phosphatidylinositol-5-phosphate 4-kinase, v. 37 | p. 231	
2.7.1.149	PIP4K II, 1-phosphatidylinositol-5-phosphate 4-kinase, v. 37 | p. 231	
2.7.1.68	PIP5K, 1-phosphatidylinositol-4-phosphate 5-kinase, v. 36 | p. 196	
2.7.1.68	PIP5Kα, 1-phosphatidylinositol-4-phosphate 5-kinase, v. 36 | p. 196	
2.7.1.68	PIP5Kβ, 1-phosphatidylinositol-4-phosphate 5-kinase, v. 36 | p. 196	
2.7.1.68	PIP5Kγ, 1-phosphatidylinositol-4-phosphate 5-kinase, v. 36 | p. 196	
2.7.1.68	PIP5K-Ib, 1-phosphatidylinositol-4-phosphate 5-kinase, v. 36 | p. 196	
2.7.1.150	PIP5K3, 1-phosphatidylinositol-3-phosphate 5-kinase, v. 37 | p. 234	
2.7.1.68	PIP5K3, 1-phosphatidylinositol-4-phosphate 5-kinase, v. 36 | p. 196	
2.7.1.68	PIP5Kγ635, 1-phosphatidylinositol-4-phosphate 5-kinase, v. 36 | p. 196	
2.7.1.68	PIP5Kγ661, 1-phosphatidylinositol-4-phosphate 5-kinase, v. 36 | p. 196	
2.7.1.68	PIP5K9, 1-phosphatidylinositol-4-phosphate 5-kinase, v. 36 | p. 196	
2.7.1.68	PIP5KI, 1-phosphatidylinositol-4-phosphate 5-kinase, v. 36 | p. 196	
2.7.1.149	PIP5KII-α, 1-phosphatidylinositol-5-phosphate 4-kinase, v. 37 | p. 231	
2.7.1.149	PIP5KIII, 1-phosphatidylinositol-5-phosphate 4-kinase, v. 37 | p. 231	
2.7.1.68	PIP5Ks, 1-phosphatidylinositol-4-phosphate 5-kinase, v. 36 | p. 196	
2.7.1.68	PIP5K type I, 1-phosphatidylinositol-4-phosphate 5-kinase, v. 36 | p. 196	
1.5.3.1	L-pipecolate oxidase, sarcosine oxidase, v. 23 | p. 273	
1.5.3.7	pipecolate oxidase, L-pipecolate oxidase, v. 23 | p. 302	
1.5.3.1	pipecolate oxidase, sarcosine oxidase, v. 23 | p. 273	
1.5.3.7	L-pipecolic acid oxidase, L-pipecolate oxidase, v. 23 | p. 302	
1.5.3.1	L-pipecolic acid oxidase, sarcosine oxidase, v. 23 | p. 273	
1.5.1.21	Δ1-piperideine-2-carboxylate/Δ1-pyrroline-2-carboxylate reductase, Δ1-piperideine-2-carboxylate reductase, v. 23 | p. 182	
2.3.1.145	piperidine piperoyltransferase, piperidine N-piperoyltransferase, v. 30 | p. 382	
1.14.99.15	piperonylate-4-O-demethylase, 4-methoxybenzoate monooxygenase (O-demethylating), v. 27 | p. 318	
2.3.1.145	piperoyl-CoA:piperidine N-piperoyltransferase, piperidine N-piperoyltransferase, v. 30 | p. 382	
2.7.1.68	PIPK, 1-phosphatidylinositol-4-phosphate 5-kinase, v. 36 | p. 196	
2.7.1.68	PIPK1, 1-phosphatidylinositol-4-phosphate 5-kinase, v. 36 | p. 196	
2.7.1.68	PIPK1γ-87, 1-phosphatidylinositol-4-phosphate 5-kinase, v. 36 | p. 196	
2.7.1.68	PIPK10, 1-phosphatidylinositol-4-phosphate 5-kinase, v. 36 | p. 196	
2.7.1.68	PIPKIα, 1-phosphatidylinositol-4-phosphate 5-kinase, v. 36 | p. 196	
2.7.1.149	PIPKII, 1-phosphatidylinositol-5-phosphate 4-kinase, v. 37 | p. 231	
2.7.1.68	PIPkin, 1-phosphatidylinositol-4-phosphate 5-kinase, v. 36 | p. 196	
2.7.1.68	PIP kinase, 1-phosphatidylinositol-4-phosphate 5-kinase, v. 36 | p. 196	
2.7.1.68	PIPkinIγ93, 1-phosphatidylinositol-4-phosphate 5-kinase, v. 36 | p. 196	
2.7.1.68	PIPkin Iγb, 1-phosphatidylinositol-4-phosphate 5-kinase, v. 36 | p. 196	
2.7.1.149	PIPkinIIβ, 1-phosphatidylinositol-5-phosphate 4-kinase, v. 37 | p. 231	
3.1.4.11	PIPLC, phosphoinositide phospholipase C, v. 11 | p. 75	
2.4.2.1	PiPNP, purine-nucleoside phosphorylase, v. 33 | p. 1	
3.1.8.1	pirimiphos-methyloxon esterase, aryldialkylphosphatase, v. 11 | p. 343	
1.13.11.24	pirin, quercetin 2,3-dioxygenase, v. 25 | p. 535	
2.7.8.11	PIS, CDP-diacylglycerol-inositol 3-phosphatidyltransferase, v. 39 | p. 80	
2.7.8.11	PIS1, CDP-diacylglycerol-inositol 3-phosphatidyltransferase, v. 39 | p. 80	
2.7.8.11	PIS1-encoded phosphatidylinositol synthase, CDP-diacylglycerol-inositol 3-phosphatidyltransferase, v. 39 | p. 80	
2.7.8.11	PIS2, CDP-diacylglycerol-inositol 3-phosphatidyltransferase, v. 39 | p. 80	
3.2.2.22	α-pisavin, rRNA N-glycosylase, v. 14 | p. 107	
3.2.2.22	β-pisavin, rRNA N-glycosylase, v. 14 | p. 107	

867

4.1.1.65	PISD, phosphatidylserine decarboxylase, v.3 | p.367	
3.1.1.3	pisi cutinase, triacylglycerol lipase, v.9 | p.36	
2.7.11.22	PISSLRE, cyclin-dependent kinase, v.S4 | p.156	
3.1.30.1	Pisum sativum endonuclease, Aspergillus nuclease S1, v.11 | p.610	
2.7.8.11	PI synthase, CDP-diacylglycerol-inositol 3-phosphatidyltransferase, v.39 | p.80	
3.6.3.27	PiT-1, phosphate-transporting ATPase, v.15 | p.649	
3.6.3.27	PiT-2, phosphate-transporting ATPase, v.15 | p.649	
1.13.11.49	PitA, chlorite O2-lyase, v.25 | p.670	
2.3.1.183	PitA, phosphinothricin acetyltransferase, v.S2 | p.134	
2.7.11.22	PITALRE, cyclin-dependent kinase, v.S4 | p.156	
2.3.1.1	pitax, amino-acid N-acetyltransferase, v.29 | p.224	
3.6.3.27	Pi transporter, phosphate-transporting ATPase, v.15 | p.649	
3.4.24.55	Pitrilysin, pitrilysin, v.8 | p.481	
2.7.11.22	PITSLRE, cyclin-dependent kinase, v.S4 | p.156	
3.4.21.59	Pituitary tryptase, Tryptase, v.7 | p.265	
2.7.4.21	Pi uptake stimulator, inositol-hexakisphosphate kinase, v.37 | p.613	
2.7.4.21	PiUS, inositol-hexakisphosphate kinase, v.37 | p.613	
3.2.1.1	Pivozin, α-amylase, v.12 | p.1	
3.4.11.22	Pj-peptidase, aminopeptidase I, v.6 | p.178	
3.2.1.81	PjaA, β-agarase, v.13 | p.279	
3.2.1.14	PjChi-1, chitinase, v.12 | p.185	
3.4.21.34	PK, plasma kallikrein, v.7 | p.136	
2.7.1.40	PK-$\alpha\beta1$, pyruvate kinase, v.36 | p.33	
3.1.1.3	PK-12CS lipase, triacylglycerol lipase, v.9 | p.36	
2.7.1.40	PK-$\alpha\beta2$, pyruvate kinase, v.36 | p.33	
2.7.11.11	PK-25, cAMP-dependent protein kinase, v.S3 | p.241	
2.7.11.11	PK-A, cAMP-dependent protein kinase, v.S3 | p.241	
1.4.3.6	PK-DAO, amine oxidase (copper-containing), v.22 | p.291	
2.1.1.63	Pk-MGMT, methylated-DNA-[protein]-cysteine S-methyltransferase, v.28 | p.343	
3.1.3.16	PK-Pase, phosphoprotein phosphatase, v.10 | p.213	
4.1.1.39	Pk-Rubisco, Ribulose-bisphosphate carboxylase, v.3 | p.244	
2.7.1.40	PK-S, pyruvate kinase, v.36 | p.33	
2.7.11.1	PK1, non-specific serine/threonine protein kinase, v.S3 | p.1	
2.7.11.1	PK2, non-specific serine/threonine protein kinase, v.S3 | p.1	
2.7.12.2	PK4, mitogen-activated protein kinase kinase, v.S4 | p.392	
2.7.11.22	PK5, cyclin-dependent kinase, v.S4 | p.156	
2.7.11.17	PK70, Ca2+/calmodulin-dependent protein kinase, v.S4 | p.1	
2.7.1.40	L-PK, pyruvate kinase, v.36 | p.33	
2.7.11.11	PKA, cAMP-dependent protein kinase, v.S3 | p.241	
3.4.16.2	PKA, lysosomal Pro-Xaa carboxypeptidase, v.6 | p.370	
2.7.11.1	PKA, non-specific serine/threonine protein kinase, v.S3 | p.1	
2.7.11.26	PKA, τ-protein kinase, v.S4 | p.303	
2.7.11.11	Pka1p, cAMP-dependent protein kinase, v.S3 | p.241	
2.7.11.11	PKA Cα, cAMP-dependent protein kinase, v.S3 | p.241	
2.7.11.11	PKAc, cAMP-dependent protein kinase, v.S3 | p.241	
2.7.11.11	PKA C-α, cAMP-dependent protein kinase, v.S3 | p.241	
2.7.11.11	PKA C-β, cAMP-dependent protein kinase, v.S3 | p.241	
2.7.11.11	PKA C-γ, cAMP-dependent protein kinase, v.S3 | p.241	
2.7.11.1	PkaD, non-specific serine/threonine protein kinase, v.S3 | p.1	
2.7.11.1	PkaG, non-specific serine/threonine protein kinase, v.S3 | p.1	
2.7.11.11	PKAII, cAMP-dependent protein kinase, v.S3 | p.241	
1.4.3.22	PKAO, diamine oxidase	
2.7.11.11	PKA type I, cAMP-dependent protein kinase, v.S3 | p.241	
2.7.11.11	PKA type II, cAMP-dependent protein kinase, v.S3 | p.241	
2.7.11.1	PKB, non-specific serine/threonine protein kinase, v.S3 | p.1	

2.7.11.1	PKBα, non-specific serine/threonine protein kinase, v. S3 | p. 1	
1.2.1.8	pkBADH, βine-aldehyde dehydrogenase, v. 20 | p. 94	
2.7.11.1	PkB kinase, non-specific serine/threonine protein kinase, v. S3 | p. 1	
2.7.11.13	PKC, protein kinase C, v. S3 | p. 325	
2.7.1.40	PKC, pyruvate kinase, v. 36 | p. 33	
2.7.11.13	PKC α, protein kinase C, v. S3 | p. 325	
2.7.11.13	PKC ε, protein kinase C, v. S3 | p. 325	
2.7.11.13	PKCα, protein kinase C, v. S3 | p. 325	
2.7.11.13	PKCδ, protein kinase C, v. S3 | p. 325	
2.7.11.13	PKCε, protein kinase C, v. S3 | p. 325	
2.7.11.13	PKCγ, protein kinase C, v. S3 | p. 325	
2.7.11.13	α-PKC, protein kinase C, v. S3 | p. 325	
2.7.11.13	εPKC, protein kinase C, v. S3 | p. 325	
2.7.11.13	PKC-δ, protein kinase C, v. S3 | p. 325	
2.7.11.13	PKC-ε, protein kinase C, v. S3 | p. 325	
2.7.11.13	PKC-α/β, protein kinase C, v. S3 | p. 325	
2.7.11.13	PKC-βII, protein kinase C, v. S3 | p. 325	
2.7.11.13	PKC-L, protein kinase C, v. S3 | p. 325	
2.7.11.13	PKC-like kinase, protein kinase C, v. S3 | p. 325	
2.7.11.13	PKC-zeta, protein kinase C, v. S3 | p. 325	
2.7.11.13	PKC1, protein kinase C, v. S3 | p. 325	
2.7.11.13	PKCβ1, protein kinase C, v. S3 | p. 325	
2.7.11.13	PKC1B, protein kinase C, v. S3 | p. 325	
2.7.11.13	PKCβ2, protein kinase C, v. S3 | p. 325	
2.7.11.13	PKC Apl I, protein kinase C, v. S3 | p. 325	
2.7.11.13	PKC Apl II, protein kinase C, v. S3 | p. 325	
2.7.11.13	PKCeta, protein kinase C, v. S3 | p. 325	
2.7.11.13	PKC βII, protein kinase C, v. S3 | p. 325	
2.7.11.13	PKC δII, protein kinase C, v. S3 | p. 325	
2.7.11.13	PKC δIII, protein kinase C, v. S3 | p. 325	
2.7.11.13	PKC iota, protein kinase C, v. S3 | p. 325	
2.7.11.13	PKCiota/lambda, protein kinase C, v. S3 | p. 325	
2.7.11.13	PKC lambda, protein kinase C, v. S3 | p. 325	
2.7.11.13	PKCnu, protein kinase C, v. S3 | p. 325	
2.7.11.13	PKCtheta, protein kinase C, v. S3 | p. 325	
2.7.11.13	PKC zeta, protein kinase C, v. S3 | p. 325	
2.7.11.13	PKCzeta, protein kinase C, v. S3 | p. 325	
2.7.11.1	PKD2, non-specific serine/threonine protein kinase, v. S3 | p. 1	
2.7.11.13	PKD2, protein kinase C, v. S3 | p. 325	
1.4.3.3	pkDAAO, D-amino-acid oxidase, v. 22 | p. 243	
2.7.11.12	PKG, cGMP-dependent protein kinase, v. S3 | p. 288	
2.7.11.1	PKG, non-specific serine/threonine protein kinase, v. S3 | p. 1	
2.7.11.12	PKG-1, cGMP-dependent protein kinase, v. S3 | p. 288	
2.7.11.12	PKG-I, cGMP-dependent protein kinase, v. S3 | p. 288	
2.7.11.12	PKG-Iα, cGMP-dependent protein kinase, v. S3 | p. 288	
2.7.11.12	PKG I, cGMP-dependent protein kinase, v. S3 | p. 288	
2.7.11.12	PKG Iα, cGMP-dependent protein kinase, v. S3 | p. 288	
2.7.11.12	PKG Iβ, cGMP-dependent protein kinase, v. S3 | p. 288	
2.7.11.12	PKGI, cGMP-dependent protein kinase, v. S3 | p. 288	
2.7.11.12	PKGIα, cGMP-dependent protein kinase, v. S3 | p. 288	
2.7.11.12	PKGIβ, cGMP-dependent protein kinase, v. S3 | p. 288	
2.7.11.12	PKG II, cGMP-dependent protein kinase, v. S3 | p. 288	
2.7.11.12	PKGII, cGMP-dependent protein kinase, v. S3 | p. 288	
2.7.11.12	PKG type I, cGMP-dependent protein kinase, v. S3 | p. 288	
2.7.1.35	PKH, pyridoxal kinase, v. 35 | p. 395	

3.6.3.14	PKIWI505, H+-transporting two-sector ATPase, v. 15 | p. 598	
2.7.1.19	PKK, phosphoribulokinase, v. 35 | p. 241	
2.7.11.1	PKL12, non-specific serine/threonine protein kinase, v. S3 | p. 1	
2.7.1.40	Pklr, pyruvate kinase, v. 36 | p. 33	
2.7.1.40	PKM2, pyruvate kinase, v. 36 | p. 33	
2.7.11.1	PKN, non-specific serine/threonine protein kinase, v. S3 | p. 1	
2.7.11.1	PKN1, non-specific serine/threonine protein kinase, v. S3 | p. 1	
2.7.11.1	PknA, non-specific serine/threonine protein kinase, v. S3 | p. 1	
2.7.11.1	PknB, non-specific serine/threonine protein kinase, v. S3 | p. 1	
2.7.11.1	PknD, non-specific serine/threonine protein kinase, v. S3 | p. 1	
2.7.11.1	PknE, non-specific serine/threonine protein kinase, v. S3 | p. 1	
2.7.11.1	PknF, non-specific serine/threonine protein kinase, v. S3 | p. 1	
2.7.11.1	PknG, non-specific serine/threonine protein kinase, v. S3 | p. 1	
2.7.11.1	PknH, non-specific serine/threonine protein kinase, v. S3 | p. 1	
2.7.11.1	PknI, non-specific serine/threonine protein kinase, v. S3 | p. 1	
2.7.11.1	PknL, non-specific serine/threonine protein kinase, v. S3 | p. 1	
2.7.1.40	PKp, pyruvate kinase, v. 36 | p. 33	
3.1.1.4	pkP5, phospholipase A2, v. 9 | p. 52	
2.7.8.11	PkPIS, CDP-diacylglycerol-inositol 3-phosphatidyltransferase, v. 39 | p. 80	
2.3.1.159	PKS1, acridone synthase, v. 30 | p. 427	
2.3.1.165	Pks2, 6-methylsalicylic-acid synthase, v. 30 | p. 444	
4.1.2.9	PKT, Phosphoketolase, v. 3 | p. 435	
4.1.99.3	PL, deoxyribodipyrimidine photo-lyase, v. 4 | p. 223	
4.2.2.2	PL, pectate lyase, v. 5 | p. 6	
4.2.2.10	PL, pectin lyase, v. 5 | p. 55	
3.4.21.7	PL, plasmin, v. 7 | p. 41	
4.2.2.2	PL-3, pectate lyase, v. 5 | p. 6	
3.1.4.11	PL-C, phosphoinositide phospholipase C, v. 11 | p. 75	
1.1.1.65	PL-red, pyridoxine 4-dehydrogenase, v. 17 | p. 78	
3.1.1.3	PL-RP2, triacylglycerol lipase, v. 9 | p. 36	
5.3.1.4	pL151, L-Arabinose isomerase, v. 1 | p. 254	
4.2.2.10	PL1A, pectin lyase, v. 5 | p. 55	
4.2.2.22	PL2A, pectate trisaccharide-lyase, v. S7 | p. 169	
3.1.1.5	Pla, lysophospholipase, v. 9 | p. 82	
3.4.23.49	Pla, omptin, v. S6 | p. 262	
4.2.2.2	Pla, pectate lyase, v. 5 | p. 6	
4.2.2.10	Pla, pectin lyase, v. 5 | p. 55	
3.1.1.32	Pla, phospholipase A1, v. 9 | p. 252	
3.1.1.4	Pla, phospholipase A2, v. 9 | p. 52	
3.1.1.32	PLA1, phospholipase A1, v. 9 | p. 252	
3.1.1.32	PLA1A, phospholipase A1, v. 9 | p. 252	
3.1.1.32	PLA1S, phospholipase A1, v. 9 | p. 252	
3.1.1.47	PLA2, 1-alkyl-2-acetylglycerophosphocholine esterase, v. 9 | p. 320	
3.1.1.4	PLA2, phospholipase A2, v. 9 | p. 52	
3.1.1.4	PLA2α, phospholipase A2, v. 9 | p. 52	
3.1.1.4	PLA2-10, phospholipase A2, v. 9 | p. 52	
3.1.1.4	PLA2-H, phospholipase A2, v. 9 | p. 52	
3.1.1.4	PLA2-I, phospholipase A2, v. 9 | p. 52	
3.1.1.4	PLA2-L, phospholipase A2, v. 9 | p. 52	
3.1.1.4	PLA2-VI, phospholipase A2, v. 9 | p. 52	
3.1.1.4	PLA2-VII, phospholipase A2, v. 9 | p. 52	
3.1.1.47	PLA2G7, 1-alkyl-2-acetylglycerophosphocholine esterase, v. 9 | p. 320	
3.1.1.47	PLA2G7 gene, 1-alkyl-2-acetylglycerophosphocholine esterase, v. 9 | p. 320	
3.1.1.4	PLA2IID, phospholipase A2, v. 9 | p. 52	
3.1.1.4	PLA2 neurotoxin, phospholipase A2, v. 9 | p. 52	

3.1.1.4	PLA2s, phospholipase A2, v. 9	p. 52	
3.1.1.5	plaA, lysophospholipase, v. 9	p. 82	
3.4.23.49	plaA, omptin, v. S6	p. 262	
3.1.1.32	PLA A1, phospholipase A1, v. 9	p. 252	
1.4.1.1	PlaAlaDH, alanine dehydrogenase, v. 22	p. 1	
1.1.1.62	placental 17-β-hydroxysteroid dehydrogenase, estradiol 17β-dehydrogenase, v. 17	p. 48	
3.1.3.1	placental alkaline phosphatase, alkaline phosphatase, v. 10	p. 1	
3.4.11.3	placental leucil aminopeptidase, cystinyl aminopeptidase, v. 6	p. 66	
3.4.11.3	Placental leucine aminopeptidase, cystinyl aminopeptidase, v. 6	p. 66	
3.4.11.3	placental leucine aminopeptidase/oxytocinase, cystinyl aminopeptidase, v. 6	p. 66	
3.4.11.3	placental leucine aminopeptidase/oxytocinase/insulin-regulated membrane aminopeptidase, cystinyl aminopeptidase, v. 6	p. 66	
3.1.22.1	plancitoxin 1, deoxyribonuclease II, v. 11	p. 474	
4.2.1.1	plant-type (β-class) carbonic anhydrase, carbonate dehydratase, v. 4	p. 242	
1.8.4.9	plant-type 5'-adenylylsulfate reductase, adenylyl-sulfate reductase (glutathione), v. 24	p. 663	
5.2.1.8	Planta-induced rust protein 28, Peptidylprolyl isomerase, v. 1	p. 218	
3.4.11.2	plant aminopeptidase N, membrane alanyl aminopeptidase, v. 6	p. 53	
2.4.1.18	plant branching enzyme, 1,4-α-glucan branching enzyme, v. 31	p. 197	
3.1.4.1	plant exonuclease I, phosphodiesterase I, v. 11	p. 1	
3.2.1.84	plant glucosidase, glucan 1,3-α-glucosidase, v. 13	p. 294	
3.2.1.68	plant isoamylase, isoamylase, v. 13	p. 204	
3.4.21.57	Plant Leu-proteinase, Leucyl endopeptidase, v. 7	p. 261	
3.6.4.3	plant microtubule-severing protein, microtubule-severing ATPase, v. 15	p. 774	
3.1.30.2	plant nuclease I, Serratia marcescens nuclease, v. 11	p. 626	
1.14.13.88	plant P450 flavonoid 3',5'-hydroxylase, flavonoid 3',5'-hydroxylase, v. S1	p. 571	
3.2.2.16	plant specific MTA nucleosidase, methylthioadenosine nucleosidase, v. 14	p. 78	
3.1.1.20	plant tannase, tannase, v. 9	p. 187	
3.1.30.2	plant type I nuclease, Serratia marcescens nuclease, v. 11	p. 626	
6.3.2.19	plant U-box 54 protein, Ubiquitin-protein ligase, v. 2	p. 506	
3.1.3.1	PLAP, alkaline phosphatase, v. 10	p. 1	
3.1.3.1	PLAP-like, alkaline phosphatase, v. 10	p. 1	
3.1.1.32	Plase A1, phospholipase A1, v. 9	p. 252	
2.4.1.152	plasma α-3-fucosyltransferase, 4-galactosyl-N-acetylglucosaminide 3-α-L-fucosyltransferase, v. 32	p. 318	
3.4.21.34	plasma β-kallikrein, plasma kallikrein, v. 7	p. 136	
3.6.3.8	plasma-membrane Ca2+-ATPase, Ca2+-transporting ATPase, v. 15	p. 566	
3.4.16.2	plasma carboxypeptidase, lysosomal Pro-Xaa carboxypeptidase, v. 6	p. 370	
3.4.17.20	Plasma carboxypeptidase B, Carboxypeptidase U, v. 6	p. 492	
3.4.17.3	Plasma carboxypeptidase B, lysine carboxypeptidase, v. 6	p. 428	
3.4.17.20	plasma carboxypeptidase U, Carboxypeptidase U, v. 6	p. 492	
3.4.17.20	plasma CPB, Carboxypeptidase U, v. 6	p. 492	
1.14.17.1	plasma DβH activity, dopamine β-monooxygenase, v. 27	p. 126	
1.14.17.1	plasma dopamine β-hydroxylase, dopamine β-monooxygenase, v. 27	p. 126	
1.11.1.9	plasma glutathione peroxidase, glutathione peroxidase, v. 25	p. 233	
3.4.21.34	plasma kallikrein, plasma kallikrein, v. 7	p. 136	
3.1.1.47	plasma lipoprotein-associated phospholipase A2, 1-alkyl-2-acetylglycerophosphocholine esterase, v. 9	p. 320	
3.6.3.6	plasma membrane ATPase, H+-exporting ATPase, v. 15	p. 554	
3.6.3.8	plasma membrane Ca-ATPase, Ca2+-transporting ATPase, v. 15	p. 566	
3.6.3.8	plasma membrane Ca2+-ATPase, Ca2+-transporting ATPase, v. 15	p. 566	
3.6.3.8	plasma membrane Ca2+ ATPase, Ca2+-transporting ATPase, v. 15	p. 566	
3.6.3.8	plasma membrane calcium pump, Ca2+-transporting ATPase, v. 15	p. 566	
1.14.99.19	plasmanyl D1'-desaturase, plasmanylethanolamine desaturase, v. 27	p. 338	
1.14.99.19	plasmanylethanolamine D1-desaturase, plasmanylethanolamine desaturase, v. 27	p. 338	

3.1.1.47	plasma PAF-AH, 1-alkyl-2-acetylglycerophosphocholine esterase, v.9	p.320
3.1.1.47	plasma PAF acetylhydrolase, 1-alkyl-2-acetylglycerophosphocholine esterase, v.9	p.320
3.1.1.47	plasma platelet - activating factor - acetylhydrolase, 1-alkyl-2-acetylglycerophosphocholine esterase, v.9	p.320
3.1.1.47	plasma platelet-activating factor acetylhydrolase, 1-alkyl-2-acetylglycerophosphocholine esterase, v.9	p.320
3.1.1.47	plasma platelet activating factor acetylhydrolase, 1-alkyl-2-acetylglycerophosphocholine esterase, v.9	p.320
3.4.21.34	Plasma prekallikrein, plasma kallikrein, v.7	p.136
3.4.17.20	plasma procarboxypeptidase B, Carboxypeptidase U, v.6	p.492
3.4.16.2	plasma procarboxypeptidase B, lysosomal Pro-Xaa carboxypeptidase, v.6	p.370
3.4.17.20	plasma procarboxypeptidase B-like proenzyme, Carboxypeptidase U, v.6	p.492
3.4.17.20	plasma procarboxypeptidase U, Carboxypeptidase U, v.6	p.492
3.4.21.6	plasma thromboplastin, coagulation factor Xa, v.7	p.35
3.4.21.27	plasma thromboplastin antecedent, coagulation factor XIa, v.7	p.121
3.4.23.39	plasmepsin II, plasmepsin II, v.8	p.178
3.5.2.6	plasmidic class C β-lactamase, β-lactamase, v.14	p.683
3.4.21.7	plasmin, plasmin, v.7	p.41
4.2.1.11	plasminogen-binding α-enolase, phosphopyruvate hydratase, v.4	p.312
1.2.1.12	Plasminogen-binding protein, glyceraldehyde-3-phosphate dehydrogenase (phosphorylating), v.20	p.135
3.4.21.73	U-plasminogen activator, u-Plasminogen activator, v.7	p.357
3.4.23.49	plasminogen activator, omptin, v.S6	p.262
3.4.21.68	t-plasminogen activator, t-Plasminogen activator, v.7	p.331
3.4.21.68	Plasminogen activator, tissue-type, t-Plasminogen activator, v.7	p.331
3.4.21.73	Plasminogen activator, urokinase-type, u-Plasminogen activator, v.7	p.357
3.4.23.48	plasminogen activator Pla, plasminogen activator Pla, v.S6	p.256
1.2.1.12	Plasmin receptor, glyceraldehyde-3-phosphate dehydrogenase (phosphorylating), v.20	p.135
5.99.1.2	Plasmodium enzyme, DNA topoisomerase, v.1	p.721
2.7.6.2	Plasmodium falciparum thiamine pyrophosphokinase, thiamine diphosphokinase, v.38	p.23
3.1.31.1	Plasmodium falciparum TSN, micrococcal nuclease, v.11	p.632
3.1.3.4	plasticity related gene 1, phosphatidate phosphatase, v.10	p.82
3.1.3.4	plasticity related gene 3, phosphatidate phosphatase, v.10	p.82
3.1.3.4	plasticity related gene 4, phosphatidate phosphatase, v.10	p.82
2.6.1.1	plastid aspartate aminotransferase, aspartate transaminase, v.34	p.247
2.4.1.1	plastidial phosphorylase, phosphorylase, v.31	p.1
3.4.21.89	plastidic SPase I, Signal peptidase I, v.7	p.431
5.3.1.1	plastidic TPI, Triose-phosphate isomerase, v.1	p.235
5.3.1.1	plastidic triosephosphate isomerase, Triose-phosphate isomerase, v.1	p.235
1.10.2.2	plastoquinol-plastocyanin oxidoreductase, ubiquinol-cytochrome-c reductase, v.25	p.83
1.10.99.1	plastoquinol/plastocyanin oxidoreductase, plastoquinol-plastocyanin reductase, v.25	p.163
3.1.1.47	platelet-activating-factor acetylhydrolase, 1-alkyl-2-acetylglycerophosphocholine esterase, v.9	p.320
3.1.1.47	platelet-activating factor-acetylhydrolase, 1-alkyl-2-acetylglycerophosphocholine esterase, v.9	p.320
2.3.1.67	platelet-activating factor-synthesizing enzyme, 1-alkylglycerophosphocholine O-acetyltransferase, v.30	p.37
3.1.1.47	platelet-activating factor acetyl-hydrolase, 1-alkyl-2-acetylglycerophosphocholine esterase, v.9	p.320
3.1.1.47	platelet-activating factor acetylhadrolase, 1-alkyl-2-acetylglycerophosphocholine esterase, v.9	p.320

3.1.1.47	platelet-activating factor acetylhydrolase, 1-alkyl-2-acetylglycerophosphocholine esterase, v. 9 | p. 320	
3.1.1.47	platelet-activating factor acetylhydrolase II, 1-alkyl-2-acetylglycerophosphocholine esterase, v. 9 | p. 320	
3.1.1.47	platelet-activating factor acetylhydrolases, 1-alkyl-2-acetylglycerophosphocholine esterase, v. 9 | p. 320	
3.1.1.47	platelet-activating factor acetylhydrolyase, 1-alkyl-2-acctylglycerophosphocholine esterase, v. 9 | p. 320	
3.1.1.47	platelet-activating factor actylhydolase, 1-alkyl-2-acetylglycerophosphocholine esterase, v. 9 | p. 320	
2.3.1.67	platelet-activating factor acylhydrolase, 1-alkylglycerophosphocholine O-acetyltransferase, v. 30 | p. 37	
2.3.1.149	platelet-activating factor transacetylase, Platelet-activating factor acetyltransferase, v. 30 | p. 396	
2.4.2.4	platelet-derived endothelial cell growth factor, thymidine phosphorylase, v. 33 | p. 52	
2.4.2.4	platelet-derived endotherial cell growth factor, thymidine phosphorylase, v. 33 | p. 52	
2.7.10.1	α platelet-derived growth factor receptor, receptor protein-tyrosine kinase, v. S2 | p. 341	
2.7.10.1	β platelet-derived growth factor receptor, receptor protein-tyrosine kinase, v. S2 | p. 341	
2.7.10.1	platelet-derived growth factor receptor, receptor protein-tyrosine kinase, v. S2 | p. 341	
2.7.10.1	platelet-derived growth factor receptor-β, receptor protein-tyrosine kinase, v. S2 | p. 341	
2.7.10.1	platelet-derived growth factor receptor kinase, receptor protein-tyrosine kinase, v. S2 | p. 341	
2.7.10.1	platelet-derived growth factor RPTK, receptor protein-tyrosine kinase, v. S2 | p. 341	
1.13.11.31	platelet-type 12(S)-lipoxygenase, arachidonate 12-lipoxygenase, v. 25 | p. 568	
1.13.11.31	platelet-type 12-human lipoxygenase, arachidonate 12-lipoxygenase, v. 25 | p. 568	
1.13.11.31	platelet-type 12-lipoxygenase, arachidonate 12-lipoxygenase, v. 25 | p. 568	
1.13.11.31	platelet-type 12-LOX, arachidonate 12-lipoxygenase, v. 25 | p. 568	
1.13.11.31	Platelet-type lipoxygenase 12, arachidonate 12-lipoxygenase, v. 25 | p. 568	
3.1.1.47	platelet activating factor-acetylhydrolase, 1-alkyl-2-acetylglycerophosphocholine esterase, v. 9 | p. 320	
3.1.1.4	platelet activating factor acetyl hydrolase, phospholipase A2, v. 9 | p. 52	
3.1.1.47	platelet activating factor acetylhydrolase, 1-alkyl-2-acetylglycerophosphocholine esterase, v. 9 | p. 320	
2.4.2.4	platelet derived-endothelial cell growth factor, thymidine phosphorylase, v. 33 | p. 52	
2.4.2.4	platelet derived endothelial cell grwoth factor, thymidine phosphorylase, v. 33 | p. 52	
3.1.1.5	PLB, lysophospholipase, v. 9 | p. 82	
4.2.2.2	PLB, pectate lyase, v. 5 | p. 6	
4.2.2.10	PLB, pectin lyase, v. 5 | p. 55	
3.1.1.5	PLB/LIP, lysophospholipase, v. 9 | p. 82	
3.1.1.5	PLB1, lysophospholipase, v. 9 | p. 82	
3.1.1.5	PLB1 enzyme, lysophospholipase, v. 9 | p. 82	
4.2.2.2	PLC, pectate lyase, v. 5 | p. 6	
3.1.4.11	PLC, phosphoinositide phospholipase C, v. 11 | p. 75	
3.1.4.3	PLC, phospholipase C, v. 11 | p. 32	
3.1.4.11	PLC ε, phosphoinositide phospholipase C, v. 11 | p. 75	
3.1.4.11	PLCε, phosphoinositide phospholipase C, v. 11 | p. 75	
3.1.4.11	PLCγ, phosphoinositide phospholipase C, v. 11 | p. 75	
3.1.4.11	PLC-β, phosphoinositide phospholipase C, v. 11 | p. 75	
3.1.4.11	PLC-δ, phosphoinositide phospholipase C, v. 11 | p. 75	
3.1.4.11	PLC-ε, phosphoinositide phospholipase C, v. 11 | p. 75	
3.1.4.11	PLC-γ, phosphoinositide phospholipase C, v. 11 | p. 75	
3.1.4.11	PLC-β-1, phosphoinositide phospholipase C, v. 11 | p. 75	
3.1.4.11	PLC-δ-1, phosphoinositide phospholipase C, v. 11 | p. 75	
3.1.4.11	PLC-δ1, phosphoinositide phospholipase C, v. 11 | p. 75	
3.1.4.11	PLC-γ1, phosphoinositide phospholipase C, v. 11 | p. 75	

3.1.4.11	PLC-148, phosphoinositide phospholipase C, v. 11	p. 75
3.1.4.11	PLC-154, phosphoinositide phospholipase C, v. 11	p. 75
3.1.4.11	PLC-β1b, phosphoinositide phospholipase C, v. 11	p. 75
3.1.4.11	PLC-β2, phosphoinositide phospholipase C, v. 11	p. 75
3.1.4.11	PLC-γ2, phosphoinositide phospholipase C, v. 11	p. 75
3.1.4.11	PLC-21, phosphoinositide phospholipase C, v. 11	p. 75
3.1.4.11	PLC-85, phosphoinositide phospholipase C, v. 11	p. 75
3.2.1.14	PLC-A, chitinase, v. 12	p. 185
3.2.1.14	PLC-B, chitinase, v. 12	p. 185
3.1.4.3	PLC-Bt, phospholipase C, v. 11	p. 32
3.1.4.11	PLC-eta, phosphoinositide phospholipase C, v. 11	p. 75
3.1.4.11	PLC-eta1, phosphoinositide phospholipase C, v. 11	p. 75
3.1.4.11	PLC-eta2, phosphoinositide phospholipase C, v. 11	p. 75
3.1.4.3	PLC-H, phospholipase C, v. 11	p. 32
3.1.4.11	PLC-I, phosphoinositide phospholipase C, v. 11	p. 75
3.1.4.3	PLC-N, phospholipase C, v. 11	p. 32
3.1.4.11	PLC-δsu, phosphoinositide phospholipase C, v. 11	p. 75
3.1.4.11	PLC-zeta, phosphoinositide phospholipase C, v. 11	p. 75
3.1.4.11	PLC β1, phosphoinositide phospholipase C, v. 11	p. 75
3.1.4.11	PLC δ1, phosphoinositide phospholipase C, v. 11	p. 75
3.1.4.11	PLC γ1, phosphoinositide phospholipase C, v. 11	p. 75
3.1.4.11	PLC1, phosphoinositide phospholipase C, v. 11	p. 75
3.1.4.11	PLCβ1, phosphoinositide phospholipase C, v. 11	p. 75
3.1.4.11	PLCδ1, phosphoinositide phospholipase C, v. 11	p. 75
3.1.4.11	PLCγ1, phosphoinositide phospholipase C, v. 11	p. 75
3.1.4.11	PLC ϵ1a, phosphoinositide phospholipase C, v. 11	p. 75
3.1.4.11	PLC β1b, phosphoinositide phospholipase C, v. 11	p. 75
3.1.4.11	PLC ϵ1b, phosphoinositide phospholipase C, v. 11	p. 75
2.7.1.158	Plc1p, inositol-pentakisphosphate 2-kinase, v. S2	p. 272
3.1.4.11	Plc1p, phosphoinositide phospholipase C, v. 11	p. 75
3.1.4.11	PLC2, phosphoinositide phospholipase C, v. 11	p. 75
3.1.4.11	PLCγ2, phosphoinositide phospholipase C, v. 11	p. 75
3.1.4.11	PLC β3, phosphoinositide phospholipase C, v. 11	p. 75
3.1.4.11	plcA, phosphoinositide phospholipase C, v. 11	p. 75
3.1.4.3	PlcB, phospholipase C, v. 11	p. 32
3.1.4.3	PLCBC, phospholipase C, v. 11	p. 32
3.1.4.3	plcC, phospholipase C, v. 11	p. 32
3.1.4.3	PlcC protein, phospholipase C, v. 11	p. 32
3.1.4.11	PLCdeta1, phosphoinositide phospholipase C, v. 11	p. 75
3.1.4.11	PLCeta2, phosphoinositide phospholipase C, v. 11	p. 75
2.7.8.27	PlcH, sphingomyelin synthase, v. S2	p. 332
3.1.4.3	PlcHR2, phospholipase C, v. 11	p. 32
3.1.4.12	PlcHR2, sphingomyelin phosphodiesterase, v. 11	p. 86
3.1.4.3	PlcHR2 toxin, phospholipase C, v. 11	p. 32
3.1.4.12	PlcHR2 toxin, sphingomyelin phosphodiesterase, v. 11	p. 86
3.1.4.3	PLCLM, phospholipase C, v. 11	p. 32
3.4.13.9	PLD, Xaa-Pro dipeptidase, v. 6	p. 204
3.1.4.39	PLD, alkylglycerophosphoethanolamine phosphodiesterase, v. 11	p. 187
4.2.2.10	PLD, pectin lyase, v. 5	p. 55
3.1.4.4	PLD, phospholipase D, v. 11	p. 47
3.1.4.41	PLD, sphingomyelin phosphodiesterase D, v. 11	p. 197
3.1.4.4	PLD δ, phospholipase D, v. 11	p. 47
3.1.4.4	PLD ϵ, phospholipase D, v. 11	p. 47
3.1.4.4	PLDα, phospholipase D, v. 11	p. 47
3.1.4.4	PLDβ, phospholipase D, v. 11	p. 47

3.1.4.4	PLD-A, phospholipase D,	v.11 | p.47
3.1.4.4	PLD-B, phospholipase D,	v.11 | p.47
3.1.4.4	PLD1, phospholipase D,	v.11 | p.47
3.1.4.4	PLDα1, phospholipase D,	v.11 | p.47
3.1.4.4	PLDδ1, phospholipase D,	v.11 | p.47
3.1.4.4	PLD1C, phospholipase D,	v.11 | p.47
3.1.4.4	PLD2, phospholipase D,	v.11 | p.47
3.1.4.4	PLDα2, phospholipase D,	v.11 | p.47
3.1.4.4	PLD2a, phospholipase D,	v.11 | p.47
3.1.4.4	PLDα3, phospholipase D,	v.11 | p.47
3.1.4.4	PLD684, phospholipase D,	v.11 | p.47
3.1.4.4	PLDcab, phospholipase D,	v.11 | p.47
3.1.4.4	PLDGB, phospholipase D,	v.11 | p.47
1.1.1.107	PLDH, pyridoxal 4-dehydrogenase,	v.17 | p.294
1.14.17.1	plDβH, dopamine β-monooxygenase,	v.27 | p.126
3.1.4.4	PLDStr, phospholipase D,	v.11 | p.47
3.1.4.4	PLD zeta, phospholipase D,	v.11 | p.47
3.1.4.4	PLDzeta1, phospholipase D,	v.11 | p.47
3.1.4.4	PLDzeta2, phospholipase D,	v.11 | p.47
3.1.1.1	PLE, carboxylesterase,	v.9 | p.1
4.2.2.2	PLE, pectate lyase,	v.5 | p.6
2.7.13.3	PleC-DivJ homolog sensor, histidine kinase,	v.S4 | p.420
4.6.1.1	PleD, adenylate cyclase,	v.5 | p.415
2.7.7.65	PleD, diguanylate cyclase,	v.S2 | p.331
3.1.21.4	PleI, type II site-specific deoxyribonuclease,	v.11 | p.454
3.1.27.4	Pleospora RNase, ribonuclease U2,	v.11 | p.580
4.2.2.10	plg1, pectin lyase,	v.5 | p.55
4.2.2.10	plg2, pectin lyase,	v.5 | p.55
3.1.1.47	Plg7p, 1-alkyl-2-acetylglycerophosphocholine esterase,	v.9 | p.320
4.2.2.2	PL I, pectate lyase,	v.5 | p.6
4.2.2.10	PLI, pectin lyase,	v.5 | p.55
4.2.2.10	PLII, pectin lyase,	v.5 | p.55
2.7.11.21	PLK, polo kinase,	v.S4 | p.134
2.7.1.35	PLK, pyridoxal kinase,	v.35 | p.395
2.7.11.21	Plk1, polo kinase,	v.S4 | p.134
2.7.11.21	Plk2, polo kinase,	v.S4 | p.134
2.7.11.21	Plk3, polo kinase,	v.S4 | p.134
2.7.11.21	PLK4, polo kinase,	v.S4 | p.134
2.7.1.35	PL kinase, pyridoxal kinase,	v.35 | p.395
3.4.23.38	PLm I, plasmepsin I,	v.8 | p.175
3.4.23.39	PLMII, plasmepsin II,	v.8 | p.178
3.4.23.39	PLm II, plasmepsin II,	v.8 | p.178
2.1.1.71	PLMT, phosphatidyl-N-methylethanolamine N-methyltransferase,	v.28 | p.384
2.7.11.21	Plo1, polo kinase,	v.S4 | p.134
1.14.11.4	PLOD, procollagen-lysine 5-dioxygenase,	v.26 | p.49
5.2.1.8	Plp, Peptidylprolyl isomerase,	v.1 | p.218
3.1.3.74	PLP-P, pyridoxal phosphatase,	v.S5 | p.68
3.1.3.74	PLPase, pyridoxal phosphatase,	v.S5 | p.68
3.1.3.74	PLPP, pyridoxal phosphatase,	v.S5 | p.68
3.1.3.74	PLP phosphatase, pyridoxal phosphatase,	v.S5 | p.68
1.1.1.65	PL reductase, pyridoxine 4-dehydrogenase,	v.17 | p.78
3.1.1.26	PLRP1, galactolipase,	v.9 | p.222
3.1.1.26	PLRP2, galactolipase,	v.9 | p.222
3.1.1.32	PLRP2, phospholipase A1,	v.9 | p.252
3.1.1.3	PLRP2, triacylglycerol lipase,	v.9 | p.36

3.4.21.89	Plsp1, Signal peptidase I, v.7 | p. 431	
2.7.11.21	Plx1, polo kinase, v. S4 | p. 134	
3.2.1.17	Ply3626, lysozyme, v. 12 | p. 228	
2.7.4.1	plyphosphate kinase 1, polyphosphate kinase, v. 37 | p. 475	
1.2.1.3	PM-ALDH9, aldehyde dehydrogenase (NAD+), v. 20 | p. 32	
3.1.3.5	PM-AMPase, 5'-nucleotidase, v. 10 | p. 95	
2.5.1.18	pm-GSTR1, glutathione transferase, v. 33 | p. 524	
2.1.1.125	PM-I, histone-arginine N-methyltransferase, v. 28 | p. 578	
2.6.1.30	PM-pyruvate transaminase, pyridoxamine-pyruvate transaminase, v. 34 | p. 451	
6.3.2.19	PM42, Ubiquitin-protein ligase, v. 2 | p. 506	
3.6.3.6	PMA1, H+-exporting ATPase, v. 15 | p. 554	
3.6.3.6	PMA2, H+-exporting ATPase, v. 15 | p. 554	
3.1.21.4	PmaCI, type II site-specific deoxyribonuclease, v. 11 | p. 454	
1.14.17.4	PmACO, aminocyclopropanecarboxylate oxidase, v. 27 | p. 154	
4.4.1.14	PmACS2, 1-aminocyclopropane-1-carboxylate synthase, v. 5 | p. 377	
4.4.1.14	PmACS3, 1-aminocyclopropane-1-carboxylate synthase, v. 5 | p. 377	
4.4.1.14	PmACS4, 1-aminocyclopropane-1-carboxylate synthase, v. 5 | p. 377	
3.6.3.8	PMCA, Ca2+-transporting ATPase, v. 15 | p. 566	
3.6.3.8	PMCA1, Ca2+-transporting ATPase, v. 15 | p. 566	
3.6.3.8	PMCA2, Ca2+-transporting ATPase, v. 15 | p. 566	
3.6.3.8	PMCA3, Ca2+-transporting ATPase, v. 15 | p. 566	
3.6.3.8	PMCA4, Ca2+-transporting ATPase, v. 15 | p. 566	
1.3.99.3	pMCAD, acyl-CoA dehydrogenase, v. 21 | p. 488	
1.13.11.8	PmdAB, protocatechuate 4,5-dioxygenase, v. 25 | p. 447	
1.1.1.37	PMDH1, malate dehydrogenase, v. 16 | p. 336	
1.1.1.37	PMDH2, malate dehydrogenase, v. 16 | p. 336	
3.1.1.11	PME, pectinesterase, v. 9 | p. 136	
3.1.1.61	PME, protein-glutamate methylesterase, v. 9 | p. 378	
3.1.1.11	PME1, pectinesterase, v. 9 | p. 136	
1.5.99.2	pMe2GlyDH, dimethylglycine dehydrogenase, v. 23 | p. 354	
3.1.1.11	PME3, pectinesterase, v. 9 | p. 136	
3.1.1.11	PME31, pectinesterase, v. 9 | p. 136	
3.1.1.11	PME I, pectinesterase, v. 9 | p. 136	
3.1.1.11	PME II, pectinesterase, v. 9 | p. 136	
3.1.1.11	PME III, pectinesterase, v. 9 | p. 136	
2.7.11.24	PMEK1, mitogen-activated protein kinase, v. S4 | p. 233	
3.1.1.11	PMEU1, pectinesterase, v. 9 | p. 136	
1.1.1.284	PmFLD1, S-(hydroxymethyl)glutathione dehydrogenase, v. S1 | p. 38	
1.2.1.1	PmFLD1, formaldehyde dehydrogenase (glutathione), v. 20 | p. 1	
1.2.1.12	pmGAPDH, glyceraldehyde-3-phosphate dehydrogenase (phosphorylating), v. 20 | p. 135	
3.4.19.1	PMH, acylaminoacyl-peptidase, v. 6 | p. 513	
3.6.3.6	PM H+-ATPase, H+-exporting ATPase, v. 15 | p. 554	
2.4.1.212	PmHAS, hyaluronan synthase, v. 32 | p. 558	
4.1.2.10	PmHNL, Mandelonitrile lyase, v. 3 | p. 440	
3.4.19.1	PM hydrolase, acylaminoacyl-peptidase, v. 6 | p. 513	
5.3.1.8	PMI, Mannose-6-phosphate isomerase, v. 1 | p. 289	
3.4.23.38	PMI, plasmepsin I, v. 8 | p. 175	
3.4.23.39	PM II, plasmepsin II, v. 8 | p. 178	
3.4.23.39	PMII, plasmepsin II, v. 8 | p. 178	
2.7.4.2	PMK, phosphomevalonate kinase, v. 37 | p. 487	
2.7.11.24	PMK1, mitogen-activated protein kinase, v. S4 | p. 233	
2.7.1.35	PM kinase, pyridoxal kinase, v. 35 | p. 395	
3.1.1.3	PML, triacylglycerol lipase, v. 9 | p. 36	
5.4.2.8	PMM, phosphomannomutase, v. 1 | p. 540	
5.4.2.2	PMM/PGM, phosphoglucomutase, v. 1 | p. 506	

5.4.2.8	PMM/PGM, phosphomannomutase, v. 1	p. 540
5.4.2.8	PMM1, phosphomannomutase, v. 1	p. 540
5.4.2.8	PMM2, phosphomannomutase, v. 1	p. 540
5.4.2.8	PMMH-22, phosphomannomutase, v. 1	p. 540
1.14.13.25	pMMO, methane monooxygenase, v. 26	p. 360
1.14.13.25	pMMO-H, methane monooxygenase, v. 26	p. 360
1.14.13.25	pMMO1, methane monooxygenase, v. 26	p. 360
1.14.13.25	pMMO2, methane monooxygenase, v. 26	p. 360
1.14.13.25	pMMO hydroxylase, methane monooxygenase, v. 26	p. 360
3.4.21.37	PMN-elastase, leukocyte elastase, v. 7	p. 164
4.1.3.3	PmNanA, N-acetylneuraminate lyase, v. 4	p. 24
3.4.21.37	PMNE, leukocyte elastase, v. 7	p. 164
3.4.21.37	PMN elastase, leukocyte elastase, v. 7	p. 164
3.4.24.34	PMNL-CL, neutrophil collagenase, v. 8	p. 399
1.13.11.34	PMNL 5-lipoxygenase, arachidonate 5-lipoxygenase, v. 25	p. 591
3.4.24.34	PMNL collagenase, neutrophil collagenase, v. 8	p. 399
3.4.21.76	PMNL proteinase, Myeloblastin, v. 7	p. 380
1.14.13.25	PmoB, methane monooxygenase, v. 26	p. 360
3.1.3.48	Pmp1p, protein-tyrosine-phosphatase, v. 10	p. 407
3.6.3.47	PMP69, fatty-acyl-CoA-transporting ATPase, v. 15	p. 724
3.6.3.47	PMP70, fatty-acyl-CoA-transporting ATPase, v. 15	p. 724
3.6.3.47	PMP70R, fatty-acyl-CoA-transporting ATPase, v. 15	p. 724
1.4.3.5	PMP oxidase, pyridoxal 5'-phosphate synthase, v. 22	p. 273
2.4.1.34	PMR, 1,3-β-glucan synthase, v. 31	p. 318
3.6.3.8	PMR1, Ca2+-transporting ATPase, v. 15	p. 566
3.6.3.8	PMR1-like calcium ATPase, Ca2+-transporting ATPase, v. 15	p. 566
3.6.3.8	Pmr1p, Ca2+-transporting ATPase, v. 15	p. 566
3.4.17.21	PMSA, Glutamate carboxypeptidase II, v. 6	p. 498
1.8.4.12	PMSR, peptide-methionine (R)-S-oxide reductase, v. S1	p. 328
1.8.4.11	PMSR, peptide-methionine (S)-S-oxide reductase, v. S1	p. 291
1.8.4.11	PMSRA, peptide-methionine (S)-S-oxide reductase, v. S1	p. 291
2.4.1.109	PMT, dolichyl-phosphate-mannose-protein mannosyltransferase, v. 32	p. 110
2.1.1.25	PMT, phenol O-methyltransferase, v. 28	p. 123
2.1.1.53	PMT, putrescine N-methyltransferase, v. 28	p. 300
2.1.1.103	PMT-1, phosphoethanolamine N-methyltransferase, v. 28	p. 508
4.2.1.109	1-PMT-ribulose dehydratase, methylthioribulose 1-phosphate dehydratase, v. S7	p. 109
2.4.1.109	PMT1, dolichyl-phosphate-mannose-protein mannosyltransferase, v. 32	p. 110
2.1.1.53	PMT1, putrescine N-methyltransferase, v. 28	p. 300
2.4.1.109	PMT2, dolichyl-phosphate-mannose-protein mannosyltransferase, v. 32	p. 110
2.1.1.53	PMT2, putrescine N-methyltransferase, v. 28	p. 300
2.4.1.109	Pmt2p, dolichyl-phosphate-mannose-protein mannosyltransferase, v. 32	p. 110
2.4.1.109	PMT3, dolichyl-phosphate-mannose-protein mannosyltransferase, v. 32	p. 110
2.4.1.109	PMT4, dolichyl-phosphate-mannose-protein mannosyltransferase, v. 32	p. 110
2.4.1.109	Pmt4p, dolichyl-phosphate-mannose-protein mannosyltransferase, v. 32	p. 110
2.4.1.109	PMT5, dolichyl-phosphate-mannose-protein mannosyltransferase, v. 32	p. 110
2.4.1.109	Pmt5p, dolichyl-phosphate-mannose-protein mannosyltransferase, v. 32	p. 110
2.4.1.109	Pmt6, dolichyl-phosphate-mannose-protein mannosyltransferase, v. 32	p. 110
2.4.1.109	PMT7, dolichyl-phosphate-mannose-protein mannosyltransferase, v. 32	p. 110
2.4.1.109	PMTI, dolichyl-phosphate-mannose-protein mannosyltransferase, v. 32	p. 110
5.3.1.23	1-PMTR isomerase, S-methyl-5-thioribose-1-phosphate isomerase, v. 1	p. 351
3.5.1.5	PMU, urease, v. 14	p. 250
4.2.1.1	pMW1, carbonate dehydratase, v. 4	p. 242
3.1.3.5	PN-I, 5'-nucleotidase, v. 10	p. 95
2.7.1.35	PN/PL/PM kinase, pyridoxal kinase, v. 35	p. 395
1.1.3.12	PN 4-oxidase, pyridoxine 4-oxidase, v. 19	p. 113

3.2.2.5	pNADase, NAD+ nucleosidase, v. 14	p. 25
2.7.7.1	PNAT, nicotinamide-nucleotide adenylyltransferase, v. 38	p. 49
3.5.1.19	Pnc1, nicotinamidase, v. 14	p. 349
3.5.1.19	PncA, nicotinamidase, v. 14	p. 349
3.5.1.52	PNG-1, peptide-N4-(N-acetyl-β-glucosaminyl)asparagine amidase, v. 14	p. 485
3.5.1.52	PNG1, peptide-N4-(N-acetyl-β-glucosaminyl)asparagine amidase, v. 14	p. 485
3.5.1.52	Png1p, peptide-N4-(N-acetyl-β-glucosaminyl)asparagine amidase, v. 14	p. 485
3.5.1.52	L-929 PNGase, peptide-N4-(N-acetyl-β-glucosaminyl)asparagine amidase, v. 14	p. 485
3.5.1.52	PNGase, peptide-N4-(N-acetyl-β-glucosaminyl)asparagine amidase, v. 14	p. 485
3.5.1.52	PNGase A, peptide-N4-(N-acetyl-β-glucosaminyl)asparagine amidase, v. 14	p. 485
3.5.1.52	PNGase At, peptide-N4-(N-acetyl-β-glucosaminyl)asparagine amidase, v. 14	p. 485
3.5.1.52	PNGase F, peptide-N4-(N-acetyl-β-glucosaminyl)asparagine amidase, v. 14	p. 485
3.5.1.52	PNGase J, peptide-N4-(N-acetyl-β-glucosaminyl)asparagine amidase, v. 14	p. 485
3.5.1.52	PNGase Os, peptide-N4-(N-acetyl-β-glucosaminyl)asparagine amidase, v. 14	p. 485
3.5.1.52	PNGase Se, peptide-N4-(N-acetyl-β-glucosaminyl)asparagine amidase, v. 14	p. 485
3.7.1.4	PNG hydrolase, phloretin hydrolase, v. 15	p. 842
4.2.3.27	PnISPS, isoprene synthase, v. S7	p. 320
2.7.1.143	PNK, diphosphate-purine nucleoside kinase, v. 37	p. 208
2.7.1.78	PNK, polynucleotide 5'-hydroxyl-kinase, v. 36	p. 280
3.1.3.32	Pnk1, polynucleotide 3'-phosphatase, v. 10	p. 326
2.7.1.35	PN kinase, pyridoxal kinase, v. 35	p. 395
3.1.4.37	PNKP, 2',3'-cyclic-nucleotide 3'-phosphodiesterase, v. 11	p. 170
3.1.3.32	PNKP, polynucleotide 3'-phosphatase, v. 10	p. 326
2.7.1.78	PNKP, polynucleotide 5'-hydroxyl-kinase, v. 36	p. 280
4.2.2.10	PNL, pectin lyase, v. 5	p. 55
2.1.1.28	PNMT, phenylethanolamine N-methyltransferase, v. 28	p. 132
2.4.2.1	PNP, purine-nucleoside phosphorylase, v. 33	p. 1
3.2.1.139	PNP-GAase, α-glucuronidase, v. 13	p. 553
2.4.2.1	PNP-II, purine-nucleoside phosphorylase, v. 33	p. 1
3.2.1.40	pnp-rhamnohydrolase, α-L-rhamnosidase, v. 12	p. 586
2.4.1.17	PNP-UDPGT, glucuronosyltransferase, v. 31	p. 25
1.4.3.5	PNP/PMP oxidase, pyridoxal 5'-phosphate synthase, v. 22	p. 273
2.7.7.8	PNPase, polyribonucleotide nucleotidyltransferase, v. 38	p. 145
2.4.2.1	PNPase, purine-nucleoside phosphorylase, v. 33	p. 1
3.1.1.3	pNPB hydrolase, triacylglycerol lipase, v. 9	p. 36
3.4.24.14	pNPI, procollagen N-endopeptidase, v. 8	p. 268
3.1.1.2	PNPLA7, arylesterase, v. 9	p. 28
1.4.3.5	PNPO, pyridoxal 5'-phosphate synthase, v. 22	p. 273
1.4.3.5	PNPOx, pyridoxal 5'-phosphate synthase, v. 22	p. 273
1.4.3.5	PNP oxidase, pyridoxal 5'-phosphate synthase, v. 22	p. 273
3.1.3.41	pNPP, 4-nitrophenylphosphatase, v. 10	p. 364
3.1.3.41	PNPPase, 4-nitrophenylphosphatase, v. 10	p. 364
3.1.3.74	PNP phosphatase, pyridoxal phosphatase, v. S5	p. 68
2.6.99.2	PNP synthase, pyridoxine 5'-phosphate synthase, v. S2	p. 264
4.1.1.82	PnPy decarboxylase, phosphonopyruvate decarboxylase, v. S7	p. 12
2.7.11.22	PNQALRE, cyclin-dependent kinase, v. S4	p. 156
1.7.2.1	PNR, nitrite reductase (NO-forming), v. 24	p. 325
3.3.2.9	PNSO hydrolase, microsomal epoxide hydrolase, v. S5	p. 200
3.3.2.10	PNSO hydrolase, soluble epoxide hydrolase, v. S5	p. 228
1.6.1.2	PntAB, NAD(P)+ transhydrogenase (AB-specific), v. 24	p. 10
1.14.18.1	PO, monophenol monooxygenase, v. 27	p. 156
1.4.3.10	PO, putrescine oxidase, v. 22	p. 325
1.2.3.8	PO, pyridoxal oxidase, v. 20	p. 468
1.5.1.2	PO, pyrroline-5-carboxylate reductase, v. 23	p. 4
3.1.2.14	PO-FAT, oleoyl-[acyl-carrier-protein] hydrolase, v. 9	p. 516

3.1.8.1	PO.ase, aryldialkylphosphatase, v. 11 | p. 343	
1.14.13.2	PobA, 4-hydroxybenzoate 3-monooxygenase, v. 26 | p. 208	
1.14.13.2	pobACg, 4-hydroxybenzoate 3-monooxygenase, v. 26 | p. 208	
4.2.1.83	PocOMH, 4-oxalmesaconate hydratase, v. 4 | p. 622	
3.4.18.1	PoCtX, cathepsin X, v. 6 | p. 510	
1.11.1.7	POD, peroxidase, v. 25 | p. 211	
2.4.1.221	Pofut1, peptide-O-fucosyltransferase, v. 32 | p. 596	
1.14.13.2	POHBase, 4-hydroxybenzoate 3-monooxygenase, v. 26 | p. 208	
1.11.1.7	POII, peroxidase, v. 25 | p. 211	
3.2.2.22	pokeweed anti-viral protein, rRNA N-glycosylase, v. 14 | p. 107	
3.2.2.22	pokeweed antiviral protein, rRNA N-glycosylase, v. 14 | p. 107	
2.7.7.7	POl ε, DNA-directed DNA polymerase, v. 38 | p. 118	
2.7.7.7	Pol, DNA-directed DNA polymerase, v. 38 | p. 118	
2.7.7.49	Pol, RNA-directed DNA polymerase, v. 38 | p. 492	
2.7.7.48	Pol, RNA-directed RNA polymerase, v. 38 | p. 468	
2.7.7.7	Pol γ, DNA-directed DNA polymerase, v. 38 | p. 118	
2.7.7.7	pol α, DNA-directed DNA polymerase, v. 38 | p. 118	
2.7.7.7	pol β, DNA-directed DNA polymerase, v. 38 | p. 118	
2.7.7.7	pol δ, DNA-directed DNA polymerase, v. 38 | p. 118	
2.7.7.7	Pol eta, DNA-directed DNA polymerase, v. 38 | p. 118	
2.7.7.7	POLG, DNA-directed DNA polymerase, v. 38 | p. 118	
2.7.7.7	PolH, DNA-directed DNA polymerase, v. 38 | p. 118	
2.7.7.7	Pol I, DNA-directed DNA polymerase, v. 38 | p. 118	
2.7.7.6	Pol I, DNA-directed RNA polymerase, v. 38 | p. 103	
2.7.7.7	Pol II, DNA-directed DNA polymerase, v. 38 | p. 118	
2.7.7.6	Pol II, DNA-directed RNA polymerase, v. 38 | p. 103	
2.7.11.23	pol II CTD kinase, [RNA-polymerase]-subunit kinase, v. S4 | p. 220	
2.7.11.23	Pol II CTD Ser2 kinase, [RNA-polymerase]-subunit kinase, v. S4 | p. 220	
2.7.7.7	pol III, DNA-directed DNA polymerase, v. 38 | p. 118	
2.7.7.6	pol III, DNA-directed RNA polymerase, v. 38 | p. 103	
2.7.7.7	pol iota, DNA-directed DNA polymerase, v. 38 | p. 118	
3.4.22.29	poliovirus protease 2A, picornain 2A, v. 7 | p. 657	
3.4.22.29	poliovirus protease 2Apro, picornain 2A, v. 7 | p. 657	
3.4.22.28	poliovirus protease 3C, picornain 3C, v. 7 | p. 646	
3.4.22.28	poliovirus proteinase 3C, picornain 3C, v. 7 | p. 646	
2.7.7.7	Pol IV, DNA-directed DNA polymerase, v. 38 | p. 118	
2.7.7.7	pol kappa, DNA-directed DNA polymerase, v. 38 | p. 118	
2.7.7.7	pol kappaΔC, DNA-directed DNA polymerase, v. 38 | p. 118	
2.7.7.7	Pol lambda, DNA-directed DNA polymerase, v. 38 | p. 118	
3.1.1.11	pollen specific PME, pectinesterase, v. 9 | p. 136	
2.7.7.7	Pol mu, DNA-directed DNA polymerase, v. 38 | p. 118	
2.7.11.21	polo-kinase, polo kinase, v. S4 | p. 134	
2.7.11.21	polo-like kinase, polo kinase, v. S4 | p. 134	
2.7.11.21	polo-like kinase-1, polo kinase, v. S4 | p. 134	
2.7.11.21	polo-like kinase-2, polo kinase, v. S4 | p. 134	
2.7.11.21	Polo-like kinase 1, polo kinase, v. S4 | p. 134	
2.7.11.21	polo-like kinase 3, polo kinase, v. S4 | p. 134	
2.7.11.21	polo-like kinase PLK-1, polo kinase, v. S4 | p. 134	
2.7.11.21	Polo kinase, polo kinase, v. S4 | p. 134	
2.7.11.21	polo related kinase, polo kinase, v. S4 | p. 134	
2.7.7.7	Pol X, DNA-directed DNA polymerase, v. 38 | p. 118	
3.2.1.129	poly(α-2,8-sialoside) α-2,8-sialosylhydrolase, endo-α-sialidase, v. 13 | p. 521	
3.2.1.129	poly(α-2,8-sialosyl) endo-N-acetylneuraminidase, endo-α-sialidase, v. 13 | p. 521	
4.2.2.3	poly(β-D-1,4-mannuronide) lyase, poly(β-D-mannuronate) lyase, v. 5 | p. 19	
4.2.2.3	Poly(β-D-mannuronate) lyase, poly(β-D-mannuronate) lyase, v. 5 | p. 19	

3.4.19.9	poly(γ-glutamic acid) endohydrolase, γ-glutamyl hydrolase, v.6 | p.560
3.1.1.75	poly (β-hydroxybutyrate) depolymerase, poly(3-hydroxybutyrate) depolymerase, v.9 | p.437
3.1.1.75	poly(β-hydroxybutyrate) depolymerase, poly(3-hydroxybutyrate) depolymerase, v.9 | p.437
4.2.2.9	poly(1,4-α-D-galacturonide) exo-lyase, pectate disaccharide-lyase, v.5 | p.50
4.2.2.9	poly (1,4-α-D-galacturonide) exolyase, pectate disaccharide-lyase, v.5 | p.50
3.2.1.67	Poly(1,4-α-D-galacturonide)galacturonohydrolase, galacturan 1,4-α-galacturonidase, v.13 | p.195
4.2.2.2	poly(1,4-α-D-galacturonide) lyase, pectate lyase, v.5 | p.6
4.2.2.3	poly(1,4-β-D-mannuronide) lyase, poly(β-D-mannuronate) lyase, v.5 | p.19
4.2.2.11	poly(1,4-α-L-guluronide)lyase, poly(α-L-guluronate) lyase, v.5 | p.64
3.1.1.76	poly(3-hydroxyalkanoate) depolymerase, poly(3-hydroxyoctanoate) depolymerase, v.9 | p.446
3.1.1.75	poly(3-hydroxybutyrate) (PHB) depolymerase, poly(3-hydroxybutyrate) depolymerase, v.9 | p.437
3.1.1.75	poly(3-hydroxybutyrate) depolymerase, poly(3-hydroxybutyrate) depolymerase, v.9 | p.437
3.1.1.75	poly(3-hydroxyvalerate) depolymerase, poly(3-hydroxybutyrate) depolymerase, v.9 | p.437
3.1.1.75	poly(3-hydroxyvaleric acid) depolymerase, poly(3-hydroxybutyrate) depolymerase, v.9 | p.437
3.1.1.75	poly(3HB) depolymerase, poly(3-hydroxybutyrate) depolymerase, v.9 | p.437
3.1.1.76	poly(3HO) depolymerase, poly(3-hydroxyoctanoate) depolymerase, v.9 | p.446
2.7.7.19	poly(A)-polymerase, polynucleotide adenylyltransferase, v.38 | p.245
3.1.13.4	poly(A)-specific 3'-5' ribonuclease, poly(A)-specific ribonuclease, v.11 | p.407
3.1.13.4	poly(A)-specific 3'-exoribonuclease, poly(A)-specific ribonuclease, v.11 | p.407
3.1.13.4	poly(A)-specific mRNA exoribonuclease, poly(A)-specific ribonuclease, v.11 | p.407
3.1.13.4	poly(A)-specific ribonuclease, poly(A)-specific ribonuclease, v.11 | p.407
2.7.7.19	poly(A) hydrolase, polynucleotide adenylyltransferase, v.38 | p.245
3.1.13.4	poly(A) nuclease, poly(A)-specific ribonuclease, v.11 | p.407
3.1.13.4	poly(A) nuclease complex, poly(A)-specific ribonuclease, v.11 | p.407
2.7.7.19	poly(A) polymerase, polynucleotide adenylyltransferase, v.38 | p.245
2.7.7.19	poly(A) polymerase γ, polynucleotide adenylyltransferase, v.38 | p.245
2.7.7.19	poly(A) polymerase I, polynucleotide adenylyltransferase, v.38 | p.245
2.7.7.19	poly(A)polymerase I, polynucleotide adenylyltransferase, v.38 | p.245
3.1.13.4	poly(A) ribonuclease, poly(A)-specific ribonuclease, v.11 | p.407
2.7.7.19	poly(A) synthetase, polynucleotide adenylyltransferase, v.38 | p.245
3.2.1.143	poly(adenosine diphosphoribose) glycohydrolase, poly(ADP-ribose) glycohydrolase, v.13 | p.571
3.2.1.143	poly(adenosine diphosphoribose) glycosidase, poly(ADP-ribose) glycohydrolase, v.13 | p.571
3.2.1.143	poly(ADP-ribose) glycohydrolase (Arabidopsis thaliana gene At2g31860), poly(ADP-ribose) glycohydrolase, v.13 | p.571
3.2.1.143	poly(ADP-ribose) glycohydrolase (Arabidopsis thaliana gene At2g31870), poly(ADP-ribose) glycohydrolase, v.13 | p.571
3.2.1.143	poly(ADP-ribose) glycohydrolase (cattly clone 4/5), poly(ADP-ribose) glycohydrolase, v.13 | p.571
2.4.2.30	poly(ADP-ribose) polymerase, NAD+ ADP-ribosyltransferase, v.33 | p.263
2.4.2.30	poly (ADP-ribose) polymerase-1, NAD+ ADP-ribosyltransferase, v.33 | p.263
2.4.2.30	poly(ADP-ribose) polymerase-1, NAD+ ADP-ribosyltransferase, v.33 | p.263
2.4.2.30	poly(ADP-ribose) polymerase-like enzyme, NAD+ ADP-ribosyltransferase, v.33 | p.263
2.4.2.30	poly(ADP-ribose) synthase, NAD+ ADP-ribosyltransferase, v.33 | p.263
2.4.2.30	poly(ADP-ribose) transferase, NAD+ ADP-ribosyltransferase, v.33 | p.263
3.2.1.143	poly(ADP-ribosyl) glycohydrolase, poly(ADP-ribose) glycohydrolase, v.13 | p.571
2.4.2.30	poly(ADP-ribosyl)transferase, NAD+ ADP-ribosyltransferase, v.33 | p.263

3.2.1.67	poly(galacturonate)hydrolase, galacturan 1,4-α-galacturonidase, v. 13 | p. 195
3.4.19.9	poly(glutamic acid) hydrolase II, γ-glutamyl hydrolase, v. 6 | p. 560
2.7.8.12	poly(glycerol phosphate) polymerase, CDP-glycerol glycerophosphotransferase, v. 39 | p. 93
2.7.8.12	poly(glycerol phosphate)polymerase, CDP-glycerol glycerophosphotransferase, v. 39 | p. 93
3.1.1.75	poly(HA) depolymerase, poly(3-hydroxybutyrate) depolymerase, v. 9 | p. 437
3.1.1.76	poly(HA) depolymerase, poly(3-hydroxyoctanoate) depolymerase, v. 9 | p. 446
3.1.1.76	poly(HAMCL) depolymerase, poly(3-hydroxyoctanoate) depolymerase, v. 9 | p. 446
3.1.1.75	poly(HA SCL) depolymerase, poly(3-hydroxybutyrate) depolymerase, v. 9 | p. 437
3.1.1.75	poly(hydroxybutyric) depolymerase, poly(3-hydroxybutyrate) depolymerase, v. 9 | p. 437
2.7.8.6	poly(isoprenol)-phosphate galactosephosphotransferase, undecaprenyl-phosphate galactose phosphotransferase, v. 39 | p. 48
2.7.8.6	poly(isoprenyl)phosphate galactosephosphatetransferase, undecaprenyl-phosphate galactose phosphotransferase, v. 39 | p. 48
4.2.2.3	poly(M)lyase, poly(β-D-mannuronate) lyase, v. 5 | p. 19
4.2.2.3	Poly(mana) alginate lyase, poly(β-D-mannuronate) lyase, v. 5 | p. 19
4.2.2.3	poly(mana)alginate lyase, poly(β-D-mannuronate) lyase, v. 5 | p. 19
4.2.2.10	poly(methoxygalacturonide) lyase, pectin lyase, v. 5 | p. 55
2.7.1.63	poly(P)/ATP-glucomannokinase, polyphosphate-glucose phosphotransferase, v. 36 | p. 157
2.7.1.23	Poly(P)/ATP NAD kinase , NAD+ kinase, v. 35 | p. 293
2.7.1.63	poly(P) glucokinase, polyphosphate-glucose phosphotransferase, v. 36 | p. 157
2.7.4.1	poly(P) kinase 1, polyphosphate kinase, v. 37 | p. 475
2.7.4.1	poly(P) kinase 2, polyphosphate kinase, v. 37 | p. 475
2.7.8.14	poly(ribitol phosphate) synthetase, CDP-ribitol ribitolphosphotransferase, v. 39 | p. 103
3.2.1.129	poly(sialoside) α-2,8-sialosylhydrolase, endo-α-sialidase, v. 13 | p. 521
3.1.26.10	poly(U)- and poly(C)-specific endoribonuclease, ribonuclease IX, v. 11 | p. 555
3.2.2.19	poly-(ADP-ribose) glycohydrolase, [protein ADP-ribosylarginine] hydrolase, v. 14 | p. 92
3.2.1.15	poly-α-1,4-galacturonide glycanohydrolase, polygalacturonase, v. 12 | p. 208
3.2.1.14	poly-β-glucosaminidase, chitinase, v. 12 | p. 185
3.1.1.75	poly-β-hydroxybutyrate depolymerase, poly(3-hydroxybutyrate) depolymerase, v. 9 | p. 437
3.1.1.75	poly-β-hydroxybutyric acid depolymerase, poly(3-hydroxybutyrate) depolymerase, v. 9 | p. 437
4.2.2.11	poly-α-L-guluronate lyase, poly(α-L-guluronate) lyase, v. 5 | p. 64
4.2.2.2	poly-galacturonic acid trans-eliminase, pectate lyase, v. 5 | p. 6
4.2.2.3	(poly α-l-guluronate) lyase, poly(β-D-mannuronate) lyase, v. 5 | p. 19
3.2.1.14	β-1,4-poly-N-acetyl glucosamidinase, chitinase, v. 12 | p. 185
3.2.1.14	1,4-β-poly-N-acetylglucosaminidase, chitinase, v. 12 | p. 185
2.4.1.149	poly-N-acetyllactosamine extension enzyme, N-acetyllactosaminide β-1,3-N-acetylglucosaminyltransferase, v. 32 | p. 297
2.4.1.163	poly-N-acetyllactosamine extension enzyme, β-galactosyl-N-acetylglucosaminylgalactosylglucosyl-ceramide β-1,3-acetylglucosaminyltransferase, v. 32 | p. 362
2.7.4.1	poly-P kinase, polyphosphate kinase, v. 37 | p. 475
3.2.1.67	poly 1,4-α-D-galacturonide-galacturonohydrolase, galacturan 1,4-α-galacturonidase, v. 13 | p. 195
3.1.1.75	poly[(R)-3-hydroxybutyrate] depolymerase, poly(3-hydroxybutyrate) depolymerase, v. 9 | p. 437
3.1.1.76	poly[(R)-3-hydroxyoctanoate] hydrolase, poly(3-hydroxyoctanoate) depolymerase, v. 9 | p. 446
3.1.1.75	poly[(R)-hydroxyalkanoic acid] depolymerase, poly(3-hydroxybutyrate) depolymerase, v. 9 | p. 437
3.1.1.76	poly[(R)-hydroxyalkanoic acid] depolymerase, poly(3-hydroxyoctanoate) depolymerase, v. 9 | p. 446
2.4.2.30	poly[ADP-ribose] synthetase , NAD+ ADP-ribosyltransferase, v. 33 | p. 263
3.1.1.75	poly[D(-)-3-hydroxybutyrate] depolymerase, poly(3-hydroxybutyrate) depolymerase, v. 9 | p. 437

3.1.13.4	polyA-specific ribonuclease, poly(A)-specific ribonuclease, v. 11	p. 407	
2.7.7.19	polyadenylate nucleotidyltransferase, polynucleotide adenylyltransferase, v. 38	p. 245	
2.7.7.19	polyadenylate polymerase, polynucleotide adenylyltransferase, v. 38	p. 245	
2.7.7.19	polyadenylate synthetase, polynucleotide adenylyltransferase, v. 38	p. 245	
2.7.7.19	polyadenylic acid polymerase, polynucleotide adenylyltransferase, v. 38	p. 245	
2.7.7.19	polyadenylic polymerase, polynucleotide adenylyltransferase, v. 38	p. 245	
2.3.2.13	polyamine transglutaminase, protein-glutamine γ-glutamyltransferase, v. 30	p. 550	
2.7.7.19	polyA polymerase, polynucleotide adenylyltransferase, v. 38	p. 245	
1.14.18.1	polyaromatic oxidase, monophenol monooxygenase, v. 27	p. 156	
3.1.3.16	polycation modulated (PCM-) phosphatase, phosphoprotein phosphatase, v. 10	p. 213	
1.97.1.8	polychloroethane dehalogenase, tetrachloroethene reductive dehalogenase, v. 27	p. 661	
6.3.2.19	polycomb-group complex 1, Ubiquitin-protein ligase, v. 2	p. 506	
1.3.1.29	polycyclic aromatic hydrocarbons dihydrodiol dehydrogenase, cis-1,2-dihydro-1,2-dihydroxynaphthalene dehydrogenase, v. 21	p. 171	
6.5.1.1	Polydeoxyribonucleotide synthase (ATP), DNA ligase (ATP), v. 2	p. 755	
6.5.1.2	Polydeoxyribonucleotide synthase (NAD+), DNA ligase (NAD+), v. 2	p. 773	
6.5.1.1	Polydeoxyribonucleotide synthase [ATP], DNA ligase (ATP), v. 2	p. 755	
6.5.1.2	Polydeoxyribonucleotide synthase [NAD+], DNA ligase (NAD+), v. 2	p. 773	
1.11.1.6	polyethylene glycol-catalase, catalase, v. 25	p. 194	
1.1.99.20	polyethylene glycol dehydrogenase, alkan-1-ol dehydrogenase (acceptor), v. 19	p. 391	
3.2.1.15	polygalacturonase-3, polygalacturonase, v. 12	p. 208	
3.2.1.15	polygalacturonase 1, polygalacturonase, v. 12	p. 208	
3.2.1.15	polygalacturonase I, polygalacturonase, v. 12	p. 208	
3.2.1.15	polygalacturonase II, polygalacturonase, v. 12	p. 208	
3.2.1.15	polygalacturonase inhibiting protein 1, polygalacturonase, v. 12	p. 208	
3.2.1.15	polygalacturonase p36, polygalacturonase, v. 12	p. 208	
3.2.1.15	polygalacturonase p40, polygalacturonase, v. 12	p. 208	
3.2.1.82	polygalacturonate hydrolase, exo-poly-α-galacturonosidase, v. 13	p. 285	
4.2.2.2	polygalacturonate lyase, pectate lyase, v. 5	p. 6	
4.2.2.2	polygalacturonic acid lyase, pectate lyase, v. 5	p. 6	
4.2.2.2	polygalacturonic transeliminase, pectate lyase, v. 5	p. 6	
5.1.3.19	Polyglucuronate 5-epimerase, chondroitin-glucuronate 5-epimerase, v. 1	p. 172	
3.4.19.9	polyglutamate hydrolase, γ-glutamyl hydrolase, v. 6	p. 560	
3.4.19.9	γ-polyglutamic acid hydrolase, γ-glutamyl hydrolase, v. 6	p. 560	
4.2.2.11	polyguluronate-specific alginate lyase, poly(α-L-guluronate) lyase, v. 5	p. 64	
3.1.1.75	polyhydroxyalkanoate depolymerase, poly(3-hydroxybutyrate) depolymerase, v. 9	p. 437	
3.1.1.76	polyhydroxyalkanoate depolymerase, poly(3-hydroxyoctanoate) depolymerase, v. 9	p. 446	
3.1.1.75	polyhydroxybutyrate depolymerase, poly(3-hydroxybutyrate) depolymerase, v. 9	p. 437	
1.1.1.36	polyhydroxybutyrate enzyme, acetoacetyl-CoA reductase, v. 16	p. 328	
2.7.7.7	poly iota, DNA-directed DNA polymerase, v. 38	p. 118	
2.7.1.66	polyisoprenol kinase, undecaprenol kinase, v. 36	p. 171	
3.1.3.51	polyisoprenyl phosphate phosphatase, dolichyl-phosphatase, v. 10	p. 428	
3.2.1.121	polymannuronate depolymerase, polymannuronate hydrolase, v. 13	p. 497	
3.2.1.121	polymannuronic acid polymerase, polymannuronate hydrolase, v. 13	p. 497	
2.7.7.48	polymerase 3Dpol, RNA-directed RNA polymerase, v. 38	p. 468	
2.7.7.48	polymerase acidic protein, RNA-directed RNA polymerase, v. 38	p. 468	
2.7.7.48	polymerase basic 1 protein, RNA-directed RNA polymerase, v. 38	p. 468	
2.7.7.7	polymerase III, DNA-directed DNA polymerase, v. 38	p. 118	
2.7.7.48	polymerase L, RNA-directed RNA polymerase, v. 38	p. 468	
3.6.1.10	polymetaphosphatase, endopolyphosphatase, v. 15	p. 340	
4.2.2.10	polymethylgalacturonic transeliminase, pectin lyase, v. 5	p. 55	
3.4.24.34	polymorphonuclear leukocyte collagenase, neutrophil collagenase, v. 8	p. 399	
2.7.12.2	polymyxin B resistance protein kinase, mitogen-activated protein kinase kinase, v. S4	p. 392	
4.1.1.4	Polymyxin MI, Acetoacetate decarboxylase, v. 3	p. 23	

3.1.1.78	polyneuridine aldehyde esterase, polyneuridine-aldehyde esterase, v. S5	p. 1
3.1.3.32	2'(3')-polynucleotidase, polynucleotide 3'-phosphatase, v. 10	p. 326
3.1.3.33	5'-polynucleotidase, polynucleotide 5'-phosphatase, v. 10	p. 330
2.7.1.78	polynucleotide 5'-hydroxyl-kinase, polynucleotide 5'-hydroxyl-kinase, v. 36	p. 280
2.7.1.78	polynucleotide 5'-hydroxyl kinase (phosphorylating), polynucleotide 5'-hydroxyl-kinase, v. 36	p. 280
3.1.3.33	Polynucleotide 5'-triphosphatase, polynucleotide 5'-phosphatase, v. 10	p. 330
3.2.2.22	polynucleotide:adenosine glycosidase, rRNA N-glycosylase, v. 14	p. 107
3.2.2.22	polynucleotide:adenosine glycosidase activity, rRNA N-glycosylase, v. 14	p. 107
2.7.1.78	5' polynucleotide kinase, polynucleotide 5'-hydroxyl-kinase, v. 36	p. 280
2.7.1.78	polynucleotide kinase, polynucleotide 5'-hydroxyl-kinase, v. 36	p. 280
3.1.3.32	polynucleotide kinase-phosphatase, polynucleotide 3'-phosphatase, v. 10	p. 326
2.7.1.78	polynucleotide kinase-phosphatase, polynucleotide 5'-hydroxyl-kinase, v. 36	p. 280
3.1.3.32	5'-polynucleotide kinase/3'-phosphatase, polynucleotide 3'-phosphatase, v. 10	p. 326
3.1.3.32	polynucleotide kinase/phosphatase, polynucleotide 3'-phosphatase, v. 10	p. 326
2.7.1.78	polynucleotide kinase/phosphatase, polynucleotide 5'-hydroxyl-kinase, v. 36	p. 280
3.1.3.32	polynucleotide kinase 3'-phosphatase, polynucleotide 3'-phosphatase, v. 10	p. 326
3.1.3.32	5' polynucleotidekinase 3' phosphatase, polynucleotide 3'-phosphatase, v. 10	p. 326
6.5.1.1	Polynucleotide ligase, DNA ligase (ATP), v. 2	p. 755
6.5.1.2	Polynucleotide ligase, DNA ligase (NAD+), v. 2	p. 773
2.7.7.8	polynucleotide phosphorylase, polyribonucleotide nucleotidyltransferase, v. 38	p. 145
6.5.1.2	Polynucleotide synthetase, DNA ligase (NAD+), v. 2	p. 773
6.5.1.3	Polynucleotide synthetase, RNA ligase (ATP), v. 2	p. 787
6.5.1.2	Polynucleotide synthetase (nicotinamide adenine dinucleotide), DNA ligase (NAD+), v. 2	p. 773
1.1.1.14	polyol dehydrogenase, L-iditol 2-dehydrogenase, v. 16	p. 158
1.1.1.67	polyol dehydrogenase, mannitol 2-dehydrogenase, v. 17	p. 84
1.1.2.2	polyol dehydrogenase, mannitol dehydrogenase (cytochrome), v. 19	p. 2
1.1.1.21	polyol dehydrogenase (NADP2), aldehyde reductase, v. 16	p. 203
2.7.1.63	polyP-GK, polyphosphate-glucose phosphotransferase, v. 36	p. 157
3.4.11.22	Polypeptidase, aminopeptidase I, v. 6	p. 178
2.4.1.41	polypeptide-N-acetylgalactosamine transferase, polypeptide N-acetylgalactosaminyl-transferase, v. 31	p. 384
3.5.1.88	Polypeptide deformylase, peptide deformylase, v. 14	p. 631
2.4.1.41	polypeptide GalNAcT, polypeptide N-acetylgalactosaminyltransferase, v. 31	p. 384
2.4.1.41	polypeptide GalNAc transferase, polypeptide N-acetylgalactosaminyltransferase, v. 31	p. 384
2.4.1.41	polypeptide N-acetylgalactosaminyltransferase, polypeptide N-acetylgalactosaminyl-transferase, v. 31	p. 384
2.4.1.41	polypeptide N-acetylgalactosaminyltransferase 14, polypeptide N-acetylgalactosaminyl-transferase, v. 31	p. 384
3.6.1.3	polypeptide p41, adenosinetriphosphatase, v. 15	p. 263
3.6.1.15	polypeptide p41, nucleoside-triphosphatase, v. 15	p. 365
1.9.3.1	Polypeptide VIb, cytochrome-c oxidase, v. 25	p. 1
2.7.1.63	poly P glucokinase, polyphosphate-glucose phosphotransferase, v. 36	p. 157
1.14.18.1	polyphenolase, monophenol monooxygenase, v. 27	p. 156
1.10.3.1	polyphenol oxidase, catechol oxidase, v. 25	p. 105
1.14.18.1	polyphenol oxidase, monophenol monooxygenase, v. 27	p. 156
1.10.3.1	polyphenoloxidase, catechol oxidase, v. 25	p. 105
1.14.18.1	polyphenoloxidase, monophenol monooxygenase, v. 27	p. 156
3.6.1.10	polyphosphatase, endopolyphosphatase, v. 15	p. 340
2.7.1.63	polyphosphate-D-(+)-glucose-6-phosphotransferase, polyphosphate-glucose phospho-transferase, v. 36	p. 157
2.7.1.63	polyphosphate-glucose 6-phosphotransferase, polyphosphate-glucose phosphotransfer-ase, v. 36	p. 157

3.6.1.11	polyphosphate-phosphohydrolase, exopolyphosphatase, v. 15 | p. 343	
2.7.1.63	polyphosphate/ATP-glucomannokinase, polyphosphate-glucose phosphotransferase, v. 36 | p. 157	
2.7.1.23	polyphosphate/ATP-NAD kinase, NAD+ kinase, v. 35 | p. 293	
3.6.1.10	polyphosphate depolymerase, endopolyphosphatase, v. 15 | p. 340	
2.7.1.63	polyphosphate glucokinase, polyphosphate-glucose phosphotransferase, v. 36 | p. 157	
2.7.4.1	polyphosphate kinase, polyphosphate kinase, v. 37 | p. 475	
2.7.4.1	polyphosphate kinase 1, polyphosphate kinase, v. 37 | p. 475	
3.6.1.11	polyphosphate phosphatase, exopolyphosphatase, v. 15 | p. 343	
3.6.1.11	polyphosphate phosphohydrolase, exopolyphosphatase, v. 15 | p. 343	
3.1.4.11	polyphosphoinositide phospholipase C, phosphoinositide phospholipase C, v. 11 | p. 75	
2.7.4.1	polyphosphoric acid kinase, polyphosphate kinase, v. 37 | p. 475	
2.4.1.1	polyphosphorylase, phosphorylase, v. 31 | p. 1	
2.7.4.1	polyP kinase, polyphosphate kinase, v. 37 | p. 475	
3.4.23.29	Polyporus aspartic proteinase, Polyporopepsin, v. 8 | p. 136	
2.5.1.39	polyprenyl 4-hydroxybenzoate transferase, 4-hydroxybenzoate nonaprenyltransferase, v. 34 | p. 48	
2.4.1.117	polyprenyl phosphate:UDP-D-glucose glucosyltransferase, dolichyl-phosphate β-glucosyltransferase, v. 32 | p. 146	
3.1.3.51	polyprenylphosphate phosphatase, dolichyl-phosphatase, v. 10 | p. 428	
2.5.1.11	polyprenylpyrophosphate synthetase, trans-octaprenyltranstransferase, v. 33 | p. 483	
1.1.99.8	polypropyleneglycol dehydrogenase, alcohol dehydrogenase (acceptor), v. 19 | p. 305	
3.4.21.98	polyprotein-processing proteinase NS3, hepacivirin, v. 7 | p. 474	
2.7.8.14	polyribitol phosphate polymerase, CDP-ribitol ribitolphosphotransferase, v. 39 | p. 103	
2.7.8.14	polyribitol phosphate synthetase, CDP-ribitol ribitolphosphotransferase, v. 39 | p. 103	
6.5.1.3	Polyribonucleotide ligase, RNA ligase (ATP), v. 2 | p. 787	
2.7.7.8	polyribonucleotide phosphorylase, polyribonucleotide nucleotidyltransferase, v. 38 | p. 145	
6.5.1.3	Polyribonucleotide synthase (ATP), RNA ligase (ATP), v. 2 | p. 787	
3.2.1.80	polysaccharide β-fructofuranosidase, fructan β-fructosidase, v. 13 | p. 275	
3.2.1.55	polysaccharide α-L-arabinofuranosidase, α-N-arabinofuranosidase, v. 13 | p. 106	
3.1.1.58	polysaccharide deacetylase, N-acetylgalactosaminoglycan deacetylase, v. 9 | p. 365	
3.2.1.87	polysaccharide depolymerase, capsular-polysaccharide endo-1,3-α-galactosidase, v. 13 | p. 314	
2.1.1.18	polysaccharide methyltransferase, polysaccharide O-methyltransferase, v. 28 | p. 105	
2.3.1.136	polysialic acid-specific O-acetyltransferase, polysialic-acid O-acetyltransferase, v. 30 | p. 348	
2.3.1.136	polysialic acid O-acetyltransferase, polysialic-acid O-acetyltransferase, v. 30 | p. 348	
2.3.1.136	polysialic acid O-AcTase, polysialic-acid O-acetyltransferase, v. 30 | p. 348	
1.97.1.3	polysulfide dehydrogenase, sulfur reductase, v. 27 | p. 647	
1.97.1.3	polysulfide reductase, sulfur reductase, v. 27 | p. 647	
5.3.3.13	polyunsaturated fatty acid double bond isomerase, polyenoic fatty acid isomerase, v. S7 | p. 502	
5.3.3.13	polyunsaturated fatty acid isomerase, polyenoic fatty acid isomerase, v. S7 | p. 502	
1.1.99.23	polyvinyl alcohol dehydrogenase, polyvinyl-alcohol dehydrogenase (acceptor), v. 19 | p. 405	
1.1.3.18	polyvinyl alcohol oxidase, secondary-alcohol oxidase, v. 19 | p. 158	
3.4.24.20	POMEP, peptidyl-Lys metalloendopeptidase, v. 8 | p. 323	
2.1.1.150	POMT-7, isoflavone 7-O-methyltransferase, v. 28 | p. 649	
2.4.1.109	POMT1, dolichyl-phosphate-mannose-protein mannosyltransferase, v. 32 | p. 110	
2.4.1.109	POMT2, dolichyl-phosphate-mannose-protein mannosyltransferase, v. 32 | p. 110	
3.1.8.1	PON, aryldialkylphosphatase, v. 11 | p. 343	
3.1.8.1	PON-1, aryldialkylphosphatase, v. 11 | p. 343	
3.1.8.1	PON-aryl, aryldialkylphosphatase, v. 11 | p. 343	
3.1.1.2	PON-aryl, arylesterase, v. 9 | p. 28	
3.1.8.1	PON 1, aryldialkylphosphatase, v. 11 | p. 343	
3.1.8.1	PON1, aryldialkylphosphatase, v. 11 | p. 343	
3.1.1.2	PON1, arylesterase, v. 9 | p. 28	

3.1.1.2	PON1/Aryl, arylesterase, v. 9 | p. 28	
3.1.8.1	PON1A, aryldialkylphosphatase, v. 11 | p. 343	
3.1.8.1	PON2, aryldialkylphosphatase, v. 11 | p. 343	
3.1.8.1	PON3, aryldialkylphosphatase, v. 11 | p. 343	
3.4.21.26	POP, prolyl oligopeptidase, v. 7 | p. 110	
3.1.13.4	Pop2p deadenylase, poly(A)-specific ribonuclease, v. 11 | p. 407	
3.1.4.4	PoPLD, phospholipase D, v. 11 | p. 47	
3.4.21.26	POP Tc80, prolyl oligopeptidase, v. 7 | p. 110	
3.1.3.16	POPX1, phosphoprotein phosphatase, v. 10 | p. 213	
3.1.3.16	POPX2, phosphoprotein phosphatase, v. 10 | p. 213	
1.3.99.6	5β-POR, 3-oxo-5β-steroid 4-dehydrogenase, v. 21 | p. 520	
1.6.2.4	POR, NADPH-hemoprotein reductase, v. 24 | p. 58	
1.3.1.33	POR, protochlorophyllide reductase, v. 21 | p. 200	
1.2.7.1	POR, pyruvate synthase, v. 20 | p. 537	
1.3.1.33	POR-PChlide640, protochlorophyllide reductase, v. 21 | p. 200	
1.3.1.33	POR-PChlide650, protochlorophyllide reductase, v. 21 | p. 200	
1.3.1.33	POR1, protochlorophyllide reductase, v. 21 | p. 200	
1.3.1.33	POR2, protochlorophyllide reductase, v. 21 | p. 200	
1.3.1.33	POR3, protochlorophyllide reductase, v. 21 | p. 200	
1.3.1.33	POR A, protochlorophyllide reductase, v. 21 | p. 200	
1.3.1.33	PORA, protochlorophyllide reductase, v. 21 | p. 200	
1.3.1.33	POR B, protochlorophyllide reductase, v. 21 | p. 200	
1.3.1.33	PORB, protochlorophyllide reductase, v. 21 | p. 200	
1.3.1.33	POR C, protochlorophyllide reductase, v. 21 | p. 200	
1.3.1.33	PORC, protochlorophyllide reductase, v. 21 | p. 200	
3.4.21.9	porcine enterokinase, enteropeptidase, v. 7 | p. 49	
3.5.1.14	porcine kidney aminoacylase, aminoacylase, v. 14 | p. 317	
2.7.7.7	pORF30, DNA-directed DNA polymerase, v. 38 | p. 118	
2.5.1.61	porphobilinogen ammonia-lyase (polymerizing), hydroxymethylbilane synthase, v. 34 | p. 226	
4.2.1.75	Porphobilinogenase, uroporphyrinogen-III synthase, v. 4 | p. 597	
2.5.1.61	porphobilinogen deaminase, hydroxymethylbilane synthase, v. 34 | p. 226	
4.2.1.24	Porphobilinogen synthase, porphobilinogen synthase, v. 4 | p. 399	
4.2.1.24	porphobilinogen synthetase, porphobilinogen synthase, v. 4 | p. 399	
3.4.22.47	porphypain, gingipain K, v. S6 | p. 1	
2.5.1.5	porphyran sulfatase, galactose-6-sulfurylase, v. 33 | p. 421	
4.1.1.37	Porphyrinogen carboxy-lyase, Uroporphyrinogen decarboxylase, v. 3 | p. 228	
1.3.1.33	POR pPm1, protochlorophyllide reductase, v. 21 | p. 200	
1.3.1.33	POR pPm2, protochlorophyllide reductase, v. 21 | p. 200	
3.2.2.22	porrectin, rRNA N-glycosylase, v. 14 | p. 107	
2.7.1.86	Pos5, NADH kinase, v. 36 | p. 321	
2.7.13.3	positive and negative sensor protein for pho regulon, histidine kinase, v. S4 | p. 420	
2.7.11.23	positive transcription elongation factor b, [RNA-polymerase]-subunit kinase, v. S4 | p. 220	
3.1.15.1	posphodiesterase I, venom exonuclease, v. 11 | p. 417	
3.1.1.3	post-heparin plasma protamine-resistant lipase, triacylglycerol lipase, v. 9 | p. 36	
3.4.13.9	post-proline-cleaving aminopeptidase, Xaa-Pro dipeptidase, v. 6 | p. 204	
3.4.21.26	post-proline cleaving enzyme, prolyl oligopeptidase, v. 7 | p. 110	
3.4.21.26	post-proline cutting enzyme, prolyl oligopeptidase, v. 7 | p. 110	
3.4.21.26	post-proline endopeptidase, prolyl oligopeptidase, v. 7 | p. 110	
3.1.1.34	postheparin esterase, lipoprotein lipase, v. 9 | p. 266	
3.1.1.34	postheparin lipase, lipoprotein lipase, v. 9 | p. 266	
3.4.21.26	postproline-cleaving enzyme, prolyl oligopeptidase, v. 7 | p. 110	
3.4.21.26	postproline cleaving enzyme, prolyl oligopeptidase, v. 7 | p. 110	
3.4.14.5	postproline dipeptidyl aminopeptidase IV, dipeptidyl-peptidase IV, v. 6 | p. 286	
3.4.21.26	postproline endopeptidase, prolyl oligopeptidase, v. 7 | p. 110	

3.4.21.26	post prolyl cleaving enzyme, prolyl oligopeptidase, v.7 | p.110	
3.5.1.1	potassium-independent L-asparaginase, asparaginase, v.14 | p.190	
3.6.3.12	potassium ATPase, K+-transporting ATPase, v.15 | p.593	
3.2.1.68	potato isoamylase, isoamylase, v.13 | p.204	
2.4.1.1	potato phosphorylase, phosphorylase, v.31 | p.1	
6.1.1.22	Potentially protective 63 kDa antigen, Asparagine-tRNA ligase, v.2 | p.178	
2.4.1.231	PoTPase, α,α-trehalose phosphorylase (configuration-retaining), v.32 | p.634	
1.14.18.1	PotPPO, monophenol monooxygenase, v.27 | p.156	
3.1.21.1	Potyviral Ia Proeinase, deoxyribonuclease I, v.11 | p.431	
3.4.22.45	potyvirus helper component proteinase, helper-component proteinase, v.7 | p.747	
3.4.22.44	potyvirus NIa protease, nuclear-inclusion-a endopeptidase, v.7 | p.742	
1.5.99.8	POX, proline dehydrogenase, v.23 | p.381	
1.1.3.10	POX, pyranose oxidase, v.19 | p.99	
1.5.1.2	POX, pyrroline-5-carboxylate reductase, v.23 | p.4	
1.2.2.2	POX, pyruvate dehydrogenase (cytochrome), v.20 | p.413	
1.2.3.3	POX, pyruvate oxidase, v.20 | p.445	
1.3.3.6	Pox1p, acyl-CoA oxidase, v.21 | p.401	
1.11.1.7	POX2, peroxidase, v.25 | p.211	
1.10.3.2	POXA3a, laccase, v.25 | p.115	
1.10.3.2	POXA3b, laccase, v.25 | p.115	
1.10.3.2	POXA3 laccase, laccase, v.25 | p.115	
3.5.2.6	poxB, β-lactamase, v.14 | p.683	
1.2.3.3	poxB, pyruvate oxidase, v.20 | p.445	
1.2.3.3	PoxF, pyruvate oxidase, v.20 | p.445	
1.11.1.7	POX I, peroxidase, v.25 | p.211	
1.11.1.7	POX II, peroxidase, v.25 | p.211	
5.99.1.2	Poxviridae topoisomerase IB, DNA topoisomerase, v.1 | p.721	
3.1.3.16	PP, phosphoprotein phosphatase, v.10 | p.213	
3.4.22.30	Ppω, Caricain, v.7 | p.667	
3.1.3.16	PP-1, phosphoprotein phosphatase, v.10 | p.213	
3.1.3.16	PP-1A, phosphoprotein phosphatase, v.10 | p.213	
3.1.3.16	PP-1B, phosphoprotein phosphatase, v.10 | p.213	
3.1.3.53	PP-1G, [myosin-light-chain] phosphatase, v.10 | p.439	
3.1.3.16	PP-1G, phosphoprotein phosphatase, v.10 | p.213	
3.1.3.53	PP-1M, [myosin-light-chain] phosphatase, v.10 | p.439	
3.1.3.53	PP-2A, [myosin-light-chain] phosphatase, v.10 | p.439	
3.1.3.16	PP-2A, phosphoprotein phosphatase, v.10 | p.213	
3.1.3.16	PP-2B, phosphoprotein phosphatase, v.10 | p.213	
3.1.3.16	PP-2C, phosphoprotein phosphatase, v.10 | p.213	
4.4.1.14	Pp-ACS1, 1-aminocyclopropane-1-carboxylate synthase, v.5 | p.377	
3.4.17.2	pp-CpB, carboxypeptidase B, v.6 | p.418	
2.4.1.41	pp-GalNAc-T13, polypeptide N-acetylgalactosaminyltransferase, v.31 | p.384	
2.4.1.41	pp-GalNAc-T15, polypeptide N-acetylgalactosaminyltransferase, v.31 | p.384	
2.4.1.41	pp-GalNAc-T2, polypeptide N-acetylgalactosaminyltransferase, v.31 | p.384	
2.4.1.41	pp-GaNTases, polypeptide N-acetylgalactosaminyltransferase, v.31 | p.384	
2.7.4.24	PP-IP5 kinase, diphosphoinositol-pentakisphosphate kinase, v.S2 | p.316	
3.1.3.16	PP-lambda, phosphoprotein phosphatase, v.10 | p.213	
2.7.6.1	PP-ribose P synthetase, ribose-phosphate diphosphokinase, v.38 | p.1	
3.1.3.53	PP1, [myosin-light-chain] phosphatase, v.10 | p.439	
3.1.3.17	PP1, [phosphorylase] phosphatase, v.10 | p.235	
3.1.3.16	PP1, phosphoprotein phosphatase, v.10 | p.213	
3.1.3.16	PP1α, phosphoprotein phosphatase, v.10 | p.213	
3.1.3.16	PP1β, phosphoprotein phosphatase, v.10 | p.213	
3.1.3.16	PP1δ, phosphoprotein phosphatase, v.10 | p.213	
3.1.3.16	PP1γ, phosphoprotein phosphatase, v.10 | p.213	

3.1.3.16	PP1-arch2, phosphoprotein phosphatase, v. 10 | p. 213	
3.1.3.16	PP1γ1, phosphoprotein phosphatase, v. 10 | p. 213	
2.7.10.2	PP125FAK, non-specific protein-tyrosine kinase, v. S2 | p. 441	
3.1.3.16	PP1c, phosphoprotein phosphatase, v. 10 | p. 213	
3.1.3.16	PP1cγ, phosphoprotein phosphatase, v. 10 | p. 213	
3.1.3.16	PP1cγ1, phosphoprotein phosphatase, v. 10 | p. 213	
3.1.3.16	PP2, phosphoprotein phosphatase, v. 10 | p. 213	
3.1.3.16	PP2A, phosphoprotein phosphatase, v. 10 | p. 213	
3.1.3.48	PP2A, protein-tyrosine-phosphatase, v. 10 | p. 407	
3.1.3.16	PP2Aα, phosphoprotein phosphatase, v. 10 | p. 213	
3.1.3.16	PP2Aβ, phosphoprotein phosphatase, v. 10 | p. 213	
3.1.3.16	PP2A-α, phosphoprotein phosphatase, v. 10 | p. 213	
3.1.3.16	PP2A-β, phosphoprotein phosphatase, v. 10 | p. 213	
3.1.3.16	PP2A-B, phosphoprotein phosphatase, v. 10 | p. 213	
3.1.3.16	PP2A-B56γ, phosphoprotein phosphatase, v. 10 | p. 213	
3.1.3.16	PP2A-C, phosphoprotein phosphatase, v. 10 | p. 213	
3.1.3.16	α4/PP2A-C, phosphoprotein phosphatase, v. 10 | p. 213	
3.1.3.16	PP2ABAC, phosphoprotein phosphatase, v. 10 | p. 213	
3.1.3.16	PP2Ac, phosphoprotein phosphatase, v. 10 | p. 213	
3.1.3.16	PP2Acα, phosphoprotein phosphatase, v. 10 | p. 213	
3.1.3.16	PP2Acβ, phosphoprotein phosphatase, v. 10 | p. 213	
3.1.3.16	PP2AI, phosphoprotein phosphatase, v. 10 | p. 213	
3.1.3.16	PP2AII, phosphoprotein phosphatase, v. 10 | p. 213	
3.1.3.2	PP2A phosphatase, acid phosphatase, v. 10 | p. 31	
5.2.1.8	PP2A phosphatase activator, Peptidylprolyl isomerase, v. 1 | p. 218	
3.1.3.16	PP2B, phosphoprotein phosphatase, v. 10 | p. 213	
3.1.3.16	PP2Bα, phosphoprotein phosphatase, v. 10 | p. 213	
3.1.3.16	PP2Bβ, phosphoprotein phosphatase, v. 10 | p. 213	
3.1.3.16	PP2Bγ, phosphoprotein phosphatase, v. 10 | p. 213	
3.1.3.16	PP2C, phosphoprotein phosphatase, v. 10 | p. 213	
3.1.3.16	PP2C ε, phosphoprotein phosphatase, v. 10 | p. 213	
3.1.3.16	PP2Cα, phosphoprotein phosphatase, v. 10 | p. 213	
3.1.3.16	PP2Cβ, phosphoprotein phosphatase, v. 10 | p. 213	
3.1.3.16	PP2Cδ, phosphoprotein phosphatase, v. 10 | p. 213	
3.1.3.16	PP2Cε, phosphoprotein phosphatase, v. 10 | p. 213	
3.1.3.16	PP2Cγ, phosphoprotein phosphatase, v. 10 | p. 213	
3.1.3.16	PP2C-α, phosphoprotein phosphatase, v. 10 | p. 213	
3.1.3.16	PP2C-β, phosphoprotein phosphatase, v. 10 | p. 213	
3.1.3.16	PP2C-δ, phosphoprotein phosphatase, v. 10 | p. 213	
3.1.3.16	PP2C-ε, phosphoprotein phosphatase, v. 10 | p. 213	
3.1.3.16	PP2C-γ, phosphoprotein phosphatase, v. 10 | p. 213	
3.1.3.16	PP2CE, phosphoprotein phosphatase, v. 10 | p. 213	
3.1.3.16	PP2Ceta, phosphoprotein phosphatase, v. 10 | p. 213	
3.1.3.16	PP2Ckappa, phosphoprotein phosphatase, v. 10 | p. 213	
3.1.3.16	PP2Cm, phosphoprotein phosphatase, v. 10 | p. 213	
3.1.3.16	PP2C phosphatase, phosphoprotein phosphatase, v. 10 | p. 213	
3.1.3.16	PP2Cα phosphatase, phosphoprotein phosphatase, v. 10 | p. 213	
3.1.3.16	PP2CR, phosphoprotein phosphatase, v. 10 | p. 213	
3.1.3.16	PP3, phosphoprotein phosphatase, v. 10 | p. 213	
2.7.11.1	pp39-mos, non-specific serine/threonine protein kinase, v. S3 | p. 1	
3.1.3.16	Pp4, phosphoprotein phosphatase, v. 10 | p. 213	
2.7.11.24	pp42/mitogen-activated protein kinase, mitogen-activated protein kinase, v. S4 | p. 233	
3.1.3.16	PP4c, phosphoprotein phosphatase, v. 10 | p. 213	
3.1.3.16	PP5, phosphoprotein phosphatase, v. 10 | p. 213	
2.7.10.2	pp56lck, non-specific protein-tyrosine kinase, v. S2 | p. 441	

3.1.3.16	PP5 protein phosphatase, phosphoprotein phosphatase, v. 10 | p. 213
3.1.3.16	PP6, phosphoprotein phosphatase, v. 10 | p. 213
3.1.3.16	PP6R1, phosphoprotein phosphatase, v. 10 | p. 213
3.1.3.16	PP7, phosphoprotein phosphatase, v. 10 | p. 213
2.7.11.1	pp90rsk Ser/Thr kinase, non-specific serine/threonine protein kinase, v. S3 | p. 1
3.2.1.1	PPA, α-amylase, v. 12 | p. 1
3.2.1.1	PPA-I, α-amylase, v. 12 | p. 1
3.2.1.1	PPA-II, α-amylase, v. 12 | p. 1
3.6.1.1	PPA1, inorganic diphosphatase, v. 15 | p. 240
4.1.1.19	PpADC, Arginine decarboxylase, v. 3 | p. 106
3.1.1.47	pPAF-AH, 1-alkyl-2-acetylglycerophosphocholine esterase, v. 9 | p. 320
3.1.3.2	pPAP, acid phosphatase, v. 10 | p. 31
1.8.4.9	PpAPR-B, adenylyl-sulfate reductase (glutathione), v. 24 | p. 663
1.8.4.10	PpAPR-B, adenylyl-sulfate reductase (thioredoxin), v. 24 | p. 668
1.11.1.11	PpAPX, L-ascorbate peroxidase, v. 25 | p. 257
3.6.1.1	E-PPase, inorganic diphosphatase, v. 15 | p. 240
3.6.1.1	PPase, inorganic diphosphatase, v. 15 | p. 240
3.1.3.48	PPase, protein-tyrosine-phosphatase, v. 10 | p. 407
3.6.1.1	V-PPase, inorganic diphosphatase, v. 15 | p. 240
3.1.3.17	ppase-1, [phosphorylase] phosphatase, v. 10 | p. 235
3.6.1.1	ppase-1, inorganic diphosphatase, v. 15 | p. 240
3.6.1.1	PPase-2, inorganic diphosphatase, v. 15 | p. 240
3.2.1.99	PPase-C, arabinan endo-1,5-α-L-arabinosidase, v. 13 | p. 388
4.2.2.2	PPase-N, pectate lyase, v. 5 | p. 6
3.6.1.1	PPase 1, inorganic diphosphatase, v. 15 | p. 240
3.6.1.1	PPase1, inorganic diphosphatase, v. 15 | p. 240
3.6.1.1	PPase 2, inorganic diphosphatase, v. 15 | p. 240
3.6.1.1	PPase2, inorganic diphosphatase, v. 15 | p. 240
3.6.1.1	PPase4, inorganic diphosphatase, v. 15 | p. 240
2.7.7.3	PPAT, pantetheine-phosphate adenylyltransferase, v. 38 | p. 71
2.6.1.30	PPAT, pyridoxamine-pyruvate transaminase, v. 34 | p. 451
3.4.24.55	ppBH4, pitrilysin, v. 8 | p. 481
4.1.1.49	PPC, phosphoenolpyruvate carboxykinase (ATP), v. 3 | p. 297
4.1.1.31	PPC, phosphoenolpyruvate carboxylase, v. 3 | p. 175
4.1.1.36	PPC, phosphopantothenoylcysteine decarboxylase, v. 3 | p. 223
4.1.1.36	PPC-DC, phosphopantothenoylcysteine decarboxylase, v. 3 | p. 223
4.1.1.36	PPC-decarboxylase, phosphopantothenoylcysteine decarboxylase, v. 3 | p. 223
3.4.16.5	PpcA, carboxypeptidase C, v. 6 | p. 385
4.1.1.31	PpcA, phosphoenolpyruvate carboxylase, v. 3 | p. 175
4.1.1.36	PPCDC, phosphopantothenoylcysteine decarboxylase, v. 3 | p. 223
4.1.1.36	PPC decarboxylase, phosphopantothenoylcysteine decarboxylase, v. 3 | p. 223
3.4.21.26	PPCE, prolyl oligopeptidase, v. 7 | p. 110
1.3.1.83	PpCHL P, geranylgeranyl diphosphate reductase
4.1.1.49	PPCK, phosphoenolpyruvate carboxykinase (ATP), v. 3 | p. 297
5.5.1.2	PpCMLE, 3-Carboxy-cis,cis-muconate cycloisomerase, v. 1 | p. 668
4.2.3.19	PpCPS/KS, ent-kaurene synthase, v. S7 | p. 281
6.3.2.5	PPCS, phosphopantothenate-cysteine ligase, v. 2 | p. 431
6.3.2.5	PPC synthase, phosphopantothenate-cysteine ligase, v. 2 | p. 431
6.3.2.5	PPC synthetase, phosphopantothenate-cysteine ligase, v. 2 | p. 431
3.1.1.82	Ppd, pheophorbidase, v. S5 | p. 39
4.1.1.82	Ppd, phosphonopyruvate decarboxylase, v. S7 | p. 12
4.1.1.43	PPDC, Phenylpyruvate decarboxylase, v. 3 | p. 270
2.7.9.1	PPDK, pyruvate, phosphate dikinase, v. 39 | p. 149
3.1.1.82	PPD type 1, pheophorbidase, v. S5 | p. 39
3.1.1.82	PPD type 2, pheophorbidase, v. S5 | p. 39

5.1.3.1	PPE, Ribulose-phosphate 3-epimerase, v. 1	p. 91
3.4.21.36	PPE, pancreatic elastase, v. 7	p. 158
3.1.3.16	PPE-1, phosphoprotein phosphatase, v. 10	p. 213
3.1.3.16	PPEF, phosphoprotein phosphatase, v. 10	p. 213
3.1.3.16	PPEF1, phosphoprotein phosphatase, v. 10	p. 213
3.1.3.16	PPEF2, phosphoprotein phosphatase, v. 10	p. 213
2.4.1.41	ppGalNAc-T, polypeptide N-acetylgalactosaminyltransferase, v. 31	p. 384
2.4.1.41	ppGalNAc-T1, polypeptide N-acetylgalactosaminyltransferase, v. 31	p. 384
2.4.1.41	ppGalNAc-T10, polypeptide N-acetylgalactosaminyltransferase, v. 31	p. 384
2.4.1.41	ppGalNAc-T12, polypeptide N-acetylgalactosaminyltransferase, v. 31	p. 384
2.4.1.41	ppGalNAc-T2, polypeptide N-acetylgalactosaminyltransferase, v. 31	p. 384
2.4.1.41	ppGalNAc-T3, polypeptide N-acetylgalactosaminyltransferase, v. 31	p. 384
2.4.1.41	ppGalNAc-T4, polypeptide N-acetylgalactosaminyltransferase, v. 31	p. 384
2.4.1.41	ppGalNAc-T5, polypeptide N-acetylgalactosaminyltransferase, v. 31	p. 384
2.4.1.41	ppGalNAcT, polypeptide N-acetylgalactosaminyltransferase, v. 31	p. 384
2.4.1.41	ppGalNAcT or hT, polypeptide N-acetylgalactosaminyltransferase, v. 31	p. 384
2.4.1.41	ppGaNTase, polypeptide N-acetylgalactosaminyltransferase, v. 31	p. 384
2.4.1.41	ppGaNTase-T1, polypeptide N-acetylgalactosaminyltransferase, v. 31	p. 384
2.4.1.41	ppGaNTase-T11, polypeptide N-acetylgalactosaminyltransferase, v. 31	p. 384
2.4.1.41	ppGaNTase-T12, polypeptide N-acetylgalactosaminyltransferase, v. 31	p. 384
2.4.1.41	ppGaNTase-T3, polypeptide N-acetylgalactosaminyltransferase, v. 31	p. 384
2.4.1.41	ppGaNTase-T4, polypeptide N-acetylgalactosaminyltransferase, v. 31	p. 384
2.4.1.41	ppGaNTase-T5, polypeptide N-acetylgalactosaminyltransferase, v. 31	p. 384
2.4.1.41	ppGaNTase-T6, polypeptide N-acetylgalactosaminyltransferase, v. 31	p. 384
2.4.1.41	ppGaNTases, polypeptide N-acetylgalactosaminyltransferase, v. 31	p. 384
1.1.99.8	PPGDH, alcohol dehydrogenase (acceptor), v. 19	p. 305
2.7.1.63	PPGK, polyphosphate-glucose phosphotransferase, v. 36	p. 157
5.5.1.2	PpgL, 3-Carboxy-cis,cis-muconate cycloisomerase, v. 1	p. 668
3.1.1.17	PpgL, gluconolactonase, v. 9	p. 179
3.2.1.39	PpGns1, glucan endo-1,3-β-D-glucosidase, v. 12	p. 567
3.1.7.2	(ppGpp)ase, guanosine-3',5'-bis(diphosphate) 3'-diphosphatase, v. 11	p. 337
3.1.7.2	ppGpp-3'-pyrophosphohydrolase, guanosine-3',5'-bis(diphosphate) 3'-diphosphatase, v. 11	p. 337
3.1.7.2	ppGpp hydrolase, guanosine-3',5'-bis(diphosphate) 3'-diphosphatase, v. 11	p. 337
3.1.7.2	ppGpp phosphohydrolase, guanosine-3',5'-bis(diphosphate) 3'-diphosphatase, v. 11	p. 337
3.4.24.18	PPH, meprin A, v. 8	p. 305
3.11.1.3	PPH, phosphonopyruvate hydrolase, v. S6	p. 557
3.4.24.18	PPH α, meprin A, v. 8	p. 305
3.4.24.18	PPH β, meprin A, v. 8	p. 305
3.1.3.16	Pph21p, phosphoprotein phosphatase, v. 10	p. 213
3.1.3.16	Pph21p/Pph22p, phosphoprotein phosphatase, v. 10	p. 213
3.1.3.16	Pph22p, phosphoprotein phosphatase, v. 10	p. 213
3.1.3.16	Pph3p, phosphoprotein phosphatase, v. 10	p. 213
1.1.1.220	6PPH4(2'-oxo) reductase, 6-pyruvoyltetrahydropterin 2'-reductase, v. 18	p. 325
4.2.3.12	PPH4S, 6-pyruvoyltetrahydropterin synthase, v. S7	p. 235
4.2.3.12	PPH4 synthase, 6-pyruvoyltetrahydropterin synthase, v. S7	p. 235
1.3.7.4	PphiB synthase, phytochromobilin:ferredoxin oxidoreductase, v. 21	p. 457
2.7.1.42	G-1-P phosphotransferase, riboflavin phosphotransferase, v. 36	p. 70
3.4.22.2	PPI, papain, v. 7	p. 518
3.4.19.3	PPI, pyroglutamyl-peptidase I, v. 6	p. 529
2.7.1.143	PPi-dependent nucleoside kinase, diphosphate-purine nucleoside kinase, v. 37	p. 208
2.7.1.90	PPi-dependent phosphofructokinase, diphosphate-fructose-6-phosphate 1-phosphotransferase, v. 36	p. 331
2.7.1.79	PPi-glycerol phosphotransferase, diphosphate-glycerol phosphotransferase, v. 36	p. 295
2.7.1.90	PPi-PFK, diphosphate-fructose-6-phosphate 1-phosphotransferase, v. 36	p. 331

5.2.1.8	PpiA, Peptidylprolyl isomerase, v.1 | p.218	
5.2.1.8	PPIase, Peptidylprolyl isomerase, v.1 | p.218	
5.2.1.8	PPIase Pin1, Peptidylprolyl isomerase, v.1 | p.218	
5.2.1.8	PPIase Pin4, Peptidylprolyl isomerase, v.1 | p.218	
5.2.1.8	PpiB, Peptidylprolyl isomerase, v.1 | p.218	
5.2.1.8	PpiD, Peptidylprolyl isomerase, v.1 | p.218	
3.4.22.6	PPII, chymopapain, v.6 | p.544	
3.4.19.6	PPII, pyroglutamyl-peptidase II, v.6 | p.550	
3.1.21.4	PPII, type II site-specific deoxyribonuclease, v.11 | p.454	
3.4.22.30	PPIII, Caricain, v.7 | p.667	
5.2.1.8	PPIL1, Peptidylprolyl isomerase, v.1 | p.218	
3.4.22.25	PPIV, Glycyl endopeptidase, v.7 | p.629	
3.4.21.34	PPK, plasma kallikrein, v.7 | p.136	
2.7.4.1	PPK, polyphosphate kinase, v.37 | p.475	
3.4.21.35	PPK, tissue kallikrein, v.7 | p.141	
2.7.1.68	ppk-1, 1-phosphatidylinositol-4-phosphate 5-kinase, v.36 | p.196	
2.7.1.150	PPK-3, 1-phosphatidylinositol-3-phosphate 5-kinase, v.37 | p.234	
2.7.4.1	PPK1, polyphosphate kinase, v.37 | p.475	
2.7.4.1	PPK2, polyphosphate kinase, v.37 | p.475	
2.7.4.1	PPK2B, polyphosphate kinase, v.37 | p.475	
4.2.3.19	PpKS, ent-kaurene synthase, v.S7 | p.281	
3.1.1.3	PPL, triacylglycerol lipase, v.9 | p.36	
1.13.12.7	PpLase, Photinus-luciferin 4-monooxygenase (ATP-hydrolysing), v.25 | p.711	
3.1.4.4	pPLD1, phospholipase D, v.11 | p.47	
3.1.4.4	pPLD2, phospholipase D, v.11 | p.47	
1.4.3.22	PPLO, diamine oxidase	
1.4.3.13	PPLO, protein-lysine 6-oxidase, v.22 | p.341	
5.4.2.7	PPM, phosphopentomutase, v.1 | p.535	
3.1.3.48	PPM, protein-tyrosine-phosphatase, v.10 | p.407	
3.1.3.16	PPM1D, phosphoprotein phosphatase, v.10 | p.213	
3.1.3.16	PPM1D/Wip1, phosphoprotein phosphatase, v.10 | p.213	
3.1.3.16	PPM1F, phosphoprotein phosphatase, v.10 | p.213	
1.6.5.4	PpMDHAR1, monodehydroascorbate reductase (NADH), v.24 | p.126	
1.6.5.4	PpMDHAR2, monodehydroascorbate reductase (NADH), v.24 | p.126	
1.6.5.4	PpMDHAR3, monodehydroascorbate reductase (NADH), v.24 | p.126	
2.1.1.14	PpMetE, 5-methyltetrahydropteroyltriglutamate-homocysteine S-methyltransferase, v.28 | p.84	
3.1.1.1	PPMTase, carboxylesterase, v.9 | p.1	
3.6.1.10	PPN, endopolyphosphatase, v.15 | p.340	
3.1.3.16	PPN, phosphoprotein phosphatase, v.10 | p.213	
3.6.1.10	Ppn1, endopolyphosphatase, v.15 | p.340	
3.6.1.11	Ppn1, exopolyphosphatase, v.15 | p.343	
2.7.1.86	Ppnk, NADH kinase, v.36 | p.321	
2.7.1.23	PPNK_THEMA, NAD+ kinase, v.35 | p.293	
1.10.3.1	PPO, catechol oxidase, v.25 | p.105	
1.14.18.1	PPO, monophenol monooxygenase, v.27 | p.156	
1.3.3.4	PPO, protoporphyrinogen oxidase, v.21 | p.381	
1.14.18.1	PPO1, monophenol monooxygenase, v.27 | p.156	
1.3.3.4	PPO1, protoporphyrinogen oxidase, v.21 | p.381	
1.14.18.1	PPO2, monophenol monooxygenase, v.27 | p.156	
1.3.3.4	PPO2, protoporphyrinogen oxidase, v.21 | p.381	
1.14.18.1	PPO3, monophenol monooxygenase, v.27 | p.156	
1.10.3.1	PPO II, catechol oxidase, v.25 | p.105	
1.3.3.4	PPOX, protoporphyrinogen oxidase, v.21 | p.381	
1.4.3.5	PPOX, pyridoxal 5'-phosphate synthase, v.22 | p.273	

1.3.3.4	PPOX I, protoporphyrinogen oxidase, v. 21 | p. 381	
3.1.3.16	Ppp1cα, phosphoprotein phosphatase, v. 10 | p. 213	
3.1.3.16	Ppp1cβ, phosphoprotein phosphatase, v. 10 | p. 213	
3.1.3.16	Ppp1cγ, phosphoprotein phosphatase, v. 10 | p. 213	
3.1.3.16	Ppp2cα, phosphoprotein phosphatase, v. 10 | p. 213	
3.1.3.16	Ppp2cβ, phosphoprotein phosphatase, v. 10 | p. 213	
3.1.3.16	PPP2CA, phosphoprotein phosphatase, v. 10 | p. 213	
3.1.3.16	PPP3, phosphoprotein phosphatase, v. 10 | p. 213	
3.1.3.16	Ppp3cα, phosphoprotein phosphatase, v. 10 | p. 213	
3.1.3.16	Ppp3cβ, phosphoprotein phosphatase, v. 10 | p. 213	
3.1.3.16	Ppp3cγ, phosphoprotein phosphatase, v. 10 | p. 213	
3.1.3.16	PPP3CA, phosphoprotein phosphatase, v. 10 | p. 213	
3.1.3.16	PPP3R-like protein, phosphoprotein phosphatase, v. 10 | p. 213	
3.1.3.16	PPP3RL, phosphoprotein phosphatase, v. 10 | p. 213	
3.1.3.16	PPP4, phosphoprotein phosphatase, v. 10 | p. 213	
3.1.3.16	Ppp4c, phosphoprotein phosphatase, v. 10 | p. 213	
3.1.3.16	Ppp5, phosphoprotein phosphatase, v. 10 | p. 213	
3.1.3.16	Ppp5c, phosphoprotein phosphatase, v. 10 | p. 213	
3.1.3.16	Ppp6c, phosphoprotein phosphatase, v. 10 | p. 213	
3.1.3.16	Ppp7cα, phosphoprotein phosphatase, v. 10 | p. 213	
3.1.3.16	Ppp7cβ, phosphoprotein phosphatase, v. 10 | p. 213	
3.6.4.6	PpPex1p, vesicle-fusing ATPase, v. 15 | p. 789	
3.6.4.6	PpPex6p, vesicle-fusing ATPase, v. 15 | p. 789	
3.6.1.40	pppGpp-5'-phosphohydrolase, guanosine-5'-triphosphate,3'-diphosphate diphosphatase, v. 15 | p. 457	
3.6.1.40	pppGpp 5'-phosphohydrolase, guanosine-5'-triphosphate,3'-diphosphate diphosphatase, v. 15 | p. 457	
3.1.3.16	PPP phosphatase, phosphoprotein phosphatase, v. 10 | p. 213	
2.7.13.3	Ppr, histidine kinase, v. S4 | p. 420	
2.7.6.1	PPRibP synthetase, ribose-phosphate diphosphokinase, v. 38 | p. 1	
5.4.99.5	P protein, Chorismate mutase, v. 1 | p. 604	
2.7.7.48	P protein, RNA-directed RNA polymerase, v. 38 | p. 468	
1.4.4.2	P protein, glycine dehydrogenase (decarboxylating), v. 22 | p. 371	
2.7.9.2	Pps, pyruvate, water dikinase, v. 39 | p. 166	
2.7.8.8	Pps1p, CDP-diacylglycerol-serine O-phosphatidyltransferase, v. 39 | p. 64	
2.7.9.2	PpsA, pyruvate, water dikinase, v. 39 | p. 166	
2.5.1.39	PPT, 4-hydroxybenzoate nonaprenyltransferase, v. 34 | p. 48	
5.3.2.1	PPT, Phenylpyruvate tautomerase, v. 1 | p. 367	
2.7.8.7	PPT, holo-[acyl-carrier-protein] synthase, v. 39 | p. 50	
3.1.2.22	PPT, palmitoyl[protein] hydrolase, v. 9 | p. 550	
3.1.3.16	PPT, phosphoprotein phosphatase, v. 10 | p. 213	
3.4.21.4	PPT, trypsin, v. 7 | p. 12	
3.1.3.48	PPT-phosphatase, protein-tyrosine-phosphatase, v. 10 | p. 407	
3.1.2.22	PPT1, palmitoyl[protein] hydrolase, v. 9 | p. 550	
3.1.3.16	PPT1, phosphoprotein phosphatase, v. 10 | p. 213	
3.1.2.22	PPT2, palmitoyl[protein] hydrolase, v. 9 | p. 550	
2.3.1.183	PPT acetyltransferase, phosphinothricin acetyltransferase, v. S2 | p. 134	
2.7.8.7	PPTase, holo-[acyl-carrier-protein] synthase, v. 39 | p. 50	
2.7.8.7	PPTases, holo-[acyl-carrier-protein] synthase, v. 39 | p. 50	
3.1.3.16	Pptlp, phosphoprotein phosphatase, v. 10 | p. 213	
2.3.1.183	L-PPT N-acetyltransferase, phosphinothricin acetyltransferase, v. S2 | p. 134	
2.7.8.7	4'-PP transferase, holo-[acyl-carrier-protein] synthase, v. 39 | p. 50	
3.1.21.4	PpuMI, type II site-specific deoxyribonuclease, v. 11 | p. 454	
5.2.1.8	PPWD1, Peptidylprolyl isomerase, v. 1 | p. 218	
3.6.1.11	PPX, exopolyphosphatase, v. 15 | p. 343	

3.1.3.16	PPX, phosphoprotein phosphatase, v. 10	p. 213
3.6.1.40	PPX/GPPA enzyme, guanosine-5'-triphosphate,3'-diphosphate diphosphatase, v. 15	p. 457
3.6.1.11	PPX1, exopolyphosphatase, v. 15	p. 343
3.6.1.11	PPXI, exopolyphosphatase, v. 15	p. 343
3.6.1.11	Ppx protein, exopolyphosphatase, v. 15	p. 343
1.13.12.7	Ppy, Photinus-luciferin 4-monooxygenase (ATP-hydrolysing), v. 25	p. 711
1.13.12.7	Ppy GR-TS, Photinus-luciferin 4-monooxygenase (ATP-hydrolysing), v. 25	p. 711
4.2.1.50	β-Ppyrazol-1-ylalanine synthetase, Pyrazolylalanine synthase, v. 4	p. 516
4.1.1.82	Ppyr decarboxylase, phosphonopyruvate decarboxylase, v. S7	p. 12
1.13.12.7	Ppy RE-TS, Photinus-luciferin 4-monooxygenase (ATP-hydrolysing), v. 25	p. 711
1.1.1.51	pQ3 β HSD, 3(or 17)β-hydroxysteroid dehydrogenase, v. 17	p. 1
1.1.99.8	PQQ-dependent alcohol oxidase, alcohol dehydrogenase (acceptor), v. 19	p. 305
1.1.5.2	PQQ-dependent GDH, quinoprotein glucose dehydrogenase, v. S1	p. 88
1.1.5.2	PQQ-dependent glucose dehydrogenase, quinoprotein glucose dehydrogenase, v. S1	p. 88
1.1.5.2	PQQ-dependent soluble glucose dehydrogenase, quinoprotein glucose dehydrogenase, v. S1	p. 88
1.1.5.2	PQQ-GDH, quinoprotein glucose dehydrogenase, v. S1	p. 88
1.1.99.22	PQQ-GLDH, glycerol dehydrogenase (acceptor), v. 19	p. 402
1.1.5.2	PQQ-glucose dehydrogenase, quinoprotein glucose dehydrogenase, v. S1	p. 88
1.1.5.2	PQQ-sGDH, quinoprotein glucose dehydrogenase, v. S1	p. 88
1.3.3.11	PqqC, pyrroloquinoline-quinone synthase, v. S1	p. 255
1.3.3.11	PqqC/D, pyrroloquinoline-quinone synthase, v. S1	p. 255
1.1.5.2	PQQGDH, quinoprotein glucose dehydrogenase, v. S1	p. 88
1.1.5.2	PQQGDH-B, quinoprotein glucose dehydrogenase, v. S1	p. 88
1.1.5.2	PQQ glucose dehydrogenase, quinoprotein glucose dehydrogenase, v. S1	p. 88
6.2.1.32	PqsA, anthranilate-CoA ligase, v. 2	p. 336
3.4.23.16	PR, HIV-1 retropepsin, v. 8	p. 67
3.4.23.47	PR, HIV-2 retropepsin, v. S6	p. 246
3.2.1.39	PR-2B, glucan endo-1,3-β-D-glucosidase, v. 12	p. 567
3.2.1.39	PR-35, glucan endo-1,3-β-D-glucosidase, v. 12	p. 567
3.2.1.39	PR-36, glucan endo-1,3-β-D-glucosidase, v. 12	p. 567
3.2.1.39	PR-37, glucan endo-1,3-β-D-glucosidase, v. 12	p. 567
3.5.4.19	PR-AMP cyclohydrolase, phosphoribosyl-AMP cyclohydrolase, v. 15	p. 137
3.1.3.17	PR-enzyme, [phosphorylase] phosphatase, v. 10	p. 235
1.11.1.14	Pr-lip1, lignin peroxidase, v. 25	p. 309
1.11.1.14	Pr-lip4, lignin peroxidase, v. 25	p. 309
3.2.1.17	PR1-lysozyme, lysozyme, v. 12	p. 228
3.4.21.76	PR3, Myeloblastin, v. 7	p. 380
3.1.3.16	PR55γ, phosphoprotein phosphatase, v. 10	p. 213
3.1.3.16	PR65, phosphoprotein phosphatase, v. 10	p. 213
3.4.23.25	PRA, Saccharopepsin, v. 8	p. 120
3.6.5.2	PRA, small monomeric GTPase, v. S6	p. 476
3.5.4.19	PRA-CH, phosphoribosyl-AMP cyclohydrolase, v. 15	p. 137
3.6.1.31	PRA-PH, phosphoribosyl-ATP diphosphatase, v. 15	p. 443
3.6.5.2	Pra2, small monomeric GTPase, v. S6	p. 476
3.6.5.2	Pra3, small monomeric GTPase, v. S6	p. 476
4.1.1.48	PRAI, indole-3-glycerol-phosphate synthase, v. 3	p. 289
5.3.1.24	PRAI, phosphoribosylanthranilate isomerase, v. 1	p. 353
4.1.1.48	PRAI-InGPS, indole-3-glycerol-phosphate synthase, v. 3	p. 289
5.3.1.24	PRAI[ML256-452], phosphoribosylanthranilate isomerase, v. 1	p. 353
5.3.1.24	PRA isomerase, phosphoribosylanthranilate isomerase, v. 1	p. 353
3.5.4.19	PRAMP-cyclohydrolase, phosphoribosyl-AMP cyclohydrolase, v. 15	p. 137
1.1.1.62	PRAP, estradiol 17β-dehydrogenase, v. 17	p. 48
4.4.1.1	PRB-RA, cystathionine γ-lyase, v. 5	p. 297
3.1.1.1	PrbA, carboxylesterase, v. 9	p. 1

3.2.1.14	PrChi-A, chitinase, v. 12 | p. 185	
3.4.16.2	PRCP, lysosomal Pro-Xaa carboxypeptidase, v. 6 | p. 370	
3.4.17.16	PRCP, membrane Pro-Xaa carboxypeptidase, v. 6 | p. 480	
3.4.21.102	Prc protease, C-terminal processing peptidase, v. 7 | p. 493	
3.4.21.102	PRC protein, C-terminal processing peptidase, v. 7 | p. 493	
3.4.24.37	PrD, saccharolysin, v. 8 | p. 413	
3.4.24.37	Prd1, saccharolysin, v. 8 | p. 413	
1.3.1.13	PRDH, prephenate dehydrogenase (NADP+), v. 21 | p. 71	
1.11.1.15	PRDX1, peroxiredoxin, v. S1 | p. 403	
1.11.1.15	PRDX5, peroxiredoxin, v. S1 | p. 403	
1.11.1.15	Prdx6, peroxiredoxin, v. S1 | p. 403	
3.1.1.4	Prdx6, phospholipase A2, v. 9 | p. 52	
1.11.1.15	PRDX I, peroxiredoxin, v. S1 | p. 403	
1.11.1.15	PRDX II, peroxiredoxin, v. S1 | p. 403	
1.11.1.15	PRDX III, peroxiredoxin, v. S1 | p. 403	
4.1.99.3	PRE, deoxyribodipyrimidine photo-lyase, v. 4 | p. 223	
4.1.1.71	pre-2-oxoglutarate decarboxylase, 2-oxoglutarate decarboxylase, v. 3 | p. 389	
2.4.2.12	pre-B-cell colony-enhancing factor, nicotinamide phosphoribosyltransferase, v. 33 | p. 146	
2.4.2.12	pre-B cell colony-enhancing factor 1, nicotinamide phosphoribosyltransferase, v. 33 | p. 146	
2.4.2.12	pre-B cell colony enhancing factor, nicotinamide phosphoribosyltransferase, v. 33 | p. 146	
2.7.11.1	Pre-mRNA protein kinase, non-specific serine/threonine protein kinase, v. S3 | p. 1	
3.1.26.11	pre-tRNA processing endoribonuclease, tRNase Z, v. S5 | p. 105	
2.5.1.61	pre-uroporphyrinogen synthase, hydroxymethylbilane synthase, v. 34 | p. 226	
3.4.21.38	prealbumin activator, coagulation factor XIIa, v. 7 | p. 167	
3.4.21.119	PRECE, kallikrein 13, v. S5 | p. 447	
2.1.1.132	Precorrhin-6y methyltransferase, Precorrin-6Y C5,15-methyltransferase (decarboxylating), v. 28 | p. 603	
2.1.1.130	Precorrin-2-methyltransferase, Precorrin-2 C20-methyltransferase, v. 28 | p. 598	
1.3.1.76	precorrin-2 dehydrogenase, precorrin-2 dehydrogenase, v. S1 | p. 226	
2.1.1.151	precorrin-2 methyltransferase, cobalt-factor II C20-methyltransferase, v. 28 | p. 653	
2.1.1.131	Precorrin-3B methyltransferase, Precorrin-3B C17-methyltransferase, v. 28 | p. 601	
2.1.1.131	Precorrin-3 C-17 methyltransferase, Precorrin-3B C17-methyltransferase, v. 28 | p. 601	
2.1.1.131	Precorrin-3 methylase, Precorrin-3B C17-methyltransferase, v. 28 | p. 601	
2.1.1.133	Precorrin-3 methylase, Precorrin-4 C11-methyltransferase, v. 28 | p. 606	
2.1.1.131	Precorrin-3 methyltransferase, Precorrin-3B C17-methyltransferase, v. 28 | p. 601	
1.14.13.83	precorrin-3X synthase, precorrin-3B synthase, v. S1 | p. 541	
2.1.1.131	Precorrin-4 synthase, Precorrin-3B C17-methyltransferase, v. 28 | p. 601	
1.3.1.54	precorrin-6A reductase, precorrin-6A reductase, v. 21 | p. 283	
2.1.1.132	Precorrin-6 methyltransferase, Precorrin-6Y C5,15-methyltransferase (decarboxylating), v. 28 | p. 603	
1.3.1.54	precorrin-6 reductase, precorrin-6A reductase, v. 21 | p. 283	
1.3.1.54	precorrin-6x reductase, precorrin-6A reductase, v. 21 | p. 283	
2.1.1.152	precorrin-6X synthase (deacetylating), precorrin-6A synthase (deacetylating), v. 28 | p. 655	
1.3.1.54	precorrin-6Y:NADP+ oxidoreductase, precorrin-6A reductase, v. 21 | p. 283	
2.1.1.132	Precorrin-6Y methylase, Precorrin-6Y C5,15-methyltransferase (decarboxylating), v. 28 | p. 603	
2.1.1.132	precorrin-6y methyltransferase, Precorrin-6Y C5,15-methyltransferase (decarboxylating), v. 28 | p. 603	
2.1.1.132	precorrin-8w decarboxylase, Precorrin-6Y C5,15-methyltransferase (decarboxylating), v. 28 | p. 603	
2.1.1.130	Precorrin 2- (Salmonella typhimurium strain LT2 gene cbiL isoenzyme), Precorrin-2 C20-methyltransferase, v. 28 | p. 598	
1.3.1.54	precorrin 6-X reductase, precorrin-6A reductase, v. 21 | p. 283	
5.4.1.2	Precorrin isomerase, Precorrin-8X methylmutase, v. 1 | p. 490	
3.1.26.11	precursor tRNA 3'-end processing endoribonuclease, tRNase Z, v. S5 | p. 105	

893

3.4.23.43	preflagellin peptidase, prepilin peptidase, v. 8	p. 194	
3.1.1.3	Pregastric esterase, triacylglycerol lipase, v. 9	p. 36	
3.1.1.3	Pregastric lipase, triacylglycerol lipase, v. 9	p. 36	
3.4.24.79	pregnancy-associated plasma protein-A, pappalysin-1, v. S6	p. 286	
3.4.24.79	pregnancy-associated plasma protein A, pappalysin-1, v. S6	p. 286	
3.4.24.79	pregnancy-related serine protease, pappalysin-1, v. S6	p. 286	
3.4.24.79	pregnancy associated plasma protein-A, pappalysin-1, v. S6	p. 286	
5.3.3.1	5-Pregnene-3,20-dione isomerase, steroid Δ-isomerase, v. 1	p. 376	
3.1.6.2	pregnenolone sulfatase, steryl-sulfatase, v. 11	p. 250	
3.4.21.38	prekallikrein activator, coagulation factor XIIa, v. 7	p. 167	
3.4.23.36	Premurein-leader peptidase, Signal peptidase II, v. 8	p. 170	
3.4.23.36	Premurein leader peptidase, Signal peptidase II, v. 8	p. 170	
3.4.23.36	Premurein leader proteinase, Signal peptidase II, v. 8	p. 170	
3.1.7.1	prenol-pyrophosphatase, prenyl-diphosphatase, v. 11	p. 334	
3.1.7.1	prenol pyrophosphatase, prenyl-diphosphatase, v. 11	p. 334	
3.1.7.1	prenol pyrophosphate pyrophosphohydrolase, prenyl-diphosphatase, v. 11	p. 334	
3.1.7.1	prenyl-pyrophosphatase, prenyl-diphosphatase, v. 11	p. 334	
3.1.1.1	prenylated methylated protein methyl esterase, carboxylesterase, v. 9	p. 1	
2.1.1.100	prenylated protein methyltransferase, protein-S-isoprenylcysteine O-methyltransferase, v. 28	p. 490	
1.8.3.5	prenylcysteine lyase, prenylcysteine oxidase, v. 24	p. 612	
1.8.3.5	prenylcysteine oxidase1, prenylcysteine oxidase, v. 24	p. 612	
2.5.1.31	Z-prenyl diphosphate synthase, di-trans,poly-cis-decaprenylcistransferase, v. 34	p. 1	
3.1.7.1	prenylphosphatase, prenyl-diphosphatase, v. 11	p. 334	
2.5.1.58	prenylprotein transferase, protein farnesyltransferase, v. 34	p. 195	
2.5.1.58	prenyl transferase, protein farnesyltransferase, v. 34	p. 195	
2.5.1.1	prenyltransferase, dimethylallyltranstransferase, v. 33	p. 393	
2.5.1.10	prenyltransferase, geranyltranstransferase, v. 33	p. 470	
2.5.1.41	prenyltransferase, phosphoglycerol geranylgeranyltransferase, v. 34	p. 55	
2.5.1.58	prenyltransferase, protein farnesyltransferase, v. 34	p. 195	
2.5.1.8	prenyltransferase, tRNA isopentenyltransferase, v. 33	p. 454	
1.3.1.13	prephenate (nicotinamide adenine dinucleotide phosphate) dehydrogenase, prephenate dehydrogenase (NADP+), v. 21	p. 71	
1.3.1.13	prephenate-pretyrosine dehydrogenase, prephenate dehydrogenase (NADP+), v. 21	p. 71	
2.6.1.79	prephenate: glutamate aminotransferase, glutamate-prephenate aminotransferase, v. S2	p. 238	
2.6.1.78	prephenate aminotransferase, aspartate-prephenate aminotransferase, v. S2	p. 235	
2.6.1.79	prephenate aminotransferase, glutamate-prephenate aminotransferase, v. S2	p. 238	
4.2.1.91	prephenate dehydratase, arogenate dehydratase, v. 4	p. 649	
4.2.1.51	prephenate dehydratase, prephenate dehydratase, v. 4	p. 519	
4.2.1.51	prephenate dehydratase 1, prephenate dehydratase, v. 4	p. 519	
1.3.1.13	prephenate dehydrogenase, prephenate dehydrogenase (NADP+), v. 21	p. 71	
2.5.1.32	prephytoene-diphosphate synthase, phytoene synthase, v. 34	p. 21	
3.4.23.43	Prepilin peptidase, prepilin peptidase, v. 8	p. 194	
3.4.23.43	prepilin peptidase PilD/XcpA, prepilin peptidase, v. 8	p. 194	
3.4.21.26	PREPL A, prolyl oligopeptidase, v. 7	p. 110	
3.4.23.25	preproPrA, Saccharopepsin, v. 8	p. 120	
3.4.23.4	Preprorennin, chymosin, v. 8	p. 21	
3.6.3.51	preprotein-binding matrix heat shock protein 70, mitochondrial protein-transporting ATPase, v. 15	p. 744	
3.6.3.52	preprotein translocase ATPase, chloroplast protein-transporting ATPase, v. 15	p. 747	
3.6.3.52	preprotein translocation ATPase SecA, chloroplast protein-transporting ATPase, v. 15	p. 747	
1.7.1.13	preQ0oxidoreductase, preQ1 synthase, v. S1	p. 282	
1.7.1.13	preQ0 reductase, preQ1 synthase, v. S1	p. 282	

3.4.21.105	presenilin-associated rhomboid-like, rhomboid protease, v. S5	p. 325
3.4.21.89	presenilin-type aspartic protease signal peptide peptidase, Signal peptidase I, v. 7	p. 431
3.4.21.105	presenilins-associated rhomboid-like protein, rhomboid protease, v. S5	p. 325
2.5.1.21	presqualene-diphosphate synthase, squalene synthase, v. 33	p. 568
3.1.3.4	presqualene diphosphate phosphatase, phosphatidate phosphatase, v. 10	p. 82
2.5.1.21	presqualene synthase, squalene synthase, v. 33	p. 568
1.3.1.43	pretyrosine dehydrogenase, arogenate dehydrogenase, v. 21	p. 242
2.5.1.61	preuroporphyrinogen synthetase, hydroxymethylbilane synthase, v. 34	p. 226
3.1.3.4	PRG-1, phosphatidate phosphatase, v. 10	p. 82
3.1.3.4	PRG-3, phosphatidate phosphatase, v. 10	p. 82
3.1.3.4	PRG3, phosphatidate phosphatase, v. 10	p. 82
6.3.4.13	PRG synthetase, phosphoribosylamine-glycine ligase, v. 2	p. 626
1.8.4.9	Prh-19, adenylyl-sulfate reductase (glutathione), v. 24	p. 663
1.8.4.9	Prh-26, adenylyl-sulfate reductase (glutathione), v. 24	p. 663
1.8.4.9	Prh-43, adenylyl-sulfate reductase (glutathione), v. 24	p. 663
2.7.6.1	PRibPP synthase, ribose-phosphate diphosphokinase, v. 38	p. 1
1.4.99.3	primary-amine dehydrogenase, amine dehydrogenase, v. 22	p. 402
1.1.1.1	primary alcohol dehydrogenase, alcohol dehydrogenase, v. 16	p. 1
1.1.99.8	primary alcohol dehydrogenase, alcohol dehydrogenase (acceptor), v. 19	p. 305
1.1.3.13	primary alcohol oxidase, alcohol oxidase, v. 19	p. 115
3.2.1.149	β-primeverosidase, β-primeverosidase, v. 13	p. 609
3.2.1.21	primeverosidase, β-glucosidase, v. 12	p. 299
3.2.1.149	primeverosidase, β-primeverosidase, v. 13	p. 609
2.4.1.186	priming glucosyltransferase, glycogenin glucosyltransferase, v. 32	p. 448
1.11.1.9	prion protein Ure2, glutathione peroxidase, v. 25	p. 233
1.3.3.6	Pristanoyl-CoA oxidase, acyl-CoA oxidase, v. 21	p. 401
6.2.1.3	Pristanoyl-CoA synthetase, Long-chain-fatty-acid-CoA ligase, v. 2	p. 206
2.7.1.19	Prk, phosphoribulokinase, v. 35	p. 241
2.7.11.21	Prk, polo kinase, v. S4	p. 134
3.4.21.35	Prk, tissue kallikrein, v. 7	p. 141
2.7.11.22	Prk1 protein kinase, cyclin-dependent kinase, v. S4	p. 156
3.1.3.48	PRL, protein-tyrosine-phosphatase, v. 10	p. 407
3.1.3.16	PRL-1, phosphoprotein phosphatase, v. 10	p. 213
3.1.3.48	PRL-1, protein-tyrosine-phosphatase, v. 10	p. 407
3.1.3.48	PRL-3, protein-tyrosine-phosphatase, v. 10	p. 407
3.1.3.48	PRL-related protein tyrosine phosphatase, protein-tyrosine-phosphatase, v. 10	p. 407
1.1.1.62	PRL receptor associated protein, estradiol 17β-dehydrogenase, v. 17	p. 48
2.1.1.125	PRMT1, histone-arginine N-methyltransferase, v. 28	p. 578
2.1.1.126	PRMT5, [myelin basic protein]-arginine N-methyltransferase, v. 28	p. 583
3.4.22.66	Pro, calicivirin, v. S6	p. 215
2.3.1.16	pro-3-ketoacyl-CoA thiolase, acetyl-CoA C-acyltransferase, v. 29	p. 371
3.4.21.108	pro-apoptotic serine protease, HtrA2 peptidase, v. S5	p. 354
3.4.24.35	pro-matrix metalloproteinase-9, gelatinase B, v. 8	p. 403
3.4.24.62	pro-ocytocin/neurophysin-converting enzyme, magnolysin, v. 8	p. 517
3.4.24.62	pro-ocytocin convertase, magnolysin, v. 8	p. 517
3.4.23.17	Pro-opiomelanocortin-converting enzyme, Pro-opiomelanocortin converting enzyme, v. 8	p. 73
3.4.24.62	Pro-oxytocin/neurophysin convertase, magnolysin, v. 8	p. 517
3.4.24.62	Pro-oxytocin convertase, magnolysin, v. 8	p. 517
3.4.17.20	pro-pCPB, Carboxypeptidase U, v. 6	p. 492
3.5.1.44	pro-PG, protein-glutamine glutaminase, v. 14	p. 462
3.5.1.44	pro-protein glutaminase, protein-glutamine glutaminase, v. 14	p. 462
3.4.21.35	pro-renin-converting enzyme, tissue kallikrein, v. 7	p. 141
4.1.3.8	pro-S-, ATP citrate (pro-S)-lyase, v. 4	p. 70
3.2.1.48	pro-SI, sucrose α-glucosidase, v. 13	p. 1

6.1.1.15	Pro-tRNA synthetase, Proline-tRNA ligase, v.2	p.111
3.4.24.86	pro-tumor necrosis factor-α-processing enzyme, ADAM 17 endopeptidase, v.S6	p.348
3.4.13.18	Pro-Xaa dipeptidase, cytosol nonspecific dipeptidase, v.6	p.227
3.4.11.5	Pro-X aminopeptidase, prolyl aminopeptidase, v.6	p.83
3.4.13.18	Pro-X dipeptidase, cytosol nonspecific dipeptidase, v.6	p.227
3.4.21.4	pro23, trypsin, v.7	p.12
3.4.11.9	X-Pro aminopeptidase, Xaa-Pro aminopeptidase, v.6	p.111
3.4.11.5	X-pro aminopeptidase (Lactococcus), prolyl aminopeptidase, v.6	p.83
4.4.1.1	Probasin-related antigen, cystathionine γ-lyase, v.5	p.297
3.1.1.1	procaine esterase, carboxylesterase, v.9	p.1
3.4.17.20	Procarboxypeptidase B, Carboxypeptidase U, v.6	p.492
3.4.17.20	procarboxypeptidase R, Carboxypeptidase U, v.6	p.492
3.4.17.20	procarboxypeptidase U, Carboxypeptidase U, v.6	p.492
3.4.16.2	procarboxypeptidase U, lysosomal Pro-Xaa carboxypeptidase, v.6	p.370
3.4.23.5	proCDrec, cathepsin D, v.8	p.28
3.2.1.113	processing α-1,2-mannosidase IC, mannosyl-oligosaccharide 1,2-α-mannosidase, v.13	p.458
3.2.1.106	processing α-glucosidase I, mannosyl-oligosaccharide glucosidase, v.13	p.427
3.4.24.64	Processing enhancing peptidase, mitochondrial processing peptidase, v.8	p.525
3.4.24.64	processing enhancing protein, mitochondrial processing peptidase, v.8	p.525
3.2.1.106	processing exoglucosidase I, mannosyl-oligosaccharide glucosidase, v.13	p.427
3.2.1.106	processing glucosidase I, mannosyl-oligosaccharide glucosidase, v.13	p.427
3.4.21.102	processing peptidase, C-terminal processing peptidase, v.7	p.493
3.4.24.64	processing peptidase, mitochondrial processing peptidase, v.8	p.525
3.1.14.1	processosome-associated helicase, yeast ribonuclease, v.11	p.412
3.4.23.4	prochymosin, chymosin, v.8	p.21
3.5.3.22	proclavaminate amidino hydrolase, proclavaminate amidinohydrolase, v.S6	p.443
3.5.3.11	Proclavaminic acid amidino hydrolase, agmatinase, v.14	p.801
3.5.3.22	Proclavaminic acid amidino hydrolase, proclavaminate amidinohydrolase, v.S6	p.443
3.5.3.22	proclavaminic acid amidino hydrolaseproclavaminic acid amidino hydrolase, proclavaminate amidinohydrolase, v.S6	p.443
3.4.21.6	procoagulant factor X, coagulation factor Xa, v.7	p.35
3.4.21.21	procoagulant protein factor VII, coagulation factor VIIa, v.7	p.88
1.14.11.4	procollagen-lysine 2-oxoglutarate 5-dioxygenase, procollagen-lysine 5-dioxygenase, v.26	p.49
3.4.24.14	procollagen aminopeptidase, procollagen N-endopeptidase, v.8	p.268
3.4.24.14	procollagen aminoterminal protease, procollagen N-endopeptidase, v.8	p.268
3.4.24.17	Procollagenase activator, stromelysin 1, v.8	p.296
3.4.24.19	procollagen C-peptidase, procollagen C-endopeptidase, v.8	p.317
3.4.24.19	Procollagen C-proteinase, procollagen C-endopeptidase, v.8	p.317
3.4.24.19	Procollagen C-terminal proteinase, procollagen C-endopeptidase, v.8	p.317
3.4.24.19	Procollagen carboxy-terminal proteinase, procollagen C-endopeptidase, v.8	p.317
3.4.24.19	Procollagen carboxypeptidase, procollagen C-endopeptidase, v.8	p.317
3.4.24.14	Procollagen I/II amino-propeptide processing enzyme, procollagen N-endopeptidase, v.8	p.268
3.4.24.14	procollagen I/II N-endopeptidase, procollagen N-endopeptidase, v.8	p.268
3.4.24.14	procollagen III N-endopeptidase, procollagen N-endopeptidase, v.8	p.268
3.4.24.14	procollagen III N-proteinase, procollagen N-endopeptidase, v.8	p.268
3.4.24.14	Procollagen I N-proteinase, procollagen N-endopeptidase, v.8	p.268
3.4.24.14	Procollagen N-endopeptidase, procollagen N-endopeptidase, v.8	p.268
3.4.24.14	procollagen N-protease, procollagen N-endopeptidase, v.8	p.268
3.4.24.14	procollagen N-proteinase, procollagen N-endopeptidase, v.8	p.268
3.4.24.14	procollagen N-terminal peptidase, procollagen N-endopeptidase, v.8	p.268
3.4.24.14	procollagen N-terminal proteinase, procollagen N-endopeptidase, v.8	p.268
3.4.24.19	Procollagen peptidase, procollagen C-endopeptidase, v.8	p.317

prolidase I

3.4.24.14	Procollagen peptidase, procollagen N-endopeptidase, v.8|p.268	
1.14.11.2	procollagen prolyl 4-hydroxylase, procollagen-proline dioxygenase, v.26|p.9	
3.4.21.75	proconvertase, Furin, v.7|p.371	
3.4.17.20	proCPU, Carboxypeptidase U, v.6|p.492	
3.4.23.18	Proctase, Aspergillopepsin I, v.8|p.78	
3.4.23.19	Proctase A, Aspergillopepsin II, v.8|p.87	
3.4.23.18	Proctase B, Aspergillopepsin I, v.8|p.78	
3.4.23.18	Proctase P, Aspergillopepsin I, v.8|p.78	
6.1.1.16	ProCysRS, Cysteine-tRNA ligase, v.2|p.121	
6.1.1.15	ProCysRS, Proline-tRNA ligase, v.2|p.111	
1.1.3.10	PROD, pyranose oxidase, v.19|p.99	
1.5.99.8	D-Pro DH, proline dehydrogenase, v.23|p.381	
1.5.99.8	PRODH, proline dehydrogenase, v.23|p.381	
3.4.13.9	X-Pro dipeptidase, Xaa-Pro dipeptidase, v.6|p.204	
3.4.14.11	X-Pro dipeptidyl-peptidase, Xaa-Pro dipeptidyl-peptidase, v.6|p.326	
3.4.21.47	proenzyme factor B, alternative-complement-pathway C3/C5 convertase, v.7|p.218	
3.4.23.43	proepilin peptidase PulO, prepilin peptidase, v.8|p.194	
1.14.13.54	Progesterone, NADPH2:oxygen oxidoreductase (20-hydroxylating, ester-producing), Ketosteroid monooxygenase, v.26|p.499	
3.4.22.15	progesterone-dependent protein, cathepsin L, v.7|p.582	
1.14.99.14	progesterone 11α-hydroxylase, progesterone 11α-monooxygenase, v.27|p.314	
1.14.14.1	Progesterone 21-hydroxylase, unspecific monooxygenase, v.26|p.584	
1.3.1.30	progesterone 5α-reductase, progesterone 5α-reductase, v.21|p.176	
1.3.99.6	progesterone 5β-reductase, 3-oxo-5β-steroid 4-dehydrogenase, v.21|p.520	
1.14.99.4	progesterone hydroxylase, progesterone monooxygenase, v.27|p.273	
1.1.1.210	progesterone reductase, 3β(or 20α)-hydroxysteroid dehydrogenase, v.18|p.277	
1.1.1.145	progesterone reductase, 3β-hydroxy-Δ5-steroid dehydrogenase, v.17|p.436	
3.4.21.93	prohormone-convertase 1, Proprotein convertase 1, v.7|p.452	
3.4.21.61	Prohormone-processing endoprotease, Kexin, v.7|p.280	
3.4.21.61	Prohormone-processing KEX2 proteinase, Kexin, v.7|p.280	
3.4.21.61	Prohormone-processing proteinase, Kexin, v.7|p.280	
3.4.21.75	Prohormone convertase, Furin, v.7|p.371	
3.4.21.93	Prohormone convertase, Proprotein convertase 1, v.7|p.452	
3.4.21.94	Prohormone convertase, proprotein convertase 2, v.7|p.455	
3.4.21.94	prohormone convertase-2, proprotein convertase 2, v.7|p.455	
3.4.21.61	prohormone convertase 1, Kexin, v.7|p.280	
3.4.21.93	prohormone convertase 1, Proprotein convertase 1, v.7|p.452	
3.4.21.61	prohormone convertase 1/3, Kexin, v.7|p.280	
3.4.21.93	prohormone convertase 1/3, Proprotein convertase 1, v.7|p.452	
3.4.21.94	prohormone convertase 12, proprotein convertase 2, v.7|p.455	
3.4.21.61	prohormone convertase 2, Kexin, v.7|p.280	
3.4.21.94	prohormone convertase 2, proprotein convertase 2, v.7|p.455	
3.4.21.93	Prohormone convertase 3, Proprotein convertase 1, v.7|p.452	
3.4.21.93	prohormone convertase PC3, Proprotein convertase 1, v.7|p.452	
3.4.23.17	Prohormone converting enzyme, Pro-opiomelanocortin converting enzyme, v.8|p.73	
3.4.17.10	Prohormone processing carboxypeptidase, carboxypeptidase E, v.6|p.455	
3.4.21.61	prohormone processing protease, Kexin, v.7|p.280	
3.4.22.46	Prokaryotic leader peptidase, L-peptidase, v.7|p.751	
3.4.21.89	Prokaryotic leader peptidase, Signal peptidase I, v.7|p.431	
3.4.22.46	Prokaryotic signal peptidase, L-peptidase, v.7|p.751	
3.4.21.89	Prokaryotic signal peptidase, Signal peptidase I, v.7|p.431	
3.4.22.46	Prokaryotic signal proteinase, L-peptidase, v.7|p.751	
3.4.21.89	Prokaryotic signal proteinase, Signal peptidase I, v.7|p.431	
3.4.13.9	prolidase, Xaa-Pro dipeptidase, v.6|p.204	
3.4.13.9	prolidase I, Xaa-Pro dipeptidase, v.6|p.204	

prolidase II

3.4.13.9	prolidase II, Xaa-Pro dipeptidase, v. 6 | p. 204	
2.7.11.21	Proliferation-related kinase, polo kinase, v. S4 | p. 134	
3.4.13.18	prolinase, cytosol nonspecific dipeptidase, v. 6 | p. 227	
1.14.11.7	proline,2-oxoglutarate 3-dioxygenase, procollagen-proline 3-dioxygenase, v. 26 | p. 65	
1.14.11.2	proline,2-oxoglutarate 4-dioxygenase, procollagen-proline dioxygenase, v. 26 | p. 9	
1.14.11.2	proline, 2-oxoglutarate dioxygenase, procollagen-proline dioxygenase, v. 26 | p. 9	
3.1.1.1	Proline-β-naphthylamidase, carboxylesterase, v. 9 | p. 1	
6.1.1.15	Proline–tRNA ligase, Proline-tRNA ligase, v. 2 | p. 111	
1.5.1.2	L-proline-NAD(P)+ 5-oxidoreductase, pyrroline-5-carboxylate reductase, v. 23 | p. 4	
3.1.3.56	proline-rich inositol polyphosphate 5-phosphatase, inositol-polyphosphate 5-phosphatase, v. 10 | p. 448	
2.7.10.1	proline-rich tyrosinekinase, receptor protein-tyrosine kinase, v. S2 | p. 341	
2.7.10.2	proline-rich tyrosine kinase-2, non-specific protein-tyrosine kinase, v. S2 | p. 441	
2.7.10.2	proline-rich tyrosin ekinase 2, non-specific protein-tyrosine kinase, v. S2 | p. 441	
2.7.10.2	proline-rich tyrosine kinase 2, non-specific protein-tyrosine kinase, v. S2 | p. 441	
3.4.13.9	proline-specific amino dipeptidase, Xaa-Pro dipeptidase, v. 6 | p. 204	
3.4.11.5	proline-specific aminopeptidase, prolyl aminopeptidase, v. 6 | p. 83	
3.4.16.2	proline-specific carboxypeptidase P, lysosomal Pro-Xaa carboxypeptidase, v. 6 | p. 370	
3.4.21.26	proline-specific endopeptidase, prolyl oligopeptidase, v. 7 | p. 110	
1.14.11.28	proline 3-hydroxylase, proline 3-hydroxylase, v. S1 | p. 524	
1.14.11.28	proline 3-hydroxylase type I, proline 3-hydroxylase, v. S1 | p. 524	
1.14.11.28	proline 3-hydroxylase type II, proline 3-hydroxylase, v. S1 | p. 524	
3.4.11.5	L-proline aminopeptidase, prolyl aminopeptidase, v. 6 | p. 83	
3.4.11.9	proline aminopeptidase, Xaa-Pro aminopeptidase, v. 6 | p. 111	
3.4.11.1	proline aminopeptidase, leucyl aminopeptidase, v. 6 | p. 40	
3.4.11.5	proline aminopeptidase, prolyl aminopeptidase, v. 6 | p. 83	
3.4.16.2	proline carboxypeptidase, lysosomal Pro-Xaa carboxypeptidase, v. 6 | p. 370	
1.5.99.8	D-proline dehydrogenase, proline dehydrogenase, v. 23 | p. 381	
1.5.99.8	L-proline dehydrogenase, proline dehydrogenase, v. 23 | p. 381	
1.5.99.8	proline dehydrogenase, proline dehydrogenase, v. 23 | p. 381	
3.4.13.9	Proline dipeptidase, Xaa-Pro dipeptidase, v. 6 | p. 204	
3.4.21.26	proline endopeptidase, prolyl oligopeptidase, v. 7 | p. 110	
1.14.11.2	proline hydroxylase, procollagen-proline dioxygenase, v. 26 | p. 9	
3.4.11.5	proline iminopeptidase, prolyl aminopeptidase, v. 6 | p. 83	
1.5.1.2	L-proline oxidase, pyrroline-5-carboxylate reductase, v. 23 | p. 4	
1.5.99.8	proline oxidase, proline dehydrogenase, v. 23 | p. 381	
1.5.1.2	proline oxidase, pyrroline-5-carboxylate reductase, v. 23 | p. 4	
1.14.11.2	proline protocollagen hydroxylase, procollagen-proline dioxygenase, v. 26 | p. 9	
5.1.1.4	proline racemase, Proline racemase, v. 1 | p. 19	
5.2.1.8	Proline rotamase, Peptidylprolyl isomerase, v. 1 | p. 218	
6.1.1.15	Proline translase, Proline-tRNA ligase, v. 2 | p. 111	
3.4.23.36	Prolipoprotein signal peptidase, Signal peptidase II, v. 8 | p. 170	
1.14.11.2	prolyl-4-hydroxylase, procollagen-proline dioxygenase, v. 26 | p. 9	
1.14.11.2	prolyl-4-hydroxylase α I, procollagen-proline dioxygenase, v. 26 | p. 9	
1.14.11.2	prolyl-4-hydroxylase α II, procollagen-proline dioxygenase, v. 26 | p. 9	
1.14.11.7	prolyl-4-hydroxyprolyl-glycyl-peptide, 2-oxoglutarate: oxygen oxidoreductase, 3-hydroxylating, procollagen-proline 3-dioxygenase, v. 26 | p. 65	
3.4.16.2	prolyl-carboxypeptidase, lysosomal Pro-Xaa carboxypeptidase, v. 6 | p. 370	
3.4.17.16	prolyl-carboxypeptidase, membrane Pro-Xaa carboxypeptidase, v. 6 | p. 480	
6.1.1.16	prolyl-cysteinyl-tRNA synthetase, Cysteine-tRNA ligase, v. 2 | p. 121	
6.1.1.15	prolyl-cysteinyl-tRNA synthetase, Proline-tRNA ligase, v. 2 | p. 111	
3.4.14.11	X-prolyl-dipeptidyl aminopeptidase, Xaa-Pro dipeptidyl-peptidase, v. 6 | p. 326	
1.14.11.2	prolyl-glycyl-peptide, 2-oxoglutarate:oxygen oxidoreductase, 4-hydroxylating, procollagen-proline dioxygenase, v. 26 | p. 9	
3.4.11.5	L-prolyl-peptide hydrolase, prolyl aminopeptidase, v. 6 | p. 83	

6.1.1.15	Prolyl-transfer ribonucleate synthetase, Proline-tRNA ligase, v. 2 | p. 111	
6.1.1.15	Prolyl-transfer ribonucleic acid synthetase, Proline-tRNA ligase, v. 2 | p. 111	
6.1.1.15	Prolyl-transfer RNA synthetase, Proline-tRNA ligase, v. 2 | p. 111	
6.1.1.15	Prolyl-tRNA synthetase, Proline-tRNA ligase, v. 2 | p. 111	
1.14.11.28	prolyl 3-hydrolase, proline 3-hydroxylase, v. S1 | p. 524	
1.14.11.7	prolyl 3-hydroxylase, procollagen-proline 3-dioxygenase, v. 26 | p. 65	
1.14.11.7	prolyl 3-hydroxylase 1, procollagen-proline 3-dioxygenase, v. 26 | p. 65	
1.14.11.2	prolyl 4-hydroxylase, procollagen-proline dioxygenase, v. 26 | p. 9	
3.4.11.1	Prolyl aminopeptidase, leucyl aminopeptidase, v. 6 | p. 40	
3.4.11.5	Prolyl aminopeptidase, prolyl aminopeptidase, v. 6 | p. 83	
3.4.16.2	prolyl carboxypeptidase, lysosomal Pro-Xaa carboxypeptidase, v. 6 | p. 370	
3.4.16.2	prolylcarboxypeptidase, lysosomal Pro-Xaa carboxypeptidase, v. 6 | p. 370	
3.4.17.16	prolylcarboxypeptidase, membrane Pro-Xaa carboxypeptidase, v. 6 | p. 480	
3.4.13.9	prolyl dipeptidase, Xaa-Pro dipeptidase, v. 6 | p. 204	
3.4.13.18	prolyl dipeptidase, cytosol nonspecific dipeptidase, v. 6 | p. 227	
3.4.14.11	X-prolyl dipeptidyl aminopeptidase, Xaa-Pro dipeptidyl-peptidase, v. 6 | p. 326	
3.4.14.5	X-prolyl dipeptidyl aminopeptidase, dipeptidyl-peptidase IV, v. 6 | p. 286	
3.4.14.11	prolyl dipeptidyl aminopeptidase, Xaa-Pro dipeptidyl-peptidase, v. 6 | p. 326	
3.4.14.11	X-prolyl dipeptidyl peptidase, Xaa-Pro dipeptidyl-peptidase, v. 6 | p. 326	
3.4.21.27	prolyl endopeptidase, coagulation factor XIa, v. 7 | p. 121	
3.4.21.26	prolyl endopeptidase, prolyl oligopeptidase, v. 7 | p. 110	
3.4.21.26	prolyl endoprotease, prolyl oligopeptidase, v. 7 | p. 110	
3.4.13.18	L-prolylglycine dipeptidase, cytosol nonspecific dipeptidase, v. 6 | p. 227	
1.14.11.2	prolyl hydroxylase, procollagen-proline dioxygenase, v. 26 | p. 9	
1.14.11.2	prolyl hydroxylase-1, procollagen-proline dioxygenase, v. 26 | p. 9	
1.14.11.2	prolyl hydroxylase domain 1, procollagen-proline dioxygenase, v. 26 | p. 9	
1.14.11.2	prolyl hydroxylase domain containing protein, procollagen-proline dioxygenase, v. 26 | p. 9	
3.4.21.26	prolyl oligopeptidase, prolyl oligopeptidase, v. 7 | p. 110	
1.14.11.2	prolylprotocollagen dioxygenase, procollagen-proline dioxygenase, v. 26 | p. 9	
1.14.11.2	prolylprotocollagen hydroxylase, procollagen-proline dioxygenase, v. 26 | p. 9	
6.1.1.15	Prolyl RNA synthetase, Proline-tRNA ligase, v. 2 | p. 111	
3.4.14.12	prolyl tripeptidyl aminopeptidase, Xaa-Xaa-Pro tripeptidyl-peptidase, v. S5 | p. 299	
3.4.11.4	prolyl tripeptidyl aminopeptidase, tripeptide aminopeptidase, v. 6 | p. 75	
3.4.14.12	prolyltripeptidyl aminopeptidase, Xaa-Xaa-Pro tripeptidyl-peptidase, v. S5 | p. 299	
3.4.14.12	prolyl tripeptidyl peptidase, Xaa-Xaa-Pro tripeptidyl-peptidase, v. S5 | p. 299	
3.4.24.36	Promastigote surface endopeptidase, leishmanolysin, v. 8 | p. 408	
3.4.24.36	Promastigote surface protease, leishmanolysin, v. 8 | p. 408	
3.4.21.63	Promelase, Oryzin, v. 7 | p. 300	
3.2.1.41	Promozyme 200 L, pullulanase, v. 12 | p. 594	
3.4.24.31	Pronase, mycolysin, v. 8 | p. 389	
3.4.21.81	Pronase B, Streptogrisin B, v. 7 | p. 401	
3.4.24.31	Pronase component, mycolysin, v. 8 | p. 389	
3.4.21.94	proneuropeptide convertase 2, proprotein convertase 2, v. 7 | p. 455	
3.4.23.17	Proopiomelanocortin proteinase, Pro-opiomelanocortin converting enzyme, v. 8 | p. 73	
1.1.1.7	1,2-propanediol-1-phosphate:NAD+ oxidoreductase, propanediol-phosphate dehydrogenase, v. 16 | p. 118	
1.1.1.202	1,3-propanediol-oxidoreductase, 1,3-propanediol dehydrogenase, v. 18 | p. 199	
1.1.1.202	1,3-propanediol:NAD oxidoreductase, 1,3-propanediol dehydrogenase, v. 18 | p. 199	
1.1.1.55	1,2-propanediol:NADP+ oxidoreductase, lactaldehyde reductase (NADPH), v. 17 | p. 24	
1.1.1.77	propanediol:nicotinamide adenine dinucleotide (NAD) oxidoreductase, lactaldehyde reductase, v. 17 | p. 126	
4.2.1.28	Propanediol dehydrase, propanediol dehydratase, v. 4 | p. 420	
4.2.1.28	1,2-propanediol dehydratase, propanediol dehydratase, v. 4 | p. 420	
1.1.1.202	1,3-propanediol dehydrogenase, 1,3-propanediol dehydrogenase, v. 18 | p. 199	
1.1.1.55	propanediol dehydrogenase, lactaldehyde reductase (NADPH), v. 17 | p. 24	

4.2.1.28	1,2-propanediol hydro-lyase, propanediol dehydratase, v. 4	p. 420
1.1.1.202	1,3-propanediol oxidoreductase, 1,3-propanediol dehydrogenase, v. 18	p. 199
1.1.1.77	Propanediol oxidoreductase, lactaldehyde reductase, v. 17	p. 126
1.1.1.7	propanediol phosphate dehydrogenase, propanediol-phosphate dehydrogenase, v. 16	p. 118
1.14.15.3	propane monooxygenase, alkane 1-monooxygenase, v. 27	p. 16
6.4.1.3	Propanoyl-CoA:carbon dioxide ligase, Propionyl-CoA carboxylase, v. 2	p. 738
2.3.1.176	propanoyl-CoA C-acyltransferase, propanoyl-CoA C-acyltransferase, v. S2	p. 81
3.1.3.8	β-propeller phytase, 3-phytase, v. 10	p. 129
1.14.13.69	propene monooxygenase, alkene monooxygenase, v. 26	p. 543
3.4.22.46	Propeptidase, L-peptidase, v. 7	p. 751
3.4.21.89	Propeptidase, Signal peptidase I, v. 7	p. 431
3.4.21.93	propeptide convertase, Proprotein convertase 1, v. 7	p. 452
3.4.21.93	Propeptide processing protease, Proprotein convertase 1, v. 7	p. 452
3.4.21.47	properdin factor B, alternative-complement-pathway C3/C5 convertase, v. 7	p. 218
1.11.1.7	properoxinectin, peroxidase, v. 25	p. 211
1.2.1.3	propionaldehyde dehydrogenase, aldehyde dehydrogenase (NAD+), v. 20	p. 32
1.7.3.5	propionate-3-nitronate oxidase, 3-aci-nitropropanoate oxidase, v. 24	p. 368
2.8.3.1	propionate-CoA:lactoyl-CoA transferase, propionate CoA-transferase, v. 39	p. 472
6.2.1.17	Propionate-CoA synthetase, Propionate-CoA ligase, v. 2	p. 286
2.7.2.15	propionate/acetate kinase, propionate kinase, v. S2	p. 296
2.8.3.1	propionate CoA transferase, propionate CoA-transferase, v. 39	p. 472
2.8.3.1	propionate coenzyme-A transferase, propionate CoA-transferase, v. 39	p. 472
2.8.3.1	propionate coenzyme A-transferase, propionate CoA-transferase, v. 39	p. 472
2.8.3.1	propionate coenzyme A transferase, propionate CoA-transferase, v. 39	p. 472
4.1.1.41	Propionyl-CoA carboxylase, Methylmalonyl-CoA decarboxylase, v. 3	p. 264
3.1.2.18	propionyl-CoA hydrolase, ADP-dependent short-chain-acyl-CoA hydrolase, v. 9	p. 534
6.2.1.17	Propionyl-CoA synthase, Propionate-CoA ligase, v. 2	p. 286
6.2.1.17	Propionyl-CoA synthetase, Propionate-CoA ligase, v. 2	p. 286
3.1.2.18	propionyl-CoA thioesterase, ADP-dependent short-chain-acyl-CoA hydrolase, v. 9	p. 534
2.8.3.1	Propionyl-CoA transferase, propionate CoA-transferase, v. 39	p. 472
6.2.1.17	Propionyl-coenzyme A synthetase, Propionate-CoA ligase, v. 2	p. 286
3.1.1.8	propionylcholinesterase, cholinesterase, v. 9	p. 118
2.8.3.1	propionyl CoA:acetate CoA transferase, propionate CoA-transferase, v. 39	p. 472
6.2.1.17	Propionyl CoA synthetase, Propionate-CoA ligase, v. 2	p. 286
4.1.1.41	Propionyl coenzyme A carboxylase, Methylmalonyl-CoA decarboxylase, v. 3	p. 264
6.4.1.3	Propionyl coenzyme A carboxylase, Propionyl-CoA carboxylase, v. 2	p. 738
6.4.1.3	Propionyl coenzyme A carboxylase (adenosine triphosphate-hydrolyzing), Propionyl-CoA carboxylase, v. 2	p. 738
6.4.1.3	Propionyl coenzyme A carboxylase (ATP-hydrolyzing), Propionyl-CoA carboxylase, v. 2	p. 738
6.3.4.10	Propionyl coenzyme A holocarboxylase synthetase, Biotin-[propionyl-CoA-carboxylase (ATP-hydrolysing)] ligase, v. 2	p. 617
3.1.2.18	propionyl coenzyme A hydrolase, ADP-dependent short-chain-acyl-CoA hydrolase, v. 9	p. 534
3.1.1.1	propionyl esterase, carboxylesterase, v. 9	p. 1
3.4.23.25	proPrA, Saccharopepsin, v. 8	p. 120
3.4.21.75	Proprotein convertase, Furin, v. 7	p. 371
3.4.21.61	Proprotein convertase, Kexin, v. 7	p. 280
3.4.21.93	proprotein convertase 1, Proprotein convertase 1, v. 7	p. 452
3.4.21.61	proprotein convertase 1/3, Kexin, v. 7	p. 280
3.4.21.93	proprotein convertase 1/3, Proprotein convertase 1, v. 7	p. 452
3.4.21.94	proprotein convertase 2, proprotein convertase 2, v. 7	p. 455
3.4.21.61	proprotein convertase Kex2, Kexin, v. 7	p. 280
3.4.21.93	proprotein convertase PC1, Proprotein convertase 1, v. 7	p. 452

3.4.21.93	proprotein convertase PC1/3, Proprotein convertase 1, v.7 | p.452	
3.4.21.94	proprotein convertase subtilisin/kexin-type 2, proprotein convertase 2, v.7 | p.455	
3.4.21.61	proprotein convertase subtilisin/kexin type 9, Kexin, v.7 | p.280	
3.4.21.61	proprotein convertase subtilisin kexin type 9, Kexin, v.7 | p.280	
3.4.21.61	proprotein processing protease, Kexin, v.7 | p.280	
2.3.3.12	3-(n-propyl)-malate synthase, 3-propylmalate synthase, v.30 | p.674	
2.3.3.12	3-propylmalate glyoxylate-lyase (CoA-pentanoylating), 3-propylmalate synthase, v.30 | p.674	
2.3.3.12	β-n-propylmalate synthase, 3-propylmalate synthase, v.30 | p.674	
2.3.3.12	n-propylmalate synthase, 3-propylmalate synthase, v.30 | p.674	
2.3.3.6	propylmalate synthase, 2-ethylmalate synthase, v.30 | p.626	
2.3.3.12	n-propylmalate synthetase, 3-propylmalate synthase, v.30 | p.674	
2.3.3.6	propylmalic synthase, 2-ethylmalate synthase, v.30 | p.626	
3.4.21.119	prorenin-converting enzyme, kallikrein 13, v.S5 | p.447	
3.4.21.119	prorenin converting enzyme, kallikrein 13, v.S5 | p.447	
6.1.1.15	ProRS, Proline-tRNA ligase, v.2 | p.111	
6.1.1.15	ProRSTT, Proline-tRNA ligase, v.2 | p.111	
3.4.25.1	PROS-27, proteasome endopeptidase complex, v.8 | p.587	
3.4.25.1	PROS-30, proteasome endopeptidase complex, v.8 | p.587	
3.4.25.1	PROS-Dm25, proteasome endopeptidase complex, v.8 | p.587	
3.4.25.1	PROS-Dm28.1, proteasome endopeptidase complex, v.8 | p.587	
3.4.25.1	PROS-Dm29, proteasome endopeptidase complex, v.8 | p.587	
3.4.25.1	PROS-Dm35, proteasome endopeptidase complex, v.8 | p.587	
3.6.4.8	Pros26.4, proteasome ATPase, v.15 | p.797	
3.4.25.1	Pros26.4, proteasome endopeptidase complex, v.8 | p.587	
3.4.25.1	prosome, proteasome endopeptidase complex, v.8 | p.587	
5.3.99.4	prostacyclin/PGI2 synthase, prostaglandin-I synthase, v.1 | p.465	
1.1.1.231	prostacyclin dehydrogenase, 15-hydroxyprostaglandin-I dehydrogenase (NADP+), v.18 | p.357	
5.3.99.4	Prostacycline synthetase, prostaglandin-I synthase, v.1 | p.465	
5.3.99.4	prostacyclin synthase, prostaglandin-I synthase, v.1 | p.465	
5.3.99.4	Prostacyclin synthetase, prostaglandin-I synthase, v.1 | p.465	
5.3.99.3	prostagandin-E synthetase, prostaglandin-E synthase, v.1 | p.459	
1.1.1.196	prostaglandin-D 15-dehydrogenase (NADP+), 15-hydroxyprostaglandin-D dehydrogenase (NADP+), v.18 | p.175	
1.1.1.188	prostaglandin-D2 11-reductase, prostaglandin-F synthase, v.18 | p.130	
5.3.99.2	Prostaglandin-D synthase, Prostaglandin-D synthase, v.1 | p.451	
1.1.1.189	prostaglandin-E2 9-keto reductase, prostaglandin-E2 9-reductase, v.18 | p.139	
1.1.1.184	Prostaglandin-E2 9-reductase, carbonyl reductase (NADPH), v.18 | p.105	
1.14.99.1	prostaglandin-endoperoxide synthase, prostaglandin-endoperoxide synthase, v.27 | p.246	
1.14.99.1	prostaglandin-endoperoxide synthase 1, prostaglandin-endoperoxide synthase, v.27 | p.246	
1.14.99.1	prostaglandin-endoperoxide synthase 2, prostaglandin-endoperoxide synthase, v.27 | p.246	
5.3.99.3	prostaglandin-E synthase, prostaglandin-E synthase, v.1 | p.459	
1.14.99.1	prostaglandin-H-synthase, prostaglandin-endoperoxide synthase, v.27 | p.246	
1.14.99.1	prostaglandin-H-synthase 1, prostaglandin-endoperoxide synthase, v.27 | p.246	
1.14.99.1	prostaglandin-H-synthase 2, prostaglandin-endoperoxide synthase, v.27 | p.246	
5.3.99.2	Prostaglandin-H2 D-isomerase, Prostaglandin-D synthase, v.1 | p.451	
5.3.99.3	Prostaglandin-H2 E-isomerase, prostaglandin-E synthase, v.1 | p.459	
1.14.14.1	Prostaglandin ω-hydroxylase, unspecific monooxygenase, v.26 | p.584	
5.3.99.2	Prostaglandin-R-prostaglandin D isomerase, Prostaglandin-D synthase, v.1 | p.451	
1.1.1.188	prostaglandin 11-keto reductase, prostaglandin-F synthase, v.18 | p.130	
1.1.1.188	prostaglandin 11-ketoreductase, prostaglandin-F synthase, v.18 | p.130	
1.3.1.48	prostaglandin 13-reductase, 15-oxoprostaglandin 13-oxidase, v.21 | p.263	

1.3.1.74	prostaglandin 13-reductase, 2-alkenal reductase, v. 21	p. 336
1.3.1.48	prostaglandin Δ13-reductase, 15-oxoprostaglandin 13-oxidase, v. 21	p. 263
1.3.1.74	prostaglandin Δ13-reductase, 2-alkenal reductase, v. 21	p. 336
1.1.1.197	prostaglandin 9-ketoreductase, 15-hydroxyprostaglandin dehydrogenase (NADP+), v. 18	p. 179
1.1.1.184	prostaglandin 9-ketoreductase, carbonyl reductase (NADPH), v. 18	p. 105
1.1.1.189	prostaglandin 9-ketoreductase, prostaglandin-E2 9-reductase, v. 18	p. 139
5.3.3.9	Prostaglandin A isomerase, prostaglandin-A1 Δ-isomerase, v. 1	p. 423
1.1.1.188	prostaglandin D2-ketoreductase, prostaglandin-F synthase, v. 18	p. 130
1.1.1.188	prostaglandin D2 11-ketoreductase, prostaglandin-F synthase, v. 18	p. 130
1.1.1.196	prostaglandin D2 dehydrogenase, 15-hydroxyprostaglandin-D dehydrogenase (NADP+), v. 18	p. 175
5.3.99.2	Prostaglandin D2 synthase, Prostaglandin-D synthase, v. 1	p. 451
5.3.99.2	prostaglandin D2 synthetase, Prostaglandin-D synthase, v. 1	p. 451
1.1.1.141	prostaglandin dehydrogenase, 15-hydroxyprostaglandin dehydrogenase (NAD+), v. 17	p. 417
5.3.99.2	Prostaglandin D synthase, Prostaglandin-D synthase, v. 1	p. 451
1.1.1.189	prostaglandin E2-9-oxoreductase, prostaglandin-E2 9-reductase, v. 18	p. 139
1.1.1.189	prostaglandin E2 9-ketoreductase, prostaglandin-E2 9-reductase, v. 18	p. 139
5.3.99.3	Prostaglandin E2 isomerase, prostaglandin-E synthase, v. 1	p. 459
5.3.99.3	prostaglandin E2 synthase, prostaglandin-E synthase, v. 1	p. 459
5.3.99.3	prostaglandin E2 synthase-I, prostaglandin-E synthase, v. 1	p. 459
1.1.1.197	prostaglandin E 9-ketoreductase, 15-hydroxyprostaglandin dehydrogenase (NADP+), v. 18	p. 179
1.1.1.189	prostaglandin E 9-ketoreductase, prostaglandin-E2 9-reductase, v. 18	p. 139
5.3.99.3	Prostaglandin endoperoxide-E isomerase, prostaglandin-E synthase, v. 1	p. 459
5.3.99.3	Prostaglandin endoperoxide E2 isomerase, prostaglandin-E synthase, v. 1	p. 459
5.3.99.3	Prostaglandin endoperoxide E isomerase, prostaglandin-E synthase, v. 1	p. 459
1.14.99.1	prostaglandin endoperoxide H2 synthase-2, prostaglandin-endoperoxide synthase, v. 27	p. 246
1.14.99.1	prostaglandin endoperoxide H synthase-1, prostaglandin-endoperoxide synthase, v. 27	p. 246
1.14.99.1	prostaglandin endoperoxide synthase, prostaglandin-endoperoxide synthase, v. 27	p. 246
1.14.99.1	prostaglandin endoperoxide synthase-1, prostaglandin-endoperoxide synthase, v. 27	p. 246
1.14.99.1	prostaglandin endoperoxide synthase-2, prostaglandin-endoperoxide synthase, v. 27	p. 246
1.14.99.1	prostaglandin endoperoxide synthase 2, prostaglandin-endoperoxide synthase, v. 27	p. 246
1.14.99.1	prostaglandin endoperoxide synthetase, prostaglandin-endoperoxide synthase, v. 27	p. 246
5.3.99.3	Prostaglandin E synthase, prostaglandin-E synthase, v. 1	p. 459
5.3.99.3	prostaglandin E synthase-1, prostaglandin-E synthase, v. 1	p. 459
5.3.99.3	prostaglandin E synthase-2, prostaglandin-E synthase, v. 1	p. 459
5.3.99.3	prostaglandin E synthase 1, prostaglandin-E synthase, v. 1	p. 459
5.3.99.3	prostaglandin E synthase type 2, prostaglandin-E synthase, v. 1	p. 459
1.1.1.50	prostaglandin F2α-synthase, 3α-hydroxysteroid dehydrogenase (B-specific), v. 16	p. 487
1.1.1.188	prostaglandin F2α synthase, prostaglandin-F synthase, v. 18	p. 130
1.1.1.188	prostaglandin F synthase, prostaglandin-F synthase, v. 18	p. 130
1.1.1.188	prostaglandin F synthase I, prostaglandin-F synthase, v. 18	p. 130
1.1.1.188	prostaglandin F synthase II, prostaglandin-F synthase, v. 18	p. 130
1.1.1.188	prostaglandin F synthetase, prostaglandin-F synthase, v. 18	p. 130
1.14.99.1	prostaglandin G/H synthase, prostaglandin-endoperoxide synthase, v. 27	p. 246
1.14.99.1	prostaglandin G/H synthase-2, prostaglandin-endoperoxide synthase, v. 27	p. 246
5.3.99.3	Prostaglandin H-E isomerase, prostaglandin-E synthase, v. 1	p. 459
5.3.99.3	Prostaglandin H-prostaglandin E isomerase, prostaglandin-E synthase, v. 1	p. 459
1.14.99.1	prostaglandin H2 synthase, prostaglandin-endoperoxide synthase, v. 27	p. 246

1.14.99.1	prostaglandin H2 synthase-1, prostaglandin-endoperoxide synthase, v. 27 | p. 246	
1.14.99.1	prostaglandin H synthase, prostaglandin-endoperoxide synthase, v. 27 | p. 246	
1.14.99.1	prostaglandin H synthase-2, prostaglandin-endoperoxide synthase, v. 27 | p. 246	
5.3.99.4	Prostaglandin I2 synthase, prostaglandin-I synthase, v. 1 | p. 465	
5.3.99.4	Prostaglandin I2 synthetase, prostaglandin-I synthase, v. 1 | p. 465	
5.3.99.3	Prostaglandin R-prostaglandin E isomerase, prostaglandin-E synthase, v. 1 | p. 459	
1.14.99.1	prostaglandin synthase, prostaglandin-endoperoxide synthase, v. 27 | p. 246	
5.3.99.3	prostaglandin synthase-1, prostaglandin-E synthase, v. 1 | p. 459	
1.14.99.1	prostaglandin synthase-2, prostaglandin-endoperoxide synthase, v. 27 | p. 246	
1.14.99.1	prostaglandin synthetase, prostaglandin-endoperoxide synthase, v. 27 | p. 246	
3.4.21.109	prostamin, matriptase, v. S5 | p. 367	
3.4.21.35	prostase/KLK-L1/ARM1/PRSS17, tissue kallikrein, v. 7 | p. 141	
3.4.21.77	prostate-specific antigen, semenogelase, v. 7 | p. 385	
3.4.17.21	Prostate-specific membrane antigen, Glutamate carboxypeptidase II, v. 6 | p. 498	
3.4.17.21	Prostate-specific membrane antigen homolog, Glutamate carboxypeptidase II, v. 6 | p. 498	
3.1.3.2	prostate acid phosphatase, acid phosphatase, v. 10 | p. 31	
3.4.21.77	prostate specific antigen, semenogelase, v. 7 | p. 385	
3.4.17.21	prostate specific membrane antigen, Glutamate carboxypeptidase II, v. 6 | p. 498	
3.1.3.2	prostatic acid phosphatase, acid phosphatase, v. 10 | p. 31	
3.4.17.21	Prostrate-specific membrane antigen, Glutamate carboxypeptidase II, v. 6 | p. 498	
3.4.17.2	protaminase, carboxypeptidase B, v. 6 | p. 418	
3.4.17.3	protaminase, lysine carboxypeptidase, v. 6 | p. 428	
2.7.11.1	protamine kinase, non-specific serine/threonine protein kinase, v. S3 | p. 1	
3.4.21.53	protease, Endopeptidase La, v. 7 | p. 241	
3.4.22.29	protease 2A, picornain 2A, v. 7 | p. 657	
3.4.21.76	protease 3, Myeloblastin, v. 7 | p. 380	
3.4.22.28	protease 3C, picornain 3C, v. 7 | p. 646	
3.4.23.25	Protease A, Saccharopepsin, v. 8 | p. 120	
3.4.21.80	Protease A, Streptogrisin A, v. 7 | p. 397	
3.4.23.49	Protease A, omptin, v. S6 | p. 262	
3.4.23.45	protease ASP1, memapsin 1, v. S6 | p. 228	
3.4.23.46	protease Asp2, memapsin 2, v. S6 | p. 236	
3.4.21.81	protease B, Streptogrisin B, v. 7 | p. 401	
3.4.21.42	protease C1s, complement subcomponent C1s, v. 7 | p. 197	
3.4.24.37	protease D, saccharolysin, v. 8 | p. 413	
3.4.21.107	protease do, peptidase Do, v. S5 | p. 342	
3.4.21.27	protease factor XIa, coagulation factor XIa, v. 7 | p. 121	
3.4.21.50	protease I, lysyl endopeptidase, v. 7 | p. 231	
3.4.24.40	protease I, serralysin, v. 8 | p. 424	
3.4.21.83	Protease II, Oligopeptidase B, v. 7 | p. 410	
3.4.21.89	protease IV, Signal peptidase I, v. 7 | p. 431	
3.4.11.6	protease IV, aminopeptidase B, v. 6 | p. 92	
3.4.21.50	protease IV, lysyl endopeptidase, v. 7 | p. 231	
3.4.21.61	Protease KEX2, Kexin, v. 7 | p. 280	
3.4.21.53	Protease La, Endopeptidase La, v. 7 | p. 241	
3.4.21.53	protease lon, Endopeptidase La, v. 7 | p. 241	
3.4.22.44	protease NIa, nuclear-inclusion-a endopeptidase, v. 7 | p. 742	
3.4.21.63	Protease P, Oryzin, v. 7 | p. 300	
3.4.21.32	protease PC, brachyurin, v. 7 | p. 129	
3.4.24.55	Protease Pi, pitrilysin, v. 8 | p. 481	
3.4.21.102	protease Re, C-terminal processing peptidase, v. 7 | p. 493	
3.4.21.112	protease responsible for activating sigmaW, site-1 protease, v. S5 | p. 400	
3.4.21.62	Protease S, Subtilisin, v. 7 | p. 285	
3.4.21.92	Protease Ti, Endopeptidase Clp, v. 7 | p. 445	
3.4.24.27	protease type X, thermolysin, v. 8 | p. 367	

3.4.21.19	protease V8, glutamyl endopeptidase, v. 7 | p. 75
3.4.23.49	Protease VII, omptin, v. S6 | p. 262
3.4.21.62	Protease VIII, Subtilisin, v. 7 | p. 285
3.4.21.62	Protease XXVII, Subtilisin, v. 7 | p. 285
3.6.4.8	26S-proteasome, proteasome ATPase, v. 15 | p. 797
3.4.25.1	proteasome, proteasome endopeptidase complex, v. 8 | p. 587
3.1.3.31	proteasome-activating nucleotidase, nucleotidase, v. 10 | p. 316
3.6.4.8	proteasome-activating nucleotidase, proteasome ATPase, v. 15 | p. 797
3.1.3.31	proteasome-activating nucleotidase A, nucleotidase, v. 10 | p. 316
3.4.25.1	proteasome 19S, proteasome endopeptidase complex, v. 8 | p. 587
3.6.4.8	proteasome activating nucleotidase, proteasome ATPase, v. 15 | p. 797
3.6.4.8	proteasome ATPase, proteasome ATPase, v. 15 | p. 797
3.4.25.1	Proteasome component C13, proteasome endopeptidase complex, v. 8 | p. 587
3.4.25.1	Proteasome component C2, proteasome endopeptidase complex, v. 8 | p. 587
3.4.25.1	Proteasome component C3, proteasome endopeptidase complex, v. 8 | p. 587
3.4.25.1	Proteasome component C5, proteasome endopeptidase complex, v. 8 | p. 587
3.4.25.1	Proteasome component C8, proteasome endopeptidase complex, v. 8 | p. 587
3.4.25.1	Proteasome component C9, proteasome endopeptidase complex, v. 8 | p. 587
3.4.25.1	Proteasome component DD4, proteasome endopeptidase complex, v. 8 | p. 587
3.4.25.1	Proteasome component DD5, proteasome endopeptidase complex, v. 8 | p. 587
3.4.25.1	Proteasome component pts1, proteasome endopeptidase complex, v. 8 | p. 587
3.6.4.8	proteasome S4 ATPase, proteasome ATPase, v. 15 | p. 797
3.4.16.5	protective protein cathepsin A, carboxypeptidase C, v. 6 | p. 385
3.4.24.36	protective surface protease, leishmanolysin, v. 8 | p. 408
4.2.1.11	14-3-2 protein, phosphopyruvate hydratase, v. 4 | p. 312
1.9.3.1	A-protein, cytochrome-c oxidase, v. 25 | p. 1
5.4.99.5	P-protein, Chorismate mutase, v. 1 | p. 604
1.4.4.2	P-protein, glycine dehydrogenase (decarboxylating), v. 22 | p. 371
4.2.1.51	P-protein, prephenate dehydratase, v. 4 | p. 519
2.1.2.10	T-protein, aminomethyltransferase, v. 29 | p. 78
1.3.1.12	T-protein, prephenate dehydrogenase, v. 21 | p. 60
5.99.1.2	ω-Protein, DNA topoisomerase, v. 1 | p. 721
2.1.1.124	Protein (arginine) methyltransferase, [cytochrome c]-arginine N-methyltransferase, v. 28 | p. 576
2.1.1.126	Protein (arginine) methyltransferase, [myelin basic protein]-arginine N-methyltransferase, v. 28 | p. 583
2.1.1.125	Protein (arginine) methyltransferase, histone-arginine N-methyltransferase, v. 28 | p. 578
2.1.1.124	Protein (arginine) N-methyltransferase, [cytochrome c]-arginine N-methyltransferase, v. 28 | p. 576
2.1.1.126	Protein (arginine) N-methyltransferase, [myelin basic protein]-arginine N-methyltransferase, v. 28 | p. 583
2.1.1.125	Protein (arginine) N-methyltransferase, histone-arginine N-methyltransferase, v. 28 | p. 578
2.1.1.80	protein(aspartate)methyltransferase, protein-glutamate O-methyltransferase, v. 28 | p. 432
2.1.1.80	protein(carboxyl)methyltransferase, protein-glutamate O-methyltransferase, v. 28 | p. 432
3.1.3.68	Protein (Escherichia coli strain K12-MG1655 gene b2293), 2-deoxyglucose-6-phosphatase, v. 10 | p. 493
6.3.1.8	Protein (Escherichia coli strain K12-MG1655 gene gsp), Glutathionylspermidine synthase, v. 2 | p. 386
1.4.4.2	P-protein (glycine decarboxylase), glycine dehydrogenase (decarboxylating), v. 22 | p. 371
2.1.1.77	protein (L-isoaspartate) O-methyltransferase, protein-L-isoaspartate(D-aspartate) O-methyltransferase, v. 28 | p. 406
2.1.1.43	protein (lysine) methyltransferase, histone-lysine N-methyltransferase, v. 28 | p. 235
2.1.1.133	Protein (Pseudomonas denitrificans clone pXL151 gene cobF reduced), Precorrin-4 C11-methyltransferase, v. 28 | p. 606

5.4.99.16	Protein (Saccharomyces cerevisiae clone pMB14 gene CIF reduced), maltose α-D-glucosyltransferase, v. 1 | p. 656
5.4.99.16	Protein (Saccharomyces cerevisiae gene CIF1 reduced), maltose α-D-glucosyltransferase, v. 1 | p. 656
2.1.1.130	Protein (Salmonella typhimurium clone pJO26 gene cbiL reduced), Precorrin-2 C20-methyltransferase, v. 28 | p. 598
2.1.1.132	Protein (Salmonella typhimurium clone pJO26 gene cbiT reduced), Precorrin-6Y C5,15-methyltransferase (decarboxylating), v. 28 | p. 603
2.1.1.132	Protein (Salmonella typhimurium clone pJO gene cbiE reduced), Precorrin-6Y C5,15-methyltransferase (decarboxylating), v. 28 | p. 603
1.14.99.30	Protein (Synechocystis strain PCC 6803 clone cs0223/cs0128/ps0014/cs0681/cs0294 open reading frame slr0940 reduced), Carotene 7,8-desaturase, v. 27 | p. 375
2.7.1.69	protein, specific or class, gene bglC, protein-Npi-phosphohistidine-sugar phosphotransferase, v. 36 | p. 207
2.1.1.77	protein-β-aspartate O-methyltransferase, protein-L-isoaspartate(D-aspartate) O-methyltransferase, v. 28 | p. 406
1.4.3.13	protein-6-oxidase, protein-lysine 6-oxidase, v. 22 | p. 341
2.7.11.1	protein-aspartyl kinase, non-specific serine/threonine protein kinase, v. S3 | p. 1
2.7.11.15	G-protein-coupled receptor kinase-2, β-adrenergic-receptor kinase, v. S3 | p. 400
2.7.11.14	G-protein-coupled receptor kinase 1, rhodopsin kinase, v. S3 | p. 370
2.7.11.15	G-protein-coupled receptor kinase 2, β-adrenergic-receptor kinase, v. S3 | p. 400
2.7.11.16	G-protein-coupled receptor kinase 5, G-protein-coupled receptor kinase, v. S3 | p. 448
2.7.11.16	G-protein-coupled receptor kinase 6, G-protein-coupled receptor kinase, v. S3 | p. 448
2.7.11.1	protein-cysteine kinase, non-specific serine/threonine protein kinase, v. S3 | p. 1
1.8.4.2	protein-disulfide interchange enzyme, protein-disulfide reductase (glutathione), v. 24 | p. 617
5.3.4.1	protein-disulfide isomerase, Protein disulfide-isomerase, v. 1 | p. 436
1.8.4.2	protein-disulfide isomerase/oxidoreductase, protein-disulfide reductase (glutathione), v. 24 | p. 617
1.8.1.8	protein-disulfide reductase (NAD(P)H), protein-disulfide reductase, v. 24 | p. 514
2.5.1.58	protein-farnesyltransferase, protein farnesyltransferase, v. 34 | p. 195
3.5.1.44	protein-glutaminase, protein-glutamine glutaminase, v. 14 | p. 462
3.5.1.44	protein-glutaminmase, protein-glutamine glutaminase, v. 14 | p. 462
2.1.1.77	protein-L-isoaspartate methyltransferase, protein-L-isoaspartate(D-aspartate) O-methyltransferase, v. 28 | p. 406
2.1.1.77	protein-L-isoaspartate O-methyltransferase, protein-L-isoaspartate(D-aspartate) O-methyltransferase, v. 28 | p. 406
2.1.1.43	protein-lysine N-methyltransferase, histone-lysine N-methyltransferase, v. 28 | p. 235
1.8.4.11	protein-methionine-S-oxide-reductase, peptide-methionine (S)-S-oxide reductase, v. S1 | p. 291
2.4.1.109	protein-O-mannosyltransferase-1, dolichyl-phosphate-mannose-protein mannosyltransferase, v. 32 | p. 110
3.1.3.48	Protein-protein-tyrosine phosphatase HA2, protein-tyrosine-phosphatase, v. 10 | p. 407
3.6.3.50	protein-secreting ATPase, protein-secreting ATPase, v. 15 | p. 737
2.7.11.1	protein-serine/threonine kinase, non-specific serine/threonine protein kinase, v. S3 | p. 1
2.7.11.1	protein-serine kinase, non-specific serine/threonine protein kinase, v. S3 | p. 1
5.1.1.16	Protein-serine racemase, Protein-serine epimerase, v. 1 | p. 66
3.6.5.3	protein-synthesizing GTPase, protein-synthesizing GTPase, v. S6 | p. 494
3.6.5.3	protein-sythesizing GTPase, protein-synthesizing GTPase, v. S6 | p. 494
3.1.3.48	Protein-tyrosine-phosphatase SL, protein-tyrosine-phosphatase, v. 10 | p. 407
3.1.3.48	Protein-tyrosine-phosphate phosphohydrolase, protein-tyrosine-phosphatase, v. 10 | p. 407
2.7.10.2	protein-tyrosine kinase, non-specific protein-tyrosine kinase, v. S2 | p. 441
2.7.10.2	protein-tyrosine kinase Brk, non-specific protein-tyrosine kinase, v. S2 | p. 441
2.7.10.1	Protein-tyrosine kinase byk, receptor protein-tyrosine kinase, v. S2 | p. 341
2.7.10.2	Protein-tyrosine kinase C-TKL, non-specific protein-tyrosine kinase, v. S2 | p. 441

2.7.10.2	Protein-tyrosine kinase CYL, non-specific protein-tyrosine kinase, v. S2	p. 441
2.7.10.1	protein-tyrosine kinase ITK/EMT, receptor protein-tyrosine kinase, v. S2	p. 341
2.7.10.1	Protein-tyrosine kinase receptor MPK-11, receptor protein-tyrosine kinase, v. S2	p. 341
2.7.10.2	Protein-tyrosine kinase Syk, non-specific protein-tyrosine kinase, v. S2	p. 441
3.1.3.48	protein-tyrosine phosphatase, protein-tyrosine-phosphatase, v. 10	p. 407
3.1.3.48	protein-tyrosine phosphatase α, protein-tyrosine-phosphatase, v. 10	p. 407
3.1.3.48	Protein-tyrosine phosphatase 1B, protein-tyrosine-phosphatase, v. 10	p. 407
3.1.3.48	Protein-tyrosine phosphatase 1C, protein-tyrosine-phosphatase, v. 10	p. 407
3.1.3.48	Protein-tyrosine phosphatase 1E, protein-tyrosine-phosphatase, v. 10	p. 407
3.1.3.48	Protein-tyrosine phosphatase 2C, protein-tyrosine-phosphatase, v. 10	p. 407
3.1.3.48	Protein-tyrosine phosphatase 2E, protein-tyrosine-phosphatase, v. 10	p. 407
3.1.3.48	Protein-tyrosine phosphatase 3CH134, protein-tyrosine-phosphatase, v. 10	p. 407
3.1.3.48	Protein-tyrosine phosphatase CL100, protein-tyrosine-phosphatase, v. 10	p. 407
3.1.3.48	Protein-tyrosine phosphatase D1, protein-tyrosine-phosphatase, v. 10	p. 407
3.1.3.48	Protein-tyrosine phosphatase ERP, protein-tyrosine-phosphatase, v. 10	p. 407
3.1.3.48	Protein-tyrosine phosphatase G1, protein-tyrosine-phosphatase, v. 10	p. 407
3.1.3.48	Protein-tyrosine phosphatase H1, protein-tyrosine-phosphatase, v. 10	p. 407
3.1.3.48	Protein-tyrosine phosphatase LC-PTP, protein-tyrosine-phosphatase, v. 10	p. 407
3.1.3.48	Protein-tyrosine phosphatase MEG1, protein-tyrosine-phosphatase, v. 10	p. 407
3.1.3.48	Protein-tyrosine phosphatase MEG2, protein-tyrosine-phosphatase, v. 10	p. 407
3.1.3.48	Protein-tyrosine phosphatase P19, protein-tyrosine-phosphatase, v. 10	p. 407
3.1.3.48	Protein-tyrosine phosphatase PCPTP1, protein-tyrosine-phosphatase, v. 10	p. 407
3.1.3.48	Protein-tyrosine phosphatase pez, protein-tyrosine-phosphatase, v. 10	p. 407
3.1.3.48	Protein-tyrosine phosphatase PTP-RL10, protein-tyrosine-phosphatase, v. 10	p. 407
3.1.3.48	Protein-tyrosine phosphatase PTP36, protein-tyrosine-phosphatase, v. 10	p. 407
3.1.3.48	Protein-tyrosine phosphatase PTPL1, protein-tyrosine-phosphatase, v. 10	p. 407
3.1.3.48	Protein-tyrosine phosphatase striatum-enriched, protein-tyrosine-phosphatase, v. 10	p. 384
3.1.3.48	Protein-tyrosine phosphatase SYP, protein-tyrosine-phosphatase, v. 10	p. 407
2.4.1.41	protein-UDP acetylgalactosaminyltransferase, polypeptide N-acetylgalactosaminyltransferase, v. 31	p. 384
2.7.7.48	protein 3Dpol, RNA-directed RNA polymerase, v. 38	p. 468
3.4.23.49	Protein a, omptin, v. S6	p. 262
3.2.2.19	[protein ADP-ribosylarginine] hydrolase, [protein ADP-ribosylarginine] hydrolase, v. 14	p. 92
3.4.23.46	β protein amyloidogenase, memapsin 2, v. S6	p. 236
3.5.3.15	protein arginine deiminase, protein-arginine deiminase, v. 14	p. 817
3.5.3.15	protein arginine deiminase 4, protein-arginine deiminase, v. 14	p. 817
2.1.1.125	protein arginine methyltransferase 1, histone-arginine N-methyltransferase, v. 28	p. 578
3.4.22.30	Proteinase ω, Caricain, v. 7	p. 667
3.4.21.50	proteinase, Achromobacter lyticus alkaline I, lysyl endopeptidase, v. 7	p. 231
3.4.23.28	Proteinase, Acrocylindricum, Acrocylindropepsin, v. 8	p. 134
3.4.21.10	proteinase, acrosomal, acrosin, v. 7	p. 57
3.4.24.25	Proteinase, Aeromonas proteolytica neutral, vibriolysin, v. 8	p. 358
3.4.24.72	Proteinase, Agkistrodon contortrix contortrix venom metallo-, fibrolase, v. 8	p. 565
3.4.23.18	Proteinase, Aspergillus acid, Aspergillopepsin I, v. 8	p. 78
3.4.21.63	Proteinase, Aspergillus alkaline, Oryzin, v. 7	p. 300
3.4.23.18	Proteinase, Aspergillus awamori acid, Aspergillopepsin I, v. 8	p. 78
3.4.21.63	Proteinase, Aspergillus flavus alkaline, Oryzin, v. 7	p. 300
3.4.23.18	Proteinase, Aspergillus kawachii aspartic, Aspergillopepsin I, v. 8	p. 78
3.4.21.63	Proteinase, Aspergillus melleus alkaline, Oryzin, v. 7	p. 300
3.4.21.63	Proteinase, Aspergillus oryzae alkaline, Oryzin, v. 7	p. 300
3.4.21.63	Proteinase, Aspergillus parasiticus alkaline, Oryzin, v. 7	p. 300
3.4.23.18	Proteinase, Aspergillus saitoi acid, Aspergillopepsin I, v. 8	p. 78
3.4.21.63	Proteinase, Aspergillus soya alkaline, Oryzin, v. 7	p. 300

3.4.21.63	Proteinase, Aspergillus sulphureus alkaline, Oryzin, v. 7 | p. 300	
3.4.21.63	Proteinase, Aspergillus sydowi alkaline, Oryzin, v. 7 | p. 300	
3.4.21.97	proteinase, assembly protein precursor-processing, assemblin, v. 7 | p. 465	
3.4.21.62	Proteinase, Bacillus subtilis alkaline, Subtilisin, v. 7 | p. 285	
3.4.24.27	Proteinase, Bacillus thermoproteolyticus neutral, thermolysin, v. 8 | p. 367	
3.4.21.55	Proteinase, Bitis gabonica venom serine, Venombin AB, v. 7 | p. 255	
3.4.24.49	Proteinase, Bothrops jararaca venom metallo-, bothropasin, v. 8 | p. 465	
3.4.23.24	Proteinase, Candida albicans aspartic, Candidapepsin, v. 8 | p. 114	
3.4.23.24	Proteinase, Candida aspartic, Candidapepsin, v. 8 | p. 114	
3.4.23.24	Proteinase, Candida olea aspartic, Candidapepsin, v. 8 | p. 114	
3.4.21.79	Proteinase, CCP1, Granzyme B, v. 7 | p. 393	
3.4.21.102	proteinase, chloroplast protein precursor-processing, C-terminal processing peptidase, v. 7 | p. 493	
3.4.21.70	Proteinase, cholesterol-binding serine, Pancreatic endopeptidase E, v. 7 | p. 346	
3.4.24.12	proteinase, chorion-digesting, envelysin, v. 8 | p. 248	
3.4.23.26	Proteinase, Cladosporium aspartic, Rhodotorulapepsin, v. 8 | p. 126	
3.4.21.32	proteinase, Clostridium histolyticum, A, brachyurin, v. 7 | p. 129	
3.4.24.3	proteinase, Clostridium histolyticum, A, microbial collagenase, v. 8 | p. 205	
3.4.22.8	proteinase, Clostridium histolyticum, B, clostripain, v. 7 | p. 555	
3.4.24.46	Proteinase, Crotalus adamanteus venom, II, adamalysin, v. 8 | p. 455	
3.4.24.1	proteinase, Crotalus atrox, atrolysin A, v. 8 | p. 199	
3.4.24.47	Proteinase, Crotalus horridus horridus venom hemorrhagic, horrilysin, v. 8 | p. 459	
3.4.21.103	proteinase, Dictyostelium discoideum aspartic, physarolisin, v. S5 | p. 308	
3.4.21.103	proteinase, Dictyostelium discoideum aspartic, E, physarolisin, v. S5 | p. 308	
3.4.21.70	Proteinase, E, Pancreatic endopeptidase E, v. 7 | p. 346	
3.4.23.22	Proteinase, Endothia aspartic, Endothiapepsin, v. 8 | p. 102	
3.4.22.35	Proteinase, Entamoeba histolytica cysteine, Histolysain, v. 7 | p. 694	
3.4.21.83	Proteinase, Escherichia coli alkaline, II, Oligopeptidase B, v. 7 | p. 410	
3.4.24.55	Proteinase, Escherichia coli metallo-, Pi, pitrilysin, v. 8 | p. 481	
3.4.21.53	Proteinase, Escherichia coli serine, La, Endopeptidase La, v. 7 | p. 241	
3.4.21.67	Proteinase, Escherichia coli serine, So, Endopeptidase So, v. 7 | p. 327	
3.4.22.46	Proteinase, eukaryotic signal, L-peptidase, v. 7 | p. 751	
3.4.21.89	Proteinase, eukaryotic signal, Signal peptidase I, v. 7 | p. 431	
3.4.22.28	proteinase, foot-and-mouth-disease virus, 3C, picornain 3C, v. 7 | p. 646	
3.4.23.32	Proteinase, Ganoderma lucidum aspartic, Scytalidopepsin B, v. 8 | p. 147	
3.4.21.19	proteinase, glutamate-specific, glutamyl endopeptidase, v. 7 | p. 75	
3.4.22.25	Proteinase, glycine-specific, Glycyl endopeptidase, v. 7 | p. 629	
3.4.24.57	Proteinase, glyco-, O-sialoglycoprotein endopeptidase, v. 8 | p. 494	
3.4.21.72	Proteinase, immunoglobulin A, IgA-specific serine endopeptidase, v. 7 | p. 353	
3.4.24.13	proteinase, immunoglobulin A1, IgA-specific metalloendopeptidase, v. 8 | p. 260	
3.4.23.29	Proteinase, Irpex lacteus aspartic, Polyporopepsin, v. 8 | p. 136	
3.4.21.53	Proteinase, La, Endopeptidase La, v. 7 | p. 241	
3.4.21.57	Proteinase, leucine-specific, Leucyl endopeptidase, v. 7 | p. 261	
3.4.21.50	proteinase, lysine specific, lysyl endopeptidase, v. 7 | p. 231	
3.4.24.32	Proteinase, β lytic metallo-, β-Lytic metalloendopeptidase, v. 8 | p. 392	
3.4.21.65	Proteinase, Malbranchea pulchella sulfurea extracellular, Thermomycolin, v. 7 | p. 315	
3.4.21.39	Proteinase, mast cell neutral, Tryptase, v. 7 | p. 265	
3.4.21.39	proteinase, mast cell serine, chymase, chymase, v. 7 | p. 175	
3.4.21.59	Proteinase, mast cell serine, II, Tryptase, v. 7 | p. 265	
3.4.21.59	Proteinase, mast cell serine, tryptase, Tryptase, v. 7 | p. 265	
3.4.24.80	proteinase, matrix metallo-, membrane-type matrix metalloproteinase-1, v. S6 | p. 292	
3.4.24.77	proteinase, metallo-, snapalysin, v. 8 | p. 583	
3.4.24.23	Proteinase, metallo-, pump-1, matrilysin, v. 8 | p. 344	
3.4.21.3	proteinase, Metridium A, metridin, v. 7 | p. 10	

3.4.24.59	Proteinase, mitochondrial intermediate precursor-processing, mitochondrial intermediate peptidase, v. 8	p. 501
3.4.24.64	Proteinase, mitochondrial protein precursor-processing, mitochondrial processing peptidase, v. 8	p. 525
3.4.23.23	Proteinase, Mucor aspartic, Mucorpepsin, v. 8	p. 106
3.4.21.12	proteinase, Mycobacterium sorangium α-lytic, α-lytic endopeptidase, v. 7	p. 66
3.4.21.12	proteinase, Myxobacter α-lytic, α-lytic endopeptidase, v. 7	p. 66
3.4.24.32	Proteinase, Myxobacterium sorangium β-lytic, β-Lytic metalloendopeptidase, v. 8	p. 392
3.4.23.12	proteinase, nepenthes acid, nepenthesin, v. 8	p. 51
3.4.21.60	Proteinase, Oxyuranus scutellatus prothrombin-activating, Scutelarin, v. 7	p. 277
3.4.23.26	Proteinase, Paecilomyces, Rhodotorulapepsin, v. 8	p. 126
3.4.21.70	Proteinase, pancreas E, Pancreatic endopeptidase E, v. 7	p. 346
3.4.22.30	Proteinase, papaya, III, Caricain, v. 7	p. 667
3.4.22.30	Proteinase, papaya A, Caricain, v. 7	p. 667
3.4.23.20	Proteinase, Penicillium aspartic, Penicillopepsin, v. 8	p. 89
3.4.23.20	Proteinase, Penicillium caseicolum aspartic, Penicillopepsin, v. 8	p. 89
3.4.23.20	Proteinase, Penicillium citrinum aspartic, Penicillopepsin, v. 8	p. 89
3.4.23.20	Proteinase, Penicillium cyclopium acid, Penicillopepsin, v. 8	p. 89
3.4.23.20	Proteinase, Penicillium duponti aspartic, Penicillopepsin, v. 8	p. 89
3.4.23.20	Proteinase, Penicillium expansum aspartic, Penicillopepsin, v. 8	p. 89
3.4.23.20	Proteinase, Penicillium janthinellum acid, Penicillopepsin, v. 8	p. 89
3.4.23.20	Proteinase, Penicillium roqueforti aspartic, Penicillopepsin, v. 8	p. 89
3.4.24.39	Proteinase, Penicillium roqueforti metallo-, deuterolysin, v. 8	p. 421
3.4.24.33	Proteinase, peptidyl-Asp metallo-, peptidyl-Asp metalloendopeptidase, v. 8	p. 395
3.4.24.20	Proteinase, peptidyllysine metallo-, peptidyl-Lys metalloendopeptidase, v. 8	p. 323
3.4.21.103	proteinase, Physarum flavicomum aspartic, physarolisin, v. S5	p. 308
3.4.21.103	proteinase, Physarum polycephalum acid, physarolisin, v. S5	p. 308
3.4.22.28	proteinase, picornavirus, 3C, picornain 3C, v. 7	p. 646
3.4.23.43	proteinase, pilin precursor, prepilin peptidase, v. 8	p. 194
3.4.22.29	proteinase, poliovirus, 2A, picornain 2A, v. 7	p. 657
3.4.22.28	proteinase, poliovirus, 3C, picornain 3C, v. 7	p. 646
3.4.22.44	proteinase, polyprotein-processing, NIa, nuclear-inclusion-a endopeptidase, v. 7	p. 742
3.4.21.98	proteinase, polyprotein-processing, NS3, hepacivirin, v. 7	p. 474
3.4.23.36	Proteinase, premurein leader, Signal peptidase II, v. 8	p. 170
3.4.24.86	proteinase, pro-tumor necrosis factor (9CI), ADAM 17 endopeptidase, v. S6	p. 348
3.4.24.19	Proteinase, procollagen C-terminal, procollagen C-endopeptidase, v. 8	p. 317
3.4.21.61	Proteinase, prohormone-processing, Kexin, v. 7	p. 280
3.4.23.17	Proteinase, proopiomelanocortin, Pro-opiomelanocortin converting enzyme, v. 8	p. 73
3.4.24.62	Proteinase, prooxyphysin, magnolysin, v. 8	p. 517
3.4.21.50	proteinase, Pseudomonas lyticus alkaline , I, lysyl endopeptidase, v. 7	p. 231
3.4.24.23	Proteinase, PUMP-1, matrilysin, v. 8	p. 344
3.4.23.30	Proteinase, Pycnoporus coccineus aspartic, Pycnoporopepsin, v. 8	p. 139
3.4.22.28	proteinase, rhinovirus, 3C, picornain 3C, v. 7	p. 646
3.4.23.21	Proteinase, Rhizopus acid, Rhizopuspepsin, v. 8	p. 96
3.4.23.26	Proteinase, Rhodotorula glutinis aspartic, Rhodotorulapepsin, v. 8	p. 126
3.4.23.26	Proteinase, Rhodotorula glutinis aspartic, II, Rhodotorulapepsin, v. 8	p. 126
3.4.24.37	Proteinase, Saccharomyces cerevisiae, yscD, saccharolysin, v. 8	p. 413
3.4.23.31	Proteinase, Scytalidium lignicolum aspartic, Scytalidopepsin A, v. 8	p. 141
3.4.23.31	Proteinase, Scytalidium lignicolum aspartic, A-2, Scytalidopepsin A, v. 8	p. 141
3.4.23.31	Proteinase, Scytalidium lignicolum aspartic, A-I, Scytalidopepsin A, v. 8	p. 141
3.4.23.32	Proteinase, Scytalidium lignicolum aspartic, B, Scytalidopepsin B, v. 8	p. 147
3.4.23.31	Proteinase, Scytalidium lignicolum aspartic, C-, Scytalidopepsin A, v. 8	p. 141
3.4.21.3	proteinase, sea anemone, metridin, v. 7	p. 10
3.4.24.40	Proteinase, Serratia marcescens metallo-, serralysin, v. 8	p. 424
3.4.22.46	Proteinase, signal, L-peptidase, v. 7	p. 751

3.4.21.89	Proteinase, signal, Signal peptidase I, v. 7 | p. 431	
3.4.21.57	Proteinase, spinach serine (leucine specific), Leucyl endopeptidase, v. 7 | p. 261	
3.4.21.19	proteinase, staphylococcal serine, glutamyl endopeptidase, v. 7 | p. 75	
3.4.24.29	Proteinase, Staphylococcus aureus neutral, aureolysin, v. 8 | p. 379	
3.4.24.85	proteinase, sterol regulatory element-binding protein, S2P endopeptidase, v. S6 | p. 343	
3.4.22.10	proteinase, streptococcal, streptopain, v. 7 | p. 564	
3.4.21.80	Proteinase, Streptomyces griseus serine, A, Streptogrisin A, v. 7 | p. 397	
3.4.21.81	Proteinase, Streptomyces griseus serine B, Streptogrisin B, v. 7 | p. 401	
3.4.21.66	Proteinase, Thermoactinomyces vulgaris serine, Thermitase, v. 7 | p. 320	
3.4.23.30	Proteinase, Trametes acid, Pycnoporopepsin, v. 8 | p. 139	
3.4.21.64	Proteinase, Tritirachium album serine, peptidase K, v. 7 | p. 308	
3.4.22.51	proteinase, Trypanosoma congolese cysteine, cruzipain, v. S6 | p. 30	
3.4.22.51	proteinase, Trypanosoma cruzi cysteine, cruzipain, v. S6 | p. 30	
3.4.22.51	proteinase, Trypanosoma cysteine, cruzipain, v. S6 | p. 30	
3.4.24.58	Proteinase, Vipera russelli, russellysin, v. 8 | p. 497	
3.4.21.101	Proteinase, Xanthomonas aspartic, xanthomonalisin, v. 7 | p. 490	
3.4.23.25	Proteinase, yeast A, Saccharopepsin, v. 8 | p. 120	
3.4.21.48	proteinase, yeast B, cerevisin, v. 7 | p. 222	
3.4.21.76	Proteinase-3, Myeloblastin, v. 7 | p. 380	
3.4.23.25	proteinase-A, Saccharopepsin, v. 8 | p. 120	
3.4.22.29	proteinase 2Apro, picornain 2A, v. 7 | p. 657	
3.4.21.76	proteinase 3, Myeloblastin, v. 7 | p. 380	
3.4.21.76	proteinase3, Myeloblastin, v. 7 | p. 380	
3.4.23.19	Proteinase A, Aspergillopepsin II, v. 8 | p. 87	
3.4.23.25	Proteinase A, Saccharopepsin, v. 8 | p. 120	
3.4.21.80	Proteinase A, Streptogrisin A, v. 7 | p. 397	
3.4.22.14	proteinase A2 of Actinidia chinensis, actinidain, v. 7 | p. 576	
3.4.23.25	proteinase A precursor, Saccharopepsin, v. 8 | p. 120	
3.4.23.18	Proteinase B, Aspergillopepsin I, v. 8 | p. 78	
3.4.22.34	Proteinase B, Legumain, v. 7 | p. 689	
3.4.21.81	Proteinase B, Streptogrisin B, v. 7 | p. 401	
3.4.21.48	Proteinase B, cerevisin, v. 7 | p. 222	
3.4.23.46	proteinase BACE1, memapsin 2, v. S6 | p. 236	
3.4.21.102	proteinase CtpA, C-terminal processing peptidase, v. 7 | p. 493	
3.4.24.53	Proteinase H2, trimerelysin II, v. 8 | p. 475	
3.4.23.30	Proteinase Ia, Pycnoporopepsin, v. 8 | p. 139	
3.4.24.46	Proteinase I and II, adamalysin, v. 8 | p. 455	
3.4.21.62	Proteinase K, Subtilisin, v. 7 | p. 285	
3.4.21.64	Proteinase K, peptidase K, v. 7 | p. 308	
3.4.21.61	Proteinase Kex2p, Kexin, v. 7 | p. 280	
3.4.21.53	Proteinase La, Endopeptidase La, v. 7 | p. 241	
3.4.22.44	proteinase Nia, nuclear-inclusion-a endopeptidase, v. 7 | p. 742	
3.4.21.98	proteinase NS3, hepacivirin, v. 7 | p. 474	
3.4.24.55	Proteinase Pi, pitrilysin, v. 8 | p. 481	
3.4.21.76	Proteinase PR-3, Myeloblastin, v. 7 | p. 380	
3.4.21.67	Proteinase So, Endopeptidase So, v. 7 | p. 327	
3.4.24.27	proteinase type X, thermolysin, v. 8 | p. 367	
3.4.23.25	Proteinase yscA, Saccharopepsin, v. 8 | p. 120	
3.4.21.48	Proteinase YSCB, cerevisin, v. 7 | p. 222	
3.4.24.37	Proteinase yscD, saccharolysin, v. 8 | p. 413	
3.4.21.61	Proteinase yscF, Kexin, v. 7 | p. 280	
6.3.2.19	protein associated with Myc, Ubiquitin-protein ligase, v. 2 | p. 506	
6.2.1.3	protein At1g20510, Long-chain-fatty-acid-CoA ligase, v. 2 | p. 206	
3.4.11.1	proteinates FTBL, leucyl aminopeptidase, v. 6 | p. 40	
3.2.1.26	Protein B46, β-fructofuranosidase, v. 12 | p. 451	

3.6.3.14	Protein bellwether, H+-transporting two-sector ATPase, v. 15	p. 598
2.7.4.15	protein bound thiamin diphosphate:ATP phosphoryltransferase, thiamine-diphosphate kinase, v. 37	p. 598
3.1.26.5	Protein C5, ribonuclease P, v. 11	p. 531
3.4.21.69	Protein Ca, Protein C (activated), v. 7	p. 339
3.4.21.74	Protein C activator, Venombin A, v. 7	p. 364
2.1.1.80	protein carboxyl-methylase, protein-glutamate O-methyltransferase, v. 28	p. 432
2.1.1.80	protein carboxyl-O-methyltransferase, protein-glutamate O-methyltransferase, v. 28	p. 432
3.1.1.61	protein carboxyl methylesterase, protein-glutamate methylesterase, v. 9	p. 378
2.1.1.80	protein carboxylmethyltransferase II, protein-glutamate O-methyltransferase, v. 28	p. 432
2.1.1.77	protein carboxyl methyltransferase type II, protein-L-isoaspartate(D-aspartate) O-methyltransferase, v. 28	p. 406
2.1.1.80	protein carboxyl O-methyltransferase, protein-glutamate O-methyltransferase, v. 28	p. 432
2.1.1.80	protein carboxymethylase, protein-glutamate O-methyltransferase, v. 28	p. 432
2.1.1.80	protein carboxymethyltransferase, protein-glutamate O-methyltransferase, v. 28	p. 432
2.7.11.1	protein casein kinase II, non-specific serine/threonine protein kinase, v. S3	p. 1
3.4.21.93	protein convertase 1/3, Proprotein convertase 1, v. 7	p. 452
2.7.11.14	G-protein coupled protein kinase 7a, rhodopsin kinase, v. S3	p. 370
2.7.11.14	G-protein coupled protein kinase 7b, rhodopsin kinase, v. S3	p. 370
2.7.11.16	G-protein coupled receptor kinase, G-protein-coupled receptor kinase, v. S3	p. 448
2.7.11.14	G-protein coupled receptor kinase, rhodopsin kinase, v. S3	p. 370
2.7.11.15	G-protein coupled receptor kinase 2, β-adrenergic-receptor kinase, v. S3	p. 400
2.7.11.16	G-protein coupled receptor kinase 5, G-protein-coupled receptor kinase, v. S3	p. 448
2.7.11.16	G-protein coupled receptor kinase 6, G-protein-coupled receptor kinase, v. S3	p. 448
2.5.1.58	protein cysteine farnesyltransferase, protein farnesyltransferase, v. 34	p. 195
2.1.1.77	protein D-aspartate methyltransferase, protein-L-isoaspartate(D-aspartate) O-methyltransferase, v. 28	p. 406
4.2.1.51	P-protein dehydratase, prephenate dehydratase, v. 4	p. 519
5.3.4.1	protein disulfide isomaerase, Protein disulfide-isomerase, v. 1	p. 436
5.3.4.1	protein disulfide isomerase, Protein disulfide-isomerase, v. 1	p. 436
5.3.4.1	protein disulfide isomerase-1, Protein disulfide-isomerase, v. 1	p. 436
5.3.4.1	protein disulfide isomerase-2, Protein disulfide-isomerase, v. 1	p. 436
5.3.4.1	protein disulfide isomerase-3, Protein disulfide-isomerase, v. 1	p. 436
5.3.4.1	protein disulfide isomerase-like protein of the testis, Protein disulfide-isomerase, v. 1	p. 436
5.3.4.1	protein disulfide isomerase-related chaperone Wind, Protein disulfide-isomerase, v. 1	p. 436
5.3.4.1	Protein disulfide isomerase-related protein, Protein disulfide-isomerase, v. 1	p. 436
5.3.4.1	protein disulfide isomerase 3, Protein disulfide-isomerase, v. 1	p. 436
5.3.4.1	Protein disulfide isomerase P5, Protein disulfide-isomerase, v. 1	p. 436
1.8.1.8	protein disulfide isomerase reductase, protein-disulfide reductase, v. 24	p. 514
5.3.4.1	protein disulfide oxidoreductase, Protein disulfide-isomerase, v. 1	p. 436
1.8.1.8	protein disulfide oxidoreductase, protein-disulfide reductase, v. 24	p. 514
1.8.1.8	protein disulfide reductase, protein-disulfide reductase, v. 24	p. 514
1.8.4.2	protein disulfide reductase (glutathione), protein-disulfide reductase (glutathione), v. 24	p. 617
1.8.4.2	protein disulfide transhydrogenase, protein-disulfide reductase (glutathione), v. 24	p. 617
5.3.4.1	Protein disulphide isomerase, Protein disulfide-isomerase, v. 1	p. 436
3.1.3.16	protein D phosphatase, phosphoprotein phosphatase, v. 10	p. 213
5.3.4.1	Protein ERp-72, Protein disulfide-isomerase, v. 1	p. 436
2.5.1.58	protein farnesyltransferase, protein farnesyltransferase, v. 34	p. 195
2.3.1.142	protein fatty acyltransferase activity, glycoprotein O-fatty-acyltransferase, v. 30	p. 372
2.5.1.59	protein geranylgeranyltransferase, protein geranylgeranyltransferase type I, v. 34	p. 209
2.5.1.59	protein geranylgeranyltransferase-I, protein geranylgeranyltransferase type I, v. 34	p. 209

2.5.1.59	protein geranylgeranyltransferase I, protein geranylgeranyltransferase type I, v. 34 | p. 209	
2.5.1.59	protein geranylgeranyltransferase type-I, protein geranylgeranyltransferase type I, v. 34 | p. 209	
2.5.1.60	protein geranylgeranyltransferase type-II, protein geranylgeranyltransferase type II, v. 34 | p. 219	
2.5.1.59	protein geranylgeranyltransferase type I, protein geranylgeranyltransferase type I, v. 34 | p. 209	
3.5.1.44	protein glutaminase, protein-glutamine glutaminase, v. 14 | p. 462	
2.7.11.1	protein glutamyl kinase, non-specific serine/threonine protein kinase, v. S3 | p. 1	
3.2.1.17	Protein gp17, lysozyme, v. 12 | p. 228	
3.2.1.17	Protein gp19, lysozyme, v. 12 | p. 228	
3.2.1.17	Protein Gp25, lysozyme, v. 12 | p. 228	
5.99.1.3	Protein Gp39, DNA topoisomerase (ATP-hydrolysing), v. 1 | p. 737	
3.2.1.17	Protein Gp5, lysozyme, v. 12 | p. 228	
5.99.1.3	Protein Gp52, DNA topoisomerase (ATP-hydrolysing), v. 1 | p. 737	
3.2.1.17	Protein gp54, lysozyme, v. 12 | p. 228	
5.99.1.3	Protein Gp60, DNA topoisomerase (ATP-hydrolysing), v. 1 | p. 737	
3.2.1.17	Protein gpK, lysozyme, v. 12 | p. 228	
2.7.13.1	protein histidine kinase, protein-histidine pros-kinase, v. S4 | p. 414	
2.7.13.2	protein histidine kinase, protein-histidine tele-kinase, v. S4 | p. 418	
3.4.24.79	protein IGF-BP 4 proteinase, pappalysin-1, v. S6 | p. 286	
2.1.1.77	protein isoaspartate methyltransferase, protein-L-isoaspartate(D-aspartate) O-methyltransferase, v. 28 | p. 406	
2.7.13.1	protein kinase (histidine), protein-histidine pros-kinase, v. S4 | p. 414	
2.7.13.2	protein kinase (histidine), protein-histidine tele-kinase, v. S4 | p. 418	
2.7.11.1	protein kinase (phosphorylating), non-specific serine/threonine protein kinase, v. S3 | p. 1	
2.7.10.2	Protein kinase (tyrosine-phosphorylating), non-specific protein-tyrosine kinase, v. S2 | p. 441	
2.7.11.11	protein kinase-A, cAMP-dependent protein kinase, v. S3 | p. 241	
2.7.11.26	protein kinase-A, τ-protein kinase, v. S4 | p. 303	
2.7.11.13	protein kinase-C, protein kinase C, v. S3 | p. 325	
2.7.11.26	protein kinase 1, τ-protein kinase, v. S4 | p. 303	
2.7.11.1	protein kinase 2, non-specific serine/threonine protein kinase, v. S3 | p. 1	
2.7.11.11	protein kinase A, cAMP-dependent protein kinase, v. S3 | p. 241	
2.7.10.2	protein kinase A, non-specific protein-tyrosine kinase, v. S2 | p. 441	
2.7.11.1	protein kinase A, non-specific serine/threonine protein kinase, v. S3 | p. 1	
2.7.12.1	protein kinase AFC1, dual-specificity kinase, v. S4 | p. 372	
2.7.12.1	protein kinase AFC2, dual-specificity kinase, v. S4 | p. 372	
2.7.12.1	protein kinase AFC3, dual-specificity kinase, v. S4 | p. 372	
2.7.10.2	protein kinase APK1A, non-specific protein-tyrosine kinase, v. S2 | p. 441	
2.7.10.2	protein kinase APK1B, non-specific protein-tyrosine kinase, v. S2 | p. 441	
2.7.11.11	protein kinase A type II, cAMP-dependent protein kinase, v. S3 | p. 241	
2.7.11.1	protein kinase B, non-specific serine/threonine protein kinase, v. S3 | p. 1	
2.7.11.1	protein kinase B α, non-specific serine/threonine protein kinase, v. S3 | p. 1	
2.7.11.1	protein kinase B γ, non-specific serine/threonine protein kinase, v. S3 | p. 1	
2.7.11.1	protein kinase Bα, non-specific serine/threonine protein kinase, v. S3 | p. 1	
2.7.11.1	protein kinase Bγ, non-specific serine/threonine protein kinase, v. S3 | p. 1	
2.7.11.1	protein kinase B/Akt, non-specific serine/threonine protein kinase, v. S3 | p. 1	
2.7.10.2	Protein kinase BATK, non-specific protein-tyrosine kinase, v. S2 | p. 441	
2.7.11.1	Protein kinase B kinase, non-specific serine/threonine protein kinase, v. S3 | p. 1	
2.7.12.2	protein kinase byr1, mitogen-activated protein kinase kinase, v. S4 | p. 392	
2.7.11.25	protein kinase byr2, mitogen-activated protein kinase kinase kinase, v. S4 | p. 278	
2.7.11.1	protein kinase C, non-specific serine/threonine protein kinase, v. S3 | p. 1	
3.1.4.3	protein kinase C, phospholipase C, v. 11 | p. 32	
2.7.11.13	protein kinase C, protein kinase C, v. S3 | p. 325	

2.7.11.13	protein kinase C α, protein kinase C, v. S3 | p. 325
2.7.11.13	protein kinase C δ, protein kinase C, v. S3 | p. 325
2.7.11.13	protein kinase Cα, protein kinase C, v. S3 | p. 325
2.7.11.13	protein kinase Cδ, protein kinase C, v. S3 | p. 325
2.7.11.13	protein kinase C, brain isoenzyme, protein kinase C, v. S3 | p. 325
2.7.11.13	protein kinase C, D2 type, protein kinase C, v. S3 | p. 325
2.7.11.13	protein kinase C, eta type, protein kinase C, v. S3 | p. 325
2.7.11.13	protein kinase C, iota type, protein kinase C, v. S3 | p. 325
2.7.11.1	protein kinase C, mu type, non-specific serine/threonine protein kinase, v. S3 | p. 1
2.7.11.13	protein kinase C, mu type, protein kinase C, v. S3 | p. 325
2.7.11.13	protein kinase C, nu type, protein kinase C, v. S3 | p. 325
2.7.11.13	protein kinase C, theta type, protein kinase C, v. S3 | p. 325
2.7.11.13	protein kinase C, α type, protein kinase C, v. S3 | p. 325
2.7.11.13	protein kinase C, β type, protein kinase C, v. S3 | p. 325
2.7.11.13	protein kinase C, δ type, protein kinase C, v. S3 | p. 325
2.7.11.13	protein kinase C, ε type, protein kinase C, v. S3 | p. 325
2.7.11.13	protein kinase C, γ type, protein kinase C, v. S3 | p. 325
2.7.11.13	protein kinase C, zeta type, protein kinase C, v. S3 | p. 325
2.7.11.13	protein kinase C-δ, protein kinase C, v. S3 | p. 325
2.7.11.13	protein kinase C-ε, protein kinase C, v. S3 | p. 325
2.7.11.13	protein kinase C-eta, protein kinase C, v. S3 | p. 325
2.7.11.13	protein kinase C-like, protein kinase C, v. S3 | p. 325
2.7.11.13	protein kinase C-like 1, protein kinase C, v. S3 | p. 325
2.7.11.13	protein kinase C-like 2, protein kinase C, v. S3 | p. 325
2.7.11.13	protein kinase C-zeta, protein kinase C, v. S3 | p. 325
2.7.11.1	protein kinase Cbk1p, non-specific serine/threonine protein kinase, v. S3 | p. 1
2.7.11.1	protein kinase cds1, non-specific serine/threonine protein kinase, v. S3 | p. 1
2.7.11.1	protein kinase cek1, non-specific serine/threonine protein kinase, v. S3 | p. 1
2.7.11.13	protein kinase C βII, protein kinase C, v. S3 | p. 325
2.7.11.1	protein kinase CK2, non-specific serine/threonine protein kinase, v. S3 | p. 1
2.7.12.1	protein kinase CLK1, dual-specificity kinase, v. S4 | p. 372
2.7.12.1	protein kinase CLK2, dual-specificity kinase, v. S4 | p. 372
2.7.12.1	protein kinase CLK3, dual-specificity kinase, v. S4 | p. 372
2.7.12.1	protein kinase CLK4, dual-specificity kinase, v. S4 | p. 372
2.7.11.1	protein kinase Cmu, non-specific serine/threonine protein kinase, v. S3 | p. 1
2.7.11.22	protein kinase csk1, cyclin-dependent kinase, v. S4 | p. 156
2.7.11.1	protein kinase D, non-specific serine/threonine protein kinase, v. S3 | p. 1
2.7.11.1	protein kinase D2, non-specific serine/threonine protein kinase, v. S3 | p. 1
2.7.11.13	protein kinase D2, protein kinase C, v. S3 | p. 325
2.7.11.1	protein kinase DBF20, non-specific serine/threonine protein kinase, v. S3 | p. 1
2.7.11.1	protein kinase DC1, non-specific serine/threonine protein kinase, v. S3 | p. 1
2.7.11.1	protein kinase DC2, non-specific serine/threonine protein kinase, v. S3 | p. 1
2.7.12.1	protein kinase Doa, dual-specificity kinase, v. S4 | p. 372
2.7.11.1	protein kinase Doa, non-specific serine/threonine protein kinase, v. S3 | p. 1
2.7.11.1	protein kinase dsk1, non-specific serine/threonine protein kinase, v. S3 | p. 1
2.7.10.1	protein kinase eck, receptor protein-tyrosine kinase, v. S2 | p. 341
2.7.10.2	protein kinase ELM1, non-specific protein-tyrosine kinase, v. S2 | p. 441
2.7.12.1	protein kinase gene DYRK3, dual-specificity kinase, v. S4 | p. 372
2.7.11.1	protein kinase HIPK2, non-specific serine/threonine protein kinase, v. S3 | p. 1
2.7.10.2	Protein kinase HYL, non-specific protein-tyrosine kinase, v. S2 | p. 441
2.7.11.1	protein kinase KIN1, non-specific serine/threonine protein kinase, v. S3 | p. 1
2.7.12.1	protein kinase KNS1, dual-specificity kinase, v. S4 | p. 372
2.7.11.1	Protein kinase Krct, non-specific serine/threonine protein kinase, v. S3 | p. 1
2.7.10.2	Protein kinase Lck, non-specific protein-tyrosine kinase, v. S2 | p. 441
2.7.12.1	protein kinase lkh1, dual-specificity kinase, v. S4 | p. 372

2.7.11.26	protein kinase MCK1, τ-protein kinase, v. S4 | p. 303	
2.7.11.1	Protein kinase MST, non-specific serine/threonine protein kinase, v. S3 | p. 1	
2.7.11.1	protein kinase N1, non-specific serine/threonine protein kinase, v. S3 | p. 1	
2.7.10.2	Protein kinase NTK, non-specific protein-tyrosine kinase, v. S2 | p. 441	
2.7.10.2	Protein kinase p56-LCK, non-specific protein-tyrosine kinase, v. S2 | p. 441	
2.7.10.2	Protein kinase p56lck, non-specific protein-tyrosine kinase, v. S2 | p. 441	
2.7.11.1	protein kinase p58, non-specific serine/threonine protein kinase, v. S3 | p. 1	
2.7.11.1	Protein kinase PKL12, non-specific serine/threonine protein kinase, v. S3 | p. 1	
2.7.11.1	protein kinase PKX1, non-specific serine/threonine protein kinase, v. S3 | p. 1	
2.7.11.21	protein kinase polo, polo kinase, v. S4 | p. 134	
2.7.11.1	protein kinase PVPK-1, non-specific serine/threonine protein kinase, v. S3 | p. 1	
2.7.11.1	protein kinase Rim15p, non-specific serine/threonine protein kinase, v. S3 | p. 1	
2.7.11.1	protein kinase Sgk, non-specific serine/threonine protein kinase, v. S3 | p. 1	
2.7.11.26	protein kinase shaggy, τ-protein kinase, v. S4 | p. 303	
2.7.11.26	protein kinase skp1, τ-protein kinase, v. S4 | p. 303	
2.7.12.1	protein kinase SPK1, dual-specificity kinase, v. S4 | p. 372	
2.7.12.2	protein kinase wis1, mitogen-activated protein kinase kinase, v. S4 | p. 392	
2.7.12.1	protein kinase YAK1, dual-specificity kinase, v. S4 | p. 372	
2.1.1.77	protein L-isoaspartate (D-aspartate) O-methyltransferase, protein-L-isoaspartate(D-aspartate) O-methyltransferase, v. 28 | p. 406	
2.1.1.77	protein L-isoaspartate methyltransferase, protein-L-isoaspartate(D-aspartate) O-methyltransferase, v. 28 | p. 406	
2.1.1.77	protein L-isoaspartyl-O-methyltransferase, protein-L-isoaspartate(D-aspartate) O-methyltransferase, v. 28 | p. 406	
2.1.1.77	protein L-isoaspartyl methyltransferase, protein-L-isoaspartate(D-aspartate) O-methyltransferase, v. 28 | p. 406	
2.7.7.50	protein lambda2, mRNA guanylyltransferase, v. 38 | p. 509	
2.4.1.109	protein mannosyltransferase, dolichyl-phosphate-mannose-protein mannosyltransferase, v. 32 | p. 110	
2.4.1.109	protein mannosyltransferases, dolichyl-phosphate-mannose-protein mannosyltransferase, v. 32 | p. 110	
2.1.1.43	protein methylase 3, histone-lysine N-methyltransferase, v. 28 | p. 235	
2.1.1.124	Protein methylase I, [cytochrome c]-arginine N-methyltransferase, v. 28 | p. 576	
2.1.1.126	Protein methylase I, [myelin basic protein]-arginine N-methyltransferase, v. 28 | p. 583	
2.1.1.125	Protein methylase I, histone-arginine N-methyltransferase, v. 28 | p. 578	
2.1.1.80	protein methylase II, protein-glutamate O-methyltransferase, v. 28 | p. 432	
2.1.1.43	protein methylase III, histone-lysine N-methyltransferase, v. 28 | p. 235	
2.1.1.85	protein methylase IV, protein-histidine N-methyltransferase, v. 28 | p. 447	
3.1.1.61	protein methylesterase, protein-glutamate methylesterase, v. 9 | p. 378	
2.1.1.124	Protein methyltransferase I, [cytochrome c]-arginine N-methyltransferase, v. 28 | p. 576	
2.1.1.126	Protein methyltransferase I, [myelin basic protein]-arginine N-methyltransferase, v. 28 | p. 583	
2.1.1.125	Protein methyltransferase I, histone-arginine N-methyltransferase, v. 28 | p. 578	
2.1.1.43	protein methyltransferase II, histone-lysine N-methyltransferase, v. 28 | p. 235	
2.1.1.80	protein methyltransferase II, protein-glutamate O-methyltransferase, v. 28 | p. 432	
2.3.1.97	protein N-myristoyltransferase, glycylpeptide N-tetradecanoyltransferase, v. 30 | p. 193	
2.3.1.88	protein N-terminal acetyltransferase, peptide α-N-acetyltransferase, v. 30 | p. 157	
3.6.1.15	protein NS3, nucleoside-triphosphatase, v. 15 | p. 365	
2.4.1.109	protein O-D-mannosyltransferase, dolichyl-phosphate-mannose-protein mannosyltransferase, v. 32 | p. 110	
2.4.1.221	protein O-fucosyltransferase 1, peptide-O-fucosyltransferase, v. 32 | p. 596	
2.4.1.109	protein O-mannosyl-transferase 1, dolichyl-phosphate-mannose-protein mannosyltransferase, v. 32 | p. 110	
2.4.1.109	protein O-mannosyl-transferase 2, dolichyl-phosphate-mannose-protein mannosyltransferase, v. 32 | p. 110	

2.4.1.109	protein O-mannosyltranferase, dolichyl-phosphate-mannose-protein mannosyltransferase, v. 32 | p. 110
2.4.1.109	protein O-mannosyltransferase, dolichyl-phosphate-mannose-protein mannosyltransferase, v. 32 | p. 110
2.4.1.109	protein O-mannosyltransferase 1, dolichyl-phosphate-mannose-protein mannosyltransferase, v. 32 | p. 110
2.4.1.109	protein O-mannosyltransferase 2, dolichyl-phosphate-mannose-protein mannosyltransferase, v. 32 | p. 110
2.4.1.109	protein O-mannosyltransferase A, dolichyl-phosphate-mannose-protein mannosyltransferase, v. 32 | p. 110
2.4.1.109	protein O-mannosyltransferase Pmt4, dolichyl-phosphate-mannose-protein mannosyltransferase, v. 32 | p. 110
2.4.1.109	protein O-mannosyltransferases 1, dolichyl-phosphate-mannose-protein mannosyltransferase, v. 32 | p. 110
2.4.1.109	protein O-mannosyltransferases 2, dolichyl-phosphate-mannose-protein mannosyltransferase, v. 32 | p. 110
2.1.1.80	protein O-methyltransferase, protein-glutamate O-methyltransferase, v. 28 | p. 432
3.1.3.48	protein of regenerating liver-related protein tyrosine phosphatase, protein-tyrosine-phosphatase, v. 10 | p. 407
1.6.5.3	Protein P1, NADH dehydrogenase (ubiquinone), v. 24 | p. 106
1.4.4.2	Protein P1, glycine dehydrogenase (decarboxylating), v. 22 | p. 371
2.7.10.2	Protein p56c-lck kinase, non-specific protein-tyrosine kinase, v. S2 | p. 441
2.7.10.2	Protein p56lck tyrosine kinase, non-specific protein-tyrosine kinase, v. S2 | p. 441
4.1.1.49	Protein p60, phosphoenolpyruvate carboxykinase (ATP), v. 3 | p. 297
4.2.2.3	protein PA1167, poly(β-D-mannuronate) lyase, v. 5 | p. 19
1.8.3.3	protein pB119L, glutathione oxidase, v. 24 | p. 604
1.8.3.2	protein pB119L, thiol oxidase, v. 24 | p. 594
1.1.1.87	protein PH1722, homoisocitrate dehydrogenase, v. 17 | p. 198
3.1.3.16	protein phosphatase, phosphoprotein phosphatase, v. 10 | p. 213
3.1.3.16	protein phosphatase-1, phosphoprotein phosphatase, v. 10 | p. 213
3.1.3.16	protein phosphatase-1c $\gamma 2$, phosphoprotein phosphatase, v. 10 | p. 213
3.1.3.16	protein phosphatase-2A, phosphoprotein phosphatase, v. 10 | p. 213
3.1.3.17	protein phosphatase 1, [phosphorylase] phosphatase, v. 10 | p. 235
3.1.3.16	protein phosphatase 1, phosphoprotein phosphatase, v. 10 | p. 213
3.1.3.16	protein phosphatase 1α, phosphoprotein phosphatase, v. 10 | p. 213
3.1.3.16	protein phosphatase 1γ, phosphoprotein phosphatase, v. 10 | p. 213
3.1.3.16	protein phosphatase 1-like, phosphoprotein phosphatase, v. 10 | p. 213
3.1.3.16	Protein phosphatase 1A, phosphoprotein phosphatase, v. 10 | p. 213
3.1.3.16	Protein phosphatase 1B, phosphoprotein phosphatase, v. 10 | p. 213
3.1.3.16	Protein phosphatase 1C, phosphoprotein phosphatase, v. 10 | p. 213
3.1.3.16	Protein phosphatase 1L, phosphoprotein phosphatase, v. 10 | p. 213
3.1.3.16	protein phosphatase 2, phosphoprotein phosphatase, v. 10 | p. 213
3.1.3.44	protein phosphatase 2A, [acetyl-CoA carboxylase]-phosphatase, v. 10 | p. 389
3.1.3.53	protein phosphatase 2A, [myosin-light-chain] phosphatase, v. 10 | p. 439
3.1.3.16	protein phosphatase 2A, phosphoprotein phosphatase, v. 10 | p. 213
3.1.3.48	protein phosphatase 2A, protein-tyrosine-phosphatase, v. 10 | p. 407
3.1.3.16	protein phosphatase 2A-B, phosphoprotein phosphatase, v. 10 | p. 213
5.2.1.8	protein phosphatase 2A phosphatase activator, Peptidylprolyl isomerase, v. 1 | p. 218
3.1.3.16	protein phosphatase 2A regulatory subunit B56α, phosphoprotein phosphatase, v. 10 | p. 213
3.1.3.16	protein phosphatase 2B, phosphoprotein phosphatase, v. 10 | p. 213
3.1.3.16	protein phosphatase 2C, phosphoprotein phosphatase, v. 10 | p. 213
3.1.3.16	protein phosphatase 2Cδ, phosphoprotein phosphatase, v. 10 | p. 213
3.1.3.16	protein phosphatase 2Ckappa, phosphoprotein phosphatase, v. 10 | p. 213
3.1.3.16	protein phosphatase 3, phosphoprotein phosphatase, v. 10 | p. 213

3.1.3.16	protein phosphatase 4, phosphoprotein phosphatase, v. 10 | p. 213	
3.1.3.16	protein phosphatase 5, phosphoprotein phosphatase, v. 10 | p. 213	
3.1.3.16	protein phosphatase 6, phosphoprotein phosphatase, v. 10 | p. 213	
3.1.3.16	protein phosphatase 7, phosphoprotein phosphatase, v. 10 | p. 213	
3.1.3.17	protein phosphatase C, [phosphorylase] phosphatase, v. 10 | p. 235	
3.1.3.16	Protein phosphatase magnesium-dependent 1 δ, phosphoprotein phosphatase, v. 10 | p. 213	
3.1.3.16	Protein phosphatase magnesium-dependent 1 γ, phosphoprotein phosphatase, v. 10 | p. 213	
3.1.3.16	protein phosphatase T, phosphoprotein phosphatase, v. 10 | p. 213	
3.1.3.16	protein phosphatase TI, phosphoprotein phosphatase, v. 10 | p. 213	
3.1.3.16	protein phosphatase type 2A, phosphoprotein phosphatase, v. 10 | p. 213	
3.1.3.16	protein phosphatase type 2C, phosphoprotein phosphatase, v. 10 | p. 213	
3.1.3.16	Protein phosphatase with EF calcium-binding domain, phosphoprotein phosphatase, v. 10 | p. 213	
2.7.11.1	protein phosphokinase, non-specific serine/threonine protein kinase, v. S3 | p. 1	
3.1.3.48	protein phosphotyrosine phosphatase, protein-tyrosine-phosphatase, v. 10 | p. 407	
2.5.1.58	protein prenyltransferase, protein farnesyltransferase, v. 34 | p. 195	
4.2.3.12	protein purple, 6-pyruvoyltetrahydropterin synthase, v. S7 | p. 235	
2.7.11.15	G-protein receptor kinase 2, β-adrenergic-receptor kinase, v. S3 | p. 400	
2.7.10.1	protein receptor tyrosine kinase RTK 6, receptor protein-tyrosine kinase, v. S2 | p. 341	
2.1.1.77	protein repair L-isoaspartyl methyltransferase, protein-L-isoaspartate(D-aspartate) O-methyltransferase, v. 28 | p. 406	
1.20.4.1	proteins (specific proteins and subclasses), gene arsC, arsenate reductase (glutaredoxin), v. 27 | p. 594	
1.20.99.1	proteins (specific proteins and subclasses), genearsC, arsenate reductase (donor), v. 27 | p. 601	
3.4.22.44	proteins (specific proteins and subclasses), NIa (nuclear inclusion, a), nuclear-inclusion-a endopeptidase, v. 7 | p. 742	
5.2.1.8	Proteins, cyclophilins, Peptidylprolyl isomerase, v. 1 | p. 218	
1.5.1.6	proteins, folate-binding, cytosol I, formyltetrahydrofolate dehydrogenase, v. 23 | p. 65	
3.4.21.53	Proteins, gene lon, Endopeptidase La, v. 7 | p. 241	
2.4.1.227	proteins, gene murG, undecaprenyldiphospho-muramoylpentapeptide β-N-acetylglucosaminyltransferase, v. 32 | p. 616	
2.7.9.3	proteins, gene selD, selenide, water dikinase, v. 39 | p. 173	
2.7.9.3	proteins, gene selD (specific proteins and subclasses), selenide, water dikinase, v. 39 | p. 173	
5.99.1.3	Proteins, NP170 (specific proteins and subclasses nuclear protein, 170,000-mol.-wt.), DNA topoisomerase (ATP-hydrolysing), v. 1 | p. 737	
2.7.7.48	proteins, PB 2, RNA-directed RNA polymerase, v. 38 | p. 468	
3.4.22.44	proteins, small nuclear inclusion NIa, nuclear-inclusion-a endopeptidase, v. 7 | p. 742	
1.1.1.27	proteins, specific or class, anoxic stress response, p34, L-lactate dehydrogenase, v. 16 | p. 253	
5.2.1.8	Proteins, specific or class, cyclophilins, Peptidylprolyl isomerase, v. 1 | p. 218	
3.4.11.1	proteins, specific or class, FTBL, leucyl aminopeptidase, v. 6 | p. 40	
3.4.21.53	Proteins, specific or class, gene lon, Endopeptidase La, v. 7 | p. 241	
1.6.99.3	proteins, specific or class, gene MURF3, NADH dehydrogenase, v. 24 | p. 207	
3.4.23.49	Proteins, specific or class, gene ompT, omptin, v. S6 | p. 262	
2.7.7.48	proteins, specific or class, lambda3, of reovirus, RNA-directed RNA polymerase, v. 38 | p. 468	
1.14.99.3	proteins, specific or class, ORP33 (oxygen-regulated protein 33,000-mol.-wt.), heme oxygenase, v. 27 | p. 261	
2.7.7.48	proteins, specific or class, PB 1, RNA-directed RNA polymerase, v. 38 | p. 468	
2.7.7.48	proteins, specific or class, PB 2, RNA-directed RNA polymerase, v. 38 | p. 468	
2.1.1.100	protein S-farnesylcysteine C-terminal methyltransferase, protein-S-isoprenylcysteine O-methyltransferase, v. 28 | p. 490	
2.7.11.1	protein serine-threonine kinase, non-specific serine/threonine protein kinase, v. S3 | p. 1	
2.7.11.1	protein serine/threonine kinase, non-specific serine/threonine protein kinase, v. S3 | p. 1	

3.1.3.16	protein serine/threonine phosphatase, phosphoprotein phosphatase, v. 10	p. 213
3.1.3.16	protein serine/threonine phosphatase 2A, phosphoprotein phosphatase, v. 10	p. 213
3.1.3.16	protein serine/threonine phosphatase 3p, phosphoprotein phosphatase, v. 10	p. 213
3.1.3.16	protein serine/threonine phosphatase 4, phosphoprotein phosphatase, v. 10	p. 213
2.7.11.1	protein serine kinase, non-specific serine/threonine protein kinase, v. S3	p. 1
3.1.3.16	protein sewrine/threonine phosphatase, phosphoprotein phosphatase, v. 10	p. 213
3.6.5.5	Protein shibire, dynamin GTPase, v. S6	p. 522
3.4.22.44	proteins NIa, nuclear-inclusion-a endopeptidase, v. 7	p. 742
2.7.7.48	proteins PB1, RNA-directed RNA polymerase, v. 38	p. 468
3.2.2.20	protein Tag, DNA-3-methyladenine glycosylase I, v. 14	p. 99
2.7.11.26	protein tau kinase, τ-protein kinase, v. S4	p. 303
1.1.1.14	Protein tms1, L-iditol 2-dehydrogenase, v. 16	p. 158
6.3.1.2	protein transacetylase, Glutamate-ammonia ligase, v. 2	p. 347
3.6.3.51	protein translocase, mitochondrial protein-transporting ATPase, v. 15	p. 744
2.6.1.1	protein TT0402, aspartate transaminase, v. 34	p. 247
2.7.10.2	Protein tyrosine kinase, non-specific protein-tyrosine kinase, v. S2	p. 441
2.7.10.1	Protein tyrosine kinase, receptor protein-tyrosine kinase, v. S2	p. 341
2.7.12.1	protein tyrosine kinase 2, dual-specificity kinase, v. S4	p. 372
2.7.10.2	protein tyrosine kinase 2, non-specific protein-tyrosine kinase, v. S2	p. 441
2.7.10.2	protein tyrosine kinase 2β, non-specific protein-tyrosine kinase, v. S2	p. 441
2.7.10.2	protein tyrosine kinase 6, non-specific protein-tyrosine kinase, v. S2	p. 441
2.7.10.2	Protein tyrosine kinase lck, non-specific protein-tyrosine kinase, v. S2	p. 441
2.7.10.2	Protein tyrosine kinase p56lck, non-specific protein-tyrosine kinase, v. S2	p. 441
2.7.10.2	Protein tyrosine kinase pp56lck, non-specific protein-tyrosine kinase, v. S2	p. 441
2.7.10.2	protein tyrosine kinase PTK70, non-specific protein-tyrosine kinase, v. S2	p. 441
3.1.3.48	protein tyrosine phosphatase, protein-tyrosine-phosphatase, v. 10	p. 407
3.1.3.48	protein tyrosine phosphatase α, protein-tyrosine-phosphatase, v. 10	p. 407
3.1.3.48	protein tyrosine phosphatase β, protein-tyrosine-phosphatase, v. 10	p. 407
3.1.3.48	protein tyrosine phosphatase ε, protein-tyrosine-phosphatase, v. 10	p. 407
3.1.3.48	protein tyrosine phosphatase-1B, protein-tyrosine-phosphatase, v. 10	p. 407
3.1.3.48	protein tyrosine phosphatase-BL, protein-tyrosine-phosphatase, v. 10	p. 407
3.1.3.48	protein tyrosine phosphatase-H2, protein-tyrosine-phosphatase, v. 10	p. 407
3.1.3.48	Protein tyrosine phosphatase-NP, protein-tyrosine-phosphatase, v. 10	p. 407
3.1.3.48	protein tyrosine phosphatase 1B, protein-tyrosine-phosphatase, v. 10	p. 407
3.1.3.48	protein tyrosine phosphatase eta, protein-tyrosine-phosphatase, v. 10	p. 407
3.1.3.48	protein tyrosine phosphatase ny, protein-tyrosine-phosphatase, v. 10	p. 407
3.1.3.48	protein tyrosine phosphatase sigma, protein-tyrosine-phosphatase, v. 10	p. 407
3.1.3.48	protein tyrosine phosphatase xi, protein-tyrosine-phosphatase, v. 10	p. 407
3.1.3.48	protein Tyr phosphatase, protein-tyrosine-phosphatase, v. 10	p. 407
3.4.24.17	Proteoglycanase, stromelysin 1, v. 8	p. 296
3.4.24.22	Proteoglycanase 2, stromelysin 2, v. 8	p. 340
2.4.1.133	proteoglycan UDP-galactose:β-xylose β 1,4-galactosyltransferase I, xylosylprotein 4-β-galactosyltransferase, v. 32	p. 221
3.1.27.2	Proteus mirabilis RNase-2, Bacillus subtilis ribonuclease, v. 11	p. 569
3.4.21.6	prothrombase, coagulation factor Xa, v. 7	p. 35
3.4.21.60	prothrombin activator, Scutelarin, v. 7	p. 277
3.4.21.6	prothrombinase, coagulation factor Xa, v. 7	p. 35
3.4.21.62	Protin A 3L, Subtilisin, v. 7	p. 285
1.13.11.52	proto-IDO, indoleamine 2,3-dioxygenase, v. S1	p. 445
1.13.11.52	proto-indoleamine 2,3-dioxygenase, indoleamine 2,3-dioxygenase, v. S1	p. 445
3.6.1.6	Proto-oncogene cph, nucleoside-diphosphatase, v. 15	p. 283
2.7.10.2	proto-oncogene serine/threonine-protein kinase mos, non-specific protein-tyrosine kinase, v. S2	p. 441
2.7.10.2	proto-oncogene tyrosine-protein kinase ABL1, non-specific protein-tyrosine kinase, v. S2	p. 441

2.7.10.2	proto-oncogene tyrosine-protein kinase FER, non-specific protein-tyrosine kinase, v. S2 | p. 441	
2.7.10.2	proto-oncogene tyrosine-protein kinase FES/FPS, non-specific protein-tyrosine kinase, v. S2 | p. 441	
2.7.10.2	proto-oncogene tyrosine-protein kinase FGR, non-specific protein-tyrosine kinase, v. S2 | p. 441	
2.7.10.2	proto-oncogene tyrosine-protein kinase FYN, non-specific protein-tyrosine kinase, v. S2 | p. 441	
2.7.10.1	Proto-oncogene tyrosine-protein kinase Kit, receptor protein-tyrosine kinase, v. S2 | p. 341	
2.7.10.2	proto-oncogene tyrosine-protein kinase LCK, non-specific protein-tyrosine kinase, v. S2 | p. 441	
2.7.10.1	proto-oncogene tyrosine-protein kinase MER, receptor protein-tyrosine kinase, v. S2 | p. 341	
2.7.10.1	proto-oncogene tyrosine-protein kinase receptor ret, receptor protein-tyrosine kinase, v. S2 | p. 341	
2.7.10.1	proto-oncogene tyrosine-protein kinase ROS, receptor protein-tyrosine kinase, v. S2 | p. 341	
2.7.10.2	proto-oncogene tyrosine-protein kinase SRC, non-specific protein-tyrosine kinase, v. S2 | p. 441	
2.7.10.2	proto-oncogene tyrosine-protein kinase YES, non-specific protein-tyrosine kinase, v. S2 | p. 441	
2.7.10.2	proto-oncogene tyrosine-protein kinase YRK, non-specific protein-tyrosine kinase, v. S2 | p. 441	
4.2.1.73	Protoaphin dehydratase, Protoaphin-aglucone dehydratase (cyclizing), v. 4 | p. 590	
4.2.1.73	Protoaphin dehydratase (cyclizing), Protoaphin-aglucone dehydratase (cyclizing), v. 4 | p. 590	
2.1.1.147	protoberberine 13-methyltransferase, corydaline synthase, v. 28 | p. 640	
1.13.11.3	protocatechuate 3,4-dioxygenase, protocatechuate 3,4-dioxygenase, v. 25 | p. 408	
1.13.11.8	protocatechuate 4,5-oxygenase, protocatechuate 4,5-dioxygenase, v. 25 | p. 447	
1.13.11.3	protocatechuate oxygenase, protocatechuate 3,4-dioxygenase, v. 25 | p. 408	
1.13.11.3	protocatechuic 3,4-dioxygenase, protocatechuate 3,4-dioxygenase, v. 25 | p. 408	
1.13.11.3	protocatechuic 3,4-oxygenase, protocatechuate 3,4-dioxygenase, v. 25 | p. 408	
1.13.11.8	protocatechuic 4,5-dioxygenase, protocatechuate 4,5-dioxygenase, v. 25 | p. 447	
1.13.11.8	protocatechuic 4,5-oxygenase, protocatechuate 4,5-dioxygenase, v. 25 | p. 447	
1.13.11.3	protocatechuic acid oxidase, protocatechuate 3,4-dioxygenase, v. 25 | p. 408	
1.3.1.33	protochlorophyllide oxidoreductase, protochlorophyllide reductase, v. 21 | p. 200	
1.3.1.33	protochlorophyllide oxidoreductase A, protochlorophyllide reductase, v. 21 | p. 200	
1.3.1.33	protochlorophyllide oxidoreductase C, protochlorophyllide reductase, v. 21 | p. 200	
1.3.1.33	protochlorophyllide oxidoreductase POR-PChlide640, protochlorophyllide reductase, v. 21 | p. 200	
1.3.1.33	protochlorophyllide oxidoreductase POR-PChlide650, protochlorophyllide reductase, v. 21 | p. 200	
1.3.1.33	protochlorophyllide photooxidoreductase, protochlorophyllide reductase, v. 21 | p. 200	
1.14.11.2	protocollagen hydroxylase, procollagen-proline dioxygenase, v. 26 | p. 9	
1.14.11.4	protocollagen lysine hydroxylase, procollagen-lysine 5-dioxygenase, v. 26 | p. 49	
1.14.11.4	protocollagen lysyl hydroxylase, procollagen-lysine 5-dioxygenase, v. 26 | p. 49	
1.14.11.7	protocollagen proline 3-hydroxylase, procollagen-proline 3-dioxygenase, v. 26 | p. 65	
1.14.11.2	protocollagen proline 4-hydroxylase, procollagen-proline dioxygenase, v. 26 | p. 9	
1.14.11.2	protocollagen proline dioxygenase, procollagen-proline dioxygenase, v. 26 | p. 9	
1.14.11.2	protocollagen proline hydroxylase, procollagen-proline dioxygenase, v. 26 | p. 9	
1.14.11.2	protocollagen prolyl hydroxylase, procollagen-proline dioxygenase, v. 26 | p. 9	
4.99.1.1	Protoheme ferro-lyase, ferrochelatase, v. 5 | p. 478	
4.99.1.1	protoheme ferrolyase, ferrochelatase, v. 5 | p. 478	
1.11.1.7	protoheme peroxidase, peroxidase, v. 25 | p. 211	
3.6.3.14	proton-ATP, H+-transporting two-sector ATPase, v. 15 | p. 598	

3.6.1.1	proton-pumping inorganic pyrophosphatase, inorganic diphosphatase, v. 15	p. 240
1.6.5.3	proton-pumping NADH-ubiquinone oxidoreductase, NADH dehydrogenase (ubiquinone), v. 24	p. 106
1.6.5.3	proton-pumping NADH:ubiquinone oxidoreductase, NADH dehydrogenase (ubiquinone), v. 24	p. 106
1.6.1.2	proton-pumping nicotinamide nucleotide transhydrogenase, NAD(P)+ transhydrogenase (AB-specific), v. 24	p. 10
3.6.3.6	proton-translocating ATPase, H+-exporting ATPase, v. 15	p. 554
1.6.99.5	proton-translocating NADH-quinone oxidoreductase, NADH dehydrogenase (quinone), v. 24	p. 219
1.6.5.3	proton-translocating NADH-quinone oxidoreductase, NADH dehydrogenase (ubiquinone), v. 24	p. 106
1.6.5.3	proton-translocating NADH: ubiquinone oxidoreductase, NADH dehydrogenase (ubiquinone), v. 24	p. 106
1.6.1.2	proton-translocating nicotinamide nucleotide transhydrogenase, NAD(P)+ transhydrogenase (AB-specific), v. 24	p. 10
1.6.1.2	proton-translocating transhydrogenase, NAD(P)+ transhydrogenase (AB-specific), v. 24	p. 10
3.6.3.6	Proton pump, H+-exporting ATPase, v. 15	p. 554
3.6.3.10	Proton pump, H+/K+-exchanging ATPase, v. 15	p. 581
3.6.3.6	Proton pump 10, H+-exporting ATPase, v. 15	p. 554
3.6.3.6	Proton pump 11, H+-exporting ATPase, v. 15	p. 554
3.6.1.1	proton pumping pyrophosphatase, inorganic diphosphatase, v. 15	p. 240
3.2.1.99	protopectinase-C, arabinan endo-1,5-α-L-arabinosidase, v. 13	p. 388
3.2.1.99	protopectinase C, arabinan endo-1,5-α-L-arabinosidase, v. 13	p. 388
1.14.13.55	Protopine-6-hydroxylase, Protopine 6-monooxygenase, v. 26	p. 503
4.99.1.1	protoporhyrin IX ferrochelatase, ferrochelatase, v. 5	p. 478
4.99.1.1	protoporphyrin (IX) ferrochelatase, ferrochelatase, v. 5	p. 478
4.99.1.1	protoporphyrin IX ferrochelatase, ferrochelatase, v. 5	p. 478
6.6.1.1	protoporphyrin IX magnesium-chelatase, magnesium chelatase, v. S7	p. 665
6.6.1.1	protoporphyrin IX Mg-chelatase, magnesium chelatase, v. S7	p. 665
1.3.3.4	protoporphyrinogenase, protoporphyrinogen oxidase, v. 21	p. 381
1.3.3.4	protoporphyrinogen IX oxidase, protoporphyrinogen oxidase, v. 21	p. 381
1.3.3.4	protoporphyrinogen oxidase, protoporphyrinogen oxidase, v. 21	p. 381
1.3.3.4	protoporphyrinogen oxidase IX, protoporphyrinogen oxidase, v. 21	p. 381
1.3.3.4	protox, protoporphyrinogen oxidase, v. 21	p. 381
1.3.3.4	Protox enzyme, protoporphyrinogen oxidase, v. 21	p. 381
3.4.24.86	pro tumor necrosis factor cleavage enzyme, ADAM 17 endopeptidase, v. S6	p. 348
3.4.21.63	Prozyme, Oryzin, v. 7	p. 300
3.4.21.63	Prozyme 10, Oryzin, v. 7	p. 300
6.3.2.19	PRP19, Ubiquitin-protein ligase, v. 2	p. 506
2.7.11.1	PRP4 kinase, non-specific serine/threonine protein kinase, v. S3	p. 1
2.7.11.1	PRP4 pre-mRNA processing factor 4 homolog, non-specific serine/threonine protein kinase, v. S3	p. 1
3.1.13.2	Prp8, exoribonuclease H, v. 11	p. 396
5.1.1.8	PrpA, 4-Hydroxyproline epimerase, v. 1	p. 33
4.1.3.30	PrpB, Methylisocitrate lyase, v. 4	p. 178
2.3.3.5	PrpC, 2-methylcitrate synthase, v. 30	p. 618
2.3.3.5	prpC2, 2-methylcitrate synthase, v. 30	p. 618
4.2.1.79	PrpD, 2-Methylcitrate dehydratase, v. 4	p. 610
6.2.1.17	PrpE, Propionate-CoA ligase, v. 2	p. 286
3.4.21.93	prphormone convertase, Proprotein convertase 1, v. 7	p. 452
2.7.6.1	PRPP synthase, ribose-phosphate diphosphokinase, v. 38	p. 1
2.7.6.1	PRPP synthetase, ribose-phosphate diphosphokinase, v. 38	p. 1
3.1.3.16	PrpZ, phosphoprotein phosphatase, v. 10	p. 213

2.7.13.3	PRRB, histidine kinase, v. S4	p. 420
2.7.6.1	PRS, ribose-phosphate diphosphokinase, v. 38	p. 1
2.7.6.1	PRS1, ribose-phosphate diphosphokinase, v. 38	p. 1
3.4.21.109	PRSS14, matriptase, v. S5	p. 367
3.4.21.118	PRSS19, kallikrein 8, v. S5	p. 435
3.4.21.59	Prss31, Tryptase, v. 7	p. 265
3.4.21.112	PrsW, site-1 protease, v. S5	p. 400
2.4.2.18	PRT, anthranilate phosphoribosyltransferase, v. 33	p. 181
3.4.24.40	PrtA metalloprotease, serralysin, v. 8	p. 424
3.4.21.96	PrtP, Lactocepin, v. 7	p. 460
3.4.21.96	PrtP proteinase, Lactocepin, v. 7	p. 460
3.4.22.47	PrtP proteinase, gingipain K, v. S6	p. 1
2.4.2.18	PR transferase, anthranilate phosphoribosyltransferase, v. 33	p. 181
3.4.24.30	PrtS, coccolysin, v. 8	p. 383
3.1.1.4	PrTX-1, phospholipase A2, v. 9	p. 52
3.1.1.4	PrTX-I, phospholipase A2, v. 9	p. 52
3.1.1.4	PrTX-III, phospholipase A2, v. 9	p. 52
2.7.1.19	PRuK, phosphoribulokinase, v. 35	p. 241
3.2.1.118	prunasin hydrolase, prunasin β-glucosidase, v. 13	p. 488
3.2.1.118	prunasin hydrolase isozyme I, prunasin β-glucosidase, v. 13	p. 488
3.2.1.118	prunasin hydrolase isozyme IIa, prunasin β-glucosidase, v. 13	p. 488
3.2.1.118	prunasin hydrolase isozyme IIb, prunasin β-glucosidase, v. 13	p. 488
3.1.4.17	h-prune, 3',5'-cyclic-nucleotide phosphodiesterase, v. 11	p. 116
1.11.1.15	Prx, peroxiredoxin, v. S1	p. 403
1.11.1.7	Prx1, peroxidase, v. 25	p. 211
1.11.1.15	Prx1, peroxiredoxin, v. S1	p. 403
1.11.1.7	Prx15, peroxidase, v. 25	p. 211
1.11.1.15	Prx2, peroxiredoxin, v. S1	p. 403
1.11.1.15	Prx3, peroxiredoxin, v. S1	p. 403
1.11.1.15	Prx I, peroxiredoxin, v. S1	p. 403
1.11.1.15	Prx II, peroxiredoxin, v. S1	p. 403
1.11.1.15	PrxII F, peroxiredoxin, v. S1	p. 403
1.11.1.15	Prx III, peroxiredoxin, v. S1	p. 403
1.11.1.15	PRx IV, peroxiredoxin, v. S1	p. 403
1.11.1.15	Prx Q, peroxiredoxin, v. S1	p. 403
1.11.1.15	PrxQ, peroxiredoxin, v. S1	p. 403
1.11.1.15	PrxT, peroxiredoxin, v. S1	p. 403
1.11.1.15	Prx V, peroxiredoxin, v. S1	p. 403
1.11.1.15	PrxV, peroxiredoxin, v. S1	p. 403
1.11.1.15	Prx VI, peroxiredoxin, v. S1	p. 403
6.3.2.1	PS, Pantoate-β-alanine ligase, v. 2	p. 394
3.4.21.50	Ps-1, lysyl endopeptidase, v. 7	p. 231
1.1.1.42	PS-NADP-IDH, isocitrate dehydrogenase (NADP+), v. 16	p. 402
3.1.1.32	PS-PLA1, phospholipase A1, v. 9	p. 252
3.1.3.16	PS2;1 protein, phosphoprotein phosphatase, v. 10	p. 213
2.1.1.116	Ps4'OMT, 3'-hydroxy-N-methyl-(S)-coclaurine 4'-O-methyltransferase, v. 28	p. 555
2.1.1.128	Ps6OMT, (RS)-norcoclaurine 6-O-methyltransferase, v. 28	p. 589
3.4.11.14	PSA, cytosol alanyl aminopeptidase, v. 6	p. 143
3.4.21.77	PSA, semenogelase, v. 7	p. 385
3.4.21.77	PSA-SV5, semenogelase, v. 7	p. 385
3.4.21.35	PSA/KLK3, tissue kallikrein, v. 7	p. 141
1.14.17.4	PsACO, aminocyclopropanecarboxylate oxidase, v. 27	p. 154
4.1.2.5	PSaldolase, Threonine aldolase, v. 3	p. 425
1.4.3.22	PSAO, diamine oxidase	
1.4.3.21	PSAO, primary-amine oxidase	

3.4.21.105	PSARL, rhomboid protease, v. S5 | p. 325	
2.5.1.32	Psase, phytoene synthase, v. 34 | p. 21	
2.6.1.52	PSAT, phosphoserine transaminase, v. 34 | p. 588	
2.6.1.52	PSAT α, phosphoserine transaminase, v. 34 | p. 588	
2.6.1.52	PSAT β, phosphoserine transaminase, v. 34 | p. 588	
2.6.1.52	PSAT1, phosphoserine transaminase, v. 34 | p. 588	
1.5.99.12	PsCKX1, cytokinin dehydrogenase, v. 23 | p. 398	
1.5.99.12	PsCKX2, cytokinin dehydrogenase, v. 23 | p. 398	
1.1.1.247	PsCor1.1, codeinone reductase (NADPH), v. 18 | p. 414	
3.4.21.100	PSCP, sedolisin, v. 7 | p. 487	
4.1.1.65	PSD, phosphatidylserine decarboxylase, v. 3 | p. 367	
4.1.1.65	PSD1, phosphatidylserine decarboxylase, v. 3 | p. 367	
4.1.1.65	Psd1 enzyme, phosphatidylserine decarboxylase, v. 3 | p. 367	
4.1.1.65	Psd1p, phosphatidylserine decarboxylase, v. 3 | p. 367	
4.1.1.65	PSD2, phosphatidylserine decarboxylase, v. 3 | p. 367	
4.1.1.65	Psd2p, phosphatidylserine decarboxylase, v. 3 | p. 367	
4.1.1.65	PSD3, phosphatidylserine decarboxylase, v. 3 | p. 367	
4.1.1.65	PSDC, phosphatidylserine decarboxylase, v. 3 | p. 367	
4.1.1.65	PS decarboxylase, phosphatidylserine decarboxylase, v. 3 | p. 367	
3.4.24.26	PsE, pseudolysin, v. 8 | p. 363	
3.5.2.6	PSE-1, β-lactamase, v. 14 | p. 683	
3.5.2.6	PSE-4, β-lactamase, v. 14 | p. 683	
3.1.1.3	PseA, triacylglycerol lipase, v. 9 | p. 36	
4.2.1.115	PseB, UDP-N-acetylglucosamine 4,6-dehydratase (inverting)	
1.2.1.2	PseFDH, formate dehydrogenase, v. 20 | p. 16	
3.3.2.10	PsEH, soluble epoxide hydrolase, v. S5 | p. 228	
2.6.1.52	PSerAT, phosphoserine transaminase, v. 34 | p. 588	
3.4.23.25	pseudo-proteinase A, Saccharopepsin, v. 8 | p. 120	
3.1.1.8	pseudo choline esterase, cholinesterase, v. 9 | p. 118	
3.1.1.8	pseudo cholinesterase, cholinesterase, v. 9 | p. 118	
3.5.1.13	pseudocholinesterase, aryl-acylamidase, v. 14 | p. 304	
3.1.1.8	pseudocholinesterase, cholinesterase, v. 9 | p. 118	
3.4.21.100	pseudomonalisin, sedolisin, v. 7 | p. 487	
3.4.24.40	pseudomonal serralysin, serralysin, v. 8 | p. 424	
3.4.21.100	pseudomonapepsin, sedolisin, v. 7 | p. 487	
3.4.24.40	Pseudomonas aeruginosa alk. protease, serralysin, v. 8 | p. 424	
3.4.24.40	Pseudomonas aeruginosa alkaline proteinase, serralysin, v. 8 | p. 424	
3.4.24.26	Pseudomonas aeruginosa elastase, pseudolysin, v. 8 | p. 363	
3.4.24.26	Pseudomonas aeruginosa elastatse, pseudolysin, v. 8 | p. 363	
3.4.21.50	Pseudomonas aeruginosa lysine -specific protease, lysyl endopeptidase, v. 7 | p. 231	
3.4.24.26	Pseudomonas aeruginosa neutral metalloproteinase, pseudolysin, v. 8 | p. 363	
3.4.24.26	Pseudomonas aeruginosa small protease, pseudolysin, v. 8 | p. 363	
3.4.24.40	Pseudomonas alkaline protease, serralysin, v. 8 | p. 424	
3.4.21.101	Pseudomonas carboxyl proteinase, xanthomonalisin, v. 7 | p. 490	
1.7.2.1	Pseudomonas cytochrome oxidase, nitrite reductase (NO-forming), v. 24 | p. 325	
3.4.24.26	Pseudomonas elastase, pseudolysin, v. 8 | p. 363	
3.2.2.22	Pseudomonas exotoxin A, rRNA N-glycosylase, v. 14 | p. 107	
3.2.1.68	Pseudomonas isoamylase, isoamylase, v. 13 | p. 204	
3.5.1.86	Pseudomonas mandelamide hydrolase, mandelamide amidase, v. 14 | p. 623	
3.4.24.26	Pseudomonas protease, pseudolysin, v. 8 | p. 363	
3.4.21.100	Pseudomonas serine-carboxyl proteinase, sedolisin, v. 7 | p. 487	
3.4.21.100	Pseudomonas sp. pepstatin-insensitive carboxyl proteinase, sedolisin, v. 7 | p. 487	
1.1.1.236	pseudotropine-forming tropinone reductase, tropinone reductase II, v. 18 | p. 372	
2.3.1.186	pseudotropine:acyl-CoA transferase, pseudotropine acyltransferase	
1.1.1.236	pseudotropine forming tropinone reductase, tropinone reductase II, v. 18 | p. 372	

1.1.1.236	pseudotropinone forming tropinone reductase, tropinone reductase II, v. 18 | p. 372	
3.4.21.4	pseudotrypsin, trypsin, v. 7 | p. 12	
5.4.99.12	pseudouridine (psi) synthase, tRNA-pseudouridine synthase I, v. 1 | p. 642	
5.4.99.12	pseudouridine 55 synthase, tRNA-pseudouridine synthase I, v. 1 | p. 642	
4.2.1.70	pseudouridine monophosphate synthetase, pseudouridylate synthase, v. 4 | p. 578	
4.2.1.70	pseudouridine synthase, pseudouridylate synthase, v. 4 | p. 578	
5.4.99.12	pseudouridine synthase, tRNA-pseudouridine synthase I, v. 1 | p. 642	
5.4.99.12	pseudouridine synthase 1, tRNA-pseudouridine synthase I, v. 1 | p. 642	
4.2.1.70	pseudouridine synthase I, pseudouridylate synthase, v. 4 | p. 578	
5.4.99.12	pseudouridine synthase RluD, tRNA-pseudouridine synthase I, v. 1 | p. 642	
5.4.99.12	pseudouridine synthase TruB, tRNA-pseudouridine synthase I, v. 1 | p. 642	
5.4.99.12	pseudouridine synthase TruD, tRNA-pseudouridine synthase I, v. 1 | p. 642	
4.2.1.70	Pseudouridylate synthase, pseudouridylate synthase, v. 4 | p. 578	
5.4.99.12	pseudouridylate synthase 1, tRNA-pseudouridine synthase I, v. 1 | p. 642	
5.4.99.12	pseudouridylate synthase I, tRNA-pseudouridine synthase I, v. 1 | p. 642	
4.2.1.70	pseudouridylate synthetase, pseudouridylate synthase, v. 4 | p. 578	
4.2.1.70	pseudouridylate synthetase I, pseudouridylate synthase, v. 4 | p. 578	
4.2.1.70	pseudouridylate synthetase II, pseudouridylate synthase, v. 4 | p. 578	
4.2.1.70	pseudouridylic acid synthetase, pseudouridylate synthase, v. 4 | p. 578	
3.4.21.60	pseutarin C, Scutelarin, v. 7 | p. 277	
3.6.3.1	PS flippase, phospholipid-translocating ATPase, v. 15 | p. 532	
3.1.1.73	PSHAa1385, feruloyl esterase, v. 9 | p. 414	
3.1.1.73	PSHAa enzyme, feruloyl esterase, v. 9 | p. 414	
3.1.21.4	PshAI, type II site-specific deoxyribonuclease, v. 11 | p. 454	
5.4.99.12	ψ-55S, tRNA-pseudouridine synthase I, v. 1 | p. 642	
3.4.21.10	ψ-acrosin, acrosin, v. 7 | p. 57	
3.1.3.16	PSI2, phosphoprotein phosphatase, v. 10 | p. 213	
5.4.99.12	psi55S, tRNA-pseudouridine synthase I, v. 1 | p. 642	
4.2.1.70	PSI55 synthase, pseudouridylate synthase, v. 4 | p. 578	
4.2.1.70	psi55 tRNA pseudouridine synthase, pseudouridylate synthase, v. 4 | p. 578	
4.2.1.70	psiMP synthetase, pseudouridylate synthase, v. 4 | p. 578	
3.1.3.2	PSI purple AP, acid phosphatase, v. 10 | p. 31	
5.4.99.12	psiS I, tRNA-pseudouridine synthase I, v. 1 | p. 642	
5.4.99.12	psiSI, tRNA-pseudouridine synthase I, v. 1 | p. 642	
5.4.99.12	PSI synthase, tRNA-pseudouridine synthase I, v. 1 | p. 642	
4.2.1.70	psisynthetase, pseudouridylate synthase, v. 4 | p. 578	
4.2.1.70	psiUMP synthetase, pseudouridylate synthase, v. 4 | p. 578	
2.7.11.19	PSK-C3, phosphorylase kinase, v. S4 | p. 89	
2.7.11.1	PSK-H1, non-specific serine/threonine protein kinase, v. S3 | p. 1	
3.4.21.35	PS kallikrein, tissue kallikrein, v. 7 | p. 141	
2.7.11.1	PSKH1, non-specific serine/threonine protein kinase, v. S3 | p. 1	
1.14.13.78	PsKO1, ent-kaurene oxidase, v. 26 | p. 574	
5.3.1.8	PslB, Mannose-6-phosphate isomerase, v. 1 | p. 289	
1.1.1.138	PSLDR, mannitol 2-dehydrogenase (NADP+), v. 17 | p. 403	
3.4.17.21	PSM, Glutamate carboxypeptidase II, v. 6 | p. 498	
1.1.1.67	PsM2DH, mannitol 2-dehydrogenase, v. 17 | p. 84	
3.4.17.21	PSMA, Glutamate carboxypeptidase II, v. 6 | p. 498	
3.4.25.1	PSMA5, proteasome endopeptidase complex, v. 8 | p. 587	
3.4.17.21	PSM antigen, Glutamate carboxypeptidase II, v. 6 | p. 498	
1.7.2.1	PsNiR, nitrite reductase (NO-forming), v. 24 | p. 325	
1.5.3.1	PSO, sarcosine oxidase, v. 23 | p. 273	
1.8.3.1	PSO, sulfite oxidase, v. 24 | p. 584	
3.1.3.16	PSP, phosphoprotein phosphatase, v. 10 | p. 213	
3.1.3.3	PSP, phosphoserine phosphatase, v. 10 | p. 77	
3.1.27.1	PSP1, ribonuclease T2, v. 11 | p. 557	

3.1.3.16	PSPase, phosphoprotein phosphatase, v. 10	p. 213
3.1.3.3	PSPase, phosphoserine phosphatase, v. 10	p. 77
3.1.21.4	PspGI, type II site-specific deoxyribonuclease, v. 11	p. 454
3.1.21.5	PspGI, type III site-specific deoxyribonuclease, v. 11	p. 467
3.1.4.11	PsPLC, phosphoinositide phospholipase C, v. 11	p. 75
2.7.8.8	PSS, CDP-diacylglycerol-serine O-phosphatidyltransferase, v. 39	p. 64
2.7.8.8	PSS 1, CDP-diacylglycerol-serine O-phosphatidyltransferase, v. 39	p. 64
2.7.8.8	PSS1, CDP-diacylglycerol-serine O-phosphatidyltransferase, v. 39	p. 64
4.1.1.39	PSS15, Ribulose-bisphosphate carboxylase, v. 3	p. 244
2.7.8.8	PSS2, CDP-diacylglycerol-serine O-phosphatidyltransferase, v. 39	p. 64
2.7.8.8	PSS I, CDP-diacylglycerol-serine O-phosphatidyltransferase, v. 39	p. 64
2.7.8.8	PSS II, CDP-diacylglycerol-serine O-phosphatidyltransferase, v. 39	p. 64
1.8.7.1	PsSiR, sulfite reductase (ferredoxin), v. 24	p. 679
4.1.1.39	PSSU1, Ribulose-bisphosphate carboxylase, v. 3	p. 244
2.7.8.8	PS synthase, CDP-diacylglycerol-serine O-phosphatidyltransferase, v. 39	p. 64
2.7.8.8	PS synthase-1, CDP-diacylglycerol-serine O-phosphatidyltransferase, v. 39	p. 64
2.7.8.8	PS synthase-2, CDP-diacylglycerol-serine O-phosphatidyltransferase, v. 39	p. 64
2.7.8.8	PS synthase 1, CDP-diacylglycerol-serine O-phosphatidyltransferase, v. 39	p. 64
2.7.8.8	PS synthase 2, CDP-diacylglycerol-serine O-phosphatidyltransferase, v. 39	p. 64
2.8.2.1	H-PST, aryl sulfotransferase, v. 39	p. 247
2.8.2.1	M-PST, aryl sulfotransferase, v. 39	p. 247
2.8.2.1	P-PST, aryl sulfotransferase, v. 39	p. 247
2.8.2.1	Pst, aryl sulfotransferase, v. 39	p. 247
3.6.3.27	Pst, phosphate-transporting ATPase, v. 15	p. 649
2.8.2.15	Pst, steroid sulfotransferase, v. 39	p. 387
2.8.2.1	PST-P, aryl sulfotransferase, v. 39	p. 247
3.6.3.27	PstB, phosphate-transporting ATPase, v. 15	p. 649
3.1.21.4	PstI, type II site-specific deoxyribonuclease, v. 11	p. 454
3.1.21.5	PstII, type III site-specific deoxyribonuclease, v. 11	p. 467
5.99.1.3	PsTopII, DNA topoisomerase (ATP-hydrolysing), v. 1	p. 737
3.1.3.16	PSTP, phosphoprotein phosphatase, v. 10	p. 213
3.1.3.16	PstP/Ppp, phosphoprotein phosphatase, v. 10	p. 213
3.1.3.16	PstPpp, phosphoprotein phosphatase, v. 10	p. 213
4.2.3.16	PsTPS-Lim, (4S)-limonene synthase, v. S7	p. 267
4.2.3.14	PsTPS2, pinene synthase, v. S7	p. 256
3.6.3.1	PS translocase, phospholipid-translocating ATPase, v. 15	p. 532
3.6.3.27	PstS, phosphate-transporting ATPase, v. 15	p. 649
3.6.3.27	PstSCAB, phosphate-transporting ATPase, v. 15	p. 649
4.1.1.25	PsTYDC1, Tyrosine decarboxylase, v. 3	p. 146
4.1.1.25	PsTYDC2, Tyrosine decarboxylase, v. 3	p. 146
4.2.1.70	PSUI, pseudouridylate synthase, v. 4	p. 578
5.4.99.12	PSUI, tRNA-pseudouridine synthase I, v. 1	p. 642
2.7.7.64	PsUSP, UTP-monosaccharide-1-phosphate uridylyltransferase, v. S2	p. 326
1.1.1.9	PsXDH, D-xylulose reductase, v. 16	p. 137
2.5.1.32	PSY, phytoene synthase, v. 34	p. 21
3.1.3.16	Psy2p, phosphoprotein phosphatase, v. 10	p. 213
3.1.3.16	Psy4p, phosphoprotein phosphatase, v. 10	p. 213
2.4.1.23	psychosine-UDP galactosyltransferase, sphingosine β-galactosyltransferase, v. 31	p. 270
2.4.1.23	psychosine-uridine diphosphate galactosyltransferase, sphingosine β-galactosyltransferase, v. 31	p. 270
3.2.1.45	psychosine hydrolase, glucosylceramidase, v. 12	p. 614
3.4.24.40	psychrophilic alkaline metalloprotease, serralysin, v. 8	p. 424
3.1.1.3	psychrophilic lipase, triacylglycerol lipase, v. 9	p. 36
3.1.1.81	Psyr_1971, quorum-quenching N-acyl-homoserine lactonase, v. S5	p. 23
3.1.1.81	Psyr_4858, quorum-quenching N-acyl-homoserine lactonase, v. S5	p. 23

2.3.2.12	PT, peptidyltransferase, v. 30 | p. 542	
3.6.4.10	Pt-Hsp70, non-chaperonin molecular chaperone ATPase, v. 15 | p. 810	
3.1.1.4	Pt-PLA1, phospholipase A2, v. 9 | p. 52	
3.1.1.4	Pt-PLA2, phospholipase A2, v. 9 | p. 52	
3.6.3.27	PT1, phosphate-transporting ATPase, v. 15 | p. 649	
3.6.3.27	PT2, phosphate-transporting ATPase, v. 15 | p. 649	
1.1.1.50	PT3HSD, 3α-hydroxysteroid dehydrogenase (B-specific), v. 16 | p. 187	
3.6.3.27	PT4, phosphate-transporting ATPase, v. 15 | p. 649	
3.4.21.27	PTA, coagulation factor XIa, v. 7 | p. 121	
2.3.1.8	PTA, phosphate acetyltransferase, v. 29 | p. 291	
3.4.17.20	pTAFI, Carboxypeptidase U, v. 6 | p. 492	
1.14.13.109	PtAO, abietadienol hydroxylase	
3.1.3.36	5-ptase, phosphoinositide 5-phosphatase, v. 10 | p. 339	
3.1.3.56	5PTase, inositol-polyphosphate 5-phosphatase, v. 10 | p. 448	
3.1.3.36	5PTase, phosphoinositide 5-phosphatase, v. 10 | p. 339	
3.1.3.36	72-5ptase, phosphoinositide 5-phosphatase, v. 10 | p. 339	
3.1.3.56	5PTase1, inositol-polyphosphate 5-phosphatase, v. 10 | p. 448	
3.1.3.36	5PTase13, phosphoinositide 5-phosphatase, v. 10 | p. 339	
3.1.3.56	5PTase2, inositol-polyphosphate 5-phosphatase, v. 10 | p. 448	
3.1.3.56	5PTaseI, inositol-polyphosphate 5-phosphatase, v. 10 | p. 448	
3.1.3.36	5ptase IV, phosphoinositide 5-phosphatase, v. 10 | p. 339	
2.1.3.6	PTC, putrescine carbamoyltransferase, v. 29 | p. 142	
3.1.3.16	Ptc1p, phosphoprotein phosphatase, v. 10 | p. 213	
3.1.3.16	PTC8, phosphoprotein phosphatase, v. 10 | p. 213	
4.2.1.1	PtCA1, carbonate dehydratase, v. 4 | p. 242	
2.1.3.6	PTCase, putrescine carbamoyltransferase, v. 29 | p. 142	
1.2.1.44	PtCCR, cinnamoyl-CoA reductase, v. 20 | p. 316	
1.1.1.184	PTCR, carbonyl reductase (NADPH), v. 18 | p. 105	
3.4.17.1	PTD012, carboxypeptidase A, v. 6 | p. 401	
4.3.1.19	pTD2, threonine ammonia-lyase, v. S7 | p. 356	
3.1.4.3	PtdCho-PLC, phospholipase C, v. 11 | p. 32	
1.20.1.1	PTDH, phosphonate dehydrogenase, v. 27 | p. 591	
2.7.1.150	PtdIns(3) 5-kinase, 1-phosphatidylinositol-3-phosphate 5-kinase, v. 37 | p. 234	
2.7.1.150	PtdIns(3)P 5-kinase, 1-phosphatidylinositol-3-phosphate 5-kinase, v. 37 | p. 234	
3.1.3.64	PtdIns(3)P phosphatase, phosphatidylinositol-3-phosphatase, v. 10 | p. 483	
2.7.1.149	PtdIns(4)P-5-kinase B isoform, 1-phosphatidylinositol-5-phosphate 4-kinase, v. 37 | p. 231	
2.7.1.149	PtdIns(4)P-5-kinase C isoform, 1-phosphatidylinositol-5-phosphate 4-kinase, v. 37 | p. 231	
2.7.1.68	PtdIns(4)P 5-kinase, 1-phosphatidylinositol-4-phosphate 5-kinase, v. 36 | p. 196	
3.1.4.11	PtdIns(4,5)P2-directed phospholipase C, phosphoinositide phospholipase C, v. 11 | p. 75	
3.1.4.11	PtdIns(4,5)P2-PLC, phosphoinositide phospholipase C, v. 11 | p. 75	
2.7.1.153	PtdIns(4,5)P2 3-OH kinase, phosphatidylinositol-4,5-bisphosphate 3-kinase, v. 37 | p. 241	
3.1.3.36	PtdIns(4,5)P2 5-phosphatase, phosphoinositide 5-phosphatase, v. 10 | p. 339	
3.1.3.36	PtdIns(4,5)P2 phosphatase, phosphoinositide 5-phosphatase, v. 10 | p. 339	
2.7.1.154	PtdIns-3-kinase C2α, phosphatidylinositol-4-phosphate 3-kinase, v. 37 | p. 245	
2.7.1.154	PtdIns-3-kinase C2β, phosphatidylinositol-4-phosphate 3-kinase, v. 37 | p. 245	
2.7.1.154	PtdIns-3-kinase C2γ, phosphatidylinositol-4-phosphate 3-kinase, v. 37 | p. 245	
2.7.1.153	PtdIns-3-kinase p101, phosphatidylinositol-4,5-bisphosphate 3-kinase, v. 37 | p. 241	
2.7.1.153	PtdIns-3-kinase p110, phosphatidylinositol-4,5-bisphosphate 3-kinase, v. 37 | p. 241	
3.1.3.78	PtdIns-4,5-P2 4-phosphatase type I, phosphatidylinositol-4,5-bisphosphate 4-phosphatase	
3.1.3.78	PtdIns-4,5-P2 4-phosphatase type II, phosphatidylinositol-4,5-bisphosphate 4-phosphatase	
2.7.1.137	PtdIns 3'-kinase, phosphatidylinositol 3-kinase, v. 37 | p. 170	
2.7.1.137	PtdIns 3-kinase, phosphatidylinositol 3-kinase, v. 37 | p. 170	
3.1.3.64	PtdIns 3-phosphatase, phosphatidylinositol-3-phosphatase, v. 10 | p. 483	

2.7.1.150	PtdIns3P 5-kinase, 1-phosphatidylinositol-3-phosphate 5-kinase, v. 37 | p. 234
2.7.1.150	PtdIns3P 5-OH kinase, 1-phosphatidylinositol-3-phosphate 5-kinase, v. 37 | p. 234
2.7.1.67	PtdIns 4-kinase, 1-phosphatidylinositol 4-kinase, v. 36 | p. 176
2.7.1.67	PtdIns 4-kinase β, 1-phosphatidylinositol 4-kinase, v. 36 | p. 176
2.7.1.67	PtdIns4KIIα, 1-phosphatidylinositol 4-kinase, v. 36 | p. 176
2.7.1.68	PtdIns4P5K, 1-phosphatidylinositol-4-phosphate 5-kinase, v. 36 | p. 196
2.7.1.149	PtdIns5P 4-kinase, 1-phosphatidylinositol-5-phosphate 4-kinase, v. 37 | p. 231
2.7.1.68	PtdInsP, 1-phosphatidylinositol-4-phosphate 5-kinase, v. 36 | p. 196
2.7.1.153	PtdInsP 3-OH-kinase, phosphatidylinositol-4,5-bisphosphate 3-kinase, v. 37 | p. 241
3.1.3.36	PtdInsP3 5-phosphatase, phosphoinositide 5-phosphatase, v. 10 | p. 339
2.7.8.11	PtdIns synthase, CDP-diacylglycerol-inositol 3-phosphatidyltransferase, v. 39 | p. 80
2.7.8.11	PtdIn synthase, CDP-diacylglycerol-inositol 3-phosphatidyltransferase, v. 39 | p. 80
2.7.8.8	PtdSer synthase, CDP-diacylglycerol-serine O-phosphatidyltransferase, v. 39 | p. 64
2.7.8.8	PtdSer synthase-1, CDP-diacylglycerol-serine O-phosphatidyltransferase, v. 39 | p. 64
2.7.8.8	PtdSer synthase-2, CDP-diacylglycerol-serine O-phosphatidyltransferase, v. 39 | p. 64
3.1.8.1	PTE, aryldialkylphosphatase, v. 11 | p. 343
3.1.2.27	PTE-2, choloyl-CoA hydrolase, v. S5 | p. 49
3.1.2.2	PTE-2, palmitoyl-CoA hydrolase, v. 9 | p. 459
2.3.1.176	PTE-2, propanoyl-CoA C-acyltransferase, v. S2 | p. 81
3.1.2.2	PTE-Ia, palmitoyl-CoA hydrolase, v. 9 | p. 459
3.1.2.2	PTE-Ib, palmitoyl-CoA hydrolase, v. 9 | p. 459
3.1.2.20	Pte1p, acyl-CoA hydrolase, v. 9 | p. 539
3.1.3.67	PTEN, phosphatidylinositol-3,4,5-trisphosphate 3-phosphatase, v. 10 | p. 491
3.1.3.16	PTEN, phosphoprotein phosphatase, v. 10 | p. 213
3.1.3.48	PTEN, protein-tyrosine-phosphatase, v. 10 | p. 407
3.1.3.67	PTEN/MMAC, phosphatidylinositol-3,4,5-trisphosphate 3-phosphatase, v. 10 | p. 491
3.1.3.67	PTEN/MMAC1, phosphatidylinositol-3,4,5-trisphosphate 3-phosphatase, v. 10 | p. 491
3.1.3.67	PTEN phosphatase, phosphatidylinositol-3,4,5-trisphosphate 3-phosphatase, v. 10 | p. 491
1.5.1.33	pteridine reductase, pteridine reductase, v. 23 | p. 243
1.5.1.33	pteridine reductase 1, pteridine reductase, v. 23 | p. 243
1.5.1.3	pteridine reductase:dihydrofolate reductase, dihydrofolate reductase, v. 23 | p. 17
4.2.1.96	Pterin-4-α-carbinolamine dehydratase, 4a-hydroxytetrahydrobiopterin dehydratase, v. 4 | p. 665
4.2.1.96	Pterin-4 α-carbinolamine dehydratase, 4a-hydroxytetrahydrobiopterin dehydratase, v. 4 | p. 665
4.2.1.96	Pterin-4α-carbinolamine dehydratase, 4a-hydroxytetrahydrobiopterin dehydratase, v. 4 | p. 665
4.2.1.96	Pterin-4α-carbinolamine dehydratase (PCD)/dimerization cofactor for the transcription factor HBF-1α, 4a-hydroxytetrahydrobiopterin dehydratase, v. 4 | p. 665
4.2.1.96	Pterin-4a-carbinolamine dehydratase, 4a-hydroxytetrahydrobiopterin dehydratase, v. 4 | p. 665
4.2.1.96	Pterin-4a-carbinolamine dehydratase (Aquifex aeolicus gene phhB), 4a-hydroxytetrahydrobiopterin dehydratase, v. 4 | p. 665
4.2.1.96	Pterin-4a-carbinolamine dehydratase/dimerization cofactor of HNF1, 4a-hydroxytetrahydrobiopterin dehydratase, v. 4 | p. 665
4.2.1.96	Pterin carbinolamine dehydratase, 4a-hydroxytetrahydrobiopterin dehydratase, v. 4 | p. 665
1.1.1.246	pterocarpan synthase, pterocarpin synthase, v. 18 | p. 412
3.4.17.11	N-pteroyl-L-glutamate hydrolase, glutamate carboxypeptidase, v. 6 | p. 462
3.4.19.9	pteroyl-poly-γ-glutamate hydrolase, γ-glutamyl hydrolase, v. 6 | p. 560
3.4.17.11	pteroylmonoglutamic acid hydrolase G2, glutamate carboxypeptidase, v. 6 | p. 462
3.4.17.21	Pteroylpoly-γ-glutamate carboxypeptidase, Glutamate carboxypeptidase II, v. 6 | p. 498
3.4.19.9	pteroylpoly-γ-glutamyl hydrolase, γ-glutamyl hydrolase, v. 6 | p. 560
1.14.14.1	PTF1, unspecific monooxygenase, v. 26 | p. 584
5.2.1.8	Ptf1/Ess1, Peptidylprolyl isomerase, v. 1 | p. 218
1.14.14.1	PTF2, unspecific monooxygenase, v. 26 | p. 584

1.14.19.6	PtFAD2, Δ12-fatty-acid desaturase	
1.14.19.6	PtFAD6, Δ12-fatty-acid desaturase	
3.1.2.14	PtFATB, oleoyl-[acyl-carrier-protein] hydrolase, v. 9 | p. 516	
5.3.99.2	PTGDS, Prostaglandin-D synthase, v. 1 | p. 451	
5.3.99.3	PTGES, prostaglandin-E synthase, v. 1 | p. 459	
5.3.99.4	Ptgis, prostaglandin-I synthase, v. 1 | p. 465	
1.14.99.1	PTGS1, prostaglandin-endoperoxide synthase, v. 27 | p. 246	
1.14.99.1	PTGS2, prostaglandin-endoperoxide synthase, v. 27 | p. 246	
2.5.1.18	PtGSTU1, glutathione transferase, v. 33 | p. 524	
3.1.1.29	PTH, aminoacyl-tRNA hydrolase, v. 9 | p. 239	
3.1.1.29	Pth2, aminoacyl-tRNA hydrolase, v. 9 | p. 239	
2.7.8.11	PtIns synthase, CDP-diacylglycerol-inositol 3-phosphatidyltransferase, v. 39 | p. 80	
2.7.10.2	PTK, non-specific protein-tyrosine kinase, v. S2 | p. 441	
3.1.3.48	PTK, protein-tyrosine-phosphatase, v. 10 | p. 407	
2.7.10.1	PTK, receptor protein-tyrosine kinase, v. S2 | p. 341	
2.7.10.2	PTK-RL-18, non-specific protein-tyrosine kinase, v. S2 | p. 441	
2.7.12.1	PTK2, dual-specificity kinase, v. S4 | p. 372	
2.7.12.2	PTK2, mitogen-activated protein kinase kinase, v. S4 | p. 392	
2.7.10.2	PTK6, non-specific protein-tyrosine kinase, v. S2 | p. 441	
2.7.10.2	PTK6/Sik, non-specific protein-tyrosine kinase, v. S2 | p. 441	
2.7.10.2	PTK70, non-specific protein-tyrosine kinase, v. S2 | p. 441	
3.1.1.3	PTL, triacylglycerol lipase, v. 9 | p. 36	
3.4.14.12	PTP, Xaa-Xaa-Pro tripeptidyl-peptidase, v. S5 | p. 299	
3.1.3.16	PTP, phosphoprotein phosphatase, v. 10 | p. 213	
3.1.3.48	PTP, protein-tyrosine-phosphatase, v. 10 | p. 407	
3.4.11.4	PTP, tripeptide aminopeptidase, v. 6 | p. 75	
3.1.3.48	PTP ε, protein-tyrosine-phosphatase, v. 10 | p. 407	
3.1.3.48	PTPα, protein-tyrosine-phosphatase, v. 10 | p. 407	
3.1.3.48	PTPβ, protein-tyrosine-phosphatase, v. 10 | p. 407	
3.1.3.48	PTPε, protein-tyrosine-phosphatase, v. 10 | p. 407	
3.1.3.48	PTPγ, protein-tyrosine-phosphatase, v. 10 | p. 407	
3.1.3.48	R-PTP-α, protein-tyrosine-phosphatase, v. 10 | p. 407	
3.1.3.48	R-PTP-β, protein-tyrosine-phosphatase, v. 10 | p. 407	
3.1.3.48	R-PTP-δ, protein-tyrosine-phosphatase, v. 10 | p. 407	
3.1.3.48	R-PTP-ε, protein-tyrosine-phosphatase, v. 10 | p. 407	
3.1.3.48	R-PTP-γ, protein-tyrosine-phosphatase, v. 10 | p. 407	
3.1.3.16	PTP-1B, phosphoprotein phosphatase, v. 10 | p. 213	
3.1.3.48	PTP-1B, protein-tyrosine-phosphatase, v. 10 | p. 407	
3.1.3.48	PTP-1C, protein-tyrosine-phosphatase, v. 10 | p. 407	
3.1.3.48	PTP-1D, protein-tyrosine-phosphatase, v. 10 | p. 407	
3.1.3.48	PTP-2C, protein-tyrosine-phosphatase, v. 10 | p. 407	
3.1.3.48	PTP-BAS, protein-tyrosine-phosphatase, v. 10 | p. 407	
3.1.3.48	PTP-BL, protein-tyrosine-phosphatase, v. 10 | p. 407	
3.1.3.48	PTP-E1, protein-tyrosine-phosphatase, v. 10 | p. 407	
3.1.3.48	PTP-eta, protein-tyrosine-phosphatase, v. 10 | p. 407	
3.1.3.48	R-PTP-eta, protein-tyrosine-phosphatase, v. 10 | p. 407	
3.1.3.48	PTP-F, protein-tyrosine-phosphatase, v. 10 | p. 407	
3.1.3.48	PTP-H1, protein-tyrosine-phosphatase, v. 10 | p. 407	
3.1.3.48	PTP-H2, protein-tyrosine-phosphatase, v. 10 | p. 407	
3.1.3.48	PTP-HA2, protein-tyrosine-phosphatase, v. 10 | p. 407	
3.1.3.48	R-PTP-kappa, protein-tyrosine-phosphatase, v. 10 | p. 407	
3.1.3.26	PTP-like phytase, 4-phytase, v. 10 | p. 289	
3.1.3.48	PTP-MEG2, protein-tyrosine-phosphatase, v. 10 | p. 407	
3.1.3.48	R-PTP-mu, protein-tyrosine-phosphatase, v. 10 | p. 407	
3.1.3.48	PTP-NP, protein-tyrosine-phosphatase, v. 10 | p. 407	

3.1.3.48	PTP-oc, protein-tyrosine-phosphatase, v. 10 | p. 407
3.1.3.48	PTP-PEST, protein-tyrosine-phosphatase, v. 10 | p. 407
3.1.3.48	α-PTP-PEST, protein-tyrosine-phosphatase, v. 10 | p. 407
3.1.3.48	PTP-phosphatase, protein-tyrosine-phosphatase, v. 10 | p. 407
3.1.3.48	PTP-SH2β, protein-tyrosine-phosphatase, v. 10 | p. 407
3.1.3.48	PTP-SL, protein-tyrosine-phosphatase, v. 10 | p. 407
3.1.3.48	PTP-U2, protein-tyrosine-phosphatase, v. 10 | p. 407
3.1.3.48	R-PTP-zeta, protein-tyrosine-phosphatase, v. 10 | p. 407
3.1.3.48	PTP1, protein-tyrosine-phosphatase, v. 10 | p. 407
3.1.3.48	PTP1B, protein-tyrosine-phosphatase, v. 10 | p. 407
3.1.3.48	PTP1C, protein-tyrosine-phosphatase, v. 10 | p. 407
3.1.3.48	PTP1D, protein-tyrosine-phosphatase, v. 10 | p. 407
3.1.3.48	PTP1e, protein-tyrosine-phosphatase, v. 10 | p. 407
3.1.3.48	PTP2C, protein-tyrosine-phosphatase, v. 10 | p. 407
3.1.3.48	PTP36, protein-tyrosine-phosphatase, v. 10 | p. 407
3.4.14.12	PTP39, Xaa-Xaa-Pro tripeptidyl-peptidase, v. S5 | p. 299
3.4.11.4	PTP39, tripeptide aminopeptidase, v. 6 | p. 75
5.2.1.8	PtpA, Peptidylprolyl isomerase, v. 1 | p. 218
3.1.3.48	PtpA, protein-tyrosine-phosphatase, v. 10 | p. 407
3.1.3.48	PTPase, protein-tyrosine-phosphatase, v. 10 | p. 407
3.1.3.48	PTPase-MEG1, protein-tyrosine-phosphatase, v. 10 | p. 407
3.1.3.48	PTPase-MEG2, protein-tyrosine-phosphatase, v. 10 | p. 407
3.1.3.48	PTPase YVH1, protein-tyrosine-phosphatase, v. 10 | p. 407
3.1.3.48	PtpB, protein-tyrosine-phosphatase, v. 10 | p. 407
3.1.3.48	PTPB1, protein-tyrosine-phosphatase, v. 10 | p. 407
3.1.3.48	PTPBAS, protein-tyrosine-phosphatase, v. 10 | p. 407
3.1.3.48	PTPBR7, protein-tyrosine-phosphatase, v. 10 | p. 407
3.1.3.48	PTPεC, protein-tyrosine-phosphatase, v. 10 | p. 407
3.1.3.16	PTPCAAX1, phosphoprotein phosphatase, v. 10 | p. 213
3.1.3.48	PTPD1, protein-tyrosine-phosphatase, v. 10 | p. 407
3.1.3.48	PTPeta, protein-tyrosine-phosphatase, v. 10 | p. 407
3.1.3.48	PTPetaCD, protein-tyrosine-phosphatase, v. 10 | p. 407
3.1.3.48	PTPG1, protein-tyrosine-phosphatase, v. 10 | p. 407
3.1.3.48	PTPH1, protein-tyrosine-phosphatase, v. 10 | p. 407
5.3.1.1	pTPI, Triose-phosphate isomerase, v. 1 | p. 235
3.1.3.48	PTP IA-2β, protein-tyrosine-phosphatase, v. 10 | p. 407
3.1.3.48	PTPL1, protein-tyrosine-phosphatase, v. 10 | p. 407
3.1.3.48	PTPεM, protein-tyrosine-phosphatase, v. 10 | p. 407
3.1.3.48	PTPMEG, protein-tyrosine-phosphatase, v. 10 | p. 407
3.1.3.48	PTPN1, protein-tyrosine-phosphatase, v. 10 | p. 407
3.1.3.48	PTPN11, protein-tyrosine-phosphatase, v. 10 | p. 407
3.1.3.48	PTPN12, protein-tyrosine-phosphatase, v. 10 | p. 407
3.1.3.48	PTPN13, protein-tyrosine-phosphatase, v. 10 | p. 407
3.1.3.48	PTPN14, protein-tyrosine-phosphatase, v. 10 | p. 407
3.1.3.48	PTPN2, protein-tyrosine-phosphatase, v. 10 | p. 407
3.1.3.48	PTPN20 variant 15, protein-tyrosine-phosphatase, v. 10 | p. 407
3.1.3.48	PTPN21, protein-tyrosine-phosphatase, v. 10 | p. 407
3.1.3.48	PTPN22, protein-tyrosine-phosphatase, v. 10 | p. 407
3.1.3.48	PTPN23, protein-tyrosine-phosphatase, v. 10 | p. 407
3.1.3.48	PTPN3, protein-tyrosine-phosphatase, v. 10 | p. 407
3.1.3.48	PTPN4, protein-tyrosine-phosphatase, v. 10 | p. 407
3.1.3.48	PTPN4/PTP-MEG1, protein-tyrosine-phosphatase, v. 10 | p. 407
3.1.3.48	PTPN5, protein-tyrosine-phosphatase, v. 10 | p. 407
3.1.3.48	PTPN6, protein-tyrosine-phosphatase, v. 10 | p. 407
3.1.3.48	PTPN7, protein-tyrosine-phosphatase, v. 10 | p. 407

3.1.3.48	PTPN9, protein-tyrosine-phosphatase, v. 10	p. 407
3.1.3.48	PTPNE6, protein-tyrosine-phosphatase, v. 10	p. 407
3.1.3.48	PTPP, protein-tyrosine-phosphatase, v. 10	p. 407
3.1.3.48	PTPPase, protein-tyrosine-phosphatase, v. 10	p. 407
3.1.3.48	PTPPBSγ, protein-tyrosine-phosphatase, v. 10	p. 407
3.1.3.48	PTPPBSγ-37, protein-tyrosine-phosphatase, v. 10	p. 407
3.1.3.48	PTPPBSγ-42, protein-tyrosine-phosphatase, v. 10	p. 407
3.1.3.48	PTPRA, protein-tyrosine-phosphatase, v. 10	p. 407
3.1.3.48	PTPRB, protein-tyrosine-phosphatase, v. 10	p. 407
3.1.3.48	PTPRC, protein-tyrosine-phosphatase, v. 10	p. 407
3.1.3.48	PTPRD, protein-tyrosine-phosphatase, v. 10	p. 407
3.1.3.48	PTPRE, protein-tyrosine-phosphatase, v. 10	p. 407
3.1.3.48	PTPRF, protein-tyrosine-phosphatase, v. 10	p. 407
3.1.3.48	PTPRG, protein-tyrosine-phosphatase, v. 10	p. 407
3.1.3.48	PTPRH, protein-tyrosine-phosphatase, v. 10	p. 407
3.1.3.48	PTPRJ, protein-tyrosine-phosphatase, v. 10	p. 407
3.1.3.48	PTPRK, protein-tyrosine-phosphatase, v. 10	p. 407
3.1.3.48	PTPRM, protein-tyrosine-phosphatase, v. 10	p. 407
3.1.3.48	PTPRN, protein-tyrosine-phosphatase, v. 10	p. 407
3.1.3.48	PTPRN2, protein-tyrosine-phosphatase, v. 10	p. 407
3.1.3.48	PTPRO, protein-tyrosine-phosphatase, v. 10	p. 407
3.1.3.48	PTPRO, truncated, protein-tyrosine-phosphatase, v. 10	p. 407
3.1.3.48	PTPRO-FL, protein-tyrosine-phosphatase, v. 10	p. 407
3.1.3.48	PTPROt, protein-tyrosine-phosphatase, v. 10	p. 407
3.1.3.48	PTPRQ, protein-tyrosine-phosphatase, v. 10	p. 407
3.1.3.48	PTPRR, protein-tyrosine-phosphatase, v. 10	p. 407
3.1.3.48	PTPRS, protein-tyrosine-phosphatase, v. 10	p. 407
3.1.3.48	PTPRT, protein-tyrosine-phosphatase, v. 10	p. 407
3.1.3.48	PTPRU, protein-tyrosine-phosphatase, v. 10	p. 407
3.1.3.48	PTPRV, protein-tyrosine-phosphatase, v. 10	p. 407
3.1.3.48	PTPRZ, protein-tyrosine-phosphatase, v. 10	p. 407
4.2.3.12	PTPS, 6-pyruvoyltetrahydropterin synthase, v. S7	p. 235
3.1.3.48	PTPS31, protein-tyrosine-phosphatase, v. 10	p. 407
4.2.3.12	PTPS homologue, 6-pyruvoyltetrahydropterin synthase, v. S7	p. 235
3.1.3.48	PTPsigma, protein-tyrosine-phosphatase, v. 10	p. 407
4.2.3.12	PTP synthase, 6-pyruvoyltetrahydropterin synthase, v. S7	p. 235
3.1.3.48	PTPxi/RPTPβ, protein-tyrosine-phosphatase, v. 10	p. 407
3.4.24.55	PTR, pitrilysin, v. 8	p. 481
1.5.1.33	PTR1, pteridine reductase, v. 23	p. 243
3.4.24.17	PTR1 protein, stromelysin 1, v. 8	p. 296
1.5.1.34	PTR2, 6,7-dihydropteridine reductase, v. 23	p. 248
4.2.3.12	PTS, 6-pyruvoyltetrahydropterin synthase, v. S7	p. 235
6.3.2.1	PTS, Pantoate-β-alanine ligase, v. 2	p. 394
2.7.3.9	PTS, phosphoenolpyruvate-protein phosphotransferase, v. 37	p. 414
2.7.1.69	PTS, protein-Npi-phosphohistidine-sugar phosphotransferase, v. 36	p. 207
2.7.1.69	PtsG, protein-Npi-phosphohistidine-sugar phosphotransferase, v. 36	p. 207
2.7.3.9	ptsI, phosphoenolpyruvate-protein phosphotransferase, v. 37	p. 414
2.7.1.69	PTS permease, protein-Npi-phosphohistidine-sugar phosphotransferase, v. 36	p. 207
3.2.1.4	PttCel9A, cellulase, v. 12	p. 88
4.2.3.18	PtTPS-LAS, abietadiene synthase, v. S7	p. 276
2.4.1.207	PttXET, xyloglucan:xyloglucosyl transferase, v. 32	p. 524
2.4.1.207	PttXET16-34, xyloglucan:xyloglucosyl transferase, v. 32	p. 524
2.4.1.207	PttXET16A, xyloglucan:xyloglucosyl transferase, v. 32	p. 524
3.2.1.1	Ptyalin, α-amylase, v. 12	p. 1
2.4.2.1	Pu-NPase, purine-nucleoside phosphorylase, v. 33	p. 1

4.1.2.9	Pu5PPK, Phosphoketolase, v. 3	p. 435
6.3.2.19	PUB-ARM, Ubiquitin-protein ligase, v. 2	p. 506
6.3.2.19	PUB17, Ubiquitin-protein ligase, v. 2	p. 506
6.3.2.19	Pub1p, Ubiquitin-protein ligase, v. 2	p. 506
6.3.2.19	PUB22, Ubiquitin-protein ligase, v. 2	p. 506
6.3.2.19	PUB23, Ubiquitin-protein ligase, v. 2	p. 506
6.3.2.19	PUB24, Ubiquitin-protein ligase, v. 2	p. 506
6.3.2.19	Pub2p, Ubiquitin-protein ligase, v. 2	p. 506
6.3.2.19	PUB54, Ubiquitin-protein ligase, v. 2	p. 506
3.5.2.17	PucM, hydroxyisourate hydrolase, v. S6	p. 438
5.3.3.13	PUFA double bond isomerases, polyenoic fatty acid isomerase, v. S7	p. 502
3.4.21.89	PulO prepilin peptidase, Signal peptidase I, v. 7	p. 431
3.2.1.135	Pul, neopullulanase, v. 13	p. 542
3.4.21.97	pUL80a, assemblin, v. 7	p. 465
1.14.13.104	(+)-pulegone-9-hydroxylase, (+)-menthofuran synthase
1.3.1.81	pulegone reductase, (+)-pulegone reductase
3.2.1.135	pullulan 4-D-glucanohydrolase (6-α-D-glucosylmaltose), neopullulanase, v. 13	p. 542
3.2.1.57	pullulan 4-glucanohydrolase, isopullulanase, v. 13	p. 133
3.2.1.41	Pullulan 6-glucanohydrolase, pullulanase, v. 12	p. 594
3.2.1.142	pullulanase, limit dextrinase, v. 13	p. 568
3.2.1.135	pullulanase, neopullulanase, v. 13	p. 542
3.2.1.41	pullulanase, pullulanase, v. 12	p. 594
3.2.1.135	pullulanase, neo-, neopullulanase, v. 13	p. 542
3.2.1.135	pullulanase II, neopullulanase, v. 13	p. 542
3.2.1.41	pullulanase type 1, pullulanase, v. 12	p. 594
3.2.1.41	pullulanase type I, pullulanase, v. 12	p. 594
3.2.1.41	pullulanase type II, pullulanase, v. 12	p. 594
3.2.1.135	pullulan hydrolase type I, neopullulanase, v. 13	p. 542
3.1.21.1	pulmozyme, rhDNaseI, deoxyribonuclease I, v. 11	p. 431
3.4.23.43	PulO, prepilin peptidase, v. 8	p. 194
3.4.23.43	PulO prepilin peptidase, prepilin peptidase, v. 8	p. 194
3.2.1.41	PUL US105, pullulanase, v. 12	p. 594
3.4.11.6	pumAPE, aminopeptidase B, v. 6	p. 92
3.4.24.23	PUMP, matrilysin, v. 8	p. 344
3.4.24.23	Pump-1 protease, matrilysin, v. 8	p. 344
3.5.4.16	Punch protein, GTP cyclohydrolase I, v. 15	p. 120
2.4.2.1	PUNP, purine-nucleoside phosphorylase, v. 33	p. 1
2.4.2.1	PUNPI, purine-nucleoside phosphorylase, v. 33	p. 1
2.4.2.1	PUNPII, purine-nucleoside phosphorylase, v. 33	p. 1
1.4.3.10	PuO, putrescine oxidase, v. 22	p. 325
1.18.1.3	PuR, ferredoxin-NAD+ reductase, v. 27	p. 559
6.3.5.3	Pur4, phosphoribosylformylglycinamidine synthase, v. 2	p. 666
6.3.2.6	PurC, phosphoribosylaminoimidazolesuccinocarboxamide synthase, v. 2	p. 434
6.3.2.6	PurCE, phosphoribosylaminoimidazolesuccinocarboxamide synthase, v. 2	p. 434
6.3.2.6	PurC gene product, phosphoribosylaminoimidazolesuccinocarboxamide synthase, v. 2	p. 434
5.4.99.18	PurE, 5-(carboxyamino)imidazole ribonucleotide mutase, v. S7	p. 548
2.4.2.14	PurF, amidophosphoribosyltransferase, v. 33	p. 152
5.3.1.24	PurF(I198V), phosphoribosylanthranilate isomerase, v. 1	p. 353
2.1.2.3	PurH, phosphoribosylaminoimidazolecarboxamide formyltransferase, v. 29	p. 32
2.4.2.6	purine(pyrimidine) nucleoside:purine(pyrimidine) deoxyribosyl transferase, nucleoside deoxyribosyltransferase, v. 33	p. 66
2.4.2.8	purine-6-thiol phosphoribosyltransferase, hypoxanthine phosphoribosyltransferase, v. 33	p. 95
2.7.1.76	purine-deoxyribonucleoside kinase, deoxyadenosine kinase, v. 36	p. 256

3.2.2.1	purine β-ribosidase, purine nucleosidase, v. 14	p. 1
3.2.2.1	purine-specific hydrolase, purine nucleosidase, v. 14	p. 1
3.1.27.4	Purine-specific ribonuclease, ribonuclease U2, v. 11	p. 580
3.1.27.4	Purine-specific RNase, ribonuclease U2, v. 11	p. 580
3.1.3.5	purine 5'-NT, 5'-nucleotidase, v. 10	p. 95
3.1.3.5	purine 5'-nucleotidase, 5'-nucleotidase, v. 10	p. 95
2.4.2.1	purine deoxynucleoside phosphorylase, purine-nucleoside phosphorylase, v. 33	p. 1
2.4.2.1	purine deoxyribonucleoside phosphorylase, purine-nucleoside phosphorylase, v. 33	p. 1
3.2.2.1	Purine nucleosidase, purine nucleosidase, v. 14	p. 1
3.2.2.1	purine nucleoside hydrolase, purine nucleosidase, v. 14	p. 1
2.7.1.143	purine nucleoside kinase, diphosphate-purine nucleoside kinase, v. 37	p. 208
2.4.2.1	purine nucleoside phosphorylase, purine-nucleoside phosphorylase, v. 33	p. 1
2.4.2.1	purine nucleoside phosphorylase DeoD, purine-nucleoside phosphorylase, v. 33	p. 1
2.4.2.1	purine nucleoside phosphorylase II, purine-nucleoside phosphorylase, v. 33	p. 1
3.6.1.15	purine nucleoside triphosphatase, nucleoside-triphosphatase, v. 15	p. 365
3.2.2.1	purine ribonucleosidase, purine nucleosidase, v. 14	p. 1
2.4.2.1	purine ribonucleoside phosphorylase, purine-nucleoside phosphorylase, v. 33	p. 1
3.1.27.4	Purine specific endoribonuclease, ribonuclease U2, v. 11	p. 580
4.3.2.4	PurIR cyclase, purine imidazole-ring cyclase, v. 5	p. 275
6.3.4.18	PurK, 5-(carboxyamino)imidazole ribonucleotide synthase, v. S7	p. 625
6.3.5.3	PurL, phosphoribosylformylglycinamidine synthase, v. 2	p. 666
2.1.2.2	purN transformylase, phosphoribosylglycinamide formyltransferase, v. 29	p. 19
3.5.4.10	PurO, IMP cyclohydrolase, v. 15	p. 82
3.4.11.1	puromycin-insensitive leucine specific aminopeptidase, leucyl aminopeptidase, v. 6	p. 40
3.4.11.1	puromycin-insensitive leucyl-specific aminopeptidase, leucyl aminopeptidase, v. 6	p. 40
3.4.11.2	puromycin-insensitive neutral aminopeptidase, membrane alanyl aminopeptidase, v. 6	p. 53
3.4.11.14	puromycin-sensitive aminopeptidase, cytosol alanyl aminopeptidase, v. 6	p. 143
3.4.11.14	puromycin-sensitive neuron-aminopeptidase, cytosol alanyl aminopeptidase, v. 6	p. 143
3.4.11.1	puromycin insensitive leucyl-specific aminopeptidase, leucyl aminopeptidase, v. 6	p. 40
3.1.3.2	purple acid phosphatase, acid phosphatase, v. 10	p. 31
4.2.1.70	PUS, pseudouridylate synthase, v. 4	p. 578
5.4.99.12	PUS1, tRNA-pseudouridine synthase I, v. 1	p. 642
5.4.99.12	Pus10, tRNA-pseudouridine synthase I, v. 1	p. 642
5.4.99.12	Pus1p, tRNA-pseudouridine synthase I, v. 1	p. 642
5.4.99.12	Pus2p, tRNA-pseudouridine synthase I, v. 1	p. 642
5.4.99.12	Pus5p, tRNA-pseudouridine synthase I, v. 1	p. 642
1.5.99.8	PutA, proline dehydrogenase, v. 23	p. 381
1.5.99.8	PutA flavoprotein, proline dehydrogenase, v. 23	p. 381
1.5.99.8	PutA proline dehydrogenase, proline dehydrogenase, v. 23	p. 381
3.4.24.23	Putative (or punctuated) metalloproteinase-1, matrilysin, v. 8	p. 344
3.5.1.23	Putative 32 KDA heart protein, ceramidase, v. 14	p. 367
2.6.1.48	putative 5-aminovalerate aminotransferase, 5-aminovalerate transaminase, v. 34	p. 565
1.13.11.51	putative carotenoid cleavage dioxygenase, 9-cis-epoxycarotenoid dioxygenase, v. S1	p. 436
2.7.1.32	putative choline kinase, choline kinase, v. 35	p. 373
1.14.99.1	putative cyclooxygenase-3, prostaglandin-endoperoxide synthase, v. 27	p. 246
2.5.1.15	putative dihydropteroate synthase ortholog, dihydropteroate synthase, v. 33	p. 494
2.7.1.4	putative fructokinase, fructokinase, v. 35	p. 127
1.1.1.2	putative iron alcohol dehydrogenase, alcohol dehydrogenase (NADP+), v. 16	p. 45
6.2.1.3	putative long-chain acyl-CoA synthetase, Long-chain-fatty-acid-CoA ligase, v. 2	p. 206
3.1.1.3	putative lysophospholipase, triacylglycerol lipase, v. 9	p. 36
3.4.24.23	Putative metalloproteinase, matrilysin, v. 8	p. 344
2.7.11.25	putative mitogen-activated protein kinase 1, mitogen-activated protein kinase kinase kinase, v. S4	p. 278
1.18.1.3	putidaredoxin reductase, ferredoxin-NAD+ reductase, v. 27	p. 559

2.3.1.57	putrescine (diamine)-acetylating enzyme, diamine N-acetyltransferase, v. 29 | p. 708	
2.6.1.82	putrescine-α-ketoglutarate transaminase, putrescine aminotransferase, v. S2 | p. 250	
2.3.1.57	putrescine acetylase, diamine N-acetyltransferase, v. 29 | p. 708	
2.3.1.57	putrescine acetyltransferase, diamine N-acetyltransferase, v. 29 | p. 708	
2.5.1.16	putrescine aminopropyltransferase, spermidine synthase, v. 33 | p. 502	
2.3.1.138	putrescine hydroxycinnamoyl transferase, putrescine N-hydroxycinnamoyltransferase, v. 30 | p. 361	
2.3.1.138	putrescine hydroxycinnamoyltransferase, putrescine N-hydroxycinnamoyltransferase, v. 30 | p. 361	
2.1.1.53	putrescine methyltransferase, putrescine N-methyltransferase, v. 28 | p. 300	
2.3.1.57	putrescine N-acetyltransferase, diamine N-acetyltransferase, v. 29 | p. 708	
2.1.1.53	putrescine N-methyltransferase, putrescine N-methyltransferase, v. 28 | p. 300	
3.5.3.12	putrescine synthase, agmatine deiminase, v. 14 | p. 805	
2.7.2.2	putrescine synthase, carbamate kinase, v. 37 | p. 275	
2.1.3.6	putrescine synthase, putrescine carbamoyltransferase, v. 29 | p. 142	
2.6.1.82	putrescine transaminase, putrescine aminotransferase, v. S2 | p. 250	
2.1.3.6	putrescine transcarbamylase, putrescine carbamoyltransferase, v. 29 | p. 142	
6.3.1.11	PuuA, glutamate-putrescine ligase, v. S7 | p. 595	
3.5.1.94	PuuD, γ-glutamyl-γ-aminobutyrate hydrolase, v. S6 | p. 429	
3.4.22.66	PV 3Cpro, calicivirin, v. S6 | p. 215	
1.1.99.23	PVA-DH, polyvinyl-alcohol dehydrogenase (acceptor), v. 19 | p. 405	
3.6.1.15	PVA coat protein, nucleoside-triphosphatase, v. 15 | p. 365	
3.6.1.15	PVA CP, nucleoside-triphosphatase, v. 15 | p. 365	
1.1.99.23	PVA dehydrogenase, polyvinyl-alcohol dehydrogenase (acceptor), v. 19 | p. 405	
1.1.3.30	PVA dehydrogenase, polyvinyl-alcohol oxidase, v. 19 | p. 220	
1.1.99.23	PVADH, polyvinyl-alcohol dehydrogenase (acceptor), v. 19 | p. 405	
1.1.3.30	PVADH, polyvinyl-alcohol oxidase, v. 19 | p. 220	
1.1.3.30	PVA oxidase, polyvinyl-alcohol oxidase, v. 19 | p. 220	
1.1.3.18	PVA oxidase, secondary-alcohol oxidase, v. 19 | p. 158	
6.3.5.4	PVAS1 protein, Asparagine synthase (glutamine-hydrolysing), v. 2 | p. 672	
6.3.5.4	PVAS2, Asparagine synthase (glutamine-hydrolysing), v. 2 | p. 672	
3.1.21.1	PVBV proteinase, deoxyribonuclease I, v. 11 | p. 431	
2.5.1.15	pvdhps, dihydropteroate synthase, v. 33 | p. 494	
3.1.1.81	PvdQ, quorum-quenching N-acyl-homoserine lactonase, v. S5 | p. 23	
1.20.4.1	PvGRX5, arsenate reductase (glutaredoxin), v. 27 | p. 594	
3.2.1.68	PvISA1, isoamylase, v. 13 | p. 204	
3.2.1.68	PvISA2, isoamylase, v. 13 | p. 204	
3.2.1.68	PvISA3, isoamylase, v. 13 | p. 204	
4.1.1.19	PvlArgDC, Arginine decarboxylase, v. 3 | p. 106	
1.13.11.51	PvNCED1, 9-cis-epoxycarotenoid dioxygenase, v. S1 | p. 436	
2.4.1.18	PvSBE1, 1,4-α-glucan branching enzyme, v. 31 | p. 197	
2.4.1.18	PvSBE2, 1,4-α-glucan branching enzyme, v. 31 | p. 197	
2.1.2.1	PvSHMT, glycine hydroxymethyltransferase, v. 29 | p. 1	
2.4.1.21	PvSSI, starch synthase, v. 31 | p. 251	
2.4.1.21	PvSSII-1, starch synthase, v. 31 | p. 251	
3.1.21.4	PvuI, type II site-specific deoxyribonuclease, v. 11 | p. 454	
3.1.21.4	PvuII, type II site-specific deoxyribonuclease, v. 11 | p. 454	
3.6.1.15	PVx coat protein, nucleoside-triphosphatase, v. 15 | p. 365	
3.6.1.15	PVX CP, nucleoside-triphosphatase, v. 15 | p. 365	
2.7.9.5	PWD, phosphoglucan, water dikinase, v. S2 | p. 339	
3.6.3.47	Pxa, fatty-acyl-CoA-transporting ATPase, v. 15 | p. 724	
3.1.4.4	PXTM-PLD, phospholipase D, v. 11 | p. 47	
3.2.1.8	pXyl, endo-1,4-β-xylanase, v. 12 | p. 133	
2.4.2.2	Py-NPase, pyrimidine-nucleoside phosphorylase, v. 33 | p. 34	
3.1.25.1	Py-Py-correndonuclease, deoxyribonuclease (pyrimidine dimer), v. 11 | p. 495	

2.4.1.25	PyAMase, 4-α-glucanotransferase, v. 31 | p. 276	
6.3.4.5	PyARG1, Argininosuccinate synthase, v. 2 | p. 595	
6.4.1.1	PYC, Pyruvate carboxylase, v. 2 | p. 708	
6.4.1.1	Pyc1, Pyruvate carboxylase, v. 2 | p. 708	
6.4.1.1	Pyc1p, Pyruvate carboxylase, v. 2 | p. 708	
6.4.1.1	PYC2, Pyruvate carboxylase, v. 2 | p. 708	
2.7.1.40	PYK, pyruvate kinase, v. 36 | p. 33	
2.7.10.2	Pyk-2, non-specific protein-tyrosine kinase, v. S2 | p. 441	
2.7.10.1	Pyk-2, receptor protein-tyrosine kinase, v. S2 | p. 341	
2.7.1.40	Pyk1, pyruvate kinase, v. 36 | p. 33	
2.7.10.2	Pyk2, non-specific protein-tyrosine kinase, v. S2 | p. 441	
3.6.3.12	PyKPA1, K+-transporting ATPase, v. 15 | p. 593	
6.1.1.26	PylRS, pyrrolysine-tRNAPyl ligase, v. S7 | p. 583	
6.1.1.26	PylS, pyrrolysine-tRNAPyl ligase, v. S7 | p. 583	
6.1.1.26	PylSc, pyrrolysine-tRNAPyl ligase, v. S7 | p. 583	
6.1.1.26	PylSn, pyrrolysine-tRNAPyl ligase, v. S7 | p. 583	
2.4.2.2	PYNP, pyrimidine-nucleoside phosphorylase, v. 33 | p. 34	
2.4.2.2	pynpase, pyrimidine-nucleoside phosphorylase, v. 33 | p. 34	
2.4.2.4	pynpase, thymidine phosphorylase, v. 33 | p. 52	
2.4.2.3	pynpase, uridine phosphorylase, v. 33 | p. 39	
1.2.3.3	PyOD, pyruvate oxidase, v. 20 | p. 445	
3.6.1.1	PYP-1, inorganic diphosphatase, v. 15 | p. 240	
3.1.3.48	Pyp1p, protein-tyrosine-phosphatase, v. 10 | p. 407	
3.1.3.48	Pyp2p, protein-tyrosine-phosphatase, v. 10 | p. 407	
3.1.3.48	PY protein phosphatase, protein-tyrosine-phosphatase, v. 10 | p. 407	
1.1.3.10	pyranose-2-oxidase, pyranose oxidase, v. 19 | p. 99	
1.1.99.29	pyranose-quinone oxidoreductase, pyranose dehydrogenase (acceptor), v. S1 | p. 124	
1.1.99.29	pyranose 2-dehydrogenase, pyranose dehydrogenase (acceptor), v. S1 | p. 124	
1.1.3.10	pyranose 2-Oxidase, pyranose oxidase, v. 19 | p. 99	
1.1.99.29	pyranose 2/3-dehydrogenase, pyranose dehydrogenase (acceptor), v. S1 | p. 124	
1.1.99.29	pyranose 3-dehydrogenase, pyranose dehydrogenase (acceptor), v. S1 | p. 124	
1.1.99.29	pyranose:acceptor oxidoreductase, pyranose dehydrogenase (acceptor), v. S1 | p. 124	
1.1.3.10	pyranose:oxygen 2-oxidoreductase, pyranose oxidase, v. 19 | p. 99	
1.1.99.29	pyranose:quinone acceptor 2-oxidoreductase, pyranose dehydrogenase (acceptor), v. S1 | p. 124	
1.1.99.29	pyranose dehydrogenase, pyranose dehydrogenase (acceptor), v. S1 | p. 124	
4.2.1.110	pyranosone dehydratase, aldos-2-ulose dehydratase, v. S7 | p. 111	
3.4.19.3	PYRase, pyroglutamyl-peptidase I, v. 6 | p. 529	
4.2.1.50	β-(Pyrazol-1-yl)-L-alanine /L-cysteine synthase, Pyrazolylalanine synthase, v. 4 | p. 516	
4.2.1.50	β-(1-Pyrazol-1-yl)-L-alanine synthase, Pyrazolylalanine synthase, v. 4 | p. 516	
4.2.1.50	Pyrazolealanine synthase, Pyrazolylalanine synthase, v. 4 | p. 516	
2.5.1.51	Pyrazolealanine synthase, β-pyrazolylalanine synthase, v. 34 | p. 137	
2.5.1.51	β-pyrazolealanine synthase, β-pyrazolylalanine synthase, v. 34 | p. 137	
4.2.1.50	β-(1-Pyrazolyl)alanine synthase, Pyrazolylalanine synthase, v. 4 | p. 516	
2.5.1.51	β-(1-Pyrazolyl)alanine synthase, β-pyrazolylalanine synthase, v. 34 | p. 137	
4.2.1.50	β-Pyrazolylalaninase, Pyrazolylalanine synthase, v. 4 | p. 516	
2.5.1.51	pyrazolylalaninase, β-pyrazolylalanine synthase, v. 34 | p. 137	
2.5.1.51	β-pyrazolylalanine synthase (acetylserine), β-pyrazolylalanine synthase, v. 34 | p. 137	
2.1.3.2	PYRB, aspartate carbamoyltransferase, v. 29 | p. 101	
3.5.2.3	pyrC, dihydroorotase, v. 14 | p. 670	
3.1.1.2	pyrethroid-resistance-associated esterase, arylesterase, v. 9 | p. 28	
2.7.4.22	pyrH, UMP kinase, v. S2 | p. 299	
1.13.11.9	pyridine-2,5-diol dioxygenase, 2,5-dihydroxypyridine 5,6-dioxygenase, v. 25 | p. 451	
2.7.7.1	pyridine nucleotide adenylyltransferase, nicotinamide-nucleotide adenylyltransferase, v. 38 | p. 49	

1.6.1.2	pyridine nucleotide transferase, NAD(P)+ transhydrogenase (AB-specific), v. 24	p. 10
1.6.1.1	pyridine nucleotide transferase, NAD(P)+ transhydrogenase (B-specific), v. 24	p. 1
1.6.1.2	pyridine nucleotide transhydrogenase, NAD(P)+ transhydrogenase (AB-specific), v. 24	p. 10
1.6.1.1	pyridine nucleotide transhydrogenase, NAD(P)+ transhydrogenase (B-specific), v. 24	p. 1
1.4.3.5	pyridox(am)ine 5'-phosphate oxidase, pyridoxal 5'-phosphate synthase, v. 22	p. 273
3.1.3.74	pyridoxal-5'-phosphate phosphatase, pyridoxal phosphatase, v. S5	p. 68
1.1.99.9	pyridoxal-5-dehydrogenase, pyridoxine 5-dehydrogenase, v. 19	p. 325
3.1.3.74	pyridoxal-specific phosphatase, pyridoxal phosphatase, v. S5	p. 68
2.7.1.35	pyridoxal 5-phosphate-kinase, pyridoxal kinase, v. 35	p. 395
1.1.1.107	pyridoxal dehydrogenase, pyridoxal 4-dehydrogenase, v. 17	p. 294
2.7.1.49	pyridoxal kinase, hydroxymethylpyrimidine kinase, v. 36	p. 98
2.7.1.35	pyridoxal kinase, pyridoxal kinase, v. 35	p. 395
2.7.1.35	pyridoxal kinase-like protein SOS4, pyridoxal kinase, v. 35	p. 395
2.7.1.35	pyridoxal kinase 1, pyridoxal kinase, v. 35	p. 395
3.1.3.74	pyridoxal phosphatase, pyridoxal phosphatase, v. S5	p. 68
3.1.3.74	pyridoxal phosphate phosphatase, pyridoxal phosphatase, v. S5	p. 68
2.7.1.35	pyridoxal phosphokinase, pyridoxal kinase, v. 35	p. 395
1.4.3.5	pyridoxamine (pyridoxine) 5'-phosphate:O2 oxidoreductase (deaminating), pyridoxal 5'-phosphate synthase, v. 22	p. 273
1.4.3.5	pyridoxamine (pyridoxine) 5'-phosphate oxidase, pyridoxal 5'-phosphate synthase, v. 22	p. 273
1.4.3.5	pyridoxamine (pyridoxine) 5'-phosphate oxidase activity, pyridoxal 5'-phosphate synthase, v. 22	p. 273
1.4.3.5	pyridoxamine-5-phosphate oxidase, pyridoxal 5'-phosphate synthase, v. 22	p. 273
2.6.1.31	pyridoxamine-oxalacetate aminotransferase, pyridoxamine-oxaloacetate transaminase, v. 34	p. 455
1.4.3.5	pyridoxamine-phosphate oxidase, pyridoxal 5'-phosphate synthase, v. 22	p. 273
2.6.1.30	pyridoxamine-pyruvate aminotransferase, pyridoxamine-pyruvate transaminase, v. 34	p. 451
2.6.1.30	pyridoxamine-pyruvic transaminase, pyridoxamine-pyruvate transaminase, v. 34	p. 451
2.6.1.54	pyridoxamine 5'-phosphate-α-ketoglutarate transaminase, pyridoxamine-phosphate transaminase, v. 34	p. 595
1.4.3.5	pyridoxamine 5'-phosphate oxidase, pyridoxal 5'-phosphate synthase, v. 22	p. 273
2.6.1.54	pyridoxamine 5'-phosphate transaminase, pyridoxamine-phosphate transaminase, v. 34	p. 595
2.7.1.35	pyridoxamine kinase, pyridoxal kinase, v. 35	p. 395
1.4.3.5	pyridoxamine phosphate oxidase, pyridoxal 5'-phosphate synthase, v. 22	p. 273
1.4.3.5	pyridoxaminephosphate oxidase (EC 1.4.3.5: deaminating), pyridoxal 5'-phosphate synthase, v. 22	p. 273
1.14.12.5	5-pyridoxate oxidase, 5-pyridoxate dioxygenase, v. 26	p. 136
1.14.12.5	5-pyridoxic-acid oxygenase, 5-pyridoxate dioxygenase, v. 26	p. 136
1.1.3.12	pyridoxin 4-oxidase, pyridoxine 4-oxidase, v. 19	p. 113
1.1.99.9	pyridoxin 5-dehydrogenase, pyridoxine 5-dehydrogenase, v. 19	p. 325
1.1.1.65	pyridoxin dehydrogenase, pyridoxine 4-dehydrogenase, v. 17	p. 78
1.4.3.5	pyridoxine (pyridoxamine) 5'-phosphate oxidase, pyridoxal 5'-phosphate synthase, v. 22	p. 273
1.4.3.5	pyridoxine (pyridoxamine) 5'-phosphate oxidase, pyridoxal 5'-phosphate synthase, v. 22	p. 273
1.4.3.5	pyridoxine (pyridoxamine) phosphate oxidase, pyridoxal 5'-phosphate synthase, v. 22	p. 273
2.7.1.35	pyridoxine/pyridoxal/pyridoxamine kinase, pyridoxal kinase, v. 35	p. 395
1.1.99.9	pyridoxine 5'-dehydrogenase, pyridoxine 5-dehydrogenase, v. 19	p. 325
1.4.3.5	pyridoxine 5'-phosphate oxidase, pyridoxal 5'-phosphate synthase, v. 22	p. 273
3.1.3.74	pyridoxine 5'-phosphate phosphatase, pyridoxal phosphatase, v. S5	p. 68

2.6.99.2	pyridoxine 5'-phosphate synthesizing enzyme, pyridoxine 5'-phosphate synthase, v. S2 | p. 264	
1.4.3.5	pyridoxine 5-phosphate oxidase, pyridoxal 5'-phosphate synthase, v. 22 | p. 273	
1.1.1.65	pyridoxine dehydrogenase, pyridoxine 4-dehydrogenase, v. 17 | p. 78	
1.1.99.9	pyridoxine dehydrogenase, pyridoxine 5-dehydrogenase, v. 19 | p. 325	
2.7.1.35	pyridoxine kinase, pyridoxal kinase, v. 35 | p. 395	
1.4.3.5	pyridoxine phosphate oxidase, pyridoxal 5'-phosphate synthase, v. 22 | p. 273	
3.1.3.74	pyridoxine phosphate phosphatase, pyridoxal phosphatase, v. S5 | p. 68	
1.1.3.12	pyridoxol 4-oxidase, pyridoxine 4-oxidase, v. 19 | p. 113	
1.1.99.9	pyridoxol 5-dehydrogenase, pyridoxine 5-dehydrogenase, v. 19 | p. 325	
1.1.1.65	pyridoxol dehydrogenase, pyridoxine 4-dehydrogenase, v. 17 | p. 78	
3.2.2.8	pyrimidine-specific nucleoside hydrolase, ribosylpyrimidine nucleosidase, v. 14 | p. 50	
1.3.1.1	pyrimidine deaminase/reductase, dihydrouracil dehydrogenase (NAD+), v. 21 | p. 1	
2.4.2.4	pyrimidine deoxynucleoside phosphorylase, thymidine phosphorylase, v. 33 | p. 52	
1.14.11.3	pyrimidine deoxyribonucleoside 2'-hydroxylase, pyrimidine-deoxynucleoside 2'-dioxygenase, v. 26 | p. 45	
2.7.1.145	pyrimidine deoxyribonucleoside kinase, deoxynucleoside kinase, v. 37 | p. 214	
3.2.2.17	pyrimidine dimer-specific glycosylase/AP lyase, deoxyribodipyrimidine endonucleosidase, v. 14 | p. 84	
3.2.2.17	pyrimidine dimer DNA glycosylase, deoxyribodipyrimidine endonucleosidase, v. 14 | p. 84	
3.2.2.17	pyrimidine dimer glycosylase, deoxyribodipyrimidine endonucleosidase, v. 14 | p. 84	
3.5.2.2	pyrimidine hydrase, dihydropyrimidinase, v. 14 | p. 651	
3.2.2.8	pyrimidine nucleosidase, ribosylpyrimidine nucleosidase, v. 14 | p. 50	
3.2.2.8	pyrimidine nucleoside hydrolase, ribosylpyrimidine nucleosidase, v. 14 | p. 50	
2.7.4.14	pyrimidine nucleoside monophosphate kinase, cytidylate kinase, v. 37 | p. 582	
2.4.2.2	pyrimidine nucleoside phosphorylase, pyrimidine-nucleoside phosphorylase, v. 33 | p. 34	
2.4.2.4	pyrimidine nucleoside phosphorylase, thymidine phosphorylase, v. 33 | p. 52	
2.4.2.3	pyrimidine nucleoside phosphorylase, uridine phosphorylase, v. 33 | p. 39	
3.2.2.10	pyrimidine nucleotide N-ribosidase, pyrimidine-5'-nucleotide nucleosidase, v. 14 | p. 61	
2.4.2.4	pyrimidine phosphorylase, thymidine phosphorylase, v. 33 | p. 52	
2.4.2.3	pyrimidine phosphorylase, uridine phosphorylase, v. 33 | p. 39	
1.3.1.1	pyrimidine reductase, dihydrouracil dehydrogenase (NAD+), v. 21 | p. 1	
2.7.1.48	pyrimidine ribonucleoside kinase, uridine kinase, v. 36 | p. 86	
2.4.2.2	pyrimidine ribonucleoside phosphorylase, pyrimidine-nucleoside phosphorylase, v. 33 | p. 34	
2.5.1.2	pyrimidine transferase, thiamine pyridinylase, v. 33 | p. 399	
1.13.11.1	1,2-pyrocatechase, catechol 1,2-dioxygenase, v. 25 | p. 382	
1.13.11.1	pyrocatechase, catechol 1,2-dioxygenase, v. 25 | p. 382	
1.13.11.1	pyrocatechol 1,2-dioxygenase, catechol 1,2-dioxygenase, v. 25 | p. 382	
1.13.11.2	pyrocatechol 2,3-dioxygenase, catechol 2,3-dioxygenase, v. 25 | p. 395	
1.10.3.1	pyrocatechol oxidase, catechol oxidase, v. 25 | p. 105	
1.14.18.1	pyrocatechol oxidase, monophenol monooxygenase, v. 27 | p. 156	
1.11.1.7	pyrocatechol peroxidase, peroxidase, v. 25 | p. 211	
1.13.11.14	o-pyrocatechuate oxygenase, 2,3-dihydroxybenzoate 3,4-dioxygenase, v. 25 | p. 493	
4.1.1.46	o-Pyrocatechuic acid carboxy-lyase, o-Pyrocatechuate decarboxylase, v. 3 | p. 281	
1.13.11.35	pyrogallol 1,2-dioxygenase, pyrogallol 1,2-oxygenase, v. 25 | p. 605	
1.97.1.2	pyrogallol:phloroglucinol hydroxyltransferase, pyrogallol hydroxytransferase, v. 27 | p. 642	
1.97.1.2	pyrogallol hydroxyltransferase, pyrogallol hydroxytransferase, v. 27 | p. 642	
1.97.1.2	pyrogallol phloroglucinol transhydroxylase, pyrogallol hydroxytransferase, v. 27 | p. 642	
3.4.22.10	pyrogenic exotoxin B, streptopain, v. 7 | p. 564	
3.5.2.9	pyroglutamase, 5-oxoprolinase (ATP-hydrolysing), v. 14 | p. 714	
3.5.2.9	pyroglutamase (ATP-hydrolysing), 5-oxoprolinase (ATP-hydrolysing), v. 14 | p. 714	
3.4.19.3	pyroglutamate aminopeptidase, pyroglutamyl-peptidase I, v. 6 | p. 529	
3.4.19.6	pyroglutamate aminopeptidase II, pyroglutamyl-peptidase II, v. 6 | p. 550	
3.5.2.9	L-pyroglutamate hydrolase, 5-oxoprolinase (ATP-hydrolysing), v. 14 | p. 714	

3.5.2.9	pyroglutamate hydrolase, 5-oxoprolinase (ATP-hydrolysing), v. 14	p. 714
3.5.2.9	pyroglutamic hydrolase, 5-oxoprolinase (ATP-hydrolysing), v. 14	p. 714
3.4.19.3	pyroglutamidase, pyroglutamyl-peptidase I, v. 6	p. 529
3.4.19.3	pyroglutamyl aminopeptidase, pyroglutamyl-peptidase I, v. 6	p. 529
3.4.19.3	pyroglutamylaminopeptidase, pyroglutamyl-peptidase I, v. 6	p. 529
3.4.19.3	pyroglutamyl aminopeptidase I, pyroglutamyl-peptidase I, v. 6	p. 529
3.4.19.6	pyroglutamyl aminopeptidase II, pyroglutamyl-peptidase II, v. 6	p. 550
3.4.19.3	pyroglutamyl peptidase I, pyroglutamyl-peptidase I, v. 6	p. 529
3.4.19.6	pyroglutamyl peptidase II, pyroglutamyl-peptidase II, v. 6	p. 550
3.4.19.3	pyroglutamyl peptidase type-1, pyroglutamyl-peptidase I, v. 6	p. 529
3.4.19.3	pyroglutamyl type I aminopeptidase, pyroglutamyl-peptidase I, v. 6	p. 529
3.1.1.57	2-pyrone-4,6-dicarboxylate hydrolase, 2-pyrone-4,6-dicarboxylate lactonase, v. 9	p. 363
3.6.1.1	pyrophosphatase, inorganic diphosphatase, v. 15	p. 240
3.6.1.13	pyrophosphatase, adenosine diphosphoribose, ADP-ribose diphosphatase, v. 15	p. 354
3.6.1.8	pyrophosphatase, adenosine triphosphate, ATP diphosphatase, v. 15	p. 313
3.1.7.2	pyrophosphatase, guanosine 3',5'-bis(diphosphate) 3'-, guanosine-3',5'-bis(diphosphate) 3'-diphosphatase, v. 11	p. 337
3.6.1.1	pyrophosphatase, inorganic, inorganic diphosphatase, v. 15	p. 240
3.6.1.19	pyrophosphatase, nucleoside triphosphate, nucleoside-triphosphate diphosphatase, v. 15	p. 386
3.6.1.1	pyrophosphate, inorganic diphosphatase, v. 15	p. 240
2.7.2.12	pyrophosphate-acetate phosphotransferase, acetate kinase (diphosphate), v. 37	p. 358
2.7.1.90	pyrophosphate-D-fructose 6-phosphate 1-phosphotransferase, diphosphate-fructose-6-phosphate 1-phosphotransferase, v. 36	p. 331
2.7.1.90	pyrophosphate-D-fructose 6-phosphate phosphotransferase, diphosphate-fructose-6-phosphate 1-phosphotransferase, v. 36	p. 331
2.7.1.90	pyrophosphate-dependent phosphofructo-1-kinase, diphosphate-fructose-6-phosphate 1-phosphotransferase, v. 36	p. 331
2.7.1.90	pyrophosphate-dependent phosphofructokinase, diphosphate-fructose-6-phosphate 1-phosphotransferase, v. 36	p. 331
2.7.9.1	pyrophosphate-dependent pyruvate phosphate dikinase, pyruvate, phosphate dikinase, v. 39	p. 149
3.6.1.1	Pyrophosphate-energized inorganic pyrophosphatase, inorganic diphosphatase, v. 15	p. 240
3.6.1.1	pyrophosphate-energized proton pump, inorganic diphosphatase, v. 15	p. 240
2.7.1.90	pyrophosphate-fructose-6-phosphate-phosphotransferase, diphosphate-fructose-6-phosphate 1-phosphotransferase, v. 36	p. 331
2.7.1.79	pyrophosphate-glycerol phosphotransferase, diphosphate-glycerol phosphotransferase, v. 36	p. 295
2.7.1.80	pyrophosphate-L-serine phosphotransferase, diphosphate-serine phosphotransferase, v. 36	p. 297
2.7.99.1	pyrophosphate-protein phosphotransferase, triphosphate-protein phosphotransferase, v. S4	p. 475
2.7.1.143	pyrophosphate-purine nucleoside phosphotransferase, diphosphate-purine nucleoside kinase, v. 37	p. 208
2.7.1.80	pyrophosphate-serine phosphotransferase, diphosphate-serine phosphotransferase, v. 36	p. 297
2.7.2.12	pyrophosphate:acetate phosphotransferase, acetate kinase (diphosphate), v. 37	p. 358
2.7.1.90	pyrophosphate:D-fructose-6-phosphate 1-phosphotransferase, diphosphate-fructose-6-phosphate 1-phosphotransferase, v. 36	p. 331
2.7.1.90	pyrophosphate: fructose-6-phosphate 1-phosphotransferase, diphosphate-fructose-6-phosphate 1-phosphotransferase, v. 36	p. 331
2.7.1.90	pyrophosphate:fructose-6-phosphate 1-phosphotransferase, diphosphate-fructose-6-phosphate 1-phosphotransferase, v. 36	p. 331

2.7.1.90	pyrophosphate: fructose 6-phosphate 1-phosphotransferase, diphosphate-fructose-6-phosphate 1-phosphotransferase, v. 36	p. 331
2.7.1.90	pyrophosphate:fructose 6-phosphate 1-phosphotransferase, diphosphate-fructose-6-phosphate 1-phosphotransferase, v. 36	p. 331
2.7.1.80	pyrophosphate:L-serine O-phosphotransferase, diphosphate-serine phosphotransferase, v. 36	p. 297
2.7.1.80	pyrophosphate:L-serine phosphotransferase, diphosphate serine phosphotransferase, v. 36	p. 297
2.7.99.1	pyrophosphate:protein phosphotransferase, triphosphate-protein phosphotransferase, v. S4	p. 475
2.7.1.90	pyrophosphate D-fructose-6-phosphate 1-phosphotransferase, diphosphate-fructose-6-phosphate 1-phosphotransferase, v. 36	p. 331
3.1.7.3	pyrophosphate hydrolase, monoterpenyl-diphosphatase, v. 11	p. 340
3.6.1.1	Pyrophosphate phospho-hydrolase, inorganic diphosphatase, v. 15	p. 240
3.6.1.1	pyrophosphate phospho-hydrolase 1, inorganic diphosphatase, v. 15	p. 240
3.6.1.1	Pyrophosphate phosphohydrolase, inorganic diphosphatase, v. 15	p. 240
2.7.6.2	pyrophosphokinase, thiamine diphosphokinase, v. 38	p. 23
2.7.6.3	pyrophosphokinase, 2-amino-4-hydroxy-6-hydroxymethyldihydropteridine, 2-amino-4-hydroxy-6-hydroxymethyldihydropteridine diphosphokinase, v. 38	p. 30
2.7.6.4	pyrophosphokinase, nucleotide, nucleotide diphosphokinase, v. 38	p. 37
2.7.6.1	pyrophosphokinase, ribose phosphate, ribose-phosphate diphosphokinase, v. 38	p. 1
2.7.6.2	pyrophosphokinase, thiamin, thiamine diphosphokinase, v. 38	p. 23
4.1.1.33	5-Pyrophosphomevalonate decarboxylase, Diphosphomevalonate decarboxylase, v. 3	p. 208
4.1.1.33	Pyrophosphomevalonate decarboxylase, Diphosphomevalonate decarboxylase, v. 3	p. 208
4.1.1.33	Pyrophosphomevalonic acid decarboxylase, Diphosphomevalonate decarboxylase, v. 3	p. 208
2.7.6.1	pyrophosphoribosylphosphate synthetase, ribose-phosphate diphosphokinase, v. 38	p. 1
2.4.2.19	pyrophosphorylase, nicotinate mononucleotide (carboxylating), nicotinate-nucleotide diphosphorylase (carboxylating), v. 33	p. 188
2.5.1.3	pyrophosphorylase, thiamin phosphate, thiamine-phosphate diphosphorylase, v. 33	p. 413
3.4.19.3	pyrrolidone-carboxylate peptidase, pyroglutamyl-peptidase I, v. 6	p. 529
3.4.19.3	L-pyrrolidonecarboxylate peptidase, pyroglutamyl-peptidase I, v. 6	p. 529
3.4.19.3	pyrrolidone carboxyl peptidase, pyroglutamyl-peptidase I, v. 6	p. 529
3.4.19.3	pyrrolidonecarboxylyl peptidase, pyroglutamyl-peptidase I, v. 6	p. 529
3.4.19.3	pyrrolidonecarboxy peptidase, pyroglutamyl-peptidase I, v. 6	p. 529
3.4.19.3	pyrrolidone carboxypeptidase type I, pyroglutamyl-peptidase I, v. 6	p. 529
3.4.19.6	pyrrolidone carboxypeptidase type II, pyroglutamyl-peptidase II, v. 6	p. 550
3.4.19.3	pyrrolidonyl peptidase, pyroglutamyl-peptidase I, v. 6	p. 529
1.5.1.1	Δ1-pyrroline-2-carboxylate reductase, pyrroline-2-carboxylate reductase, v. 23	p. 1
1.5.1.12	L-pyrroline-5-carboxylate-NAD+ oxidoreductase, 1-pyrroline-5-carboxylate dehydrogenase, v. 23	p. 122
1.5.1.12	Δ1-pyrroline-5-carboxylate dehydrogenase, 1-pyrroline-5-carboxylate dehydrogenase, v. 23	p. 122
1.5.1.12	pyrroline-5-carboxylate dehydrogenase, 1-pyrroline-5-carboxylate dehydrogenase, v. 23	p. 122
1.5.1.2	pyrroline-5-carboxylate dehydrogenase, pyrroline-5-carboxylate reductase, v. 23	p. 4
1.5.1.2	1-pyrroline-5-carboxylate reductase, pyrroline-5-carboxylate reductase, v. 23	p. 4
1.5.1.2	Δ1-pyrroline-5-carboxylate reductase, pyrroline-5-carboxylate reductase, v. 23	p. 4
1.5.1.2	pyrroline-5-carboxylate reductase, pyrroline-5-carboxylate reductase, v. 23	p. 4
1.5.1.12	pyrroline-5-carboxylic acid dehydrogenase, 1-pyrroline-5-carboxylate dehydrogenase, v. 23	p. 122
1.5.1.12	1-pyrroline dehydrogenase, 1-pyrroline-5-carboxylate dehydrogenase, v. 23	p. 122
1.1.5.2	pyrrolo-quinoline-quinone-linked glucose dehydrogenase, quinoprotein glucose dehydrogenase, v. S1	p. 88

1.13.11.26	pyrrolooxygenase, peptide-tryptophan 2,3-dioxygenase, v. 25 | p. 542
1.3.3.11	pyrroloquinoline-quinone synthase, pyrroloquinoline-quinone synthase, v. S1 | p. 255
1.1.1.69	pyrroloquinoline quinone-dependent gluconate-5-dehydrogenase, gluconate 5-dehydrogenase, v. 17 | p. 92
1.1.5.2	pyrroloquinoline quinone glucose dehydrogenase, quinoprotein glucose dehydrogenase, v. S1 | p. 88
6.1.1.26	pyrrolysyl-tRNA synthetase, pyrrolysine-tRNAPyl ligase, v. S7 | p. 583
4.1.1.1	pyruvamide-activated yeast pyruvate decarboxylase, Pyruvate decarboxylase, v. 3 | p. 1
2.7.9.1	pyruvate, orthophosphate dikinase, pyruvate, phosphate dikinase, v. 39 | p. 149
2.7.9.1	pyruvate, phoshphate dikinase, pyruvate, phosphate dikinase, v. 39 | p. 149
2.7.9.1	pyruvate, Pi dikinase, pyruvate, phosphate dikinase, v. 39 | p. 149
2.7.9.2	pyruvate, water dikinase, pyruvate, water dikinase, v. 39 | p. 166
2.7.9.2	pyruvate,water dikinase , pyruvate, water dikinase, v. 39 | p. 166
2.6.3.1	pyruvate-acetone oximinotransferase, oximinotransferase, v. 35 | p. 69
2.6.1.2	pyruvate-alanine aminotransferase, alanine transaminase, v. 34 | p. 280
4.2.1.52	pyruvate-aspartic semialdehyde condensing enzyme, dihydrodipicolinate synthase, v. 4 | p. 527
1.2.7.1	pyruvate-ferredoxin oxidoreductase, pyruvate synthase, v. 20 | p. 537
2.3.1.54	pyruvate-formate lyase, formate C-acetyltransferase, v. 29 | p. 691
2.6.1.2	pyruvate-glutamate transaminase, alanine transaminase, v. 34 | p. 280
2.7.9.1	pyruvate-inorganic phosphate dikinase, pyruvate, phosphate dikinase, v. 39 | p. 149
2.7.9.1	pyruvate-phosphate dikinase, pyruvate, phosphate dikinase, v. 39 | p. 149
2.7.9.1	pyruvate-phosphate dikinase (phosphorylating), pyruvate, phosphate dikinase, v. 39 | p. 149
2.7.9.1	pyruvate-phosphate ligase, pyruvate, phosphate dikinase, v. 39 | p. 149
2.7.9.1	pyruvate-Pi-dikinase, pyruvate, phosphate dikinase, v. 39 | p. 149
2.5.1.7	pyruvate-UDP-acetylglucosamine transferase, UDP-N-acetylglucosamine 1-carboxyvinyltransferase, v. 33 | p. 443
2.5.1.7	pyruvate-uridine diphospho-N-acetyl-glucosamine transferase, UDP-N-acetylglucosamine 1-carboxyvinyltransferase, v. 33 | p. 443
2.5.1.7	pyruvate-uridine diphospho-N-acetylglucosamine transferase, UDP-N-acetylglucosamine 1-carboxyvinyltransferase, v. 33 | p. 443
2.7.9.3	pyruvate-water di-kinase (phosphorylating), selenide, water dikinase, v. 39 | p. 173
1.2.7.1	pyruvate:ferredoxin (flavodoxin) oxidoreductase, pyruvate synthase, v. 20 | p. 537
1.2.7.1	pyruvate:ferredoxin/flavodoxin oxidoreductase, pyruvate synthase, v. 20 | p. 537
1.2.7.1	pyruvate:ferredoxin oxidoreductase, pyruvate synthase, v. 20 | p. 537
1.2.7.1	pyruvate:flavodoxin (ferredoxin) oxidoreductase, pyruvate synthase, v. 20 | p. 537
2.3.1.54	pyruvate:formate lyase, formate C-acetyltransferase, v. 29 | p. 691
1.2.4.1	pyruvate:NAD oxidoreductase, pyruvate dehydrogenase (acetyl-transferring), v. 20 | p. 488
1.2.1.51	pyruvate:NADP+ oxidoreductase, pyruvate dehydrogenase (NADP+), v. 20 | p. 355
1.2.3.3	pyruvate:oxygen-2-oxidoreductase (phosphorylating), pyruvate oxidase, v. 20 | p. 445
1.2.2.2	pyruvate:ubiquinone-8-oxidoreductase, pyruvate dehydrogenase (cytochrome), v. 20 | p. 413
4.1.3.17	pyruvate aldolase, 4-hydroxy-4-methyl-2-oxoglutarate aldolase, v. 4 | p. 111
6.4.1.1	pyruvate carboxylase 1, Pyruvate carboxylase, v. 2 | p. 708
1.2.4.1	pyruvate decarboxylase, pyruvate dehydrogenase (acetyl-transferring), v. 20 | p. 488
4.1.1.1	pyruvate decarboxylase 1, Pyruvate decarboxylase, v. 3 | p. 1
1.2.4.1	pyruvate dehydrogenase, pyruvate dehydrogenase (acetyl-transferring), v. 20 | p. 488
1.2.2.2	pyruvate dehydrogenase, pyruvate dehydrogenase (cytochrome), v. 20 | p. 413
3.1.3.43	[pyruvate dehydrogenase (acetyl-transferring)]-phosphatase, [pyruvate dehydrogenase (acetyl-transferring)]-phosphatase, v. 10 | p. 381
3.1.3.43	[pyruvate dehydrogenase (lipoamide)]-phosphatase, [pyruvate dehydrogenase (acetyl-transferring)]-phosphatase, v. 10 | p. 381
3.1.3.43	[pyruvate dehydrogenase (lipoamide)]-phosphate phosphohydrolase, [pyruvate dehydrogenase (acetyl-transferring)]-phosphatase, v. 10 | p. 381
1.2.4.1	pyruvate dehydrogenase, E1, pyruvate dehydrogenase (acetyl-transferring), v. 20 | p. 488

1.2.2.2	Pyruvate dehydrogenase [Ubiquinone], pyruvate dehydrogenase (cytochrome), v. 20 | p. 413
1.2.4.1	pyruvate dehydrogenase complex, pyruvate dehydrogenase (acetyl-transferring), v. 20 | p. 488
1.2.4.1	pyruvate dehydrogenase complex,, pyruvate dehydrogenase (acetyl-transferring), v. 20 | p. 488
2.3.1.12	pyruvate dehydrogenase complex dihydrolipoamide acetyltransferase component, dihydrolipoyllysine-residue acetyltransferase, v. 29 | p. 323
1.2.4.1	pyruvate dehydrogenase complex E1 component, pyruvate dehydrogenase (acetyl-transferring), v. 20 | p. 488
1.2.4.1	pyruvate dehydrogenase E1, pyruvate dehydrogenase (acetyl-transferring), v. 20 | p. 488
1.2.4.1	pyruvate dehydrogenase E1 component, pyruvate dehydrogenase (acetyl-transferring), v. 20 | p. 488
2.7.11.2	pyruvate dehydrogenase kinase, [pyruvate dehydrogenase (acetyl-transferring)] kinase, v. S3 | p. 124
2.7.11.2	pyruvate dehydrogenase kinase (phosphorylating), [pyruvate dehydrogenase (acetyl-transferring)] kinase, v. S3 | p. 124
2.7.11.2	pyruvate dehydrogenase kinase 2, [pyruvate dehydrogenase (acetyl-transferring)] kinase, v. S3 | p. 124
2.7.11.2	pyruvate dehydrogenase kinase 3, [pyruvate dehydrogenase (acetyl-transferring)] kinase, v. S3 | p. 124
2.7.11.2	pyruvate dehydrogenase kinase 4, [pyruvate dehydrogenase (acetyl-transferring)] kinase, v. S3 | p. 124
2.7.11.2	pyruvate dehydrogenase kinase activator protein, [pyruvate dehydrogenase (acetyl-transferring)] kinase, v. S3 | p. 124
2.7.11.2	pyruvate dehydrogenase kinase isoenzyme 4, [pyruvate dehydrogenase (acetyl-transferring)] kinase, v. S3 | p. 124
1.2.4.1	pyruvate dehydrogenase multienzyme complex, pyruvate dehydrogenase (acetyl-transferring), v. 20 | p. 488
1.2.4.1	pyruvate dehydrogenase multienzyme complex E1, pyruvate dehydrogenase (acetyl-transferring), v. 20 | p. 488
3.1.3.43	pyruvate dehydrogenase phosphatase, [pyruvate dehydrogenase (acetyl-transferring)]-phosphatase, v. 10 | p. 381
3.1.3.43	pyruvate dehydrogenase phosphate phosphatase, [pyruvate dehydrogenase (acetyl-transferring)]-phosphatase, v. 10 | p. 381
1.2.4.1	pyruvate dehydrogenase α subunit, pyruvate dehydrogenase (acetyl-transferring), v. 20 | p. 488
1.2.7.1	pyruvate ferredoxin oxidoreductase, pyruvate synthase, v. 20 | p. 537
2.3.1.54	pyruvate formate-lyase, formate C-acetyltransferase, v. 29 | p. 691
1.97.1.4	Pyruvate formate-lyase activase, [formate-C-acetyltransferase]-activating enzyme, v. 27 | p. 654
1.97.1.4	Pyruvate formate-lyase activating enzyme, [formate-C-acetyltransferase]-activating enzyme, v. 27 | p. 654
2.3.1.54	pyruvate formate lyase, formate C-acetyltransferase, v. 29 | p. 691
1.97.1.4	pyruvate formate lyase activating enzyme, [formate-C-acetyltransferase]-activating enzyme, v. 27 | p. 654
2.7.1.40	pyruvate kinase, pyruvate kinase, v. 36 | p. 33
2.7.1.40	pyruvate kinase 1, pyruvate kinase, v. 36 | p. 33
2.7.1.40	pyruvate kinase muscle isozyme, pyruvate kinase, v. 36 | p. 33
3.1.3.49	pyruvate kinase phosphatase, [pyruvate kinase]-phosphatase, v. 10 | p. 424
2.7.9.1	pyruvate orthophosphate dikinase, pyruvate, phosphate dikinase, v. 39 | p. 149
1.2.2.2	pyruvate oxidase, pyruvate dehydrogenase (cytochrome), v. 20 | p. 413
1.2.3.3	pyruvate oxidase, pyruvate oxidase, v. 20 | p. 445
1.2.3.6	pyruvate oxidase, pyruvate oxidase (CoA-acetylating), v. 20 | p. 462
1.2.7.1	pyruvate oxidoreductase, pyruvate synthase, v. 20 | p. 537

2.7.9.1	pyruvate P1 dikinase, pyruvate, phosphate dikinase, v.39 | p.149	
2.7.9.1	pyruvate phoshate dikinase, pyruvate, phosphate dikinase, v.39 | p.149	
2.7.9.1	pyruvate phosphate dikinase, pyruvate, phosphate dikinase, v.39 | p.149	
2.7.1.40	pyruvate phosphotransferase, pyruvate kinase, v.36 | p.33	
2.7.9.1	pyruvate Pi dikinase, pyruvate, phosphate dikinase, v.39 | p.149	
1.2.7.1	pyruvate synthase, pyruvate synthase, v.20 | p.537	
1.2.7.1	pyruvate synthetase, pyruvate synthase, v.20 | p.537	
2.6.1.2	pyruvate transaminase, alanine transaminase, v.34 | p.280	
2.5.1.7	pyruvatetransferase, phosphoenolpyruvate-uridine diphosphoacetylglucosamine, UDP-N-acetylglucosamine 1-carboxyvinyltransferase, v.33 | p.443	
1.2.7.1	pyruvic-ferredoxin oxidoreductase, pyruvate synthase, v.20 | p.537	
1.1.1.39	pyruvic-malic carboxylase, malate dehydrogenase (decarboxylating), v.16 | p.371	
1.1.1.38	pyruvic-malic carboxylase, malate dehydrogenase (oxaloacetate-decarboxylating), v.16 | p.360	
1.1.1.40	pyruvic-malic carboxylase, malate dehydrogenase (oxaloacetate-decarboxylating) (NADP+), v.16 | p.381	
2.7.9.1	pyruvic-phosphate dikinase, pyruvate, phosphate dikinase, v.39 | p.149	
2.7.9.1	pyruvic-phosphate ligase, pyruvate, phosphate dikinase, v.39 | p.149	
2.5.1.7	pyruvic-uridine diphospho-N-acetylglucosaminyltransferase, UDP-N-acetylglucosamine 1-carboxyvinyltransferase, v.33 | p.443	
1.2.4.1	pyruvic acid dehydrogenase, pyruvate dehydrogenase (acetyl-transferring), v.20 | p.488	
6.4.1.1	Pyruvic carboxylase, Pyruvate carboxylase, v.2 | p.708	
4.1.1.1	Pyruvic decarboxylase, Pyruvate decarboxylase, v.3 | p.1	
1.2.4.1	pyruvic dehydrogenase, pyruvate dehydrogenase (acetyl-transferring), v.20 | p.488	
1.2.2.2	pyruvic dehydrogenase (cytochrome b1), pyruvate dehydrogenase (cytochrome), v.20 | p.413	
2.3.1.54	pyruvic formate-lyase, formate C-acetyltransferase, v.29 | p.691	
2.7.1.40	pyruvic kinase, pyruvate kinase, v.36 | p.33	
1.2.3.3	pyruvic oxidase, pyruvate oxidase, v.20 | p.445	
4.1.1.19	pyruvoyl-dependent arginine decarboxylase, Arginine decarboxylase, v.3 | p.106	
4.1.1.19	pyruvoyl-dependent arginine decarboxylase, Arginine decarboxylase, v.3 | p.106	
4.1.1.22	pyruvoyl-dependent decarboxylase, Histidine decarboxylase, v.3 | p.126	
4.1.1.22	pyruvoyl-dependent histidine decarboxylase, Histidine decarboxylase, v.3 | p.126	
1.1.1.220	6-pyruvoyl-tetrahydropterin 2'-reductase, 6-pyruvoyltetrahydropterin 2'-reductase, v.18 | p.325	
1.1.1.220	pyruvoyl-tetrahydropterin reductase, 6-pyruvoyltetrahydropterin 2'-reductase, v.18 | p.325	
4.2.3.12	6-pyruvoyl-tetrahydropterin synthase, 6-pyruvoyltetrahydropterin synthase, v.S7 | p.235	
4.2.3.12	6-pyruvoyl tetrahydrobiopterin synthase, 6-pyruvoyltetrahydropterin synthase, v.S7 | p.235	
1.1.1.220	6-pyruvoyl tetrahydropterin (2'-oxo)reductase, 6-pyruvoyltetrahydropterin 2'-reductase, v.18 | p.325	
1.1.1.220	6-pyruvoyltetrahydropterin reductase, 6-pyruvoyltetrahydropterin 2'-reductase, v.18 | p.325	
4.2.3.12	6-pyruvoyltetrahydropterin synthase, 6-pyruvoyltetrahydropterin synthase, v.S7 | p.235	
4.2.3.12	pyruvoyltetrahydropterin synthase, 6-pyruvoyltetrahydropterin synthase, v.S7 | p.235	
4.2.3.12	6-pyruvoyltetrahydropterin synthase [16-cysteine] (human clone lamda HSY2 gene PCBD subunit), 6-pyruvoyltetrahydropterin synthase, v.S7 | p.235	
4.2.3.12	6-pyruvoyltetrahydropterin synthase [25-glutamine] (human clone lambdaHSY2 gene PCBD subunit), 6-pyruvoyltetrahydropterin synthase, v.S7 | p.235	
4.2.3.12	6-pyruvoyltetrahydropterin synthase [de-57-valine] (human clone lambdaHSY2 gene PCBD subunit), 6-pyruvoyltetrahydropterin synthase, v.S7 | p.235	
3.4.24.15	Pz-peptidase, thimet oligopeptidase, v.8 | p.275	
2.8.2.2	PZ-SULT, alcohol sulfotransferase, v.39 | p.278	
2.8.2.31	PZ-SULT, petromyzonol sulfotransferase, v.S4 | p.482	
3.5.1.19	PZAase, nicotinamidase, v.14 | p.349	

3.4.24.15	Pz peptidase A, thimet oligopeptidase, v. 8	p. 275
3.4.24.15	Pz peptidase B, thimet oligopeptidase, v. 8	p. 275

Index of Synonyms: Q–R

4.2.2.1	Q59801 {SwissProt}, hyaluronate lyase, v. 5 | p. 1
2.3.1.74	Q7Y1X9 {SwissProt}, naringenin-chalcone synthase, v. 30 | p. 66
2.3.1.74	Q7Y1Y0 {SwissProt}, naringenin-chalcone synthase, v. 30 | p. 66
3.1.1.47	Q86U10 and P6802 and Q1502 {UniProt}, 1-alkyl-2-acetylglycerophosphocholine esterase, v. 9 | p. 320
2.4.2.19	QAPRTase, nicotinate-nucleotide diphosphorylase (carboxylating), v. 33 | p. 188
2.3.2.5	QC, glutaminyl-peptide cyclotransferase, v. 30 | p. 508
1.10.2.2	QCR, ubiquinol-cytochrome-c reductase, v. 25 | p. 83
1.7.99.7	qCuANOR, nitric-oxide reductase, v. 24 | p. 441
1.13.11.24	2,3QD, quercetin 2,3-dioxygenase, v. 25 | p. 535
1.1.99.25	QDH, quinate dehydrogenase (pyrroloquinoline-quinone), v. 19 | p. 412
1.13.11.47	QDO, 3-hydroxy-4-oxoquinoline 2,4-dioxygenase, v. 25 | p. 663
2.4.1.18	QE, 1,4-α-glucan branching enzyme, v. 31 | p. 197
1.1.99.8	QEDH, alcohol dehydrogenase (acceptor), v. 19 | p. 305
1.3.1.6	QFR, fumarate reductase (NADH), v. 21 | p. 25
1.3.5.1	QFR, succinate dehydrogenase (ubiquinone), v. 21 | p. 424
1.1.1.69	QGA-5-DH, gluconate 5-dehydrogenase, v. 17 | p. 92
1.1.99.8	QH-ADH, alcohol dehydrogenase (acceptor), v. 19 | p. 305
1.4.99.3	QH-AmDH, amine dehydrogenase, v. 22 | p. 402
4.2.3.26	QH1, R-linalool synthase, v. S7 | p. 317
1.10.2.2	QH2:cyt c oxidoreductase, ubiquinol-cytochrome-c reductase, v. 25 | p. 83
1.10.2.2	QH2:cytochrome c oxidoreductase, ubiquinol-cytochrome-c reductase, v. 25 | p. 83
4.2.3.26	QH5, R-linalool synthase, v. S7 | p. 317
1.4.99.3	QHNDH, amine dehydrogenase, v. 22 | p. 402
3.1.1.81	QlcA, quorum-quenching N-acyl-homoserine lactonase, v. S5 | p. 23
1.7.99.7	qNOR, nitric-oxide reductase, v. 24 | p. 441
6.3.1.5	Qns1, NAD+ synthase, v. 2 | p. 377
6.3.5.1	Qns1, NAD+ synthase (glutamine-hydrolysing), v. 2 | p. 651
1.6.5.5	Qor, NADPH:quinone reductase, v. 24 | p. 135
1.3.99.17	Qor, Quinoline 2-oxidoreductase, v. 21 | p. 582
1.6.5.5	QORt, NADPH:quinone reductase, v. 24 | p. 135
1.11.1.7	QPO, peroxidase, v. 25 | p. 211
3.4.13.9	QPP, Xaa-Pro dipeptidase, v. 6 | p. 204
3.4.14.2	QPP, dipeptidyl-peptidase II, v. 6 | p. 268
2.4.2.19	QPRTase, nicotinate-nucleotide diphosphorylase (carboxylating), v. 33 | p. 188
2.4.2.19	QPRTase , nicotinate-nucleotide diphosphorylase (carboxylating), v. 33 | p. 188
1.6.5.2	QR1, NAD(P)H dehydrogenase (quinone), v. 24 | p. 105
1.6.5.5	QR1, NADPH:quinone reductase, v. 24 | p. 135
1.6.5.2	QR2, NAD(P)H dehydrogenase (quinone), v. 24 | p. 105
1.10.99.2	QR2, ribosyldihydronicotinamide dehydrogenase (quinone), v. S1 | p. 383
2.7.7.48	Qβ replicase, RNA-directed RNA polymerase, v. 38 | p. 468
6.1.1.18	QRS, Glutamine-tRNA ligase, v. 2 | p. 139
1.8.3.2	QSCN6, thiol oxidase, v. 24 | p. 594
3.1.1.81	QsdA, quorum-quenching N-acyl-homoserine lactonase, v. S5 | p. 23
1.8.3.2	QSOX, thiol oxidase, v. 24 | p. 594
1.8.3.2	QSOx1, thiol oxidase, v. 24 | p. 594
1.8.3.2	QSOX2, thiol oxidase, v. 24 | p. 594
3.1.3.26	Quantum, 4-phytase, v. 10 | p. 289

3.6.3.32	Quaternary-amine-transporting ATPase, quaternary-amine-transporting ATPase, v. 15 | p. 664
1.13.11.24	QueD, quercetin 2,3-dioxygenase, v. 25 | p. 535
1.7.1.13	QueF, preQ1 synthase, v. S1 | p. 282
2.7.10.2	Quek1, non-specific protein-tyrosine kinase, v. S2 | p. 441
2.7.10.1	Quek2, receptor protein-tyrosine kinase, v. S2 | p. 341
1.13.11.24	quercetinase, quercetin 2,3-dioxygenase, v. 25 | p. 535
1.14.13.43	questin oxygenase, questin monooxygenase, v. 26 | p. 456
2.4.2.29	QueTGT, tRNA-guanine transglycosylase, v. 33 | p. 253
2.4.2.29	queuine insertase, tRNA-guanine transglycosylase, v. 33 | p. 253
1.7.1.13	queuine synthase, preQ1 synthase, v. S1 | p. 282
2.4.2.29	queuine tRNA-ribosyltransferase, tRNA-guanine transglycosylase, v. 33 | p. 253
2.4.2.29	queuine tRNA ribosyltransferase, tRNA-guanine transglycosylase, v. 33 | p. 253
3.4.13.9	quiescent cell proline dipeptidase, Xaa-Pro dipeptidase, v. 6 | p. 204
3.4.14.2	quiescent cell proline dipeptidase, dipeptidyl-peptidase II, v. 6 | p. 268
1.8.3.2	quiescin-like flavin-dependent sulfhydryl oxidase, thiol oxidase, v. 24 | p. 594
1.8.3.2	Quiescin-sulfhydryl oxidase, thiol oxidase, v. 24 | p. 594
1.8.3.2	quiescin/sulfhydryl oxidase, thiol oxidase, v. 24 | p. 594
1.8.3.2	quiescin/sulphydryl oxidase, thiol oxidase, v. 24 | p. 594
1.8.3.2	Quiescin Q6, thiol oxidase, v. 24 | p. 594
1.8.3.2	quiescin Q6/sulfhydryl oxidase, thiol oxidase, v. 24 | p. 594
1.8.3.2	quiescin Q6 sulfhydryl oxidase, thiol oxidase, v. 24 | p. 594
1.8.3.2	quiescin sulhydryl oxidase, thiol oxidase, v. 24 | p. 594
3.4.21.1	quimar, chymotrypsin, v. 7 | p. 1
3.4.21.1	quimotrase, chymotrypsin, v. 7 | p. 1
1.3.99.19	Quinaldate 4-monooxygenase, Quinoline-4-carboxylate 2-oxidoreductase, v. 21 | p. 591
1.3.99.19	Quinaldic acid 4-monooxygenase, Quinoline-4-carboxylate 2-oxidoreductase, v. 21 | p. 591
1.3.99.18	Quinaldic acid 4-oxidoreductase, Quinaldate 4-oxidoreductase, v. 21 | p. 588
1.3.99.19	Quinaldic acid 4-oxidoreductase, Quinoline-4-carboxylate 2-oxidoreductase, v. 21 | p. 591
1.1.1.282	quinate/shikimate 5-dehydrogenase, quinate/shikimate dehydrogenase, v. S1 | p. 22
1.1.1.25	quinate/shikimate 5-dehydrogenase, shikimate dehydrogenase, v. 16 | p. 241
1.1.1.282	quinate/shikimate dehydrogenase, quinate/shikimate dehydrogenase, v. S1 | p. 22
1.1.1.25	quinate/shikimate dehydrogenase, shikimate dehydrogenase, v. 16 | p. 241
1.1.1.24	quinate:NAD oxidoreductase, quinate dehydrogenase, v. 16 | p. 236
1.1.1.24	quinate: oxidoreductase, quinate dehydrogenase, v. 16 | p. 236
1.1.1.24	quinate dehydrogenase, quinate dehydrogenase, v. 16 | p. 236
1.1.99.25	quinate dehydrogenase, quinate dehydrogenase (pyrroloquinoline-quinone), v. 19 | p. 412
1.1.1.24	quinic dehydrogenase, quinate dehydrogenase, v. 16 | p. 236
1.14.13.67	quinine 3-hydroxylase, quinine 3-monooxygenase, v. 26 | p. 537
1.14.13.67	Quinine 3-monooxygenase, quinine 3-monooxygenase, v. 26 | p. 537
1.1.99.8	quinocytochrome alcohol dehydrogenase IIB, alcohol dehydrogenase (acceptor), v. 19 | p. 305
1.1.99.8	quinohaemoprotein alcohol dehydrogenase, alcohol dehydrogenase (acceptor), v. 19 | p. 305
1.4.99.3	quinohaemoprotein amine dehydrogenase, amine dehydrogenase, v. 22 | p. 402
1.1.99.8	quinohemoprotein alcohol dehydrogenase, alcohol dehydrogenase (acceptor), v. 19 | p. 305
1.4.99.3	quinohemoprotein amine dehydrogenase, amine dehydrogenase, v. 22 | p. 402
1.4.99.3	quinohemoprotein amine dehydrogenases, amine dehydrogenase, v. 22 | p. 402
1.1.99.8	quinohemoprotein dehydrogenase, alcohol dehydrogenase (acceptor), v. 19 | p. 305
1.2.99.3	quinohemoprotein dehydrogenase, aldehyde dehydrogenase (pyrroloquinoline-quinone), v. 20 | p. 578
1.5.1.34	quinoid dihydropteridine reductase, 6,7-dihydropteridine reductase, v. 23 | p. 248
1.10.2.2	quinol-cytochrome c oxidoreductase complex, ubiquinol-cytochrome-c reductase, v. 25 | p. 83
1.3.5.1	quinol-fumarate reductase, succinate dehydrogenase (ubiquinone), v. 21 | p. 424

1.7.99.4	quinol-nitrate oxidoreductase NarGHI, nitrate reductase, v. 24	p. 396
1.10.2.2	quinol:cyt c Oxidoreductase, ubiquinol-cytochrome-c reductase, v. 25	p. 83
1.10.2.2	quinol:cytochrome c oxidoreductase, ubiquinol-cytochrome-c reductase, v. 25	p. 83
1.7.99.4	quinol:nitrate oxidoreductase, nitrate reductase, v. 24	p. 396
2.4.2.19	quinolate phosphoribosyltransferase, nicotinate-nucleotide diphosphorylase (carboxylating), v. 33	p. 188
1.10.2.2	quinol cyt. c oxidoreductase (bc1), ubiquinol-cytochrome-c reductase, v. 25	p. 83
1.14.12.16	Quinolin-2(1H)-one 5,6-dioxygenase, 2-Hydroxyquinoline 5,6-dioxygenase, v. 26	p. 187
1.14.12.16	Quinolin-2-ol 5,6-dioxygenase, 2-Hydroxyquinoline 5,6-dioxygenase, v. 26	p. 187
1.14.13.62	Quinolin-4(1H)-one 3-monooxygenase, 4-Hydroxyquinoline 3-monooxygenase, v. 26	p. 522
2.4.2.19	quinolinate phosphoribosyltransferase, nicotinate-nucleotide diphosphorylase (carboxylating), v. 33	p. 188
2.4.2.19	quinolinate phosphoribosyltransferase (decarboxylating), nicotinate-nucleotide diphosphorylase (carboxylating), v. 33	p. 188
2.4.2.19	quinolinate phosphoribosyltransferase [decarboxylating], nicotinate-nucleotide diphosphorylase (carboxylating), v. 33	p. 188
2.5.1.72	quinolinate synthetase, quinolinate synthase
1.13.11.47	Quinoline-3,4-diol 2,4-dioxygenase, 3-hydroxy-4-oxoquinoline 2,4-dioxygenase, v. 25	p. 663
1.13.11.47	quinoline-3,4-diol 2,4-dioxygenase (carbon monoxide-forming), 3-hydroxy-4-oxoquinoline 2,4-dioxygenase, v. 25	p. 663
1.3.99.19	Quinoline-4-carboxylic acid oxidoreductase, Quinoline-4-carboxylate 2-oxidoreductase, v. 21	p. 591
1.3.99.17	quinoline 2-oxidoreductase, Quinoline 2-oxidoreductase, v. 21	p. 582
1.2.3.1	quinoline oxidase, aldehyde oxidase, v. 20	p. 425
1.3.99.17	Quinoline oxidoreductase, Quinoline 2-oxidoreductase, v. 21	p. 582
2.4.2.19	quinolinic acid phosphoribosyltransferase, nicotinate-nucleotide diphosphorylase (carboxylating), v. 33	p. 188
2.4.2.19	quinolinic phosphoribosyltransferase, nicotinate-nucleotide diphosphorylase (carboxylating), v. 33	p. 188
1.11.1.7	quinol peroxidase, peroxidase, v. 25	p. 211
1.1.99.22	quinone-dependent glycerol dehydrogenase, glycerol dehydrogenase (acceptor), v. 19	p. 402
1.1.99.29	quinone-dependent pyranose dehydrogenase, pyranose dehydrogenase (acceptor), v. S1	p. 124
1.3.1.74	quinone oxidoreductase, 2-alkenal reductase, v. 21	p. 336
1.6.5.5	quinone oxidoreductase, NADPH:quinone reductase, v. 24	p. 135
1.3.1.74	Quinone reductase, 2-alkenal reductase, v. 21	p. 336
1.6.5.2	Quinone reductase, NAD(P)H dehydrogenase (quinone), v. 24	p. 105
1.6.5.5	Quinone reductase, NADPH:quinone reductase, v. 24	p. 135
1.6.5.2	quinone reductase 1, NAD(P)H dehydrogenase (quinone), v. 24	p. 105
1.10.99.2	quinone reductase 2, ribosyldihydronicotinamide dehydrogenase (quinone), v. S1	p. 383
1.6.5.2	quinone reductase type 1, NAD(P)H dehydrogenase (quinone), v. 24	p. 105
1.10.99.2	quinone reductase type 2, ribosyldihydronicotinamide dehydrogenase (quinone), v. S1	p. 383
1.1.99.8	quinoprotein alcohol dehydrogenase, alcohol dehydrogenase (acceptor), v. 19	p. 305
1.1.5.2	quinoprotein D-glucose dehydrogenase, quinoprotein glucose dehydrogenase, v. S1	p. 88
1.1.99.8	quinoprotein ethanol dehydrogenase, alcohol dehydrogenase (acceptor), v. 19	p. 305
1.1.5.2	quinoprotein glucose dehydrogenase, quinoprotein glucose dehydrogenase, v. S1	p. 88
1.1.5.2	quinoprotein glucose DH, quinoprotein glucose dehydrogenase, v. S1	p. 88
1.1.99.25	quinoprotein quinate dehydrogenase, quinate dehydrogenase (pyrroloquinoline-quinone), v. 19	p. 412
1.3.99.17	QuinOr, Quinoline 2-oxidoreductase, v. 21	p. 582
3.5.1.97	QuiP, acyl-homoserine-lactone acylase, v. S6	p. 434

3.1.1.81	QuiP, quorum-quenching N-acyl-homoserine lactonase, v. S5 | p. 23
3.5.1.97	quorum-quenching AHL acylase, acyl-homoserine-lactone acylase, v. S6 | p. 434
3.5.1.97	quorum-quenching enzyme, acyl-homoserine-lactone acylase, v. S6 | p. 434
3.1.1.81	quorum-quenching enzyme, quorum-quenching N-acyl-homoserine lactonase, v. S5 | p. 23
3.1.1.81	quorum-quenching lactonase, quorum-quenching N-acyl-homoserine lactonase, v. S5 | p. 23
3.1.1.81	quorum-quenching N-acyl homoserine lactonase, quorum-quenching N-acyl-homoserine lactonase, v. S5 | p. 23
3.1.1.81	quorum-quenching N-acyl homoserine lactone hydrolase, quorum-quenching N-acyl-homoserine lactonase, v. S5 | p. 23
3.1.1.81	quorum-quenching N-acyl homoserine lactone lactonase, quorum-quenching N-acyl-homoserine lactonase, v. S5 | p. 23
3.1.1.81	quorum-sensing enzyme, quorum-quenching N-acyl-homoserine lactonase, v. S5 | p. 23
1.3.99.5	5α-R, 3-oxo-5α-steroid 4-dehydrogenase, v. 21 | p. 516
1.3.1.22	5αR, cholestenone 5α-reductase, v. 21 | p. 124
1.3.1.30	5αR, progesterone 5α-reductase, v. 21 | p. 176
1.5.1.28	N-[1-(R)-(Carboxy)ethyl]-(S)-norvaline: NAD+ oxidoreductase (L-norvaline forming), Opine dehydrogenase, v. 23 | p. 211
1.1.1.4	(R)-2,3-butanediol dehydrogenase, (R,R)-butanediol dehydrogenase, v. 16 | p. 91
2.3.3.6	(R)-2-ethylmalate 2-oxobutanoyl-lyase (CoA-acetylating), 2-ethylmalate synthase, v. 30 | p. 626
1.1.1.272	(R)-2-hydroxyacid dehydrogenase, (R)-2-hydroxyacid dehydrogenase, v. 18 | p. 497
1.1.1.37	(R)-2-hydroxyacid dehydrogenase, malate dehydrogenase, v. 16 | p. 336
1.2.4.4	(R)-2-hydroxyisocaproate dehydrogenase, 3-methyl-2-oxobutanoate dehydrogenase (2-methylpropanoyl-transferring), v. 20 | p. 522
5.4.99.2	(R)-2-methyl-3-oxopropanoyl-CoA CoA-carbonylmutase, Methylmalonyl-CoA mutase, v. 1 | p. 589
1.1.1.53	(R)-20-hydroxysteroid dehydrogenase, 3α(or 20β)-hydroxysteroid dehydrogenase, v. 17 | p. 9
1.1.1.36	(R)-3-hydroxyacyl-CoA dehydrogenase, acetoacetyl-CoA reductase, v. 16 | p. 328
5.3.3.6	(R)-3-methylitaconate isomerase, methylitaconate Δ-isomerase, v. 1 | p. 406
4.1.1.36	N-((R)-4-phosphopantothenoyl)-L-cysteine carboxy-lyase, phosphopantothenoylcysteine decarboxylase, v. 3 | p. 223
1.1.1.222	(R)-aromatic lactate dehydrogenase, (R)-4-hydroxyphenyllactate dehydrogenase, v. 18 | p. 330
4.1.99.11	(R)-benzylsuccinate synthase, benzylsuccinate synthase, v. S7 | p. 66
1.5.1.31	(R)-canadine synthase, berberine reductase, v. 23 | p. 238
2.3.3.3	(R)-citrate synthase, citrate (Re)-synthase, v. 30 | p. 612
2.3.3.1	(R)-citric synthase, citrate (Si)-synthase, v. 30 | p. 582
1.1.1.4	(R)-diacetyl reductase, (R,R)-butanediol dehydrogenase, v. 16 | p. 91
4.2.3.23	(+)-(10R)-germacrene A synthase, germacrene-A synthase, v. S7 | p. 301
4.1.2.10	(R)-HNL, Mandelonitrile lyase, v. 3 | p. 440
4.1.2.37	(R)-HNL, hydroxynitrilase, v. 3 | p. 569
4.2.1.60	(3R)-hydroxyacyl-acyl carrier protein dehydratase II, 3-Hydroxydecanoyl-[acyl-carrier-protein] dehydratase, v. 4 | p. 551
1.1.1.36	(3R)-hydroxyacyl-CoA dehydrogenase, acetoacetyl-CoA reductase, v. 16 | p. 328
1.1.99.30	(2R)-hydroxycarboxlate-viologen-oxidoreductase, 2-oxo-acid reductase, v. S1 | p. 134
1.1.99.30	(2R)-hydroxycarboxlate viologen oxidoreductase, 2-oxo-acid reductase, v. S1 | p. 134
1.1.99.30	(2R)-hydroxycarboxylate-viologen-oxidoreductase, 2-oxo-acid reductase, v. S1 | p. 134
4.1.2.10	(R)-hydroxynitrile lyase, Mandelonitrile lyase, v. 3 | p. 440
4.1.2.37	(R)-hydroxynitrile lyase, hydroxynitrilase, v. 3 | p. 569
1.1.1.268	(R)-hydroxypropyl-coenzyme M dehydrogenase, 2-(R)-hydroxypropyl-CoM dehydrogenase, v. 18 | p. 480
1.1.1.268	2-(R)-hydroxypropyl-coenzyme M dehydrogenase, 2-(R)-hydroxypropyl-CoM dehydrogenase, v. 18 | p. 480

1.1.1.268	2-(2-(R)-hydroxypropylthio)ethanesulfonate dehydrogenase, 2-(R)-hydroxypropyl-CoM dehydrogenase, v. 18 | p. 480
1.1.1.268	(R)-hydroxypropylthioethanesulfonate dehydrogenase, 2-(R)-hydroxypropyl-CoM dehydrogenase, v. 18 | p. 480
4.2.1.54	(R)-lactyl-CoA dehydratase, lactoyl-CoA dehydratase, v. 4 | p. 537
4.2.3.20	(R)-limonene synthase, (R)-limonene synthase, v. S7 | p. 288
1.13.11.31	(12R)-lipoxygenase, arachidonate 12-lipoxygenase, v. 25 | p. 568
1.13.11.31	12(R)-lipoxygenase, arachidonate 12-lipoxygenase, v. 25 | p. 568
1.13.11.40	8(R)-lipoxygenase, arachidonate 8-lipoxygenase, v. 25 | p. 627
1.13.11.31	(12R)-LOX, arachidonate 12-lipoxygenase, v. 25 | p. 568
4.1.2.37	(R)-LuHNL, hydroxynitrilase, v. 3 | p. 569
4.1.2.10	(R)-(+)-Mandelonitrile lyase, Mandelonitrile lyase, v. 3 | p. 440
4.1.2.10	(R)-Mandelonitrile lyase, Mandelonitrile lyase, v. 3 | p. 440
4.4.1.19	(2R)-O-phospho-3-sulfolactate sulfo-lyase, phosphosulfolactate synthase, v. S7 | p. 385
4.1.2.11	(R)-Oxynitrilase, Hydroxymandelonitrile lyase, v. 3 | p. 448
4.1.2.10	(R)-Oxynitrilase, Mandelonitrile lyase, v. 3 | p. 440
4.1.2.37	(R)-Oxynitrilase, hydroxynitrilase, v. 3 | p. 569
4.1.2.10	(R)-Pa-HNL, Mandelonitrile lyase, v. 3 | p. 440
4.1.2.10	(R)-PaHNL, Mandelonitrile lyase, v. 3 | p. 440
1.1.1.168	(R)-pantoyl-lactone:NADP+ oxidoreductase (A-specific), 2-dehydropantolactone reductase (A-specific), v. 18 | p. 54
1.1.99.27	(R)-Pantoyllactone dehydrogenase (flavin), (R)-Pantolactone dehydrogenase (flavin), v. 19 | p. 416
4.4.1.19	(2R)-phospho-3-sulfolactate synthase, phosphosulfolactate synthase, v. S7 | p. 385
3.1.3.71	(2R)-phosphosulfolactate phosphohydrolase, 2-phosphosulfolactate phosphatase, v. S5 | p. 57
1.14.21.4	(R)-reticuline dehydrogenase, salutaridine synthase, v. 27 | p. 240
1.14.21.4	(R)-reticuline oxidase (C-C phenol-coupling), salutaridine synthase, v. 27 | p. 240
1.1.1.272	(R)-sulfolactate:NAD(P)+ oxidoreductase, (R)-2-hydroxyacid dehydrogenase, v. 18 | p. 497
1.1.1.272	(R)-sulfolactate dehydrogenase, (R)-2-hydroxyacid dehydrogenase, v. 18 | p. 497
1.3.1.53	(1R,2S)-1,2-Dihydroxy-3,5-cyclohexadiene-1,4-dicarboxylate dehydrogenase, (3S,4R)-3,4-dihydroxycyclohexa-1,5-diene-1,4-dicarboxylate dehydrogenase, v. 21 | p. 281
1.3.1.53	(1R,2S)-Dihydroxy-3,5-cyclohexadiene-1,4-dicarboxylate dehydrogenase, (3S,4R)-3,4-dihydroxycyclohexa-1,5-diene-1,4-dicarboxylate dehydrogenase, v. 21 | p. 281
4.1.3.32	(2R,3S)-dimethylmalate lyase, 2,3-Dimethylmalate lyase, v. 4 | p. 186
1.1.1.85	2R,3S-isopropylmalate:NAD+ oxidoreductase (decaboxylating), 3-isopropylmalate dehydrogenase, v. 17 | p. 179
2.1.1.116	(R,S)-3'-hydroxy-N-methylcoclaurine 4'-O-methyltransferase, 3'-hydroxy-N-methyl-(S)-coclaurine 4'-O-methyltransferase, v. 28 | p. 555
2.1.1.128	(R,S)-norcoclaurine 6-O-methyltransferase, (RS)-norcoclaurine 6-O-methyltransferase, v. 28 | p. 589
2.1.1.115	(R,S)-Tetrahydrobenzylisoquinoline-N-methyltransferase, (RS)-1-benzyl-1,2,3,4-tetrahydroisoquinoline N-methyltransferase, v. 28 | p. 550
3.1.21.4	R.AbrI, type II site-specific deoxyribonuclease, v. 11 | p. 454
3.1.21.4	R.AccI, type II site-specific deoxyribonuclease, v. 11 | p. 454
3.1.21.4	R.AgeI, type II site-specific deoxyribonuclease, v. 11 | p. 454
3.1.21.4	R.ApaLI, type II site-specific deoxyribonuclease, v. 11 | p. 454
3.1.21.4	R.AvaI, type II site-specific deoxyribonuclease, v. 11 | p. 454
3.1.21.4	R.BamHI, type II site-specific deoxyribonuclease, v. 11 | p. 454
3.1.21.4	R.BanI, type II site-specific deoxyribonuclease, v. 11 | p. 454
3.1.21.4	R.BglI, type II site-specific deoxyribonuclease, v. 11 | p. 454
3.1.21.4	R.BglII, type II site-specific deoxyribonuclease, v. 11 | p. 454
3.1.21.4	R.BsoBI, type II site-specific deoxyribonuclease, v. 11 | p. 454
3.1.21.4	R.Bsp6I, type II site-specific deoxyribonuclease, v. 11 | p. 454
3.1.21.4	R.BstVI, type II site-specific deoxyribonuclease, v. 11 | p. 454

3.1.21.4	R.BsuBI, type II site-specific deoxyribonuclease, v. 11	p. 454
3.1.21.4	R.BsuFI, type II site-specific deoxyribonuclease, v. 11	p. 454
3.1.21.4	R.BsuRI, type II site-specific deoxyribonuclease, v. 11	p. 454
3.1.21.4	R.CeqI, type II site-specific deoxyribonuclease, v. 11	p. 454
3.1.21.4	R.Cfr10I, type II site-specific deoxyribonuclease, v. 11	p. 454
3.1.21.4	R.Cfr9I, type II site-specific deoxyribonuclease, v. 11	p. 454
3.1.21.4	R.CfrBI, type II site-specific deoxyribonuclease, v. 11	p. 454
3.1.21.4	R.CviAII, type II site-specific deoxyribonuclease, v. 11	p. 454
3.1.21.4	R.CviJI, type II site-specific deoxyribonuclease, v. 11	p. 454
3.1.21.4	R.DdeI, type II site-specific deoxyribonuclease, v. 11	p. 454
3.1.21.4	R.DpnI, type II site-specific deoxyribonuclease, v. 11	p. 454
3.1.21.4	R.DpnII, type II site-specific deoxyribonuclease, v. 11	p. 454
3.1.21.4	R.Eco47I, type II site-specific deoxyribonuclease, v. 11	p. 454
3.1.21.4	R.Eco47II, type II site-specific deoxyribonuclease, v. 11	p. 454
3.1.21.3	R.EcoAI, type I site-specific deoxyribonuclease, v. 11	p. 448
3.1.21.3	R.EcoEI, type I site-specific deoxyribonuclease, v. 11	p. 448
3.1.21.3	R.EcoKI, type I site-specific deoxyribonuclease, v. 11	p. 448
3.1.21.5	R.EcoP15I, type III site-specific deoxyribonuclease, v. 11	p. 467
3.1.21.3	R.EcoR124II, type I site-specific deoxyribonuclease, v. 11	p. 448
3.1.21.3	R.EcoR124I restriction endonuclease, type I site-specific deoxyribonuclease, v. 11	p. 448
3.1.21.4	R.EcoRI, type II site-specific deoxyribonuclease, v. 11	p. 454
3.1.21.4	R.EcoRII, type II site-specific deoxyribonuclease, v. 11	p. 454
3.1.21.4	R.EcoRV, type II site-specific deoxyribonuclease, v. 11	p. 454
3.1.21.4	R.FokI, type II site-specific deoxyribonuclease, v. 11	p. 454
3.1.21.4	R.HaeII, type II site-specific deoxyribonuclease, v. 11	p. 454
3.1.21.4	R.HaeIII, type II site-specific deoxyribonuclease, v. 11	p. 454
3.1.21.4	R.HgAI, type II site-specific deoxyribonuclease, v. 11	p. 454
3.1.21.4	R.HgiBI, type II site-specific deoxyribonuclease, v. 11	p. 454
3.1.21.4	R.HgiCI, type II site-specific deoxyribonuclease, v. 11	p. 454
3.1.21.4	R.HgiCII, type II site-specific deoxyribonuclease, v. 11	p. 454
3.1.21.4	R.HgiDI, type II site-specific deoxyribonuclease, v. 11	p. 454
3.1.21.4	R.HgiEI, type II site-specific deoxyribonuclease, v. 11	p. 454
3.1.21.4	R.HgiGI, type II site-specific deoxyribonuclease, v. 11	p. 454
3.1.21.4	R.HhaII, type II site-specific deoxyribonuclease, v. 11	p. 454
3.1.21.4	R.HincII, type II site-specific deoxyribonuclease, v. 11	p. 454
3.1.21.4	R.HindII, type II site-specific deoxyribonuclease, v. 11	p. 454
3.1.21.4	R.HindIII, type II site-specific deoxyribonuclease, v. 11	p. 454
3.1.21.4	R.HindVP, type II site-specific deoxyribonuclease, v. 11	p. 454
3.1.21.4	R.HinfI, type II site-specific deoxyribonuclease, v. 11	p. 454
3.1.21.4	R.HpaI, type II site-specific deoxyribonuclease, v. 11	p. 454
3.1.21.4	R.HpaII, type II site-specific deoxyribonuclease, v. 11	p. 454
3.1.21.4	R.HphI, type II site-specific deoxyribonuclease, v. 11	p. 454
3.1.21.4	R.KpnI, type II site-specific deoxyribonuclease, v. 11	p. 454
3.1.21.4	R.LlaDCHI, type II site-specific deoxyribonuclease, v. 11	p. 454
3.1.21.4	R.MamI, type II site-specific deoxyribonuclease, v. 11	p. 454
3.1.21.4	R.MboI, type II site-specific deoxyribonuclease, v. 11	p. 454
3.1.21.4	R.MboII, type II site-specific deoxyribonuclease, v. 11	p. 454
3.1.21.4	R.MjaI, type II site-specific deoxyribonuclease, v. 11	p. 454
3.1.21.4	R.MjaII, type II site-specific deoxyribonuclease, v. 11	p. 454
3.1.21.4	R.MjaIII, type II site-specific deoxyribonuclease, v. 11	p. 454
3.1.21.4	R.MjaIV, type II site-specific deoxyribonuclease, v. 11	p. 454
3.1.21.4	R.MjaV, type II site-specific deoxyribonuclease, v. 11	p. 454
3.1.21.4	R.MjaVIP, type II site-specific deoxyribonuclease, v. 11	p. 454
3.1.21.4	R.MspI, type II site-specific deoxyribonuclease, v. 11	p. 454
3.1.21.4	R.MthTI, type II site-specific deoxyribonuclease, v. 11	p. 454

3.1.21.4	R.MthZI, type II site-specific deoxyribonuclease, v. 11 | p. 454	
3.1.21.4	R.MunI, type II site-specific deoxyribonuclease, v. 11 | p. 454	
3.1.21.4	R.MwoI, type II site-specific deoxyribonuclease, v. 11 | p. 454	
3.1.21.4	R.NaeI, type II site-specific deoxyribonuclease, v. 11 | p. 454	
3.1.21.4	R.NgoBI, type II site-specific deoxyribonuclease, v. 11 | p. 454	
3.1.21.4	R.NgoBV, type II site-specific deoxyribonuclease, v. 11 | p. 454	
3.1.21.4	R.NgoFVII, type II site-specific deoxyribonuclease, v. 11 | p. 454	
3.1.21.4	R.NgoI, type II site-specific deoxyribonuclease, v. 11 | p. 454	
3.1.21.4	R.NgoMIV, type II site-specific deoxyribonuclease, v. 11 | p. 454	
3.1.21.4	R.NgoPII, type II site-specific deoxyribonuclease, v. 11 | p. 454	
3.1.21.4	R.NgoV, type II site-specific deoxyribonuclease, v. 11 | p. 454	
3.1.21.4	R.NgoVII, type II site-specific deoxyribonuclease, v. 11 | p. 454	
3.1.21.4	R.NlaIII, type II site-specific deoxyribonuclease, v. 11 | p. 454	
3.1.21.4	R.NlaIV, type II site-specific deoxyribonuclease, v. 11 | p. 454	
3.1.21.4	R.NmeDIP, type II site-specific deoxyribonuclease, v. 11 | p. 454	
3.1.21.4	R.NspV, type II site-specific deoxyribonuclease, v. 11 | p. 454	
3.1.21.4	R.PaeR7I, type II site-specific deoxyribonuclease, v. 11 | p. 454	
3.1.21.4	R.PstI, type II site-specific deoxyribonuclease, v. 11 | p. 454	
3.4.23.23	R. pusillus pepsin, Mucorpepsin, v. 8 | p. 106	
3.1.21.4	R.PvuI, type II site-specific deoxyribonuclease, v. 11 | p. 454	
3.1.21.4	R.PvuII, type II site-specific deoxyribonuclease, v. 11 | p. 454	
3.1.21.4	R.RsrI, type II site-specific deoxyribonuclease, v. 11 | p. 454	
3.1.21.4	R.SacI, type II site-specific deoxyribonuclease, v. 11 | p. 454	
3.1.21.4	R.SalI, type II site-specific deoxyribonuclease, v. 11 | p. 454	
3.1.21.4	R.Sau3AI, type II site-specific deoxyribonuclease, v. 11 | p. 454	
3.1.21.4	R.Sau96I, type II site-specific deoxyribonuclease, v. 11 | p. 454	
3.1.21.4	R.ScaI, type II site-specific deoxyribonuclease, v. 11 | p. 454	
3.1.21.4	R.ScrFI, type II site-specific deoxyribonuclease, v. 11 | p. 454	
3.1.21.4	R.SfiI, type II site-specific deoxyribonuclease, v. 11 | p. 454	
3.1.21.4	R.SinI, type II site-specific deoxyribonuclease, v. 11 | p. 454	
3.1.21.4	R.SmaI, type II site-specific deoxyribonuclease, v. 11 | p. 454	
3.1.21.4	R.SsoII, type II site-specific deoxyribonuclease, v. 11 | p. 454	
3.1.21.4	R.StsI, type II site-specific deoxyribonuclease, v. 11 | p. 454	
3.1.21.4	R.TaqI, type II site-specific deoxyribonuclease, v. 11 | p. 454	
3.1.21.4	R.TthHB8I, type II site-specific deoxyribonuclease, v. 11 | p. 454	
3.1.21.4	R.XamI, type II site-specific deoxyribonuclease, v. 11 | p. 454	
3.1.21.4	R.XcyI, type II site-specific deoxyribonuclease, v. 11 | p. 454	
1.3.99.5	5α-R1, 3-oxo-5α-steroid 4-dehydrogenase, v. 21 | p. 516	
1.3.1.22	5α-R1, cholestenone 5α-reductase, v. 21 | p. 124	
1.3.1.22	5αR1, cholestenone 5α-reductase, v. 21 | p. 124	
1.3.1.30	5αR1, progesterone 5α-reductase, v. 21 | p. 176	
3.1.21.6	R1Bm EN, CC-preferring endodeoxyribonuclease, v. 11 | p. 470	
3.1.21.6	R1Bm endonuclease, CC-preferring endodeoxyribonuclease, v. 11 | p. 470	
1.3.1.22	5α-R2, cholestenone 5α-reductase, v. 21 | p. 124	
1.3.1.22	5αR2, cholestenone 5α-reductase, v. 21 | p. 124	
1.3.1.30	5αR2, progesterone 5α-reductase, v. 21 | p. 176	
2.7.11.22	R2, cyclin-dependent kinase, v. S4 | p. 156	
2.7.7.7	R2-RT, DNA-directed DNA polymerase, v. 38 | p. 118	
2.7.7.49	R2-RT, RNA-directed DNA polymerase, v. 38 | p. 492	
3.1.3.48	R2B phosphatase, protein-tyrosine-phosphatase, v. 10 | p. 407	
2.7.7.7	R2 polymerase, DNA-directed DNA polymerase, v. 38 | p. 118	
2.7.7.7	R2 reverse transcriptase, DNA-directed DNA polymerase, v. 38 | p. 118	
3.1.22.1	R31240_2, deoxyribonuclease II, v. 11 | p. 474	
5.1.3.1	R5P3E, Ribulose-phosphate 3-epimerase, v. 1 | p. 91	
1.5.1.3	R67 dihydrofolate reductase, dihydrofolate reductase, v. 23 | p. 17	

3.2.2.22	RA, rRNA N-glycosylase, v. 14 | p. 107	
3.2.1.54	RA.04, cyclomaltodextrinase, v. 13 | p. 95	
3.6.5.1	Rab1, heterotrimeric G-protein GTPase, v. S6 | p. 462	
3.6.5.2	Rab11, small monomeric GTPase, v. S6 | p. 476	
3.6.5.1	Rab1a, heterotrimeric G-protein GTPase, v. S6 | p. 462	
3.6.5.1	Rab1 GTPase, heterotrimeric G-protein GTPase, v. S6 | p. 462	
3.6.5.2	Rab21, small monomeric GTPase, v. S6 | p. 476	
3.6.5.2	Rab23, small monomeric GTPase, v. S6 | p. 476	
3.6.5.2	Rab27a, small monomeric GTPase, v. S6 | p. 476	
3.6.5.2	Rab3A, small monomeric GTPase, v. S6 | p. 476	
3.6.5.2	Rab4a, small monomeric GTPase, v. S6 | p. 476	
1.1.1.2	rabbit kidney aldehyde-ketone reductase, alcohol dehydrogenase (NADP+), v. 16 | p. 45	
2.5.1.60	Rab geranylgeranyl transferase, protein geranylgeranyltransferase type II, v. 34 | p. 219	
2.5.1.60	Rab geranylgeranyltransferase, protein geranylgeranyltransferase type II, v. 34 | p. 219	
2.5.1.60	RabGGT, protein geranylgeranyltransferase type II, v. 34 | p. 219	
2.5.1.60	Rab GGTase, protein geranylgeranyltransferase type II, v. 34 | p. 219	
2.5.1.60	RabGGTase, protein geranylgeranyltransferase type II, v. 34 | p. 219	
2.5.1.60	Rabggtb, protein geranylgeranyltransferase type II, v. 34 | p. 219	
2.5.1.60	Rab GG transferase, protein geranylgeranyltransferase type II, v. 34 | p. 219	
3.6.5.2	Rab GTPase protein 5, small monomeric GTPase, v. S6 | p. 476	
3.1.4.42	rac-glycerol 1:2-cyclic phosphate 2-phosphodiesterase, glycerol-1,2-cyclic-phosphate 2-phosphodiesterase, v. 11 | p. 201	
2.7.11.1	RAC-PKγ, non-specific serine/threonine protein kinase, v. S3 | p. 1	
2.7.11.1	rac-PK, non-specific serine/threonine protein kinase, v. S3 | p. 1	
2.7.11.1	RAC-α serine/threonine kinase, non-specific serine/threonine protein kinase, v. S3 | p. 1	
2.7.11.1	RAC-β serine/threonine protein kinase, non-specific serine/threonine protein kinase, v. S3 | p. 1	
2.7.11.1	RAC-γ serine/threonine protein kinase, non-specific serine/threonine protein kinase, v. S3 | p. 1	
2.7.11.1	RAC/Akt kinase, non-specific serine/threonine protein kinase, v. S3 | p. 1	
3.6.5.2	Rac1, small monomeric GTPase, v. S6 | p. 476	
3.6.5.2	Rac1 GTPase, small monomeric GTPase, v. S6 | p. 476	
3.6.5.2	Rac2, small monomeric GTPase, v. S6 | p. 476	
3.6.5.2	Rac3, small monomeric GTPase, v. S6 | p. 476	
5.1.1.3	RACE, Glutamate racemase, v. 1 | p. 11	
5.1.1.3	RacE1, Glutamate racemase, v. 1 | p. 11	
5.1.1.3	RacE2, Glutamate racemase, v. 1 | p. 11	
5.1.1.15	Racemase, α-amino-ε-caprolactam, 2-Aminohexano-6-lactam racemase, v. 1 | p. 61	
5.1.1.15	Racemase, α-amino-ε-caprolactam (Achromobacter obae reduced), 2-Aminohexano-6-lactam racemase, v. 1 | p. 61	
5.1.99.4	Racemase, α-methylacyl coenzyme A, α-Methylacyl-CoA racemase, v. 1 | p. 188	
5.1.99.4	Racemase, α-methylacyl coenzyme A (Mus musculus clone 3), α-Methylacyl-CoA racemase, v. 1 | p. 188	
5.1.99.4	Racemase, α-methylacyl coenzyme A (Rattus norvegicus clone 11), α-Methylacyl-CoA racemase, v. 1 | p. 188	
5.1.2.4	Racemase, acetoin, Acetoin racemase, v. 1 | p. 85	
5.1.1.1	Racemase, alanine, Alanine racemase, v. 1 | p. 1	
5.1.99.3	Racemase, allantoin, Allantoin racemase, v. 1 | p. 185	
5.1.1.10	Racemase, amino acid, Amino-acid racemase, v. 1 | p. 41	
5.1.1.9	Racemase, arginine, Arginine racemase, v. 1 | p. 37	
5.1.1.13	Racemase, aspartate, Aspartate racemase, v. 1 | p. 55	
5.1.1.3	Racemase, glutamate, Glutamate racemase, v. 1 | p. 11	
5.1.2.1	Racemase, lactate, Lactate racemase, v. 1 | p. 68	
5.1.1.5	Racemase, lysine, Lysine racemase, v. 1 | p. 23	
5.1.2.2	racemase, mandelate, mandelate racemase, v. 1 | p. 72	

947

5.1.1.2	Racemase, methionine, Methionine racemase, v. 1	p. 10
5.1.99.1	Racemase, methylmalonyl coenzyme A, Methylmalonyl-CoA epimerase, v. 1	p. 179
5.1.1.12	Racemase, ornithine, Ornithine racemase, v. 1	p. 54
5.1.1.11	Racemase, phenylalanine (adenosine triphosphate-hydrolyzing), Phenylalanine racemase (ATP-hydrolysing), v. 1	p. 48
5.1.1.4	Racemase, proline, Proline racemase, v. 1	p. 19
5.1.1.6	Racemase, threonine, Threonine racemase, v. 1	p. 25
3.1.2.1	rACH, acetyl-CoA hydrolase, v. 9	p. 450
3.6.5.2	Rad, small monomeric GTPase, v. S6	p. 476
3.1.22.4	RAD51C, crossover junction endodeoxyribonuclease, v. 11	p. 487
2.7.12.1	Rad53 protein kinase, dual-specificity kinase, v. S4	p. 372
3.6.1.15	Rad54, nucleoside-triphosphatase, v. 15	p. 365
3.6.1.15	Rad54cd, nucleoside-triphosphatase, v. 15	p. 365
3.6.1.15	Rad54 homologue, nucleoside-triphosphatase, v. 15	p. 365
3.6.1.15	Rad55B, nucleoside-triphosphatase, v. 15	p. 365
6.3.2.19	RAD6 homolog, Ubiquitin-protein ligase, v. 2	p. 506
3.6.5.2	Rad GTPase, small monomeric GTPase, v. S6	p. 476
1.1.1.2	RADH, alcohol dehydrogenase (NADP+), v. 16	p. 45
2.4.1.222	radical fringe glycosyltransferase, O-fucosylpeptide 3-β-N-acetylglucosaminyltransferase, v. 32	p. 599
1.3.99.22	radical S-adenosyl-L-methionine dehydrogenase, coproporphyrinogen dehydrogenase, v. S1	p. 262
1.3.99.22	radical SAM enzyme, coproporphyrinogen dehydrogenase, v. S1	p. 262
3.1.3.11	RAE-30, fructose-bisphosphatase, v. 10	p. 167
6.3.2.19	Rae28, Ubiquitin-protein ligase, v. 2	p. 506
2.7.11.25	A-Raf, mitogen-activated protein kinase kinase kinase, v. S4	p. 278
2.7.11.25	B-Raf, mitogen-activated protein kinase kinase kinase, v. S4	p. 278
2.7.11.25	C-Raf, mitogen-activated protein kinase kinase kinase, v. S4	p. 278
2.7.11.25	Raf, mitogen-activated protein kinase kinase kinase, v. S4	p. 278
2.7.11.25	Raf-1, mitogen-activated protein kinase kinase kinase, v. S4	p. 278
2.7.11.1	Raf-1, non-specific serine/threonine protein kinase, v. S3	p. 1
2.7.10.2	Raf-1 protein kinase, non-specific protein-tyrosine kinase, v. S2	p. 441
2.4.1.166	raffinose:raffinose α-galactosyltransferase, raffinose-raffinose α-galactosyltransferase, v. 32	p. 373
2.4.1.82	raffinose synthase, galactinol-sucrose galactosyltransferase, v. 31	p. 587
2.7.10.2	RAF homolog serine/threonine-protein kinase dRAF-1, non-specific protein-tyrosine kinase, v. S2	p. 441
2.7.11.25	B-Raf kinase, mitogen-activated protein kinase kinase kinase, v. S4	p. 278
2.7.11.1	Raf kinase, non-specific serine/threonine protein kinase, v. S3	p. 1
2.7.10.2	A-Raf proto-oncogene serine/threonine-protein kinase, non-specific protein-tyrosine kinase, v. S2	p. 441
2.7.10.2	B-Raf proto-oncogene serine/threonine-protein kinase, non-specific protein-tyrosine kinase, v. S2	p. 441
2.7.10.2	RAF proto-oncogene serine/threonine-protein kinase, non-specific protein-tyrosine kinase, v. S2	p. 441
2.4.1.82	RafS, galactinol-sucrose galactosyltransferase, v. 31	p. 587
2.7.10.2	Raftk, non-specific protein-tyrosine kinase, v. S2	p. 441
2.7.1.1	Rag5p, hexokinase, v. 35	p. 74
3.2.1.81	RagaA11, β-agarase, v. 13	p. 279
3.1.1.6	ragi acetic acid esterase, acetylesterase, v. 9	p. 96
2.7.10.2	Rak tyrosine kinase, non-specific protein-tyrosine kinase, v. S2	p. 441
3.1.1.3	RAL, triacylglycerol lipase, v. 9	p. 36
1.2.1.3	RALDH, aldehyde dehydrogenase (NAD+), v. 20	p. 32
1.2.1.36	RALDH, retinal dehydrogenase, v. 20	p. 282
1.2.1.3	RALDH(II), aldehyde dehydrogenase (NAD+), v. 20	p. 32

1.2.1.36	RALDH-1, retinal dehydrogenase, v. 20 | p. 282	
1.2.1.36	RALDH-3, retinal dehydrogenase, v. 20 | p. 282	
1.2.1.3	RalDH1, aldehyde dehydrogenase (NAD+), v. 20 | p. 32	
1.2.1.36	RalDH1, retinal dehydrogenase, v. 20 | p. 282	
1.2.1.36	RALDH2, retinal dehydrogenase, v. 20 | p. 282	
1.2.1.36	RALDH3, retinal dehydrogenase, v. 20 | p. 282	
1.2.1.36	Raldh4, retinal dehydrogenase, v. 20 | p. 282	
5.2.1.3	RalPI, Retinal isomerase, v. 1 | p. 202	
3.6.3.27	Ram-1, phosphate-transporting ATPase, v. 15 | p. 649	
2.1.1.36	RAMT, tRNA (adenine-N1-)-methyltransferase, v. 28 | p. 188	
3.6.5.2	Ran, small monomeric GTPase, v. S6 | p. 476	
3.1.3.1	RAN1, alkaline phosphatase, v. 10 | p. 1	
3.1.1.45	rans-DLH, carboxymethylenebutenolidase, v. 9 | p. 310	
1.4.3.6	RAO, amine oxidase (copper-containing), v. 22 | p. 291	
3.4.11.6	L-RAP, aminopeptidase B, v. 6 | p. 92	
3.4.11.6	RAP, aminopeptidase B, v. 6 | p. 92	
3.1.22.4	RAP, crossover junction endodeoxyribonuclease, v. 11 | p. 487	
3.6.5.2	Rap1, small monomeric GTPase, v. S6 | p. 476	
3.6.5.2	Rap1A, small monomeric GTPase, v. S6 | p. 476	
3.6.5.2	Rap1 small GTPase, small monomeric GTPase, v. S6 | p. 476	
3.6.5.2	Rap2, small monomeric GTPase, v. S6 | p. 476	
3.6.5.2	Rap2C, small monomeric GTPase, v. S6 | p. 476	
3.6.5.2	Rap2 small GTPase, small monomeric GTPase, v. S6 | p. 476	
3.1.4.52	RapA, cyclic-guanylate-specific phosphodiesterase, v. S5 | p. 100	
5.2.1.8	Rapamycin-binding protein, Peptidylprolyl isomerase, v. 1 | p. 218	
3.1.3.36	rapamycin-inducible PI(4,5)P2 5-phosphatase, phosphoinositide 5-phosphatase, v. 10 | p. 339	
5.2.1.8	Rapamycin-selective 25 kDa immunophilin, Peptidylprolyl isomerase, v. 1 | p. 218	
3.2.1.55	rArfA, α-N-arabinofuranosidase, v. 13 | p. 106	
6.1.1.19	RARS2, Arginine-tRNA ligase, v. 2 | p. 146	
3.6.5.2	M-Ras, small monomeric GTPase, v. S6 | p. 476	
2.3.1.140	RAS, rosmarinate synthase, v. 30 | p. 367	
3.6.5.2	RAS, small monomeric GTPase, v. S6 | p. 476	
3.6.5.2	Ras-related protein rab-5, putative, small monomeric GTPase, v. S6 | p. 476	
3.6.5.2	RAS1, small monomeric GTPase, v. S6 | p. 476	
3.6.5.2	RAS2, small monomeric GTPase, v. S6 | p. 476	
1.7.3.3	Rasburicase, urate oxidase, v. 24 | p. 346	
1.4.3.13	RAS excision protein, protein-lysine 6-oxidase, v. 22 | p. 341	
2.5.1.58	RAS farnesyltransferase, protein farnesyltransferase, v. 34 | p. 195	
3.6.5.2	Ras GTPase, small monomeric GTPase, v. S6 | p. 476	
3.6.5.2	Ras homolog enriched in brain-like protein 1, small monomeric GTPase, v. S6 | p. 476	
3.6.5.2	RasL10B, small monomeric GTPase, v. S6 | p. 476	
3.6.5.2	Rasl11a, small monomeric GTPase, v. S6 | p. 476	
1.1.1.205	Raspberry protein, IMP dehydrogenase, v. 18 | p. 243	
2.5.1.58	Ras protein farnesyltransferase, protein farnesyltransferase, v. 34 | p. 195	
6.3.2.19	Rat100, Ubiquitin-protein ligase, v. 2 | p. 506	
2.7.11.1	ratAurA, non-specific serine/threonine protein kinase, v. S3 | p. 1	
2.4.1.152	rat fucosyltransferase VII, 4-galactosyl-N-acetylglucosaminide 3-α-L-fucosyltransferase, v. 32 | p. 318	
4.6.1.2	ratGC, guanylate cyclase, v. 5 | p. 430	
3.4.21.79	rat grB[N66Q], Granzyme B, v. 7 | p. 393	
3.4.21.59	Rat mast cell protease II, Tryptase, v. 7 | p. 265	
3.4.17.21	Rat NAAG peptidase, Glutamate carboxypeptidase II, v. 6 | p. 498	
3.6.4.6	rat Pex6p, vesicle-fusing ATPase, v. 15 | p. 789	
3.2.1.125	raucaffricine β-D-glucosidase, raucaffricine β-glucosidase, v. 13 | p. 509	

2.4.1.219	raucaffricine β-D-glucosidase, vomilenine glucosyltransferase, v. 32	p. 589
2.4.1.219	raucaffricine β-D-glucosidase, vomilenine glucosyltransferase, v. 32	p. 589
3.2.1.125	raucaffricine glucosidase, raucaffricine β-glucosidase, v. 13	p. 509
2.4.1.219	raucaffricine O-β-D-glucosidase, vomilenine glucosyltransferase, v. 32	p. 589
3.2.1.1	raw-starch-digesting α-amylase, α-amylase, v. 12	p. 1
2.7.13.3	RaxH, histidine kinase, v. S4	p. 420
4.2.99.18	X-ray endonuclease III, DNA-(apurinic or apyrimidinic site) lyase, v. 5	p. 150
5.3.4.1	RB60, Protein disulfide-isomerase, v. 1	p. 436
2.7.7.7	RB69 DdDp, DNA-directed DNA polymerase, v. 38	p. 118
2.3.1.65	rBAT, bile acid-CoA:amino acid N-acyltransferase, v. 30	p. 26
4.1.1.39	Rbc, Ribulose-bisphosphate carboxylase, v. 3	p. 244
6.3.2.19	RBCK1, Ubiquitin-protein ligase, v. 2	p. 506
4.1.1.39	rbcL, Ribulose-bisphosphate carboxylase, v. 3	p. 244
4.1.1.39	RbcL2, Ribulose-bisphosphate carboxylase, v. 3	p. 244
2.1.1.127	rbcMT, [ribulose-bisphosphate carboxylase]-lysine N-methyltransferase, v. 28	p. 586
3.4.21.105	Rbd1, rhomboid protease, v. S5	p. 325
3.4.21.105	Rbd1p, rhomboid protease, v. S5	p. 325
3.1.26.3	RBIV RNase III, ribonuclease III, v. 11	p. 509
3.4.21.105	RBL2, rhomboid protease, v. S5	p. 325
3.2.1.1	RBLA, α-amylase, v. 12	p. 1
2.3.1.81	RbmI, aminoglycoside N3'-acetyltransferase, v. 30	p. 104
1.6.3.1	RBOH, NAD(P)H oxidase, v. 24	p. 92
1.6.3.1	RBOHB, NAD(P)H oxidase, v. 24	p. 92
3.2.1.1	RBSA-1, α-amylase, v. 12	p. 1
3.1.8.2	RC, diisopropyl-fluorophosphatase, v. 11	p. 350
3.2.1.14	RCB4, chitinase, v. 12	p. 185
4.2.1.1	RCC-associated antigen G250, carbonate dehydratase, v. 4	p. 242
1.6.5.3	RCC-I, NADH dehydrogenase (ubiquinone), v. 24	p. 106
1.3.1.80	RCCR, red chlorophyll catabolite reductase, v. S1	p. 246
1.3.1.80	RCC reductase, red chlorophyll catabolite reductase, v. S1	p. 246
3.4.24.73	rCDJARA, jararhagin, v. 8	p. 569
3.2.1.4	RCE1, cellulase, v. 12	p. 88
3.2.1.4	RCE2, cellulase, v. 12	p. 88
2.7.10.1	rceptor protein-tyrosine kinase erbB-4, receptor protein-tyrosine kinase, v. S2	p. 341
2.4.2.6	RCL, nucleoside deoxyribosyltransferase, v. 33	p. 66
6.5.1.4	Rcl1p, RNA-3'-phosphate cyclase, v. 2	p. 793
2.1.1.146	RcOMT1, (iso)eugenol O-methyltransferase, v. 28	p. 636
3.2.1.11	rDex, dextranase, v. 12	p. 173
3.6.1.19	RdgB, nucleoside-triphosphate diphosphatase, v. 15	p. 386
1.1.1.56	RDH, ribitol 2-dehydrogenase, v. 17	p. 26
1.1.1.105	RDH-E2, retinol dehydrogenase, v. 17	p. 287
5.1.3.2	Rdh1, UDP-glucose 4-epimerase, v. 1	p. 97
1.1.1.105	Rdh1, retinol dehydrogenase, v. 17	p. 287
1.2.1.36	RDH12, retinal dehydrogenase, v. 20	p. 282
1.2.1.36	RDH13, retinal dehydrogenase, v. 20	p. 282
1.6.3.1	RDH2, NAD(P)H oxidase, v. 24	p. 92
1.1.1.105	RDH5, retinol dehydrogenase, v. 17	p. 287
1.11.1.15	rDiPrx-1, peroxiredoxin, v. S1	p. 403
3.1.1.3	RDL, triacylglycerol lipase, v. 9	p. 36
1.4.3.13	rDmLOXL-1, protein-lysine 6-oxidase, v. 22	p. 341
3.4.13.19	RDP, membrane dipeptidase, v. 6	p. 239
3.4.13.19	RDPase, membrane dipeptidase, v. 6	p. 239
2.7.11.1	rDRAK1, non-specific serine/threonine protein kinase, v. S3	p. 1
2.7.7.48	RDRP, RNA-directed RNA polymerase, v. 38	p. 468
1.1.1.290	RdxB, 4-phosphoerythronate dehydrogenase, v. S1	p. 75

1.18.1.1	RdxR, rubredoxin-NAD+ reductase, v. 27 | p. 538
2.3.3.3	Re-citrate-synthase, citrate (Re)-synthase, v. 30 | p. 612
2.3.3.3	Re-citrate synthase, citrate (Re)-synthase, v. 30 | p. 612
5.3.4.1	Rearrangease, Protein disulfide-isomerase, v. 1 | p. 436
3.1.22.4	REase, crossover junction endodeoxyribonuclease, v. 11 | p. 487
3.1.21.4	REase, type II site-specific deoxyribonuclease, v. 11 | p. 454
3.1.21.5	REase, type III site specific deoxyribonuclease, v. 11 | p. 467
3.1.11.5	RecB, exodeoxyribonuclease V, v. 11 | p. 375
3.1.11.5	REcB30 protein, exodeoxyribonuclease V, v. 11 | p. 375
3.1.11.5	RecBCD, exodeoxyribonuclease V, v. 11 | p. 375
3.1.11.6	RecBCD, exodeoxyribonuclease VII, v. 11 | p. 385
3.1.11.5	recBCD enzyme, exodeoxyribonuclease V, v. 11 | p. 375
3.1.11.5	recBC deoxyribonuclease, exodeoxyribonuclease V, v. 11 | p. 375
3.1.11.5	RecBCD helicase–nuclease, exodeoxyribonuclease V, v. 11 | p. 375
3.1.11.5	recBC DNase, exodeoxyribonuclease V, v. 11 | p. 375
3.1.11.5	recBC nuclease, exodeoxyribonuclease V, v. 11 | p. 375
3.2.1.21	reCBG, β-glucosidase, v. 12 | p. 299
2.7.10.1	recepteur d'origine nantais, receptor protein-tyrosine kinase, v. S2 | p. 341
2.7.10.1	recepteur d'origine nantais receptor tyrosine kinase, receptor protein-tyrosine kinase, v. S2 | p. 341
2.7.10.1	Receptor-activated Janus kinase, receptor protein-tyrosine kinase, v. S2 | p. 341
2.7.10.2	receptor-associated kinase JAK2, non-specific protein-tyrosine kinase, v. S2 | p. 441
2.7.10.2	receptor-interacting serine/threonine protein kinase 2, non-specific protein-tyrosine kinase, v. S2 | p. 441
2.7.10.2	receptor-interacting serine/threonine protein kinase 3, non-specific protein-tyrosine kinase, v. S2 | p. 441
2.7.10.1	receptor-like protein-tyrosine kinase TK14, receptor protein-tyrosine kinase, v. S2 | p. 341
2.7.10.2	receptor-like protein kinase 5 precursor, non-specific protein-tyrosine kinase, v. S2 | p. 441
2.7.10.1	receptor-like protein tyrosine kinase bsk, receptor protein-tyrosine kinase, v. S2 | p. 341
2.7.10.1	receptor-like tyrosine-protein kinase kin-15, receptor protein-tyrosine kinase, v. S2 | p. 341
2.7.10.1	receptor-like tyrosine-protein kinase kin-16, receptor protein-tyrosine kinase, v. S2 | p. 341
2.7.1.137	receptor-linked phosphatidylinositol 3-kinase, phosphatidylinositol 3-kinase, v. 37 | p. 170
3.1.3.48	Receptor-linked protein-tyrosine phosphatase 10D, protein-tyrosine-phosphatase, v. 10 | p. 407
3.1.3.48	Receptor-linked protein-tyrosine phosphatase 99A, protein-tyrosine-phosphatase, v. 10 | p. 407
2.7.11.24	receptor-linked ribosomal protein S6, mitogen-activated protein kinase, v. S4 | p. 233
4.6.1.2	receptor-type guanylyl cyclase, guanylate cyclase, v. 5 | p. 430
3.1.3.48	Receptor-type protein-tyrosine phosphatase-kappa, protein-tyrosine-phosphatase, v. 10 | p. 407
3.1.3.48	receptor-type protein tyrosine phosphatase J, protein-tyrosine-phosphatase, v. 10 | p. 407
2.7.10.1	receptor-type tyrosine kinase termed Rse, receptor protein-tyrosine kinase, v. S2 | p. 341
2.7.10.1	receptor for macrophage colony-stimulating factor, receptor protein-tyrosine kinase, v. S2 | p. 341
2.7.10.1	receptor for stem cell factor, receptor protein-tyrosine kinase, v. S2 | p. 341
4.6.1.2	receptor guanylyl cyclase, guanylate cyclase, v. 5 | p. 430
2.7.10.2	receptor interacting protein 3, non-specific protein-tyrosine kinase, v. S2 | p. 441
2.7.11.1	S-receptor kinase, non-specific serine/threonine protein kinase, v. S3 | p. 1
2.7.11.15	β-receptor kinase, β-adrenergic-receptor kinase, v. S3 | p. 400
2.7.10.1	receptor protein-tyrosine kinase erbB-2, receptor protein-tyrosine kinase, v. S2 | p. 341
2.7.10.1	receptor protein-tyrosine kinase erbB-3, receptor protein-tyrosine kinase, v. S2 | p. 341
2.7.10.1	receptor protein-tyrosine kinase erbB-4, receptor protein-tyrosine kinase, v. S2 | p. 341
2.7.10.1	Receptor protein-tyrosine kinase HEK11, receptor protein-tyrosine kinase, v. S2 | p. 341
2.7.10.1	Receptor protein-tyrosine kinase HEK5, receptor protein-tyrosine kinase, v. S2 | p. 341
2.7.10.1	Receptor protein-tyrosine kinase HEK7, receptor protein-tyrosine kinase, v. S2 | p. 341

2.7.10.1	Receptor protein-tyrosine kinase HEK8, receptor protein-tyrosine kinase, v. S2	p. 341
2.7.10.1	Receptor protein-tyrosine kinase TKT, receptor protein-tyrosine kinase, v. S2	p. 341
2.7.10.2	receptor protein kinase CLAVATA1 precursor, non-specific protein-tyrosine kinase, v. S2	p. 441
2.7.10.1	receptor protein tyrosine kinase, receptor protein-tyrosine kinase, v. S2	p. 341
2.7.10.1	receptor protein tyrosine kinase RTK, receptor protein-tyrosine kinase, v. S2	p. 341
3.1.3.48	receptor protein tyrosine phosphatase, protein-tyrosine-phosphatase, v. 10	p. 407
3.1.3.48	receptor protein tyrosine phosphatase rho, protein-tyrosine-phosphatase, v. 10	p. 407
3.1.3.48	receptor protein tyrosine phosphatase T, protein-tyrosine-phosphatase, v. 10	p. 407
3.1.3.48	receptor protein tyrosine phosphatase {kappa}, protein-tyrosine-phosphatase, v. 10	p. 407
2.7.10.1	receptor PTK, receptor protein-tyrosine kinase, v. S2	p. 341
2.7.11.30	receptor serine/threonine kinase, receptor protein serine/threonine kinase, v. S4	p. 340
2.7.10.1	receptor tyrosine kinase, receptor protein-tyrosine kinase, v. S2	p. 341
2.7.10.1	receptor tyrosine kinase c-Kit, receptor protein-tyrosine kinase, v. S2	p. 341
2.7.10.1	receptor tyrosine kinase Cek8, receptor protein-tyrosine kinase, v. S2	p. 341
2.7.10.1	receptor tyrosine kinase EphA1, receptor protein-tyrosine kinase, v. S2	p. 341
2.7.10.1	receptor tyrosine kinase EphA2, receptor protein-tyrosine kinase, v. S2	p. 341
2.7.10.1	Receptor tyrosine kinase MerTK, receptor protein-tyrosine kinase, v. S2	p. 341
2.7.10.1	Receptor tyrosine kinase RET, receptor protein-tyrosine kinase, v. S2	p. 341
2.7.10.1	receptor tyrosine kinase RON, receptor protein-tyrosine kinase, v. S2	p. 341
2.7.10.1	receptor tyrosine kinase ROR1, receptor protein-tyrosine kinase, v. S2	p. 341
2.7.10.1	receptor tyrosine kinase Ror2, receptor protein-tyrosine kinase, v. S2	p. 341
2.7.10.1	receptor tyrosine kinase Sek, receptor protein-tyrosine kinase, v. S2	p. 341
2.7.10.1	receptor tyrosine kinase Sky, receptor protein-tyrosine kinase, v. S2	p. 341
3.1.21.3	RecoK, type I site-specific deoxyribonuclease, v. 11	p. 448
3.4.21.9	recombinant bovine enterokinase catalytic subunit protein, enteropeptidase, v. 7	p. 49
3.4.21.9	recombinant enterokinase light chain, enteropeptidase, v. 7	p. 49
3.4.21.9	recombinant His-tagged enterokinase light chain, enteropeptidase, v. 7	p. 49
3.4.21.27	recombinant human FXI370-607, coagulation factor XIa, v. 7	p. 121
3.2.1.20	recombinant human GAA, α-glucosidase, v. 12	p. 263
1.11.1.7	recombinant human MPO, peroxidase, v. 25	p. 211
3.4.21.68	recombinant tissue plasminogen activator, t-Plasminogen activator, v. 7	p. 331
2.7.10.1	recptor tyrosine kinase, receptor protein-tyrosine kinase, v. S2	p. 341
3.1.22.4	RecU, crossover junction endodeoxyribonuclease, v. 11	p. 487
3.1.22.4	RecU endonuclease, crossover junction endodeoxyribonuclease, v. 11	p. 487
3.1.22.4	RecU Holliday-junction resolvase, crossover junction endodeoxyribonuclease, v. 11	p. 487
3.1.22.4	RecU Holliday junction resolvase, crossover junction endodeoxyribonuclease, v. 11	p. 487
1.3.1.3	5β-red, Δ4-3-oxosteroid 5β-reductase, v. 21	p. 15
4.1.1.39	red-type form I RuBisCO, Ribulose-bisphosphate carboxylase, v. 3	p. 244
1.6.2.4	RedA, NADPH-hemoprotein reductase, v. 24	p. 58
2.7.1.40	red cell/liver pyruvate kinase, pyruvate kinase, v. 36	p. 33
3.4.14.4	red cell angiotensinase, dipeptidyl-peptidase III, v. 6	p. 279
1.1.1.271	Red cell NADP(H)-binding protein, GDP-L-fucose synthase, v. 18	p. 492
1.3.1.80	red Chl catabolite reductase, red chlorophyll catabolite reductase, v. S1	p. 246
4.2.99.18	redox factor-1:Ref-1, DNA-(apurinic or apyrimidinic site) lyase, v. 5	p. 150
3.1.21.6	Redoxyendonuclease, CC-preferring endodeoxyribonuclease, v. 11	p. 470
3.4.24.48	red rattlesnake metalloendopeptidase, ruberlysin, v. 8	p. 462
1.10.2.2	reduced coenzyme Q-cytochrome c reductase, ubiquinol-cytochrome-c reductase, v. 25	p. 83
1.6.99.3	reduced diphosphopyridine nucleotide diaphorase, NADH dehydrogenase, v. 24	p. 207
2.7.1.86	reduced diphosphopyridine nucleotide kinase, NADH kinase, v. 36	p. 321
1.11.1.9	reduced glutathione peroxidase, glutathione peroxidase, v. 25	p. 233
1.3.1.74	Reduced NAD(P)H dehydrogenase, 2-alkenal reductase, v. 21	p. 336
1.6.5.2	Reduced NAD(P)H dehydrogenase, NAD(P)H dehydrogenase (quinone), v. 24	p. 105
1.6.5.5	Reduced NAD(P)H dehydrogenase, NADPH:quinone reductase, v. 24	p. 135

1.16.1.1	reduced NADP:mercuric ion oxidoreductase, mercury(II) reductase, v. 27 | p. 431
1.6.5.2	reduced nicotinamide-adenine dinucleotide (phosphate) dehydrogenase, NAD(P)H dehydrogenase (quinone), v. 24 | p. 105
1.6.5.3	reduced nicotinamide adenine dinucleotide-coenzyme Q reductase, NADH dehydrogenase (ubiquinone), v. 24 | p. 106
1.6.2.2	reduced nicotinamide adeninedinucleotide-cytochrome b5 reductase, cytochrome-b5 reductase, v. 24 | p. 35
1.18.1.1	reduced nicotinamide adenine dinucleotide-rubredoxin reductase, rubredoxin-NAD+ reductase, v. 27 | p. 538
4.2.1.93	reduced nicotinamide adenine dinucleotide hydrate dehydratase, ATP-dependent NAD(P)H-hydrate dehydratase, v. 4 | p. 658
2.7.1.86	reduced nicotinamide adenine dinucleotide kinase (phosphorylating), NADH kinase, v. 36 | p. 321
1.18.1.2	reduced nicotinamide adenine dinucleotide phosphate-adrenodoxin reductase, ferredoxin-NADP+ reductase, v. 27 | p. 543
1.6.2.4	reduced nicotinamide adenine dinucleotide phosphate-cytochrome c reductase, NADPH-hemoprotein reductase, v. 24 | p. 58
1.1.1.123	reduced nicotinamide adenine dinucleotide phosphate-linked reductase, sorbose 5-dehydrogenase (NADP+), v. 17 | p. 355
1.3.1.22	reduced nicotinamide adenine dinucleotide phosphate:Δ4-3-ketosteroid 5α-oxidoreductase, cholestenone 5α-reductase, v. 21 | p. 124
1.6.99.1	reduced nicotinamide adenine dinucleotide phosphate dehydrogenase, NADPH dehydrogenase, v. 24 | p. 179
5.3.4.1	Reduced ribonuclease reactivating enzyme, Protein disulfide-isomerase, v. 1 | p. 436
1.10.2.2	reduced ubiquinone-cytochrome c oxidoreductase, ubiquinol-cytochrome-c reductase, v. 25 | p. 83
1.10.2.2	reduced ubiquinone-cytochrome c reductase, complex III (mitochondrial electron transport), ubiquinol-cytochrome-c reductase, v. 25 | p. 83
3.2.1.156	reducing-end xylose-releasing exo-oligoxylanase, oligosaccharide reducing-end xylanase, v. S5 | p. 162
3.2.1.156	reducing end xylose-releasing exo-oligoxylanase, oligosaccharide reducing-end xylanase, v. S5 | p. 162
1.3.1.70	14-reductase, Δ14-sterol reductase, v. 21 | p. 317
1.3.1.72	24,25-reductase, Δ24-sterol reductase, v. 21 | p. 328
1.3.1.72	24-reductase, Δ24-sterol reductase, v. 21 | p. 328
1.3.1.3	5-β-reductase, Δ4-3-oxosteroid 5β-reductase, v. 21 | p. 15
1.3.99.5	5α-reductase, 3-oxo-5α-steroid 4-dehydrogenase, v. 21 | p. 516
1.3.1.22	5α-reductase, cholestenone 5α-reductase, v. 21 | p. 124
1.3.1.30	5α-reductase, progesterone 5α-reductase, v. 21 | p. 176
1.3.99.6	5β-reductase, 3-oxo-5β-steroid 4-dehydrogenase, v. 21 | p. 520
1.3.1.70	C-14 reductase, Δ14-sterol reductase, v. 21 | p. 317
1.3.1.72	C-24 reductase, Δ24-sterol reductase, v. 21 | p. 328
1.3.1.71	C-24(28) reductase, Δ24(241)-sterol reductase, v. 21 | p. 326
1.3.1.3	Δ 4-5β-reductase, Δ4-3-oxosteroid 5β-reductase, v. 21 | p. 15
1.3.1.70	Δ14-reductase, Δ14-sterol reductase, v. 21 | p. 317
1.3.1.72	Δ24 reductase, Δ24-sterol reductase, v. 21 | p. 328
1.3.1.72	Δ24-reductase, Δ24-sterol reductase, v. 21 | p. 328
1.3.1.4	Δ4-5α-reductase, cortisone α-reductase, v. 21 | p. 19
1.6.2.4	P-450 reductase, NADPH-hemoprotein reductase, v. 24 | p. 58
1.17.1.2	reductase, (E)-4-hydroxy-3-methylbut-2-enyl diphosphate, 4-hydroxy-3-methylbut-2-enyl diphosphate reductase, v. 27 | p. 485
1.3.1.47	reductase,-α-santonin 1,2-, α-santonin 1,2-reductase, v. 21 | p. 261
1.2.1.41	reductase, γ-glutamyl phosphate, glutamate-5-semialdehyde dehydrogenase, v. 20 | p. 300
1.3.1.16	reductase, β-nitroacrylate, β-nitroacrylate reductase, v. 21 | p. 85

1.5.1.27	Reductase, 1,2-dehydroreticuline, 1,2-Dehydroreticulinium reductase (NADPH), v. 23 | p. 208
1.5.1.21	reductase, Δ 1-piperideine-2-carboxylate, Δ1-piperideine-2-carboxylate reductase, v. 23 | p. 182
1.1.1.188	reductase, 15-hydroxy-11-oxoprostaglandin, prostaglandin-F synthase, v. 18 | p. 130
1.1.1.189	reductase, 15-hydroxy9-oxoprostaglandin, prostaglandin-E2 9-reductase, v. 18 | p. 139
1.3.1.48	reductase, 15-oxo-Δ13-prostaglandin, 15-oxoprostaglandin 13-oxidase, v. 21 | p. 263
1.3.1.74	reductase, 15-oxo-Δ13-prostaglandin, 2-alkenal reductase, v. 21 | p. 336
4.2.1.98	reductase, 16-dehydroprogesterone, 16α-hydroxyprogesterone dehydratase, v. 4 | p. 675
1.3.1.45	reductase, 2',7-dihydroxy-4',5'-methylenedioxyisoflavone, 2'-hydroxyisoflavone reductase, v. 21 | p. 255
1.3.1.51	Reductase, 2'-hydroxydaidzein, 2'-hydroxydaidzein reductase, v. 21 | p. 275
1.3.1.45	reductase, 2'-hydroxyisoflavone, 2'-hydroxyisoflavone reductase, v. 21 | p. 255
1.3.1.27	reductase, 2-alkenal, 2-hexadecenal reductase, v. 21 | p. 163
1.3.1.31	reductase, 2-enoate, 2-enoate reductase, v. 21 | p. 182
1.3.1.40	reductase,2-hydroxy-6-oxo-phenylhexa-2,4-dienoate (reduced nicotinamide adenine dinucleotide phosphate), 2-hydroxy-6-oxo-6-phenylhexa-2,4-dienoate reductase, v. 21 | p. 232
1.1.1.215	reductase, 2-ketogluconate, gluconate 2-dehydrogenase, v. 18 | p. 302
1.1.1.168	reductase, 2-oxopantoyl lactone, 2-dehydropantolactone reductase (A-specific), v. 18 | p. 54
1.8.4.8	Reductase, 3'-phosphoadenosine 5'-phosphosulfate, phosphoadenylyl-sulfate reductase (thioredoxin), v. 24 | p. 659
1.3.1.17	reductase, 3-methyleneoxindole, 3-methyleneoxindole reductase, v. 21 | p. 88
1.1.1.100	reductase, 3-oxoacyl-[acyl carrier protein], 3-oxoacyl-[acyl-carrier-protein] reductase, v. 17 | p. 259
1.1.1.279	reductase, 3-oxo ester (R)-, (R)-3-hydroxyacid-ester dehydrogenase, v. S1 | p. 14
1.1.1.280	reductase, 3-oxo ester (S)-, (S)-3-hydroxyacid-ester dehydrogenase, v. S1 | p. 16
1.1.1.270	reductase, 3-oxo steroid, 3-keto-steroid reductase, v. 18 | p. 485
1.3.1.75	reductase, 4-vinylchlorophyllide a, divinyl chlorophyllide a 8-vinyl-reductase, v. 21 | p. 338
1.1.1.69	reductase, 5-ketogluconate 5-, gluconate 5-dehydrogenase, v. 17 | p. 92
1.3.7.1	reductase, 6-hydroxynicotinate, 6-hydroxynicotinate reductase, v. 21 | p. 450
1.3.1.21	reductase, 7-dehydrocholesterol, 7-dehydrocholesterol reductase, v. 21 | p. 118
1.3.1.70	reductase, Δ8,14-hydroxy steroid Δ14(15)-, Δ14-sterol reductase, v. 21 | p. 317
1.2.1.38	reductase, acetyl-γ-glutamyl phosphate, N-acetyl-γ-glutamyl-phosphate reductase, v. 20 | p. 289
1.8.99.2	reductase, adenylylsulfate, adenylyl-sulfate reductase, v. 24 | p. 694
1.1.1.200	reductase, aldose 6-phosphate, aldose-6-phosphate reductase (NADPH), v. 18 | p. 191
1.14.13.40	reductase, anthraniloyl coenzyme A, anthraniloyl-CoA monooxygenase, v. 26 | p. 446
1.16.1.3	reductase, aquacobalamin, aquacobalamin reductase, v. 27 | p. 444
1.16.1.5	reductase, aquacobalamin (reduced nicotinamide adenine dinucleotide phosphate), aquacobalamin reductase (NADPH), v. 27 | p. 451
1.20.99.1	reductase, arsenate, arsenate reductase (donor), v. 27 | p. 601
1.20.4.1	reductase, arsenate, arsenate reductase (glutaredoxin), v. 27 | p. 594
1.7.1.6	reductase, azobenzene, azobenzene reductase, v. 24 | p. 288
1.3.99.15	Reductase, benzoyl coenzyme A (dearomatizing), Benzoyl-CoA reductase, v. 21 | p. 575
1.3.1.24	reductase, biliverdin, biliverdin reductase, v. 21 | p. 140
1.3.1.46	reductase, biochanin A, biochanin-A reductase, v. 21 | p. 258
1.8.99.3	reductase, bisulfite, hydrogensulfite reductase, v. 24 | p. 708
1.1.1.184	reductase, carbonyl, carbonyl reductase (NADPH), v. 18 | p. 105
1.2.99.6	Reductase, carboxylate, Carboxylate reductase, v. 20 | p. 598
1.97.1.1	reductase, chlorate, chlorate reductase, v. 27 | p. 638
1.1.1.225	reductase, chlordecone, chlordecone reductase, v. 18 | p. 341
1.3.1.22	reductase, cholestenone 5α-, cholestenone 5α-reductase, v. 21 | p. 124
1.3.1.3	reductase, cholestenone 5β-, Δ4-3-oxosteroid 5β-reductase, v. 21 | p. 15
1.2.1.44	reductase, cinnamoyl coenzyme A, cinnamoyl-CoA reductase, v. 20 | p. 316

1.3.1.37	reductase, cis-2-enoyl coenzyme A, cis-2-enoyl-CoA reductase (NADPH), v. 21	p. 221
1.1.1.247	reductase, codeinone (reduced nicotinamide adenine dinucleotide phosphate), codeinone reductase (NADPH), v. 18	p. 414
1.8.1.10	reductase, coenzyme A-glutathione disulfide, CoA-glutathione reductase, v. 24	p. 535
1.3.1.3	reductase, cortisone Δ4-5β-, Δ4-3-oxosteroid 5β-reductase, v. 21	p. 15
1.3.1.4	reductase, cortisone Δ: 4-5α-, cortisone α-reductase, v. 21	p. 19
1.8.1.6	reductase, cystine, cystine reductase, v. 24	p. 486
1.17.1.1	reductase, cytidine diphospho-4-keto-6-deoxy-D-glucose, CDP-4-dehydro-6-deoxyglucose reductase, v. 27	p. 481
1.6.2.2	reductase, cytochrome b5, cytochrome-b5 reductase, v. 24	p. 35
1.6.2.4	reductase, cytochrome c (reduced nicotinamide adenine dinucleotide phosphate), NADPH-hemoprotein reductase, v. 24	p. 58
1.6.2.5	reductase, cytochrome c2 (reduced nicotinamide adenine dinucleotide phosphate), NADPH-cytochrome-c2 reductase, v. 24	p. 84
1.1.1.162	reductase, D-erythrulose, erythrulose reductase, v. 18	p. 35
1.1.1.9	reductase, D-xylulose, D-xylulose reductase, v. 16	p. 137
1.3.1.26	reductase, dihydrodipicolinate, dihydrodipicolinate reductase, v. 21	p. 155
1.5.1.3	reductase, dihydrofolate, dihydrofolate reductase, v. 23	p. 17
1.1.1.219	reductase, dihydromyricetin, dihydrokaempferol 4-reductase, v. 18	p. 321
1.5.1.34	reductase, dihydropteridine (reduced nicotinamide adenine dinucleotide), 6,7-dihydropteridine reductase, v. 23	p. 248
1.5.1.33	reductase, dihydropteridine (reduced nicotinamide adenine dinucleotide phosphate), pteridine reductase, v. 23	p. 243
1.1.1.219	reductase, dihydroquercetin, dihydrokaempferol 4-reductase, v. 18	p. 321
1.3.1.9	reductase, enoyl-[acyl carrier protein], enoyl-[acyl-carrier-protein] reductase (NADH), v. 21	p. 43
1.3.1.10	reductase, enoyl-[acyl carrier protein] (reduced nicotinamide adenine dinucleotide phosphate), enoyl-[acyl-carrier-protein] reductase (NADPH, B-specific), v. 21	p. 52
1.18.1.3	reductase, ferredoxin, ferredoxin-NAD+ reductase, v. 27	p. 559
1.18.1.3	reductase, ferredoxin-nicotinamide adenine dinucleotide, ferredoxin-NAD+ reductase, v. 27	p. 559
1.18.1.2	reductase, ferredoxin-nicotinamide adenine dinucleotide phosphate, ferredoxin-NADP+ reductase, v. 27	p. 543
1.7.7.1	reductase, ferredoxin-nitrite, ferredoxin-nitrite reductase, v. 24	p. 370
1.1.1.20	reductase, glucuronolactone, glucuronolactone reductase, v. 16	p. 200
1.2.1.70	reductase, glutamyl-transfer ribonucleate, glutamyl-tRNA reductase, v. S1	p. 160
1.8.1.7	reductase, glutathione, glutathione-disulfide reductase, v. 24	p. 488
1.4.2.1	reductase, glycine-cytochrome c, glycine dehydrogenase (cytochrome), v. 22	p. 213
1.1.1.26	reductase, glyoxylate, glyoxylate reductase, v. 16	p. 247
1.7.1.7	reductase, guanylate, GMP reductase, v. 24	p. 299
1.7.1.10	reductase, hydroxylamine, hydroxylamine reductase (NADH), v. 24	p. 310
1.7.99.1	reductase, hydroxylamine (acceptor), hydroxylamine reductase, v. 24	p. 389
1.3.1.72	reductase, hydroxy steroid Δ24-, Δ24-sterol reductase, v. 21	p. 328
1.21.4.4	reductase, βine, βine reductase, v. 27	p. 633
1.9.99.1	reductase, iron-cytochrome c, iron-cytochrome-c reductase, v. 25	p. 73
1.16.1.7	reductase, iron chelate, ferric-chelate reductase, v. 27	p. 460
1.3.99.16	Reductase, isoquinoline, Isoquinoline 1-oxidoreductase, v. 21	p. 579
1.5.1.25	reductase, ketimine, thiomorpholine-carboxylate dehydrogenase, v. 23	p. 202
1.1.1.10	reductase, L-xylulose, L-xylulose reductase, v. 16	p. 144
1.1.1.55	reductase, lactaldehyde (reduced nicotinamide adenine dinucleotide phosphate), lactaldehyde reductase (NADPH), v. 17	p. 24
1.17.1.3	reductase, leucoanthocyanidin, leucoanthocyanidin reductase, v. 27	p. 486
1.16.1.1	reductase, mercurate(II), mercury(II) reductase, v. 27	p. 431
1.16.1.8	Reductase, methionine synthase, [methionine synthase] reductase, v. 27	p. 463
1.20.4.2	reductase, methylarsonate, methylarsonate reductase, v. 27	p. 596

1.3.1.52	Reductase, methyl branched-chain enoyl coenzyme A, 2-methyl-branched-chain-enoyl-CoA reductase, v. 21	p. 277
1.5.1.20	reductase, methylenetetrahydrofolate (reduced nicotinamide adenine dinucleotide phosphate), methylenetetrahydrofolate reductase [NAD(P)H], v. 23	p. 174
1.5.1.20	reductase, methylenetetrahydrofolate (reduced riboflavin adenine dinucleotide), methylenetetrahydrofolate reductase [NAD(P)H], v. 23	p. 174
1.1.1.252	reductase, naphthol, tetrahydroxynaphthalene reductase, v. 18	p. 427
1.1.1.252	reductase, naphthol (Magnaporthe grisea clone pAV501 precursor reduced), tetrahydroxynaphthalene reductase, v. 18	p. 427
1.7.1.1	reductase, nitrate, nitrate reductase (NADH), v. 24	p. 237
1.7.99.4	reductase, nitrate (acceptor), nitrate reductase, v. 24	p. 396
1.9.6.1	reductase, nitrate (cytochrome), nitrate reductase (cytochrome), v. 25	p. 49
1.7.7.2	reductase, nitrate (ferredoxin), ferredoxin-nitrate reductase, v. 24	p. 381
1.7.1.2	Reductase, nitrate (reduced nicotinamide adenine dinucleotide (phosphate)), Nitrate reductase [NAD(P)H], v. 24	p. 260
1.7.2.1	reductase, nitrite (cytochrome), nitrite reductase (NO-forming), v. 24	p. 325
1.3.1.14	reductase, orotate, orotate reductase (NADH), v. 21	p. 75
1.3.1.15	reductase, orotate (reduced nicotinamide adenine dinucleotide phosphate), orotate reductase (NADPH), v. 21	p. 82
1.1.1.101	reductase, palmitoyl dihydroxyacetone phosphate, acylglycerone-phosphate reductase, v. 17	p. 266
1.1.4.1	reductase, phylloquinone epoxide, vitamin-K-epoxide reductase (warfarin-sensitive), v. 19	p. 253
1.10.99.1	reductase, plastoquinol-plastocyanin, plastoquinol-plastocyanin reductase, v. 25	p. 163
1.3.1.54	Reductase, precorrin 6x (Pseudomonas denitrificans clone pXL367 gene cobK), precorrin-6A reductase, v. 21	p. 283
1.3.1.30	reductase, progesterone 5α-, progesterone 5α-reductase, v. 21	p. 176
1.8.1.8	reductase, protein disulfide, protein-disulfide reductase, v. 24	p. 514
1.8.4.2	reductase, protein disulfide (glutathione), protein-disulfide reductase (glutathione), v. 24	p. 617
1.5.1.1	reductase, pyrroline-2-carboxylate, pyrroline-2-carboxylate reductase, v. 23	p. 1
1.5.1.2	reductase, pyrroline-5-carboxylate, pyrroline-5-carboxylate reductase, v. 23	p. 4
1.18.1.3	reductase, reduced nicotinamide adenine dinucleotide-ferredoxin, ferredoxin-NAD+ reductase, v. 27	p. 559
1.17.4.1	reductase, ribonucleoside diphosphate, ribonucleoside-diphosphate reductase, v. 27	p. 489
1.18.1.1	reductase, rubredoxin-nicotinamide adenine dinucleotide, rubredoxin-NAD+ reductase, v. 27	p. 538
1.18.1.4	reductase, rubredoxin-nicotinamide adenine dinucleotide (phosphate), rubredoxin-NAD(P)+ reductase, v. 27	p. 565
1.1.1.248	reductase, salutaridine 7-, salutaridine reductase (NADPH), v. 18	p. 418
1.1.1.153	reductase, sepiapterin, sepiapterin reductase, v. 17	p. 495
1.8.99.1	reductase, sulfite, sulfite reductase, v. 24	p. 685
1.8.1.2	reductase, sulfite (reduced nicotinamide adenine dinucleotide phosphate), sulfite reductase (NADPH), v. 24	p. 452
1.97.1.3	reductase, sulfur, sulfur reductase, v. 27	p. 647
1.8.1.9	reductase, thioredoxin, thioredoxin-disulfide reductase, v. 24	p. 517
2.8.1.5	reductase, thiosulfate, thiosulfate-dithiol sulfurtransferase, v. 39	p. 223
1.3.1.38	reductase, trans-enoyl coenzyme A, trans-2-enoyl-CoA reductase (NADPH), v. 21	p. 223
1.6.6.9	reductase, trimethylamine N-oxide, trimethylamine-N-oxide reductase, v. 24	p. 156
1.7.2.3	reductase, trimethylamine N-oxide, trimethylamine-N-oxide reductase (cytochrome c), v. 24	p. 336
1.6.5.3	reductase, ubiquinone, NADH dehydrogenase (ubiquinone), v. 24	p. 106
1.1.1.158	reductase, uridine diphosphoacetylpyruvoylglucosamine, UDP-N-acetylmuramate dehydrogenase, v. 18	p. 15
1.16.1.3	reductase, vitamin B12a, aquacobalamin reductase, v. 27	p. 444

1.16.1.4	reductase, vitamin B12r, cob(II)alamin reductase, v. 27	p. 449
1.1.4.2	reductase, vitamin K epoxide (warfarin-insensitive), vitamin-K-epoxide reductase (warfarin-insensitive), v. 19	p. 259
1.3.1.41	reductase, xanthommatin, xanthommatin reductase, v. 21	p. 235
1.3.1.69	reductase, zeatin, zeatin reductase, v. 21	p. 315
1.3.1.30	5α-reductase 1, progesterone 5α-reductase, v. 21	p. 176
1.3.1.22	5-α reductase I, cholestenone 5α-reductase, v. 21	p. 124
1.3.1.22	5-α reductase II, cholestenone 5α-reductase, v. 21	p. 124
1.3.1.22	5α-reductase II, cholestenone 5α-reductase, v. 21	p. 124
2.7.11.31	reductase kinase, [hydroxymethylglutaryl-CoA reductase (NADPH)] kinase, v. S4	p. 355
2.7.11.3	reductase kinase kinase, dephospho-[reductase kinase] kinase, v. S3	p. 163
3.1.3.47	reductase phosphatase, [hydroxymethylglutaryl-CoA reductase (NADPH)]-phosphatase, v. 10	p. 403
1.1.1.184	reductase S1, carbonyl reductase (NADPH), v. 18	p. 105
1.3.1.30	5-α-reductase type 1, progesterone 5α-reductase, v. 21	p. 176
1.3.1.22	5a-reductase type 1, cholestenone 5α-reductase, v. 21	p. 124
1.3.1.22	5α-reductase type 1, cholestenone 5α-reductase, v. 21	p. 124
1.3.1.30	5α-reductase type 1, progesterone 5α-reductase, v. 21	p. 176
1.3.1.30	5-α-reductase type 2, progesterone 5α-reductase, v. 21	p. 176
1.3.1.22	5a-reductase type 2, cholestenone 5α-reductase, v. 21	p. 124
1.3.1.22	5α-reductase type 2, cholestenone 5α-reductase, v. 21	p. 124
1.3.1.30	5α-reductase type 2, progesterone 5α-reductase, v. 21	p. 176
1.3.1.30	5α-reductase type II, progesterone 5α-reductase, v. 21	p. 176
4.3.1.22	reductive deaminase, 3,4-dihydroxyphenylalanine reductive deaminase, v. S7	p. 377
1.97.1.8	reductive PCE dehalogenase, tetrachloroethene reductive dehalogenase, v. 27	p. 661
1.1.1.86	reductoisomerase, ketol-acid reductoisomerase, v. 17	p. 190
4.2.99.18	Ref-1, DNA-(apurinic or apyrimidinic site) lyase, v. 5	p. 150
4.2.99.18	REF-1 protein, DNA-(apurinic or apyrimidinic site) lyase, v. 5	p. 150
4.2.99.18	Ref1, DNA-(apurinic or apyrimidinic site) lyase, v. 5	p. 150
3.1.3.1	Regan isozyme, alkaline phosphatase, v. 10	p. 1
3.1.8.2	regucalcin, diisopropyl-fluorophosphatase, v. 11	p. 350
1.12.99.6	regulatory hydrogenase, hydrogenase (acceptor), v. 25	p. 373
3.1.1.21	REH, retinyl-palmitate esterase, v. 9	p. 197
3.4.21.9	rEKL, enteropeptidase, v. 7	p. 49
3.4.21.9	rEKL/His, enteropeptidase, v. 7	p. 49
2.7.6.5	Rel/Spo protein, GTP diphosphokinase, v. 38	p. 44
6.5.1.3	REL1, RNA ligase (ATP), v. 2	p. 787
2.7.10.2	Related adhesion focal tyrosine kinase, non-specific protein-tyrosine kinase, v. S2	p. 441
5.99.1.2	Relaxing enzyme, DNA topoisomerase, v. 1	p. 721
2.7.6.5	RelMtb protein, GTP diphosphokinase, v. 38	p. 44
2.7.6.5	RelSeq, GTP diphosphokinase, v. 38	p. 44
3.1.7.2	RelSeq, guanosine-3',5'-bis(diphosphate) 3'-diphosphatase, v. 11	p. 337
3.6.5.2	Rem2, small monomeric GTPase, v. S6	p. 476
3.2.1.15	remanase, polygalacturonase, v. 12	p. 208
1.13.99.1	Renal-specific oxidoreductase, inositol oxygenase, v. 25	p. 734
1.13.99.1	renal-specific oxidoreductase/myo-inositol oxygenase, inositol oxygenase, v. 25	p. 734
4.2.1.1	Renal cell carcinoma-associated antigen G250, carbonate dehydratase, v. 4	p. 242
3.4.13.19	renal dipeptidase, membrane dipeptidase, v. 6	p. 239
3.4.21.35	renal kallikrein, tissue kallikrein, v. 7	p. 141
3.4.21.35	renal tissue kallikrein, tissue kallikrein, v. 7	p. 141
1.13.12.5	Renilla-type luciferase, Renilla-luciferin 2-monooxygenase, v. 25	p. 704
1.13.12.5	Renilla luciferase, Renilla-luciferin 2-monooxygenase, v. 25	p. 704
1.13.12.5	Renilla luciferin 2-monooxygenase, Renilla-luciferin 2-monooxygenase, v. 25	p. 704
3.4.21.54	renin, γ-, γ-Renin, v. 7	p. 253
5.1.3.8	Renin-binding protein, N-Acylglucosamine 2-epimerase, v. 1	p. 140

5.1.3.8	renin binding protein, N-Acylglucosamine 2-epimerase, v. 1 | p. 140	
3.4.23.23	rennin, Mucorpepsin, v. 8 | p. 106	
3.4.23.4	rennin, chymosin, v. 8 | p. 21	
2.5.1.60	REP/GGTase, protein geranylgeranyltransferase type II, v. 34 | p. 219	
2.7.7.7	repair polymerase, DNA-directed DNA polymerase, v. 38 | p. 118	
2.7.7.48	Q-β replicase, RNA-directed RNA polymerase, v. 38 | p. 468	
2.7.7.48	Qβ-replicase, RNA-directed RNA polymerase, v. 38 | p. 468	
2.7.7.48	replicase, phage f2, RNA-directed RNA polymerase, v. 38 | p. 468	
2.7.7.48	replicase, Qβ, RNA-directed RNA polymerase, v 38 | p. 468	
2.7.7.7	replicative DNA polymerase, DNA-directed DNA polymerase, v. 38 | p. 118	
3.4.21.74	Reptilase, Venombin A, v. 7 | p. 364	
1.8.4.2	ResA, protein-disulfide reductase (glutathione), v. 24 | p. 617	
3.1.22.4	Resolvase of Telomeres, crossover junction endodeoxyribonuclease, v. 11 | p. 487	
3.1.22.4	resolvase SIRV2, crossover junction endodeoxyribonuclease, v. 11 | p. 487	
3.1.30.1	resolvase T7, Aspergillus nuclease S1, v. 11 | p. 610	
3.1.22.4	resolving enzyme CCE1, crossover junction endodeoxyribonuclease, v. 11 | p. 487	
1.20.99.1	respiratory arsenate reductase, arsenate reductase (donor), v. 27 | p. 601	
3.1.3.2	respiratory burst-inhibiting acid phosphatase, acid phosphatase, v. 10 | p. 31	
1.6.3.1	Respiratory Burst Oxidase Homolog, NAD(P)H oxidase, v. 24 | p. 92	
1.6.5.3	respiratory chain complex I, NADH dehydrogenase (ubiquinone), v. 24 | p. 106	
1.6.5.3	respiratory complex I, NADH dehydrogenase (ubiquinone), v. 24 | p. 106	
1.10.2.2	respiratory complex III, ubiquinol-cytochrome-c reductase, v. 25 | p. 83	
1.1.1.28	Respiratory D-lactate dehydrogenase, D-lactate dehydrogenase, v. 16 | p. 274	
1.12.99.6	respiratory hydrogenase, hydrogenase (acceptor), v. 25 | p. 373	
1.5.1.20	respiratory nitrate reductase, methylenetetrahydrofolate reductase [NAD(P)H], v. 23 | p. 174	
1.7.99.4	respiratory nitrate reductase, nitrate reductase, v. 24 | p. 396	
1.9.6.1	respiratory nitrate reductase, nitrate reductase (cytochrome), v. 25 | p. 49	
1.7.99.7	respiratory nitric oxide reductase, nitric-oxide reductase, v. 24 | p. 441	
1.7.99.7	respiratory NO reductase, nitric-oxide reductase, v. 24 | p. 441	
3.1.22.4	ResT, crossover junction endodeoxyribonuclease, v. 11 | p. 487	
2.8.2.4	rEST-6, estrone sulfotransferase, v. 39 | p. 303	
2.7.10.2	Resting lymphocyte kinase, non-specific protein-tyrosine kinase, v. S2 | p. 441	
2.1.1.72	restriction-modification system, site-specific DNA-methyltransferase (adenine-specific), v. 28 | p. 390	
2.1.1.113	restriction-modification system, site-specific DNA-methyltransferase (cytosine-N4-specific), v. 28 | p. 541	
3.1.21.3	restriction-modification system, type I site-specific deoxyribonuclease, v. 11 | p. 448	
3.1.21.5	restriction-modification system, type III site-specific deoxyribonuclease, v. 11 | p. 467	
3.1.21.4	restriction endodeoxyribonuclease, type II site-specific deoxyribonuclease, v. 11 | p. 454	
3.1.22.4	restriction endonuclease, crossover junction endodeoxyribonuclease, v. 11 | p. 487	
3.1.21.4	restriction endonuclease, type II site-specific deoxyribonuclease, v. 11 | p. 454	
3.1.21.5	restriction endonuclease PstII, type III site-specific deoxyribonuclease, v. 11 | p. 467	
3.1.21.4	restriction enzyme, type II site-specific deoxyribonuclease, v. 11 | p. 454	
2.3.1.95	resveratrol synthase, trihydroxystilbene synthase, v. 30 | p. 185	
2.7.10.1	C-ret, receptor protein-tyrosine kinase, v. S2 | p. 341	
2.7.7.52	RET, RNA uridylyltransferase, v. 38 | p. 526	
2.7.10.1	RET, receptor protein-tyrosine kinase, v. S2 | p. 341	
4.6.1.2	RET-GC1, guanylate cyclase, v. 5 | p. 430	
2.7.7.52	RET1, RNA uridylyltransferase, v. 38 | p. 526	
2.7.7.52	RET2, RNA uridylyltransferase, v. 38 | p. 526	
2.7.10.1	Ret51, receptor protein-tyrosine kinase, v. S2 | p. 341	
2.7.10.1	Ret9, receptor protein-tyrosine kinase, v. S2 | p. 341	
3.4.21.68	Reteplase, t-Plasminogen activator, v. 7 | p. 331	
4.6.1.2	retGC, guanylate cyclase, v. 5 | p. 430	

4.6.1.2	RetGC1, guanylate cyclase, v. 5	p. 430
1.2.1.36	retialdehyde dehydrogenase, retinal dehydrogenase, v. 20	p. 282
1.13.11.33	reticulocyte-type 15-human lipoxygenase, arachidonate 15-lipoxygenase, v. 25	p. 585
1.13.11.33	reticulocyte-type 15-lipoxygenase, arachidonate 15-lipoxygenase, v. 25	p. 585
1.13.11.33	reticulocyte 15-lipoxygenase-1, arachidonate 15-lipoxygenase, v. 25	p. 585
1.13.11.33	reticulocyte 15-LOX, arachidonate 15-lipoxygenase, v. 25	p. 585
5.3.4.1	Retina cognin, Protein disulfide-isomerase, v. 1	p. 436
1.2.1.36	retinalaldehyde dehydrogenase 2, retinal dehydrogenase, v. 20	p. 282
3.1.3.16	Retinal degeneration C protein, phosphoprotein phosphatase, v. 10	p. 213
1.2.1.36	retinaldehyde dehydrogenase, retinal dehydrogenase, v. 20	p. 282
1.2.1.36	retinaldehyde dehydrogenase-2, retinal dehydrogenase, v. 20	p. 282
1.2.1.36	retinaldehyde dehydrogenase 1, retinal dehydrogenase, v. 20	p. 282
1.2.1.36	retinaldehyde dehydrogenase 2, retinal dehydrogenase, v. 20	p. 282
1.2.1.36	retinaldehyde dehydrogenase 3, retinal dehydrogenase, v. 20	p. 282
1.2.1.36	retinaldehyde dehydrogenase type-1, retinal dehydrogenase, v. 20	p. 282
1.2.1.36	retinaldehyde dehydrogenase type II, retinal dehydrogenase, v. 20	p. 282
1.1.1.71	retinaldehyde reductase, alcohol dehydrogenase [NAD(P)+], v. 17	p. 98
1.2.1.3	Retinal dehydrogenase, aldehyde dehydrogenase (NAD+), v. 20	p. 32
1.2.1.36	Retinal dehydrogenase, retinal dehydrogenase, v. 20	p. 282
1.2.1.36	retinal dehydrogenase-2, retinal dehydrogenase, v. 20	p. 282
1.2.1.36	retinal dehydrogenase type-2, retinal dehydrogenase, v. 20	p. 282
1.2.1.3	retinal dehydrogenase type I, aldehyde dehydrogenase (NAD+), v. 20	p. 32
4.6.1.2	retinal guanylate cyclase, guanylate cyclase, v. 5	p. 430
4.6.1.2	retinal guanylyl cyclase, guanylate cyclase, v. 5	p. 430
4.6.1.2	retinal membrane guanylyl cyclase, guanylate cyclase, v. 5	p. 430
1.2.3.1	Retinal oxidase, aldehyde oxidase, v. 20	p. 425
1.2.3.11	Retinal oxidase, retinal oxidase, v. 20	p. 478
5.2.1.3	Retinal photoisomerase, Retinal isomerase, v. 1	p. 202
1.1.1.71	retinal reductase, alcohol dehydrogenase [NAD(P)+], v. 17	p. 98
1.1.1.105	retinal reductase, retinol dehydrogenase, v. 17	p. 287
5.2.1.3	Retinene isomerase, Retinal isomerase, v. 1	p. 202
1.2.3.11	retinene oxidase, retinal oxidase, v. 20	p. 478
1.1.1.105	retinene reductase, retinol dehydrogenase, v. 17	p. 287
5.2.1.3	Retinochrome, Retinal isomerase, v. 1	p. 202
6.3.2.19	Retinoic acid induced gene B protein, Ubiquitin-protein ligase, v. 2	p. 506
3.4.16.5	retinoid-inducible serine carboxypeptidase, carboxypeptidase C, v. 6	p. 385
5.2.1.3	Retinoid isomerase, Retinal isomerase, v. 1	p. 202
1.1.1.71	retinol-active alcohol dehydrogenase, alcohol dehydrogenase [NAD(P)+], v. 17	p. 98
1.1.1.1	Retinol dehydrogenase, alcohol dehydrogenase, v. 16	p. 1
1.1.1.71	Retinol dehydrogenase, alcohol dehydrogenase [NAD(P)+], v. 17	p. 98
1.1.1.105	retinol dehydrogenase (vitamin A1), retinol dehydrogenase, v. 17	p. 287
1.2.1.36	retinol dehydrogenase 13, retinal dehydrogenase, v. 20	p. 282
1.1.1.105	retinol dehydrogenase 2, retinol dehydrogenase, v. 17	p. 287
1.1.1.105	retinol dehydrogenase 4, retinol dehydrogenase, v. 17	p. 287
2.3.1.76	retinol fatty-acyltransferase, retinol O-fatty-acyltransferase, v. 30	p. 83
1.3.99.23	retinol saturase, all-trans-retinol 13,14-reductase, v. S1	p. 268
2.3.1.135	retinyl-ester synthase, phosphatidylcholine-retinol O-acyltransferase, v. 30	p. 339
2.3.1.76	retinyl-ester synthase, retinol O-fatty-acyltransferase, v. 30	p. 83
3.1.1.21	retinyl ester hydrolase, retinyl-palmitate esterase, v. 9	p. 197
2.3.1.135	retinyl ester synthase, phosphatidylcholine-retinol O-acyltransferase, v. 30	p. 339
2.3.1.136	retinyl ester synthase, polysialic-acid O-acetyltransferase, v. 30	p. 348
3.1.1.21	retinyl palmitate hydrolase, retinyl-palmitate esterase, v. 9	p. 197
3.1.1.21	retinyl palmitate hydrolyase, retinyl-palmitate esterase, v. 9	p. 197
2.7.10.1	RET oncogene protein, receptor protein-tyrosine kinase, v. S2	p. 341
2.7.10.1	Ret receptor tyrosine kinase, receptor protein-tyrosine kinase, v. S2	p. 341

3.4.23.16	retropepsin, HIV-1 retropepsin, v. 8 | p. 67
3.4.23.16	retroproteinase, HIV-1 retropepsin, v. 8 | p. 67
3.4.23.47	retroviral aspartic proteinase, HIV-2 retropepsin, v. S6 | p. 246
3.4.23.47	retroviral proteinase, HIV-2 retropepsin, v. S6 | p. 246
3.1.13.2	retroviral reverse transcriptase RNaseH, exoribonuclease H, v. 11 | p. 396
3.1.13.2	retroviral RNase H, exoribonuclease H, v. 11 | p. 396
1.3.99.23	RetSat, all-trans-retinol 13,14-reductase, v. S1 | p. 268
1.3.99.23	RetSat A, all-trans-retinol 13,14-reductase, v. S1 | p. 268
2.7.7.49	reverse-transcriptase, RNA-directed DNA polymerase, v. 38 | p. 492
5.99.1.2	Reverse gyrase, DNA topoisomerase, v. 1 | p. 721
2.7.7.49	reverse transcriptase, RNA-directed DNA polymerase, v. 38 | p. 492
3.1.13.2	reverse transcriptase-associated ribonuclease H, exoribonuclease H, v. 11 | p. 396
3.1.13.2	reverse transcriptase ribonuclease H, exoribonuclease H, v. 11 | p. 396
1.12.7.2	reversible Fe-hydrogenase, ferredoxin hydrogenase, v. 25 | p. 338
2.7.7.49	revertase, RNA-directed DNA polymerase, v. 38 | p. 492
3.2.1.156	Rex, oligosaccharide reducing-end xylanase, v. S5 | p. 162
3.2.1.156	RexA, oligosaccharide reducing-end xylanase, v. S5 | p. 162
3.6.5.3	RF3, protein-synthesizing GTPase, v. S6 | p. 494
5.1.3.20	RfaD, ADP-glyceromanno-heptose 6-epimerase, v. 1 | p. 175
2.7.7.13	RfbM, mannose-1-phosphate guanylyltransferase, v. 38 | p. 209
2.7.1.26	RFK, riboflavin kinase, v. 35 | p. 328
2.4.1.152	rFuc-TVII, 4-galactosyl-N-acetylglucosaminide 3-α-L-fucosyltransferase, v. 32 | p. 318
2.4.1.152	rFUT7, 4-galactosyl-N-acetylglucosaminide 3-α-L-fucosyltransferase, v. 32 | p. 318
3.2.1.125	RG, raucaffricine β-glucosidase, v. 13 | p. 509
5.1.3.2	rGalE, UDP-glucose 4-epimerase, v. 1 | p. 97
3.4.22.37	RgB, Gingipain R, v. 7 | p. 707
4.6.1.2	rGC, guanylate cyclase, v. 5 | p. 430
1.4.3.3	RgDAAO, D-amino-acid oxidase, v. 22 | p. 243
2.5.1.60	RGGT, protein geranylgeranyltransferase type II, v. 34 | p. 219
3.4.21.118	RGK-8, kallikrein 8, v. S5 | p. 435
3.4.22.37	RGP, Gingipain R, v. 7 | p. 707
3.4.22.37	RGP-1, Gingipain R, v. 7 | p. 707
3.4.22.37	RGP-2, Gingipain R, v. 7 | p. 707
3.4.22.37	RgpA, Gingipain R, v. 7 | p. 707
3.4.22.37	RgpA(cat), Gingipain R, v. 7 | p. 707
3.4.22.37	RgpA proteinase, Gingipain R, v. 7 | p. 707
3.4.22.37	RgpB, Gingipain R, v. 7 | p. 707
3.4.22.37	Rgp proteinase, Gingipain R, v. 7 | p. 707
3.1.3.46	RH2K, fructose-2,6-bisphosphate 2-phosphatase, v. 10 | p. 395
3.2.1.40	RhaA, α-L-rhamnosidase, v. 12 | p. 586
2.3.1.84	RhAAT, alcohol O-acetyltransferase, v. 30 | p. 125
3.2.1.40	RhaB, α-L-rhamnosidase, v. 12 | p. 586
4.1.2.19	RhaD, Rhamnulose-1-phosphate aldolase, v. 3 | p. 511
5.3.1.14	RhaI, L-Rhamnose isomerase, v. 1 | p. 328
3.2.1.40	Rham, α-L-rhamnosidase, v. 12 | p. 586
4.1.2.19	Rhamn-1PA, Rhamnulose-1-phosphate aldolase, v. 3 | p. 511
3.1.1.65	L-rhamno-γ-lactonase, L-rhamnono-1,4-lactonase, v. 9 | p. 390
3.1.1.65	L-rhamnonatedehydratase, L-rhamnono-1,4-lactonase, v. 9 | p. 390
3.1.1.65	L-rhamnono-γ-lactonase, L-rhamnono-1,4-lactonase, v. 9 | p. 390
1.1.1.173	L-rhamnose-1-dehydrogenase, L-rhamnose 1-dehydrogenase, v. 18 | p. 74
5.3.1.14	L-rhamnose isomerase, L-Rhamnose isomerase, v. 1 | p. 328
5.3.1.14	Rhamnose isomerase, L-Rhamnose isomerase, v. 1 | p. 328
5.3.1.14	L-rhamnose ketol-isomerase, L-Rhamnose isomerase, v. 1 | p. 328
3.2.1.40	α-L-rhamnosidase, α-L-rhamnosidase, v. 12 | p. 586
3.2.1.43	β-L-rhamnosidase, β-L-rhamnosidase, v. 12 | p. 608

3.2.1.40	rhamnosidase, α -L-, α-L-rhamnosidase, v. 12 | p. 586
3.2.1.43	rhamnosidase,β-L-, β-L-rhamnosidase, v. 12 | p. 608
3.2.1.40	α-L-rhamnosidase A, α-L-rhamnosidase, v. 12 | p. 586
3.2.1.40	α-L-rhamnosidase B, α-L-rhamnosidase, v. 12 | p. 586
3.2.1.40	α-L-rhamnosidase N, α-L-rhamnosidase, v. 12 | p. 586
3.2.1.40	α-L-rhamnosidase Ram A, α-L-rhamnosidase, v. 12 | p. 586
3.2.1.40	α-L-rhamnosidase T, α-L-rhamnosidase, v. 12 | p. 586
2.4.1.236	rhamnosyltransferase, uridine diphosphorhamnose-flavanone 7-O-glucoside 2-O-, flavanone 7-O-glucoside 2-O-β-L-rhamnosyltransferase, v. S2 | p. 162
2.4.1.159	rhamnosyltransferase, uridine diphosphorhamnose-flavonol 3-O-glucoside, flavonol-3-O-glucoside L-rhamnosyltransferase, v. 32 | p. 351
2.7.1.5	L-rhamnulokinase, rhamnulokinase, v. 35 | p. 141
4.1.2.19	L-Rhamnulose-1-phosphate aldolase, Rhamnulose-1-phosphate aldolase, v. 3 | p. 511
4.1.2.19	rhamnulose-1-phosphate aldolase, Rhamnulose-1-phosphate aldolase, v. 3 | p. 511
4.1.2.19	L-rhamnulose-1-phosphate aldolase (class II), Rhamnulose-1-phosphate aldolase, v. 3 | p. 511
4.1.2.19	L-Rhamnulose-1-phosphate L-lactaldehyde-lyase, Rhamnulose-1-phosphate aldolase, v. 3 | p. 511
4.1.2.19	rhamnulose 1-phosphate aldolase, Rhamnulose-1-phosphate aldolase, v. 3 | p. 511
2.7.1.5	L-rhamnulose kinase, rhamnulokinase, v. 35 | p. 141
2.7.1.5	rhamnulose kinase, rhamnulokinase, v. 35 | p. 141
4.1.2.19	Rhamnulose phosphate aldolase, Rhamnulose-1-phosphate aldolase, v. 3 | p. 511
3.4.21.69	rhAPC, Protein C (activated), v. 7 | p. 339
3.1.4.12	rhASM, sphingomyelin phosphodiesterase, v. 11 | p. 86
3.1.4.39	rhATX S48, alkylglycerophosphoethanolamine phosphodiesterase, v. 11 | p. 187
3.2.1.14	RHBC, chitinase, v. 12 | p. 185
3.4.21.105	RHBDL, rhomboid protease, v. S5 | p. 325
3.4.21.105	RHBDL2, rhomboid protease, v. S5 | p. 325
3.4.22.38	rhCK, Cathepsin K, v. 7 | p. 711
2.8.1.1	r-RhdA, thiosulfate sulfurtransferase, v. 39 | p. 183
1.4.3.22	rhDAO, diamine oxidase
3.4.21.105	RHDBL-2, rhomboid protease, v. S5 | p. 325
3.6.5.2	Rheb, small monomeric GTPase, v. S6 | p. 476
3.6.5.2	RHEBL1, small monomeric GTPase, v. S6 | p. 476
1.11.1.7	rhEPO, peroxidase, v. 25 | p. 211
2.3.1.5	rhesus NAT2, arylamine N-acetyltransferase, v. 29 | p. 243
3.4.21.27	rhFXI370-607, coagulation factor XIa, v. 7 | p. 121
3.2.1.20	rhGAA, α-glucosidase, v. 12 | p. 263
4.4.1.5	rhGLO I, lactoylglutathione lyase, v. 5 | p. 322
5.3.1.14	L-RhI, L-Rhamnose isomerase, v. 1 | p. 328
3.4.22.29	rhinovirus protease 2A, picornain 2A, v. 7 | p. 657
3.4.22.28	rhinovirus protease 3C, picornain 3C, v. 7 | p. 646
3.4.23.21	Rhizopus acid protease, Rhizopuspepsin, v. 8 | p. 96
3.4.23.21	Rhizopus acid proteinase, Rhizopuspepsin, v. 8 | p. 96
3.4.23.21	Rhizopus aspartic proteinase, Rhizopuspepsin, v. 8 | p. 96
3.4.23.21	rhizopuspepsinogen, Rhizopuspepsin, v. 8 | p. 96
1.1.1.100	RhlG, 3-oxoacyl-[acyl-carrier-protein] reductase, v. 17 | p. 259
2.3.1.184	RhlI, acyl-homoserine-lactone synthase, v. S2 | p. 140
4.2.1.76	RHM1, UDP-glucose 4,6-dehydratase, v. 4 | p. 603
4.2.1.76	RHM2/MUM4, UDP-glucose 4,6-dehydratase, v. 4 | p. 603
4.2.1.76	RHM3, UDP-glucose 4,6-dehydratase, v. 4 | p. 603
3.2.1.40	RhmA, α-L-rhamnosidase, v. 12 | p. 586
3.4.24.65	rHME, macrophage elastase, v. 8 | p. 537
1.11.1.7	rhMPO, peroxidase, v. 25 | p. 211
3.6.5.2	RHO-1, small monomeric GTPase, v. S6 | p. 476

3.6.5.2	Rho-GTPase, small monomeric GTPase, v. S6	p. 476
3.6.5.2	Rho-type GTPase, small monomeric GTPase, v. S6	p. 476
3.6.5.2	Rho1p, small monomeric GTPase, v. S6	p. 476
3.6.5.2	Rho3p, small monomeric GTPase, v. S6	p. 476
3.6.5.2	RhoA, small monomeric GTPase, v. S6	p. 476
3.6.5.2	rhoA p21, small monomeric GTPase, v. S6	p. 476
3.6.5.2	rhoB p20, small monomeric GTPase, v. S6	p. 476
2.8.1.1	rhodanase, thiosulfate sulfurtransferase, v. 39	p. 183
2.8.1.1	rhodanese, thiosulfate sulfurtransferase, v 39	p. 183
2.7.11.14	rhodopsin kinase, rhodopsin kinase, v. S3	p. 370
3.4.23.26	Rhodotorula acid proteinase, Rhodotorulapepsin, v. 8	p. 126
3.4.23.26	Rhodotorula aspartic proteinase, Rhodotorulapepsin, v. 8	p. 126
3.4.23.26	Rhodotorula glutinis acid proteinase, Rhodotorulapepsin, v. 8	p. 126
3.6.5.2	Rho GTPase, small monomeric GTPase, v. S6	p. 476
3.4.21.105	Rhomboid, rhomboid protease, v. S5	p. 325
3.4.21.105	rhomboid-1, rhomboid protease, v. S5	p. 325
3.4.21.105	rhomboid-1 protease, rhomboid protease, v. S5	p. 325
3.4.21.105	rhomboid-2, rhomboid protease, v. S5	p. 325
3.4.21.105	rhomboid-3, rhomboid protease, v. S5	p. 325
3.4.21.105	rhomboid-4, rhomboid protease, v. S5	p. 325
3.4.21.105	rhomboid-like protein, rhomboid protease, v. S5	p. 325
3.4.21.105	rhomboid-type protease Pcp1, rhomboid protease, v. S5	p. 325
3.4.21.105	rhomboid intramembrane protease, rhomboid protease, v. S5	p. 325
3.4.21.105	rhomboid pepditase Pcp1, rhomboid protease, v. S5	p. 325
3.4.21.105	rhomboid protease Pcp1, rhomboid protease, v. S5	p. 325
3.4.21.105	rhomboid protease PSARL, rhomboid protease, v. S5	p. 325
3.4.21.105	Rhomboid protein, rhomboid protease, v. S5	p. 325
3.4.21.105	rhomboid protein 1, rhomboid protease, v. S5	p. 325
3.4.21.105	rhomboid protein 4, rhomboid protease, v. S5	p. 325
3.4.21.105	rhomboid serine protease, rhomboid protease, v. S5	p. 325
1.6.99.3	rHrbmt, NADH dehydrogenase, v. 24	p. 207
3.4.21.59	rHT, Tryptase, v. 7	p. 265
4.1.2.19	RhuA, Rhamnulose-1-phosphate aldolase, v. 3	p. 511
2.7.1.5	RhuK, rhamnulokinase, v. 35	p. 141
4.2.2.1	rHuPH20, hyaluronate lyase, v. 5	p. 1
5.3.1.14	L-RI, L-Rhamnose isomerase, v. 1	p. 328
3.1.3.1	rIAP-I, alkaline phosphatase, v. 10	p. 1
3.1.3.1	rIAP-II, alkaline phosphatase, v. 10	p. 1
2.4.1.225	RIB-1, N-acetylglucosaminyl-proteoglycan 4-β-glucuronosyltransferase, v. 32	p. 610
2.4.1.225	RIB-2, N-acetylglucosaminyl-proteoglycan 4-β-glucuronosyltransferase, v. 32	p. 610
4.1.99.12	Rib3, 3,4-dihydroxy-2-butanone-4-phosphate synthase, v. S7	p. 70
4.1.99.12	RibA, 3,4-dihydroxy-2-butanone-4-phosphate synthase, v. S7	p. 70
3.5.4.25	RibA, GTP cyclohydrolase II, v. 15	p. 160
3.1.3.73	α-ribazole-5'-phosphate phosphatase, α-ribazole phosphatase, v. S5	p. 66
3.1.3.73	α-ribazole-5'-P phosphatase, α-ribazole phosphatase, v. S5	p. 66
2.7.1.26	RibC, riboflavin kinase, v. 35	p. 328
1.1.1.193	RibD, 5-amino-6-(5-phosphoribosylamino)uracil reductase, v. 18	p. 159
1.3.1.1	RibD, dihydrouracil dehydrogenase (NAD+), v. 21	p. 1
1.1.1.193	RibG, 5-amino-6-(5-phosphoribosylamino)uracil reductase, v. 18	p. 159
1.17.4.2	ribinucleoside triphosphate reductase, ribonucleoside-triphosphate reductase, v. 27	p. 515
1.1.1.137	ribitol-5-phosphate dehydrogenase, ribitol-5-phosphate 2-dehydrogenase, v. 17	p. 400
2.7.7.40	ribitol 5-phosphate cytidylyltransferase, D-ribitol-5-phosphate cytidylyltransferase, v. 38	p. 412
1.1.1.137	ribitol 5-phosphate dehydrogenase, ribitol-5-phosphate 2-dehydrogenase, v. 17	p. 400
1.1.1.56	ribitol dehydrogenase A, ribitol 2-dehydrogenase, v. 17	p. 26

1.1.1.56	ribitol dehydrogenase B, ribitol 2-dehydrogenase, v. 17	p. 26
1.1.1.56	ribitol dehydrogenase D, ribitol 2-dehydrogenase, v. 17	p. 26
3.5.4.25	RIBIV, GTP cyclohydrolase II, v. 15	p. 160
2.7.1.161	RibK, CTP-dependent riboflavin kinase
3.5.4.26	Riboflavin-specific deaminase, diaminohydroxyphosphoribosylaminopyrimidine deaminase, v. 15	p. 164
3.6.1.18	riboflavin adenine dinucleotide pyrophosphatase, FAD diphosphatase, v. 15	p. 380
2.7.7.2	riboflavin adenine dinucleotide pyrophosphorylase, FAD synthetase, v. 38	p. 63
2.7.7.2	riboflavine adenine dinucleotide adenylyltransferase, FAD synthetase, v. 38	p. 63
3.6.1.18	riboflavine adenine dinucleotide pyrophosphatase, FAD diphosphatase, v. 15	p. 380
2.7.1.26	riboflavine kinase, riboflavin kinase, v. 35	p. 328
1.5.1.29	riboflavine mononucleotide reductase, FMN reductase, v. 23	p. 217
2.7.1.42	riboflavine phosphotransferase, riboflavin phosphotransferase, v. 36	p. 70
2.5.1.9	riboflavine synthase, riboflavin synthase, v. 33	p. 458
2.5.1.9	riboflavine synthetase, riboflavin synthase, v. 33	p. 458
1.5.1.29	riboflavin mononucleotide (reduced nicotinamide adenine dinucleotide (phosphate)) reductase, FMN reductase, v. 23	p. 217
2.7.7.2	riboflavin mononucleotide adenylyltransferase, FAD synthetase, v. 38	p. 63
1.5.1.29	riboflavin mononucleotide reductase, FMN reductase, v. 23	p. 217
2.5.1.9	riboflavin synthetase, riboflavin synthase, v. 33	p. 458
2.7.1.15	D-ribokinase, ribokinase, v. 35	p. 221
2.7.1.15	ribokinase (phosphorylating), ribokinase, v. 35	p. 221
3.1.27.1	ribonnuclease (non-base-specific), ribonuclease T2, v. 11	p. 557
3.1.27.5	ribonuclease, pancreatic ribonuclease, v. 11	p. 584
3.1.27.3	ribonuclease, ribonuclease T1, v. 11	p. 572
3.1.27.1	ribonuclease, ribonuclease T2, v. 11	p. 557
3.1.26.9	ribonuclease, ribonuclease [poly-(U)-specific], v. 11	p. 552
3.1.27.1	ribonuclease (non-base-specific), ribonuclease T2, v. 11	p. 557
3.1.27.1	ribonuclease (non-base specific), ribonuclease T2, v. 11	p. 557
3.1.27.4	Ribonuclease (purine), ribonuclease U2, v. 11	p. 580
3.1.26.9	ribonuclease (uracil-specific), ribonuclease [poly-(U)-specific], v. 11	p. 552
3.1.27.1	ribonuclease 3'-oligonucleotide hydrolase, ribonuclease T2, v. 11	p. 557
3.1.27.5	ribonuclease A, pancreatic ribonuclease, v. 11	p. 584
3.1.27.3	ribonuclease A, ribonuclease T1, v. 11	p. 572
3.1.27.3	Ribonuclease C2, ribonuclease T1, v. 11	p. 572
3.1.27.3	Ribonuclease Ch, ribonuclease T1, v. 11	p. 572
3.1.26.3	ribonuclease D, ribonuclease III, v. 11	p. 509
3.1.26.12	ribonuclease E, ribonuclease E
3.1.27.3	ribonuclease E/G, ribonuclease T1, v. 11	p. 572
3.1.27.7	ribonuclease F, ribonuclease F, v. 11	p. 599
3.1.27.3	Ribonuclease F1, ribonuclease T1, v. 11	p. 572
3.1.27.3	ribonuclease G, ribonuclease T1, v. 11	p. 572
3.1.27.3	Ribonuclease guaninenucleotido-2'-transferase (cyclizing), ribonuclease T1, v. 11	p. 572
3.1.26.4	ribonuclease H, calf thymus ribonuclease H, v. 11	p. 517
3.1.13.2	ribonuclease H, exoribonuclease H, v. 11	p. 396
3.1.26.4	ribonuclease H(42), calf thymus ribonuclease H, v. 11	p. 517
3.1.26.4	ribonuclease H(70), calf thymus ribonuclease H, v. 11	p. 517
3.1.26.4	ribonuclease H1, calf thymus ribonuclease H, v. 11	p. 517
3.1.26.4	ribonuclease HI, calf thymus ribonuclease H, v. 11	p. 517
3.1.26.4	ribonuclease HII, calf thymus ribonuclease H, v. 11	p. 517
3.1.26.4	ribonuclease HIII, calf thymus ribonuclease H, v. 11	p. 517
3.1.27.5	ribonuclease I, pancreatic ribonuclease, v. 11	p. 584
3.1.13.1	ribonuclease II, exoribonuclease II, v. 11	p. 389
3.1.27.1	ribonuclease II, ribonuclease T2, v. 11	p. 557
3.1.11.2	ribonuclease III, exodeoxyribonuclease III, v. 11	p. 362

3.1.26.3	ribonuclease III, ribonuclease III, v. 11	p. 509
3.1.26.3	ribonuclease III-like protein, ribonuclease III, v. 11	p. 509
3.1.27.1	ribonuclease LE, ribonuclease T2, v. 11	p. 557
3.1.27.1	ribonuclease LX, ribonuclease T2, v. 11	p. 557
3.1.27.1	ribonuclease M, ribonuclease T2, v. 11	p. 557
3.1.26.8	ribonuclease M5, ribonuclease M5, v. 11	p. 549
3.1.27.1	ribonuclease MC1, ribonuclease T2, v. 11	p. 557
3.1.27.3	Ribonuclease N1, ribonuclease T1, v. 11	p. 572
3.1.27.1	ribonuclease N2, ribonuclease T2, v. 11	p 557
3.1.27.3	Ribonuclease N3, ribonuclease T1, v. 11	p. 572
3.1.27.3	ribonuclease NT, ribonuclease T1, v. 11	p. 572
3.1.27.1	ribonuclease NT, ribonuclease T2, v. 11	p. 557
3.1.27.1	ribonuclease nucleotido-2'-transferase (cyclizing), ribonuclease T2, v. 11	p. 557
3.1.26.5	ribonuclease P, ribonuclease P, v. 11	p. 531
3.1.27.1	ribonuclease P, ribonuclease T2, v. 11	p. 557
3.1.27.3	ribonuclease Pb2, ribonuclease T1, v. 11	p. 572
2.7.7.56	ribonuclease PH, tRNA nucleotidyltransferase, v. 38	p. 544
3.1.27.3	Ribonuclease PP1, ribonuclease T1, v. 11	p. 572
3.1.27.1	ribonuclease PP2, ribonuclease T2, v. 11	p. 557
3.1.27.1	ribonuclease PP3, ribonuclease T2, v. 11	p. 557
3.1.26.5	ribonuclease P ribozyme, ribonuclease P, v. 11	p. 531
3.1.26.7	ribonuclease P ribozyme, ribonuclease P4, v. 11	p. 547
3.1.26.7	ribonuclease P RNA, ribonuclease P4, v. 11	p. 547
3.1.13.1	ribonuclease Q, exoribonuclease II, v. 11	p. 389
3.1.13.1	Ribonuclease R, exoribonuclease II, v. 11	p. 389
3.1.27.3	Ribonuclease SA, ribonuclease T1, v. 11	p. 572
3.1.27.3	ribonuclease Sa2, ribonuclease T1, v. 11	p. 572
3.1.27.3	ribonuclease T1, ribonuclease T1, v. 11	p. 572
3.1.27.1	ribonuclease T2, ribonuclease T2, v. 11	p. 557
3.1.27.3	Ribonuclease U1, ribonuclease T1, v. 11	p. 572
3.1.27.4	ribonuclease U2, ribonuclease U2, v. 11	p. 580
3.1.27.4	Ribonuclease U3, ribonuclease U2, v. 11	p. 580
3.1.27.1	ribonuclease U4, ribonuclease T2, v. 11	p. 557
3.1.14.1	ribonuclease U4, yeast ribonuclease, v. 11	p. 412
3.1.27.5	Ribonuclease US, pancreatic ribonuclease, v. 11	p. 584
3.1.27.5	ribonuclease W1, pancreatic ribonuclease, v. 11	p. 584
3.1.27.2	ribonuclease YkqC, Bacillus subtilis ribonuclease, v. 11	p. 569
3.1.31.1	ribonucleate (deoxyribo-nucleate) 3'-nucleotidohydrolase, micrococcal nuclease, v. 11	p. 632
3.1.31.1	ribonucleate (deoxyribonucleate) 3'-nucleotidohydrolase, micrococcal nuclease, v. 11	p. 632
3.1.27.1	ribonucleate 3'-oligonucleotide hydrolase, ribonuclease T2, v. 11	p. 557
3.1.27.5	ribonucleate 3'-pyrimidino-oligonucleotidohydrolase, pancreatic ribonuclease, v. 11	p. 584
3.1.27.2	ribonucleate nucleotido-2'-transferase (cyclizing), Bacillus subtilis ribonuclease, v. 11	p. 569
3.1.27.1	ribonucleate nucleotido-2'-transferase (cyclizing), ribonuclease T2, v. 11	p. 557
2.7.7.6	ribonucleate nucleotidyltransferase, DNA-directed RNA polymerase, v. 38	p. 103
2.7.7.6	ribonucleate polymerase, DNA-directed RNA polymerase, v. 38	p. 103
2.8.1.4	ribonucleate sulfurtransferase, tRNA sulfurtransferase, v. 39	p. 218
2.1.1.48	ribonucleic acid-adenine (N6) methylase, rRNA (adenine-N6-)-methyltransferase, v. 28	p. 281
2.7.7.48	ribonucleic acid-dependent ribonucleate nucleotidyltransferase, RNA-directed RNA polymerase, v. 38	p. 468
2.7.7.48	ribonucleic acid-dependent ribonucleic acid polymerase, RNA-directed RNA polymerase, v. 38	p. 468

2.7.1.69	ribonucleic acid formation factor, gene glC, protein-Npi-phosphohistidine-sugar phosphotransferase, v. 36 | p. 207
2.7.7.6	ribonucleic acid formation factors, C, DNA-directed RNA polymerase, v. 38 | p. 103
2.7.7.6	ribonucleic acid nucleotidyltransferase, DNA-directed RNA polymerase, v. 38 | p. 103
2.7.7.6	ribonucleic acid polymerase, DNA-directed RNA polymerase, v. 38 | p. 103
2.7.7.48	ribonucleic acid replicase, RNA-directed RNA polymerase, v. 38 | p. 468
2.7.7.6	ribonucleic acid transcriptase, DNA-directed RNA polymerase, v. 38 | p. 103
2.7.7.25	ribonucleic cytidylic cytidylic adenylic pyrophosphorylase, tRNA adenylyltransferase, v. 38 | p. 305
2.7.7.21	ribonucleic cytidylic cytidylic adenylic pyrophosphorylase, tRNA cytidylyltransferase, v. 38 | p. 265
2.7.7.25	ribonucleic cytidylyltransferase, tRNA adenylyltransferase, v. 38 | p. 305
2.7.7.21	ribonucleic cytidylyltransferase, tRNA cytidylyltransferase, v. 38 | p. 265
6.5.1.3	Ribonucleic ligase, RNA ligase (ATP), v. 2 | p. 787
3.1.27.5	ribonucleic phosphatase, pancreatic ribonuclease, v. 11 | p. 584
2.7.7.6	ribonucleic polymerase, DNA-directed RNA polymerase, v. 38 | p. 103
2.7.7.48	ribonucleic replicase, RNA-directed RNA polymerase, v. 38 | p. 468
2.7.7.48	ribonucleic synthetase, RNA-directed RNA polymerase, v. 38 | p. 468
2.7.7.6	ribonucleic transcriptase, DNA-directed RNA polymerase, v. 38 | p. 103
3.1.4.16	ribonucleoside 2',3'-cyclic phosphate diesterase, 2',3'-cyclic-nucleotide 2'-phosphodiesterase, v. 11 | p. 108
1.17.4.1	ribonucleoside 5'-diphosphate reductase, ribonucleoside-diphosphate reductase, v. 27 | p. 489
1.17.4.1	ribonucleoside diphosphate reductase, ribonucleoside-diphosphate reductase, v. 27 | p. 489
3.2.2.1	ribonucleoside hydrolase, purine nucleosidase, v. 14 | p. 1
3.2.2.8	ribonucleoside hydrolase 1, ribosylpyrimidine nucleosidase, v. 14 | p. 50
1.17.4.2	ribonucleoside triphosphate reductase, ribonucleoside-triphosphate reductase, v. 27 | p. 515
3.1.3.6	3'-ribonucleotidase, 3'-nucleotidase, v. 10 | p. 118
1.17.4.1	ribonucleotide diphosphate reductase, ribonucleoside-diphosphate reductase, v. 27 | p. 489
1.17.4.2	ribonucleotide diphosphate reductase, ribonucleoside-triphosphate reductase, v. 27 | p. 515
1.17.4.1	ribonucleotide reductase, ribonucleoside-diphosphate reductase, v. 27 | p. 489
1.17.4.2	ribonucleotide reductase, ribonucleoside-triphosphate reductase, v. 27 | p. 515
6.5.1.3	ribonucleoprotein editing complex, RNA ligase (ATP), v. 2 | p. 787
3.1.26.12	ribonulcease E, ribonuclease E
2.7.6.1	ribophosphate pyrophosphokinase, ribose-phosphate diphosphokinase, v. 38 | p. 1
5.3.1.6	D-ribose-5-phosphate isomerase, Ribose-5-phosphate isomerase, v. 1 | p. 277
5.3.1.6	D-ribose-5-phosphate isomerase A, Ribose-5-phosphate isomerase, v. 1 | p. 277
5.3.1.6	D-ribose-5-phosphate isomerase B, Ribose-5-phosphate isomerase, v. 1 | p. 277
5.3.1.6	ribose-5-phosphate isomerase B, Ribose-5-phosphate isomerase, v. 1 | p. 277
5.3.1.6	D-ribose-5-phosphate ketol-isomerase, Ribose-5-phosphate isomerase, v. 1 | p. 277
2.7.6.1	ribose-5-phosphate pyrophosphokinase, ribose-phosphate diphosphokinase, v. 38 | p. 1
5.3.1.6	Ribose-5-P isomerase, Ribose-5-phosphate isomerase, v. 1 | p. 277
2.7.6.1	ribose-phosphate pyrophosphokinase, ribose-phosphate diphosphokinase, v. 38 | p. 1
2.7.4.23	ribose 1,5-bisphosphokinase, ribose 1,5-bisphosphate phosphokinase, v. S2 | p. 314
6.3.4.7	Ribose 5-phosphate aminotransferase, Ribose-5-phosphate-ammonia ligase, v. 2 | p. 608
5.3.1.6	D-Ribose 5-phosphate isomerase, Ribose-5-phosphate isomerase, v. 1 | p. 277
1.1.1.115	D-ribose dehydrogenase (nicotinamide adenine dinucleotide phosphate), ribose 1-dehydrogenase (NADP+), v. 17 | p. 321
1.1.1.115	D-ribose dehydrogenase (NADP+), ribose 1-dehydrogenase (NADP+), v. 17 | p. 321
5.3.1.20	D-Ribose isomerase, Ribose isomerase, v. 1 | p. 342
5.3.1.20	D-ribose ketol-isomerase, Ribose isomerase, v. 1 | p. 342
5.3.1.6	Ribose phosphate isomerase, Ribose-5-phosphate isomerase, v. 1 | p. 277
5.3.1.6	Ribosephosphate isomerase A, Ribose-5-phosphate isomerase, v. 1 | p. 277
5.3.1.6	Ribosephosphate isomerase B, Ribose-5-phosphate isomerase, v. 1 | p. 277
3.4.11.10	ribosomal-bound aminopeptidase, bacterial leucyl aminopeptidase, v. 6 | p. 125

3.6.5.5	ribosomal GTPase, dynamin GTPase, v. S6	p. 522
3.6.5.1	ribosomal GTPase, heterotrimeric G-protein GTPase, v. S6	p. 462
3.6.5.3	ribosomal GTPase, protein-synthesizing GTPase, v. S6	p. 494
3.6.5.4	ribosomal GTPase, signal-recognition-particle GTPase, v. S6	p. 511
3.6.5.2	ribosomal GTPase, small monomeric GTPase, v. S6	p. 476
3.6.5.6	ribosomal GTPase, tubulin GTPase, v. S6	p. 539
2.3.2.12	ribosomal peptidyl transferase, peptidyltransferase, v. 30	p. 542
2.3.2.12	ribosomal peptidyltransferase, peptidyltransferase, v. 30	p. 542
2.3.1.128	ribosomal protein S18 acetyltransferase, ribosomal protein-alanine N-acetyltransferase, v. 30	p. 314
3.1.25.1	ribosomal protein S3, deoxyribonuclease (pyrimidine dimer), v. 11	p. 495
2.7.11.1	ribosomal protein S6 kinase, non-specific serine/threonine protein kinase, v. S3	p. 1
2.7.11.1	ribosomal protein S6 kinase α 1, non-specific serine/threonine protein kinase, v. S3	p. 1
2.7.11.1	ribosomal protein S6 kinase α 2, non-specific serine/threonine protein kinase, v. S3	p. 1
2.7.11.1	ribosomal protein S6 kinase β 2, non-specific serine/threonine protein kinase, v. S3	p. 1
2.7.11.1	ribosomal protein S6 kinase α 3, non-specific serine/threonine protein kinase, v. S3	p. 1
2.7.11.1	ribosomal protein S6 kinase α 6, non-specific serine/threonine protein kinase, v. S3	p. 1
2.7.11.1	ribosomal protein S6 kinase II, non-specific serine/threonine protein kinase, v. S3	p. 1
2.7.11.1	ribosomal protein S6 kinase II α, non-specific serine/threonine protein kinase, v. S3	p. 1
2.7.11.1	ribosomal protein S6 kinase II β, non-specific serine/threonine protein kinase, v. S3	p. 1
2.1.1.66	ribosomal ribonucleate adenosine 2'-methyltransferase, rRNA (adenosine-2'-O-)-methyltransferase, v. 28	p. 357
2.1.1.52	ribosomal ribonucleate guanine-2-methyltransferase, rRNA (guanine-N2-)-methyltransferase, v. 28	p. 297
2.1.1.51	ribosomal ribonucleate guanine 1-methyltransferase, rRNA (guanine-N1-)-methyltransferase, v. 28	p. 294
3.2.2.22	ribosomal ribonucleate N-glycosidase, rRNA N-glycosylase, v. 14	p. 107
2.1.1.48	ribosomal RNA adenine N6-methyltransferase, rRNA (adenine-N6-)-methyltransferase, v. 28	p. 281
3.1.26.8	ribosomal RNA maturation endonuclease, ribonuclease M5, v. 11	p. 549
3.1.26.5	ribosomal RNA processing ribonucleoprotein, ribonuclease P, v. 11	p. 531
2.7.11.1	ribosomal S6 kinase (Rsk-2), non-specific serine/threonine protein kinase, v. S3	p. 1
2.7.11.1	ribosomal S6 kinase 2, non-specific serine/threonine protein kinase, v. S3	p. 1
2.7.11.1	ribosomal S6 protein kinase, non-specific serine/threonine protein kinase, v. S3	p. 1
3.2.2.22	(ribosome-inactivating protein)-like protein, rRNA N-glycosylase, v. 14	p. 107
3.2.2.22	ribosome-inactivating protein 3, rRNA N-glycosylase, v. 14	p. 107
3.2.2.22	ribosome-inactivating type II protein, rRNA N-glycosylase, v. 14	p. 107
3.2.2.22	ribosome-specific N-glycosidase, rRNA N-glycosylase, v. 14	p. 107
3.2.2.1	N-ribosyl-purine ribohydrolase, purine nucleosidase, v. 14	p. 1
3.2.2.7	N-ribosyladenine ribohydrolase, adenosine nucleosidase, v. 14	p. 42
1.10.99.2	N-ribosyldihydronicotinamide:quinone oxidoreductase 2, ribosyldihydronicotinamide dehydrogenase (quinone), v. S1	p. 383
1.10.99.2	N-ribosyldihydronicotinamide dehydrogenase (quinone), ribosyldihydronicotinamide dehydrogenase (quinone), v. S1	p. 383
4.4.1.21	S-ribosylhomocysteinase, S-ribosylhomocysteine lyase, v. S7	p. 400
4.4.1.21	S-ribosylhomocysteine lyase, S-ribosylhomocysteine lyase, v. S7	p. 400
3.2.2.1	N-ribosyl purine ribohydrolase, purine nucleosidase, v. 14	p. 1
3.2.2.8	N-ribosylpyrimidine nucleosidase, ribosylpyrimidine nucleosidase, v. 14	p. 50
3.2.2.8	N-ribosylpyrimidine ribohydrolase, ribosylpyrimidine nucleosidase, v. 14	p. 50
2.4.2.5	ribosyltransferase, nucleoside, nucleoside ribosyltransferase, v. 33	p. 64
2.4.2.29	ribosyltransferase, queuine transfer ribonucleate, tRNA-guanine transglycosylase, v. 33	p. 253
4.2.1.70	5-ribosyluracil 5'-phosphate synthetase, pseudouridylate synthase, v. 4	p. 578
5.4.99.12	5-ribosyluracil 5-phosphate synthetase, tRNA-pseudouridine synthase I, v. 1	p. 642
2.1.1.35	ribothymidyl synthase, tRNA (uracil-5-)-methyltransferase, v. 28	p. 177

3.1.27.10	ribotoxin, rRNA endonuclease, v. 11 | p. 608	
2.7.1.26	RibR, riboflavin kinase, v. 35 | p. 328	
2.7.1.16	L-ribulokinase, ribulokinase, v. 35 | p. 227	
2.7.1.16	ribulokinase (phosphorylating), ribulokinase, v. 35 | p. 227	
4.1.1.39	ribulose-1,5-bisphosphate (RuBP) carboxylase/oxygenase, Ribulose-bisphosphate carboxylase, v. 3 | p. 244	
4.1.1.39	D-Ribulose-1,5-bisphosphate carboxylase, Ribulose-bisphosphate carboxylase, v. 3 | p. 244	
4.1.1.39	ribulose-1,5-bisphosphate carboxylase, Ribulose-bisphosphate carboxylase, v. 3 | p. 244	
4.1.1.39	D-ribulose-1,5-bisphosphate carboxylase/oxygenase, Ribulose-bisphosphate carboxylase, v. 3 | p. 244	
4.1.1.39	ribulose-1,5-bisphosphate carboxylase/oxygenase, Ribulose-bisphosphate carboxylase, v. 3 | p. 244	
4.1.1.39	ribulose-1,5-bisphosphate carboxylase/oxygenase large subunit, Ribulose-bisphosphate carboxylase, v. 3 | p. 244	
2.1.1.127	Ribulose-1,5-bisphosphate carboxylase/oxygenase large subunit εN-methyltransferase, [ribulose-bisphosphate carboxylase]-lysine N-methyltransferase, v. 28 | p. 586	
4.1.1.39	ribulose-1,5-bisphosphate carboxylase/oxygenase small subunit, Ribulose-bisphosphate carboxylase, v. 3 | p. 244	
5.1.3.1	D-Ribulose-5-P 3-epimerase, Ribulose-phosphate 3-epimerase, v. 1 | p. 91	
5.1.3.1	D-ribulose-5-phosphate 3-epimerase, Ribulose-phosphate 3-epimerase, v. 1 | p. 91	
5.1.3.4	L-Ribulose-5-phosphate 4-epimerase, L-ribulose-5-phosphate 4-epimerase, v. 1 | p. 123	
5.1.3.1	D-Ribulose-5-phosphate epimerase, Ribulose-phosphate 3-epimerase, v. 1 | p. 91	
2.7.1.19	ribulose-5-phosphate kinase, phosphoribulokinase, v. 35 | p. 241	
2.1.1.127	Ribulose-bisphosphate-carboxylase/oxygenase N-methyltransferase, [ribulose-bisphosphate carboxylase]-lysine N-methyltransferase, v. 28 | p. 586	
2.1.1.127	[Ribulose-bisphosphate-carboxylase]-lysine N-methyltransferase, [ribulose-bisphosphate carboxylase]-lysine N-methyltransferase, v. 28 | p. 586	
4.1.1.39	ribulose-bisphosphate carboxylase, Ribulose-bisphosphate carboxylase, v. 3 | p. 244	
4.1.1.39	ribulose-bisphosphate carboxylase/oxygenase, Ribulose-bisphosphate carboxylase, v. 3 | p. 244	
4.1.1.39	Ribulose 1,5-bisphosphate carboxylase, Ribulose-bisphosphate carboxylase, v. 3 | p. 244	
4.1.1.39	Ribulose 1,5-bisphosphate carboxylase-oxygenase, Ribulose-bisphosphate carboxylase, v. 3 | p. 244	
4.1.1.39	D-ribulose 1,5-bisphosphate carboxylase/oxygenase, Ribulose-bisphosphate carboxylase, v. 3 | p. 244	
4.1.1.39	Ribulose 1,5-bisphosphate carboxylase/oxygenase, Ribulose-bisphosphate carboxylase, v. 3 | p. 244	
2.1.1.127	Ribulose 1,5-bisphosphate carboxylase/oxygenase large subunit Nε-methyltransferase, [ribulose-bisphosphate carboxylase]-lysine N-methyltransferase, v. 28 | p. 586	
4.1.1.39	D-Ribulose 1,5-diphosphate carboxylase, Ribulose-bisphosphate carboxylase, v. 3 | p. 244	
4.1.1.39	Ribulose 1,5-diphosphate carboxylase, Ribulose-bisphosphate carboxylase, v. 3 | p. 244	
4.1.1.39	Ribulose 1,5-diphosphate carboxylase/oxygenase, Ribulose-bisphosphate carboxylase, v. 3 | p. 244	
5.1.3.1	D-ribulose 5-phosphate 3-epimerase, Ribulose-phosphate 3-epimerase, v. 1 | p. 91	
5.1.3.1	Ribulose 5-phosphate 3-epimerase, Ribulose-phosphate 3-epimerase, v. 1 | p. 91	
2.7.1.19	ribulose 5-phosphate kinase, phosphoribulokinase, v. 35 | p. 241	
4.1.1.39	ribulose bisphosphate carboxylase, Ribulose-bisphosphate carboxylase, v. 3 | p. 244	
4.1.1.39	Ribulose bisphosphate carboxylase-oxygenase, Ribulose-bisphosphate carboxylase, v. 3 | p. 244	
4.1.1.39	ribulose bisphosphate carboxylase/oxygenase, Ribulose-bisphosphate carboxylase, v. 3 | p. 244	
4.1.1.39	ribulose bisphosphate carboxylase/oxygenase large subunit, Ribulose-bisphosphate carboxylase, v. 3 | p. 244	
2.1.1.127	Ribulose bisphosphate carboxylase large subunit methyltransferase, [ribulose-bisphosphate carboxylase]-lysine N-methyltransferase, v. 28 | p. 586	

4.1.1.39	Ribulose diphosphate carboxylase, Ribulose-bisphosphate carboxylase, v. 3 | p. 244	
4.1.1.39	Ribulose diphosphate carboxylase/oxygenase, Ribulose-bisphosphate carboxylase, v. 3 | p. 244	
5.1.3.1	D-Ribulose phosphate-3-epimerase, Ribulose-phosphate 3-epimerase, v. 1 | p. 91	
5.1.3.1	Ribulose phosphate 3-epimerase, Ribulose-phosphate 3-epimerase, v. 1 | p. 91	
5.1.3.4	L-Ribulose phosphate 4-epimerase, L-ribulose-5-phosphate 4-epimerase, v. 1 | p. 123	
5.1.3.4	Ribulose phosphate 4-epimerase, L-ribulose-5-phosphate 4-epimerase, v. 1 | p. 123	
2.7.1.19	ribulose phosphate kinase, phosphoribulokinase, v. 35 | p. 241	
3.1.26.5	Ribunuclease P, ribonuclease P, v. 11 | p. 531	
3.2.1.68	rice Isoamylase, isoamylase, v. 13 | p. 204	
3.6.4.3	rice KTN1, microtubule-severing ATPase, v. 15 | p. 774	
3.2.2.22	ricin, rRNA N-glycosylase, v. 14 | p. 107	
3.2.2.22	ricin A-chain, rRNA N-glycosylase, v. 14 | p. 107	
3.2.2.22	ricin A chain, rRNA N-glycosylase, v. 14 | p. 107	
1.14.13.26	ricinoleic acid synthase, phosphatidylcholine 12-monooxygenase, v. 26 | p. 375	
3.2.2.22	Ricinus communis agglutinin, rRNA N-glycosylase, v. 14 | p. 107	
2.7.4.21	RID-2, inositol-hexakisphosphate kinase, v. 37 | p. 613	
1.10.99.1	Rieske [2Fe-2S] protein, plastoquinol-plastocyanin reductase, v. 25 | p. 163	
1.10.99.1	Rieske iron-sulfur protein, plastoquinol-plastocyanin reductase, v. 25 | p. 163	
1.10.99.1	Rieske ISP, plastoquinol-plastocyanin reductase, v. 25 | p. 163	
1.10.3.6	rifamycin B oxidase, rifamycin-B oxidase, v. 25 | p. 157	
1.10.3.6	rifamycin oxidase, rifamycin-B oxidase, v. 25 | p. 157	
1.1.1.25	rifI, shikimate dehydrogenase, v. 16 | p. 241	
3.2.2.1	rih1, purine nucleosidase, v. 14 | p. 1	
3.2.2.8	rih1, ribosylpyrimidine nucleosidase, v. 14 | p. 50	
3.2.2.1	rih2, purine nucleosidase, v. 14 | p. 1	
3.2.2.8	RihA, ribosylpyrimidine nucleosidase, v. 14 | p. 50	
3.2.2.1	RihC, purine nucleosidase, v. 14 | p. 1	
6.3.2.19	Rines, Ubiquitin-protein ligase, v. 2 | p. 506	
3.4.25.1	RING12 protein, proteasome endopeptidase complex, v. 8 | p. 587	
6.3.2.19	Ring1B, Ubiquitin-protein ligase, v. 2 | p. 506	
6.3.2.19	Ring finger protein 180, Ubiquitin-protein ligase, v. 2 | p. 506	
6.3.2.19	RING finger protein 43, Ubiquitin-protein ligase, v. 2 | p. 506	
5.5.1.4	RINO1 protein, inositol-3-phosphate synthase, v. 1 | p. 674	
2.7.11.1	Rio2, non-specific serine/threonine protein kinase, v. S3 | p. 1	
3.1.1.11	RIP, pectinesterase, v. 9 | p. 136	
3.2.2.22	RIP, rRNA N-glycosylase, v. 14 | p. 107	
3.2.2.22	RIP1, rRNA N-glycosylase, v. 14 | p. 107	
2.7.10.2	RIP2, non-specific protein-tyrosine kinase, v. S2 | p. 441	
3.2.2.22	RIP2, rRNA N-glycosylase, v. 14 | p. 107	
4.3.1.5	RiPAL1, phenylalanine ammonia-lyase, v. 5 | p. 198	
2.7.1.148	Ripening-associated protein pTOM41, 4-(cytidine 5'-diphospho)-2-C-methyl-D-erythritol kinase, v. 37 | p. 229	
3.2.2.22	RIPII, rRNA N-glycosylase, v. 14 | p. 107	
2.7.1.158	rIPK1, inositol-pentakisphosphate 2-kinase, v. S2 | p. 272	
2.3.1.74	RiPKS4, naringenin-chalcone synthase, v. 30 | p. 66	
2.3.1.74	RiPKS5, naringenin-chalcone synthase, v. 30 | p. 66	
1.10.99.1	RISP, plastoquinol-plastocyanin reductase, v. 25 | p. 163	
2.8.2.1	ritodrine sulfotransferase, aryl sulfotransferase, v. 39 | p. 247	
4.6.1.15	Rivoflavin cyclic phosphate synthase, FAD-AMP lyase (cyclizing), v. S7 | p. 451	
2.7.11.14	RK, rhodopsin kinase, v. S3 | p. 370	
3.1.3.2	rkbPAP, acid phosphatase, v. 10 | p. 31	
2.7.11.1	RKIN1 protein, non-specific serine/threonine protein kinase, v. S3 | p. 1	
4.1.1.37	rl-UroD, Uroporphyrinogen decarboxylase, v. 3 | p. 228	
3.1.27.5	RL1, pancreatic ribonuclease, v. 11 | p. 584	

1.1.1.184	RLCR, carbonyl reductase (NADPH), v.18|p.105
1.14.13.70	rLDM, sterol 14-demethylase, v.26|p.547
3.1.21.4	RleAI, type II site-specific deoxyribonuclease, v.11|p.454
2.7.10.2	Rlk, non-specific protein-tyrosine kinase, v.S2|p.441
2.7.10.2	Rlk/Txk, non-specific protein-tyrosine kinase, v.S2|p.441
2.7.10.2	RLK5, non-specific protein-tyrosine kinase, v.S2|p.441
2.1.1.51	RlmAI, rRNA (guanine-N1-)-methyltransferase, v.28|p.294
2.1.1.51	RlmAII, rRNA (guanine-N1-)-methyltransferase, v.28|p.294
2.1.1.51	RlmAI methyltransferase, rRNA (guanine-N1-)-methyltransferase, v.28|p.294
2.1.1.52	RlmG, rRNA (guanine-N2-)-methyltransferase, v.28|p.297
2.1.1.52	RlmG(YgjO), rRNA (guanine-N2-)-methyltransferase, v.28|p.297
2.1.1.52	RlmL, rRNA (guanine-N2-)-methyltransferase, v.28|p.297
2.1.1.52	RlmL(YcbY), rRNA (guanine-N2-)-methyltransferase, v.28|p.297
4.1.1.39	RLP, Ribulose-bisphosphate carboxylase, v.3|p.244
5.4.99.12	RluA, tRNA-pseudouridine synthase I, v.1|p.642
1.13.12.5	RLuc, Renilla-luciferin 2-monooxygenase, v.25|p.704
5.4.99.12	RluD, tRNA-pseudouridine synthase I, v.1|p.642
6.5.1.3	RM378 RNA ligase, RNA ligase (ATP), v.2|p.787
3.4.17.1	RMC-CP, carboxypeptidase A, v.6|p.401
3.4.21.39	RMCP I, chymase, v.7|p.175
1.1.1.281	RMD, GDP-4-dehydro-6-deoxy-D-mannose reductase, v.S1|p.19
1.1.1.187	RMD, GDP-4-dehydro-D-rhamnose reductase, v.18|p.126
4.4.1.11	rMETase, methionine γ-lyase, v.5|p.361
1.2.1.12	rmGAPDH, glyceraldehyde-3-phosphate dehydrogenase (phosphorylating), v.20|p.135
2.4.1.1	RMGPa, phosphorylase, v.31|p.1
2.4.1.1	rmGPb, phosphorylase, v.31|p.1
2.7.11.1	RMIL serine/threonine-protein kinase, non-specific serine/threonine protein kinase, v.S3|p.1
2.7.7.24	RmlA, glucose-1-phosphate thymidylyltransferase, v.38|p.300
2.7.7.24	RmlA protein, glucose-1-phosphate thymidylyltransferase, v.38|p.300
4.2.1.46	RmlB, dTDP-glucose 4,6-dehydratase, v.4|p.495
5.1.3.13	RmlC, dTDP-4-dehydrorhamnose 3,5-epimerase, v.1|p.152
1.1.1.133	RmlD, dTDP-4-dehydrorhamnose reductase, v.17|p.389
3.4.23.23	RMP, Mucorpepsin, v.8|p.106
2.3.1.48	RmtA, histone acetyltransferase, v.29|p.641
2.3.1.48	RmtB, histone acetyltransferase, v.29|p.641
6.3.2.19	RN181, Ubiquitin-protein ligase, v.2|p.506
3.4.25.1	RN3, proteasome endopeptidase complex, v.8|p.587
3.1.26.4	RNA*DNA hybrid ribonucleotidohydrolase, calf thymus ribonuclease H, v.11|p.517
3.1.26.4	RNA*DNA hybrid ribonucleotiohydrolase, calf thymus ribonuclease H, v.11|p.517
6.5.1.4	RNA-3'-phosphate cyclase, RNA-3'-phosphate cyclase, v.2|p.793
2.7.7.48	RNA-binding protein, RNA-directed RNA polymerase, v.38|p.468
3.1.14.1	RNA-degrading enzyme, yeast ribonuclease, v.11|p.412
2.7.7.49	RNA-dependent DNA polymerase, RNA-directed DNA polymerase, v.38|p.492
3.6.1.15	RNA-dependent NTPase/helicase, nucleoside-triphosphatase, v.15|p.365
2.7.7.48	RNA-dependent ribonucleate nucleotidyltransferase, RNA-directed RNA polymerase, v.38|p.468
2.7.7.48	RNA-dependent RNA polymerase, RNA-directed RNA polymerase, v.38|p.468
2.7.7.48	RNA-dependent RNA polymerase NS5B, RNA-directed RNA polymerase, v.38|p.468
2.7.7.48	RNA-dependent RNA replicase, RNA-directed RNA polymerase, v.38|p.468
3.1.14.1	RNA-depolymerase, yeast ribonuclease, v.11|p.412
2.7.7.48	RNA-directed RNA polymerase, RNA-directed RNA polymerase, v.38|p.468
6.5.1.3	RNA-editing ligase 1, RNA ligase (ATP), v.2|p.787
2.7.7.49	RNA-instructed DNA polymerase, RNA-directed DNA polymerase, v.38|p.492
2.1.1.66	RNA-pentose methylase, rRNA (adenosine-2'-O-)-methyltransferase, v.28|p.357

3.2.2.22	RNA-specific N-glycosidase, rRNA N-glycosylase, v. 14 | p. 107	
3.1.27.9	RNA-splicing endonuclease, tRNA-intron endonuclease, v. 11 | p. 604	
3.1.3.48	RNA/RNP complex-intereracting phosphatase, protein-tyrosine-phosphatase, v. 10 | p. 407	
2.7.1.160	RNA 2'-phosphotransferase, 2'-phosphotransferase, v. S2 | p. 287	
6.5.1.4	RNA 3'-phosphate cyclase, RNA-3'-phosphate cyclase, v. 2 | p. 793	
6.5.1.4	RNA 3'-teminal phosphate cyclase, RNA-3'-phosphate cyclase, v. 2 | p. 793	
6.5.1.4	RNA 3'-terminal phosphate cyclase, RNA-3'-phosphate cyclase, v. 2 | p. 793	
6.5.1.4	RNA 3'-terminal phosphate cylase, RNA-3'-phosphate cyclase, v. 2 | p. 793	
5.4.99.12	RNA:pseudouridine synthase, tRNA-pseudouridine synthase I, v. 1 | p. 642	
5.4.99.12	RNA:pseudouridine synthases 1, tRNA-pseudouridine synthase I, v. 1 | p. 642	
2.7.7.19	RNA adenylating enzyme, polynucleotide adenylyltransferase, v. 38 | p. 245	
3.1.27.1	RNAase CL, ribonuclease T2, v. 11 | p. 557	
2.1.1.56	RNA cap (guanine N-7) methyltransferase, mRNA (guanine-N7-)-methyltransferase, v. 28 | p. 310	
2.7.7.50	RNA capping enzyme, mRNA guanylyltransferase, v. 38 | p. 509	
6.5.1.4	RNA cyclase, RNA-3'-phosphate cyclase, v. 2 | p. 793	
2.7.7.49	RNA dependent DNA polymerase, RNA-directed DNA polymerase, v. 38 | p. 492	
6.5.1.3	RNA editing ligase 1, RNA ligase (ATP), v. 2 | p. 787	
2.7.7.6	RNA formation factors, C, DNA-directed RNA polymerase, v. 38 | p. 103	
2.7.7.19	RNA formation factors, PF1, polynucleotide adenylyltransferase, v. 38 | p. 245	
2.1.1.33	RNA guanine-N7 methyltransferase, tRNA (guanine-N7-)-methyltransferase, v. 28 | p. 166	
2.7.7.50	RNA guanylyltransferase, mRNA guanylyltransferase, v. 38 | p. 509	
3.1.14.1	RNA helicase, yeast ribonuclease, v. 11 | p. 412	
3.6.1.15	RNA helicase I8, nucleoside-triphosphatase, v. 15 | p. 365	
3.6.1.15	RNA helicase m44R, nucleoside-triphosphatase, v. 15 | p. 365	
6.5.1.3	RNA ligase, RNA ligase (ATP), v. 2 | p. 787	
6.5.1.3	RNA ligase (ATP), RNA ligase (ATP), v. 2 | p. 787	
6.5.1.3	RNA ligase 1, RNA ligase (ATP), v. 2 | p. 787	
3.1.3.32	RNA ligase 1, polynucleotide 3'-phosphatase, v. 10 | p. 326	
6.5.1.3	RNA ligase 2, RNA ligase (ATP), v. 2 | p. 787	
6.5.1.3	RNA ligase ribozyme, RNA ligase (ATP), v. 2 | p. 787	
3.2.2.22	RNA N-glycosidase, rRNA N-glycosylase, v. 14 | p. 107	
2.7.7.6	RNA nucleotidyltransferase, DNA-directed RNA polymerase, v. 38 | p. 103	
2.7.7.6	RNA nucleotidyltransferase (DNA-directed), DNA-directed RNA polymerase, v. 38 | p. 103	
2.7.7.48	RNA nucleotidyltransferase (RNA-directed), RNA-directed RNA polymerase, v. 38 | p. 468	
2.7.7.6	RNAP, DNA-directed RNA polymerase, v. 38 | p. 103	
2.7.7.6	RNAP core enzyme, DNA-directed RNA polymerase, v. 38 | p. 103	
2.7.7.6	RNAP I, DNA-directed RNA polymerase, v. 38 | p. 103	
2.7.7.6	RNAP II, DNA-directed RNA polymerase, v. 38 | p. 103	
2.7.7.6	RNAP III, DNA-directed RNA polymerase, v. 38 | p. 103	
2.7.11.23	RNA pol II C-terminal domain kinase, [RNA-polymerase]-subunit kinase, v. S4 | p. 220	
2.7.7.6	RNA polymerase, DNA-directed RNA polymerase, v. 38 | p. 103	
2.7.7.6	RNA polymerase core enzyme, DNA-directed RNA polymerase, v. 38 | p. 103	
2.7.7.6	RNA polymerase I, DNA-directed RNA polymerase, v. 38 | p. 103	
2.7.7.6	RNA polymerase II, DNA-directed RNA polymerase, v. 38 | p. 103	
2.7.11.23	RNA polymerase II carboxyl-terminal domain kinase, [RNA-polymerase]-subunit kinase, v. S4 | p. 220	
2.7.11.23	RNA polymerase II carboxyl-terminal domain Ser2 kinase, [RNA-polymerase]-subunit kinase, v. S4 | p. 220	
2.7.7.6	RNA polymerase II complex, DNA-directed RNA polymerase, v. 38 | p. 103	
2.7.11.23	RNA polymerase II CTD kinase, [RNA-polymerase]-subunit kinase, v. S4 | p. 220	
2.7.7.6	RNA polymerase III, DNA-directed RNA polymerase, v. 38 | p. 103	
2.7.7.6	RNA polymerase III complex, DNA-directed RNA polymerase, v. 38 | p. 103	
2.7.11.23	RNA polymerase II kinase, [RNA-polymerase]-subunit kinase, v. S4 | p. 220	

2.7.11.23	RNA polymerase II Ser2 C-terminal domain kinase, [RNA-polymerase]-subunit kinase, v. S4 | p. 220
2.7.11.23	RNA polymerase II Ser2 CTD kinase, [RNA-polymerase]-subunit kinase, v. S4 | p. 220
3.1.26.5	RNA processing protein POP1, ribonuclease P, v. 11 | p. 531
3.1.26.5	RNA processing protein POP5, ribonuclease P, v. 11 | p. 531
3.1.26.5	RNA processing protein POP6, ribonuclease P, v. 11 | p. 531
3.1.26.5	RNA processing protein POP7, ribonuclease P, v. 11 | p. 531
3.1.26.5	RNA processing protein POP8, ribonuclease P, v. 11 | p. 531
2.7.7.6	RNAP sigma70, DNA-directed RNA polymerase, v. 38 | p. 103
2.7.7.48	RNA replicase, RNA-directed RNA polymerase, v. 38 | p. 468
2.7.7.49	RNA revertase, RNA-directed DNA polymerase, v. 38 | p. 492
3.1.13.1	RNase, exoribonuclease II, v. 11 | p. 389
3.1.27.5	RNase, pancreatic ribonuclease, v. 11 | p. 584
3.1.27.1	RNase, ribonuclease T2, v. 11 | p. 557
3.1.14.1	RNase, yeast ribonuclease, v. 11 | p. 412
3.1.27.5	S-RNase, pancreatic ribonuclease, v. 11 | p. 584
3.1.27.1	RNase (non-base specific), ribonuclease T2, v. 11 | p. 557
3.1.13.1	RNase-2, exoribonuclease II, v. 11 | p. 389
3.1.26.10	RNase 1, ribonuclease IX, v. 11 | p. 555
3.1.27.5	RNase1, pancreatic ribonuclease, v. 11 | p. 584
3.1.26.3	RNase3, ribonuclease III, v. 11 | p. 509
3.1.27.5	RNase9, pancreatic ribonuclease, v. 11 | p. 584
3.1.27.5	RNase A, pancreatic ribonuclease, v. 11 | p. 584
3.1.27.3	RNase A, ribonuclease T1, v. 11 | p. 572
3.1.27.1	RNase AH, ribonuclease T2, v. 11 | p. 557
3.1.26.11	RNase BN, tRNase Z, v. S5 | p. 105
3.1.27.1	RNase CL, ribonuclease T2, v. 11 | p. 557
3.1.27.1	RNase CL1, ribonuclease T2, v. 11 | p. 557
3.1.13.5	RNase D, ribonuclease D, v. S5 | p. 101
3.1.26.3	RNase D, ribonuclease III, v. 11 | p. 509
3.1.27.1	RNase Dd1, ribonuclease T2, v. 11 | p. 557
3.1.27.1	RNase Ddi, ribonuclease T2, v. 11 | p. 557
3.1.26.12	RNase E, ribonuclease E
3.1.26.12	RNase E/G, ribonuclease E
3.1.27.3	RNase E/G, ribonuclease T1, v. 11 | p. 572
3.1.26.12	RNase E/G-type endoribonuclease, ribonuclease E
3.1.26.12	RNase ES, ribonuclease E
3.1.27.3	RNase F1, ribonuclease T1, v. 11 | p. 572
3.1.27.3	RNase Fl1, ribonuclease T1, v. 11 | p. 572
3.1.27.3	RNase Fl2, ribonuclease T1, v. 11 | p. 572
3.1.27.3	RNase G, ribonuclease T1, v. 11 | p. 572
3.1.26.4	RNase H, calf thymus ribonuclease H, v. 11 | p. 517
3.1.13.2	RNase H, exoribonuclease H, v. 11 | p. 396
3.1.26.4	RNase H(35), calf thymus ribonuclease H, v. 11 | p. 517
3.1.26.4	RNase H1, calf thymus ribonuclease H, v. 11 | p. 517
3.1.13.2	RNase H1, exoribonuclease H, v. 11 | p. 396
3.1.26.4	RNase HI, calf thymus ribonuclease H, v. 11 | p. 517
3.1.26.4	RNase HII, calf thymus ribonuclease H, v. 11 | p. 517
3.1.26.4	RNase HIII, calf thymus ribonuclease H, v. 11 | p. 517
3.1.26.4	RNase H type 2, calf thymus ribonuclease H, v. 11 | p. 517
3.1.27.5	RNase I, pancreatic ribonuclease, v. 11 | p. 584
3.1.27.1	RNase I, ribonuclease T2, v. 11 | p. 557
3.1.13.1	RNase II, exoribonuclease II, v. 11 | p. 389
3.1.27.1	RNase II, ribonuclease T2, v. 11 | p. 557
3.1.11.2	RNase III, exodeoxyribonuclease III, v. 11 | p. 362

3.1.26.3	RNase III, ribonuclease III, v. 11	p. 509
3.1.26.3	RNase III double-stranded RNA endonuclease, ribonuclease III, v. 11	p. 509
3.1.26.3	RNase III endonuclease, ribonuclease III, v. 11	p. 509
3.1.27.1	RNase Irp1, ribonuclease T2, v. 11	p. 557
3.1.27.1	RNase Irp2, ribonuclease T2, v. 11	p. 557
3.1.27.1	RNase Irp3, ribonuclease T2, v. 11	p. 557
3.1.27.2	RNase J1, Bacillus subtilis ribonuclease, v. 11	p. 569
3.1.27.1	RNase L, ribonuclease T2, v. 11	p. 557
3.1.27.1	RNase LC1, ribonuclease T2, v. 11	p. 557
3.1.27.1	RNase LC2, ribonuclease T2, v. 11	p. 557
3.1.27.1	RNase LE, ribonuclease T2, v. 11	p. 557
3.1.27.1	RNaseLE, ribonuclease T2, v. 11	p. 557
3.1.27.1	RNase Le2, ribonuclease T2, v. 11	p. 557
3.1.27.1	RNase Le37, ribonuclease T2, v. 11	p. 557
3.1.27.1	RNase Le45, ribonuclease T2, v. 11	p. 557
3.1.27.1	RNase LV-1, ribonuclease T2, v. 11	p. 557
3.1.27.1	RNase LV-2, ribonuclease T2, v. 11	p. 557
3.1.27.1	RNase LV-3, ribonuclease T2, v. 11	p. 557
3.1.27.1	RNase LX, ribonuclease T2, v. 11	p. 557
3.1.27.1	RNase M, ribonuclease T2, v. 11	p. 557
3.1.26.8	RNase M5, ribonuclease M5, v. 11	p. 549
3.1.27.1	RNase MC, ribonuclease T2, v. 11	p. 557
3.1.27.1	RNase MC1, ribonuclease T2, v. 11	p. 557
3.1.26.5	RNase MRP, ribonuclease P, v. 11	p. 531
3.1.27.3	RNase Ms, ribonuclease T1, v. 11	p. 572
3.1.27.1	RNase Ms, ribonuclease T2, v. 11	p. 557
3.1.27.3	RNase N1, ribonuclease T1, v. 11	p. 572
3.1.27.3	RNase N2, ribonuclease T1, v. 11	p. 572
3.1.27.1	RNase NGR3, ribonuclease T2, v. 11	p. 557
3.1.27.3	RNase NT, ribonuclease T1, v. 11	p. 572
3.1.27.1	RNase NW, ribonuclease T2, v. 11	p. 557
3.1.26.3	RNase O, ribonuclease III, v. 11	p. 509
3.1.27.1	RNase Ok2, ribonuclease T2, v. 11	p. 557
3.1.27.1	RNase Oy, ribonuclease T2, v. 11	p. 557
3.1.27.2	RNase P, Bacillus subtilis ribonuclease, v. 11	p. 569
3.1.26.5	RNase P, ribonuclease P, v. 11	p. 531
3.1.26.7	RNase P, ribonuclease P4, v. 11	p. 547
3.1.27.1	RNase P, ribonuclease T2, v. 11	p. 557
3.1.27.3	RNase Pb1, ribonuclease T1, v. 11	p. 572
3.1.27.3	RNase Pb2, ribonuclease T1, v. 11	p. 572
3.1.27.3	RNase Pc, ribonuclease T1, v. 11	p. 572
2.7.7.56	RNase PH, tRNA nucleotidyltransferase, v. 38	p. 544
3.1.26.5	RNase P holoenzyme, ribonuclease P, v. 11	p. 531
3.1.26.1	RNase Phyb, Physarum polycephalum ribonuclease, v. 11	p. 505
3.1.27.3	RNase Po1, ribonuclease T1, v. 11	p. 572
3.1.26.7	RNaseP P4, ribonuclease P4, v. 11	p. 547
3.1.26.5	RNase P protein, ribonuclease P, v. 11	p. 531
3.1.26.5	RNaseP protein, ribonuclease P, v. 11	p. 531
3.1.26.5	RNaseP protein p20, ribonuclease P, v. 11	p. 531
3.1.26.5	RNaseP protein p30, ribonuclease P, v. 11	p. 531
3.1.26.5	RNaseP protein p38, ribonuclease P, v. 11	p. 531
3.1.26.5	RNaseP protein p40, ribonuclease P, v. 11	p. 531
3.1.26.5	RNase P ribozyme, ribonuclease P, v. 11	p. 531
3.1.26.5	RNase P RNA, ribonuclease P, v. 11	p. 531
3.1.26.7	RNase P RNA, ribonuclease P4, v. 11	p. 547

3.1.13.1	RNase R, exoribonuclease II, v. 11	p. 389
3.1.27.1	RNase RCL2, ribonuclease T2, v. 11	p. 557
3.1.27.1	RNase Rh, ribonuclease T2, v. 11	p. 557
3.1.27.1	RNase S2, ribonuclease T2, v. 11	p. 557
3.1.27.3	RNase Sa, ribonuclease T1, v. 11	p. 572
3.1.27.3	RNase Sa2, ribonuclease T1, v. 11	p. 572
3.1.27.3	RNase Sa3, ribonuclease T1, v. 11	p. 572
3.1.26.5	RNases P, ribonuclease P, v. 11	p. 531
3.1.27.3	RNase St, ribonuclease T1, v. 11	p. 572
3.1.13.3	RNase T, oligonucleotidase, v. 11	p. 402
3.1.27.3	RNase T1, ribonuclease T1, v. 11	p. 572
3.1.27.3	RNase T1-R2, ribonuclease T1, v. 11	p. 572
3.1.27.3	RNase T1 RV, ribonuclease T1, v. 11	p. 572
3.1.27.1	RNase T2, ribonuclease T2, v. 11	p. 557
3.1.27.3	RNase Th1, ribonuclease T1, v. 11	p. 572
3.1.27.1	RNase Trv, ribonuclease T2, v. 11	p. 557
3.1.14.1	RNase Trv, yeast ribonuclease, v. 11	p. 412
3.1.27.3	RNase U1, ribonuclease T1, v. 11	p. 572
3.1.27.4	RNase U2, ribonuclease U2, v. 11	p. 580
3.1.27.4	RNase U3, ribonuclease U2, v. 11	p. 580
3.1.26.11	RNase Z, tRNase Z, v. S5	p. 105
3.1.26.11	RNaseZ, tRNase Z, v. S5	p. 105
3.1.27.9	RNA splicing endonuclease, tRNA-intron endonuclease, v. 11	p. 604
2.8.1.4	RNA sulfurtransferase, tRNA sulfurtransferase, v. 39	p. 218
2.7.7.48	RNA synthetase, RNA-directed RNA polymerase, v. 38	p. 468
2.7.7.6	RNA transcriptase, DNA-directed RNA polymerase, v. 38	p. 103
2.7.7.48	RNA transcriptase, RNA-directed RNA polymerase, v. 38	p. 468
5.1.3.8	RNBP, N-Acylglucosamine 2-epimerase, v. 1	p. 140
3.1.26.3	RNC1, ribonuclease III, v. 11	p. 509
3.1.26.12	Rne, ribonuclease E
3.1.26.12	Rne protein, ribonuclease E
6.3.2.19	RNF180, Ubiquitin-protein ligase, v. 2	p. 506
6.3.2.19	RNF4, Ubiquitin-protein ligase, v. 2	p. 506
6.3.2.19	RNF43, Ubiquitin-protein ligase, v. 2	p. 506
3.1.26.12	Rng, ribonuclease E
3.1.13.2	RNH, exoribonuclease H, v. 11	p. 396
3.1.26.4	RnhB, calf thymus ribonuclease H, v. 11	p. 517
2.7.1.127	RnIP3K-C, inositol-trisphosphate 3-kinase, v. 37	p. 107
6.5.1.3	Rnl1, RNA ligase (ATP), v. 2	p. 787
3.1.3.32	Rnl1, polynucleotide 3'-phosphatase, v. 10	p. 326
2.7.1.78	Rnl1, polynucleotide 5'-hydroxyl-kinase, v. 36	p. 280
6.5.1.3	Rnl2, RNA ligase (ATP), v. 2	p. 787
6.5.1.3	RnlA, RNA ligase (ATP), v. 2	p. 787
3.1.26.5	RNP, ribonuclease P, v. 11	p. 531
3.1.4.53	RNPDE4A1A, 3',5'-cyclic-AMP phosphodiesterase
3.1.3.57	RnPIP, inositol-1,4-bisphosphate 1-phosphatase, v. 10	p. 458
1.17.4.1	RNR, ribonucleoside-diphosphate reductase, v. 27	p. 489
1.17.4.2	RNR, ribonucleoside-triphosphate reductase, v. 27	p. 515
1.17.4.2	RNR class Ia, ribonucleoside-triphosphate reductase, v. 27	p. 515
3.1.27.1	RNS1, ribonuclease T2, v. 11	p. 557
3.1.27.1	RNS2, ribonuclease T2, v. 11	p. 557
3.1.27.1	RNS3, ribonuclease T2, v. 11	p. 557
3.1.26.3	RNT1, ribonuclease III, v. 11	p. 509
3.1.26.3	Rnt1p, ribonuclease III, v. 11	p. 509
3.1.26.3	Rnt1p RNase III, ribonuclease III, v. 11	p. 509

3.1.30.2	rNUC49, Serratia marcescens nuclease, v. 11 | p. 626	
6.3.2.19	Ro52, Ubiquitin-protein ligase, v. 2 | p. 506	
6.3.2.19	ROC1, Ubiquitin-protein ligase, v. 2 | p. 506	
6.3.2.19	ROC1-SCFFbw1a, Ubiquitin-protein ligase, v. 2 | p. 506	
3.5.3.1	RocF, arginase, v. 14 | p. 749	
1.4.1.2	RocG, glutamate dehydrogenase, v. 22 | p. 27	
3.1.4.52	RocR, cyclic-guanylate-specific phosphodiesterase, v. S5 | p. 100	
1.1.1.105	RoDH-4, retinol dehydrogenase, v. 17 | p. 287	
2.7.13.3	RodK, histidine kinase, v. S4 | p. 420	
4.6.1.2	Rod outer segment membrane guanylate cyclase, guanylate cyclase, v. 5 | p. 430	
4.6.1.2	rod outer segment membrane guanylate cyclase type 1, guanylate cyclase, v. 5 | p. 430	
4.2.2.10	Rohapect PTE, pectin lyase, v. 5 | p. 55	
3.1.1.3	ROL29, triacylglycerol lipase, v. 9 | p. 36	
3.1.1.3	ROL32, triacylglycerol lipase, v. 9 | p. 36	
1.4.3.2	RoLAAO, L-amino-acid oxidase, v. 22 | p. 225	
3.1.3.48	ROL B protein, protein-tyrosine-phosphatase, v. 10 | p. 407	
3.1.1.3	ROLw, triacylglycerol lipase, v. 9 | p. 36	
3.4.21.105	ROM1, rhomboid protease, v. S5 | p. 325	
3.4.21.105	ROM4, rhomboid protease, v. S5 | p. 325	
3.4.21.105	ROM5, rhomboid protease, v. S5 | p. 325	
2.7.10.1	Ron, receptor protein-tyrosine kinase, v. S2 | p. 341	
2.7.10.1	Ron/Stk receptor tyrosine kinase, receptor protein-tyrosine kinase, v. S2 | p. 341	
3.1.3.26	Ronozyme, 4-phytase, v. 10 | p. 289	
3.1.3.8	Ronozyme P, 3-phytase, v. 10 | p. 129	
3.1.3.26	Ronozyme P, 4-phytase, v. 10 | p. 289	
3.1.3.26	Ronozyme P5000, 4-phytase, v. 10 | p. 289	
2.7.10.1	RON receptor, receptor protein-tyrosine kinase, v. S2 | p. 341	
2.7.10.1	RON receptor tyrosine kinase, receptor protein-tyrosine kinase, v. S2 | p. 341	
2.7.10.1	Ron tyrosine kinase receptor, receptor protein-tyrosine kinase, v. S2 | p. 341	
2.7.10.1	ROR1, receptor protein-tyrosine kinase, v. S2 | p. 341	
4.6.1.2	ROS-GC, guanylate cyclase, v. 5 | p. 430	
4.6.1.2	ROS-GC1, guanylate cyclase, v. 5 | p. 430	
4.6.1.2	ROS-GC2, guanylate cyclase, v. 5 | p. 430	
2.3.1.140	rosmarinic acid synthase, rosmarinate synthase, v. 30 | p. 367	
1.17.1.4	Rosy locus protein, xanthine dehydrogenase, v. S1 | p. 674	
5.2.1.8	Rotamase, Peptidylprolyl isomerase, v. 1 | p. 218	
5.2.1.8	Rotamase Pin1, Peptidylprolyl isomerase, v. 1 | p. 218	
5.2.1.8	Rotamase Pin4, Peptidylprolyl isomerase, v. 1 | p. 218	
5.2.1.8	Rotamase plp, Peptidylprolyl isomerase, v. 1 | p. 218	
2.1.3.3	ROTCase, ornithine carbamoyltransferase, v. 29 | p. 119	
3.2.1.4	Roth 3056, cellulase, v. 12 | p. 88	
3.1.2.6	Round spermatid protein RSP29, hydroxyacylglutathione hydrolase, v. 9 | p. 486	
1.11.1.7	royal palm tree peroxidase, peroxidase, v. 25 | p. 211	
2.7.11.1	RP1 protein, non-specific serine/threonine protein kinase, v. S3 | p. 1	
4.3.2.5	rPAL gene product, peptidylamidoglycolate lyase, v. 5 | p. 278	
2.7.1.33	rPanK4, pantothenate kinase, v. 35 | p. 385	
5.1.3.1	RPE, Ribulose-phosphate 3-epimerase, v. 1 | p. 91	
5.2.1.7	Rpe65, Retinol isomerase, v. 1 | p. 215	
5.1.3.1	RPEase, Ribulose-phosphate 3-epimerase, v. 1 | p. 91	
3.1.4.52	RpfG, cyclic-guanylate-specific phosphodiesterase, v. S5 | p. 100	
3.1.1.21	RPH, retinyl-palmitate esterase, v. 9 | p. 197	
1.14.11.27	Rph1, [histone-H3]-lysine-36 demethylase, v. S1 | p. 522	
5.3.1.6	RPI, Ribose-5-phosphate isomerase, v. 1 | p. 277	
5.3.1.6	RpiA, Ribose-5-phosphate isomerase, v. 1 | p. 277	
5.3.1.6	RpiB, Ribose-5-phosphate isomerase, v. 1 | p. 277	

3.4.21.34	RPK, plasma kallikrein, v. 7 | p. 136	
2.7.1.40	RPK, pyruvate kinase, v. 36 | p. 33	
2.7.12.1	RPK1, dual-specificity kinase, v. S4 | p. 372	
3.1.4.4	rPLD1, phospholipase D, v. 11 | p. 47	
3.1.4.4	rPLD2, phospholipase D, v. 11 | p. 47	
3.1.26.5	Rpm2p, ribonuclease P, v. 11 | p. 531	
1.11.1.7	rPOD-II, peroxidase, v. 25 | p. 211	
2.7.7.6	RpoS, DNA-directed RNA polymerase, v. 38 | p. 103	
4.2.1.92	RPP, hydroperoxide dehydratase, v. 4 | p. 653	
3.1.26.5	RPR1, ribonuclease P, v. 11 | p. 531	
2.7.11.1	RPS2, non-specific serine/threonine protein kinase, v. S3 | p. 1	
3.1.25.1	rpS3, deoxyribonuclease (pyrimidine dimer), v. 11 | p. 495	
3.6.4.8	Rpt1/p48B ATPase subunit, proteasome ATPase, v. 15 | p. 797	
3.6.4.8	Rpt2, proteasome ATPase, v. 15 | p. 797	
3.6.4.8	Rpt3, proteasome ATPase, v. 15 | p. 797	
3.6.4.8	Rpt5, proteasome ATPase, v. 15 | p. 797	
3.6.4.8	Rpt ATPase, proteasome ATPase, v. 15 | p. 797	
2.7.10.1	RPTK, receptor protein-tyrosine kinase, v. S2 | p. 341	
1.11.1.7	RPTP, peroxidase, v. 25 | p. 211	
3.1.3.48	RPTP, protein-tyrosine-phosphatase, v. 10 | p. 407	
3.1.3.48	RPTPα, protein-tyrosine-phosphatase, v. 10 | p. 407	
3.1.3.48	RPTPδ, protein-tyrosine-phosphatase, v. 10 | p. 407	
3.1.3.48	RPTPε, protein-tyrosine-phosphatase, v. 10 | p. 407	
3.1.3.48	RPTPγ, protein-tyrosine-phosphatase, v. 10 | p. 407	
3.1.3.48	RPTP-BK, protein-tyrosine-phosphatase, v. 10 | p. 407	
3.1.3.48	RPTPkappa, protein-tyrosine-phosphatase, v. 10 | p. 407	
3.1.3.48	RPTPlambda, protein-tyrosine-phosphatase, v. 10 | p. 407	
3.1.3.48	RPTPmu, protein-tyrosine-phosphatase, v. 10 | p. 407	
3.1.3.48	RPTPrho, protein-tyrosine-phosphatase, v. 10 | p. 407	
3.1.3.48	RPTPrho/PTPRT, protein-tyrosine-phosphatase, v. 10 | p. 407	
3.1.3.48	RPTPsigma, protein-tyrosine-phosphatase, v. 10 | p. 407	
3.1.3.48	RPTPzeta, protein-tyrosine-phosphatase, v. 10 | p. 407	
3.6.4.8	RP triphosphatase, proteasome ATPase, v. 15 | p. 797	
3.6.4.8	RP triple-A protein, proteasome ATPase, v. 15 | p. 797	
1.8.3.2	rQSOX, thiol oxidase, v. 24 | p. 594	
2.1.1.51	RrmA, rRNA (guanine-N1-)-methyltransferase, v. 28 | p. 294	
2.1.1.48	rRNA-adenine(N6-)methylase, rRNA (adenine-N6-)-methyltransferase, v. 28 | p. 281	
2.1.1.48	rRNA:m6A methyltransferase, rRNA (adenine-N6-)-methyltransferase, v. 28 | p. 281	
2.1.1.66	rRNA adenosine 2'-methylase, rRNA (adenosine-2'-O-)-methyltransferase, v. 28 | p. 357	
2.1.1.48	rRNA methyltransferase, rRNA (adenine-N6-)-methyltransferase, v. 28 | p. 281	
2.1.1.51	rRNA methyltransferase RlmAII, rRNA (guanine-N1-)-methyltransferase, v. 28 | p. 294	
3.2.2.22	rRNA N-glycosidase, rRNA N-glycosylase, v. 14 | p. 107	
2.7.7.65	Rrp1, diguanylate cyclase, v. S2 | p. 331	
3.1.13.1	Rrp44, exoribonuclease II, v. 11 | p. 389	
3.1.14.1	RRP45a, yeast ribonuclease, v. 11 | p. 412	
3.6.1.19	RS21-C6, nucleoside-triphosphate diphosphatase, v. 15 | p. 386	
3.1.21.4	RsaI, type II site-specific deoxyribonuclease, v. 11 | p. 454	
3.2.1.145	RsBGAL1, galactan 1,3-β-galactosidase, v. 13 | p. 581	
1.14.13.11	RsC4H, trans-cinnamate 4-monooxygenase, v. 26 | p. 173	
2.7.10.1	Rse, receptor protein-tyrosine kinase, v. S2 | p. 341	
3.4.24.85	RseP, S2P endopeptidase, v. S6 | p. 343	
3.4.21.35	RSGK-50, tissue kallikrein, v. 7 | p. 141	
3.4.21.82	rSGPE, Glutamyl endopeptidase II, v. 7 | p. 406	
2.7.11.1	RSK, non-specific serine/threonine protein kinase, v. S3 | p. 1	
2.7.11.1	Rsk-1 S6 kinase, non-specific serine/threonine protein kinase, v. S3 | p. 1	

2.7.11.1	RSK1, non-specific serine/threonine protein kinase, v. S3	p. 1
2.7.11.1	RSK2, non-specific serine/threonine protein kinase, v. S3	p. 1
2.7.11.1	RSK3, non-specific serine/threonine protein kinase, v. S3	p. 1
2.1.1.52	RsmC, rRNA (guanine-N2-)-methyltransferase, v. 28	p. 297
2.1.1.52	RsmC(YjjT), rRNA (guanine-N2-)-methyltransferase, v. 28	p. 297
2.1.1.52	RsmD, rRNA (guanine-N2-)-methyltransferase, v. 28	p. 297
2.1.1.52	RsmD(YhhF), rRNA (guanine-N2-)-methyltransferase, v. 28	p. 297
3.1.30.1	Rsn, Aspergillus nuclease S1, v. 11	p. 610
1.13.99.1	RSOR/MIOX, inositol oxygenase, v. 25	p. 734
6.3.2.28	RSp1486a, L-amino-acid α-ligase, v. S7	p. 609
6.3.2.19	RSP5, Ubiquitin-protein ligase, v. 2	p. 506
2.1.1.72	M-RsrI, site-specific DNA-methyltransferase (adenine-specific), v. 28	p. 390
2.1.1.72	RsrI N6-adenine DNA methyltransferase, site-specific DNA-methyltransferase (adenine-specific), v. 28	p. 390
2.7.11.30	RSTK, receptor protein serine/threonine kinase, v. S4	p. 340
5.4.99.12	RsuA, tRNA-pseudouridine synthase I, v. 1	p. 642
2.7.7.49	RT, RNA-directed DNA polymerase, v. 38	p. 492
3.1.26.4	RT-RH, calf thymus ribonuclease H, v. 11	p. 517
3.1.13.2	RT/RNase H, exoribonuclease H, v. 11	p. 396
2.4.2.31	RT6, NAD+-protein-arginine ADP-ribosyltransferase, v. 33	p. 272
2.4.2.31	RT6.1, NAD+-protein-arginine ADP-ribosyltransferase, v. 33	p. 272
2.4.2.31	RT6.2, NAD+-protein-arginine ADP-ribosyltransferase, v. 33	p. 272
3.4.17.20	rTAFI, Carboxypeptidase U, v. 6	p. 492
2.1.1.35	rTase, tRNA (uracil-5-)-methyltransferase, v. 28	p. 177
3.1.3.1	rTB, alkaline phosphatase, v. 10	p. 1
4.2.1.1	RT erythrocyte CA, carbonate dehydratase, v. 4	p. 242
3.1.3.1	rTI2A, alkaline phosphatase, v. 10	p. 1
3.1.3.1	rTI2B, alkaline phosphatase, v. 10	p. 1
2.7.10.1	RTK, receptor protein-tyrosine kinase, v. S2	p. 341
2.7.10.1	RTKs, receptor protein-tyrosine kinase, v. S2	p. 341
3.1.3.1	rTL1, alkaline phosphatase, v. 10	p. 1
3.1.3.1	rTL2, alkaline phosphatase, v. 10	p. 1
3.1.3.1	rTL3, alkaline phosphatase, v. 10	p. 1
3.4.21.68	rtPA, t-Plasminogen activator, v. 7	p. 331
1.17.4.2	RTPR, ribonucleoside-triphosphate reductase, v. 27	p. 515
3.1.13.2	RT RNase H, exoribonuclease H, v. 11	p. 396
2.7.1.33	Rts protein, pantothenate kinase, v. 35	p. 385
5.1.3.1	Ru5P epimerase, Ribulose-phosphate 3-epimerase, v. 1	p. 91
5.1.3.1	Ru5Pepimerase, Ribulose-phosphate 3-epimerase, v. 1	p. 91
5.1.3.1	Ru5P rpimerase, Ribulose-phosphate 3-epimerase, v. 1	p. 91
2.5.1.20	rubber allyltransferase, rubber cis-polyprenylcistransferase, v. 33	p. 562
4.2.1.92	rubber particle protein, hydroperoxide dehydratase, v. 4	p. 653
2.5.1.20	rubber polymerase, rubber cis-polyprenylcistransferase, v. 33	p. 562
2.5.1.20	rubber prenyltransferase, rubber cis-polyprenylcistransferase, v. 33	p. 562
2.5.1.20	rubber transferase, rubber cis-polyprenylcistransferase, v. 33	p. 562
3.4.24.42	Ruberlysin, atrolysin C, v. 8	p. 439
1.11.1.1	ruberythrin, NADH peroxidase, v. 25	p. 172
4.1.1.39	Rubisco, Ribulose-bisphosphate carboxylase, v. 3	p. 244
4.1.1.39	RuBisCO-like protein, Ribulose-bisphosphate carboxylase, v. 3	p. 244
4.1.1.39	RubiscoL, Ribulose-bisphosphate carboxylase, v. 3	p. 244
2.1.1.127	Rubisco large subunit εN-methyltransferase, [ribulose-bisphosphate carboxylase]-lysine N-methyltransferase, v. 28	p. 586
2.1.1.127	Rubisco LS methyltransferase, [ribulose-bisphosphate carboxylase]-lysine N-methyltransferase, v. 28	p. 586

2.1.1.127	Rubisco LSMT, [ribulose-bisphosphate carboxylase]-lysine N-methyltransferase, v. 28 | p. 586
2.1.1.127	Rubisco methyltransferase, [ribulose-bisphosphate carboxylase]-lysine N-methyltransferase, v. 28 | p. 586
4.1.1.39	RubisCO redlike form I, Ribulose-bisphosphate carboxylase, v. 3 | p. 244
4.1.1.39	RuBPC, Ribulose-bisphosphate carboxylase, v. 3 | p. 244
4.1.1.39	RuBP carboxylase, Ribulose-bisphosphate carboxylase, v. 3 | p. 244
4.1.1.39	RuBP carboxylase/oxygenase, Ribulose-bisphosphate carboxylase, v. 3 | p. 244
4.1.1.39	RuBPcase, Ribulose-bisphosphate carboxylase, v. 3 | p. 244
4.1.1.39	RuBPCO, Ribulose-bisphosphate carboxylase, v. 3 | p. 244
1.18.1.1	rubredoxin-NAD reductase, rubredoxin-NAD+ reductase, v. 27 | p. 538
1.18.1.4	rubredoxin-nicotinamide adenine dinucleotide (phosphate) reductase, rubredoxin-NAD (P)+ reductase, v. 27 | p. 565
1.18.1.4	rubredoxin-nicotinamide adenine dinucleotide phosphate reductase, rubredoxin-NAD (P)+ reductase, v. 27 | p. 565
1.15.1.2	rubredoxin oxidoreductase, superoxide reductase, v. 27 | p. 426
1.18.1.1	rubredoxin reductase, rubredoxin-NAD+ reductase, v. 27 | p. 538
1.11.1.7	rubrerythrin, peroxidase, v. 25 | p. 211
2.4.1.91	RUGT-10, flavonol 3-O-glucosyltransferase, v. 32 | p. 21
3.13.1.1	ruidine 5'-diphosphate-sulfoquinovose synthase, UDP-sulfoquinovose synthase, v. S6 | p. 561
3.4.21.35	RUK, tissue kallikrein, v. 7 | p. 141
2.1.1.35	RUMT, tRNA (uracil-5-)-methyltransferase, v. 28 | p. 177
3.1.22.4	RusA, crossover junction endodeoxyribonuclease, v. 11 | p. 487
3.1.22.4	RusA endonuclease, crossover junction endodeoxyribonuclease, v. 11 | p. 487
3.1.22.4	RusA Holliday junction resolvase, crossover junction endodeoxyribonuclease, v. 11 | p. 487
3.4.24.58	Russell's viper venom factor X activator, russellysin, v. 8 | p. 497
3.4.24.58	Russell's viper blood coagulation factor X activator, russellysin, v. 8 | p. 497
3.4.24.58	Russell's viper venom factor X activator, RVV-X, russellysin, v. 8 | p. 497
3.4.24.58	Russell's viper venom coagulation factor X-activating enzyme, russellysin, v. 8 | p. 497
4.6.1.1	Rutabaga protein, adenylate cyclase, v. 5 | p. 415
3.1.22.4	RuvA, crossover junction endodeoxyribonuclease, v. 11 | p. 487
3.1.22.4	ruvABC, crossover junction endodeoxyribonuclease, v. 11 | p. 487
3.1.22.4	RuvABC complex, crossover junction endodeoxyribonuclease, v. 11 | p. 487
3.1.22.4	67RuvC, crossover junction endodeoxyribonuclease, v. 11 | p. 487
3.1.22.4	RuvC, crossover junction endodeoxyribonuclease, v. 11 | p. 487
3.1.22.4	RuvC endonuclease, crossover junction endodeoxyribonuclease, v. 11 | p. 487
3.1.22.4	RuvC Holliday junction resolvase, crossover junction endodeoxyribonuclease, v. 11 | p. 487
3.1.22.4	RuvC junction resolvase, crossover junction endodeoxyribonuclease, v. 11 | p. 487
3.1.22.4	RuvC resolvase, crossover junction endodeoxyribonuclease, v. 11 | p. 487
3.1.1.23	Rv0183 protein, acylglycerol lipase, v. 9 | p. 209
4.6.1.1	Rv0386, adenylate cyclase, v. 5 | p. 415
3.1.4.16	Rv0805, 2',3'-cyclic-nucleotide 2'-phosphodiesterase, v. 11 | p. 108
3.1.4.17	Rv0805 protein, 3',5'-cyclic-nucleotide phosphodiesterase, v. 11 | p. 116
2.6.1.17	Rv0858c, succinyldiaminopimelate transaminase, v. 34 | p. 386
4.6.1.1	Rv0891c, adenylate cyclase, v. 5 | p. 415
5.4.99.5	Rv0948c, Chorismate mutase, v. 1 | p. 604
2.5.1.68	Rv1086, Z-farnesyl diphosphate synthase, v. S2 | p. 223
4.6.1.1	Rv1120c, adenylate cyclase, v. 5 | p. 415
2.5.1.15	Rv1207, dihydropteroate synthase, v. 33 | p. 494
4.1.1.71	Rv1248c, 2-oxoglutarate decarboxylase, v. 3 | p. 389
4.6.1.1	Rv1264, adenylate cyclase, v. 5 | p. 415
4.6.1.1	Rv1318c, adenylate cyclase, v. 5 | p. 415
4.6.1.1	Rv1319c, adenylate cyclase, v. 5 | p. 415
4.6.1.1	Rv1320c, adenylate cyclase, v. 5 | p. 415

4.6.1.1	Rv1358, adenylate cyclase, v. 5 | p. 415	
4.6.1.1	Rv1359, adenylate cyclase, v. 5 | p. 415	
4.6.1.1	Rv1625c, adenylate cyclase, v. 5 | p. 415	
4.6.1.1	Rv1647, adenylate cyclase, v. 5 | p. 415	
4.6.1.1	Rv1900c, adenylate cyclase, v. 5 | p. 415	
2.1.1.36	Rv2118p, tRNA (adenine-N1-)-methyltransferase, v. 28 | p. 188	
2.4.1.57	Rv2188, phosphatidylinositol α-mannosyltransferase, v. 31 | p. 461	
2.7.1.20	Rv2202c, adenosine kinase, v. 35 | p. 252	
4.6.1.1	Rv2212, adenylate cyclase, v. 5 | p. 415	
2.7.1.107	Rv2252, diacylglycerol kinase, v. 36 | p. 438	
4.6.1.1	Rv2435c, adenylate cyclase, v. 5 | p. 415	
4.6.1.1	Rv2488c, adenylate cyclase, v. 5 | p. 415	
2.7.1.71	Rv2539c, shikimate kinase, v. 36 | p. 220	
3.8.1.5	Rv2579, haloalkane dehalogenase, v. 15 | p. 891	
2.4.1.57	Rv2610c enzyme, phosphatidylinositol α-mannosyltransferase, v. 31 | p. 461	
4.2.1.52	Rv2753c, dihydrodipicolinate synthase, v. 4 | p. 527	
3.4.24.85	Rv2869c, S2P endopeptidase, v. S6 | p. 343	
1.1.1.267	Rv2870c, 1-deoxy-D-xylulose-5-phosphate reductoisomerase, v. 18 | p. 476	
4.1.3.40	Rv2949c enzyme, chorismate lyase, v. S7 | p. 57	
6.5.1.2	Rv3014c, DNA ligase (NAD+), v. 2 | p. 773	
2.3.1.20	Rv3088 (TGS4), diacylglycerol O-acyltransferase, v. 29 | p. 396	
3.1.1.79	Rv3097c, hormone-sensitive lipase, v. S5 | p. 4	
2.3.1.20	Rv3130c (TGS1), diacylglycerol O-acyltransferase, v. 29 | p. 396	
5.4.2.1	Rv3214, phosphoglycerate mutase, v. 1 | p. 493	
2.3.1.20	Rv3234c (TGS3), diacylglycerol O-acyltransferase, v. 29 | p. 396	
3.1.4.3	Rv3487c, phospholipase C, v. 11 | p. 32	
1.3.99.4	Rv3537, 3-oxosteroid 1-dehydrogenase, v. 21 | p. 508	
4.6.1.1	Rv3645, adenylate cyclase, v. 5 | p. 415	
2.3.1.20	Rv3734 (TGS2), diacylglycerol O-acyltransferase, v. 29 | p. 396	
3.1.1.4	RVV-7, phospholipase A2, v. 9 | p. 52	
3.4.21.95	RVV-V, Snake venom factor V activator, v. 7 | p. 457	
3.4.24.58	RVV-V, russellysin, v. 8 | p. 497	
3.4.24.58	RVV-X, russellysin, v. 8 | p. 497	
4.6.1.1	Ry1625c, adenylate cyclase, v. 5 | p. 415	
3.1.30.1	rye germ nuclease, Aspergillus nuclease S1, v. 11 | p. 610	

Index of Synonyms: S

1.1.1.232	(15S)-15-hydroxy-5,8,11-cis-13-trans-eicosatetraenoate:NAD(P)+ 15-oxidoreductase, 15-hydroxyicosatetraenoate dehydrogenase, v. 18 | p. 362
1.1.3.15	(S)-2-hydroxy-acid oxidase, peroxisomal, (S)-2-hydroxy-acid oxidase, v. 19 | p. 129
2.1.3.2	(S)-2-methyl-3-oxopropanoyl-CoA:pyruvate carboxyltransferase, aspartate carbamoyltransferase, v. 29 | p. 101
2.1.1.116	(S)-3'-hydroxy-N-methylcoclaurine-4'-O-methyltransferase, 3'-hydroxy-N-methyl-(S)-coclaurine 4'-O-methyltransferase, v. 28 | p. 555
2.3.3.10	(S)-3-hydroxy-3-methylglutaryl-CoA acetoacetyl-CoA-lyase (CoA-acetylating), hydroxymethylglutaryl-CoA synthase, v. 30 | p. 657
2.5.1.41	(S)-3-O-geranylgeranylglyceryl phosphate synthase, phosphoglycerol geranylgeranyltransferase, v. 34 | p. 55
2.1.1.143	(S)-adenosyl-L-methionine-Δ24-sterol methyltransferase, 24-methylenesterol C-methyltransferase, v. 28 | p. 629
2.1.1.142	(S)-adenosyl-L-methionine-Δ24-sterol methyltransferase, cycloartenol 24-C-methyltransferase, v. 28 | p. 626
2.1.1.117	(S)-Adenosyl-L-methionine:(S)-scoularine 9-O-methyltransferase, (S)-scoulerine 9-O-methyltransferase, v. 28 | p. 558
2.1.1.41	(S)-adenosyl-L-methionine:Δ24(25)-sterol methyl transferase, sterol 24-C-methyltransferase, v. 28 | p. 220
2.1.1.143	(S)-adenosyl-L-methionine:Δ24(25)-sterol methyltransferase, 24-methylenesterol C-methyltransferase, v. 28 | p. 629
2.1.1.142	(S)-adenosyl-L-methionine:Δ24(25)-sterol methyltransferase, cycloartenol 24-C-methyltransferase, v. 28 | p. 626
1.14.21.1	(S)-cheilanthifoline oxidase (methylenedioxy-bridge-forming), (S)-stylopine synthase, v. 27 | p. 233
1.14.13.37	(S)-cis-N-methyltetrahydroprotoberberine-14-hydroxylase, methyltetrahydroprotoberberine 14-monooxygenase, v. 26 | p. 419
4.1.3.22	(S)-citramalate lyase, citramalate lyase, v. 4 | p. 145
2.1.1.128	(S)-Coclaurine N-methyltransferase, (RS)-norcoclaurine 6-O-methyltransferase, v. 28 | p. 589
2.1.1.140	(S)-Coclaurine N-methyltransferase, (S)-coclaurine-N-methyltransferase, v. 28 | p. 619
4.1.2.37	(S)-cyanohydrin producing hydroxynitrile lyase, hydroxynitrilase, v. 3 | p. 569
1.14.13.87	(2S)-flavanone 2-hydroxylase, licodione synthase, v. S1 | p. 568
1.14.11.9	(2S)-flavanone 3-hydroxylase, flavanone 3-dioxygenase, v. 26 | p. 73
1.3.3.8	(S)-H4Ber oxidase, tetrahydroberberine oxidase, v. 21 | p. 417
4.1.2.37	(S)-Hb-HNL, hydroxynitrilase, v. 3 | p. 569
4.1.2.37	(S)-HbHNL, hydroxynitrilase, v. 3 | p. 569
4.1.2.11	(S)-HNL, Hydroxymandelonitrile lyase, v. 3 | p. 448
4.1.2.37	(S)-HNL, hydroxynitrilase, v. 3 | p. 569
4.1.2.37	(S)-hydroxynitrilase, hydroxynitrilase, v. 3 | p. 569
4.1.2.11	(S)-Hydroxynitrile lyase, Hydroxymandelonitrile lyase, v. 3 | p. 448
4.1.2.37	(S)-Hydroxynitrile lyase, hydroxynitrilase, v. 3 | p. 569
1.1.1.269	(S)-hydroxypropyl-coenzyme M dehydrogenase, 2-(S)-hydroxypropyl-CoM dehydrogenase, v. 18 | p. 483
1.1.1.269	2-(2-(S)-hydroxypropylthio)ethanesulfonate dehydrogenase, 2-(S)-hydroxypropyl-CoM dehydrogenase, v. 18 | p. 483
1.1.1.269	(S)-hydroxypropylthioethanesulfonate dehydrogenase, 2-(S)-hydroxypropyl-CoM dehydrogenase, v. 18 | p. 483

1.14.13.48	(-)-(4S)-limonene-6-hydroxylase, (S)-limonene 6-monooxygenase, v. 26	p. 477
4.2.3.14	(-)-(4S)-limonene/(-)-(1S,5S)-α-pinene synthase, pinene synthase, v. S7	p. 256
1.13.11.31	12(S)-lipoxygenase, arachidonate 12-lipoxygenase, v. 25	p. 568
4.2.3.16	(4S)-LS, (4S)-limonene synthase, v. S7	p. 267
4.1.2.37	(S)-Me-HNL, hydroxynitrilase, v. 3	p. 569
4.1.2.10	(S)-MeHNL, Mandelonitrile lyase, v. 3	p. 440
4.1.2.37	(S)-MeHNL, hydroxynitrilase, v. 3	p. 569
1.14.13.71	(S)-methylcoclaurine-3'-hydroxylase, N-methylcoclaurine 3'-monooxygenase, v. 26	p. 557
4.2.1.18	(3S)-methylglutaconyl-CoA hydratase, methylglutaconyl-CoA hydratase, v. 4	p. 370
5.4.99.2	(S)-Methylmalonyl-CoA mutase, Methylmalonyl-CoA mutase, v. 1	p. 589
3.5.1.85	(S)-N-acetyl-1-phenylethylamine amidohydrolase, (S)-N-acetyl-1-phenylethylamine hydrolase, v. 14	p. 620
1.14.13.71	(S)-N-methylcoclaurine 3'-hydroxylase, N-methylcoclaurine 3'-monooxygenase, v. 26	p. 557
1.14.21.3	(S)-N-methylcoclaurine oxidase (C-O phenol-coupling), berbamunine synthase, v. 27	p. 237
1.14.21.3	(S)-N-methylcoclaurine oxidase [C-O phenol-coupling], berbamunine synthase, v. 27	p. 237
2.1.1.128	(S)-norcoclaurine 6-O-methyltransferase, (RS)-norcoclaurine 6-O-methyltransferase, v. 28	p. 589
4.2.1.78	(S)-norcoclaurine synthase, (S)-norcoclaurine synthase, v. 4	p. 607
4.2.1.78	(S)-Norlaudanosoline synthase, (S)-norcoclaurine synthase, v. 4	p. 607
4.1.2.37	(S)-Oxynitrilase, hydroxynitrilase, v. 3	p. 569
4.1.2.11	(S)-p-Hydroxy-mandelonitrile lyase, Hydroxymandelonitrile lyase, v. 3	p. 448
4.1.2.11	(S)-Sb-HNL, Hydroxymandelonitrile lyase, v. 3	p. 448
4.1.2.11	(S)-SbHNL, Hydroxymandelonitrile lyase, v. 3	p. 448
1.14.21.2	(S)-scoulerine oxidase (methylenedioxy-bridge-forming), (S)-cheilanthifoline synthase, v. 27	p. 235
4.1.2.37	(S)-selective hydroxynitrile lyase, hydroxynitrilase, v. 3	p. 569
3.5.1.85	(S)-specific acylase, (S)-N-acetyl-1-phenylethylamine hydrolase, v. 14	p. 620
3.5.1.85	(S)-specific N-acetyl-1-phenylethylamine amidohydrolase, (S)-N-acetyl-1-phenylethylamine hydrolase, v. 14	p. 620
1.3.3.8	(S)-tetrahydroberberine oxidase, tetrahydroberberine oxidase, v. 21	p. 417
1.14.21.5	(S)-tetrahydroberberine synthase, (S)-canadine synthase, v. 27	p. 243
1.14.21.5	(S)-tetrahydrocolumbamine oxidase (methylenedioxy-bridge-forming), (S)-canadine synthase, v. 27	p. 243
2.1.1.122	(S)-Tetrahydroprotoberberine-cis-N-methyltransferase, (S)-tetrahydroprotoberberine N-methyltransferase, v. 28	p. 570
2.1.1.122	(S)-tetrahydroprotoberberine cis-N-methyltransferase, (S)-tetrahydroprotoberberine N-methyltransferase, v. 28	p. 570
1.3.3.8	(S)-THB oxidase, tetrahydroberberine oxidase, v. 21	p. 417
1.4.1.1	(S)alanine:NAD oxidoreductase, alanine dehydrogenase, v. 22	p. 1
1.4.1.1	(S)alanine dehydrogenase, alanine dehydrogenase, v. 22	p. 1
4.2.1.99	(2S,3R)-3-Hydroxybutane-1,2,3-tricarboxylate hydro-lyase, 2-methylisocitrate dehydratase, v. 4	p. 678
1.1.1.122	(2S,3R)-aldose dehydrogenase, D-threo-aldose 1-dehydrogenase, v. 17	p. 348
2.3.3.2	(2S,3S)-2-hydroxytridecane-1,2,3-tricarboxylate oxaloacetate-lyase (CoA-acylating), decylcitrate synthase, v. 30	p. 609
4.2.3.14	(-)-(1S,5S)-pinene synthase, pinene synthase, v. S7	p. 256
3.1.31.1	S. aureus nuclease, micrococcal nuclease, v. 11	p. 632
2.7.4.9	S. aureus thymidylate kinase, dTMP kinase, v. 37	p. 555
4.1.1.31	S.minutum PEPC1, phosphoenolpyruvate carboxylase, v. 3	p. 175
3.4.21.35	S01.160, tissue kallikrein, v. 7	p. 141
3.4.21.77	S01.162, semenogelase, v. 7	p. 385
3.4.21.54	S01.163, γ-Renin, v. 7	p. 253

3.4.21.106	**S01.224**, hepsin, v. S5 | p. 334	
3.4.21.104	**S01.229**, mannan-binding lectin-associated serine protease-2, v. S5 | p. 313	
3.4.21.118	**S01.244**, kallikrein 8, v. S5 | p. 435	
3.4.21.107	**S01.273**, peptidase Do, v. S5 | p. 342	
6.2.1.35	**S01.274**, ACP-SH:acetate ligase	
3.4.21.108	**S01.278**, HtrA2 peptidase, v. S5 | p. 354	
3.4.21.117	**S01.300**, stratum corneum chymotryptic enzyme, v. S5 | p. 125	
3.4.21.119	**S01.306**, kallikrein 13, v. S5 | p. 447	
3.4.21.110	**S08.020**, C5a peptidase, v. S5 | p. 380	
3.4.21.111	**S08.051**, aqualysin 1, v. S5 | p. 387	
3.4.21.112	**S08.063**, site-1 protease, v. S5 | p. 400	
3.1.30.1	**S1**, Aspergillus nuclease S1, v. 11 | p. 610	
3.6.4.1	**S1-myosin ATPase**, myosin ATPase, v. 15 | p. 754	
3.1.30.1	**S1-nuclease**, Aspergillus nuclease S1, v. 11 | p. 610	
3.1.27.1	**S1-RNase**, ribonuclease T2, v. 11 | p. 557	
5.2.1.8	**S1205-06**, Peptidylprolyl isomerase, v. 1 | p. 218	
3.4.21.35	**S1 kallikrein**, tissue kallikrein, v. 7 | p. 141	
3.1.30.1	**S1 nuclease**, Aspergillus nuclease S1, v. 11 | p. 610	
3.4.21.112	**S1P**, site-1 protease, v. S5 | p. 400	
4.1.2.27	**S1P-lyase**, Sphinganine-1-phosphate aldolase, v. 3 | p. 540	
4.1.2.27	**S1P lyase**, Sphinganine-1-phosphate aldolase, v. 3 | p. 540	
3.1.27.1	**S2-RNase**, ribonuclease T2, v. 11 | p. 557	
3.2.1.23	**S 2107**, β-galactosidase, v. 12 | p. 368	
6.3.1.2	**S2205/S2287**, Glutamate-ammonia ligase, v. 2 | p. 347	
3.4.21.35	**S2 kallikrein**, tissue kallikrein, v. 7 | p. 141	
3.4.24.85	**S2P**, S2P endopeptidase, v. S6 | p. 343	
3.1.27.1	**S3-RNase**, ribonuclease T2, v. 11 | p. 557	
3.4.21.113	**S31.001**, pestivirus NS3 polyprotein peptidase, v. S5 | p. 408	
3.4.21.114	**S32.001**, equine arterivirus serine peptidase, v. S5 | p. 411	
1.5.1.3	**S3DHFR**, dihydrofolate reductase, v. 23 | p. 17	
1.1.1.157	**S3HB**, 3-hydroxybutyryl-CoA dehydrogenase, v. 18 | p. 10	
3.4.21.35	**S3 kallikrein**, tissue kallikrein, v. 7 | p. 141	
3.1.27.1	**S4-RNase**, ribonuclease T2, v. 11 | p. 557	
3.1.27.1	**S5-RNase**, ribonuclease T2, v. 11 | p. 557	
3.4.21.115	**S50.001**, infectious pancreatic necrosis birnavirus Vp4 peptidase, v. S5 | p. 415	
3.4.21.116	**S55.001**, SpoIVB peptidase, v. S5 | p. 418	
1.3.99.5	**S5AR**, 3-oxo-5α-steroid 4-dehydrogenase, v. 21 | p. 516	
1.3.99.5	**S5αRI**, 3-oxo-5α-steroid 4-dehydrogenase, v. 21 | p. 516	
1.3.99.5	**S5αRII**, 3-oxo-5α-steroid 4-dehydrogenase, v. 21 | p. 516	
3.6.4.8	**S6'**, proteasome ATPase, v. 15 | p. 797	
3.1.27.1	**S6-RNase**, ribonuclease T2, v. 11 | p. 557	
1.3.1.42	**S64**, 12-oxophytodienoate reductase, v. 21 | p. 237	
2.7.11.1	**90S6K**, non-specific serine/threonine protein kinase, v. S3 | p. 1	
2.7.11.1	**S6K**, non-specific serine/threonine protein kinase, v. S3 | p. 1	
2.7.11.1	**S6K1**, non-specific serine/threonine protein kinase, v. S3 | p. 1	
2.7.11.1	**S6K1αII**, non-specific serine/threonine protein kinase, v. S3 | p. 1	
2.7.11.1	**S6K2**, non-specific serine/threonine protein kinase, v. S3 | p. 1	
2.7.11.1	**S6KII α**, non-specific serine/threonine protein kinase, v. S3 | p. 1	
1.1.1.200	**S6PDH**, aldose-6-phosphate reductase (NADPH), v. 18 | p. 191	
1.1.1.140	**S6PDH**, sorbitol-6-phosphate 2-dehydrogenase, v. 17 | p. 412	
3.1.27.1	**S7-RNase**, ribonuclease T2, v. 11 | p. 557	
5.3.1.9	**SA-36**, Glucose-6-phosphate isomerase, v. 1 | p. 298	
4.2.1.51	**Sa-PDT**, prephenate dehydratase, v. 4 | p. 519	
3.1.26.3	**Sa-RNase III**, ribonuclease III, v. 11 | p. 509	
2.4.99.4	**α3-SA-T**, β-galactoside α-2,3-sialyltransferase, v. 33 | p. 346	

2.4.99.4	α3SA-T, β-galactoside α-2,3-sialyltransferase, v. 33 | p. 346
3.2.1.145	Sa1,3Gal43A, galactan 1,3-β-galactosidase, v. 13 | p. 581
3.2.1.18	SA85-1.1 protein, exo-α-sialidase, v. 12 | p. 244
3.2.1.18	SA85-1.2 protein, exo-α-sialidase, v. 12 | p. 244
3.2.1.18	SA85-1.3 protein, exo-α-sialidase, v. 12 | p. 244
4.2.3.11	sabinene hydrate cyclase, sabinene-hydrate synthase, v. S7 | p. 231
3.4.24.16	SABP, neurolysin, v. 8 | p. 286
4.2.1.1	SABP3, carbonate dehydratase, v. 4 | p. 242
4.6.1.1	sAC, adenylate cyclase, v. 5 | p. 415
3.2.1.26	SacA, β-fructofuranosidase, v. 12 | p. 451
3.2.1.26	saccharase, β-fructofuranosidase, v. 12 | p. 451
3.2.1.2	saccharogen amylase, β-amylase, v. 12 | p. 43
3.2.1.2	saccharogenamylase, β-amylase, v. 12 | p. 43
3.4.23.25	Saccharomyces aspartic proteinase, Saccharopepsin, v. 8 | p. 120
3.4.23.25	Saccharomyces cerevisiae aspartic proteinase A, Saccharopepsin, v. 8 | p. 120
3.4.16.6	Saccharomyces cerevisiae KEX1 gene product, carboxypeptidase D, v. 6 | p. 397
1.5.1.9	saccharopin dehydrogenase, saccharopine dehydrogenase (NAD+, L-glutamate-forming), v. 23 | p. 97
1.5.1.8	saccharopine (nicotinamide adenine dinucleotide phosphate, lysine-forming) dehydrogenase, saccharopine dehydrogenase (NADP+, L-lysine-forming), v. 23 | p. 84
1.5.1.7	saccharopine dehydrogenase, saccharopine dehydrogenase (NAD+, L-lysine-forming), v. 23 | p. 78
1.5.1.8	saccharopine dehydrogenase, saccharopine dehydrogenase (NADP+, L-lysine-forming), v. 23 | p. 84
1.5.1.10	saccharopine dehydrogenase (L-glutamate forming), saccharopine dehydrogenase (NADP+, L-glutamate-forming), v. 23 | p. 104
1.5.1.7	saccharopine dehydrogenase (L-lysine-forming), saccharopine dehydrogenase (NAD+, L-lysine-forming), v. 23 | p. 78
1.5.1.8	saccharopine dehydrogenase (NADP, lysine-forming), saccharopine dehydrogenase (NADP+, L-lysine-forming), v. 23 | p. 84
1.5.1.8	saccharopine dehydrogenase (nicotinamide adenine dinucleotide phosphate, lysine-forming), saccharopine dehydrogenase (NADP+, L-lysine-forming), v. 23 | p. 84
1.5.1.10	saccharopine reductase, saccharopine dehydrogenase (NADP+, L-glutamate-forming), v. 23 | p. 104
1.5.1.9	SacD, saccharopine dehydrogenase (NAD+, L-glutamate-forming), v. 23 | p. 97
3.4.15.1	sACE, peptidyl-dipeptidase A, v. 6 | p. 334
3.1.21.4	SacI, type II site-specific deoxyribonuclease, v. 11 | p. 454
4.6.1.1	sACI/II, adenylate cyclase, v. 5 | p. 415
3.1.21.4	SacII, type II site-specific deoxyribonuclease, v. 11 | p. 454
2.7.1.4	sacK1, fructokinase, v. 35 | p. 127
4.6.1.1	SACY, adenylate cyclase, v. 5 | p. 415
1.14.19.2	SAD, acyl-[acyl-carrier-protein] desaturase, v. 27 | p. 208
3.5.4.4	SADA, adenosine deaminase, v. 15 | p. 28
2.3.1.180	saFabH, β-ketoacyl-acyl-carrier-protein synthase III, v. S2 | p. 99
1.2.1.73	SafD, sulfoacetaldehyde dehydrogenase
4.2.2.1	SagHL, hyaluronate lyase, v. 5 | p. 1
4.2.2.1	SagHyal, hyaluronate lyase, v. 5 | p. 1
3.6.1.9	SAGPPase1, nucleotide diphosphatase, v. 15 | p. 317
3.6.1.9	SAGPPase2, nucleotide diphosphatase, v. 15 | p. 317
3.3.1.1	Sah1p, adenosylhomocysteinase, v. 14 | p. 120
3.3.1.1	SAHase, adenosylhomocysteinase, v. 14 | p. 120
3.5.4.28	SAHH, S-adenosylhomocysteine deaminase, v. 15 | p. 172
3.3.1.1	SAHH, adenosylhomocysteinase, v. 14 | p. 120
3.3.1.1	SAH hydrolase, adenosylhomocysteinase, v. 14 | p. 120
3.2.1.26	SAI, β-fructofuranosidase, v. 12 | p. 451

6.3.2.6	SAICAR synthase, phosphoribosylaminoimidazolesuccinocarboxamide synthase, v. 2	p. 434
6.3.2.6	SAICAR synthetase, phosphoribosylaminoimidazolesuccinocarboxamide synthase, v. 2	p. 434
1.4.3.21	sainfoin amine oxidase, primary-amine oxidase
2.7.11.21	Sak, polo kinase, v. S4	p. 134
1.1.1.283	SakR1, methylglyoxal reductase (NADPH-dependent), v S1	p. 32
3.1.3.31	SAL1 protein, nucleotidase, v. 10	p. 316
2.3.1.150	SalAT, Salutaridinol 7-O-acetyltransferase, v. 30	p. 399
3.2.1.17	SalG, lysozyme, v. 12	p. 228
3.1.21.4	SalI, type II site-specific deoxyribonuclease, v. 11	p. 454
3.2.1.21	salicilinase, β-glucosidase, v. 12	p. 299
3.2.1.21	salicinase, β-glucosidase, v. 12	p. 299
1.1.3.7	salicyl alcohol oxidase, aryl-alcohol oxidase, v. 19	p. 69
1.14.13.1	salicylate 1-hydroxylase, salicylate 1-monooxygenase, v. 26	p. 200
1.14.13.1	salicylate hydroxylase, salicylate 1-monooxygenase, v. 26	p. 200
1.14.13.1	salicylate hydroxylase (decarboxylating), salicylate 1-monooxygenase, v. 26	p. 200
1.14.13.1	salicylate monooxygenase, salicylate 1-monooxygenase, v. 26	p. 200
1.14.13.1	salicylic hydroxylase, salicylate 1-monooxygenase, v. 26	p. 200
4.2.1.1	Salivary carbonic anhydrase, carbonate dehydratase, v. 4	p. 242
3.4.21.35	salivary kallikrein, tissue kallikrein, v. 7	p. 141
3.1.1.11	Sal k 1, pectinesterase, v. 9	p. 136
3.4.11.23	Salmonella enterica serovar Typhimurium peptidase B, PepB aminopeptidase, v. S5	p. 287
1.1.1.248	SalR, salutaridine reductase (NADPH), v. 18	p. 418
1.11.1.9	Salt-associated protein, glutathione peroxidase, v. 25	p. 233
3.1.1.3	salt-resistant post-heparin lipase, triacylglycerol lipase, v. 9	p. 36
3.5.1.2	salt-tolerant glutaminase, glutaminase, v. 14	p. 205
2.7.1.35	salt overly sensitive4, pyridoxal kinase, v. 35	p. 395
3.1.3.69	salt tolerance protein A, glucosylglycerol 3-phosphatase, v. 10	p. 497
3.1.3.69	salt tolerance protein A, StpA, glucosylglycerol 3-phosphatase, v. 10	p. 497
1.1.1.248	salutaridine 7-reductase, salutaridine reductase (NADPH), v. 18	p. 418
2.3.1.150	salutaridinol 7-O-acetyltransferase, Salutaridinol 7-O-acetyltransferase, v. 30	p. 399
2.1.1.143	SAM-Δ24 sterol transmethylase, 24-methylenesterol C-methyltransferase, v. 28	p. 629
2.1.1.142	SAM-Δ24 sterol methyltransferase, cycloartenol 24-C-methyltransferase, v. 28	p. 626
4.1.1.50	SAM-DC, adenosylmethionine decarboxylase, v. 3	p. 306
2.1.1.131	SAM-dependent C-17 methyl transferase, Precorrin-3B C17-methyltransferase, v. 28	p. 601
2.5.1.6	SAM-s, methionine adenosyltransferase, v. 33	p. 424
2.7.10.1	sam3 protein, receptor protein-tyrosine kinase, v. S2	p. 341
2.1.1.120	SAM:12-hydroxydihydrochelirubine-12-O-methyltransferase, 12-hydroxydihydrochelirubine 12-O-methyltransferase, v. 28	p. 566
2.1.1.116	SAM:3'-hydroxy-N-methyl-(S)-coclaurine-4'-O-methyltransferase, 3'-hydroxy-N-methyl-(S)-coclaurine 4'-O-methyltransferase, v. 28	p. 555
2.1.1.158	SAM:xanthosine 7-N-methyltransferase, 7-methylxanthosine synthase, v. S2	p. 25
3.3.1.2	SAMase, adenosylmethionine hydrolase, v. 14	p. 138
3.2.2.22	Sambucus nigra agglutinin, rRNA N-glycosylase, v. 14	p. 107
4.1.1.50	SAMDC, adenosylmethionine decarboxylase, v. 3	p. 306
4.1.1.50	SAM decarboxylase, adenosylmethionine decarboxylase, v. 3	p. 306
2.5.1.63	SAM fluorinase, adenosyl-fluoride synthase, v. 34	p. 242
2.7.11.24	SAMK, mitogen-activated protein kinase, v. S4	p. 233
2.5.1.6	SAMS, methionine adenosyltransferase, v. 33	p. 424
2.5.1.6	SAM synthetase, methionine adenosyltransferase, v. 33	p. 424
3.2.1.50	Sanfilippo b corrective factor, α-N-acetylglucosaminidase, v. 13	p. 18
5.4.99.1	SanU, Methylaspartate mutase, v. 1	p. 582
5.4.99.1	SanV, Methylaspartate mutase, v. 1	p. 582

1.4.3.6	SAO, amine oxidase (copper-containing), v. 22 | p. 291	
3.4.23.24	SAP, Candidapepsin, v. 8 | p. 114	
3.1.3.1	SAP, alkaline phosphatase, v. 10 | p. 1	
3.4.11.24	SAP, aminopeptidase S	
3.4.23.24	SAP1, Candidapepsin, v. 8 | p. 114	
3.1.3.2	SAP1, acid phosphatase, v. 10 | p. 31	
3.1.3.48	SAP1, protein-tyrosine-phosphatase, v. 10 | p. 407	
3.4.23.24	SAP11, Candidapepsin, v. 8 | p. 114	
3.4.23.24	Sap1p, Candidapepsin, v. 8 | p. 114	
3.4.23.24	SAP2, Candidapepsin, v. 8 | p. 114	
3.1.3.2	SAP2, acid phosphatase, v. 10 | p. 31	
3.4.23.24	Sap2p, Candidapepsin, v. 8 | p. 114	
3.4.23.24	SAP2X, Candidapepsin, v. 8 | p. 114	
3.4.23.24	SAP3, Candidapepsin, v. 8 | p. 114	
3.4.21.76	SAP3, Myeloblastin, v. 7 | p. 380	
3.4.23.24	Sap3p, Candidapepsin, v. 8 | p. 114	
3.4.23.24	SAP4, Candidapepsin, v. 8 | p. 114	
3.4.23.24	Sap4p, Candidapepsin, v. 8 | p. 114	
3.4.23.24	SAP5, Candidapepsin, v. 8 | p. 114	
3.4.23.24	Sap5p, Candidapepsin, v. 8 | p. 114	
3.4.23.24	SAP6, Candidapepsin, v. 8 | p. 114	
3.4.23.24	Sap6p, Candidapepsin, v. 8 | p. 114	
3.4.23.24	Sap7p, Candidapepsin, v. 8 | p. 114	
3.4.23.24	Sap8p, Candidapepsin, v. 8 | p. 114	
3.4.23.24	Sap9p, Candidapepsin, v. 8 | p. 114	
3.5.1.88	SaPDF, peptide deformylase, v. 14 | p. 631	
2.7.11.24	SAPK, mitogen-activated protein kinase, v. S4 | p. 233	
2.7.12.2	SAPK/ERK kinase-1, mitogen-activated protein kinase kinase, v. S4 | p. 392	
2.7.11.24	SAPK/JNK, mitogen-activated protein kinase, v. S4 | p. 233	
2.7.11.24	SAPK2A, mitogen-activated protein kinase, v. S4 | p. 233	
2.7.11.24	SAPK2a/p38, mitogen-activated protein kinase, v. S4 | p. 233	
2.7.11.24	SAPK2b/p38β, mitogen-activated protein kinase, v. S4 | p. 233	
2.7.11.24	SAPK3/p38γ, mitogen-activated protein kinase, v. S4 | p. 233	
2.7.11.24	SAPK4, mitogen-activated protein kinase, v. S4 | p. 233	
2.7.11.1	SAPK4, non-specific serine/threonine protein kinase, v. S3 | p. 1	
2.7.11.24	SAPK4/p38δ, mitogen-activated protein kinase, v. S4 | p. 233	
2.7.11.24	SAPKαI/JNK2, mitogen-activated protein kinase, v. S4 | p. 233	
2.7.12.2	SAPKK3, mitogen-activated protein kinase kinase, v. S4 | p. 392	
3.2.1.40	saponin-α-L-rhamnosidase, α-L-rhamnosidase, v. 12 | p. 586	
3.2.2.22	saporin, rRNA N-glycosylase, v. 14 | p. 107	
3.2.2.22	saporin-6, rRNA N-glycosylase, v. 14 | p. 107	
3.2.2.22	saporin-L1, rRNA N-glycosylase, v. 14 | p. 107	
3.2.2.22	saporin-S6, rRNA N-glycosylase, v. 14 | p. 107	
3.2.2.22	saporin 6, rRNA N-glycosylase, v. 14 | p. 107	
3.2.2.22	saporins, rRNA N-glycosylase, v. 14 | p. 107	
3.4.23.24	Sapp1p, Candidapepsin, v. 8 | p. 114	
3.4.23.24	Sapp2p, Candidapepsin, v. 8 | p. 114	
3.4.23.24	Sapt1p, Candidapepsin, v. 8 | p. 114	
1.11.1.11	sAPX, L-ascorbate peroxidase, v. 25 | p. 257	
2.6.1.1	Sar2028, aspartate transaminase, v. 34 | p. 247	
2.6.1.5	Sar2028, tyrosine transaminase, v. 34 | p. 301	
1.4.3.2	sarA, L-amino-acid oxidase, v. 22 | p. 225	
3.1.27.10	α-sarcin, rRNA endonuclease, v. 11 | p. 608	
3.1.27.10	α-sarcin-like ribotoxin restrictocin, rRNA endonuclease, v. 11 | p. 608	
3.6.3.8	sarco(endo)plasmic reticulum Ca2+-ATPase, Ca2+-transporting ATPase, v. 15 | p. 566	

3.6.3.8	sarcoplasmic-endoplasmic reticulum Ca2+-ATPase, Ca2+-transporting ATPase, v. 15 | p. 566	
3.6.3.8	sarcoplasmic reticulum ATPase, Ca2+-transporting ATPase, v. 15 | p. 566	
3.6.3.8	sarcoplasmic reticulum Ca(2+)-ATPase, Ca2+-transporting ATPase, v. 15 | p. 566	
3.6.3.8	sarcoplasmic reticulum Ca2+-ATPase 1, Ca2+-transporting ATPase, v. 15 | p. 566	
2.1.1.157	sarcosine dimethylglycine methyltransferase, sarcosine/dimethylglycine N-methyltransferase, v. S2 | p. 19	
2.1.1.157	sarcosine dimethylglycine N-methyltransferase, sarcosine/dimethylglycine N-methyltransferase, v. S2 | p. 19	
1.5.99.1	sarcosine N-demethylase, sarcosine dehydrogenase, v. 23 | p. 348	
2.5.1.57	SAS, N-acylneuraminate-9-phosphate synthase, v. 34 | p. 190	
2.7.13.3	SasA, histidine kinase, v. S4 | p. 420	
2.3.1.48	SAS complex, histone acetyltransferase, v. 29 | p. 641	
3.1.4.12	N-Sase, sphingomyelin phosphodiesterase, v. 11 | p. 86	
2.7.11.1	SAST, non-specific serine/threonine protein kinase, v. S3 | p. 1	
2.6.1.33	SAT, dTDP-4-amino-4,6-dideoxy-D-glucose transaminase, v. 34 | p. 460	
2.3.1.30	SAT, serine O-acetyltransferase, v. 29 | p. 502	
2.4.99.8	SAT-2, α-N-acetylneuraminate α-2,8-sialyltransferase, v. 33 | p. 371	
2.4.99.10	SAT-3, neolactotetraosylceramide α-2,3-sialyltransferase, v. 33 | p. 387	
2.4.99.2	SAT-4, monosialoganglioside sialyltransferase, v. 33 | p. 330	
2.4.99.9	SAT1, lactosylceramide α-2,3-sialyltransferase, v. 33 | p. 378	
2.3.1.30	SAT1, serine O-acetyltransferase, v. 29 | p. 502	
2.3.1.30	SAT3, serine O-acetyltransferase, v. 29 | p. 502	
2.3.1.30	SATase, serine O-acetyltransferase, v. 29 | p. 502	
3.1.21.3	SauI, type I site-specific deoxyribonuclease, v. 11 | p. 448	
3.1.21.4	Sau3AI, type II site-specific deoxyribonuclease, v. 11 | p. 454	
3.1.21.4	sau96I, type II site-specific deoxyribonuclease, v. 11 | p. 454	
3.1.21.4	SauI, type II site-specific deoxyribonuclease, v. 11 | p. 454	
2.3.1.20	SAV7256, diacylglycerol O-acyltransferase, v. 29 | p. 396	
2.7.7.43	SaV CSS, N-acylneuraminate cytidylyltransferase, v. 38 | p. 436	
3.4.21.62	Savinase, Subtilisin, v. 7 | p. 285	
3.4.21.62	Savinase 16.0L, Subtilisin, v. 7 | p. 285	
3.4.21.62	Savinase 32.0 L EX, Subtilisin, v. 7 | p. 285	
3.4.21.62	Savinase 4.0T, Subtilisin, v. 7 | p. 285	
3.4.21.62	Savinase 8.0L, Subtilisin, v. 7 | p. 285	
3.4.21.62	savinaseTM, Subtilisin, v. 7 | p. 285	
3.4.22.32	SBA, Stem bromelain, v. 7 | p. 675	
3.2.1.2	SBA, β-amylase, v. 12 | p. 43	
3.4.21.62	SBc, Subtilisin, v. 7 | p. 285	
1.3.99.12	SBCAD, 2-methylacyl-CoA dehydrogenase, v. 21 | p. 557	
1.3.99.10	SBCAD, isovaleryl-CoA dehydrogenase, v. 21 | p. 535	
1.3.99.12	SBCADD, 2-methylacyl-CoA dehydrogenase, v. 21 | p. 557	
2.3.1.95	SbCHS8, trihydroxystilbene synthase, v. 30 | p. 185	
1.6.2.4	SbCPR2, NADPH-hemoprotein reductase, v. 24 | p. 58	
3.2.1.3	SBD, glucan 1,4-α-glucosidase, v. 12 | p. 59	
2.4.1.18	SBE, 1,4-α-glucan branching enzyme, v. 31 | p. 197	
2.4.1.18	SBE-I, 1,4-α-glucan branching enzyme, v. 31 | p. 197	
2.4.1.18	SBE A, 1,4-α-glucan branching enzyme, v. 31 | p. 197	
2.4.1.18	SBE B, 1,4-α-glucan branching enzyme, v. 31 | p. 197	
2.4.1.18	SBE IIa, 1,4-α-glucan branching enzyme, v. 31 | p. 197	
2.4.1.18	SBE Iib, 1,4-α-glucan branching enzyme, v. 31 | p. 197	
3.4.21.9	sBEKLC, enteropeptidase, v. 7 | p. 49	
3.1.3.16	SBF1, phosphoprotein phosphatase, v. 10 | p. 213	
2.4.1.85	sbHMNGT, cyanohydrin β-glucosyltransferase, v. 31 | p. 603	
4.1.2.11	SbHNL, Hydroxymandelonitrile lyase, v. 3 | p. 448	

3.4.21.62	SBL, Subtilisin, v. 7 | p. 285
5.4.99.2	Sbm, Methylmalonyl-CoA mutase, v. 1 | p. 589
1.1.1.289	SboA, sorbose reductase, v. S1 | p. 71
1.11.1.7	SBP, peroxidase, v. 25 | p. 211
3.1.3.37	SBPase, sedoheptulose-bisphosphatase, v. 10 | p. 346
2.4.1.13	SBSS1, sucrose synthase, v. 31 | p. 113
2.4.1.13	SBSS2, sucrose synthase, v. 31 | p. 113
2.3.1.95	SbSTS1, trihydroxystilbene synthase, v. 30 | p. 185
4.5.1.5	SC-Cys synthase, S-carboxymethylcysteine synthase, v. 5 | p. 412
3.1.26.3	Sc-Rnt1p, ribonuclease III, v. 11 | p. 509
3.4.21.68	sc-tPA, t-Plasminogen activator, v. 7 | p. 331
4.2.3.23	Sc1, germacrene-A synthase, v. S7 | p. 301
2.3.1.171	Sc3MaT, anthocyanin 6-O-malonyltransferase, v. S2 | p. 58
1.14.21.6	Sc5d, lathosterol oxidase, v. S1 | p. 662
1.14.21.6	SC5DL, lathosterol oxidase, v. S1 | p. 662
3.4.22.56	SCA-1, caspase-3, v. S6 | p. 103
3.4.22.60	SCA-2, caspase-7, v. S6 | p. 156
6.2.1.5	SCACT, Succinate-CoA ligase (ADP-forming), v. 2 | p. 224
2.8.3.8	SCACT, acetate CoA-transferase, v. 39 | p. 497
1.1.1.1	SCAD, alcohol dehydrogenase, v. 16 | p. 1
1.3.99.2	SCAD, butyryl-CoA dehydrogenase, v. 21 | p. 473
1.1.1.195	ScAdh6p, cinnamyl-alcohol dehydrogenase, v. 18 | p. 164
1.1.1.2	ScADHVI, alcohol dehydrogenase (NADP+), v. 16 | p. 45
3.1.21.4	ScaI, type II site-specific deoxyribonuclease, v. 11 | p. 454
3.2.1.1	ScAmy43, α-amylase, v. 12 | p. 1
3.1.3.31	SCAN, nucleotidase, v. 10 | p. 316
1.1.3.13	SCAO, alcohol oxidase, v. 19 | p. 115
2.4.1.173	ScAtg26, sterol 3β-glucosyltransferase, v. 32 | p. 389
1.11.1.7	scavengase, peroxidase, v. 25 | p. 211
1.7.99.7	scavenging nitric oxide reductase, nitric-oxide reductase, v. 24 | p. 441
3.4.21.117	SCCE, stratum corneum chymotryptic enzyme, v. S5 | p. 425
1.14.19.1	SCD, stearoyl-CoA 9-desaturase, v. 27 | p. 194
1.14.19.1	SCD-1, stearoyl-CoA 9-desaturase, v. 27 | p. 194
4.2.1.94	SCD1, scytalone dehydratase, v. 4 | p. 660
1.14.19.1	SCD1, stearoyl-CoA 9-desaturase, v. 27 | p. 194
2.7.11.1	SCD10.09, non-specific serine/threonine protein kinase, v. S3 | p. 1
1.14.19.1	SCD2, stearoyl-CoA 9-desaturase, v. 27 | p. 194
1.14.19.1	SCD3, stearoyl-CoA 9-desaturase, v. 27 | p. 194
1.14.19.1	SCD4, stearoyl-CoA 9-desaturase, v. 27 | p. 194
1.3.99.2	ScdA, butyryl-CoA dehydrogenase, v. 21 | p. 473
3.5.1.23	SCDase, ceramidase, v. 14 | p. 367
1.2.1.2	SceFDH, formate dehydrogenase, v. 20 | p. 16
4.2.1.17	SCEH, enoyl-CoA hydratase, v. 4 | p. 360
5.4.99.7	SceOSC, Lanosterol synthase, v. 1 | p. 624
3.1.26.11	SceTrz, tRNase Z, v. S5 | p. 105
6.3.2.19	SCF, Ubiquitin-protein ligase, v. 2 | p. 506
6.3.2.19	SCF-ROC1 E3 ubiquitin ligase, Ubiquitin-protein ligase, v. 2 | p. 506
6.3.2.19	SCFβ-TrCP, Ubiquitin-protein ligase, v. 2 | p. 506
6.3.2.19	SCFβ-TrCP ubiquitin ligase, Ubiquitin-protein ligase, v. 2 | p. 506
6.3.2.19	SCF1, Ubiquitin-protein ligase, v. 2 | p. 506
6.3.2.19	SCF complex, Ubiquitin-protein ligase, v. 2 | p. 506
6.3.2.19	SCF E3 Ub-ligase, Ubiquitin-protein ligase, v. 2 | p. 506
6.3.2.19	SCFFBW7, Ubiquitin-protein ligase, v. 2 | p. 506
6.3.2.19	SCF FSN-1 ubiquitin ligase, Ubiquitin-protein ligase, v. 2 | p. 506
3.4.21.110	SCFI, C5a peptidase, v. S5 | p. 380

2.7.10.1	SCFR, receptor protein-tyrosine kinase, v. S2 | p. 341	
6.3.2.19	SCFSkp2, Ubiquitin-protein ligase, v. 2 | p. 506	
6.3.2.19	SCFβTrCP, Ubiquitin-protein ligase, v. 2 | p. 506	
6.3.2.19	SCF ubiquitin ligase, Ubiquitin-protein ligase, v. 2 | p. 506	
4.2.1.2	scFUMC, fumarate hydratase, v. 4 | p. 262	
2.7.1.31	ScGLYK, glycerate kinase, v. 35 | p. 366	
2.3.1.4	ScGNA1, glucosamine phosphate N-acetyltransferase, v. 29 | p. 237	
1.1.1.35	SCHAD, 3-hydroxyacyl-CoA dehydrogenase, v. 16 | p. 318	
1.3.99.2	SCHAD, butyryl-CoA dehydrogenase, v. 21 | p. 473	
1.1.1.35	SCHAD I, 3-hydroxyacyl-CoA dehydrogenase, v. 16 | p. 318	
1.1.1.35	SCHAD II, 3-hydroxyacyl-CoA dehydrogenase, v. 16 | p. 318	
1.17.3.2	Schardinger enzyme, xanthine oxidase, v. S1 | p. 729	
1.1.1.87	ScHICDH, homoisocitrate dehydrogenase, v. 17 | p. 198	
3.4.22.34	schistosome legumain, Legumain, v. 7 | p. 689	
3.1.30.1	Schizosaccharomyces pombe endonuclease, Aspergillus nuclease S1, v. 11 | p. 610	
2.7.1.1	ScHK2, hexokinase, v. 35 | p. 74	
2.7.7.24	SchS6, glucose-1-phosphate thymidylyltransferase, v. 38 | p. 300	
1.1.1.35	SCHSD, 3-hydroxyacyl-CoA dehydrogenase, v. 16 | p. 318	
2.7.1.1	ScHXK2, hexokinase, v. 35 | p. 74	
3.6.4.3	scinderin, microtubule-severing ATPase, v. 15 | p. 774	
2.7.1.158	scIpk1, inositol-pentakisphosphate 2-kinase, v. S2 | p. 272	
1.14.11.27	scJHDM1, [histone-H3]-lysine-36 demethylase, v. S1 | p. 522	
4.4.1.16	SCL, selenocysteine lyase, v. 5 | p. 391	
3.4.25.1	SCL1 suppressor protein, proteasome endopeptidase complex, v. 8 | p. 587	
3.5.5.8	SCNase, thiocyanate hydrolase, v. 15 | p. 208	
3.4.24.77	ScNP, snapalysin, v. 8 | p. 583	
3.1.30.1	SC nuclease, Aspergillus nuclease S1, v. 11 | p. 610	
2.3.1.20	SCO0958, diacylglycerol O-acyltransferase, v. 29 | p. 396	
3.1.1.4	SCO1048 protein, phospholipase A2, v. 9 | p. 52	
3.1.1.3	SCO1725, triacylglycerol lipase, v. 9 | p. 36	
3.1.3.15	SCO5208, histidinol-phosphatase, v. 10 | p. 208	
4.2.3.37	SCO5222 protein, epi-isozizaene synthase	
4.2.3.12	SCO 6650, 6-pyruvoyltetrahydropterin synthase, v. S7 | p. 235	
3.1.1.3	SCO7513, triacylglycerol lipase, v. 9 | p. 36	
2.8.3.5	ScoAB, 3-oxoacid CoA-transferase, v. 39 | p. 480	
2.1.1.6	SCOMT, catechol O-methyltransferase, v. 28 | p. 27	
1.11.1.7	scopoletin peroxidase, peroxidase, v. 25 | p. 211	
2.4.1.128	scopoletin UGT, scopoletin glucosyltransferase, v. 32 | p. 198	
3.1.1.3	scorpio digestive lipase, triacylglycerol lipase, v. 9 | p. 36	
3.1.1.3	scorpion digestive lipase, triacylglycerol lipase, v. 9 | p. 36	
2.8.3.5	SCOT, 3-oxoacid CoA-transferase, v. 39 | p. 480	
2.8.3.5	SCOT-t, 3-oxoacid CoA-transferase, v. 39 | p. 480	
2.8.3.5	SCOT1, 3-oxoacid CoA-transferase, v. 39 | p. 480	
1.5.1.29	Scott's NADPH-diaphorase, FMN reductase, v. 23 | p. 217	
2.1.1.117	scoulerine 9-O-methyltransferase, (S)-scoulerine 9-O-methyltransferase, v. 28 | p. 558	
1.3.3.6	SCOX, acyl-CoA oxidase, v. 21 | p. 401	
3.4.16.5	SCP, carboxypeptidase C, v. 6 | p. 385	
3.4.22.10	SCP, streptopain, v. 7 | p. 564	
2.3.1.176	SCP-2, propanoyl-CoA C-acyltransferase, v. S2 | p. 81	
2.3.1.154	SCP-2, propionyl-CoA C2-trimethyltridecanoyltransferase, v. 30 | p. 409	
2.3.1.154	SCP-2/thiolase, propionyl-CoA C2-trimethyltridecanoyltransferase, v. 30 | p. 409	
3.4.23.32	SCP-B, Scytalidopepsin B, v. 8 | p. 147	
2.3.1.154	SCP-x, propionyl-CoA C2-trimethyltridecanoyltransferase, v. 30 | p. 409	
2.3.1.16	SCP2/3-oxoacyl-CoA thiolase, acetyl-CoA C-acyltransferase, v. 29 | p. 371	
3.4.21.110	SCPA, C5a peptidase, v. S5 | p. 380	

3.4.22.48	SCPA, staphopain, v.S6|p.11	
3.4.21.110	ScpB, C5a peptidase, v.S5|p.380	
2.3.1.176	SCPc, propanoyl-CoA C-acyltransferase, v.S2|p.81	
2.3.1.158	ScPDAT, phospholipid:diacylglycerol acyltransferase, v.30|p.424	
4.1.1.1	SCPDC, Pyruvate decarboxylase, v.3|p.1	
4.1.1.1	scpdc1, Pyruvate decarboxylase, v.3|p.1	
5.4.2.1	ScPGM, phosphoglycerate mutase, v.1|p.493	
3.1.3.16	SCPL-1, phosphoprotein phosphatase, v.10|p.213	
3.1.3.16	SCPL-1a, phosphoprotein phosphatase, v.10|p.213	
3.1.3.16	SCPL-1b, phosphoprotein phosphatase, v.10|p.213	
4.2.2.2	ScPL NP_626147, pectate lyase, v.5|p.6	
4.2.2.2	ScPL NP_627050, pectate lyase, v.5|p.6	
3.4.17.3	SCPN, lysine carboxypeptidase, v.6|p.428	
5.4.99.12	scPus1p, tRNA-pseudouridine synthase I, v.1|p.642	
2.3.1.16	SCPx, acetyl-CoA C-acyltransferase, v.29|p.371	
2.3.1.154	SCPx, propionyl-CoA C2-trimethyltridecanoyltransferase, v.30|p.409	
1.1.1.184	SCR, carbonyl reductase (NADPH), v.18|p.105	
3.1.21.4	ScrFI, type II site-specific deoxyribonuclease, v.11|p.454	
3.1.4.52	ScrG, cyclic-guanylate-specific phosphodiesterase, v.S5|p.100	
3.1.3.48	Scr homology 2-containing tyrosine phosphatase, protein-tyrosine-phosphatase, v.10|p.407	
6.2.1.5	A-SCS, Succinate-CoA ligase (ADP-forming), v.2|p.224	
6.2.1.4	G-SCS, succinate-CoA ligase (GDP-forming), v.2|p.219	
6.2.1.5	SCS, Succinate-CoA ligase (ADP-forming), v.2|p.224	
6.2.1.4	SCS, succinate-CoA ligase (GDP-forming), v.2|p.219	
6.2.1.5	SCS-α, Succinate-CoA ligase (ADP-forming), v.2|p.224	
6.2.1.4	SCS-α, succinate-CoA ligase (GDP-forming), v.2|p.219	
6.2.1.5	SCS-β, Succinate-CoA ligase (ADP-forming), v.2|p.224	
6.2.1.4	SCS-β, succinate-CoA ligase (GDP-forming), v.2|p.219	
6.2.1.5	SCS-βA, Succinate-CoA ligase (ADP-forming), v.2|p.224	
6.2.1.4	SCS-βG, succinate-CoA ligase (GDP-forming), v.2|p.219	
6.2.1.4	ScsA, succinate-CoA ligase (GDP-forming), v.2|p.219	
6.2.1.5	ScsB, Succinate-CoA ligase (ADP-forming), v.2|p.224	
6.1.1.11	SCSerS, Serine-tRNA ligase, v.2|p.77	
3.4.24.84	Sc Ste24p, Ste24 endopeptidase, v.S6|p.337	
2.3.1.91	SCT, sinapoylglucose-choline O-sinapoyltransferase, v.30|p.171	
2.3.1.91	ScT1, sinapoylglucose-choline O-sinapoyltransferase, v.30|p.171	
2.3.1.91	ScT2, sinapoylglucose-choline O-sinapoyltransferase, v.30|p.171	
3.4.21.68	sctPA, t-Plasminogen activator, v.7|p.331	
2.4.1.231	ScTPase, α,α-trehalose phosphorylase (configuration-retaining), v.32|p.634	
1.1.1.35	Scully protein, 3-hydroxyacyl-CoA dehydrogenase, v.16|p.318	
3.4.21.60	scuterin, Scutelarin, v.7|p.277	
2.7.1.65	scyllo-inosamine kinase, scyllo-inosamine 4-kinase, v.36|p.168	
5.2.1.8	SCYLP, Peptidylprolyl isomerase, v.1|p.218	
3.4.23.31	Scytalidium aspartic proteinase A, Scytalidopepsin A, v.8|p.141	
3.4.23.32	Scytalidium aspartic proteinase B, Scytalidopepsin B, v.8|p.147	
3.4.23.31	Scytalidium lignicolum acid proteinase, Scytalidopepsin A, v.8|p.141	
3.4.23.31	Scytalidium lignicolum aspartic proteinase, Scytalidopepsin A, v.8|p.141	
3.4.23.31	Scytalidium lignicolum carboxyl proteinase, Scytalidopepsin A, v.8|p.141	
3.4.23.32	Scytalidium lignicolum pepstatin-insensitive carboxyl peptidase, Scytalidopepsin B, v.8|p.147	
3.4.23.31	Scytalidium sp. pepstatin-insensitive carboxyl proteinase A, Scytalidopepsin A, v.8|p.141	
3.4.23.32	scytalidoglutamic peptidase, Scytalidopepsin B, v.8|p.147	
4.3.1.17	L-SD, L-Serine ammonia-lyase, v.S7|p.332	
4.3.1.17	SD, L-Serine ammonia-lyase, v.S7|p.332	

1.1.1.25	SD, shikimate dehydrogenase, v. 16 | p. 241	
4.2.2.1	h-SD, hyaluronate lyase, v. 5 | p. 1	
2.4.1.165	Sd(α) β4GalNAcT-II, N-acetylneuraminylgalactosylglucosylceramide β-1,4-N-acetylgalactosaminyltransferase, v. 32 | p. 368	
4.3.1.17	L-SD1, L-Serine ammonia-lyase, v. S7 | p. 332	
3.2.1.2	Sd1, β-amylase, v. 12 | p. 43	
4.3.1.17	L-SD2, L-Serine ammonia-lyase, v. S/ | p. 332	
3.2.1.2	Sd2H, β-amylase, v. 12 | p. 43	
3.2.1.2	Sd2L, β-amylase, v. 12 | p. 43	
1.5.1.23	SD_TaDH, Tauropine dehydrogenase, v. 23 | p. 190	
2.4.1.165	Sda-β-1,4-N-acetylgalactosaminyltransferase, N-acetylneuraminylgalactosylglucosylceramide β-1,4-N-acetylgalactosaminyltransferase, v. 32 | p. 368	
2.4.1.165	Sda-β-GalNAc-transferase, N-acetylneuraminylgalactosylglucosylceramide β-1,4-N-acetylgalactosaminyltransferase, v. 32 | p. 368	
2.4.1.92	Sda β-1,4-N-acetylgalactosaminyltransferase II, (N-acetylneuraminyl)-galactosylglucosylceramide N-acetylgalactosaminyltransferase, v. 32 | p. 30	
4.3.1.17	SdaA Name, L-Serine ammonia-lyase, v. S7 | p. 332	
3.1.21.1	SdaD2, deoxyribonuclease I, v. 11 | p. 431	
3.5.1.18	SDAP, succinyl-diaminopimelate desuccinylase, v. 14 | p. 346	
3.5.1.18	sDap desuccinylase, succinyl-diaminopimelate desuccinylase, v. 14 | p. 346	
1.6.5.4	SDA reductase, monodehydroascorbate reductase (NADH), v. 24 | p. 126	
3.6.5.2	SdArf1, small monomeric GTPase, v. S6 | p. 476	
3.6.5.2	SdArf1-like, small monomeric GTPase, v. S6 | p. 476	
3.6.5.2	SdArf10, small monomeric GTPase, v. S6 | p. 476	
3.6.5.2	SdArf5, small monomeric GTPase, v. S6 | p. 476	
3.6.5.2	SdArf6, small monomeric GTPase, v. S6 | p. 476	
3.6.5.2	SdArl1, small monomeric GTPase, v. S6 | p. 476	
1.14.17.1	SDBH, dopamine β-monooxygenase, v. 27 | p. 126	
3.6.5.2	SdCdc42, small monomeric GTPase, v. S6 | p. 476	
4.3.1.17	SDH, L-Serine ammonia-lyase, v. S7 | p. 332	
1.1.1.14	SDH, L-iditol 2-dehydrogenase, v. 16 | p. 158	
1.5.1.22	SDH, Strombine dehydrogenase, v. 23 | p. 185	
1.5.1.9	SDH, saccharopine dehydrogenase (NAD+, L-glutamate-forming), v. 23 | p. 97	
1.5.1.7	SDH, saccharopine dehydrogenase (NAD+, L-lysine-forming), v. 23 | p. 78	
1.5.99.1	SDH, sarcosine dehydrogenase, v. 23 | p. 348	
1.1.1.25	SDH, shikimate dehydrogenase, v. 16 | p. 241	
1.3.99.1	SDH, succinate dehydrogenase, v. 21 | p. 462	
1.3.5.1	SDH, succinate dehydrogenase (ubiquinone), v. 21 | p. 424	
1.8.2.1	SDH, sulfite dehydrogenase, v. 24 | p. 566	
4.3.1.17	SDH-like-1, L-Serine ammonia-lyase, v. S7 | p. 332	
1.3.99.1	SDH2-1, succinate dehydrogenase, v. 21 | p. 462	
1.3.99.1	SDH2-2, succinate dehydrogenase, v. 21 | p. 462	
1.8.98.1	SdhC, CoB-CoM heterodisulfide reductase, v. S1 | p. 367	
1.3.5.1	SdhCDAB, succinate dehydrogenase (ubiquinone), v. 21 | p. 424	
1.1.1.25	sdhL, shikimate dehydrogenase, v. 16 | p. 241	
1.3.99.1	SDISP, succinate dehydrogenase, v. 21 | p. 462	
3.6.5.2	SdK-Ras2, small monomeric GTPase, v. S6 | p. 476	
3.1.1.3	SDL, triacylglycerol lipase, v. 9 | p. 36	
2.1.1.157	SDMT, sarcosine/dimethylglycine N-methyltransferase, v. S2 | p. 19	
1.13.11.18	SDO, sulfur dioxygenase, v. 25 | p. 513	
1.1.5.3	SDP6, glycerol-3-phosphate dehydrogenase	
4.2.1.10	sDQD, 3-dehydroquinate dehydratase, v. 4 | p. 304	
1.1.1.288	SDR1, xanthoxin dehydrogenase, v. S1 | p. 68	
3.6.5.2	SdRab-like1, small monomeric GTPase, v. S6 | p. 476	
3.6.5.2	SdRab-like2, small monomeric GTPase, v. S6 | p. 476	

3.6.5.2	SdRab-like3, small monomeric GTPase, v. S6 | p. 476	
3.6.5.2	SdRab-like4, small monomeric GTPase, v. S6 | p. 476	
3.6.5.2	SdRab-like5, small monomeric GTPase, v. S6 | p. 476	
3.6.5.2	SdRab-like6, small monomeric GTPase, v. S6 | p. 476	
3.6.5.2	SdRab1-like, small monomeric GTPase, v. S6 | p. 476	
3.6.5.2	SdRab10, small monomeric GTPase, v. S6 | p. 476	
3.6.5.2	SdRab11, small monomeric GTPase, v. S6 | p. 476	
3.6.5.2	SdRab14, small monomeric GTPase, v. S6 | p. 476	
3.6.5.2	SdRab18, small monomeric GTPase, v. S6 | p. 476	
3.6.5.2	SdRab2, small monomeric GTPase, v. S6 | p. 476	
3.6.5.2	SdRab20-like, small monomeric GTPase, v. S6 | p. 476	
3.6.5.2	SdRab21, small monomeric GTPase, v. S6 | p. 476	
3.6.5.2	SdRab21-like, small monomeric GTPase, v. S6 | p. 476	
3.6.5.2	SdRab24, small monomeric GTPase, v. S6 | p. 476	
3.6.5.2	SdRab28, small monomeric GTPase, v. S6 | p. 476	
3.6.5.2	SdRab3, small monomeric GTPase, v. S6 | p. 476	
3.6.5.2	SdRab32, small monomeric GTPase, v. S6 | p. 476	
3.6.5.2	SdRab35, small monomeric GTPase, v. S6 | p. 476	
3.6.5.2	SdRab39, small monomeric GTPase, v. S6 | p. 476	
3.6.5.2	SdRab4, small monomeric GTPase, v. S6 | p. 476	
3.6.5.2	SdRab41/43, small monomeric GTPase, v. S6 | p. 476	
3.6.5.2	SdRab5, small monomeric GTPase, v. S6 | p. 476	
3.6.5.2	SdRab8, small monomeric GTPase, v. S6 | p. 476	
3.6.5.2	SdRac, small monomeric GTPase, v. S6 | p. 476	
3.6.5.2	SdRalA, small monomeric GTPase, v. S6 | p. 476	
3.6.5.2	SdRan, small monomeric GTPase, v. S6 | p. 476	
3.6.5.2	SdRap1, small monomeric GTPase, v. S6 | p. 476	
3.6.5.2	SdRap1-like, small monomeric GTPase, v. S6 | p. 476	
3.6.5.2	SdRheb, small monomeric GTPase, v. S6 | p. 476	
3.6.5.2	SdRho1, small monomeric GTPase, v. S6 | p. 476	
3.6.5.2	SdRho2, small monomeric GTPase, v. S6 | p. 476	
3.6.5.2	SdRho3, small monomeric GTPase, v. S6 | p. 476	
3.1.21.4	SduI, type II site-specific deoxyribonuclease, v. 11 | p. 454	
5.3.1.5	SDXyl, Xylose isomerase, v. 1 | p. 259	
1.14.99.7	SE, squalene monooxygenase, v. 27 | p. 280	
1.11.1.9	Se-scFv-B3, glutathione peroxidase, v. 25 | p. 233	
3.4.24.12	sea-urchin-hatching proteinase, envelysin, v. 8 | p. 248	
3.4.21.3	sea anemone protease A, metridin, v. 7 | p. 10	
3.4.21.3	sea anemone proteinase A, metridin, v. 7 | p. 10	
6.5.1.1	Sealase, DNA ligase (ATP), v. 2 | p. 755	
3.2.1.10	Sea lion isomaltase, oligo-1,6-glucosidase, v. 12 | p. 162	
3.1.3.1	SEAP, alkaline phosphatase, v. 10 | p. 1	
3.4.21.63	Seaprose S, Oryzin, v. 7 | p. 300	
2.7.10.1	sea receptor, receptor protein-tyrosine kinase, v. S2 | p. 341	
3.4.24.12	sea urchin embryo hatching enzyme, envelysin, v. 8 | p. 248	
1.4.3.2	Sebastes schlegeli antibacterial protein, L-amino-acid oxidase, v. 22 | p. 225	
1.4.3.2	Sebastes schlegelii antibacterial protein, L-amino-acid oxidase, v. 22 | p. 225	
2.4.1.94	SEC, protein N-acetylglucosaminyltransferase, v. 32 | p. 39	
1.1.1.1	sec-ADH A, alcohol dehydrogenase, v. 16 | p. 1	
3.6.3.52	Sec-type system, chloroplast protein-transporting ATPase, v. 15 | p. 747	
3.6.4.6	Sec18, vesicle-fusing ATPase, v. 15 | p. 789	
3.6.4.6	SEC18 gene product, vesicle-fusing ATPase, v. 15 | p. 789	
3.6.4.7	SEC18p, peroxisome-assembly ATPase, v. 15 | p. 794	
2.7.1.108	Sec59p, dolichol kinase, v. 36 | p. 459	
3.6.3.52	SecA, chloroplast protein-transporting ATPase, v. 15 | p. 747	

3.6.3.52	SecA1, chloroplast protein-transporting ATPase, v. 15	p. 747
3.6.3.52	SecA1 ATPase, chloroplast protein-transporting ATPase, v. 15	p. 747
3.6.3.52	SecA2, chloroplast protein-transporting ATPase, v. 15	p. 747
3.6.3.52	SecA2 ATPase, chloroplast protein-transporting ATPase, v. 15	p. 747
3.6.3.52	SecA ATPase, chloroplast protein-transporting ATPase, v. 15	p. 747
3.6.3.52	SecA protein, chloroplast protein-transporting ATPase, v. 15	p. 747
1.11.1.9	2-SeCD, glutathione peroxidase, v. 25	p. 233
3.4.24.71	sECE, endothelin-converting enzyme 1, v. 8	p. 562
3.1.21.4	SecI, type II site-specific deoxyribonuclease, v. 11	p. 454
1.1.1.184	secondary-alcohol: NADP+-oxidoreductase, carbonyl reductase (NADPH), v. 18	p. 105
1.1.3.18	secondary alcohol oxidase, secondary-alcohol oxidase, v. 19	p. 158
2.4.1.94	SECRET AGENT, protein N-acetylglucosaminyltransferase, v. 32	p. 39
3.4.23.45	β-secretase, memapsin 1, v. S6	p. 228
3.4.23.46	β-secretase, memapsin 2, v. S6	p. 236
3.4.23.45	β-secretase 2, memapsin 1, v. S6	p. 228
3.1.3.2	secreted acid phosphatase, acid phosphatase, v. 10	p. 31
3.1.3.1	secreted alkaline phosphatase, alkaline phosphatase, v. 10	p. 1
3.4.23.24	secreted aspartic protease, Candidapepsin, v. 8	p. 114
3.4.23.24	secreted aspartic proteinase 1, Candidapepsin, v. 8	p. 114
3.4.23.24	secreted aspartic proteinase 2, Candidapepsin, v. 8	p. 114
3.4.21.76	secreted aspartic proteinase 3, Myeloblastin, v. 7	p. 380
3.4.23.24	secreted aspartyl protease, Candidapepsin, v. 8	p. 114
4.2.1.1	Secreted carbonic anhydrase, carbonate dehydratase, v. 4	p. 242
1.11.1.9	secreted GpX, glutathione peroxidase, v. 25	p. 233
3.1.1.4	secreted human phospholipase A2, phospholipase A2, v. 9	p. 52
3.1.1.4	secreted phospholipase A2, phospholipase A2, v. 9	p. 52
3.1.1.4	secreted phospholipaseA2 neurotoxin, phospholipase A2, v. 9	p. 52
3.1.1.4	secreted phospholipases A2, phospholipase A2, v. 9	p. 52
3.1.1.4	secreted sPLA2, phospholipase A2, v. 9	p. 52
2.7.13.3	secretion system regulator:sensor component, histidine kinase, v. S4	p. 420
2.4.1.69	secretor-type β-galactoside α1-2fucosyltransferase, galactoside 2-α-L-fucosyltransferase, v. 31	p. 532
3.1.1.4	Secretory-type PLA, stroma-associated homolog, phospholipase A, v. 9	p. 52
3.4.23.24	secretory aspartyl proteinase SAP1, Candidapepsin, v. 8	p. 114
3.4.23.24	secretory aspartyl proteinase SAP2p, Candidapepsin, v. 8	p. 114
3.4.23.24	secretory aspartyl proteinase SAP3p, Candidapepsin, v. 8	p. 114
3.4.23.24	secretory aspartyl proteinase SAP4p, Candidapepsin, v. 8	p. 114
3.4.23.24	secretory aspartyl proteinase SAP5p, Candidapepsin, v. 8	p. 114
3.4.23.24	secretory aspartyl proteinase SAP6p, Candidapepsin, v. 8	p. 114
3.6.3.8	secretory pathway Ca2+/Mn2+-ATPase, Ca2+-transporting ATPase, v. 15	p. 566
3.6.3.8	Secretory pathway Ca2+ transporting ATPase, Ca2+-transporting ATPase, v. 15	p. 566
3.1.1.4	secretory phospholipase, phospholipase A2, v. 9	p. 52
3.1.1.4	secretory phospholipase A2, phospholipase A2, v. 9	p. 52
3.1.1.4	secretory phospholipase A2-α, phospholipase A2, v. 9	p. 52
3.1.1.4	secretory phospholipase A2 type IB, phospholipase A2, v. 9	p. 52
3.1.1.4	secretory phospholipase A2 type IIA, phospholipase A2, v. 9	p. 52
3.1.1.4	secretory PLA2s, phospholipase A2, v. 9	p. 52
3.1.4.12	secretory sphingomyelinase, sphingomyelin phosphodiesterase, v. 11	p. 86
2.9.1.1	SecS, L-Seryl-tRNASec selenium transferase, v. 39	p. 548
2.9.1.1	Sec synthase, L-Seryl-tRNASec selenium transferase, v. 39	p. 548
3.4.21.79	SECT, Granzyme B, v. 7	p. 393
3.1.3.37	SED(1,7)P2ASE, sedoheptulose-bisphosphatase, v. 10	p. 346
3.4.21.100	SedA, sedolisin, v. 7	p. 487
3.4.21.100	SedB, sedolisin, v. 7	p. 487
3.4.14.9	SedB, tripeptidyl-peptidase I, v. 6	p. 316

3.4.21.100	SedC, sedolisin, v. 7 | p. 487	
3.4.14.9	SedC, tripeptidyl-peptidase I, v. 6 | p. 316	
3.4.21.100	SedD, sedolisin, v. 7 | p. 487	
3.1.3.37	sedoheptulose-1,7-bisphosphatase, sedoheptulose-bisphosphatase, v. 10 | p. 346	
3.1.3.37	Sedoheptulose-bisphosphatase, sedoheptulose-bisphosphatase, v. 10 | p. 346	
3.1.3.37	sedoheptulose 1,7-bisphosphatase, sedoheptulose-bisphosphatase, v. 10 | p. 346	
3.1.3.37	sedoheptulose 1,7-diphospate phosphatase, sedoheptulose-bisphosphatase, v. 10 | p. 346	
3.1.3.37	sedoheptulose 1,7-diphosphatase, sedoheptulose-bisphosphatase, v. 10 | p. 346	
3.1.3.37	sedoheptulose bisphosphatase, sedoheptulose-bisphosphatase, v. 10 | p. 346	
3.1.3.37	sedoheptulose diphosphatase, sedoheptulose-bisphosphatase, v. 10 | p. 346	
3.4.21.100	sedolisin, sedolisin, v. 7 | p. 487	
3.4.21.101	sedolisin-B, xanthomonalisin, v. 7 | p. 490	
3.4.14.9	sedolisin B, tripeptidyl-peptidase I, v. 6 | p. 316	
3.4.14.9	sedolisin C, tripeptidyl-peptidase I, v. 6 | p. 316	
3.4.14.9	sedolisin D, tripeptidyl-peptidase I, v. 6 | p. 316	
3.1.3.37	SedP2-ase, sedoheptulose-bisphosphatase, v. 10 | p. 346	
3.1.3.37	seduheptulose bisphosphatase, sedoheptulose-bisphosphatase, v. 10 | p. 346	
3.1.1.1	SeE, carboxylesterase, v. 9 | p. 1	
3.1.2.14	seed-specific acyl-acyl carrier protein thioesterase, oleoyl-[acyl-carrier-protein] hydrolase, v. 9 | p. 516	
1.2.1.4	Seegmiller enzyme, aldehyde dehydrogenase (NADP+), v. 20 | p. 63	
2.4.1.69	Se gene-encoded β-galactoside α1->2 fucosyltransferase, galactoside 2-α-L-fucosyltransferase, v. 31 | p. 532	
3.3.2.9	SEH, microsomal epoxide hydrolase, v. S5 | p. 200	
3.3.2.10	SEH, soluble epoxide hydrolase, v. S5 | p. 228	
2.4.1.212	seHAS, hyaluronan synthase, v. 32 | p. 558	
2.7.10.1	Sek-1 receptor tyrosine kinase, receptor protein-tyrosine kinase, v. S2 | p. 341	
1.8.4.12	Sel-X, peptide-methionine (R)-S-oxide reductase, v. S1 | p. 328	
6.3.2.19	Sel10, Ubiquitin-protein ligase, v. 2 | p. 506	
2.9.1.1	SelA, L-Seryl-tRNASec selenium transferase, v. 39 | p. 548	
1.3.1.72	seladin-1, Δ24-sterol reductase, v. 21 | p. 328	
2.9.1.1	selA gene product, L-Seryl-tRNASec selenium transferase, v. 39 | p. 548	
3.6.5.3	SelB, protein-synthesizing GTPase, v. S6 | p. 494	
2.7.9.3	SelD, selenide, water dikinase, v. 39 | p. 173	
2.7.9.3	SelD1, selenide, water dikinase, v. 39 | p. 173	
2.7.9.3	SELD protein, selenide, water dikinase, v. 39 | p. 173	
4.1.2.37	R-selective hydroxynitrile lyase, hydroxynitrilase, v. 3 | p. 569	
2.7.9.3	selenide water dikinase, selenide, water dikinase, v. 39 | p. 173	
1.11.1.9	selenium-dependent glutathione peroxidase, glutathione peroxidase, v. 25 | p. 233	
1.11.1.12	selenium-dependent glutathione peroxidase type-4, phospholipid-hydroperoxide glutathione peroxidase, v. 25 | p. 274	
1.11.1.9	selenium-glutathione peroxidase, glutathione peroxidase, v. 25 | p. 233	
2.7.9.3	selenium donor protein, selenide, water dikinase, v. 39 | p. 173	
1.8.4.12	selenocysteine-containing methionine-R-sulfoxide reductase, peptide-methionine (R)-S-oxide reductase, v. S1 | p. 328	
4.4.1.16	selenocysteine β-lyase, selenocysteine lyase, v. 5 | p. 391	
2.9.1.1	L-Selenocysteine-tRNASec synthase selenocysteine synthase, L-Seryl-tRNASec selenium transferase, v. 39 | p. 548	
2.9.1.1	L-Selenocysteine-tRNASel synthase, L-Seryl-tRNASec selenium transferase, v. 39 | p. 548	
2.9.1.1	Selenocysteine-tRNA synthase, L-Seryl-tRNASec selenium transferase, v. 39 | p. 548	
4.4.1.16	selenocysteine lyase, selenocysteine lyase, v. 5 | p. 391	
4.4.1.16	selenocysteine reductase, selenocysteine lyase, v. 5 | p. 391	
4.4.1.16	L-selenocysteine selenide-lyase, selenocysteine lyase, v. 5 | p. 391	
2.9.1.1	Selenocysteine synthase, L-Seryl-tRNASec selenium transferase, v. 39 | p. 548	

2.9.1.1	Selenocysteine synthase (Moorella thermoacetica strain DSM521 clone pCTA 100/ pCTAB1 gene selA), L-Seryl-tRNASec selenium transferase, v. 39	p. 548
3.6.5.3	selenocysteine tRNA-specific elongation factor, protein-synthesizing GTPase, v. S6	p. 494
2.9.1.1	Selenocysteinyl-tRNA(Sec) synthase, L-Seryl-tRNASec selenium transferase, v. 39	p. 548
2.9.1.1	Selenocysteinyl-tRNA synthase, L-Seryl-tRNASec selenium transferase, v. 39	p. 548
1.11.1.12	selenoperoxidase, phospholipid-hydroperoxide glutathione peroxidase, v. 25	p. 274
2.7.9.3	selenophosphate synthase, selenide, water dikinase, v. 39	p. 173
2.7.9.3	selenophosphate synthase (Aquifex aeolicus gene selD), selenide, water dikinase, v. 39	p. 173
2.7.9.3	selenophosphate synthetase, selenide, water dikinase, v. 39	p. 173
2.7.9.3	selenophosphate synthetase 1, selenide, water dikinase, v. 39	p. 173
2.7.9.3	selenophosphate synthetase 2, selenide, water dikinase, v. 39	p. 173
2.7.8.1	selenoprotein 1, ethanolaminephosphotransferase, v. 39	p. 1
1.11.1.12	selenoprotein P, phospholipid-hydroperoxide glutathione peroxidase, v. 25	p. 274
1.8.4.12	selenoprotein R, peptide-methionine (R)-S-oxide reductase, v. S1	p. 328
1.11.1.9	selenosubtilisin, glutathione peroxidase, v. 25	p. 233
3.1.27.1	self-incompatibility factor, ribonuclease T2, v. 11	p. 557
1.8.4.12	SelR, peptide-methionine (R)-S-oxide reductase, v. S1	p. 328
3.5.1.11	semacylase, penicillin amidase, v. 14	p. 287
3.1.3.1	semen plasma alkaline phosphatase, alkaline phosphatase, v. 10	p. 1
3.4.21.63	Semi-alkaline protease, Oryzin, v. 7	p. 300
1.4.3.6	semicarbazid-sensitiv amine oxidase, amine oxidase (copper-containing), v. 22	p. 291
1.4.3.4	semicarbazide-sensitive amine oxidase, monoamine oxidase, v. 22	p. 260
1.4.3.21	semicarbazide-sensitive amine oxidase, primary-amine oxidase
1.4.3.21	semicarbazide-sensitive amine oxidase/vascular adhesion protein-1, primary-amine oxidase
1.4.3.21	semicarbazide-sensitive amine oxidases, primary-amine oxidase
1.6.5.4	semidehydroascorbate reductase, monodehydroascorbate reductase (NADH), v. 24	p. 126
3.4.23.3	seminal pepsin, gastricsin, v. 8	p. 14
3.1.3.1	seminal plasma alkaline phosphatase, alkaline phosphatase, v. 10	p. 1
3.1.3.1	seminal plasma AP, alkaline phosphatase, v. 10	p. 1
3.1.27.5	seminal ribonuclease, pancreatic ribonuclease, v. 11	p. 584
3.1.27.5	Seminal RNase, pancreatic ribonuclease, v. 11	p. 584
3.4.21.77	seminin, semenogelase, v. 7	p. 385
3.4.21.77	γ-seminoglycoprotein (human protein moiety reduced), semenogelase, v. 7	p. 385
3.4.21.77	γ-seminoprotein, semenogelase, v. 7	p. 385
4.2.1.11	SEN, phosphopyruvate hydratase, v. 4	p. 312
1.14.13.101	senecionine monooxygenase (N-oxide-forming), senecionine N-oxygenase, v. S1	p. 638
1.14.13.101	senecionine N-oxygenase, senecionine N-oxygenase, v. S1	p. 638
3.1.8.2	senescence marker protein-30, diisopropyl-fluorophosphatase, v. 11	p. 350
3.1.1.17	senescence marker protein-30/gluconolactonase, gluconolactonase, v. 9	p. 179
3.1.1.17	senescence marker protein 30, gluconolactonase, v. 9	p. 179
3.4.22.68	SENP1, Ulp1 peptidase, v. S6	p. 223
3.4.22.68	SENP3, Ulp1 peptidase, v. S6	p. 223
3.4.22.68	SENP5, Ulp1 peptidase, v. S6	p. 223
2.7.13.3	SenS, histidine kinase, v. S4	p. 420
2.7.13.3	sensor-like histidine kinase senX3, histidine kinase, v. S4	p. 420
2.7.13.3	sensor histidine kinase, histidine kinase, v. S4	p. 420
2.7.13.3	sensor histidine kinase mtrB, histidine kinase, v. S4	p. 420
2.7.13.3	sensor histidine kinase regB (PrrB protein), histidine kinase, v. S4	p. 420
2.7.13.3	sensor kinase citA, histidine kinase, v. S4	p. 420
2.7.13.3	sensor kinase cusS, histidine kinase, v. S4	p. 420
2.7.13.3	sensor kinase dpiB, histidine kinase, v. S4	p. 420
2.7.13.3	sensor kinase dpiB (sensor kinase citA), histidine kinase, v. S4	p. 420
2.7.13.3	sensor protein, histidine kinase, v. S4	p. 420

2.7.13.3	sensor protein afsQ2, histidine kinase, v. S4	p. 420
2.7.13.3	sensor protein atoS, histidine kinase, v. S4	p. 420
2.7.13.3	sensor protein baeS, histidine kinase, v. S4	p. 420
2.7.13.3	sensor protein barA, histidine kinase, v. S4	p. 420
2.7.13.3	sensor protein basS/pmrB, histidine kinase, v. S4	p. 420
2.7.13.3	sensor protein chvG, histidine kinase, v. S4	p. 420
2.7.13.3	sensor protein chvG (histidine kinase sensory protein), histidine kinase, v. S4	p. 420
2.7.13.3	sensor protein ciaH, histidine kinase, v. S4	p. 420
2.7.13.3	sensor protein citS, histidine kinase, v S4	p. 420
2.7.13.3	sensor protein copS, histidine kinase, v. S4	p. 420
2.7.13.3	sensor protein cpxA, histidine kinase, v. S4	p. 420
2.7.13.3	sensor protein creC, histidine kinase, v. S4	p. 420
2.7.13.3	sensor protein cssS, histidine kinase, v. S4	p. 420
2.7.13.3	sensor protein cutS, histidine kinase, v. S4	p. 420
2.7.13.3	sensor protein czcS, histidine kinase, v. S4	p. 420
2.7.13.3	sensor protein dcuA, histidine kinase, v. S4	p. 420
2.7.13.3	sensor protein dcuS, histidine kinase, v. S4	p. 420
2.7.13.3	sensor protein degS, histidine kinase, v. S4	p. 420
2.7.13.3	sensor protein divL, histidine kinase, v. S4	p. 420
2.7.13.3	sensor protein evgS precursor, histidine kinase, v. S4	p. 420
2.7.13.3	sensor protein fixL, histidine kinase, v. S4	p. 420
2.7.13.3	sensor protein for basR, histidine kinase, v. S4	p. 420
2.7.13.3	sensor protein gacS, histidine kinase, v. S4	p. 420
2.7.13.3	sensor protein irlS, histidine kinase, v. S4	p. 420
2.7.13.3	sensor protein kdpD, histidine kinase, v. S4	p. 420
2.7.13.3	sensor protein kinase (sensor protein PhoQ), histidine kinase, v. S4	p. 420
2.7.13.3	sensor protein luxN, histidine kinase, v. S4	p. 420
2.7.13.3	sensor protein luxQ, histidine kinase, v. S4	p. 420
2.7.13.3	sensor protein narQ homolog, histidine kinase, v. S4	p. 420
2.7.13.3	sensor protein pfeS, histidine kinase, v. S4	p. 420
2.7.13.3	sensor protein phoQ, histidine kinase, v. S4	p. 420
2.7.13.3	sensor protein qseC, histidine kinase, v. S4	p. 420
2.7.13.3	sensor protein rcsC, histidine kinase, v. S4	p. 420
2.7.13.3	sensor protein rcsC (capsular synthesis regulator), histidine kinase, v. S4	p. 420
2.7.13.3	sensor protein resE, histidine kinase, v. S4	p. 420
2.7.13.3	sensor protein roxS, histidine kinase, v. S4	p. 420
2.7.13.3	sensor protein rprX, histidine kinase, v. S4	p. 420
2.7.13.3	sensor protein rstB, histidine kinase, v. S4	p. 420
2.7.13.3	sensor protein sphS, histidine kinase, v. S4	p. 420
2.7.13.3	sensor protein torS, histidine kinase, v. S4	p. 420
2.7.13.3	sensor protein uhpB, histidine kinase, v. S4	p. 420
2.7.13.3	sensor protein vanS (vancomycin resistance protein vanS), histidine kinase, v. S4	p. 420
2.7.13.3	sensor protein vanSB (vancomycin B-type resistance), histidine kinase, v. S4	p. 420
2.7.13.3	sensor protein yycG, histidine kinase, v. S4	p. 420
2.7.13.3	sensor protein zraS, histidine kinase, v. S4	p. 420
2.7.13.3	sensor with histidine kinase, histidine kinase, v. S4	p. 420
2.7.13.3	sensory/regulatory protein rpfC, histidine kinase, v. S4	p. 420
2.7.13.3	sensory histidine kinase, histidine kinase, v. S4	p. 420
2.7.13.3	sensory histidine kinase in two-component regulatory system with ArcA, histidine kinase, v. S4	p. 420
2.7.13.3	sensory histidine kinase in two-component regulatory system with DcuR, senses fumarate/C4-dicarboxylate, histidine kinase, v. S4	p. 420
2.7.13.3	sensory histidine kinase in two-component regulatory system with NarP, histidine kinase, v. S4	p. 420

2.7.13.3	sensory kinase (alternative) in two-component regulatory system with CreB (or alternatively PhoB), senses catabolite repression, histidine kinase, v. S4	p. 420
2.7.13.3	sensory kinase in multi-component regulatory system with TorR, histidine kinase, v. S4	p. 420
2.7.13.3	sensory kinase in two-component regulatory system with CpxR, senses misfolded proteins in bacterial envelope, histidine kinase, v. S4	p. 420
2.7.13.3	sensory kinase in two-component regulatory system with PhoB, regulates pho regulon, histidine kinase, v. S4	p. 420
2.7.13.3	sensory kinase in two-component regulatory system wtih KdpE, regulates kdp operon, histidine kinase, v. S4	p. 420
2.7.13.3	sensory transduction histidine kinase, histidine kinase, v. S4	p. 420
2.7.13.3	sensory transduction protein kinase, histidine kinase, v. S4	p. 420
3.4.24.11	SEP, neprilysin, v. 8	p. 230
3.4.22.49	sep-1, separase, v. S6	p. 18
3.4.22.49	separase, separase, v. S6	p. 18
3.4.22.49	separin, separase, v. S6	p. 18
3.1.4.13	SEP diesterase, serine-ethanolaminephosphate phosphodiesterase, v. 11	p. 99
2.2.1.9	SEPHCHC synthase, 2-succinyl-5-enolpyruvyl-6-hydroxy-3-cyclohexene-1-carboxylic-acid synthase
2.7.8.7	SePptII, holo-[acyl-carrier-protein] synthase, v. 39	p. 50
3.4.14.2	seprase, dipeptidyl-peptidase II, v. 6	p. 268
2.7.9.3	SEP synthetase, selenide, water dikinase, v. 39	p. 173
2.7.8.4	SEP synthetase, serine-phosphoethanolamine synthase, v. 39	p. 35
2.7.7.7	sequenase, DNA-directed DNA polymerase, v. 38	p. 118
1.1.1.143	sequoylitol dehydrogenase, sequoyitol dehydrogenase, v. 17	p. 431
3.4.13.19	Ser-Met dipeptidase, membrane dipeptidase, v. 6	p. 239
2.7.12.1	Ser/Thr/Tyr kinase, dual-specificity kinase, v. S4	p. 372
2.7.11.1	Ser/Thr kinase, non-specific serine/threonine protein kinase, v. S3	p. 1
3.1.3.16	Ser/Thr phosphatase, phosphoprotein phosphatase, v. 10	p. 213
2.7.11.1	Ser/Thr protein kinase, non-specific serine/threonine protein kinase, v. S3	p. 1
3.1.3.16	Ser/Thr protein phosphatase, phosphoprotein phosphatase, v. 10	p. 213
3.1.3.16	Ser/Thr protein phosphatase 5, phosphoprotein phosphatase, v. 10	p. 213
2.3.1.30	SERAT, serine O-acetyltransferase, v. 29	p. 502
2.3.1.30	Serat1,1, serine O-acetyltransferase, v. 29	p. 502
2.3.1.30	Serat2,1, serine O-acetyltransferase, v. 29	p. 502
2.3.1.30	Serat2,2, serine O-acetyltransferase, v. 29	p. 502
2.3.1.30	Serat3,1, serine O-acetyltransferase, v. 29	p. 502
2.3.1.30	Serat3,2, serine O-acetyltransferase, v. 29	p. 502
3.1.3.3	SerB653, phosphoserine phosphatase, v. 10	p. 77
3.1.3.3	SerB PG0653, phosphoserine phosphatase, v. 10	p. 77
2.6.1.52	serC, phosphoserine transaminase, v. 34	p. 588
3.6.3.8	SERCA, Ca^{2+}-transporting ATPase, v. 15	p. 566
3.6.3.8	SERCA-1, Ca^{2+}-transporting ATPase, v. 15	p. 566
3.6.3.5	SERCA-like ATPase, Zn^{2+}-exporting ATPase, v. 15	p. 550
3.6.3.8	SERCA-like calcium ATPase, Ca^{2+}-transporting ATPase, v. 15	p. 566
3.6.3.8	SERCA 1, Ca^{2+}-transporting ATPase, v. 15	p. 566
3.6.3.8	SERCA1, Ca^{2+}-transporting ATPase, v. 15	p. 566
3.6.3.8	SERCA1a, Ca^{2+}-transporting ATPase, v. 15	p. 566
3.6.3.8	SERCA2, Ca^{2+}-transporting ATPase, v. 15	p. 566
3.6.3.8	SERCA2a, Ca^{2+}-transporting ATPase, v. 15	p. 566
3.6.3.8	SERCA2b, Ca^{2+}-transporting ATPase, v. 15	p. 566
3.6.3.8	SERCA3, Ca^{2+}-transporting ATPase, v. 15	p. 566
3.4.16.5	Ser carboxypeptidase, carboxypeptidase C, v. 6	p. 385
3.4.16.5	Ser carboxypeptidase-like protein, carboxypeptidase C, v. 6	p. 385
4.3.1.17	SerDH, L-Serine ammonia-lyase, v. S7	p. 332

2.7.11.1	serine(threonine) protein kinase, non-specific serine/threonine protein kinase, v. S3 | p. 1
6.1.1.11	Serine-tRNA ligase, Serine-tRNA ligase, v. 2 | p. 77
3.1.4.13	serine-ethanolamine phosphate phosphodiesterase, serine-ethanolaminephosphate phosphodiesterase, v. 11 | p. 99
2.6.1.45	serine-glyoxylate aminotransferase, serine-glyoxylate transaminase, v. 34 | p. 552
3.5.2.6	serine β-lactamase, β-lactamase, v. 14 | p. 683
2.3.1.50	serine-palmitoyl transferase, serine C-palmitoyltransferase, v. 29 | p. 661
2.3.1.50	serine-palmitoyltransferase, serine C-palmitoyltransferase, v. 29 | p. 661
2.7.8.4	serine-phosphinico-ethanolamine synthase, serine-phosphoethanolamine synthase, v. 39 | p. 35
2.7.11.1	serine-specific protein kinase, non-specific serine/threonine protein kinase, v. S3 | p. 1
2.7.11.1	serine-threonine kinase, non-specific serine/threonine protein kinase, v. S3 | p. 1
2.7.11.26	serine-threonine kinase, τ-protein kinase, v. S4 | p. 303
2.7.11.1	serine-threonine kinase AKT, non-specific serine/threonine protein kinase, v. S3 | p. 1
2.7.11.1	serine-threonine kinase B, non-specific serine/threonine protein kinase, v. S3 | p. 1
2.7.11.1	serine-threonine kinase pk-1, non-specific serine/threonine protein kinase, v. S3 | p. 1
2.7.11.1	serine-threonine kinase PknF, non-specific serine/threonine protein kinase, v. S3 | p. 1
2.7.11.1	serine-threonine protein kinase, non-specific serine/threonine protein kinase, v. S3 | p. 1
3.1.3.16	serine-threonine protein phosphatase, phosphoprotein phosphatase, v. 10 | p. 213
3.4.16.4	serine-type D-Ala-D-Ala carboxypeptidase, serine-type D-Ala-D-Ala carboxypeptidase, v. 6 | p. 376
3.4.21.72	serine-type IgA1 protease, IgA-specific serine endopeptidase, v. 7 | p. 353
3.4.21.72	serine-type immunoglobulin A1 protease, IgA-specific serine endopeptidase, v. 7 | p. 353
2.7.11.1	serine/threonine-protein kinase 1, non-specific serine/threonine protein kinase, v. S3 | p. 1
2.7.11.1	serine/threonine-protein kinase 11, non-specific serine/threonine protein kinase, v. S3 | p. 1
2.7.11.22	serine/threonine-protein kinase ALS2CR2, cyclin-dependent kinase, v. S4 | p. 156
2.7.11.1	serine/threonine-protein kinase ark1, non-specific serine/threonine protein kinase, v. S3 | p. 1
2.7.11.1	serine/threonine-protein kinase ASK1, non-specific serine/threonine protein kinase, v. S3 | p. 1
2.7.11.1	serine/threonine-protein kinase ASK2, non-specific serine/threonine protein kinase, v. S3 | p. 1
2.7.11.1	serine/threonine-protein kinase AtPK1/AtPK6, non-specific serine/threonine protein kinase, v. S3 | p. 1
2.7.11.1	serine/threonine-protein kinase AtPK19, non-specific serine/threonine protein kinase, v. S3 | p. 1
2.7.11.22	serine/threonine-protein kinase CAK1, cyclin-dependent kinase, v. S4 | p. 156
2.7.11.1	serine/threonine-protein kinase CBK1, non-specific serine/threonine protein kinase, v. S3 | p. 1
2.7.11.1	serine/threonine-protein kinase Chk1, non-specific serine/threonine protein kinase, v. S3 | p. 1
2.7.11.1	serine/threonine-protein kinase Chk2, non-specific serine/threonine protein kinase, v. S3 | p. 1
2.7.11.1	serine/threonine-protein kinase CLA4, non-specific serine/threonine protein kinase, v. S3 | p. 1
2.7.11.1	serine/threonine-protein kinase cot-1, non-specific serine/threonine protein kinase, v. S3 | p. 1
2.7.11.1	serine/threonine-protein kinase CTR1, non-specific serine/threonine protein kinase, v. S3 | p. 1
2.7.11.1	serine/threonine-protein kinase DCAMKL1, non-specific serine/threonine protein kinase, v. S3 | p. 1
2.7.11.1	serine/threonine-protein kinase fused, non-specific serine/threonine protein kinase, v. S3 | p. 1

2.7.11.1	serine/threonine-protein kinase GIN4, non-specific serine/threonine protein kinase, v. S3 | p. 1
2.7.11.1	serine/threonine-protein kinase H1, non-specific serine/threonine protein kinase, v. S3 | p. 1
2.7.11.1	serine/threonine-protein kinase IPL1, non-specific serine/threonine protein kinase, v. S3 | p. 1
2.7.11.1	serine/threonine-protein kinase IRE1 precursor, non-specific serine/threonine protein kinase, v. S3 | p. 1
2.7.11.22	serine/threonine-protein kinase KIN28, cyclin-dependent kinase, v. S4 | p. 156
2.7.11.1	serine/threonine-protein kinase KIN3, non-specific serine/threonine protein kinase, v. S3 | p. 1
2.7.11.1	serine/threonine-protein kinase KIN4, non-specific serine/threonine protein kinase, v. S3 | p. 1
2.7.11.1	serine/threonine-protein kinase Kist, non-specific serine/threonine protein kinase, v. S3 | p. 1
2.7.11.22	serine/threonine-protein kinase KKIALRE, cyclin-dependent kinase, v. S4 | p. 156
2.7.11.1	serine/threonine-protein kinase KSP1, non-specific serine/threonine protein kinase, v. S3 | p. 1
2.7.11.22	serine/threonine-protein kinase MAK, cyclin-dependent kinase, v. S4 | p. 156
2.7.11.26	serine/threonine-protein kinase MDS1/RIM11, τ-protein kinase, v. S4 | p. 303
2.7.11.22	serine/threonine-protein kinase MHK, cyclin-dependent kinase, v. S4 | p. 156
2.7.11.26	serine/threonine-protein kinase MRK1, τ-protein kinase, v. S4 | p. 303
2.7.11.1	serine/threonine-protein kinase NEK2, non-specific serine/threonine protein kinase, v. S3 | p. 1
2.7.11.1	serine/threonine-protein kinase NEK3, non-specific serine/threonine protein kinase, v. S3 | p. 1
2.7.11.1	serine/threonine-protein kinase nrc-2, non-specific serine/threonine protein kinase, v. S3 | p. 1
2.7.11.1	Serine/threonine-protein kinase NRK2, non-specific serine/threonine protein kinase, v. S3 | p. 1
2.7.11.1	Serine/threonine-protein kinase NYD-SPK, non-specific serine/threonine protein kinase, v. S3 | p. 1
2.7.11.1	serine/threonine-protein kinase orb6, non-specific serine/threonine protein kinase, v. S3 | p. 1
2.7.11.1	serine/threonine-protein kinase PAK 1, non-specific serine/threonine protein kinase, v. S3 | p. 1
2.7.11.1	serine/threonine-protein kinase PAK1, non-specific serine/threonine protein kinase, v. S3 | p. 1
2.7.11.1	serine/threonine-protein kinase pak1/shk1, non-specific serine/threonine protein kinase, v. S3 | p. 1
2.7.1.12	serine/threonine-protein kinase PAK 2, gluconokinase, v. 35 | p. 211
2.7.12.2	serine/threonine-protein kinase PAK 2, mitogen-activated protein kinase kinase, v. S4 | p. 392
2.7.11.1	serine/threonine-protein kinase PAK 2, non-specific serine/threonine protein kinase, v. S3 | p. 1
2.7.1.12	serine/threonine-protein kinase PAK 3, gluconokinase, v. 35 | p. 211
2.7.11.1	serine/threonine-protein kinase PAK 3, non-specific serine/threonine protein kinase, v. S3 | p. 1
2.7.11.1	serine/threonine-protein kinase PAK 4, non-specific serine/threonine protein kinase, v. S3 | p. 1
2.7.12.2	serine/threonine-protein kinase PAK 7, mitogen-activated protein kinase kinase, v. S4 | p. 392
2.7.11.1	serine/threonine-protein kinase PAK 7, non-specific serine/threonine protein kinase, v. S3 | p. 1
2.7.11.22	serine/threonine-protein kinase PCTAIRE-1, cyclin-dependent kinase, v. S4 | p. 156

2.7.11.22	serine/threonine-protein kinase PCTAIRE-2, cyclin-dependent kinase, v. S4	p. 156
2.7.11.22	serine/threonine-protein kinase PCTAIRE-3, cyclin-dependent kinase, v. S4	p. 156
2.7.11.22	serine/threonine-protein kinase pef1, cyclin-dependent kinase, v. S4	p. 156
2.7.11.1	serine/threonine-protein kinase Pk61C, non-specific serine/threonine protein kinase, v. S3	p. 1
2.7.11.10	serine/threonine-protein kinase pkn1, IkappaB kinase, v. S3	p. 210
2.7.11.1	serine/threonine-protein kinase pkn2, non-specific serine/threonine protein kinase, v. S3	p. 1
2.7.11.1	serine/threonine-protein kinase pkn5, non-specific serine/threonine protein kinase, v. S3	p. 1
2.7.11.1	serine/threonine-protein kinase pkn6, non-specific serine/threonine protein kinase, v. S3	p. 1
2.7.11.1	serine/threonine-protein kinase pknA, non-specific serine/threonine protein kinase, v. S3	p. 1
2.7.11.1	serine/threonine-protein kinase pknD, non-specific serine/threonine protein kinase, v. S3	p. 1
2.7.11.21	serine/threonine-protein kinase PLK, polo kinase, v. S4	p. 134
2.7.11.21	serine/threonine-protein kinase plk-1, polo kinase, v. S4	p. 134
2.7.11.21	serine/threonine-protein kinase plk-2, polo kinase, v. S4	p. 134
2.7.11.21	serine/threonine-protein kinase plk-3, polo kinase, v. S4	p. 134
2.7.11.21	serine/threonine-protein kinase plo1, polo kinase, v. S4	p. 134
2.7.11.22	serine/threonine-protein kinase prk1, cyclin-dependent kinase, v. S4	p. 156
2.7.11.1	serine/threonine-protein kinase prp4, non-specific serine/threonine protein kinase, v. S3	p. 1
2.7.11.1	serine/threonine-protein kinase PTK1/STK1, non-specific serine/threonine protein kinase, v. S3	p. 1
2.7.11.1	serine/threonine-protein kinase PTK2/STK2, non-specific serine/threonine protein kinase, v. S3	p. 1
2.7.11.1	serine/threonine-protein kinase RCK1, non-specific serine/threonine protein kinase, v. S3	p. 1
2.7.11.1	serine/threonine-protein kinase RCK2, non-specific serine/threonine protein kinase, v. S3	p. 1
2.7.11.30	Serine/threonine-protein kinase receptor R1, receptor protein serine/threonine kinase, v. S4	p. 340
2.7.10.2	serine/threonine-protein kinase receptor R2, non-specific protein-tyrosine kinase, v. S2	p. 441
2.7.10.2	serine/threonine-protein kinase receptor R3, non-specific protein-tyrosine kinase, v. S2	p. 441
2.7.11.30	Serine/threonine-protein kinase receptor R4, receptor protein serine/threonine kinase, v. S4	p. 340
2.7.11.30	Serine/threonine-protein kinase receptor R5, receptor protein serine/threonine kinase, v. S4	p. 340
2.7.11.30	Serine/threonine-protein kinase receptor R6, receptor protein serine/threonine kinase, v. S4	p. 340
2.7.10.2	serine/threonine-protein kinase receptor TKV, non-specific protein-tyrosine kinase, v. S2	p. 441
2.7.11.1	serine/threonine-protein kinase RIM15, non-specific serine/threonine protein kinase, v. S3	p. 1
2.7.11.1	serine/threonine-protein kinase SAT4, non-specific serine/threonine protein kinase, v. S3	p. 1
2.7.11.1	serine/threonine-protein kinase SCH9, non-specific serine/threonine protein kinase, v. S3	p. 1
2.7.11.1	serine/threonine-protein kinase sck1, non-specific serine/threonine protein kinase, v. S3	p. 1

2.7.11.1	serine/threonine-protein kinase Sgk, non-specific serine/threonine protein kinase, v. S3 | p. 1
2.7.11.1	serine/threonine-protein kinase shk2, non-specific serine/threonine protein kinase, v. S3 | p. 1
2.7.11.1	serine/threonine-protein kinase SKM1, non-specific serine/threonine protein kinase, v. S3 | p. 1
2.7.11.1	serine/threonine-protein kinase SKS1, non-specific serine/threonine protein kinase, v. S3 | p. 1
2.7.10.2	serine/threonine-protein kinase sma-6, non-specific protein-tyrosine kinase, v. S2 | p. 441
2.7.11.21	serine/threonine-protein kinase SNK, polo kinase, v. S4 | p. 134
2.7.11.1	serine/threonine-protein kinase ssp1, non-specific serine/threonine protein kinase, v. S3 | p. 1
2.7.11.25	serine/threonine-protein kinase STE11, mitogen-activated protein kinase kinase kinase, v. S4 | p. 278
2.7.11.1	serine/threonine-protein kinase STE20, non-specific serine/threonine protein kinase, v. S3 | p. 1
2.7.11.1	serine/threonine-protein kinase STE20 homolog, non-specific serine/threonine protein kinase, v. S3 | p. 1
2.7.11.1	serine/threonine-protein kinase transforming protein mil, non-specific serine/threonine protein kinase, v. S3 | p. 1
2.7.10.2	serine/threonine-protein kinase transforming protein mos, non-specific protein-tyrosine kinase, v. S2 | p. 441
2.7.10.2	serine/threonine-protein kinase transforming protein raf, non-specific protein-tyrosine kinase, v. S2 | p. 441
2.7.11.1	serine/threonine-protein kinase transforming protein Rmil, non-specific serine/threonine protein kinase, v. S3 | p. 1
2.7.11.1	serine/threonine-protein kinase ULK1, non-specific serine/threonine protein kinase, v. S3 | p. 1
2.7.11.1	serine/threonine-protein kinase unc-51, non-specific serine/threonine protein kinase, v. S3 | p. 1
2.7.11.1	serine/threonine-protein kinase YPK1, non-specific serine/threonine protein kinase, v. S3 | p. 1
2.7.11.1	serine/threonine-protein kinase YPK2/YKR2, non-specific serine/threonine protein kinase, v. S3 | p. 1
2.7.11.1	serine/threonine-specific protein kinase, non-specific serine/threonine protein kinase, v. S3 | p. 1
2.7.12.1	serine/threonine/tyrosine kinase, dual-specificity kinase, v. S4 | p. 372
2.7.12.1	serine/threonine/tyrosine protein kinase, dual-specificity kinase, v. S4 | p. 372
2.7.11.1	serine/threonine kinase, non-specific serine/threonine protein kinase, v. S3 | p. 1
2.7.11.1	Serine/threonine kinase 15, non-specific serine/threonine protein kinase, v. S3 | p. 1
2.7.11.1	serine/threonine kinase 17A, non-specific serine/threonine protein kinase, v. S3 | p. 1
2.7.11.1	serine/threonine kinase 17B, non-specific serine/threonine protein kinase, v. S3 | p. 1
2.7.11.1	Serine/threonine kinase Ayk1, non-specific serine/threonine protein kinase, v. S3 | p. 1
2.7.11.22	serine/threonine kinase p, cyclin-dependent kinase, v. S4 | p. 156
2.7.11.1	serine/threonine kinase PRP4 homolog, non-specific serine/threonine protein kinase, v. S3 | p. 1
2.7.10.2	serine/threonine kinase receptor, non-specific protein-tyrosine kinase, v. S2 | p. 441
3.1.3.16	serine/threonine phhosphatase, phosphoprotein phosphatase, v. 10 | p. 213
3.1.3.16	serine/threonine phosphatase, phosphoprotein phosphatase, v. 10 | p. 213
2.7.11.1	serine/threonine protein kinase, non-specific serine/threonine protein kinase, v. S3 | p. 1
2.7.11.1	serine/threonine protein kinase 16, non-specific serine/threonine protein kinase, v. S3 | p. 1
2.7.11.1	serine/threonine protein kinase 31, non-specific serine/threonine protein kinase, v. S3 | p. 1
2.7.11.1	serine/threonine protein kinase afsK, non-specific serine/threonine protein kinase, v. S3 | p. 1

2.7.11.1	serine/threonine protein kinase BUD32, non-specific serine/threonine protein kinase, v. S3 | p. 1
2.7.12.1	serine/threonine protein kinase minibrain, dual-specificity kinase, v. S4 | p. 372
2.7.10.2	serine/threonine protein kinase mos, non-specific protein-tyrosine kinase, v. S2 | p. 441
2.7.12.1	serine/threonine protein kinase MPS1, dual-specificity kinase, v. S4 | p. 372
2.7.11.25	Serine/threonine protein kinase NIK, mitogen-activated protein kinase kinase kinase, v. S4 | p. 278
2.7.11.22	serine/threonine protein kinase PCTAIRE-3, cyclin-dependent kinase, v. S4 | p. 156
2.7.11.22	serine/threonine protein kinase PITSLRE, cyclin-dependent kinase, v. S4 | p. 156
2.7.11.1	serine/threonine protein kinase pkaA, non-specific serine/threonine protein kinase, v. S3 | p. 1
2.7.11.1	serine/threonine protein kinase pkaB, non-specific serine/threonine protein kinase, v. S3 | p. 1
2.7.11.22	serine/threonine protein kinase SGV1, cyclin-dependent kinase, v. S4 | p. 156
2.7.12.2	serine/threonine protein kinase STE7, mitogen-activated protein kinase kinase, v. S4 | p. 392
2.7.12.2	serine/threonine protein kinase STE7 homolog, mitogen-activated protein kinase kinase, v. S4 | p. 392
3.1.3.16	serine/threonine protein phosphatase, phosphoprotein phosphatase, v. 10 | p. 213
3.1.3.16	serine/threonine protein phosphatase-1, phosphoprotein phosphatase, v. 10 | p. 213
3.1.3.16	serine/threonine protein phosphatase-5, phosphoprotein phosphatase, v. 10 | p. 213
3.1.3.16	serine/threonine protein phosphatase-like protein, phosphoprotein phosphatase, v. 10 | p. 213
3.1.3.16	serine/threonine protein phosphatase 2A, phosphoprotein phosphatase, v. 10 | p. 213
3.1.3.16	serine/threonine protein phosphatase 2C, phosphoprotein phosphatase, v. 10 | p. 213
3.1.3.16	serine/threonine protein phosphatase 4, phosphoprotein phosphatase, v. 10 | p. 213
3.1.3.16	serine/threonine protein phosphatase 5, phosphoprotein phosphatase, v. 10 | p. 213
3.1.3.16	serine/threonine protein phosphatase type1, phosphoprotein phosphatase, v. 10 | p. 213
3.1.3.16	serine/threonine protein phosphatase type2A, phosphoprotein phosphatase, v. 10 | p. 213
3.1.3.16	serine/threonine protein phosphatase type 5, phosphoprotein phosphatase, v. 10 | p. 213
2.7.11.30	serine/threonine receptor kinase, receptor protein serine/threonine kinase, v. S4 | p. 340
2.7.11.23	serine 2 C-terminal domain kinase, [RNA-polymerase]-subunit kinase, v. S4 | p. 220
2.6.1.45	serine:glyoxylate aminotransferase, serine-glyoxylate transaminase, v. 34 | p. 552
1.4.1.7	L-serine:NAD oxidoreductase (deaminating), serine 2-dehydrogenase, v. 22 | p. 92
2.6.1.44	serine:pyruvate/alanine:glyoxylate aminotransferase, alanine-glyoxylate transaminase, v. 34 | p. 538
2.6.1.51	serine:pyruvate/alanine:glyoxylate aminotransferase, serine-pyruvate transaminase, v. 34 | p. 579
2.3.1.30	L-serine acetyltransferase, serine O-acetyltransferase, v. 29 | p. 502
2.3.1.30	serine acetyltransferase, serine O-acetyltransferase, v. 29 | p. 502
2.3.1.30	serine acetyltransferase 2,1, serine O-acetyltransferase, v. 29 | p. 502
2.1.2.1	serine aldolase, glycine hydroxymethyltransferase, v. 29 | p. 1
4.3.1.18	D-serine ammonia-lyase, D-Serine ammonia-lyase, v. S7 | p. 348
4.3.1.17	L-serine ammonia-lyase, L-Serine ammonia-lyase, v. S7 | p. 332
4.3.1.18	D-serine ammonia lyase, D-Serine ammonia-lyase, v. S7 | p. 348
3.4.16.5	serine carboxypeptidase, carboxypeptidase C, v. 6 | p. 385
3.4.16.5	serine carboxypeptidase I, carboxypeptidase C, v. 6 | p. 385
3.4.16.5	serine carboxypeptidase Scpep1, carboxypeptidase C, v. 6 | p. 385
4.3.1.18	D-Serine deaminase, D-Serine ammonia-lyase, v. S7 | p. 348
4.3.1.17	L-Serine deaminase, L-Serine ammonia-lyase, v. S7 | p. 332
4.3.1.18	Serine deaminase, D-Serine ammonia-lyase, v. S7 | p. 348
4.3.1.17	Serine deaminase, L-Serine ammonia-lyase, v. S7 | p. 332
4.3.1.18	D-Serine dehydrase, D-Serine ammonia-lyase, v. S7 | p. 348
4.3.1.18	D-serine dehydratase, D-Serine ammonia-lyase, v. S7 | p. 348
4.3.1.17	L-serine dehydratase, L-Serine ammonia-lyase, v. S7 | p. 332

4.3.1.17	Serine dehydratase, L-Serine ammonia-lyase, v. S7	p. 332
4.3.1.17	serine dehydratase like-1, L-Serine ammonia-lyase, v. S7	p. 332
1.4.1.7	serine dehydrogenase, serine 2-dehydrogenase, v. 22	p. 92
3.1.1.47	Serine dependent phospholipase A2, 1-alkyl-2-acetylglycerophosphocholine esterase, v. 9	p. 320
3.4.21.37	serine elastase, leukocyte elastase, v. 7	p. 164
3.4.21.36	serine elastase, pancreatic elastase, v. 7	p. 158
3.1.2.12	serine esterase, S-formylglutathione hydrolase, v. 9	p. 508
2.7.8.4	serine ethanolamine phosphate synthetase, serine-phosphoethanolamine synthase, v. 39	p. 35
3.1.4.13	serine ethanolamine phosphodiester phosphodiesterase, serine-ethanolaminephosphate phosphodiesterase, v. 11	p. 99
2.7.8.4	serine ethanolamine phosphodiester synthase, serine-phosphoethanolamine synthase, v. 39	p. 35
2.7.8.4	serine ethanolaminephosphotransferase, serine-phosphoethanolamine synthase, v. 39	p. 35
2.6.1.45	L-serine glyoxylate aminotransferase, serine-glyoxylate transaminase, v. 34	p. 552
4.3.1.18	D-Serine hydrolase (deaminating), D-Serine ammonia-lyase, v. S7	p. 348
2.1.2.1	serine hydroxy-methyl transferase, glycine hydroxymethyltransferase, v. 29	p. 1
2.1.2.1	serine hydroxymethylase hydroxymethyltransferase, serine, glycine hydroxymethyl-transferase, v. 29	p. 1
2.1.2.1	L-serine hydroxymethyltransferase, glycine hydroxymethyltransferase, v. 29	p. 1
2.1.2.1	serine hydroxymethyl transferase, glycine hydroxymethyltransferase, v. 29	p. 1
2.1.2.1	serine hydroxymethyltransferase, glycine hydroxymethyltransferase, v. 29	p. 1
5.1.1.16	Serine isomerase, Protein-serine epimerase, v. 1	p. 66
2.7.11.1	serine kinase, non-specific serine/threonine protein kinase, v. S3	p. 1
2.3.1.30	L-serine O-acetyltransferase, serine O-acetyltransferase, v. 29	p. 502
2.3.1.30	L-serineO-acetyltransferase, serine O-acetyltransferase, v. 29	p. 502
2.3.1.30	serine O-acetyltransferase, serine O-acetyltransferase, v. 29	p. 502
2.3.1.30	serine O-acetyltransferase 1, serine O-acetyltransferase, v. 29	p. 502
2.3.1.50	serine palmitoyl transferase, serine C-palmitoyltransferase, v. 29	p. 661
2.3.1.50	serine palmitoyltransferase, serine C-palmitoyltransferase, v. 29	p. 661
2.7.8.4	serinephosphoethanolamine synthase, serine-phosphoethanolamine synthase, v. 39	p. 35
3.4.21.53	serine protease, Endopeptidase La, v. 7	p. 241
3.4.21.108	serine protease, HtrA2 peptidase, v. S5	p. 354
3.4.21.107	serine protease, peptidase Do, v. S5	p. 342
3.4.21.21	serine protease factor VIIa, coagulation factor VIIa, v. 7	p. 88
3.4.21.107	serine protease HtrA, peptidase Do, v. S5	p. 342
3.4.21.107	serine protease HtrA1, peptidase Do, v. S5	p. 342
3.4.21.108	serine protease HtrA2, HtrA2 peptidase, v. S5	p. 354
3.4.21.108	serine protease HtrA2/Omi, HtrA2 peptidase, v. S5	p. 354
3.4.21.53	Serine protease La, Endopeptidase La, v. 7	p. 241
3.4.21.98	serine protease NS3, hepacivirin, v. 7	p. 474
3.4.21.108	serine protease Omi/HtrA2, HtrA2 peptidase, v. S5	p. 354
3.4.16.2	serine protease prolylcarboxypeptidase, lysosomal Pro-Xaa carboxypeptidase, v. 6	p. 370
3.4.21.109	serine protease SNC19/matriptase, matriptase, v. S5	p. 367
3.4.21.59	serine protease tryptase, Tryptase, v. 7	p. 265
3.4.21.81	Serine proteinase B, Streptogrisin B, v. 7	p. 401
3.4.21.98	serine proteinase NS3, hepacivirin, v. 7	p. 474
3.4.21.75	Serine proteinase PACE, Furin, v. 7	p. 371
2.7.11.1	serine protein kinase, non-specific serine/threonine protein kinase, v. S3	p. 1
2.6.1.44	serine pyruvate aminotransferase, alanine-glyoxylate transaminase, v. 34	p. 538
4.2.1.22	Serine sulfhydrase, Cystathionine β-synthase, v. 4	p. 390
4.2.1.22	Serine sulfhydrylase, Cystathionine β-synthase, v. 4	p. 390
4.2.1.22	Serine sulphhydrase, Cystathionine β-synthase, v. 4	p. 390

2.3.1.30	serine transacetylase, serine O-acetyltransferase, v. 29	p. 502
6.1.1.11	Serine transfer RNA synthetase, Serine-tRNA ligase, v. 2	p. 77
2.1.2.1	serine transhydroxymethylase, glycine hydroxymethyltransferase, v. 29	p. 1
6.1.1.11	Serine translase, Serine-tRNA ligase, v. 2	p. 77
3.4.16.4	serine type D-alanyl-D-alanine carboxypeptidase/transpeptidase, serine-type D-Ala-D-Ala carboxypeptidase, v. 6	p. 376
2.3.1.87	serotonin-N-acetyltransferase, aralkylamine N-acetyltransferase, v. 30	p. 149
2.3.1.87	serotonin acetylase, aralkylamine N-acetyltransferase, v. 30	p. 149
2.3.1.87	serotonin acetyltransferase, aralkylamine N-acetyltransferase, v. 30	p. 149
2.3.1.5	serotonin acetyltransferase, arylamine N-acetyltransferase, v. 29	p. 243
1.4.3.4	serotonin deaminase, monoamine oxidase, v. 22	p. 260
2.3.1.87	serotonin N-acetyltransferase, aralkylamine N-acetyltransferase, v. 30	p. 149
2.3.1.5	serotonin N-acetyltransferase, arylamine N-acetyltransferase, v. 29	p. 243
3.1.30.2	Serratia marcescens endonuclease, Serratia marcescens nuclease, v. 11	p. 626
3.4.24.40	Serratia marcescens extracellular proteinase, serralysin, v. 8	p. 424
3.4.24.40	Serratia marcescens metalloprotease, serralysin, v. 8	p. 424
3.4.24.40	Serratia marcescens metalloproteinase, serralysin, v. 8	p. 424
6.1.1.11	SerRS, Serine-tRNA ligase, v. 2	p. 77
6.1.1.11	SerRS2, Serine-tRNA ligase, v. 2	p. 77
6.1.1.11	SerRSmt, Serine-tRNA ligase, v. 2	p. 77
6.1.1.11	SERSEC, Serine-tRNA ligase, v. 2	p. 77
2.7.11.26	serum- and glucocorticoid-induced protein kinase 1, τ-protein kinase, v. S4	p. 303
3.2.1.51	serum α-L-fucosidase, α-L-fucosidase, v. 13	p. 25
3.2.1.51	serum AFU, α-L-fucosidase, v. 13	p. 25
1.4.3.6	Serum amine oxidase, amine oxidase (copper-containing), v. 22	p. 291
3.4.21.2	Serum calcium-decreasing factor, chymotrypsin C, v. 7	p. 5
3.4.13.20	serum carnosinase, β-Ala-His dipeptidase, v. 6	p. 247
3.1.1.8	serum cholinesterase, cholinesterase, v. 9	p. 118
1.16.3.1	serum ferroxidase, ferroxidase, v. 27	p. 466
3.4.21.34	serum kallikrein, plasma kallikrein, v. 7	p. 136
3.1.8.1	serum paraoxonase, aryldialkylphosphatase, v. 11	p. 343
3.4.21.21	Serum prothrombin conversion accelerator, coagulation factor VIIa, v. 7	p. 88
3.1.3.2	serum tartrate-resistant acid phosphatase, acid phosphatase, v. 10	p. 31
3.4.21.7	serum tryptase, plasmin, v. 7	p. 41
6.1.1.11	Seryl-transfer ribonucleate synthetase, Serine-tRNA ligase, v. 2	p. 77
6.1.1.11	Seryl-transfer ribonucleic acid synthetase, Serine-tRNA ligase, v. 2	p. 77
6.1.1.11	Seryl-transfer RNA synthetase, Serine-tRNA ligase, v. 2	p. 77
6.1.1.11	Seryl-tRNA synthetase, Serine-tRNA ligase, v. 2	p. 77
6.1.1.11	SerZMo, Serine-tRNA ligase, v. 2	p. 77
4.2.3.9	sesquiterpene cyclase, aristolochene synthase, v. S7	p. 219
4.2.3.39	sesquiterpene cyclase, epi-cedrol synthase
4.2.3.23	sesquiterpene cyclase, germacrene-A synthase, v. S7	p. 301
4.2.3.6	sesquiterpene cyclase, trichodiene synthase, v. 5	p. 74
4.2.3.22	sesquiterpene synthase, germacradienol synthase, v. S7	p. 295
4.2.3.23	sesquiterpene synthase, germacrene-A synthase, v. S7	p. 301
4.2.3.22	sesquiterpene synthase 1, germacradienol synthase, v. S7	p. 295
3.4.21.4	SET, trypsin, v. 7	p. 12
3.1.3.16	Set-binding factor 1, phosphoprotein phosphatase, v. 10	p. 213
2.1.1.43	set1 histone H3-Lys4 methyltransferase complex, histone-lysine N-methyltransferase, v. 28	p. 235
2.1.1.43	Set1p, histone-lysine N-methyltransferase, v. 28	p. 235
2.1.1.43	SET7, histone-lysine N-methyltransferase, v. 28	p. 235
2.1.1.43	SET7/9, histone-lysine N-methyltransferase, v. 28	p. 235
2.1.1.43	SET domain histone lysine methyltransferase, histone-lysine N-methyltransferase, v. 28	p. 235

3.4.21.35	SEV, tissue kallikrein, v.7 | p.141	
6.3.2.19	seven-in-absentia homologue 1, Ubiquitin-protein ligase, v.2 | p.506	
6.3.2.19	seven in absentia homologue-1, Ubiquitin-protein ligase, v.2 | p.506	
2.7.10.1	sevenless protein, receptor protein-tyrosine kinase, v.S2 | p.341	
2.7.6.5	SF, GTP diphosphokinase, v.38 | p.44	
3.1.21.4	SfaNI, type II site-specific deoxyribonuclease, v.11 | p.454	
3.5.2.6	SFC-1, β-lactamase, v.14 | p.683	
2.1.1.79	SfCPA-FAS, cyclopropane-fatty-acyl-phospholipid synthase, v.28 | p.427	
3.1.21.4	SfeI, type II site-specific deoxyribonuclease, v.11 | p.454	
3.1.2.12	SFGH, S-formylglutathione hydrolase, v.9 | p.508	
3.2.1.52	Sfhex, β-N-acetylhexosaminidase, v.13 | p.50	
3.2.1.35	SFHYA1, hyaluronoglucosaminidase, v.12 | p.526	
3.1.21.4	SfiI, type II site-specific deoxyribonuclease, v.11 | p.454	
2.7.10.2	SFK, non-specific protein-tyrosine kinase, v.S2 | p.441	
5.2.1.8	sFkpA, Peptidylprolyl isomerase, v.1 | p.218	
2.7.10.1	sFlt-1, receptor protein-tyrosine kinase, v.S2 | p.341	
3.1.21.4	SfoI, type II site-specific deoxyribonuclease, v.11 | p.454	
2.7.8.7	Sfp, holo-[acyl-carrier-protein] synthase, v.39 | p.50	
3.1.3.18	SfPGPase, phosphoglycolate phosphatase, v.10 | p.242	
5.1.1.1	1SFT, Alanine racemase, v.1 | p.1	
2.4.1.10	6-SFT, levansucrase, v.31 | p.76	
2.4.1.65	SFT3, 3-galactosyl-N-acetylglucosaminide 4-α-L-fucosyltransferase, v.31 | p.487	
6.1.1.3	SfThrRS-1, Threonine-tRNA ligase, v.2 | p.17	
6.1.1.3	SfThrRS-2, Threonine-tRNA ligase, v.2 | p.17	
3.6.3.30	SFU, Fe3+-transporting ATPase, v.15 | p.656	
3.6.3.30	SfuA, Fe3+-transporting ATPase, v.15 | p.656	
2.6.1.83	Sfum_0054, LL-diaminopimelate aminotransferase, v.S2 | p.253	
3.4.21.75	Sfurin, Furin, v.7 | p.371	
2.4.1.214	sFUT9, glycoprotein 3-α-L-fucosyltransferase, v.32 | p.565	
3.2.1.105	SG, 3α(S)-strictosidine β-glucosidase, v.13 | p.423	
3.4.21.19	SG-GSE, glutamyl endopeptidase, v.7 | p.75	
4.1.1.85	SgaH, 3-dehydro-L-gulonate-6-phosphate decarboxylase, v.S7 | p.22	
3.4.11.24	SGAP, aminopeptidase S	
3.4.11.24	SGAPase, aminopeptidase S	
2.6.1.45	SGAT, serine-glyoxylate transaminase, v.34 | p.552	
5.1.3.22	SgaU, L-ribulose-5-phosphate 3-epimerase, v.S7 | p.497	
4.1.1.85	SgbH, 3-dehydro-L-gulonate-6-phosphate decarboxylase, v.S7 | p.22	
4.6.1.2	α1 sGC, guanylate cyclase, v.5 | p.430	
4.6.1.2	sGC, guanylate cyclase, v.5 | p.430	
4.6.1.2	sGCα1, guanylate cyclase, v.5 | p.430	
4.6.1.2	sGCβ1, guanylate cyclase, v.5 | p.430	
4.6.1.2	sGCα2β1, guanylate cyclase, v.5 | p.430	
4.6.1.2	sGC α2 inhibitory isoform, guanylate cyclase, v.5 | p.430	
4.6.1.2	sGC α2 isoform, guanylate cyclase, v.5 | p.430	
2.7.7.24	SgcA1, glucose-1-phosphate thymidylyltransferase, v.38 | p.300	
5.4.3.6	SgcC4, tyrosine 2,3-aminomutase, v.1 | p.568	
2.6.1.86	SgcD, 2-amino-4-deoxychorismate synthase	
1.3.99.24	SgcG, 2-amino-4-deoxychorismate dehydrogenase	
3.2.1.105	SGD, 3α(S)-strictosidine β-glucosidase, v.13 | p.423	
1.1.5.2	sGDH, quinoprotein glucose dehydrogenase, v.S1 | p.88	
2.4.1.5	SGE, dextransucrase, v.31 | p.49	
2.7.11.26	Sgg, τ-protein kinase, v.S4 | p.303	
3.2.1.104	SG hydrolase, steryl-β-glucosidase, v.13 | p.420	
2.7.11.1	SGK, non-specific serine/threonine protein kinase, v.S3 | p.1	
2.7.1.91	SGK, sphinganine kinase, v.36 | p.355	

2.7.11.1	SGK1, non-specific serine/threonine protein kinase, v. S3 | p. 1	
2.7.11.26	SGK1, τ-protein kinase, v. S4 | p. 303	
1.13.11.51	SgNCED1, 9-cis-epoxycarotenoid dioxygenase, v. S1 | p. 436	
3.4.24.31	SGNPI, mycolysin, v. 8 | p. 389	
3.4.23.32	SGP, Scytalidopepsin B, v. 8 | p. 147	
2.4.1.242	SGP-1, NDP-glucose-starch glucosyltransferase, v. S2 | p. 188	
3.4.21.80	SGPA, Streptogrisin A, v. 7 | p. 397	
3.4.21.81	SGPB, Streptogrisin B, v. 7 | p. 401	
3.4.21.82	SGPE, Glutamyl endopeptidase II, v. 7 | p. 406	
3.4.21.19	SGPE, glutamyl endopeptidase, v. 7 | p. 75	
3.1.21.4	SgrAI, type II site-specific deoxyribonuclease, v. 11 | p. 454	
1.2.1.71	SGSD, succinylglutamate-semialdehyde dehydrogenase, v. S1 | p. 169	
3.10.1.1	SGSH, N-sulfoglucosamine sulfohydrolase, v. 15 | p. 917	
2.5.1.18	SGST26.5, glutathione transferase, v. 33 | p. 524	
2.4.1.120	SGT, sinapate 1-glucosyltransferase, v. 32 | p. 165	
2.4.1.173	SGT, sterol 3β-glucosyltransferase, v. 32 | p. 389	
3.4.21.4	SGT, trypsin, v. 7 | p. 12	
2.4.1.128	SGTase, scopoletin glucosyltransferase, v. 32 | p. 198	
2.4.1.173	SGTL1, sterol 3β-glucosyltransferase, v. 32 | p. 389	
3.2.1.31	sGUS, β-glucuronidase, v. 12 | p. 494	
1.12.1.2	SH, hydrogen dehydrogenase, v. 25 | p. 316	
4.2.2.1	h-SH, hyaluronate lyase, v. 5 | p. 1	
3.1.3.48	SH-PTP1, protein-tyrosine-phosphatase, v. 10 | p. 407	
3.1.3.48	SH-PTP2, protein-tyrosine-phosphatase, v. 10 | p. 407	
3.1.3.48	SH-PTP3, protein-tyrosine-phosphatase, v. 10 | p. 407	
2.4.1.13	SH1, sucrose synthase, v. 31 | p. 113	
3.1.3.36	SH2-containing inositol polyphosphate 5-phosphatase 2, phosphoinositide 5-phosphatase, v. 10 | p. 339	
3.1.3.36	SH2-domain containing inositol 5'-phosphatase, phosphoinositide 5-phosphatase, v. 10 | p. 339	
3.1.3.48	SH2 domain-containing tyrosine phosphatase-1, protein-tyrosine-phosphatase, v. 10 | p. 407	
3.1.3.48	SH2 domain-containing tyrosine phosphatase-2, protein-tyrosine-phosphatase, v. 10 | p. 407	
3.1.3.36	SH2 domain containing inositol 5-phosphatase 2, phosphoinositide 5-phosphatase, v. 10 | p. 339	
3.1.3.36	SH2 domain containing inositol phosphatase 2, phosphoinositide 5-phosphatase, v. 10 | p. 339	
1.14.99.22	shade, ecdysone 20-monooxygenase, v. 27 | p. 349	
2.7.11.26	SHAGGY-related protein kinase, τ-protein kinase, v. S4 | p. 303	
2.7.11.26	shaggy-related protein kinase α, τ-protein kinase, v. S4 | p. 303	
2.7.11.26	shaggy-related protein kinase β, τ-protein kinase, v. S4 | p. 303	
2.7.11.26	shaggy-related protein kinase δ, τ-protein kinase, v. S4 | p. 303	
2.7.11.26	shaggy-related protein kinase γ, τ-protein kinase, v. S4 | p. 303	
2.7.11.26	shaggy-related protein kinase eta, τ-protein kinase, v. S4 | p. 303	
2.7.11.26	shaggy-related protein kinase iota, τ-protein kinase, v. S4 | p. 303	
2.7.11.26	shaggy-related protein kinase kappa, τ-protein kinase, v. S4 | p. 303	
2.7.11.26	shaggy-related protein kinase NtK-1, τ-protein kinase, v. S4 | p. 303	
2.7.11.26	shaggy-related protein kinase theta, τ-protein kinase, v. S4 | p. 303	
2.7.11.26	shaggy/zeste white-3, τ-protein kinase, v. S4 | p. 303	
5.4.99.17	SHC, squalene-hopene cyclase, v. S7 | p. 536	
4.2.99.20	SHCHC synthase, 2-succinyl-6-hydroxy-2,4-cyclohexadiene-1-carboxylate synthase	
1.14.99.22	shd, ecdysone 20-monooxygenase, v. 27 | p. 349	
1.4.1.1	SheAlaDH, alanine dehydrogenase, v. 22 | p. 1	
3.4.24.86	sheddase, ADAM 17 endopeptidase, v. S6 | p. 348	

3.4.21.75	sheddase, Furin, v. 7	p. 371	
3.6.5.5	Shibire protein, dynamin GTPase, v. S6	p. 522	
3.2.2.22	shiga-like toxin, rRNA N-glycosylase, v. 14	p. 107	
3.2.2.22	shiga-like toxin I, rRNA N-glycosylase, v. 14	p. 107	
3.2.2.22	Shiga toxin, rRNA N-glycosylase, v. 14	p. 107	
3.2.2.22	Shiga toxin 1, rRNA N-glycosylase, v. 14	p. 107	
2.3.1.99	shikimate/quinate hydroxycinnamoyltransferase, quinate O-hydroxycinnamoyltransferase, v. 30	p. 215	
1.1.1.25	shikimate 5-dehydrogenase, shikimate dehydrogenase, v. 16	p. 241	
1.1.1.25	shikimate:NADP+ 5-oxidoreductase, shikimate dehydrogenase, v. 16	p. 241	
1.1.1.25	shikimate:NADP oxidoreductase, shikimate dehydrogenase, v. 16	p. 241	
1.1.1.25	shikimate dehydrogenase, shikimate dehydrogenase, v. 16	p. 241	
2.3.1.133	shikimate hydroxycinnamoyltransferase, shikimate O-hydroxycinnamoyltransferase, v. 30	p. 331	
2.7.1.71	shikimate kinase II, shikimate kinase, v. 36	p. 220	
1.1.1.25	shikimate oxidoreductase, shikimate dehydrogenase, v. 16	p. 241	
3.1.3.36	SHIP1, phosphoinositide 5-phosphatase, v. 10	p. 339	
3.1.3.56	SHIP2, inositol-polyphosphate 5-phosphatase, v. 10	p. 448	
3.1.3.36	SHIP2, phosphoinositide 5-phosphatase, v. 10	p. 339	
2.7.1.14	SHK, sedoheptulokinase, v. 35	p. 219	
1.14.13.1	SHL, salicylate 1-monooxygenase, v. 26	p. 200	
2.1.2.1	SHM1, glycine hydroxymethyltransferase, v. 29	p. 1	
2.1.2.1	SHM2, glycine hydroxymethyltransferase, v. 29	p. 1	
2.1.2.1	SHMT, glycine hydroxymethyltransferase, v. 29	p. 1	
2.1.2.1	SHMT-1, glycine hydroxymethyltransferase, v. 29	p. 1	
2.1.2.1	SHMT-L, glycine hydroxymethyltransferase, v. 29	p. 1	
2.1.2.1	SHMT-S, glycine hydroxymethyltransferase, v. 29	p. 1	
2.1.2.1	SHMT1, glycine hydroxymethyltransferase, v. 29	p. 1	
2.1.2.1	SHMT2, glycine hydroxymethyltransferase, v. 29	p. 1	
3.1.21.4	Sho27844P, type II site-specific deoxyribonuclease, v. 11	p. 454	
2.5.1.68	short (C15) chain Z-isoprenyl diphosphate synthase, Z-farnesyl diphosphate synthase, v. S2	p. 223	
1.1.1.35	short-chain 3-hydroxyacyl-CoA dehydrogenase, 3-hydroxyacyl-CoA dehydrogenase, v. 16	p. 318	
1.3.99.2	short-chain acyl-CoA dehydrogenase, butyryl-CoA dehydrogenase, v. 21	p. 473	
3.1.2.18	short-chain acyl-CoA hydrolase, ADP-dependent short-chain-acyl-CoA hydrolase, v. 9	p. 534	
6.2.1.2	Short-chain acyl-CoA synthetase, Butyrate-CoA ligase, v. 2	p. 199	
3.1.2.18	short-chain acyl-CoA thioesterase, ADP-dependent short-chain-acyl-CoA hydrolase, v. 9	p. 534	
1.3.99.2	short-chain acyl-coenzyme A dehydrogenase, butyryl-CoA dehydrogenase, v. 21	p. 473	
6.2.1.1	Short-chain acyl-coenzyme A synthetase, Acetate-CoA ligase, v. 2	p. 186	
1.3.99.2	short-chain acyl CoA dehydrogenase, butyryl-CoA dehydrogenase, v. 21	p. 473	
3.1.2.18	short-chain acyl coenzyme A hydrolase, ADP-dependent short-chain-acyl-CoA hydrolase, v. 9	p. 534	
2.3.1.137	short-chain carnitine acyltransferase, carnitine O-octanoyltransferase, v. 30	p. 351	
2.3.1.180	short-chain condensing enzyme, β-ketoacyl-acyl-carrier-protein synthase III, v. S2	p. 99	
4.2.1.17	short-chain enoyl-CoA hydratase, enoyl-CoA hydratase, v. 4	p. 360	
1.1.1.35	short-chain hydroxyacyl CoA dehydrogenase, 3-hydroxyacyl-CoA dehydrogenase, v. 16	p. 318	
1.1.1.178	short-chain L-3-hydroxy-2-methylacyl-CoA dehydrogenase, 3-hydroxy-2-methylbutyryl-CoA dehydrogenase, v. 18	p. 89	
1.1.1.35	short-chain L-3-hydroxyacyl-CoA dehydrogenase, 3-hydroxyacyl-CoA dehydrogenase, v. 16	p. 318	
3.6.1.10	short-chain polyphosphate, endopolyphosphatase, v. 15	p. 340	

2.5.1.29	short-chain type-III GGPP, farnesyltranstransferase, v. 33	p. 604
1.3.99.12	short/branched chain acyl-CoA dehydrogenase, 2-methylacyl-CoA dehydrogenase, v. 21	p. 557
1.3.99.10	short/branched chain acyl-CoA dehydrogenase, isovaleryl-CoA dehydrogenase, v. 21	p. 535
3.5.1.14	short acyl amidoacylase, aminoacylase, v. 14	p. 317
1.1.1.36	short chain β-ketoacetyl(acetoacetyl)-CoA reductase, acetoacetyl-CoA reductase, v. 16	p. 328
1.3.3.6	short chain-specific acyl-CoA oxidase, acyl-CoA oxidase, v. 21	p. 401
5.3.3.8	Short chain $\Delta3,\Delta2$-enoyl-CoA isomerase, dodecenoyl-CoA isomerase, v. 1	p. 413
1.3.99.2	short chain 3-hydroxyacyl-CoA dehydrogenase, butyryl-CoA dehydrogenase, v. 21	p. 473
1.3.99.2	short chain acyl-CoA dehydrogenase, butyryl-CoA dehydrogenase, v. 21	p. 473
1.1.3.13	short chain alcohol oxidase, alcohol oxidase, v. 19	p. 115
4.2.1.17	short chain enoyl coenzyme A hydratase, enoyl-CoA hydratase, v. 4	p. 360
6.2.1.1	Short chain fatty acyl-CoA synthetase, Acetate-CoA ligase, v. 2	p. 186
1.1.1.35	short chain L-3-hydroxyacyl-CoA dehydrogenase, 3-hydroxyacyl-CoA dehydrogenase, v. 16	p. 318
2.7.11.18	short myosin light chain kinase, myosin-light-chain kinase, v. S4	p. 54
3.1.3.48	70Z-SHP, protein-tyrosine-phosphatase, v. 10	p. 407
3.1.3.48	SHP, protein-tyrosine-phosphatase, v. 10	p. 407
3.1.3.48	SHP-1, protein-tyrosine-phosphatase, v. 10	p. 407
3.1.3.48	SHP-2, protein-tyrosine-phosphatase, v. 10	p. 407
3.1.3.48	SHP1, protein-tyrosine-phosphatase, v. 10	p. 407
3.1.3.48	SHP2, protein-tyrosine-phosphatase, v. 10	p. 407
3.5.2.6	SHV, β-lactamase, v. 14	p. 683
3.5.2.6	SHV-1, β-lactamase, v. 14	p. 683
3.5.2.6	SHV-1 β-lactamase, β-lactamase, v. 14	p. 683
3.5.2.6	SHV-1 penicillinase, β-lactamase, v. 14	p. 683
3.5.2.6	SHV-2A, β-lactamase, v. 14	p. 683
3.5.2.6	SHV-4, β-lactamase, v. 14	p. 683
3.5.2.6	SHV β-lactamase, β-lactamase, v. 14	p. 683
3.5.2.6	SHV-type β-lactamase, β-lactamase, v. 14	p. 683
3.5.2.6	SHV-type extended spectrum β-lactamase, β-lactamase, v. 14	p. 683
3.6.1.3	SHVp41, adenosinetriphosphatase, v. 15	p. 263
3.6.1.15	SHVp41, nucleoside-triphosphatase, v. 15	p. 365
5.3.3.5	8,7SI, cholestenol Δ-isomerase, v. 1	p. 404
5.3.3.5	$\Delta8$-SI, cholestenol Δ-isomerase, v. 1	p. 404
5.3.3.5	SI, cholestenol Δ-isomerase, v. 1	p. 404
3.2.1.10	SI, oligo-1,6-glucosidase, v. 12	p. 162
3.2.1.48	SI, sucrose α-glucosidase, v. 13	p. 1
2.3.3.1	Si-citrate synthase, citrate (Si)-synthase, v. 30	p. 582
3.2.1.14	SI-CLP, chitinase, v. 12	p. 185
2.4.99.8	Sia-α2,3-Gal-β1,4-GlcNAc-R:α2,8-sialyltransferase, α-N-acetylneuraminate α-2,8-sialyltransferase, v. 33	p. 371
2.4.99.9	Sia-T1, lactosylceramide α-2,3-sialyltransferase, v. 33	p. 378
6.3.2.19	SIAH, Ubiquitin-protein ligase, v. 2	p. 506
6.3.2.19	Siah-1, Ubiquitin-protein ligase, v. 2	p. 506
6.3.2.19	SIAH1, Ubiquitin-protein ligase, v. 2	p. 506
6.3.2.19	Siah ubiquitin ligase, Ubiquitin-protein ligase, v. 2	p. 506
2.3.1.45	sialate-7(9)-O-acetyltransferase, N-acetylneuraminate 7-O(or 9-O)-acetyltransferase, v. 29	p. 625
3.1.1.53	sialate-O-acetylesterases, sialate O-acetylesterase, v. 9	p. 344
2.3.1.45	sialate-O-acetyltransferase, N-acetylneuraminate 7-O(or 9-O)-acetyltransferase, v. 29	p. 625
4.1.3.3	sialate-pyruvate lyase, N-acetylneuraminate lyase, v. 4	p. 24

3.1.1.53	sialate 9-O-acetylesterase, sialate O-acetylesterase, v. 9 | p. 344	
4.1.3.3	sialate aldolase, N-acetylneuraminate lyase, v. 4 | p. 24	
2.7.7.43	sialate cytidylyltransferase, N-acylneuraminate cytidylyltransferase, v. 38 | p. 436	
4.1.3.3	Sialate lyase, N-acetylneuraminate lyase, v. 4 | p. 24	
2.3.1.44	sialate O-acetyltransferase, N-acetylneuraminate 4-O-acetyltransferase, v. 29 | p. 622	
2.3.1.45	sialate O-acetyltransferase, N-acetylneuraminate 7-O(or 9-O)-acetyltransferase, v. 29 | p. 625	
4.2.2.15	sialglycoconjugate N-acylneuraminylhydrolase (2,7-cyclizing), anhydrosialidase, v. S7 | p. 131	
3.1.1.53	Sialic acid-specific 9-O-acetylesterase, sialate O-acetylesterase, v. 9 | p. 344	
2.5.1.57	sialic acid 9-phosphate synthase, N-acylneuraminate-9-phosphate synthase, v. 34 | p. 190	
4.1.3.3	Sialic acid aldolase, N-acetylneuraminate lyase, v. 4 | p. 24	
2.7.7.43	sialic acid cytidylyltransferase, N-acylneuraminate cytidylyltransferase, v. 38 | p. 436	
3.1.1.53	sialic acid O-acetylesterase, sialate O-acetylesterase, v. 9 | p. 344	
2.5.1.56	sialic acid synthase, N-acetylneuraminate synthase, v. 34 | p. 184	
2.5.1.57	sialic acid synthase, N-acylneuraminate-9-phosphate synthase, v. 34 | p. 190	
4.1.3.3	Sialic aldolase, N-acetylneuraminate lyase, v. 4 | p. 24	
3.2.1.18	α-sialidase, exo-α-sialidase, v. 12 | p. 244	
3.2.1.18	sialidase, exo-α-sialidase, v. 12 | p. 244	
3.2.1.18	sialidase-2, exo-α-sialidase, v. 12 | p. 244	
3.2.1.18	sialidase-3, exo-α-sialidase, v. 12 | p. 244	
3.2.1.18	sialidase-4, exo-α-sialidase, v. 12 | p. 244	
4.2.2.15	sialidase L, anhydrosialidase, v. S7 | p. 131	
3.2.1.18	sialidase Neu2, exo-α-sialidase, v. 12 | p. 244	
3.4.24.57	Sialoglycoprotease, O-sialoglycoprotein endopeptidase, v. 8 | p. 494	
3.4.24.57	Sialoglycoproteinase, O-sialoglycoprotein endopeptidase, v. 8 | p. 494	
3.2.1.129	α-2,8-sialosylhydrolase, endo-α-sialidase, v. 13 | p. 521	
2.4.99.1	sialotransferase, β-galactoside α-2,6-sialyltransferase, v. 33 | p. 314	
3.1.1.53	sialyl O-acetyl esterase, sialate O-acetylesterase, v. 9 | p. 344	
2.4.99.6	(2,3)-α-sialyltransferase, N-acetyllactosaminide α-2,3-sialyltransferase, v. 33 | p. 361	
2.4.99.1	R-2,6-sialyltransferase, β-galactoside α-2,6-sialyltransferase, v. 33 | p. 314	
2.4.99.6	α 2,3-sialyltransferase, N-acetyllactosaminide α-2,3-sialyltransferase, v. 33 | p. 361	
2.4.99.4	α 2,3-sialyltransferase, β-galactoside α-2,3-sialyltransferase, v. 33 | p. 346	
2.4.99.1	α 2,6-sialyltransferase, β-galactoside α-2,6-sialyltransferase, v. 33 | p. 314	
2.4.99.6	α-(2,3)-sialyltransferase, N-acetyllactosaminide α-2,3-sialyltransferase, v. 33 | p. 361	
2.4.99.1	α-(2->6)-sialyltransferase, β-galactoside α-2,6-sialyltransferase, v. 33 | p. 314	
2.4.99.6	α-2,3-sialyltransferase, N-acetyllactosaminide α-2,3-sialyltransferase, v. 33 | p. 361	
2.4.99.4	α-2,3-sialyltransferase, β-galactoside α-2,3-sialyltransferase, v. 33 | p. 346	
2.4.99.1	α-2,6-sialyltransferase, β-galactoside α-2,6-sialyltransferase, v. 33 | p. 314	
2.4.99.8	α-2,8-sialyltransferase, α-N-acetylneuraminate α-2,8-sialyltransferase, v. 33 | p. 371	
2.4.99.6	α2,3-sialyltransferase, N-acetyllactosaminide α-2,3-sialyltransferase, v. 33 | p. 361	
2.4.99.4	α2,3-sialyltransferase, β-galactoside α-2,3-sialyltransferase, v. 33 | p. 346	
2.4.99.1	α2,6-sialyltransferase, β-galactoside α-2,6-sialyltransferase, v. 33 | p. 314	
2.4.99.8	α2,8-sialyltransferase, α-N-acetylneuraminate α-2,8-sialyltransferase, v. 33 | p. 371	
2.4.99.6	α2$\rightarrow$3 sialyltransferase, N-acetyllactosaminide α-2,3-sialyltransferase, v. 33 | p. 361	
2.4.99.4	α2$\rightarrow$3 sialyltransferase, β-galactoside α-2,3-sialyltransferase, v. 33 | p. 346	
2.4.99.4	α2-3 sialyltransferase, β-galactoside α-2,3-sialyltransferase, v. 33 | p. 346	
2.4.99.1	α2-6 sialyltransferase, β-galactoside α-2,6-sialyltransferase, v. 33 | p. 314	
2.4.99.6	sialyltransferase, N-acetyllactosaminide α-2,3-sialyltransferase, v. 33 | p. 361	
2.4.99.7	sialyltransferase, α-N-acetylneuraminyl-2,3-β-galactosyl-1,3-N-acetylgalactosaminide 6-α-sialyltransferase, v. 33 | p. 367	
2.4.99.1	sialyltransferase, β-galactoside α-2,6-sialyltransferase, v. 33 | p. 314	
2.4.99.10	sialyltransferase, neolactotetraosylceramide α-2,3-sialyltransferase, v. 33 | p. 387	

2.4.99.7	sialyltransferase, cytidine monophosphoacetylneuraminate-(α-N-acetylneuraminyl-2,3-β-galactosyl-1,3)-N-acetylgalactosaminide-α-2,6-sialyltransferase, α-N-acetylneuraminyl-2,3-β-galactosyl-1,3-N-acetylgalactosaminide 6-α-sialyltransferase, v. 33 | p. 367
2.4.99.3	sialyltransferase, cytidine monophosphoacetylneuraminate-α-acetylgalactosaminide $\alpha2 \rightarrow 6$-, α-N-acetylgalactosaminide α-2,6-sialyltransferase, v. 33 | p. 335
2.4.99.4	sialyltransferase, cytidine monophosphoacetylneuraminate-β-galactoside $\alpha2 \rightarrow 3$-, β-galactoside α-2,3-sialyltransferase, v. 33 | p. 346
2.4.99.6	sialyltransferase, cytidine monophosphoacetylneuraminate-β-galactosyl(1$\rightarrow$4)acetylglucosaminide $\alpha2 \rightarrow 3$-, N-acetyllactosaminide α-2,3-sialyltransferase, v. 33 | p. 361
2.4.99.5	sialyltransferase, cytidine monophosphoacetylneuraminate-galactosyldiacylglycerol, galactosyldiacylglycerol α-2,3-sialyltransferase, v. 33 | p. 358
2.4.99.1	sialyltransferase, cytidine monophosphoacetylneuraminate-galactosylglycoprotein, β-galactoside α-2,6-sialyltransferase, v. 33 | p. 314
2.4.99.8	sialyltransferase, cytidine monophosphoacetylneuraminate-ganglioside GM3, α-N-acetylneuraminate α-2,8-sialyltransferase, v. 33 | p. 371
2.4.99.11	sialyltransferase, cytidine monophosphoacetylneuraminate-lactosylceramide, lactosylceramide α-2,6-N-sialyltransferase, v. 33 | p. 391
2.4.99.2	sialyltransferase, cytidine monophosphoacetylneuraminate-monosialoganglioside, monosialoganglioside sialyltransferase, v. 33 | p. 330
2.4.99.4	sialyltransferase-4A, β-galactoside α-2,3-sialyltransferase, v. 33 | p. 346
2.4.99.1	α2,6sialyltransferase-I, β-galactoside α-2,6-sialyltransferase, v. 33 | p. 314
2.4.99.10	sialyltransferase 3, neolactotetraosylceramide α-2,3-sialyltransferase, v. 33 | p. 387
2.4.99.7	sialyltransferase 3C , α-N-acetylneuraminyl-2,3-β-galactosyl-1,3-N-acetylgalactosaminide 6-α-sialyltransferase, v. 33 | p. 367
2.4.99.3	sialyltransferase 7A , α-N-acetylgalactosaminide α-2,6-sialyltransferase, v. 33 | p. 335
2.4.99.7	sialyltransferase 7D , α-N-acetylneuraminyl-2,3-β-galactosyl-1,3-N-acetylgalactosaminide 6-α-sialyltransferase, v. 33 | p. 367
2.4.99.8	α-2,8-sialyltransferase 8A, α-N-acetylneuraminate α-2,8-sialyltransferase, v. 33 | p. 371
2.4.99.8	sialyltransferase II, α-N-acetylneuraminate α-2,8-sialyltransferase, v. 33 | p. 371
2.4.99.6	α2,3-sialyltransferase III, N-acetyllactosaminide α-2,3-sialyltransferase, v. 33 | p. 361
2.4.99.2	α(2,3)-sialyltransferase IV, monosialoganglioside sialyltransferase, v. 33 | p. 330
2.4.99.2	sialyltransferase IV, monosialoganglioside sialyltransferase, v. 33 | p. 330
2.4.99.1	α2,6-sialyltransferase ST6Gal I, β-galactoside α-2,6-sialyltransferase, v. 33 | p. 314
2.3.1.45	Sia O-acetyltransferase, N-acetylneuraminate 7-O(or 9-O)-acetyltransferase, v. 29 | p. 625
2.4.99.1	SiaT, β-galactoside α-2,6-sialyltransferase, v. 33 | p. 314
2.4.99.4	SIAT4A, β-galactoside α-2,3-sialyltransferase, v. 33 | p. 346
2.4.99.4	SIATFL, β-galactoside α-2,3-sialyltransferase, v. 33 | p. 346
5.4.4.2	Sid2, Isochorismate synthase, v. S7 | p. 526
3.2.2.22	sieboldin-b, rRNA N-glycosylase, v. 14 | p. 107
3.1.3.78	SigD, phosphatidylinositol-4,5-bisphosphate 4-phosphatase
2.5.1.18	sigma glutathione S-transferase, glutathione transferase, v. 33 | p. 524
2.7.7.48	sigma NS protein, RNA-directed RNA polymerase, v. 38 | p. 468
3.6.5.4	signal-recognition-particle GTPase, signal-recognition-particle GTPase, v. S6 | p. 511
2.7.11.24	signal-regulated kinase 3, mitogen-activated protein kinase, v. S4 | p. 233
3.4.22.46	Signalase, L-peptidase, v. 7 | p. 751
3.4.21.89	Signalase, Signal peptidase I, v. 7 | p. 431
3.4.22.46	Signal peptidase, L-peptidase, v. 7 | p. 751
3.4.21.89	Signal peptidase, Signal peptidase I, v. 7 | p. 431
3.4.21.89	signal peptidase I, Signal peptidase I, v. 7 | p. 431
3.4.22.46	Signal peptide hydrolase, L-peptidase, v. 7 | p. 751
3.4.21.89	Signal peptide hydrolase, Signal peptidase I, v. 7 | p. 431
3.4.22.46	Signal peptide peptidase, L-peptidase, v. 7 | p. 751
3.4.21.89	Signal peptide peptidase, Signal peptidase I, v. 7 | p. 431
3.6.5.4	signal recognition particle, signal-recognition-particle GTPase, v. S6 | p. 511
3.6.5.4	signal recognition particle-like GTPase, signal-recognition-particle GTPase, v. S6 | p. 511

3.6.5.3	signal recognition particle GTPase Ffh, protein-synthesizing GTPase, v. S6	p. 494
3.6.5.4	signal recognition particle receptor, signal-recognition-particle GTPase, v. S6	p. 511
2.7.13.3	signal transduction histidine kinase, histidine kinase, v. S4	p. 420
3.5.1.4	signature amidase, amidase, v. 14	p. 231
4.1.1.48	sIGPS, indole-3-glycerol-phosphate synthase, v. 3	p. 289
2.5.1.18	SIGST, glutathione transferase, v. 33	p. 524
2.7.10.2	sik, non-specific protein-tyrosine kinase, v. S2	p. 441
3.6.3.53	SilP, Ag+-exporting ATPase, v. 15	p. 751
3.5.2.6	SIM-1, β-lactamase, v. 14	p. 683
3.1.11.5	similar enzyme: exonuclease V, exodeoxyribonuclease V, v. 11	p. 375
3.1.11.3	similar enzymes, exodeoxyribonuclease (lambda-induced), v. 11	p. 368
2.7.11.24	SIMK, mitogen-activated protein kinase, v. S4	p. 233
2.3.1.152	Sinapate glucosyltransferase, Alcohol O-cinnamoyltransferase, v. 30	p. 404
2.4.1.120	sinapic acid:UDPG glucosyltransferase, sinapate 1-glucosyltransferase, v. 32	p. 165
2.3.1.152	Sinapic acid glucosyltransferase, Alcohol O-cinnamoyltransferase, v. 30	p. 404
2.3.1.91	sinapine synthase, sinapoylglucose-choline O-sinapoyltransferase, v. 30	p. 171
2.3.1.91	1-O-sinapoyl-β-glucose:choline sinapoyltransferase, sinapoylglucose-choline O-sinapoyltransferase, v. 30	p. 171
2.3.1.92	1-O-sinapoyl-β-glucose:L-malate sinapoyltransferase, sinapoylglucose-malate O-sinapoyltransferase, v. 30	p. 175
6.2.1.12	Sinapoyl coenzyme A snthetase, 4-Coumarate-CoA ligase, v. 2	p. 256
2.3.1.91	sinapoylglucose-choline sinapoyltransferase, sinapoylglucose-choline O-sinapoyltransferase, v. 30	p. 171
2.3.1.92	1-sinapoylglucose-L-malate sinapoyltransferase, sinapoylglucose-malate O-sinapoyltransferase, v. 30	p. 175
2.3.1.91	sinapoylglucose:B. napus choline sinapoyltransferase, sinapoylglucose-choline O-sinapoyltransferase, v. 30	p. 171
2.3.1.91	sinapoylglucose:choline sinapoyltransferase, sinapoylglucose-choline O-sinapoyltransferase, v. 30	p. 171
2.3.1.91	sinapoylglucose:choline sinapoyltransferase., sinapoylglucose-choline O-sinapoyltransferase, v. 30	p. 171
2.3.1.92	sinapoylglucose:malate sinapoyltransferase, sinapoylglucose-malate O-sinapoyltransferase, v. 30	p. 175
2.3.1.91	sinapoyltransferase, sinapoylglucose-choline, sinapoylglucose-choline O-sinapoyltransferase, v. 30	p. 171
3.4.21.90	Sindbis virus core protein, Togavirin, v. 7	p. 440
3.4.21.90	Sindbis virus protease, Togavirin, v. 7	p. 440
3.2.2.22	single-chain ribosome-inactivating protein, rRNA N-glycosylase, v. 14	p. 107
1.14.13.7	single-component PH, phenol 2-monooxygenase, v. 26	p. 246
3.1.30.1	single-strand-preferring nuclease (SSP nuclease), Aspergillus nuclease S1, v. 11	p. 610
3.1.30.1	single-strand-specific DNase, Aspergillus nuclease S1, v. 11	p. 610
3.1.30.1	single-strand-specific endodeoxyribonuclease, Aspergillus nuclease S1, v. 11	p. 610
3.1.30.1	single-strand-specific nuclease, Aspergillus nuclease S1, v. 11	p. 610
3.1.30.1	single-strand-specific S1 endonuclease, Aspergillus nuclease S1, v. 11	p. 610
3.1.30.1	single-stranded-nucleate endonuclease, Aspergillus nuclease S1, v. 11	p. 610
3.5.4.5	single-stranded DNA cytidine deaminase, cytidine deaminase, v. 15	p. 42
3.1.30.1	single-stranded DNA specific endonuclease, Aspergillus nuclease S1, v. 11	p. 610
3.1.30.1	single-strand endodeoxyribonuclease, Aspergillus nuclease S1, v. 11	p. 610
3.4.21.68	single chain enzyme tPA, t-Plasminogen activator, v. 7	p. 331
3.1.30.1	single strand preferring nuclease, Aspergillus nuclease S1, v. 11	p. 610
3.2.1.147	sinigrase, thioglucosidase, v. 13	p. 587
3.2.1.147	sinigrinase, thioglucosidase, v. 13	p. 587
3.4.14.5	sipeptidyl peptidase IV, dipeptidyl-peptidase IV, v. 6	p. 286
3.4.21.89	SipP (pTA1015), Signal peptidase I, v. 7	p. 431
3.4.21.89	SipP (pTA1040), Signal peptidase I, v. 7	p. 431

3.6.1.1	siPPiase, inorganic diphosphatase, v. 15 | p. 240
3.4.21.89	SipS, Signal peptidase I, v. 7 | p. 431
3.4.21.89	SipT, Signal peptidase I, v. 7 | p. 431
3.4.21.89	SipU, Signal peptidase I, v. 7 | p. 431
3.4.21.89	SipV, Signal peptidase I, v. 7 | p. 431
3.4.21.89	SipW, Signal peptidase I, v. 7 | p. 431
3.4.21.89	SipX, Signal peptidase I, v. 7 | p. 431
3.4.21.89	SipY, Signal peptidase I, v. 7 | p. 431
3.4.21.89	SipZ, Signal peptidase I, v. 7 | p. 431
1.8.99.1	SIR, sulfite reductase, v. 24 | p. 685
1.8.7.1	SIR, sulfite reductase (ferredoxin), v. 24 | p. 679
1.8.1.2	SIR-FP, sulfite reductase (NADPH), v. 24 | p. 452
1.8.2.1	SiR-FP18, sulfite dehydrogenase, v. 24 | p. 566
1.8.1.2	SIR-HP, sulfite reductase (NADPH), v. 24 | p. 452
2.7.9.3	SirA-like protein, selenide, water dikinase, v. 39 | p. 173
4.99.1.4	SirB, sirohydrochlorin ferrochelatase, v. S7 | p. 460
1.3.1.76	SirC, precorrin-2 dehydrogenase, v. S1 | p. 226
1.8.1.2	SIRHP, sulfite reductase (NADPH), v. 24 | p. 452
2.1.1.107	sirohaem synthase, uroporphyrinogen-III C-methyltransferase, v. 28 | p. 523
1.8.99.1	siroheme,FeS enzyme sulfite reductase, sulfite reductase, v. 24 | p. 685
1.8.7.1	siroheme- and [Fe4-S4]-dependent NirA, sulfite reductase (ferredoxin), v. 24 | p. 679
1.3.1.76	siroheme synthetase, precorrin-2 dehydrogenase, v. S1 | p. 226
4.99.1.3	sirohydrochlorin cobalt-lyase, sirohydrochlorin cobaltochelatase, v. S7 | p. 455
4.99.1.3	sirohydrochlorin cobalt chelatase, sirohydrochlorin cobaltochelatase, v. S7 | p. 455
4.99.1.3	sirohydrochlorin cobaltochelatase, sirohydrochlorin cobaltochelatase, v. S7 | p. 455
4.99.1.4	sirohydrochlorin ferrochelatase, sirohydrochlorin ferrochelatase, v. S7 | p. 460
2.4.1.225	sister of tout-velu, N-acetylglucosaminyl-proteoglycan 4-β-glucuronosyltransferase, v. 32 | p. 610
2.4.1.224	sister of tout-velu, glucuronosyl-N-acetylglucosaminyl-proteoglycan 4-α-N-acetylglucosaminyltransferase, v. 32 | p. 604
2.4.1.225	sister of tout velu, N-acetylglucosaminyl-proteoglycan 4-β-glucuronosyltransferase, v. 32 | p. 610
2.4.1.224	sister of tout velu, glucuronosyl-N-acetylglucosaminyl-proteoglycan 4-α-N-acetylglucosaminyltransferase, v. 32 | p. 604
3.6.3.30	SitABCD, Fe3+-transporting ATPase, v. 15 | p. 656
3.4.24.85	site-1 protease, S2P endopeptidase, v. S6 | p. 343
3.4.24.85	site-2 protease, S2P endopeptidase, v. S6 | p. 343
3.1.21.4	site-specific endonuclease BME142I, type II site-specific deoxyribonuclease, v. 11 | p. 454
3.1.21.4	site-specific endonuclease Bme216I, type II site-specific deoxyribonuclease, v. 11 | p. 454
3.1.21.4	site-specific endonuclease BmeI, type II site-specific deoxyribonuclease, v. 11 | p. 454
3.4.23.45	β-site Alzheimer's amyloid precurser protein cleaving enzyme 2, memapsin 1, v. S6 | p. 228
3.4.23.46	β-site Alzheimer's amyloid precursor protein cleaving enzyme 1 (BACE1), memapsin 2, v. S6 | p. 236
3.4.23.45	β-site amyloid precursor protein cleaving enzyme 2, memapsin 1, v. S6 | p. 228
3.4.23.46	β-site APP (amyloid precursor protein) cleaving enzyme, memapsin 2, v. S6 | p. 236
3.4.23.46	β-site APP-cleaving enzyme 1, memapsin 2, v. S6 | p. 236
3.4.23.45	β-site APP-cleaving enzyme 2, memapsin 1, v. S6 | p. 228
3.4.23.45	β-site APP cleaving enzyme, memapsin 1, v. S6 | p. 228
3.4.23.46	β-site APP cleaving enzyme 1, memapsin 2, v. S6 | p. 236
3.1.3.48	Siw14, protein-tyrosine-phosphatase, v. 10 | p. 407
3.2.1.151	SIXTH5, xyloglucan-specific endo-β-1,4-glucanase, v. S5 | p. 132
3.1.3.36	SJ-1, phosphoinositide 5-phosphatase, v. 10 | p. 339
3.1.3.36	SJ1-145, phosphoinositide 5-phosphatase, v. 10 | p. 339
3.1.3.36	SJ1-170, phosphoinositide 5-phosphatase, v. 10 | p. 339
2.5.1.18	Sj26GST, glutathione transferase, v. 33 | p. 524

3.4.22.34	Sj32, Legumain, v. 7 | p. 689	
3.2.1.14	SjChi, chitinase, v. 12 | p. 185	
2.5.1.18	sjGST, glutathione transferase, v. 33 | p. 524	
2.7.1.91	SK, sphinganine kinase, v. 36 | p. 355	
3.4.21.67	SK-1, Endopeptidase So, v. 7 | p. 327	
3.4.21.112	SK-1, site-1 protease, v. S5 | p. 400	
2.7.1.91	SK-1, sphinganine kinase, v. 36 | p. 355	
2.7.1.91	SK-2, sphinganine kinase, v. 36 | p. 355	
2.7.1.91	SK1, sphinganine kinase, v. 36 | p. 355	
2.7.1.91	SK2, sphinganine kinase, v. 36 | p. 355	
3.4.24.72	skane venom fibrinolytic enzyme, fibrolase, v. 8 | p. 565	
3.5.1.6	SkβAS, β-ureidopropionase, v. 14 | p. 263	
2.1.1.126	Skb1H2/JBP1, [myelin basic protein]-arginine N-methyltransferase, v. 28 | p. 583	
3.6.4.6	SKD1, vesicle-fusing ATPase, v. 15 | p. 789	
3.6.4.6	SKD2, vesicle-fusing ATPase, v. 15 | p. 789	
3.6.4.6	SKD2 protein, vesicle-fusing ATPase, v. 15 | p. 789	
1.1.1.25	SKDH, shikimate dehydrogenase, v. 16 | p. 241	
3.4.22.54	skeletal muscle-specific calpain, calpain-3, v. S6 | p. 81	
3.1.3.36	skeletal muscle and kidney enriched inositol phosphatase, phosphoinositide 5-phosphatase, v. 10 | p. 339	
4.2.1.11	Skeletal muscle enolase, phosphopyruvate hydratase, v. 4 | p. 312	
3.4.21.35	skeletal muscle kallikrein, tissue kallikrein, v. 7 | p. 141	
3.4.21.39	skeletal muscle protease, chymase, v. 7 | p. 175	
2.7.1.71	SK I, shikimate kinase, v. 36 | p. 220	
2.7.1.71	SKI, shikimate kinase, v. 36 | p. 220	
3.4.21.112	SKI-1, site-1 protease, v. S5 | p. 400	
3.4.21.112	SKI-1/S1P, site-1 protease, v. S5 | p. 400	
2.7.1.71	SK II, shikimate kinase, v. 36 | p. 220	
2.7.1.71	SKII, shikimate kinase, v. 36 | p. 220	
3.4.21.39	skin chymotryptic proteinase, chymase, v. 7 | p. 175	
3.4.21.59	Skin tryptase, Tryptase, v. 7 | p. 265	
3.1.3.36	SKIP, phosphoinositide 5-phosphatase, v. 10 | p. 339	
3.5.1.28	Skl, N-acetylmuramoyl-L-alanine amidase, v. 14 | p. 396	
2.7.11.19	SkM Phk, phosphorylase kinase, v. S4 | p. 89	
3.1.4.12	SKNY, sphingomyelin phosphodiesterase, v. 11 | p. 86	
6.3.2.19	Skp1, Ubiquitin-protein ligase, v. 2 | p. 506	
6.3.2.19	Skp1-Cdc53/Cullin 1-F-box complex, Ubiquitin-protein ligase, v. 2 | p. 506	
6.3.2.19	SKP1-CUL1-β TrCP, Ubiquitin-protein ligase, v. 2 | p. 506	
6.3.2.19	Skp1-cullin-F-box ubiquitin ligase, Ubiquitin-protein ligase, v. 2 | p. 506	
6.3.2.19	Skp1-Cullin F box-like E3 ligase, Ubiquitin-protein ligase, v. 2 | p. 506	
2.4.1.229	Skp1 α-GlcNAcT1, [Skp1-protein]-hydroxyproline N-acetylglucosaminyltransferase, v. 32 | p. 627	
2.4.1.229	Skp1 α-GlcNAcT1-like enzyme, [Skp1-protein]-hydroxyproline N-acetylglucosaminyltransferase, v. 32 | p. 627	
2.4.1.229	Skp1-HyPro GlcNAc-transferase, [Skp1-protein]-hydroxyproline N-acetylglucosaminyltransferase, v. 32 | p. 627	
6.3.2.19	Skp1/Cul1/F-box protein complex, Ubiquitin-protein ligase, v. 2 | p. 506	
6.3.2.19	Skp1/cullin/F-box FSN-1 E3 ubiquitin ligase, Ubiquitin-protein ligase, v. 2 | p. 506	
6.3.2.19	Skp1a-cullin-1-F-box protein ubiquitin ligase, Ubiquitin-protein ligase, v. 2 | p. 506	
1.14.11.2	Skp1 prolyl hydroxylase, procollagen-proline dioxygenase, v. 26 | p. 9	
6.3.2.19	Skp2, Ubiquitin-protein ligase, v. 2 | p. 506	
2.6.1.2	SkPyd4p, alanine transaminase, v. 34 | p. 280	
2.7.11.30	SKR1, receptor protein serine/threonine kinase, v. S4 | p. 340	
2.7.11.30	SKR2, receptor protein serine/threonine kinase, v. S4 | p. 340	
2.7.11.30	SKR3, receptor protein serine/threonine kinase, v. S4 | p. 340	

2.7.11.30	SKR4, receptor protein serine/threonine kinase, v. S4	p. 340
2.7.11.30	SKR5, receptor protein serine/threonine kinase, v. S4	p. 340
2.7.11.30	SKR6, receptor protein serine/threonine kinase, v. S4	p. 340
2.6.1.19	SkUga1p, 4-aminobutyrate transaminase, v. 34	p. 395
2.4.1.207	SkXTH1, xyloglucan:xyloglucosyl transferase, v. 32	p. 524
2.7.10.1	Sky, receptor protein-tyrosine kinase, v. S2	p. 341
2.7.10.1	Sky receptor, receptor protein-tyrosine kinase, v. S2	p. 341
2.7.10.1	sky receptor tyrosine kinase, receptor protein-tyrosine kinase, v. S2	p. 341
3.2.1.4	Sl-cel7, cellulase, v. 12	p. 88
3.2.1.4	Sl-cel9C1, cellulase, v. 12	p. 88
2.9.1.1	SLA, L-Seryl-tRNASec selenium transferase, v. 39	p. 548
5.3.3.12	SLATY locus protein, L-dopachrome isomerase, v. 1	p. 432
3.4.23.32	SLB, Scytalidopepsin B, v. 8	p. 147
3.6.4.11	SLC, nucleoplasmin ATPase, v. 15	p. 817
4.4.1.16	SLC, selenocysteine lyase, v. 5	p. 391
2.3.1.51	Slc1p, 1-acylglycerol-3-phosphate O-acyltransferase, v. 29	p. 670
2.3.1.51	Slc4p, 1-acylglycerol-3-phosphate O-acyltransferase, v. 29	p. 670
3.1.1.72	SlCE4, Acetylxylan esterase, v. 9	p. 406
1.1.1.14	SldA, L-iditol 2-dehydrogenase, v. 16	p. 158
1.1.1.14	SLDH, L-iditol 2-dehydrogenase, v. 16	p. 158
1.1.1.289	SLDH, sorbose reductase, v. S1	p. 71
3.5.1.28	SleI, N-acetylmuramoyl-L-alanine amidase, v. 14	p. 396
3.5.1.28	SleC, N-acetylmuramoyl-L-alanine amidase, v. 14	p. 396
5.4.99.2	sleeping beauty mutase, Methylmalonyl-CoA mutase, v. 1	p. 589
2.7.10.2	SLK, non-specific protein-tyrosine kinase, v. S2	p. 441
2.6.1.83	sll0480, LL-diaminopimelate aminotransferase, v. S2	p. 253
3.1.3.25	sll1383, inositol-phosphate phosphatase, v. 10	p. 278
2.2.1.6	sll1981, acetolactate synthase, v. 29	p. 202
5.5.1.4	sll1981, inositol-3-phosphate synthase, v. 1	p. 674
1.13.11.33	15-sLO, arachidonate 15-lipoxygenase, v. 25	p. 585
1.13.11.33	SLO, arachidonate 15-lipoxygenase, v. 25	p. 585
1.13.11.12	sLO-1, lipoxygenase, v. 25	p. 473
3.4.23.34	Slow-moving proteinase, Cathepsin E, v. 8	p. 153
3.4.23.34	slow moving proteinase, Cathepsin E, v. 8	p. 153
2.7.10.1	Slow nerve growth factor receptor, receptor protein-tyrosine kinase, v. S2	p. 341
1.13.11.12	SLOX-1, lipoxygenase, v. 25	p. 473
2.8.1.7	Slr0077, cysteine desulfurase, v. 39	p. 238
2.8.1.7	Slr0077/SufS, cysteine desulfurase, v. 39	p. 238
2.8.1.7	Slr0387, cysteine desulfurase, v. 39	p. 238
3.1.27.3	Slr1129, ribonuclease T1, v. 11	p. 572
4.6.1.1	Slr1991 adenylyl cyclase, adenylate cyclase, v. 5	p. 415
3.1.3.11	slr2094 (fbp1), fructose-bisphosphatase, v. 10	p. 167
5.2.1.8	SlrA, Peptidylprolyl isomerase, v. 1	p. 218
1.14.19.5	Sls//E11, Δ11-fatty-acid desaturase	
1.1.1.9	slSDH, D-xylulose reductase, v. 16	p. 137
3.1.27.5	SLSG glycoproteins, pancreatic ribonuclease, v. 11	p. 584
3.2.2.22	SLT-I, rRNA N-glycosylase, v. 14	p. 107
3.2.2.22	SLT-II, rRNA N-glycosylase, v. 14	p. 107
3.2.2.22	SLT-IIv, rRNA N-glycosylase, v. 14	p. 107
2.7.11.24	SLT2 (MPK1) MAP kinase homolog, mitogen-activated protein kinase, v. S4	p. 233
4.3.1.19	SlTD1, threonine ammonia-lyase, v. S7	p. 356
4.3.1.19	SlTD2, threonine ammonia-lyase, v. S7	p. 356
3.1.21.1	Slx1, deoxyribonuclease I, v. 11	p. 431
6.3.2.19	Slx5-Slx8 complex, Ubiquitin-protein ligase, v. 2	p. 506
2.4.1.207	SlXTH1, xyloglucan:xyloglucosyl transferase, v. 32	p. 524

2.4.1.207	SlXTH10, xyloglucan:xyloglucosyl transferase, v. 32	p. 524
2.4.1.207	SlXTH11, xyloglucan:xyloglucosyl transferase, v. 32	p. 524
2.4.1.207	SlXTH12, xyloglucan:xyloglucosyl transferase, v. 32	p. 524
2.4.1.207	SlXTH2, xyloglucan:xyloglucosyl transferase, v. 32	p. 524
2.4.1.207	SlXTH3, xyloglucan:xyloglucosyl transferase, v. 32	p. 524
2.4.1.207	SlXTH4, xyloglucan:xyloglucosyl transferase, v. 32	p. 524
2.4.1.207	SlXTH5, xyloglucan:xyloglucosyl transferase, v. 32	p. 524
2.4.1.207	SlXTH6, xyloglucan:xyloglucosyl transferase, v. 32	p. 524
2.4.1.207	SlXTH7, xyloglucan:xyloglucosyl transferase, v. 32	p. 524
2.4.1.207	SlXTH8, xyloglucan:xyloglucosyl transferase, v. 32	p. 524
2.4.1.207	SlXTH9, xyloglucan:xyloglucosyl transferase, v. 32	p. 524
4.4.1.4	C-S lyase, alliin lyase, v. 5	p. 313
3.4.21.77	γ-SM, semenogelase, v. 7	p. 385
3.1.3.39	Sm-phosphate phosphatase, streptomycin-6-phosphatase, v. 10	p. 359
3.5.1.11	Sm-PVA, penicillin amidase, v. 14	p. 287
3.1.30.2	Sm2, Serratia marcescens nuclease, v. 11	p. 626
2.7.1.87	SM 3''-phosphotransferase, streptomycin 3-kinase, v. 36	p. 325
3.4.22.34	Sm32, Legumain, v. 7	p. 689
2.7.1.72	SM 6-kinase, streptomycin 6-kinase, v. 36	p. 229
3.1.30.2	Sma, Serratia marcescens nuclease, v. 11	p. 626
6.3.2.19	Smad ubiquitin regulatory factor 1, Ubiquitin-protein ligase, v. 2	p. 506
6.3.2.19	Smad ubiquitin regulatory factor 2, Ubiquitin-protein ligase, v. 2	p. 506
6.3.2.19	Smad ubiquitylation regulatory factor 1, Ubiquitin-protein ligase, v. 2	p. 506
6.3.2.19	Smad ubiquitylation regulatory factor 2, Ubiquitin-protein ligase, v. 2	p. 506
3.4.22.34	SmAE protein, Legumain, v. 7	p. 689
3.1.21.4	SmaI, type II site-specific deoxyribonuclease, v. 11	p. 454
4.1.2.13	SMALDO, Fructose-bisphosphate aldolase, v. 3	p. 455
3.1.3.48	Small, acidic phosphotyrosine protein phosphatase, protein-tyrosine-phosphatase, v. 10	p. 407
3.1.3.16	small CTD phosphatase-like-1, phosphoprotein phosphatase, v. 10	p. 213
3.1.13.3	small fragment nuclease, oligonucleotidase, v. 11	p. 402
3.6.5.2	small GTPase, small monomeric GTPase, v. S6	p. 476
3.6.5.2	small GTPase ARF6, small monomeric GTPase, v. S6	p. 476
3.6.5.2	small GTPase LIP1, small monomeric GTPase, v. S6	p. 476
3.6.5.2	small GTPase protein Rac-1, small monomeric GTPase, v. S6	p. 476
3.6.5.2	small GTPase Rab11b, small monomeric GTPase, v. S6	p. 476
3.6.5.2	small GTPase Rab2, small monomeric GTPase, v. S6	p. 476
3.6.5.2	small GTPase Rab21, small monomeric GTPase, v. S6	p. 476
3.6.5.2	small GTPase Rab27b, small monomeric GTPase, v. S6	p. 476
3.6.5.2	small GTPase Rac, small monomeric GTPase, v. S6	p. 476
3.6.5.2	small GTPase Rac-1, small monomeric GTPase, v. S6	p. 476
3.6.5.2	small GTPase Ral, small monomeric GTPase, v. S6	p. 476
3.6.5.2	small GTPase Ras, small monomeric GTPase, v. S6	p. 476
3.6.5.2	small GTPase Rho, small monomeric GTPase, v. S6	p. 476
3.6.5.2	small GTPase RhoA, small monomeric GTPase, v. S6	p. 476
3.6.5.2	small GTPase RhoV, small monomeric GTPase, v. S6	p. 476
3.6.5.2	small GTPase Rnd1, small monomeric GTPase, v. S6	p. 476
3.6.5.2	small GTPases Rab5, small monomeric GTPase, v. S6	p. 476
3.6.5.2	small GTPases Ral5, small monomeric GTPase, v. S6	p. 476
3.4.24.77	small neutral protease, snapalysin, v. 8	p. 583
3.6.5.2	small nuclear GTPase Ran, small monomeric GTPase, v. S6	p. 476
3.6.5.2	small Rho GTPase, small monomeric GTPase, v. S6	p. 476
3.6.5.2	small Rho GTPase Rac1, small monomeric GTPase, v. S6	p. 476
3.1.3.48	Small tyrosine phosphatase, protein-tyrosine-phosphatase, v. 10	p. 407

3.4.22.68	Small ubiquitin-related modifier protein 1 conjugate proteinase, Ulp1 peptidase, v. S6 | p. 223	
3.1.30.2	Sma nuc, Serratia marcescens nuclease, v. 11 | p. 626	
3.6.4.11	SMARCA2, nucleoplasmin ATPase, v. 15 | p. 817	
3.6.4.11	SMARCA4, nucleoplasmin ATPase, v. 15 | p. 817	
3.1.4.12	A-SMase, sphingomyelin phosphodiesterase, v. 11 | p. 86	
3.1.4.12	N-SMase, sphingomyelin phosphodiesterase, v. 11 | p. 86	
3.1.4.12	S-SMase, sphingomyelin phosphodiesterase, v. 11 | p. 86	
3.1.4.3	SMase, phospholipase C, v. 11 | p. 32	
3.1.4.12	SMase, sphingomyelin phosphodiesterase, v. 11 | p. 86	
3.1.4.12	N-SMase2, sphingomyelin phosphodiesterase, v. 11 | p. 86	
3.1.4.12	SMase C, sphingomyelin phosphodiesterase, v. 11 | p. 86	
3.1.4.41	SMase D, sphingomyelin phosphodiesterase D, v. 11 | p. 197	
3.1.4.41	SMaseD, sphingomyelin phosphodiesterase D, v. 11 | p. 197	
3.1.4.41	Smase D 1, sphingomyelin phosphodiesterase D, v. 11 | p. 197	
3.1.4.41	Smase D 2, sphingomyelin phosphodiesterase D, v. 11 | p. 197	
3.1.4.12	SMase I, sphingomyelin phosphodiesterase, v. 11 | p. 86	
3.1.4.41	SMase I, sphingomyelin phosphodiesterase D, v. 11 | p. 197	
3.1.4.41	SMase II, sphingomyelin phosphodiesterase D, v. 11 | p. 197	
3.1.4.41	SMase P1, sphingomyelin phosphodiesterase D, v. 11 | p. 197	
3.1.4.41	SMase P2, sphingomyelin phosphodiesterase D, v. 11 | p. 197	
2.5.1.6	SMAT, methionine adenosyltransferase, v. 33 | p. 424	
2.7.7.47	SMATase, streptomycin 3-adenylyltransferase, v. 38 | p. 464	
1.14.13.11	SmC4H, trans-cinnamate 4-monooxygenase, v. 26 | p. 281	
3.1.4.12	SmcL, sphingomyelin phosphodiesterase, v. 11 | p. 86	
3.4.22.15	SMCL1, cathepsin L, v. 7 | p. 582	
5.2.1.8	SmCYP A, Peptidylprolyl isomerase, v. 1 | p. 218	
5.2.1.8	SmCYP B, Peptidylprolyl isomerase, v. 1 | p. 218	
3.1.4.41	SMD, sphingomyelin phosphodiesterase D, v. 11 | p. 197	
3.2.1.70	SMDG, glucan 1,6-α-glucosidase, v. 13 | p. 214	
3.1.4.12	smdp3, sphingomyelin phosphodiesterase, v. 11 | p. 86	
3.5.2.6	SME-1, β-lactamase, v. 14 | p. 683	
3.5.2.2	SmelDhp, dihydropyrimidinase, v. 14 | p. 651	
3.1.1.3	SmF lipase, triacylglycerol lipase, v. 9 | p. 36	
2.7.3.4	SmGK, taurocyamine kinase, v. 37 | p. 399	
3.6.5.2	SmGTP, small monomeric GTPase, v. S6 | p. 476	
2.7.3.2	sMiCK, creatine kinase, v. 37 | p. 369	
2.7.11.21	SMK/PLK-AKIN kinase, polo kinase, v. S4 | p. 134	
2.7.11.24	Smk1p, mitogen-activated protein kinase, v. S4 | p. 233	
3.1.1.3	SML, triacylglycerol lipase, v. 9 | p. 36	
3.5.1.87	SmLcar, N-carbamoyl-L-amino-acid hydrolase, v. 14 | p. 625	
2.1.1.10	SMM:homocysteine S-methyltransferase, homocysteine S-methyltransferase, v. 28 | p. 59	
2.7.11.18	smMLCK, myosin-light-chain kinase, v. S4 | p. 54	
1.14.13.25	sMMO, methane monooxygenase, v. 26 | p. 360	
3.1.3.53	SMMP, [myosin-light-chain] phosphatase, v. 10 | p. 439	
3.1.30.2	SMnase, Serratia marcescens nuclease, v. 11 | p. 626	
1.14.13.72	SMO, methylsterol monooxygenase, v. 26 | p. 559	
1.14.13.72	SMO1, methylsterol monooxygenase, v. 26 | p. 559	
1.14.13.72	SMO1-1, methylsterol monooxygenase, v. 26 | p. 559	
1.14.13.72	SMO1-2, methylsterol monooxygenase, v. 26 | p. 559	
1.14.13.72	SMO1-3, methylsterol monooxygenase, v. 26 | p. 559	
1.14.13.72	SMO2, methylsterol monooxygenase, v. 26 | p. 559	
1.14.13.72	SMO2-1, methylsterol monooxygenase, v. 26 | p. 559	
1.14.13.72	SMO2-2, methylsterol monooxygenase, v. 26 | p. 559	
2.7.11.18	smooth-muscle-myosin-light-chain kinase, myosin-light-chain kinase, v. S4 | p. 54	

2.7.11.18	smooth-muscle myosin light chain kinase, myosin-light-chain kinase, v. S4 | p. 54
2.7.11.18	smooth muscle myosin light chain kinase, myosin-light-chain kinase, v. S4 | p. 54
3.1.3.53	smooth muscle myosin phosphatase, [myosin-light-chain] phosphatase, v. 10 | p. 439
3.1.3.53	smooth muscle phosphatase I-IV, [myosin-light-chain] phosphatase, v. 10 | p. 439
3.4.23.34	SMP, Cathepsin E, v. 8 | p. 153
3.4.24.40	SMP, serralysin, v. 8 | p. 424
3.1.1.17	SMP-30, gluconolactonase, v. 9 | p. 179
3.1.3.53	SMP-I, [myosin-light-chain] phosphatase, v. 10 | p. 439
3.1.3.55	SMP-I, caldesmon-phosphatase, v. 10 | p. 446
3.1.3.53	SMP-II, [myosin-light-chain] phosphatase, v. 10 | p. 439
3.1.3.53	SMP-III, [myosin-light-chain] phosphatase, v. 10 | p. 439
3.1.3.53	SMP-IV, [myosin-light-chain] phosphatase, v. 10 | p. 439
5.2.1.8	Smp17.7, Peptidylprolyl isomerase, v. 1 | p. 218
3.1.3.4	SMP2, phosphatidate phosphatase, v. 10 | p. 82
3.1.8.2	SMP30, diisopropyl-fluorophosphatase, v. 11 | p. 350
3.1.1.17	SMP30, gluconolactonase, v. 9 | p. 179
3.1.1.17	SMP30/GNL, gluconolactonase, v. 9 | p. 179
3.1.4.12	SMPD-1, sphingomyelin phosphodiesterase, v. 11 | p. 86
3.1.4.12	SMPD1, sphingomyelin phosphodiesterase, v. 11 | p. 86
3.1.4.12	smpd2, sphingomyelin phosphodiesterase, v. 11 | p. 86
3.1.4.12	Smpd3, sphingomyelin phosphodiesterase, v. 11 | p. 86
3.1.4.12	SMPD4, sphingomyelin phosphodiesterase, v. 11 | p. 86
3.1.4.12	SMPLC, sphingomyelin phosphodiesterase, v. 11 | p. 86
3.1.3.53	SMPP, [myosin-light-chain] phosphatase, v. 10 | p. 439
3.1.3.39	SMP Pase, streptomycin-6-phosphatase, v. 10 | p. 359
6.3.5.3	smPurL, phosphoribosylformylglycinamidine synthase, v. 2 | p. 666
1.3.1.71	SMR, Δ24(241)-sterol reductase, v. 21 | p. 326
2.7.11.30	SmRK2, receptor protein serine/threonine kinase, v. S4 | p. 340
2.7.8.27	SMS1, sphingomyelin synthase, v. S2 | p. 332
2.7.8.27	SMS2, sphingomyelin synthase, v. S2 | p. 332
3.4.16.5	SmSCP-1, carboxypeptidase C, v. 6 | p. 385
3.4.21.34	SmSP1, plasma kallikrein, v. 7 | p. 136
2.7.8.27	SM synthase, sphingomyelin synthase, v. S2 | p. 332
2.7.8.27	SM synthase 1, sphingomyelin synthase, v. S2 | p. 332
2.1.1.41	24-SMT, sterol 24-C-methyltransferase, v. 28 | p. 220
2.1.1.41	Δ(24,25)-SMT, sterol 24-C-methyltransferase, v. 28 | p. 220
2.1.1.117	SMT, (S)-scoulerine 9-O-methyltransferase, v. 28 | p. 558
2.1.1.142	SMT, cycloartenol 24-C-methyltransferase, v. 28 | p. 626
2.3.1.92	SMT, sinapoylglucose-malate O-sinapoyltransferase, v. 30 | p. 175
2.1.1.41	SMT, sterol 24-C-methyltransferase, v. 28 | p. 220
2.1.1.142	SMT1, cycloartenol 24-C-methyltransferase, v. 28 | p. 626
2.1.1.41	SMT1, sterol 24-C-methyltransferase, v. 28 | p. 220
2.1.1.143	SMT2, 24-methylenesterol C-methyltransferase, v. 28 | p. 629
2.1.1.142	SMT2, cycloartenol 24-C-methyltransferase, v. 28 | p. 626
3.4.22.68	Smt3-protein conjugate proteinase, Ulp1 peptidase, v. S6 | p. 223
2.1.1.142	SMT protein, cycloartenol 24-C-methyltransferase, v. 28 | p. 626
2.1.1.41	SMT protein, sterol 24-C-methyltransferase, v. 28 | p. 220
3.5.99.6	SMU.636 protein, glucosamine-6-phosphate deaminase, v. 15 | p. 225
6.3.2.19	Smurf1, Ubiquitin-protein ligase, v. 2 | p. 506
6.3.2.19	Smurf2, Ubiquitin-protein ligase, v. 2 | p. 506
4.2.99.18	Smx nuclease, DNA-(apurinic or apyrimidinic site) lyase, v. 5 | p. 150
2.1.1.43	Smyd2, histone-lysine N-methyltransferase, v. 28 | p. 235
2.1.1.43	Smyd3, histone-lysine N-methyltransferase, v. 28 | p. 235
2.7.8.2	sn-1,2-diacylglycerol cholinephosphotransferase, diacylglycerol cholinephosphotransferase, v. 39 | p. 14

2.7.1.107	sn-1,2-diacylglycerol kinase, diacylglycerol kinase, v. 36	p. 438
2.7.1.94	sn-2-monoacylglycerol kinase, acylglycerol kinase, v. 36	p. 368
3.1.4.44	sn-glycero(3)phosphoinositol glycerophosphohydrolase, glycerophosphoinositol glycerophosphodiesterase, v. 11	p. 206
3.1.4.44	sn-glycero-3-phospho-1-inositol glycerophosphohydrolase, glycerophosphoinositol glycerophosphodiesterase, v. 11	p. 206
3.1.4.2	sn-glycero 3-phosphocholine diesterase, glycerophosphocholine phosphodiesterase, v. 11	p. 23
3.1.4.2	sn-glycero 3-phosphorylcholine diesterase, glycerophosphocholine phosphodiesterase, v. 11	p. 23
1.1.1.261	sn-glycerol-1-phosphate dehydrogenase, glycerol-1-phosphate dehydrogenase [NAD(P)+], v. 18	p. 457
2.3.1.15	sn-glycerol-3-phosphate acyltransferase, glycerol-3-phosphate O-acyltransferase, v. 29	p. 347
2.3.1.15	Sn-glycerol-3-phosphate acyltransferase (EC 2.3.1.15), glycerol-3-phosphate O-acyltransferase, v. 29	p. 347
1.1.1.94	sn-glycerol-3-phosphate dehydrogenase, glycerol-3-phosphate dehydrogenase [NAD(P)+], v. 17	p. 235
2.7.8.5	sn-glycerol-3-phosphate phosphatidyltransferase, CDP-diacylglycerol-glycerol-3-phosphate 3-phosphatidyltransferase, v. 39	p. 39
3.6.3.20	sn-glycerol-3-phosphate transporter, glycerol-3-phosphate-transporting ATPase, v. S6	p. 456
3.6.3.20	sn-glycerol-3-phosphate transport system permease protein upgA, glycerol-3-phosphate-transporting ATPase, v. S6	p. 456
3.6.3.20	sn-glycerol-3-phosphate transport system permease protein upgE, glycerol-3-phosphate-transporting ATPase, v. S6	p. 456
2.3.1.15	Sn-glycerol 3-phosphate acyltransferase, glycerol-3-phosphate O-acyltransferase, v. 29	p. 347
3.1.3.4	3-sn-phosphatidate phosphohydrolase, phosphatidate phosphatase, v. 10	p. 82
3.2.2.22	SNA, rRNA N-glycosylase, v. 14	p. 107
3.2.2.22	SNA-I, rRNA N-glycosylase, v. 14	p. 107
3.2.2.22	SNA-V, rRNA N-glycosylase, v. 14	p. 107
3.1.21.4	SnaBI, type II site-specific deoxyribonuclease, v. 11	p. 454
3.2.2.5	sNADase, NAD+ nucleosidase, v. 14	p. 25
3.2.2.22	SnaI, rRNA N-glycosylase, v. 14	p. 107
3.1.21.4	SnaI, type II site-specific deoxyribonuclease, v. 11	p. 454
3.2.2.22	SNAIf, rRNA N-glycosylase, v. 14	p. 107
3.2.2.11	snail-glycosylamidase, β-aspartyl-N-acetylglucosaminidase, v. 14	p. 64
3.6.3.9	SNaK1, Na+/K+-exchanging ATPase, v. 15	p. 573
3.1.1.4	snake presynoptic phospholipase A2 neurotoxin, phospholipase A2, v. 9	p. 52
3.1.3.5	snake venom 5'-nucleotidase, 5'-nucleotidase, v. 10	p. 95
3.4.21.95	Snake venom factor V activator α, Snake venom factor V activator, v. 7	p. 457
3.4.21.95	Snake venom factor V activator γ, Snake venom factor V activator, v. 7	p. 457
3.4.24.73	snake venom metalloproteinase, jararhagin, v. 8	p. 569
3.4.24.73	snake venom metalloproteinase-disintegrin, jararhagin, v. 8	p. 569
3.1.31.1	snake venom phosphodiesterase, micrococcal nuclease, v. 11	p. 632
3.1.15.1	snake venom phosphodiesterase, venom exonuclease, v. 11	p. 417
3.1.15.1	snake venom phosphodiesterase-I, venom exonuclease, v. 11	p. 417
3.1.15.1	snake venom phosphodiesterase I, venom exonuclease, v. 11	p. 417
3.4.24.58	snake venom protease, russellysin, v. 8	p. 497
3.4.24.77	Snapalysin, snapalysin, v. 8	p. 583
3.1.31.1	SNase, micrococcal nuclease, v. 11	p. 632
3.1.31.1	SNAseR, micrococcal nuclease, v. 11	p. 632
3.2.2.22	SNAV, rRNA N-glycosylase, v. 14	p. 107
3.4.21.109	SNC19, matriptase, v. S5	p. 367

3.4.21.77	7S nerve growth factor γ chain, semenogelase, v. 7 | p. 385	
2.7.11.1	SNF1-like protein kinase, non-specific serine/threonine protein kinase, v. S3 | p. 1	
2.7.11.1	SNF1-related protein kinase KIN10, non-specific serine/threonine protein kinase, v. S3 | p. 1	
2.7.11.1	SNF1-type serine-threonine protein kinase, non-specific serine/threonine protein kinase, v. S3 | p. 1	
1.11.1.9	snGPx, glutathione peroxidase, v. 25 | p. 233	
1.1.1.184	sniffer, carbonyl reductase (NADPH), v. 18 | p. 105	
3.2.2.22	SNLRP, rRNA N-glycosylase, v. 14 | p. 107	
1.14.13.101	SNO, senecionine N-oxygenase, v. S1 | p. 638	
3.4.24.77	SnpA gene product, snapalysin, v. 8 | p. 583	
3.1.3.32	SNQ1-PNK, polynucleotide 3'-phosphatase, v. 10 | p. 326	
1.8.4.8	SNR, phosphoadenylyl-sulfate reductase (thioredoxin), v. 24 | p. 659	
6.3.2.19	SNURF, Ubiquitin-protein ligase, v. 2 | p. 506	
1.5.3.1	SO, sarcosine oxidase, v. 23 | p. 273	
1.8.2.1	SO, sulfite dehydrogenase, v. 24 | p. 566	
1.8.3.1	SO, sulfite oxidase, v. 24 | p. 584	
3.1.2.14	SO-Fat, oleoyl-[acyl-carrier-protein] hydrolase, v. 9 | p. 516	
1.5.3.1	SO-U96, sarcosine oxidase, v. 23 | p. 273	
3.1.3.6	SO3565, 3'-nucleotidase, v. 10 | p. 118	
2.3.1.45	SOAT, N-acetylneuraminate 7-O(or 9-O)-acetyltransferase, v. 29 | p. 625	
2.6.1.11	SOAT, acetylornithine transaminase, v. 34 | p. 342	
2.6.1.81	SOAT, succinylornithine transaminase, v. S2 | p. 244	
2.3.1.26	Soat1, sterol O-acyltransferase, v. 29 | p. 463	
2.3.1.26	Soat2, sterol O-acyltransferase, v. 29 | p. 463	
1.15.1.1	SOD, superoxide dismutase, v. 27 | p. 399	
1.15.1.1	SOD-1, superoxide dismutase, v. 27 | p. 399	
1.15.1.1	SOD-2, superoxide dismutase, v. 27 | p. 399	
1.15.1.1	SOD-3, superoxide dismutase, v. 27 | p. 399	
1.15.1.1	SOD-4, superoxide dismutase, v. 27 | p. 399	
1.15.1.1	SOD1, superoxide dismutase, v. 27 | p. 399	
1.15.1.1	SODA, superoxide dismutase, v. 27 | p. 399	
1.15.1.1	SodB, superoxide dismutase, v. 27 | p. 399	
1.15.1.1	SODB1, superoxide dismutase, v. 27 | p. 399	
1.15.1.1	SODB2, superoxide dismutase, v. 27 | p. 399	
1.15.1.1	SodC, superoxide dismutase, v. 27 | p. 399	
1.15.1.1	SODF, superoxide dismutase, v. 27 | p. 399	
3.6.3.27	sodium-dependent phosphate cotransporter, phosphate-transporting ATPase, v. 15 | p. 649	
3.6.3.27	sodium-dependent Pi transporter, phosphate-transporting ATPase, v. 15 | p. 649	
3.6.3.7	sodium-pump ATPase, Na+-exporting ATPase, v. 15 | p. 561	
3.6.3.15	sodium ion-pumping adenosine triphosphatase, Na+-transporting two-sector ATPase, v. 15 | p. 611	
1.6.5.3	sodium motive NADH:quinone oxidoreductase, NADH dehydrogenase (ubiquinone), v. 24 | p. 106	
3.6.3.9	sodium pump, Na+/K+-exchanging ATPase, v. 15 | p. 573	
4.1.1.41	Sodium pump methylmalonyl-CoA decarboxylase, Methylmalonyl-CoA decarboxylase, v. 3 | p. 264	
1.15.1.1	SODS, superoxide dismutase, v. 27 | p. 399	
2.7.1.1	SoHXK1, hexokinase, v. 35 | p. 74	
5.3.99.7	SOI, styrene-oxide isomerase, v. 1 | p. 486	
3.3.2.1	SOI1, isochorismatase, v. 14 | p. 142	
4.2.1.33	SOI10, 3-isopropylmalate dehydratase, v. 4 | p. 451	
4.2.99.8	SOI11, cysteine synthase, v. 5 | p. 93	
1.1.1.205	SOI12, IMP dehydrogenase, v. 18 | p. 243	
2.5.1.11	solanesyl-diphosphate synthase, trans-octaprenyltransferase, v. 33 | p. 483	

2.5.1.11	solanesyl diphosphate synthase, trans-octaprenyltransferase, v. 33 | p. 483	
2.5.1.11	solanesylIPP synthase, trans-octaprenyltransferase, v. 33 | p. 483	
2.5.1.11	solanesyl pyrophosphate synthetase, trans-octaprenyltransferase, v. 33 | p. 483	
3.4.24.71	solECE-1, endothelin-converting enzyme 1, v. 8 | p. 562	
3.3.2.10	soluble-type epoxide hydrolase, soluble epoxide hydrolase, v. S5 | p. 228	
1.12.1.2	soluble [NiFe]-hydrogenase, hydrogen dehydrogenase, v. 25 | p. 316	
4.6.1.1	soluble AC, adenylate cyclase, v. 5 | p. 415	
3.4.11.21	soluble acid aminopeptidase, aspartyl aminopeptidase, v. 6 | p. 173	
3.2.1.26	soluble acid invertase, β-fructofuranosidase, v. 12 | p. 451	
4.6.1.1	soluble adenylate cyclase, adenylate cyclase, v. 5 | p. 415	
4.6.1.1	soluble adenylyl cyclase, adenylate cyclase, v. 5 | p. 415	
3.4.11.14	soluble alanyl aminopeptidase, cytosol alanyl aminopeptidase, v. 6 | p. 143	
3.4.24.16	Soluble angiotensin-binding protein, neurolysin, v. 8 | p. 286	
3.4.24.16	soluble angiotensin II-binding protein, neurolysin, v. 8 | p. 286	
3.1.3.31	soluble calcium-activated nucleotidase, nucleotidase, v. 10 | p. 316	
3.1.3.31	soluble calcium activated nucleotidase, nucleotidase, v. 10 | p. 316	
3.4.17.17	soluble carboxypeptidase, tubulinyl-Tyr carboxypeptidase, v. 6 | p. 483	
3.3.2.10	soluble epoxide hydrolase, soluble epoxide hydrolase, v. S5 | p. 228	
2.7.10.1	soluble fms-like tyrosine kinase 1, receptor protein-tyrosine kinase, v. S2 | p. 341	
4.6.1.2	soluble GC, guanylate cyclase, v. 5 | p. 430	
1.1.5.2	soluble glucose dehydrogenase, quinoprotein glucose dehydrogenase, v. S1 | p. 88	
4.6.1.2	soluble guanylate cyclase, guanylate cyclase, v. 5 | p. 430	
4.6.1.2	soluble guanylate cyclase α1, guanylate cyclase, v. 5 | p. 430	
4.6.1.2	soluble guanylate cyclase α2, guanylate cyclase, v. 5 | p. 430	
4.6.1.2	α1 soluble guanylyl cyclase, guanylate cyclase, v. 5 | p. 430	
4.6.1.2	soluble guanylyl cyclase, guanylate cyclase, v. 5 | p. 430	
4.6.1.2	soluble guanylyl cyclases, guanylate cyclase, v. 5 | p. 430	
3.4.24.73	soluble haemorrhagic snake venom metalloproteinase, jararhagin, v. 8 | p. 569	
1.8.98.1	soluble heterodisulfide reductase, CoB-CoM heterodisulfide reductase, v. S1 | p. 367	
1.12.1.2	soluble hydrogenase, hydrogen dehydrogenase, v. 25 | p. 316	
3.6.1.1	soluble inorganic pyrophosphatase, inorganic diphosphatase, v. 15 | p. 240	
3.6.1.1	soluble inorganic pyrophosphatase 2, inorganic diphosphatase, v. 15 | p. 240	
2.9.1.1	soluble liver antigen, L-Seryl-tRNASec selenium transferase, v. 39 | p. 548	
3.4.24.15	soluble metallo-endopeptidase, thimet oligopeptidase, v. 8 | p. 275	
3.4.24.15	soluble metallopeptidase, thimet oligopeptidase, v. 8 | p. 275	
1.14.13.25	soluble methane monooxygenase, methane monooxygenase, v. 26 | p. 360	
1.14.13.25	soluble methane monooxygenase hydroxylase, methane monooxygenase, v. 26 | p. 360	
3.2.1.28	soluble P II type trehalase, α,α-trehalase, v. 12 | p. 478	
3.2.1.28	soluble P I type trehalase, α,α-trehalase, v. 12 | p. 478	
1.6.1.1	soluble pyridine nucleotide transhydrogenase, NAD(P)+ transhydrogenase (B-specific), v. 24 | p. 1	
3.6.1.1	soluble pyrophosphatase, inorganic diphosphatase, v. 15 | p. 240	
3.4.21.21	soluble tissue factor/factor VIIa complex, coagulation factor VIIa, v. 7 | p. 88	
1.6.1.1	soluble transhydrogenase, NAD(P)+ transhydrogenase (B-specific), v. 24 | p. 1	
3.1.8.2	somanase, diisopropyl-fluorophosphatase, v. 11 | p. 350	
3.4.15.1	somatic ACE, peptidyl-dipeptidase A, v. 6 | p. 334	
3.4.15.1	somatic angiotensin I-converting enzyme, peptidyl-dipeptidase A, v. 6 | p. 334	
2.1.1.42	SOMT-9, luteolin O-methyltransferase, v. 28 | p. 231	
4.6.1.2	SONO, guanylate cyclase, v. 5 | p. 430	
3.4.23.49	SopA, omptin, v. S6 | p. 262	
2.1.1.103	SoPEAMT, phosphoethanolamine N-methyltransferase, v. 28 | p. 508	
1.6.5.4	SOR, monodehydroascorbate reductase (NADH), v. 24 | p. 126	
1.13.11.18	SOR, sulfur dioxygenase, v. 25 | p. 513	
1.13.11.55	SOR, sulfur oxygenase/reductase, v. S1 | p. 480	
1.15.1.2	SOR, superoxide reductase, v. 27 | p. 426	

1.13.11.55	SOR-AT, sulfur oxygenase/reductase, v. S1 | p. 480	
1.8.2.1	SorA, sulfite dehydrogenase, v. 24 | p. 566	
1.8.2.1	SorAB, sulfite dehydrogenase, v. 24 | p. 566	
1.1.1.140	sorbitol-6-P-dehydrogenase, sorbitol-6-phosphate 2-dehydrogenase, v. 17 | p. 412	
1.1.1.140	D-sorbitol-6-phosphate 2-dehydrogenase, sorbitol-6-phosphate 2-dehydrogenase, v. 17 | p. 412	
1.1.1.140	D-sorbitol-6-phosphate dehydrogenase, sorbitol-6-phosphate 2-dehydrogenase, v. 17 | p. 412	
1.1.1.200	sorbitol-6-phosphate dehydrogenase, aldose-6-phosphate reductase (NADPH), v. 18 | p. 191	
1.1.1.140	sorbitol-6-phosphate dehydrogenase, sorbitol-6-phosphate 2-dehydrogenase, v. 17 | p. 412	
3.1.3.50	sorbitol-6-phosphate phosphatase, sorbitol-6-phosphatase, v. 10 | p. 426	
1.1.1.15	D-sorbitol dehydrogenase, D-iditol 2-dehydrogenase, v. 16 | p. 173	
1.1.99.21	D-sorbitol dehydrogenase, D-sorbitol dehydrogenase (acceptor), v. 19 | p. 399	
1.1.1.14	D-sorbitol dehydrogenase, L-iditol 2-dehydrogenase, v. 16 | p. 158	
1.1.1.14	sorbitol dehydrogenase, L-iditol 2-dehydrogenase, v. 16 | p. 158	
1.1.1.123	sorbose (nicotinamide adenine dinucleotide phosphate) dehydrogenase, sorbose 5-dehydrogenase (NADP+), v. 17 | p. 355	
1.1.99.32	L-sorbose dehydrogenase, L-sorbose 1-dehydrogenase, v. S1 | p. 159	
1.1.99.12	sorbose dehydrogenase, sorbose dehydrogenase, v. 19 | p. 337	
1.1.1.289	L-sorbose reductase, sorbose reductase, v. S1 | p. 71	
4.1.2.11	Sorghum hydroxynitrile lyase, Hydroxymandelonitrile lyase, v. 3 | p. 448	
4.3.1.10	(L-SOS) lyase, serine-sulfate ammonia-lyase, v. 5 | p. 232	
2.7.1.35	Sos4, pyridoxal kinase, v. 35 | p. 395	
3.13.1.1	SoSQD1, UDP-sulfoquinovose synthase, v. S6 | p. 561	
3.4.21.88	SOS regulatory protein dinR, Repressor LexA, v. 7 | p. 428	
2.6.1.81	SOT, succinylornithine transaminase, v. S2 | p. 244	
2.1.3.11	SOTCase, N-succinylornithine carbamoyltransferase	
2.4.1.225	sotv, N-acetylglucosaminyl-proteoglycan 4-β-glucuronosyltransferase, v. 32 | p. 610	
2.4.1.224	sotv, glucuronosyl-N-acetylglucosaminyl-proteoglycan 4-α-N-acetylglucosaminyltransferase, v. 32 | p. 604	
3.4.22.66	Southampton virus 3C-like protease, calicivirin, v. S6 | p. 215	
1.5.3.1	SOX, sarcosine oxidase, v. 23 | p. 273	
1.8.3.1	SOX, sulfite oxidase, v. 24 | p. 584	
1.5.3.7	SOX/PIPOX, L-pipecolate oxidase, v. 23 | p. 302	
1.5.3.1	SOX/PIPOX, sarcosine oxidase, v. 23 | p. 273	
1.8.3.2	SOXN, thiol oxidase, v. 24 | p. 594	
1.13.11.33	soybean 15-lipoxygenase, arachidonate 15-lipoxygenase, v. 25 | p. 585	
1.13.11.12	soybean lipoxygenase-1, lipoxygenase, v. 25 | p. 473	
1.13.11.33	soybean lipoxygenase-3, arachidonate 15-lipoxygenase, v. 25 | p. 585	
3.4.21.25	soybean protease C1, cucumisin, v. 7 | p. 101	
3.4.21.32	soycollagestin, brachyurin, v. 7 | p. 129	
3.4.24.7	soycollagestin, interstitial collagenase, v. 8 | p. 218	
3.4.24.3	soycollagestin, microbial collagenase, v. 8 | p. 205	
2.4.1.1	SP, phosphorylase, v. 31 | p. 1	
5.4.2.2	SP-1, phosphoglucomutase, v. 1 | p. 506	
5.4.2.8	SP-2, phosphomannomutase, v. 1 | p. 540	
3.4.23.36	Sp0928, Signal peptidase II, v. 8 | p. 170	
5.2.1.8	SP18, Peptidylprolyl isomerase, v. 1 | p. 218	
4.2.2.3	SP2, poly(β-D-mannuronate) lyase, v. 5 | p. 19	
3.4.21.62	SP 266, Subtilisin, v. 7 | p. 285	
2.1.1.130	SP2MT, Precorrin-2 C20-methyltransferase, v. 28 | p. 598	
3.4.22.34	SPAE, Legumain, v. 7 | p. 689	
2.7.11.1	SPAK, non-specific serine/threonine protein kinase, v. S3 | p. 1	
2.7.11.1	SPAK/STE20, non-specific serine/threonine protein kinase, v. S3 | p. 1	

3.2.1.35	SPAM1, hyaluronoglucosaminidase, v. 12	p. 526
3.1.1.4	SPAN, phospholipase A2, v. 9	p. 52
3.1.3.1	SPAP, alkaline phosphatase, v. 10	p. 1
3.6.4.3	SPAS-1, microtubule-severing ATPase, v. 15	p. 774
2.4.1.7	1149SPase, sucrose phosphorylase, v. 31	p. 61
2.4.1.7	742SPase, sucrose phosphorylase, v. 31	p. 61
3.4.21.89	SPase, Signal peptidase I, v. 7	p. 431
2.4.1.7	SPase, sucrose phosphorylase, v. 31	p. 61
3.4.21.89	SPaseI, Signal peptidase I, v. 7	p. 431
3.4.21.89	Spase I, Signal peptidase I, v. 7	p. 431
3.4.23.36	SPase II, Signal peptidase II, v. 8	p. 170
3.6.4.3	D-spastin, microtubule-severing ATPase, v. 15	p. 774
3.6.4.3	spastin, microtubule-severing ATPase, v. 15	p. 774
3.4.21.89	SPC, Signal peptidase I, v. 7	p. 431
2.7.11.24	Spc1 kinase, mitogen-activated protein kinase, v. S4	p. 233
3.4.21.75	SPC3, Furin, v. 7	p. 371
1.11.1.7	SPC4, peroxidase, v. 25	p. 211
3.6.3.8	SPCA, Ca2+-transporting ATPase, v. 15	p. 566
3.6.3.8	SPCA1, Ca2+-transporting ATPase, v. 15	p. 566
3.6.3.8	SPCA2, Ca2+-transporting ATPase, v. 15	p. 566
3.1.22.4	SpCCE1, crossover junction endodeoxyribonuclease, v. 11	p. 487
3.1.22.4	SpCCe1 Holliday junction resolvase, crossover junction endodeoxyribonuclease, v. 11	p. 487
3.1.21.1	Spd, deoxyribonuclease I, v. 11	p. 431
1.8.5.1	SPD1, glutathione dehydrogenase (ascorbate), v. 24	p. 670
1.6.5.4	SPD1, monodehydroascorbate reductase (NADH), v. 24	p. 126
3.1.21.1	Spd3, deoxyribonuclease I, v. 11	p. 431
1.5.99.6	SpdH, spermidine dehydrogenase, v. 23	p. 374
2.5.1.16	SPDS, spermidine synthase, v. 33	p. 502
2.5.1.16	SPDSYN, spermidine synthase, v. 33	p. 502
3.4.22.10	Spe B, streptopain, v. 7	p. 564
3.4.22.10	SpeB, streptopain, v. 7	p. 564
3.4.22.10	SPE B/SCP, streptopain, v. 7	p. 564
3.4.22.10	SPE B protease, streptopain, v. 7	p. 564
1.1.1.36	D-specific 3-hydroxyacyl-CoA dehydrogenase, acetoacetyl-CoA reductase, v. 16	p. 328
1.1.1.35	L-specific 3-hydroxyacyl-CoA dehydrogenase, 3-hydroxyacyl-CoA dehydrogenase, v. 16	p. 318
1.1.1.213	A-specific 3α-hydroxysteroid dehydrogenase, 3α-hydroxysteroid dehydrogenase (A-specific), v. 18	p. 285
1.1.1.213	B-specific 3α-hydroxysteroid dehydrogenase, 3α-hydroxysteroid dehydrogenase (A-specific), v. 18	p. 285
1.1.1.35	l-specific DPN-linked β-hydroxybutyric dehydrogenase, 3-hydroxyacyl-CoA dehydrogenase, v. 16	p. 318
1.1.1.28	D-specific lactic dehydrogenase, D-lactate dehydrogenase, v. 16	p. 274
2.1.1.72	specific methyltransferase, site-specific DNA-methyltransferase (adenine-specific), v. 28	p. 390
3.8.1.9	D-specific mono chloro propionoic acid dehalogenase, (R)-2-haloacid dehalogenase, v. S6	p. 546
3.1.1.4	specific phospholipase A2, phospholipase A2, v. 9	p. 52
4.2.2.15	α-(2,3)-specific trans-salidase, anhydrosialidase, v. S7	p. 131
6.3.2.19	speckle-type poxvirus and zinc finger protein, Ubiquitin-protein ligase, v. 2	p. 506
3.1.21.4	SpeI, type II site-specific deoxyribonuclease, v. 11	p. 454
5.3.1.9	Sperm antigen-36, Glucose-6-phosphate isomerase, v. 1	p. 298
2.7.11.1	spermatozoon associated protein kinase, non-specific serine/threonine protein kinase, v. S3	p. 1

2.3.1.57	spermidine/spermine N-acetyltransferase, diamine N-acetyltransferase, v. 29 | p. 708
2.3.1.57	spermidine/spermine N1-acetyltransferase, diamine N-acetyltransferase, v. 29 | p. 708
2.3.1.57	spermidine/spermine N1-acetyltransferase 1, diamine N-acetyltransferase, v. 29 | p. 708
2.3.1.57	spermidine/spermine N1-acetyltransferase 2, diamine N-acetyltransferase, v. 29 | p. 708
2.3.1.57	spermidine acetyltransferase, diamine N-acetyltransferase, v. 29 | p. 708
2.5.1.22	spermidine aminopropyltransferase, spermine synthase, v. 33 | p. 578
2.3.1.57	spermidine N1-acetyltransferase, diamine N-acetyltransferase, v. 29 | p. 708
2.5.1.16	spermidine synthase, spermidine synthase, v. 33 | p. 502
2.5.1.16	spermidine synthetase, spermidine synthase, v. 33 | p. 502
2.5.1.22	spermine synthase, spermine synthase, v. 33 | p. 578
2.5.1.22	spermine synthetase, spermine synthase, v. 33 | p. 578
1.11.1.12	sperm nucleus-specific glutathione peroxidase, phospholipid-hydroperoxide glutathione peroxidase, v. 25 | p. 274
3.4.21.4	sperm receptor hydrolase, trypsin, v. 7 | p. 12
3.2.1.35	Sperm surface protein PH-20, hyaluronoglucosaminidase, v. 12 | p. 526
5.3.1.5	Spezyme, Xylose isomerase, v. 1 | p. 259
3.2.1.150	spezyme CP, oligoxyloglucan reducing-end-specific cellobiohydrolase, v. S5 | p. 128
2.3.1.180	spFabH, β-ketoacyl-acyl-carrier-protein synthase III, v. S2 | p. 99
3.6.4.3	SPG4, microtubule-severing ATPase, v. 15 | p. 774
4.4.1.5	SpGlo1, lactoylglutathione lyase, v. 5 | p. 322
1.14.13.7	SPH, phenol 2-monooxygenase, v. 26 | p. 246
2.7.1.87	SPH, streptomycin 3-kinase, v. 36 | p. 325
3.1.3.48	SPH-1, protein-tyrosine-phosphatase, v. 10 | p. 407
3.1.3.48	SPH-2, protein-tyrosine-phosphatase, v. 10 | p. 407
3.1.21.4	SphI, type II site-specific deoxyribonuclease, v. 11 | p. 454
4.1.2.27	sphinganine-1-phosphate-alkanal-lyase, Sphinganine-1-phosphate aldolase, v. 3 | p. 540
4.1.2.27	sphinganine-1-phosphate aldolase, Sphinganine-1-phosphate aldolase, v. 3 | p. 540
4.1.2.27	sphinganine-1-phosphate lyase, Sphinganine-1-phosphate aldolase, v. 3 | p. 540
4.1.2.27	sphinganine 1-phosphate lyase, Sphinganine-1-phosphate aldolase, v. 3 | p. 540
1.14.19.4	$\Delta 8$ sphingobase desaturase, $\Delta 8$-fatty-acid desaturase
2.7.1.91	sphingoid base kinase, sphinganine kinase, v. 36 | p. 355
3.5.1.23	sphingolipid ceramide N-deacylase, ceramidase, v. 14 | p. 367
1.14.19.4	$\Delta 8$-sphingolipid desaturase, $\Delta 8$-fatty-acid desaturase
1.14.19.4	$\delta 8$ sphingolipid desaturase, $\Delta 8$-fatty-acid desaturase
1.14.19.5	sphingolipid long chain base $\delta 8$ desaturase, $\Delta 11$-fatty-acid desaturase
3.1.4.41	sphingomyelase D, sphingomyelin phosphodiesterase D, v. 11 | p. 197
2.7.8.27	sphingomyelin-synthase, sphingomyelin synthase, v. S2 | p. 332
3.1.4.3	sphingomyelinase, phospholipase C, v. 11 | p. 32
3.1.4.12	sphingomyelinase, sphingomyelin phosphodiesterase, v. 11 | p. 86
3.1.4.12	sphingomyelinase/hemolysin, sphingomyelin phosphodiesterase, v. 11 | p. 86
3.1.4.12	sphingomyelinase C, sphingomyelin phosphodiesterase, v. 11 | p. 86
3.1.4.41	sphingomyelinase D, sphingomyelin phosphodiesterase D, v. 11 | p. 197
3.1.4.41	sphingomyelinase D 1, sphingomyelin phosphodiesterase D, v. 11 | p. 197
3.1.4.41	sphingomyelinase D 2, sphingomyelin phosphodiesterase D, v. 11 | p. 197
3.1.4.41	sphingomyelinase P1, sphingomyelin phosphodiesterase D, v. 11 | p. 197
3.1.4.41	sphingomyelinase P2, sphingomyelin phosphodiesterase D, v. 11 | p. 197
3.1.4.12	sphingomyelin phosphodiesterase, sphingomyelin phosphodiesterase, v. 11 | p. 86
3.1.4.12	sphingomyelin phosphodiesterase-1, sphingomyelin phosphodiesterase, v. 11 | p. 86
3.1.4.12	sphingomyelin phosphodiesterase 1, sphingomyelin phosphodiesterase, v. 11 | p. 86
3.1.4.12	sphingomyelin phosphodiesterase 3, sphingomyelin phosphodiesterase, v. 11 | p. 86
2.7.8.27	sphingomyelin synthase 1, sphingomyelin synthase, v. S2 | p. 332
2.7.8.27	sphingomyelin synthase 2, sphingomyelin synthase, v. S2 | p. 332
2.7.8.27	sphingomyelin synthases 1, sphingomyelin synthase, v. S2 | p. 332
2.7.8.27	sphingomyelin synthases 2, sphingomyelin synthase, v. S2 | p. 332
4.1.2.27	sphingosine-1-phosphate lyase, Sphinganine-1-phosphate aldolase, v. 3 | p. 540

4.1.2.27	sphingosine-phosphate lyase, Sphinganine-1-phosphate aldolase, v. 3	p. 540
4.1.2.27	sphingosine 1-phosphate lyase, Sphinganine-1-phosphate aldolase, v. 3	p. 540
2.3.1.24	sphingosine acyltransferase, sphingosine N-acyltransferase, v. 29	p. 455
2.7.1.91	sphingosine kinase, sphinganine kinase, v. 36	p. 355
2.7.1.91	sphingosine kinase-1, sphinganine kinase, v. 36	p. 355
2.7.1.91	sphingosine kinase-2, sphinganine kinase, v. 36	p. 355
2.7.1.91	sphingosine kinase 1, sphinganine kinase, v. 36	p. 355
3.5.1.14	sphingosine kinase 1-interacting protein, aminoacylase, v. 14	p. 317
2.7.1.91	sphingosine kinase 2, sphinganine kinase, v. 36	p. 355
2.7.1.91	sphingosine kinase type 1, sphinganine kinase, v. 36	p. 355
2.7.1.91	sphingosine kinase type 2, sphinganine kinase, v. 36	p. 355
2.3.1.24	sphingosine N-acyltransferase LAC1, sphingosine N-acyltransferase, v. 29	p. 455
2.3.1.24	sphingosine N-acyltransferase LAG1, sphingosine N-acyltransferase, v. 29	p. 455
4.1.2.27	sphingosine phosphate lyase, Sphinganine-1-phosphate aldolase, v. 3	p. 540
2.7.1.91	SPHK, sphinganine kinase, v. 36	p. 355
2.7.1.91	SPHK1, sphinganine kinase, v. 36	p. 355
2.7.1.91	SPHK1a, sphinganine kinase, v. 36	p. 355
2.7.1.91	SPHK1b, sphinganine kinase, v. 36	p. 355
2.7.1.91	SPHK2, sphinganine kinase, v. 36	p. 355
3.1.4.12	Sphmase, sphingomyelin phosphodiesterase, v. 11	p. 86
3.1.21.4	SpiI, type II site-specific deoxyribonuclease, v. 11	p. 454
3.4.21.57	Spinach leucine-specific serine proteinase, Leucyl endopeptidase, v. 7	p. 261
2.7.1.158	spIpk1-C, inositol-pentakisphosphate 2-kinase, v. S2	p. 272
3.2.1.1	Spitase CP 1, α-amylase, v. 12	p. 1
3.4.21.105	Spitz protease, rhomboid protease, v. S5	p. 325
2.7.1.91	SPK, sphinganine kinase, v. 36	p. 355
2.7.11.1	SpkA, non-specific serine/threonine protein kinase, v. S3	p. 1
4.1.2.27	SPL, Sphinganine-1-phosphate aldolase, v. 3	p. 540
3.1.1.4	sPLA(2)-IID, phospholipase A2, v. 9	p. 52
3.1.1.4	sPLA(2)-IIE, phospholipase A2, v. 9	p. 52
3.1.1.4	sPLA(2)-IIF, phospholipase A2, v. 9	p. 52
3.1.1.4	sPLA-V, phospholipase A2, v. 9	p. 52
3.1.1.4	sPLA2, phospholipase A2, v. 9	p. 52
3.1.1.4	sPLA2-IIA, phospholipase A2, v. 9	p. 52
3.1.1.4	sPLA2-IIE, phospholipase A2, v. 9	p. 52
3.1.1.4	sPLA2-V, phospholipase A2, v. 9	p. 52
3.1.1.4	sPLA2-X, phospholipase A2, v. 9	p. 52
3.1.1.4	sPLA2 IB, phospholipase A2, v. 9	p. 52
3.1.1.4	sPLA2IB2, phospholipase A2, v. 9	p. 52
3.6.4.11	SPLAYED, nucleoplasmin ATPase, v. 15	p. 817
3.1.31.1	spleen endonuclease, micrococcal nuclease, v. 11	p. 632
3.1.31.1	spleen phosphodiesterase, micrococcal nuclease, v. 11	p. 632
3.1.16.1	spleen phosphodiesterase, spleen exonuclease, v. 11	p. 424
2.7.10.2	Spleen tyrosine kinase, non-specific protein-tyrosine kinase, v. S2	p. 441
3.1.27.9	splicing endonuclease, tRNA-intron endonuclease, v. 11	p. 604
3.5.2.6	SPM-1, β-lactamase, v. 14	p. 683
2.7.11.24	Spm1, mitogen-activated protein kinase, v. S4	p. 233
4.2.1.11	SPM2, phosphopyruvate hydratase, v. 4	p. 312
2.5.1.22	SpmS, spermine synthase, v. 33	p. 578
2.5.1.22	SpmSyn, spermine synthase, v. 33	p. 578
2.5.1.16	Spm synthase, spermidine synthase, v. 33	p. 502
2.5.1.22	Spm synthase, spermine synthase, v. 33	p. 578
4.2.2.1	spnHL, hyaluronate lyase, v. 5	p. 1
4.2.2.1	SpnHyal, hyaluronate lyase, v. 5	p. 1
3.1.4.4	SPO14, phospholipase D, v. 11	p. 47

2.4.1.232	SpOch1p, initiation-specific α-1,6-mannosyltransferase, v. 32 | p. 640	
3.4.21.116	SpoIVB, SpoIVB peptidase, v. S5 | p. 418	
3.4.21.116	SpoIVB serine peptidase, SpoIVB peptidase, v. S5 | p. 418	
3.4.24.85	SPOIVFB, S2P endopeptidase, v. S6 | p. 343	
3.4.21.116	SpoIVFB, SpoIVB peptidase, v. S5 | p. 418	
2.1.1.20	4S polycyclic aromatic hydrocarbon binding protein, glycine N-methyltransferase, v. 28 | p. 109	
2.4.1.109	sPOMT2, dolichyl-phosphate-mannose-protein mannosyltransferase, v. 32 | p. 110	
2.7.10.1	sponge receptor tyrosine kinase, receptor protein-tyrosine kinase, v. S2 | p. 341	
6.3.2.19	SPOP, Ubiquitin-protein ligase, v. 2 | p. 506	
2.7.11.24	sporulation-specific mitogen-activated protein kinase SMK1, mitogen-activated protein kinase, v. S4 | p. 233	
2.7.11.1	sporulation-specific protein 1, non-specific serine/threonine protein kinase, v. S3 | p. 1	
2.7.13.3	sporulation kinase A (stage II sporulation protein J), histidine kinase, v. S4 | p. 420	
2.7.13.3	sporulation kinase B, histidine kinase, v. S4 | p. 420	
2.7.13.3	sporulation kinase C, histidine kinase, v. S4 | p. 420	
2.7.13.3	sporulation kinase C (sensor kinase), histidine kinase, v. S4 | p. 420	
6.3.5.1	Sporulation protein outB, NAD+ synthase (glutamine-hydrolysing), v. 2 | p. 651	
3.4.21.116	sporulation protein SpoIVFB, SpoIVB peptidase, v. S5 | p. 418	
2.1.1.34	SpoU, tRNA guanosine-2'-O-methyltransferase, v. 28 | p. 172	
3.1.1.29	spoVC, aminoacyl-tRNA hydrolase, v. 9 | p. 239	
3.4.21.102	SPP, C-terminal processing peptidase, v. 7 | p. 493	
3.4.21.89	SPP, Signal peptidase I, v. 7 | p. 431	
3.4.22.10	SPP, streptopain, v. 7 | p. 564	
3.1.3.24	SPP, sucrose-phosphate phosphatase, v. 10 | p. 272	
3.1.3.24	SPP1, sucrose-phosphate phosphatase, v. 10 | p. 272	
3.1.3.24	SPP2, sucrose-phosphate phosphatase, v. 10 | p. 272	
3.4.21.89	SppA, Signal peptidase I, v. 7 | p. 431	
3.6.1.1	sPPAse, inorganic diphosphatase, v. 15 | p. 240	
3.5.1.52	SpPNGase, peptide-N4-(N-acetyl-β-glucosaminyl)asparagine amidase, v. 14 | p. 485	
2.5.1.11	SPPS, trans-octaprenyltransferase, v. 33 | p. 483	
2.5.1.11	SPP synthase, trans-octaprenyltransferase, v. 33 | p. 483	
1.1.1.153	SPR, sepiapterin reductase, v. 17 | p. 495	
4.2.2.1	spreading factor, hyaluronate lyase, v. 5 | p. 1	
3.2.1.35	spreading factor, hyaluronoglucosaminidase, v. 12 | p. 526	
3.4.25.1	26S protease, proteasome endopeptidase complex, v. 8 | p. 587	
3.4.25.1	20S proteasome, proteasome endopeptidase complex, v. 8 | p. 587	
3.6.4.8	26S proteasome, proteasome ATPase, v. 15 | p. 797	
3.4.25.1	26S proteasome, proteasome endopeptidase complex, v. 8 | p. 587	
3.4.25.1	26S proteasome complex, proteasome endopeptidase complex, v. 8 | p. 587	
2.7.9.3	SPS, selenide, water dikinase, v. 39 | p. 173	
2.4.1.14	SPS, sucrose-phosphate synthase, v. 31 | p. 126	
2.5.1.11	SPS, trans-octaprenyltransferase, v. 33 | p. 483	
2.7.9.3	SPS1, selenide, water dikinase, v. 39 | p. 173	
2.5.1.11	SPS1, trans-octaprenyltransferase, v. 33 | p. 483	
2.7.11.1	SPS1-related proline alanine-rich kinase, non-specific serine/threonine protein kinase, v. S3 | p. 1	
2.7.9.3	Sps2, selenide, water dikinase, v. 39 | p. 173	
3.4.21.89	SpsB, Signal peptidase I, v. 7 | p. 431	
4.2.1.70	16S pseudouridine 516 synthase, pseudouridylate synthase, v. 4 | p. 578	
4.2.1.70	16S pseudouridylate 516 synthase, pseudouridylate synthase, v. 4 | p. 578	
2.5.1.16	SpSyn, spermidine synthase, v. 33 | p. 502	
3.1.3.56	SPsynaptojanin, inositol-polyphosphate 5-phosphatase, v. 10 | p. 448	
3.1.3.36	SPsynaptojanin, phosphoinositide 5-phosphatase, v. 10 | p. 339	
2.3.1.50	SPT, serine C-palmitoyltransferase, v. 29 | p. 661	

2.6.1.51	SPT, serine-pyruvate transaminase, v. 34	p. 579
2.6.1.44	SPT/AGT, alanine-glyoxylate transaminase, v. 34	p. 538
2.6.1.51	SPT/AGT, serine-pyruvate transaminase, v. 34	p. 579
2.6.1.51	SPT10, serine-pyruvate transaminase, v. 34	p. 579
4.2.3.22	spterp13, germacradienol synthase, v. S7	p. 295
3.1.1.47	SpV-1, 1-alkyl-2-acetylglycerophosphocholine esterase, v. 9	p. 320
3.1.1.47	SpV-2, 1-alkyl-2-acetylglycerophosphocholine esterase, v. 9	p. 320
3.1.1.47	SpV-3, 1-alkyl-2-acetylglycerophosphocholine esterase, v. 9	p. 320
3.1.1.47	SpV-4, 1-alkyl-2-acetylglycerophosphocholine esterase, v. 9	p. 320
3.1.1.47	SpV-5, 1-alkyl-2-acetylglycerophosphocholine esterase, v. 9	p. 320
1.2.3.6	SpxB, pyruvate oxidase (CoA-acetylating), v. 20	p. 462
1.2.3.3	SpxB protein, pyruvate oxidase, v. 20	p. 445
2.3.1.180	spyFabH, β-ketoacyl-acyl-carrier-protein synthase III, v. S2	p. 99
3.13.1.1	SQD1, UDP-sulfoquinovose synthase, v. S6	p. 561
1.3.5.1	SQR, succinate dehydrogenase (ubiquinone), v. 21	p. 424
2.7.11.14	SQRK, rhodopsin kinase, v. S3	p. 370
2.5.1.21	SQS, squalene synthase, v. 33	p. 568
1.14.99.7	squalene-2,3-epoxidase, squalene monooxygenase, v. 27	p. 280
1.14.99.7	squalene-2,3-epoxide cyclase, squalene monooxygenase, v. 27	p. 280
5.4.99.7	Squalene-2,3-oxide-lanosterol cyclase, Lanosterol synthase, v. 1	p. 624
5.4.99.7	Squalene 2,3-epoxide:lanosterol cyclase, Lanosterol synthase, v. 1	p. 624
5.4.99.7	Squalene 2,3-oxide-lanosterol cyclase, Lanosterol synthase, v. 1	p. 624
1.14.99.7	squalene 2,3-oxidocyclase, squalene monooxygenase, v. 27	p. 280
1.14.99.7	squalene epoxidase, squalene monooxygenase, v. 27	p. 280
5.4.99.7	Squalene epoxidase-cyclase, Lanosterol synthase, v. 1	p. 624
1.14.99.7	squalene epoxidase 1, squalene monooxygenase, v. 27	p. 280
1.14.99.7	squalene hydroxylase, squalene monooxygenase, v. 27	p. 280
1.14.99.7	squalene oxydocyclase, squalene monooxygenase, v. 27	p. 280
2.5.1.21	squalene synthase, squalene synthase, v. 33	p. 568
2.5.1.21	squalene synthetase, squalene synthase, v. 33	p. 568
2.4.2.26	squashed vulva protein 6, protein xylosyltransferase, v. 33	p. 224
2.4.1.133	SQV-3, xylosylprotein 4-β-galactosyltransferase, v. 32	p. 221
1.1.1.22	sqv-4, UDP-glucose 6-dehydrogenase, v. 16	p. 221
2.4.2.26	SQV-6, protein xylosyltransferase, v. 33	p. 224
1.3.1.70	Δ14-SR, Δ14-sterol reductase, v. 21	p. 317
1.3.1.70	Δ14SR, Δ14-sterol reductase, v. 21	p. 317
1.97.1.9	SR, selenate reductase, v. S1	p. 782
1.1.1.153	SR, sepiapterin reductase, v. 17	p. 495
3.6.5.4	SR, signal-recognition-particle GTPase, v. S6	p. 511
1.3.1.70	SR-1, Δ14-sterol reductase, v. 21	p. 317
1.5.1.10	SR1, saccharopine dehydrogenase (NADP+, L-glutamate-forming), v. 23	p. 104
3.6.4.9	SR1-GroEL, chaperonin ATPase, v. 15	p. 803
3.2.1.23	SR12 protein, β-galactosidase, v. 12	p. 368
1.3.99.5	5 α-SR2, 3-oxo-5α-steroid 4-dehydrogenase, v. 21	p. 516
5.1.1.18	SRace, serine racemase, v. S7	p. 486
2.7.11.23	Srb10, [RNA-polymerase]-subunit kinase, v. S4	p. 220
2.7.10.2	C-SRC, non-specific protein-tyrosine kinase, v. S2	p. 441
2.7.10.1	C-SRC, receptor protein-tyrosine kinase, v. S2	p. 341
2.7.10.2	Src, non-specific protein-tyrosine kinase, v. S2	p. 441
2.7.10.2	v-Src, non-specific protein-tyrosine kinase, v. S2	p. 441
2.7.10.2	Src-family protein kinase, non-specific protein-tyrosine kinase, v. S2	p. 441
2.7.10.2	Src-family protein tyrosine kinase, non-specific protein-tyrosine kinase, v. S2	p. 441
2.7.10.2	src-kinase, non-specific protein-tyrosine kinase, v. S2	p. 441
2.7.10.2	SRC-related intestinal kinase, non-specific protein-tyrosine kinase, v. S2	p. 441
3.6.3.8	SR Ca-ATPase, Ca2+-transporting ATPase, v. 15	p. 566

3.6.3.8	SR Ca2+-ATPase, Ca2+-transporting ATPase, v. 15 | p. 566	
2.7.10.1	Srcasm, receptor protein-tyrosine kinase, v. S2 | p. 341	
2.7.10.2	Src family kinase, non-specific protein-tyrosine kinase, v. S2 | p. 441	
2.7.10.2	Src family tyrosine kinase Lyn, non-specific protein-tyrosine kinase, v. S2 | p. 441	
3.1.3.48	Src homology-2 domain containing protein tyrosine phosphatase-1, protein-tyrosine-phosphatase, v. 10 | p. 407	
3.1.3.48	Src homology-2 domain containing protein tyrosine phosphatase-2, protein-tyrosine-phosphatase, v. 10 | p. 407	
3.1.3.36	Src homology 2 (SH2) domain-containing inositol-5-phosphatase 1, phosphoinositide 5-phosphatase, v. 10 | p. 339	
3.1.3.36	Src homology 2-containing inositol 5-phosphatase 1, phosphoinositide 5-phosphatase, v. 10 | p. 339	
3.1.3.48	Src homology 2 domain-containing phosphatase-1, protein-tyrosine-phosphatase, v. 10 | p. 407	
3.1.3.36	Src homology 2 domain containing inositol polyphosphate 5-phosphatase 2, phosphoinositide 5-phosphatase, v. 10 | p. 339	
3.1.3.48	Src homology region 2 domain-containing phosphatase 1, protein-tyrosine-phosphatase, v. 10 | p. 407	
2.7.10.2	C-SRC kinase, non-specific protein-tyrosine kinase, v. S2 | p. 441	
2.7.10.2	Src kinase, non-specific protein-tyrosine kinase, v. S2 | p. 441	
2.7.10.2	c-Src nonreceptor tyrosine kinase, non-specific protein-tyrosine kinase, v. S2 | p. 441	
2.7.10.2	Src protein-tyrosine kinase, non-specific protein-tyrosine kinase, v. S2 | p. 441	
2.7.10.2	Src protein tyrosine kinase, non-specific protein-tyrosine kinase, v. S2 | p. 441	
2.7.10.2	c-Src protein tyrosine kinase, non-specific protein-tyrosine kinase, v. S2 | p. 441	
2.7.10.2	src protein tyrosine kinase p56Lck, non-specific protein-tyrosine kinase, v. S2 | p. 441	
2.7.10.2	Src tyrosine kinase, non-specific protein-tyrosine kinase, v. S2 | p. 441	
2.7.10.2	c-Src tyrosine kinase, non-specific protein-tyrosine kinase, v. S2 | p. 441	
1.3.99.5	SRD5A1, 3-oxo-5α-steroid 4-dehydrogenase, v. 21 | p. 516	
1.3.99.5	SRD5A2, 3-oxo-5α-steroid 4-dehydrogenase, v. 21 | p. 516	
1.3.1.22	SRD5A2, cholestenone 5α-reductase, v. 21 | p. 124	
3.4.24.85	Sre2, S2P endopeptidase, v. S6 | p. 343	
5.3.4.1	S-S rearrangase, Protein disulfide-isomerase, v. 1 | p. 436	
3.4.24.85	SREBP-1 proteinase, S2P endopeptidase, v. S6 | p. 343	
3.4.24.85	SREBP-2 proteinase, S2P endopeptidase, v. S6 | p. 343	
3.4.24.85	SREBP cleavage activity, S2P endopeptidase, v. S6 | p. 343	
3.4.22.56	SREBP cleavage activity 1, caspase-3, v. S6 | p. 103	
3.4.22.60	SREBP cleavage activity 2, caspase-7, v. S6 | p. 156	
3.4.24.85	SREBP cysteine proteinase, S2P endopeptidase, v. S6 | p. 343	
3.4.24.85	SREBP proteinase, S2P endopeptidase, v. S6 | p. 343	
3.6.5.4	SR GTPase, signal-recognition-particle GTPase, v. S6 | p. 511	
3.1.26.8	5S ribosomal maturation nuclease, ribonuclease M5, v. 11 | p. 549	
3.1.26.8	5S ribosomal RNA maturase, ribonuclease M5, v. 11 | p. 549	
3.1.26.8	5S ribosomal RNA maturation endonuclease, ribonuclease M5, v. 11 | p. 549	
2.7.11.1	SRK, non-specific serine/threonine protein kinase, v. S3 | p. 1	
1.10.3.2	SRL1, laccase, v. 25 | p. 115	
2.7.10.2	Srm, non-specific protein-tyrosine kinase, v. S2 | p. 441	
1.1.1.37	SrMalDH, malate dehydrogenase, v. 16 | p. 336	
3.6.5.4	SRP, signal-recognition-particle GTPase, v. S6 | p. 511	
3.6.5.4	SRP54, signal-recognition-particle GTPase, v. S6 | p. 511	
3.6.5.4	SRP54 GTPase, signal-recognition-particle GTPase, v. S6 | p. 511	
3.6.5.4	SRP GTPase, signal-recognition-particle GTPase, v. S6 | p. 511	
3.6.5.3	SRP GTPase Ffh, protein-synthesizing GTPase, v. S6 | p. 494	
3.6.5.4	SRP GTPase Ffh, signal-recognition-particle GTPase, v. S6 | p. 511	
3.6.5.4	SRP receptor, signal-recognition-particle GTPase, v. S6 | p. 511	
5.1.1.18	SRR, serine racemase, v. S7 | p. 486	

2.1.1.52	16S rRNA:(guanine-N2) methyltransferase, rRNA (guanine-N2-)-methyltransferase, v. 28 | p. 297
2.1.1.66	23S rRNA A1067 methyltransferase, rRNA (adenosine-2'-O-)-methyltransferase, v. 28 | p. 357
2.1.1.48	23S rRNA methyltransferase, rRNA (adenine-N6-)-methyltransferase, v. 28 | p. 281
5.4.99.12	16S rRNA pseudouridine synthase, tRNA-pseudouridine synthase I, v. 1 | p. 642
1.8.98.2	Srx, sulfiredoxin, v. S1 | p. 378
1.8.98.2	Srx1, sulfiredoxin, v. S1 | p. 378
2.5.1.21	SS, squalene synthase, v. 33 | p. 568
3.2.1.127	Ss-α-fuc, 1,6-α-L-fucosidase, v. 13 | p. 516
3.1.21.4	ss.BspD6I, type II site-specific deoxyribonuclease, v. 11 | p. 454
2.5.1.21	SS1, squalene synthase, v. 33 | p. 568
2.3.1.172	Ss5MaT1, anthocyanin 5-O-glucoside 6'''-O-malonyltransferase, v. S2 | p. 65
1.1.1.1	SSADH, alcohol dehydrogenase, v. 16 | p. 1
1.1.1.245	SSADH, cyclohexanol dehydrogenase, v. 18 | p. 405
1.2.1.24	SSADH, succinate-semialdehyde dehydrogenase, v. 20 | p. 228
1.2.1.16	SSADH, succinate-semialdehyde dehydrogenase [NAD(P)+], v. 20 | p. 180
1.2.1.24	SSADH/ALDH5A1, succinate-semialdehyde dehydrogenase, v. 20 | p. 228
1.2.1.24	SSALDH, succinate-semialdehyde dehydrogenase, v. 20 | p. 228
2.4.2.18	ssAnPRT, anthranilate phosphoribosyltransferase, v. 33 | p. 181
1.4.3.4	SSAO, monoamine oxidase, v. 22 | p. 260
1.4.3.21	SSAO, primary-amine oxidase
1.4.3.2	SSAP, L-amino-acid oxidase, v. 22 | p. 225
3.4.11.24	SSAP, aminopeptidase S
3.4.11.10	SSAP, bacterial leucyl aminopeptidase, v. 6 | p. 125
2.6.1.1	SsAspAT, aspartate transaminase, v. 34 | p. 247
2.3.1.57	SSAT, diamine N-acetyltransferase, v. 29 | p. 708
2.3.1.57	SSAT-1, diamine N-acetyltransferase, v. 29 | p. 708
2.3.1.57	SSAT-2, diamine N-acetyltransferase, v. 29 | p. 708
2.3.1.57	SSAT1, diamine N-acetyltransferase, v. 29 | p. 708
2.3.1.57	SSAT2, diamine N-acetyltransferase, v. 29 | p. 708
3.6.3.51	Ssc1, mitochondrial protein-transporting ATPase, v. 15 | p. 744
1.1.1.184	SSCR, carbonyl reductase (NADPH), v. 18 | p. 105
3.2.2.8	SsCU-NH, ribosylpyrimidine nucleosidase, v. 14 | p. 50
1.2.1.16	SSDH, succinate-semialdehyde dehydrogenase [NAD(P)+], v. 20 | p. 180
3.1.21.4	Sse9I, type II site-specific deoxyribonuclease, v. 11 | p. 454
2.8.1.2	SseA, 3-mercaptopyruvate sulfurtransferase, v. 39 | p. 206
3.6.5.3	SsEF-1α, protein-synthesizing GTPase, v. S6 | p. 494
3.6.5.1	SsEF-2, heterotrimeric G-protein GTPase, v. S6 | p. 462
3.6.5.3	SsEF-2, protein-synthesizing GTPase, v. S6 | p. 494
3.1.1.3	SSF lipase, triacylglycerol lipase, v. 9 | p. 36
1.9.3.1	SSG, cytochrome-c oxidase, v. 25 | p. 1
3.2.1.3	SSG, glucan 1,4-α-glucosidase, v. 12 | p. 59
1.1.1.47	SsGDH, glucose 1-dehydrogenase, v. 16 | p. 451
3.2.1.6	SsGlc, endo-1,3(4)-β-glucanase, v. 12 | p. 118
2.5.1.18	ssGST3, glutathione transferase, v. 33 | p. 524
2.5.1.18	ssGST5, glutathione transferase, v. 33 | p. 524
3.1.1.1	SshEstI esterase, carboxylesterase, v. 9 | p. 1
2.4.1.21	SSI, starch synthase, v. 31 | p. 251
1.14.19.2	SSI2/FAB2, acyl-[acyl-carrier-protein] desaturase, v. 27 | p. 208
1.14.11.17	SSI3, taurine dioxygenase, v. 26 | p. 108
1.5.1.29	SSI4, FMN reductase, v. 23 | p. 217
4.2.99.8	SSI5, cysteine synthase, v. 5 | p. 93
2.4.1.242	SSII, NDP-glucose-starch glucosyltransferase, v. S2 | p. 188
2.4.1.21	SSII, starch synthase, v. 31 | p. 251

2.4.1.21	SSIIa, starch synthase, v. 31 | p. 251	
2.4.1.21	SSIII, starch synthase, v. 31 | p. 251	
2.7.11.25	Ssk2, mitogen-activated protein kinase kinase kinase, v. S4 | p. 278	
2.7.11.25	Ssk22p, mitogen-activated protein kinase kinase kinase, v. S4 | p. 278	
2.7.11.25	SSK2 MAPK kinase kinase, mitogen-activated protein kinase kinase kinase, v. S4 | p. 278	
2.7.11.25	Ssk2p, mitogen-activated protein kinase kinase kinase, v. S4 | p. 278	
4.3.3.2	SSL, strictosidine synthase, v. 5 | p. 285	
3.1.1.3	SSL, triacylglycerol lipase, v. 9 | p. 36	
3.4.24.77	SSMP, snapalysin, v. 8 | p. 583	
2.4.2.28	SsMTAP, S-methyl-5'-thioadenosine phosphorylase, v. 33 | p. 236	
2.4.2.28	SsMTAPII, S-methyl-5'-thioadenosine phosphorylase, v. 33 | p. 236	
3.1.21.1	SsnA, deoxyribonuclease I, v. 11 | p. 431	
3.4.23.43	SSO0131, prepilin peptidase, v. 8 | p. 194	
3.6.1.15	Sso0909, nucleoside-triphosphatase, v. 15 | p. 365	
3.2.1.4	SSO1354, cellulase, v. 12 | p. 88	
3.1.1.72	SSO1354 protein, Acetylxylan esterase, v. 9 | p. 406	
3.1.1.79	SSO2517, hormone-sensitive lipase, v. S5 | p. 4	
3.6.1.7	Sso AcP, acylphosphatase, v. 15 | p. 292	
4.3.1.12	SsOCD1, ornithine cyclodeaminase, v. 5 | p. 241	
2.7.7.7	Sso DNA pol B1, DNA-directed DNA polymerase, v. 38 | p. 118	
2.7.7.7	Sso DNA pol Y1, DNA-directed DNA polymerase, v. 38 | p. 118	
3.1.1.79	SsoNΔ, hormone-sensitive lipase, v. S5 | p. 4	
3.1.1.79	SsoNΔlong, hormone-sensitive lipase, v. S5 | p. 4	
3.1.1.1	Sso P1 carboxylesterase, carboxylesterase, v. 9 | p. 1	
2.7.11.1	SsoPK2, non-specific serine/threonine protein kinase, v. S3 | p. 1	
2.7.11.1	SsoPK3, non-specific serine/threonine protein kinase, v. S3 | p. 1	
3.1.8.1	SsoPox, aryldialkylphosphatase, v. 11 | p. 343	
5.99.1.2	Sso topo III, DNA topoisomerase, v. 1 | p. 721	
2.7.4.10	ssozyme 3 of adenylate kinase, nucleoside-triphosphate-adenylate kinase, v. 37 | p. 567	
3.1.1.3	Ssp, triacylglycerol lipase, v. 9 | p. 36	
3.4.22.48	SspB, staphopain, v. S6 | p. 11	
3.4.22.48	SspB protein, staphopain, v. S6 | p. 11	
3.1.21.4	SspI, type II site-specific deoxyribonuclease, v. 11 | p. 454	
3.1.30.1	SSPN, Aspergillus nuclease S1, v. 11 | p. 610	
2.7.7.49	SS RT, RNA-directed DNA polymerase, v. 38 | p. 492	
2.4.1.21	SSSI, starch synthase, v. 31 | p. 251	
2.4.1.99	1-SST, sucrose:sucrose fructosyltransferase, v. 32 | p. 56	
2.4.1.99	SST, sucrose:sucrose fructosyltransferase, v. 32 | p. 56	
2.7.11.1	SSTK, non-specific serine/threonine protein kinase, v. S3 | p. 1	
3.2.1.17	SSTL A, lysozyme, v. 12 | p. 228	
3.2.1.17	SSTL B, lysozyme, v. 12 | p. 228	
2.4.2.18	ssTrpD, anthranilate phosphoribosyltransferase, v. 33 | p. 181	
2.1.3.1	5S subunit of transcarboxylase, methylmalonyl-CoA carboxytransferase, v. 29 | p. 93	
1.14.14.5	SsuD, alkanesulfonate monooxygenase, v. 26 | p. 607	
1.14.14.5	SsuE, alkanesulfonate monooxygenase, v. 26 | p. 607	
1.5.1.30	SsuE, flavin reductase, v. 23 | p. 232	
2.7.4.22	SsUMPK, UMP kinase, v. S2 | p. 299	
3.2.1.67	SSXPG1, galacturan 1,4-α-galacturonidase, v. 13 | p. 195	
3.2.1.67	SSXPG2, galacturan 1,4-α-galacturonidase, v. 13 | p. 195	
2.8.2.1	ST, aryl sulfotransferase, v. 39 | p. 247	
2.8.2.24	ST, desulfoglucosinolate sulfotransferase, v. 39 | p. 448	
2.4.99.1	α 2,6-ST, β-galactoside α-2,6-sialyltransferase, v. 33 | p. 314	
2.4.99.6	α-2,3-ST, N-acetyllactosaminide α-2,3-sialyltransferase, v. 33 | p. 361	
2.4.99.3	α-2,6-ST, α-N-acetylgalactosaminide α-2,6-sialyltransferase, v. 33 | p. 335	
3.4.21.4	ST-1, trypsin, v. 7 | p. 12	

3.4.21.4	ST-2, trypsin, v.7 | p.12
3.4.21.4	ST-3, trypsin, v.7 | p.12
2.4.99.8	ST-II, α-N-acetylneuraminate α-2,8-sialyltransferase, v.33 | p.371
2.4.99.2	ST-IV, monosialoganglioside sialyltransferase, v.33 | p.330
4.1.99.3	St-photolyase, deoxyribodipyrimidine photo-lyase, v.4 | p.223
1.5.1.22	St/AlDH1, Strombine dehydrogenase, v.23 | p.185
1.5.1.22	St/AlDH2, Strombine dehydrogenase, v.23 | p.185
1.5.1.22	St/AlDH3, Strombine dehydrogenase, v.23 | p.185
1.1.1.261	ST0344 protein, glycerol-1-phosphate dehydrogenase [NAD(P)+], v.18 | p.457
2.7.7.24	ST0452 protein, glucose-1-phosphate thymidylyltransferase, v.38 | p.300
3.4.24.17	ST1, stromelysin 1, v.8 | p.296
3.4.21.109	ST14, matriptase, v.S5 | p.367
2.5.1.17	ST1454, cob(I)yrinic acid a,c-diamide adenosyltransferase, v.33 | p.517
2.8.2.9	ST1A1, tyrosine-ester sulfotransferase, v.39 | p.352
2.8.2.1	ST1A2, aryl sulfotransferase, v.39 | p.247
2.8.2.1	ST1A3, aryl sulfotransferase, v.39 | p.247
2.8.2.1	ST1A4, aryl sulfotransferase, v.39 | p.247
2.5.1.17	ST2180, cob(I)yrinic acid a,c-diamide adenosyltransferase, v.33 | p.517
2.8.2.15	ST2A3, steroid sulfotransferase, v.39 | p.387
2.4.99.4	ST3Gal-I, β-galactoside α-2,3-sialyltransferase, v.33 | p.346
2.4.99.6	ST3Gal-III, N-acetyllactosaminide α-2,3-sialyltransferase, v.33 | p.361
2.4.99.4	ST3Gal-III, β-galactoside α-2,3-sialyltransferase, v.33 | p.346
2.4.99.9	ST3Gal5, lactosylceramide α-2,3-sialyltransferase, v.33 | p.378
2.4.99.4	ST3GalA.1, β-galactoside α-2,3-sialyltransferase, v.33 | p.346
2.4.99.4	ST3Gal I, β-galactoside α-2,3-sialyltransferase, v.33 | p.346
2.4.99.4	ST3GalI, β-galactoside α-2,3-sialyltransferase, v.33 | p.346
2.4.99.4	ST3GalIA, β-galactoside α-2,3-sialyltransferase, v.33 | p.346
2.4.99.6	ST3Gal II, N-acetyllactosaminide α-2,3-sialyltransferase, v.33 | p.361
2.4.99.4	ST3Gal II, β-galactoside α-2,3-sialyltransferase, v.33 | p.346
2.4.99.6	ST3Gal III, N-acetyllactosaminide α-2,3-sialyltransferase, v.33 | p.361
2.4.99.4	ST3Gal III, β-galactoside α-2,3-sialyltransferase, v.33 | p.346
2.4.99.6	ST3Gal IV, N-acetyllactosaminide α-2,3-sialyltransferase, v.33 | p.361
2.4.99.2	ST3GalIV, monosialoganglioside sialyltransferase, v.33 | p.330
2.4.99.9	ST3Gal V, lactosylceramide α-2,3-sialyltransferase, v.33 | p.378
2.4.99.9	ST3GalV, lactosylceramide α-2,3-sialyltransferase, v.33 | p.378
2.4.99.6	ST3N, N-acetyllactosaminide α-2,3-sialyltransferase, v.33 | p.361
2.4.99.4	ST3O, β-galactoside α-2,3-sialyltransferase, v.33 | p.346
2.4.99.1	ST6Gal, β-galactoside α-2,6-sialyltransferase, v.33 | p.314
2.4.99.3	ST6Gal-I, α-N-acetylgalactosaminide α-2,6-sialyltransferase, v.33 | p.335
2.4.99.1	ST6Gal I, β-galactoside α-2,6-sialyltransferase, v.33 | p.314
2.4.99.1	ST6GalI, β-galactoside α-2,6-sialyltransferase, v.33 | p.314
2.4.99.1	ST6Gal II, β-galactoside α-2,6-sialyltransferase, v.33 | p.314
2.4.99.3	ST6GalNAc-I, α-N-acetylgalactosaminide α-2,6-sialyltransferase, v.33 | p.335
2.4.99.3	ST6GalNAc-II, α-N-acetylgalactosaminide α-2,6-sialyltransferase, v.33 | p.335
2.4.99.3	ST6GalNAc I, α-N-acetylgalactosaminide α-2,6-sialyltransferase, v.33 | p.335
2.4.99.7	ST6GalNAc III, α-N-acetylneuraminyl-2,3-β-galactosyl-1,3-N-acetylgalactosaminide 6-α-sialyltransferase, v.33 | p.367
2.4.99.7	ST6GalNAc IV, α-N-acetylneuraminyl-2,3-β-galactosyl-1,3-N-acetylgalactosaminide 6-α-sialyltransferase, v.33 | p.367
2.4.99.7	ST6GalNAc V, α-N-acetylneuraminyl-2,3-β-galactosyl-1,3-N-acetylgalactosaminide 6-α-sialyltransferase, v.33 | p.367
2.4.99.7	ST6GalNAc VI, α-N-acetylneuraminyl-2,3-β-galactosyl-1,3-N-acetylgalactosaminide 6-α-sialyltransferase, v.33 | p.367
2.4.99.8	ST8, α-N-acetylneuraminate α-2,8-sialyltransferase, v.33 | p.371
2.4.99.8	ST8Sia-1, α-N-acetylneuraminate α-2,8-sialyltransferase, v.33 | p.371

2.4.99.8	ST8Sia1, α-N-acetylneuraminate α-2,8-sialyltransferase, v. 33	p. 371
2.4.99.8	ST8Sia I, α-N-acetylneuraminate α-2,8-sialyltransferase, v. 33	p. 371
2.4.99.8	St8SiaIII, α-N-acetylneuraminate α-2,8-sialyltransferase, v. 33	p. 371
1.14.18.1	ST94, monophenol monooxygenase, v. 27	p. 156
1.14.18.1	ST94t, monophenol monooxygenase, v. 27	p. 156
2.4.99.4	α 2,3-ST , β-galactoside α-2,3-sialyltransferase, v. 33	p. 346
2.8.2.2	STA, alcohol sulfotransferase, v. 39	p. 278
1.9.3.1	STA, cytochrome-c oxidase, v. 25	p. 1
4.6.1.2	STA, guanylate cyclase, v. 5	p. 430
3.2.1.3	Sta1p, glucan 1,4-α-glucosidase, v. 12	p. 59
3.2.1.14	stabilin-1 interacting chitinase-like protein, chitinase, v. 12	p. 185
2.4.1.67	stachyose synthase, galactinol-raffinose galactosyltransferase, v. 31	p. 515
2.4.1.67	stachyose synthetase, galactinol-raffinose galactosyltransferase, v. 31	p. 515
2.4.99.6	stage-specific embryonic antigen-4 synthase, N-acetyllactosaminide α-2,3-sialyltransferase, v. 33	p. 361
3.4.21.116	stage IV sporulation protein FB, SpoIVB peptidase, v. S5	p. 418
3.1.31.1	staph nuclease, micrococcal nuclease, v. 11	p. 632
3.4.22.48	staphopain A, staphopain, v. S6	p. 11
3.4.22.48	staphopain B, staphopain, v. S6	p. 11
3.1.31.1	staphylococcal nuclease, micrococcal nuclease, v. 11	p. 632
3.4.21.19	staphylococcal serine proteinase, glutamyl endopeptidase, v. 7	p. 75
3.4.24.75	Staphylococcus aureus-specific cell wall endopeptidase lysostaphin, lysostaphin, v. 8	p. 576
2.7.4.8	Staphylococcus aureus guanylate monophosphate kinase, guanylate kinase, v. 37	p. 543
3.4.24.29	Staphylococcus aureus neutral protease, aureolysin, v. 8	p. 379
3.4.24.29	Staphylococcus aureus neutral proteinase, aureolysin, v. 8	p. 379
3.1.31.1	staphylococcus aureus nuclease, micrococcal nuclease, v. 11	p. 632
3.1.31.1	staphylococcus aureus nuclease B, micrococcal nuclease, v. 11	p. 632
3.1.31.1	Staphylococcus aureus nuclease homologue, micrococcal nuclease, v. 11	p. 632
3.4.22.48	staphylopain, staphopain, v. S6	p. 11
2.7.7.19	Star-PAP, polynucleotide adenylyltransferase, v. 38	p. 245
2.7.11.9	StAR-related lipid transfer protein 11, Goodpasture-antigen-binding protein kinase, v. S3	p. 207
2.4.1.18	starch-branching enzyme Ia, 1,4-α-glucan branching enzyme, v. 31	p. 197
2.4.1.18	starch-branching enzyme IIa, 1,4-α-glucan branching enzyme, v. 31	p. 197
2.4.1.18	starch-branching enzyme IIb, 1,4-α-glucan branching enzyme, v. 31	p. 197
2.4.1.18	starch-branching enzymes IIa, 1,4-α-glucan branching enzyme, v. 31	p. 197
2.4.1.18	starch-branching enzymes IIb, 1,4-α-glucan branching enzyme, v. 31	p. 197
2.4.1.242	starch-granule-bound starch synthase, NDP-glucose-starch glucosyltransferase, v. S2	p. 188
2.7.9.4	starch-related α-glucan/water dikinase, α-glucan, water dikinase, v. 39	p. 180
2.7.9.4	starch-related R1 protein, α-glucan, water dikinase, v. 39	p. 180
2.4.1.21	starch-synthase III, starch synthase, v. 31	p. 251
2.4.1.18	starch branching enzyme, 1,4-α-glucan branching enzyme, v. 31	p. 197
2.4.1.18	starch branching enzyme-I, 1,4-α-glucan branching enzyme, v. 31	p. 197
2.4.1.18	starch branching enzyme I, 1,4-α-glucan branching enzyme, v. 31	p. 197
2.4.1.18	starch branching enzyme IIa, 1,4-α-glucan branching enzyme, v. 31	p. 197
2.4.1.18	starch branching enzyme IIb, 1,4-α-glucan branching enzyme, v. 31	p. 197
2.4.1.18	starch branching enzyme SBE I, 1,4-α-glucan branching enzyme, v. 31	p. 197
2.4.1.18	starch branching enzyme SBE IIb, 1,4-α-glucan branching enzyme, v. 31	p. 197
2.4.1.1	starch phosphorylase, phosphorylase, v. 31	p. 1
2.4.1.1	starch phosphorylase H, phosphorylase, v. 31	p. 1
2.4.1.21	starch synthase, starch synthase, v. 31	p. 251
2.4.1.21	starch synthase I, starch synthase, v. 31	p. 251
2.4.1.242	starch synthase II, NDP-glucose-starch glucosyltransferase, v. S2	p. 188

2.4.1.21	starch synthase II, starch synthase, v. 31 | p. 251	
2.4.1.21	starch synthase IIa, starch synthase, v. 31 | p. 251	
2.4.1.21	starch synthase III, starch synthase, v. 31 | p. 251	
2.4.1.21	starch synthase III-1, starch synthase, v. 31 | p. 251	
2.4.1.21	starch synthase III-2, starch synthase, v. 31 | p. 251	
2.4.1.21	starch synthase IV, starch synthase, v. 31 | p. 251	
2.4.1.21	starch synthase IV-1, starch synthase, v. 31 | p. 251	
2.4.1.21	starch synthase IV-2, starch synthase, v. 31 | p. 251	
2.4.1.21	starch synthetase, starch synthase, v. 31 | p. 251	
2.7.11.9	StARD11, Goodpasture-antigen-binding protein kinase, v. S3 | p. 207	
4.6.1.2	STA receptor, guanylate cyclase, v. 5 | p. 430	
6.3.2.19	staring, Ubiquitin-protein ligase, v. 2 | p. 506	
2.5.1.19	StaroA, 3-phosphoshikimate 1-carboxyvinyltransferase, v. 33 | p. 546	
2.7.11.9	START domain-containing protein 11, Goodpasture-antigen-binding protein kinase, v. S3 | p. 207	
2.4.99.1	6STase, β-galactoside α-2,6-sialyltransferase, v. 33 | p. 314	
2.4.99.1	α2,6-STase, β-galactoside α-2,6-sialyltransferase, v. 33 | p. 314	
3.1.3.2	Stationary-phase survival protein surE, acid phosphatase, v. 10 | p. 31	
2.1.1.139	staurosporine synthase, 3'-demethylstaurosporine O-methyltransferase, v. 28 | p. 617	
3.2.1.4	STCE1, cellulase, v. 12 | p. 88	
1.5.1.22	StDH, Strombine dehydrogenase, v. 23 | p. 185	
2.7.11.1	STE, non-specific serine/threonine protein kinase, v. S3 | p. 1	
3.1.2.14	STE, oleoyl-[acyl-carrier-protein] hydrolase, v. 9 | p. 516	
6.3.5.4	Ste10, Asparagine synthase (glutamine-hydrolysing), v. 2 | p. 672	
2.7.11.25	Ste11, mitogen-activated protein kinase kinase kinase, v. S4 | p. 278	
2.7.11.25	Ste11p, mitogen-activated protein kinase kinase kinase, v. S4 | p. 278	
2.1.1.100	Ste14p, protein-S-isoprenylcysteine O-methyltransferase, v. 28 | p. 490	
2.7.11.1	Ste20-like kinase, non-specific serine/threonine protein kinase, v. S3 | p. 1	
2.7.11.1	STE20-like kinase MST1, non-specific serine/threonine protein kinase, v. S3 | p. 1	
2.7.11.1	STE20-like kinase MST2, non-specific serine/threonine protein kinase, v. S3 | p. 1	
2.7.11.1	STE20-like kinase MST3, non-specific serine/threonine protein kinase, v. S3 | p. 1	
2.7.11.1	Ste20-related protein kinase, non-specific serine/threonine protein kinase, v. S3 | p. 1	
2.7.11.1	STE20/SPS1-related, proline alanine-rich kinase, non-specific serine/threonine protein kinase, v. S3 | p. 1	
2.7.11.1	STE20/SPS1-related proline-alanine rich protein kinase, non-specific serine/threonine protein kinase, v. S3 | p. 1	
2.7.11.1	Ste20p-like protein kinase CaCla4p, non-specific serine/threonine protein kinase, v. S3 | p. 1	
3.4.24.84	Ste24p, Ste24 endopeptidase, v. S6 | p. 337	
3.6.3.48	Ste6, α-factor-transporting ATPase, v. 15 | p. 728	
3.6.3.48	STE6 gene product, α-factor-transporting ATPase, v. 15 | p. 728	
3.6.3.48	Ste6p, α-factor-transporting ATPase, v. 15 | p. 728	
3.1.1.3	steapsin, triacylglycerol lipase, v. 9 | p. 36	
1.14.19.2	stearoyl-[acyl carrier protein] desaturase, acyl-[acyl-carrier-protein] desaturase, v. 27 | p. 208	
1.14.19.2	stearoyl-ACP desaturase, acyl-[acyl-carrier-protein] desaturase, v. 27 | p. 208	
6.2.1.20	Stearoyl-ACP synthetase, Long-chain-fatty-acid-[acyl-carrier-protein] ligase, v. 2 | p. 296	
1.14.19.1	stearoyl-CoA (Δ8) desaturase, stearoyl-CoA 9-desaturase, v. 27 | p. 194	
1.14.19.1	stearoyl-CoA desaturase, stearoyl-CoA 9-desaturase, v. 27 | p. 194	
1.14.19.1	stearoyl-CoA desaturase 1, stearoyl-CoA 9-desaturase, v. 27 | p. 194	
1.14.19.1	stearoyl-CoA desaturase 2, stearoyl-CoA 9-desaturase, v. 27 | p. 194	
1.14.19.1	stearoyl-CoA desaturase enzyme-1, stearoyl-CoA 9-desaturase, v. 27 | p. 194	
2.3.1.119	stearoyl-CoA elongase, icosanoyl-CoA synthase, v. 30 | p. 293	
6.2.1.3	Stearoyl-CoA synthetase, Long-chain-fatty-acid-CoA ligase, v. 2 | p. 206	
3.1.2.14	stearoyl/oleoyl-specific Fat, oleoyl-[acyl-carrier-protein] hydrolase, v. 9 | p. 516	

3.1.2.14	stearoyl/oleoyl specific fatty acyl-acyl carrier protein thioesterase, oleoyl-[acyl-carrier-protein] hydrolase, v. 9	p. 516
1.14.19.1	stearoyl CoA desaturase, stearoyl-CoA 9-desaturase, v. 27	p. 194
1.14.19.1	stearoyl coenzyme A desaturase, stearoyl-CoA 9-desaturase, v. 27	p. 194
1.14.19.2	stearyl-ACP desaturase, acyl-[acyl-carrier-protein] desaturase, v. 27	p. 208
1.14.19.2	stearyl-acyl carrier protein desaturase, acyl-[acyl-carrier-protein] desaturase, v. 27	p. 208
1.14.19.1	stearyl-CoA desaturase, stearoyl-CoA 9-desaturase, v. 27	p. 194
1.14.19.2	stearyl acyl carrier protein desaturase, acyl-[acyl-carrier-protein] desaturase, v. 27	p. 208
1.14.19.1	stearyl coenzyme A desaturase, stearoyl-CoA 9-desaturase, v. 27	p. 194
4.2.3.33	stemar-13-ene synthase, stemar-13-ene synthase
2.7.10.1	Stem cell-derived tyrosine kinase, receptor protein-tyrosine kinase, v. S2	p. 341
2.7.10.1	stem cell derived tyrosine kinase, receptor protein-tyrosine kinase, v. S2	p. 341
2.7.10.1	stem cell factor receptor, receptor protein-tyrosine kinase, v. S2	p. 341
2.7.10.1	stem cell receptor, receptor protein-tyrosine kinase, v. S2	p. 341
2.7.10.1	stem cell tyrosine kinase 1, receptor protein-tyrosine kinase, v. S2	p. 341
3.1.3.48	STEP, protein-tyrosine-phosphatase, v. 10	p. 407
3.1.3.48	STEP33, protein-tyrosine-phosphatase, v. 10	p. 407
3.1.3.48	STEP46, protein-tyrosine-phosphatase, v. 10	p. 407
3.1.3.48	STEP61, protein-tyrosine-phosphatase, v. 10	p. 407
3.4.22.10	Steptococcus proteinase, streptopain, v. 7	p. 564
3.5.1.4	R-stereospecific amidase, amidase, v. 14	p. 231
2.1.1.110	sterigmatocystin methyltransferase, sterigmatocystin 8-O-methyltransferase, v. 28	p. 534
1.1.1.50	sterognost 3α dehydrogenase, 3α-hydroxy steroid, 3α-hydroxysteroid dehydrogenase (B-specific), v. 16	p. 487
2.8.2.14	steroid-/bile acid-sulfotransferase, bile-salt sulfotransferase, v. 39	p. 379
2.8.2.15	steroid-/bile acid-sulfotransferase, steroid sulfotransferase, v. 39	p. 387
1.14.15.4	steroid-11β-hydroxylase, steroid 11β-monooxygenase, v. 27	p. 26
1.1.1.270	steroid-3-ketoreductase, 3-keto-steroid reductase, v. 18	p. 485
1.1.1.145	steroid-Δ5-3β-ol dehydrogenase, 3β-hydroxy-Δ5-steroid dehydrogenase, v. 17	p. 436
1.3.99.6	steroid Δ-5β-dehydrogenase, 3-oxo-5β-steroid 4-dehydrogenase, v. 21	p. 520
1.14.13.54	Steroid-ketone monooxygenase, Ketosteroid monooxygenase, v. 26	p. 499
2.8.2.14	steroid/bile acid-sulfotransferase, bile-salt sulfotransferase, v. 39	p. 379
2.8.2.15	steroid/bile acid-sulfotransferase, steroid sulfotransferase, v. 39	p. 387
2.8.2.2	steroid/sterol sulfotransferase, alcohol sulfotransferase, v. 39	p. 278
2.8.2.4	steroid/sterol sulfotransferase, estrone sulfotransferase, v. 39	p. 303
2.8.2.15	steroid/sterol sulfotransferase, steroid sulfotransferase, v. 39	p. 387
1.14.15.4	Steroid 11-β-hydroxylase, steroid 11β-monooxygenase, v. 27	p. 26
1.14.15.4	steroid 11-hydroxylase, steroid 11β-monooxygenase, v. 27	p. 26
1.14.15.4	steroid 11β-hydroxylase, steroid 11β-monooxygenase, v. 27	p. 26
1.14.15.4	steroid 11β-monooxygenase, steroid 11β-monooxygenase, v. 27	p. 26
1.14.15.4	steroid 11β/18-hydroxylase, steroid 11β-monooxygenase, v. 27	p. 26
1.3.1.70	Δ7,14-steroid 14-reductase, Δ14-sterol reductase, v. 21	p. 317
1.3.1.70	Δ8,14-steroid 14-reductase, Δ14-sterol reductase, v. 21	p. 317
1.14.99.9	Steroid 17-α-hydroxylase/17,20 lyase, steroid 17α-monooxygenase, v. 27	p. 290
1.14.99.9	steroid 17α-hydroxylase, steroid 17α-monooxygenase, v. 27	p. 290
1.1.1.51	steroid 17β-reductase, 3(or 17)β-hydroxysteroid dehydrogenase, v. 17	p. 1
1.14.15.4	Steroid 18-hydroxylase, steroid 11β-monooxygenase, v. 27	p. 26
1.14.15.6	steroid 20-22-lyase, cholesterol monooxygenase (side-chain-cleaving), v. 27	p. 44
1.14.15.6	steroid 20-22 desmolase, cholesterol monooxygenase (side-chain-cleaving), v. 27	p. 44
1.14.99.10	Steroid 21-hydroxylase, steroid 21-monooxygenase, v. 27	p. 302
1.14.99.10	steroid 21-hydroxylase system, steroid 21-monooxygenase, v. 27	p. 302
1.14.99.10	steroid 21-hydroxylation system, steroid 21-monooxygenase, v. 27	p. 302
3.1.6.2	steroid 3-sulfatase, steryl-sulfatase, v. 11	p. 250
1.13.11.25	steroid 4,5-dioxygenase, 3,4-dihydroxy-9,10-secoandrosta-1,3,5(10)-triene-9,17-dione 4,5-dioxygenase, v. 25	p. 539

1.3.99.5	steroid Δ4-5α-reductase, 3-oxo-5α-steroid 4-dehydrogenase, v. 21 | p. 516
1.3.1.30	steroid 5-α-reductase, progesterone 5α-reductase, v. 21 | p. 176
5.3.3.1	Steroid 5→4-isomerase, steroid Δ-isomerase, v. 1 | p. 376
1.3.1.22	steroid 5α-hydrogenase, cholestenone 5α-reductase, v. 21 | p. 124
1.3.99.5	steroid 5α-reductase, 3-oxo-5α-steroid 4-dehydrogenase, v. 21 | p. 516
1.3.1.22	steroid 5α-reductase, cholestenone 5α-reductase, v. 21 | p. 124
1.3.1.30	steroid 5α-reductase, progesterone 5α-reductase, v. 21 | p. 176
1.3.99.6	steroid 5β-reductase, 3-oxo-5β-steroid 4-dehydrogenase, v. 21 | p. 520
1.3.1.3	steroid 5β-reductase, Δ4-3-oxosteroid 5β-reductase, v. 21 | p. 15
1.3.1.30	Δ4-steroid 5α-reductase (progesterone), progesterone 5α-reductase, v. 21 | p. 176
1.3.1.30	steroid 5α-reductases, progesterone 5α-reductase, v. 21 | p. 176
1.3.99.5	steroid 5α-reductase type 1, 3-oxo-5α-steroid 4-dehydrogenase, v. 21 | p. 516
1.3.99.5	steroid 5α-reductase type 2, 3-oxo-5α-steroid 4-dehydrogenase, v. 21 | p. 516
1.3.1.3	steroid 5β.-reductase, Δ4-3-oxosteroid 5β-reductase, v. 21 | p. 15
1.3.99.6	steroid 5β reductase, 3-oxo-5β-steroid 4-dehydrogenase, v. 21 | p. 520
1.14.99.24	steroid 9α-hydroxylase, steroid 9α-monooxygenase, v. 27 | p. 357
2.4.1.39	steroid acetylglucosaminyltransferase, steroid N-acetylglucosaminyltransferase, v. 31 | p. 373
2.8.2.2	steroid alcohol sulfotransferase, alcohol sulfotransferase, v. 39 | p. 278
2.8.2.15	steroid alcohol sulfotransferase, steroid sulfotransferase, v. 39 | p. 387
4.1.2.30	Steroid C17(20) lyase, 17α-Hydroxyprogesterone aldolase, v. 3 | p. 549
1.14.13.54	Steroid hormone hydroxylase, Ketosteroid monooxygenase, v. 26 | p. 499
1.14.14.1	Steroid hormones 7-α-hydroxylase, unspecific monooxygenase, v. 26 | p. 584
1.14.13.54	Steroid hydroxylase, Ketosteroid monooxygenase, v. 26 | p. 499
5.3.3.1	Δ5-steroid isomerase, steroid Δ-isomerase, v. 1 | p. 376
5.3.3.1	Steroid isomerase, steroid Δ-isomerase, v. 1 | p. 376
3.1.1.37	steroid lactonase, steroid-lactonase, v. 9 | p. 281
1.14.13.54	Steroid monooxygenase, Ketosteroid monooxygenase, v. 26 | p. 499
1.3.99.4	Δ1-steroid reductase, 3-oxosteroid 1-dehydrogenase, v. 21 | p. 508
2.8.2.15	steroid sulfatase, steroid sulfotransferase, v. 39 | p. 387
3.1.6.2	steroid sulfatase, steryl-sulfatase, v. 11 | p. 250
3.1.6.2	steroid sulfate sulfohydrolase, steryl-sulfatase, v. 11 | p. 250
2.8.2.2	steroid sulfokinase, alcohol sulfotransferase, v. 39 | p. 278
2.8.2.2	steroid sulfotransferase, alcohol sulfotransferase, v. 39 | p. 278
2.8.2.4	steroid sulfotransferase, estrone sulfotransferase, v. 39 | p. 303
3.1.6.2	steroid sulphatase, steryl-sulfatase, v. 11 | p. 250
2.4.1.173	sterol-β-D-glucosyltransferase, sterol 3β-glucosyltransferase, v. 32 | p. 389
1.14.13.70	sterol-14α-demethylase, sterol 14-demethylase, v. 26 | p. 547
1.3.1.70	Δ7,14-sterol-14-reductase, Δ14-sterol reductase, v. 21 | p. 317
1.3.1.70	Δ8,14-sterol-14-reductase, Δ14-sterol reductase, v. 21 | p. 317
1.3.1.72	sterol-Δ24-reductase, Δ24-sterol reductase, v. 21 | p. 328
1.3.1.21	Sterol δ-7-reductase, 7-dehydrocholesterol reductase, v. 21 | p. 118
1.14.13.72	sterol-C4-methyl-oxidase, methylsterol monooxygenase, v. 26 | p. 559
1.14.21.6	Δ7-sterol-C5(6)-desaturase, lathosterol oxidase, v. S1 | p. 662
1.14.21.6	Sterol-C5-desaturase, lathosterol oxidase, v. S1 | p. 662
3.1.1.13	sterol-ester acylhydrolase, sterol esterase, v. 9 | p. 150
2.3.1.26	sterol-ester synthase, sterol O-acyltransferase, v. 29 | p. 463
2.3.1.26	sterol-ester synthetase, sterol O-acyltransferase, v. 29 | p. 463
3.4.24.85	sterol-regulated protease, S2P endopeptidase, v. S6 | p. 343
1.14.13.96	sterol 12α-hydroxylase, 5β-cholestane-3α,7α-diol 12α-hydroxylase, v. S1 | p. 615
1.14.13.95	sterol 12α-hydroxylase, 7α-hydroxycholest-4-en-3-one 12α-hydroxylase, v. S1 | p. 611
1.14.13.96	sterol 12α-hydroxylase/CYP8b1, 5β-cholestane-3α,7α-diol 12α-hydroxylase, v. S1 | p. 615
1.14.13.96	sterol 12α-hydroxylase CYP8B1, 5β-cholestane-3α,7α-diol 12α-hydroxylase, v. S1 | p. 615
1.14.13.96	sterol 12α hydroxylase, 5β-cholestane-3α,7α-diol 12α-hydroxylase, v. S1 | p. 615
1.3.1.70	sterol Δ14,15-reductase, Δ14-sterol reductase, v. 21 | p. 317

1.14.13.70	sterol 14-demethylase, sterol 14-demethylase, v. 26 | p. 547
1.14.13.70	sterol 14α-demethylase, sterol 14-demethylase, v. 26 | p. 547
1.14.13.70	sterol 14α-demethylase (CYP51), sterol 14-demethylase, v. 26 | p. 547
1.14.13.70	sterol 14α-demethylase cytochrome P 450, sterol 14-demethylase, v. 26 | p. 547
1.14.13.70	sterol 14-demethylase P450, sterol 14-demethylase, v. 26 | p. 547
1.14.13.70	sterol 14α-demethylase P450, sterol 14-demethylase, v. 26 | p. 547
1.3.1.70	Δ7,14-sterol 14-reductase, Δ14-sterol reductase, v. 21 | p. 317
1.3.1.70	Δ7,14-sterol Δ14-reductase, Δ14-sterol reductase, v. 21 | p. 317
1.3.1.70	Δ8,14-sterol 14-reductase, Δ14-sterol reductase, v. 21 | p. 317
1.3.1.70	Δ8,14-sterol Δ14-reductase, Δ14-sterol reductase, v. 21 | p. 317
1.3.1.70	sterol 14-reductase, Δ14-sterol reductase, v. 21 | p. 317
1.3.1.70	sterol Δ14-reductase, Δ14-sterol reductase, v. 21 | p. 317
1.3.1.71	sterol Δ24(28)-methylene reductase, Δ24(241)-sterol reductase, v. 21 | p. 326
1.3.1.71	sterol Δ24(28)-reductase, Δ24(241)-sterol reductase, v. 21 | p. 326
1.3.1.72	sterol 24,25-reductase, Δ24-sterol reductase, v. 21 | p. 328
2.1.1.41	sterol 24-C-methyltransferase, sterol 24-C-methyltransferase, v. 28 | p. 220
2.1.1.142	sterol 24-C methyltransferase, cycloartenol 24-C-methyltransferase, v. 28 | p. 626
1.3.1.72	sterol 24-reductase, Δ24-sterol reductase, v. 21 | p. 328
1.3.1.72	sterol 24Δ-reductase, Δ24-sterol reductase, v. 21 | p. 328
1.3.1.72	sterol Δ24-reductase, Δ24-sterol reductase, v. 21 | p. 328
1.3.1.72	sterol Δ24 reductase, Δ24-sterol reductase, v. 21 | p. 328
1.14.13.15	sterol 27-hydroxylase, cholestanetriol 26-monooxygenase, v. 26 | p. 308
1.1.1.170	sterol 4α-carboxylic decarboxylase, sterol-4α-carboxylate 3-dehydrogenase (decarboxylating), v. 18 | p. 67
1.14.21.6	Δ7-sterol Δ5-dehydrogenase, lathosterol oxidase, v. S1 | p. 662
1.14.21.6	Δ7-sterol 5-desaturase, lathosterol oxidase, v. S1 | p. 662
1.14.21.6	δ-7-sterol 5-desaturase, lathosterol oxidase, v. S1 | p. 662
1.3.1.21	Δ5,7-sterol Δ7-reductase, 7-dehydrocholesterol reductase, v. 21 | p. 118
1.3.1.21	sterol Δ7-reductase, 7-dehydrocholesterol reductase, v. 21 | p. 118
1.3.1.21	sterol Δ7 reductase, 7-dehydrocholesterol reductase, v. 21 | p. 118
5.3.3.5	sterol 8,7-isomerase, cholestenol Δ-isomerase, v. 1 | p. 404
5.3.3.5	sterol Δ8 isomerase, cholestenol Δ-isomerase, v. 1 | p. 404
2.4.1.173	sterol:UDPG glucosyltransferase, sterol 3β-glucosyltransferase, v. 32 | p. 389
1.3.1.70	sterol C-14 reductase, Δ14-sterol reductase, v. 21 | p. 317
1.14.13.72	sterol C-4 methyloxidase, methylsterol monooxygenase, v. 26 | p. 559
2.1.1.41	24-sterol C-methyltransferase, sterol 24-C-methyltransferase, v. 28 | p. 220
2.1.1.142	sterol C-methyltransferase, cycloartenol 24-C-methyltransferase, v. 28 | p. 626
1.14.13.70	sterol C14-demethylase, sterol 14-demethylase, v. 26 | p. 547
1.3.1.70	sterol C14-reductase, Δ14-sterol reductase, v. 21 | p. 317
1.14.13.70	sterol C14 demethylase, sterol 14-demethylase, v. 26 | p. 547
2.1.1.41	sterol C24-methyltransferase, sterol 24-C-methyltransferase, v. 28 | p. 220
2.3.1.176	sterol carrier protein-2, propanoyl-CoA C-acyltransferase, v. S2 | p. 81
2.3.1.154	sterol carrier protein-2, propionyl-CoA C2-trimethyltridecanoyltransferase, v. 30 | p. 409
2.3.1.176	sterol carrier protein-c, propanoyl-CoA C-acyltransferase, v. S2 | p. 81
2.3.1.154	sterol carrier protein-x, propionyl-CoA C2-trimethyltridecanoyltransferase, v. 30 | p. 409
2.3.1.16	sterol carrier protein 2/3-oxoacyl-CoA thiolase, acetyl-CoA C-acyltransferase, v. 29 | p. 371
2.3.1.154	sterol carrier protein 2/3-oxoacyl-CoA thiolase, propionyl-CoA C2-trimethyltridecanoyltransferase, v. 30 | p. 409
2.3.1.154	sterol carrier protein x, propionyl-CoA C2-trimethyltridecanoyltransferase, v. 30 | p. 409
1.14.13.70	14-α sterol demethylase, sterol 14-demethylase, v. 26 | p. 547
1.14.13.70	14α-sterol demethylase, sterol 14-demethylase, v. 26 | p. 547
1.14.13.70	sterol demethylase P450, sterol 14-demethylase, v. 26 | p. 547
1.14.21.6	C-5 sterol desaturase, lathosterol oxidase, v. S1 | p. 662
3.1.1.13	sterol ester acyl hydrolase, sterol esterase, v. 9 | p. 150
3.1.1.13	Sterol esterase, sterol esterase, v. 9 | p. 150

1033

3.1.1.3	Sterol esterase, triacylglycerol lipase, v.9	p.36
3.1.1.13	sterol ester hydrolase, sterol esterase, v.9	p.150
2.4.1.173	sterol glucosyltransferase, sterol 3β-glucosyltransferase, v.32	p.389
2.4.1.173	sterol glucosyltransferase Ugt51/Paz4, sterol 3β-glucosyltransferase, v.32	p.389
5.3.3.5	C-8,7 sterol isomerase, cholestenol Δ-isomerase, v.1	p.404
5.3.3.5	δ8-δ7 sterol isomerase, cholestenol Δ-isomerase, v.1	p.404
1.14.13.72	C-4 sterol methyl oxidase, methylsterol monooxygenase, v.26	p.559
1.3.1.71	Δ24(28)-sterol methylreductase, Δ24(241)-sterol reductase, v.21	p.326
2.1.1.41	24-C-sterol methyltransferase, sterol 24-C-methyltransferase, v.28	p.220
2.1.1.41	C-24 sterol methyltransferase, sterol 24-C-methyltransferase, v.28	p.220
2.1.1.143	Δ24(25)-sterol methyltransferase, 24-methylenesterol C-methyltransferase, v.28	p.629
2.1.1.142	Δ24(25)-sterol methyltransferase, cycloartenol 24-C-methyltransferase, v.28	p.626
2.1.1.143	Δ24-sterol methyltransferase, 24-methylenesterol C-methyltransferase, v.28	p.629
2.1.1.142	Δ24-sterol methyltransferase, cycloartenol 24-C-methyltransferase, v.28	p.626
2.1.1.41	Δ24-sterol methyltransferase, sterol 24-C-methyltransferase, v.28	p.220
2.1.1.142	sterol methyl transferase, cycloartenol 24-C-methyltransferase, v.28	p.626
2.1.1.142	sterol methyltransferase, cycloartenol 24-C-methyltransferase, v.28	p.626
2.1.1.41	sterol methyltransferase, sterol 24-C-methyltransferase, v.28	p.220
2.1.1.143	sterol methyltransferase 2, 24-methylenesterol C-methyltransferase, v.28	p.629
2.1.1.142	sterol methyltransferase2, cycloartenol 24-C-methyltransferase, v.28	p.626
1.3.1.72	24,25-sterol reductase, Δ24-sterol reductase, v.21	p.328
1.3.1.70	C-14 sterol reductase, Δ14-sterol reductase, v.21	p.317
1.3.1.71	C-24(28) sterol reductase, Δ24(241)-sterol reductase, v.21	p.326
3.4.24.85	sterol regulatory element-binding proteinase, S2P endopeptidase, v.S6	p.343
3.4.24.85	sterol regulatory element binding protein, S2P endopeptidase, v.S6	p.343
3.4.24.85	sterol regulatory element binding protein-2 proteinase, S2P endopeptidase, v.S6	p.343
3.1.6.2	sterol sulfatase, steryl-sulfatase, v.11	p.250
3.1.6.2	sterolsulfate sulfohydrolase, steryl-sulfatase, v.11	p.250
2.8.2.2	sterol sulfokinase, alcohol sulfotransferase, v.39	p.278
2.8.2.2	sterol sulfotransferase, alcohol sulfotransferase, v.39	p.278
1.1.1.270	sterone-reducing enzyme, 3-keto-steroid reductase, v.18	p.485
2.3.1.26	steroyl O-acyltransferase 1, sterol O-acyltransferase, v.29	p.463
2.3.1.26	steroyl O-acyltransferase 2, sterol O-acyltransferase, v.29	p.463
3.2.1.104	steryl β-D-glucoside hydrolase, steryl-β-glucosidase, v.13	p.420
3.1.6.2	Steryl-sulfate sulfohydrolase, steryl-sulfatase, v.11	p.250
3.2.1.104	steryl glucoside hydrolase, steryl-β-glucosidase, v.13	p.420
3.4.21.21	sTF/VIIa, coagulation factor VIIa, v.7	p.88
3.1.1.73	StFAE, feruloyl esterase, v.9	p.414
3.1.1.73	StFAE-A, feruloyl esterase, v.9	p.414
3.1.1.73	StFaeB, feruloyl esterase, v.9	p.414
3.1.1.73	StFaeC, feruloyl esterase, v.9	p.414
4.2.1.2	stFUMC, fumarate hydratase, v.4	p.262
2.3.2.13	STG I, protein-glutamine γ-glutamyltransferase, v.30	p.550
2.4.1.1	stGP, phosphorylase, v.31	p.1
1.6.1.1	STH, NAD(P)+ transhydrogenase (B-specific), v.24	p.1
2.7.1.1	StHK, hexokinase, v.35	p.74
2.7.13.3	StHK, histidine kinase, v.S4	p.420
2.8.2.15	STIII, steroid sulfotransferase, v.39	p.387
2.3.1.146	stilbene synthase, pinosylvin synthase, v.30	p.384
2.3.1.95	stilbene synthase, trihydroxystilbene synthase, v.30	p.185
2.3.1.95	stilbene synthase 1, trihydroxystilbene synthase, v.30	p.185
2.7.1.151	StIPMK, inositol-polyphosphate multikinase, v.37	p.236
2.7.1.158	StITPKα, inositol-pentakisphosphate 2-kinase, v.S2	p.272
2.7.1.158	StITPK1, inositol-pentakisphosphate 2-kinase, v.S2	p.272
6.2.1.5	A-STK, Succinate-CoA ligase (ADP-forming), v.2	p.224

6.2.1.4	G-STK, succinate-CoA ligase (GDP-forming), v. 2	p. 219
6.2.1.5	STK, Succinate-CoA ligase (ADP-forming), v. 2	p. 224
2.7.10.1	STK, receptor protein-tyrosine kinase, v. S2	p. 341
2.7.10.1	STK-1, receptor protein-tyrosine kinase, v. S2	p. 341
2.7.11.1	STK11, non-specific serine/threonine protein kinase, v. S3	p. 1
2.7.11.1	Stk33, non-specific serine/threonine protein kinase, v. S3	p. 1
2.7.11.1	STK38, non-specific serine/threonine protein kinase, v. S3	p. 1
2.7.11.22	STK9, cyclin-dependent kinase, v. S4	p. 156
2.7.11.1	StkP, non-specific serine/threonine protein kinase, v. S3	p. 1
1.1.1.140	Stl6PDH, sorbitol-6-phosphate 2-dehydrogenase, v. 17	p. 412
2.4.99.3	STM, α-N-acetylgalactosaminide α-2,6-sialyltransferase, v. 33	p. 335
2.1.1.41	STM, sterol 24-C-methyltransferase, v. 28	p. 220
3.2.1.18	STNA, exo-α-sialidase, v. 12	p. 244
2.3.1.5	STNAT, arylamine N-acetyltransferase, v. 29	p. 243
1.13.11.51	STO1, 9-cis-epoxycarotenoid dioxygenase, v. S1	p. 436
2.4.99.4	STO3, β-galactoside α-2,3-sialyltransferase, v. 33	p. 346
1.8.4.2	StoA, protein-disulfide reductase (glutathione), v. 24	p. 617
2.5.1.47	StOASTL A, cysteine synthase, v. 34	p. 84
2.5.1.47	StOASTL B, cysteine synthase, v. 34	p. 84
2.7.1.1	StoHK, hexokinase, v. 35	p. 74
2.1.1.77	StoPIMT, protein-L-isoaspartate(D-aspartate) O-methyltransferase, v. 28	p. 406
5.99.1.2	StoRG, DNA topoisomerase, v. 1	p. 721
2.4.1.1	StP, phosphorylase, v. 31	p. 1
3.1.3.16	Stp1, phosphoprotein phosphatase, v. 10	p. 213
3.1.3.69	StpA, glucosylglycerol 3-phosphatase, v. 10	p. 497
2.7.11.1	StpK, non-specific serine/threonine protein kinase, v. S3	p. 1
6.3.5.3	StPurL, phosphoribosylformylglycinamidine synthase, v. 2	p. 666
2.3.2.5	StQC, glutaminyl-peptide cyclotransferase, v. 30	p. 508
2.7.7.47	str, streptomycin 3-adenylyltransferase, v. 38	p. 464
4.3.3.2	str, strictosidine synthase, v. 5	p. 285
4.3.3.2	STR1, strictosidine synthase, v. 5	p. 285
2.8.1.1	STR1, thiosulfate sulfurtransferase, v. 39	p. 183
1.3.3.6	straight chain acyl-CoA oxidase, acyl-CoA oxidase, v. 21	p. 401
1.5.1.22	STRDH, Strombine dehydrogenase, v. 23	p. 185
2.7.1.72	streptidine kinase, streptomycin 6-kinase, v. 36	p. 229
2.7.1.72	streptidine kinase (phosphorylating), streptomycin 6-kinase, v. 36	p. 229
3.5.3.6	Streptococcal acid glycoprotein, arginine deiminase, v. 14	p. 776
3.4.21.110	streptococcal chemotactic factor inactivator, C5a peptidase, v. S5	p. 380
3.4.22.10	streptococcal cysteine protease, streptopain, v. 7	p. 564
3.4.22.10	Streptococcal cysteine proteinase, streptopain, v. 7	p. 564
3.4.22.10	streptococcal erythrogenic toxin B, streptopain, v. 7	p. 564
3.4.24.30	streptococcal gelatinase, coccolysin, v. 8	p. 383
3.4.22.10	streptococcal proteinase, streptopain, v. 7	p. 564
3.4.22.10	streptococcal pyrogenic exotoxin B, streptopain, v. 7	p. 564
3.4.22.10	streptococcal pyrogenic exotoxin B/cysteine protease, streptopain, v. 7	p. 564
4.2.1.11	streptococcal surface enolase, phosphopyruvate hydratase, v. 4	p. 312
3.4.22.10	Streptococcus peptidase A, streptopain, v. 7	p. 564
3.4.22.10	Streptococcus protease, streptopain, v. 7	p. 564
3.4.24.30	Streptococcus thermophilus intracellular proteinase, coccolysin, v. 8	p. 383
3.1.21.1	streptodornase, deoxyribonuclease I, v. 11	p. 431
3.4.21.81	Streptogrisin B, Streptogrisin B, v. 7	p. 401
3.4.11.24	Streptomyces aminopeptidase, aminopeptidase S
3.4.11.24	Streptomyces dinuclear aminopeptidase, aminopeptidase S
3.1.21.6	Streptomyces glaucescens exocytoplasmic dodeoxyribonuclease, CC-preferring endo-deoxyribonuclease, v. 11	p. 470

1035

3.4.11.24	Streptomyces griseus aminopeptidase, aminopeptidase S
3.4.11.24	Streptomyces griseus leucine aminopeptidase, aminopeptidase S
3.4.24.31	Streptomyces griseus neutral proteinase, mycolysin, v. 8	p. 389
3.4.21.81	Streptomyces griseus peptidase B, Streptogrisin B, v. 7	p. 401
3.4.21.80	Streptomyces griseus protease A, Streptogrisin A, v. 7	p. 397
3.4.21.81	Streptomyces griseus protease B, Streptogrisin B, v. 7	p. 401
3.4.21.81	Streptomyces griseus proteinase 1, Streptogrisin B, v. 7	p. 401
3.4.21.80	Streptomyces griseus proteinase A, Streptogrisin A, v. 7	p. 397
3.4.21.81	Streptomyces griseus proteinase B, Streptogrisin B, v. 7	p. 401
3.4.21.80	Streptomyces griseus serine proteinase 3, Streptogrisin A, v. 7	p. 397
3.4.21.80	Streptomyces griseus serine proteinase A, Streptogrisin A, v. 7	p. 397
3.1.3.39	streptomycin-(streptidino)phosphate phosphatase, streptomycin-6-phosphatase, v. 10	p. 359
3.1.3.39	streptomycin-6-P phosphohydrolase, streptomycin-6-phosphatase, v. 10	p. 359
2.7.7.47	streptomycin-spectinomycin adenylyltransferase, streptomycin 3-adenylyltransferase, v. 38	p. 464
2.7.1.87	streptomycin 3-phosphotransferase, streptomycin 3-kinase, v. 36	p. 325
2.7.1.87	streptomycin 6-kinase, streptomycin 3-kinase, v. 36	p. 325
2.7.1.72	streptomycin 6-kinase (phosphorylating), streptomycin 6-kinase, v. 36	p. 229
2.7.1.72	streptomycin 6-O-phosphotransferase, streptomycin 6-kinase, v. 36	p. 229
3.1.3.39	streptomycin 6-phosphate phosphatase, streptomycin-6-phosphatase, v. 10	p. 359
3.1.3.39	streptomycin 6-phosphate phosphohydrolase, streptomycin-6-phosphatase, v. 10	p. 359
2.7.1.87	streptomycin 6-phosphotransferase, streptomycin 3-kinase, v. 36	p. 325
2.7.1.72	streptomycin 6-phosphotransferase, streptomycin 6-kinase, v. 36	p. 229
2.7.7.47	streptomycin adenylate synthetase, streptomycin 3-adenylyltransferase, v. 38	p. 464
2.7.7.47	streptomycin adenyltransferase, streptomycin 3-adenylyltransferase, v. 38	p. 464
2.7.7.47	streptomycin adenylylase, streptomycin 3-adenylyltransferase, v. 38	p. 464
2.7.7.47	streptomycin adenylyltransferase, streptomycin 3-adenylyltransferase, v. 38	p. 464
2.7.11.24	stress-activated protein kinase, mitogen-activated protein kinase, v. S4	p. 233
2.7.11.24	stress-activated protein kinase-4, mitogen-activated protein kinase, v. S4	p. 233
2.7.11.24	stress-activated protein kinase 2a, mitogen-activated protein kinase, v. S4	p. 233
2.7.11.24	stress-activated protein kinase JNK, mitogen-activated protein kinase, v. S4	p. 233
2.7.11.24	stress-activated protein kinase JNK1, mitogen-activated protein kinase, v. S4	p. 233
2.7.12.2	stress-activate protein kinase/extracellular signal-regulated protein kinase kinase-1, mitogen-activated protein kinase kinase, v. S4	p. 392
3.6.4.10	stress70 protein, non-chaperonin molecular chaperone ATPase, v. 15	p. 810
3.4.21.92	stress protein G7, Endopeptidase Clp, v. 7	p. 445
2.7.11.18	stretchin-MLCK, myosin-light-chain kinase, v. S4	p. 54
3.1.3.48	striatal-enriched PTP, protein-tyrosine-phosphatase, v. 10	p. 407
3.1.3.48	striatal enriched protein tyrosine phosphatase, protein-tyrosine-phosphatase, v. 10	p. 407
3.2.1.105	strictosidine β-D-glucohydrolase, $3\alpha(S)$-strictosidine β-glucosidase, v. 13	p. 423
3.2.1.105	strictosidine β-D-glucosidase, $3\alpha(S)$-strictosidine β-glucosidase, v. 13	p. 423
3.2.1.105	strictosidine β-glucosidase, $3\alpha(S)$-strictosidine β-glucosidase, v. 13	p. 423
3.2.1.105	strictosidine glucosidase, $3\alpha(S)$-strictosidine β-glucosidase, v. 13	p. 423
4.3.3.2	strictosidine synthase, strictosidine synthase, v. 5	p. 285
4.3.3.2	strictosidine synthase-like protein, strictosidine synthase, v. 5	p. 285
2.7.6.5	stringent factor, GTP diphosphokinase, v. 38	p. 44
3.1.3.48	String protein, protein-tyrosine-phosphatase, v. 10	p. 407
1.11.1.11	stromal ascorbate peroxidase, L-ascorbate peroxidase, v. 25	p. 257
3.4.21.102	stromal processing peptidase, C-terminal processing peptidase, v. 7	p. 493
1.5.1.22	strombine/alanopine dehydrogenase, Strombine dehydrogenase, v. 23	p. 185
3.4.24.17	Stromelysin, stromelysin 1, v. 8	p. 296
3.4.24.17	stromelysin-1, stromelysin 1, v. 8	p. 296
3.4.22.45	strong silencing suppressor P1, helper-component proteinase, v. 7	p. 747
2.8.2.15	STS, steroid sulfotransferase, v. 39	p. 387

3.1.6.2	STS, steryl-sulfatase, v. 11	p. 250	
4.3.3.2	STS, strictosidine synthase, v. 5	p. 285	
2.3.1.95	STS, trihydroxystilbene synthase, v. 30	p. 185	
5.4.2.1	Sts-1, phosphoglycerate mutase, v. 1	p. 493	
2.3.1.95	STS1, trihydroxystilbene synthase, v. 30	p. 185	
2.7.1.67	Stt4p, 1-phosphatidylinositol 4-kinase, v. 36	p. 176	
3.4.21.6	Stuart factor, coagulation factor Xa, v. 7	p. 35	
3.1.21.4	StuI, type II site-specific deoxyribonuclease, v. 11	p. 454	
2.4.2.3	StUPh, uridine phosphorylase, v. 33	p. 39	
3.2.2.22	Stx, rRNA N-glycosylase, v. 14	p. 107	
3.2.1.55	STX-IV, α-N-arabinofuranosidase, v. 13	p. 106	
3.2.2.22	Stx1, rRNA N-glycosylase, v. 14	p. 107	
3.2.2.22	StxB, rRNA N-glycosylase, v. 14	p. 107	
5.3.99.7	StyC, styrene-oxide isomerase, v. 1	p. 486	
5.1.3.3	stYeaD, Aldose 1-epimerase, v. 1	p. 113	
3.1.21.4	StyI, type II site-specific deoxyribonuclease, v. 11	p. 454	
2.7.12.1	STYK, dual-specificity kinase, v. S4	p. 372	
1.14.21.1	stylopine synthase, (S)-stylopine synthase, v. 27	p. 233	
3.1.21.5	StyLTI, type III site-specific deoxyribonuclease, v. 11	p. 467	
2.7.12.1	STY protein, dual-specificity kinase, v. S4	p. 372	
2.7.12.1	STY protein kinase, dual-specificity kinase, v. S4	p. 372	
3.3.2.9	styrene-epoxide hydrolase, microsomal epoxide hydrolase, v. S5	p. 200	
6.2.1.30	styrene-specific PA-CoA ligase, phenylacetate-CoA ligase, v. 2	p. 330	
5.3.99.7	styrene oxide isomerase, styrene-oxide isomerase, v. 1	p. 486	
3.1.21.3	StySBI, type I site-specific deoxyribonuclease, v. 11	p. 448	
3.1.21.3	StySJI, type I site-specific deoxyribonuclease, v. 11	p. 448	
3.1.21.3	StySPI, type I site-specific deoxyribonuclease, v. 11	p. 448	
3.1.21.3	StySQI, type I site-specific deoxyribonuclease, v. 11	p. 448	
3.2.1.68	SU1 isoamylase, isoamylase, v. 13	p. 204	
3.1.21.4	SuaI, type II site-specific deoxyribonuclease, v. 11	p. 454	
2.7.10.1	subclass III receptor tyrosine kinase, receptor protein-tyrosine kinase, v. S2	p. 341	
3.4.21.35	submandibular enzymatic vasoconstrictor, tissue kallikrein, v. 7	p. 141	
3.6.1.13	submicromolar-K(m) ADP-ribose pyrophosphatase, ADP-ribose diphosphatase, v. 15	p. 354	
3.4.24.19	suBMP-1, procollagen C-endopeptidase, v. 8	p. 317	
3.1.1.29	N-substituted aminoacyl transfer RNA hydrolase, aminoacyl-tRNA hydrolase, v. 9	p. 239	
2.7.13.3	subtilin biosynthesis sensor protein spaK, histidine kinase, v. S4	p. 420	
3.4.21.112	subtilisin-kexin-isozyme, site-1 protease, v. S5	p. 400	
3.4.21.75	subtilisin-like proprotein convertase, Furin, v. 7	p. 371	
3.4.21.62	subtilisin-like protease, Subtilisin, v. 7	p. 285	
3.4.21.75	subtilisin-like protein convertase, Furin, v. 7	p. 371	
3.4.21.112	subtilisin/kexin isozyme 1, site-1 protease, v. S5	p. 400	
3.4.21.62	subtilisin 72, Subtilisin, v. 7	p. 285	
3.4.21.62	Subtilisin amylosacchariticus, Subtilisin, v. 7	p. 285	
3.4.21.62	Subtilisin BL, Subtilisin, v. 7	p. 285	
3.4.21.62	subtilisin BPN', Subtilisin, v. 7	p. 285	
3.4.21.62	subtilisin C., Subtilisin, v. 7	p. 285	
3.4.21.62	subtilisin Carlsberg, Subtilisin, v. 7	p. 285	
3.4.21.62	subtilisin DJ-4, Subtilisin, v. 7	p. 285	
3.4.21.62	Subtilisin DY, Subtilisin, v. 7	p. 285	
3.4.21.62	Subtilisin E, Subtilisin, v. 7	p. 285	
3.4.21.62	Subtilisin GX, Subtilisin, v. 7	p. 285	
3.4.21.62	subtilisin Karlsberg, Subtilisin, v. 7	p. 285	
3.4.21.112	subtilisin kexin-isozyme-1, site-1 protease, v. S5	p. 400	
3.4.21.67	subtilisin kexin isozyme-1, Endopeptidase So, v. 7	p. 327	

3.4.21.112	subtilisin kexin isozyme-1, site-1 protease, v. S5 | p. 400
3.4.21.112	subtilisin kexin isozyme-1(SK-1)/site 1 protease (S1P), site-1 protease, v. S5 | p. 400
3.4.21.112	subtilisin kexin isozyme-1/site-1 protease, site-1 protease, v. S5 | p. 400
3.4.21.62	Subtilisin Novo, Subtilisin, v. 7 | p. 285
3.4.21.62	subtilisin Pr1-like protease, Subtilisin, v. 7 | p. 285
3.4.21.62	Subtilisin S41, Subtilisin, v. 7 | p. 285
3.4.21.62	subtilisin S88, Subtilisin, v. 7 | p. 285
3.4.21.62	Subtilisin Sendai, Subtilisin, v. 7 | p. 285
3.4.21.62	subtilisin Sph, Subtilisin, v. 7 | p. 285
3.4.21.62	Subtilisn J, Subtilisin, v. 7 | p. 285
3.4.21.62	Subtilopeptidase, Subtilisin, v. 7 | p. 285
1.4.4.2	P-subunit, glycine dehydrogenase (decarboxylating), v. 22 | p. 371
3.1.3.24	Suc-phosphate phosphatase, sucrose-phosphate phosphatase, v. 10 | p. 272
3.2.1.26	SucB, β-fructofuranosidase, v. 12 | p. 451
1.3.5.1	succinate, succinate dehydrogenase (ubiquinone), v. 21 | p. 424
6.2.1.5	succinate-CoA ligase, Succinate-CoA ligase (ADP-forming), v. 2 | p. 224
6.2.1.4	succinate-CoA ligase, succinate-CoA ligase (GDP-forming), v. 2 | p. 219
1.3.5.1	succinate-coenzyme Q reductase, succinate dehydrogenase (ubiquinone), v. 21 | p. 424
1.2.1.16	succinate-semialdehyde dehydrogenase (NAD(P)), succinate-semialdehyde dehydrogenase [NAD(P)+], v. 20 | p. 180
1.2.1.16	succinate-semialdehyde dehydrogenase (NAD(P)+), succinate-semialdehyde dehydrogenase [NAD(P)+], v. 20 | p. 180
1.3.5.1	succinate-ubiquinone oxidoreductase, succinate dehydrogenase (ubiquinone), v. 21 | p. 424
1.3.5.1	succinate:caldariellaquinone oxidoreductase, succinate dehydrogenase (ubiquinone), v. 21 | p. 424
1.3.5.1	succinate:menaquinone oxidoreductase, succinate dehydrogenase (ubiquinone), v. 21 | p. 424
1.3.5.1	succinate:quinone oxidoreductase, succinate dehydrogenase (ubiquinone), v. 21 | p. 424
1.3.5.1	succinate:ubiquinone oxidoreductase, succinate dehydrogenase (ubiquinone), v. 21 | p. 424
1.3.5.1	succinate dehydrogenase, succinate dehydrogenase (ubiquinone), v. 21 | p. 424
1.3.5.1	succinate dehydrogenase complex, succinate dehydrogenase (ubiquinone), v. 21 | p. 424
1.3.5.1	succinate dehydrogenase cytochrome B small subunit, succinate dehydrogenase (ubiquinone), v. 21 | p. 424
1.3.99.1	succinate dehydrogenase flavoprotein subunit Sdh1p, succinate dehydrogenase, v. 21 | p. 462
1.3.99.1	succinate dehydrogenase iron-sulfur protein, succinate dehydrogenase, v. 21 | p. 462
1.3.99.1	succinate oxidoreductase, succinate dehydrogenase, v. 21 | p. 462
1.2.1.24	succinate semialdehyde:NAD+ oxidoreductase, succinate-semialdehyde dehydrogenase, v. 20 | p. 228
1.2.1.24	succinate semialdehyde dehydrogenase, succinate-semialdehyde dehydrogenase, v. 20 | p. 228
1.2.1.16	succinate semialdehyde dehydrogenase, succinate-semialdehyde dehydrogenase [NAD(P)+], v. 20 | p. 180
1.2.1.16	succinate semialdehyde dehydrogenase (nicotinamide adenine dinucleotide (phosphate)), succinate-semialdehyde dehydrogenase [NAD(P)+], v. 20 | p. 180
6.2.1.5	Succinate thiokinase, Succinate-CoA ligase (ADP-forming), v. 2 | p. 224
6.2.1.4	Succinate thiokinase, succinate-CoA ligase (GDP-forming), v. 2 | p. 219
1.3.99.1	succinic acid dehydrogenase, succinate dehydrogenase, v. 21 | p. 462
1.3.99.1	succinic dehydrogenase, succinate dehydrogenase, v. 21 | p. 462
1.3.5.1	succinic dehydrogenase, succinate dehydrogenase (ubiquinone), v. 21 | p. 424
1.2.1.24	succinic semialdehyde dehydrogenase, succinate-semialdehyde dehydrogenase, v. 20 | p. 228
1.2.1.71	succinic semialdehyde dehydrogenase, succinylglutamate-semialdehyde dehydrogenase, v. S1 | p. 169
6.2.1.5	Succinic thiokinase, Succinate-CoA ligase (ADP-forming), v. 2 | p. 224

6.2.1.4	Succinic thiokinase, succinate-CoA ligase (GDP-forming), v. 2	p. 219	
6.3.2.6	Succino-AICAR synthetase, phosphoribosylaminoimidazolesuccinocarboxamide synthase, v. 2	p. 434	
4.3.2.2	succino-AMP lyase, adenylosuccinate lyase, v. 5	p. 263	
6.3.4.4	Succino-AMP synthetase, Adenylosuccinate synthase, v. 2	p. 579	
6.3.4.4	Succinoadenylic kinosynthetase, Adenylosuccinate synthase, v. 2	p. 579	
4.3.2.2	succino AMP-lyase, adenylosuccinate lyase, v. 5	p. 263	
1.3.99.1	succinodehydrogenase, succinate dehydrogenase, v. 21	p. 462	
2.8.3.2	succinyl-β-ketoacyl-CoA transferase, oxalate CoA-transferase, v. 39	p. 475	
6.2.1.5	succinyl-CoA-synthetase (ATP), Succinate-CoA ligase (ADP-forming), v. 2	p. 224	
2.8.3.5	succinyl-CoA:3-ketoacid CoA transferase, 3-oxoacid CoA-transferase, v. 39	p. 480	
2.8.3.5	succinyl-CoA:3-ketoacid coenzyme A transferase, 3-oxoacid CoA-transferase, v. 39	p. 480	
2.8.3.5	succinyl-CoA:3-oxoacid CoA-transferase, 3-oxoacid CoA-transferase, v. 39	p. 480	
6.2.1.5	succinyl-CoA:acetate CoA-transferase, Succinate-CoA ligase (ADP-forming), v. 2	p. 224	
2.8.3.8	succinyl-CoA:acetate CoA-transferase, acetate CoA-transferase, v. 39	p. 497	
2.8.3.8	succinyl-CoA:acetate CoA transferase, acetate CoA-transferase, v. 39	p. 497	
2.8.3.5	succinyl-CoA:acetoacetate CoA transferase, 3-oxoacid CoA-transferase, v. 39	p. 480	
2.8.3.5	succinyl-CoA:acetoacetate coenzyme A transferase, 3-oxoacid CoA-transferase, v. 39	p. 480	
2.3.1.61	succinyl-CoA:dihydrolipoate S-succinyltransferase, dihydrolipoyllysine-residue succinyltransferase, v. 30	p. 7	
2.3.1.117	succinyl-CoA:tetrahydrodipicolinate N-succinyltransferase, 2,3,4,5-tetrahydropyridine-2,6-dicarboxylate N-succinyltransferase, v. 30	p. 281	
3.1.2.3	succinyl-CoA acylase, succinyl-CoA hydrolase, v. 9	p. 477	
6.2.1.5	Succinyl-CoA synthetase, Succinate-CoA ligase (ADP-forming), v. 2	p. 224	
6.2.1.4	Succinyl-CoA synthetase, succinate-CoA ligase (GDP-forming), v. 2	p. 219	
6.2.1.5	Succinyl-CoA synthetase (ADP-forming), Succinate-CoA ligase (ADP-forming), v. 2	p. 224	
6.2.1.4	Succinyl-CoA synthetase (GDP-forming), succinate-CoA ligase (GDP-forming), v. 2	p. 219	
2.8.3.5	succinyl-CoA transferase, 3-oxoacid CoA-transferase, v. 39	p. 480	
6.2.1.5	succinyl-coenzyme A:acetate CoA-transferase, Succinate-CoA ligase (ADP-forming), v. 2	p. 224	
2.8.3.7	succinyl-coenzyme A:D-citramalate coenzyme A transferase, succinate-citramalate CoA-transferase, v. 39	p. 495	
3.5.1.18	succinyl-diaminopimelate desuccinylase, succinyl-diaminopimelate desuccinylase, v. 14	p. 346	
3.5.1.18	N-succinyl-L-α,ε-diaminopimelic acid deacylase, succinyl-diaminopimelate desuccinylase, v. 14	p. 346	
2.6.1.17	N-succinyl-L-diaminopimelic-glutamic transaminase, succinyldiaminopimelate transaminase, v. 34	p. 386	
2.5.1.48	O-succinyl-L-homoserine succinate-lyase (adding cysteine), cystathionine γ-synthase, v. 34	p. 107	
2.1.3.11	N-succinyl-L-ornithine transcarbamylase, N-succinylornithine carbamoyltransferase	
5.1.1.10	N-succinylamino acid racemase, Amino-acid racemase, v. 1	p. 41	
6.2.1.26	O-succinylbenzoate-CoA synthase, O-succinylbenzoate-CoA ligase, v. 2	p. 320	
4.2.1.113	o-succinylbenzoate synthase, o-succinylbenzoate synthase, v. S7	p. 123	
4.2.1.113	o-succinylbenzoic acid synthase, o-succinylbenzoate synthase, v. S7	p. 123	
6.2.1.26	o-succinylbenzoyl-CoA synthetase, O-succinylbenzoate-CoA ligase, v. 2	p. 320	
6.2.1.26	o-succinylbenzoyl-coenzyme A ligase, O-succinylbenzoate-CoA ligase, v. 2	p. 320	
6.2.1.26	o-succinylbenzoyl-coenzyme A synthetase, O-succinylbenzoate-CoA ligase, v. 2	p. 320	
2.8.3.13	succinylCoA:3-hydroxy-3-methylglutarate coenzyme A transferase, succinate-hydroxymethylglutarate CoA-transferase, v. 39	p. 519	
2.8.3.13	succinylCoA:HMG coenzyme A transferase, succinate-hydroxymethylglutarate CoA-transferase, v. 39	p. 519	

6.2.1.4	Succinyl CoA synthetase, succinate-CoA ligase (GDP-forming), v.2	p.219
2.8.3.5	succinyl coenzyme A-acetoacetyl coenzyme A-transferase, 3-oxoacid CoA-transferase, v.39	p.480
2.8.3.15	succinyl coenzyme A-benzylsuccinate coenzyme A transferase, succinyl-CoA:(R)-benzylsuccinate CoA-transferase, v.39	p.530
2.8.3.7	succinyl coenzyme A-citramalyl coenzyme A transferase, succinate-citramalate CoA-transferase, v.39	p.495
3.1.2.3	succinyl coenzyme A deacylase, succinyl-CoA hydrolase, v.9	p.477
3.1.2.3	succinyl coenzyme A hydrolase, succinyl-CoA hydrolase, v.9	p.477
6.2.1.5	Succinyl coenzyme A synthetase, Succinate-CoA ligase (ADP-forming), v.2	p.224
6.2.1.4	Succinyl coenzyme A synthetase, succinate-CoA ligase (GDP-forming), v.2	p.219
6.2.1.5	Succinyl coenzyme A synthetase (adenosine diphosphate-forming), Succinate-CoA ligase (ADP-forming), v.2	p.224
6.2.1.4	Succinyl coenzyme A synthetase (GDP-forming), succinate-CoA ligase (GDP-forming), v.2	p.219
6.2.1.4	Succinyl coenzyme A synthetase (guanosine diphosphate-forming), succinate-CoA ligase (GDP-forming), v.2	p.219
1.3.99.1	succinyl dehydrogenase, succinate dehydrogenase, v.21	p.462
2.6.1.17	succinyldiaminopimelate aminotransferase, succinyldiaminopimelate transaminase, v.34	p.386
3.5.1.18	succinyldiaminopimelate desuccinylase, succinyl-diaminopimelate desuccinylase, v.14	p.346
2.6.1.11	succinyldiaminopimelate transferase, acetylornithine transaminase, v.34	p.342
1.2.1.71	N-succinylglutamate 5-semialdehyde dehydrogenase, succinylglutamate-semialdehyde dehydrogenase, v.S1	p.169
1.2.1.71	succinylglutamic semialdehyde dehydrogenase, succinylglutamate-semialdehyde dehydrogenase, v.S1	p.169
4.2.99.9	O-succinylhomoserine (Thiol)-lyase, O-succinylhomoserine (thiol)-lyase, v.5	p.109
2.5.1.48	O-succinylhomoserine (Thiol)-lyase, cystathionine γ-synthase, v.34	p.107
2.5.1.48	O-succinylhomoserine synthase, cystathionine γ-synthase, v.34	p.107
2.5.1.48	O-succinylhomoserine synthetase, cystathionine γ-synthase, v.34	p.107
2.6.1.81	succinylornithine 5-aminotransferase, succinylornithine transaminase, v.S2	p.244
2.6.1.11	succinylornithine aminotransferase, acetylornithine transaminase, v.34	p.342
2.6.1.81	succinylornithine aminotransferase, succinylornithine transaminase, v.S2	p.244
2.1.3.11	succinylornithine transcarbamylase, N-succinylornithine carbamoyltransferase
1.2.1.24	succinyl semialdehyde dehydrogenase, succinate-semialdehyde dehydrogenase, v.20	p.228
2.3.1.46	succinyltransferase, homoserine, homoserine O-succinyltransferase, v.29	p.630
2.3.1.117	succinyltransferase, tetrahydrodipicolinate, 2,3,4,5-tetrahydropyridine-2,6-dicarboxylate N-succinyltransferase, v.30	p.281
6.2.1.5	SUCL, Succinate-CoA ligase (ADP-forming), v.2	p.224
6.2.1.4	SUCL, succinate-CoA ligase (GDP-forming), v.2	p.219
3.2.1.26	sucrase, β-fructofuranosidase, v.12	p.451
3.2.1.10	sucrase, oligo-1,6-glucosidase, v.12	p.162
3.2.1.48	sucrase, sucrose α-glucosidase, v.13	p.1
3.2.1.48	sucrase-invertase, sucrose α-glucosidase, v.13	p.1
3.2.1.10	sucrase-isomaltase, oligo-1,6-glucosidase, v.12	p.162
3.2.1.48	sucrase-isomaltase, sucrose α-glucosidase, v.13	p.1
3.2.1.10	sucrase-isomaltase-maltase, oligo-1,6-glucosidase, v.12	p.162
3.2.1.10	sucrase-isomaltase complex, oligo-1,6-glucosidase, v.12	p.162
3.2.1.48	sucrase-isomaltase enzyme complex, sucrose α-glucosidase, v.13	p.1
3.2.1.48	sucrase/isomaltase, sucrose α-glucosidase, v.13	p.1
3.2.1.26	Sucrase E1, β-fructofuranosidase, v.12	p.451
3.1.3.24	sucrose-6-phosphatase, sucrose-phosphate phosphatase, v.10	p.272
3.2.1.26	Sucrose-6-phosphate hydrolase, β-fructofuranosidase, v.12	p.451

2.4.1.4	sucrose-glucan glucosyltransferase, amylosucrase, v. 31	p. 43	
3.2.1.48	sucrose α-glucohydrolase, sucrose α-glucosidase, v. 13	p. 1	
5.4.99.11	Sucrose α-glucosyltransferase, Isomaltulose synthase, v. 1	p. 638	
3.1.3.24	sucrose-phosphate hydrolase, sucrose-phosphate phosphatase, v. 10	p. 272	
3.1.3.24	sucrose-phosphate phosphatase, sucrose-phosphate phosphatase, v. 10	p. 272	
3.1.3.24	sucrose-phosphate phosphohydrolase, sucrose-phosphate phosphatase, v. 10	p. 272	
2.4.1.14	sucrose-P synthase, sucrose-phosphate synthase, v. 31	p. 126	
2.4.1.99	sucrose-sucrose 1-fructosyltransferase, sucrose:sucrose fructosyltransferase, v. 32	p. 56	
2.4.1.13	sucrose-UDP glucosyltransferase, sucrose synthase, v. 31	p. 113	
2.4.1.13	sucrose-uridine diphosphate glucosyltransferase, sucrose synthase, v. 31	p. 113	
2.4.1.9	sucrose 1-fructosyltransferase, inulosucrase, v. 31	p. 73	
2.4.1.99	sucrose 1F-fructosyltransferase, sucrose:sucrose fructosyltransferase, v. 32	p. 56	
2.4.1.10	sucrose 6-fructosyltransferase, levansucrase, v. 31	p. 76	
5.4.99.11	Sucrose 6-glucosylmutase, Isomaltulose synthase, v. 1	p. 638	
2.4.1.5	sucrose 6-glucosyltransferase, dextransucrase, v. 31	p. 49	
3.1.3.24	sucrose 6-phosphate hydrolase, sucrose-phosphate phosphatase, v. 10	p. 272	
2.4.1.14	sucrose 6-phosphate synthase, sucrose-phosphate synthase, v. 31	p. 126	
2.4.1.140	sucrose:1,6-, 1,3-α-D-glucan 3-α- and 6-α-D-glucosyltransferase, alternansucrase, v. 32	p. 248	
2.4.1.125	sucrose:1,6-, 1,3-α-D-glucan 3-α- and 6-α-D-glucosyltransferase, sucrose-1,6-α-glucan 3(6)-α-glucosyltransferase, v. 32	p. 188	
2.4.1.125	sucrose:1,6-α-D-glucan 3-α- and 6-α-glucosyltransferase, sucrose-1,6-α-glucan 3(6)-α-glucosyltransferase, v. 32	p. 188	
2.4.1.5	sucrose:1, 6-α-D-glucan 6-α-glucosyltransferase, dextransucrase, v. 31	p. 49	
2.4.1.125	sucrose:1,6-α-glucan 3(6)-α-glucosyltransferase, sucrose-1,6-α-glucan 3(6)-α-glucosyltransferase, v. 32	p. 188	
2.4.1.10	sucrose:fructan 6-fructosyltransferase, levansucrase, v. 31	p. 76	
2.4.1.99	sucrose:sucrose 1-D-fructosyltransferase, sucrose:sucrose fructosyltransferase, v. 32	p. 56	
2.4.1.99	sucrose:sucrose 1-fructosyltransferase, sucrose:sucrose fructosyltransferase, v. 32	p. 56	
2.4.1.99	sucrose:sucrose 1F-β-D-fructosyltransferase, sucrose:sucrose fructosyltransferase, v. 32	p. 56	
2.4.1.99	sucrose:sucrose fructosyltransferase, sucrose:sucrose fructosyltransferase, v. 32	p. 56	
2.7.1.69	sucrose EII, protein-Npi-phosphohistidine-sugar phosphotransferase, v. 36	p. 207	
2.4.1.7	sucrose glucosyltransferase, sucrose phosphorylase, v. 31	p. 61	
2.4.1.48	sucrose hydrolase, heteroglycan α-mannosyltransferase, v. 31	p. 431	
3.2.1.48	sucrose hydrolase, sucrose α-glucosidase, v. 13	p. 1	
5.4.99.11	sucrose isomerase, Isomaltulose synthase, v. 1	p. 638	
5.4.99.11	Sucrose mutase, Isomaltulose synthase, v. 1	p. 638	
3.1.3.24	sucrose phosphatase, sucrose-phosphate phosphatase, v. 10	p. 272	
3.1.3.24	sucrose phosphatase 1, sucrose-phosphate phosphatase, v. 10	p. 272	
2.4.1.14	sucrosephosphate-UDP glucosyltransferase, sucrose-phosphate synthase, v. 31	p. 126	
2.4.1.14	sucrose phosphate-uridine diphosphate glucosyltransferase, sucrose-phosphate synthase, v. 31	p. 126	
2.4.1.14	sucrose phosphate synthase, sucrose-phosphate synthase, v. 31	p. 126	
2.4.1.14	sucrose phosphate synthetase, sucrose-phosphate synthase, v. 31	p. 126	
2.7.1.69	sucrose phosphotransferase system II, protein-Npi-phosphohistidine-sugar phosphotransferase, v. 36	p. 207	
2.4.1.13	sucrose synthase 1, sucrose synthase, v. 31	p. 113	
2.4.1.13	sucrose synthase 4, sucrose synthase, v. 31	p. 113	
2.4.1.13	sucrose synthetase, sucrose synthase, v. 31	p. 113	
2.5.1.72	SufE3, quinolinate synthase	
2.8.1.7	SufS, cysteine desulfurase, v. 39	p. 238	
3.6.4.8	SUG1, proteasome ATPase, v. 15	p. 797	
3.6.4.8	Sug1/Rpt6, proteasome ATPase, v. 15	p. 797	
3.6.4.3	Sug1p, microtubule-severing ATPase, v. 15	p. 774	

3.6.4.8	Sug2/Rpt4, proteasome ATPase, v. 15 | p. 797	
2.7.7.36	sugar-1-phosphate adenylyltransferase, aldose-1-phosphate adenylyltransferase, v. 38 | p. 391	
2.7.7.37	sugar-1-phosphate nucleotidyltransferase, aldose-1-phosphate nucleotidyltransferase, v. 38 | p. 393	
2.7.7.24	sugar-1-phosphate nucleotidyltransferase, glucose-1-phosphate thymidylyltransferase, v. 38 | p. 300	
2.7.3.9	sugar-PEP phosphotransferase enzyme I, phosphoenolpyruvate-protein phosphotransferase, v. 37 | p. 414	
2.6.1.33	sugar aminotransferase, dTDP-4-amino-4,6-dideoxy-D-glucose transaminase, v. 34 | p. 460	
1.1.1.22	Sugarless protein, UDP-glucose 6-dehydrogenase, v. 16 | p. 221	
2.7.7.37	sugar nucleotide phosphorylase, aldose-1-phosphate nucleotidyltransferase, v. 38 | p. 393	
3.1.3.23	sugar phosphatase, sugar-phosphatase, v. 10 | p. 266	
2.7.7.37	sugar phosphate nucleotidyltransferase, aldose-1-phosphate nucleotidyltransferase, v. 38 | p. 393	
3.1.3.23	sugar phosphate phosphohydrolase, sugar-phosphatase, v. 10 | p. 266	
2.4.1.48	SUH, heteroglycan α-mannosyltransferase, v. 31 | p. 431	
3.1.3.25	SuhB, inositol-phosphate phosphatase, v. 10 | p. 278	
3.1.21.4	SuiI, type II site-specific deoxyribonuclease, v. 11 | p. 454	
3.2.1.10	SUIS, oligo-1,6-glucosidase, v. 12 | p. 162	
3.6.3.14	SUL-ATPase ε, H+-transporting two-sector ATPase, v. 15 | p. 598	
3.6.3.14	Sul-ATPase, H+-transporting two-sector ATPase, v. 15 | p. 598	
3.6.3.14	Sul-ATPase α, H+-transporting two-sector ATPase, v. 15 | p. 598	
3.6.3.14	Sul-ATPase β, H+-transporting two-sector ATPase, v. 15 | p. 598	
3.6.3.14	Sul-ATPase γ, H+-transporting two-sector ATPase, v. 15 | p. 598	
3.10.1.1	sulfamidase, N-sulfoglucosamine sulfohydrolase, v. 15 | p. 917	
2.8.1.3	sulfane reductase, thiosulfate-thiol sulfurtransferase, v. 39 | p. 214	
2.8.1.3	sulfane sulfurtransferase, thiosulfate-thiol sulfurtransferase, v. 39 | p. 214	
3.1.6.12	4-sulfatase, N-acetylgalactosamine-4-sulfatase, v. 11 | p. 300	
3.1.6.4	6-sulfatase, N-acetylgalactosamine-6-sulfatase, v. 11 | p. 267	
3.1.6.1	sulfatase, arylsulfatase, v. 11 | p. 236	
3.1.6.12	sulfatase, acetylgalactosamine 4-, N-acetylgalactosamine-4-sulfatase, v. 11 | p. 300	
3.1.6.4	sulfatase, acetylgalactosamine 6-, N-acetylgalactosamine-6-sulfatase, v. 11 | p. 267	
3.1.6.14	sulfatase, acetylglucosamine 6-, N-acetylglucosamine-6-sulfatase, v. 11 | p. 316	
3.1.6.1	sulfatase, aryl-, arylsulfatase, v. 11 | p. 236	
3.1.6.7	sulfatase, cellulose poly-, cellulose-polysulfatase, v. 11 | p. 279	
3.1.6.8	sulfatase, cerebroside, cerebroside-sulfatase, v. 11 | p. 281	
3.1.6.6	sulfatase, choline, choline-sulfatase, v. 11 | p. 275	
3.1.6.9	sulfatase, chondro-4-, chondro-4-sulfatase, v. 11 | p. 292	
3.1.6.10	sulfatase, chondro-6-, chondro-6-sulfatase, v. 11 | p. 295	
3.1.6.4	sulfatase, chondroitin, N-acetylgalactosamine-6-sulfatase, v. 11 | p. 267	
3.1.6.17	sulfatase, D-lactate 2-, D-lactate-2-sulfatase, v. 11 | p. 327	
3.1.6.18	sulfatase, glucuronate 2-, glucuronate-2-sulfatase, v. 11 | p. 330	
3.1.6.3	sulfatase, glyco-, glycosulfatase, v. 11 | p. 261	
3.1.6.13	sulfatase, L-idurono-, iduronate-2-sulfatase, v. 11 | p. 309	
2.5.1.5	sulfatase, porphyran, galactose-6-sulfurylase, v. 33 | p. 421	
3.1.6.2	sulfatase, sterol, steryl-sulfatase, v. 11 | p. 250	
2.7.7.5	sulfate (adenosine diphosphate) adenylyltransferase, sulfate adenylyltransferase (ADP), v. 38 | p. 98	
1.14.14.5	sulfate starvation-induced protein 6, alkanesulfonate monooxygenase, v. 26 | p. 607	
1.97.1.3	sulfhydrogenase, sulfur reductase, v. 27 | p. 647	
3.4.22.39	sulfhydryl esterase, adenain, v. 7 | p. 720	
1.8.3.3	sulfhydryl oxidase, glutathione oxidase, v. 24 | p. 604	
1.8.3.2	sulfhydryl oxidase, thiol oxidase, v. 24 | p. 594	
1.8.3.2	sulfhydryl oxidase SOx-3, thiol oxidase, v. 24 | p. 594	

3.4.22.39	sulfhydryl protease, adenain, v. 7 | p. 720	
3.4.22.39	sulfhydryl proteinase, adenain, v. 7 | p. 720	
4.1.1.29	Sulfinoalanine decarboxylase, Sulfinoalanine decarboxylase, v. 3 | p. 165	
1.8.98.2	sulfiredoxin 1, sulfiredoxin, v. S1 | p. 378	
1.8.2.1	sulfite-cytochrome c oxidoreductase, sulfite dehydrogenase, v. 24 | p. 566	
1.8.2.1	sulfite-oxidizing molybdenum enzyme, sulfite dehydrogenase, v. 24 | p. 566	
1.8.2.1	sulfite-oxido-reductase, sulfite dehydrogenase, v. 21 | p. 566	
1.8.3.1	sulfite: acceptor oxidoreductase, sulfite oxidase, v. 24 | p. 584	
1.8.2.1	sulfite: ferricytochrome-c oxidoreductase, sulfite dehydrogenase, v. 24 | p. 566	
1.8.3.1	sulfite:oxygen oxidoreductase, sulfite oxidase, v. 24 | p. 584	
3.13.1.1	sulfite:UDP-glucose sulfotransferase, UDP-sulfoquinovose synthase, v. S6 | p. 561	
1.8.2.1	sulfite cytochrome c reductase, sulfite dehydrogenase, v. 24 | p. 566	
1.8.2.1	sulfite dehydrogenase, sulfite dehydrogenase, v. 24 | p. 566	
1.8.2.1	sulfite oxidase, sulfite dehydrogenase, v. 24 | p. 566	
1.8.3.1	sulfite oxidase, sulfite oxidase, v. 24 | p. 584	
1.8.3.1	sulfite oxidase homologue, sulfite oxidase, v. 24 | p. 584	
1.8.2.1	sulfite oxidoreductase, sulfite dehydrogenase, v. 24 | p. 566	
1.8.2.1	sulfite reductase, sulfite dehydrogenase, v. 24 | p. 566	
1.8.99.1	sulfite reductase, sulfite reductase, v. 24 | p. 685	
1.8.1.2	sulfite reductase, sulfite reductase (NADPH), v. 24 | p. 452	
1.8.7.1	sulfite reductase, sulfite reductase (ferredoxin), v. 24 | p. 679	
3.1.6.13	2-sulfo-L-iduronate 2-sulfatase, iduronate-2-sulfatase, v. 11 | p. 309	
3.1.6.13	sulfo-L-iduronate sulfatase, iduronate-2-sulfatase, v. 11 | p. 309	
1.2.1.62	4-sulfobenzaldehyde dehydrogenase, 4-formylbenzenesulfonate dehydrogenase, v. 20 | p. 389	
1.14.12.8	4-sulfobenzoate 3,4-dioxygenase system, 4-sulfobenzoate 3,4-dioxygenase, v. 26 | p. 144	
1.1.1.257	sulfobenzyl alcohol dehydrogenase, 4-(hydroxymethyl)benzenesulfonate dehydrogenase, v. 18 | p. 447	
2.5.1.47	S-sulfocysteine synthase, cysteine synthase, v. 34 | p. 84	
3.1.6.11	N-sulfoglucosamine-6-sulfatase, disulfoglucosamine-6-sulfatase, v. 11 | p. 298	
3.10.1.1	sulfoglucosamine sulfamidase, N-sulfoglucosamine sulfohydrolase, v. 15 | p. 917	
3.1.6.13	sulfoiduronate sulfohydrolase, iduronate-2-sulfatase, v. 11 | p. 309	
2.8.2.1	sulfokinase, aryl sulfotransferase, v. 39 | p. 247	
1.1.1.272	L-sulfolactate dehydrogenase, (R)-2-hydroxyacid dehydrogenase, v. 18 | p. 497	
4.4.1.24	3-sulfolactate sulfo-lyase, sulfolactate sulfo-lyase, v. S7 | p. 411	
4.1.1.79	sulfopyruvate decarboxylase, sulfopyruvate decarboxylase, v. S7 | p. 4	
2.8.2.26	3'-sulfotransferase, quercetin-3-sulfate 3'-sulfotransferase, v. 39 | p. 458	
2.8.2.28	7-sulfotransferase, quercetin-3,3'-bissulfate 7-sulfotransferase, v. 39 | p. 464	
2.8.2.4	sulfotransferase, estrone sulfotransferase, v. 39 | p. 303	
2.8.2.1	sulfotransferase, aryl, aryl sulfotransferase, v. 39 | p. 247	
2.8.2.3	sulfotransferase, aryl amine, amine sulfotransferase, v. 39 | p. 298	
2.8.2.22	sulfotransferase, arylsulfate, aryl-sulfate sulfotransferase, v. 39 | p. 436	
2.8.2.5	sulfotransferase, chondroitin, chondroitin 4-sulfotransferase, v. 39 | p. 325	
2.8.2.5	sulfotransferase, chondroitin 4-, chondroitin 4-sulfotransferase, v. 39 | p. 325	
2.8.2.17	sulfotransferase, chondroitin 6-, chondroitin 6-sulfotransferase, v. 39 | p. 402	
2.8.2.24	sulfotransferase, desulfoglucosinolate, desulfoglucosinolate sulfotransferase, v. 39 | p. 448	
2.8.2.8	sulfotransferase, desulfoheparin, [heparan sulfate]-glucosamine N-sulfotransferase, v. 39 | p. 342	
2.8.2.26	sulfotransferase, flavonol 3'-, quercetin-3-sulfate 3'-sulfotransferase, v. 39 | p. 458	
2.8.2.25	sulfotransferase, flavonol 3-, flavonol 3-sulfotransferase, v. 39 | p. 453	
2.8.2.27	sulfotransferase, flavonol 4'-, quercetin-3-sulfate 4'-sulfotransferase, v. 39 | p. 461	
2.8.2.28	sulfotransferase, flavonol 7-, quercetin-3,3'-bissulfate 7-sulfotransferase, v. 39 | p. 464	
2.8.2.11	sulfotransferase, galactocerebroside, galactosylceramide sulfotransferase, v. 39 | p. 367	
2.8.2.18	sulfotransferase, glucocorticoid, cortisol sulfotransferase, v. 39 | p. 410	

sulfotransferase, glucosaminyl 3-O-

2.8.2.23	sulfotransferase, glucosaminyl 3-O-, [heparan sulfate]-glucosamine 3-sulfotransferase 1, v. 39 | p. 445
2.8.2.21	sulfotransferase, keratan, keratan sulfotransferase, v. 39 | p. 430
2.8.2.1	sulfotransferase, monoamine-preferring, aryl sulfotransferase, v. 39 | p. 247
2.8.2.16	sulfotransferase, phosphoadenylylsulfate-thiol, thiol sulfotransferase, v. 39 | p. 398
2.8.2.20	sulfotransferase, protein (tyrosine), protein-tyrosine sulfotransferase, v. 39 | p. 419
2.8.2.9	sulfotransferase, tyrosine ester, tyrosine-ester sulfotransferase, v. 39 | p. 352
2.8.2.7	sulfotransferase, uridine diphosphoacetylgalactosamine 4-sulfate, UDP-N-acetylgalactosamine-4-sulfate sulfotransferase, v. 39 | p. 338
2.8.2.29	3-O-sulfotransferase-2, [heparan sulfate]-glucosamine 3-sulfotransferase 2, v. 39 | p. 467
2.8.2.30	3-O-sulfotransferase-3, [heparan sulfate]-glucosamine 3-sulfotransferase 3, v. 39 | p. 469
2.8.2.30	3-O-sulfotransferase-3A, [heparan sulfate]-glucosamine 3-sulfotransferase 3, v. 39 | p. 469
2.8.2.1	sulfotransferase 1,3, aryl sulfotransferase, v. 39 | p. 247
2.8.2.1	sulfotransferase 1A1, aryl sulfotransferase, v. 39 | p. 247
2.8.2.1	sulfotransferase 1A3, aryl sulfotransferase, v. 39 | p. 247
2.8.2.4	sulfotransferase 1E1, estrone sulfotransferase, v. 39 | p. 303
2.8.2.15	sulfotransferase 2A1, steroid sulfotransferase, v. 39 | p. 387
2.8.2.15	sulfotransferase 2B1, steroid sulfotransferase, v. 39 | p. 387
2.8.2.2	sulfotransferase 2B1b, alcohol sulfotransferase, v. 39 | p. 278
2.8.2.15	sulfotransferase 2B1b, steroid sulfotransferase, v. 39 | p. 387
2.8.2.30	3-O-sulfotransferase 3, [heparan sulfate]-glucosamine 3-sulfotransferase 3, v. 39 | p. 469
2.8.2.15	sulfotransferase II, steroid sulfotransferase, v. 39 | p. 387
2.8.2.15	sulfotransferase III, steroid sulfotransferase, v. 39 | p. 387
2.8.2.23	3-O-sulfotransferases-1, [heparan sulfate]-glucosamine 3-sulfotransferase 1, v. 39 | p. 445
1.13.11.18	sulfur oxygenase, sulfur dioxygenase, v. 25 | p. 513
1.13.11.18	sulfur oxygenase/reductase, sulfur dioxygenase, v. 25 | p. 513
1.13.11.55	sulfur oxygenase reductase, sulfur oxygenase/reductase, v. S1 | p. 480
2.8.1.2	sulfurtransferase, 3-mercaptopyruvate, 3-mercaptopyruvate sulfurtransferase, v. 39 | p. 206
2.8.1.3	sulfurtransferase, sulfane, thiosulfate-thiol sulfurtransferase, v. 39 | p. 214
2.8.1.1	sulfurtransferase, thiosulfate, thiosulfate sulfurtransferase, v. 39 | p. 183
2.7.7.4	sulfurylase, sulfate adenylyltransferase, v. 38 | p. 77
1.8.4.12	sulindac reductase, peptide-methionine (R)-S-oxide reductase, v. S1 | p. 328
1.8.4.11	sulindac reductase, peptide-methionine (S)-S-oxide reductase, v. S1 | p. 291
1.21.3.4	sulochrin oxidase, sulochrin oxidase [(+)-bisdechlorogeodin-forming], v. 27 | p. 617
1.21.3.5	sulochrin oxidase ((-)-bisdechlorogeodin-forming), sulochrin oxidase [(-)-bisdechlorogeodin-forming], v. 27 | p. 621
3.10.1.1	sulphamate sulphohydrolase, N-sulfoglucosamine sulfohydrolase, v. 15 | p. 917
3.10.1.1	sulphamidase, N-sulfoglucosamine sulfohydrolase, v. 15 | p. 917
1.8.98.2	sulphiredoxin, sulfiredoxin, v. S1 | p. 378
1.8.2.1	sulphite:cytochrome c oxidoreductase, sulfite dehydrogenase, v. 24 | p. 566
1.8.3.1	sulphite oxidase cytochrome b5, sulfite oxidase, v. 24 | p. 584
1.8.99.1	sulphite reductase, sulfite reductase, v. 24 | p. 685
2.8.2.2	sulphotransferase, alcohol sulfotransferase, v. 39 | p. 278
2.8.2.1	sulphotransferase, aryl sulfotransferase, v. 39 | p. 247
1.8.3.2	sulphydryl oxidase, thiol oxidase, v. 24 | p. 594
2.8.2.2	SULT, alcohol sulfotransferase, v. 39 | p. 278
2.8.2.1	SULT, aryl sulfotransferase, v. 39 | p. 247
2.8.2.4	SULT, estrone sulfotransferase, v. 39 | p. 303
2.8.2.1	SULT1,3, aryl sulfotransferase, v. 39 | p. 247
2.8.2.2	SULT1A1, alcohol sulfotransferase, v. 39 | p. 278
2.8.2.1	SULT1A1, aryl sulfotransferase, v. 39 | p. 247
2.8.2.1	SULT1A1*2, aryl sulfotransferase, v. 39 | p. 247
2.8.2.1	SULT1A2, aryl sulfotransferase, v. 39 | p. 247
2.8.2.2	SULT1A3, alcohol sulfotransferase, v. 39 | p. 278
2.8.2.1	SULT1A3, aryl sulfotransferase, v. 39 | p. 247

2.8.2.2	SULT1B1, alcohol sulfotransferase, v. 39 | p. 278	
2.8.2.1	SULT1B1, aryl sulfotransferase, v. 39 | p. 247	
2.8.2.1	SULT1B2, aryl sulfotransferase, v. 39 | p. 247	
2.8.2.1	SULT1C*2, aryl sulfotransferase, v. 39 | p. 247	
2.8.2.1	SULT1C1, aryl sulfotransferase, v. 39 | p. 247	
2.8.2.1	SULT1C2, aryl sulfotransferase, v. 39 | p. 247	
2.8.2.1	SULT1C3, aryl sulfotransferase, v. 39 | p. 247	
2.8.2.1	SULT1D1, aryl sulfotransferase, v. 39 | p. 247	
2.8.2.15	SULT 1E1, steroid sulfotransferase, v. 39 | p. 387	
2.8.2.1	SULT1E1, aryl sulfotransferase, v. 39 | p. 247	
2.8.2.4	SULT1E1, estrone sulfotransferase, v. 39 | p. 303	
2.8.2.1	SULT1 isoform 4, aryl sulfotransferase, v. 39 | p. 247	
2.8.2.15	SULT 1 isoform 6, steroid sulfotransferase, v. 39 | p. 387	
2.8.2.1	SULT1 ST5, aryl sulfotransferase, v. 39 | p. 247	
2.8.2.2	Sult2a, alcohol sulfotransferase, v. 39 | p. 278	
2.8.2.15	Sult2a, steroid sulfotransferase, v. 39 | p. 387	
2.8.2.2	SULT 2A1, alcohol sulfotransferase, v. 39 | p. 278	
2.8.2.2	SULT2A1, alcohol sulfotransferase, v. 39 | p. 278	
2.8.2.1	SULT2A1, aryl sulfotransferase, v. 39 | p. 247	
2.8.2.14	SULT2A1, bile-salt sulfotransferase, v. 39 | p. 379	
2.8.2.15	SULT2A1, steroid sulfotransferase, v. 39 | p. 387	
2.8.2.2	SULT2B1, alcohol sulfotransferase, v. 39 | p. 278	
2.8.2.15	SULT2B1, steroid sulfotransferase, v. 39 | p. 387	
2.8.2.2	SULT2B1a, alcohol sulfotransferase, v. 39 | p. 278	
2.8.2.4	SULT2B1a, estrone sulfotransferase, v. 39 | p. 303	
2.8.2.2	SULT2B1b, alcohol sulfotransferase, v. 39 | p. 278	
2.8.2.4	SULT2B1b, estrone sulfotransferase, v. 39 | p. 303	
2.8.2.15	SULT2B1b, steroid sulfotransferase, v. 39 | p. 387	
2.8.2.3	SULT3A1, amine sulfotransferase, v. 39 | p. 298	
2.8.2.3	SULT3A2, amine sulfotransferase, v. 39 | p. 298	
2.8.2.1	SULT4A1, aryl sulfotransferase, v. 39 | p. 247	
3.2.1.23	Sumiklat, β-galactosidase, v. 12 | p. 368	
3.2.1.4	Sumizyme, cellulase, v. 12 | p. 88	
3.4.23.18	Sumizyme AP, Aspergillopepsin I, v. 8 | p. 78	
3.4.21.63	Sumizyme MP, Oryzin, v. 7 | p. 300	
3.4.22.2	summetrin, papain, v. 7 | p. 518	
3.4.22.68	SUMO-1-conjugate protease, Ulp1 peptidase, v. S6 | p. 223	
3.4.22.68	SUMO-1-deconjugating enzyme, Ulp1 peptidase, v. S6 | p. 223	
6.3.2.19	SUMO-1-protein ligase, Ubiquitin-protein ligase, v. 2 | p. 506	
3.4.22.68	SUMO-1 conjugate proteinase, Ulp1 peptidase, v. S6 | p. 223	
3.4.22.68	Sumo-1 hydrolase, Ulp1 peptidase, v. S6 | p. 223	
3.4.22.68	SUMO-specific protease, Ulp1 peptidase, v. S6 | p. 223	
3.4.22.68	SUMO-specific proteinase, Ulp1 peptidase, v. S6 | p. 223	
6.3.2.19	SUMO E3 ligase, Ubiquitin-protein ligase, v. 2 | p. 506	
3.4.22.68	SUMO isopeptidase, Ulp1 peptidase, v. S6 | p. 223	
3.4.22.68	SUMO protease, Ulp1 peptidase, v. S6 | p. 223	
3.4.22.68	SUMO protease 1, Ulp1 peptidase, v. S6 | p. 223	
2.1.1.107	SUMT, uroporphyrinogen-III C-methyltransferase, v. 28 | p. 523	
1.8.3.1	SUOX, sulfite oxidase, v. 24 | p. 584	
3.1.4.35	suPDE5, 3',5'-cyclic-GMP phosphodiesterase, v. 11 | p. 153	
3.4.21.62	Superase, Subtilisin, v. 7 | p. 285	
1.15.1.1	superoxidase dismutase, superoxide dismutase, v. 27 | p. 399	
1.6.3.1	superoxide-generating NADPH oxidase, NAD(P)H oxidase, v. 24 | p. 92	
4.2.1.33	Superoxide-inducible protein 10, 3-isopropylmalate dehydratase, v. 4 | p. 451	
4.2.99.8	Superoxide-inducible protein 11, cysteine synthase, v. 5 | p. 93	

1.1.1.205	Superoxide-inducible protein 12, IMP dehydrogenase, v. 18 | p. 243
1.15.1.1	superoxide dismutase 1, superoxide dismutase, v. 27 | p. 399
1.15.1.1	superoxide dismutase I, superoxide dismutase, v. 27 | p. 399
1.15.1.1	superoxide dismutase II, superoxide dismutase, v. 27 | p. 399
1.13.11.11	superoxygenase, tryptophan 2,3-dioxygenase, v. 25 | p. 457
2.7.7.49	Superscript II, RNA-directed DNA polymerase, v. 38 | p. 492
2.7.7.49	SUPERSCRIPT II reverse transcriptase, RNA-directed DNA polymerase, v. 38 | p. 492
2.7.7.49	SuperScript I reverse transcriptase, RNA-directed DNA polymerase, v. 38 | p. 492
3.1.4.11	suPLCβ, phosphoinositide phospholipase C, v. 11 | p. 75
3.6.4.6	suppresor of potassium transport growth defect, vesicle-fusing ATPase, v. 15 | p. 789
3.4.21.109	suppressor of tumorigenicity-14, matriptase, v. S5 | p. 367
3.1.3.16	Suppressor protein SDS21, phosphoprotein phosphatase, v. 10 | p. 213
3.1.1.29	suPth2, aminoacyl-tRNA hydrolase, v. 9 | p. 239
2.7.11.24	Sur-1 MAP kinase, mitogen-activated protein kinase, v. S4 | p. 233
5.2.1.8	SurA, Peptidylprolyl isomerase, v. 1 | p. 218
3.1.3.31	SurE, nucleotidase, v. 10 | p. 316
3.1.1.3	surface-associated protein, triacylglycerol lipase, v. 9 | p. 36
1.4.1.2	Surface-associated protein PGAG1, glutamate dehydrogenase, v. 22 | p. 27
3.4.21.110	surface-bound C5a peptidase, C5a peptidase, v. S5 | p. 380
6.1.1.17	surface-exposed glutamyl tRNA synthetase, Glutamate-tRNA ligase, v. 2 | p. 128
3.4.24.36	Surface acid proteinase, leishmanolysin, v. 8 | p. 408
3.4.21.76	surface proteinase 3, Myeloblastin, v. 7 | p. 380
2.7.8.7	surfactin synthetase, holo-[acyl-carrier-protein] synthase, v. 39 | p. 50
2.4.1.13	Sus, sucrose synthase, v. 31 | p. 113
2.4.1.13	SUS-SH1, sucrose synthase, v. 31 | p. 113
2.4.1.13	SUS1, sucrose synthase, v. 31 | p. 113
2.4.1.13	SUS2, sucrose synthase, v. 31 | p. 113
2.4.1.13	sus4, sucrose synthase, v. 31 | p. 113
3.4.22.68	SUSP1, Ulp1 peptidase, v. S6 | p. 223
3.4.22.68	Susp4, Ulp1 peptidase, v. S6 | p. 223
2.4.1.13	SuSy, sucrose synthase, v. 31 | p. 113
2.4.1.13	SuSy1, sucrose synthase, v. 31 | p. 113
2.4.1.13	SuSy2, sucrose synthase, v. 31 | p. 113
2.4.1.13	SuSyI, sucrose synthase, v. 31 | p. 113
2.4.1.13	SuSyII, sucrose synthase, v. 31 | p. 113
3.1.14.1	SUV3, yeast ribonuclease, v. 11 | p. 412
2.1.1.43	SUV39H1, histone-lysine N-methyltransferase, v. 28 | p. 235
3.1.14.1	SUV3p, yeast ribonuclease, v. 11 | p. 412
4.4.1.24	Suy, sulfolactate sulfo-lyase, v. S7 | p. 411
3.6.1.3	SV40 T-antigen, adenosinetriphosphatase, v. 15 | p. 263
3.4.24.73	SVMP, jararhagin, v. 8 | p. 569
3.1.4.1	SVPD, phosphodiesterase I, v. 11 | p. 1
3.1.15.1	SVPD, venom exonuclease, v. 11 | p. 417
3.1.15.1	SVPDE, venom exonuclease, v. 11 | p. 417
4.1.1.50	SvPEPC, adenosylmethionine decarboxylase, v. 3 | p. 306
4.1.1.31	SvPEPC, phosphoenolpyruvate carboxylase, v. 3 | p. 175
6.1.1.11	SvsR, Serine-tRNA ligase, v. 2 | p. 77
2.7.10.2	Swe1p, non-specific protein-tyrosine kinase, v. S2 | p. 441
5.3.1.5	Sweetase, Xylose isomerase, v. 1 | p. 259
5.3.1.5	Sweetzyme, Xylose isomerase, v. 1 | p. 259
5.3.1.5	Sweetzyme Q, Xylose isomerase, v. 1 | p. 259
5.3.1.5	Swetase, Xylose isomerase, v. 1 | p. 259
3.6.4.11	SWI/SNF ATPase, nucleoplasmin ATPase, v. 15 | p. 817
3.6.4.11	SWI/SNF ATPase Brg1, nucleoplasmin ATPase, v. 15 | p. 817
3.6.4.11	SWI/SNF ATPase subunit BRG1, nucleoplasmin ATPase, v. 15 | p. 817

3.6.4.11	SWI/SNF ATPase subunit BRM, nucleoplasmin ATPase, v. 15	p. 817
3.6.4.11	SWI/SNF chromatin remodeling complex, nucleoplasmin ATPase, v. 15	p. 817
3.6.4.11	SWI/SNF complex, nucleoplasmin ATPase, v. 15	p. 817
2.7.11.1	Switch protein/serine kinase, non-specific serine/threonine protein kinase, v. S3	p. 1
5.99.1.2	Swivelase, DNA topoisomerase, v. 1	p. 721
3.1.1.3	SWL2, triacylglycerol lipase, v. 9	p. 36
5.3.1.9	SwoM, Glucose-6-phosphate isomerase, v. 1	p. 298
2.4.1.119	Swp1p, dolichyl-diphosphooligosaccharide-protein glycotransferase, v. 32	p. 155
3.1.1.3	SXL, triacylglycerol lipase, v. 9	p. 36
3.6.4.10	SyClpC, non-chaperonin molecular chaperone ATPase, v. 15	p. 810
1.2.1.62	SYDDH, 4-formylbenzenesulfonate dehydrogenase, v. 20	p. 389
1.6.99.1	SYE4, NADPH dehydrogenase, v. 24	p. 179
2.7.10.2	Syk, non-specific protein-tyrosine kinase, v. S2	p. 441
2.7.11.26	Syk, τ-protein kinase, v. S4	p. 303
2.7.10.2	Syk-related tyrosine kinase, non-specific protein-tyrosine kinase, v. S2	p. 441
2.7.10.2	Syk kinase, non-specific protein-tyrosine kinase, v. S2	p. 441
3.6.1.41	(symmetrical) Ap4A hydrolase, bis(5'-nucleosyl)-tetraphosphatase (symmetrical), v. 15	p. 460
3.6.1.41	(symmetrical) dinucleoside tetraphosphatase, bis(5'-nucleosyl)-tetraphosphatase (symmetrical), v. 15	p. 460
3.6.1.41	symmetrical diadenosine tetraphosphate hydrolase, bis(5'-nucleosyl)-tetraphosphatase (symmetrical), v. 15	p. 460
2.7.10.2	SYN, non-specific protein-tyrosine kinase, v. S2	p. 441
5.5.1.14	syn-CDP synthase, syn-copalyl-diphosphate synthase
5.5.1.14	syn-copalyl diphosphate lyase (decyclizing), syn-copalyl-diphosphate synthase
5.5.1.14	syn-copalyl diphosphate synthase, syn-copalyl-diphosphate synthase
3.1.3.56	Synaptojanin, inositol-polyphosphate 5-phosphatase, v. 10	p. 448
3.1.3.36	Synaptojanin, phosphoinositide 5-phosphatase, v. 10	p. 339
3.1.3.36	synaptojanin-1, phosphoinositide 5-phosphatase, v. 10	p. 339
3.1.3.36	synaptojanin 1, phosphoinositide 5-phosphatase, v. 10	p. 339
3.1.3.36	synaptojanin1, phosphoinositide 5-phosphatase, v. 10	p. 339
3.1.3.36	synaptojanin2, phosphoinositide 5-phosphatase, v. 10	p. 339
4.2.1.88	synephrinase, synephrine dehydratase, v. 4	p. 642
4.2.1.88	synephrine hydro-lyase, synephrine dehydratase, v. 4	p. 642
1.14.99.3	Syn HO-1, heme oxygenase, v. 27	p. 261
1.14.99.3	Syn HO-2, heme oxygenase, v. 27	p. 261
3.1.3.36	synj1, phosphoinositide 5-phosphatase, v. 10	p. 339
3.1.3.16	SynPPM3, phosphoprotein phosphatase, v. 10	p. 213
3.1.3.16	SynPPP1, phosphoprotein phosphatase, v. 10	p. 213
3.1.26.12	SynRne, ribonuclease E
2.4.1.122	T-synthase, glycoprotein-N-acetylgalactosamine 3-β-galactosyltransferase, v. 32	p. 174
1.14.21.2	synthase, (S)-cheilanthifoline, (S)-cheilanthifoline synthase, v. 27	p. 235
4.2.1.78	Synthase, (S)-norlaudanosoline, (S)-norcoclaurine synthase, v. 4	p. 607
1.14.21.1	synthase, (S)-stylopine, (S)-stylopine synthase, v. 27	p. 233
2.3.3.13	synthase, α-isopropylmalate, 2-isopropylmalate synthase, v. 30	p. 676
4.4.1.9	synthase,,β.-cyanoalanine, L-3-cyanoalanine synthase, v. 5	p. 351
2.4.2.24	synthase, 1,4-β-xylan, 1,4-β-D-xylan synthase, v. 33	p. 217
4.1.3.36	synthase, 1,4-dihydroxy-2-naphthoate, naphthoate synthase, v. 4	p. 196
4.4.1.14	synthase, 1-aminocyclopropanecarboxylate, 1-aminocyclopropane-1-carboxylate synthase, v. 5	p. 377
2.2.1.4	synthase, 1-deoxy-D-altro-heptulose 7-phosphate, acetoin-ribose-5-phosphate transaldolase, v. 29	p. 194
2.2.1.7	synthase, 1-deoxy-D-xylulose 5-phosphate, 1-deoxy-D-xylulose-5-phosphate synthase, v. 29	p. 217
2.3.3.11	synthase, 2-hydroxyglutarate, 2-hydroxyglutarate synthase, v. 30	p. 672

2.3.3.13	synthase, 2-isopropylmalate, 2-isopropylmalate synthase, v. 30	p. 676
1.2.7.2	synthase, 2-oxobutyrate, 2-oxobutyrate synthase, v. 20	p. 552
1.2.7.3	synthase, 2-oxoglutarate, 2-oxoglutarate synthase, v. 20	p. 556
2.3.1.41	synthase, 3-oxoacyl-[acyl-carrier-protein], β-ketoacyl-acyl-carrier-protein synthase I, v. 29	p. 580
2.3.3.12	synthase, 3-propylmalate, 3-propylmalate synthase, v. 30	p. 674
4.2.3.4	synthase, 5-dehydroquinate, 3-dehydroquinate synthase, v. S7	p. 194
2.5.1.19	synthase, 5-enolpyruvoylshikimate 3-phosphate, 3-phosphoshikimate 1-carboxyvinyl-transferase, v. 33	p. 546
4.2.3.12	synthase, 6-pyruvoyltetrahydropterin, 6-pyruvoyltetrahydropterin synthase, v. S7	p. 235
4.2.3.12	synthase, 6-pyruvoyltetrahydropterin [16-cysteine] (human clone lamda HSY2 gene PCBD subunit), 6-pyruvoyltetrahydropterin synthase, v. S7	p. 235
4.2.3.12	synthase, 6-pyruvoyltetrahydropterin [25-glutamine] (human clone lamdaHSY2 gene PCBD subunit), 6-pyruvoyltetrahydropterin synthase, v. S7	p. 235
4.2.3.12	synthase, 6-pyruvoyltetrahydropterin [87-leucine] (human clone lamdaHSY2 gene PCBD subunit), 6-pyruvoyltetrahydropterin synthase, v. S7	p. 235
4.2.3.12	synthase, 6-pyruvoyltetrahydropterin [de-57-valine] (human clone lambdaHSY2 gene PCBD subunit), 6-pyruvoyltetrahydropterin synthase, v. S7	p. 235
2.3.1.47	synthase, 7-oxo-8-aminononanoate, 8-amino-7-oxononanoate synthase, v. 29	p. 634
2.2.1.6	synthase, acetolactate, acetolactate synthase, v. 29	p. 202
6.1.1.7	Synthase, alanyl-transfer ribonucleate, Alanine-tRNA ligase, v. 2	p. 51
2.4.1.33	synthase, alginate, alginate synthase, v. 31	p. 316
2.5.1.26	synthase, alkylglycerone phosphate, alkylglycerone-phosphate synthase, v. 33	p. 592
2.3.1.37	synthase, aminolevulinate, 5-aminolevulinate synthase, v. 29	p. 538
4.1.3.27	synthase, anthranilate, anthranilate synthase, v. 4	p. 160
4.2.3.9	synthase, aristolochene, aristolochene synthase, v. S7	p. 219
1.21.3.6	synthase, aureusidin, aureusidin synthase, v. S1	p. 777
2.3.1.151	Synthase, benzophenone, Benzophenone synthase, v. 30	p. 402
1.21.3.2	synthase, berberine, columbamine oxidase, v. 27	p. 611
6.3.5.5	Synthase, carbamoylphosphate (glutamine), Carbamoyl-phosphate synthase (glutamine-hydrolysing), v. 2	p. 689
2.5.1.62	synthase, chlorophyll, chlorophyll synthase, v. 34	p. 237
2.3.3.1	synthase, citrate, citrate (Si)-synthase, v. 30	p. 582
1.14.11.21	synthase, clavaminate, clavaminate synthase, v. 26	p. 121
2.5.1.48	synthase, cystathionine γ-, cystathionine γ-synthase, v. 34	p. 107
2.5.1.47	synthase, cysteine, cysteine synthase, v. 34	p. 84
2.5.1.46	synthase, deoxyhypusine, deoxyhypusine synthase, v. 34	p. 72
2.6.1.62	synthase, diaminopelargonate, adenosylmethionine-8-amino-7-oxononanoate transaminase, v. 35	p. 13
4.2.1.52	synthase, dihydrodipicolinate, dihydrodipicolinate synthase, v. 4	p. 527
2.5.1.15	synthase, dihydropteroate, dihydropteroate synthase, v. 33	p. 494
2.2.1.3	synthase, dihydroxyacetone, formaldehyde transketolase, v. 29	p. 187
2.5.1.24	synthase, discadenine, discadenine synthase, v. 33	p. 587
2.3.1.94	synthase, erythronolide, 6-deoxyerythronolide-B synthase, v. 30	p. 183
3.1.1.67	synthase, fatty acid ethyl ester, fatty-acyl-ethyl-ester synthase, v. 9	p. 394
2.3.1.110	synthase, feruloyltyramine, tyramine N-feruloyltransferase, v. 30	p. 254
2.3.1.74	synthase, flavanone, naringenin-chalcone synthase, v. 30	p. 66
1.14.13.79	synthase, gibberellin A12, ent-kaurenoic acid oxidase, v. 26	p. 577
1.4.1.14	synthase, glutamate (reduced nicotinamide adenine dinucleotide), glutamate synthase (NADH), v. 22	p. 158
1.4.1.13	synthase, glutamate (reduced nicotinamide adenine dinucleotide phosphate), glutamate synthase (NADPH), v. 22	p. 138
2.1.2.10	synthase, glycine, aminomethyltransferase, v. 29	p. 78
2.5.1.30	synthase, heptaprenyl pyrophosphate, trans-hexaprenyltranstransferase, v. 33	p. 617
2.3.3.14	synthase, homocitrate, homocitrate synthase, v. 30	p. 688

2.5.1.44	synthase, homospermidine, homospermidine synthase, v. 34	p. 63
2.5.1.45	synthase, homospermidine, homospermidine synthase (spermidine-specific), v. 34	p. 68
2.5.1.45	synthase, homospermidine (Senecio vernalis root gene HSS1), homospermidine synthase (spermidine-specific), v. 34	p. 68
1.4.99.5	synthase, hydrogen cyanide (9Cl), glycine dehydrogenase (cyanide-forming), v. 22	p. 415
2.3.1.119	synthase, icosanoyl coenzyme A, icosanoyl-CoA synthase, v. 30	p. 293
4.1.1.48	Synthase, indole-3-glycerol phosphate, indole-3-glycerol-phosphate synthase, v. 3	p. 289
5.4.4.2	Synthase, isochorismate, Isochorismate synthase, v. S7	p. 526
5.4.99.11	Synthase, isomaltulose, Isomaltulose synthase, v. 1	p. 638
2.5.1.52	synthase, L-mimosine, L-mimosine synthase, v. 34	p. 140
4.4.1.20	synthase, leukotriene C4, leukotriene-C4 synthase, v. S7	p. 388
2.4.1.182	synthase, lipid A disaccharide, lipid-A-disaccharide synthase, v. 32	p. 433
2.3.1.161	synthase, lovastatin nonaketide, lovastatin nonaketide synthase, v. 30	p. 433
5.4.99.15	Synthase, maltooligosyltrehalose (Rhizobium strain M-11 clone pBMTU1 gene treY reduced), (1->4)-α-D-Glucan 1-α-D-glucosylmutase, v. 1	p. 652
5.4.99.15	Synthase, maltooligosyltrehalose (Sulfolobus acidocaldarius clone pBST1 gene treY), (1->4)-α-D-Glucan 1-α-D-glucosylmutase, v. 1	p. 652
2.4.1.139	synthase, maltose, maltose synthase, v. 32	p. 246
2.4.1.217	synthase, mannosyl-3-phosphoglycerate, mannosyl-3-phosphoglycerate synthase, v. 32	p. 581
4.2.3.3	synthase, methylglyoxal, methylglyoxal synthase, v. S7	p. 185
5.5.1.4	Synthase, myo-inositol 1-phosphate, inositol-3-phosphate synthase, v. 1	p. 674
2.5.1.56	synthase, N-acetylneuraminate, N-acetylneuraminate synthase, v. 34	p. 184
2.5.1.43	synthase, nicotianamine, nicotianamine synthase, v. 34	p. 59
2.3.2.11	synthase, O-alanylphosphatidylglycerol, alanylphosphatidylglycerol synthase, v. 30	p. 540
1.14.17.3	synthase, peptide α-amide, peptidylglycine monooxygenase, v. 27	p. 140
2.3.1.25	synthase, plasmalogen, plasmalogen synthase, v. 29	p. 460
4.2.1.24	synthase, porphobilinogen, porphobilinogen synthase, v. 4	p. 399
2.1.1.131	Synthase, precorrin-4, Precorrin-3B C17-methyltransferase, v. 28	p. 601
4.1.2.35	synthase, propioin, propioin synthase, v. 3	p. 564
1.14.99.1	synthase, prostaglandin, prostaglandin-endoperoxide synthase, v. 27	p. 246
4.2.1.70	synthase, pseudouridylate, pseudouridylate synthase, v. 4	p. 578
1.1.1.246	synthase, pterocarpan, pterocarpin synthase, v. 18	p. 412
2.5.1.51	synthase, pyrazolealanine, β-pyrazolylalanine synthase, v. 34	p. 137
1.2.7.1	synthase, pyruvate, pyruvate synthase, v. 20	p. 537
2.3.1.95	synthase, resveratrol, trihydroxystilbene synthase, v. 30	p. 185
2.5.1.9	synthase, riboflavin, riboflavin synthase, v. 33	p. 458
4.5.1.5	synthase, S-carboxymethylcysteine, S-carboxymethylcysteine synthase, v. 5	p. 412
1.3.3.9	synthase, secologanin, secologanin synthase, v. 21	p. 421
2.9.1.1	Synthase, selenocysteine (Moorella thermoacetica clone pCTA100/pCTAB1 gene selA), L-Seryl-tRNASec selenium transferase, v. 39	p. 548
2.9.1.1	Synthase, selenocysteinyl-transfer ribonucleate, L-Seryl-tRNASec selenium transferase, v. 39	p. 548
2.5.1.16	synthase, spermidine, spermidine synthase, v. 33	p. 502
2.5.1.22	synthase, spermine, spermine synthase, v. 33	p. 578
2.5.1.21	synthase, squalene, squalene synthase, v. 33	p. 568
4.1.1.47	Synthase, tartronate semialdehyde, Tartronate-semialdehyde synthase, v. 3	p. 286
4.2.3.1	synthase, threonine, threonine synthase, v. S7	p. 173
5.4.99.16	Synthase, trehalose, maltose α-D-glucosyltransferase, v. 1	p. 656
5.4.99.16	Synthase, trehalose (Pimelobacter strain R48 clone pBRM8 gene treS precursor reduced), maltose α-D-glucosyltransferase, v. 1	p. 656
5.4.99.16	Synthase, trehalose (Saccharomyces cerevisiae gene TPS1 subunit), maltose α-D-glucosyltransferase, v. 1	p. 656
5.4.99.16	Synthase, trehalose (Saccharomyces cerevisiae gene TSL1 subunit), maltose α-D-glucosyltransferase, v. 1	p. 656

5.4.99.16	Synthase, trehalose (Thermus aquaticus strain ATCC33923 clone pBTM5), maltose α-D-glucosyltransferase, v. 1	p. 656
4.2.3.6	synthase, trichodiene, trichodiene synthase, v. 5	p. 74
4.2.1.20	synthase, tryptophan, tryptophan synthase, v. 4	p. 379
2.5.1.53	synthase, uracilylalanine, uracilylalanine synthase, v. 34	p. 143
3.13.1.1	synthase, uridine diphosphosulfoquinovose, UDP-sulfoquinovose synthase, v. S6	p. 561
2.5.1.61	synthase, uroporphyrinogen I, hydroxymethylbilane synthase, v. 34	p. 226
4.2.1.75	Synthase, uroporphyrinogen III co-, uroporphyrinogen-III synthase, v. 4	p. 597
4.2.3.21	synthase, vetispiradiene, vetispiradiene synthase, v. S7	p. 292
2.3.1.159	synthatase, acridone (9Cl), acridone synthase, v. 30	p. 427
2.7.7.58	synthetase, (2,3-dihydroxybenzoyl)adenylate, (2,3-dihydroxybenzoyl)adenylate synthase, v. 38	p. 550
6.3.2.26	synthetase, δ-(α-aminoadipyl)cysteinylvaline, N-(5-amino-5-carboxypentanoyl)-L-cysteinyl-D-valine synthase, v. S7	p. 600
6.3.2.2	Synthetase, γ-glutamylcysteine, Glutamate-cysteine ligase, v. 2	p. 399
6.3.4.12	Synthetase, γ-glutamylmethylamide, Glutamate-methylamine ligase, v. 2	p. 624
6.3.3.4	synthetase, β-lactam, (carboxyethyl)arginine β-lactam-synthase, v. S7	p. 622
2.7.8.25	synthetase, 2'-(5-triphosphoribosyl)-3'-dephospho-coenzyme A, triphosphoribosyl-dephospho-CoA synthase, v. 39	p. 145
6.3.2.14	Synthetase, 2,3-dihydroxybenzoylserine, 2,3-Dihydroxybenzoate-serine ligase, v. 2	p. 478
6.2.1.31	Synthetase, 2-furoyl coenzyme A, 2-Furoate-CoA ligase, v. 2	p. 334
6.2.1.28	Synthetase, 3α,7α-dihydroxy-5β-cholestanoyl coenzyme A, 3α,7α-Dihydroxy-5β-cholestanate-CoA ligase, v. 2	p. 326
6.2.1.33	Synthetase, 4-chlorobenzoyl coenzyme A, 4-Chlorobenzoate-CoA ligase, v. 2	p. 339
6.2.1.27	synthetase, 4-hydroxybenzoyl coenzyme A, 4-hydroxybenzoate-CoA ligase, v. 2	p. 323
2.3.1.47	synthetase, 7-keto-8-aminopelargonate, 8-amino-7-oxononanoate synthase, v. 29	p. 634
6.2.1.16	Synthetase, acetoacetyl coenzyme A, Acetoacetate-CoA ligase, v. 2	p. 282
6.2.1.1	Synthetase, acetyl coenzyme A, Acetate-CoA ligase, v. 2	p. 186
6.2.1.13	Synthetase, acetyl coenzyme A (adenosine diphosphate-forming), Acetate-CoA ligase (ADP-forming), v. 2	p. 267
6.2.1.20	Synthetase, acyl-[acyl carrier protein], Long-chain-fatty-acid-[acyl-carrier-protein] ligase, v. 2	p. 296
6.2.1.10	Synthetase, acyl coenzyme A (guanosine diphosphate-forming), Acid-CoA ligase (GDP-forming), v. 2	p. 249
6.2.1.19	synthetase, acyl protein, Long-chain-fatty-acid-luciferin-component ligase, v. 2	p. 293
2.3.1.100	synthetase, acyl protein, [myelin-proteolipid] O-palmitoyltransferase, v. 30	p. 220
2.5.1.26	synthetase, alkyldihydroxyacetone phosphate, alkylglycerone-phosphate synthase, v. 33	p. 592
2.3.1.37	synthetase, aminolevulinate, 5-aminolevulinate synthase, v. 29	p. 538
4.1.3.27	synthetase, anthranilate, anthranilate synthase, v. 4	p. 160
6.2.1.32	synthetase, anthraniloyl coenzyme A, anthranilate-CoA ligase, v. 2	p. 336
6.3.4.5	Synthetase, argininosuccinate, Argininosuccinate synthase, v. 2	p. 595
6.1.1.19	Synthetase, arginyl-transfer ribonucleate, Arginine-tRNA ligase, v. 2	p. 146
6.3.5.4	Synthetase, Asn (glutamine), Asparagine synthase (glutamine-hydrolysing), v. 2	p. 672
6.3.1.1	Synthetase, asparagine, Aspartate-ammonia ligase, v. 2	p. 344
6.3.1.4	Synthetase, asparagine (adenosine diphosphate-forming), aspartate-ammonia ligase (ADP-forming), v. 2	p. 375
6.1.1.22	Synthetase, asparaginyl-transfer ribonucleate, Asparagine-tRNA ligase, v. 2	p. 178
6.1.1.12	Synthetase, aspartyl-transfer ribonucleate, Aspartate-tRNA ligase, v. 2	p. 86
6.1.1.23	Synthetase, aspartyl-transfer ribonucleate, aspartate-tRNAAsn ligase, v. S7	p. 562
6.2.1.25	Synthetase, benzoyl coenzyme A, Benzoate-CoA ligase, v. 2	p. 314
2.8.1.6	synthetase, biotin, biotin synthase, v. 39	p. 227
2.8.1.6	synthetase, biotin (Arabidopsis thaliana clone lambdaBIO2 gene bioB), biotin synthase, v. 39	p. 227

2.8.1.6	synthetase, biotin (Arabidopsis thaliana clone pMP101 gene BIO2 reduced), biotin synthase, v. 39	p. 227
2.8.1.6	synthetase, biotin (Arabidopsis thaliana clone pYESCBS1 gene bioB), biotin synthase, v. 39	p. 227
2.8.1.6	synthetase, biotin (Bacillus subtilis clone pBIO100/pBIO350/pBIO201 gene bioB), biotin synthase, v. 39	p. 227
2.8.1.6	synthetase, biotin (Bacillus subtilis gene bioB), biotin synthase, v. 39	p. 227
2.8.1.6	synthetase, biotin (Saccharomyces cerevisiae strain 20B-12 clone pUCH2.4 gene BIO2 reduced), biotin synthase, v. 39	p. 227
6.3.4.11	Synthetase, biotin-β-methylcrotonyl coenzyme A carboxylase, Biotin-[methylcrotonoyl-CoA-carboxylase] ligase, v. 2	p. 622
6.3.4.15	Synthetase, biotin-[acetyl coenzyme A carboxylase], Biotin-[acetyl-CoA-carboxylase] ligase, v. 2	p. 638
6.3.4.9	Synthetase, biotin-methylmalonyl coenzyme A carboxyltransferase, Biotin-[methylmalonyl-CoA-carboxytransferase] ligase, v. 2	p. 613
6.3.4.10	Synthetase, biotin-propionyl coenzyme A carboxylase, Biotin-[propionyl-CoA-carboxylase (ATP-hydrolysing)] ligase, v. 2	p. 617
6.2.1.11	Synthetase, biotinyl coenzyme A, Biotin-CoA ligase, v. 2	p. 252
5.5.1.8	Synthetase, bornyl pyrophosphate, bornyl diphosphate synthase, v. 1	p. 705
6.2.1.2	Synthetase, butyryl conzyme A, Butyrate-CoA ligase, v. 2	p. 199
6.3.5.5	Synthetase, carbamoylphosphate (glutamine-hydrolyzing), Carbamoyl-phosphate synthase (glutamine-hydrolysing), v. 2	p. 689
6.3.2.11	Synthetase, carnosine, Carnosine synthase, v. 2	p. 460
6.2.1.7	Synthetase, choloyl coenzyme A, Cholate-CoA ligase, v. 2	p. 236
2.1.1.79	synthetase, cyclopropane fatty acid, cyclopropane-fatty-acyl-phospholipid synthase, v. 28	p. 427
6.1.1.16	Synthetase, cysteinyl-transfer ribonucleate, Cysteine-tRNA ligase, v. 2	p. 121
6.3.4.2	synthetase, cytidine triphosphate, CTP synthase, v. 2	p. 559
6.3.2.4	Synthetase, D-alanylalanine, D-Alanine-D-alanine ligase, v. 2	p. 423
6.3.2.16	Synthetase, D-alanylalanylpoly(phosphoglycerol), D-Alanine-alanyl-poly(glycerolphosphate) ligase, v. 2	p. 485
6.3.3.3	Synthetase, dethiobiotin, Dethiobiotin synthase, v. 2	p. 542
2.7.7.45	synthetase, diguanosine tetraphosphate, guanosine-triphosphate guanylyltransferase, v. 38	p. 454
6.3.2.12	Synthetase, dihydrofolate, dihydrofolate synthase, v. 2	p. 466
6.3.2.22	Synthetase, diphthamide, Diphthine-ammonia ligase, v. 2	p. 516
2.4.1.137	synthetase, floridoside phosphate, sn-glycerol-3-phosphate 2-α-galactosyltransferase, v. 32	p. 239
6.3.2.17	Synthetase, folylpolyglutamate, tetrahydrofolate synthase, v. 2	p. 488
6.3.4.3	Synthetase, formyl tetrahydrofolate, formate-tetrahydrofolate ligase, v. 2	p. 567
2.5.1.29	synthetase, geranylgeranyl pyrophosphate, farnesyltranstransferase, v. 33	p. 604
6.3.1.2	Synthetase, glutamine, Glutamate-ammonia ligase, v. 2	p. 347
6.1.1.18	Synthetase, glutaminyl-transfer ribonucleate, Glutamine-tRNA ligase, v. 2	p. 139
6.2.1.6	Synthetase, glutaryl coenzyme A, Glutarate-CoA ligase, v. 2	p. 234
6.3.2.3	Synthetase, glutathione, Glutathione synthase, v. 2	p. 410
6.3.1.8	Synthetase, glutathionylspermidine, Glutathionylspermidine synthase, v. 2	p. 386
6.3.1.8	Synthetase, glutathionylspermidine (Crithidia fasciculata), Glutathionylspermidine synthase, v. 2	p. 386
6.3.1.8	Synthetase, glutathionylspermidine (Crithidia fasciculata fragment), Glutathionylspermidine synthase, v. 2	p. 386
6.3.1.8	Synthetase, glutathionylspermidine (Crithidia fasciculata strain HS6 gene Cf-GSS), Glutathionylspermidine synthase, v. 2	p. 386
6.3.1.8	Synthetase, glutathionylspermidine (Escherichia coli clone pJBM1 gene gsp), Glutathionylspermidine synthase, v. 2	p. 386
6.1.1.14	Synthetase, glycyl-transfer ribonucleate, glycine-tRNA ligase, v. 2	p. 101

6.3.4.1	Synthetase, guanylate, GMP synthase, v. 2 | p. 548
6.3.5.2	Synthetase, guanylate, GMP synthase (glutamine-hydrolysing), v. 2 | p. 655
2.5.1.33	synthetase, hexaprenyl pyrophosphate, trans-pentaprenyltranstransferase, v. 34 | p. 30
6.1.1.21	Synthetase, histidyl-transfer ribonucleate, Histidine-tRNA ligase, v. 2 | p. 168
4.4.1.17	Synthetase, holocytochrome c, Holocytochrome-c synthase, v. 5 | p. 396
6.3.2.23	synthetase, homoglutathione, homoglutathione synthase, v. 2 | p. 518
6.1.1.5	Synthetase, isoleucyl-transfer ribonucleate, Isoleucine-tRNA ligase, v. 2 | p. 33
1.21.3.1	synthetase, isopenicillin N (9CI), isopenicillin-N synthase, v. 27 | p. 602
6.3.2.24	synthetase, kyotorphin, tyrosine-arginine ligase, v. 2 | p. 521
6.1.1.4	Synthetase, leucyl-transfer ribonucleate, Leucine-tRNA ligase, v. 2 | p. 23
2.5.1.50	synthetase, lupinate, zeatin 9-aminocarboxyethyltransferase, v. 34 | p. 133
6.1.1.6	Synthetase, lysyl-transfer ribonucleate, Lysine-tRNA ligase, v. 2 | p. 42
2.7.7.61	synthetase, malonate decarboxylase holo-acyl-carrier protein, citrate lyase holo-[acyl-carrier protein] synthase, v. 38 | p. 565
6.2.1.9	Synthetase, malyl coenzyme A, Malate-CoA ligase, v. 2 | p. 245
6.3.3.2	Synthetase, methenyltetrahydrofolate, 5-Formyltetrahydrofolate cyclo-ligase, v. 2 | p. 535
6.1.1.10	Synthetase, methionyl-transfer ribonucleate, Methionine-tRNA ligase, v. 2 | p. 68
6.3.1.7	Synthetase, methyleneglutamine, 4-Methyleneglutamate-ammonia ligase, v. 2 | p. 383
6.3.1.6	Synthetase, N5-ethylglutamine, Glutamate-ethylamine ligase, v. 2 | p. 381
6.3.1.5	Synthetase, nicotinamide adenine dinucleotide, NAD+ synthase, v. 2 | p. 377
6.3.5.1	Synthetase, nicotinamide adenine dinucleotide (glutamine), NAD+ synthase (glutamine-hydrolysing), v. 2 | p. 651
1.14.13.39	synthetase, nitric oxide, nitric-oxide synthase, v. 26 | p. 426
6.2.1.26	synthetase, o-succinylbenzoyl coenzyme A, O-succinylbenzoate-CoA ligase, v. 2 | p. 320
6.2.1.8	Synthetase, oxalyl coenzyme A, Oxalate-CoA ligase, v. 2 | p. 242
6.2.1.12	Synthetase, p-coumaroyl coenzyme A, 4-Coumarate-CoA ligase, v. 2 | p. 256
6.3.2.1	Synthetase, pantothenate, Pantoate-β-alanine ligase, v. 2 | p. 394
4.2.3.7	synthetase, pentalenene, pentalenene synthase, v. S7 | p. 211
6.2.1.30	synthetase, phenacyl coenzyme A, phenylacetate-CoA ligase, v. 2 | p. 330
6.1.1.20	Synthetase, phenylalanyl-transfer ribonucleate, Phenylalanine-tRNA ligase, v. 2 | p. 156
6.3.2.5	synthetase, phosphopantothenoylcysteine, phosphopantothenate-cysteine ligase, v. 2 | p. 431
2.7.9.2	synthetase, phosphopyruvate, pyruvate, water dikinase, v. 39 | p. 166
6.3.4.7	Synthetase, phosphoribosylamine, Ribose-5-phosphate-ammonia ligase, v. 2 | p. 608
6.3.3.1	Synthetase, phosphoribosylaminoimidazole, phosphoribosylformylglycinamidine cyclo-ligase, v. 2 | p. 530
6.3.2.6	Synthetase, phosphoribosylaminoimidazolesuccinocarboxamide, phosphoribosylaminoimidazolesuccinocarboxamide synthase, v. 2 | p. 434
6.3.5.3	Synthetase, phosphoribosylformylglycinamide, phosphoribosylformylglycinamidine synthase, v. 2 | p. 666
6.3.4.13	Synthetase, phosphoribosylglycinamide, phosphoribosylamine-glycine ligase, v. 2 | p. 626
6.3.4.8	Synthetase, phosphoribosylimidazoleacetate, Imidazoleacetate-phosphoribosyldiphosphate ligase, v. 2 | p. 611
6.2.1.24	Synthetase, phytanoyl coenzyme A, Phytanate-CoA ligase, v. 2 | p. 311
2.5.1.32	synthetase, phytoene, phytoene synthase, v. 34 | p. 21
6.2.1.14	Synthetase, pimelyl coenzyme A, 6-Carboxyhexanoate-CoA ligase, v. 2 | p. 273
6.5.1.2	Synthetase, polydeoxyribonucleotide (nicotinamide adenine dinucleotide), DNA ligase (NAD+), v. 2 | p. 773
6.5.1.3	Synthetase, polyribonucleotide, RNA ligase (ATP), v. 2 | p. 787
6.2.1.17	Synthetase, propionyl coenzyme A, Propionate-CoA ligase, v. 2 | p. 286
5.3.99.4	Synthetase, prostacyclin, prostaglandin-I synthase, v. 1 | p. 465
1.1.1.188	synthetase, prostaglandin F2α, prostaglandin-F synthase, v. 18 | p. 130
2.7.9.3	synthetase, selenophosphate, selenide, water dikinase, v. 39 | p. 173
6.1.1.11	Synthetase, seryl-transfer ribonucleate, Serine-tRNA ligase, v. 2 | p. 77
2.5.1.11	synthetase, solanesyl pyrophosphate, trans-octaprenyltransferase, v. 33 | p. 483

6.2.1.5	Synthetase, succinyl coenzyme A (adenosine diphosphate-forming), Succinate-CoA ligase (ADP-forming), v. 2	p. 224
6.2.1.4	Synthetase, succinyl coenzyme A (guanosine diphosphate-forming), succinate-CoA ligase (GDP-forming), v. 2	p. 219
2.7.8.14	synthetase, teichoate, CDP-ribitol ribitolphosphotransferase, v. 39	p. 103
6.1.1.3	Synthetase, threonyl-transfer ribonucleate, Threonine-tRNA ligase, v. 2	p. 17
5.3.99.5	Synthetase, thromboxane, Thromboxane-A synthase, v. 1	p. 472
6.3.1.9	Synthetase, trypanothione, Trypanothione synthase, v. 2	p. 391
6.3.1.9	Synthetase, trypanothione (Crithidia fasciculata strain HS6 gene Cf-TS), Trypanothione synthase, v. 2	p. 391
6.1.1.2	Synthetase, tryptophanyl-transfer ribonucleate, Tryptophan-tRNA ligase, v. 2	p. 9
6.3.2.25	Synthetase, tubulin-tyrosine, Tubulin-tyrosine ligase, v. 2	p. 524
6.3.2.21	synthetase, ubiquitin-calmodulin, ubiquitin-calmodulin ligase, v. 2	p. 513
6.3.2.19	Synthetase, ubiquitin-protein, Ubiquitin-protein ligase, v. 2	p. 506
2.5.1.31	synthetase, undecaprenyl pyrophosphate, di-trans,poly-cis-decaprenylcistransferase, v. 34	p. 1
6.3.2.8	Synthetase, uridine diphospho-N-acetylmuramoylalanine, UDP-N-acetylmuramate-L-alanine ligase, v. 2	p. 442
6.3.2.9	Synthetase, uridine diphospho-N-acetylmuramoylalanyl-D-glutamate, UDP-N-acetylmuramoyl-L-alanine-D-glutamate ligase, v. 2	p. 452
6.3.2.13	Synthetase, uridine diphospho-N-acetylmuramoylalanyl-D-glutamyl-meso-2,6-diaminopimelate, UDP-N-acetylmuramoyl-L-alanyl-D-glutamate-2,6-diaminopimelate ligase, v. 2	p. 473
6.3.2.7	Synthetase, uridine diphospho-N-acetylmuramoylalanyl-D-glutamyllysine, UDP-N-acetylmuramoyl-L-alanyl-D-glutamate-L-lysine ligase, v. 2	p. 439
6.3.2.10	Synthetase, uridine diphosphoacetylmuramoylpentapeptide, UDP-N-acetylmuramoyl-tripeptide-D-alanyl-D-alanine ligase, v. 2	p. 458
6.1.1.9	Synthetase, valyl-transfer ribonucleate, Valine-tRNA ligase, v. 2	p. 59
4.1.1.19	Synthetic arginine decarboxylase, Arginine decarboxylase, v. 3	p. 106
2.7.11.1	syntrophin-associated serine/threonine kinase, non-specific serine/threonine protein kinase, v. S3	p. 1
3.1.3.48	Syp, protein-tyrosine-phosphatase, v. 10	p. 407
5.4.99.15	Sythase, maltooligosyltrehalose (Arthrobacter clone pBRT4 gene treY), (1->4)-α-D-Glucan 1-α-D-glucosylmutase, v. 1	p. 652
2.7.7.7	Szi DNA polymerase, DNA-directed DNA polymerase, v. 38	p. 118

Index of Synonyms: T

2.4.99.8	α2,8S-T, α-N-acetylneuraminate α-2,8-sialyltransferase, v. 33 | p. 371
6.3.1.9	T(SH)2 synthetase, Trypanothione synthase, v. 2 | p. 391
2.7.11.1	A-T, mutated, non-specific serine/threonine protein kinase, v. S3 | p. 1
2.7.11.1	A-T, mutated homolog, non-specific serine/threonine protein kinase, v. S3 | p. 1
2.7.7.49	T. Z05 pol, RNA-directed DNA polymerase, v. 38 | p. 492
3.6.1.7	T1, acylphosphatase, v. 15 | p. 292
3.2.1.21	T1, β-glucosidase, v. 12 | p. 299
3.2.2.5	T10, NAD+ nucleosidase, v. 14 | p. 25
1.14.13.73	T16H, tabersonine 16-hydroxylase, v. 26 | p. 563
3.5.4.12	T2-dCMP deaminase, dCMP deaminase, v. 15 | p. 92
3.5.4.12	T2-deoxycytidylate deaminase, dCMP deaminase, v. 15 | p. 92
2.4.1.26	T2-HMC-α-glucosyl transferase, DNA α-glucosyltransferase, v. 31 | p. 293
3.5.4.12	T2-phage deoxycytidylate deaminase, dCMP deaminase, v. 15 | p. 92
6.1.1.2	T2-TrpRS, Tryptophan-tRNA ligase, v. 2 | p. 9
3.1.3.48	T200, protein-tyrosine-phosphatase, v. 10 | p. 407
3.6.3.50	T2SS ATPase, protein-secreting ATPase, v. 15 | p. 737
3.5.1.28	T3 lysozyme, N-acetylmuramoyl-L-alanine amidase, v. 14 | p. 396
3.6.3.50	T3SS ATPase, protein-secreting ATPase, v. 15 | p. 737
2.4.1.27	T4-β-glucosyl transferase, DNA β-glucosyltransferase, v. 31 | p. 295
1.97.1.11	T4-5'-deiodinase, thyroxine 5-deiodinase, v. S1 | p. 807
1.97.1.11	T4-5-deiodinase, thyroxine 5-deiodinase, v. S1 | p. 807
3.5.4.12	T4-dCMP deaminase, dCMP deaminase, v. 15 | p. 92
3.5.4.12	T4-deaminase, dCMP deaminase, v. 15 | p. 92
2.4.1.26	T4-HMC-α-glucosyl transferase, DNA α-glucosyltransferase, v. 31 | p. 293
2.4.1.27	T4-HMC-β-glucosyl transferase, DNA β-glucosyltransferase, v. 31 | p. 295
3.2.2.17	T4-induced UV endonuclease, deoxyribodipyrimidine endonucleosidase, v. 14 | p. 84
3.2.2.17	T4-PDG, deoxyribodipyrimidine endonucleosidase, v. 14 | p. 84
3.5.4.12	T4-phage deoxycytidylate deaminase, dCMP deaminase, v. 15 | p. 92
6.5.1.1	T4 ATP ligase, DNA ligase (ATP), v. 2 | p. 755
2.1.1.72	T4 Dam, site-specific DNA-methyltransferase (adenine-specific), v. 28 | p. 390
2.1.1.72	T4Dam, site-specific DNA-methyltransferase (adenine-specific), v. 28 | p. 390
2.1.1.72	T4 Dam (N6-Ade)-MTase, site-specific DNA-methyltransferase (adenine-specific), v. 28 | p. 390
2.1.1.72	T4 Dam DNA-(N6-adenine)-methyltransferase, site-specific DNA-methyltransferase (adenine-specific), v. 28 | p. 390
2.1.1.72	T4Dam DNA-[N6-adenine] MTase, site-specific DNA-methyltransferase (adenine-specific), v. 28 | p. 390
2.1.1.72	T4 Dam DNA methyltransferase, site-specific DNA-methyltransferase (adenine-specific), v. 28 | p. 390
2.1.1.72	T4 Dam MTase, site-specific DNA-methyltransferase (adenine-specific), v. 28 | p. 390
2.1.1.72	T4DNA-(N6-adenine)-methyltransferase, site-specific DNA-methyltransferase (adenine-specific), v. 28 | p. 390
2.1.1.72	T4 DNA-adenine methyltransferase, site-specific DNA-methyltransferase (adenine-specific), v. 28 | p. 390
6.5.1.1	T4 DNA ligase, DNA ligase (ATP), v. 2 | p. 755
2.7.7.7	T4 DNA polymerase, DNA-directed DNA polymerase, v. 38 | p. 118
3.1.21.2	T4 endonuclease IV, deoxyribonuclease IV (phage-T4-induced), v. 11 | p. 446
3.2.2.17	T4 endonuclease V, deoxyribodipyrimidine endonucleosidase, v. 14 | p. 84

3.1.25.1	T4 endonuclease V, deoxyribonuclease (pyrimidine dimer), v. 11 | p. 495
3.1.21.7	T4 endonuclease V, deoxyribonuclease V
3.1.22.4	T4 endonuclease VII, crossover junction endodeoxyribonuclease, v. 11 | p. 487
3.2.2.17	T4 Endo V, deoxyribodipyrimidine endonucleosidase, v. 14 | p. 84
3.1.25.1	T4 Endo V, deoxyribonuclease (pyrimidine dimer), v. 11 | p. 495
1.1.1.252	T4HN reductase, tetrahydroxynaphthalene reductase, v. 18 | p. 427
6.5.1.1	T4 lig, DNA ligase (ATP), v. 2 | p. 755
3.1.25.1	T4N5, deoxyribonuclease (pyrimidine dimer), v. 11 | p. 495
3.2.2.17	T4 PD-DNA-glycosylase, deoxyribodipyrimidine endonucleosidase, v. 14 | p. 84
3.2.2.17	T4 Pdg, deoxyribodipyrimidine endonucleosidase, v. 14 | p. 84
2.4.1.27	T4 phage β-glucosyltransferase, DNA β-glucosyltransferase, v. 31 | p. 295
3.6.1.15	T4P motor protein, nucleoside-triphosphatase, v. 15 | p. 365
3.1.3.32	T4 polynucleotide kinase/phosphatase, polynucleotide 3'-phosphatase, v. 10 | p. 326
3.2.2.17	T4 pyrimidine dimer DNA glycosylase, deoxyribodipyrimidine endonucleosidase, v. 14 | p. 84
3.2.2.17	T4 pyrimidine dimer DNA glycosylase/AP-lyase, deoxyribodipyrimidine endonucleosidase, v. 14 | p. 84
3.2.2.17	T4 pyrimidine dimer glycosylase, deoxyribodipyrimidine endonucleosidase, v. 14 | p. 84
6.5.1.3	T4 RNA ligase, RNA ligase (ATP), v. 2 | p. 787
6.5.1.3	T4 RNA ligase 2, RNA ligase (ATP), v. 2 | p. 787
3.1.26.4	T4 RNase H, calf thymus ribonuclease H, v. 11 | p. 517
3.2.2.17	T4 UV endonuclease, deoxyribodipyrimidine endonucleosidase, v. 14 | p. 84
3.1.21.7	T4 UV endonuclease, deoxyribonuclease V
3.1.30.2	T5FEN, Serratia marcescens nuclease, v. 11 | p. 626
2.4.1.28	T6-β-glucosyl transferase, glucosyl-DNA β-glucosyltransferase, v. 31 | p. 298
2.4.1.28	T6-glucosyl-HMC-β-glucosyl transferase, glucosyl-DNA β-glucosyltransferase, v. 31 | p. 298
2.4.1.26	T6-HMC-α-glucosyl transferase, DNA α-glucosyltransferase, v. 31 | p. 293
3.1.3.12	T6PP, trehalose-phosphatase, v. 10 | p. 194
3.1.3.12	T6P phosphatase, trehalose-phosphatase, v. 10 | p. 194
2.4.1.15	T6P synthase, α,α-trehalose-phosphate synthase (UDP-forming), v. 31 | p. 137
2.7.7.7	T7 DNA polymerase, DNA-directed DNA polymerase, v. 38 | p. 118
3.1.30.1	T7 endo I, Aspergillus nuclease S1, v. 11 | p. 610
3.1.30.1	T7 endonuclease, Aspergillus nuclease S1, v. 11 | p. 610
3.1.30.1	T7 endonuclease I, Aspergillus nuclease S1, v. 11 | p. 610
3.1.22.4	T7 endonuclease I, crossover junction endodeoxyribonuclease, v. 11 | p. 487
3.5.1.28	T7 lysozyme, N-acetylmuramoyl-L-alanine amidase, v. 14 | p. 396
2.7.7.6	T7 RNAP, DNA-directed RNA polymerase, v. 38 | p. 103
2.7.7.6	T7 RNA polymerase, DNA-directed RNA polymerase, v. 38 | p. 103
4.1.2.42	D-TA, D-threonine aldolase, v. S7 | p. 42
4.1.2.5	L-TA, Threonine aldolase, v. 3 | p. 425
2.6.1.18	ω-TA, β-alanine-pyruvate transaminase, v. 34 | p. 390
2.6.1.42	TA-B, branched-chain-amino-acid transaminase, v. 34 | p. 499
1.2.1.44	Ta-CCR2, cinnamoyl-CoA reductase, v. 20 | p. 316
2.3.1.88	Ta0058, peptide α-N-acetyltransferase, v. 30 | p. 157
2.7.1.45	Ta0122, 2-dehydro-3-deoxygluconokinase, v. 36 | p. 78
4.2.1.22	TA0289, Cystathionine β-synthase, v. 4 | p. 390
2.3.1.88	Ta1140, peptide α-N-acetyltransferase, v. 30 | p. 157
2.5.1.17	TA1434, cob(I)yrinic acid a,c-diamide adenosyltransferase, v. 33 | p. 517
3.6.3.12	Ta3, K+-transporting ATPase, v. 15 | p. 593
3.2.1.1	TAA, α-amylase, v. 12 | p. 1
1.11.1.11	TaAPX, L-ascorbate peroxidase, v. 25 | p. 257
6.3.1.2	TAase, Glutamate-ammonia ligase, v. 2 | p. 347
3.1.3.1	TAB5 AP, alkaline phosphatase, v. 10 | p. 1
1.14.13.73	tabersonine 16-monooxygenase, tabersonine 16-hydroxylase, v. 26 | p. 563

3.1.8.2	tabunase, diisopropyl-fluorophosphatase, v. 11 | p. 350	
3.6.4.9	Tac-cpn, chaperonin ATPase, v. 15 | p. 803	
3.4.24.86	H-TACE, ADAM 17 endopeptidase, v. S6 | p. 348	
3.4.24.86	TACE, ADAM 17 endopeptidase, v. S6 | p. 348	
3.4.15.1	TACE, peptidyl-dipeptidase A, v. 6 | p. 334	
3.4.24.86	TACE/ADAM17, ADAM 17 endopeptidase, v. S6 | p. 348	
3.4.24.86	(TACE/ADAM17/CD156q), ADAM 17 endopeptidase, v. S6 | p. 348	
3.4.24.86	(TACE:ADAM17), ADAM 17 endopeptidase, v. S6 | p. 348	
3.4.24.86	TACE proteinase, ADAM 17 endopeptidase, v. S6 | p. 348	
3.5.4.4	TadA, adenosine deaminase, v. 15 | p. 28	
3.4.21.118	TADG-14, kallikrein 8, v. S5 | p. 435	
3.4.21.109	TADG-15, matriptase, v. S5 | p. 367	
3.4.21.118	TADG14, kallikrein 8, v. S5 | p. 435	
1.5.1.23	TaDH, Tauropine dehydrogenase, v. 23 | p. 190	
1.1.1.1	TaDH, alcohol dehydrogenase, v. 16 | p. 1	
3.4.23.43	TadV protein, prepilin peptidase, v. 8 | p. 194	
2.3.1.48	TAF1, histone acetyltransferase, v. 29 | p. 641	
3.4.17.20	TAFI, Carboxypeptidase U, v. 6 | p. 492	
3.4.16.2	TAFI, lysosomal Pro-Xaa carboxypeptidase, v. 6 | p. 370	
3.4.17.20	TAFIa, Carboxypeptidase U, v. 6 | p. 492	
3.2.2.20	TAG, DNA-3-methyladenine glycosylase I, v. 14 | p. 99	
2.4.1.187	TagA, N-acetylglucosaminyldiphosphoundecaprenol N-acetyl-β-D-mannosaminyl-transferase, v. 32 | p. 454	
3.2.1.3	TagA, glucan 1,4-α-glucosidase, v. 12 | p. 59	
3.2.2.20	TagA protein, DNA-3-methyladenine glycosylase I, v. 14 | p. 99	
4.1.2.40	D-tagatose-1,6-bisphosphate aldolase, Tagatose-bisphosphate aldolase, v. 3 | p. 582	
4.1.2.40	tagatose-1,6-bisphosphate aldolase, Tagatose-bisphosphate aldolase, v. 3 | p. 582	
4.1.2.40	D-Tagatose-1,6-bisphosphate aldolase (class I), Tagatose-bisphosphate aldolase, v. 3 | p. 582	
4.1.2.40	D-Tagatose-1,6-bisphosphate aldolase (class II), Tagatose-bisphosphate aldolase, v. 3 | p. 582	
4.1.2.40	Tagatose-1,6-diphosphate aldolase, Tagatose-bisphosphate aldolase, v. 3 | p. 582	
2.7.1.144	D-tagatose-6-phosphate kinase, tagatose-6-phosphate kinase, v. 37 | p. 210	
2.7.1.101	tagatose-6-phosphate kinase, tagatose kinase, v. 36 | p. 402	
4.1.2.40	Tagatose-bisphosphate aldolase, Tagatose-bisphosphate aldolase, v. 3 | p. 582	
4.1.2.40	Tagatose 1,6-bisphosphate aldolase, Tagatose-bisphosphate aldolase, v. 3 | p. 582	
4.1.2.40	D-Tagatose 1,6-diphosphate aldolase, Tagatose-bisphosphate aldolase, v. 3 | p. 582	
2.7.1.101	D-tagatose 6-phosphate kinase, tagatose kinase, v. 36 | p. 402	
2.7.1.144	D-tagatose 6-phosphate kinase, tagatose-6-phosphate kinase, v. 37 | p. 210	
2.7.1.101	tagatose 6-phosphate kinase (phosphorylating), tagatose kinase, v. 36 | p. 402	
2.7.1.144	tagatose 6-phosphate kinase (phosphorylating), tagatose-6-phosphate kinase, v. 37 | p. 210	
4.1.2.40	Tagatose bisphosphate aldolase, Tagatose-bisphosphate aldolase, v. 3 | p. 582	
1.1.1.58	Tagaturonate dehydrogenase, tagaturonate reductase, v. 17 | p. 36	
1.1.1.58	D-tagaturonate reductase, tagaturonate reductase, v. 17 | p. 36	
1.1.1.58	Tagaturonate reductase, tagaturonate reductase, v. 17 | p. 36	
2.7.8.12	TagF protein, CDP-glycerol glycerophosphotransferase, v. 39 | p. 93	
3.2.2.20	TagI, DNA-3-methyladenine glycosylase I, v. 14 | p. 99	
3.2.2.21	TagII, DNA-3-methyladenine glycosylase II, v. 14 | p. 103	
3.1.1.3	TAG lipase, triacylglycerol lipase, v. 9 | p. 36	
1.8.1.7	TaGR1, glutathione-disulfide reductase, v. 24 | p. 488	
1.8.1.7	TaGR2, glutathione-disulfide reductase, v. 24 | p. 488	
6.3.2.3	TAGS1, Glutathione synthase, v. 2 | p. 410	
6.3.2.3	TaGS2, Glutathione synthase, v. 2 | p. 410	
2.3.1.20	TAG synthase, diacylglycerol O-acyltransferase, v. 29 | p. 396	
2.4.1.25	TAαGT, 4-α-glucanotransferase, v. 31 | p. 276	

1.1.1.58	tagUAR, tagaturonate reductase, v. 17	p. 36
3.1.1.20	TAH, tannase, v. 9	p. 187
3.4.21.102	tail-specific protease, C-terminal processing peptidase, v. 7	p. 493
6.3.2.17	Tail length regulator, tetrahydrofolate synthase, v. 2	p. 488
3.4.21.60	Taipan activator, Scutelarin, v. 7	p. 277
3.1.1.4	taipoxin, phospholipase A2, v. 9	p. 52
2.7.11.25	TAK1, mitogen-activated protein kinase kinase kinase, v. S4	p. 278
2.7.11.25	TAK1 (three isoforms termed A,B and C), mitogen-activated protein kinase kinase kinase, v. S4	p. 278
3.2.1.1	Taka-amylase A, α-amylase, v. 12	p. 1
3.2.1.1	Takatherm, α-amylase, v. 12	p. 1
3.1.1.3	takedo 1969-4-9, triacylglycerol lipase, v. 9	p. 36
6.3.2.19	TAL, Ubiquitin-protein ligase, v. 2	p. 506
2.2.1.2	TAL, transaldolase, v. 29	p. 179
4.3.1.23	TAL, tyrosine ammonia-lyase	
2.2.1.2	Tal1, transaldolase, v. 29	p. 179
2.2.1.2	TALase, transaldolase, v. 29	p. 179
2.2.1.2	TALB, transaldolase, v. 29	p. 179
2.2.1.2	TALDO, transaldolase, v. 29	p. 179
2.2.1.2	TALDO1, transaldolase, v. 29	p. 179
3.1.1.38	TAL hydrolase, triacetate-lactonase, v. 9	p. 283
4.2.1.42	TalrD/GalrD, Galactarate dehydratase, v. 4	p. 484
5.4.3.6	TAM, tyrosine 2,3-aminomutase, v. 1	p. 568
2.6.1.27	Tam1, tryptophan transaminase, v. 34	p. 437
1.1.1.37	TaMDH, malate dehydrogenase, v. 16	p. 336
2.7.11.10	TANK-binding kinase 1, IkappaB kinase, v. S3	p. 210
2.4.2.30	TANK1, NAD+ ADP-ribosyltransferase, v. 33	p. 263
2.4.2.30	TANK1 , NAD+ ADP-ribosyltransferase, v. 33	p. 263
2.4.2.30	TANK2 , NAD+ ADP-ribosyltransferase, v. 33	p. 263
2.4.2.30	Tankyrase-like protein , NAD+ ADP-ribosyltransferase, v. 33	p. 263
2.4.2.30	Tankyrase-related protein , NAD+ ADP-ribosyltransferase, v. 33	p. 263
2.4.2.30	tankyrase I, NAD+ ADP-ribosyltransferase, v. 33	p. 263
3.1.1.20	TanLpl, tannase, v. 9	p. 187
3.1.1.20	tannase I, tannase, v. 9	p. 187
3.1.1.20	tannase II, tannase, v. 9	p. 187
3.1.1.20	tannin-acyl-hydrolase, tannase, v. 9	p. 187
3.1.1.20	tannin acyl-hydrolase, tannase, v. 9	p. 187
3.1.1.20	tannin acyl hydrolase, tannase, v. 9	p. 187
3.1.1.20	tannin acylhydrolase, tannase, v. 9	p. 187
2.7.11.25	TAO, mitogen-activated protein kinase kinase kinase, v. S4	p. 278
2.7.11.25	TAO1-2, mitogen-activated protein kinase kinase kinase, v. S4	p. 278
2.7.11.25	TAO2-1, mitogen-activated protein kinase kinase kinase, v. S4	p. 278
2.7.11.25	TAO kinase, mitogen-activated protein kinase kinase kinase, v. S4	p. 278
1.2.3.4	TaOxo1, oxalate oxidase, v. 20	p. 450
1.2.3.4	TaOxo2, oxalate oxidase, v. 20	p. 450
3.4.11.10	TAP, bacterial leucyl aminopeptidase, v. 6	p. 125
3.1.1.5	TAP, lysophospholipase, v. 9	p. 82
3.1.2.2	TAP, palmitoyl-CoA hydrolase, v. 9	p. 459
3.6.3.43	TAP, peptide-transporting ATPase, v. 15	p. 695
3.6.3.43	TAP-like transporter, peptide-transporting ATPase, v. 15	p. 695
3.6.3.43	TAP1, peptide-transporting ATPase, v. 15	p. 695
3.6.3.43	TAP2, peptide-transporting ATPase, v. 15	p. 695
3.1.3.62	TaPhyIIa1, multiple inositol-polyphosphate phosphatase, v. 10	p. 475
3.1.3.62	TaPhyIIa2, multiple inositol-polyphosphate phosphatase, v. 10	p. 475
3.1.3.62	TaPhyIIb, multiple inositol-polyphosphate phosphatase, v. 10	p. 475

3.1.3.62	TaPhyIIc, multiple inositol-polyphosphate phosphatase, v. 10 | p. 475	
3.6.3.43	TAPL, peptide-transporting ATPase, v. 15 | p. 695	
1.11.1.11	tAPX, L-ascorbate peroxidase, v. 25 | p. 257	
2.7.7.7	Taq DNA polymerase, DNA-directed DNA polymerase, v. 38 | p. 118	
3.1.21.4	TaqI, type II site-specific deoxyribonuclease, v. 11 | p. 454	
3.1.21.4	TaqII, type II site-specific deoxyribonuclease, v. 11 | p. 454	
2.7.7.7	Taq Pol I, DNA-directed DNA polymerase, v. 38 | p. 118	
4.6.1.2	Tar4 protein, guanylate cyclase, v. 5 | p. 430	
4.2.1.81	TarD, D(-)-tartrate dehydratase, v. 4 | p. 616	
2.7.7.39	TarD, glycerol-3-phosphate cytidylyltransferase, v. 38 | p. 404	
2.7.7.39	TarDSa, glycerol-3-phosphate cytidylyltransferase, v. 38 | p. 404	
2.7.7.40	TarIJ, D-ribitol-5-phosphate cytidylyltransferase, v. 38 | p. 412	
1.1.1.137	TarIJ, ribitol-5-phosphate 2-dehydrogenase, v. 17 | p. 400	
3.1.3.2	TARP, acid phosphatase, v. 10 | p. 31	
4.2.1.32	L-(+)-Tartaric acid dehydrase, L(+)-Tartrate dehydratase, v. 4 | p. 446	
4.2.1.32	Tartaric acid dehydrase, L(+)-Tartrate dehydratase, v. 4 | p. 446	
5.1.2.5	Tartaric racemase, Tartrate epimerase, v. 1 | p. 87	
3.1.3.2	Tartrate-resistant acid ATPase, acid phosphatase, v. 10 | p. 31	
3.1.3.2	tartrate-resistant acid phosphatase, acid phosphatase, v. 10 | p. 31	
4.2.1.81	D-tartrate dehydratase, D(-)-tartrate dehydratase, v. 4 | p. 616	
4.2.1.32	L-(+)-Tartrate dehydratase, L(+)-Tartrate dehydratase, v. 4 | p. 446	
4.2.1.32	L-Tartrate dehydratase, L(+)-Tartrate dehydratase, v. 4 | p. 446	
4.2.1.32	Tartrate dehydratase, L(+)-Tartrate dehydratase, v. 4 | p. 446	
1.3.1.7	tartrate dehydrogenase, meso-tartrate dehydrogenase, v. 21 | p. 30	
3.3.2.4	tartrate epoxydase, trans-epoxysuccinate hydrolase, v. 14 | p. 172	
4.1.1.47	Tartronate-semialdehyde synthase, Tartronate-semialdehyde synthase, v. 3 | p. 286	
4.1.1.47	Tartronate semialdehyde carboxylase, Tartronate-semialdehyde synthase, v. 3 | p. 286	
1.1.1.60	tartronate semialdehyde reductase, 2-hydroxy-3-oxopropionate reductase, v. 17 | p. 42	
2.3.1.106	tartronate sinapoyltransferase, tartronate O-hydroxycinnamoyltransferase, v. 30 | p. 241	
4.1.1.47	Tartronic semialdehyde carboxylase, Tartronate-semialdehyde synthase, v. 3 | p. 286	
4.1.1.47	Tartronic semialdehyde synthase, Tartronate-semialdehyde synthase, v. 3 | p. 286	
3.4.25.1	TAS-F22/FAFP98, proteasome endopeptidase complex, v. 8 | p. 587	
3.4.25.1	TAS-G64, proteasome endopeptidase complex, v. 8 | p. 587	
6.3.5.4	TaSN1, Asparagine synthase (glutamine-hydrolysing), v. 2 | p. 672	
6.3.5.4	TaSN2, Asparagine synthase (glutamine-hydrolysing), v. 2 | p. 672	
6.3.4.5	tAsS, Argininosuccinate synthase, v. 2 | p. 595	
2.4.1.21	TaSSIVb, starch synthase, v. 31 | p. 251	
2.3.1.108	TAT, α-tubulin N-acetyltransferase, v. 30 | p. 247	
2.6.1.5	TAT, tyrosine transaminase, v. 34 | p. 301	
2.6.1.5	TATase, tyrosine transaminase, v. 34 | p. 301	
2.6.1.5	TATc, tyrosine transaminase, v. 34 | p. 301	
1.8.1.9	taTrxR, thioredoxin-disulfide reductase, v. 24 | p. 517	
4.2.1.11	τ-crystallin, phosphopyruvate hydratase, v. 4 | p. 312	
2.7.11.1	τ-protein kinase I, non-specific serine/threonine protein kinase, v. S3 | p. 1	
2.7.11.26	τ-protein kinase I, τ-protein kinase, v. S4 | p. 303	
2.7.11.26	τ-protein kinase II, τ-protein kinase, v. S4 | p. 303	
2.7.11.26	τ-tubulin kinase, τ-protein kinase, v. S4 | p. 303	
2.7.11.1	τ-tubulin kinase 1, non-specific serine/threonine protein kinase, v. S3 | p. 1	
2.7.11.26	τ-tubulin kinase 1, τ-protein kinase, v. S4 | p. 303	
2.7.11.26	τ-tubulin kinase 2, τ-protein kinase, v. S4 | p. 303	
2.5.1.18	tau class glutathione transferase, glutathione transferase, v. 33 | p. 524	
1.14.11.17	TauD, taurine dioxygenase, v. 26 | p. 108	
2.7.11.26	tau factor protein kinase (phosphorylating), τ-protein kinase, v. S4 | p. 303	
2.7.11.26	tau kinase, τ-protein kinase, v. S4 | p. 303	
2.7.11.26	tau protein kinase, τ-protein kinase, v. S4 | p. 303	

2.7.11.26	tau protein kinase I, τ-protein kinase, v. S4 | p. 303	
2.7.11.26	tau protein kinase I/glycogen synthase kinase 3β, τ-protein kinase, v. S4 | p. 303	
2.7.11.26	tau protein kinase I/GSK-3β/kinaseFA, τ-protein kinase, v. S4 | p. 303	
2.7.11.26	tau protein kinase II (cdk5/p20), τ-protein kinase, v. S4 | p. 303	
2.7.11.26	tau protein kinase II system, τ-protein kinase, v. S4 | p. 303	
1.14.11.17	taurine (2-aminoethanesulfonate)/2-oxoglutarate dioxygenase, taurine dioxygenase, v. 26 | p. 108	
2.6.1.55	taurine-α-ketoglutarate aminotransferase, taurine-2-oxoglutarate transaminase, v. 34 | p. 598	
2.6.1.55	taurine-glutamate transaminase, taurine-2-oxoglutarate transaminase, v. 34 | p. 598	
1.14.11.17	taurine/α-ketoglutarate-dependent dioxygenase, taurine dioxygenase, v. 26 | p. 108	
1.14.11.17	taurine/α-ketoglutarate dioxygenase, taurine dioxygenase, v. 26 | p. 108	
1.14.11.17	taurine/2-oxoglutarate dioxygenase, taurine dioxygenase, v. 26 | p. 108	
1.14.11.17	taurine/αKGD, taurine dioxygenase, v. 26 | p. 108	
1.14.11.17	taurine/αKG dioxygenase, taurine dioxygenase, v. 26 | p. 108	
2.6.1.55	taurine:α-ketoglutarate aminotransferase, taurine-2-oxoglutarate transaminase, v. 34 | p. 598	
1.14.11.17	taurine: α-ketoglutarate dioxygenase, taurine dioxygenase, v. 26 | p. 108	
1.14.11.17	taurine:α-ketoglutarate dioxygenase, taurine dioxygenase, v. 26 | p. 108	
2.6.1.77	taurine:pyruvate aminotransferase, taurine-pyruvate aminotransferase, v. 35 | p. 64	
2.6.1.55	taurine transaminase, taurine-2-oxoglutarate transaminase, v. 34 | p. 598	
2.6.1.77	taurine transaminase, taurine-pyruvate aminotransferase, v. 35 | p. 64	
1.14.13.97	taurochenodeoxycholate 6α-monooxygenase, taurochenodeoxycholate 6α-hydroxylase, v. S1 | p. 621	
1.14.13.97	taurochenodeoxycholic acid 6α-hydroxylase, taurochenodeoxycholate 6α-hydroxylase, v. S1 | p. 621	
2.7.3.4	taurocyamine kinase, taurocyamine kinase, v. 37 | p. 399	
2.7.3.4	taurocyamine phosphotransferase, taurocyamine kinase, v. 37 | p. 399	
1.5.1.23	Tauropine: NAD oxidoreductase, Tauropine dehydrogenase, v. 23 | p. 190	
1.5.1.23	tauropine [(carboxyethyl)-taurine/derived from sulfhydryl-amino acids] dehydrogenase, Tauropine dehydrogenase, v. 23 | p. 190	
1.5.1.23	tauropine [(carboxyethyl)-taurine/derived from sulfhydrylamino acids] dehydrogenase, Tauropine dehydrogenase, v. 23 | p. 190	
1.5.1.23	tauropine dehydrogenase, Tauropine dehydrogenase, v. 23 | p. 190	
4.1.1.84	D-tautomerase, D-dopachrome decarboxylase, v. S7 | p. 18	
5.3.2.2	Tautomerase, oxalacetate, oxaloacetate tautomerase, v. 1 | p. 371	
5.3.2.1	Tautomerase, phenylpyruvate, Phenylpyruvate tautomerase, v. 1 | p. 367	
1.4.99.2	TauXY, taurine dehydrogenase, v. 22 | p. 399	
2.3.1.162	TAX19 acetyltransferase, taxadien-5α-ol O-acetyltransferase, v. 30 | p. 436	
2.3.1.162	TAX1 acetyltransferase, taxadien-5α-ol O-acetyltransferase, v. 30 | p. 436	
1.14.13.76	taxa-4(20),11-dien-5α-yl acetate 10β-hydroxylase, taxane 10β-hydroxylase, v. 26 | p. 570	
1.14.99.37	taxa-4(5),11(12)-diene 5-hydroxylase, taxadiene 5α-hydroxylase, v. 27 | p. 396	
1.14.99.37	taxa-4(5),11(12)-diene 5α-hydroxylase, taxadiene 5α-hydroxylase, v. 27 | p. 396	
4.2.3.17	taxa-4(5),11(12)-diene synthase, taxadiene synthase, v. S7 | p. 272	
1.14.13.76	taxadien-5α-yl-acetate 10β-hydroxylase, taxane 10β-hydroxylase, v. 26 | p. 570	
1.14.99.37	taxadiene 5-hydroxylase, taxadiene 5α-hydroxylase, v. 27 | p. 396	
1.14.99.37	taxadiene 5-monooxygenase, taxadiene 5α-hydroxylase, v. 27 | p. 396	
4.2.3.17	taxadiene synthase, taxadiene synthase, v. S7 | p. 272	
1.14.13.76	5-α-taxadienol-10-β-hydroxylase, taxane 10β-hydroxylase, v. 26 | p. 570	
2.3.1.162	taxadienol acetyl transferase, taxadien-5α-ol O-acetyltransferase, v. 30 | p. 436	
1.14.13.76	taxane 10β-hydroxylase, taxane 10β-hydroxylase, v. 26 | p. 570	
1.14.13.76	taxane 10β-monooxygenase, taxane 10β-hydroxylase, v. 26 | p. 570	
2.3.1.166	taxane 2α-O-benzoyltransferase, 2α-hydroxytaxane 2-O-benzoyltransferase, v. 30 | p. 449	
3.2.1.8	TAXI, endo-1,4-β-xylanase, v. 12 | p. 133	
1.14.13.19	taxifolin hydroxylase, taxifolin 8-monooxygenase, v. 26 | p. 324	

2.3.1.162	taxoid-O-acetyltransferase, taxadien-5α-ol O-acetyltransferase, v. 30 | p. 436	
1.14.13.76	taxoid 10β-hydroxylase, taxane 10β-hydroxylase, v. 26 | p. 570	
1.14.13.77	taxoid 13α-hydroxylase, taxane 13α-hydroxylase, v. 26 | p. 572	
6.3.2.19	TAYO29, Ubiquitin-protein ligase, v. 2 | p. 506	
3.4.21.83	Tb-OP, Oligopeptidase B, v. 7 | p. 410	
2.7.7.14	Tb11.01.5730, ethanolamine-phosphate cytidylyltransferase, v. 38 | p. 219	
1.4.1.1	TB43, alanine dehydrogenase, v. 22 | p. 1	
4.1.2.40	TBA, Tagatose-bisphosphate aldolase, v. 3 | p. 582	
6.2.1.3	TbACS1, Long-chain-fatty-acid-CoA ligase, v. 2 | p. 206	
6.2.1.3	TbACS3, Long-chain-fatty-acid-CoA ligase, v. 2 | p. 206	
6.2.1.3	TbACS4, Long-chain-fatty-acid-CoA ligase, v. 2 | p. 206	
1.1.1.1	TBADH, alcohol dehydrogenase, v. 16 | p. 1	
1.1.1.2	TBADH, alcohol dehydrogenase (NADP+), v. 16 | p. 45	
1.1.1.2	TbADH1, alcohol dehydrogenase (NADP+), v. 16 | p. 45	
2.7.1.20	TbAK, adenosine kinase, v. 35 | p. 252	
3.2.1.14	TBC-1, chitinase, v. 12 | p. 185	
2.7.1.32	TbC/EK2, choline kinase, v. 35 | p. 373	
2.1.1.56	TbCgm1, mRNA (guanine-N7-)-methyltransferase, v. 28 | p. 310	
2.7.7.50	TbCgm1, mRNA guanylyltransferase, v. 38 | p. 509	
2.1.1.56	TbCmt1, mRNA (guanine-N7-)-methyltransferase, v. 28 | p. 310	
5.1.3.2	TbGalE, UDP-glucose 4-epimerase, v. 1 | p. 97	
3.6.3.6	TbHA1, H+-exporting ATPase, v. 15 | p. 554	
3.6.3.6	TbHA2, H+-exporting ATPase, v. 15 | p. 554	
3.6.3.6	TbHA3, H+-exporting ATPase, v. 15 | p. 554	
2.7.1.1	TbHK1, hexokinase, v. 35 | p. 74	
2.7.1.1	TbHK2, hexokinase, v. 35 | p. 74	
5.5.1.4	tbINO, inositol-3-phosphate synthase, v. 1 | p. 674	
2.7.11.10	TBK1, IkappaB kinase, v. S3 | p. 210	
2.6.1.50	tbmB, glutamine-scyllo-inositol transaminase, v. 34 | p. 574	
1.1.1.138	TbMDH, mannitol 2-dehydrogenase (NADP+), v. 17 | p. 403	
6.5.1.3	TbMP52, RNA ligase (ATP), v. 2 | p. 787	
2.7.7.52	TbMP57 TUTase, RNA uridylyltransferase, v. 38 | p. 526	
2.1.1.57	TbMT48, mRNA (nucleoside-2'-O-)-methyltransferase, v. 28 | p. 320	
2.1.1.57	TbMT57, mRNA (nucleoside-2'-O-)-methyltransferase, v. 28 | p. 320	
2.3.1.5	TBNAT, arylamine N-acetyltransferase, v. 29 | p. 243	
2.3.1.97	TbNMT, glycylpeptide N-tetradecanoyltransferase, v. 30 | p. 193	
3.6.4.7	TBP1, peroxisome-assembly ATPase, v. 15 | p. 794	
4.1.2.40	TBP aldolase, Tagatose-bisphosphate aldolase, v. 3 | p. 582	
3.1.4.53	TbPDE1, 3',5'-cyclic-AMP phosphodiesterase	
3.1.4.53	TbPDE2B, 3',5'-cyclic-AMP phosphodiesterase	
3.5.1.88	TbPDF1, peptide deformylase, v. 14 | p. 631	
3.5.1.88	TbPDF2, peptide deformylase, v. 14 | p. 631	
3.1.3.16	TbPP5, phosphoprotein phosphatase, v. 10 | p. 213	
6.5.1.3	TbREL1, RNA ligase (ATP), v. 2 | p. 787	
2.7.11.30	TBRI, receptor protein serine/threonine kinase, v. S4 | p. 340	
3.1.4.53	TbrPDEB1, 3',5'-cyclic-AMP phosphodiesterase	
3.1.4.53	TbrPDEB2, 3',5'-cyclic-AMP phosphodiesterase	
2.4.2.30	TbSIR2RP1, NAD+ ADP-ribosyltransferase, v. 33 | p. 263	
2.3.1.166	TBT, 2α-hydroxytaxane 2-O-benzoyltransferase, v. 30 | p. 449	
2.4.1.64	TbTP, α,α-trehalose phosphorylase, v. 31 | p. 482	
2.7.7.52	TbTUT3, RNA uridylyltransferase, v. 38 | p. 526	
2.7.7.52	TbTUT4, RNA uridylyltransferase, v. 38 | p. 526	
5.3.99.5	TBXAS1, Thromboxane-A synthase, v. 1 | p. 472	
3.4.21.83	Tc-OP, Oligopeptidase B, v. 7 | p. 410	
3.1.3.48	TC-PTPase, protein-tyrosine-phosphatase, v. 10 | p. 407	

3.4.21.68	tc-tPA, t-Plasminogen activator, v. 7 | p. 331	
3.4.24.7	TC1, interstitial collagenase, v. 8 | p. 218	
3.4.21.83	Tc 120, Oligopeptidase B, v. 7 | p. 410	
3.2.1.73	TC2, licheninase, v. 13 | p. 223	
3.2.1.73	TC5, licheninase, v. 13 | p. 223	
3.2.1.20	TcaAG, α-glucosidase, v. 12 | p. 263	
4.2.1.1	TCAb, carbonate dehydratase, v. 4 | p. 242	
4.2.1.1	TCAc, carbonate dehydratase, v. 4 | p. 242	
2.7.7.7	Tca DNA polymerase, DNA-directed DNA polymerase, v. 38 | p. 118	
2.7.3.3	TcAK, arginine kinase, v. 37 | p. 385	
5.3.1.5	TcaXI, Xylose isomerase, v. 1 | p. 259	
3.5.1.41	TcCDA1, chitin deacetylase, v. 14 | p. 445	
3.5.1.41	TcCDA2A, chitin deacetylase, v. 14 | p. 445	
3.5.1.41	TcCDA2B, chitin deacetylase, v. 14 | p. 445	
3.5.1.41	TcCDA3, chitin deacetylase, v. 14 | p. 445	
3.5.1.41	TcCDA4, chitin deacetylase, v. 14 | p. 445	
3.5.1.41	TcCDA5A, chitin deacetylase, v. 14 | p. 445	
3.5.1.41	TcCDA5B, chitin deacetylase, v. 14 | p. 445	
3.5.1.41	TcCDA6, chitin deacetylase, v. 14 | p. 445	
3.5.1.41	TcCDA7, chitin deacetylase, v. 14 | p. 445	
3.5.1.41	TcCDA8, chitin deacetylase, v. 14 | p. 445	
3.5.1.41	TcCDA9, chitin deacetylase, v. 14 | p. 445	
2.4.1.16	TcCHS1, chitin synthase, v. 31 | p. 147	
2.4.1.16	TcCHS2, chitin synthase, v. 31 | p. 147	
1.6.2.4	TcCPR-A, NADPH-hemoprotein reductase, v. 24 | p. 58	
1.6.2.4	TcCPR-B, NADPH-hemoprotein reductase, v. 24 | p. 58	
1.6.2.4	TcCPR-C, NADPH-hemoprotein reductase, v. 24 | p. 58	
1.3.3.1	TcDHOD, dihydroorotate oxidase, v. 21 | p. 347	
1.97.1.8	TCE dehalogenase, tetrachloroethene reductive dehalogenase, v. 27 | p. 661	
2.7.10.2	T cell-specific protein-tyrosine kinase, non-specific protein-tyrosine kinase, v. S2 | p. 441	
3.1.3.48	T cell protein tyrosine phosphatase, protein-tyrosine-phosphatase, v. 10 | p. 407	
3.4.14.5	T cell triggering molecule Tp103, dipeptidyl-peptidase IV, v. 6 | p. 286	
3.6.3.7	TcENA, Na+-exporting ATPase, v. 15 | p. 561	
1.97.1.8	TCE reductase, tetrachloroethene reductive dehalogenase, v. 27 | p. 661	
5.2.1.8	TcFKBP18, Peptidylprolyl isomerase, v. 1 | p. 218	
2.5.1.1	TcFPPS, dimethylallyltranstransferase, v. 33 | p. 393	
2.5.1.10	TcFPPS, geranyltranstransferase, v. 33 | p. 470	
2.5.1.11	TcFPPS, trans-octaprenyltranstransferase, v. 33 | p. 483	
2.7.1.2	TcGlcK, glucokinase, v. 35 | p. 109	
1.11.1.9	TcGPXI, glutathione peroxidase, v. 25 | p. 233	
2.7.1.1	TcHK, hexokinase, v. 35 | p. 74	
3.6.3.5	TcHMA4, Zn2+-exporting ATPase, v. 15 | p. 550	
3.4.22.41	Tci-CF-1, cathepsin F, v. 7 | p. 732	
5.5.1.1	TcMLE, Muconate cycloisomerase, v. 1 | p. 660	
1.6.99.1	TcOYE, NADPH dehydrogenase, v. 24 | p. 179	
3.4.17.17	TCP, tubulinyl-Tyr carboxypeptidase, v. 6 | p. 483	
3.6.4.9	TCP-1 chaperonin complex, chaperonin ATPase, v. 15 | p. 803	
3.6.4.9	TCP1-ringcomplex, chaperonin ATPase, v. 15 | p. 803	
5.1.1.4	TcPA45, Proline racemase, v. 1 | p. 19	
1.6.5.2	TcpB, NAD(P)H dehydrogenase (quinone), v. 24 | p. 105	
3.1.4.53	TcPDE1, 3',5'-cyclic-AMP phosphodiesterase	
3.1.4.53	TcPDE4, 3',5'-cyclic-AMP phosphodiesterase	
3.1.4.11	TcPI-PLC, phosphoinositide phospholipase C, v. 11 | p. 75	
3.4.23.43	TcpJ, prepilin peptidase, v. 8 | p. 194	
3.4.25.1	TCPR29, proteasome endopeptidase complex, v. 8 | p. 587	

5.1.1.4	TcPRAC, Proline racemase, v. 1 | p. 19
5.1.1.4	TcPRACA, Proline racemase, v. 1 | p. 19
5.1.1.4	TcPRACB, Proline racemase, v. 1 | p. 19
3.1.3.48	TC PTP, protein-tyrosine-phosphatase, v. 10 | p. 407
3.1.3.48	TCPTP, protein-tyrosine-phosphatase, v. 10 | p. 407
1.5.1.29	TcpX, FMN reductase, v. 23 | p. 217
3.6.5.2	TcRABL4, small monomeric GTPase, v. S6 | p. 476
3.1.4.53	TcrPDEA1, 3',5'-cyclic-AMP phosphodiesterase
3.1.4.53	TcrPDEB1, 3',5'-cyclic-AMP phosphodiesterase
3.1.4.17	TcrPDEC, 3',5'-cyclic-nucleotide phosphodiesterase, v. 11 | p. 116
3.2.2.22	TCS, rRNA N-glycosylase, v. 14 | p. 107
3.2.2.22	n-TCS, rRNA N-glycosylase, v. 14 | p. 107
2.1.1.160	TCS1, caffeine synthase, v. S2 | p. 40
2.1.1.159	TCS1, theobromine synthase, v. S2 | p. 31
3.2.1.4	TC Serva, cellulase, v. 12 | p. 88
3.6.4.2	Tctex-1, dynein ATPase, v. 15 | p. 764
5.3.1.1	TcTIM, Triose-phosphate isomerase, v. 1 | p. 235
3.4.21.68	tctPA, t-Plasminogen activator, v. 7 | p. 331
6.3.1.9	TcTryS, Trypanothione synthase, v. 2 | p. 391
3.2.1.18	TcTS, exo-α-sialidase, v. 12 | p. 244
4.6.1.1	TczAC, adenylate cyclase, v. 5 | p. 415
4.3.1.19	TD, threonine ammonia-lyase, v. S7 | p. 356
4.3.1.19	TD1, threonine ammonia-lyase, v. S7 | p. 356
4.3.1.19	TD2, threonine ammonia-lyase, v. S7 | p. 356
4.1.1.25	TDC, Tyrosine decarboxylase, v. 3 | p. 146
4.1.1.28	TDC, aromatic-L-amino-acid decarboxylase, v. 3 | p. 152
4.1.1.28	TDC2, aromatic-L-amino-acid decarboxylase, v. 3 | p. 152
4.3.1.17	tdcB, L-Serine ammonia-lyase, v. S7 | p. 332
4.3.1.19	tdcB, threonine ammonia-lyase, v. S7 | p. 356
2.7.2.15	TdcD, propionate kinase, v. S2 | p. 296
4.3.1.17	TdcG, L-Serine ammonia-lyase, v. S7 | p. 332
4.3.1.19	L-TDH, threonine ammonia-lyase, v. S7 | p. 356
1.1.1.103	TDH, L-threonine 3-dehydrogenase, v. 17 | p. 276
1.3.1.7	TDH, meso-tartrate dehydrogenase, v. 21 | p. 30
1.1.1.93	TDH, tartrate dehydrogenase, v. 17 | p. 228
1.4.99.2	TDH, taurine dehydrogenase, v. 22 | p. 399
4.3.1.19	TDH, threonine ammonia-lyase, v. S7 | p. 356
1.4.1.19	TDH, tryptophan dehydrogenase, v. 22 | p. 192
1.2.1.12	TDH1, glyceraldehyde-3-phosphate dehydrogenase (phosphorylating), v. 20 | p. 135
2.6.1.28	TdiD, tryptophan-phenylpyruvate transaminase, v. 34 | p. 444
1.13.11.2	TdnC, catechol 2,3-dioxygenase, v. 25 | p. 395
1.14.12.11	TDO, toluene dioxygenase, v. 26 | p. 156
1.13.11.11	TDO, tryptophan 2,3-dioxygenase, v. 25 | p. 457
1.13.11.11	TDO2, tryptophan 2,3-dioxygenase, v. 25 | p. 457
2.6.1.33	TDP-4-keto-6-deoxy-D-glucose transaminase, dTDP-4-amino-4,6-dideoxy-D-glucose transaminase, v. 34 | p. 460
5.1.3.13	TDP-4-keto-L-rhamnose-3,5-epimerase, dTDP-4-dehydrorhamnose 3,5-epimerase, v. 1 | p. 152
1.1.1.133	TDP-4-keto-rhamnose reductase, dTDP-4-dehydrorhamnose reductase, v. 17 | p. 389
5.1.3.13	TDP-4-ketorhamnose 3,5-epimerase, dTDP-4-dehydrorhamnose 3,5-epimerase, v. 1 | p. 152
1.1.1.133	TDP-4-ketorhamnose reductase, dTDP-4-dehydrorhamnose reductase, v. 17 | p. 389
1.1.1.134	TDP-6-deoxy-L-talose dehydrogenase, dTDP-6-deoxy-L-talose 4-dehydrogenase, v. 17 | p. 393
4.2.1.46	TDP-D-glucose 4,6-dehydratase, dTDP-glucose 4,6-dehydratase, v. 4 | p. 495

4.2.1.46	TDP-glucose oxidoreductase, dTDP-glucose 4,6-dehydratase, v. 4	p. 495
2.7.7.24	TDP-glucose pyrophosphorylase, glucose-1-phosphate thymidylyltransferase, v. 38	p. 300
4.1.2.40	TDP aldolase, Tagatose-bisphosphate aldolase, v. 3	p. 582
4.2.1.46	TDPDH, dTDP-glucose 4,6-dehydratase, v. 4	p. 495
2.7.4.15	TDP kinase, thiamine-diphosphate kinase, v. 37	p. 598
2.7.1.21	TdR kinase, thymidine kinase, v. 35	p. 270
2.4.2.4	TDRPASE, thymidine phosphorylase, v. 33	p. 52
3.13.1.3	TdsB, 2'-hydroxybiphenyl-2-sulfinate desulfinase, v. S6	p. 567
2.7.7.31	TdT, DNA nucleotidylexotransferase, v. 38	p. 364
3.1.2.20	TE, acyl-CoA hydrolase, v. 9	p. 539
3.1.2.2	TE, palmitoyl-CoA hydrolase, v. 9	p. 459
3.1.2.20	TE-II, acyl-CoA hydrolase, v. 9	p. 539
3.1.2.2	TE-II, palmitoyl-CoA hydrolase, v. 9	p. 459
3.1.21.1	tear lipocalin, deoxyribonuclease I, v. 11	p. 431
4.2.3.9	TEAS, aristolochene synthase, v. S7	p. 219
2.7.10.2	Tec, non-specific protein-tyrosine kinase, v. S2	p. 441
2.7.10.1	Tec family kinase EMT/ITK/TSK, receptor protein-tyrosine kinase, v. S2	p. 341
2.7.10.2	Tec family tyrosine kinase, non-specific protein-tyrosine kinase, v. S2	p. 441
2.7.10.2	Tec kinase, non-specific protein-tyrosine kinase, v. S2	p. 441
3.2.1.4	TeEG-I, cellulase, v. 12	p. 88
3.1.1.3	teenesterase, triacylglycerol lipase, v. 9	p. 36
2.7.11.23	P-TEFb, [RNA-polymerase]-subunit kinase, v. S4	p. 220
1.1.1.161	TEHC-NAD oxidoreductase, cholestanetetraol 26-dehydrogenase, v. 18	p. 32
2.7.8.14	teichoate synthase, CDP-ribitol ribitolphosphotransferase, v. 39	p. 103
2.7.8.12	teichoic-acid synthase, CDP-glycerol glycerophosphotransferase, v. 39	p. 93
2.7.8.14	teichoic-acid synthase, CDP-ribitol ribitolphosphotransferase, v. 39	p. 103
2.7.8.12	teichoic acid glycerol transferase, CDP-glycerol glycerophosphotransferase, v. 39	p. 93
2.7.8.14	teichoic acid synthase, CDP-ribitol ribitolphosphotransferase, v. 39	p. 103
2.7.10.1	Tek receptor tyrosine kinase, receptor protein-tyrosine kinase, v. S2	p. 341
3.4.24.67	Teleost hatching enzyme (component), choriolysin H, v. 8	p. 544
3.4.24.66	Teleost hatching enzyme (component), choriolysin L, v. 8	p. 541
2.7.7.49	telomerase, RNA-directed DNA polymerase, v. 38	p. 492
2.7.7.49	telomerase catalytic subunit, RNA-directed DNA polymerase, v. 38	p. 492
2.7.7.49	telomerase reverse transcriptase, RNA-directed DNA polymerase, v. 38	p. 492
3.1.22.4	telomere resolvase, crossover junction endodeoxyribonuclease, v. 11	p. 487
1.14.11.4	telopeptide lysyl hydroxylase, procollagen-lysine 5-dioxygenase, v. 26	p. 49
3.5.2.6	TEM, β-lactamase, v. 14	p. 683
3.5.2.6	TEM-1, β-lactamase, v. 14	p. 683
3.5.2.6	TEM-1 β-lactamase, β-lactamase, v. 14	p. 683
3.5.2.6	TEM-116, β-lactamase, v. 14	p. 683
3.5.2.6	TEM-21, β-lactamase, v. 14	p. 683
3.5.2.6	TEM-8, β-lactamase, v. 14	p. 683
3.5.2.6	TEM-type β-lactamase, β-lactamase, v. 14	p. 683
3.5.2.6	TEM extended-spectrum β-lactamase, β-lactamase, v. 14	p. 683
1.14.13.90	temperature-induced lipocalin, zeaxanthin epoxidase, v. S1	p. 585
1.14.13.90	temperature stress-induced lipocalin, zeaxanthin epoxidase, v. S1	p. 585
2.1.1.96	Temt, thioether S-methyltransferase, v. 28	p. 478
3.5.99.2	TenA, thiaminase, v. 15	p. 214
3.5.3.7	tench liver isoenzyme II, guanidinobutyrase, v. 14	p. 785
4.1.1.28	Tenebrio Dopa decarboxylase, aromatic-L-amino-acid decarboxylase, v. 3	p. 152
3.4.24.68	TeNT, tentoxilysin, v. 8	p. 549
3.4.24.68	TeNT-LC protein, tentoxilysin, v. 8	p. 549
3.4.24.68	Tentoxylysin, tentoxilysin, v. 8	p. 549
3.1.3.16	TEP1, phosphoprotein phosphatase, v. 10	p. 213
1.3.1.44	TER, trans-2-enoyl-CoA reductase (NAD+), v. 21	p. 251

1.3.1.38	TER, trans-2-enoyl-CoA reductase (NADPH), v. 21 | p. 223
1.14.12.15	TER dioxygenase system, Terephthalate 1,2-dioxygenase, v. 26 | p. 185
1.14.12.15	TERDOS, Terephthalate 1,2-dioxygenase, v. 26 | p. 185
2.8.2.17	terminal 6-sulfotransferase, chondroitin 6-sulfotransferase, v. 39 | p. 402
2.7.7.31	terminal addition enzyme, DNA nucleotidylexotransferase, v. 38 | p. 364
2.7.7.31	terminal deoxynucleotide transferase, DNA nucleotidylexotransferase, v. 38 | p. 364
2.7.7.31	terminal deoxynucleotidyl transferase, DNA nucleotidylexotransferase, v. 38 | p. 364
2.7.7.31	terminal deoxynucleotidyltransferase, DNA nucleotidylexotransferase, v. 38 | p. 364
2.7.7.31	terminal deoxynucleotidyl transferase (TDT), DNA nucleotidylexotransferase, v. 38 | p. 364
2.7.7.31	terminal deoxyribonucleotidyl transferase, DNA nucleotidylexotransferase, v. 38 | p. 364
2.7.7.31	terminal deoxyribonucleotidyltransferase, DNA nucleotidylexotransferase, v. 38 | p. 364
1.14.19.1	Δ9 terminal desaturase, stearoyl-CoA 9-desaturase, v. 27 | p. 194
2.7.11.23	C-terminal domain kinase, [RNA-polymerase]-subunit kinase, v. S4 | p. 220
3.4.19.12	C-terminal hydrolases UCHL3, ubiquitinyl hydrolase 1, v. 6 | p. 575
3.6.4.5	C-terminal motor kinesin, minus-end-directed kinesin ATPase, v. 15 | p. 784
3.4.21.102	C-terminal processing peptidase, C-terminal processing peptidase, v. 7 | p. 493
3.4.21.102	C-terminal processing protease, C-terminal processing peptidase, v. 7 | p. 493
3.4.21.102	C-terminal protease, C-terminal processing peptidase, v. 7 | p. 493
2.7.11.23	C-terminal repeat domain kinase, [RNA-polymerase]-subunit kinase, v. S4 | p. 220
2.7.11.23	C-terminal repeat domain kinase I, [RNA-polymerase]-subunit kinase, v. S4 | p. 220
2.7.7.19	terminal riboadenylate transferase, polynucleotide adenylyltransferase, v. 38 | p. 245
2.7.7.52	terminal RNA uridylyltransferase, RNA uridylyltransferase, v. 38 | p. 526
2.7.10.2	C-terminal Src kinase, non-specific protein-tyrosine kinase, v. S2 | p. 441
2.7.7.52	3' terminal uridylyl transferase, RNA uridylyltransferase, v. 38 | p. 526
2.7.7.52	terminal uridylyltransferase, RNA uridylyltransferase, v. 38 | p. 526
2.7.7.52	3'-terminal uridylyl transferase 1, RNA uridylyltransferase, v. 38 | p. 526
2.7.7.52	terminal U transferase (TUTase), RNA uridylyltransferase, v. 38 | p. 526
6.3.2.19	C-terminus of Hsp70 interacting protein, Ubiquitin-protein ligase, v. 2 | p. 506
4.2.3.22	terpene cyclase, germacradienol synthase, v. S7 | p. 295
2.5.1.11	terpenoidallyltransferase, trans-octaprenyltranstransferase, v. 33 | p. 483
4.2.3.22	terpenoid cyclase, germacradienol synthase, v. S7 | p. 295
2.5.1.11	terpenyl pyrophosphate synthetase, trans-octaprenyltranstransferase, v. 33 | p. 483
2.7.7.49	TERT, RNA-directed DNA polymerase, v. 38 | p. 492
1.13.11.25	tesB, 3,4-dihydroxy-9,10-secoandrosta-1,3,5(10)-triene-9,17-dione 4,5-dioxygenase, v. 25 | p. 539
2.7.10.2	TESK1, non-specific protein-tyrosine kinase, v. S2 | p. 441
2.7.10.2	TESK2, non-specific protein-tyrosine kinase, v. S2 | p. 441
3.3.2.10	TESO hydrolase, soluble epoxide hydrolase, v. S5 | p. 228
1.1.1.62	testicular 17-β-hydroxysteroid dehydrogenase, estradiol 17β-dehydrogenase, v. 17 | p. 48
3.4.15.1	testicular ACE, peptidyl-dipeptidase A, v. 6 | p. 334
3.2.1.35	testicular HAse, hyaluronoglucosaminidase, v. 12 | p. 526
3.2.1.35	testicular hyaluronidase, hyaluronoglucosaminidase, v. 12 | p. 526
3.1.1.13	testicular temperature-labile cholesteryl ester hydrolase, sterol esterase, v. 9 | p. 150
3.1.3.48	Testis-and skeletal-muscle-specific DSP, protein-tyrosine-phosphatase, v. 10 | p. 407
3.1.3.48	testis- and skeletal-muscle-specific DSP, protein-tyrosine-phosphatase, v. 10 | p. 407
3.1.3.48	testis- and skeletal-muscle-specific dual specificity protein phosphatase, protein-tyrosine-phosphatase, v. 10 | p. 407
1.2.1.36	testis-specific aldehyde dehydrogenase, retinal dehydrogenase, v. 20 | p. 282
2.7.10.2	testis-specific protein kinase 1, non-specific protein-tyrosine kinase, v. S2 | p. 441
2.7.10.2	testis-specific protein kinase 2, non-specific protein-tyrosine kinase, v. S2 | p. 441
2.7.11.1	testis-specific serine/threonine kinase, non-specific serine/threonine protein kinase, v. S3 | p. 1
2.7.11.1	testis-specific serine/threonine protein kinase 5 variant α, non-specific serine/threonine protein kinase, v. S3 | p. 1

2.7.11.1	testis-specific serine/threonine protein kinase 5 variant β, non-specific serine/threonine protein kinase, v. S3 | p. 1
2.7.11.1	testis-specific serine/threonine protein kinase 5 variant δ, non-specific serine/threonine protein kinase, v. S3 | p. 1
2.7.11.1	testis-specific serine/threonine protein kinase 5 variant γ, non-specific serine/threonine protein kinase, v. S3 | p. 1
2.8.3.5	testis-specific succinyl-CoA:3-oxo-acid CoA-transferase, 3-oxoacid CoA-transferase, v. 39 | p. 480
3.4.15.1	testis ACE, peptidyl-dipeptidase A, v. 6 | p. 334
1.14.14.1	Testosterone 15-α-hydroxylase, unspecific monooxygenase, v. 26 | p. 584
1.14.14.1	Testosterone 16-α hydroxylase, unspecific monooxygenase, v. 26 | p. 584
1.3.1.22	testosterone δ4-5α-reductase, cholestenone 5α-reductase, v. 21 | p. 124
1.3.1.22	testosterone δ4-hydrogenase, cholestenone 5α-reductase, v. 21 | p. 124
1.3.1.3	testosterone 5-β-reductase, Δ4-3-oxosteroid 5β-reductase, v. 21 | p. 15
1.3.99.5	testosterone 5α-reductase, 3-oxo-5α-steroid 4-dehydrogenase, v. 21 | p. 516
1.3.1.22	testosterone 5α-reductase, cholestenone 5α-reductase, v. 21 | p. 124
1.3.1.30	testosterone 5α-reductase, progesterone 5α-reductase, v. 21 | p. 176
1.3.99.6	testosterone 5β-reductase, 3-oxo-5β-steroid 4-dehydrogenase, v. 21 | p. 520
1.3.1.3	testosterone 5β-reductase, Δ4-3-oxosteroid 5β-reductase, v. 21 | p. 15
1.14.14.1	Testosterone 6-β-hydroxylase, unspecific monooxygenase, v. 26 | p. 584
1.14.14.1	Testosterone 7-α-hydroxylase, unspecific monooxygenase, v. 26 | p. 584
1.14.14.1	6-β-testosterone hydroxylase, unspecific monooxygenase, v. 26 | p. 584
2.8.2.15	testosterone sulfotransferase, steroid sulfotransferase, v. 39 | p. 387
3.4.24.69	Tetanus neurotoxin, bontoxilysin, v. 8 | p. 553
3.4.24.68	Tetanus neurotoxin, tentoxilysin, v. 8 | p. 549
3.8.1.5	1,3,4,6,-tetrachloro-1,4-cyclohexadiene halidohydrolase, haloalkane dehalogenase, v. 15 | p. 891
1.14.13.50	tetrachlorobenzoquinone reductase, pentachlorophenol monooxygenase, v. 26 | p. 484
1.97.1.8	tetrachloroethene (PCE) dehalogenase, tetrachloroethene reductive dehalogenase, v. 27 | p. 661
1.97.1.8	tetrachloroethene and trichloroethene dehalogenase, tetrachloroethene reductive dehalogenase, v. 27 | p. 661
1.97.1.8	tetrachloroethene dehalogenase, tetrachloroethene reductive dehalogenase, v. 27 | p. 661
1.97.1.8	tetrachloroethene reductase, tetrachloroethene reductive dehalogenase, v. 27 | p. 661
1.97.1.8	tetrachloroethene reductive dehalogenase, tetrachloroethene reductive dehalogenase, v. 27 | p. 661
1.97.1.8	tetrachloroethylene reductase, tetrachloroethene reductive dehalogenase, v. 27 | p. 661
2.3.1.143	tetragalloylglucose 4-O-galloyltransferase, β-glucogallin-tetrakisgalloylglucose O-galloyltransferase, v. 30 | p. 376
2.1.1.122	Tetrahydroberberine cis-N-methyltransferase, (S)-tetrahydroprotoberberine N-methyltransferase, v. 28 | p. 570
2.1.1.89	tetrahydrocolumbamine methyltransferase, tetrahydrocolumbamine 2-O-methyltransferase, v. 28 | p. 457
2.3.1.117	tetrahydrodipicolinate-N-succinyltransferase, 2,3,4,5-tetrahydropyridine-2,6-dicarboxylate N-succinyltransferase, v. 30 | p. 281
2.3.1.89	tetrahydrodipicolinate:acetyl-CoA acetyltransferase, tetrahydrodipicolinate N-acetyltransferase, v. 30 | p. 166
2.3.1.89	tetrahydrodipicolinate acetylase, tetrahydrodipicolinate N-acetyltransferase, v. 30 | p. 166
2.3.1.117	tetrahydrodipicolinate N-succinyltransferase, 2,3,4,5-tetrahydropyridine-2,6-dicarboxylate N-succinyltransferase, v. 30 | p. 281
2.3.1.117	tetrahydrodipicolinate succinylase, 2,3,4,5-tetrahydropyridine-2,6-dicarboxylate N-succinyltransferase, v. 30 | p. 281
2.3.1.117	tetrahydrodipicolinate succinyltransferase, 2,3,4,5-tetrahydropyridine-2,6-dicarboxylate N-succinyltransferase, v. 30 | p. 281
1.14.13.82	tetrahydrofolate-dependent O-demethylase, vanillate monooxygenase, v. S1 | p. 535

6.3.2.17	tetrahydrofolate:L-glutamate γ-ligase (ADP-forming), tetrahydrofolate synthase, v. 2 | p. 488
2.1.2.10	tetrahydrofolate aminomethyltransferase, aminomethyltransferase, v. 29 | p. 78
1.5.1.3	tetrahydrofolate dehydrogenase, dihydrofolate reductase, v. 23 | p. 17
6.3.4.3	Tetrahydrofolate formylase, formate-tetrahydrofolate ligase, v. 2 | p. 567
2.1.1.13	tetrahydrofolate methyltransferase, methionine synthase, v. 28 | p. 73
6.3.4.3	Tetrahydrofolic formylase, formate-tetrahydrofolate ligase, v. 2 | p. 567
6.3.2.17	tetrahydrofolylpolyglutamate synthase, tetrahydrofolate synthase, v. 2 | p. 488
1.2.99.3	tetrahydrofurfuryl alcohol dehydrogenase, aldehyde dehydrogenase (pyrroloquinoline-quinone), v. 20 | p. 578
2.1.1.86	tetrahydromethanopterin methyltransferase, tetrahydromethanopterin S-methyltransferase, v. 28 | p. 450
1.21.3.3	tetrahydroprotoberberine synthase, reticuline oxidase, v. 27 | p. 613
2.1.1.13	tetrahydropteroylglutamate methyltransferase, methionine synthase, v. 28 | p. 73
2.1.1.13	tetrahydropteroylglutamic methyltransferase, methionine synthase, v. 28 | p. 73
2.1.1.14	tetrahydropteroyltriglutamate methyltransferase, 5-methyltetrahydropteroyltriglutamate-homocysteine S-methyltransferase, v. 28 | p. 84
1.97.1.2	1,2,3,5-tetrahydroxybenzene-pyrogallol hydroxyltransferase, pyrogallol hydroxytransferase, v. 27 | p. 642
1.97.1.2	1,2,3,5-tetrahydroxybenzene:pyrogallol transhydroxylase, pyrogallol hydroxytransferase, v. 27 | p. 642
2.3.1.151	2,3',4,6-Tetrahydroxybenzophenone synthase, Benzophenone synthase, v. 30 | p. 402
1.1.1.252	1,3,6,8-tetrahydroxynaphthalene reductase, tetrahydroxynaphthalene reductase, v. 18 | p. 427
1.1.1.252	tetrahydroxynaphthalene reductase (Magnaporthe grisea clone pAV501), tetrahydroxynaphthalene reductase, v. 18 | p. 427
2.7.1.151	1,3,4,6-tetrakisphosphate 5-kinase, inositol-polyphosphate multikinase, v. 37 | p. 236
3.4.14.6	tetrapeptide dipeptidase, dipeptidyl-dipeptidase, v. 6 | p. 311
2.7.13.3	tetrathionate reductase complex: sensory transduction histidine kinase, histidine kinase, v. S4 | p. 420
1.8.2.2	tetrathionate synthase, thiosulfate dehydrogenase, v. 24 | p. 574
1.14.13.8	TetX, flavin-containing monooxygenase, v. 26 | p. 257
3.1.1.4	textilotoxin, phospholipase A2, v. 9 | p. 52
5.2.1.8	TF, Peptidylprolyl isomerase, v. 1 | p. 218
1.13.11.27	TF-AG, 4-hydroxyphenylpyruvate dioxygenase, v. 25 | p. 546
3.4.21.21	TF-FVIIa, coagulation factor VIIa, v. 7 | p. 88
3.4.21.21	TF/VIIa, coagulation factor VIIa, v. 7 | p. 88
3.6.3.14	TF1-ATPase, H+-transporting two-sector ATPase, v. 15 | p. 598
3.6.4.9	TF55, chaperonin ATPase, v. 15 | p. 803
3.2.1.4	TfCel9A, cellulase, v. 12 | p. 88
1.13.11.1	TfdC, catechol 1,2-dioxygenase, v. 25 | p. 382
6.5.1.2	Tfi DNA ligase, DNA ligase (NAD+), v. 2 | p. 773
3.1.21.4	TfiI, type II site-specific deoxyribonuclease, v. 11 | p. 454
2.7.11.23	TFIIH, [RNA-polymerase]-subunit kinase, v. S4 | p. 220
2.7.11.23	TFIIH CTD kinase, [RNA-polymerase]-subunit kinase, v. S4 | p. 220
2.7.11.23	TFIIK, [RNA-polymerase]-subunit kinase, v. S4 | p. 220
2.7.10.2	TFK, non-specific protein-tyrosine kinase, v. S2 | p. 441
5.1.2.3	TFP, 3-Hydroxybutyryl-CoA epimerase, v. 1 | p. 80
1.1.1.35	TFP, 3-hydroxyacyl-CoA dehydrogenase, v. 16 | p. 318
4.2.1.17	TFP, enoyl-CoA hydratase, v. 4 | p. 360
3.1.3.8	tfphyA, 3-phytase, v. 10 | p. 129
3.4.23.43	TFPP, prepilin peptidase, v. 8 | p. 194
6.5.1.2	Tfu DNA ligase, DNA ligase (NAD+), v. 2 | p. 773
2.3.2.13	TG-2, protein-glutamine γ-glutamyltransferase, v. 30 | p. 550
3.1.1.3	TG-lipase, triacylglycerol lipase, v. 9 | p. 36

2.3.2.13	TG1, protein-glutamine γ-glutamyltransferase, v. 30 | p. 550
2.3.2.13	TG2, protein-glutamine γ-glutamyltransferase, v. 30 | p. 550
3.2.1.3	tGA, glucan 1,4-α-glucosidase, v. 12 | p. 59
2.3.2.13	tGA, protein-glutamine γ-glutamyltransferase, v. 30 | p. 550
2.3.2.13	TGase, protein-glutamine γ-glutamyltransferase, v. 30 | p. 550
2.3.2.13	TGase 2, protein-glutamine γ-glutamyltransferase, v. 30 | p. 550
2.3.2.13	TGase2, protein-glutamine γ-glutamyltransferase, v. 30 | p. 550
2.3.2.13	Tgase 3, protein-glutamine γ-glutamyltransferase, v. 30 | p. 550
2.3.2.13	Tgase II, protein-glutamine γ-glutamyltransferase, v. 30 | p. 550
2.3.2.13	TGB, protein-glutamine γ-glutamyltransferase, v. 30 | p. 550
4.1.2.4	TgDPA, Deoxyribose-phosphate aldolase, v. 3 | p. 417
2.7.11.25	TGF-β-activated kinase-1, mitogen-activated protein kinase kinase kinase, v. S4 | p. 278
2.7.11.30	TGF-β receptor, receptor protein serine/threonine kinase, v. S4 | p. 340
2.7.11.30	TGF-β receptor 1, receptor protein serine/threonine kinase, v. S4 | p. 340
2.7.11.30	TGF-β receptor I, receptor protein serine/threonine kinase, v. S4 | p. 340
2.7.11.30	TGF-β receptor II, receptor protein serine/threonine kinase, v. S4 | p. 340
2.7.11.30	TGF-β receptor II kinase, receptor protein serine/threonine kinase, v. S4 | p. 340
2.7.11.30	TGF-β receptor I kinase, receptor protein serine/threonine kinase, v. S4 | p. 340
2.7.11.30	TGF-β receptor kinase, receptor protein serine/threonine kinase, v. S4 | p. 340
2.7.10.2	TGF-β receptor type I, non-specific protein-tyrosine kinase, v. S2 | p. 441
2.7.10.2	TGF-β receptor type II, non-specific protein-tyrosine kinase, v. S2 | p. 441
2.7.10.2	TGF-β RII, non-specific protein-tyrosine kinase, v. S2 | p. 441
2.7.11.30	TGF-β type-I receptor, receptor protein serine/threonine kinase, v. S4 | p. 340
2.7.10.2	TGF-β type II receptor, non-specific protein-tyrosine kinase, v. S2 | p. 441
2.7.11.30	TGF-β type II receptor, receptor protein serine/threonine kinase, v. S4 | p. 340
2.7.11.30	TGF-β type II receptor kinase, receptor protein serine/threonine kinase, v. S4 | p. 340
2.7.11.30	TGF-β type I receptor, receptor protein serine/threonine kinase, v. S4 | p. 340
2.7.11.30	TGF-β type I receptor kinase, receptor protein serine/threonine kinase, v. S4 | p. 340
4.2.1.60	TgFABZ protein, 3-Hydroxydecanoyl-[acyl-carrier-protein] dehydratase, v. 4 | p. 551
2.7.11.25	TGFα activated kinase, mitogen-activated protein kinase kinase kinase, v. S4 | p. 278
2.7.11.25	TGFβ activated kinase 1, mitogen-activated protein kinase kinase kinase, v. S4 | p. 278
2.7.10.2	TGFBR1, non-specific protein-tyrosine kinase, v. S2 | p. 441
2.5.1.29	TgFPPS, farnesyltranstransferase, v. 33 | p. 604
2.7.11.30	TGFβRI/II kinase, receptor protein serine/threonine kinase, v. S4 | p. 340
3.2.1.147	TGG1, thioglucosidase, v. 13 | p. 587
3.1.1.1	TGH, carboxylesterase, v. 9 | p. 1
3.1.1.3	TGH, triacylglycerol lipase, v. 9 | p. 36
3.1.1.3	TG hydrolase, triacylglycerol lipase, v. 9 | p. 36
6.3.2.19	TGIF-interacting ubiquitin ligase 1, Ubiquitin-protein ligase, v. 2 | p. 506
2.3.2.13	TGL, protein-glutamine γ-glutamyltransferase, v. 30 | p. 550
3.1.1.3	TGL, triacylglycerol lipase, v. 9 | p. 36
3.1.1.3	Tgl4, triacylglycerol lipase, v. 9 | p. 36
3.1.1.3	Tgl4p, triacylglycerol lipase, v. 9 | p. 36
3.1.1.3	Tgl5p, triacylglycerol lipase, v. 9 | p. 36
3.1.1.3	TG lipase 4, triacylglycerol lipase, v. 9 | p. 36
3.1.2.6	tGloII, hydroxyacylglutathione hydrolase, v. 9 | p. 486
2.3.2.13	TGM2, protein-glutamine γ-glutamyltransferase, v. 30 | p. 550
2.4.1.1	tGPGG, phosphorylase, v. 31 | p. 1
3.1.4.11	TgPI-PLC, phosphoinositide phospholipase C, v. 11 | p. 75
2.4.2.1	TgPNP, purine-nucleoside phosphorylase, v. 33 | p. 1
1.11.1.15	TgPrx2, peroxiredoxin, v. S1 | p. 403
1.8.1.7	TGR, glutathione-disulfide reductase, v. 24 | p. 488
1.8.1.9	TGR, thioredoxin-disulfide reductase, v. 24 | p. 517
3.4.21.105	TgROM1, rhomboid protease, v. S5 | p. 325
3.4.21.105	TgROM2, rhomboid protease, v. S5 | p. 325

3.4.21.105	TgROM3, rhomboid protease, v. S5 | p. 325	
3.4.21.105	TgROM4, rhomboid protease, v. S5 | p. 325	
3.4.21.105	TgROM5, rhomboid protease, v. S5 | p. 325	
2.4.2.29	TGT, tRNA-guanine transglycosylase, v. 33 | p. 253	
1.11.1.15	TgTrx-Px1, peroxiredoxin, v. S1 | p. 403	
1.11.1.15	TgTrx-Px2, peroxiredoxin, v. S1 | p. 403	
2.3.2.13	TGZ, protein-glutamine γ-glutamyltransferase, v. 30 | p. 550	
4.3.1.19	TH, threonine ammonia-lyase, v. S7 | p. 356	
1.14.16.2	TH, tyrosine 3-monooxygenase, v. 27 | p. 81	
3.4.11.10	TH-2, bacterial leucyl aminopeptidase, v. 6 | p. 125	
3.1.4.4	TH-2PLD, phospholipase D, v. 11 | p. 47	
3.2.1.28	THA, α,α-trehalase, v. 12 | p. 478	
4.1.2.5	THA1, Threonine aldolase, v. 3 | p. 425	
2.1.2.1	THA1, glycine hydroxymethyltransferase, v. 29 | p. 1	
4.1.2.5	THA2, Threonine aldolase, v. 3 | p. 425	
2.1.2.1	THA2, glycine hydroxymethyltransferase, v. 29 | p. 1	
4.3.1.16	L-THA DH, threo-3-hydroxyaspartate ammonia-lyase, v. S7 | p. 330	
1.2.1.40	THAL-NAD oxidoreductase, 3α,7α,12α-trihydroxycholestan-26-al 26-oxidoreductase, v. 20 | p. 297	
3.4.14.5	THAM, dipeptidyl-peptidase IV, v. 6 | p. 286	
2.7.1.40	THBP1, pyruvate kinase, v. 36 | p. 33	
1.17.99.3	THC-CoA oxidase, 3α,7α,12α-trihydroxy-5β-cholestanoyl-CoA 24-hydroxylase, v. S1 | p. 766	
1.17.99.3	THCA-CoA oxidase, 3α,7α,12α-trihydroxy-5β-cholestanoyl-CoA 24-hydroxylase, v. S1 | p. 766	
1.3.3.6	THCA-CoA oxidase, acyl-CoA oxidase, v. 21 | p. 401	
1.17.99.3	THCCox, 3α,7α,12α-trihydroxy-5β-cholestanoyl-CoA 24-hydroxylase, v. S1 | p. 766	
1.3.3.6	THCCox, acyl-CoA oxidase, v. 21 | p. 401	
3.1.1.74	Thcut1, cutinase, v. 9 | p. 428	
3.1.1.74	THCUT1 protein, cutinase, v. 9 | p. 428	
2.3.1.117	THDP, 2,3,4,5-tetrahydropyridine-2,6-dicarboxylate N-succinyltransferase, v. 30 | p. 281	
2.4.2.4	ThdPase, thymidine phosphorylase, v. 33 | p. 52	
3.5.1.65	theanine ethylamidohydrolase, theanine hydrolase, v. 14 | p. 534	
3.5.1.65	L-theanine hydrolase, theanine hydrolase, v. 14 | p. 534	
3.5.1.65	theanine hydrolytic enzyme, theanine hydrolase, v. 14 | p. 534	
3.5.1.65	L-theanine hydrolyzing enzyme, theanine hydrolase, v. 14 | p. 534	
3.5.1.65	theanine hydrolyzing enzyme, theanine hydrolase, v. 14 | p. 534	
6.3.1.6	Theanine synthetase, Glutamate-ethylamine ligase, v. 2 | p. 381	
3.2.1.4	ThEG, cellulase, v. 12 | p. 88	
2.1.1.160	theobromine 1-N-methyltransferase, caffeine synthase, v. S2 | p. 40	
2.1.1.159	theobromine synthase 2, theobromine synthase, v. S2 | p. 31	
3.1.1.11	thermally tolerant pectin methylesterase, pectinesterase, v. 9 | p. 136	
3.2.1.1	Thermamyl, α-amylase, v. 12 | p. 1	
3.4.21.62	thermitase, Subtilisin, v. 7 | p. 285	
3.2.1.4	thermoacidophilic cellulase, cellulase, v. 12 | p. 88	
3.4.21.66	Thermoactinomyces vulgaris serine proteinase, Thermitase, v. 7 | p. 320	
3.2.1.4	Thermoactive cellulase, cellulase, v. 12 | p. 88	
3.4.21.62	Thermoase, Subtilisin, v. 7 | p. 285	
3.4.24.27	Thermoase, thermolysin, v. 8 | p. 367	
3.4.21.62	Thermoase PC 10, Subtilisin, v. 7 | p. 285	
3.4.24.27	Thermoase Y10, thermolysin, v. 8 | p. 367	
2.8.2.1	thermolabile phenol sulfotransferase, aryl sulfotransferase, v. 39 | p. 247	
3.2.1.1	Thermolase, α-amylase, v. 12 | p. 1	
3.4.24.27	thermolysin-like protease, thermolysin, v. 8 | p. 367	
3.4.21.65	Thermomycolase, Thermomycolin, v. 7 | p. 315	

3.1.31.1	thermonuclease, micrococcal nuclease, v. 11 | p. 632	
3.4.11.22	thermophilic aminopeptidase, aminopeptidase I, v. 6 | p. 178	
3.4.11.10	thermophilic aminopeptidase, bacterial leucyl aminopeptidase, v. 6 | p. 125	
3.2.1.54	thermophilic CDase, cyclomaltodextrinase, v. 13 | p. 95	
3.4.24.3	thermophilic collagenolytic protease, microbial collagenase, v. 8 | p. 205	
3.4.24.77	thermophilic protease, snapalysin, v. 8 | p. 583	
3.4.21.66	Thermophilic Streptomyces serine proteinase, Thermitase, v. 7 | p. 320	
3.6.4.9	thermosome, chaperonin ATPase, v. 15 | p. 803	
3.2.1.1	thermostable α-amylase, α-amylase, v. 12 | p. 1	
3.2.1.4	thermostable carboxymethyl cellulase, cellulase, v. 12 | p. 88	
3.4.17.1	thermostable carboxypeptidase 1, carboxypeptidase A, v. 6 | p. 401	
3.2.1.54	H-17 thermostable CDase, cyclomaltodextrinase, v. 13 | p. 95	
3.4.11.10	thermostable leucine aminopeptidase, bacterial leucyl aminopeptidase, v. 6 | p. 125	
3.4.24.28	Thermostable neutral protease, bacillolysin, v. 8 | p. 374	
3.4.24.27	Thermostable neutral proteinase, thermolysin, v. 8 | p. 367	
2.8.2.1	thermostable phenol sulfotransferase, aryl sulfotransferase, v. 39 | p. 247	
6.5.1.3	thermostable RNA ligase 1, RNA ligase (ATP), v. 2 | p. 787	
3.4.21.62	thermostable subtilisin, Subtilisin, v. 7 | p. 285	
3.4.24.28	thermoysin-like proteinase, bacillolysin, v. 8 | p. 374	
3.4.23.45	theta-secretase, memapsin 1, v. S6 | p. 228	
2.5.1.18	theta class glutathione S-transferase, glutathione transferase, v. 33 | p. 524	
2.1.1.3	thetin-homocysteine methylpherase, thetin-homocysteine S-methyltransferase, v. 28 | p. 12	
1.1.99.8	THFA-DH, alcohol dehydrogenase (acceptor), v. 19 | p. 305	
6.3.4.3	THFS, formate-tetrahydrofolate ligase, v. 2 | p. 567	
6.3.4.3	THF synthase, formate-tetrahydrofolate ligase, v. 2 | p. 567	
3.5.2.2	thHYD, dihydropyrimidinase, v. 14 | p. 651	
2.7.1.49	Thi20, hydroxymethylpyrimidine kinase, v. 36 | p. 98	
2.7.4.7	Thi20, phosphomethylpyrimidine kinase, v. 37 | p. 539	
3.5.99.2	Thi20, thiaminase, v. 15 | p. 214	
3.5.99.2	Thi20p, thiaminase, v. 15 | p. 214	
2.7.4.7	Thi20p protein, phosphomethylpyrimidine kinase, v. 37 | p. 539	
2.7.4.7	Thi21p protein, phosphomethylpyrimidine kinase, v. 37 | p. 539	
2.7.1.49	THI3, hydroxymethylpyrimidine kinase, v. 36 | p. 98	
1.2.4.1	thiamin-dependent pyruvate dehydrogenase, pyruvate dehydrogenase (acetyl-transferring), v. 20 | p. 488	
2.7.4.15	thiamin-diphosphate kinase, thiamine-diphosphate kinase, v. 37 | p. 598	
2.7.4.16	thiamin-monophosphate kinase, thiamine-phosphate kinase, v. 37 | p. 601	
2.7.4.16	thiamin-phosphate kinase, thiamine-phosphate kinase, v. 37 | p. 601	
2.5.1.3	thiamin-phosphate pyrophosphorylase, thiamine-phosphate diphosphorylase, v. 33 | p. 413	
2.7.6.2	thiamin:ATP pyrophosphotransferase, thiamine diphosphokinase, v. 38 | p. 23	
1.1.3.23	thiamin:oxygen 5-oxidoreductase, thiamine oxidase, v. 19 | p. 196	
2.5.1.2	thiaminase, thiamine pyridinylase, v. 33 | p. 399	
3.5.99.2	thiaminase-I, thiaminase, v. 15 | p. 214	
3.5.99.2	thiaminase I, thiaminase, v. 15 | p. 214	
2.5.1.2	thiaminase I, thiamine pyridinylase, v. 33 | p. 399	
2.7.1.49	thiaminase II, hydroxymethylpyrimidine kinase, v. 36 | p. 98	
3.5.99.2	thiaminase II, thiaminase, v. 15 | p. 214	
1.1.3.23	thiamin dehydrogenase, thiamine oxidase, v. 19 | p. 196	
2.7.4.15	thiamin diphosphate kinase, thiamine-diphosphate kinase, v. 37 | p. 598	
2.7.4.15	thiamin diphosphate phosphotransferase, thiamine-diphosphate kinase, v. 37 | p. 598	
2.5.1.3	thiamine-phosphate pyrophosphorylase, thiamine-phosphate diphosphorylase, v. 33 | p. 413	
2.5.1.3	thiamine-phosphate synthase, thiamine-phosphate diphosphorylase, v. 33 | p. 413	
1.1.3.23	thiamine dehydrogenase, thiamine oxidase, v. 19 | p. 196	

1.2.4.1	thiamine diphosphate-dependent 2-oxo acid decarboxylase, pyruvate dehydrogenase (acetyl-transferring), v. 20 | p. 488
2.7.4.15	thiamine diphosphate kinase, thiamine-diphosphate kinase, v. 37 | p. 598
2.7.7.62	thiamine kinase, adenosylcobinamide-phosphate guanylyltransferase, v. 38 | p. 568
2.7.6.2	thiamine kinase, thiamine diphosphokinase, v. 38 | p. 23
2.7.4.16	thiamine monophosphate kinase, thiamine-phosphate kinase, v. 37 | p. 601
2.5.1.3	thiamine monophosphate pyrophosphorylase, thiamine-phosphate diphosphorylase, v. 33 | p. 413
2.7.4.16	thiamine monophosphokinase, thiamine-phosphate kinase, v. 37 | p. 601
2.5.1.3	thiamine phosphate pyrophosphorylase, thiamine-phosphate diphosphorylase, v. 33 | p. 413
2.5.1.3	thiaminephosphate pyrophosphorylase, thiamine-phosphate diphosphorylase, v. 33 | p. 413
2.5.1.2	thiamine pyridinolase, thiamine pyridinylase, v. 33 | p. 399
2.5.1.2	thiamine pyridinylase, thiamine pyridinylase, v. 33 | p. 399
2.7.6.2	thiamine pyrophokinase, thiamine diphosphokinase, v. 38 | p. 23
2.7.4.15	thiamine pyrophosphate-ATP phosphoryltransferase, thiamine-diphosphate kinase, v. 37 | p. 598
2.7.6.2	thiamine pyrophosphokinase, thiamine diphosphokinase, v. 38 | p. 23
3.6.1.28	thiamine triphosphatase, thiamine-triphosphatase, v. 15 | p. 425
2.5.1.2	thiamin hydrolase, thiamine pyridinylase, v. 33 | p. 399
2.7.6.2	thiamin kinase, thiamine diphosphokinase, v. 38 | p. 23
2.7.1.89	thiamin kinase, thiamine kinase, v. 36 | p. 329
2.7.1.89	thiamin kinase (phosphorylating), thiamine kinase, v. 36 | p. 329
2.7.4.16	thiamin monophosphatase, thiamine-phosphate kinase, v. 37 | p. 601
2.7.4.16	thiamin monophosphate kinase, thiamine-phosphate kinase, v. 37 | p. 601
2.5.1.3	thiamin monophosphate pyrophosphorylase, thiamine-phosphate diphosphorylase, v. 33 | p. 413
2.7.4.16	thiamin monophosphokinase, thiamine-phosphate kinase, v. 37 | p. 601
2.7.6.2	thiaminokinase, thiamine diphosphokinase, v. 38 | p. 23
1.1.3.23	thiamin oxidase, thiamine oxidase, v. 19 | p. 196
2.7.4.16	thiamin phosphate kinase, thiamine-phosphate kinase, v. 37 | p. 601
2.5.1.3	thiamin phosphate pyrophosphorylase, thiamine-phosphate diphosphorylase, v. 33 | p. 413
2.5.1.3	thiamin phosphate synthase, thiamine-phosphate diphosphorylase, v. 33 | p. 413
2.7.1.89	thiamin phosphokinase, thiamine kinase, v. 36 | p. 329
2.5.1.2	thiamin pyridinolase, thiamine pyridinylase, v. 33 | p. 399
2.5.1.2	thiamin pyridinylase, thiamine pyridinylase, v. 33 | p. 399
3.6.1.6	thiaminpyrophosphatase, nucleoside-diphosphatase, v. 15 | p. 283
2.7.4.15	thiamin pyrophosphate kinase, thiamine-diphosphate kinase, v. 37 | p. 598
2.7.6.2	thiamin pyrophosphokinase, thiamine diphosphokinase, v. 38 | p. 23
2.7.6.2	thiamin pyrophosphotransferase, thiamine diphosphokinase, v. 38 | p. 23
2.7.1.49	ThiD, hydroxymethylpyrimidine kinase, v. 36 | p. 98
2.7.4.7	ThiD, phosphomethylpyrimidine kinase, v. 37 | p. 539
2.7.1.50	ThiK, hydroxyethylthiazole kinase, v. 36 | p. 103
2.5.1.3	ThiL, thiamine-phosphate diphosphorylase, v. 33 | p. 413
2.7.4.16	ThiL, thiamine-phosphate kinase, v. 37 | p. 601
2.3.1.16	thiloase B, acetyl-CoA C-acyltransferase, v. 29 | p. 371
2.7.1.50	ThiM, hydroxyethylthiazole kinase, v. 36 | p. 103
3.4.24.16	thimet oligopeptidase II, neurolysin, v. 8 | p. 286
3.4.24.15	thimet peptidase, thimet oligopeptidase, v. 8 | p. 275
3.4.24.16	thimet peptidase II, neurolysin, v. 8 | p. 286
3.5.2.6	THIN-B metallo-β-lactamase, β-lactamase, v. 14 | p. 683
1.11.1.7	thiocyanate peroxidase, peroxidase, v. 25 | p. 211
3.1.2.20	thioesterase, acyl-CoA hydrolase, v. 9 | p. 539
3.1.2.2	thioesterase, palmitoyl-CoA hydrolase, v. 9 | p. 459
3.1.2.20	thioesterase B, acyl-CoA hydrolase, v. 9 | p. 539

3.1.2.2	thioesterase B, palmitoyl-CoA hydrolase, v. 9	p. 459	
3.1.2.2	thioesterase I, palmitoyl-CoA hydrolase, v. 9	p. 459	
3.1.1.5	thioesterase I/protease I/lysophospholipase L1, lysophospholipase, v. 9	p. 82	
3.1.2.2	thioesterase I/protease I/lysophospholipase L1, palmitoyl-CoA hydrolase, v. 9	p. 459	
3.1.2.20	thioesterase II, acyl-CoA hydrolase, v. 9	p. 539	
3.1.2.2	thioesterase II, palmitoyl-CoA hydrolase, v. 9	p. 459	
2.3.1.11	thioethanolamine acetyltransferase, thioethanolamine S-acetyltransferase, v. 29	p. 321	
2.1.1.96	thioether methyltransferase, thioether S-methyltransferase, v. 28	p. 478	
2.3.1.18	thiogalactoside acetyltransferase, galactoside O-acetyltransferase, v. 29	p. 385	
2.3.1.18	thiogalactoside transacetylase, galactoside O-acetyltransferase, v. 29	p. 385	
3.2.1.147	Thioglucosidase, thioglucosidase, v. 13	p. 587	
3.2.1.147	β-thioglucosidase, thioglucosidase, v. 13	p. 587	
3.2.1.147	β-thioglucoside glucohydrolase, thioglucosidase, v. 13	p. 587	
3.2.1.147	β-thioglucoside glucohydrolase,, thioglucosidase, v. 13	p. 587	
3.2.1.147	thioglucoside glucohydrolase 1, thioglucosidase, v. 13	p. 587	
2.4.1.195	thiohydroximate β-D-glucosyltransferase, N-hydroxythioamide S-β-glucosyltransferase, v. 32	p. 479	
6.2.1.3	Thiokinase, Long-chain-fatty-acid-CoA ligase, v. 2	p. 206	
3.4.24.15	thiol-dependent metalloendopeptidase, thimet oligopeptidase, v. 8	p. 275	
1.8.4.7	thiol-disulfide oxidoreductase, enzyme-thiol transhydrogenase (glutathione-disulfide), v. 24	p. 656	
1.8.1.8	thiol-disulfide oxidoreductase, protein-disulfide reductase, v. 24	p. 514	
1.8.4.2	thiol-disulfide oxidoreductase, protein-disulfide reductase (glutathione), v. 24	p. 617	
1.8.4.2	thiol-protein disulphide oxidoreductase, protein-disulfide reductase (glutathione), v. 24	p. 617	
5.3.4.1	thiol-protein oxidoreductase, Protein disulfide-isomerase, v. 1	p. 436	
1.11.1.15	thiol-specific antioxidant/protector protein, peroxiredoxin, v. S1	p. 403	
1.8.4.7	thiol:disulfide oxidoreductase, enzyme-thiol transhydrogenase (glutathione-disulfide), v. 24	p. 656	
1.8.4.2	thiol:disulfide oxidoreductase, protein-disulfide reductase (glutathione), v. 24	p. 617	
1.8.4.7	thiol:disulphide oxidoreductase, enzyme-thiol transhydrogenase (glutathione-disulfide), v. 24	p. 656	
1.8.4.2	thiol:protein-disulfide oxidoreductase, protein-disulfide reductase (glutathione), v. 24	p. 617	
2.3.1.16	thiolase A, acetyl-CoA C-acyltransferase, v. 29	p. 371	
2.3.1.16	thiolase I, acetyl-CoA C-acyltransferase, v. 29	p. 371	
2.3.1.9	thiolase II, acetyl-CoA C-acetyltransferase, v. 29	p. 305	
2.3.1.16	thiolase II, acetyl-CoA C-acyltransferase, v. 29	p. 371	
2.3.1.16	thiolase III, acetyl-CoA C-acyltransferase, v. 29	p. 371	
3.4.22.39	thiol endopeptidase, adenain, v. 7	p. 720	
3.4.22.39	thiol endoproteinase, adenain, v. 7	p. 720	
2.1.1.9	thiol methyltransferase, thiol S-methyltransferase, v. 28	p. 51	
1.11.1.7	thiol peroxidase, peroxidase, v. 25	p. 211	
3.4.22.39	thiol protease, adenain, v. 7	p. 720	
3.4.22.39	thiol proteinase, adenain, v. 7	p. 720	
2.3.1.12	thioltransacetylase A, dihydrolipoyllysine-residue acetyltransferase, v. 29	p. 323	
2.3.1.11	thioltransacetylase B, thioethanolamine S-acetyltransferase, v. 29	p. 321	
4.2.1.22	β-thionase, Cystathionine β-synthase, v. 4	p. 390	
1.8.3.2	thiooxidase, thiol oxidase, v. 24	p. 594	
1.14.99.35	thiophene-2-carbonyl-CoA dehydrogenase, thiophene-2-carbonyl-CoA monooxygenase, v. 27	p. 386	
1.14.99.35	thiophene-2-carboxyl-CoA monooxygenase, thiophene-2-carbonyl-CoA monooxygenase, v. 27	p. 386	
2.8.3.6	thiophorase β-ketoadipate succinyl CoA transferase, 3-oxoadipate CoA-transferase, v. 39	p. 491	

3.4.22.39	thioprotease, adenain, v. 7 | p. 720
2.1.1.67	thiopurine methyltransferase, thiopurine S-methyltransferase, v. 28 | p. 360
2.1.1.67	6-thiopurine S-methyltransferase, thiopurine S-methyltransferase, v. 28 | p. 360
2.1.1.67	thiopurine S-methyltransferase, thiopurine S-methyltransferase, v. 28 | p. 360
2.1.1.67	6-thiopurine transmethylase, thiopurine S-methyltransferase, v. 28 | p. 360
1.8.1.8	thioredoxin, protein-disulfide reductase, v. 24 | p. 514
1.11.1.15	thioredoxin-dependent alkyl hydroperoxide reductase, peroxiredoxin, v. S1 | p. 403
1.8.4.10	thioredoxin-dependent APS reductase, adenylyl-sulfate reductase (thioredoxin), v. 24 | p. 668
1.11.1.15	thioredoxin-dependent peroxidase, peroxiredoxin, v. S1 | p. 403
1.8.1.7	thioredoxin/glutathione reductase, glutathione-disulfide reductase, v. 24 | p. 488
1.8.4.8	Thioredoxin: 3'-phospho-adenylylsulfate reductase, phosphoadenylyl-sulfate reductase (thioredoxin), v. 24 | p. 659
1.8.4.8	Thioredoxin:adenosine 3'-phosphate 5'-phosphosulfate reductase, phosphoadenylyl-sulfate reductase (thioredoxin), v. 24 | p. 659
1.8.4.10	thioredoxin dependent 5'-adenylylsulfate reductase, adenylyl-sulfate reductase (thioredoxin), v. 24 | p. 668
1.6.5.4	thioredoxin H2, monodehydroascorbate reductase (NADH), v. 24 | p. 126
1.8.1.9	thioredoxin h reductase, thioredoxin-disulfide reductase, v. 24 | p. 517
1.11.1.15	thioredoxin peroxidase, peroxiredoxin, v. S1 | p. 403
1.11.1.15	thioredoxin peroxidase B, peroxiredoxin, v. S1 | p. 403
1.11.1.15	thioredoxin peroxidase II, peroxiredoxin, v. S1 | p. 403
1.8.1.9	thioredoxin reductase, thioredoxin-disulfide reductase, v. 24 | p. 517
1.8.1.9	thioredoxin reductase (NADPH), thioredoxin-disulfide reductase, v. 24 | p. 517
1.8.1.9	thioredoxin reductase-1, thioredoxin-disulfide reductase, v. 24 | p. 517
1.8.1.9	thioredoxin reductase 1, thioredoxin-disulfide reductase, v. 24 | p. 517
1.8.1.9	thioredoxin reductase1, thioredoxin-disulfide reductase, v. 24 | p. 517
1.8.1.9	thioredoxin reductase 2, thioredoxin-disulfide reductase, v. 24 | p. 517
1.8.1.9	thioredoxin reductases, thioredoxin-disulfide reductase, v. 24 | p. 517
2.1.1.66	thiostrepton-resistance methylase, rRNA (adenosine-2'-O-)-methyltransferase, v. 28 | p. 357
1.8.2.2	thiosulfate-acceptor oxidoreductase, thiosulfate dehydrogenase, v. 24 | p. 574
1.8.2.2	thiosulfate-oxidizing enzyme, thiosulfate dehydrogenase, v. 24 | p. 574
1.8.5.2	thiosulfate:quinone oxidoreductase, thiosulfate dehydrogenase (quinone), v. S1 | p. 363
2.8.1.1	thiosulfate cyanide transsulfurase, thiosulfate sulfurtransferase, v. 39 | p. 183
1.8.2.2	thiosulfate dehydrogenase, thiosulfate dehydrogenase, v. 24 | p. 574
1.8.2.2	thiosulfate oxidase, thiosulfate dehydrogenase, v. 24 | p. 574
1.8.5.2	thiosulfate oxidoreductase, thiosulfate dehydrogenase (quinone), v. S1 | p. 363
1.8.5.2	thiosulfate oxidoreductase tetrathionate-forming, thiosulfate dehydrogenase (quinone), v. S1 | p. 363
2.8.1.5	thiosulfate reductase, thiosulfate-dithiol sulfurtransferase, v. 39 | p. 223
2.8.1.1	thiosulfate thiotransferase, thiosulfate sulfurtransferase, v. 39 | p. 183
1.8.5.2	thiosulphate:quinone oxidoreductase, thiosulfate dehydrogenase (quinone), v. S1 | p. 363
2.8.1.4	thiouridylase, tRNA sulfurtransferase, v. 39 | p. 218
1.14.99.35	thiphene-2-carboxyl-CoA hydroxylase, thiophene-2-carbonyl-CoA monooxygenase, v. 27 | p. 386
5.3.1.16	tHisA, 1-(5-phosphoribosyl)-5-[(5-phosphoribosylamino)methylideneamino]imidazole-4-carboxamide isomerase, v. 1 | p. 335
2.7.13.3	ThkA, histidine kinase, v. S4 | p. 420
2.7.1.50	TH kinase, hydroxyethylthiazole kinase, v. 36 | p. 103
1.10.3.2	ThL, laccase, v. 25 | p. 115
3.2.1.133	ThMA, glucan 1,4-α-maltohydrolase, v. 13 | p. 538
1.1.1.252	THNR, tetrahydroxynaphthalene reductase, v. 18 | p. 427
2.7.11.25	Thousand And One kinase, mitogen-activated protein kinase kinase kinase, v. S4 | p. 278
1.6.3.1	ThOX, NAD(P)H oxidase, v. 24 | p. 92
1.6.3.1	ThOX2, NAD(P)H oxidase, v. 24 | p. 92

3.4.23.42	thpS, thermopsin, v. 8 | p. 191	
6.1.1.3	Thr-tRNA synthetase, Threonine-tRNA ligase, v. 2 | p. 17	
2.7.1.39	Thr1, homoserine kinase, v. 36 | p. 23	
4.2.3.1	THR4, threonine synthase, v. S7 | p. 173	
2.7.2.4	thrA1, aspartate kinase, v. 37 | p. 314	
2.7.2.4	thrA2, aspartate kinase, v. 37 | p. 314	
4.1.2.5	Thr aldolase, Threonine aldolase, v. 3 | p. 425	
2.1.2.1	Thr aldolase, glycine hydroxymethyltransferase, v. 29 | p. 1	
4.3.1.19	Thr ammonia-lyase, threonine ammonia-lyase, v. S7 | p. 356	
2.7.1.39	ThrB, homoserine kinase, v. 36 | p. 23	
1.1.1.103	L-ThrDH, L-threonine 3-dehydrogenase, v. 17 | p. 276	
1.1.1.162	D-threitol:NADP+ oxidoreductase, erythrulose reductase, v. 18 | p. 35	
4.3.1.16	threo-3-hydroxyaspartate ammonia-lyase, threo-3-hydroxyaspartate ammonia-lyase, v. S7 | p. 330	
4.3.1.16	L-threo-3-hydroxyaspartate dehydratase, threo-3-hydroxyaspartate ammonia-lyase, v. S7 | p. 330	
4.3.1.16	threo-3-hydroxyaspartate dehydratase, threo-3-hydroxyaspartate ammonia-lyase, v. S7 | p. 330	
4.3.1.2	threo-3-methyl-L-aspartate ammonia-lyase, methylaspartate ammonia-lyase, v. 5 | p. 172	
4.3.1.2	threo-3-methylaspartase ammonia-lyase, methylaspartate ammonia-lyase, v. 5 | p. 172	
1.1.1.85	threo-Ds-3-isopropylmalate dehydrogenase, 3-isopropylmalate dehydrogenase, v. 17 | p. 179	
1.1.1.41	threo-DS-isocitrate:NAD+ oxidoreductase (decarboxylating), isocitrate dehydrogenase (NAD+), v. 16 | p. 394	
4.1.3.1	threo-DS-Isocitrate glyoxylate-lyase, isocitrate lyase, v. 4 | p. 1	
1.1.1.129	threonate dehydrogenase, L-threonate 3-dehydrogenase, v. 17 | p. 375	
1.1.1.129	L-threonic acid dehydrogenase, L-threonate 3-dehydrogenase, v. 17 | p. 375	
6.1.1.3	Threonine–tRNA ligase, Threonine-tRNA ligase, v. 2 | p. 17	
5.1.1.6	Threonine α-epimerase, Threonine racemase, v. 1 | p. 25	
4.1.1.81	L-threonine-O-3-phosphate decarboxylase, threonine-phosphate decarboxylase, v. S7 | p. 9	
2.7.11.1	threonine-specific protein kinase, non-specific serine/threonine protein kinase, v. S3 | p. 1	
6.1.1.3	Threonine-transfer ribonucleate synthetase, Threonine-tRNA ligase, v. 2 | p. 17	
1.1.1.103	threonine 3-dehydrogenase, L-threonine 3-dehydrogenase, v. 17 | p. 276	
1.1.1.262	L-threonine 4-phosphate dehydrogenase, 4-hydroxythreonine-4-phosphate dehydrogenase, v. 18 | p. 461	
4.1.2.42	D-threonine aldolase, D-threonine aldolase, v. S7 | p. 42	
4.1.2.5	L-Threonine aldolase, Threonine aldolase, v. 3 | p. 425	
2.1.2.1	L-Threonine aldolase, glycine hydroxymethyltransferase, v. 29 | p. 1	
4.1.2.5	threonine aldolase, Threonine aldolase, v. 3 | p. 425	
2.1.2.1	threonine aldolase, glycine hydroxymethyltransferase, v. 29 | p. 1	
4.1.2.5	L-threonine aldolase/GLY1, Threonine aldolase, v. 3 | p. 425	
4.3.1.19	threonine ammonia-lyase, threonine ammonia-lyase, v. S7 | p. 356	
4.3.1.17	L-threonine deaminase, L-Serine ammonia-lyase, v. S7 | p. 332	
4.3.1.19	L-threonine deaminase, threonine ammonia-lyase, v. S7 | p. 356	
4.3.1.19	Threonine deaminase, threonine ammonia-lyase, v. S7 | p. 356	
4.3.1.19	threonine dehydrase, threonine ammonia-lyase, v. S7 | p. 356	
4.3.1.17	L-threonine dehydratase, L-Serine ammonia-lyase, v. S7 | p. 332	
4.3.1.19	L-threonine dehydratase, threonine ammonia-lyase, v. S7 | p. 356	
4.3.1.19	threonine dehydratase, threonine ammonia-lyase, v. S7 | p. 356	
4.3.1.19	threonine dehydratase/deaminase, threonine ammonia-lyase, v. S7 | p. 356	
1.1.1.103	L-threonine dehydrogenase, L-threonine 3-dehydrogenase, v. 17 | p. 276	
1.1.1.103	threonine dehydrogenase, L-threonine 3-dehydrogenase, v. 17 | p. 276	
3.1.3.16	threonine phosphatase, phosphoprotein phosphatase, v. 10 | p. 213	
4.2.3.1	threonine synthase, threonine synthase, v. S7 | p. 173	
4.2.3.1	threonine synthetase, threonine synthase, v. S7 | p. 173	

6.1.1.3	Threonine translase, Threonine-tRNA ligase, v. 2	p. 17
6.1.1.3	Threonyl-ribonucleic synthetase, Threonine-tRNA ligase, v. 2	p. 17
6.1.1.3	Threonyl-transfer ribonucleate synthetase, Threonine-tRNA ligase, v. 2	p. 17
6.1.1.3	Threonyl-transfer ribonucleic acid synthetase, Threonine-tRNA ligase, v. 2	p. 17
6.1.1.3	Threonyl-transfer RNA synthetase, Threonine-tRNA ligase, v. 2	p. 17
6.1.1.3	Threonyl-tRNA synthetase, Threonine-tRNA ligase, v. 2	p. 17
3.1.3.3	THrH, phosphoserine phosphatase, v. 10	p. 77
3.4.21.5	thrombase, thrombin, v. 7	p. 26
3.4.21.5	α-thrombin, thrombin, v. 7	p. 26
3.4.21.5	thrombin, E, thrombin, v. 7	p. 26
3.4.17.20	Thrombin-activable fibrinolysis inhibitor, Carboxypeptidase U, v. 6	p. 492
3.4.17.20	thrombin-activatable fibrinolysis inhibitor, Carboxypeptidase U, v. 6	p. 492
3.4.16.2	thrombin-activatable fibrinolysis inhibitor, lysosomal Pro-Xaa carboxypeptidase, v. 6	p. 370
3.4.21.5	thrombin-C, thrombin, v. 7	p. 26
3.4.21.74	Thrombin-like enzyme, Venombin A, v. 7	p. 364
3.4.17.20	thrombin activable fibrinolysis inhibitor, Carboxypeptidase U, v. 6	p. 492
3.4.17.20	thrombin activatable fibrinolysis inhibitor, Carboxypeptidase U, v. 6	p. 492
3.4.21.5	thrombofort, thrombin, v. 7	p. 26
3.4.21.6	thrombokinase, coagulation factor Xa, v. 7	p. 35
3.4.21.7	thrombolysin, plasmin, v. 7	p. 41
3.4.21.6	thromboplastin, coagulation factor Xa, v. 7	p. 35
3.4.21.6	thromboplastin, plasma, coagulation factor Xa, v. 7	p. 35
5.3.99.5	Thromboxane A2 synthetase, Thromboxane-A synthase, v. 1	p. 472
5.3.99.5	thromboxane synthase, Thromboxane-A synthase, v. 1	p. 472
5.3.99.5	Thromboxane synthetase, Thromboxane-A synthase, v. 1	p. 472
5.3.99.5	Thromboxan synthetase, Thromboxane-A synthase, v. 1	p. 472
6.1.1.3	ThrRS, Threonine-tRNA ligase, v. 2	p. 17
4.2.3.1	ThrS, threonine synthase, v. S7	p. 173
2.3.1.110	THT, tyramine N-feruloyltransferase, v. 30	p. 254
3.6.1.28	ThTPase, thiamine-triphosphatase, v. 15	p. 425
2.1.1.45	Thy1, thymidylate synthase, v. 28	p. 244
2.1.1.148	Thy1, thymidylate synthase (FAD), v. 28	p. 643
1.14.13.76	THY10b, taxane 10β-hydroxylase, v. 26	p. 570
1.14.13.77	THY13a, taxane 13α-hydroxylase, v. 26	p. 572
2.1.1.45	ThyA, thymidylate synthase, v. 28	p. 244
2.7.1.21	ThyB, thymidine kinase, v. 35	p. 270
1.11.1.11	thylakoid-bound ascorbate peroxidase, L-ascorbate peroxidase, v. 25	p. 257
3.4.21.102	thylakoid protein precursor processing peptidase, C-terminal processing peptidase, v. 7	p. 493
1.1.1.186	thymidine-diphosphate-galactose dehydrogenase, dTDP-galactose 6-dehydrogenase, v. 18	p. 124
2.4.2.4	thymidine-orthophosphate deoxyribosyltransferase, thymidine phosphorylase, v. 33	p. 52
1.14.11.3	thymidine 2'-dioxygenase, pyrimidine-deoxynucleoside 2'-dioxygenase, v. 26	p. 45
1.14.11.3	thymidine 2'-hydroxylase, pyrimidine-deoxynucleoside 2'-dioxygenase, v. 26	p. 45
1.14.11.3	thymidine 2-oxoglutarate dioxygenase, pyrimidine-deoxynucleoside 2'-dioxygenase, v. 26	p. 45
2.7.4.9	thymidine 5'-monophosphate kinase, dTMP kinase, v. 37	p. 555
2.4.2.4	thymidine:orthophosphate deoxy-D-ribosyltransferase, thymidine phosphorylase, v. 33	p. 52
1.14.11.3	thymidine dioxygenase, pyrimidine-deoxynucleoside 2'-dioxygenase, v. 26	p. 45
1.1.1.133	thymidine diphosphate-4-dehydrorhamnose reductase, dTDP-4-dehydrorhamnose reductase, v. 17	p. 389
1.1.1.133	thymidine diphosphate-6-deoxy-L-talose, dTDP-4-dehydrorhamnose reductase, v. 17	p. 389

2.6.1.59	thymidine diphosphate 4-keto-6-deoxy-D-glucose transaminase, dTDP-4-amino-4,6-dideoxygalactose transaminase, v. 35	p. 5
4.2.1.46	Thymidine diphosphate D-glucose oxidoreductase, dTDP-glucose 4,6-dehydratase, v. 4	p. 495
2.7.7.24	thymidine diphosphate glucose pyrophosphorylase, glucose-1-phosphate thymidylyltransferase, v. 38	p. 300
2.6.1.33	thymidine diphospho-4-amino-4,6-dideoxyglucose aminotransferase, dTDP 4-amino-4,6-dideoxy-D-glucose transaminase, v. 34	p. 460
2.6.1.33	thymidine diphospho-4-amino-6-deoxyglucose aminotransferase, dTDP-4-amino-4,6-dideoxy-D-glucose transaminase, v. 34	p. 460
2.6.1.33	thymidine diphospho-4-keto-6-deoxy-D-glucose-glutamic transaminase, dTDP-4-amino-4,6-dideoxy-D-glucose transaminase, v. 34	p. 460
2.6.1.59	thymidine diphospho-4-keto-6-deoxy-D-glucose glucamic transaminase, dTDP-4-amino-4,6-dideoxygalactose transaminase, v. 35	p. 5
2.6.1.33	thymidine diphospho-4-keto-6-deoxy-D-glucose transaminase, dTDP-4-amino-4,6-dideoxy-D-glucose transaminase, v. 34	p. 460
2.6.1.59	thymidine diphospho-4-keto-6-deoxy-D-glucose transaminase, dTDP-4-amino-4,6-dideoxygalactose transaminase, v. 35	p. 5
5.1.3.13	Thymidine diphospho-4-ketorhamnose 3,5-epimerase, dTDP-4-dehydrorhamnose 3,5-epimerase, v. 1	p. 152
1.1.1.133	thymidine diphospho-4-ketorhamnose reductase, dTDP-4-dehydrorhamnose reductase, v. 17	p. 389
1.1.1.134	thymidine diphospho-6-deoxy-L-talose dehydrogenase, dTDP-6-deoxy-L-talose 4-dehydrogenase, v. 17	p. 393
4.2.1.46	Thymidine diphospho-D-glucose 4,6-dehydratase, dTDP-glucose 4,6-dehydratase, v. 4	p. 495
2.7.7.32	thymidine diphosphogalactose pyrophosphorylase, galactose-1-phosphate thymidylyltransferase, v. 38	p. 376
4.2.1.46	Thymidine diphosphoglucose oxidoreductase, dTDP-glucose 4,6-dehydratase, v. 4	p. 495
2.7.7.24	thymidine diphosphoglucose pyrophosphorylase, glucose-1-phosphate thymidylyltransferase, v. 38	p. 300
2.7.1.21	thymidine kinase, thymidine kinase, v. 35	p. 270
2.7.1.21	thymidine kinase 1, thymidine kinase, v. 35	p. 270
2.7.1.21	thymidine kinase 2, thymidine kinase, v. 35	p. 270
2.7.1.21	thymidine kinase 2, mitochondrial, thymidine kinase, v. 35	p. 270
2.7.1.21	thymidine kinase I, thymidine kinase, v. 35	p. 270
2.7.4.9	thymidine monophosphate kinase, dTMP kinase, v. 37	p. 555
3.1.3.5	thymidine monophosphate nucleotidase, 5'-nucleotidase, v. 10	p. 95
2.4.2.4	thymidine phosphorylase, thymidine phosphorylase, v. 33	p. 52
2.7.1.114	thymidine phosphotransferase, AMP-thymidine kinase, v. 37	p. 15
2.4.2.4	thymidine Pi deoxyribosyltransferase, thymidine phosphorylase, v. 33	p. 52
2.7.7.32	thymidine triphosphate:α-D-galactose 1-phosphate thymidylyltransferase, galactose-1-phosphate thymidylyltransferase, v. 38	p. 376
3.6.1.39	thymidine triphosphate nucleotidohydrolase, thymidine-triphosphatase, v. 15	p. 452
3.1.3.35	thymidylate 5'-nucleotidase, thymidylate 5'-phosphatase, v. 10	p. 335
2.7.4.9	thymidylate kinase, dTMP kinase, v. 37	p. 555
2.7.1.21	thymidylate kinase, thymidine kinase, v. 35	p. 270
2.7.4.9	thymidylate monophosphate kinase, dTMP kinase, v. 37	p. 555
1.5.1.3	thymidylate synthase-dihydrofolate reductase, dihydrofolate reductase, v. 23	p. 17
2.1.1.148	thymidylate synthase 1, thymidylate synthase (FAD), v. 28	p. 643
2.1.1.148	thymidylate synthase complementing protein, thymidylate synthase (FAD), v. 28	p. 643
2.1.1.148	thymidylate synthase ThyX, thymidylate synthase (FAD), v. 28	p. 643
2.1.1.148	thymidylate synthase X, thymidylate synthase (FAD), v. 28	p. 643
2.1.1.45	thymidylate synthetase, thymidylate synthase, v. 28	p. 244
1.5.1.3	thymidylate synthetase-dihydrofolate reductase, dihydrofolate reductase, v. 23	p. 17

2.7.4.9	thymidylic acid kinase, dTMP kinase, v. 37 | p. 555
2.7.4.9	thymidylic kinase, dTMP kinase, v. 37 | p. 555
2.7.7.32	thymidylyltransferase, galactose 1-phosphate, galactose-1-phosphate thymidylyltransferase, v. 38 | p. 376
2.7.7.24	thymidylyltransferase, glucose 1-phosphate, glucose-1-phosphate thymidylyltransferase, v. 38 | p. 300
1.14.11.6	thymine 7-hydroxylase, thymine dioxygenase, v. 26 | p. 58
1.14.11.6	thymine dioxygenase, thymine dioxygenase, v. 26 | p. 58
3.2.2.17	thymine photodimer repair enzyme, deoxyribodipyrimidine endonucleosidase, v. 14 | p. 84
1.3.1.1	thymine reductase, dihydrouracil dehydrogenase (NAD+), v. 21 | p. 1
3.4.14.5	Thymocyte-activating molecule, dipeptidyl-peptidase IV, v. 6 | p. 286
3.1.21.1	thymonuclease, deoxyribonuclease I, v. 11 | p. 431
1.2.1.36	thyroid-hormone-binding protein, retinal dehydrogenase, v. 20 | p. 282
2.4.1.38	thyroid galactosyltransferase, β-N-acetylglucosaminylglycopeptide β-1,4-galactosyltransferase, v. 31 | p. 353
2.4.1.38	thyroid glycoprotein β-galactosyltransferase, β-N-acetylglucosaminylglycopeptide β-1,4-galactosyltransferase, v. 31 | p. 353
5.3.4.1	Thyroid hormone-binding protein, Protein disulfide-isomerase, v. 1 | p. 436
1.6.3.1	thyroid NADPH oxidase, NAD(P)H oxidase, v. 24 | p. 92
1.6.3.1	thyroid oxidase, NAD(P)H oxidase, v. 24 | p. 92
1.6.3.1	thyroid oxidase 2, NAD(P)H oxidase, v. 24 | p. 92
1.11.1.8	thyroid peroxidase, iodide peroxidase, v. 25 | p. 227
3.4.19.6	thyroliberin-hydrolyzing pyroglutamate aminopeptidase, pyroglutamyl-peptidase II, v. 6 | p. 550
3.4.19.6	thyroliberinase, pyroglutamyl-peptidase II, v. 6 | p. 550
1.11.1.8	thyroperoxidase, iodide peroxidase, v. 25 | p. 227
3.4.19.6	thyrotropin-releasing hormone-degrading peptidase, pyroglutamyl-peptidase II, v. 6 | p. 550
3.4.19.6	thyrotropin-releasing hormone-degrading pyroglutamate aminopeptidase, pyroglutamyl-peptidase II, v. 6 | p. 550
1.97.1.10	thyroxine 5-deiodinase, thyroxine 5'-deiodinase, v. S1 | p. 788
1.97.1.11	thyroxine 5-deiodinase, thyroxine 5-deiodinase, v. S1 | p. 807
5.3.4.1	Thyroxine deiodinase, Protein disulfide-isomerase, v. 1 | p. 436
1.97.1.10	Thyroxine deiodinase, thyroxine 5'-deiodinase, v. S1 | p. 788
1.97.1.10	L-thyroxine iodohydrolase (reducing), thyroxine 5'-deiodinase, v. S1 | p. 788
2.1.1.148	ThyX, thymidylate synthase (FAD), v. 28 | p. 643
2.1.1.148	thyX-encoded thymidylate synthase, thymidylate synthase (FAD), v. 28 | p. 643
2.7.1.50	THZ kinase, hydroxyethylthiazole kinase, v. 36 | p. 103
5.3.3.1	TI, steroid Δ-isomerase, v. 1 | p. 376
3.4.21.4	TI, trypsin, v. 7 | p. 12
5.3.3.1	TI-WT, steroid Δ-isomerase, v. 1 | p. 376
3.1.1.3	tiacetinase, triacylglycerol lipase, v. 9 | p. 36
3.1.1.3	tibutyrin esterase, triacylglycerol lipase, v. 9 | p. 36
3.4.24.19	TId, procollagen C-endopeptidase, v. 8 | p. 317
2.7.10.1	Tie-2, receptor protein-tyrosine kinase, v. S2 | p. 341
2.7.10.1	Tie1, receptor protein-tyrosine kinase, v. S2 | p. 341
2.7.10.1	Tie2, receptor protein-tyrosine kinase, v. S2 | p. 341
2.7.10.1	Tif, receptor protein-tyrosine kinase, v. S2 | p. 341
2.3.1.93	tigloyl-CoA:13-hydroxylupanine O-tigloyltransferase, 13-hydroxylupinine O-tigloyltransferase, v. 30 | p. 179
2.3.1.93	tigloyl-CoA:(-)-13α-hydroxymultiflorine/(+)-13α-hydroxylupanine O-tigloyltransferase, 13-hydroxylupinine O-tigloyltransferase, v. 30 | p. 179
2.3.1.186	tigloyl-CoA:pseudotropine acyl transferase, pseudotropine acyltransferase
2.3.1.93	tigloyl:13α-hydroxylupanine O-tigloyltransferase, 13-hydroxylupinine O-tigloyltransferase, v. 30 | p. 179

2.3.1.93	tigloyl:13α-hydroxymultiflorine O-tigloyltransferase, 13-hydroxylupinine O-tigloyltransferase, v. 30 | p. 179
2.3.1.93	tigloyltransferase, 13-hydroxylupanine, 13-hydroxylupinine O-tigloyltransferase, v. 30 | p. 179
3.4.21.4	TIIA, trypsin, v. 7 | p. 12
3.4.21.4	TIII, trypsin, v. 7 | p. 12
1.14.13.90	TIL, zeaxanthin epoxidase, v. S1 | p. 585
5.3.1.1	TIM, Triose-phosphate isomerase, v. 1 | p. 235
3.6.3.51	Tim23 channel, mitochondrial protein-transporting ATPase, v. 15 | p. 744
3.6.3.51	TIM protein complex, mitochondrial protein-transporting ATPase, v. 15 | p. 744
1.13.11.11	TioF, tryptophan 2,3-dioxygenase, v. 25 | p. 457
2.3.1.48	Tip60, histone acetyltransferase, v. 29 | p. 641
2.7.11.24	TIPK, mitogen-activated protein kinase, v. S4 | p. 233
3.1.3.1	tissue-nonspecific alkaline phosphatase, alkaline phosphatase, v. 10 | p. 1
3.1.3.1	tissue-nonspecific ALP, alkaline phosphatase, v. 10 | p. 1
3.1.3.1	tissue-specific intestinal ALP type II, alkaline phosphatase, v. 10 | p. 1
3.4.21.68	Tissue-type plasminogen activator, t-Plasminogen activator, v. 7 | p. 331
3.4.21.68	tissue-type plasmiongen activator, t-Plasminogen activator, v. 7 | p. 331
3.4.17.2	tissue carboxypeptidase B, carboxypeptidase B, v. 6 | p. 418
3.4.13.19	tissue carnosinase, membrane dipeptidase, v. 6 | p. 239
3.4.21.21	tissue factor/factor VIIa, coagulation factor VIIa, v. 7 | p. 88
3.4.21.21	tissue factor/factor VIIa complex, coagulation factor VIIa, v. 7 | p. 88
3.5.1.4	tissue kallikrein, amidase, v. 14 | p. 231
3.4.21.119	tissue kallikrein, kallikrein 13, v. S5 | p. 447
3.4.21.118	tissue kallikrein, kallikrein 8, v. S5 | p. 435
3.4.21.77	tissue kallikrein, semenogelase, v. 7 | p. 385
3.4.21.117	tissue kallikrein, stratum corneum chymotryptic enzyme, v. S5 | p. 425
3.4.21.35	tissue kallikrein, tissue kallikrein, v. 7 | p. 141
3.4.21.35	tissue kallikrein 11, tissue kallikrein, v. 7 | p. 141
3.4.21.35	tissue kallikrein 4, tissue kallikrein, v. 7 | p. 141
3.4.21.117	tissue kallikrein 7, stratum corneum chymotryptic enzyme, v. S5 | p. 425
3.4.21.35	tissue kallikrein 9, tissue kallikrein, v. 7 | p. 141
3.1.3.1	tissue nonspecific alkaline phosphatase, alkaline phosphatase, v. 10 | p. 1
3.4.21.68	Tissue plasminogen activator, t-Plasminogen activator, v. 7 | p. 331
2.3.2.13	tissue transglutaminase, protein-glutamine γ-glutamyltransferase, v. 30 | p. 550
2.3.2.13	tissue transglutaminase 2, protein-glutamine γ-glutamyltransferase, v. 30 | p. 550
3.4.21.68	tissue type plasminogen activator, t-Plasminogen activator, v. 7 | p. 331
2.7.11.1	Titin, heart isoform N2-B, non-specific serine/threonine protein kinase, v. S3 | p. 1
6.3.2.19	Tiul1, Ubiquitin-protein ligase, v. 2 | p. 506
1.4.3.2	TJ-LAO, L-amino-acid oxidase, v. 22 | p. 225
3.2.1.17	TJL, lysozyme, v. 12 | p. 228
2.7.4.13	TK, (deoxy)nucleoside-phosphate kinase, v. 37 | p. 578
2.7.3.4	TK, taurocyamine kinase, v. 37 | p. 399
2.7.1.21	TK, thymidine kinase, v. 35 | p. 270
3.4.21.35	TK, tissue kallikrein, v. 7 | p. 141
2.7.1.21	TK-2, thymidine kinase, v. 35 | p. 270
2.7.10.2	TK-32, non-specific protein-tyrosine kinase, v. S2 | p. 441
3.2.1.14	Tk-ChiA, chitinase, v. 12 | p. 185
4.1.2.4	Tk-DeoC, Deoxyribose-phosphate aldolase, v. 3 | p. 417
2.7.1.30	Tk-GK, glycerol kinase, v. 35 | p. 351
2.5.1.29	Tk-IdsA, farnesyltranstransferase, v. 33 | p. 604
2.1.1.63	Tk-MGMT, methylated-DNA-[protein]-cysteine S-methyltransferase, v. 28 | p. 343
3.1.26.4	Tk-RNase HII, calf thymus ribonuclease H, v. 11 | p. 517
4.1.1.39	Tk-Rubisco, Ribulose-bisphosphate carboxylase, v. 3 | p. 244
2.7.1.21	TK1, thymidine kinase, v. 35 | p. 270

2.7.9.2	TK1292, pyruvate, water dikinase, v. 39 | p. 166	
2.4.1.18	TK1436, 1,4-α-glucan branching enzyme, v. 31 | p. 197	
2.7.1.21	TK1a, thymidine kinase, v. 35 | p. 270	
2.7.1.21	TK1b, thymidine kinase, v. 35 | p. 270	
2.7.1.21	TK2, thymidine kinase, v. 35 | p. 270	
4.1.2.4	TK2104, Deoxyribose-phosphate aldolase, v. 3 | p. 417	
2.2.1.1	TKA, transketolase, v. 29 | p. 165	
2.7.11.30	TβKI, receptor protein serine/threonine kinase, v. S4 | p. 340	
2.2.1.1	TKT, transketolase, v. 29 | p. 165	
2.2.1.1	TktA, transketolase, v. 29 | p. 165	
2.2.1.1	TktB, transketolase, v. 29 | p. 165	
2.2.1.1	TKTL-1, transketolase, v. 29 | p. 165	
2.2.1.1	TKTL1, transketolase, v. 29 | p. 165	
2.2.1.1	TKTL2, transketolase, v. 29 | p. 165	
3.4.24.27	TL, thermolysin, v. 8 | p. 367	
2.8.2.1	TL-PST, aryl sulfotransferase, v. 39 | p. 247	
1.2.1.12	TLAb, glyceraldehyde-3-phosphate dehydrogenase (phosphorylating), v. 20 | p. 135	
3.1.1.13	TLCEH, sterol esterase, v. 9 | p. 150	
3.4.24.19	Tld, procollagen C-endopeptidase, v. 8 | p. 317	
1.1.1.187	tld gene product, GDP-4-dehydro-D-rhamnose reductase, v. 18 | p. 126	
3.4.21.4	TLE, trypsin, v. 7 | p. 12	
3.4.21.4	TLE I, trypsin, v. 7 | p. 12	
3.4.21.4	TLE II, trypsin, v. 7 | p. 12	
1.14.11.4	TLH, procollagen-lysine 5-dioxygenase, v. 26 | p. 49	
2.7.10.2	tlk, non-specific protein-tyrosine kinase, v. S2 | p. 441	
3.6.4.4	TLKIF1, plus-end-directed kinesin ATPase, v. 15 | p. 778	
3.4.24.27	TLN, thermolysin, v. 8 | p. 367	
3.5.2.17	TLP, hydroxyisourate hydrolase, v. S6 | p. 438	
3.4.24.28	TLP-ste, bacillolysin, v. 8 | p. 374	
3.4.24.27	TLP-ste, thermolysin, v. 8 | p. 367	
3.4.24.28	TLP-sub, bacillolysin, v. 8 | p. 374	
2.7.11.25	Tlp2, mitogen-activated protein kinase kinase kinase, v. S4 | p. 278	
5.2.1.8	TLP20, Peptidylprolyl isomerase, v. 1 | p. 218	
2.7.1.146	TLPFK, ADP-specific phosphofructokinase, v. 37 | p. 223	
6.3.2.30	Tlr2170 protein, cyanophycin synthase (L-arginine-adding), v. S7 | p. 616	
6.3.2.29	Tlr2170 protein, cyanophycin synthase (L-aspartate-adding), v. S7 | p. 610	
3.6.1.19	Tm-MazG, nucleoside-triphosphate diphosphatase, v. 15 | p. 386	
3.1.26.3	Tm-RNase III, ribonuclease III, v. 11 | p. 509	
3.1.26.11	TM0207, tRNase Z, v. S5 | p. 105	
4.2.1.22	TM0935, Cystathionine β-synthase, v. 4 | p. 390	
1.14.13.76	Tm10BH, taxane 10β-hydroxylase, v. 26 | p. 570	
2.1.2.3	TM1249, phosphoribosylaminoimidazolecarboxamide formyltransferase, v. 29 | p. 32	
2.1.1.14	TM1286, 5-methyltetrahydropteroyltriglutamate-homocysteine S-methyltransferase, v. 28 | p. 84	
3.1.3.25	TM1415, inositol-phosphate phosphatase, v. 10 | p. 278	
3.4.11.18	TM1478, methionyl aminopeptidase, v. 6 | p. 159	
2.4.2.19	TM1645, nicotinate-nucleotide diphosphorylase (carboxylating), v. 33 | p. 188	
3.2.1.24	TM1851, α-mannosidase, v. 12 | p. 407	
3.2.1.114	TM1851, mannosyl-oligosaccharide 1,3-1,6-α-mannosidase, v. 13 | p. 470	
3.1.4.17	TM22, 3′,5′-cyclic-nucleotide phosphodiesterase, v. 11 | p. 116	
1.2.1.47	TMABA-DH, 4-trimethylammoniobutyraldehyde dehydrogenase, v. 20 | p. 334	
1.2.1.47	TMABA dehydrogenase, 4-trimethylammoniobutyraldehyde dehydrogenase, v. 20 | p. 334	
4.6.1.1	tmAC, adenylate cyclase, v. 5 | p. 415	
1.5.8.2	TMA dehydrogenase, trimethylamine dehydrogenase, v. 23 | p. 337	
1.5.8.2	TMADH, trimethylamine dehydrogenase, v. 23 | p. 337	

4.1.2.32	TMAOase, trimethylamine-oxide aldolase, v. 3 | p. 554	
4.1.2.32	TMAO demethylase, trimethylamine-oxide aldolase, v. 3 | p. 554	
1.6.6.9	TMAO reductase, trimethylamine-N-oxide reductase, v. 24 | p. 156	
1.7.2.3	TMAO reductase, trimethylamine-N-oxide reductase (cytochrome c), v. 24 | p. 336	
3.1.26.11	TmaTrz, tRNase Z, v. S5 | p. 105	
3.2.1.14	TmChi, chitinase, v. 12 | p. 185	
2.3.1.167	TmDBAT, 10-deacetylbaccatin III 10-O-acetyltransferase, v. 30 | p. 451	
6.3.2.4	TmDdl, D-Alanine-D-alanine ligase, v. 2 | p. 423	
2.3.1.20	TmDGAT1, diacylglycerol O-acyltransferase, v. 29 | p. 396	
3.1.3.48	TMDP, protein-tyrosine-phosphatase, v. 10 | p. 407	
1.1.1.40	TME, malate dehydrogenase (oxaloacetate-decarboxylating) (NADP+), v. 16 | p. 381	
2.3.1.78	TMEM76, heparan-α-glucosaminide N-acetyltransferase, v. 30 | p. 90	
3.2.1.51	TMαfuc, α-L-fucosidase, v. 13 | p. 25	
3.2.1.22	TmGalA, α-galactosidase, v. 12 | p. 342	
3.2.1.67	TmGalU, galacturan 1,4-α-galacturonidase, v. 13 | p. 195	
2.4.1.25	TmαGT, 4-α-glucanotransferase, v. 31 | p. 276	
2.3.1.31	TmHTS, homoserine O-acetyltransferase, v. 29 | p. 515	
2.7.4.9	TMK, dTMP kinase, v. 37 | p. 555	
2.7.11.24	TmkA, mitogen-activated protein kinase, v. S4 | p. 233	
1.14.11.8	TML-α-ketoglutarate dioxygenase, trimethyllysine dioxygenase, v. 26 | p. 70	
1.14.11.8	TMLD, trimethyllysine dioxygenase, v. 26 | p. 70	
1.14.11.8	TML dioxygenase, trimethyllysine dioxygenase, v. 26 | p. 70	
1.14.11.8	TMLH, trimethyllysine dioxygenase, v. 26 | p. 70	
1.14.11.8	TMLH-a, trimethyllysine dioxygenase, v. 26 | p. 70	
1.14.11.8	TMLH-b, trimethyllysine dioxygenase, v. 26 | p. 70	
1.14.11.8	TML hydroxylase, trimethyllysine dioxygenase, v. 26 | p. 70	
3.2.1.24	TMM, α-mannosidase, v. 12 | p. 407	
2.5.1.3	TMP-PPase, thiamine-phosphate diphosphorylase, v. 33 | p. 413	
2.7.1.33	TmPanK-III, pantothenate kinase, v. 35 | p. 385	
3.6.1.2	TMPase, trimetaphosphatase, v. 15 | p. 259	
2.7.4.9	TMPK, dTMP kinase, v. 37 | p. 555	
2.7.4.9	TMP kinase, dTMP kinase, v. 37 | p. 555	
2.7.4.9	TMPKmt, dTMP kinase, v. 37 | p. 555	
2.5.1.3	TMPPase, thiamine-phosphate diphosphorylase, v. 33 | p. 413	
2.5.1.3	TMP pyrophosphorylase, thiamine-phosphate diphosphorylase, v. 33 | p. 413	
3.4.21.106	TMPRSS1, hepsin, v. S5 | p. 334	
3.4.21.109	TMPRSS6, matriptase, v. S5 | p. 367	
2.5.1.3	TMPS, thiamine-phosphate diphosphorylase, v. 33 | p. 413	
2.1.1.45	TMP synthetase, thymidylate synthase, v. 28 | p. 244	
2.1.1.67	TMPT, thiopurine S-methyltransferase, v. 28 | p. 360	
6.3.5.3	TmPurL, phosphoribosylformylglycinamidine synthase, v. 2 | p. 666	
2.5.1.27	Tmr, adenylate dimethylallyltransferase, v. 33 | p. 599	
3.4.21.59	TMT, Tryptase, v. 7 | p. 265	
2.1.1.9	TMT, thiol S-methyltransferase, v. 28 | p. 51	
2.1.1.95	γ-TMT, tocopherol O-methyltransferase, v. 28 | p. 474	
2.1.1.145	Tmt1 methyltransferase, trans-aconitate 3-methyltransferase, v. 28 | p. 634	
2.3.1.162	TmTAT, taxadien-5α-ol O-acetyltransferase, v. 30 | p. 436	
5.4.99.12	tmTruB, tRNA-pseudouridine synthase I, v. 1 | p. 642	
3.1.1.4	TMV-K49, phospholipase A2, v. 9 | p. 52	
3.2.1.8	TmxB, endo-1,4-β-xylanase, v. 12 | p. 133	
6.5.1.1	TNA1_lig, DNA ligase (ATP), v. 2 | p. 755	
6.5.1.2	TNA1_lig, DNA ligase (NAD+), v. 2 | p. 773	
3.4.21.26	TNA1_POP, prolyl oligopeptidase, v. 7 | p. 110	
5.3.1.4	TNAI, L-Arabinose isomerase, v. 1 | p. 254	
3.1.3.1	TNAP, alkaline phosphatase, v. 10 | p. 1	

3.1.31.1	TNase, micrococcal nuclease, v. 11	p. 632
4.1.99.1	TNase, tryptophanase, v. 4	p. 199
3.1.26.3	TNase III, ribonuclease III, v. 11	p. 509
3.4.24.86	TNF-α convertase, ADAM 17 endopeptidase, v. S6	p. 348
3.4.24.86	TNF-α converting enzyme, ADAM 17 endopeptidase, v. S6	p. 348
3.4.24.86	TNF-α processing protease, ADAM 17 endopeptidase, v. S6	p. 348
3.2.1.22	TnGalA, α-galactosidase, v. 12	p. 342
2.4.2.30	TNKS-1, NAD+ ADP-ribosyltransferase, v. 33	p. 263
2.1.1.122	TNMT, (S)-tetrahydroprotoberberine N-methyltransferase, v. 28	p. 570
1.7.99.7	Tnor, nitric-oxide reductase, v. 24	p. 441
3.1.3.1	TNSALP, alkaline phosphatase, v. 10	p. 1
1.13.11.11	TO, tryptophan 2,3-dioxygenase, v. 25	p. 457
3.1.16.1	5'-to-3' exonuclease, spleen exonuclease, v. 11	p. 424
4.2.1.1	tobacco salicylic acid-binding protein 3, carbonate dehydratase, v. 4	p. 242
4.1.1.37	tobacco UROD, Uroporphyrinogen decarboxylase, v. 3	p. 228
2.1.1.95	γ-tocopherol methyltransferase, tocopherol O-methyltransferase, v. 28	p. 474
1.14.12.11	Tod, toluene dioxygenase, v. 26	p. 156
3.7.1.9	TodF, 2-hydroxymuconate-semialdehyde hydrolase, v. 15	p. 856
3.6.3.38	TogMNAB, capsular-polysaccharide-transporting ATPase, v. 15	p. 683
2.4.1.128	TOGT, scopoletin glucosyltransferase, v. 32	p. 198
1.1.1.90	TOL-BADH, aryl-alcohol dehydrogenase, v. 17	p. 209
3.4.24.19	tolloid, procollagen C-endopeptidase, v. 8	p. 317
4.1.99.11	toluene-activating enzyme, benzylsuccinate synthase, v. S7	p. 66
1.14.12.11	toluene 2,3-dioxygenase, toluene dioxygenase, v. 26	p. 156
4.1.1.22	TOM92, Histidine decarboxylase, v. 3	p. 126
3.4.22.28	tomato ringspot nepovirus 3C-related protease, picornain 3C, v. 7	p. 646
3.6.4.10	tomato stress70c, non-chaperonin molecular chaperone ATPase, v. 15	p. 810
6.3.2.19	tombusvirus replicase complex, Ubiquitin-protein ligase, v. 2	p. 506
3.6.3.51	TOM complex, mitochondrial protein-transporting ATPase, v. 15	p. 744
3.6.3.51	TOM protein complex, mitochondrial protein-transporting ATPase, v. 15	p. 744
3.1.3.15	TON_0887-derived protein, histidinol-phosphatase, v. 10	p. 208
3.6.3.14	tonoplast H+-ATPase, H+-transporting two-sector ATPase, v. 15	p. 598
1.11.1.7	TOP, peroxidase, v. 25	p. 211
3.4.24.15	TOP, thimet oligopeptidase, v. 8	p. 275
5.99.1.2	Top1, DNA topoisomerase, v. 1	p. 721
5.99.1.2	TOP1mt, DNA topoisomerase, v. 1	p. 721
5.99.1.2	Top1p, DNA topoisomerase, v. 1	p. 721
5.99.1.3	Top2, DNA topoisomerase (ATP-hydrolysing), v. 1	p. 737
5.99.1.3	Top2α, DNA topoisomerase (ATP-hydrolysing), v. 1	p. 737
5.99.1.3	TOP2mt, DNA topoisomerase (ATP-hydrolysing), v. 1	p. 737
5.99.1.2	TopA, DNA topoisomerase, v. 1	p. 721
5.99.1.2	TopI, DNA topoisomerase, v. 1	p. 721
5.99.1.2	top I, DNA topoisomerase, v. 1	p. 721
5.99.1.2	TopIB, DNA topoisomerase, v. 1	p. 721
3.4.21.5	topical, thrombin, v. 7	p. 26
5.99.1.3	TopII, DNA topoisomerase (ATP-hydrolysing), v. 1	p. 737
5.99.1.2	Topo I, DNA topoisomerase, v. 1	p. 721
5.99.1.2	topoI, DNA topoisomerase, v. 1	p. 721
5.99.1.2	topo IB, DNA topoisomerase, v. 1	p. 721
5.99.1.3	TOPOII, DNA topoisomerase (ATP-hydrolysing), v. 1	p. 737
5.99.1.3	Topo IIα, DNA topoisomerase (ATP-hydrolysing), v. 1	p. 737
5.99.1.3	Topo IIβ, DNA topoisomerase (ATP-hydrolysing), v. 1	p. 737
5.99.1.3	topo II, DNA topoisomerase (ATP-hydrolysing), v. 1	p. 737
5.99.1.3	topo II α, DNA topoisomerase (ATP-hydrolysing), v. 1	p. 737
5.99.1.3	topoIIα, DNA topoisomerase (ATP-hydrolysing), v. 1	p. 737

5.99.1.3	topoIIβ, DNA topoisomerase (ATP-hydrolysing), v. 1	p. 737
5.99.1.3	Topo IIA, DNA topoisomerase (ATP-hydrolysing), v. 1	p. 737
5.99.1.2	Topo III, DNA topoisomerase, v. 1	p. 721
5.99.1.2	Topoisomerase, DNA topoisomerase, v. 1	p. 721
5.99.1.2	topoisomerase 1, DNA topoisomerase, v. 1	p. 721
5.99.1.3	topoisomerase 2 α, DNA topoisomerase (ATP-hydrolysing), v. 1	p. 737
5.99.1.2	Topoisomerase I, DNA topoisomerase, v. 1	p. 721
5.99.1.2	topoisomerase IA, DNA topoisomerase, v. 1	p. 721
5.99.1.2	topoisomerase IB, DNA topoisomerase, v. 1	p. 721
5.99.1.3	Topoisomerase II, DNA topoisomerase (ATP-hydrolysing), v. 1	p. 737
5.99.1.3	topoisomerase II α, DNA topoisomerase (ATP-hydrolysing), v. 1	p. 737
5.99.1.3	topoisomerase IIα, DNA topoisomerase (ATP-hydrolysing), v. 1	p. 737
5.99.1.3	topoisomerase IIβ, DNA topoisomerase (ATP-hydrolysing), v. 1	p. 737
5.99.1.3	topoisomerase IIA, DNA topoisomerase (ATP-hydrolysing), v. 1	p. 737
5.99.1.2	topoisomerase III, DNA topoisomerase, v. 1	p. 721
5.99.1.2	topoisomerase IIIα, DNA topoisomerase, v. 1	p. 721
5.99.1.2	topoisomerase IIIβ, DNA topoisomerase, v. 1	p. 721
5.99.1.2	topoisomerase IV, DNA topoisomerase, v. 1	p. 721
5.99.1.3	topoisomerase IV, DNA topoisomerase (ATP-hydrolysing), v. 1	p. 737
5.99.1.3	Topoisomerase type II, DNA topoisomerase (ATP-hydrolysing), v. 1	p. 737
5.99.1.2	topoisomerase V, DNA topoisomerase, v. 1	p. 721
5.99.1.2	topoisomerase VI, DNA topoisomerase, v. 1	p. 721
5.99.1.3	topo IV, DNA topoisomerase (ATP-hydrolysing), v. 1	p. 737
5.99.1.2	topoIV, DNA topoisomerase, v. 1	p. 721
5.99.1.3	topoIV, DNA topoisomerase (ATP-hydrolysing), v. 1	p. 737
5.99.1.3	TopoNM, DNA topoisomerase (ATP-hydrolysing), v. 1	p. 737
5.99.1.3	toposiomerase II, DNA topoisomerase (ATP-hydrolysing), v. 1	p. 737
5.99.1.2	topo V, DNA topoisomerase, v. 1	p. 721
5.99.1.2	topo VI, DNA topoisomerase, v. 1	p. 721
5.99.1.3	topo VI, DNA topoisomerase (ATP-hydrolysing), v. 1	p. 737
1.6.6.9	TOR, trimethylamine-N-oxide reductase, v. 24	p. 156
1.7.2.3	TOR, trimethylamine-N-oxide reductase (cytochrome c), v. 24	p. 336
1.6.6.9	TorA, trimethylamine-N-oxide reductase, v. 24	p. 156
1.7.2.3	TorA, trimethylamine-N-oxide reductase (cytochrome c), v. 24	p. 336
1.6.6.9	TorD, trimethylamine-N-oxide reductase, v. 24	p. 156
1.7.2.3	TorD, trimethylamine-N-oxide reductase (cytochrome c), v. 24	p. 336
1.6.6.9	torECA gene product, trimethylamine-N-oxide reductase, v. 24	p. 156
1.11.1.15	torin, peroxiredoxin, v. S1	p. 403
2.7.10.1	Torpedo protein, receptor protein-tyrosine kinase, v. S2	p. 341
1.13.12.12	torulene oxygenase, apo-β-carotenoid-14',13'-dioxygenase, v. 25	p. 732
1.7.2.3	TorZ, trimethylamine-N-oxide reductase (cytochrome c), v. 24	p. 336
2.4.1.225	tout-velu, N-acetylglucosaminyl-proteoglycan 4-β-glucuronosyltransferase, v. 32	p. 610
2.4.1.224	tout-velu, glucuronosyl-N-acetylglucosaminyl-proteoglycan 4-α-N-acetylglucosaminyl-transferase, v. 32	p. 604
2.4.1.225	tout velu, N-acetylglucosaminyl-proteoglycan 4-β-glucuronosyltransferase, v. 32	p. 610
4.1.1.2	TOXDC, Oxalate decarboxylase, v. 3	p. 11
3.1.4.3	β toxin, phospholipase C, v. 11	p. 32
3.1.4.3	β-toxin, phospholipase C, v. 11	p. 32
3.1.4.12	β-toxin, sphingomyelin phosphodiesterase, v. 11	p. 86
3.1.4.3	γ-toxin, phospholipase C, v. 11	p. 32
3.1.14.1	γ-toxin, yeast ribonuclease, v. 11	p. 412
3.1.4.3	α-toxin, phospholipase C, v. 11	p. 32
3.1.4.12	α-toxin, sphingomyelin phosphodiesterase, v. 11	p. 86
2.4.2.30	i-toxin, NAD+ ADP-ribosyltransferase, v. 33	p. 263
3.6.1.45	toxin A, UDP-sugar diphosphatase, v. 15	p. 476

3.6.1.45	toxin B, UDP-sugar diphosphatase, v.15	p.476
3.1.1.4	Toxin VI, phospholipase A2, v.9	p.52
3.1.1.4	Toxin VI:5, phospholipase A2, v.9	p.52
3.4.22.1	toxopain-1, cathepsin B, v.7	p.501
3.4.14.5	TP103, dipeptidyl-peptidase IV, v.6	p.286
3.4.21.68	r-tPA, t-Plasminogen activator, v.7	p.331
3.4.21.68	tPA, t-Plasminogen activator, v.7	p.331
2.6.1.77	tPA, taurine-pyruvate aminotransferase, v.35	p.64
1.14.12.15	TPA 1,2-dioxygenase, Terephthalate 1,2-dioxygenase, v.26	p.185
1.14.12.15	TPADO, Terephthalate 1,2-dioxygenase, v.26	p.185
2.7.7.19	Tpap, polynucleotide adenylyltransferase, v.38	p.245
3.1.3.33	Tpase, polynucleotide 5'-phosphatase, v.10	p.330
2.4.2.4	Tpase, thymidine phosphorylase, v.33	p.52
4.1.99.1	Tpase, tryptophanase, v.4	p.199
1.1.99.18	TpCDH, cellobiose dehydrogenase (acceptor), v.19	p.377
3.1.3.16	Tpd3p, phosphoprotein phosphatase, v.10	p.213
1.14.19.4	TpdesB, Δ8-fatty-acid desaturase	
1.14.19.5	TpDESN, Δ11-fatty-acid desaturase	
1.14.99.1	tPGHS-1, prostaglandin-endoperoxide synthase, v.27	p.246
1.14.99.1	tPGHS-2, prostaglandin-endoperoxide synthase, v.27	p.246
1.14.16.4	TPH, tryptophan 5-monooxygenase, v.27	p.98
1.14.16.4	TPH-1, tryptophan 5-monooxygenase, v.27	p.98
1.14.16.4	TPH-2, tryptophan 5-monooxygenase, v.27	p.98
1.14.16.4	TPH1, tryptophan 5-monooxygenase, v.27	p.98
1.14.16.4	TPH2, tryptophan 5-monooxygenase, v.27	p.98
5.99.1.2	TpI, DNA topoisomerase, v.1	p.721
3.4.14.10	TPII, tripeptidyl-peptidase II, v.6	p.320
2.7.11.26	TPK, τ-protein kinase, v.S4	p.303
2.7.3.4	TPK, taurocyamine kinase, v.37	p.399
2.7.6.2	TPK, thiamine diphosphokinase, v.38	p.23
2.7.11.11	Tpk1, cAMP-dependent protein kinase, v.S3	p.241
2.7.11.1	TPK I, non-specific serine/threonine protein kinase, v.S3	p.1
2.7.11.26	TPK I, τ-protein kinase, v.S4	p.303
2.7.11.26	TPKI, τ-protein kinase, v.S4	p.303
2.7.11.26	TPKI/GSK-3β, τ-protein kinase, v.S4	p.303
2.7.11.26	TPKI/GSK-3β/FA, τ-protein kinase, v.S4	p.303
2.7.11.26	TPKI/GSK3β, τ-protein kinase, v.S4	p.303
2.7.11.26	TPKII, τ-protein kinase, v.S4	p.303
4.1.99.2	TPL, tyrosine phenol-lyase, v.4	p.210
2.7.11.25	TPL-2, mitogen-activated protein kinase kinase kinase, v.S4	p.278
2.1.1.67	TPMT, thiopurine S-methyltransferase, v.28	p.360
1.1.1.19	TPN-L-gulonate dehydrogenase, glucuronate reductase, v.16	p.193
1.1.1.2	TPN-L-hexonate dehydrogenase, alcohol dehydrogenase (NADP+), v.16	p.45
1.1.1.21	TPN-polyol dehydrogenase, aldehyde reductase, v.16	p.203
1.6.2.4	TPNH-cytochrome c reductase, NADPH-hemoprotein reductase, v.24	p.58
1.18.1.2	TPNH-cytochrome P-450 reductase, ferredoxin-NADP+ reductase, v.27	p.543
1.6.99.1	TPNH-diaphorase, NADPH dehydrogenase, v.24	p.179
1.18.1.2	TPNH-ferredoxin reductase, ferredoxin-NADP+ reductase, v.27	p.543
1.1.1.2	TPNH-linked aldehyde reductase, alcohol dehydrogenase (NADP+), v.16	p.45
1.1.1.2	TPNH-specific aldehyde reductase, alcohol dehydrogenase (NADP+), v.16	p.45
1.6.2.4	TPNH2 cytochrome c reductase, NADPH-hemoprotein reductase, v.24	p.58
1.6.99.1	TPNH dehydrogenase, NADPH dehydrogenase, v.24	p.179
1.11.1.2	TPNH peroxidase, NADPH peroxidase, v.25	p.180
1.1.1.19	TPN l-hexonate dehydrogenase, glucuronate reductase, v.16	p.193
1.11.1.2	TPN peroxidase, NADPH peroxidase, v.25	p.180

1.11.1.8	TPO, iodide peroxidase, v. 25 | p. 227
2.4.1.109	tPOmt2, dolichyl-phosphate-mannose-protein mannosyltransferase, v. 32 | p. 110
1.11.1.8	TPOX, iodide peroxidase, v. 25 | p. 227
3.1.1.4	TPP, phospholipase A2, v. 9 | p. 52
3.1.3.12	TPP, trehalose-phosphatase, v. 10 | p. 194
3.4.14.10	TPP-2, tripeptidyl-peptidase II, v. 6 | p. 320
3.4.14.9	TPP-I, tripeptidyl-peptidase I, v. 6 | p. 316
3.4.14.10	TPP-II, tripeptidyl-peptidase II, v. 6 | p. 320
3.1.3.31	Tpp1, nucleotidase, v. 10 | p. 316
3.1.3.32	Tpp1, polynucleotide 3'-phosphatase, v. 10 | p. 326
3.1.3.12	Tpp1, trehalose-phosphatase, v. 10 | p. 194
3.4.14.9	Tpp1, tripeptidyl-peptidase I, v. 6 | p. 316
3.1.3.12	TPP2, trehalose-phosphatase, v. 10 | p. 194
3.6.1.6	TPPase, nucleoside-diphosphatase, v. 15 | p. 283
3.4.11.4	TPP I, tripeptide aminopeptidase, v. 6 | p. 75
3.4.14.9	TPP I, tripeptidyl-peptidase I, v. 6 | p. 316
3.4.14.9	TPPI, tripeptidyl-peptidase I, v. 6 | p. 316
3.4.11.4	TPP II, tripeptide aminopeptidase, v. 6 | p. 75
3.4.14.10	TPP II, tripeptidyl-peptidase II, v. 6 | p. 320
3.4.11.4	TPPII, tripeptide aminopeptidase, v. 6 | p. 75
3.4.14.10	TPPII, tripeptidyl-peptidase II, v. 6 | p. 320
3.1.3.12	TPPL, trehalose-phosphatase, v. 10 | p. 194
1.11.1.8	TPQ, iodide peroxidase, v. 25 | p. 227
2.1.2.10	T protein, aminomethyltransferase, v. 29 | p. 78
1.4.4.2	T protein, glycine dehydrogenase (decarboxylating), v. 22 | p. 371
2.4.1.36	TPS, α,α-trehalose-phosphate synthase (GDP-forming), v. 31 | p. 341
2.4.1.15	TPS, α,α-trehalose-phosphate synthase (UDP-forming), v. 31 | p. 137
4.2.3.22	TPS, germacradienol synthase, v. S7 | p. 295
4.2.3.18	TPS-LAS, abietadiene synthase, v. S7 | p. 276
4.2.3.32	TPS-LAS, levopimaradiene synthase
2.4.1.15	TPS1, α,α-trehalose-phosphate synthase (UDP-forming), v. 31 | p. 137
4.2.3.22	TPS1, germacradienol synthase, v. S7 | p. 295
4.2.3.40	TPS12, (Z)-γ-bisabolene synthase
4.2.3.40	TPS13, (Z)-γ-bisabolene synthase
3.1.3.12	TPS2, trehalose-phosphatase, v. 10 | p. 194
4.2.3.38	TPS3, α-bisabolene synthase
3.1.3.12	TPS6, trehalose-phosphatase, v. 10 | p. 194
2.8.2.20	TPST, protein-tyrosine sulfotransferase, v. 39 | p. 419
2.8.2.20	TPST-1, protein-tyrosine sulfotransferase, v. 39 | p. 419
2.8.2.20	TPST-2, protein-tyrosine sulfotransferase, v. 39 | p. 419
2.8.2.20	TPST-A, protein-tyrosine sulfotransferase, v. 39 | p. 419
2.8.2.20	TPST1, protein-tyrosine sulfotransferase, v. 39 | p. 419
2.8.2.20	TPST2, protein-tyrosine sulfotransferase, v. 39 | p. 419
2.7.1.160	Tpt1, 2'-phosphotransferase, v. S2 | p. 287
2.7.1.160	Tpt1p, 2'-phosphotransferase, v. S2 | p. 287
2.7.6.2	TPTase, thiamine diphosphokinase, v. 38 | p. 23
1.11.1.7	Tpx, peroxidase, v. 25 | p. 211
1.11.1.15	TPx-1, peroxiredoxin, v. S1 | p. 403
1.11.1.15	TPx-B, peroxiredoxin, v. S1 | p. 403
1.11.1.15	TPx1, peroxiredoxin, v. S1 | p. 403
1.8.5.2	TQO, thiosulfate dehydrogenase (quinone), v. S1 | p. 363
1.8.1.9	TR, thioredoxin-disulfide reductase, v. 24 | p. 517
1.8.1.12	TR, trypanothione-disulfide reductase, v. 24 | p. 543
1.14.17.4	TR-ACO1p, aminocyclopropanecarboxylate oxidase, v. 27 | p. 154
1.14.17.4	TR-ACO2p, aminocyclopropanecarboxylate oxidase, v. 27 | p. 154

1.14.17.4	TR-ACO3p, aminocyclopropanecarboxylate oxidase, v. 27 | p. 154	
1.14.17.4	TR-ACO4p, aminocyclopropanecarboxylate oxidase, v. 27 | p. 154	
3.1.3.2	TR-AcPh, acid phosphatase, v. 10 | p. 31	
3.1.3.2	TR-AP, acid phosphatase, v. 10 | p. 31	
3.2.1.2	TR-BAMY, β-amylase, v. 12 | p. 43	
1.1.1.206	TR-I, tropinone reductase I, v. 18 | p. 261	
2.7.11.30	TβR-I, receptor protein serine/threonine kinase, v. S4 | p. 340	
1.1.1.236	TR-II, tropinone reductase II, v. 18 | p. 372	
2.7.11.30	TβR-II, receptor protein serine/threonine kinase, v. S4 | p. 340	
3.4.21.4	TR-P, trypsin, v. 7 | p. 12	
3.4.21.4	TR-S, trypsin, v. 7 | p. 12	
1.8.1.9	TR1, thioredoxin-disulfide reductase, v. 24 | p. 517	
1.8.1.9	TR3, thioredoxin-disulfide reductase, v. 24 | p. 517	
5.3.99.2	β-Trace, Prostaglandin-D synthase, v. 1 | p. 451	
5.3.99.2	β-trace protein, Prostaglandin-D synthase, v. 1 | p. 451	
3.1.3.2	TRACP, acid phosphatase, v. 10 | p. 31	
3.1.3.2	TRACP 5a, acid phosphatase, v. 10 | p. 31	
3.1.3.2	TRACP 5b, acid phosphatase, v. 10 | p. 31	
3.1.3.2	TRACP5b, acid phosphatase, v. 10 | p. 31	
6.3.2.19	TRAF6, Ubiquitin-protein ligase, v. 2 | p. 506	
3.4.23.30	Trametes acid proteinase, Pycnoporopepsin, v. 8 | p. 139	
2.3.1.24	TRAM homolog 1, sphingosine N-acyltransferase, v. 29 | p. 455	
2.3.1.24	TRAM homolog 3, sphingosine N-acyltransferase, v. 29 | p. 455	
2.3.1.24	TRAM homolog 4, sphingosine N-acyltransferase, v. 29 | p. 455	
4.2.3.13	2-trans,6-trans-farnesyl-diphosphate diphosphate-lyase (cyclizing, (+)-α-cadinene-forming), (+)-δ-cadinene synthase, v. S7 | p. 250	
4.2.3.6	trans,trans-farnesyl-diphosphate sesquiterpenoid-lyase, trichodiene synthase, v. 5 | p. 74	
1.10.1.1	trans-1,2-acenaphthenediol dehydrogenase, trans-acenaphthene-1,2-diol dehydrogenase, v. 25 | p. 76	
4.1.2.34	trans-2'-carboxybenzalpyruvate hydratase-aldolase, 4-(2-carboxyphenyl)-2-oxobut-3-enoate aldolase, v. 3 | p. 562	
1.3.1.44	trans-2-enoyl-ACP(CoA) reductase, trans-2-enoyl-CoA reductase (NAD+), v. 21 | p. 251	
4.2.1.17	trans-2-enoyl-CoA hydratase, enoyl-CoA hydratase, v. 4 | p. 360	
1.3.1.8	trans-2-enoyl-CoA reductase, acyl-CoA dehydrogenase (NADP+), v. 21 | p. 34	
1.3.1.44	trans-2-enoyl-CoA reductase, trans-2-enoyl-CoA reductase (NAD+), v. 21 | p. 251	
1.3.1.44	trans-2-enoyl-CoA reductase, NADH-dependent, trans-2-enoyl-CoA reductase (NAD+), v. 21 | p. 251	
1.1.1.226	trans-4-hydroxycyclohexanecarboxylate dehydrogenase, 4-hydroxycyclohexanecarboxylate dehydrogenase, v. 18 | p. 344	
2.1.1.144	trans-aconitate methyltransferase, trans-aconitate 2-methyltransferase, v. 28 | p. 632	
2.1.1.145	trans-aconitate methyltransferase, trans-aconitate 3-methyltransferase, v. 28 | p. 634	
2.1.1.104	trans-caffeoyl-CoA 3-O-methyltransferase, caffeoyl-CoA O-methyltransferase, v. 28 | p. 513	
1.14.13.11	trans-cinnamate 4-hydroxylase, trans-cinnamate 4-monooxygenase, v. 26 | p. 281	
1.14.13.14	trans-cinnamic acid 2-hydroxylase, trans-cinnamate 2-monooxygenase, v. 26 | p. 306	
1.14.13.11	trans-cinnamic acid 4-hydroxylase, trans-cinnamate 4-monooxygenase, v. 26 | p. 281	
3.4.21.62	trans-cinnamoyl-subtilisin, Subtilisin, v. 7 | p. 285	
2.4.2.6	trans-deoxyribosylase, nucleoside deoxyribosyltransferase, v. 33 | p. 66	
3.1.1.45	trans-dienelactone hydrolase, carboxymethylenebutenolidase, v. 9 | p. 310	
3.1.1.45	trans-DLH, carboxymethylenebutenolidase, v. 9 | p. 310	
1.3.1.9	trans-enoyl-[acyl-carrier-protein] reductase, enoyl-[acyl-carrier-protein] reductase (NADH), v. 21 | p. 43	
1.3.1.10	trans-enoyl-[acyl-carrier-protein] reductase, enoyl-[acyl-carrier-protein] reductase (NADPH, B-specific), v. 21 | p. 52	
1.3.1.9	2-trans-enoyl-ACP (CoA) reductase, enoyl-[acyl-carrier-protein] reductase (NADH), v. 21 | p. 43	

5.3.3.8	3,2-trans-Enoyl-CoA isomerase, dodecenoyl-CoA isomerase, v. 1	p. 413
5.3.3.8	3-2trans-Enoyl-CoA isomerase, dodecenoyl-CoA isomerase, v. 1	p. 413
1.3.1.8	2-trans-enoyl-CoA reductase, acyl-CoA dehydrogenase (NADP+), v. 21	p. 34
3.3.2.4	trans-epoxysuccinate hydratase, trans-epoxysuccinate hydrolase, v. 14	p. 172
2.5.1.1	trans-farnesyl pyrophosphate synthetase, dimethylallyltranstransferase, v. 33	p. 393
6.2.1.34	trans-feruloyl-CoA synthetase, trans-feruloyl-CoA synthase, v. S7	p. 590
2.4.1.16	trans-N-acetylglucosaminosylase, chitin synthase, v. 31	p. 147
2.4.2.6	trans-N-deoxyribosylase, nucleoside deoxyribosyltransferase, v. 33	p. 66
2.4.2.6	trans-N-glycosidase, nucleoside deoxyribosyltransferase, v. 33	p. 66
2.5.1.11	trans-octaprenyltranstransferase, trans-octaprenyltranstransferase, v. 33	p. 483
2.5.1.29	trans-prenyl diphosphate synthase, farnesyltranstransferase, v. 33	p. 604
2.5.1.11	trans-prenyltransferase, trans-octaprenyltranstransferase, v. 33	p. 483
3.2.1.18	trans-sialidase, exo-α-sialidase, v. 12	p. 244
2.4.1.203	trans-zeatin O-β-D-glucosyltransferase, trans-zeatin O-β-D-glucosyltransferase, v. 32	p. 511
2.3.1.12	transacetylase X, dihydrolipoyllysine-residue acetyltransferase, v. 29	p. 323
2.2.1.2	transaldolase, transaldolase, v. 29	p. 179
2.2.1.2	transaldolase 1, transaldolase, v. 29	p. 179
2.2.1.2	transaldolase1, transaldolase, v. 29	p. 179
2.2.1.2	transaldolase STY3758, transaldolase, v. 29	p. 179
2.6.1.18	ω-transaminase, β-alanine-pyruvate transaminase, v. 34	p. 390
2.6.1.1	transaminase A, aspartate transaminase, v. 34	p. 247
2.6.1.42	transaminase B, branched-chain-amino-acid transaminase, v. 34	p. 499
2.6.1.66	transaminase C, valine-pyruvate transaminase, v. 35	p. 34
2.1.3.1	transcarboxylase, methylmalonyl-CoA carboxytransferase, v. 29	p. 93
2.7.7.6	transcriptase, DNA-directed RNA polymerase, v. 38	p. 103
2.7.7.48	transcriptase, RNA-directed RNA polymerase, v. 38	p. 468
3.4.22.58	transcript Y, caspase-5, v. S6	p. 140
2.4.2.6	transdeoxyribosylase, nucleoside deoxyribosyltransferase, v. 33	p. 66
3.6.5.1	transducin, heterotrimeric G-protein GTPase, v. S6	p. 462
3.6.5.1	transducin GTPase, heterotrimeric G-protein GTPase, v. S6	p. 462
1.3.1.38	2-trans enoyl-ACP(CoA) reductase, trans-2-enoyl-CoA reductase (NADPH), v. 21	p. 223
1.3.1.9	2-trans enoyl-acyl carrier protein reductase, enoyl-[acyl-carrier-protein] reductase (NADH), v. 21	p. 43
1.3.1.8	2-trans enoyl-CoA reductase, acyl-CoA dehydrogenase (NADP+), v. 21	p. 34
2.7.7.25	transfer-RNA nucleotidyltransferase, tRNA adenylyltransferase, v. 38	p. 305
2.7.7.21	transfer-RNA nucleotidyltransferase, tRNA cytidylyltransferase, v. 38	p. 265
2.4.1.40	A-transferase, glycoprotein-fucosylgalactoside α-N-acetylgalactosaminyltransferase, v. 31	p. 376
2.3.2.8	R-transferase, arginyltransferase, v. 30	p. 524
2.4.1.25	α-1,4-transferase, 4-α-glucanotransferase, v. 31	p. 276
2.7.7.61	transferase, 2'-(5'-triphosphoribosyl)-3'-dephospho-CoA:apo-acyl-carrier protein 2'-(5'-phosphoribosyl)-3'-dephospho-CoA, citrate lyase holo-[acyl-carrier protein] synthase, v. 38	p. 565
4.4.1.23	transferase, epoxyalkyl:coenzyme M, 2-hydroxypropyl-CoM lyase, v. S7	p. 407
3.2.1.33	transferase-glucosidase, amylo-α-1,6-glucosidase, v. 12	p. 509
2.1.1.36	transfer ribonucleate adenine 1-methyltransferase, tRNA (adenine-N1-)-methyltransferase, v. 28	p. 188
2.7.7.25	transfer ribonucleate adenyltransferase, tRNA adenylyltransferase, v. 38	p. 305
2.7.7.21	transfer ribonucleate adenyltransferase, tRNA cytidylyltransferase, v. 38	p. 265
2.7.7.25	transfer ribonucleate adenylyltransferase, tRNA adenylyltransferase, v. 38	p. 305
2.7.7.21	transfer ribonucleate adenylyltransferase,, tRNA cytidylyltransferase, v. 38	p. 265
2.7.7.25	transfer ribonucleate cytidylyltransferase, tRNA adenylyltransferase, v. 38	p. 305
2.7.7.21	transfer ribonucleate cytidylyltransferase, tRNA cytidylyltransferase, v. 38	p. 265

2.1.1.29	transfer ribonucleate cytosine 5-methyltransferase, tRNA (cytosine-5-)-methyltransferase, v. 28 | p. 144
2.4.2.29	transfer ribonucleate glycosyltransferase, tRNA-guanine transglycosylase, v. 33 | p. 253
2.1.1.31	transfer ribonucleate guanine 1-methyltransferase, tRNA (guanine-N1-)-methyltransferase, v. 28 | p. 151
2.1.1.32	transfer ribonucleate guanine 2-methyltransferase, tRNA (guanine-N2-)-methyltransferase, v. 28 | p. 160
2.1.1.33	transfer ribonucleate guanine 7-methyltransferase, tRNA (guanine-N7-)-methyltransferase, v. 28 | p. 166
2.1.1.32	transfer ribonucleate guanine N2-methyltransferase, tRNA (guanine-N2-)-methyltransferase, v. 28 | p. 160
2.1.1.34	transfer ribonucleate guanosine 2'-methyltransferase, tRNA guanosine-2'-O-methyltransferase, v. 28 | p. 172
3.1.27.9	transfer ribonucleate intron endoribonuclease, tRNA-intron endonuclease, v. 11 | p. 604
2.5.1.8	transfer ribonucleate isopentenyltransferase, tRNA isopentenyltransferase, v. 33 | p. 454
2.7.7.25	transfer ribonucleate nucleotidyltransferase, tRNA adenylyltransferase, v. 38 | p. 305
2.7.7.21	transfer ribonucleate nucleotidyltransferase, tRNA cytidylyltransferase, v. 38 | p. 265
5.4.99.12	transfer ribonucleate pseudouridine synthetase, tRNA-pseudouridine synthase I, v. 1 | p. 642
2.8.1.4	transfer ribonucleate sulfurtransferase, tRNA sulfurtransferase, v. 39 | p. 218
2.7.7.25	transfer ribonucleic-terminal trinucleotide nucleotidyltransferase, tRNA adenylyltransferase, v. 38 | p. 305
2.7.7.21	transfer ribonucleic-terminal trinucleotide nucleotidyltransferase, tRNA cytidylyltransferase, v. 38 | p. 265
2.7.7.25	transfer ribonucleic acid nucleotidyl transferase, tRNA adenylyltransferase, v. 38 | p. 305
2.7.7.21	transfer ribonucleic acid nucleotidyl transferase, tRNA cytidylyltransferase, v. 38 | p. 265
2.7.7.25	transfer ribonucleic adenylyl (cytidylyl) transferase, tRNA adenylyltransferase, v. 38 | p. 305
2.7.7.21	transfer ribonucleic adenylyl (cytidylyl) transferase, tRNA cytidylyltransferase, v. 38 | p. 265
1.16.1.2	transferrin reductase, diferric-transferrin reductase, v. 27 | p. 441
2.1.1.36	transfer RNA (adenine-1) methyltransferase, tRNA (adenine-N1-)-methyltransferase, v. 28 | p. 188
2.1.1.34	transfer RNA (Gm18) methyltransferase, tRNA guanosine-2'-O-methyltransferase, v. 28 | p. 172
2.1.1.33	transfer RNA (m7G46) methyltransferase, tRNA (guanine-N7-)-methyltransferase, v. 28 | p. 166
3.1.26.5	transfer RNA 5' maturation enzyme, ribonuclease P, v. 11 | p. 531
2.7.7.25	transfer RNA adenylyltransferase, tRNA adenylyltransferase, v. 38 | p. 305
2.7.7.21	transfer RNA adenylyltransferase, tRNA cytidylyltransferase, v. 38 | p. 265
2.1.1.29	transfer RNA cytosine 5-methyltransferase, tRNA (cytosine-5-)-methyltransferase, v. 28 | p. 144
2.1.1.32	transfer RNA guanine 2-methyltransferase, tRNA (guanine-N2-)-methyltransferase, v. 28 | p. 160
3.1.26.11	transfer RNA maturation endonuclease, tRNase Z, v. S5 | p. 105
3.1.26.5	transfer RNA processing enzyme, ribonuclease P, v. 11 | p. 531
5.4.99.12	transfer RNA pseudouridine synthetase, tRNA-pseudouridine synthase I, v. 1 | p. 642
2.8.1.4	transfer RNA sulfurtransferase, tRNA sulfurtransferase, v. 39 | p. 218
2.8.1.4	transferRNA thiolase, tRNA sulfurtransferase, v. 39 | p. 218
2.1.1.35	transfer RNA uracil 5-methyltransferase, tRNA (uracil-5-)-methyltransferase, v. 28 | p. 177
2.1.1.35	transfer RNA uracil methylase, tRNA (uracil-5-)-methyltransferase, v. 28 | p. 177
3.1.27.9	transfer splicing endonuclease, tRNA-intron endonuclease, v. 11 | p. 604
3.4.24.22	Transformation-associated protein 34A, stromelysin 2, v. 8 | p. 340
2.7.10.2	transforming agent of Fujinami sarcoma virus, non-specific protein-tyrosine kinase, v. S2 | p. 441
2.7.11.25	transforming growth factor β-activated kinase 1, mitogen-activated protein kinase kinase kinase, v. S4 | p. 278

2.7.11.30	transforming growth factor-β receptor, receptor protein serine/threonine kinase, v. S4 | p. 340
2.7.11.30	transforming growth factor-β receptor 1, receptor protein serine/threonine kinase, v. S4 | p. 340
2.7.11.30	transforming growth factor-β receptor I, receptor protein serine/threonine kinase, v S4 | p 340
2.7.11.30	transforming growth factor-β receptor II, receptor protein serine/threonine kinase, v. S4 | p. 340
2.7.11.30	transforming growth factor-β type 1 receptor kinase, receptor protein serine/threonine kinase, v. S4 | p. 340
2.7.11.30	transforming growth factor-β type1 receptor kinase, receptor protein serine/threonine kinase, v. S4 | p. 340
2.7.11.30	transforming growth factor-β type I receptor, receptor protein serine/threonine kinase, v. S4 | p. 340
2.7.10.2	transforming growth factor-β type I receptor 7, non-specific protein-tyrosine kinase, v. S2 | p. 441
2.7.11.30	transforming growth factor-β type I receptor kinase, receptor protein serine/threonine kinase, v. S4 | p. 340
2.7.11.30	transforming growth factor β type-I receptor, receptor protein serine/threonine kinase, v. S4 | p. 340
2.7.10.2	transforming growth factor β type II receptor, non-specific protein-tyrosine kinase, v. S2 | p. 441
2.4.1.219	transglucosidase, vomilenine glucosyltransferase, v. 32 | p. 589
2.4.1.15	transglucosylase, α,α-trehalose-phosphate synthase (UDP-forming), v. 31 | p. 137
2.4.1.219	transglucosylase, vomilenine glucosyltransferase, v. 32 | p. 589
2.3.2.13	transglutaminase, protein-glutamine γ-glutamyltransferase, v. 30 | p. 550
2.3.2.13	transglutaminase-2, protein-glutamine γ-glutamyltransferase, v. 30 | p. 550
2.3.2.13	transglutaminase 2, protein-glutamine γ-glutamyltransferase, v. 30 | p. 550
2.3.2.13	transglutaminase C, protein-glutamine γ-glutamyltransferase, v. 30 | p. 550
2.3.2.13	transglutaminase factor XIII, protein-glutamine γ-glutamyltransferase, v. 30 | p. 550
3.2.1.17	transglycosylase, lysozyme, v. 12 | p. 228
3.4.21.75	Trans golgi network protease furin, Furin, v. 7 | p. 371
1.6.1.2	transhydrogenase, NAD(P)+ transhydrogenase (AB-specific), v. 24 | p. 10
1.6.1.1	transhydrogenase, NAD(P)+ transhydrogenase (B-specific), v. 24 | p. 1
1.1.99.28	Transhydrogenase, glucose-fructose, glucose-fructose oxidoreductase, v. 19 | p. 419
1.8.4.3	transhydrogenase, glutathione-coenzyme A glutathione disulfide, glutathione-CoA-glutathione transhydrogenase, v. 24 | p. 632
1.8.4.4	transhydrogenase, glutathione-cystine, glutathione-cystine transhydrogenase, v. 24 | p. 635
1.8.4.1	transhydrogenase, glutathione-homocystine, glutathione-homocystine transhydrogenase, v. 24 | p. 615
1.1.99.24	transhydrogenase, hydroxy acid-oxo acid, hydroxyacid-oxoacid transhydrogenase, v. 19 | p. 409
1.1.99.7	transhydrogenase, lactate-malate, lactate-malate transhydrogenase, v. 19 | p. 302
1.6.1.2	transhydrogenase, nicotinamide adenine dinucleotide (phosphate), NAD(P)+ transhydrogenase (AB-specific), v. 24 | p. 10
1.6.1.1	transhydrogenase, nicotinamide adenine dinucleotide (phosphate), NAD(P)+ transhydrogenase (B-specific), v. 24 | p. 1
1.6.1.1	transhydrogenase udhA, NAD(P)+ transhydrogenase (B-specific), v. 24 | p. 1
1.97.1.2	transhydroxylase, pyrogallol hydroxytransferase, v. 27 | p. 642
3.4.24.17	Transin, stromelysin 1, v. 8 | p. 296
3.4.24.22	Transin 2, stromelysin 2, v. 8 | p. 340
3.4.24.22	Transins, 2, stromelysin 2, v. 8 | p. 340
2.2.1.3	transketolase, formaldehyde, formaldehyde transketolase, v. 29 | p. 187
2.2.1.1	transketolase-like-1, transketolase, v. 29 | p. 165
2.2.1.1	transketolase-like-1-gene, transketolase, v. 29 | p. 165

2.2.1.1	transketolase-like-2, transketolase, v. 29 | p. 165	
2.2.1.1	transketolase-like 1, transketolase, v. 29 | p. 165	
2.2.1.1	transketolase-like enzyme 1, transketolase, v. 29 | p. 165	
2.2.1.1	transketolase A, transketolase, v. 29 | p. 165	
2.2.1.1	transketolase B, transketolase, v. 29 | p. 165	
2.2.1.1	transketolase like 1, transketolase, v. 29 | p. 165	
3.6.5.3	translational initiation factor 2, protein-synthesizing GTPase, v. S6 | p. 494	
3.6.5.3	translation initiation factor 2, protein-synthesizing GTPase, v. S6 | p. 494	
3.6.5.3	translation initiation factor eIF5, protein-synthesizing GTPase, v. S6 | p. 494	
3.6.5.3	translation initiation factor IF1, protein-synthesizing GTPase, v. S6 | p. 494	
3.6.5.3	translation termination factor eRF3, protein-synthesizing GTPase, v. S6 | p. 494	
2.7.7.7	translesion DNA synthesis polymerase, DNA-directed DNA polymerase, v. 38 | p. 118	
2.7.8.13	translocase 1, phospho-N-acetylmuramoyl-pentapeptide-transferase, v. 39 | p. 96	
2.7.8.13	translocase I, phospho-N-acetylmuramoyl-pentapeptide-transferase, v. 39 | p. 96	
3.6.3.51	translocase of the mitochondrial outer membrane, mitochondrial protein-transporting ATPase, v. 15 | p. 744	
2.3.1.24	translocating chain-associating membrane protein homolog 1, sphingosine N-acyl-transferase, v. 29 | p. 455	
2.3.1.24	translocating chain-associating membrane protein homolog 3, sphingosine N-acyl-transferase, v. 29 | p. 455	
2.3.1.24	translocating chain-associating membrane protein homolog 4, sphingosine N-acyl-transferase, v. 29 | p. 455	
3.6.3.52	translocation ATPase SecA, chloroplast protein-transporting ATPase, v. 15 | p. 747	
4.6.1.1	transmembrane adenylyl cyclase, adenylate cyclase, v. 5 | p. 415	
4.6.1.1	transmembrane adenylyl cyclase type 1, adenylate cyclase, v. 5 | p. 415	
4.6.1.1	transmembrane adenylyl cyclase type 3, adenylate cyclase, v. 5 | p. 415	
4.6.1.1	transmembrane adenylyl cyclase type 8, adenylate cyclase, v. 5 | p. 415	
3.4.24.81	transmembrane metzinkin-protease of the a disintegrin and metalloproteinase family-10, ADAM10 endopeptidase, v. S6 | p. 503	
2.3.1.78	transmembrane protein 76, heparan-α-glucosaminide N-acetyltransferase, v. 30 | p. 90	
2.7.13.3	transmembrane sensor histidine kinase transcription regulator protein, histidine kinase, v. S4 | p. 420	
2.7.11.19	transmembrane Ser/Thr kinase KPI-2, phosphorylase kinase, v. S4 | p. 89	
3.4.21.106	transmembrane serine protease 1, hepsin, v. S5 | p. 334	
3.4.21.59	transmembrane tryptase, Tryptase, v. 7 | p. 265	
2.6.3.1	transoximase, oximinotransferase, v. 35 | p. 69	
2.6.3.1	transoximinase, oximinotransferase, v. 35 | p. 69	
1.2.1.5	Transparentin, aldehyde dehydrogenase [NAD(P)+], v. 20 | p. 72	
1.1.1.219	TRANSPARENT TESTA 3 protein, dihydrokaempferol 4-reductase, v. 18 | p. 321	
5.5.1.6	TRANSPARENT TESTA 5 protein, Chalcone isomerase, v. 1 | p. 691	
2.3.2.12	transpeptidase, peptidyltransferase, v. 30 | p. 542	
3.4.16.4	transpeptidase, serine-type D-Ala-D-Ala carboxypeptidase, v. 6 | p. 376	
2.4.2.7	transphosphoribosidase, adenine phosphoribosyltransferase, v. 33 | p. 79	
2.4.2.8	transphosphoribosidase, hypoxanthine phosphoribosyltransferase, v. 33 | p. 95	
1.1.1.271	Transplantation antigen P35B, GDP-L-fucose synthase, v. 18 | p. 492	
3.6.3.44	transporter protein MRP, xenobiotic-transporting ATPase, v. 15 | p. 700	
3.5.2.17	transthyretin-like protein, hydroxyisourate hydrolase, v. S6 | p. 438	
3.5.2.17	transthyretin-related protein, hydroxyisourate hydrolase, v. S6 | p. 438	
3.1.3.2	TRAP, acid phosphatase, v. 10 | p. 31	
3.1.3.2	TRAP 5a, acid phosphatase, v. 10 | p. 31	
3.1.3.2	TRAP 5b, acid phosphatase, v. 10 | p. 31	
1.8.1.9	TRase, thioredoxin-disulfide reductase, v. 24 | p. 517	
3.1.3.2	TrATPase, acid phosphatase, v. 10 | p. 31	
3.4.22.33	Traumanase, Fruit bromelain, v. 7 | p. 685	
3.4.22.1	TrCB1.1, cathepsin B, v. 7 | p. 501	

3.4.22.1	TrCB1.2, cathepsin B, v. 7 | p. 501
3.4.22.1	TrCB1.3, cathepsin B, v. 7 | p. 501
3.4.22.1	TrCB1.4, cathepsin B, v. 7 | p. 501
3.4.22.1	TrCB1.5, cathepsin B, v. 7 | p. 501
3.4.22.1	TrCB1.6, cathepsin B, v. 7 | p. 501
6.3.2.19	β-TrCP, Ubiquitin-protein ligase, v. 2 | p. 506
3.2.1.139	TrDCase, α-glucuronidase, v. 13 | p. 553
3.2.1.28	TRE1, α,α-trehalase, v. 12 | p. 478
3.2.1.28	Tre37A, α,α-trehalase, v. 12 | p. 478
3.2.1.28	TreA, α,α-trehalase, v. 12 | p. 478
3.2.1.139	TreDCase, α-glucuronidase, v. 13 | p. 553
3.2.1.28	TreF, α,α-trehalase, v. 12 | p. 478
3.2.1.28	α,α-trehalase, α,α-trehalase, v. 12 | p. 478
3.2.1.28	α,α trehalase, α,α-trehalase, v. 12 | p. 478
3.2.1.28	trehalase, α,α-trehalase, v. 12 | p. 478
3.2.1.28	trehalose, α,α-trehalase, v. 12 | p. 478
3.1.3.12	trehalose-6-phophate synthase/phosphatase, trehalose-phosphatase, v. 10 | p. 194
3.1.3.12	trehalose-6-phosphate phosphatase, trehalose-phosphatase, v. 10 | p. 194
3.1.3.12	trehalose-6-phosphate phosphatase-related protein, trehalose-phosphatase, v. 10 | p. 194
2.4.1.15	trehalose-6-phosphate synthase, α,α-trehalose-phosphate synthase (UDP-forming), v. 31 | p. 137
2.4.1.15	trehalose-6-phosphate synthase 1, α,α-trehalose-phosphate synthase (UDP-forming), v. 31 | p. 137
3.1.3.12	trehalose-6-P phosphatase, trehalose-phosphatase, v. 10 | p. 194
2.4.1.15	trehalose-6-P synthase, α,α-trehalose-phosphate synthase (UDP-forming), v. 31 | p. 137
3.1.3.12	trehalose-6P phosphatase, trehalose-phosphatase, v. 10 | p. 194
3.1.3.12	trehalose-phosphate phosphatase, trehalose-phosphatase, v. 10 | p. 194
2.4.1.15	α,α-trehalose-phosphate synthase (UDP-forming), α,α-trehalose-phosphate synthase (UDP-forming), v. 31 | p. 137
3.1.3.12	trehalose-P phosphatase, trehalose-phosphatase, v. 10 | p. 194
2.4.1.15	trehalose-P synthetase, α,α-trehalose-phosphate synthase (UDP-forming), v. 31 | p. 137
3.2.1.28	α,α'-trehalose 1-D-glucohydrolase, α,α-trehalase, v. 12 | p. 478
2.3.1.122	α,α'-trehalose 6-monomycolate:α,α'-trehalose mycolyltransferase, trehalose O-mycolyl-transferase, v. 30 | p. 300
3.1.3.12	trehalose 6-phosphatase, trehalose-phosphatase, v. 10 | p. 194
3.1.3.12	trehalose 6-phosphate phosphatase, trehalose-phosphatase, v. 10 | p. 194
2.4.1.15	trehalose 6-phosphate synthase, α,α-trehalose-phosphate synthase (UDP-forming), v. 31 | p. 137
2.4.1.15	trehalose 6-phosphate synthetase, α,α-trehalose-phosphate synthase (UDP-forming), v. 31 | p. 137
3.1.3.12	trehalose_PPase, trehalose-phosphatase, v. 10 | p. 194
3.2.1.28	α,α-trehalose glucohydrolase, α,α-trehalase, v. 12 | p. 478
3.2.1.28	α,α trehalose glucohydrolase, α,α-trehalase, v. 12 | p. 478
2.4.1.245	trehalose glycosyltransferring synthase, α,α-trehalose synthase
2.4.1.15	trehalosephosphate-UDP glucosyl transferase, α,α-trehalose-phosphate synthase (UDP-forming), v. 31 | p. 137
2.4.1.15	trehalose phosphate-uridine diphosphate glucosyltransferase, α,α-trehalose-phosphate synthase (UDP-forming), v. 31 | p. 137
3.1.3.12	trehalose phosphate phosphatase, trehalose-phosphatase, v. 10 | p. 194
2.4.1.15	trehalose phosphate synthase, α,α-trehalose-phosphate synthase (UDP-forming), v. 31 | p. 137
2.4.1.36	trehalose phosphate synthase (GDP-forming), α,α-trehalose-phosphate synthase (GDP-forming), v. 31 | p. 341
2.4.1.15	α,α-trehalose phosphate synthase (UDP-forming), α,α-trehalose-phosphate synthase (UDP-forming), v. 31 | p. 137

2.4.1.15	trehalose phosphate synthetase, α,α-trehalose-phosphate synthase (UDP-forming), v. 31 | p. 137
2.4.1.64	trehalose phosphorylase, α,α-trehalose phosphorylase, v. 31 | p. 482
2.4.1.231	trehalose phosphorylase, α,α-trehalose phosphorylase (configuration-retaining), v. 32 | p. 634
5.4.99.16	Trehalose synthase, maltose α-D-glucosyltransferase, v. 1 | p. 656
5.4.99.16	Trehalose synthase (Pimelobacter strain R48 clone pBRM8 gene treS precursor reduced), maltose α-D-glucosyltransferase, v. 1 | p. 656
5.4.99.16	Trehalose synthetase, maltose α-D-glucosyltransferase, v. 1 | p. 656
3.2.1.141	trehalosidase, maltooligosyltrehalose, 4-α-D-{(1->4)-α-D-glucano}trehalose trehalohydrolase, v. 13 | p. 564
3.2.1.141	trehalosidase, maltooligosyltrehalose (Rhizobium strain M-11 clone pBMTU1 gene treZ reduced), 4-α-D-{(1->4)-α-D-glucano}trehalose trehalohydrolase, v. 13 | p. 564
5.4.99.11	Trehalulose synthase, Isomaltulose synthase, v. 1 | p. 638
2.4.1.216	TrePP, trehalose 6-phosphate phosphorylase, v. 32 | p. 578
5.4.99.16	TreS, maltose α-D-glucosyltransferase, v. 1 | p. 656
2.4.1.245	TreT, α,α-trehalose synthase
2.4.1.25	TreX, 4-α-glucanotransferase, v. 31 | p. 276
3.2.1.68	TreX, isoamylase, v. 13 | p. 204
5.4.99.15	TreY, (1->4)-α-D-Glucan 1-α-D-glucosylmutase, v. 1 | p. 652
3.2.1.141	TreZ, 4-α-D-{(1->4)-α-D-glucano}trehalose trehalohydrolase, v. 13 | p. 564
2.4.2.30	TRF1-interacting ankyrin-related ADP-ribose polymerase, NAD+ ADP-ribosyltransferase, v. 33 | p. 263
2.4.2.30	TRF1-interacting ankyrin-related ADP-ribose polymerase, NAD+ ADP-ribosyltransferase, v. 33 | p. 263
3.1.22.4	TRF2, crossover junction endodeoxyribonuclease, v. 11 | p. 487
2.7.7.19	Trf5p, polynucleotide adenylyltransferase, v. 38 | p. 245
4.2.2.14	TrGL, glucuronan lyase, v. S7 | p. 127
3.4.19.6	TRH-DE, pyroglutamyl-peptidase II, v. 6 | p. 550
3.4.19.6	TRH-degrading ectoenzyme, pyroglutamyl-peptidase II, v. 6 | p. 550
3.4.19.6	TRH-specific aminopeptidase, pyroglutamyl-peptidase II, v. 6 | p. 550
3.4.19.6	TRH aminopeptidase, pyroglutamyl-peptidase II, v. 6 | p. 550
1.1.1.206	TRI, tropinone reductase I, v. 18 | p. 261
2.7.11.30	TβRI, receptor protein serine/threonine kinase, v. S4 | p. 340
3.1.1.38	triacetate lactonase, triacetate-lactonase, v. 9 | p. 283
3.1.1.38	triacetate lactone hydrolase, triacetate-lactonase, v. 9 | p. 283
3.1.1.38	triacetic acid lactone hydrolase, triacetate-lactonase, v. 9 | p. 283
3.1.1.38	triacetic lactone hydrolase, triacetate-lactonase, v. 9 | p. 283
3.1.1.1	triacetin esterase, carboxylesterase, v. 9 | p. 1
2.3.1.77	triacylglycerol:sterol acyltransferase, triacylglycerol-sterol O-acyltransferase, v. 30 | p. 87
3.1.1.3	triacylglycerol acyl hydrolase, triacylglycerol lipase, v. 9 | p. 36
3.1.1.3	triacylglycerol acylhydrolase, triacylglycerol lipase, v. 9 | p. 36
3.1.1.3	triacylglycerol ester hydrolase, triacylglycerol lipase, v. 9 | p. 36
3.1.1.1	triacylglycerol hydrolase, carboxylesterase, v. 9 | p. 1
3.1.1.3	triacylglycerol hydrolase, triacylglycerol lipase, v. 9 | p. 36
3.1.1.3	Triacylglycerol lipase, triacylglycerol lipase, v. 9 | p. 36
3.1.1.3	triacylglycerol lipase 4, triacylglycerol lipase, v. 9 | p. 36
3.5.2.15	s-triazine ring-cleavage enzyme, cyanuric acid amidohydrolase, v. 14 | p. 740
3.1.1.3	tributyrase, triacylglycerol lipase, v. 9 | p. 36
3.1.1.3	tributyrinase, triacylglycerol lipase, v. 9 | p. 36
3.1.1.3	tributyrin esterase, triacylglycerol lipase, v. 9 | p. 36
3.6.4.9	TriC, chaperonin ATPase, v. 15 | p. 803
2.7.13.3	tricarboxylic transport: regulatory protein, histidine kinase, v. S4 | p. 420
1.97.1.8	trichloroethene dehalogenase, tetrachloroethene reductive dehalogenase, v. 27 | p. 661

2.4.1.91	2,4,5-trichlorophenol detoxifying O-glucosyltransferase, flavonol 3-O-glucosyltransferase, v. 32	p. 21
2.1.1.136	trichlorophenol O-methyltransferase, chlorophenol O-methyltransferase, v. 28	p. 611
3.2.2.22	trichoanguin, rRNA N-glycosylase, v. 14	p. 107
3.1.27.4	Trichoderma koningi RNase III, ribonuclease U2, v. 11	p. 580
4.2.3.6	trichodiene synthase, trichodiene synthase, v. 5	p. 74
4.2.3.6	trichodiene synthetase, trichodiene synthase, v. 5	p. 74
3.2.2.22	trichomaglin, rRNA N-glycosylase, v. 14	p. 107
3.2.2.22	trichosanthin, rRNA N-glycosylase, v. 14	p. 107
3.2.2.22	trichosnathin, rRNA N-glycosylase, v. 14	p. 107
3.4.25.1	tricorn protease, proteasome endopeptidase complex, v. 8	p. 587
3.4.11.5	Tricorn protease interacting factor F1, prolyl aminopeptidase, v. 6	p. 83
3.4.25.1	tricorn proteinase, proteasome endopeptidase complex, v. 8	p. 587
5.2.1.8	trigger factor, Peptidylprolyl isomerase, v. 1	p. 218
3.4.22.39	trigger peptidase, adenain, v. 7	p. 720
2.8.2.19	triglucosylmonoalkylmonoacyl sulfotransferase, triglucosylalkylacylglycerol sulfotransferase, v. 39	p. 416
3.1.1.3	triglyceridase, triacylglycerol lipase, v. 9	p. 36
3.1.1.3	triglyceride hydrolase, triacylglycerol lipase, v. 9	p. 36
3.1.1.3	triglyceride lipase, triacylglycerol lipase, v. 9	p. 36
2.1.1.7	trigonelline synthase, nicotinate N-methyltransferase, v. 28	p. 40
2.4.1.60	trihexose diphospholipid abequosyltransferase, abequosyltransferase, v. 31	p. 468
3.2.1.47	trihexosylceramide α-galactosidase, galactosylgalactosylglucosylceramidase, v. 12	p. 632
3.2.1.47	trihexosylceramideα-galactosidase, galactosylgalactosylglucosylceramidase, v. 12	p. 632
3.2.1.47	trihexosyl ceramide galactosidase, galactosylgalactosylglucosylceramidase, v. 12	p. 632
1.2.1.40	$3\alpha,7\alpha,12\alpha$-trihydroxy-5β-cholestan-26-al dehydrogenase, $3\alpha,7\alpha,12\alpha$-trihydroxycholestan-26-al 26-oxidoreductase, v. 20	p. 297
1.17.99.3	$3\alpha,7\alpha,12\alpha$-trihydroxy-5β-cholestan-26-oate 24-hydroxylase, $3\alpha,7\alpha,12\alpha$-trihydroxy-5β-cholestanoyl-CoA 24-hydroxylase, v. S1	p. 766
1.3.3.6	$3\alpha,7\alpha,12\alpha$-trihydroxy-5β-cholestanoyl-CoA oxidase, acyl-CoA oxidase, v. 21	p. 401
1.17.99.3	$3\alpha,7\alpha,12\alpha$-trihydroxy-5β-cholestanoyl-CoA oxidase, $3\alpha,7\alpha,12\alpha$-trihydroxy-5β-cholestanoyl-CoA 24-hydroxylase, v. S1	p. 766
1.17.99.3	$\alpha,7\alpha,12\alpha$-trihydroxy-5β-cholestanoyl-CoA oxidase, $3\alpha,7\alpha,12\alpha$-trihydroxy-5β-cholestanoyl-CoA 24-hydroxylase, v. S1	p. 766
1.6.5.7	1,2,4-trihydroxybenzene:NAD+ oxidoreductase, 2-hydroxy-1,4-benzoquinone reductase, v. 24	p. 146
1.2.1.40	$3\alpha,7\alpha,12\alpha$-trihydroxycholestan-26-al 26-dehydrogenase, $3\alpha,7\alpha,12\alpha$-trihydroxycholestan-26-al 26-oxidoreductase, v. 20	p. 297
1.17.99.3	Trihydroxycoprostanoyl-CoA oxidase, $3\alpha,7\alpha,12\alpha$-trihydroxy-5β-cholestanoyl-CoA 24-hydroxylase, v. S1	p. 766
1.3.3.6	Trihydroxycoprostanoyl-CoA oxidase, acyl-CoA oxidase, v. 21	p. 401
1.2.1.40	trihydroxydeoxycoprostanal dehydrogenase, $3\alpha,7\alpha,12\alpha$-trihydroxycholestan-26-al 26-oxidoreductase, v. 20	p. 297
2.1.1.46	2,7,4'-trihydroxyisoflavanone 4'-O-methyltransferase, isoflavone 4'-O-methyltransferase, v. 28	p. 273
4.2.1.105	2,7,4'-trihydroxyisoflavanone dehydratase, 2-hydroxyisoflavanone dehydratase, v. S7	p. 97
1.1.1.252	1,3,8-trihydroxynaphthalene reductase, tetrahydroxynaphthalene reductase, v. 18	p. 427
1.1.1.252	trihydroxynaphthalene reductase, tetrahydroxynaphthalene reductase, v. 18	p. 427
1.1.1.236	TRII, tropinone reductase II, v. 18	p. 372
2.7.11.30	TβRII, receptor protein serine/threonine kinase, v. S4	p. 340
2.7.11.30	TβRI kinase, receptor protein serine/threonine kinase, v. S4	p. 340
3.2.1.23	Trilactase, β-galactosidase, v. 12	p. 368
6.3.2.19	TRIM2, Ubiquitin-protein ligase, v. 2	p. 506
6.3.2.19	TRIM21, Ubiquitin-protein ligase, v. 2	p. 506
6.3.2.19	TRIM22, Ubiquitin-protein ligase, v. 2	p. 506

6.3.2.19	TRIM25 E3 ubiquitin ligase, Ubiquitin-protein ligase, v. 2	p. 506
6.3.2.19	TRIM5α, Ubiquitin-protein ligase, v. 2	p. 506
6.3.2.19	TRIM50, Ubiquitin-protein ligase, v. 2	p. 506
3.4.24.54	Trimeresurus metalloendopeptidase A, mucrolysin, v. 8	p. 478
3.4.24.52	Trimeresurus metalloendopeptidase I, trimerelysin I, v. 8	p. 471
3.4.24.53	Trimeresurus metalloendopeptidase II, trimerelysin II, v. 8	p. 475
1.5.1.3	Trimethoprim resistance protein, dihydrofolate reductase, v. 23	p. 17
4.1.2.32	trimethylamine-N-oxide demethylase, trimethylamine-oxide aldolase, v. 3	p. 554
4.1.2.32	Trimethylamine N-oxide aldolase, trimethylamine-oxide aldolase, v. 3	p. 554
4.1.2.32	Trimethylamine N-oxide demethylase, trimethylamine-oxide aldolase, v. 3	p. 554
4.1.2.32	Trimethylamine N-oxide formaldehyde-lyase, trimethylamine-oxide aldolase, v. 3	p. 554
1.6.6.9	trimethylamine N-oxide reductase, trimethylamine-N-oxide reductase, v. 24	p. 156
4.1.2.32	trimethylamine oxide aldolase, trimethylamine-oxide aldolase, v. 3	p. 554
1.6.6.9	trimethylamine oxide reductase, trimethylamine-N-oxide reductase, v. 24	p. 156
1.7.2.3	trimethylamine oxide reductase, trimethylamine-N-oxide reductase (cytochrome c), v. 24	p. 336
1.6.6.9	trimethylamine reductase, trimethylamine-N-oxide reductase, v. 24	p. 156
1.2.1.47	4-N-trimethylaminobutyraldehyde dehydrogenase, 4-trimethylammoniobutyraldehyde dehydrogenase, v. 20	p. 334
1.2.1.47	4-trimethylaminobutyraldehyde dehydrogenase, 4-trimethylammoniobutyraldehyde dehydrogenase, v. 20	p. 334
1.14.11.1	4-trimethylaminobutyric acid dioxygenase, γ-butyroβine dioxygenase, v. 26	p. 1
1.2.1.47	4-trimethylammoniobutyraldehyde dehydrogenase, 4-trimethylammoniobutyraldehyde dehydrogenase, v. 20	p. 334
2.1.1.76	trimethylfavonol 3'/5'-OMT, quercetin 3-O-methyltransferase, v. 28	p. 402
1.14.11.8	trimethyllysine α-ketoglutarate dioxygenase, trimethyllysine dioxygenase, v. 26	p. 70
1.14.11.8	ε-trimethyllysine 2-oxoglutarate dioxygenase, trimethyllysine dioxygenase, v. 26	p. 70
1.14.11.8	6-N-trimethyllysine dioxygenase, trimethyllysine dioxygenase, v. 26	p. 70
1.14.11.8	ε-N-trimethyllysine hydroxylase, trimethyllysine dioxygenase, v. 26	p. 70
1.14.11.8	trimethyllysine hydroxylase, trimethyllysine dioxygenase, v. 26	p. 70
2.1.1.19	trimethylsulfonium-tetrahydrofolate methyltransferase, trimethylsulfonium-tetrahydrofolate N-methyltransferase, v. 28	p. 107
3.2.1.106	trimming enzyme I, mannosyl-oligosaccharide glucosidase, v. 13	p. 427
3.2.1.106	trimming glucosidase I, mannosyl-oligosaccharide glucosidase, v. 13	p. 427
3.1.1.4	trimorphin, phospholipase A2, v. 9	p. 52
2.7.1.28	D-triokinase, triokinase, v. 35	p. 342
3.1.1.3	triolein hydrolase, triacylglycerol lipase, v. 9	p. 36
2.7.1.28	triose kinase, triokinase, v. 35	p. 342
1.2.1.9	Triosephosphate dehydrogenase, glyceraldehyde-3-phosphate dehydrogenase (NADP+), v. 20	p. 108
1.2.1.9	triose phosphate dehydrogenase, glyceraldehyde-3-phosphate dehydrogenase (NADP+), v. 20	p. 108
1.2.1.12	triose phosphate dehydrogenase, glyceraldehyde-3-phosphate dehydrogenase (phosphorylating), v. 20	p. 135
1.2.1.59	Triosephosphate dehydrogenase (NAD(P)), glyceraldehyde-3-phosphate dehydrogenase (NAD(P)+) (phosphorylating), v. 20	p. 378
1.2.1.13	triosephosphate dehydrogenase (NADP+), glyceraldehyde-3-phosphate dehydrogenase (NADP+) (phosphorylating), v. 20	p. 163
5.3.1.1	Triose phosphate isomerase, Triose-phosphate isomerase, v. 1	p. 235
5.3.1.1	Triosephosphate isomerase, Triose-phosphate isomerase, v. 1	p. 235
5.3.1.1	Triose phosphate mutase, Triose-phosphate isomerase, v. 1	p. 235
5.3.1.1	Triosephosphate mutase, Triose-phosphate isomerase, v. 1	p. 235
5.3.1.1	Triose phosphoisomerase, Triose-phosphate isomerase, v. 1	p. 235
3.2.2.22	TRIP, rRNA N-glycosylase, v. 14	p. 107
6.3.2.19	TRIP12, Ubiquitin-protein ligase, v. 2	p. 506

6.3.2.19	tripartite motif 5α, Ubiquitin-protein ligase, v. 2	p. 506
6.3.2.19	TRIpartite motif 50, Ubiquitin-protein ligase, v. 2	p. 506
6.3.2.19	tripartite motif containing 22, Ubiquitin-protein ligase, v. 2	p. 506
3.4.21.4	tripcellim, trypsin, v. 7	p. 12
3.4.11.14	tripeptidase, cytosol alanyl aminopeptidase, v. 6	p. 143
3.4.11.4	tripeptidase, tripeptide aminopeptidase, v. 6	p. 75
3.4.11.14	tripeptide aminopeptidase, cytosol alanyl aminopeptidase, v. 6	p. 143
3.4.14.10	tripeptidyl-peptidase-II, tripeptidyl-peptidase II, v. 6	p. 320
3.4.14.9	tripeptidyl-peptidase I, tripeptidyl-peptidase I, v. 6	p. 316
3.4.11.4	tripeptidyl-peptidase I, tripeptide aminopeptidase, v. 6	p. 75
3.4.14.9	tripeptidyl-peptidase I, tripeptidyl-peptidase I, v. 6	p. 316
3.4.11.4	tripeptidyl-peptidase II, tripeptide aminopeptidase, v. 6	p. 75
3.4.11.4	tripeptidyl aminopeptidase, tripeptide aminopeptidase, v. 6	p. 75
3.4.14.9	tripeptidyl aminopeptidase, tripeptidyl-peptidase I, v. 6	p. 316
3.4.14.10	tripeptidyl aminopeptidase, tripeptidyl-peptidase II, v. 6	p. 320
3.4.14.9	tripeptidyl aminopeptidase I, tripeptidyl-peptidase I, v. 6	p. 316
3.4.14.10	tripeptidyl aminopeptidase II, tripeptidyl-peptidase II, v. 6	p. 320
3.4.11.4	tripeptidyl exopeptidase II, tripeptide aminopeptidase, v. 6	p. 75
3.4.14.9	tripeptidyl peptidase, tripeptidyl-peptidase I, v. 6	p. 316
3.4.14.10	tripeptidyl peptidase, tripeptidyl-peptidase II, v. 6	p. 320
3.4.14.9	tripeptidyl peptidase-I, tripeptidyl-peptidase I, v. 6	p. 316
3.4.14.9	tripeptidyl peptidase I, tripeptidyl-peptidase I, v. 6	p. 316
3.4.14.9	tripeptidyl peptidase I, tripeptidyl-peptidase I, v. 6	p. 316
3.4.11.4	tripeptidyl peptidase II, tripeptide aminopeptidase, v. 6	p. 75
3.4.14.10	tripeptidyl peptidase II, tripeptidyl-peptidase II, v. 6	p. 320
3.4.14.10	tripeptidylpeptidase II, tripeptidyl-peptidase II, v. 6	p. 320
3.6.1.3	triphosphatase, adenosinetriphosphatase, v. 15	p. 263
3.1.3.36	triphosphoinositide phosphatase, phosphoinositide 5-phosphatase, v. 10	p. 339
3.1.4.11	triphosphoinositide phosphodiesterase, phosphoinositide phospholipase C, v. 11	p. 75
3.1.3.36	triphosphoinositide phosphomonoesterase, phosphoinositide 5-phosphatase, v. 10	p. 339
1.3.1.15	triphosphopyridine-linked dihydroorotic dehydrogenase, orotate reductase (NADPH), v. 21	p. 82
1.6.99.1	triphosphopyridine diaphorase, NADPH dehydrogenase, v. 24	p. 179
3.2.2.6	triphosphopyridine nucleotidase, NAD(P)+ nucleosidase, v. 14	p. 37
1.1.1.2	triphosphopyridine nucleotide-linked aldehyde reductase, alcohol dehydrogenase (NADP+), v. 16	p. 45
1.7.1.3	triphosphopyridine nucleotide-nitrate reductase, nitrate reductase (NADPH), v. 24	p. 267
1.6.99.1	triphosphopyridine nucleotide diaphorase, NADPH dehydrogenase, v. 24	p. 179
1.11.1.2	triphosphopyridine nucleotide peroxidase, NADPH peroxidase, v. 25	p. 180
2.7.7.61	2'-(5'-triphosphoribosyl)-3'-dephospho-CoA:apo-ACP 2'-(5'-phosphoribosyl)-3'-dephospho-CoA transferase, citrate lyase holo-[acyl-carrier protein] synthase, v. 38	p. 565
2.7.7.61	2'-(5'-triphosphoribosyl)-3'-dephospho-CoA:apo-acyl-carrier protein phosphoribosyl-dephospho-coenzyme A transferase, citrate lyase holo-[acyl-carrier protein] synthase, v. 38	p. 565
2.7.7.61	2'-(5'-triphosphoribosyl)-3'-dephospho-CoA:apo-citrate lyase, citrate lyase holo-[acyl-carrier protein] synthase, v. 38	p. 565
2.7.7.66	2'-(5-triphosphoribosyl)-3'-dephospho-CoA:apo ACP 2'-(5-phosphoribosyl)-3'-dephospho-CoA transferase, malonate decarboxylase holo-[acyl-carrier protein] synthase
2.7.8.25	2'-(5'triphosphoribosyl)-3-dephospho-CoA synthase, triphosphoribosyl-dephospho-CoA synthase, v. 39	p. 145
2.7.8.25	triphosphoribosyldephospho-CoA synthase, triphosphoribosyl-dephospho-CoA synthase, v. 39	p. 145
3.6.1.25	tripolyphosphatase, triphosphatase, v. 15	p. 417
2.7.11.30	TβRI receptor kinase, receptor protein serine/threonine kinase, v. S4	p. 340
2.7.1.159	1,3,4-trisphosphate 5/6-kinase, inositol-1,3,4-trisphosphate 5/6-kinase, v. S2	p. 279

1093

2.5.1.8	TRIT1, tRNA isopentenyltransferase, v. 33 | p. 454	
3.1.1.13	triterpenol esterase, sterol esterase, v. 9 | p. 150	
3.2.2.22	tritin-L, rRNA N-glycosylase, v. 14 | p. 107	
3.2.2.22	tritin-S, rRNA N-glycosylase, v. 14 | p. 107	
3.4.21.64	Tritirachium album proteinase K, peptidase K, v. 7 | p. 308	
3.4.21.64	Tritirachium alkaline proteinase, peptidase K, v. 7 | p. 308	
2.7.10.1	TRK1 transforming tyrosine kinase protein, receptor protein-tyrosine kinase, v. S2 | p. 341	
2.7.10.1	TrkA, receptor protein-tyrosine kinase, v. S2 | p. 341	
2.7.10.1	trkB, receptor protein-tyrosine kinase, v. S2 | p. 341	
2.7.10.1	TrkB receptor, receptor protein-tyrosine kinase, v. S2 | p. 341	
2.7.10.1	TrkB tyrosine kinase, receptor protein-tyrosine kinase, v. S2 | p. 341	
2.7.10.1	TrkC, receptor protein-tyrosine kinase, v. S2 | p. 341	
2.7.10.1	TrkC receptor tyrosine kinases, receptor protein-tyrosine kinase, v. S2 | p. 341	
2.7.10.1	TrkC tyrosine kinase, receptor protein-tyrosine kinase, v. S2 | p. 341	
2.7.11.30	TRKI, receptor protein serine/threonine kinase, v. S4 | p. 340	
6.5.1.3	Trl1, RNA ligase (ATP), v. 2 | p. 787	
2.1.1.32	Trm-m22G10, tRNA (guanine-N2-)-methyltransferase, v. 28 | p. 160	
2.1.1.32	Trm1, tRNA (guanine-N2-)-methyltransferase, v. 28 | p. 160	
3.1.16.1	Trm2p, spleen exonuclease, v. 11 | p. 424	
2.1.1.29	Trm4p, tRNA (cytosine-5-)-methyltransferase, v. 28 | p. 144	
2.1.1.31	TRM5, tRNA (guanine-N1-)-methyltransferase, v. 28 | p. 151	
2.1.1.31	Trm5 gene product, tRNA (guanine-N1-)-methyltransferase, v. 28 | p. 151	
2.1.1.33	Trm8–Trm82 complex, tRNA (guanine-N7-)-methyltransferase, v. 28 | p. 166	
2.1.1.61	Trm9, tRNA (5-methylaminomethyl-2-thiouridylate)-methyltransferase, v. 28 | p. 337	
2.1.1.35	TrmA, tRNA (uracil-5-)-methyltransferase, v. 28 | p. 177	
2.1.1.33	TrmB, tRNA (guanine-N7-)-methyltransferase, v. 28 | p. 166	
2.1.1.31	TrmD, tRNA (guanine-N1-)-methyltransferase, v. 28 | p. 151	
2.1.1.74	TRMFO, methylenetetrahydrofolate-tRNA-(uracil-5-)-methyltransferase (FADH2-oxidizing), v. 28 | p. 398	
2.1.1.32	TrmG26, tRNA (guanine-N2-)-methyltransferase, v. 28 | p. 160	
2.1.1.34	TrmH, tRNA guanosine-2'-O-methyltransferase, v. 28 | p. 172	
2.1.1.36	TrmI, tRNA (adenine-N1-)-methyltransferase, v. 28 | p. 188	
2.1.1.61	TRMU, tRNA (5-methylaminomethyl-2-thiouridylate)-methyltransferase, v. 28 | p. 337	
2.1.1.34	tRNA (Gm18) 2'-O-methyltransferase, tRNA guanosine-2'-O-methyltransferase, v. 28 | p. 172	
2.1.1.34	tRNA (Gm18) methyltransferase, tRNA guanosine-2'-O-methyltransferase, v. 28 | p. 172	
2.1.1.31	tRNA (guanine-N1-)-methyltransferase, tRNA (guanine-N1-)-methyltransferase, v. 28 | p. 151	
2.4.1.184	tRNA (guanosine-2'-O-)-methyltransferase, galactolipid galactosyltransferase, v. 32 | p. 440	
2.1.1.34	tRNA (guanosine-2'-O-)-methyltransferase, tRNA guanosine-2'-O-methyltransferase, v. 28 | p. 172	
2.1.1.36	tRNA (m1A58) methyltransferase, tRNA (adenine-N1-)-methyltransferase, v. 28 | p. 188	
2.1.1.31	tRNA(m1G37)methyltransferase, tRNA (guanine-N1-)-methyltransferase, v. 28 | p. 151	
2.1.1.74	tRNA (m5U54) methyltransferase, methylenetetrahydrofolate-tRNA-(uracil-5-)-methyltransferase (FADH2-oxidizing), v. 28 | p. 398	
2.1.1.35	tRNA(m5U54)methyltransferase, tRNA (uracil-5-)-methyltransferase, v. 28 | p. 177	
2.1.1.33	tRNA (m7G46) methyltransferase, tRNA (guanine-N7-)-methyltransferase, v. 28 | p. 166	
2.1.1.35	tRNA(uracil-5-)methyltransferase, tRNA (uracil-5-)-methyltransferase, v. 28 | p. 177	
6.3.5.6	tRNA-dependent amidotransferase, asparaginyl-tRNA synthase (glutamine-hydrolysing), v. S7 | p. 628	
2.4.2.29	tRNA-guanine transglycosylase, tRNA-guanine transglycosylase, v. 33 | p. 253	
3.1.27.9	tRNA-intron endonuclease, tRNA-intron endonuclease, v. 11 | p. 604	
2.5.1.8	tRNA-IPT, tRNA isopentenyltransferase, v. 33 | p. 454	
2.5.1.8	tRNA-IPT1, tRNA isopentenyltransferase, v. 33 | p. 454	
2.1.1.31	tRNA-m1G methyltransferase, tRNA (guanine-N1-)-methyltransferase, v. 28 | p. 151	

2.7.7.25	tRNA-nucleotidyltransferase, tRNA adenylyltransferase, v. 38	p. 305
2.7.7.21	tRNA-nucleotidyltransferase, tRNA cytidylyltransferase, v. 38	p. 265
3.1.26.5	tRNA-processing endonuclease, ribonuclease P, v. 11	p. 531
3.1.26.5	tRNA-processing enzyme, ribonuclease P, v. 11	p. 531
5.4.99.12	tRNA-pseudouridine synthase I, tRNA-pseudouridine synthase I, v. 1	p. 642
3.1.27.9	tRNA-splicing endonuclease, tRNA-intron endonuclease, v. 11	p. 604
5.4.99.12	tRNA-uridine isomerase, tRNA-pseudouridine synthase I, v. 1	p. 642
5.4.99.12	tRNA-uridine isomerase I, tRNA-pseudouridine synthase I, v. 1	p. 642
2.7.1.160	tRNA 2'-phosphotransferase, 2'-phosphotransferase, v. S2	p. 287
3.1.26.11	tRNA 3' processing endoribonuclease, tRNase Z, v. S5	p. 105
3.1.26.11	tRNA 3 endonuclease, tRNase Z, v. S5	p. 105
2.1.1.61	tRNA 5-methylaminomethyl-2-thiouridylate 5'-methyltransferase, tRNA (5-methylaminomethyl-2-thiouridylate)-methyltransferase, v. 28	p. 337
2.1.1.36	tRNA:m1A58 methyltransferase, tRNA (adenine-N1-)-methyltransferase, v. 28	p. 188
2.1.1.29	tRNA:m5C-methyltransferase, tRNA (cytosine-5-)-methyltransferase, v. 28	p. 144
2.1.1.29	tRNA:m5C methyltransferase Trm4p, tRNA (cytosine-5-)-methyltransferase, v. 28	p. 144
2.1.1.74	tRNA:m5U-54 MTase, methylenetetrahydrofolate-tRNA-(uracil-5-)-methyltransferase (FADH2-oxidizing), v. 28	p. 398
5.4.99.12	tRNA:pseudouridine-synthase, tRNA-pseudouridine synthase I, v. 1	p. 642
5.4.99.12	tRNA:PSI-synthase, tRNA-pseudouridine synthase I, v. 1	p. 642
5.4.99.12	tRNA:PSI27/28-synthase, tRNA-pseudouridine synthase I, v. 1	p. 642
5.4.99.12	tRNA:Psi35-synthase, tRNA-pseudouridine synthase I, v. 1	p. 642
3.5.4.4	tRNA adenosine deaminase, adenosine deaminase, v. 15	p. 28
2.7.7.25	tRNA adenylyl(cytidylyl)transferase, tRNA adenylyltransferase, v. 38	p. 305
2.7.7.21	tRNA adenylyl(cytidylyl)transferase, tRNA cytidylyltransferase, v. 38	p. 265
2.7.7.21	tRNA adenylyltransferase, tRNA cytidylyltransferase, v. 38	p. 265
2.7.7.25	tRNA CCA-pyrophosphorylase, tRNA adenylyltransferase, v. 38	p. 305
2.7.7.21	tRNA CCA-pyrophosphorylase, tRNA cytidylyltransferase, v. 38	p. 265
2.7.7.25	tRNA cytidylyltransferase, tRNA adenylyltransferase, v. 38	p. 305
2.1.1.29	tRNA cytosine 5-methyltransferase, tRNA (cytosine-5-)-methyltransferase, v. 28	p. 144
3.1.27.9	tRNA endonuclease, tRNA-intron endonuclease, v. 11	p. 604
3.1.14.1	tRNA endonuclease, yeast ribonuclease, v. 11	p. 412
2.1.1.31	tRNA guanine 1-methyltransferase, tRNA (guanine-N1-)-methyltransferase, v. 28	p. 151
2.1.1.33	tRNA guanine 7-methyltransferase, tRNA (guanine-N7-)-methyltransferase, v. 28	p. 166
2.4.2.29	tRNA guanine transglycosidase, tRNA-guanine transglycosylase, v. 33	p. 253
2.4.2.29	tRNA guanine transglycosylase, tRNA-guanine transglycosylase, v. 33	p. 253
2.1.1.34	tRNA guanosine 2'-methyltransferase, tRNA guanosine-2'-O-methyltransferase, v. 28	p. 172
3.1.27.9	tRNA intron endonuclease, tRNA-intron endonuclease, v. 11	p. 604
2.5.1.8	tRNA IPT, tRNA isopentenyltransferase, v. 33	p. 454
2.5.1.8	tRNA isopentenyltransferase, tRNA isopentenyltransferase, v. 33	p. 454
2.1.1.33	tRNA m7G methyltransferase Trm8p/Trm82p, tRNA (guanine-N7-)-methyltransferase, v. 28	p. 166
6.1.1.17	tRNA modifying enzyme, Glutamate-tRNA ligase, v. 2	p. 128
2.1.1.36	tRNA MTase, tRNA (adenine-N1-)-methyltransferase, v. 28	p. 188
2.1.1.32	tRNA MTase, tRNA (guanine-N2-)-methyltransferase, v. 28	p. 160
2.1.1.32	tRNA N(2),N(2)-guanosine dimethyltransferase, tRNA (guanine-N2-)-methyltransferase, v. 28	p. 160
2.7.7.56	tRNA nucleotidyltransferase, tRNA nucleotidyltransferase, v. 38	p. 544
3.1.26.11	tRNA precursor-processing endoribonuclease, tRNase Z, v. S5	p. 105
3.1.26.11	3'-tRNA processing endoribonuclease, tRNase Z, v. S5	p. 105
3.1.26.5	tRNA processing enzyme, ribonuclease P, v. 11	p. 531
4.2.1.70	tRNA pseudouridine 55 synthase, pseudouridylate synthase, v. 4	p. 578
5.4.99.12	tRNA pseudouridine synthase, tRNA-pseudouridine synthase I, v. 1	p. 642
5.4.99.12	tRNA pseudouridine synthase A, tRNA-pseudouridine synthase I, v. 1	p. 642

5.4.99.12	tRNA pseudouridylate synthase I, tRNA-pseudouridine synthase I, v. 1 | p. 642
5.4.99.12	tRNA psi55 pseudouridine synthase, tRNA-pseudouridine synthase I, v. 1 | p. 642
3.1.26.11	3 tRNase, tRNase Z, v. S5 | p. 105
3.1.26.11	3' tRNase, tRNase Z, v. S5 | p. 105
3.1.26.11	(tRNase) Z, tRNase Z, v. S5 | p. 105
3.1.4.1	tRNase Z, phosphodiesterase I, v. 11 | p. 1
3.1.26.11	tRNase Z, tRNase Z, v. S5 | p. 105
3.1.26.11	tRNaseZ, tRNase Z, v. S5 | p. 105
3.1.26.11	tRNase Z2, tRNase Z, v. S5 | p. 105
3.1.26.11	tRNase ZL, tRNase Z, v. S5 | p. 105
3.1.26.11	tRnaseZL, tRNase Z, v. S5 | p. 105
3.1.26.11	tRNase ZS, tRNase Z, v. S5 | p. 105
3.1.26.11	tRnaseZS, tRNase Z, v. S5 | p. 105
3.1.27.9	tRNA splicing endonuclease, tRNA-intron endonuclease, v. 11 | p. 604
2.8.1.4	tRNA thiolase, tRNA sulfurtransferase, v. 39 | p. 218
2.4.2.29	tRNA transglycosylase, tRNA-guanine transglycosylase, v. 33 | p. 253
3.1.27.9	tRNATRPintron endonuclease, tRNA-intron endonuclease, v. 11 | p. 604
5.4.99.12	tRNATyr:Psi35-synthase, tRNA-pseudouridine synthase I, v. 1 | p. 642
2.1.1.35	tRNA uracil 5-methyltransferase, tRNA (uracil-5-)-methyltransferase, v. 28 | p. 177
3.1.26.4	TRNH, calf thymus ribonuclease H, v. 11 | p. 517
3.4.21.6	Trocarin prothrombin activator, coagulation factor Xa, v. 7 | p. 35
1.1.1.206	tropine-formig tropinone reductase, tropinone reductase I, v. 18 | p. 261
1.1.1.206	tropine-forming tropinone reductase, tropinone reductase I, v. 18 | p. 261
2.3.1.185	tropine:acyl-CoA transferase, tropine acyltransferase
1.1.1.206	Tropine dehydrogenase, tropinone reductase I, v. 18 | p. 261
1.1.1.236	tropinone (psi-tropine-forming) reductase, tropinone reductase II, v. 18 | p. 372
1.1.1.206	tropinone reductase, tropinone reductase I, v. 18 | p. 261
1.1.1.236	tropinone reductase-II, tropinone reductase II, v. 18 | p. 372
1.1.1.206	tropinone reductase I, tropinone reductase I, v. 18 | p. 261
1.1.1.236	tropinone reductase II, tropinone reductase II, v. 18 | p. 372
2.7.11.28	tropomyosin kinase (phosphorylating), tropomyosin kinase, v. S4 | p. 333
3.4.21.5	tropostasin, thrombin, v. 7 | p. 26
3.5.2.17	TRP, hydroxyisourate hydrolase, v. S6 | p. 438
5.3.3.12	TRP-2, L-dopachrome isomerase, v. 1 | p. 432
1.4.1.19	L-Trp-dehydrogenase, tryptophan dehydrogenase, v. 22 | p. 192
6.1.1.2	Trp-RS, Tryptophan-tRNA ligase, v. 2 | p. 9
5.3.1.24	Trp1p, phosphoribosylanthranilate isomerase, v. 1 | p. 353
5.3.3.12	TRP2, L-dopachrome isomerase, v. 1 | p. 432
4.2.1.20	TrpA, tryptophan synthase, v. 4 | p. 379
4.1.99.1	Trpase, tryptophanase, v. 4 | p. 199
4.2.1.20	TrpB1, tryptophan synthase, v. 4 | p. 379
4.2.1.20	TrpB2, tryptophan synthase, v. 4 | p. 379
2.4.2.18	TrpD, anthranilate phosphoribosyltransferase, v. 33 | p. 181
4.1.3.27	TrpDE, anthranilate synthase, v. 4 | p. 160
4.1.1.28	Trp decarboxylase, aromatic-L-amino-acid decarboxylase, v. 3 | p. 152
4.1.3.27	TrpE, anthranilate synthase, v. 4 | p. 160
5.3.1.24	TrpF, phosphoribosylanthranilate isomerase, v. 1 | p. 353
1.13.11.11	TRPO, tryptophan 2,3-dioxygenase, v. 25 | p. 457
1.14.16.4	TRpOH, tryptophan 5-monooxygenase, v. 27 | p. 98
6.1.1.2	TrpRS, Tryptophan-tRNA ligase, v. 2 | p. 9
6.1.1.2	TrpRS II, Tryptophan-tRNA ligase, v. 2 | p. 9
4.1.2.8	TRPS, indole-3-glycerol-phosphate lyase, v. 3 | p. 434
4.2.1.20	TRPS, tryptophan synthase, v. 4 | p. 379
4.2.1.20	Trp synthase, tryptophan synthase, v. 4 | p. 379
2.7.1.160	Trpt1, 2'-phosphotransferase, v. S2 | p. 287

1.8.1.9	TrR, thioredoxin-disulfide reductase, v. 24	p. 517
1.8.1.9	Trr1, thioredoxin-disulfide reductase, v. 24	p. 517
1.8.1.9	TRR2, thioredoxin-disulfide reductase, v. 24	p. 517
6.1.1.3	TRS, Threonine-tRNA ligase, v. 2	p. 17
5.4.99.12	TruA, tRNA-pseudouridine synthase I, v. 1	p. 642
4.2.1.70	TruB, pseudouridylate synthase, v. 4	p. 578
5.4.99.12	TruB, tRNA-pseudouridine synthase I, v. 1	p. 642
5.4.99.12	TruD, tRNA-pseudouridine synthase I, v. 1	p. 642
3.1.1.7	true cholinesterase, acetylcholinesterase, v. 9	p. 104
1.8.1.9	Trx1, thioredoxin-disulfide reductase, v. 24	p. 517
1.8.1.9	TrxB, thioredoxin-disulfide reductase, v. 24	p. 517
1.8.1.9	TrxB1, thioredoxin-disulfide reductase, v. 24	p. 517
1.8.1.9	TrxB2, thioredoxin-disulfide reductase, v. 24	p. 517
1.6.5.4	Trx h2, monodehydroascorbate reductase (NADH), v. 24	p. 126
3.2.1.8	TRX II, endo-1,4-β-xylanase, v. 12	p. 133
1.8.1.9	TrxR, thioredoxin-disulfide reductase, v. 24	p. 517
1.8.1.9	TrxR-1(cyto), thioredoxin-disulfide reductase, v. 24	p. 517
1.8.1.9	TrxR-1(mito), thioredoxin-disulfide reductase, v. 24	p. 517
1.8.1.9	TrxR1, thioredoxin-disulfide reductase, v. 24	p. 517
1.8.1.9	TrxR2, thioredoxin-disulfide reductase, v. 24	p. 517
1.8.1.9	TRXRD, thioredoxin-disulfide reductase, v. 24	p. 517
1.8.1.9	TrxRh1, thioredoxin-disulfide reductase, v. 24	p. 517
1.8.1.9	TrxRh2, thioredoxin-disulfide reductase, v. 24	p. 517
1.8.1.9	TrxT, thioredoxin-disulfide reductase, v. 24	p. 517
1.14.18.1	tryosinase, monophenol monooxygenase, v. 27	p. 156
3.4.21.4	TRYP, trypsin, v. 7	p. 12
3.4.22.51	trypanopain, cruzipain, v. S6	p. 30
3.4.22.51	Trypanosoma congolese cysteine protease, cruzipain, v. S6	p. 30
3.4.22.51	Trypanosoma cruzi cysteine protease, cruzipain, v. S6	p. 30
2.5.1.11	Trypanosoma cruzi solanesyl diphosphate synthase, trans-octaprenyltransferase, v. 33	p. 483
3.4.22.51	Trypanosoma cysteine protease, cruzipain, v. S6	p. 30
1.8.1.12	trypanothione-disulfide reductase, trypanothione-disulfide reductase, v. 24	p. 543
1.8.1.12	trypanothione disulfide reductase, trypanothione-disulfide reductase, v. 24	p. 543
1.8.1.12	trypanothione reductase, trypanothione-disulfide reductase, v. 24	p. 543
6.3.1.9	Trypanothione synthetase, Trypanothione synthase, v. 2	p. 391
6.3.1.9	Trypanothione synthetase (Crithidia fasciculata strain HS6 gene Cf-TS), Trypanothione synthase, v. 2	p. 391
3.5.1.78	trypanothione synthetase-amidase, Glutathionylspermidine amidase, v. 14	p. 595
6.3.1.9	trypanothione synthetase-amidase, Trypanothione synthase, v. 2	p. 391
1.11.1.15	tryparedoxin/peroxynitrite oxidoreductase, peroxiredoxin, v. S1	p. 403
1.11.1.15	tryparedoxin peroxidase, peroxiredoxin, v. S1	p. 403
3.4.21.4	α-trypsin, trypsin, v. 7	p. 12
3.4.21.4	β-trypsin, trypsin, v. 7	p. 12
3.4.21.4	trypsin-like enzyme, trypsin, v. 7	p. 12
3.4.21.35	trypsin-like serine protease, tissue kallikrein, v. 7	p. 141
3.4.21.4	trypsin 4, trypsin, v. 7	p. 12
3.4.21.4	trypsin A, trypsin, v. 7	p. 12
3.4.21.4	trypsin B, trypsin, v. 7	p. 12
3.4.21.4	trypsin I, trypsin, v. 7	p. 12
3.4.21.4	trypsin IV, trypsin, v. 7	p. 12
3.4.23.18	Trypsinogen kinase, Aspergillopepsin I, v. 8	p. 78
3.4.21.4	trypsin type III, trypsin, v. 7	p. 12
3.4.21.4	trypsin Y, trypsin, v. 7	p. 12
1.13.11.11	Tryptamin 2,3-dioxygenase, tryptophan 2,3-dioxygenase, v. 25	p. 457

1.13.11.11	tryptamine 2,3-dioxygenase, tryptophan 2,3-dioxygenase, v. 25 | p. 457	
2.1.1.49	tryptamine methyltransferase, amine N-methyltransferase, v. 28 | p. 285	
2.1.1.49	tryptamine N-methyltransferase, amine N-methyltransferase, v. 28 | p. 285	
3.4.21.4	tryptar, trypsin, v. 7 | p. 12	
3.4.21.59	α 1-tryptase, Tryptase, v. 7 | p. 265	
3.4.21.59	α-tryptase, Tryptase, v. 7 | p. 265	
3.4.21.59	β-tryptase, Tryptase, v. 7 | p. 265	
3.4.21.59	δ-tryptase, Tryptase, v. 7 | p. 265	
3.4.21.59	γ-tryptase, Tryptase, v. 7 | p. 265	
3.4.21.59	tryptase, Tryptase, v. 7 | p. 265	
3.4.21.4	tryptase, trypsin, v. 7 | p. 12	
3.4.21.59	tryptase α, Tryptase, v. 7 | p. 265	
3.4.21.59	tryptase β, Tryptase, v. 7 | p. 265	
3.4.21.59	Tryptase, skin, Tryptase, v. 7 | p. 265	
3.4.21.59	tryptase-β, Tryptase, v. 7 | p. 265	
3.4.21.59	β tryptase I, Tryptase, v. 7 | p. 265	
3.4.21.59	β tryptase II, Tryptase, v. 7 | p. 265	
3.4.21.59	Tryptase M, Tryptase, v. 7 | p. 265	
1.3.3.10	L-tryptophan α,β-dehydrogenase, tryptophan α,β-oxidase, v. S1 | p. 251	
2.6.1.28	L-tryptophan-α-ketoisocaproate aminotransferase, tryptophan-phenylpyruvate transaminase, v. 34 | p. 444	
6.1.1.2	Tryptophan–tRNA ligase, Tryptophan-tRNA ligase, v. 2 | p. 9	
1.13.11.26	tryptophan-2,3-dioxygenase, peptide-tryptophan 2,3-dioxygenase, v. 25 | p. 542	
1.14.16.4	tryptophan-5-hydroxylase, tryptophan 5-monooxygenase, v. 27 | p. 98	
1.3.3.10	L-tryptophan 2',3'-oxidase, tryptophan α,β-oxidase, v. S1 | p. 251	
1.13.11.11	L-tryptophan 2,3-dioxygenase, tryptophan 2,3-dioxygenase, v. 25 | p. 457	
1.13.11.11	tryptophan 2,3-dioxygenase, tryptophan 2,3-dioxygenase, v. 25 | p. 457	
2.1.1.106	tryptophan 2-methyltransferase, tryptophan 2-C-methyltransferase, v. 28 | p. 521	
1.14.16.4	tryptophan 5-hydroxylase, tryptophan 5-monooxygenase, v. 27 | p. 98	
1.14.16.4	tryptophan 5-monooxygenase, tryptophan 5-monooxygenase, v. 27 | p. 98	
2.3.1.34	D-tryptophan acetyltransferase, D-tryptophan N-acetyltransferase, v. 29 | p. 527	
3.5.1.57	L-tryptophan aminopeptidase, tryptophanamidase, v. 14 | p. 508	
3.4.11.17	L-tryptophan aminopeptidase, tryptophanyl aminopeptidase, v. 6 | p. 155	
3.5.1.57	tryptophan aminopeptidase, tryptophanamidase, v. 14 | p. 508	
3.4.11.17	tryptophan aminopeptidase, tryptophanyl aminopeptidase, v. 6 | p. 155	
2.6.1.27	L-tryptophan aminotransferase, tryptophan transaminase, v. 34 | p. 437	
2.6.1.27	tryptophan aminotransferase, tryptophan transaminase, v. 34 | p. 437	
4.1.99.1	L-tryptophanase, tryptophanase, v. 4 | p. 199	
1.13.11.11	tryptophanase, tryptophan 2,3-dioxygenase, v. 25 | p. 457	
4.1.99.1	tryptophanase, tryptophanase, v. 4 | p. 199	
4.1.1.28	L-Tryptophan decarboxylase, aromatic-L-amino-acid decarboxylase, v. 3 | p. 152	
4.1.1.28	Tryptophan decarboxylase, aromatic-L-amino-acid decarboxylase, v. 3 | p. 152	
4.1.1.28	tryptophan decarboxylase-1, aromatic-L-amino-acid decarboxylase, v. 3 | p. 152	
4.1.1.28	tryptophan decarboxylase-2, aromatic-L-amino-acid decarboxylase, v. 3 | p. 152	
1.4.1.19	L-tryptophan dehydrogenase, tryptophan dehydrogenase, v. 22 | p. 192	
4.2.1.20	tryptophan desmolase, tryptophan synthase, v. 4 | p. 379	
1.14.16.4	L-tryptophan hydroxylase, tryptophan 5-monooxygenase, v. 27 | p. 98	
1.14.16.4	tryptophan hydroxylase, tryptophan 5-monooxygenase, v. 27 | p. 98	
1.14.16.4	tryptophan hydroxylase-1, tryptophan 5-monooxygenase, v. 27 | p. 98	
1.14.16.4	tryptophan hydroxylase-2, tryptophan 5-monooxygenase, v. 27 | p. 98	
1.14.16.4	tryptophan hydroxylase 1, tryptophan 5-monooxygenase, v. 27 | p. 98	
1.14.16.4	tryptophan hydroxylase 2, tryptophan 5-monooxygenase, v. 27 | p. 98	
1.14.16.4	tryptophan hydroxylase I, tryptophan 5-monooxygenase, v. 27 | p. 98	
4.1.99.1	L-tryptophan indole-lyase, tryptophanase, v. 4 | p. 199	
4.1.99.1	tryptophan indole-lyase, tryptophanase, v. 4 | p. 199	

1.13.11.11	tryptophan oxygenase, tryptophan 2,3-dioxygenase, v. 25 | p. 457	
1.13.11.11	tryptophan peroxidase, tryptophan 2,3-dioxygenase, v. 25 | p. 457	
1.13.11.11	L-tryptophan pyrrolase, tryptophan 2,3-dioxygenase, v. 25 | p. 457	
1.13.11.11	tryptophan pyrrolase, tryptophan 2,3-dioxygenase, v. 25 | p. 457	
1.13.11.26	tryptophan pyrrolooxygenase, peptide-tryptophan 2,3-dioxygenase, v. 25 | p. 542	
1.13.99.3	tryptophan side-chain α,β-oxidase, tryptophan 2'-dioxygenase, v. 25 | p. 741	
1.13.99.3	tryptophan side-chain oxidase, tryptophan 2'-dioxygenase, v. 25 | p. 741	
1.13.99.3	tryptophan side chain oxidase, tryptophan 2'-dioxygenase, v. 25 | p. 741	
1.13.99.3	tryptophan side chain oxidase II, tryptophan 2'-dioxygenase, v. 25 | p. 741	
1.3.3.10	tryptophan side chain oxidase II, tryptophan α,β-oxidase, v. S1 | p. 251	
1.13.99.3	tryptophan side chain oxidase type I, tryptophan 2'-dioxygenase, v. 25 | p. 741	
4.2.1.20	$\alpha 2\beta 2$ tryptophan synthase, tryptophan synthase, v. 4 | p. 379	
4.2.1.20	tryptophan synthase, tryptophan synthase, v. 4 | p. 379	
4.1.2.8	tryptophan synthase α, indole-3-glycerol-phosphate lyase, v. 3 | p. 434	
4.2.1.20	tryptophan synthase β 1, tryptophan synthase, v. 4 | p. 379	
4.1.2.8	tryptophan synthase α subunit, indole-3-glycerol-phosphate lyase, v. 3 | p. 434	
4.2.1.20	L-tryptophan synthetase, tryptophan synthase, v. 4 | p. 379	
4.2.1.20	tryptophan synthetase, tryptophan synthase, v. 4 | p. 379	
2.6.1.27	L-tryptophan transaminase, tryptophan transaminase, v. 34 | p. 437	
6.1.1.2	Tryptophan translase, Tryptophan-tRNA ligase, v. 2 | p. 9	
6.1.1.2	Tryptophanyl-transfer ribonucleate synthetase, Tryptophan-tRNA ligase, v. 2 | p. 9	
6.1.1.2	Tryptophanyl-transfer ribonucleic acid synthetase, Tryptophan-tRNA ligase, v. 2 | p. 9	
6.1.1.2	Tryptophanyl-transfer ribonucleic synthetase, Tryptophan-tRNA ligase, v. 2 | p. 9	
6.1.1.2	Tryptophanyl-transfer RNA synthetase, Tryptophan-tRNA ligase, v. 2 | p. 9	
6.1.1.2	Tryptophanyl-tRNA synthase, Tryptophan-tRNA ligase, v. 2 | p. 9	
6.1.1.2	Tryptophanyl-tRNA synthetase, Tryptophan-tRNA ligase, v. 2 | p. 9	
6.1.1.2	tryptophanyl-tRNA synthetase II, Tryptophan-tRNA ligase, v. 2 | p. 9	
6.1.1.2	Tryptophanyl ribonucleic synthetase, Tryptophan-tRNA ligase, v. 2 | p. 9	
6.1.1.2	tryptophanyl tRNA synthase, Tryptophan-tRNA ligase, v. 2 | p. 9	
3.4.21.4	trypure, trypsin, v. 7 | p. 12	
1.8.1.12	TryR, trypanothione-disulfide reductase, v. 24 | p. 543	
1.14.18.1	tryrosinase, monophenol monooxygenase, v. 27 | p. 156	
6.3.1.8	TryS, Glutathionylspermidine synthase, v. 2 | p. 386	
6.3.1.9	TryS, Trypanothione synthase, v. 2 | p. 391	
6.1.1.2	trytophanyl-tRNA synthetase, Tryptophan-tRNA ligase, v. 2 | p. 9	
3.1.26.11	Trz, tRNase Z, v. S5 | p. 105	
3.1.26.11	TRZ1, tRNase Z, v. S5 | p. 105	
3.1.26.11	Trz1p, tRNase Z, v. S5 | p. 105	
3.5.2.15	trzD gene product, cyanuric acid amidohydrolase, v. 14 | p. 740	
3.5.1.84	trzE gene product, biuret amidohydrolase, v. 14 | p. 617	
3.5.1.54	TrzF, allophanate hydrolase, v. 14 | p. 498	
3.8.1.8	TrZN, atrazine chlorohydrolase, v. 15 | p. 909	
4.2.3.1	TS, threonine synthase, v. S7 | p. 173	
2.1.1.45	TS, thymidylate synthase, v. 28 | p. 244	
4.2.1.20	TS, tryptophan synthase, v. 4 | p. 379	
4.2.1.20	αTS, tryptophan synthase, v. 4 | p. 379	
3.4.24.82	TS-4, ADAMTS-4 endopeptidase, v. S6 | p. 320	
1.5.1.3	TS-DHFR, dihydrofolate reductase, v. 23 | p. 17	
2.1.1.45	TS-DHFR, thymidylate synthase, v. 28 | p. 244	
2.8.2.1	TS-PST, aryl sulfotransferase, v. 39 | p. 247	
6.3.5.4	TS11 cell cycle control protein, Asparagine synthase (glutamine-hydrolysing), v. 2 | p. 672	
1.11.1.15	Ts2-CysPrx, peroxiredoxin, v. S1 | p. 403	
6.3.1.9	TSA, Trypanothione synthase, v. 2 | p. 391	
4.1.2.8	TSA, indole-3-glycerol-phosphate lyase, v. 3 | p. 434	
1.11.1.15	TSA, peroxiredoxin, v. S1 | p. 403	

4.1.2.8	Tsa1, indole-3-glycerol-phosphate lyase, v. 3	p. 434
1.11.1.15	Tsa1, peroxiredoxin, v. S1	p. 403
3.2.1.14	TSA1902, chitinase, v. 12	p. 185
1.1.1.60	TSAR, 2-hydroxy-3-oxopropionate reductase, v. 17	p. 42
4.2.1.20	TSase, tryptophan synthase, v. 4	p. 379
1.11.1.15	TSA thioredoxin peroxidase Tpx, peroxiredoxin, v. S1	p. 403
4.2.1.20	TSB1, tryptophan synthase, v. 4	p. 379
1.1.1.102	TSC10, 3-dehydrosphinganine reductase, v. 17	p. 273
2.1.1.148	TSCP, thymidylate synthase (FAD), v. 28	p. 643
3.1.1.73	TsFaeA, feruloyl esterase, v. 9	p. 414
3.1.1.73	TsFaeB, feruloyl esterase, v. 9	p. 414
3.1.1.73	TsFaeC, feruloyl esterase, v. 9	p. 414
6.3.2.19	Tsg101 associated ligase, Ubiquitin-protein ligase, v. 2	p. 506
2.4.1.25	TSαGT, 4-α-glucanotransferase, v. 31	p. 276
2.4.1.25	TS α GTase, 4-α-glucanotransferase, v. 31	p. 276
6.3.1.9	TSH synthetase, Trypanothione synthase, v. 2	p. 391
3.2.1.18	TSia, exo-α-sialidase, v. 12	p. 244
2.7.10.1	Tsk, receptor protein-tyrosine kinase, v. S2	p. 341
2.7.11.30	TSK-7L, receptor protein serine/threonine kinase, v. S4	p. 340
3.1.31.1	TSN, micrococcal nuclease, v. 11	p. 632
1.13.99.3	TSO, tryptophan 2'-dioxygenase, v. 25	p. 741
3.3.2.10	TSO hydrolase, soluble epoxide hydrolase, v. S5	p. 228
1.13.99.3	TSO I, tryptophan 2'-dioxygenase, v. 25	p. 741
1.13.99.3	TSO II, tryptophan 2'-dioxygenase, v. 25	p. 741
3.4.21.78	TSP-1, Granzyme A, v. 7	p. 388
3.1.21.4	Tsp451, type II site-specific deoxyribonuclease, v. 11	p. 454
3.1.21.4	TspEI, type II site-specific deoxyribonuclease, v. 11	p. 454
3.4.21.102	Tsp protease, C-terminal processing peptidase, v. 7	p. 493
2.8.1.5	TSR, thiosulfate-dithiol sulfurtransferase, v. 39	p. 223
2.7.11.1	Tssk4, non-specific serine/threonine protein kinase, v. S3	p. 1
2.7.11.1	TSSK5, non-specific serine/threonine protein kinase, v. S3	p. 1
3.1.21.4	TstI, type II site-specific deoxyribonuclease, v. 11	p. 454
1.4.3.2	TSV-LAO, L-amino-acid oxidase, v. 22	p. 225
4.1.2.13	Tt-FBPA, Fructose-bisphosphate aldolase, v. 3	p. 455
3.1.1.11	TT-PME, pectinesterase, v. 9	p. 136
3.1.22.4	TTAGGG repeat factor 2, crossover junction endodeoxyribonuclease, v. 11	p. 487
2.7.7.4	TtATPS, sulfate adenylyltransferase, v. 38	p. 77
2.7.11.26	TTBK1, τ-protein kinase, v. S4	p. 303
2.7.11.26	TTBK2, τ-protein kinase, v. S4	p. 303
5.4.99.5	TtCM, Chorismate mutase, v. 1	p. 604
3.4.17.17	TTCPase, tubulinyl-Tyr carboxypeptidase, v. 6	p. 483
4.2.1.32	L-TTD α, L(+)-Tartrate dehydratase, v. 4	p. 446
4.2.1.32	L-TTD β, L(+)-Tartrate dehydratase, v. 4	p. 446
4.2.1.32	L-Ttd, L(+)-Tartrate dehydratase, v. 4	p. 446
4.1.2.4	TtDERA, Deoxyribose-phosphate aldolase, v. 3	p. 417
2.3.2.13	tTG, protein-glutamine γ-glutamyltransferase, v. 30	p. 550
2.3.2.13	tTG-2, protein-glutamine γ-glutamyltransferase, v. 30	p. 550
3.1.4.46	ttGDPD, glycerophosphodiester phosphodiesterase, v. 11	p. 214
3.1.21.4	Tth111I, type II site-specific deoxyribonuclease, v. 11	p. 454
3.1.21.4	Tth111II, type II site-specific deoxyribonuclease, v. 11	p. 454
3.7.1.2	TTHA0809, fumarylacetoacetase, v. 15	p. 824
4.4.1.8	TTHA1620, cystathionine β-lyase, v. 5	p. 341
2.4.2.2	TTHA1771, pyrimidine-nucleoside phosphorylase, v. 33	p. 34
6.5.1.2	Tth DNA ligase, DNA ligase (NAD+), v. 2	p. 773
1.1.1.79	TthGR1, glyoxylate reductase (NADP+), v. 17	p. 138

3.1.21.2	TthNfo, deoxyribonuclease IV (phage-T4-induced), v.11|p.446
5.3.1.5	TthXI, Xylose isomerase, v.1|p.259
2.7.12.1	TTK, dual-specificity kinase, v.S4|p.372
2.7.11.26	TTK, τ-protein kinase, v.S4|p.303
6.3.2.25	TTL, Tubulin-tyrosine ligase, v.2|p.524
6.3.2.25	TTLase, Tubulin-tyrosine ligase, v.2|p.524
2.7.7.50	TTM-type RTPase-GTase, mRNA guanylyltransferase, v.38|p.509
3.6.1.28	TTPase, thiamine-triphosphatase, v.15|p.425
5.3.1.24	TtPRAI, phosphoribosylanthranilate isomerase, v.1|p.353
3.1.1.4	TTS-2.2, phospholipase A2, v.9|p.52
2.4.2.30	TTS-ExoS, NAD+ ADP-ribosyltransferase, v.33|p.263
3.6.3.50	TTS ATPase, protein-secreting ATPase, v.15|p.737
3.6.3.52	TtSecA, chloroplast protein-transporting ATPase, v.15|p.747
3.6.3.50	TTSS ATPase, protein-secreting ATPase, v.15|p.737
2.4.1.225	ttv, N-acetylglucosaminyl-proteoglycan 4-β-glucuronosyltransferase, v.32|p.610
2.4.1.224	ttv, glucuronosyl-N-acetylglucosaminyl-proteoglycan 4-α-N-acetylglucosaminyltransferase, v.32|p.604
2.4.1.143	TTV/DEXT1, α-1,6-mannosyl-glycoprotein 2-β-N-acetylglucosaminyltransferase, v.32|p.259
3.1.3.25	TTX-7, inositol-phosphate phosphatase, v.10|p.278
2.7.12.2	TUB4, mitogen-activated protein kinase kinase, v.S4|p.392
3.6.5.6	tubulin-colchicine GTPase, tubulin GTPase, v.S6|p.539
6.3.2.25	tubulin-tyrosine-ligase, Tubulin-tyrosine ligase, v.2|p.524
3.4.17.17	tubulin-tyrosine carboxypeptidase, tubulinyl-Tyr carboxypeptidase, v.6|p.483
6.3.2.25	Tubulin:tyrosine ligase, Tubulin-tyrosine ligase, v.2|p.524
2.3.1.108	α-tubulin acetylase, α-tubulin N-acetyltransferase, v.30|p.247
2.3.1.108	α-tubulin acetyltransferase, α-tubulin N-acetyltransferase, v.30|p.247
3.4.17.17	tubulin carboxypeptidase, tubulinyl-Tyr carboxypeptidase, v.6|p.483
6.3.2.25	tubuline-tyrosine ligase, Tubulin-tyrosine ligase, v.2|p.524
3.6.5.6	tubulin GTPase, tubulin GTPase, v.S6|p.539
6.3.2.25	tubulin tyrosine ligase, Tubulin-tyrosine ligase, v.2|p.524
3.4.17.17	tubulinyltyrosine carboxypeptidase, tubulinyl-Tyr carboxypeptidase, v.6|p.483
3.1.31.1	tudor staphylococcal nuclease, micrococcal nuclease, v.11|p.632
1.1.1.271	Tum-P35B antigen, GDP-L-fucose synthase, v.18|p.492
1.2.1.5	Tumor-associated aldehyde dehydrogenase, aldehyde dehydrogenase [NAD(P)+], v.20|p.72
3.4.21.109	tumor-associated differentially expressed gene-15, matriptase, v.S5|p.367
3.4.21.109	tumor-associated type II transmembrane serine protease, matriptase, v.S5|p.367
4.2.1.1	Tumor antigen HOM-RCC-3.1.3, carbonate dehydratase, v.4|p.242
6.3.2.19	tumor autocrine motility factor receptor, Ubiquitin-protein ligase, v.2|p.506
3.4.24.7	tumor collagenase, interstitial collagenase, v.8|p.218
3.4.24.86	tumor necrosis factor-α-converting enzyme, ADAM 17 endopeptidase, v.S6|p.348
3.4.24.86	tumor necrosis factor α-converting enzyme, ADAM 17 endopeptidase, v.S6|p.348
3.4.24.86	tumor necrosis factor-α converting enzyme, ADAM 17 endopeptidase, v.S6|p.348
3.4.24.86	tumor necrosis factor α convertase, ADAM 17 endopeptidase, v.S6|p.348
3.4.24.86	tumor necrosis factor α converting enzyme, ADAM 17 endopeptidase, v.S6|p.348
2.7.11.25	tumor progression locus-2, mitogen-activated protein kinase kinase kinase, v.S4|p.278
3.1.3.67	tumor suppressor PREN, phosphatidylinositol-3,4,5-trisphosphate 3-phosphatase, v.10|p.491
2.7.1.40	tumour M2-pyruvate kinase, pyruvate kinase, v.36|p.33
3.4.24.86	tumour necrosis factor α-converting enzyme, ADAM 17 endopeptidase, v.S6|p.348
2.7.11.25	tumour progression locus 2, mitogen-activated protein kinase kinase kinase, v.S4|p.278
3.6.1.29	tumour suppressor Fhit protein, bis(5'-adenosyl)-triphosphatase, v.15|p.432
3.6.3.29	tungstate/molybdate-binding protein, molybdate-transporting ATPase, v.15|p.654
1.2.1.2	tungsten-containing formate dehydrogenase, formate dehydrogenase, v.20|p.16

1101

4.2.1.112	tungsten-dependent acetylene hydratase, acetylene hydratase, v. S7	p. 118
2.7.10.1	Tunica interna endothelial cell kinase, receptor protein-tyrosine kinase, v. S2	p. 341
1.2.1.3	Turgor-responsive protein 26G, aldehyde dehydrogenase (NAD+), v. 20	p. 32
2.7.7.52	TUT, RNA uridylyltransferase, v. 38	p. 526
2.7.7.52	TUT1, RNA uridylyltransferase, v. 38	p. 526
2.7.7.52	TUT4, RNA uridylyltransferase, v. 38	p. 526
2.7.7.52	TUTase, RNA uridylyltransferase, v. 38	p. 526
2.7.7.52	TUTase 1, RNA uridylyltransferase, v. 38	p. 526
2.7.7.52	TUTase 2, RNA uridylyltransferase, v. 38	p. 526
2.7.7.52	TUTase 3, RNA uridylyltransferase, v. 38	p. 526
2.7.7.52	TUTase 4, RNA uridylyltransferase, v. 38	p. 526
4.2.1.22	TV1335, Cystathionine β-synthase, v. 4	p. 390
3.6.3.12	Tv2, K+-transporting ATPase, v. 15	p. 593
3.2.1.164	Tv6GAL, galactan endo-1,6-β-galactosidase, v. S5	p. 191
3.2.1.1	TVA II, α-amylase, v. 12	p. 1
3.2.1.54	TVA II, cyclomaltodextrinase, v. 13	p. 95
2.8.3.8	TvASCT, acetate CoA-transferase, v. 39	p. 497
1.1.99.18	TvCDH, cellobiose dehydrogenase (acceptor), v. 19	p. 377
2.5.1.47	TvCS1, cysteine synthase, v. 34	p. 84
1.4.3.3	TvDAAO, D-amino-acid oxidase, v. 22	p. 243
1.4.3.3	TvDAO, D-amino-acid oxidase, v. 22	p. 243
1.1.1.136	TviB, UDP-N-acetylglucosamine 6-dehydrogenase, v. 17	p. 397
1.7.2.2	TvNiR, nitrite reductase (cytochrome; ammonia-forming), v. 24	p. 331
4.2.99.18	TvoExo, DNA-(apurinic or apyrimidinic site) lyase, v. 5	p. 150
2.4.2.1	TvPNP, purine-nucleoside phosphorylase, v. 33	p. 1
4.2.1.1	TWCA1, carbonate dehydratase, v. 4	p. 242
3.1.1.3	tween-hydrolyzing esterase, triacylglycerol lipase, v. 9	p. 36
3.1.1.3	Tweenase, triacylglycerol lipase, v. 9	p. 36
3.1.1.3	tween hydrolase, triacylglycerol lipase, v. 9	p. 36
2.7.11.18	Twitchin kinase, myosin-light-chain kinase, v. S4	p. 54
2.7.11.1	Twitchin kinase, non-specific serine/threonine protein kinase, v. S3	p. 1
3.4.21.73	Two-chain urokinase-type plasminogen activator, u-Plasminogen activator, v. 7	p. 357
1.14.12.1	two-component anthranilate 1,2-dioxygenase, anthranilate 1,2-dioxygenase (deaminating, decarboxylating), v. 26	p. 123
1.14.13.3	two-component p-hydroxyphenylacetate hydroxylase, 4-hydroxyphenylacetate 3-monooxygenase, v. 26	p. 223
2.7.13.3	two-component regulatory protein, histidine kinase, v. S4	p. 420
2.7.13.3	two-component regulatory protein sensor kinase KdpD, histidine kinase, v. S4	p. 420
2.7.13.3	two-component sensor kinase, histidine kinase, v. S4	p. 420
2.7.13.3	two-component sensor kinase czcS, histidine kinase, v. S4	p. 420
2.7.13.3	two-component sensor kinase yesM, histidine kinase, v. S4	p. 420
2.7.13.3	two-component system sensor protein, histidine kinase, v. S4	p. 420
1.11.1.15	two-cysteine peroxiredoxin, peroxiredoxin, v. S1	p. 403
1.15.1.2	two-iron superoxide reductase, superoxide reductase, v. 27	p. 426
3.4.21.68	two chain tPA, t-Plasminogen activator, v. 7	p. 331
2.7.13.3	TWO component response regulator transcription regulator protein, histidine kinase, v. S4	p. 420
2.7.13.3	two component sensor kinase/response regulator protein RcsC, histidine kinase, v. S4	p. 420
2.7.13.3	two component system histidine kinase, histidine kinase, v. S4	p. 420
3.4.22.57	TX, caspase-4, v. S6	p. 133
5.3.99.5	TXA2 synthase, Thromboxane-A synthase, v. 1	p. 472
5.3.99.5	TXAS, Thromboxane-A synthase, v. 1	p. 472
5.3.99.5	TXA synthase, Thromboxane-A synthase, v. 1	p. 472
1.8.1.9	Txnrd1, thioredoxin-disulfide reductase, v. 24	p. 517

1.8.1.9	Txnrd2, thioredoxin-disulfide reductase, v. 24 | p. 517
3.4.22.57	TX protease, caspase-4, v. S6 | p. 133
1.8.1.9	TxrR-1, thioredoxin-disulfide reductase, v. 24 | p. 517
5.3.99.5	TXS, Thromboxane-A synthase, v. 1 | p. 472
4.2.3.17	TXS, taxadiene synthase, v. S7 | p. 272
5.3.99.5	TxSI, Thromboxane-A synthase, v. 1 | p. 472
3.2.1.32	TxyA, xylan endo-1,3-β-xylosidase, v. 12 | p. 503
3.4.22.58	TY, caspase-5, v. S6 | p. 140
1.14.18.1	TY, monophenol monooxygenase, v. 27 | p. 156
3.1.26.4	Ty1 reverse transcriptase/RNase H, calf thymus ribonuclease H, v. 11 | p. 517
3.2.2.22	TYchi, rRNA N-glycosylase, v. 14 | p. 107
4.1.1.25	TYDC, Tyrosine decarboxylase, v. 3 | p. 146
4.1.1.28	TYDC, aromatic-L-amino-acid decarboxylase, v. 3 | p. 152
4.1.1.25	TYDC/DODC, Tyrosine decarboxylase, v. 3 | p. 146
2.1.1.51	tylosin-resistance methyltransferase RlmAI, rRNA (guanine-N1-)-methyltransferase, v. 28 | p. 294
2.1.1.51	tylosin-resistance methyltransferase RlmAII, rRNA (guanine-N1-)-methyltransferase, v. 28 | p. 294
2.1.1.45	TYMS, thymidylate synthase, v. 28 | p. 244
1.3.1.30	type-1 5α-reductase, progesterone 5α-reductase, v. 21 | p. 176
3.2.2.22	type-1 ribosome-inactivating protein, rRNA N-glycosylase, v. 14 | p. 107
3.2.2.22	type-1 RIP, rRNA N-glycosylase, v. 14 | p. 107
1.3.1.30	type-2 5α-reductase, progesterone 5α-reductase, v. 21 | p. 176
4.4.1.14	type-2 ACC synthase, 1-aminocyclopropane-1-carboxylate synthase, v. 5 | p. 377
2.7.11.1	type-2 casein kinase, non-specific serine/threonine protein kinase, v. S3 | p. 1
1.6.99.5	type-2 NADH:quinone oxidoreductase, NADH dehydrogenase (quinone), v. 24 | p. 219
3.2.2.22	type-2 ribosome-inactivating protein, rRNA N-glycosylase, v. 14 | p. 107
3.2.2.22	type-2 RIP, rRNA N-glycosylase, v. 14 | p. 107
2.3.2.13	type-2 transglutaminase, protein-glutamine γ-glutamyltransferase, v. 30 | p. 550
3.1.4.35	type-5 phosphodiesterase, 3',5'-cyclic-GMP phosphodiesterase, v. 11 | p. 153
3.1.3.2	type-5 tartrate-resistant phosphatase, acid phosphatase, v. 10 | p. 31
1.97.1.10	Type-I 5'deiodinase , thyroxine 5'-deiodinase, v. S1 | p. 788
2.7.8.7	type-I fatty acid synthase FAS-A, holo-[acyl-carrier-protein] synthase, v. 39 | p. 50
1.97.1.10	Type-II 5'deiodinase , thyroxine 5'-deiodinase, v. S1 | p. 788
3.1.2.20	type-II acyl-CoA thioesterase, acyl-CoA hydrolase, v. 9 | p. 539
1.3.99.13	type-II acyl-CoA thioesterase, long-chain-acyl-CoA dehydrogenase, v. 21 | p. 561
6.3.5.4	type -II asparagine synthetase, Asparagine synthase (glutamine-hydrolysing), v. 2 | p. 672
1.97.1.10	Type-III 5'deiodinase , thyroxine 5'-deiodinase, v. S1 | p. 788
2.5.1.29	type-III geranylgeranyl pyrophosphate synthase, farnesyltranstransferase, v. 33 | p. 604
1.6.99.5	type-II NADH-menaquinone oxidoreductase, NADH dehydrogenase (quinone), v. 24 | p. 219
1.6.99.5	type-II NADH dehydrogenase, NADH dehydrogenase (quinone), v. 24 | p. 219
3.1.3.16	type-II phosphatase, phosphoprotein phosphatase, v. 10 | p. 213
3.1.3.16	type-I phosphatase, phosphoprotein phosphatase, v. 10 | p. 213
2.7.1.40	R-type/L-type pyruvate kinase, pyruvate kinase, v. 36 | p. 33
1.1.1.35	type 10 17β-hydroxysteroid dehydrogenase, 3-hydroxyacyl-CoA dehydrogenase, v. 16 | p. 318
1.1.1.146	type 1 11β-hydroxysteroid dehydrogenase, 11β-hydroxysteroid dehydrogenase, v. 17 | p. 449
1.1.1.62	type 1 17β-HSD, estradiol 17β-dehydrogenase, v. 17 | p. 48
1.1.1.62	type 1 17β-hydroxysteroid dehydrogenase, estradiol 17β-dehydrogenase, v. 17 | p. 48
1.1.1.62	type 12 17β-HSD, estradiol 17β-dehydrogenase, v. 17 | p. 48
1.1.1.62	type 12 17β-hydroxysteroid dehydrogenase, estradiol 17β-dehydrogenase, v. 17 | p. 48
1.1.1.145	type 1 3β-hydroxysteroid dehydrogenase, 3β-hydroxy-Δ5-steroid dehydrogenase, v. 17 | p. 436

type 1 3β-hydroxysteroid dehydrogenase/isomerase

1.1.1.145	type 1 3β-hydroxysteroid dehydrogenase/isomerase, 3β-hydroxy-Δ5-steroid dehydrogenase, v. 17 | p. 436
1.3.1.30	type 1 5α-reductase, progesterone 5α-reductase, v. 21 | p. 176
1.3.1.30	type 1 5αR, progesterone 5α-reductase, v. 21 | p. 176
1.1.1.51	type 17β-HSD, 3(or 17)β-hydroxysteroid dehydrogenase, v. 17 | p. 1
4.6.1.1	type 1 AC, adenylate cyclase, v. 5 | p. 415
4.6.1.1	type 1 adenylyl cyclase, adenylate cyclase, v. 5 | p. 415
4.6.1.1	type 1 Ca2+/calmodulin-stimulated adenylyl cyclase, adenylate cyclase, v. 5 | p. 415
1.97.1.10	type 1 deiodinase, thyroxine 5'-deiodinase, v. S1 | p. 788
1.97.1.10	Type 1 DI , thyroxine 5'-deiodinase, v. S1 | p. 788
2.3.1.20	type 1 diacylglycerol acyltransferase, diacylglycerol O-acyltransferase, v. 29 | p. 396
2.8.2.2	type 1 estrogen sulfotransferase, alcohol sulfotransferase, v. 39 | p. 278
1.1.1.205	type 1 inosine monophosphate, IMP dehydrogenase, v. 18 | p. 243
3.4.11.18	type 1 methionine aminopeptidase, methionyl aminopeptidase, v. 6 | p. 159
2.7.11.12	type 1 PKG, cGMP-dependent protein kinase, v. S3 | p. 288
2.7.11.12	type 1α PKG, cGMP-dependent protein kinase, v. S3 | p. 288
3.1.3.17	type 1 protein phosphatase, [phosphorylase] phosphatase, v. 10 | p. 235
3.2.2.22	type 1 RIP, rRNA N-glycosylase, v. 14 | p. 107
1.3.1.30	type 1 SR, progesterone 5α-reductase, v. 21 | p. 176
1.3.1.22	type 1 steroid 5α-reductase, cholestenone 5α-reductase, v. 21 | p. 124
1.3.1.30	type 1 steroid 5α reductase, progesterone 5α-reductase, v. 21 | p. 176
2.7.1.21	type 1 thymidine kinase, thymidine kinase, v. 35 | p. 270
4.4.1.14	type 2 1-aminocyclopropane-1-carboxylate synthase, 1-aminocyclopropane-1-carboxylate synthase, v. 5 | p. 377
1.1.1.146	type 2 11β-hydroxysteroid dehydrogenase, 11β-hydroxysteroid dehydrogenase, v. 17 | p. 449
1.1.1.51	type 2 17β-HSD, 3(or 17)β-hydroxysteroid dehydrogenase, v. 17 | p. 1
1.1.1.239	type 2 3α-hxdroxysteroid dehydrogenase/type 5 17β-hydroxysteroid dehydrogenase, 3α(17β)-hydroxysteroid dehydrogenase (NAD+), v. 18 | p. 386
1.1.1.145	type 2 3β-hydroxysteroid dehydrogenase, 3β-hydroxy-Δ5-steroid dehydrogenase, v. 17 | p. 436
1.1.1.145	type 2 3β-hydroxysteroid dehydrogenase/isomerase, 3β-hydroxy-Δ5-steroid dehydrogenase, v. 17 | p. 436
1.1.1.213	type 2 3α-hydroxysteroid dehydrogenase/type 5 17β-hydroxysteroid dehydrogenase, 3α-hydroxysteroid dehydrogenase (A-specific), v. 18 | p. 285
1.1.1.50	type 2 3α-hydroxysteroid dehydrogenase/type 5 17β-hydroxysteroid dehydrogenase, 3α-hydroxysteroid dehydrogenase (B-specific), v. 16 | p. 487
1.3.1.30	type 2 5α-reductase, progesterone 5α-reductase, v. 21 | p. 176
1.3.1.30	type 2 5αR, progesterone 5α-reductase, v. 21 | p. 176
2.3.1.20	type 2 acyl-CoA:diacylglycerol acyltransferase, diacylglycerol O-acyltransferase, v. 29 | p. 396
3.1.3.16	type 2A protein phosphatase, phosphoprotein phosphatase, v. 10 | p. 213
3.1.3.4	type 2b phosphatidic acid phosphatase, phosphatidate phosphatase, v. 10 | p. 82
3.1.3.16	type 2C protein phosphatase, phosphoprotein phosphatase, v. 10 | p. 213
1.97.1.10	type 2 deiodinase, thyroxine 5'-deiodinase, v. S1 | p. 788
1.97.1.10	Type 2 DI , thyroxine 5'-deiodinase, v. S1 | p. 788
2.3.1.20	type 2 diacylglycerol acyltransferase, diacylglycerol O-acyltransferase, v. 29 | p. 396
3.4.21.72	type 2 IgA1 protease, IgA-specific serine endopeptidase, v. 7 | p. 353
1.97.1.10	type 2 iodothyronine deiodinase, thyroxine 5'-deiodinase, v. S1 | p. 788
3.4.11.18	type 2 methionine aminopeptidase, methionyl aminopeptidase, v. 6 | p. 159
1.6.99.5	type 2 NADH:quinone oxidoreductase, NADH dehydrogenase (quinone), v. 24 | p. 219
1.6.99.5	type 2 NADH:quinone oxidoreductase complex, NADH dehydrogenase (quinone), v. 24 | p. 219
1.2.1.36	type 2 retinaldehyde dehydrogenase, retinal dehydrogenase, v. 20 | p. 282
3.1.26.4	type 2 ribonuclease H, calf thymus ribonuclease H, v. 11 | p. 517

3.2.2.22	type 2 ribosome-inactivating protein, rRNA N-glycosylase, v. 14	p. 107
3.2.2.22	type 2 RIP, rRNA N-glycosylase, v. 14	p. 107
3.1.26.4	type 2 RNase H, calf thymus ribonuclease H, v. 11	p. 517
1.3.1.30	type 2 SR, progesterone 5α-reductase, v. 21	p. 176
1.3.1.22	type 2 steroid 5α-reductase, cholestenone 5α-reductase, v. 21	p. 124
1.3.1.30	type 2 steroid 5α reductase, progesterone 5α-reductase, v. 21	p. 176
1.1.1.51	type 3 17β-HSD, 3(or 17)β-hydroxysteroid dehydrogenase, v. 17	p. 1
1.1.1.64	type 3 17β-HSD, testosterone 17β-dehydrogenase (NADP+), v. 17	p. 71
1.1.1.51	type 3 17β-hydroxysteroid dehydrogenase, 3(or 17)β-hydroxysteroid dehydrogenase, v. 17	p. 1
1.1.1.63	type 3 17β-hydroxysteroid dehydrogenase, testosterone 17β-dehydrogenase, v. 17	p. 63
1.1.1.64	type 3 17β-hydroxysteroid dehydrogenase, testosterone 17β-dehydrogenase (NADP+), v. 17	p. 71
1.1.1.213	type 3 3-α-hydroxysteroid dehydrogenase, 3α-hydroxysteroid dehydrogenase (A-specific), v. 18	p. 285
1.1.1.213	type 3 3α-HSD, 3α-hydroxysteroid dehydrogenase (A-specific), v. 18	p. 285
1.1.1.270	type 3 3α-hydroxysteroid dehydrogenase, 3-keto-steroid reductase, v. 18	p. 485
1.1.1.213	type 3 3α-hydroxysteroid dehydrogenase, 3α-hydroxysteroid dehydrogenase (A-specific), v. 18	p. 285
1.1.1.50	type 3 3α-hydroxysteroid dehydrogenase, 3α-hydroxysteroid dehydrogenase (B-specific), v. 16	p. 487
4.6.1.1	type 3 adenylyl cyclase, adenylate cyclase, v. 5	p. 415
1.97.1.11	type 3 deiodinase, thyroxine 5-deiodinase, v. S1	p. 807
1.97.1.10	Type 3 DI, thyroxine 5'-deiodinase, v. S1	p. 788
1.97.1.11	type 3 iodothyronine deiodinase, thyroxine 5-deiodinase, v. S1	p. 807
3.2.2.22	type 3 RIP, rRNA N-glycosylase, v. 14	p. 107
3.4.23.43	type 4 prepilin peptidase, prepilin peptidase, v. 8	p. 194
1.1.1.50	type 5 17β-hydroxysteroid dehydrogenase, 3α-hydroxysteroid dehydrogenase (B-specific), v. 16	p. 487
3.1.3.2	type 5 acid phosphatase, acid phosphatase, v. 10	p. 31
4.6.1.1	type 5 adenylyl cyclase, adenylate cyclase, v. 5	p. 415
3.1.4.35	type 5 phosphodiesterase, 3',5'-cyclic-GMP phosphodiesterase, v. 11	p. 153
4.6.1.1	type 6 adenylyl cyclase, adenylate cyclase, v. 5	p. 415
1.1.1.62	type 7 17β-hydroxysteroid dehydrogenase, estradiol 17β-dehydrogenase, v. 17	p. 48
1.1.1.62	type 8 17β-HSD, estradiol 17β-dehydrogenase, v. 17	p. 48
1.1.1.62	type 8 17β-hydroxysteroid dehydrogenase, estradiol 17β-dehydrogenase, v. 17	p. 48
4.6.1.1	type 8 AC, adenylate cyclase, v. 5	p. 415
4.6.1.1	type 8 adenylyl cyclase, adenylate cyclase, v. 5	p. 415
3.1.4.35	type 9 cGMP-specific phosphodiesterase, 3',5'-cyclic-GMP phosphodiesterase, v. 11	p. 153
3.4.24.69	type A botulinum neurotoxin, bontoxilysin, v. 8	p. 553
3.4.24.69	type A botulinum neurotoxin light chain, bontoxilysin, v. 8	p. 553
3.4.24.69	type A botulinum neurotoxin protease activity, bontoxilysin, v. 8	p. 553
3.1.8.1	type A paraoxonase, aryldialkylphosphatase, v. 11	p. 343
3.6.3.7	P-type ATPase, Na+-exporting ATPase, v. 15	p. 561
3.6.3.5	P-type ATPase, Zn2+-exporting ATPase, v. 15	p. 550
3.6.3.14	V-type ATPase/synthase, H+-transporting two-sector ATPase, v. 15	p. 598
3.6.3.15	F-type ATP synthase, Na+-transporting two-sector ATPase, v. 15	p. 611
3.1.1.73	type B FAE, feruloyl esterase, v. 9	p. 414
2.3.1.48	type B histone acetyltransferase, histone acetyltransferase, v. 29	p. 641
2.4.1.46	type B monogalactosyldiacylglycerol synthase, monogalactosyldiacylglycerol synthase, v. 31	p. 422
3.6.1.6	type B nucleoside diphosphatase, nucleoside-diphosphatase, v. 15	p. 283
3.1.8.1	type B paraoxonase, aryldialkylphosphatase, v. 11	p. 343
5.3.1.6	type B ribose-5-phosphate isomerase, Ribose-5-phosphate isomerase, v. 1	p. 277
3.6.3.8	P-type Ca2+/Mn2+-ATPase, Ca2+-transporting ATPase, v. 15	p. 566

1105

3.6.3.8	P-type Ca2+/Mn2+ ATPase, Ca2+-transporting ATPase, v. 15 | p. 566	
3.6.3.8	P-type calcium ATPase, Ca2+-transporting ATPase, v. 15 | p. 566	
4.2.1.1	α-type carbonic anhydrase, carbonate dehydratase, v. 4 | p. 242	
2.7.11.22	A-type cyclin-dependent kinase, cyclin-dependent kinase, v. S4 | p. 156	
2.7.11.22	B-type cyclin-dependent kinase, cyclin-dependent kinase, v. S4 | p. 156	
2.7.11.22	A-type cyclin-dependent kinase A, cyclin-dependent kinase, v. S4 | p. 156	
2.7.7.7	β type DNA polymerase, DNA-directed DNA polymerase, v. 38 | p. 118	
3.6.3.6	P-type H+-ATPase, H+-exporting ATPase, v. 15 | p. 554	
3.6.3.14	V-type H+-ATPase, H+-transporting two-sector ATPase, v. 15 | p. 598	
3.4.24.84	type I, Ste24 endopeptidase, v. S6 | p. 337	
3.2.1.2	type I β-amylase, β-amylase, v. 12 | p. 43	
1.97.1.10	type I-like deiodinase, thyroxine 5'-deiodinase, v. S1 | p. 788	
3.4.24.14	type I/II procollagen N-proteinase, procollagen N-endopeptidase, v. 8 | p. 268	
5.3.3.1	type I 3β-hydroxysteroid dehydrogenase/isomerase, steroid Δ-isomerase, v. 1 | p. 376	
3.1.3.78	type I 4-phosphatase, phosphatidylinositol-4,5-bisphosphate 4-phosphatase	
1.1.99.8	type I ADH (PQQ), alcohol dehydrogenase (acceptor), v. 19 | p. 305	
3.1.25.1	type I AP endonuclease, deoxyribonuclease (pyrimidine dimer), v. 11 | p. 495	
6.3.5.4	type I asparagine synthetase, Asparagine synthase (glutamine-hydrolysing), v. 2 | p. 672	
5.99.1.2	type IB topoisomerase, DNA topoisomerase, v. 1 | p. 721	
5.99.1.2	type IB topoisomerase V, DNA topoisomerase, v. 1 | p. 721	
1.14.11.2	type I C-P4H, procollagen-proline dioxygenase, v. 26 | p. 9	
2.7.11.12	type I cGMP-dependent protein kinase, cGMP-dependent protein kinase, v. S3 | p. 288	
2.1.1.72	type IC M.EcoR124I DNA methyltransferase, site-specific DNA-methyltransferase (adenine-specific), v. 28 | p. 390	
1.6.99.3	type I dehydrogenase, NADH dehydrogenase, v. 24 | p. 207	
1.6.5.3	type I dehydrogenase, NADH dehydrogenase (ubiquinone), v. 24 | p. 106	
4.2.1.10	Type I dehydroquinase, 3-dehydroquinate dehydratase, v. 4 | p. 304	
3.5.2.3	type I DHOase, dihydroorotase, v. 14 | p. 670	
4.2.1.10	Type I DHQase, 3-dehydroquinate dehydratase, v. 4 | p. 304	
5.99.1.2	Type I DNA topoisomerase, DNA topoisomerase, v. 1 | p. 721	
2.5.1.1	type I farnesyl diphosphate synthase, dimethylallyltranstransferase, v. 33 | p. 393	
2.5.1.10	type I farnesyl diphosphate synthase, geranyltranstransferase, v. 33 | p. 470	
3.1.3.11	type I FBPase, fructose-bisphosphatase, v. 10 | p. 167	
6.3.1.2	type I glutamine synthetase, Glutamate-ammonia ligase, v. 2 | p. 347	
3.2.1.2	type II β-amylase, β-amylase, v. 12 | p. 43	
5.99.1.3	Type II-DNA-topoisomerase, DNA topoisomerase (ATP-hydrolysing), v. 1 | p. 737	
1.97.1.10	type II-like deiodinase, thyroxine 5'-deiodinase, v. S1 | p. 788	
1.1.1.197	type II 15-hydroxyprostaglandin dehydrogenase, 15-hydroxyprostaglandin dehydrogenase (NADP+), v. 18 | p. 179	
1.3.99.2	type II 3-hydroxyacyl-CoA dehydrogenase, butyryl-CoA dehydrogenase, v. 21 | p. 473	
3.1.3.78	type II 4-phosphatase, phosphatidylinositol-4,5-bisphosphate 4-phosphatase	
3.1.3.36	type II 5PTase, phosphoinositide 5-phosphatase, v. 10 | p. 339	
4.6.1.1	type II AC, adenylate cyclase, v. 5 | p. 415	
3.1.2.20	type II acyl-CoA thioesterases, acyl-CoA hydrolase, v. 9 | p. 539	
1.1.99.8	type II ADH, alcohol dehydrogenase (acceptor), v. 19 | p. 305	
3.2.1.164	type II arabinogalactan-degrading enzyme, galactan endo-1,6-β-galactosidase, v. S5 | p. 191	
3.5.3.1	type II arginase, arginase, v. 14 | p. 749	
6.3.5.4	type II asparagine synthetase, Asparagine synthase (glutamine-hydrolysing), v. 2 | p. 672	
2.7.11.12	Type II cGMP-dependent protein kinase, cGMP-dependent protein kinase, v. S3 | p. 288	
2.3.3.1	type II citrate synthase, citrate (Si)-synthase, v. 30 | p. 582	
2.7.11.11	type IIβ cyclic AMP-dependent protein kinase, cAMP-dependent protein kinase, v. S3 | p. 241	
4.2.1.10	Type II dehydroquinase, 3-dehydroquinate dehydratase, v. 4 | p. 304	
4.2.1.10	Type II DHQase, 3-dehydroquinate dehydratase, v. 4 | p. 304	
2.1.1.37	type II DNA methylase, DNA (cytosine-5-)-methyltransferase, v. 28 | p. 197	

5.99.1.3	type II DNA topoisomerase, DNA topoisomerase (ATP-hydrolysing), v. 1	p. 737
3.1.21.4	type IIE restriction endonuclease, type II site-specific deoxyribonuclease, v. 11	p. 454
2.3.1.85	type II fatty acid synthase, fatty-acid synthase, v. 30	p. 131
2.7.8.7	type II fatty acid synthase system, holo-[acyl-carrier-protein] synthase, v. 39	p. 50
2.5.1.29	type II geranylgeranyl diphosphate synthase, farnesyltranstransferase, v. 33	p. 604
1.1.1.35	type II HADH, 3-hydroxyacyl-CoA dehydrogenase, v. 16	p. 318
2.7.1.1	type II hexokinase, hexokinase, v. 35	p. 74
2.4.2.30	type III-secreted toxin, NAD+ ADP-ribosyltransferase, v. 33	p. 263
4.6.1.1	type III adenylyl cyclase, adenylate cyclase, v. 5	p. 415
3.1.1.4	type III cytotoxin, phospholipase A2, v. 9	p. 52
6.3.1.2	type III glutamine synthetase, Glutamate-ammonia ligase, v. 2	p. 347
1.97.1.11	type III iodothyronine deiodinase, thyroxine 5-deiodinase, v. S1	p. 807
3.1.3.56	type II inositol polyphosphate 5-phosphatase, inositol-polyphosphate 5-phosphatase, v. 10	p. 448
3.1.3.36	type II inositol polyphosphate 5-phosphatase, phosphoinositide 5-phosphatase, v. 10	p. 339
1.97.1.10	type II iodothyronine deiodinase, thyroxine 5'-deiodinase, v. S1	p. 788
2.7.1.33	type III pantothenate kinase, pantothenate kinase, v. 35	p. 385
2.7.1.137	type III phosphatidylinositol 3-kinase, phosphatidylinositol 3-kinase, v. 37	p. 170
2.7.1.67	type III α phosphatidylinositol 4-kinase, 1-phosphatidylinositol 4-kinase, v. 36	p. 176
2.7.1.67	type III phosphatidylinositol 4-kinase β, 1-phosphatidylinositol 4-kinase, v. 36	p. 176
2.7.1.67	type III PI 4-kinase β, 1-phosphatidylinositol 4-kinase, v. 36	p. 176
2.7.1.67	type III PI4Kβ, 1-phosphatidylinositol 4-kinase, v. 36	p. 176
2.7.1.150	type III PIP kinase, 1-phosphatidylinositol-3-phosphate 5-kinase, v. 37	p. 234
3.2.1.135	type III pullulan hydrolase, neopullulanase, v. 13	p. 542
3.1.21.5	type III RE, type III site-specific deoxyribonuclease, v. 11	p. 467
3.1.21.5	type III restriction endonuclease, type III site-specific deoxyribonuclease, v. 11	p. 467
3.1.21.5	type III restriction enzyme, type III site-specific deoxyribonuclease, v. 11	p. 467
3.2.2.22	type III ribosome-inactivating protein, rRNA N-glycosylase, v. 14	p. 107
4.1.1.39	type III ribulose 1,5-bisphosphate carboxylase/oxygenase, Ribulose-bisphosphate carboxylase, v. 3	p. 244
3.2.2.22	type III RIP, rRNA N-glycosylase, v. 14	p. 107
3.6.3.50	type III secretion ATPase, protein-secreting ATPase, v. 15	p. 737
3.6.3.50	type III secretion system ATPase, protein-secreting ATPase, v. 15	p. 737
3.6.3.27	type III sodium-dependent phosphate cotransporter, phosphate-transporting ATPase, v. 15	p. 649
2.1.1.77	type II methyltransferase, protein-L-isoaspartate(D-aspartate) O-methyltransferase, v. 28	p. 406
2.3.1.97	type II N-myristoyltransferase, glycylpeptide N-tetradecanoyltransferase, v. 30	p. 193
1.6.5.3	type II NADH:dehydrogenase, NADH dehydrogenase (ubiquinone), v. 24	p. 106
1.6.99.5	type II NADH:menaquinone oxidoreductase, NADH dehydrogenase (quinone), v. 24	p. 219
1.6.5.3	type II NADH dehydrogenase, NADH dehydrogenase (ubiquinone), v. 24	p. 106
3.4.21.118	type II neuropsin, kallikrein 8, v. S5	p. 435
3.1.3.56	type I inositol-1,4,5-trisphosphate 5-phosphatase, inositol-polyphosphate 5-phosphatase, v. 10	p. 448
3.1.3.56	type I inositol 1,4,5-trisphosphate 5-phosphatase, inositol-polyphosphate 5-phosphatase, v. 10	p. 448
3.1.3.56	type I inositol polyphosphate 5-phosphate, inositol-polyphosphate 5-phosphatase, v. 10	p. 448
1.97.1.10	type I iodothyronine deiodinase, thyroxine 5'-deiodinase, v. S1	p. 788
3.6.3.50	type II outer membrane secretin, protein-secreting ATPase, v. 15	p. 737
2.7.1.33	type II pantothenate kinase, pantothenate kinase, v. 35	p. 385
3.5.1.88	type II peptide deformylase, peptide deformylase, v. 14	p. 631
1.11.1.15	type II peroxiredoxin, peroxiredoxin, v. S1	p. 403

1.11.1.15	type II peroxiredoxin F, peroxiredoxin, v. S1 | p. 403
3.1.1.76	type II PHA depolymerase, poly(3-hydroxyoctanoate) depolymerase, v. 9 | p. 446
2.7.1.67	type II phosphatidylinositol 4-kinase, 1-phosphatidylinositol 4-kinase, v. 36 | p. 176
2.7.1.67	type IIα phosphatidylinositol 4-kinase, 1-phosphatidylinositol 4-kinase, v. 36 | p. 176
2.7.1.149	type IIβ phosphatidylinositol 5-phosphate 4-kinase, 1-phosphatidylinositol-5-phosphate 4-kinase, v. 37 | p. 231
2.7.1.67	type II phosphatidylinositol kinase, 1-phosphatidylinositol 4-kinase, v. 36 | p. 176
2.7.1.154	type II phosphoinositide 3-kinase, phosphatidylinositol-4-phosphate 3-kinase, v. 37 | p. 245
2.7.1.67	type II phosphoinositide 4-kinase, 1-phosphatidylinositol 4-kinase, v. 36 | p. 176
3.1.3.36	type II phosphoinositide 5-phosphatase, phosphoinositide 5-phosphatase, v. 10 | p. 339
2.7.1.149	type II PI-5-P 4-kinase, 1-phosphatidylinositol-5-phosphate 4-kinase, v. 37 | p. 231
2.7.1.67	type II PI4Kα, 1-phosphatidylinositol 4-kinase, v. 36 | p. 176
2.7.1.149	type IIβ PIPkin, 1-phosphatidylinositol-5-phosphate 4-kinase, v. 37 | p. 231
2.7.1.149	type II PIP kinase, 1-phosphatidylinositol-5-phosphate 4-kinase, v. 37 | p. 231
2.7.11.11	type II PKA, cAMP-dependent protein kinase, v. S3 | p. 241
3.1.1.47	Type II platelet-activating factor-acetylhydrolase, 1-alkyl-2-acetylglycerophosphocholine esterase, v. 9 | p. 320
2.7.11.11	type II protein kinase A, cAMP-dependent protein kinase, v. S3 | p. 241
1.14.11.2	type II proyl 4-hydroxylase, procollagen-proline dioxygenase, v. 26 | p. 9
3.1.3.78	type II PtdIns-4,5-P2 4-Ptase, phosphatidylinositol-4,5-bisphosphate 4-phosphatase
2.7.1.67	type II PtdIns 4-kinase, 1-phosphatidylinositol 4-kinase, v. 36 | p. 176
3.2.1.135	type II pullulanase, neopullulanase, v. 13 | p. 542
1.1.99.8	type II quinohemoprotein alcohol dehydrogenase, alcohol dehydrogenase (acceptor), v. 19 | p. 305
2.4.2.19	type II quinolic acid phosphoribosyltransferase, nicotinate-nucleotide diphosphorylase (carboxylating), v. 33 | p. 188
2.4.2.19	type II quinolinic acid phosphoribosyltransferase, nicotinate-nucleotide diphosphorylase (carboxylating), v. 33 | p. 188
3.1.21.4	type II REase, type II site-specific deoxyribonuclease, v. 11 | p. 454
2.7.11.30	type II receptor serine/threonine kinase, receptor protein serine/threonine kinase, v. S4 | p. 340
3.1.21.4	type II restriction endonuclease, type II site-specific deoxyribonuclease, v. 11 | p. 454
3.1.21.4	type II restriction endonuclease EcoO109I, type II site-specific deoxyribonuclease, v. 11 | p. 454
3.1.21.4	type II restriction enzyme, type II site-specific deoxyribonuclease, v. 11 | p. 454
3.1.26.4	type II ribonuclease H, calf thymus ribonuclease H, v. 11 | p. 517
3.2.2.22	type II ribosome-inactivating protein, rRNA N-glycosylase, v. 14 | p. 107
3.2.2.22	type II RIP, rRNA N-glycosylase, v. 14 | p. 107
3.1.27.5	type II RNase A, pancreatic ribonuclease, v. 11 | p. 584
3.6.3.1	type II secretion ATPase, phospholipid-translocating ATPase, v. 15 | p. 532
3.6.3.50	type II secretion system ATPase, protein-secreting ATPase, v. 15 | p. 737
3.4.23.36	type II signal peptidase, Signal peptidase II, v. 8 | p. 170
2.7.11.12	type I β isozyme of cGMP-dependent protein kinase, cGMP-dependent protein kinase, v. S3 | p. 288
3.1.21.4	type IIS restriction endonuclease, type II site-specific deoxyribonuclease, v. 11 | p. 454
3.1.21.4	typeIIS restriction endonuclease, type II site-specific deoxyribonuclease, v. 11 | p. 454
3.1.21.4	type IIS restriction enzyme, type II site-specific deoxyribonuclease, v. 11 | p. 454
2.7.1.21	type II thymidine kinase 1, thymidine kinase, v. 35 | p. 270
5.99.1.3	type II topoisomerase, DNA topoisomerase (ATP-hydrolysing), v. 1 | p. 737
3.4.21.106	type II transmembrane serine protease, hepsin, v. S5 | p. 334
3.5.1.1	type I L-asparaginase, asparaginase, v. 14 | p. 190
3.4.11.18	type I MetAP, methionyl aminopeptidase, v. 6 | p. 159
3.4.11.18	type I methionine aminopeptidase, methionyl aminopeptidase, v. 6 | p. 159
2.3.1.97	type I N-myristoyltransferase, glycylpeptide N-tetradecanoyltransferase, v. 30 | p. 193
1.6.5.3	type I NADH dehydrogenase, NADH dehydrogenase (ubiquinone), v. 24 | p. 106

3.4.21.118	type I neuropsin, kallikrein 8, v. S5	p. 435
3.1.3.78	type I phosphatidylinositol-4,5-bisphosphate 4-phosphatase, phosphatidylinositol-4,5-bisphosphate 4-phosphatase
2.7.1.68	type I phosphatidylinositol-4-phosphate 5-kinase, 1-phosphatidylinositol-4-phosphate 5-kinase, v. 36	p. 196
2.7.1.68	type Iγ phosphatidylinositol 4-phosphate 5-kinase, 1-phosphatidylinositol-4-phosphate 5-kinase, v. 36	p. 196
2.7.1.153	type I phosphoinositide 3-kinase, phosphatidylinositol-4,5-bisphosphate 3-kinase, v. 37	p. 241
2.7.11.11	type I PKA, cAMP-dependent protein kinase, v. S3	p. 241
3.1.1.47	type I platelet-activating factor acetylhydrolase, 1-alkyl-2-acetylglycerophosphocholine esterase, v. 9	p. 320
3.4.24.19	Type I procollagen C-proteinase, procollagen C-endopeptidase, v. 8	p. 317
1.14.11.2	type I proly 4-hydroxylase, procollagen-proline dioxygenase, v. 26	p. 9
2.5.1.59	type I protein geranylgeranyltransferase, protein geranylgeranyltransferase type I, v. 34	p. 209
2.7.11.11	type I protein kinase A, cAMP-dependent protein kinase, v. S3	p. 241
1.14.11.2	type I proyl 4-hydroxylase, procollagen-proline dioxygenase, v. 26	p. 9
3.1.3.78	type I PtdIns-4,5-P2 4-Ptase, phosphatidylinositol-4,5-bisphosphate 4-phosphatase
2.7.1.68	type I PtdInsP kinase, 1-phosphatidylinositol-4-phosphate 5-kinase, v. 36	p. 196
3.1.21.3	type I R-M enzyme, type I site-specific deoxyribonuclease, v. 11	p. 448
2.7.8.7	type I rat fatty acid synthase ACP, holo-[acyl-carrier-protein] synthase, v. 39	p. 50
2.7.11.30	type I receptor kinase, receptor protein serine/threonine kinase, v. S4	p. 340
2.7.11.30	type I receptor TGF-β kinase, receptor protein serine/threonine kinase, v. S4	p. 340
3.1.21.3	type I restriction-modification enzyme, type I site-specific deoxyribonuclease, v. 11	p. 448
3.1.21.3	type I restriction enzyme, type I site-specific deoxyribonuclease, v. 11	p. 448
3.1.21.3	type I restriction modification enzyme, type I site-specific deoxyribonuclease, v. 11	p. 448
3.2.2.22	type I ribosome-inactivating protein, rRNA N-glycosylase, v. 14	p. 107
3.2.2.22	type I RIP, rRNA N-glycosylase, v. 14	p. 107
3.1.27.5	type I RNase A, pancreatic ribonuclease, v. 11	p. 584
2.7.11.30	type I serine/threonine kinase, receptor protein serine/threonine kinase, v. S4	p. 340
2.7.1.71	type I shikimate kinase, aroK-encoded, shikimate kinase, v. 36	p. 220
3.4.21.89	type I signal (leader) peptidase, Signal peptidase I, v. 7	p. 431
3.4.21.89	type I signal peptidase, Signal peptidase I, v. 7	p. 431
3.4.21.89	type I signal peptidase Sec11a, Signal peptidase I, v. 7	p. 431
3.4.21.89	type I signal peptidase Sec11b, Signal peptidase I, v. 7	p. 431
3.4.21.89	type I SPase, Signal peptidase I, v. 7	p. 431
2.7.11.30	type I TGF-β receptor I kinase, receptor protein serine/threonine kinase, v. S4	p. 340
2.3.2.13	type I transglutaminase, protein-glutamine γ-glutamyltransferase, v. 30	p. 550
3.4.21.4	type I trypsin, trypsin, v. 7	p. 12
3.4.24.24	Type IV collagenase, gelatinase A, v. 8	p. 351
3.4.24.35	Type IV collagenase, gelatinase B, v. 8	p. 403
3.4.24.24	Type IV collagenase/gelatinase, gelatinase A, v. 8	p. 351
3.4.24.35	Type IV collagenase/gelatinase, gelatinase B, v. 8	p. 403
3.4.24.24	Type IV collagen metalloproteinase, gelatinase A, v. 8	p. 351
3.4.24.35	Type IV collagen metalloproteinase, gelatinase B, v. 8	p. 403
3.4.14.5	type IV dipeptidyl aminopeptidase, dipeptidyl-peptidase IV, v. 6	p. 286
3.4.21.89	type IV leader peptidase, Signal peptidase I, v. 7	p. 431
3.1.3.36	type IV phosphoinositide 5-phoshatase, phosphoinositide 5-phosphatase, v. 10	p. 339
3.6.1.15	type IV pilus motor protein, nucleoside-triphosphatase, v. 15	p. 365
3.6.3.50	type IV pilus retraction motor, protein-secreting ATPase, v. 15	p. 737
3.4.23.43	type IV prepilin-like peptidase, prepilin peptidase, v. 8	p. 194
3.4.23.43	type IV prepilin peptidase, prepilin peptidase, v. 8	p. 194
3.4.21.4	type IX pancreatic trypsin, trypsin, v. 7	p. 12
3.6.1.6	type L nucleoside diphosphatase, nucleoside-diphosphatase, v. 15	p. 283

3.2.1.17	c-type lysozyme, lysozyme, v. 12 | p. 228	
3.2.1.17	g-type lysozyme, lysozyme, v. 12 | p. 228	
3.4.17.1	A-type metallocarboxypeptidase, carboxypeptidase A, v. 6 | p. 401	
3.4.16.5	A-type metallocarboxypeptidase, carboxypeptidase C, v. 6 | p. 385	
3.6.3.7	P-type Na+-ATPase, Na+-exporting ATPase, v. 15 | p. 561	
3.6.3.15	V-type Na+-ATPase, Na+-transporting two-sector ATPase, v. 15 | p. 611	
3.6.3.7	P-Type Na+ ATPase, Na+-exporting ATPase, v. 15 | p. 561	
2.7.1.67	β-type phosphatidylinositol 4-kinase, 1-phosphatidylinositol 4-kinase, v. 36 | p. 176	
3.1.1.4	α-type phospholipase A2, phospholipase A2, v. 9 | p. 52	
2.7.10.1	A-type platelet-derived growth factor receptor, receptor protein-tyrosine kinase, v. S2 | p. 341	
1.97.1.10	types 1 iodothyronine selenodeiodinase, thyroxine 5'-deiodinase, v. S1 | p. 788	
1.97.1.10	types 2 iodothyronine selenodeiodinase, thyroxine 5'-deiodinase, v. S1 | p. 788	
4.6.1.1	type V AC, adenylate cyclase, v. 5 | p. 415	
4.6.1.1	type V adenylate cyclase, adenylate cyclase, v. 5 | p. 415	
3.4.24.35	Type V collagenase, gelatinase B, v. 8 | p. 403	
3.1.1.7	type VI-S AChE, acetylcholinesterase, v. 9 | p. 104	
4.6.1.1	type VI adenylyl cyclase, adenylate cyclase, v. 5 | p. 415	
4.6.1.1	type VIII adenylyl cyclase, adenylate cyclase, v. 5 | p. 415	
3.1.1.3	type VII lipase, triacylglycerol lipase, v. 9 | p. 36	
3.1.3.48	TypPT, protein-tyrosine-phosphatase, v. 10 | p. 407	
3.4.22.58	TY protease, caspase-5, v. S6 | p. 140	
1.14.18.1	tyr, monophenol monooxygenase, v. 27 | p. 156	
1.3.1.12	TYR1, prephenate dehydrogenase, v. 21 | p. 60	
1.14.18.1	TYR2, monophenol monooxygenase, v. 27 | p. 156	
1.3.1.12	tyrA, prephenate dehydrogenase, v. 21 | p. 60	
1.3.1.78	TyrAa, arogenate dehydrogenase (NADP+), v. S1 | p. 236	
1.3.1.78	TyrAAT, arogenate dehydrogenase (NADP+), v. S1 | p. 236	
1.3.1.78	TyrAAT1, arogenate dehydrogenase (NADP+), v. S1 | p. 236	
1.3.1.79	TyrAc, arogenate dehydrogenase [NAD(P)+], v. S1 | p. 244	
1.4.3.4	tyraminase, monoamine oxidase, v. 22 | p. 260	
2.3.1.110	tyramine-hydroxycinnamoyl transferase, tyramine N-feruloyltransferase, v. 30 | p. 254	
1.4.99.4	tyramine dehydrogenase, aralkylamine dehydrogenase, v. 22 | p. 410	
2.3.1.110	tyramine feruloyltransferase, tyramine N-feruloyltransferase, v. 30 | p. 254	
2.3.1.110	tyraminehydroxycinnamoyl transferase, tyramine N-feruloyltransferase, v. 30 | p. 254	
2.1.1.27	tyramine methylpherase, tyramine N-methyltransferase, v. 28 | p. 129	
2.3.1.110	tyramine N-feruloyl-CoA transferase, tyramine N-feruloyltransferase, v. 30 | p. 254	
2.3.1.110	tyramine N-hydroxycinnamoyltransferase, tyramine N-feruloyltransferase, v. 30 | p. 254	
1.4.3.6	tyramine oxidase, amine oxidase (copper-containing), v. 22 | p. 291	
1.4.3.4	tyramine oxidase, monoamine oxidase, v. 22 | p. 260	
4.3.1.5	tyrase, phenylalanine ammonia-lyase, v. 5 | p. 198	
1.3.1.78	TyrAsy, arogenate dehydrogenase (NADP+), v. S1 | p. 236	
1.3.1.79	TyrC, arogenate dehydrogenase [NAD(P)+], v. S1 | p. 244	
4.1.1.25	TyrDC, Tyrosine decarboxylase, v. 3 | p. 146	
4.1.1.25	TYR decarboxylase, Tyrosine decarboxylase, v. 3 | p. 146	
1.14.16.2	TyrH, tyrosine 3-monooxygenase, v. 27 | p. 81	
2.7.10.1	Tyro 10 receptor tyrosine kinase, receptor protein-tyrosine kinase, v. S2 | p. 341	
2.7.10.1	Tyro 3, receptor protein-tyrosine kinase, v. S2 | p. 341	
4.1.99.2	β-tyrosinase, tyrosine phenol-lyase, v. 4 | p. 210	
1.10.3.1	tyrosinase, catechol oxidase, v. 25 | p. 105	
1.14.18.1	tyrosinase, monophenol monooxygenase, v. 27 | p. 156	
1.14.18.1	tyrosinase 2, monophenol monooxygenase, v. 27 | p. 156	
1.14.18.1	tyrosinase diphenolase, monophenol monooxygenase, v. 27 | p. 156	
5.4.3.6	Tyrosine α,β-amino mutase, tyrosine 2,3-aminomutase, v. 1 | p. 568	
5.4.3.6	Tyrosine α,β-mutase, tyrosine 2,3-aminomutase, v. 1 | p. 568	

2.6.1.5	tyrosine-α-ketoglutarate aminotransferase, tyrosine transaminase, v. 34	p. 301
2.6.1.5	tyrosine-α-ketoglutarate transaminase, tyrosine transaminase, v. 34	p. 301
6.1.1.1	Tyrosine–tRNA ligase, Tyrosine-tRNA ligase, v. 2	p. 1
2.6.1.5	tyrosine-2-ketoglutarate aminotransferase, tyrosine transaminase, v. 34	p. 301
2.6.1.5	L-tyrosine-2-oxoglutarate aminotransferase, tyrosine transaminase, v. 34	p. 301
2.6.1.5	tyrosine-2-oxoglutarate aminotransferase, tyrosine transaminase, v. 34	p. 301
1.14.16.2	tyrosine-3-mono-oxygenase, tyrosine 3-monooxygenase, v. 27	p. 81
1.14.16.2	tyrosine-3-monooxygenase, tyrosine 3-monooxygenase, v. 27	p. 81
1.14.18.1	tyrosine-dopa oxidase, monophenol monooxygenase, v. 27	p. 156
2.8.2.1	tyrosine-ester sulfotransferase, aryl sulfotransferase, v. 39	p. 247
4.1.99.2	tyrosine-phenol lyase, tyrosine phenol-lyase, v. 4	p. 210
2.7.10.2	tyrosine-protein kinase 6, non-specific protein-tyrosine kinase, v. S2	p. 441
2.7.10.2	tyrosine-protein kinase Abl, non-specific protein-tyrosine kinase, v. S2	p. 441
2.7.10.2	tyrosine-protein kinase abl-1, non-specific protein-tyrosine kinase, v. S2	p. 441
2.7.10.2	tyrosine-protein kinase ABL2, non-specific protein-tyrosine kinase, v. S2	p. 441
2.7.10.2	tyrosine-protein kinase BLK, non-specific protein-tyrosine kinase, v. S2	p. 441
2.7.10.2	Tyrosine-protein kinase brk, non-specific protein-tyrosine kinase, v. S2	p. 441
2.7.10.2	tyrosine-protein kinase BTK, non-specific protein-tyrosine kinase, v. S2	p. 441
2.7.10.1	Tyrosine-protein kinase CAK, receptor protein-tyrosine kinase, v. S2	p. 341
2.7.10.1	Tyrosine-protein kinase CEK9, receptor protein-tyrosine kinase, v. S2	p. 341
2.7.10.2	tyrosine-protein kinase CSK, non-specific protein-tyrosine kinase, v. S2	p. 441
2.7.10.2	Tyrosine-protein kinase CTK, non-specific protein-tyrosine kinase, v. S2	p. 441
2.7.10.1	tyrosine-protein kinase Dnt, receptor protein-tyrosine kinase, v. S2	p. 341
2.7.10.1	tyrosine-protein kinase Drl, receptor protein-tyrosine kinase, v. S2	p. 341
2.7.10.1	Tyrosine-protein kinase DTK, receptor protein-tyrosine kinase, v. S2	p. 341
2.7.10.1	tyrosine-protein kinase Etk, receptor protein-tyrosine kinase, v. S2	p. 341
2.7.10.1	Tyrosine-protein kinase FLT3, receptor protein-tyrosine kinase, v. S2	p. 341
2.7.10.2	tyrosine-protein kinase Fps85D, non-specific protein-tyrosine kinase, v. S2	p. 441
2.7.10.2	tyrosine-protein kinase FRK, non-specific protein-tyrosine kinase, v. S2	p. 441
2.7.10.1	Tyrosine-protein kinase FRT, receptor protein-tyrosine kinase, v. S2	p. 341
2.7.10.2	tyrosine-protein kinase HCK, non-specific protein-tyrosine kinase, v. S2	p. 441
2.7.10.2	tyrosine-protein kinase hopscotch, non-specific protein-tyrosine kinase, v. S2	p. 441
2.7.10.2	tyrosine-protein kinase HTK16, non-specific protein-tyrosine kinase, v. S2	p. 441
2.7.10.2	tyrosine-protein kinase ITK/TSK, non-specific protein-tyrosine kinase, v. S2	p. 441
2.7.10.1	tyrosine-protein kinase ITK/TSK, receptor protein-tyrosine kinase, v. S2	p. 341
2.7.10.2	tyrosine-protein kinase JAK1, non-specific protein-tyrosine kinase, v. S2	p. 441
2.7.10.2	tyrosine-protein kinase JAK2, non-specific protein-tyrosine kinase, v. S2	p. 441
2.7.10.2	tyrosine-protein kinase JAK3, non-specific protein-tyrosine kinase, v. S2	p. 441
2.7.10.2	Tyrosine-protein kinase Lyk, non-specific protein-tyrosine kinase, v. S2	p. 441
2.7.10.2	tyrosine-protein kinase LYN, non-specific protein-tyrosine kinase, v. S2	p. 441
2.7.10.2	tyrosine-protein kinase PR2, non-specific protein-tyrosine kinase, v. S2	p. 441
2.7.10.1	tyrosine-protein kinase Ptk, receptor protein-tyrosine kinase, v. S2	p. 341
2.7.10.1	Tyrosine-protein kinase receptor CEK10, receptor protein-tyrosine kinase, v. S2	p. 341
2.7.10.1	Tyrosine-protein kinase receptor CEK11, receptor protein-tyrosine kinase, v. S2	p. 341
2.7.10.1	Tyrosine-protein kinase receptor CEK5, receptor protein-tyrosine kinase, v. S2	p. 341
2.7.10.1	Tyrosine-protein kinase receptor CEK7, receptor protein-tyrosine kinase, v. S2	p. 341
2.7.10.1	Tyrosine-protein kinase receptor CEK8, receptor protein-tyrosine kinase, v. S2	p. 341
2.7.10.1	Tyrosine-protein kinase receptor CEPHA7, receptor protein-tyrosine kinase, v. S2	p. 341
2.7.10.1	Tyrosine-protein kinase receptor ECK, receptor protein-tyrosine kinase, v. S2	p. 341
2.7.10.1	Tyrosine-protein kinase receptor EEK, receptor protein-tyrosine kinase, v. S2	p. 341
2.7.10.1	Tyrosine-protein kinase receptor EPH, receptor protein-tyrosine kinase, v. S2	p. 341
2.7.10.1	Tyrosine-protein kinase receptor ESK, receptor protein-tyrosine kinase, v. S2	p. 341
2.7.10.1	Tyrosine-protein kinase receptor ETK1, receptor protein-tyrosine kinase, v. S2	p. 341
2.7.10.1	Tyrosine-protein kinase receptor FLT, receptor protein-tyrosine kinase, v. S2	p. 341
2.7.10.1	Tyrosine-protein kinase receptor FLT3, receptor protein-tyrosine kinase, v. S2	p. 341

2.7.10.1	Tyrosine-protein kinase receptor FLT4, receptor protein-tyrosine kinase, v. S2	p. 341
2.7.10.1	Tyrosine-protein kinase receptor HTK, receptor protein-tyrosine kinase, v. S2	p. 341
2.7.10.1	Tyrosine-protein kinase receptor PAG, receptor protein-tyrosine kinase, v. S2	p. 341
2.7.10.1	Tyrosine-protein kinase receptor QEK5, receptor protein-tyrosine kinase, v. S2	p. 341
2.7.10.1	Tyrosine-protein kinase receptor REK4, receptor protein-tyrosine kinase, v. S2	p. 341
2.7.10.1	Tyrosine-protein kinase receptor SEK, receptor protein-tyrosine kinase, v. S2	p. 341
2.7.10.1	Tyrosine-protein kinase receptor TCK, receptor protein-tyrosine kinase, v. S2	p. 341
2.7.10.1	Tyrosine-protein kinase receptor TEK, receptor protein-tyrosine kinase, v. S2	p. 341
2.7.10.1	tyrosine-protein kinase receptor Tie-1, receptor protein-tyrosine kinase, v. S2	p. 341
2.7.10.1	tyrosine-protein kinase receptor torso, receptor protein-tyrosine kinase, v. S2	p. 341
2.7.10.1	tyrosine-protein kinase receptor TYRO3, receptor protein-tyrosine kinase, v. S2	p. 341
2.7.10.1	tyrosine-protein kinase receptor UFO, receptor protein-tyrosine kinase, v. S2	p. 341
2.7.10.1	Tyrosine-protein kinase receptor XEK, receptor protein-tyrosine kinase, v. S2	p. 341
2.7.10.1	Tyrosine-protein kinase receptor XELK, receptor protein-tyrosine kinase, v. S2	p. 341
2.7.10.1	Tyrosine-protein kinase receptor ZEK1, receptor protein-tyrosine kinase, v. S2	p. 341
2.7.10.1	Tyrosine-protein kinase receptor ZEK2, receptor protein-tyrosine kinase, v. S2	p. 341
2.7.10.1	Tyrosine-protein kinase receptor ZEK3, receptor protein-tyrosine kinase, v. S2	p. 341
2.7.10.1	Tyrosine-protein kinase RSE, receptor protein-tyrosine kinase, v. S2	p. 341
2.7.10.1	tyrosine-protein kinase RYK, receptor protein-tyrosine kinase, v. S2	p. 341
2.7.10.2	tyrosine-protein kinase shark, non-specific protein-tyrosine kinase, v. S2	p. 441
2.7.10.1	Tyrosine-protein kinase SKY, receptor protein-tyrosine kinase, v. S2	p. 341
2.7.10.2	tyrosine-protein kinase SPK-1, non-specific protein-tyrosine kinase, v. S2	p. 441
2.7.10.2	tyrosine-protein kinase SRC-1, non-specific protein-tyrosine kinase, v. S2	p. 441
2.7.10.2	tyrosine-protein kinase SRC-2, non-specific protein-tyrosine kinase, v. S2	p. 441
2.7.10.2	tyrosine-protein kinase Src42A, non-specific protein-tyrosine kinase, v. S2	p. 441
2.7.10.2	tyrosine-protein kinase Src64B, non-specific protein-tyrosine kinase, v. S2	p. 441
2.7.10.2	tyrosine-protein kinase SRK1, non-specific protein-tyrosine kinase, v. S2	p. 441
2.7.10.2	tyrosine-protein kinase SRK4, non-specific protein-tyrosine kinase, v. S2	p. 441
2.7.10.2	tyrosine-protein kinase SRM, non-specific protein-tyrosine kinase, v. S2	p. 441
2.7.10.2	tyrosine-protein kinase STK, non-specific protein-tyrosine kinase, v. S2	p. 441
2.7.10.2	tyrosine-protein kinase SYK, non-specific protein-tyrosine kinase, v. S2	p. 441
2.7.10.2	tyrosine-protein kinase Tec, non-specific protein-tyrosine kinase, v. S2	p. 441
2.7.10.2	tyrosine-protein kinase transforming protein ABL, non-specific protein-tyrosine kinase, v. S2	p. 441
2.7.10.1	tyrosine-protein kinase transforming protein erbB, receptor protein-tyrosine kinase, v. S2	p. 341
2.7.10.2	tyrosine-protein kinase transforming protein FES, non-specific protein-tyrosine kinase, v. S2	p. 441
2.7.10.2	tyrosine-protein kinase transforming protein FGR, non-specific protein-tyrosine kinase, v. S2	p. 441
2.7.10.2	tyrosine-protein kinase transforming protein fms, non-specific protein-tyrosine kinase, v. S2	p. 441
2.7.10.2	tyrosine-protein kinase transforming protein FPS, non-specific protein-tyrosine kinase, v. S2	p. 441
2.7.10.1	tyrosine-protein kinase transforming protein kit, receptor protein-tyrosine kinase, v. S2	p. 341
2.7.10.2	tyrosine-protein kinase transforming protein ros, non-specific protein-tyrosine kinase, v. S2	p. 441
2.7.10.1	tyrosine-protein kinase transforming protein RYK, receptor protein-tyrosine kinase, v. S2	p. 341
2.7.10.2	tyrosine-protein kinase transforming protein SEA, non-specific protein-tyrosine kinase, v. S2	p. 441
2.7.10.2	tyrosine-protein kinase transforming protein SRC, non-specific protein-tyrosine kinase, v. S2	p. 441

2.7.10.2	tyrosine-protein kinase transforming protein YES, non-specific protein-tyrosine kinase, v. S2 | p. 441	
2.7.10.1	tyrosine-protein kinase transmembrane receptor Ror, receptor protein-tyrosine kinase, v. S2 | p. 341	
2.7.10.1	tyrosine-protein kinase transmembrane receptor ROR1, receptor protein-tyrosine kinase, v. S2 | p. 341	
2.7.10.1	tyrosine-protein kinase transmembrane receptor ROR2, receptor protein-tyrosine kinase, v. S2 | p. 341	
2.7.10.2	tyrosine-protein kinase TXK, non-specific protein-tyrosine kinase, v. S2 | p. 441	
2.7.10.2	Tyrosine-protein kinase TYRO 10, non-specific protein-tyrosine kinase, v. S2 | p. 441	
2.7.10.1	tyrosine-protein kinase Wzc, receptor protein-tyrosine kinase, v. S2 | p. 341	
2.7.10.2	tyrosine-protein kinase ZAP-70, non-specific protein-tyrosine kinase, v. S2 | p. 441	
5.3.3.12	tyrosine-related protein 2, L-dopachrome isomerase, v. 1 | p. 432	
3.1.3.48	tyrosine-specific MAPK phosphatase, protein-tyrosine-phosphatase, v. 10 | p. 407	
2.7.10.2	Tyrosine-specific protein kinase, non-specific protein-tyrosine kinase, v. S2 | p. 441	
6.1.1.1	Tyrosine-transfer ribonucleate synthetase, Tyrosine-tRNA ligase, v. 2 | p. 1	
6.1.1.1	Tyrosine-transfer RNA ligase, Tyrosine-tRNA ligase, v. 2 | p. 1	
4.1.1.25	Tyrosine/Dopa decarboxylase, Tyrosine decarboxylase, v. 3 | p. 146	
4.1.1.28	Tyrosine/Dopa decarboxylase, aromatic-L-amino-acid decarboxylase, v. 3 | p. 152	
4.1.1.25	tyrosine/Dopa decarboxylase-1, Tyrosine decarboxylase, v. 3 | p. 146	
4.1.1.25	tyrosine/Dopa decarboxylase-2, Tyrosine decarboxylase, v. 3 | p. 146	
4.1.1.53	L-tyrosine/L-phenylalanine decarboxylase, Phenylalanine decarboxylase, v. 3 | p. 323	
1.14.16.2	tyrosine 3-hydroxylase, tyrosine 3-monooxygenase, v. 27 | p. 81	
5.4.3.6	tyrosine aminomutase, tyrosine 2,3-aminomutase, v. 1 | p. 568	
2.6.1.5	L-tyrosine aminotransferase, tyrosine transaminase, v. 34 | p. 301	
2.6.1.5	tyrosine aminotransferase, tyrosine transaminase, v. 34 | p. 301	
4.3.1.5	L-tyrosine ammonia-lyase, phenylalanine ammonia-lyase, v. 5 | p. 198	
4.3.1.5	tyrosine ammonia-lyase, phenylalanine ammonia-lyase, v. 5 | p. 198	
4.3.1.23	tyrosine ammonia lyase, tyrosine ammonia-lyase	
4.1.1.25	L-(-)-Tyrosine apodecarboxylase, Tyrosine decarboxylase, v. 3 | p. 146	
4.1.1.25	L-Tyrosine decarboxylase, Tyrosine decarboxylase, v. 3 | p. 146	
4.1.1.25	tyrosine decarboxylase, Tyrosine decarboxylase, v. 3 | p. 146	
4.1.1.25	tyrosine decarboxylase-2, Tyrosine decarboxylase, v. 3 | p. 146	
2.8.2.9	tyrosine ester sulfotransferase, tyrosine-ester sulfotransferase, v. 39 | p. 352	
1.14.16.2	L-tyrosine hydroxylase, tyrosine 3-monooxygenase, v. 27 | p. 81	
1.14.16.2	tyrosine hydroxylase, tyrosine 3-monooxygenase, v. 27 | p. 81	
1.11.1.8	tyrosine iodinase, iodide peroxidase, v. 25 | p. 227	
2.7.10.2	Tyrosine kinase, non-specific protein-tyrosine kinase, v. S2 | p. 441	
2.7.10.1	Tyrosine kinase-type cell surface receptor HER2, receptor protein-tyrosine kinase, v. S2 | p. 341	
2.7.10.1	Tyrosine kinase-type cell surface receptor HER3, receptor protein-tyrosine kinase, v. S2 | p. 341	
2.7.10.1	Tyrosine kinase-type cell surface receptor HER4, receptor protein-tyrosine kinase, v. S2 | p. 341	
2.7.10.2	tyrosine kinase Abl, non-specific protein-tyrosine kinase, v. S2 | p. 441	
2.7.10.2	Tyrosine kinase ARG, non-specific protein-tyrosine kinase, v. S2 | p. 441	
2.7.10.2	tyrosine kinase c-Src, non-specific protein-tyrosine kinase, v. S2 | p. 441	
2.7.10.1	Tyrosine kinase CEK6 receptor, receptor protein-tyrosine kinase, v. S2 | p. 341	
2.7.10.2	tyrosine kinase Csk, non-specific protein-tyrosine kinase, v. S2 | p. 441	
2.7.10.2	tyrosine kinase cyl, non-specific protein-tyrosine kinase, v. S2 | p. 441	
2.7.10.1	Tyrosine kinase DDR, receptor protein-tyrosine kinase, v. S2 | p. 341	
2.7.10.1	tyrosine kinase domain of the insulin receptor, receptor protein-tyrosine kinase, v. S2 | p. 341	
2.7.10.1	tyrosine kinase Emt/Itk, receptor protein-tyrosine kinase, v. S2 | p. 341	
2.7.10.2	tyrosine kinase Etk, non-specific protein-tyrosine kinase, v. S2 | p. 441	

2.7.10.2	tyrosine kinase Fyn, non-specific protein-tyrosine kinase, v. S2	p. 441
2.7.10.2	Tyrosine kinase lck, non-specific protein-tyrosine kinase, v. S2	p. 441
2.7.10.2	Tyrosine kinase p56lck, non-specific protein-tyrosine kinase, v. S2	p. 441
2.7.10.1	tyrosine kinase p59fyn, receptor protein-tyrosine kinase, v. S2	p. 341
2.7.10.2	tyrosine kinase p60c-src, non-specific protein-tyrosine kinase, v. S2	p. 441
2.7.10.2	tyrosine kinase PTK6, non-specific protein-tyrosine kinase, v. S2	p. 441
2.7.10.1	tyrosine kinase QEK5, receptor protein-tyrosine kinase, v. S2	p. 341
2.7.10.1	tyrosine kinase receptor CEK2, receptor protein-tyrosine kinase, v. S2	p. 341
2.7.10.1	tyrosine kinase receptor CEK3, receptor protein-tyrosine kinase, v. S2	p. 341
2.7.10.1	Tyrosine kinase receptor HD-14, receptor protein-tyrosine kinase, v. S2	p. 341
2.7.10.1	tyrosine kinase receptor HER2, receptor protein-tyrosine kinase, v. S2	p. 341
2.7.10.1	tyrosine kinase receptor RON, receptor protein-tyrosine kinase, v. S2	p. 341
2.7.10.1	tyrosine kinase receptor trkE, receptor protein-tyrosine kinase, v. S2	p. 341
2.7.10.2	tyrosine kinase sf-Stk, non-specific protein-tyrosine kinase, v. S2	p. 441
2.7.10.2	tyrosine kinase Src, non-specific protein-tyrosine kinase, v. S2	p. 441
2.8.2.9	L-tyrosine methyl ester sulfotransferase, tyrosine-ester sulfotransferase, v. 39	p. 352
1.14.13.41	tyrosine N-hydroxylase, tyrosine N-monooxygenase, v. 26	p. 450
1.14.13.41	Tyrosine N-monooxygenase, tyrosine N-monooxygenase, v. 26	p. 450
3.1.3.48	tyrosine O-phosphate phosphatase, protein-tyrosine-phosphatase, v. 10	p. 407
4.1.99.2	L-tyrosine phenol-lyase, tyrosine phenol-lyase, v. 4	p. 210
4.1.99.2	tyrosine phenol-lyase, tyrosine phenol-lyase, v. 4	p. 210
4.1.99.2	tyrosine phenol lyase, tyrosine phenol-lyase, v. 4	p. 210
3.1.3.48	tyrosine phosphatase, protein-tyrosine-phosphatase, v. 10	p. 407
3.1.3.48	tyrosine phosphatase α, protein-tyrosine-phosphatase, v. 10	p. 407
3.1.3.48	tyrosine phosphatase ε, protein-tyrosine-phosphatase, v. 10	p. 407
3.1.3.48	Tyrosine phosphatase CBPTP, protein-tyrosine-phosphatase, v. 10	p. 407
2.7.10.2	Tyrosine phosphokinase, non-specific protein-tyrosine kinase, v. S2	p. 441
2.7.10.2	Tyrosine protein kinase, non-specific protein-tyrosine kinase, v. S2	p. 441
2.7.10.2	Tyrosine protein kinase p56lck, non-specific protein-tyrosine kinase, v. S2	p. 441
6.1.1.1	Tyrosine translase, Tyrosine-tRNA ligase, v. 2	p. 1
6.1.1.1	Tyrosine tRNA synthetase, Tyrosine-tRNA ligase, v. 2	p. 1
3.4.17.17	tyrosinotubulin carboxypeptidase, tubulinyl-Tyr carboxypeptidase, v. 6	p. 483
6.1.1.1	tyrosyl—tRNA synthetase, Tyrosine-tRNA ligase, v. 2	p. 1
6.1.1.1	Tyrosyl–tRNA ligase, Tyrosine-tRNA ligase, v. 2	p. 1
6.3.2.24	tyrosyl-arginine synthase, tyrosine-arginine ligase, v. 2	p. 521
6.1.1.1	Tyrosyl-transfer ribonucleate synthetase, Tyrosine-tRNA ligase, v. 2	p. 1
6.1.1.1	Tyrosyl-transfer ribonucleic acid synthetase, Tyrosine-tRNA ligase, v. 2	p. 1
6.1.1.1	Tyrosyl-transfer RNA synthetase, Tyrosine-tRNA ligase, v. 2	p. 1
6.1.1.1	Tyrosyl-tRNA ligase, Tyrosine-tRNA ligase, v. 2	p. 1
6.1.1.1	Tyrosyl-tRNA synthetase, Tyrosine-tRNA ligase, v. 2	p. 1
6.1.1.1	tyrosyl aminoacyl-tRNA synthetase, Tyrosine-tRNA ligase, v. 2	p. 1
2.7.10.2	Tyrosylprotein kinase, non-specific protein-tyrosine kinase, v. S2	p. 441
3.1.3.48	tyrosylprotein phosphatase, protein-tyrosine-phosphatase, v. 10	p. 407
2.8.2.20	tyrosylprotein sulfotransferase, protein-tyrosine sulfotransferase, v. 39	p. 419
2.8.2.20	tyrosylprotein sulfotransferase-1, protein-tyrosine sulfotransferase, v. 39	p. 419
2.8.2.20	tyrosylprotein sulfotransferase-2, protein-tyrosine sulfotransferase, v. 39	p. 419
2.8.2.20	tyrosylprotein sulfotransferase-A, protein-tyrosine sulfotransferase, v. 39	p. 419
2.8.2.20	tyrosylprotein sulfotransferase 1, protein-tyrosine sulfotransferase, v. 39	p. 419
2.8.2.20	tyrosylprotein sulfotransferase 2, protein-tyrosine sulfotransferase, v. 39	p. 419
6.1.1.1	tyrosyl tRNA synthetase, Tyrosine-tRNA ligase, v. 2	p. 1
3.4.17.17	tyrosyltubulin carboxypeptidase, tubulinyl-Tyr carboxypeptidase, v. 6	p. 483
6.3.2.25	Tyrosyltubulin ligase, Tubulin-tyrosine ligase, v. 2	p. 524
6.1.1.1	TyrRS, Tyrosine-tRNA ligase, v. 2	p. 1
6.1.1.1	TyrRZ, Tyrosine-tRNA ligase, v. 2	p. 1
2.5.1.27	Tzs, adenylate dimethylallyltransferase, v. 33	p. 599

Index of Synonyms: U

2.7.4.22	U, UMP kinase, v. S2	p. 299	
1.2.1.31	U26, L-aminoadipate-semialdehyde dehydrogenase, v. 20	p. 262	
4.2.1.75	U3S, uroporphyrinogen-III synthase, v. 4	p. 597	
2.7.7.52	U6-TUTase, RNA uridylyltransferase, v. 38	p. 526	
2.4.1.65	UA948FucT, 3-galactosyl-N-acetylglucosaminide 4-α-L-fucosyltransferase, v. 31	p. 487	
2.4.1.152	UA948FucT, 4-galactosyl-N-acetylglucosaminide 3-α-L-fucosyltransferase, v. 32	p. 318	
5.1.3.7	UAE, UDP-N-acetylglucosamine 4-epimerase, v. 1	p. 135	
6.3.4.6	UALase, Urea carboxylase, v. 2	p. 603	
2.7.7.23	UAP1, UDP-N-acetylglucosamine diphosphorylase, v. 38	p. 289	
2.7.7.23	UAP enzyme, UDP-N-acetylglucosamine diphosphorylase, v. 38	p. 289	
2.4.2.16	UAR phosphorylase, urate-ribonucleotide phosphorylase, v. 33	p. 170	
6.3.2.19	ub-ligase, Ubiquitin-protein ligase, v. 2	p. 506	
3.1.21.4	Uba1105I, type II site-specific deoxyribonuclease, v. 11	p. 454	
3.1.21.4	Uba1108I, type II site-specific deoxyribonuclease, v. 11	p. 454	
6.3.2.19	L-UBC, Ubiquitin-protein ligase, v. 2	p. 506	
6.3.2.19	Ubc13, Ubiquitin-protein ligase, v. 2	p. 506	
6.3.2.19	UBC7, Ubiquitin-protein ligase, v. 2	p. 506	
6.3.2.19	UBCAT4A, Ubiquitin-protein ligase, v. 2	p. 506	
6.3.2.19	UBCAT4B, Ubiquitin-protein ligase, v. 2	p. 506	
6.3.2.19	UbcH10, Ubiquitin-protein ligase, v. 2	p. 506	
6.3.2.19	UBCH2, Ubiquitin-protein ligase, v. 2	p. 506	
6.3.2.19	UbcH6, Ubiquitin-protein ligase, v. 2	p. 506	
6.3.2.19	UbcM4, Ubiquitin-protein ligase, v. 2	p. 506	
6.3.2.19	UBE3A, Ubiquitin-protein ligase, v. 2	p. 506	
1.10.2.2	ubihydroquinol:cytochrome c oxidoreductase, ubiquinol-cytochrome-c reductase, v. 25	p. 83	
1.10.2.2	ubihydroquinone:cytochrome c oxidoreductase, ubiquinol-cytochrome-c reductase, v. 25	p. 83	
1.10.2.2	ubiquinol-cytochrome-c reductase, ubiquinol-cytochrome-c reductase, v. 25	p. 83	
1.10.2.2	ubiquinol-cytochrome c-2 oxidoreductase, ubiquinol-cytochrome-c reductase, v. 25	p. 83	
1.10.2.2	ubiquinol-cytochrome c1 oxidoreductase, ubiquinol-cytochrome-c reductase, v. 25	p. 83	
1.10.2.2	ubiquinol-cytochrome c2 reductase, ubiquinol-cytochrome-c reductase, v. 25	p. 83	
1.10.2.2	ubiquinol-cytochrome c oxidoreductase, ubiquinol-cytochrome-c reductase, v. 25	p. 83	
1.10.2.2	ubiquinol-cytochrome c reductase, ubiquinol-cytochrome-c reductase, v. 25	p. 83	
1.10.2.2	ubiquinol-cytochrome c reductase complex, ubiquinol-cytochrome-c reductase, v. 25	p. 83	
1.10.2.2	ubiquinol:cytochrome c oxidoreductase, ubiquinol-cytochrome-c reductase, v. 25	p. 83	
1.10.2.2	ubiquinol:cytochrome c reductase, ubiquinol-cytochrome-c reductase, v. 25	p. 83	
1.10.2.2	ubiquinol:ferricytochrome c oxidoreductase, ubiquinol-cytochrome-c reductase, v. 25	p. 83	
1.10.2.2	ubiquinol cytochrome c oxidoreductase, ubiquinol-cytochrome-c reductase, v. 25	p. 83	
1.6.5.3	Ubiquinone-binding protein, NADH dehydrogenase (ubiquinone), v. 24	p. 106	
1.10.2.2	ubiquinone-cytochrome b-c1 oxidoreductase, ubiquinol-cytochrome-c reductase, v. 25	p. 83	
1.10.2.2	ubiquinone-cytochrome c oxidoreductase, ubiquinol-cytochrome-c reductase, v. 25	p. 83	
1.10.2.2	ubiquinone-cytochrome c reductase, ubiquinol-cytochrome-c reductase, v. 25	p. 83	
1.6.5.3	ubiquinone reductase, NADH dehydrogenase (ubiquinone), v. 24	p. 106	
1.8.1.4	ubiquinone reductase, dihydrolipoyl dehydrogenase, v. 24	p. 463	
6.3.2.19	Ubiquitin-activating enzyme, Ubiquitin-protein ligase, v. 2	p. 506	

6.3.2.19	ubiquitin-activating enzyme E1, Ubiquitin-protein ligase, v. 2	p. 506
3.4.19.12	ubiquitin-carboxyl-terminal hydrolase PGP-9.5, ubiquitinyl hydrolase 1, v. 6	p. 575
6.3.2.19	Ubiquitin-conjugating enzyme 15, Ubiquitin-protein ligase, v. 2	p. 506
6.3.2.19	Ubiquitin-conjugating enzyme UbcE2A, Ubiquitin-protein ligase, v. 2	p. 506
6.3.2.19	ubiquitin-ligating (E3) enzyme, Ubiquitin-protein ligase, v. 2	p. 506
6.3.2.19	ubiquitin-ligating enzyme E3, Ubiquitin-protein ligase, v. 2	p. 506
6.3.2.19	Ubiquitin-protein ligase, Ubiquitin-protein ligase, v. 2	p. 506
6.3.2.19	Ubiquitin-protein ligase 10/12, Ubiquitin-protein ligase, v. 2	p. 506
6.3.2.19	Ubiquitin-protein ligase 11, Ubiquitin-protein ligase, v. 2	p. 506
6.3.2.19	Ubiquitin-protein ligase E1, Ubiquitin-protein ligase, v. 2	p. 506
6.3.2.19	ubiquitin-protein ligase E6AP, Ubiquitin-protein ligase, v. 2	p. 506
6.3.2.19	Ubiquitin-protein ligase G1, Ubiquitin-protein ligase, v. 2	p. 506
6.3.2.19	Ubiquitin-protein ligase G2, Ubiquitin-protein ligase, v. 2	p. 506
6.3.2.19	Ubiquitin-protein ligase HUS5, Ubiquitin-protein ligase, v. 2	p. 506
6.3.2.19	Ubiquitin-protein synthetase, Ubiquitin-protein ligase, v. 2	p. 506
3.1.2.15	ubiquitin-specific processing protease, ubiquitin thiolesterase, v. 9	p. 523
3.1.2.15	ubiquitin-specific processing protease 10, ubiquitin thiolesterase, v. 9	p. 523
3.1.2.15	ubiquitin-specific processing protease 11, ubiquitin thiolesterase, v. 9	p. 523
3.1.2.12	Ubiquitin-specific processing protease 12, S-formylglutathione hydrolase, v. 9	p. 508
3.1.2.15	Ubiquitin-specific processing protease 12, ubiquitin thiolesterase, v. 9	p. 523
3.1.2.15	Ubiquitin-specific processing protease 13, ubiquitin thiolesterase, v. 9	p. 523
3.1.2.14	Ubiquitin-specific processing protease 14, oleoyl-[acyl-carrier-protein] hydrolase, v. 9	p. 516
3.1.2.15	Ubiquitin-specific processing protease 14, ubiquitin thiolesterase, v. 9	p. 523
3.1.2.15	ubiquitin-specific processing protease 15, ubiquitin thiolesterase, v. 9	p. 523
3.1.2.15	ubiquitin-specific processing protease 16, ubiquitin thiolesterase, v. 9	p. 523
3.1.2.15	ubiquitin-specific processing protease 19, ubiquitin thiolesterase, v. 9	p. 523
3.1.2.15	ubiquitin-specific processing protease 20, ubiquitin thiolesterase, v. 9	p. 523
3.1.2.15	ubiquitin-specific processing protease 21, ubiquitin thiolesterase, v. 9	p. 523
3.1.2.15	ubiquitin-specific processing protease 22, ubiquitin thiolesterase, v. 9	p. 523
3.1.2.15	ubiquitin-specific processing protease 24, ubiquitin thiolesterase, v. 9	p. 523
3.1.2.15	ubiquitin-specific processing protease 25, ubiquitin thiolesterase, v. 9	p. 523
3.1.2.15	ubiquitin-specific processing protease 26, ubiquitin thiolesterase, v. 9	p. 523
3.1.2.15	ubiquitin-specific processing protease 28, ubiquitin thiolesterase, v. 9	p. 523
3.1.2.15	ubiquitin-specific processing protease 29, ubiquitin thiolesterase, v. 9	p. 523
3.1.2.15	ubiquitin-specific processing protease 64E, ubiquitin thiolesterase, v. 9	p. 523
3.1.2.15	ubiquitin-specific processing protease FAF, ubiquitin thiolesterase, v. 9	p. 523
3.1.2.15	ubiquitin-specific protease 9, X chromosome, ubiquitin thiolesterase, v. 9	p. 523
3.1.2.15	ubiquitin-specific protease 9, Y chromosome, ubiquitin thiolesterase, v. 9	p. 523
3.1.2.15	ubiquitin C-terminal hydrolase, ubiquitin thiolesterase, v. 9	p. 523
3.4.19.12	ubiquitin C-terminal hydrolase, ubiquitinyl hydrolase 1, v. 6	p. 575
3.4.19.12	ubiquitin C-terminal hydrolase (Aplysia californica gene Ap-uch), ubiquitinyl hydrolase 1, v. 6	p. 575
3.4.19.12	ubiquitin C-terminal hydrolase-1, ubiquitinyl hydrolase 1, v. 6	p. 575
3.4.19.12	ubiquitin C-terminal hydrolase-L1, ubiquitinyl hydrolase 1, v. 6	p. 575
3.4.19.12	ubiquitin C-terminal hydrolase-L3, ubiquitinyl hydrolase 1, v. 6	p. 575
3.4.19.12	ubiquitin C-terminal hydrolase 1, ubiquitinyl hydrolase 1, v. 6	p. 575
3.4.19.12	ubiquitin C-terminal hydrolase 37, ubiquitinyl hydrolase 1, v. 6	p. 575
3.4.19.12	ubiquitin C-terminal hydrolase 8, ubiquitinyl hydrolase 1, v. 6	p. 575
3.4.19.12	ubiquitin C-terminal hydrolase isoform L3, ubiquitinyl hydrolase 1, v. 6	p. 575
3.4.19.12	ubiquitin C-terminal hydrolase L-1, ubiquitinyl hydrolase 1, v. 6	p. 575
3.4.19.12	ubiquitin C-terminal hydrolase L1, ubiquitinyl hydrolase 1, v. 6	p. 575
3.4.19.12	ubiquitin C-terminal hydrolase L3, ubiquitinyl hydrolase 1, v. 6	p. 575
3.4.19.12	Ubiquitin C-terminal hydrolase UCH37, ubiquitinyl hydrolase 1, v. 6	p. 575
3.4.19.12	ubiquitin C-terminal hydrorase-L1, ubiquitinyl hydrolase 1, v. 6	p. 575

3.1.2.15	ubiquitin carboxy-terminal esterase, ubiquitin thiolesterase, v. 9 | p. 523
3.1.2.15	ubiquitin carboxy-terminal hydrolase, ubiquitin thiolesterase, v. 9 | p. 523
3.4.19.12	ubiquitin carboxy-terminal hydrolase, ubiquitinyl hydrolase 1, v. 6 | p. 575
3.4.19.12	ubiquitin carboxy-terminal hydrolase-L1, ubiquitinyl hydrolase 1, v. 6 | p. 575
3.4.19.12	ubiquitin carboxy-terminal hydrolase-L3, ubiquitinyl hydrolase 1, v. 6 | p. 575
3.4.19.12	ubiquitin carboxy-terminal hydrolase 1, ubiquitinyl hydrolase 1, v. 6 | p. 575
3.4.19.12	ubiquitin carboxy-terminal hydrolase L1, ubiquitinyl hydrolase 1, v. 6 | p. 575
3.4.19.12	ubiquitin carboxyhydrolase L3, ubiquitinyl hydrolase 1, v. 6 | p. 575
3.4.19.12	ubiquitin carboxyl-terminal hydrolase, ubiquitinyl hydrolase 1, v. 6 | p. 575
3.4.19.12	ubiquitin carboxyl-terminal hydrolase-L1, ubiquitinyl hydrolase 1, v. 6 | p. 575
3.4.19.12	ubiquitin carboxyl-terminal hydrolase 1, ubiquitinyl hydrolase 1, v. 6 | p. 575
3.1.2.15	ubiquitin carboxyl-terminal hydrolase FAM, ubiquitin thiolesterase, v. 9 | p. 523
3.4.19.12	ubiquitin carboxyl-terminal hydrolase isozyme L1, ubiquitinyl hydrolase 1, v. 6 | p. 575
3.4.19.12	ubiquitin carboxyl-terminal hydrolase isozyme L3, ubiquitinyl hydrolase 1, v. 6 | p. 575
3.4.19.12	ubiquitin carboxyl-terminal hydrolase L-1, ubiquitinyl hydrolase 1, v. 6 | p. 575
3.4.19.12	ubiquitin carboxyl-terminal hydrolase L1, ubiquitinyl hydrolase 1, v. 6 | p. 575
3.4.19.12	ubiquitin carboxyl terminal hydrolase L1, ubiquitinyl hydrolase 1, v. 6 | p. 575
3.4.19.12	ubiquitin carboxy terminal hydrolase-L1, ubiquitinyl hydrolase 1, v. 6 | p. 575
3.4.19.12	ubiquitin carboxyterminal hydrolase L3, ubiquitinyl hydrolase 1, v. 6 | p. 575
6.3.2.19	Ubiquitin carrier protein, Ubiquitin-protein ligase, v. 2 | p. 506
6.3.2.19	Ubiquitin carrier protein 10/12, Ubiquitin-protein ligase, v. 2 | p. 506
6.3.2.19	Ubiquitin carrier protein 11, Ubiquitin-protein ligase, v. 2 | p. 506
6.3.2.19	Ubiquitin carrier protein E1, Ubiquitin-protein ligase, v. 2 | p. 506
6.3.2.19	Ubiquitin carrier protein G1, Ubiquitin-protein ligase, v. 2 | p. 506
6.3.2.19	Ubiquitin carrier protein G2, Ubiquitin-protein ligase, v. 2 | p. 506
6.3.2.19	Ubiquitin carrier protein HUS5, Ubiquitin-protein ligase, v. 2 | p. 506
6.3.2.19	ubiquitin E3 ligase, Ubiquitin-protein ligase, v. 2 | p. 506
3.4.19.12	ubiquitin hydrolase, ubiquitinyl hydrolase 1, v. 6 | p. 575
3.4.19.12	ubiquitin hydrolase Uch-L1, ubiquitinyl hydrolase 1, v. 6 | p. 575
3.4.19.12	ubiquitin hydrolase UCH-L3, ubiquitinyl hydrolase 1, v. 6 | p. 575
3.4.19.12	ubiquitin isopeptidase, ubiquitinyl hydrolase 1, v. 6 | p. 575
6.3.2.19	ubiquitin ligase, Ubiquitin-protein ligase, v. 2 | p. 506
6.3.2.19	ubiquitin ligase (E3), Ubiquitin-protein ligase, v. 2 | p. 506
6.3.2.19	ubiquitin ligase 3A, Ubiquitin-protein ligase, v. 2 | p. 506
6.3.2.19	ubiquitin ligase E3, Ubiquitin-protein ligase, v. 2 | p. 506
6.3.2.19	ubiquitin protein ligase, Ubiquitin-protein ligase, v. 2 | p. 506
6.3.2.19	ubiquitin protein ligase Cbl-b, Ubiquitin-protein ligase, v. 2 | p. 506
3.1.2.15	Ubiquitin thiolesterase, ubiquitin thiolesterase, v. 9 | p. 523
3.4.19.12	Ubiquitin thiolesterase, ubiquitinyl hydrolase 1, v. 6 | p. 575
3.1.2.15	ubiquitin thiolesterase 10, ubiquitin thiolesterase, v. 9 | p. 523
3.1.2.15	ubiquitin thiolesterase 11, ubiquitin thiolesterase, v. 9 | p. 523
3.1.2.12	Ubiquitin thiolesterase 12, S-formylglutathione hydrolase, v. 9 | p. 508
3.1.2.15	Ubiquitin thiolesterase 12, ubiquitin thiolesterase, v. 9 | p. 523
3.1.2.15	ubiquitin thiolesterase 13, ubiquitin thiolesterase, v. 9 | p. 523
3.1.2.14	Ubiquitin thiolesterase 14, oleoyl-[acyl-carrier-protein] hydrolase, v. 9 | p. 516
3.1.2.15	Ubiquitin thiolesterase 14, ubiquitin thiolesterase, v. 9 | p. 523
3.1.2.15	ubiquitin thiolesterase 15, ubiquitin thiolesterase, v. 9 | p. 523
3.1.2.15	ubiquitin thiolesterase 16, ubiquitin thiolesterase, v. 9 | p. 523
3.1.2.15	ubiquitin thiolesterase 19, ubiquitin thiolesterase, v. 9 | p. 523
3.1.2.15	ubiquitin thiolesterase 20, ubiquitin thiolesterase, v. 9 | p. 523
3.1.2.15	ubiquitin thiolesterase 21, ubiquitin thiolesterase, v. 9 | p. 523
3.1.2.15	ubiquitin thiolesterase 22, ubiquitin thiolesterase, v. 9 | p. 523
3.1.2.15	ubiquitin thiolesterase 24, ubiquitin thiolesterase, v. 9 | p. 523
3.1.2.15	ubiquitin thiolesterase 25, ubiquitin thiolesterase, v. 9 | p. 523
3.1.2.15	ubiquitin thiolesterase 26, ubiquitin thiolesterase, v. 9 | p. 523

3.1.2.15	ubiquitin thiolesterase 28, ubiquitin thiolesterase, v. 9	p. 523
3.1.2.15	ubiquitin thiolesterase 29, ubiquitin thiolesterase, v. 9	p. 523
3.1.2.15	ubiquitin thiolesterase 64E, ubiquitin thiolesterase, v. 9	p. 523
3.1.2.15	ubiquitin thiolesterase FAF, ubiquitin thiolesterase, v. 9	p. 523
3.4.19.12	Ubiquitin thiolesterase L1, ubiquitinyl hydrolase 1, v. 6	p. 575
3.4.19.12	Ubiquitin thiolesterase L3, ubiquitinyl hydrolase 1, v. 6	p. 575
3.4.19.12	Ubiquitin thiolesterase L4, ubiquitinyl hydrolase 1, v. 6	p. 575
3.4.19.12	Ubiquitin thiolesterase L5, ubiquitinyl hydrolase 1, v. 6	p. 575
3.1.2.15	ubiquitous nuclear protein, ubiquitin thiolesterase, v. 9	p. 523
3.1.2.15	ubiquitous nuclear protein homolog, ubiquitin thiolesterase, v. 9	p. 523
6.3.2.21	ubiquityl-calmodulin synthase, ubiquitin-calmodulin ligase, v. 2	p. 513
6.3.2.21	ubiquityl-calmodulin synthetase, ubiquitin-calmodulin ligase, v. 2	p. 513
3.4.22.68	Ubl-specific protease 1, Ulp1 peptidase, v. S6	p. 223
6.3.2.19	Ub ligase, Ubiquitin-protein ligase, v. 2	p. 506
3.1.2.15	UBP, ubiquitin thiolesterase, v. 9	p. 523
3.4.19.12	UBPY, ubiquitinyl hydrolase 1, v. 6	p. 575
6.3.2.19	UBR1, Ubiquitin-protein ligase, v. 2	p. 506
6.3.2.19	UBR1-RAD6 Ub ligase, Ubiquitin-protein ligase, v. 2	p. 506
6.3.4.6	UCA, Urea carboxylase, v. 2	p. 603
6.3.2.21	uCaM-synthetase, ubiquitin-calmodulin ligase, v. 2	p. 513
3.4.21.32	uca pugilator collagenolytic proteinase, brachyurin, v. 7	p. 129
1.10.2.2	UCCR, ubiquinol-cytochrome-c reductase, v. 25	p. 83
3.1.4.45	UCE, N-acetylglucosamine-1-phosphodiester α-N-acetylglucosaminidase, v. 11	p. 208
3.1.2.15	UCH, ubiquitin thiolesterase, v. 9	p. 523
3.4.19.12	UCH, ubiquitinyl hydrolase 1, v. 6	p. 575
3.4.19.12	UCH-1, ubiquitinyl hydrolase 1, v. 6	p. 575
3.4.19.12	UCH-8, ubiquitinyl hydrolase 1, v. 6	p. 575
3.4.19.12	UCH-L1, ubiquitinyl hydrolase 1, v. 6	p. 575
3.4.19.12	UCH-L2, ubiquitinyl hydrolase 1, v. 6	p. 575
3.4.19.12	UCH-L3, ubiquitinyl hydrolase 1, v. 6	p. 575
3.4.19.12	UCH-L4, ubiquitinyl hydrolase 1, v. 6	p. 575
3.4.19.12	UCH-L5, ubiquitinyl hydrolase 1, v. 6	p. 575
3.4.19.12	UCH37, ubiquitinyl hydrolase 1, v. 6	p. 575
3.4.19.12	UCH54, ubiquitinyl hydrolase 1, v. 6	p. 575
3.4.19.12	UCH L-1, ubiquitinyl hydrolase 1, v. 6	p. 575
3.4.19.12	UCHL-1, ubiquitinyl hydrolase 1, v. 6	p. 575
3.4.19.12	UCHL-3, ubiquitinyl hydrolase 1, v. 6	p. 575
3.4.19.12	UCH L1, ubiquitinyl hydrolase 1, v. 6	p. 575
3.4.19.12	UCHL1, ubiquitinyl hydrolase 1, v. 6	p. 575
3.4.19.12	Uchl3, ubiquitinyl hydrolase 1, v. 6	p. 575
2.7.4.14	UCK, cytidylate kinase, v. 37	p. 582
2.7.1.48	UCK1, uridine kinase, v. 36	p. 86
2.7.1.48	UCK2, uridine kinase, v. 36	p. 86
3.2.1.14	UDA, chitinase, v. 12	p. 185
3.6.1.6	UDA-1, nucleoside-diphosphatase, v. 15	p. 283
3.2.2.15	UdgB, DNA-deoxyinosine glycosylase, v. 14	p. 75
1.6.1.1	UdhA, NAD(P)+ transhydrogenase (B-specific), v. 24	p. 1
2.7.1.48	Udk, uridine kinase, v. 36	p. 86
2.7.8.17	(UDP)-N-acetylglucosamine:lysosomal enzyme N-acetylglucosamine-1-phosphotransferase, UDP-N-acetylglucosamine-lysosomal-enzyme N-acetylglucosaminephosphotransferase, v. 39	p. 117
2.4.1.41	(UDP)-N-acetyl-α-D-galactosamine:polypeptide N-acetylgalactosaminyltransferase, polypeptide N-acetylgalactosaminyltransferase, v. 31	p. 384
2.4.1.90	UDP-β-1,4-galactosyltransferase, N-acetyllactosamine synthase, v. 32	p. 1

2.4.1.38	UDP-β-1,4-galactosyltransferase, β-N-acetylglucosaminylglycopeptide β-1,4-galactosyltransferase, v. 31 | p. 353
5.1.3.23	UDP-α-D-GlcNAc3NAcA 2-epimerase, UDP-2,3-diacetamido-2,3-dideoxyglucuronic acid 2-epimerase, v. 57 | p. 499
4.2.1.115	UDP-α-D-GlcNAc modifying dehydratase, UDP-N-acetylglucosamine 4,6-dehydratase (inverting)
1.1.1.22	UDP-α-D-glucose:NAD oxidoreductase, UDP-glucose 6-dehydrogenase, v. 16 | p. 221
2.4.2.26	UDP-α-D-xyloase:proteoglycan core protein β-D-xylosyltransferase, protein xylosyltransferase, v. 33 | p. 224
2.4.2.26	UDP-α-D-xylose:proteoglycan core protein β-D-xylosyltransferase, protein xylosyltransferase, v. 33 | p. 224
5.1.3.23	UDP-2,3-diacetamido-2,3-dideoxy-α-D-glucuronic acid 2-epimerases, UDP-2,3-diacetamido-2,3-dideoxyglucuronic acid 2-epimerase, v. 57 | p. 499
1.1.1.136	UDP-2-acetamido-2-deoxy-D-glucose:NAD oxidoreductase, UDP-N-acetylglucosamine 6-dehydrogenase, v. 17 | p. 397
2.3.1.5	UDP-2-acetamido-3-amino-2,3-dideoxy-D-glucuronic acid 3-N-acetyltransferase, arylamine N-acetyltransferase, v. 29 | p. 243
2.4.1.41	UDP-acetylgalactosamine-glycoprotein acetylgalactosaminyltransferase, polypeptide N-acetylgalactosaminyltransferase, v. 31 | p. 384
2.4.1.41	UDP-acetylgalactosamine:peptide-N-galactosaminyltransferase, polypeptide N-acetylgalactosaminyltransferase, v. 31 | p. 384
2.4.1.227	UDP-acetylglucosamine-acetylmuramoylpentapeptide pyrophospholipid acetylglucosaminyltransferase, undecaprenyldiphospho-muramoylpentapeptide β-N-acetylglucosaminyltransferase, v. 32 | p. 616
2.7.8.15	UDP-acetylglucosamine-dolichol phosphate acetylglucosamine-1-phosphotransferase, UDP-N-acetylglucosamine-dolichyl-phosphate N-acetylglucosaminephosphotransferase, v. 39 | p. 106
2.7.8.15	UDP-acetylglucosamine-dolichol phosphate acetylglucosamine phosphotransferase, UDP-N-acetylglucosamine-dolichyl-phosphate N-acetylglucosaminephosphotransferase, v. 39 | p. 106
2.4.1.222	UDP-acetylglucosamine:fucosylglycoprotein, O-fucosylpeptide 3-β-N-acetylglucosaminyltransferase, v. 32 | p. 599
2.7.8.17	UDP-acetylglucosamine:lysosomal enzyme N-acetylglucosamine-1-phosphotransferase, UDP-N-acetylglucosamine-lysosomal-enzyme N-acetylglucosaminephosphotransferase, v. 39 | p. 117
6.3.2.8	UDP-acetylmuramoyl-L-alanine synthetase, UDP-N-acetylmuramate-L-alanine ligase, v. 2 | p. 442
5.1.3.5	UDP-arabinose 4-epimerase, UDP-arabinose 4-epimerase, v. 1 | p. 129
2.4.2.34	UDP-arabinose:indol-3-ylacetyl-myo-inositol arabinosyl transferase, indolylacetylinositol arabinosyltransferase, v. 33 | p. 289
2.4.1.87	UDP-D-Gal(1,4)-D-GlcNAc α(1,3)-galactosyltransferase, N-acetyllactosaminide 3-α-galactosyltransferase, v. 31 | p. 612
5.1.3.2	UDP-D-galactose 4-epimerase, UDP-glucose 4-epimerase, v. 1 | p. 97
2.4.1.133	UDP-D-galactose:D-xylose galactosyltransferase, xylosylprotein 4-β-galactosyltransferase, v. 32 | p. 221
2.4.1.123	UDP-D-galactose:inositol galactosyltransferase, inositol 3-α-galactosyltransferase, v. 32 | p. 182
2.4.1.133	UDP-D-galactose:xylose galactosyltransferase, xylosylprotein 4-β-galactosyltransferase, v. 32 | p. 221
5.1.3.6	UDP-D-galacturonic acid 4-epimerase, UDP-glucuronate 4-epimerase, v. 1 | p. 132
2.3.1.5	UDP-D-Glc(2NAc3N)A 3-N-acetyltransferase, arylamine N-acetyltransferase, v. 29 | p. 243
4.2.1.76	UDP-D-glucose-4,6-hydrolyase, UDP-glucose 4,6-dehydratase, v. 4 | p. 603
5.1.3.2	UDP-D-glucose/UDP-D-galactose 4-epimerase, UDP-glucose 4-epimerase, v. 1 | p. 97
4.2.1.76	UDP-D-glucose 5,6-dehydratase, UDP-glucose 4,6-dehydratase, v. 4 | p. 603
2.4.1.210	UDP-D-glucose:limonoid glucosyltransferase, limonoid glucosyltransferase, v. 32 | p. 552

1119

2.4.1.188	UDP-D-glucose:N-acetylglucosaminyl pyrophosphorylundecaprenol glucosyltransferase, N-acetylglucosaminyldiphosphoundecaprenol glucosyltransferase, v.32	p.457
2.4.1.53	UDP-D-glucose:polyribitol phosphate glucosyl transferase, poly(ribitol-phosphate) β-glucosyltransferase, v.31	p.449
1.1.1.22	UDP-D-glucose dehydrogenase, UDP-glucose 6-dehydrogenase, v.16	p.221
2.4.1.53	UDP-D-glucose polyribitol phosphate glucosyl transferase, poly(ribitol-phosphate) β-glucosyltransferase, v.31	p.449
4.1.1.35	UDP-D-glucuronate carboxy-lyase, UDP-glucuronate decarboxylase, v.3	p.218
2.7.7.44	UDP-D-glucuronic acid pyrophosphorylase, glucuronate-1-phosphate uridylyltransferase, v.38	p.451
5.1.3.5	UDP-D-xylose 4-epimerase, UDP-arabinose 4-epimerase, v.1	p.129
2.4.2.26	UDP-D-xylose:core protein β-D-xylosyltransferase, protein xylosyltransferase, v.33	p.224
2.4.2.26	UDP-D-xylose:core protein xylosyltransferase, protein xylosyltransferase, v.33	p.224
2.4.2.26	UDP-D-xylose:proteoglycan core protein β-D-xylosyltransferase, protein xylosyltransferase, v.33	p.224
2.4.2.26	UDP-D-xylose:proteoglycan core protein b-d-xylosyltransferase, protein xylosyltransferase, v.33	p.224
4.1.1.35	UDP-D-xylose synthase, UDP-glucuronate decarboxylase, v.3	p.218
2.7.7.64	UDP-Gal/Glc PPase, UTP-monosaccharide-1-phosphate uridylyltransferase, v.S2	p.326
5.1.3.2	UDP-Gal 4-epimerase, UDP-glucose 4-epimerase, v.1	p.97
2.4.1.179	UDP-Gal:GA2/GM2/GD2 β-1,3-galactosyltransferase, lactosylceramide β-1,3-galactosyltransferase, v.32	p.423
2.4.1.122	UDP-Gal:GalNAc-α-Ser/Thr β3-galactosyltransferase, glycoprotein-N-acetylgalactosamine 3-β-galactosyltransferase, v.32	p.174
2.4.1.86	UDP-Gal:LcOse3Cer β1,4-galactosyltransferase, glucosaminylgalactosylglucosylceramide β-galactosyltransferase, v.31	p.608
2.4.1.122	UDP-Gal:N-acetylgalactosaminide mucin:β1,3-galactosyltransferase, glycoprotein-N-acetylgalactosamine 3-β-galactosyltransferase, v.32	p.174
2.4.1.90	UDP-Gal:N-acetylglucosamine β1-4-galactosyltransferase, N-acetyllactosamine synthase, v.32	p.1
2.4.1.38	UDP-Gal:N-acetylglucosamine β1-4-galactosyltransferase, β-N-acetylglucosaminylglycopeptide β-1,4-galactosyltransferase, v.31	p.353
2.4.1.87	UDP-Gal:N-acetyllactoseaminide α(1,3)-galactosyltransferase, N-acetyllactosaminide 3-α-galactosyltransferase, v.31	p.612
2.7.8.6	UDP-Gal: phosphoryl-polyprenol Gal-1-phosphate transferase, undecaprenyl-phosphate galactose phosphotransferase, v.39	p.48
2.7.8.6	UDP-Gal:phosphoryl-polyprenol Gal-1-phosphate transferase, undecaprenyl-phosphate galactose phosphotransferase, v.39	p.48
2.4.1.96	UDP-Gal:sn-glycero-3-phosphoric acid 1-α-galactosyl-transferase, sn-glycerol-3-phosphate 1-galactosyltransferase, v.32	p.49
5.4.99.9	UDP-galactopyranose mutase, UDP-galactopyranose mutase, v.1	p.635
2.4.1.137	UDP-galactose, sn-3-glycerol phosphate:1-2' galactosyltransferase, sn-glycerol-3-phosphate 2-α-galactosyltransferase, v.32	p.239
5.1.3.2	UDP-galactose-4'-epimerase, UDP-glucose 4-epimerase, v.1	p.97
5.1.3.2	UDP-galactose-4-epimerase, UDP-glucose 4-epimerase, v.1	p.97
2.4.1.90	UDP-galactose-acetylglucosamine galactosyltransferase, N-acetyllactosamine synthase, v.32	p.1
2.4.1.38	UDP-galactose-acetylglucosamine galactosyltransferase, β-N-acetylglucosaminylglycopeptide β-1,4-galactosyltransferase, v.31	p.353
2.4.1.87	UDP-galactose-acetyllactosamine α-D-galactosyltransferase, N-acetyllactosaminide 3-α-galactosyltransferase, v.31	p.612
2.4.1.87	UDP-galactose-acetyllactoseamine α-D-galactosyltransferase, N-acetyllactosaminide 3-α-galactosyltransferase, v.31	p.612
2.4.1.62	UDP-galactose-ceramide galactosyltransferase, ganglioside galactosyltransferase, v.31	p.471

2.4.1.241	UDP-galactose-dependent DGDG synthase, digalactosyldiacylglycerol synthase, v. S2	p. 185
2.4.1.241	UDP-galactose-dependent digalactosyldiacylglycerol synthase, digalactosyldiacylglycerol synthase, v. S2	p. 185
2.4.1.46	UDP-galactose-diacylglyceride galactosyltransferase, monogalactosyldiacylglycerol synthase, v. 31	p. 422
2.4.1.22	UDP-galactose-glucose galactosyltransferase, lactose synthase, v. 31	p. 264
2.4.1.62	UDP-galactose-GM2 galactosyltransferase, ganglioside galactosyltransferase, v. 31	p. 471
2.4.1.62	UDP-galactose-GM2 ganglioside galactosyltransferase, ganglioside galactosyltransferase, v. 31	p. 471
2.4.1.228	UDP-galactose-lactosylceramide galactosyltransferase, lactosylceramide 4-α-galactosyltransferase, v. 32	p. 622
2.4.1.90	UDP-galactose-N-acetylglucosamine β-1,4-galactosyltransferase, N-acetyllactosamine synthase, v. 32	p. 1
2.4.1.38	UDP-galactose-N-acetylglucosamine β-1,4-galactosyltransferase, β-N-acetylglucosaminylglycopeptide β-1,4-galactosyltransferase, v. 31	p. 353
2.4.1.90	UDP-galactose-N-acetylglucosamine galactosyltransferase, N-acetyllactosamine synthase, v. 32	p. 1
2.4.1.38	UDP-galactose-N-acetylglucosamine galactosyltransferase, β-N-acetylglucosaminylglycopeptide β-1,4-galactosyltransferase, v. 31	p. 353
2.7.7.64	UDP-galactose/glucose pyrophosphorylase, UTP-monosaccharide-1-phosphate uridylyltransferase, v. S2	p. 326
2.4.1.90	UDP-galactose/N-acetylglucosamine β1,4 galactosyltransferase, N-acetyllactosamine synthase, v. 32	p. 1
5.1.3.2	UDP-galactose 4'-epimerase, UDP-glucose 4-epimerase, v. 1	p. 97
5.1.3.2	UDP-galactose 4-epimerase, UDP-glucose 4-epimerase, v. 1	p. 97
2.4.1.87	UDP-galactose:β-D-galactosyl-β-1,4-N-acetyl-D-glucosaminyl-glycopeptide α-1,3-D-galactosyltransferase, N-acetyllactosaminide 3-α-galactosyltransferase, v. 31	p. 612
2.4.1.228	UDP-galactose:β-D-galactosyl-β-1-R 4-α-D-galactosyltransferase, lactosylceramide 4-α-galactosyltransferase, v. 32	p. 622
2.4.1.62	UDP-galactose:β-N-acetylglucosamine β-1,3-galactosyltransferase, ganglioside galactosyltransferase, v. 31	p. 471
2.4.1.46	UDP-galactose:1,2-diacylglycerol 3-β-D-galactosyltransferase, monogalactosyldiacylglycerol synthase, v. 31	p. 422
2.4.1.62	UDP-galactose:ceramide galactosyltransferase, ganglioside galactosyltransferase, v. 31	p. 471
2.4.1.46	UDP-galactose:diacylglycerol galactosyltransferase, monogalactosyldiacylglycerol synthase, v. 31	p. 422
2.4.1.234	UDP-galactose:flavonoid 3-O-galactosyltransferase, kaempferol 3-O-galactosyltransferase, v. S2	p. 153
2.4.1.234	UDP-galactose:flavonol 3-O-galactosyltransferase, kaempferol 3-O-galactosyltransferase, v. S2	p. 153
2.4.1.37	UDP-galactose:fucoside α1,3-galactosyltransferase, fucosylgalactoside 3-α-galactosyltransferase, v. 31	p. 344
2.4.1.122	UDP-galactose:glycoprotein-α-GalNAc β3-galactosyltransferase, glycoprotein-N-acetylgalactosamine 3-β-galactosyltransferase, v. 32	p. 174
2.4.1.62	UDP-galactose:GM2 ganglioside β1-3 galactosyltransferase, ganglioside galactosyltransferase, v. 31	p. 471
2.4.1.179	UDP-galactose:lactose β1,3-galactosyltransferase, lactosylceramide β-1,3-galactosyltransferase, v. 32	p. 423
2.4.1.228	UDP-galactose:lactosylceramide α-galactosyltransferase, lactosylceramide 4-α-galactosyltransferase, v. 32	p. 622
2.4.1.228	UDP-galactose:lactosylceramide α1-4-galactosyltransferase, lactosylceramide 4-α-galactosyltransferase, v. 32	p. 622

2.4.1.44	UDP-galactose:lipopolysaccharide α,3-galactosyltransferase, lipopolysaccharide 3-α-galactosyltransferase, v.31	p.412
2.4.1.241	UDP-galactose:MGDG galactosyltransferase, digalactosyldiacylglycerol synthase, v.S2	p.185
2.4.1.123	UDP-galactose:myo-inositol 1-α-D-galactosyltransferase, inositol 3-α-galactosyltransferase, v.32	p.182
2.4.1.62	UDP-galactose:N-acetylgalactosaminyl-(N-acetylneuraminyl) galactosyl-glucosyl-ceramide galactosyltransferase, ganglioside galactosyltransferase, v.31	p.471
2.4.1.90	UDP-galactose:N-acetylglucosaminide β1-4-galactosyltransferase, N-acetyllactosamine synthase, v.32	p.1
2.4.1.38	UDP-galactose:N-acetylglucosaminide β1-4-galactosyltransferase, β-N-acetylglucosaminylglycopeptide β-1,4-galactosyltransferase, v.31	p.353
2.4.1.87	UDP-galactose:N-acetyllactoseaminide 3-α-D-galactosyltransferase, N-acetyllactosaminide 3-α-galactosyltransferase, v.31	p.612
2.4.1.37	UDP-galactose:O-α-L-fucosyl(1-2)D-galactose α-D-galactosyltransferase, fucosylgalactoside 3-α-galactosyltransferase, v.31	p.344
2.4.1.44	UDP-galactose:polysaccharide galactosyltransferase, lipopolysaccharide 3-α-galactosyltransferase, v.31	p.412
2.4.1.137	UDP-galactose:sn-glycerol-3-phosphate-2-D-galactosyl transferase, sn-glycerol-3-phosphate 2-α-galactosyltransferase, v.32	p.239
2.4.1.87	UDP-galactose β galactosyl α1,3-galactosyltransferase, N-acetyllactosaminide 3-α-galactosyltransferase, v.31	p.612
2.4.1.90	UDP-galactose N-acetylglucosamine β-4-galactosyltransferase, N-acetyllactosamine synthase, v.32	p.1
2.4.1.38	UDP-galactose N-acetylglucosamine β-4-galactosyltransferase, β-N-acetylglucosaminylglycopeptide β-1,4-galactosyltransferase, v.31	p.353
2.4.1.74	UDP-galactose polysaccharide transferase, glycosaminoglycan galactosyltransferase, v.31	p.558
2.7.7.10	UDP-galactose PPase, UTP-hexose-1-phosphate uridylyltransferase, v.38	p.181
2.4.1.74	UDP-galactosyl:asialo-mucin transferase, glycosaminoglycan galactosyltransferase, v.31	p.558
5.1.3.6	UDP-galacturonate 4-epimerase, UDP-glucuronate 4-epimerase, v.1	p.132
4.1.1.67	UDP-galacturonic acid decarboxylase, UDP-galacturonate decarboxylase, v.3	p.378
5.4.99.9	UDP-Gal mutase, UDP-galactopyranose mutase, v.1	p.635
2.4.1.87	UDP-GalN-acetyllactoseaminide α-1,3-D-UDP-GalGalβ1→4GlcNAC-R α1→3-galactosyltransferase, N-acetyllactosaminide 3-α-galactosyltransferase, v.31	p.612
2.4.1.40	UDP-GalNAc:Fucα1-2Galα1-3-N-acetylgalactosaminyltransferase, glycoprotein-fucosylgalactoside α-N-acetylgalactosaminyltransferase, v.31	p.376
2.4.1.41	UDP-GalNAc:polypeptide α-N-acetylgalactosaminyltransferase, polypeptide N-acetylgalactosaminyltransferase, v.31	p.384
2.4.1.41	UDP-GalNAc:polypeptide α-N-acetylgalactosaminyltransferase-2, polypeptide N-acetylgalactosaminyltransferase, v.31	p.384
2.4.1.41	UDP-GalNAc:polypeptide α-N-acetylgalactosaminyltransferase-T1, polypeptide N-acetylgalactosaminyltransferase, v.31	p.384
2.4.1.41	UDP-GalNAc:polypeptide N-acetylgalactosaminyl transferase, polypeptide N-acetylgalactosaminyltransferase, v.31	p.384
2.4.1.41	UDP-GalNAc:polypeptide N-acetylgalactosaminyltransferase, polypeptide N-acetylgalactosaminyltransferase, v.31	p.384
2.4.1.41	UDP-GalNAc:polypeptide αN-acetylgalactosaminyltransferase, polypeptide N-acetylgalactosaminyltransferase, v.31	p.384
2.4.1.41	UDP-GalNAc:polypeptide N-acetylgalactosaminyltransferase-T3, polypeptide N-acetylgalactosaminyltransferase, v.31	p.384
2.4.1.41	UDP-GalNAc:polypeptide N-acetylgalactosaminyltransferase 9, polypeptide N-acetylgalactosaminyltransferase, v.31	p.384

UDP-GlcNAc:GalR, β-D-3-N-acetylglucosaminyltransferase

2.4.1.41	UDP-GalNAc polypeptides:N-acetyl-α-galactosaminyltransferase, polypeptide N-acetylgalactosaminyltransferase, v. 31 | p. 384	
2.4.1.41	UDP-GalNAc transferase, polypeptide N-acetylgalactosaminyltransferase, v. 31 | p. 384	
2.7.7.12	UDP-Glc-hexose-1-P uridylyltransferase, UDP-glucose-hexose-1-phosphate uridylyltransferase, v. 38 | p. 188	
4.2.1.76	UDP-Glc 4,6-dehydratase, UDP-glucose 4,6-dehydratase, v. 4 | p. 603	
5.1.3.2	UDP-Glc 4-epimerase, UDP-glucose 4-epimerase, v. 1 | p. 97	
5.1.3.2	UDP-Glc 40-epimerase, UDP-glucose 4-epimerase, v. 1 | p. 97	
2.4.1.120	UDP-Glc:B. napus sinapate glucosyltransferase, sinapate 1-glucosyltransferase, v. 32 | p. 165	
2.4.1.80	UDP-Glc:ceramide glucosyltransferase, ceramide glucosyltransferase, v. 31 | p. 572	
5.1.3.6	UDP-GlcA 4-epimerase, UDP-glucuronate 4-epimerase, v. 1 | p. 132	
1.1.1.22	UDP-Glc dehydrogenase, UDP-glucose 6-dehydrogenase, v. 16 | p. 221	
1.1.1.22	UDP-Glc DH, UDP-glucose 6-dehydrogenase, v. 16 | p. 221	
1.1.1.22	UDP-GlcDH, UDP-glucose 6-dehydrogenase, v. 16 | p. 221	
5.1.3.14	UDP-GlcNAc-2-epimerase, UDP-N-acetylglucosamine 2-epimerase, v. 1 | p. 154	
1.1.1.158	UDP-GlcNAc-enoylpyruvate reductase, UDP-N-acetylmuramate dehydrogenase, v. 18 | p. 15	
2.7.1.60	UDP-GlcNAc-epimerase/ManNAc kinase, N-acylmannosamine kinase, v. 36 | p. 144	
5.1.3.7	UDP-GlcNAc/Glc 4-epimerase, UDP-N-acetylglucosamine 4-epimerase, v. 1 | p. 135	
5.1.3.2	UDP-GlcNAc/Glc 4-epimerase, UDP-glucose 4-epimerase, v. 1 | p. 97	
5.1.3.14	UDP-GlcNAc 2'-epimerase, UDP-N-acetylglucosamine 2-epimerase, v. 1 | p. 154	
5.1.3.14	UDP-GlcNAc 2-epimerase, UDP-N-acetylglucosamine 2-epimerase, v. 1 | p. 154	
2.7.1.60	UDP-GlcNAc 2-epimerase/ManAc kinase, N-acylmannosamine kinase, v. 36 | p. 144	
5.1.3.14	UDP-GlcNAc 2-epimerase/ManAc kinase, UDP-N-acetylglucosamine 2-epimerase, v. 1 | p. 154	
2.7.1.60	UDP-GlcNAc 2-epimerase/ManNAc 6-kinase, N-acylmannosamine kinase, v. 36 | p. 144	
2.7.1.60	UDP-GlcNAc 2-epimerase/ManNAc kinase, N-acylmannosamine kinase, v. 36 | p. 144	
5.1.3.23	UDP-GlcNAc3NAcA 2-epimerase, UDP-2,3-diacetamido-2,3-dideoxyglucuronic acid 2-epimerase, v. S7 | p. 499	
4.2.1.115	UDP-GlcNAc 5-inverting 4,6-dehydratase, UDP-N-acetylglucosamine 4,6-dehydratase (inverting)	
2.4.1.101	UDP-GlcNAc:α3-D-mannoside β1,2-N-acetylglucosaminyltransferase, α-1,3-mannosyl-glycoprotein 2-β-N-acetylglucosaminyltransferase, v. 32 | p. 70	
2.4.1.143	UDP-GlcNAc:α6-D-mannoside β1,2-N-acetylglucosaminyltransferase II, α-1,6-mannosyl-glycoprotein 2-β-N-acetylglucosaminyltransferase, v. 32 | p. 259	
2.4.1.16	UDP-GlcNAc:chitin 4-α-N-acetylglucosaminyltransferase, chitin synthase, v. 31 | p. 147	
2.7.8.15	UDP-GlcNAc:dolichol phosphate N-acetylglucosamine-1 phosphate transferase, UDP-N-acetylglucosamine-dolichyl-phosphate N-acetylglucosaminephosphotransferase, v. 39 | p. 106	
2.7.8.15	UDP-GlcNAc:dolichyl-P GlcNAc1P transferase, UDP-N-acetylglucosamine-dolichyl-phosphate N-acetylglucosaminephosphotransferase, v. 39 | p. 106	
2.7.8.15	UDP-GlcNAc:dolichyl-phosphate GlcNAc-1-phosphate transferase, UDP-N-acetylglucosamine-dolichyl-phosphate N-acetylglucosaminephosphotransferase, v. 39 | p. 106	
2.4.1.141	UDP-GlcNAc:dolichyl-pyrophosphoryl-GlcNAc GlcNAc transferase, N-acetylglucosaminyldiphosphodolichol N-acetylglucosaminyltransferase, v. 32 | p. 252	
2.4.1.222	UDP-GlcNAc:fucose β1,3 N-acetylglucosaminyltransferase, O-fucosylpeptide 3-β-N-acetylglucosaminyltransferase, v. 32 | p. 599	
2.4.1.150	UDP-GlcNAc:Gal-R, β-D-6-N-acetylglucosaminyltransferase, N-acetyllactosaminide β-1,6-N-acetylglucosaminyl-transferase, v. 32 | p. 307	
2.4.1.149	UDP-GlcNAc:Galβ1-4Glc(NAc) β-1,3-N-acetylglucosaminyltransferase, N-acetyllactosaminide β-1,3-N-acetylglucosaminyltransferase, v. 32 | p. 297	
2.4.1.149	UDP-GlcNAc:Galβ1→4GlcNAcβ-Rβ1→3-N-acetylglucosaminyltransferase, N-acetyllactosaminide β-1,3-N-acetylglucosaminyltransferase, v. 32 | p. 297	
2.4.1.149	UDP-GlcNAc:GalR, β-D-3-N-acetylglucosaminyltransferase, N-acetyllactosaminide β-1,3-N-acetylglucosaminyltransferase, v. 32 | p. 297	

UDP-GlcNAc:GlcNAc-P-P-Dol N-acetylglucosaminyltransferase

2.4.1.141	UDP-GlcNAc:GlcNAc-P-P-Dol N-acetylglucosaminyltransferase, N-acetylglucosaminyldiphosphodolichol N-acetylglucosaminyltransferase, v. 32 | p. 252
2.4.1.201	UDP-GlcNAc:GlcNAcβ1-6(GlcNAcβ1-2)Manα-R (GlcNAc to Man) β4-GlcNAc-transferase VI, α-1,6-mannosyl-glycoprotein 4-β-N-acetylglucosaminyltransferase, v. 32 | p. 501
2.4.1.201	UDP-GlcNAc:GlcNAcβ1-6(GlcNAcβ1-2)Manα1-R [GlcNAc to Man]β1-4N-acetylglucosaminyltransferase VI, α-1,6-mannosyl-glycoprotein 4-β-N-acetylglucosaminyltransferase, v. 32 | p. 501
2.7.8.17	UDP-GlcNAc:glycoprotein N-acetylglucosamine-1-phosphotransferase, UDP-N-acetylglucosamine-lysosomal-enzyme N-acetylglucosaminephosphotransferase, v. 39 | p. 117
2.4.1.229	UDP-GlcNAc:hydroxyproline polypeptide GlcNAc-transferase, [Skp1-protein]-hydroxyproline N-acetylglucosaminyltransferase, v. 32 | p. 627
2.4.1.206	UDP-GlcNAc:lactosylceramide β1,3-N-acetylglucosaminyltransferase, lactosylceramide 1,3-N-acetyl-β-D-glucosaminyltransferase, v. 32 | p. 518
2.7.8.17	UDP-GlcNAc:lysosomal enzyme N-acetylglucosamine-1-phosphotransferase, UDP-N-acetylglucosamine-lysosomal-enzyme N-acetylglucosaminephosphotransferase, v. 39 | p. 117
2.4.1.143	UDP-GlcNAc:mannoside α1-6 acetylglucosaminyltransferase, α-1,6-mannosyl-glycoprotein 2-β-N-acetylglucosaminyltransferase, v. 32 | p. 259
2.4.1.224	UDP-GlcNAc:oligosaccharide β-N-acetylglucosaminyltransferase, glucuronosyl-N-acetylglucosaminyl-proteoglycan 4-α-N-acetylglucosaminyltransferase, v. 32 | p. 604
2.4.1.197	UDP-GlcNAc:oligosaccharide β-N-acetylglucosaminyltransferase, high-mannose-oligosaccharide β-1,4-N-acetylglucosaminyltransferase, v. 32 | p. 488
2.4.1.229	UDP-GlcNAc:Skp1-hydroxyproline GlcNAc-transferase, [Skp1-protein]-hydroxyproline N-acetylglucosaminyltransferase, v. 32 | p. 627
4.2.1.115	UDP-GlcNAc C6 dehydratase, UDP-N-acetylglucosamine 4,6-dehydratase (inverting)
4.2.1.115	UDP-GlcNAc C6 dehydratase/C4 reductase, UDP-N-acetylglucosamine 4,6-dehydratase (inverting)
1.1.1.136	UDP-GlcNAc dehydrogenase, UDP-N-acetylglucosamine 6-dehydrogenase, v. 17 | p. 397
2.5.1.7	UDP-GlcNAc enolpyruvyl transferase, UDP-N-acetylglucosamine 1-carboxyvinyltransferase, v. 33 | p. 443
2.7.7.23	UDP-GlcNAc pyrophosphorylase, UDP-N-acetylglucosamine diphosphorylase, v. 38 | p. 289
2.3.1.157	UDP-GlcNAc pyrophosphorylase, glucosamine-1-phosphate N-acetyltransferase, v. 30 | p. 420
2.7.7.23	UDP-GlcNAc pyrophosphorylase (UAP), UDP-N-acetylglucosamine diphosphorylase, v. 38 | p. 289
2.7.7.44	UDP-Glc PPase, glucuronate-1-phosphate uridylyltransferase, v. 38 | p. 451
2.4.1.135	UDP-GlcUA:Gal β-1,3-Gal-R glucuronyltransferase, galactosylgalactosylxylosylprotein 3-β-glucuronosyltransferase, v. 32 | p. 231
2.4.1.135	UDP-GlcUA:glycoprotein β-1,3-glucuronyltransferase, galactosylgalactosylxylosylprotein 3-β-glucuronosyltransferase, v. 32 | p. 231
2.4.1.34	UDP-glucose-β-glucan glucosyltransferase, 1,3-β-glucan synthase, v. 31 | p. 318
2.4.1.34	UDP-glucose-1,3-β-glucan glucosyltransferase, 1,3-β-glucan synthase, v. 31 | p. 318
2.4.1.12	UDP-glucose-1,4-β-glucan glucosyltransferase, cellulose synthase (UDP-forming), v. 31 | p. 107
2.4.1.158	UDP-glucose-13-hydroxydocosanoate glucosyltransferase, 13-hydroxydocosanoate 13-β-glucosyltransferase, v. 32 | p. 348
2.4.1.81	UDP-glucose-apigenin β-glucosyltransferase, flavone 7-O-β-glucosyltransferase, v. 31 | p. 583
2.4.1.66	UDP-glucose-collagen glucosyltransferase, procollagen glucosyltransferase, v. 31 | p. 502
2.4.1.157	UDP-glucose-diacylglycerol glucosyltransferase, 1,2-diacylglycerol 3-glucosyltransferase, v. 32 | p. 344
2.4.1.170	UDP-glucose-flavonoid 7-O-glucosyltransferase, isoflavone 7-O-glucosyltransferase, v. 32 | p. 381

2.4.1.14	UDP-glucose-fructose-phosphate glucosyltransferase, sucrose-phosphate synthase, v. 31	p. 126
2.4.1.13	UDP-glucose-fructose glucosyltransferase, sucrose synthase, v. 31	p. 113
2.4.1.11	UDP-glucose-glycogen glucosyltransferase, glycogen(starch) synthase, v. 31	p. 92
2.7.7.12	UDP-glucose-hexose-1-P uridylyltransferase, UDP-glucose-hexose-1-phosphate uridylyltransferase, v. 38	p. 188
2.4.1.126	UDP-glucose-hydroxycinnamate glucosyltransferase, hydroxycinnamate 4-β-glucosyltransferase, v. 32	p. 192
2.4.1.85	UDP-glucose-p-hydroxymandelonitrile glucosyltransferase, cyanohydrin β-glucosyltransferase, v. 31	p. 603
2.4.1.160	UDP-glucose-pyridoxine glucosyltransferase, pyridoxine 5'-O-β-D-glucosyltransferase, v. 32	p. 353
2.4.1.173	UDP-glucose-sterol β-glucosyltransferase, sterol 3β-glucosyltransferase, v. 32	p. 389
2.4.1.173	UDP-glucose-sterol glucosyltransferase, sterol 3β-glucosyltransferase, v. 32	p. 389
2.4.1.136	UDP-glucose-vanillate 1-glucosyltransferase, gallate 1-β-glucosyltransferase, v. 32	p. 236
5.1.3.2	UDP-glucose 4'-epimerase, UDP-glucose 4-epimerase, v. 1	p. 97
5.1.3.2	UDP-glucose 4-epimerase, UDP-glucose 4-epimerase, v. 1	p. 97
2.4.1.34	UDP-glucose:(1,3)β-glucan synthase, 1,3-β-glucan synthase, v. 31	p. 318
2.4.1.157	UDP-glucose:1,2-diacylglycerol glucosyltransferase, 1,2-diacylglycerol 3-glucosyltransferase, v. 32	p. 344
2.4.1.12	UDP-glucose:1,4-β-D-glucan 4-β-D-glucosyltransferase, cellulose synthase (UDP-forming), v. 31	p. 107
2.4.1.158	UDP-glucose:13-hydroxydocosanoic acid glucosyltransferase, 13-hydroxydocosanoate 13-β-glucosyltransferase, v. 32	p. 348
2.4.1.71	UDP-glucose:3,4-dichloroaniline N-glycosyltransferase, arylamine glucosyltransferase, v. 31	p. 551
2.4.1.194	UDP-glucose:4-(β-D-glucopyranosyloxy)benzoic acid glucosyltransferase, 4-hydroxybenzoate 4-O-β-D-glucosyltransferase, v. 32	p. 475
2.4.1.115	UDP-glucose:anthocyanidin/flavonol 3-O-glucosyltransferase, anthocyanidin 3-O-glucosyltransferase, v. 32	p. 139
2.4.1.115	UDP-glucose:anthocyanidin 3-O-β-D-glucosyltransferase, anthocyanidin 3-O-glucosyltransferase, v. 32	p. 139
2.4.1.115	UDP-glucose: anthocyanidin 3-O-glucosyltransferase, anthocyanidin 3-O-glucosyltransferase, v. 32	p. 139
2.4.1.116	UDP-glucose:anthocyanidin 3-rhamnosylglucoside 5-O-glucosyltransferase, cyanidin 3-O-rutinoside 5-O-glucosyltransferase, v. 32	p. 142
2.4.1.238	UDP-glucose:anthocyanin 3'-O-glucosyltransferase, anthocyanin 3'-O-β-glucosyltransferase, v. S2	p. 176
2.4.1.120	UDP-glucose:B. napus sinapate glucosyltransferase, sinapate 1-glucosyltransferase, v. 32	p. 165
2.4.1.80	UDP-glucose:ceramide glucosyltransferase, ceramide glucosyltransferase, v. 31	p. 572
2.4.1.115	UDP-glucose:cyanidin-3-O-glucosyltransferase, anthocyanidin 3-O-glucosyltransferase, v. 32	p. 139
2.4.1.116	UDP-glucose:cyanidin-3-rhamnosyl-(1-6)-glucoside-5-O-glucosyltransferase, cyanidin 3-O-rutinoside 5-O-glucosyltransferase, v. 32	p. 142
2.4.1.115	UDP-glucose:cyanidin 3-O-glucosyltransferase, anthocyanidin 3-O-glucosyltransferase, v. 32	p. 139
2.4.1.14	UDP-glucose:D-fructose-6-phosphate 2-α-D-glucosyltransferase, sucrose-phosphate synthase, v. 31	p. 126
2.4.1.13	UDP-glucose:D-fructose 2-α-D-glucosyltransferase, sucrose synthase, v. 31	p. 113
2.4.1.117	UDP-glucose:dolichol phosphate glucosyltransferase, dolichyl-phosphate β-glucosyltransferase, v. 32	p. 146
2.4.1.117	UDP-glucose:dolicholphosphoryl glucosyltransferase, dolichyl-phosphate β-glucosyltransferase, v. 32	p. 146

2.4.1.117	UDP-glucose:dolichyl-phosphate glucosyltransferase, dolichyl-phosphate β-glucosyltransferase, v. 32 | p. 146
2.4.1.117	UDP-glucose:dolichyl monophosphate glucosyltransferase, dolichyl-phosphate β-glucosyltransferase, v. 32 | p. 146
2.4.1.117	UDP-glucose:dolichyl phosphate glucosyltransferase, dolichyl-phosphate β-glucosyltransferase, v. 32 | p. 146
2.4.1.117	UDP-glucose:dolichylphosphate glucosyltransferase, dolichyl-phosphate β-glucosyltransferase, v. 32 | p. 146
2.4.1.115	UDP-glucose:flavonoid 3-O-glucosyltransferase, anthocyanidin 3-O-glucosyltransferase, v. 32 | p. 139
2.4.1.237	UDP-glucose:flavonoid 7-O-glucosyltransferase, flavonol 7-O-β-glucosyltransferase, v. S2 | p. 166
2.4.1.91	UDP-glucose:flavonol 3-O-glucosyltransferase, flavonol 3-O-glucosyltransferase, v. 32 | p. 21
2.4.1.237	UDP-glucose:flavonol 7-O-glucosyltransferase, flavonol 7-O-β-glucosyltransferase, v. S2 | p. 166
2.4.1.170	UDP-glucose: formononetin 7-O-glucosyltransferase, isoflavone 7-O-glucosyltransferase, v. 32 | p. 381
2.4.1.66	UDP-glucose:galactosylhydroxylysine-collagen glucosyltransferase, procollagen glucosyltransferase, v. 31 | p. 502
2.4.1.136	UDP-glucose:gallate glucosyltransferase, gallate 1-β-glucosyltransferase, v. 32 | p. 236
2.4.1.239	UDP-glucose:glucosyltransferase, flavonol-3-O-glucoside glucosyltransferase, v. S2 | p. 179
2.4.1.240	UDP-glucose:glucosyltransferase, flavonol-3-O-glycoside glucosyltransferase, v. S2 | p. 182
2.4.1.35	UDP-glucose:glucosyltransferase, phenol β-glucosyltransferase, v. 31 | p. 331
2.7.8.19	UDP-glucose:glycoprotein glucose-1-phosphotransferase, UDP-glucose-glycoprotein glucose phosphotransferase, v. 39 | p. 127
2.4.1.121	UDP-glucose:indol-3-ylacetate glucosyl-transferase, indole-3-acetate β-glucosyltransferase, v. 32 | p. 170
2.4.1.121	UDP-glucose:indol-3-ylacetate glucosyltransferase, indole-3-acetate β-glucosyltransferase, v. 32 | p. 170
2.4.1.220	UDP-glucose:indoxyl glucosyltransferase, indoxyl-UDPG glucosyltransferase, v. 32 | p. 593
2.4.1.170	UDP-glucose:isoflavone 7-O-glucosyltransferase, isoflavone 7-O-glucosyltransferase, v. 32 | p. 381
2.4.1.210	UDP-glucose:limonoid glucosyltransferase, limonoid glucosyltransferase, v. 32 | p. 552
2.4.1.196	UDP-glucose:nicotinic acid-N-glucosyltransferase, nicotinate glucosyltransferase, v. 32 | p. 485
2.4.1.104	UDP-glucose:o-dihydroxycoumarin glucosyltransferase, o-dihydroxycoumarin 7-O-glucosyltransferase, v. 32 | p. 100
2.4.1.222	UDP-glucose:O-linked fucose β1,3-glucosyltransferase, O-fucosylpeptide 3-β-N-acetylglucosaminyltransferase, v. 32 | p. 599
2.4.1.85	UDP-glucose:p-hydroxymandelonitrile-O-glucosyltransferase, cyanohydrin β-glucosyltransferase, v. 31 | p. 603
2.4.1.128	UDP-glucose:phenylpropanoid glucosyltransferase, scopoletin glucosyltransferase, v. 32 | p. 198
2.4.1.78	UDP-glucose:polyprenol monophosphate glucosyltransferase, phosphopolyprenol glucosyltransferase, v. 31 | p. 565
2.4.1.160	UDP-glucose:pyridoxine 5'-O-β-glucosyltransferase, pyridoxine 5'-O-β-D-glucosyltransferase, v. 32 | p. 353
2.4.1.128	UDP-glucose:scopoletin glucosyltransferase, scopoletin glucosyltransferase, v. 32 | p. 198
2.4.1.120	UDP-glucose:sinapate glucosyltransferase, sinapate 1-glucosyltransferase, v. 32 | p. 165
2.3.1.152	UDP-glucose:sinapic acid glucosyltransferase, Alcohol O-cinnamoyltransferase, v. 30 | p. 404
2.4.1.120	UDP-glucose:sinapic acid glucosyltransferase, sinapate 1-glucosyltransferase, v. 32 | p. 165
2.4.1.173	UDP-glucose:sterol glucosyltransferase, sterol 3β-glucosyltransferase, v. 32 | p. 389

2.4.1.136	UDP-glucose:vanillate 1-O-glucosyltransferase, gallate 1-β-glucosyltransferase, v. 32	p. 236
2.4.1.111	UDP-glucose coniferyl alcohol glucosyltransferase, coniferyl-alcohol glucosyltransferase, v. 32	p. 123
2.4.1.117	UDP-glucose dolichyl-phosphate glucosyltransferase, dolichyl-phosphate β-glucosyltransferase, v. 32	p. 146
5.1.3.2	UDP-glucose epimerase, UDP-glucose 4-epimerase, v. 1	p. 97
2.4.1.239	UDP-glucose glucosyltransferase, flavonol-3-O-glucoside glucosyltransferase, v. S2	p. 179
2.4.1.35	UDP-glucose glucosyltransferase, phenol β-glucosyltransferase, v. 31	p. 331
2.7.7.9	UDP-glucose pyrophosphorylase, UTP-glucose-1-phosphate uridylyltransferase, v. 38	p. 163
2.4.1.81	UDP-glucosyltransferase, flavone 7-O-β-glucosyltransferase, v. 31	p. 583
2.4.1.35	UDP-glucosyltransferase, phenol β-glucosyltransferase, v. 31	p. 331
2.4.1.17	UDP-glucuronate-4-hydroxybiphenyl glucuronosyltransferase, glucuronosyltransferase, v. 31	p. 162
2.4.1.17	UDP-glucuronate-bilirubin glucuronyltransferase, glucuronosyltransferase, v. 31	p. 162
2.4.1.226	UDP-glucuronate:chondroitin glucuronyltransferase, N-acetylgalactosaminyl-proteoglycan 3-β-glucuronosyltransferase, v. 32	p. 613
2.4.1.190	UDP-glucuronate:luteolin-7-O-β-D-glucuronide 7-O-glucuronosyltransferase, luteolin-7-O-glucuronide 2-O-glucuronosyltransferase, v. 32	p. 462
2.4.1.191	UDP-glucuronate:luteolin 7-O-diglucuronide-glucuronosyltransferase, luteolin-7-O-diglucuronide 4'-O-glucuronosyltransferase, v. 32	p. 465
2.4.1.190	UDP-glucuronate:luteolin 7-O-glucuronide-glucuronosyltransferase, luteolin-7-O-glucuronide 2-O-glucuronosyltransferase, v. 32	p. 462
2.4.1.225	UDP-glucuronate:oligosaccharide, N-acetylglucosaminyl-proteoglycan 4-β-glucuronosyltransferase, v. 32	p. 610
4.1.1.35	UDP-glucuronate acid decarboxylase, UDP-glucuronate decarboxylase, v. 3	p. 218
4.1.1.35	UDP-glucuronate decarboxylase, UDP-glucuronate decarboxylase, v. 3	p. 218
2.7.7.44	UDP-glucuronate pyrophosphorylase, glucuronate-1-phosphate uridylyltransferase, v. 38	p. 451
5.1.3.12	UDP-glucuronic acid 5'-epimerase, UDP-glucuronate 5'-epimerase, v. 1	p. 150
2.4.1.135	UDP-glucuronic acid:Galβ1,3Gal-R glucuronsyltransferase, galactosylgalactosylxylosyl-protein 3-β-glucuronosyltransferase, v. 32	p. 231
4.1.1.35	UDP-glucuronic acid decarboxylase, UDP-glucuronate decarboxylase, v. 3	p. 218
5.1.3.12	UDP-glucuronic acid epimerase, UDP-glucuronate 5'-epimerase, v. 1	p. 150
2.7.7.44	UDP-glucuronic acid pyrophosphorylase, glucuronate-1-phosphate uridylyltransferase, v. 38	p. 451
2.4.1.17	UDP-glucuronosyl-transferase 1A1, glucuronosyltransferase, v. 31	p. 162
2.4.1.95	UDP-glucuronosyltransferase, bilirubin-glucuronoside glucuronosyltransferase, v. 32	p. 47
2.4.1.17	UDP-glucuronosyltransferase, glucuronosyltransferase, v. 31	p. 162
2.4.1.17	UDP-glucuronosyltransferase-1A10, glucuronosyltransferase, v. 31	p. 162
2.4.1.95	UDP-glucuronosyltransferase 1A, bilirubin-glucuronoside glucuronosyltransferase, v. 32	p. 47
2.4.1.17	UDP-glucuronosyltransferase 1A, glucuronosyltransferase, v. 31	p. 162
2.4.1.17	UDP-glucuronosyltransferase 1A1, glucuronosyltransferase, v. 31	p. 162
2.4.1.17	UDP-glucuronosyltransferase 1A10, glucuronosyltransferase, v. 31	p. 162
2.4.1.17	UDP-glucuronosyltransferase 1A3, glucuronosyltransferase, v. 31	p. 162
2.4.1.17	UDP-glucuronosyltransferase 1A4, glucuronosyltransferase, v. 31	p. 162
2.4.1.17	UDP-glucuronosyltransferase 1A5, glucuronosyltransferase, v. 31	p. 162
2.4.1.17	UDP-glucuronosyltransferase 1A6, glucuronosyltransferase, v. 31	p. 162
2.4.1.17	UDP-glucuronosyltransferase 1A7, glucuronosyltransferase, v. 31	p. 162
2.4.1.17	UDP-glucuronosyltransferase 1A8, glucuronosyltransferase, v. 31	p. 162
2.4.1.17	UDP-glucuronosyltransferase 1A9, glucuronosyltransferase, v. 31	p. 162
2.4.1.17	UDP-glucuronosyltransferase 2A3, glucuronosyltransferase, v. 31	p. 162
2.4.1.17	UDP-glucuronosyltransferase 2B15, glucuronosyltransferase, v. 31	p. 162

2.4.1.17	UDP-glucuronosyltransferase 2B17, glucuronosyltransferase, v. 31 | p. 162
2.4.1.17	UDP-glucuronosyltransferase 2B7, glucuronosyltransferase, v. 31 | p. 162
2.4.1.17	UDP-glucuronosyltransferases 2B15, glucuronosyltransferase, v. 31 | p. 162
2.4.1.17	UDP-glucuronosyltransferases 2B7, glucuronosyltransferase, v. 31 | p. 162
2.4.1.17	UDP-glucuronyltransferase, glucuronosyltransferase, v. 31 | p. 162
3.1.3.42	UDP-glycogen glucosyltransferase phosphatase, [glycogen-synthase-D] phosphatase, v. 10 | p. 376
2.4.1.11	UDP-glycogen synthase, glycogen(starch) synthase, v. 31 | p. 92
2.7.7.23	UDP-HexNAc pyrophosphorylase, UDP-N-acetylglucosamine diphosphorylase, v. 38 | p. 289
5.1.3.2	UDP-hexose 4-epimerase, UDP-glucose 4-epimerase, v. 1 | p. 97
6.3.2.9	UDP-Mur-Nac-L-Ala:L-Glu ligase, UDP-N-acetylmuramoyl-L-alanine-D-glutamate ligase, v. 2 | p. 452
2.7.8.13	UDP-MurNAc-Ala-γDGlu-Lys-DAla-DAla:undecaprenylphosphate transferase, phospho-N-acetylmuramoyl-pentapeptide-transferase, v. 39 | p. 96
2.7.8.13	UDP-MurNAc-L-Ala-D-γ-Glu-L-Lys-D-Ala-D-Ala:C55-isoprenoid alcohol transferase, phospho-N-acetylmuramoyl-pentapeptide-transferase, v. 39 | p. 96
6.3.1.12	UDP-MurNAc-pentapeptide:D-aspartate ligase, D-aspartate ligase, v. S7 | p. 597
6.3.2.15	UDP-MurNAc-pentapeptide synthetase, UDP-N-acetylmuramoylalanyl-D-glutamyl-2,6-diamino-pimelate-D-alanyl-D-alanine ligase, v. 2 | p. 480
6.3.2.13	UDP-MurNAc-tripeptide synthetase, UDP-N-acetylmuramoyl-L-alanyl-D-glutamate-2,6-diaminopimelate ligase, v. 2 | p. 473
6.3.2.8	UDP-MurNAc:L-Ala ligase, UDP-N-acetylmuramate-L-alanine ligase, v. 2 | p. 442
6.3.2.8	UDP-MurNAc:L-alanine ligase, UDP-N-acetylmuramate-L-alanine ligase, v. 2 | p. 442
2.4.1.41	UDP-N-α-D-galactosamine: polypeptide N-acetylgalactosaminyltransferase, polypeptide N-acetylgalactosaminyltransferase, v. 31 | p. 384
2.4.1.41	UDP-N-acetyl-α-D-galactosamine:polypeptide N-acetylgalactosaminyltransferase, polypeptide N-acetylgalactosaminyltransferase, v. 31 | p. 384
2.4.1.41	UDP-N-acetyl-α-D-galactosaminyltransferase, polypeptide N-acetylgalactosaminyltransferase, v. 31 | p. 384
2.4.1.40	UDP-N-acetyl-D-galactosamine:α-L-fucosyl-1,2-D-galactose 3-N-acetyl-D-galactosaminyltransferase, glycoprotein-fucosylgalactoside α-N-acetylgalactosaminyltransferase, v. 31 | p. 376
2.4.1.175	UDP-N-acetyl-D-galactosamine:D-glucuronyl-N-acetyl-1,3-β-D-galactosaminylproteoglycan β-1,4-N-acetylgalactosaminyltransferase, glucuronosyl-N-acetylgalactosaminylproteoglycan 4-β-N-acetylgalactosaminyltransferase, v. 32 | p. 405
2.4.1.41	UDP-N-acetyl-D-galactosamine:polypeptide N-acetylgalactosaminyltransferase-T1, polypeptide N-acetylgalactosaminyltransferase, v. 31 | p. 384
2.4.1.41	UDP-N-acetyl-D-galactosamine:polypeptide N-acetylgalactosaminyltransferase-T10, polypeptide N-acetylgalactosaminyltransferase, v. 31 | p. 384
2.4.1.41	UDP-N-acetyl-D-galactosamine:polypeptide N-acetylgalactosaminyltransferase-T3, polypeptide N-acetylgalactosaminyltransferase, v. 31 | p. 384
2.4.1.201	UDP-N-acetyl-D-glucosamine (GlcNAc):GlcNAcβ1-6(GlcNAcβ1-2)-Manα1-R[GlcNAc to Man]β1,4N-acetylglucosaminyltransferase VI, α-1,6-mannosyl-glycoprotein 4-β-N-acetylglucosaminyltransferase, v. 32 | p. 501
2.7.8.15	UDP-N-acetyl-D-glucosamine:dolichol phosphate N-acetyl-D-glucosamine-1-phosphate transferase, UDP-N-acetylglucosamine-dolichyl-phosphate N-acetylglucosamine-phosphotransferase, v. 39 | p. 106
2.4.1.101	UDP-N-acetyl-D-glucosamine:glycoprotein (N-acetyl-D-glucosamine to α-D-mannosyl-1,3-(R1)-β-D-mannosyl-R2) β-1,2-N-acetyl-D-glucosaminyltransferase, α-1,3-mannosyl-glycoprotein 2-β-N-acetylglucosaminyltransferase, v. 32 | p. 70
2.4.1.198	UDP-N-acetyl-D-glucosamine:phosphatidylinositol N-acetyl-D-glucosaminyltransferase, phosphatidylinositol N-acetylglucosaminyltransferase, v. 32 | p. 492
1.1.1.158	UDP-N-acetylenolpyruvoylglucosamine reductase, UDP-N-acetylmuramate dehydrogenase, v. 18 | p. 15

1.1.1.158	UDP-N-acetylenolpyruvyl glucosamine reductase, UDP-N-acetylmuramate dehydrogenase, v. 18	p. 15
1.1.1.158	UDP-N-acetylenolpyruvylglucosamine reductase, UDP-N-acetylmuramate dehydrogenase, v. 18	p. 15
2.4.1.41	UDP-N-acetylgalactosamine-glycoprotein N-acetylgalactosaminyltransferase, polypeptide N-acetylgalactosaminyltransferase, v. 31	p. 384
2.4.1.41	UDP-N-acetylgalactosamine-protein N-acetylgalactosaminyltransferase, polypeptide N-acetylgalactosaminyltransferase, v. 31	p. 384
2.4.1.79	UDP-N-acetylgalactosamine:globotriaosylceramide β-3-N-acetylgalactosaminyltransferase, globotriaosylceramide 3-β-N-acetylgalactosaminyltransferase, v. 31	p. 567
2.4.1.79	UDP-N-acetylgalactosamine:globotriaosylceramide 3-β-N-acetylgalactosaminyltransferase, globotriaosylceramide 3-β-N-acetylgalactosaminyltransferase, v. 31	p. 567
2.4.1.41	UDP-N-acetylgalactosamine:kappa-casein polypeptide N-acetylgalactosaminyltransferase, polypeptide N-acetylgalactosaminyltransferase, v. 31	p. 384
2.4.1.41	UDP-N-acetylgalactosamine:polypeptide N-acetyl-α-galactosaminyltransferase, polypeptide N-acetylgalactosaminyltransferase, v. 31	p. 384
2.4.1.41	UDP-N-acetylgalactosamine:polypeptide N-acetylgalactosaminyltransferase, polypeptide N-acetylgalactosaminyltransferase, v. 31	p. 384
2.4.1.38	UDP-N-acetylgalactosamine:polypeptide N-acetylgalactosaminyltransferase 2, β-N-acetylglucosaminylglycopeptide β-1,4-galactosyltransferase, v. 31	p. 353
2.4.1.41	UDP-N-acetylgalactosamine:protein N-acetylgalactosaminyl transferase, polypeptide N-acetylgalactosaminyltransferase, v. 31	p. 384
2.4.1.92	UDP-N-acetylgalactosamine GM3 N-acetylgalactosaminyltransferase, (N-acetylneuraminyl)-galactosylglucosylceramide N-acetylgalactosaminyltransferase, v. 32	p. 30
2.4.1.92	UDP-N-acetylgalactosaminyltransferase I, (N-acetylneuraminyl)-galactosylglucosylceramide N-acetylgalactosaminyltransferase, v. 32	p. 30
2.4.1.229	UDP-N-acetylglucosamine (GlcNAc):hydroxyproline polypeptide GlcNAc-transferase, [Skp1-protein]-hydroxyproline N-acetylglucosaminyltransferase, v. 32	p. 627
5.1.3.14	UDP-N-acetylglucosamine-2-epimerase, UDP-N-acetylglucosamine 2-epimerase, v. 1	p. 154
5.1.3.14	UDP-N-acetylglucosamine-2-epimerase/N-acetylmannosamine kinase, UDP-N-acetylglucosamine 2-epimerase, v. 1	p. 154
2.7.7.23	UDP-N-acetylglucosamine-dipohosphorylase, UDP-N-acetylglucosamine diphosphorylase, v. 38	p. 289
2.4.1.153	UDP-N-acetylglucosamine-dolichol phosphate N-acetylglucosaminyltransferase, dolichyl-phosphate α-N-acetylglucosaminyltransferase, v. 32	p. 330
1.1.1.158	UDP-N-acetylglucosamine-enoylpyruvate reductase, UDP-N-acetylmuramate dehydrogenase, v. 18	p. 15
2.4.1.56	UDP-N-acetylglucosamine-lipopolysaccharide N-acetylglucosaminyltransferase, lipopolysaccharide N-acetylglucosaminyltransferase, v. 31	p. 456
2.5.1.7	UDP-N-acetylglucosamine 1-carboxyvinyl-transferase, UDP-N-acetylglucosamine 1-carboxyvinyltransferase, v. 33	p. 443
5.1.3.14	UDP-N-acetylglucosamine 2'-epimerase, UDP-N-acetylglucosamine 2-epimerase, v. 1	p. 154
5.1.3.14	UDP-N-acetylglucosamine 2-epimerase, UDP-N-acetylglucosamine 2-epimerase, v. 1	p. 154
2.7.1.60	UDP-N-acetylglucosamine 2-epimerase/N-acetylmannosamine kinase, N-acylmannosamine kinase, v. 36	p. 144
5.1.3.14	UDP-N-acetylglucosamine 2-epimerase/N-acetylmannosamine kinase, UDP-N-acetylglucosamine 2-epimerase, v. 1	p. 154
5.1.3.7	UDP-N-acetylglucosamine 4'-epimerase, UDP-N-acetylglucosamine 4-epimerase, v. 1	p. 135
4.2.1.115	UDP-N-acetylglucosamine 5-inverting 4,6-dehydratase, UDP-N-acetylglucosamine 4,6-dehydratase (inverting)

1129

2.4.1.101	UDP-N-acetylglucosamine:α-3-D-mannoside β-1,2-N-acetylglucosaminyltransferase I, α-1,3-mannosyl-glycoprotein 2-β-N-acetylglucosaminyltransferase, v. 32 | p. 70
2.4.1.155	UDP-N-acetylglucosamine:a-mannoside β-1,6-N-acetylglucosaminyltransferase, α-1,6-mannosyl-glycoprotein 6-β-N-acetylglucosaminyltransferase, v. 32 | p. 334
2.7.8.17	UDP-N-acetylglucosamine:glycoprotein N-acetylglucosamine-1-phosphotransferase, UDP-N-acetylglucosamine-lysosomal-enzyme N-acetylglucosaminephosphotransferase, v. 39 | p. 117
2.7.8.17	UDP-N-acetylglucosamine:glycoprotein N-acetylglucosaminyl-1-phosphotransferase, UDP-N-acetylglucosamine-lysosomal-enzyme N-acetylglucosaminephosphotransferase, v. 39 | p. 117
2.7.8.17	UDP-N-acetylglucosamine:lysosomal-enzyme-N-acetylglucosamine-1-phosphotransferase, UDP-N-acetylglucosamine-lysosomal-enzyme N-acetylglucosaminephosphotransferase, v. 39 | p. 117
2.7.8.17	UDP-N-acetylglucosamine:lysosomal enzyme N-acetylglucosamine-1-phosphotransferase, UDP-N-acetylglucosamine-lysosomal-enzyme N-acetylglucosaminephosphotransferase, v. 39 | p. 117
2.7.8.17	UDP-N-acetylglucosamine:lysosomal enzyme phosphotransferase, UDP-N-acetylglucosamine-lysosomal-enzyme N-acetylglucosaminephosphotransferase, v. 39 | p. 117
2.3.1.129	UDP-N-acetylglucosamine acyltransferase, acyl-[acyl-carrier-protein]-UDP-N-acetylglucosamine O-acyltransferase, v. 30 | p. 316
1.1.1.136	UDP-N-acetylglucosamine C-6 dehydrogenase, UDP-N-acetylglucosamine 6-dehydrogenase, v. 17 | p. 397
2.5.1.7	UDP-N-acetylglucosamine enolpyruvyl transferase, UDP-N-acetylglucosamine 1-carboxyvinyltransferase, v. 33 | p. 443
2.5.1.7	UDP-N-acetylglucosamine enolpyruvyltransferase, UDP-N-acetylglucosamine 1-carboxyvinyltransferase, v. 33 | p. 443
2.5.1.7	UDP-N-acetylglucosamine enoylpyruvyltransferase, UDP-N-acetylglucosamine 1-carboxyvinyltransferase, v. 33 | p. 443
2.7.7.23	UDP-N-acetylglucosamine pyrophosphorylase (UAP), UDP-N-acetylglucosamine diphosphorylase, v. 38 | p. 289
2.4.1.101	UDP-N-acetylglucosaminyl:α-1,3-D-mannoside-β-1,2-N-acetylglucosaminyltransferase I, α-1,3-mannosyl-glycoprotein 2-β-N-acetylglucosaminyltransferase, v. 32 | p. 70
2.4.1.101	UDP-N-acetylglucosaminyl:α-3-D-mannoside β-1,2-N-acetylglucosaminyltransferase I, α-1,3-mannosyl-glycoprotein 2-β-N-acetylglucosaminyltransferase, v. 32 | p. 70
2.4.1.187	UDP-N-acetylmannosamine:N-acetylglucosaminyl diphosphorylundecaprenol N-acetylmannosaminyltransferase, N-acetylglucosaminyldiphosphoundecaprenol N-acetyl-β-D-mannosaminyltransferase, v. 32 | p. 454
6.3.2.8	UDP-N-acetylmuramate-alanine ligase, UDP-N-acetylmuramate-L-alanine ligase, v. 2 | p. 442
1.1.1.158	UDP-N-acetylmuramate dehydrogenase, UDP-N-acetylmuramate dehydrogenase, v. 18 | p. 15
6.3.2.9	UDP-N-acetylmuramoyl-L-alanine:D-glutamate ligase, UDP-N-acetylmuramoyl-L-alanine-D-glutamate ligase, v. 2 | p. 452
6.3.2.9	UDP-N-acetylmuramoyl-L-alanine:D-glutamateligase, UDP-N-acetylmuramoyl-L-alanine-D-glutamate ligase, v. 2 | p. 452
6.3.2.8	UDP-N-acetylmuramoyl-L-alanine synthetase, UDP-N-acetylmuramate-L-alanine ligase, v. 2 | p. 442
6.3.2.7	UDP-N-acetylmuramoyl-L-alanyl-D-glutamate-lysine ligase, UDP-N-acetylmuramoyl-L-alanyl-D-glutamate-L-lysine ligase, v. 2 | p. 439
6.3.2.7	UDP-N-acetylmuramoyl-L-alanyl-D-glutamate: L-lysine ligase, UDP-N-acetylmuramoyl-L-alanyl-D-glutamate-L-lysine ligase, v. 2 | p. 439
6.3.2.9	UDP-N-acetylmuramoyl-L-alanyl-D-glutamate synthetase, UDP-N-acetylmuramoyl-L-alanine-D-glutamate ligase, v. 2 | p. 452
6.3.2.7	UDP-N-acetylmuramoyl-L-alanyl-D-glutamyl-L-lysine synthetase, UDP-N-acetylmuramoyl-L-alanyl-D-glutamate-L-lysine ligase, v. 2 | p. 439

6.3.2.10	UDP-N-acetylmuramoyl-L-alanyl-D-glutamyl-L-lysyl-D-alanyl-D-alanine synthetase, UDP-N-acetylmuramoyl-tripeptide-D-alanyl-D-alanine ligase, v. 2	p. 458
6.3.2.13	UDP-N-acetylmuramoyl-L-alanyl-D-glutamyl-meso-2,6-diaminopimelate synthetase, UDP-N-acetylmuramoyl-L-alanyl-D-glutamate-2,6-diaminopimelate ligase, v. 2	p. 473
3.4.17.8	UDP-N-acetylmuramoyl-tetrapeptidyl-D-alanine alanine-hydrolase, muramoylpentapeptide carboxypeptidase, v. 6	p. 448
6.3.2.8	UDP-N-acetylmuramoyl:L-alanine ligase, UDP-N-acetylmuramate-L-alanine ligase, v. 2	p. 442
6.3.2.8	UDP-N-acetylmuramoylalanine synthetase, UDP-N-acetylmuramate-L-alanine ligase, v. 2	p. 442
6.3.2.10	UDP-N-acetylmuramoylalanyl-D-glutamyl-lysine-D-alanyl-D-alanine ligase, UDP-N-acetylmuramoyl-tripeptide-D-alanyl-D-alanine ligase, v. 2	p. 458
2.3.2.10	UDP-N-acetylmuramoylpentapeptide lysine N6-alanyltransferase, UDP-N-acetylmuramoylpentapeptide-lysine N6-alanyltransferase, v. 30	p. 536
6.3.2.13	UDP-N-acetylmuramyl-tripeptide synthetase, UDP-N-acetylmuramoyl-L-alanyl-D-glutamate-2,6-diaminopimelate ligase, v. 2	p. 473
6.3.2.8	UDP-N-acetylmuramyl:L-alanine ligase, UDP-N-acetylmuramate-L-alanine ligase, v. 2	p. 442
6.3.2.13	UDP-N-acetylmuramyl tripeptide synthetase, UDP-N-acetylmuramoyl-L-alanyl-D-glutamate-2,6-diaminopimelate ligase, v. 2	p. 473
2.4.1.101	UDP-N-GlcNAc:α3-D-mannoside β-1,2-N-acetylglucosaminyltransferase I, α-1,3-mannosyl-glycoprotein 2-β-N-acetylglucosaminyltransferase, v. 32	p. 70
2.4.1.236	UDP-rhamnose:flavanone-7-O-glucoside-2-O-rhamnosyltransferase, flavanone 7-O-glucoside 2-O-β-L-rhamnosyltransferase, v. S2	p. 162
2.4.1.159	UDP-rhamnose:flavonol 3-O-glucoside rhamnosyltransferase, flavonol-3-O-glucoside L-rhamnosyltransferase, v. 32	p. 351
2.4.1.236	UDP-rhamnose flavanone-glucoside rhamnosyl-transferase, flavanone 7-O-glucoside 2-O-β-L-rhamnosyltransferase, v. S2	p. 162
2.4.1.236	1-2 UDP-rhamnosyltransferase, flavanone 7-O-glucoside 2-O-β-L-rhamnosyltransferase, v. S2	p. 162
3.6.1.45	UDP-sugar diphosphatase, UDP-sugar diphosphatase, v. 15	p. 476
3.6.1.45	UDP-sugar hydrolase, UDP-sugar diphosphatase, v. 15	p. 476
3.6.1.45	UDP-sugar pyrophosphatase, UDP-sugar diphosphatase, v. 15	p. 476
2.7.7.64	UDP-sugar pyrophosphorylase, UTP-monosaccharide-1-phosphate uridylyltransferase, v. S2	p. 326
2.7.7.44	UDP-sugar pyrophosphorylase gene (USP1), glucuronate-1-phosphate uridylyltransferase, v. 38	p. 451
3.13.1.1	UDP-sulfoquinovose synthase, UDP-sulfoquinovose synthase, v. S6	p. 561
2.4.2.26	UDP-xylose-core protein β-D-xylosyltransferase, protein xylosyltransferase, v. 33	p. 224
2.4.2.35	UDP-xylose:flavonol 3-glycoside xylosyltransferase, flavonol-3-O-glycoside xylosyltransferase, v. 33	p. 291
2.4.1.92	UDP acetylgalactosamine-(N-acetylneuraminyl)-D-galactosyl-D-glucosylceramide, (N-acetylneuraminyl)-galactosylglucosylceramide N-acetylgalactosaminyltransferase, v. 32	p. 30
2.4.1.70	UDP acetylglucosamine-poly(ribitol phosphate) acetylglucosaminyltransferase, poly(ribitol-phosphate) N-acetylglucosaminyltransferase, v. 31	p. 548
1.1.1.136	UDPacetylglucosamine dehydrogenase, UDP-N-acetylglucosamine 6-dehydrogenase, v. 17	p. 397
5.1.3.7	UDP acetylglucosamine epimerase, UDP-N-acetylglucosamine 4-epimerase, v. 1	p. 135
2.7.7.23	UDPacetylglucosamine pyrophosphorylase, UDP-N-acetylglucosamine diphosphorylase, v. 38	p. 289
6.3.2.10	UDPacetylmuramoylpentapeptide synthetase, UDP-N-acetylmuramoyl-tripeptide-D-alanyl-D-alanine ligase, v. 2	p. 458
2.4.2.25	UDPapiose:7-O-(β-D-glucosyl)-flavone apiosyltransferase, flavone apiosyltransferase, v. 33	p. 221

5.1.3.5	UDP arabinose epimerase, UDP-arabinose 4-epimerase, v. 1 | p. 129
3.6.1.42	UDPase, guanosine-diphosphatase, v. 15 | p. 464
2.4.1.91	UDP flavonoid/triterpene GT, flavonol 3-O-glucosyltransferase, v. 32 | p. 21
5.1.3.2	UDPG-4-epimerase, UDP-glucose 4-epimerase, v. 1 | p. 97
1.1.1.22	UDPG-DH, UDP-glucose 6-dehydrogenase, v. 16 | p. 221
2.4.1.11	UDPG-glycogen synthetase, glycogen(starch) synthase, v. 31 | p. 92
2.4.1.11	UDPG-glycogen transglucosylase, glycogen(starch) synthase, v. 31 | p. 92
2.4.1.121	UDPG-indol-3-ylacetyl glucosyl transferase, indole-3-acetate β-glucosyltransferase, v. 32 | p. 170
2.4.1.173	UDPG-SGTase, sterol 3β-glucosyltransferase, v. 32 | p. 389
2.4.1.91	UDPG:flavonoid-3-O-glucosyltransferase, flavonol 3-O-glucosyltransferase, v. 32 | p. 21
2.4.1.237	UDPG:flavonol 7-O-glucosyltransferase, flavonol 7-O-β-glucosyltransferase, v. S2 | p. 166
1.1.1.22	UDPG:NAD oxidoreductase, UDP-glucose 6-dehydrogenase, v. 16 | p. 221
2.4.1.114	UDPG:o-coumaric acid O-glucosyltransferase, 2-coumarate O-β-glucosyltransferase, v. 32 | p. 137
2.4.1.173	UDPG:sterol glucosyltransferase, sterol 3β-glucosyltransferase, v. 32 | p. 389
2.4.1.177	UDPG:t-cinnamate glucosyltransferase, cinnamate β-D-glucosyltransferase, v. 32 | p. 415
2.4.1.219	UDPG:vomilenine 21-β-D-glycosyltransferase, vomilenine glucosyltransferase, v. 32 | p. 589
2.4.1.17	UDPGA-glucuronyltransferase, glucuronosyltransferase, v. 31 | p. 162
5.1.3.16	UDPGal-4-epimerase, UDP-glucosamine 4-epimerase, v. 1 | p. 165
2.4.1.74	UDP Gal/polysaccharide galactosyl transferase, glycosaminoglycan galactosyltransferase, v. 31 | p. 558
2.4.1.46	UDP galactose-1,2-diacylglycerol galactosyltransferase, monogalactosyldiacylglycerol synthase, v. 31 | p. 422
2.4.1.45	UDPgalactose-2-hydroxyacylsphingosine galactosyltransferase, 2-hydroxyacylsphingosine 1-β-galactosyltransferase, v. 31 | p. 415
2.4.1.50	UDP galactose-collagen galactosyltransferase, procollagen galactosyltransferase, v. 31 | p. 439
2.4.1.234	UDPgalactose-flavonoid-3-O-glycosyltransferase, kaempferol 3-O-galactosyltransferase, v. S2 | p. 153
2.4.1.22	UDPgalactose-glucose galactosyltransferase, lactose synthase, v. 31 | p. 264
2.4.1.38	UDPgalactose-glycoprotein galactosyltransferase, β-N-acetylglucosaminylglycopeptide β-1,4-galactosyltransferase, v. 31 | p. 353
2.4.1.62	UDP galactose-LAC Tet-ceramide α-galactosyltransferase, ganglioside galactosyltransferase, v. 31 | p. 471
2.4.1.90	UDPgalactose-N-acetylglucosamine β-D-galactosyltransferase, N-acetyllactosamine synthase, v. 32 | p. 1
2.4.1.38	UDPgalactose-N-acetylglucosamine β-D-galactosyltransferase, β-N-acetylglucosaminylglycopeptide β-1,4-galactosyltransferase, v. 31 | p. 353
2.4.1.47	UDP galactose-N-acylsphingosine galactosyltransferase, N-acylsphingosine galactosyltransferase, v. 31 | p. 429
5.1.3.2	UDPgalactose 4-epimerase, UDP-glucose 4-epimerase, v. 1 | p. 97
2.4.1.87	UDPgalactose:β-D-galactosyl-β-1,4-N-acetyl-D-glucosaminyl-glycopeptide α-1,3-D-galactosyltransferase, N-acetyllactosaminide 3-α-galactosyltransferase, v. 31 | p. 612
2.4.1.45	UDPgalactose:2-2-hydroxyacylsphingosine galactosyltransferase, 2-hydroxyacylsphingosine 1-β-galactosyltransferase, v. 31 | p. 415
2.4.1.134	UDPgalactose:4-β-D-galactosyl-O-β-D-xylosylprotein 3-β-D-galactosyltransferase, galactosylxylosylprotein 3-β-galactosyltransferase, v. 32 | p. 227
2.4.1.50	UDPgalactose:5-hydroxylysine-collagen galactosyltransferase, procollagen galactosyltransferase, v. 31 | p. 439
2.4.1.45	UDPgalactose:ceramide galactosyltransferase, 2-hydroxyacylsphingosine 1-β-galactosyltransferase, v. 31 | p. 415
2.4.1.205	UDPgalactose:galactogen β-1,6-D-galactosyltransferase, galactogen 6β-galactosyltransferase, v. 32 | p. 515

UDPglucose-cellulose glucosyltransferase

2.4.1.37	UDPgalactose:glycoprotein-α-L-fucosyl-(1,2)-D-galactose 3-α-D-galactosyltransferase, fucosylgalactoside 3-α-galactosyltransferase, v. 31 | p. 344
2.4.1.74	UDPgalactose:glycosaminoglycan D-galactosyltransferase, glycosaminoglycan galactosyltransferase, v. 31 | p. 558
2.4.1.74	UDPgalactose:mucopolysaccharide galactosyltransferase, glycosaminoglycan galactosyltransferase, v. 31 | p. 558
2.4.1.38	UDPgalactose:N-acetyl-β-D-glucosaminylglycopeptide β-1,4-galactosyltransferase, β-N-acetylglucosaminylglycopeptide β-1,4-galactosyltransferase, v. 31 | p. 353
2.4.1.86	UDPgalactose:N-acetyl-D-glucosaminyl-1,3-D-galactosyl-1,4-D-glucosylceramide β-D-galactosyltransferase, glucosaminylgalactosylglucosylceramide β-galactosyltransferase, v. 31 | p. 608
2.4.1.90	UDPgalactose:N-acetylglucosaminyl(β1-4)galactosyltransferase, N-acetyllactosamine synthase, v. 32 | p. 1
2.4.1.38	UDPgalactose:N-acetylglucosaminyl(β1-4)galactosyltransferase, β-N-acetylglucosaminylglycopeptide β-1,4-galactosyltransferase, v. 31 | p. 353
2.4.1.133	UDPgalactose:O-β-D-xylosylprotein 4-β-D-galactosyltransferase, xylosylprotein 4-β-galactosyltransferase, v. 32 | p. 221
2.4.1.74	UDP galactose:polysaccharide galactosyl transferase, glycosaminoglycan galactosyltransferase, v. 31 | p. 558
2.4.1.74	UDPgalactose:polysaccharide transferase, glycosaminoglycan galactosyltransferase, v. 31 | p. 558
2.4.1.96	UDPgalactose:sn-glycerol-3-phosphate α-D-galactosyltransferase, sn-glycerol-3-phosphate 1-galactosyltransferase, v. 32 | p. 49
2.4.1.23	UDPgalactose:sphingosine O-galactosyl transferase, sphingosine β-galactosyltransferase, v. 31 | p. 270
2.4.1.167	UDPgalactose:sucrose 6fru-α-galactosyltransferase, sucrose 6F-α-galactosyltransferase, v. 32 | p. 375
2.7.7.10	UDPgalactose pyrophosphorylase, UTP-hexose-1-phosphate uridylyltransferase, v. 38 | p. 181
2.4.1.43	UDP galacturonate-polygalacturonate α-galacturonosyltransferase, polygalacturonate 4-α-galacturonosyltransferase, v. 31 | p. 407
2.4.1.41	UDP GalNAc:polypeptide N-acetylgalactosaminyltransferase, polypeptide N-acetylgalactosaminyltransferase, v. 31 | p. 384
4.1.1.67	UDPGalUA carboxy lyase, UDP-galacturonate decarboxylase, v. 3 | p. 378
2.4.1.17	UDPGA transferase, glucuronosyltransferase, v. 31 | p. 162
1.1.1.22	UDPGD, UDP-glucose 6-dehydrogenase, v. 16 | p. 221
1.1.1.22	UDPG dehydrogenase, UDP-glucose 6-dehydrogenase, v. 16 | p. 221
1.1.1.22	UDPGDH, UDP-glucose 6-dehydrogenase, v. 16 | p. 221
1.1.1.22	UDPGDH-A, UDP-glucose 6-dehydrogenase, v. 16 | p. 221
1.1.1.22	UDPGDH-B, UDP-glucose 6-dehydrogenase, v. 16 | p. 221
2.7.7.12	UDPGlc:Gal-1-P uridylyltransferase, UDP-glucose-hexose-1-phosphate uridylyltransferase, v. 38 | p. 188
2.4.1.242	UDPGlc: starch synthase, NDP-glucose-starch glucosyltransferase, v. S2 | p. 188
4.1.1.35	UDPGlcADCX1, UDP-glucuronate decarboxylase, v. 3 | p. 218
1.1.1.22	UDPGlc dehydrogenase, UDP-glucose 6-dehydrogenase, v. 16 | p. 221
2.7.8.15	UDPGlcNAc:dolichol phosphate N-acetylglucosamine 1-phosphate transferase, UDP-N-acetylglucosamine-dolichyl-phosphate N-acetylglucosaminephosphotransferase, v. 39 | p. 106
5.1.3.6	UDPGLE, UDP-glucuronate 4-epimerase, v. 1 | p. 132
2.4.1.12	UDPglucose-β-glucan glucosyltransferase, cellulose synthase (UDP-forming), v. 31 | p. 107
2.4.1.34	UDPglucose-1,3-β-D-glucan glucosyltransferase, 1,3-β-glucan synthase, v. 31 | p. 318
2.4.1.115	UDP glucose-anthocyanidin 3-O-glucosyltransferase, anthocyanidin 3-O-glucosyltransferase, v. 32 | p. 139
2.4.1.71	UDP glucose-arylamine glucosyltransferase, arylamine glucosyltransferase, v. 31 | p. 551
2.4.1.12	UDPglucose-cellulose glucosyltransferase, cellulose synthase (UDP-forming), v. 31 | p. 107

1133

2.4.1.80	UDP glucose-ceramide glucosyltransferase, ceramide glucosyltransferase, v. 31 | p. 572
2.4.1.27	UDP glucose-DNA β-glucosyltransferase, DNA β-glucosyltransferase, v. 31 | p. 295
2.4.1.26	UDPglucose-DNA α-glucosyltransferase, DNA α-glucosyltransferase, v. 31 | p. 293
2.4.1.170	UDPglucose-flavonoid 7-O-glucosyltransferase, isoflavone 7-O-glucosyltransferase, v. 32 | p. 381
2.4.1.15	UDPglucose-glucose-phosphate glucosyltransferase, α,α-trehalose-phosphate synthase (UDP-forming), v. 31 | p. 137
3.1.3.42	UDPglucose-glycogen glucosyltransferase phosphatase, [glycogen-synthase-D] phosphatase, v. 10 | p. 376
2.7.7.12	UDPglucose-hexose-1-phosphate uridylyltransferase, UDP-glucose-hexose-1-phosphate uridylyltransferase, v. 38 | p. 188
2.4.1.81	UDPglucose-luteolin β-D-glucosyltransferase, flavone 7-O-β-glucosyltransferase, v. 31 | p. 583
2.4.1.171	UDPglucose-methylazoxymethanol glucosyltransferase, methyl-ONN-azoxymethanol β-D-glucosyltransferase, v. 32 | p. 384
2.4.1.52	UDP glucose-poly(glycerol-phosphate) α-glucosyltransferase, poly(glycerol-phosphate) α-glucosyltransferase, v. 31 | p. 447
2.4.1.53	UDP glucose-poly(ribitol-phosphate) β-glucosyltransferase, poly(ribitol-phosphate) β-glucosyltransferase, v. 31 | p. 449
2.4.1.193	UDPglucose:(25S)-5β-spirostan-3β-ol 3-O-β-D-glucosyltransferase, sarsapogenin 3β-glucosyltransferase, v. 32 | p. 472
2.4.1.58	UDPglucose:(heptosyl)lipopolysaccharide 1,3-glucosyltransferase, lipopolysaccharide glucosyltransferase I, v. 31 | p. 463
2.7.7.12	UDPglucose:α-D-galactose-1-phosphate uridylyltransferase, UDP-glucose-hexose-1-phosphate uridylyltransferase, v. 38 | p. 188
2.4.1.157	UDPglucose:1,2-diacylglycerol 3-D-glucosyltransferase, 1,2-diacylglycerol 3-glucosyltransferase, v. 32 | p. 344
2.4.1.178	UDPglucose:4-hydroxymandelonitrile glucosyltransferase, hydroxymandelonitrile glucosyltransferase, v. 32 | p. 420
2.4.1.104	UDPglucose:7,8-dihydroxycoumarin 7-O-β-D-glucosyltransferase, o-dihydroxycoumarin 7-O-glucosyltransferase, v. 32 | p. 100
2.4.1.157	UDPglucose:diacylglycerol glucosyltransferase, 1,2-diacylglycerol 3-glucosyltransferase, v. 32 | p. 344
2.4.1.185	UDPglucose:flavanone 7-O-β-D-glucosyltransferase, flavanone 7-O-β-glucosyltransferase, v. 32 | p. 444
2.4.1.91	UDPglucose:flavonoid 3-O-glycosyltransferase, flavonol 3-O-glucosyltransferase, v. 32 | p. 21
2.4.1.91	UDPglucose:flavonol O3-D-glucosyltransferase, flavonol 3-O-glucosyltransferase, v. 32 | p. 21
2.4.1.121	UDPglucose:indole-3-acetate β-D-glucosyltransferase, indole-3-acetate β-glucosyltransferase, v. 32 | p. 170
2.4.1.170	UDPglucose:isoflavone 7-O-glucosyltransferase, isoflavone 7-O-glucosyltransferase, v. 32 | p. 381
2.4.1.63	UDPglucose:ketone cyanohydrin β-glucosyltransferase, linamarin synthase, v. 31 | p. 479
2.4.1.58	UDPglucose:lipopolysaccharide glucosyltransferase I, lipopolysaccharide glucosyltransferase I, v. 31 | p. 463
2.4.1.127	UDPglucose:monoterpenol glucosyltransferase, monoterpenol β-glucosyltransferase, v. 32 | p. 195
1.1.1.22	UDPglucose:NAD+ oxidoreductase, UDP-glucose 6-dehydrogenase, v. 16 | p. 221
2.4.1.172	UDPglucose:salicyl alcohol phenyl-glucosyltransferase, salicyl-alcohol β-D-glucosyltransferase, v. 32 | p. 386
2.4.1.128	UDPglucose:scopoletin O-β-D-glucosyltransferase, scopoletin glucosyltransferase, v. 32 | p. 198
2.4.1.120	UDPglucose:sinapic acid glucosyltransferase, sinapate 1-glucosyltransferase, v. 32 | p. 165
2.4.1.173	UDPglucose:sterol glucosyltransferase, sterol 3β-glucosyltransferase, v. 32 | p. 389

2.4.1.126	UDPglucose:trans-4-hydroxycinnamate 4-O-β-D-glucosyltransferase, hydroxycinnamate 4-β-glucosyltransferase, v. 32 | p. 192	
1.1.1.22	UDPglucose dehydrogenase, UDP-glucose 6-dehydrogenase, v. 16 | p. 221	
2.4.1.63	UDP glucose ketone cyanohydrin glucosyltransferase, linamarin synthase, v. 31 | p. 479	
2.7.7.9	UDP glucose pyrophosphorylase, UTP-glucose-1-phosphate uridylyltransferase, v. 38 | p. 163	
2.7.7.9	UDPglucose pyrophosphorylase, UTP-glucose-1-phosphate uridylyltransferase, v. 38 | p. 163	
2.4.1.35	UDP glucosyltransferase, phenol β-glucosyltransferase, v. 31 | p. 331	
2.4.1.17	UDPglucuronate β-D-glucuronosyltransferase, glucuronosyltransferase, v. 31 | p. 162	
2.4.1.17	UDP glucuronate-estradiol-glucuronosyltransferase, glucuronosyltransferase, v. 31 | p. 162	
2.4.1.17	UDP glucuronate-estriol glucuronosyltransferase, glucuronosyltransferase, v. 31 | p. 162	
5.1.3.12	UDP glucuronate 5'-epimerase, UDP-glucuronate 5'-epimerase, v. 1 | p. 150	
2.4.1.190	UDPglucuronate:luteolin-7-O-β-D-glucuronide 7-O-glucuronosyltransferase, luteolin-7-O-glucuronide 2-O-glucuronosyltransferase, v. 32 | p. 462	
2.4.1.191	UDPglucuronate:luteolin 7-O-diglucuronide-4'-O-glucuronosyl-transferase, luteolin-7-O-diglucuronide 4'-O-glucuronosyltransferase, v. 32 | p. 465	
4.1.1.35	UDPglucuronate carboxy-lyase, UDP-glucuronate decarboxylase, v. 3 | p. 218	
2.4.1.17	UDP glucuronic acid transferase, glucuronosyltransferase, v. 31 | p. 162	
5.1.3.6	UDP glucuronic epimerase, UDP-glucuronate 4-epimerase, v. 1 | p. 132	
2.4.1.17	UDP glucuronosyltransferase, glucuronosyltransferase, v. 31 | p. 162	
2.4.1.17	UDPglucuronosyltransferase, glucuronosyltransferase, v. 31 | p. 162	
2.4.1.17	UDP glucuronosyltransferase 1A4, glucuronosyltransferase, v. 31 | p. 162	
2.4.1.17	UDP glucuronosyltransferase 2B10, glucuronosyltransferase, v. 31 | p. 162	
2.4.1.17	UDP glucuronyltransferase, glucuronosyltransferase, v. 31 | p. 162	
2.7.7.9	UDPGP, UTP-glucose-1-phosphate uridylyltransferase, v. 38 | p. 163	
2.7.7.9	UDPG phosphorylase, UTP-glucose-1-phosphate uridylyltransferase, v. 38 | p. 163	
2.7.7.9	UDPG pyrophosphorylase, UTP-glucose-1-phosphate uridylyltransferase, v. 38 | p. 163	
2.4.1.17	UDPGT, glucuronosyltransferase, v. 31 | p. 162	
2.7.4.6	UDP kinase, nucleoside-diphosphate kinase, v. 37 | p. 521	
6.3.2.9	UDPMurNAc-L-alanine:D-glutamate ligase (ADP-forming), UDP-N-acetylmuramoyl-L-alanine-D-glutamate ligase, v. 2 | p. 452	
6.3.2.13	UDPMurNAc-L-alanyl-D-glutamate:mDAP ligase (ADP-forming), UDP-N-acetylmuramoyl-L-alanyl-D-glutamate-2,6-diaminopimelate ligase, v. 2 | p. 473	
1.17.4.1	UDP reductase, ribonucleoside-diphosphate reductase, v. 27 | p. 489	
3.13.1.1	UDPsulfoquinovose synthase, UDP-sulfoquinovose synthase, v. S6 | p. 561	
2.7.7.11	UDPxylose pyrophosphorylase, UTP-xylose-1-phosphate uridylyltransferase, v. 38 | p. 186	
2.4.2.3	UDRPase, uridine phosphorylase, v. 33 | p. 39	
3.1.3.2	Uf, acid phosphatase, v. 10 | p. 31	
6.3.2.19	Ufd2a, Ubiquitin-protein ligase, v. 2 | p. 506	
6.3.2.19	Ufd2b, Ubiquitin-protein ligase, v. 2 | p. 506	
2.4.1.115	UFGT, anthocyanidin 3-O-glucosyltransferase, v. 32 | p. 139	
2.4.1.91	UFGT, flavonol 3-O-glucosyltransferase, v. 32 | p. 21	
2.4.1.17	UFT1A9, glucuronosyltransferase, v. 31 | p. 162	
2.4.1.80	Ugcg, ceramide glucosyltransferase, v. 31 | p. 572	
3.5.3.19	UGDA, ureidoglycolate hydrolase, v. 14 | p. 836	
1.1.1.22	UGDH, UDP-glucose 6-dehydrogenase, v. 16 | p. 221	
5.1.3.2	UGE, UDP-glucose 4-epimerase, v. 1 | p. 97	
5.1.3.2	UGE1, UDP-glucose 4-epimerase, v. 1 | p. 97	
5.1.3.2	UGE1:GUS, UDP-glucose 4-epimerase, v. 1 | p. 97	
5.1.3.2	UGE2, UDP-glucose 4-epimerase, v. 1 | p. 97	
5.1.3.2	UGE3, UDP-glucose 4-epimerase, v. 1 | p. 97	
5.1.3.2	UGE3:GUS, UDP-glucose 4-epimerase, v. 1 | p. 97	
5.1.3.2	UGE4, UDP-glucose 4-epimerase, v. 1 | p. 97	
5.1.3.2	UGE5, UDP-glucose 4-epimerase, v. 1 | p. 97	

2.7.7.64	UGGPase, UTP-monosaccharide-1-phosphate uridylyltransferase, v. S2 | p. 326	
4.3.2.3	UGL, ureidoglycolate lyase, v. 5 | p. 271	
5.4.99.9	UGM, UDP-galactopyranose mutase, v. 1 | p. 635	
5.4.99.9	UgmA, UDP-galactopyranose mutase, v. 1 | p. 635	
2.7.7.9	UGPase, UTP-glucose-1-phosphate uridylyltransferase, v. 38 | p. 163	
2.7.7.9	UGPG-PPase, UTP-glucose-1-phosphate uridylyltransferase, v. 38 | p. 163	
2.7.7.24	UgpG protein, glucose-1-phosphate thymidylyltransferase, v. 38 | p. 300	
3.1.4.46	UgpQ, glycerophosphodiester phosphodiesterase, v. 11 | p. 214	
2.4.1.17	UGT, glucuronosyltransferase, v. 31 | p. 162	
2.4.1.17	UGT-1A, glucuronosyltransferase, v. 31 | p. 162	
2.4.1.17	UGT-1D, glucuronosyltransferase, v. 31 | p. 162	
2.4.1.17	UGT-1F, glucuronosyltransferase, v. 31 | p. 162	
2.4.1.17	UGT-1J, glucuronosyltransferase, v. 31 | p. 162	
2.4.1.17	UGT1-01, glucuronosyltransferase, v. 31 | p. 162	
2.4.1.17	UGT1-03, glucuronosyltransferase, v. 31 | p. 162	
2.4.1.17	UGT1-04, glucuronosyltransferase, v. 31 | p. 162	
2.4.1.17	UGT1-06, glucuronosyltransferase, v. 31 | p. 162	
2.4.1.17	UGT1-10, glucuronosyltransferase, v. 31 | p. 162	
2.4.1.17	UGT1-9, glucuronosyltransferase, v. 31 | p. 162	
2.4.1.17	UGT1.1, glucuronosyltransferase, v. 31 | p. 162	
2.4.1.17	UGT1.10, glucuronosyltransferase, v. 31 | p. 162	
2.4.1.17	UGT1.3, glucuronosyltransferase, v. 31 | p. 162	
2.4.1.17	UGT1.4, glucuronosyltransferase, v. 31 | p. 162	
2.4.1.17	UGT1.6, glucuronosyltransferase, v. 31 | p. 162	
2.4.1.17	UGT1.9, glucuronosyltransferase, v. 31 | p. 162	
2.4.1.17	UGT1A, glucuronosyltransferase, v. 31 | p. 162	
2.4.1.95	UGT 1A1, bilirubin-glucuronoside glucuronosyltransferase, v. 32 | p. 47	
2.4.1.17	UGT 1A1, glucuronosyltransferase, v. 31 | p. 162	
2.4.1.17	UGT1A1, glucuronosyltransferase, v. 31 | p. 162	
2.4.1.17	UGT1A10, glucuronosyltransferase, v. 31 | p. 162	
2.4.1.95	UGT1A10A, bilirubin-glucuronoside glucuronosyltransferase, v. 32 | p. 47	
2.4.1.17	UGT1A10A, glucuronosyltransferase, v. 31 | p. 162	
2.4.1.95	UGT1A10B, bilirubin-glucuronoside glucuronosyltransferase, v. 32 | p. 47	
2.4.1.17	UGT1A10B, glucuronosyltransferase, v. 31 | p. 162	
2.4.1.17	UGT1A2, glucuronosyltransferase, v. 31 | p. 162	
2.4.1.95	UGT1A2A, bilirubin-glucuronoside glucuronosyltransferase, v. 32 | p. 47	
2.4.1.17	UGT1A2A, glucuronosyltransferase, v. 31 | p. 162	
2.4.1.17	UGT1A3, glucuronosyltransferase, v. 31 | p. 162	
2.4.1.95	UGT 1A4, bilirubin-glucuronoside glucuronosyltransferase, v. 32 | p. 47	
2.4.1.17	UGT 1A4, glucuronosyltransferase, v. 31 | p. 162	
2.4.1.95	UGT1A4, bilirubin-glucuronoside glucuronosyltransferase, v. 32 | p. 47	
2.4.1.17	UGT1A4, glucuronosyltransferase, v. 31 | p. 162	
2.4.1.17	UGT1A5, glucuronosyltransferase, v. 31 | p. 162	
2.4.1.95	UGT1A5A, bilirubin-glucuronoside glucuronosyltransferase, v. 32 | p. 47	
2.4.1.17	UGT1A5A, glucuronosyltransferase, v. 31 | p. 162	
2.4.1.95	UGT1A5B, bilirubin-glucuronoside glucuronosyltransferase, v. 32 | p. 47	
2.4.1.17	UGT1A5B, glucuronosyltransferase, v. 31 | p. 162	
2.4.1.95	UGT 1A6, bilirubin-glucuronoside glucuronosyltransferase, v. 32 | p. 47	
2.4.1.17	UGT 1A6, glucuronosyltransferase, v. 31 | p. 162	
2.4.1.95	UGT1A6, bilirubin-glucuronoside glucuronosyltransferase, v. 32 | p. 47	
2.4.1.17	UGT1A6, glucuronosyltransferase, v. 31 | p. 162	
2.4.1.95	UGT1A7, bilirubin-glucuronoside glucuronosyltransferase, v. 32 | p. 47	
2.4.1.17	UGT1A7, glucuronosyltransferase, v. 31 | p. 162	
2.4.1.95	UGT1A8, bilirubin-glucuronoside glucuronosyltransferase, v. 32 | p. 47	
2.4.1.17	UGT1A8, glucuronosyltransferase, v. 31 | p. 162	

2.4.1.95	UGT1A9, bilirubin-glucuronoside glucuronosyltransferase, v. 32 | p. 47
2.4.1.17	UGT1A9, glucuronosyltransferase, v. 31 | p. 162
2.4.1.17	UGT1D, glucuronosyltransferase, v. 31 | p. 162
2.4.1.17	UGT1F, glucuronosyltransferase, v. 31 | p. 162
2.4.1.17	UGT1J, glucuronosyltransferase, v. 31 | p. 162
2.4.1.17	UGT2A3, glucuronosyltransferase, v. 31 | p. 162
2.4.1.17	UGT2B1, glucuronosyltransferase, v. 31 | p. 162
2.4.1.17	UGT2B10, glucuronosyltransferase, v. 31 | p. 162
2.4.1.17	UGT2B11, glucuronosyltransferase, v. 31 | p. 162
2.4.1.17	UGT2B12, glucuronosyltransferase, v. 31 | p. 162
2.4.1.17	UGT2B15, glucuronosyltransferase, v. 31 | p. 162
2.4.1.17	UGT2B17, glucuronosyltransferase, v. 31 | p. 162
2.4.1.17	UGT2B2, glucuronosyltransferase, v. 31 | p. 162
2.4.1.17	UGT2B3, glucuronosyltransferase, v. 31 | p. 162
2.4.1.17	UGT2B31, glucuronosyltransferase, v. 31 | p. 162
2.4.1.17	UGT2B4, glucuronosyltransferase, v. 31 | p. 162
2.4.1.17	UGT2B7, glucuronosyltransferase, v. 31 | p. 162
2.4.1.17	UGT2B8, glucuronosyltransferase, v. 31 | p. 162
2.4.1.173	Ugt51, sterol 3β-glucosyltransferase, v. 32 | p. 389
2.4.1.173	Ugt51/Paz4, sterol 3β-glucosyltransferase, v. 32 | p. 389
2.4.1.173	ugt51E1, sterol 3β-glucosyltransferase, v. 32 | p. 389
2.4.1.91	UGT706C1, flavonol 3-O-glucosyltransferase, v. 32 | p. 21
2.4.1.91	UGT707A3, flavonol 3-O-glucosyltransferase, v. 32 | p. 21
2.4.1.170	UGT709A4, isoflavone 7-O-glucosyltransferase, v. 32 | p. 381
2.4.1.237	UGT71F1, flavonol 7-O-β-glucosyltransferase, v. S2 | p. 166
2.4.1.91	UGT71G1, flavonol 3-O-glucosyltransferase, v. 32 | p. 21
2.4.1.22	UGT72B1, lactose synthase, v. 31 | p. 264
2.4.1.237	UGT73A4, flavonol 7-O-β-glucosyltransferase, v. S2 | p. 166
2.4.1.170	UGT73F1, isoflavone 7-O-glucosyltransferase, v. 32 | p. 381
2.4.1.85	UGT85B1, cyanohydrin β-glucosyltransferase, v. 31 | p. 603
2.7.13.3	UhpB, histidine kinase, v. S4 | p. 420
3.4.21.73	UK, u-Plasminogen activator, v. 7 | p. 357
2.4.2.9	UK/UPRT1, uracil phosphoribosyltransferase, v. 33 | p. 116
2.7.1.48	UK/UPRT1, uridine kinase, v. 36 | p. 86
4.2.99.18	UL30, DNA-(apurinic or apyrimidinic site) lyase, v. 5 | p. 150
2.7.11.22	UL97 protein, cyclin-dependent kinase, v. S4 | p. 156
4.1.1.85	UlaD, 3-dehydro-L-gulonate-6-phosphate decarboxylase, v. S7 | p. 22
5.1.3.22	UlaE, L-ribulose-5-phosphate 3-epimerase, v. S7 | p. 497
3.4.22.68	Ulp1, Ulp1 peptidase, v. S6 | p. 223
3.4.22.68	Ulp1 endopeptidase, Ulp1 peptidase, v. S6 | p. 223
3.4.22.68	Ulp1 protease, Ulp1 peptidase, v. S6 | p. 223
3.4.22.68	Ulp2, Ulp1 peptidase, v. S6 | p. 223
4.2.2.10	Ultrazym-100, pectin lyase, v. 5 | p. 55
4.2.2.10	Ultrazym-20, pectin lyase, v. 5 | p. 55
4.2.2.10	Ultrazym-40, pectin lyase, v. 5 | p. 55
3.2.1.4	umcel5G, cellulase, v. 12 | p. 88
2.4.1.16	UmCHS3, chitin synthase, v. 31 | p. 147
2.4.1.16	UmCHS6, chitin synthase, v. 31 | p. 147
2.7.3.2	uMiCK, creatine kinase, v. 37 | p. 369
2.7.4.14	UMP-CMPK2, cytidylate kinase, v. 37 | p. 582
2.7.4.14	UMP-CMP kinase, cytidylate kinase, v. 37 | p. 582
2.7.4.14	UMP-CMP kinase 2, cytidylate kinase, v. 37 | p. 582
2.7.4.22	UMP-kinase, UMP kinase, v. S2 | p. 299
2.7.4.14	UMP/CMP kinase, cytidylate kinase, v. 37 | p. 582

2.4.2.9	UMP:pyrophosphate phosphoribosyltransferase, uracil phosphoribosyltransferase, v. 33 | p. 116	
3.1.3.5	UMPase, 5'-nucleotidase, v. 10 | p. 95	
3.1.3.5	UMPH-1, 5'-nucleotidase, v. 10 | p. 95	
2.7.4.22	UMPK, UMP kinase, v. S2 | p. 299	
2.7.4.14	UMPK, cytidylate kinase, v. 37 | p. 582	
2.7.4.22	UMP kinase, UMP kinase, v. S2 | p. 299	
2.7.4.22	UMPKs, UMP kinase, v. S2 | p. 299	
2.4.2.9	UMP pyrophosphorylase, uracil phosphoribosyltransferase, v. 33 | p. 116	
4.1.1.23	UMP synthase, Orotidine-5'-phosphate decarboxylase, v. 3 | p. 136	
2.5.1.7	UNAG enolpyruvyl transferase, UDP-N-acetylglucosamine 1-carboxyvinyltransferase, v. 33 | p. 443	
6.3.2.8	UNAM:Ala ligase, UDP-N-acetylmuramate-L-alanine ligase, v. 2 | p. 442	
2.7.11.24	UNC-16, mitogen-activated protein kinase, v. S4 | p. 233	
3.6.4.4	Unc104, plus-end-directed kinesin ATPase, v. 15 | p. 778	
2.7.11.1	UNC51, non-specific serine/threonine protein kinase, v. S3 | p. 1	
2.7.11.1	Unc51.1, non-specific serine/threonine protein kinase, v. S3 | p. 1	
2.5.1.31	undecaprenyl-diphosphate synthase, di-trans,poly-cis-decaprenylcistransferase, v. 34 | p. 1	
3.6.1.27	undecaprenyl-pyrophosphate phosphatase, undecaprenyl-diphosphatase, v. 15 | p. 422	
2.5.1.31	undecaprenyl diphosphate synthase, di-trans,poly-cis-decaprenylcistransferase, v. 34 | p. 1	
2.5.1.31	undecaprenyl diphosphate synthetase, di-trans,poly-cis-decaprenylcistransferase, v. 34 | p. 1	
2.7.8.6	undecaprenyl phosphate galactosyl-1-phosphate transferase, undecaprenyl-phosphate galactose phosphotransferase, v. 39 | p. 48	
2.7.1.66	undecaprenyl phosphokinase, undecaprenol kinase, v. 36 | p. 171	
3.6.1.27	undecaprenyl pyrophosphate phosphatase, undecaprenyl-diphosphatase, v. 15 | p. 422	
2.5.1.31	undecaprenyl pyrophosphate synthase, di-trans,poly-cis-decaprenylcistransferase, v. 34 | p. 1	
2.5.1.31	undecaprenyl pyrophosphate synthetase, di-trans,poly-cis-decaprenylcistransferase, v. 34 | p. 1	
3.1.2.15	Unph4, ubiquitin thiolesterase, v. 9 | p. 523	
2.1.1.79	unsaturated-phospholipid methyltransferase, cyclopropane-fatty-acyl-phospholipid synthase, v. 28 | p. 427	
2.1.1.16	unsaturated-phospholipid methyltransferase, methylene-fatty-acyl-phospholipid synthase, v. 28 | p. 93	
4.2.1.17	unsaturated acyl-CoA hydratase, enoyl-CoA hydratase, v. 4 | p. 360	
1.3.99.2	unsaturated acyl coenzyme A reductase, butyryl-CoA dehydrogenase, v. 21 | p. 473	
4.2.2.6	unsaturated oligogalacturonate transeliminase, oligogalacturonide lyase, v. 5 | p. 37	
2.1.1.16	unsaturated phospholipid methyltransferase, methylene-fatty-acyl-phospholipid synthase, v. 28 | p. 93	
2.3.1.20	unspecific bifunctional wax ester synthase/acyl coenzyme A:diacylglycerol acyltransferase, diacylglycerol O-acyltransferase, v. 29 | p. 396	
2.3.1.75	unspecific bifunctional wax ester synthase/acyl coenzyme A:diacylglycerol acyltransferase, long-chain-alcohol O-fatty-acyltransferase, v. 30 | p. 79	
5.99.1.2	Untwisting enzyme, DNA topoisomerase, v. 1 | p. 721	
2.3.1.24	UOG-1 protein, sphingosine N-acyltransferase, v. 29 | p. 455	
4.1.1.37	UORO-D, Uroporphyrinogen decarboxylase, v. 3 | p. 228	
1.7.3.3	Uox, urate oxidase, v. 24 | p. 346	
3.5.1.6	β-UP, β-ureidopropionase, v. 14 | p. 263	
3.4.21.73	uPA, u-Plasminogen activator, v. 7 | p. 357	
2.4.2.3	UPase, uridine phosphorylase, v. 33 | p. 39	
2.4.2.3	UPase-2, uridine phosphorylase, v. 33 | p. 39	
4.1.1.37	UPD, Uroporphyrinogen decarboxylase, v. 3 | p. 228	
3.1.11.5	UPF0286 protein PYRAB01260, exodeoxyribonuclease V, v. 11 | p. 375	
2.5.1.61	UPGI-S, hydroxymethylbilane synthase, v. 34 | p. 226	

2.4.2.3	UPH, uridine phosphorylase, v. 33	p. 39	
2.7.1.66	Upk, undecaprenol kinase, v. 36	p. 171	
3.6.3.12	UpKPA1, K+-transporting ATPase, v. 15	p. 593	
2.4.2.9	UPP, uracil phosphoribosyltransferase, v. 33	p. 116	
2.5.1.31	UPP, C55 synthase, di-trans,poly-cis-decaprenylcistransferase, v. 34	p. 1	
3.6.1.27	UppP, undecaprenyl-diphosphatase, v. 15	p. 422	
2.5.1.31	UPPs, di-trans,poly-cis-decaprenylcistransferase, v. 34	p. 1	
2.5.1.31	UPP synthase, di-trans,poly-cis-decaprenylcistransferase, v. 34	p. 1	
2.5.1.31	UPP synthetase, di-trans,poly-cis-decaprenylcistransferase, v. 34	p. 1	
2.4.2.9	UPRT, uracil phosphoribosyltransferase, v. 33	p. 116	
2.4.2.9	UPRTase, uracil phosphoribosyltransferase, v. 33	p. 116	
2.5.1.31	UPS, di-trans,poly-cis-decaprenylcistransferase, v. 34	p. 1	
1.12.99.6	uptake [NiFe] hydrogenase:, hydrogenase (acceptor), v. 25	p. 373	
1.12.99.6	uptake hydrogenase, hydrogenase (acceptor), v. 25	p. 373	
1.12.7.2	uptake hydrogenase [ambiguous], ferredoxin hydrogenase, v. 25	p. 338	
1.12.99.6	uptake hydrogenase [ambiguous], hydrogenase (acceptor), v. 25	p. 373	
1.10.2.2	UQH2, ubiquinol-cytochrome-c reductase, v. 25	p. 83	
2.4.2.10	ura5, orotate phosphoribosyltransferase, v. 33	p. 127	
4.1.1.66	uracil-5-carboxylic acid decarboxylase, Uracil-5-carboxylate decarboxylase, v. 3	p. 376	
3.1.26.9	uracil-specific endoribonuclease, ribonuclease [poly-(U)-specific], v. 11	p. 552	
3.1.26.9	uracil-specific RNase, ribonuclease [poly-(U)-specific], v. 11	p. 552	
1.17.99.4	uracil-thymidine oxidase, uracil/thymine dehydrogenase, v. S1	p. 771	
1.17.99.4	uracil dehydrogenase, uracil/thymine dehydrogenase, v. S1	p. 771	
3.2.2.15	uracil DNA glycosylase, DNA-deoxyinosine glycosylase, v. 14	p. 75	
4.2.1.70	uracil hydrolyase, pseudouridylate synthase, v. 4	p. 578	
1.17.99.4	uracil oxidase, uracil/thymine dehydrogenase, v. S1	p. 771	
2.4.2.9	uracil phosphoribosyl transferase, uracil phosphoribosyltransferase, v. 33	p. 116	
2.4.2.20	uracil pyrophosphorylase, dioxotetrahydropyrimidine phosphoribosyltransferase, v. 33	p. 199	
1.3.1.1	uracil reductase, dihydrouracil dehydrogenase (NAD+), v. 21	p. 1	
2.4.2.16	urate-ribonucleotide:orthophosphate D-ribosyltransferase, urate-ribonucleotide phosphorylase, v. 33	p. 170	
1.7.3.3	Urate oxidase, urate oxidase, v. 24	p. 346	
2.4.2.16	urate ribonucleotide phosphorylase, urate-ribonucleotide phosphorylase, v. 33	p. 170	
2.4.2.3	L-UrdPase, uridine phosphorylase, v. 33	p. 39	
2.4.2.3	UrdPase, uridine phosphorylase, v. 33	p. 39	
1.11.1.9	Ure2, glutathione peroxidase, v. 25	p. 233	
2.5.1.18	Ure2p mutant A122C, glutathione transferase, v. 33	p. 524	
6.3.4.16	urea-specific CPS, Carbamoyl-phosphate synthase (ammonia), v. 2	p. 641	
6.3.4.6	Urea amido-lyase, Urea carboxylase, v. 2	p. 603	
3.5.1.5	Urea amidohydrolase, urease, v. 14	p. 250	
6.3.4.6	urea amidolyase, Urea carboxylase, v. 2	p. 603	
3.5.1.54	urea amidolyase, allophanate hydrolase, v. 14	p. 498	
6.3.4.6	urea carboxylase, Urea carboxylase, v. 2	p. 603	
6.3.4.6	Urea carboxylase (hydrolysing), Urea carboxylase, v. 2	p. 603	
4.2.1.69	Urea hydro-lyase, cyanamide hydratase, v. 4	p. 575	
6.3.4.6	Urease (ATP-hydrolysing), Urea carboxylase, v. 2	p. 603	
6.3.2.19	Ureb1, Ubiquitin-protein ligase, v. 2	p. 506	
4.3.2.3	ureidoglycolase, ureidoglycolate lyase, v. 5	p. 271	
4.3.2.3	ureidoglycolatase, ureidoglycolate lyase, v. 5	p. 271	
1.1.1.154	S-ureidoglycolate dehydrogenase, ureidoglycolate dehydrogenase, v. 17	p. 506	
3.5.3.19	ureidoglycolate hydrolase, ureidoglycolate hydrolase, v. 14	p. 836	
4.3.2.3	ureidoglycolate hydrolase, ureidoglycolate lyase, v. 5	p. 271	
4.3.2.3	ureidoglycolate lyase, ureidoglycolate lyase, v. 5	p. 271	
4.3.2.3	(-)-ureidoglycolate urea-lyase, ureidoglycolate lyase, v. 5	p. 271	

4.3.2.3	ureidoglycolate urea-lyase, ureidoglycolate lyase, v. 5	p. 271
3.5.1.95	ureidomalonase, N-malonylurea hydrolase, v. S6	p. 431
3.5.1.6	β-ureidopropionate decarbamylase, β-ureidopropionase, v. 14	p. 263
3.5.1.75	urethane-hydrolyzing enzyme, urethanase, v. 14	p. 577
3.5.1.75	urethane hydrolase, urethanase, v. 14	p. 577
3.5.1.64	urethane hydrolase IV, Nα-benzyloxycarbonylleucine hydrolase, v. 14	p. 530
3.2.2.3	URH1, uridine nucleosidase, v. 14	p. 13
3.2.2.3	Urh1p, uridine nucleosidase, v. 14	p. 13
1.7.3.3	uric acid oxidase, urate oxidase, v. 24	p. 346
1.7.3.3	uricase, urate oxidase, v. 24	p. 346
1.7.3.3	uricase II, urate oxidase, v. 24	p. 346
1.7.3.3	Uricoenzyme, urate oxidase, v. 24	p. 346
1.7.3.3	Uricozyme, urate oxidase, v. 24	p. 346
1.1.1.158	uridine-5'-diphospho-N-acetyl-2-amino-2-deoxy-3-O-lactylglucose:NADP-oxidoreductase, UDP-N-acetylmuramate dehydrogenase, v. 18	p. 15
2.7.1.48	uridine-cytidine kinase, uridine kinase, v. 36	p. 86
2.7.1.48	uridine-cytidine kinase 2, uridine kinase, v. 36	p. 86
3.2.2.3	uridine-cytidine N-ribohydrolase, uridine nucleosidase, v. 14	p. 13
6.3.2.8	Uridine-diphosphate-N-acetylmuramate:L-alanine ligase, UDP-N-acetylmuramate-L-alanine ligase, v. 2	p. 442
6.3.2.13	Uridine-diphosphate-N-acetylmuramyl-L-alanyl-D-glutamate:meso-2,6-diaminopimelate synthetase, UDP-N-acetylmuramoyl-L-alanyl-D-glutamate-2,6-diaminopimelate ligase, v. 2	p. 473
2.7.7.9	uridine-diphosphate glucose pyrophosphorylase, UTP-glucose-1-phosphate uridylyltransferase, v. 38	p. 163
2.7.7.23	uridine-diphospho-N-acetylglucosamine pyrophosphorylase, UDP-N-acetylglucosamine diphosphorylase, v. 38	p. 289
4.1.1.35	Uridine-diphospho glucuronate decarboxylase, UDP-glucuronate decarboxylase, v. 3	p. 218
3.2.2.3	uridine/cytidine hydrolase, uridine nucleosidase, v. 14	p. 13
5.1.3.5	Uridine 5'-diphosphate-D-xylose 4-epimerase, UDP-arabinose 4-epimerase, v. 1	p. 129
1.1.1.136	uridine 5'-diphosphate-N-acetyl-D-glucosamine oxidoreductase, UDP-N-acetylglucosamine 6-dehydrogenase, v. 17	p. 397
3.13.1.1	uridine 5'-diphosphate-sulfoquinovose synthase, UDP-sulfoquinovose synthase, v. S6	p. 561
5.4.99.9	uridine 5'-diphosphate galactopyranose mutase, UDP-galactopyranose mutase, v. 1	p. 635
2.4.1.17	uridine 5'-diphospho-glucuronosyltransferase, glucuronosyltransferase, v. 31	p. 162
5.1.3.7	Uridine 5'-diphospho-N-acetylglucosamine-4-epimerase, UDP-N-acetylglucosamine 4-epimerase, v. 1	p. 135
6.3.2.7	uridine 5'-diphospho-N-acetylmuramoyl L-alanyl-D-glutamate:lysine ligase, UDP-N-acetylmuramoyl-L-alanyl-D-glutamate-L-lysine ligase, v. 2	p. 439
2.3.1.152	Uridine 5'-diphosphoglucose-hydroxycinnamic acid acylglucosyltransferase, Alcohol O-cinnamoyltransferase, v. 30	p. 404
2.4.1.120	Uridine 5'-diphosphoglucose-hydroxycinnamic acid acylglucosyltransferase, sinapate 1-glucosyltransferase, v. 32	p. 165
2.3.1.152	uridine 5'-diphosphoglucose:hydroxycinnamic acid acyl-glucosyltransferase, Alcohol O-cinnamoyltransferase, v. 30	p. 404
2.4.1.120	uridine 5'-diphosphoglucose:hydroxycinnamic acid acylglucosyltransferase, sinapate 1-glucosyltransferase, v. 32	p. 165
2.7.7.9	uridine 5'-diphosphoglucose pyrophosphorylase, UTP-glucose-1-phosphate uridylyltransferase, v. 38	p. 163
2.4.1.17	uridine 5'-diphosphoglucuronyltransferase, glucuronosyltransferase, v. 31	p. 162
4.1.1.23	Uridine 5'-monophosphate synthase, Orotidine-5'-phosphate decarboxylase, v. 3	p. 136
3.1.3.5	uridine 5'-nucleotidase, 5'-nucleotidase, v. 10	p. 95
2.4.2.9	uridine 5'-phosphate pyrophosphorylase, uracil phosphoribosyltransferase, v. 33	p. 116

6.3.2.8	Uridine 5'-diphosphate-N-acetylmuramyl-L-alanine synthetase, UDP-N-acetylmuramate-L-alanine ligase, v. 2 | p. 442
2.4.2.3	uridine:orthophosphate α-D-ribosyltransferase, uridine phosphorylase, v. 33 | p. 39
2.4.1.144	uridine diphosphate (UDP)-N-acetylglucosamin/β-D-mannoside β-1,4-N-acetylglucosaminyltransferase III, β-1,4-mannosyl-glycoprotein 4-β-N-acetylglucosaminyltransferase, v. 32 | p. 267
2.7.7.9	uridine diphosphate-D-glucose pyrophosphorylase, UTP-glucose-1-phosphate uridylyltransferase, v. 38 | p. 163
2.4.1.218	uridine diphosphate-glucose:hydroquinone glucosyltransferase, hydroquinone glucosyltransferase, v. 32 | p. 584
2.4.1.17	uridine diphosphate-glucuronosyltransferase, glucuronosyltransferase, v. 31 | p. 162
2.4.1.17	uridine diphosphate-glucuronosyltransferase 2B10, glucuronosyltransferase, v. 31 | p. 162
2.4.1.17	uridine diphosphate-glucuronosyltransferase 2B11, glucuronosyltransferase, v. 31 | p. 162
2.4.1.17	uridine diphosphate-glucuronosyltransferase 2 B15, glucuronosyltransferase, v. 31 | p. 162
2.4.1.17	uridine diphosphate-glucuronosyltransferase 2B15, glucuronosyltransferase, v. 31 | p. 162
2.4.1.17	uridine diphosphate-glucuronosyltransferase 2B17, glucuronosyltransferase, v. 31 | p. 162
2.4.1.17	uridine diphosphate-glucuronosyltransferase 2B4, glucuronosyltransferase, v. 31 | p. 162
2.4.1.17	uridine diphosphate-glucuronosyltransferase 2B7, glucuronosyltransferase, v. 31 | p. 162
5.1.3.14	Uridine diphosphate-N-acetylglucosamine-2'-epimerase, UDP-N-acetylglucosamine 2-epimerase, v. 1 | p. 154
2.7.7.23	uridine diphosphate-N-acetylglucosamine pyrophosphorylase, UDP-N-acetylglucosamine diphosphorylase, v. 38 | p. 289
2.4.1.62	uridine diphosphate D-galactose:glycolipid galactosyltransferase, ganglioside galactosyltransferase, v. 31 | p. 471
1.1.1.22	uridine diphosphate D-glucose dehydrogenase, UDP-glucose 6-dehydrogenase, v. 16 | p. 221
5.1.3.2	Uridine diphosphate galactose 4-epimerase, UDP-glucose 4-epimerase, v. 1 | p. 97
2.4.1.44	uridine diphosphate galactose:lipopolysaccharide α-3-galactosyltransferase, lipopolysaccharide 3-α-galactosyltransferase, v. 31 | p. 412
2.7.7.10	uridine diphosphate galactose pyrophosphorylase, UTP-hexose-1-phosphate uridylyltransferase, v. 38 | p. 181
5.1.3.6	uridine diphosphate galacturonate 4-epimerase, UDP-glucuronate 4-epimerase, v. 1 | p. 132
5.1.3.2	Uridine diphosphate glucose 4-epimerase, UDP-glucose 4-epimerase, v. 1 | p. 97
2.4.1.58	uridine diphosphate glucose:lipopolysaccharide glucosyltransferase I, lipopolysaccharide glucosyltransferase I, v. 31 | p. 463
1.1.1.22	uridine diphosphate glucose dehydrogenase, UDP-glucose 6-dehydrogenase, v. 16 | p. 221
4.1.1.35	Uridine diphosphate glucuronate carboxy-lyase, UDP-glucuronate decarboxylase, v. 3 | p. 218
2.4.1.17	uridine diphosphate glucuronosyltransferase, glucuronosyltransferase, v. 31 | p. 162
2.4.1.17	uridine diphosphate glucuronyltransferase, glucuronosyltransferase, v. 31 | p. 162
2.7.4.6	uridine diphosphate kinase, nucleoside-diphosphate kinase, v. 37 | p. 521
5.1.3.7	Uridine diphosphate N-acetylglucosamine-4-epimerase, UDP-N-acetylglucosamine 4-epimerase, v. 1 | p. 135
6.3.2.8	Uridine diphosphate N-acetylmuramate:L-alanine ligase, UDP-N-acetylmuramate-L-alanine ligase, v. 2 | p. 442
6.3.2.9	Uridine diphosphate N-acetylmuramoyl-L-alanine:D-glutamate ligase, UDP-N-acetylmuramoyl-L-alanine-D-glutamate ligase, v. 2 | p. 452
6.3.2.13	Uridine diphosphate N-acetylmuramyl-L-alanyl-D-glutamate:meso-2,6-diaminopimelate ligase, UDP-N-acetylmuramoyl-L-alanyl-D-glutamate-2,6-diaminopimelate ligase, v. 2 | p. 473
2.6.1.34	uridine diphospho-4-amino-2-acetamido-2,4,6-trideoxyglucose aminotransferase, UDP-2-acetamido-4-amino-2,4,6-trideoxyglucose transaminase, v. 34 | p. 462
5.1.3.6	Uridine diphospho-D-galacturonic acid, UDP-glucuronate 4-epimerase, v. 1 | p. 132
5.1.3.2	Uridine diphospho-galactose-4-epimerase, UDP-glucose 4-epimerase, v. 1 | p. 97

2.8.2.7	uridine diphospho-N-acetylgalactosamine 4-sulfate sulfotransferase, UDP-N-acetylgalactosamine-4-sulfate sulfotransferase, v. 39 | p. 338
1.1.1.158	uridine diphospho-N-acetylglucosamine-enolpyruvate reductase, UDP-N-acetylmuramate dehydrogenase, v. 18 | p. 15
5.1.3.14	Uridine diphospho-N-acetylglucosamine 2'-epimerase, UDP-N-acetylglucosamine 2-epimerase, v. 1 | p. 154
2.4.1.94	uridine diphospho-N-acetylglucosamine:polypeptide β-N-acetylglucosaminyltransferase, protein N-acetylglucosaminyltransferase, v. 32 | p. 39
6.3.2.8	Uridine diphospho-N-acetylmuramoylalanine synthetase, UDP-N-acetylmuramate-L-alanine ligase, v. 2 | p. 442
6.3.2.9	Uridine diphospho-N-acetylmuramoylalanyl-D-glutamate synthetase, UDP-N-acetylmuramoyl-L-alanine-D-glutamate ligase, v. 2 | p. 452
6.3.2.7	Uridine diphospho-N-acetylmuramoylalanyl-D-glutamyllysine synthetase, UDP-N-acetylmuramoyl-L-alanyl-D-glutamate-L-lysine ligase, v. 2 | p. 439
2.4.1.92	uridine diphosphoacetylgalactosamine-acetylneuraminylgalactosylglucosylceramide, (N-acetylneuraminyl)-galactosylglucosylceramide N-acetylgalactosaminyltransferase, v. 32 | p. 30
2.4.1.175	uridine diphosphoacetylgalactosamine-chondroitin acetylgalactosaminyltransferasec II, glucuronosyl-N-acetylgalactosaminyl-proteoglycan 4-β-N-acetylgalactosaminyltransferase, v. 32 | p. 405
2.4.1.174	uridine diphosphoacetylgalactosamine-chondroitin acetylgalactosaminyltransferase I, glucuronylgalactosylproteoglycan 4-β-N-acetylgalactosaminyltransferase, v. 32 | p. 400
2.4.1.92	uridine diphosphoacetylgalactosamine-ganglioside GM3 acetylgalactosaminyltransferase, (N-acetylneuraminyl)-galactosylglucosylceramide N-acetylgalactosaminyltransferase, v. 32 | p. 30
2.4.1.88	uridine diphosphoacetylgalactosamine-globoside α-acetylgalactosaminyltransferase, globoside α-N-acetylgalactosaminyltransferase, v. 31 | p. 621
2.4.1.41	uridine diphosphoacetylgalactosamine-glycoprotein acetylgalactosaminyltransferase, polypeptide N-acetylgalactosaminyltransferase, v. 31 | p. 384
2.4.1.92	uridine diphosphoacetylgalactosamine-hematoside acetylgalactosaminyltransferase, (N-acetylneuraminyl)-galactosylglucosylceramide N-acetylgalactosaminyltransferase, v. 32 | p. 30
2.8.2.7	uridine diphosphoacetylgalactosamine 4-sulfate sulfotransferase, UDP-N-acetylgalactosamine-4-sulfate sulfotransferase, v. 39 | p. 338
2.4.1.101	uridine diphosphoacetylglucosamine-α-1,3-mannosylglycoprotein β-1,2-N-acetylglucosaminyltransferase, α-1,3-mannosyl-glycoprotein 2-β-N-acetylglucosaminyltransferase, v. 32 | p. 70
2.4.1.143	uridine diphosphoacetylglucosamine-α-1,6-mannosylglycoprotein β-1-2-N-acetylglucosaminyltransferase, α-1,6-mannosyl-glycoprotein 2-β-N-acetylglucosaminyltransferase, v. 32 | p. 259
2.4.1.143	uridine diphosphoacetylglucosamine-α-D-mannoside β1-2-acetylglucosaminyltransferase, α-1,6-mannosyl-glycoprotein 2-β-N-acetylglucosaminyltransferase, v. 32 | p. 259
2.4.1.149	uridine diphosphoacetylglucosamine-acetyllactosaminide β1→3-acetylglucosaminyltransferase, N-acetyllactosaminide β-1,3-N-acetylglucosaminyltransferase, v. 32 | p. 297
2.4.1.163	uridine diphosphoacetylglucosamine-acetyllactosaminide β1→3-acetylglucosaminyltransferase, β-galactosyl-N-acetylglucosaminylgalactosylglucosyl-ceramide β-1,3-acetylglucosaminyltransferase, v. 32 | p. 362
2.4.1.150	uridine diphosphoacetylglucosamine-acetyllactosaminide β1→6-acetylglucosaminyltransferase, N-acetyllactosaminide β-1,6-N-acetylglucosaminyl-transferase, v. 32 | p. 307
2.4.1.164	uridine diphosphoacetylglucosamine-acetyllactosaminide β1→6-acetylglucosaminyltransferase, galactosyl-N-acetylglucosaminylgalactosylglucosyl-ceramide β-1,6-N-acetylglucosaminyltransferase, v. 32 | p. 365
2.4.1.141	uridine diphosphoacetylglucosamine-dolichylacetylglucosamine pyrophosphate acetylglucosaminyltransferase, N-acetylglucosaminyldiphosphodolichol N-acetylglucosaminyltransferase, v. 32 | p. 252

Uridine diphosphoarabinose epimerase

2.4.1.201	uridine diphosphoacetylglucosamine-glycopeptide β-1-4-acetylglucosaminyltransferase VI, α-1,6-mannosyl-glycoprotein 4-β-N-acetylglucosaminyltransferase, v. 32	p. 501
2.4.1.144	uridine diphosphoacetylglucosamine-glycopeptide β4-acetylglucosaminyltransferase III, β-1,4-mannosyl-glycoprotein 4-β-N-acetylglucosaminyltransferase, v. 32	p. 267
2.4.1.145	uridine diphosphoacetylglucosamine-glycopeptide β4-acetylglucosaminyltransferase IV, α-1,3-mannosyl-glycoprotein 4-β-N-acetylglucosaminyltransferase, v. 32	p. 278
2.4.1.206	uridine diphosphoacetylglucosamine-lactosylceramide β-acetylglucosaminyltransferase, lactosylceramide 1,3-N-acetyl-β-D-glucosaminyltransferase, v. 32	p. 518
2.4.1.56	uridine diphosphoacetylglucosamine-lipopolysaccharide acetylglucosaminyltransferase, lipopolysaccharide N-acetylglucosaminyltransferase, v. 31	p. 456
2.4.1.143	uridine diphosphoacetylglucosamine-mannoside α1->6-acetylglucosaminyltransferase, α-1,6-mannosyl-glycoprotein 2-β-N-acetylglucosaminyltransferase, v. 32	p. 259
2.4.1.146	uridine diphosphoacetylglucosamine-mucin β(1-3)- (elongating) acetylglucosaminyltransferase, β-1,3-galactosyl-O-glycosyl-glycoprotein β-1,3-N-acetylglucosaminyltransferase, v. 32	p. 282
2.4.1.147	uridine diphosphoacetylglucosamine-mucin β(1-3)-acetylglucosaminyltransferase, acetylgalactosaminyl-O-glycosyl-glycoprotein β-1,3-N-acetylglucosaminyltransferase, v. 32	p. 287
2.4.1.148	uridine diphosphoacetylglucosamine-mucin β(1→6)-acetylglucosaminyltransferase B, acetylgalactosaminyl-O-glycosyl-glycoprotein β-1,6-N-acetylglucosaminyltransferase, v. 32	p. 293
2.4.1.102	uridine diphosphoacetylglucosamine-mucin β-(1-6)-acetylglucosaminyltransferase, β-1,3-galactosyl-O-glycosyl-glycoprotein β-1,6-N-acetylglucosaminyltransferase, v. 32	p. 84
2.4.1.102	uridine diphosphoacetylglucosamine-mucin β-(1-6)-acetylglucosaminyltransferase A, β-1,3-galactosyl-O-glycosyl-glycoprotein β-1,6-N-acetylglucosaminyltransferase, v. 32	p. 84
2.4.1.70	uridine diphosphoacetylglucosamine-poly(ribitol phosphate) acetylglucosaminyltransferase, poly(ribitol-phosphate) N-acetylglucosaminyltransferase, v. 31	p. 548
2.4.1.94	uridine diphosphoacetylglucosamine-protein acetylglucosaminyltransferase, protein N-acetylglucosaminyltransferase, v. 32	p. 39
2.4.1.39	uridine diphosphoacetylglucosamine-steroid acetylglucosaminyltransferase, steroid N-acetylglucosaminyltransferase, v. 31	p. 373
2.4.1.198	uridine diphosphoacetylglucosamine α1,6-acetyl-D-glucosaminyltransferase, phosphatidylinositol N-acetylglucosaminyltransferase, v. 32	p. 492
5.1.3.14	Uridine diphosphoacetylglucosamine 2'-epimerase, UDP-N-acetylglucosamine 2-epimerase, v. 1	p. 154
2.3.1.129	uridine diphosphoacetylglucosamine acyltransferase, acyl-[acyl-carrier-protein]-UDP-N-acetylglucosamine O-acyltransferase, v. 30	p. 316
1.1.1.136	uridine diphosphoacetylglucosamine dehydrogenase, UDP-N-acetylglucosamine 6-dehydrogenase, v. 17	p. 397
5.1.3.7	Uridine diphosphoacetylglucosamine epimerase, UDP-N-acetylglucosamine 4-epimerase, v. 1	p. 135
2.4.1.138	uridine diphosphoacetylglucosamine mannoside α1-2-acetylglucosaminyltransferase, mannotetraose 2-α-N-acetylglucosaminyltransferase, v. 32	p. 242
2.7.7.23	uridine diphosphoacetylglucosamine phosphorylase, UDP-N-acetylglucosamine diphosphorylase, v. 38	p. 289
2.7.7.23	uridine diphosphoacetylglucosamine pyrophosphorylase, UDP-N-acetylglucosamine diphosphorylase, v. 38	p. 289
2.4.1.180	uridine diphosphoacetylmannosaminuronate-acetylglucosaminylpyrophosphorylundecaprenol acetylmannosaminuronosyltransferase, lipopolysaccharide N-acetylmannosaminouronosyltransferase, v. 32	p. 428
2.3.2.10	uridine diphosphoacetylmuramoylpentapeptide lysine N6-alanyltransferase, UDP-N-acetylmuramoylpentapeptide-lysine N6-alanyltransferase, v. 30	p. 536
6.3.2.10	Uridine diphosphoacetylmuramoylpentapeptide synthetase, UDP-N-acetylmuramoyl-tripeptide-D-alanyl-D-alanine ligase, v. 2	p. 458
5.1.3.5	Uridine diphosphoarabinose epimerase, UDP-arabinose 4-epimerase, v. 1	p. 129

2.4.1.46	uridine diphosphogalactose-1,2-diacylglycerol galactosyltransferase, monogalactosyldiacylglycerol synthase, v. 31	p. 422
2.4.1.45	uridine diphosphogalactose-2-hydroxyacylsphingosine galactosyltransferase, 2-hydroxyacylsphingosine 1-β-galactosyltransferase, v. 31	p. 415
5.1.3.16	Uridine diphosphogalactose-4-epimerase, UDP-glucosamine 4-epimerase, v. 1	p. 165
2.4.1.90	uridine diphosphogalactose-acetylglucosamine galactosyltransferase, N-acetyllactosamine synthase, v. 32	p. 1
2.4.1.38	uridine diphosphogalactose-acetylglucosamine galactosyltransferase, β-N-acetylglucosaminylglycopeptide β-1,4-galactosyltransferase, v. 31	p. 353
2.4.1.87	uridine diphosphogalactose-acetyllactosamine $\alpha 1 \rightarrow 3$-galactosyltransferase, N-acetyllactosaminide 3-α-galactosyltransferase, v. 31	p. 612
2.4.1.47	uridine diphosphogalactose-acylsphingosine galactosyltransferase, N-acylsphingosine galactosyltransferase, v. 31	p. 429
2.4.1.62	uridine diphosphogalactose-ceramide galactosyltransferase, ganglioside galactosyltransferase, v. 31	p. 471
2.4.1.50	uridine diphosphogalactose-collagen galactosyltransferase, procollagen galactosyltransferase, v. 31	p. 439
2.4.1.234	uridine diphosphogalactose-flavonol 3-O-galactosyltransferase, kaempferol 3-O-galactosyltransferase, v. S2	p. 153
2.4.1.87	uridine diphosphogalactose-galactosylacetylglucosaminylgalactosylglucosylceramide galactosyltransferase, N-acetyllactosaminide 3-α-galactosyltransferase, v. 31	p. 612
2.4.1.38	uridine diphosphogalactose-glycoprotein galactosyltransferase, β-N-acetylglucosaminylglycopeptide β-1,4-galactosyltransferase, v. 31	p. 353
2.4.1.62	uridine diphosphogalactose-GM2 galactosyltransferase, ganglioside galactosyltransferase, v. 31	p. 471
2.4.1.123	uridine diphosphogalactose-inositol galactosyltransferase, inositol 3-α-galactosyltransferase, v. 32	p. 182
2.4.1.179	uridine diphosphogalactose-lactosylceramide β1-3-galactosyltransferase, lactosylceramide β-1,3-galactosyltransferase, v. 32	p. 423
2.4.1.44	uridine diphosphogalactose-lipopolysaccharide α,3-galactosyltransferase, lipopolysaccharide 3-α-galactosyltransferase, v. 31	p. 412
2.4.1.122	uridine diphosphogalactose-mucin β-(1-3)-galactosyltransferase, glycoprotein-N-acetylgalactosamine 3-β-galactosyltransferase, v. 32	p. 174
2.4.1.23	uridine diphosphogalactose-sphingosine β-galactosyltransferase, sphingosine β-galactosyltransferase, v. 31	p. 270
2.7.8.18	uridine diphosphogalactose-uridine diphosphoacetylglucosamine galactose-1-phosphotransferase, UDP-galactose-UDP-N-acetylglucosamine galactose phosphotransferase, v. 39	p. 124
2.7.7.10	uridine diphosphogalactose pyrophosphorylase, UTP-hexose-1-phosphate uridylyltransferase, v. 38	p. 181
2.4.1.43	uridine diphosphogalacturonate-polygalacturonate α-galacturonosyltransferase, polygalacturonate 4-α-galacturonosyltransferase, v. 31	p. 407
2.4.1.195	uridine diphosphoglucose (UDPglucose):thiohydroximate glucosyltransferase, N-hydroxythioamide S-β-glucosyltransferase, v. 32	p. 479
2.4.1.183	uridine diphosphoglucose-1,3-α-glucan glucosyltransferase, α-1,3-glucan synthase, v. 32	p. 437
2.4.1.34	uridine diphosphoglucose-1,3-β-glucan glucosyltransferase, 1,3-β-glucan synthase, v. 31	p. 318
2.4.1.202	uridine diphosphoglucose-2,4-dihydroxy-7-methoxy-2H-1,4-benzoxazin-3(4H)-one 2-glucosyltransferase, 2,4-dihydroxy-7-methoxy-2H-1,4-benzoxazin-3(4H)-one 2-D-glucosyltransferase, v. 32	p. 507
2.4.1.194	uridine diphosphoglucose-4-hydroxybenzoate glucosyltransferase, 4-hydroxybenzoate 4-O-β-D-glucosyltransferase, v. 32	p. 475
2.4.1.188	uridine diphosphoglucose-acetylglucosaminylpyrophosphorylundecaprenol glucosyltransferase, N-acetylglucosaminyldiphosphoundecaprenol glucosyltransferase, v. 32	p. 457

uridine diphosphoglucose-poly(ribitol-phosphate) β-glucosyltransferase

2.4.1.181	**uridine diphosphoglucose-anthraquinone glucosyltransferase**, hydroxyanthraquinone glucosyltransferase, v. 32 | p. 430
2.4.1.81	**uridine diphosphoglucose-apigenin 7-O-glucosyltransferase**, flavone 7-O-β-glucosyltransferase, v. 31 | p. 583
2.4.1.71	**uridine diphosphoglucose-arylamine glucosyltransferase**, arylamine glucosyltransferase, v. 31 | p. 551
2.4.1.12	**uridine diphosphoglucose-cellulose glucosyltransferase**, cellulose synthase (UDP-forming), v. 31 | p. 107
2.4.1.80	**uridine diphosphoglucose-ceramide glucosyltransferase**, ceramide glucosyltransferase, v. 31 | p. 572
2.4.1.177	**uridine diphosphoglucose-cinnamate glucosyltransferase**, cinnamate β-D-glucosyltransferase, v. 32 | p. 415
2.4.1.66	**uridine diphosphoglucose-collagen glucosyltransferase**, procollagen glucosyltransferase, v. 31 | p. 502
2.4.1.111	**uridine diphosphoglucose-coniferyl alcohol glucosyltransferase**, coniferyl-alcohol glucosyltransferase, v. 32 | p. 123
2.4.1.85	**uridine diphosphoglucose-cyanohydrin glucosyltransferase**, cyanohydrin β-glucosyltransferase, v. 31 | p. 603
2.4.1.26	**uridine diphosphoglucose-deoxyribonucleate α-glucosyltransferase**, DNA α-glucosyltransferase, v. 31 | p. 293
2.4.1.27	**uridine diphosphoglucose-deoxyribonucleate β-glucosyltransferase**, DNA β-glucosyltransferase, v. 31 | p. 295
2.4.1.13	**uridine diphosphoglucose-fructose glucosyltransferase**, sucrose synthase, v. 31 | p. 113
2.4.1.14	**uridine diphosphoglucose-fructose phosphate glucosyltransferase**, sucrose-phosphate synthase, v. 31 | p. 126
2.4.1.73	**uridine diphosphoglucose-galactosylpolysaccharide glucosyltransferase**, lipopolysaccharide glucosyltransferase II, v. 31 | p. 556
2.4.1.28	**uridine diphosphoglucose-glucosyldeoxyribonuclease β-glucosyltransferase**, glucosyl-DNA β-glucosyltransferase, v. 31 | p. 298
2.4.1.11	**uridine diphosphoglucose-glycogen glucosyltransferase**, glycogen(starch) synthase, v. 31 | p. 92
3.1.3.42	**uridine diphosphoglucose-glycogen glucosyltransferase phosphatase**, [glycogen-synthase-D] phosphatase, v. 10 | p. 376
2.4.1.126	**uridine diphosphoglucose-hydroxycinnamate glucosyltransferase**, hydroxycinnamate 4-β-glucosyltransferase, v. 32 | p. 192
2.4.1.170	**uridine diphosphoglucose-isoflavone 7-O-glucosyltransferase**, isoflavone 7-O-glucosyltransferase, v. 32 | p. 381
2.4.1.106	**uridine diphosphoglucose-isovitexin 2-glucosyltransferase**, isovitexin β-glucosyltransferase, v. 32 | p. 106
2.4.1.63	**uridine diphosphoglucose-ketone cyanohydrin glucosyltransferase**, linamarin synthase, v. 31 | p. 479
2.4.1.58	**uridine diphosphoglucose-lipopolysaccharide glucosyltransferase**, lipopolysaccharide glucosyltransferase I, v. 31 | p. 463
2.4.1.127	**uridine diphosphoglucose-monoterpenol glucosyltransferase**, monoterpenol β-glucosyltransferase, v. 32 | p. 195
2.4.1.196	**uridine diphosphoglucose-nicotinate N-glucosyltransferase**, nicotinate glucosyltransferase, v. 32 | p. 485
2.4.1.192	**uridine diphosphoglucose-nuatigenin glucosyltransferase**, nuatigenin 3β-glucosyltransferase, v. 32 | p. 468
2.4.1.85	**uridine diphosphoglucose-p-hydroxymandelonitrile glucosyltransferase**, cyanohydrin β-glucosyltransferase, v. 31 | p. 603
2.4.1.52	**uridine diphosphoglucose-poly(glycerol-phosphate) α-glucosyltransferase**, poly(glycerol-phosphate) α-glucosyltransferase, v. 31 | p. 447
2.4.1.53	**uridine diphosphoglucose-poly(ribitol-phosphate) β-glucosyltransferase**, poly(ribitol-phosphate) β-glucosyltransferase, v. 31 | p. 449

1145

uridine diphosphoglucose-poriferasterol glucosyltransferase

2.4.1.173	uridine diphosphoglucose-poriferasterol glucosyltransferase, sterol 3β-glucosyltransferase, v. 32 | p. 389	
2.4.1.173	uridine diphosphoglucose-sterol glucosyltransferase, sterol 3β-glucosyltransferase, v. 32 | p. 389	
2.4.1.195	uridine diphosphoglucose-thiohydroximate glucosyltransferase, N-hydroxythioamide S-β-glucosyltransferase, v. 32 | p. 479	
2.4.1.203	uridine diphosphoglucose-zeatin O-glucosyltransferase, trans-zeatin O-β-D-glucosyltransferase, v. 32 | p. 511	
5.1.3.2	Uridine diphosphoglucose 4-epimerase, UDP-glucose 4-epimerase, v. 1 | p. 97	
2.7.7.12	uridine diphosphoglucose:α-D-galactose-1-phosphate uridilyltransferase, UDP-glucose-hexose-1-phosphate uridylyltransferase, v. 38 | p. 188	
2.4.1.85	uridine diphosphoglucose:aldehyde cyanohydrin β-glucosyltransferase, cyanohydrin β-glucosyltransferase, v. 31 | p. 603	
1.1.1.22	uridine diphosphoglucose dehydrogenase, UDP-glucose 6-dehydrogenase, v. 16 | p. 221	
5.1.3.2	Uridine diphosphoglucose epimerase, UDP-glucose 4-epimerase, v. 1 | p. 97	
2.7.7.9	uridine diphosphoglucose pyrophosphorylase, UTP-glucose-1-phosphate uridylyltransferase, v. 38 | p. 163	
2.4.1.35	uridine diphosphoglucosyltransferase, phenol β-glucosyltransferase, v. 31 | p. 331	
2.4.1.17	uridine diphosphoglucuronate-bilirubin glucuronosyltransferase, glucuronosyltransferase, v. 31 | p. 162	
5.1.3.12	Uridine diphosphoglucuronate 5'-epimerase, UDP-glucuronate 5'-epimerase, v. 1 | p. 150	
5.1.3.6	Uridine diphosphoglucuronate epimerase, UDP-glucuronate 4-epimerase, v. 1 | p. 132	
5.1.3.6	Uridine diphosphoglucuronic epimerase, UDP-glucuronate 4-epimerase, v. 1 | p. 132	
2.7.7.44	uridine diphosphoglucuronic pyrophosphorylase, glucuronate-1-phosphate uridylyltransferase, v. 38 | p. 451	
2.4.1.17	uridine diphosphoglucuronosyltransferase, glucuronosyltransferase, v. 31 | p. 162	
2.4.1.17	uridine diphosphoglucuronyltransferase, glucuronosyltransferase, v. 31 | p. 162	
2.4.2.26	uridine diphosphoxylose-core protein β-xylosyltransferase, protein xylosyltransferase, v. 33 | p. 224	
2.4.2.35	uridine diphosphoxylose-flavonol 3-glycoside, flavonol-3-O-glycoside xylosyltransferase, v. 33 | p. 291	
2.4.2.26	uridine diphosphoxylose-protein xylosyltransferase, protein xylosyltransferase, v. 33 | p. 224	
2.4.2.40	uridine diphosphoxylose-zeatin xylosyltransferase, zeatin O-β-D-xylosyltransferase, v. 33 | p. 311	
2.7.7.11	uridine diphosphoxylose pyrophosphorylase, UTP-xylose-1-phosphate uridylyltransferase, v. 38 | p. 186	
3.2.2.3	uridine hydrolase, uridine nucleosidase, v. 14 | p. 13	
2.4.2.9	uridine kinase-like protein (uracil phosphoribosyltransferase), uracil phosphoribosyltransferase, v. 33 | p. 116	
2.4.2.9	uridine kinase/uracil phosphoribosyltransferase 1, uracil phosphoribosyltransferase, v. 33 | p. 116	
2.7.4.14	uridine monophosphate/cytidine monophosphate kinase, cytidylate kinase, v. 37 | p. 582	
3.1.3.5	uridine monophosphate hydrolase-1, 5'-nucleotidase, v. 10 | p. 95	
2.7.4.22	uridine monophosphate kinase, UMP kinase, v. S2 | p. 299	
2.4.2.9	uridine monophosphate pyrophosphorylase, uracil phosphoribosyltransferase, v. 33 | p. 116	
2.7.1.48	uridine phosphokinase, uridine kinase, v. 36 | p. 86	
2.4.2.3	uridine phosphorylase, uridine phosphorylase, v. 33 | p. 39	
2.4.2.3	uridine phosphorylase-2, uridine phosphorylase, v. 33 | p. 39	
3.2.2.3	Uridine ribohydrolase, uridine nucleosidase, v. 14 | p. 13	
6.3.4.2	uridine triphosphate aminase, CTP synthase, v. 2 | p. 559	
2.7.4.22	uridylate kinase, UMP kinase, v. S2 | p. 299	
2.4.2.9	uridylate pyrophosphorylase, uracil phosphoribosyltransferase, v. 33 | p. 116	
2.4.2.9	uridylic pyrophosphorylase, uracil phosphoribosyltransferase, v. 33 | p. 116	
2.7.7.59	uridyl removing enzyme, [protein-PII] uridylyltransferase, v. 38 | p. 553	
2.7.7.12	uridyl transferase, UDP-glucose-hexose-1-phosphate uridylyltransferase, v. 38 | p. 188	

2.7.7.12	uridyltransferase, UDP-glucose-hexose-1-phosphate uridylyltransferase, v. 38 | p. 188	
2.7.7.59	uridyltransferase, glutamine synthetase adenylyltransferase-regulating protein, [protein-PII] uridylyltransferase, v. 38 | p. 553	
2.7.7.12	uridylylgalactose-1-P uridylyltransferase, UDP-glucose-hexose-1-phosphate uridylyltransferase, v. 38 | p. 188	
2.7.7.59	uridylyl removing enzyme, [protein-PII] uridylyltransferase, v. 38 | p. 553	
2.7.7.59	uridylyltransferase, [protein-PII] uridylyltransferase, v. 38 | p. 553	
2.7.7.10	uridylyltransferase, galactose 1-phosphate, UTP-hexose-1-phosphate uridylyltransferase, v. 38 | p. 181	
2.7.7.9	uridylyltransferase, glucose 1-phosphate, UTP-glucose-1-phosphate uridylyltransferase, v. 38 | p. 163	
2.7.7.44	uridylyltransferase, glucuronate 1-phosphate, glucuronate-1-phosphate uridylyltransferase, v. 38 | p. 451	
2.7.7.59	uridylyltransferase, glutamine synthetase adenylyltransferase-regulating protein (Escherichia coli clone 21C8 gene glnD reduced), [protein-PII] uridylyltransferase, v. 38 | p. 553	
2.7.7.12	uridylyltransferase, hexose 1-phosphate, UDP-glucose-hexose-1-phosphate uridylyltransferase, v. 38 | p. 188	
2.7.7.52	uridylyltransferase, terminal, RNA uridylyltransferase, v. 38 | p. 526	
2.7.7.11	uridylyltransferase, xylose 1-phosphate, UTP-xylose-1-phosphate uridylyltransferase, v. 38 | p. 186	
2.7.7.59	uridylyltransferase/uridylyl-removing enzyme, [protein-PII] uridylyltransferase, v. 38 | p. 553	
2.7.7.59	uridylyltransferase/uridylyl removing enzyme, [protein-PII] uridylyltransferase, v. 38 | p. 553	
2.7.7.59	uridylyltransferase enzyme, [protein-PII] uridylyltransferase, v. 38 | p. 553	
3.4.21.73	Urinary esterase A, u-Plasminogen activator, v. 7 | p. 357	
3.4.21.34	urinary kallikrein, plasma kallikrein, v. 7 | p. 136	
3.4.21.35	urinary kallikrein, tissue kallikrein, v. 7 | p. 141	
3.4.21.73	Urinary plasminogen activator, u-Plasminogen activator, v. 7 | p. 357	
1.10.3.2	urishiol oxidase, laccase, v. 25 | p. 115	
4.2.1.75	uro'gen III synthase, uroporphyrinogen-III synthase, v. 4 | p. 597	
4.1.1.37	URO-D, Uroporphyrinogen decarboxylase, v. 3 | p. 228	
4.1.1.37	Uro-decarboxylase, Uroporphyrinogen decarboxylase, v. 3 | p. 228	
4.1.1.37	uro-III decarboxylase, Uroporphyrinogen decarboxylase, v. 3 | p. 228	
2.5.1.61	URO-S, hydroxymethylbilane synthase, v. 34 | p. 226	
4.2.1.75	URO-synthase, uroporphyrinogen-III synthase, v. 4 | p. 597	
4.2.1.49	Urocanase, Urocanate hydratase, v. 4 | p. 509	
4.1.1.37	UroD, Uroporphyrinogen decarboxylase, v. 3 | p. 228	
4.1.1.37	UROD1, Uroporphyrinogen decarboxylase, v. 3 | p. 228	
4.1.1.37	UROD protein, Uroporphyrinogen decarboxylase, v. 3 | p. 228	
2.5.1.61	urogenI synthase, hydroxymethylbilane synthase, v. 34 | p. 226	
4.2.1.75	UROIIIS, uroporphyrinogen-III synthase, v. 4 | p. 597	
3.4.21.34	urokallikrein, plasma kallikrein, v. 7 | p. 136	
3.4.21.35	urokallikrein, tissue kallikrein, v. 7 | p. 141	
3.4.21.73	Urokinase, u-Plasminogen activator, v. 7 | p. 357	
3.4.21.73	urokinase-type PA, u-Plasminogen activator, v. 7 | p. 357	
3.4.21.73	Urokinase-type plasminogen activator, u-Plasminogen activator, v. 7 | p. 357	
3.4.21.73	Urokinase plasminogen activator, u-Plasminogen activator, v. 7 | p. 357	
3.4.21.73	urokinase type plasminogen activator, u-Plasminogen activator, v. 7 | p. 357	
1.1.1.203	uronate:NAD-oxidoreductase, uronate dehydrogenase, v. 18 | p. 204	
5.3.1.12	Uronate isomerase, Glucuronate isomerase, v. 1 | p. 322	
1.1.1.203	uronic acid dehydrogenase, uronate dehydrogenase, v. 18 | p. 204	
5.3.1.12	Uronic isomerase, Glucuronate isomerase, v. 1 | p. 322	
5.1.3.12	C-5-Uronosylepimerase, UDP-glucuronate 5'-epimerase, v. 1 | p. 150	
4.1.1.37	uroporphyrinogen-decarboxylase, Uroporphyrinogen decarboxylase, v. 3 | p. 228	

4.2.1.75	Uroporphyrinogen-III cosynthase, uroporphyrinogen-III synthase, v. 4 | p. 597	
4.2.1.75	Uroporphyrinogen-III cosynthetase, uroporphyrinogen-III synthase, v. 4 | p. 597	
4.1.1.37	uroporphyrinogen-III decarboxylase, Uroporphyrinogen decarboxylase, v. 3 | p. 228	
4.1.1.37	uroporphyrinogen decarboxylase, Uroporphyrinogen decarboxylase, v. 3 | p. 228	
4.1.1.37	uroporphyrinogen decarboxylase 1, Uroporphyrinogen decarboxylase, v. 3 | p. 228	
2.1.1.107	uroporphyrinogen III C-methyltransferase, uroporphyrinogen-III C-methyltransferase, v. 28 | p. 523	
4.2.1.75	Uroporphyrinogen III co-synthase, uroporphyrinogen-III synthase, v. 4 | p. 597	
4.2.1.75	Uroporphyrinogen III cosynthase, uroporphyrinogen-III synthase, v. 4 | p. 597	
4.1.1.37	Uroporphyrinogen III decarboxylase, Uroporphyrinogen decarboxylase, v. 3 | p. 228	
2.1.1.107	uroporphyrinogen III methylase, uroporphyrinogen-III C-methyltransferase, v. 28 | p. 523	
2.1.1.107	uroporphyrinogen III methyltransferase, uroporphyrinogen-III C-methyltransferase, v. 28 | p. 523	
4.2.1.75	Uroporphyrinogen III synthase, uroporphyrinogen-III synthase, v. 4 | p. 597	
4.2.1.75	Uroporphyrinogen isomerase, uroporphyrinogen-III synthase, v. 4 | p. 597	
2.5.1.61	uroporphyrinogen I synthase, hydroxymethylbilane synthase, v. 34 | p. 226	
2.5.1.61	uroporphyrinogen I synthetase, hydroxymethylbilane synthase, v. 34 | p. 226	
2.1.1.107	uroporphyrinogen methyltransferase,, uroporphyrinogen-III C-methyltransferase, v. 28 | p. 523	
2.5.1.61	uroporphyrinogen synthase, hydroxymethylbilane synthase, v. 34 | p. 226	
2.5.1.61	uroporphyrinogen synthetase, hydroxymethylbilane synthase, v. 34 | p. 226	
4.2.1.75	UROS, uroporphyrinogen-III synthase, v. 4 | p. 597	
1.10.3.2	urushiol oxidase, laccase, v. 25 | p. 115	
2.7.11.1	US3 kinase, non-specific serine/threonine protein kinase, v. S3 | p. 1	
3.1.3.5	UshA, 5'-nucleotidase, v. 10 | p. 95	
3.6.1.45	UshA, UDP-sugar diphosphatase, v. 15 | p. 476	
3.6.1.45	UshB protein, UDP-sugar diphosphatase, v. 15 | p. 476	
4.2.3.43	usicoccadiene synthase, fusicocca-2,10(14)-diene synthase	
1.1.1.199	L-usnic acid dehydrogenase, (S)-usnate reductase, v. 18 | p. 188	
2.7.7.64	USP, UTP-monosaccharide-1-phosphate uridylyltransferase, v. S2 | p. 326	
3.1.2.15	USP on chromosome 21, ubiquitin thiolesterase, v. 9 | p. 523	
3.1.30.1	Ustilago maydis nuclease, Aspergillus nuclease S1, v. 11 | p. 610	
1.14.14.1	P-450UT, unspecific monooxygenase, v. 26 | p. 584	
2.7.7.59	UTase/UR, [protein-PII] uridylyltransferase, v. 38 | p. 553	
3.4.24.23	Uterine metalloendopeptidase, matrilysin, v. 8 | p. 344	
3.4.24.23	Uterine metalloproteinase, matrilysin, v. 8 | p. 344	
3.1.3.2	uteroferrin, acid phosphatase, v. 10 | p. 31	
6.3.4.2	UTP-ammonia ligase, CTP synthase, v. 2 | p. 559	
2.7.7.23	UTP:2-acetamido-2-deoxy-α-D-glucose-1-phosphate uridylyltransferase, UDP-N-acetylglucosamine diphosphorylase, v. 38 | p. 289	
6.3.4.2	UTP:ammonia ligase (ADP-forming), CTP synthase, v. 2 | p. 559	
2.7.7.59	UTP:PII protein uridylyltransferase, [protein-PII] uridylyltransferase, v. 38 | p. 553	
2.7.1.23	Utr, NAD+ kinase, v. 35 | p. 293	
2.7.1.86	Utr1, NADH kinase, v. 36 | p. 321	
3.6.3.14	UV-inducible PU4 protein, H+-transporting two-sector ATPase, v. 15 | p. 598	
3.2.2.17	UV-specific endonuclease, deoxyribodipyrimidine endonucleosidase, v. 14 | p. 84	
4.2.99.18	UV endonuclease, DNA-(apurinic or apyrimidinic site) lyase, v. 5 | p. 150	
3.2.2.17	UV endonuclease, deoxyribodipyrimidine endonucleosidase, v. 14 | p. 84	
4.2.99.18	UV endonuclease V, DNA-(apurinic or apyrimidinic site) lyase, v. 5 | p. 150	
4.2.99.18	UV endo V, DNA-(apurinic or apyrimidinic site) lyase, v. 5 | p. 150	
3.1.25.1	UvrA, deoxyribonuclease (pyrimidine dimer), v. 11 | p. 495	
3.1.25.1	UvrABC nuclease, deoxyribonuclease (pyrimidine dimer), v. 11 | p. 495	
3.1.25.1	UvrB, deoxyribonuclease (pyrimidine dimer), v. 11 | p. 495	
3.1.25.1	UvrC, deoxyribonuclease (pyrimidine dimer), v. 11 | p. 495	
4.1.1.35	UXS, UDP-glucuronate decarboxylase, v. 3 | p. 218	

Index of Synonyms: V-Z

3.6.3.14	V1VO ATPase, H+-transporting two-sector ATPase, v. 15 | p. 598	
3.4.21.19	V8-GSE, glutamyl endopeptidase, v. 7 | p. 75	
3.4.21.19	V8 protease, glutamyl endopeptidase, v. 7 | p. 75	
3.4.21.19	V8 proteinase, glutamyl endopeptidase, v. 7 | p. 75	
3.2.2.22	VAA-I, rRNA N-glycosylase, v. 14 | p. 107	
3.2.1.1	VAAmy1, α-amylase, v. 12 | p. 1	
3.2.1.1	VAAmy2, α-amylase, v. 12 | p. 1	
2.7.10.1	VAB-1 Eph receptor tyrosine kinase, receptor protein-tyrosine kinase, v. S2 | p. 341	
5.99.1.2	Vaccinia DNA topoisomerase I, DNA topoisomerase, v. 1 | p. 721	
3.1.3.48	vaccinia H1-related PTP, protein-tyrosine-phosphatase, v. 10 | p. 407	
6.5.1.1	Vaccinia ligase, DNA ligase (ATP), v. 2 | p. 755	
3.6.4.6	vacular protein sorting 4 B, vesicle-fusing ATPase, v. 15 | p. 789	
3.6.3.15	vacuolar-type Na+-ATPase, Na+-transporting two-sector ATPase, v. 15 | p. 611	
3.6.3.15	vacuolar-type Na+-translocating ATPase, Na+-transporting two-sector ATPase, v. 15 | p. 611	
3.6.1.1	vacuolar-type proton translocating pyrophosphatase 1, inorganic diphosphatase, v. 15 | p. 240	
3.4.11.22	vacuolar aminopeptidase 1, aminopeptidase I, v. 6 | p. 178	
3.4.23.25	vacuolar aspartic proteinase, Saccharopepsin, v. 8 | p. 120	
3.6.3.8	Vacuolar Ca2+-ATPase, Ca2+-transporting ATPase, v. 15 | p. 566	
3.6.1.11	vacuolar exopolyphosphatase, exopolyphosphatase, v. 15 | p. 343	
3.6.3.14	vacuolar H+-ATPase, H+-transporting two-sector ATPase, v. 15 | p. 598	
3.6.4.10	vacuolar H+-ATPase, non-chaperonin molecular chaperone ATPase, v. 15 | p. 810	
3.6.1.1	vacuolar H+-PPase, inorganic diphosphatase, v. 15 | p. 240	
3.6.1.1	vacuolar H+-pyrophosphatase, inorganic diphosphatase, v. 15 | p. 240	
3.6.1.1	vacuolar H+-translocating inorganic pyrophosphatase, inorganic diphosphatase, v. 15 | p. 240	
3.6.3.14	vacuolar H(+)-ATPase, H+-transporting two-sector ATPase, v. 15 | p. 598	
3.6.1.1	vacuolar H(+)-pyrophosphatase, inorganic diphosphatase, v. 15 | p. 240	
3.2.1.26	Vacuolar invertase, β-fructofuranosidase, v. 12 | p. 451	
3.6.4.10	vacuolar membrane ATPase, non-chaperonin molecular chaperone ATPase, v. 15 | p. 810	
3.6.3.15	vacuolar Na+-translocating ATPase, Na+-transporting two-sector ATPase, v. 15 | p. 611	
3.4.22.34	vacuolar processing enzyme, Legumain, v. 7 | p. 689	
3.4.22.34	vacuolar processing enzyme 1a, Legumain, v. 7 | p. 689	
3.4.22.34	vacuolar processing enzyme 1b, Legumain, v. 7 | p. 689	
3.4.22.34	vacuolar processing enzyme 2, Legumain, v. 7 | p. 689	
3.4.22.34	vacuolar processing enzyme 3, Legumain, v. 7 | p. 689	
3.6.1.1	vacuolar proton pyrophosphatase 1, inorganic diphosphatase, v. 15 | p. 240	
3.6.1.1	vacuolar proton pyrophosphatase 2, inorganic diphosphatase, v. 15 | p. 240	
3.6.1.1	vacuolar pyrophosphatase, inorganic diphosphatase, v. 15 | p. 240	
3.1.2.15	vacuole biogenesis protein SSV7, ubiquitin thiolesterase, v. 9 | p. 523	
3.1.1.43	VACVase, α-amino-acid esterase, v. 9 | p. 301	
3.1.1.43	valacyclovirase, α-amino-acid esterase, v. 9 | p. 301	
1.4.1.8	ValDH, valine dehydrogenase (NADP+), v. 22 | p. 96	
3.5.1.50	valeramidase, pentanamidase, v. 14 | p. 480	
2.3.1.156	valerophenone synthase, phloroisovalerophenone synthase, v. 30 | p. 417	
6.1.1.9	Valine-tRNA ligase, Valine-tRNA ligase, v. 2 | p. 59	

2.6.1.32	valine-2-keto-methylvalerate aminotransferase, valine-3-methyl-2-oxovalerate transaminase, v. 34 | p. 458
2.6.1.32	valine-isoleucine aminotransferase, valine-3-methyl-2-oxovalerate transaminase, v. 34 | p. 458
2.6.1.32	valine-isoleucine transaminase, valine-3-methyl-2-oxovalerate transaminase, v. 34 | p. 458
4.1.1.14	L-Valine carboxy-lyase, valine decarboxylase, v. 3 | p. 70
1.4.1.8	valine dehydrogenase (nicotinamide adenine dinucleotide phosphate), valine dehydrogenase (NADP+), v. 22 | p. 96
6.1.1.9	Valine transfer ribonucleate ligase, Valine-tRNA ligase, v. 2 | p. 59
6.1.1.9	Valine translase, Valine-tRNA ligase, v. 2 | p. 59
6.1.1.9	ValRS, Valine-tRNA ligase, v. 2 | p. 59
6.1.1.9	Valyl-transfer ribonucleate synthetase, Valine-tRNA ligase, v. 2 | p. 59
6.1.1.9	Valyl-transfer RNA synthetase, Valine-tRNA ligase, v. 2 | p. 59
6.1.1.9	Valyl-tRNA ligase, Valine-tRNA ligase, v. 2 | p. 59
6.1.1.9	Valyl-tRNA synthetase, Valine-tRNA ligase, v. 2 | p. 59
6.1.1.9	Valyl transfer ribonucleic acid synthetase, Valine-tRNA ligase, v. 2 | p. 59
6.3.2.4	VanA, D-Alanine-D-alanine ligase, v. 2 | p. 423
1.14.13.82	VanA, vanillate monooxygenase, v. S1 | p. 535
1.14.13.82	vanAB, vanillate monooxygenase, v. S1 | p. 535
1.11.1.10	Vanadium chloride peroxidase, chloride peroxidase, v. 25 | p. 245
6.3.2.4	VanB ligase, D-Alanine-D-alanine ligase, v. 2 | p. 423
3.4.13.22	Vancomycin B-type resistance protein vanX, D-Ala-D-Ala dipeptidase, v. S5 | p. 292
1.14.13.82	vanillate-O-demethylase, vanillate monooxygenase, v. S1 | p. 535
1.14.13.82	vanillate/3-O-methylgallate O-demethylase, vanillate monooxygenase, v. S1 | p. 535
1.14.13.82	vanillate/3MGA O-demethylase, vanillate monooxygenase, v. S1 | p. 535
4.1.1.61	vanillate/4-hydroxybenzoate decarboxylase, 4-Hydroxybenzoate decarboxylase, v. 3 | p. 350
1.14.13.82	vanillate demethylase, vanillate monooxygenase, v. S1 | p. 535
1.14.13.82	vanillate O-demethylase, vanillate monooxygenase, v. S1 | p. 535
1.14.13.82	vanillic acid O-demethylase, vanillate monooxygenase, v. S1 | p. 535
1.2.1.67	vanillin dehydrogenase, vanillin dehydrogenase, v. 20 | p. 403
1.1.3.38	vanillyl-alcohol oxidase, vanillyl-alcohol oxidase, v. 19 | p. 233
3.5.1.92	vanin, pantetheine hydrolase, v. S6 | p. 379
3.5.1.92	vanin-1, pantetheine hydrolase, v. S6 | p. 379
3.5.1.92	vanin-3, pantetheine hydrolase, v. S6 | p. 379
2.1.1.68	Van OMT-2, caffeate O-methyltransferase, v. 28 | p. 369
2.1.1.68	Van OMT-3, caffeate O-methyltransferase, v. 28 | p. 369
3.4.13.22	VanX, D-Ala-D-Ala dipeptidase, v. S5 | p. 292
3.4.17.8	VanX, muramoylpentapeptide carboxypeptidase, v. 6 | p. 448
3.4.16.4	VanX, serine-type D-Ala-D-Ala carboxypeptidase, v. 6 | p. 376
3.4.13.22	VanXYc, D-Ala-D-Ala dipeptidase, v. S5 | p. 292
3.4.17.8	VanXYc, muramoylpentapeptide carboxypeptidase, v. 6 | p. 448
3.4.17.8	VanY, muramoylpentapeptide carboxypeptidase, v. 6 | p. 448
3.4.16.4	VanY, serine-type D-Ala-D-Ala carboxypeptidase, v. 6 | p. 376
3.4.16.4	VanY(D) DD-carboxypeptidase, serine-type D-Ala-D-Ala carboxypeptidase, v. 6 | p. 376
3.4.16.4	VanYD, serine-type D-Ala-D-Ala carboxypeptidase, v. 6 | p. 376
1.1.3.7	VAO, aryl-alcohol oxidase, v. 19 | p. 69
1.1.3.38	VAO, vanillyl-alcohol oxidase, v. 19 | p. 233
3.4.21.6	VAP, coagulation factor Xa, v. 7 | p. 35
4.6.1.14	variant-surface-glycoprotein-1,2-didecanoyl-sn-phosphatidylinositol inositolphosphohydrolase, glycosylphosphatidylinositol diacylglycerol-lyase, v. S7 | p. 441
4.6.1.14	variant-surface-glycoprotein phospholipase C, glycosylphosphatidylinositol diacylglycerol-lyase, v. S7 | p. 441
3.4.21.97	Varicella-zoster virus gene 33 proteinase, assemblin, v. 7 | p. 465
5.99.1.2	variola topoisomerase IB, DNA topoisomerase, v. 1 | p. 721
1.4.3.21	vascular adhesion protein-1, primary-amine oxidase

2.7.10.1	vascular endothelial growth-factor receptor-1 tyrosine kinase, receptor protein-tyrosine kinase, v. S2 | p. 341
2.7.10.1	vascular endothelial growth factor receptor, receptor protein-tyrosine kinase, v. S2 | p. 341
2.7.10.1	vascular endothelial growth factor receptor-1, receptor protein-tyrosine kinase, v. S2 | p. 341
2.7.10.1	vascular endothelial growth factor receptor 1, receptor protein-tyrosine kinase, v. S2 | p. 341
2.7.10.1	vascular endothelial growth factor receptor 2, receptor protein-tyrosine kinase, v. S2 | p. 341
2.7.10.1	vascular endothelial growth factor receptor 3, receptor protein-tyrosine kinase, v. S2 | p. 341
2.7.10.1	vascular endothelial growth factor receptor tyrosine kinase, receptor protein-tyrosine kinase, v. S2 | p. 341
2.7.10.1	Vascular permeability factor receptor, receptor protein-tyrosine kinase, v. S2 | p. 341
1.1.1.21	VAS deferens androgen-dependent protein, aldehyde reductase, v. 16 | p. 203
3.4.11.3	vasopressinase, cystinyl aminopeptidase, v. 6 | p. 66
3.4.11.3	vasopresssinase, cystinyl aminopeptidase, v. 6 | p. 66
4.6.1.1	VC1, adenylate cyclase, v. 5 | p. 415
4.1.99.3	VcCry1, deoxyribodipyrimidine photo-lyase, v. 4 | p. 223
3.2.1.18	VCNA, exo-α-sialidase, v. 12 | p. 244
3.6.4.7	VCP, peroxisome-assembly ATPase, v. 15 | p. 794
3.6.4.6	VCP, vesicle-fusing ATPase, v. 15 | p. 789
3.4.23.43	VcpD, prepilin peptidase, v. 8 | p. 194
1.11.1.12	VcPHGPx, phospholipid-hydroperoxide glutathione peroxidase, v. 25 | p. 274
1.11.1.10	vCPO, chloride peroxidase, v. 25 | p. 245
1.3.1.75	4VCR, divinyl chlorophyllide a 8-vinyl-reductase, v. 21 | p. 338
1.10.99.3	VDE, violaxanthin de-epoxidase, v. S1 | p. 394
1.4.1.8	VDH, valine dehydrogenase (NADP+), v. 22 | p. 96
1.2.1.67	VDH, vanillin dehydrogenase, v. 20 | p. 403
3.1.3.48	VE-PTP, protein-tyrosine-phosphatase, v. 10 | p. 407
3.6.3.14	VEG100, H+-transporting two-sector ATPase, v. 15 | p. 598
4.1.3.18	VEG105, acetolactate synthase, v. 4 | p. 116
5.4.2.1	VEG107, phosphoglycerate mutase, v. 1 | p. 493
1.1.1.49	VEG11, glucose-6-phosphate dehydrogenase, v. 16 | p. 474
4.2.1.9	VEG110, dihydroxy-acid dehydratase, v. 4 | p. 296
2.7.1.40	VEG17, pyruvate kinase, v. 36 | p. 33
4.2.3.5	VEG216, chorismate synthase, v. S7 | p. 202
1.2.4.1	VEG220, pyruvate dehydrogenase (acetyl-transferring), v. 20 | p. 488
6.2.1.5	VEG239, Succinate-CoA ligase (ADP-forming), v. 2 | p. 224
1.3.1.9	VEG241, enoyl-[acyl-carrier-protein] reductase (NADH), v. 21 | p. 43
6.3.2.6	VEG286A, phosphoribosylaminoimidazolesuccinocarboxamide synthase, v. 2 | p. 434
3.6.3.14	VEG31, H+-transporting two-sector ATPase, v. 15 | p. 598
5.3.1.9	VEG54, Glucose-6-phosphate isomerase, v. 1 | p. 298
6.2.1.5	VEG63, Succinate-CoA ligase (ADP-forming), v. 2 | p. 224
1.1.1.37	VEG69, malate dehydrogenase, v. 16 | p. 336
4.2.1.52	VEG81, dihydrodipicolinate synthase, v. 4 | p. 527
3.6.3.14	Vegetative protein 100, H+-transporting two-sector ATPase, v. 15 | p. 598
4.1.3.18	Vegetative protein 105, acetolactate synthase, v. 4 | p. 116
5.4.2.1	Vegetative protein 107, phosphoglycerate mutase, v. 1 | p. 493
1.1.1.49	Vegetative protein 11, glucose-6-phosphate dehydrogenase, v. 16 | p. 474
4.2.1.9	Vegetative protein 110, dihydroxy-acid dehydratase, v. 4 | p. 296
2.7.1.40	vegetative protein 17, pyruvate kinase, v. 36 | p. 33
4.2.3.5	Vegetative protein 216, chorismate synthase, v. S7 | p. 202
1.2.4.1	Vegetative protein 220, pyruvate dehydrogenase (acetyl-transferring), v. 20 | p. 488
6.2.1.5	Vegetative protein 239, Succinate-CoA ligase (ADP-forming), v. 2 | p. 224

1.3.1.9	vegetative protein 241, enoyl-[acyl-carrier-protein] reductase (NADH), v. 21	p. 43
6.3.2.6	Vegetative protein 286A, phosphoribosylaminoimidazolesuccinocarboxamide synthase, v. 2	p. 434
3.6.3.14	Vegetative protein 31, H+-transporting two-sector ATPase, v. 15	p. 598
5.3.1.9	Vegetative protein 54, Glucose-6-phosphate isomerase, v. 1	p. 298
6.2.1.5	Vegetative protein 63, Succinate-CoA ligase (ADP-forming), v. 2	p. 224
1.1.1.37	Vegetative protein 69, malate dehydrogenase, v. 16	p. 336
4.2.1.52	Vegetative protein 81, dihydrodipicolinate synthase, v. 4	p. 527
6.1.1.18	Vegetative specific protein H4, Glutamine-tRNA ligase, v. 2	p. 139
3.1.3.2	vegetative storage protein α, acid phosphatase, v. 10	p. 31
2.7.10.1	VEGF factor receptor tyrosine kinase, receptor protein-tyrosine kinase, v. S2	p. 341
2.7.10.1	VEGFR, receptor protein-tyrosine kinase, v. S2	p. 341
2.7.10.1	VEGFR-1, receptor protein-tyrosine kinase, v. S2	p. 341
2.7.10.1	VEGFR-1 tyrosine kinase, receptor protein-tyrosine kinase, v. S2	p. 341
2.7.10.1	VEGFR-2, receptor protein-tyrosine kinase, v. S2	p. 341
2.7.10.1	VEGFR-2 tyrosine kinase, receptor protein-tyrosine kinase, v. S2	p. 341
2.7.10.1	VEGFR-3, receptor protein-tyrosine kinase, v. S2	p. 341
2.7.10.1	VEGFR1, receptor protein-tyrosine kinase, v. S2	p. 341
2.7.10.1	VEGFR1-3, receptor protein-tyrosine kinase, v. S2	p. 341
2.7.10.1	VEGFR2, receptor protein-tyrosine kinase, v. S2	p. 341
2.7.10.1	VEGFR2/kinase domain region, receptor protein-tyrosine kinase, v. S2	p. 341
2.7.10.1	VEGF receptor, receptor protein-tyrosine kinase, v. S2	p. 341
2.7.10.1	VEGF receptor-1, receptor protein-tyrosine kinase, v. S2	p. 341
2.7.10.1	VEGF receptor 2, receptor protein-tyrosine kinase, v. S2	p. 341
2.7.10.1	VEGF receptor tyrosine kinase, receptor protein-tyrosine kinase, v. S2	p. 341
2.7.10.1	VEGFR tyrosine kinase, receptor protein-tyrosine kinase, v. S2	p. 341
3.4.22.2	velardon, papain, v. 7	p. 518
3.1.15.1	venom phosphodiesterase, venom exonuclease, v. 11	p. 417
1.1.3.7	veratryl alcohol oxidase, aryl-alcohol oxidase, v. 19	p. 69
1.11.1.7	verdoperoxidase, peroxidase, v. 25	p. 211
1.13.11.11	Vermilion protein, tryptophan 2,3-dioxygenase, v. 25	p. 457
3.5.2.6	Verona integron-encoded MBL, β-lactamase, v. 14	p. 683
1.11.1.7	versatile peroxidase, peroxidase, v. 25	p. 211
1.11.1.16	versatile peroxidase MnP2, versatile peroxidase, v. S1	p. 426
1.11.1.7	versatile peroxidase VPL2, peroxidase, v. 25	p. 211
1.11.1.16	versatile peroxidase VPL2 precursor, versatile peroxidase, v. S1	p. 426
3.1.1.72	Versiconal hemiacetal acetate esterase, Acetylxylan esterase, v. 9	p. 406
3.4.24.7	vertebrate collagenase, interstitial collagenase, v. 8	p. 218
3.6.4.3	vertebrate katanin, microtubule-severing ATPase, v. 15	p. 774
1.3.99.3	very-long-chain acyl-CoA dehydrogenase, acyl-CoA dehydrogenase, v. 21	p. 488
1.3.99.13	very-long-chain acyl-CoA dehydrogenase, long-chain-acyl-CoA dehydrogenase, v. 21	p. 561
1.3.99.13	very-long-chain acyl-coenzyme A dehydrogenase, long-chain-acyl-CoA dehydrogenase, v. 21	p. 561
1.3.99.3	very long chain acyl-CoA dehydrogenase, acyl-CoA dehydrogenase, v. 21	p. 488
1.3.99.13	very long chain acyl-CoA dehydrogenase, long-chain-acyl-CoA dehydrogenase, v. 21	p. 561
1.3.99.13	very long chain acyl-CoA dehydrogenase, long-chain-acyl-CoA dehydrogenase, v. 21	p. 561
3.1.2.20	very long chain acyl-CoA thioesterase, acyl-CoA hydrolase, v. 9	p. 539
3.1.2.2	very long chain acyl-CoA thioesterase, palmitoyl-CoA hydrolase, v. 9	p. 459
3.6.4.6	vesicle-fusing ATPase, vesicle-fusing ATPase, v. 15	p. 789
3.4.11.3	Vesicle protein of 165 kDa, cystinyl aminopeptidase, v. 6	p. 66
3.6.4.6	Vesicular-fusion protein NSF, vesicle-fusing ATPase, v. 15	p. 789

4.2.3.21	vetispiradiene-forming farnesyl pyrophosphate cyclase, vetispiradiene synthase, v. S7 | p. 292	
4.2.3.21	vetispiradiene cyclase, vetispiradiene synthase, v. S7 | p. 292	
3.6.3.21	VfAAP1, polar-amino-acid-transporting ATPase, v. 15 | p. 633	
3.6.3.14	VHA, H+-transporting two-sector ATPase, v. 15 | p. 598	
3.6.3.14	VHA16K, H+-transporting two-sector ATPase, v. 15 | p. 598	
4.4.1.21	VhLuxS, S-ribosylhomocysteine lyase, v. S7 | p. 400	
3.1.3.48	VHR, protein-tyrosine-phosphatase, v. 10 | p. 407	
3.1.1.58	Vi-polysaccharide deacetylase, N-acetylgalactosaminoglycan deacetylase, v. 9 | p. 365	
1.9.3.1	VIA*, cytochrome-c oxidase, v. 25 | p. 1	
3.4.11.10	Vibrio aminopeptidase, bacterial leucyl aminopeptidase, v. 6 | p. 125	
1.14.14.3	Vibrio fischeri luciferase, alkanal monooxygenase (FMN-linked), v. 26 | p. 595	
1.13.12.8	Vibrio fischeri luuciferase, Watasenia-luciferin 2-monooxygenase, v. 25 | p. 722	
1.14.14.3	Vibrio harveyi luciferase, alkanal monooxygenase (FMN-linked), v. 26 | p. 595	
3.4.24.25	Vibriolysin, vibriolysin, v. 8 | p. 358	
3.2.1.21	vicianase, β-glucosidase, v. 12 | p. 299	
3.2.1.149	vicianase, β-primeverosidase, v. 13 | p. 609	
3.2.1.119	vicianin hydrolase, vicianin β-glucosidase, v. 13 | p. 492	
3.2.1.88	vicianosidase, β-L-arabinosidase, v. 13 | p. 317	
3.4.22.34	Vicilin peptidohydrolase, Legumain, v. 7 | p. 689	
3.1.4.52	VieA, cyclic-guanylate-specific phosphodiesterase, v. S5 | p. 100	
1.9.3.1	VIIaL, cytochrome-c oxidase, v. 25 | p. 1	
3.1.1.47	VIIA phospholipase A2, 1-alkyl-2-acetylglycerophosphocholine esterase, v. 9 | p. 320	
1.9.3.1	VIIIA, cytochrome-c oxidase, v. 25 | p. 1	
1.9.3.1	VIIIb, cytochrome-c oxidase, v. 25 | p. 1	
1.9.3.1	VIIIC, cytochrome-c oxidase, v. 25 | p. 1	
3.5.2.6	VIM, β-lactamase, v. 14 | p. 683	
3.5.2.6	VIM-1, β-lactamase, v. 14 | p. 683	
3.5.2.6	VIM-11, β-lactamase, v. 14 | p. 683	
3.5.2.6	VIM-12, β-lactamase, v. 14 | p. 683	
3.5.2.6	VIM-13, β-lactamase, v. 14 | p. 683	
3.5.2.6	VIM-1 metallo-β-lactamase, β-lactamase, v. 14 | p. 683	
3.5.2.6	VIM-2, β-lactamase, v. 14 | p. 683	
3.5.2.6	VIM-2 metallo-β-lactamase, β-lactamase, v. 14 | p. 683	
3.5.2.6	VIM-3, β-lactamase, v. 14 | p. 683	
3.5.2.6	VIM-5, β-lactamase, v. 14 | p. 683	
3.5.2.6	VIM-7, β-lactamase, v. 14 | p. 683	
3.5.2.6	VIM-metallo β-lactamase, β-lactamase, v. 14 | p. 683	
3.5.2.6	VIM-type MBL, β-lactamase, v. 14 | p. 683	
3.5.2.6	VIM-type metallo-β-lactamase, β-lactamase, v. 14 | p. 683	
3.4.21.20	Vimentin-specific protease, cathepsin G, v. 7 | p. 82	
3.2.1.26	VIN, β-fructofuranosidase, v. 12 | p. 451	
2.3.1.160	vinorine synthase, vinorine synthase, v. 30 | p. 431	
1.3.1.75	[4-vinyl]chlorophyllide a reductase, divinyl chlorophyllide a 8-vinyl-reductase, v. 21 | p. 338	
5.3.3.3	Vinylacetyl coenzyme A isomerase, vinylacetyl-CoA Δ-isomerase, v. 1 | p. 395	
2.6.1.33	VioA, dTDP-4-amino-4,6-dideoxy-D-glucose transaminase, v. 34 | p. 460	
1.10.99.3	Vio de-epoxidase, violaxanthin de-epoxidase, v. S1 | p. 394	
1.14.13.90	violaxanthin cycle enzyme, zeaxanthin epoxidase, v. S1 | p. 585	
1.3.1.74	Viologen accepting pyridine nucleotide oxidoreductase, 2-alkenal reductase, v. 21 | p. 336	
1.6.5.2	Viologen accepting pyridine nucleotide oxidoreductase, NAD(P)H dehydrogenase (quinone), v. 24 | p. 105	
1.6.5.5	Viologen accepting pyridine nucleotide oxidoreductase, NADPH:quinone reductase, v. 24 | p. 135	
2.7.1.103	viomycin phosphotransferase, viomycin kinase, v. 36 | p. 408	
3.4.21.74	viper venom serine protease, Venombin A, v. 7 | p. 364	

3.4.22.50	viral cathepsin, V-cath endopeptidase, v. S6 | p. 27	
3.4.22.66	viral cysteine protease, calicivirin, v. S6 | p. 215	
3.4.21.113	viral diarrhea virus endopeptidase, pestivirus NS3 polyprotein peptidase, v. S5 | p. 408	
3.1.21.6	VirD1/D2 endonuclease, CC-preferring endodeoxyribonuclease, v. 11 | p. 470	
2.4.2.29	virulence-associated protein VACC, tRNA-guanine transglycosylase, v. 33 | p. 253	
3.1.3.48	Virulence protein, protein-tyrosine-phosphatase, v. 10 | p. 407	
2.7.13.3	virulence sensor protein bvgS precursor, histidine kinase, v. S4 | p. 420	
2.7.13.3	virulence sensor protein phoQ, histidine kinase, v. S4 | p. 420	
3.4.22.66	virus-encoded 3C-like proteinase, calicivirin, v. S6 | p. 215	
3.4.21.6	Virus activating protease, coagulation factor Xa, v. 7 | p. 35	
3.2.2.22	viscinum, rRNA N-glycosylase, v. 14 | p. 107	
3.2.2.22	Viscum album agglutinin I, rRNA N-glycosylase, v. 14 | p. 107	
3.2.2.22	viscumin, rRNA N-glycosylase, v. 14 | p. 107	
2.4.2.12	Visfatin, nicotinamide phosphoribosyltransferase, v. 33 | p. 146	
1.6.5.2	vitamin-K reductase, NAD(P)H dehydrogenase (quinone), v. 24 | p. 105	
3.1.1.1	vitamin A esterase, carboxylesterase, v. 9 | p. 1	
3.6.3.33	Vitamin B12-transporting ATPase, vitamin B12-transporting ATPase, v. 15 | p. 668	
1.16.1.3	vitamin B12a reductase, aquacobalamin reductase, v. 27 | p. 444	
2.1.1.13	vitamin B12 methyltransferase, methionine synthase, v. 28 | p. 73	
1.16.1.4	vitamin B12r reductase, cob(II)alamin reductase, v. 27 | p. 449	
2.5.1.17	vitamin B12s adenosyltransferase, cob(I)yrinic acid a,c-diamide adenosyltransferase, v. 33 | p. 517	
3.1.3.74	vitamin B6-phosphate phosphatase, pyridoxal phosphatase, v. S5 | p. 68	
2.7.1.35	vitamin B6 kinase, pyridoxal kinase, v. 35 | p. 395	
1.14.13.13	vitamin D3 25- and 1α-hydroxylase, calcidiol 1-monooxygenase, v. 26 | p. 296	
1.14.13.13	vitamin D3 25-hydroxylase, calcidiol 1-monooxygenase, v. 26 | p. 296	
1.14.13.15	vitamin D3 25-hydroxylase, cholestanetriol 26-monooxygenase, v. 26 | p. 308	
1.14.13.13	vitamin D hydroxylase, calcidiol 1-monooxygenase, v. 26 | p. 296	
3.1.3.74	vitamine B6 (pyridoxine) phosphatase, pyridoxal phosphatase, v. S5 | p. 68	
1.1.4.1	vitamin K1 epoxide reductase, vitamin-K-epoxide reductase (warfarin-sensitive), v. 19 | p. 253	
1.14.99.20	vitamin K 2,3-epoxidase, phylloquinone monooxygenase (2,3-epoxidizing), v. 27 | p. 342	
1.1.4.1	vitamin K 2,3-epoxide reductase, vitamin-K-epoxide reductase (warfarin-sensitive), v. 19 | p. 253	
1.1.4.2	vitamin K 2,3 epoxide reductase, vitamin-K-epoxide reductase (warfarin-insensitive), v. 19 | p. 259	
3.4.21.21	vitamin K dependent clotting factor, coagulation factor VIIa, v. 7 | p. 88	
1.14.99.20	vitamin K epoxidase, phylloquinone monooxygenase (2,3-epoxidizing), v. 27 | p. 342	
1.1.4.1	vitamin K epoxide reductase, vitamin-K-epoxide reductase (warfarin-sensitive), v. 19 | p. 253	
1.1.4.1	vitaminK epoxide reductase, vitamin-K-epoxide reductase (warfarin-sensitive), v. 19 | p. 253	
1.1.4.2	vitamin K epoxide reductase (warfarin-insensitive), vitamin-K-epoxide reductase (warfarin-insensitive), v. 19 | p. 259	
1.1.4.1	vitamin K epoxide reductase complex subunit 1, vitamin-K-epoxide reductase (warfarin-sensitive), v. 19 | p. 253	
1.1.4.1	vitamin K epoxid reductase, vitamin-K-epoxide reductase (warfarin-sensitive), v. 19 | p. 253	
1.1.4.2	vitamin KO reductase, vitamin-K-epoxide reductase (warfarin-insensitive), v. 19 | p. 259	
1.1.4.1	vitamin K oxidoreductase, vitamin-K-epoxide reductase (warfarin-sensitive), v. 19 | p. 253	
1.3.1.74	Vitamin K reductase, 2-alkenal reductase, v. 21 | p. 336	
1.6.5.2	Vitamin K reductase, NAD(P)H dehydrogenase (quinone), v. 24 | p. 105	
1.6.5.5	Vitamin K reductase, NADPH:quinone reductase, v. 24 | p. 135	
1.1.4.1	Vitamin K reductase, vitamin-K-epoxide reductase (warfarin-sensitive), v. 19 | p. 253	
3.4.17.1	vitellogenic-like carboxypeptidase, carboxypeptidase A, v. 6 | p. 401	
1.1.4.1	VKOR, vitamin-K-epoxide reductase (warfarin-sensitive), v. 19 | p. 253	

1.1.4.1	VKORC1, vitamin-K-epoxide reductase (warfarin-sensitive), v. 19	p. 253
1.1.4.1	VKOR complex, vitamin-K-epoxide reductase (warfarin-sensitive), v. 19	p. 253
1.11.1.6	VktA, catalase, v. 25	p. 194
3.4.21.74	VLAF, Venombin A, v. 7	p. 364
1.3.99.3	VLCAD, acyl-CoA dehydrogenase, v. 21	p. 488
1.3.99.13	VLCAD, long-chain-acyl-CoA dehydrogenase, v. 21	p. 561
2.7.7.9	VldB, UTP-glucose-1-phosphate uridylyltransferase, v. 38	p. 163
3.4.24.72	VlF, fibrolase, v. 8	p. 565
3.4.21.95	VLFVA, Snake venom factor V activator, v. 7	p. 457
1.3.99.13	VLMCAD, long-chain-acyl-CoA dehydrogenase, v. 21	p. 561
6.1.1.11	VlmL, Serine-tRNA ligase, v. 2	p. 77
1.13.11.12	VLX-B, lipoxygenase, v. 25	p. 473
1.13.11.12	VLX-D, lipoxygenase, v. 25	p. 473
2.7.13.3	VncS, histidine kinase, histidine kinase, v. S4	p. 420
3.2.2.22	volkensin, rRNA N-glycosylase, v. 14	p. 107
1.1.1.221	vomifoliol 4'-dehydrogenase, vomifoliol dehydrogenase, v. 18	p. 328
1.1.1.221	vomifoliol:NAD+ 4'-oxidoreductase, vomifoliol dehydrogenase, v. 18	p. 328
2.4.1.219	vomilenine glycosyltransferase, vomilenine glucosyltransferase, v. 32	p. 589
1.5.1.32	vomilenine reductase, vomilenine reductase, v. 23	p. 240
1.2.7.7	VOR, 3-methyl-2-oxobutanoate dehydrogenase (ferredoxin), v. S1	p. 207
1.11.1.7	VP, peroxidase, v. 25	p. 211
2.7.7.48	VP1, RNA-directed RNA polymerase, v. 38	p. 468
1.13.11.51	VP14, 9-cis-epoxycarotenoid dioxygenase, v. S1	p. 436
1.13.11.51	VP14 epoxy-carotenoid dioxygenase, 9-cis-epoxycarotenoid dioxygenase, v. S1	p. 436
1.13.11.51	VP14 protein, 9-cis-epoxycarotenoid dioxygenase, v. S1	p. 436
3.4.11.3	Vp165, cystinyl aminopeptidase, v. 6	p. 66
2.7.7.48	VP1 protein, RNA-directed RNA polymerase, v. 38	p. 468
2.7.7.50	VP3, mRNA guanylyltransferase, v. 38	p. 509
2.1.1.62	VP39, mRNA (2'-O-methyladenosine-N6-)-methyltransferase, v. 28	p. 340
2.1.1.57	VP39, mRNA (nucleoside-2'-O-)-methyltransferase, v. 28	p. 320
3.4.21.115	VP4, infectious pancreatic necrosis birnavirus Vp4 peptidase, v. S5	p. 415
2.7.7.19	VP55, polynucleotide adenylyltransferase, v. 38	p. 245
1.4.3.6	VP97, amine oxidase (copper-containing), v. 22	p. 291
3.4.11.10	VpAP, bacterial leucyl aminopeptidase, v. 6	p. 125
2.4.2.30	VPARP, NAD+ ADP-ribosyltransferase, v. 33	p. 263
3.2.1.14	VpChiA, chitinase, v. 12	p. 185
3.4.22.34	VPE, Legumain, v. 7	p. 689
3.4.22.34	VPE1a, Legumain, v. 7	p. 689
3.4.22.34	VPE1b, Legumain, v. 7	p. 689
3.4.22.34	VPE2, Legumain, v. 7	p. 689
3.4.22.34	VPE3, Legumain, v. 7	p. 689
3.6.4.6	Vpl4p, vesicle-fusing ATPase, v. 15	p. 789
3.6.1.1	Vpp1, inorganic diphosphatase, v. 15	p. 240
2.3.1.156	VPS, phloroisovalerophenone synthase, v. 30	p. 417
2.7.1.137	VPS34, phosphatidylinositol 3-kinase, v. 37	p. 170
3.6.4.6	Vps 4B, vesicle-fusing ATPase, v. 15	p. 789
3.6.4.6	VPS4 gene product, vesicle-fusing ATPase, v. 15	p. 789
3.6.4.6	Vps4p, vesicle-fusing ATPase, v. 15	p. 789
3.6.4.6	Vps4p AAA ATPase, vesicle-fusing ATPase, v. 15	p. 789
3.6.4.6	Vpt10p, vesicle-fusing ATPase, v. 15	p. 789
3.1.4.11	Vr-PLC1, phosphoinositide phospholipase C, v. 11	p. 75
3.1.4.11	Vr-PLC2, phosphoinositide phospholipase C, v. 11	p. 75
3.1.4.11	Vr-PLC3, phosphoinositide phospholipase C, v. 11	p. 75
3.1.4.11	Vr-PLC3 protein, phosphoinositide phospholipase C, v. 11	p. 75
3.2.1.1	VrAmy, α-amylase, v. 12	p. 1

2.3.1.160	VS, vinorine synthase, v. 30 | p. 431	
2.1.1.43	vSET, histone-lysine N-methyltransferase, v. 28 | p. 235	
4.6.1.14	VSG-lipase, glycosylphosphatidylinositol diacylglycerol-lyase, v. S7 | p. 441	
3.1.4.47	VSG lipase, variant-surface-glycoprotein phospholipase C, v. 11 | p. 217	
3.4.21.20	VSP, cathepsin G, v. 7 | p. 82	
3.1.3.2	VSPα, acid phosphatase, v. 10 | p. 31	
3.6.1.1	VSP1, inorganic diphosphatase, v. 15 | p. 240	
3.1.3.2	VSP25, acid phosphatase, v. 10 | p. 31	
1.13.11.12	VSP94, lipoxygenase, v. 25 | p. 473	
3.1.21.4	VspI, type II site-specific deoxyribonuclease, v. 11 | p. 454	
2.1.1.72	VspI methyltransferase, site-specific DNA-methyltransferase (adenine-specific), v. 28 | p. 390	
2.3.1.95	vst1, trihydroxystilbene synthase, v. 30 | p. 185	
5.3.1.1	vTIM, Triose-phosphate isomerase, v. 1 | p. 235	
5.99.1.2	vTopo, DNA topoisomerase, v. 1 | p. 721	
1.13.11.51	VuNCED1 protein, 9-cis-epoxycarotenoid dioxygenase, v. S1 | p. 436	
3.1.1.26	Vupat1, galactolipase, v. 9 | p. 222	
1.3.1.77	VvANR, anthocyanidin reductase, v. S1 | p. 231	
3.1.1.72	Vvaxe1, Acetylxylan esterase, v. 9 | p. 406	
3.1.21.1	Vvn, deoxyribonuclease I, v. 11 | p. 431	
1.13.11.51	VvNCED1, 9-cis-epoxycarotenoid dioxygenase, v. S1 | p. 436	
3.6.1.1	VVPP1, inorganic diphosphatase, v. 15 | p. 240	
2.7.1.21	VVTK, thymidine kinase, v. 35 | p. 270	
2.1.1.72	Wadmtase, site-specific DNA-methyltransferase (adenine-specific), v. 28 | p. 390	
1.9.3.1	Warburg's respiratory enzyme, cytochrome-c oxidase, v. 25 | p. 1	
1.1.4.1	warfarin-sensitive vitamin K1 2,3-epoxide reductase, vitamin-K-epoxide reductase (warfarin-sensitive), v. 19 | p. 253	
1.1.4.1	warfarin sensitive vitamin K 2,3-epoxide reductase, vitamin-K-epoxide reductase (warfarin-sensitive), v. 19 | p. 253	
1.13.12.8	Watasenia-type luciferase, Watasenia-luciferin 2-monooxygenase, v. 25 | p. 722	
2.4.1.125	water-soluble-glucan synthase, sucrose-1,6-α-glucan 3(6)-α-glucosyltransferase, v. 32 | p. 188	
1.1.5.2	water-soluble PQQ glucose dehydrogenase, quinoprotein glucose dehydrogenase, v. S1 | p. 88	
1.1.5.2	water-soluble pyrroquinoline quinone glucose dehydrogenase, quinoprotein glucose dehydrogenase, v. S1 | p. 88	
2.7.9.2	water dikinase pyruvate, pyruvate, water dikinase, v. 39 | p. 166	
4.1.1.39	Water stress responsive proteins 1, 2 and 14, Ribulose-bisphosphate carboxylase, v. 3 | p. 244	
2.3.1.75	wax-ester synthase, long-chain-alcohol O-fatty-acyltransferase, v. 30 | p. 79	
3.1.1.50	wax ester hydrolase, wax-ester hydrolase, v. 9 | p. 333	
2.3.1.75	wax ester synthase, long-chain-alcohol O-fatty-acyltransferase, v. 30 | p. 79	
2.3.1.75	wax ester synthase/acyl-coenzyme A:diacylglycerol acyltransferase, long-chain-alcohol O-fatty-acyltransferase, v. 30 | p. 79	
2.3.1.22	wax ester synthase/acyl coenzyme A:diacylglycerol acyltransferase, 2-acylglycerol O-acyltransferase, v. 29 | p. 431	
2.3.1.75	wax ester synthase/diacylglycerol acyltransferase, long-chain-alcohol O-fatty-acyltransferase, v. 30 | p. 79	
2.3.1.75	wax ester synthases/acyl-CoA:diacylglycerol acyltransferases, long-chain-alcohol O-fatty-acyltransferase, v. 30 | p. 79	
2.3.1.75	wax monoester synthase, long-chain-alcohol O-fatty-acyltransferase, v. 30 | p. 79	
2.3.1.75	wax synthase, long-chain-alcohol O-fatty-acyltransferase, v. 30 | p. 79	
2.4.1.242	Waxy protein, NDP-glucose-starch glucosyltransferase, v. S2 | p. 188	
2.4.1.119	Wbp1p, dolichyl-diphosphooligosaccharide-protein glycotransferase, v. 32 | p. 155	
1.1.1.136	WbpA, UDP-N-acetylglucosamine 6-dehydrogenase, v. 17 | p. 397	

2.3.1.5	WbpD, arylamine N-acetyltransferase, v. 29	p. 243
5.1.3.23	WbpI, UDP-2,3-diacetamido-2,3-dideoxyglucuronic acid 2-epimerase, v. S7	p. 499
4.2.1.115	WbpM, UDP-N-acetylglucosamine 4,6-dehydratase (inverting)	
5.1.3.7	WbPP, UDP-N-acetylglucosamine 4-epimerase, v. 1	p. 135
3.1.3.16	WbPP, phosphoprotein phosphatase, v. 10	p. 213
2.4.1.69	WbsJ, galactoside 2-α-L-fucosyltransferase, v. 31	p. 532
3.4.14.5	WC10, dipeptidyl-peptidase IV, v. 6	p. 286
1.1.1.271	wcaG, GDP-L-fucose synthase, v. 18	p. 492
3.6.3.4	WCBD, Cu2+-exporting ATPase, v. 15	p. 544
3.1.3.16	Wdb, phosphoprotein phosphatase, v. 10	p. 213
2.4.1.16	WdCHS1, chitin synthase, v. 31	p. 147
2.4.1.16	WdChs3p, chitin synthase, v. 31	p. 147
2.4.1.16	WdChs5p, chitin synthase, v. 31	p. 147
2.3.1.20	Wdh3563-1, diacylglycerol O-acyltransferase, v. 29	p. 396
2.3.1.20	Wdh3563-2, diacylglycerol O-acyltransferase, v. 29	p. 396
2.3.1.20	Wdh3563-3, diacylglycerol O-acyltransferase, v. 29	p. 396
2.3.1.20	Wdh3563-4, diacylglycerol O-acyltransferase, v. 29	p. 396
2.3.1.20	Wdh3563-7, diacylglycerol O-acyltransferase, v. 29	p. 396
2.6.1.33	WecE, dTDP-4-amino-4,6-dideoxy-D-glucose transaminase, v. 34	p. 460
2.7.10.2	Wee1, non-specific protein-tyrosine kinase, v. S2	p. 441
2.7.10.2	WEE1hu, non-specific protein-tyrosine kinase, v. S2	p. 441
3.4.21.76	Wegener's autoantigen, Myeloblastin, v. 7	p. 380
3.4.21.76	Wegener's granulomatosis autoantigen, Myeloblastin, v. 7	p. 380
3.4.21.76	Wegener autoantigen, Myeloblastin, v. 7	p. 380
3.1.1.50	WEH, wax-ester hydrolase, v. 9	p. 333
2.3.1.75	WE synthases/acyl-CoA:diacylglycerol acyltransferase, long-chain-alcohol O-fatty-acyl-transferase, v. 30	p. 79
2.4.1.100	Wft3, 2,1-fructan:2,1-fructan 1-fructosyltransferase, v. 32	p. 65
6.3.4.4	Wheatadss, Adenylosuccinate synthase, v. 2	p. 579
3.4.16.6	wheat carboxypeptidase II, carboxypeptidase D, v. 6	p. 397
3.1.30.1	wheat seedling nuclease, Aspergillus nuclease S1, v. 11	p. 610
1.8.1.8	WhiB1, protein-disulfide reductase, v. 24	p. 514
1.8.4.2	WhiB1, protein-disulfide reductase (glutathione), v. 24	p. 617
1.8.1.8	WhiB1/Rv3219, protein-disulfide reductase, v. 24	p. 514
1.8.4.2	WhiB1/Rv3219, protein-disulfide reductase (glutathione), v. 24	p. 617
2.1.1.125	WHISTLE, histone-arginine N-methyltransferase, v. 28	p. 578
3.4.24.34	whMMP-8, neutrophil collagenase, v. 8	p. 399
5.2.1.8	WHP, Peptidylprolyl isomerase, v. 1	p. 218
2.7.13.3	wide host range virA protein (WHR virA), histidine kinase, v. S4	p. 420
3.1.3.16	Widerborst, phosphoprotein phosphatase, v. 10	p. 213
3.5.1.4	Wide spectrum amidase, amidase, v. 14	p. 231
3.1.3.16	wild-type p53-induced phosphatase, phosphoprotein phosphatase, v. 10	p. 213
2.5.1.53	willardiine synthase, uracilylalanine synthase, v. 34	p. 143
3.6.3.4	Wilson's desease protein, Cu2+-exporting ATPase, v. 15	p. 544
3.6.3.4	Wilson's disease copper-transporting ATPase, Cu2+-exporting ATPase, v. 15	p. 544
3.6.3.4	Wilson's disease protein, Cu2+-exporting ATPase, v. 15	p. 544
3.6.3.4	Wilson copper-transporting ATPase, Cu2+-exporting ATPase, v. 15	p. 544
3.6.3.4	Wilson copper-transporting P-type ATPase, Cu2+-exporting ATPase, v. 15	p. 544
3.6.3.4	Wilson copper ATPase, Cu2+-exporting ATPase, v. 15	p. 544
3.6.3.4	Wilson disease-associated protein, Cu2+-exporting ATPase, v. 15	p. 544
3.6.3.4	Wilson disease-associated protein homolog, Cu2+-exporting ATPase, v. 15	p. 544
3.6.3.4	Wilson disease copper-transporting ATPase, Cu2+-exporting ATPase, v. 15	p. 544
3.6.3.4	Wilson disease protein, Cu2+-exporting ATPase, v. 15	p. 544
3.6.3.4	Wilson protein, Cu2+-exporting ATPase, v. 15	p. 544
3.2.1.14	WIN6, chitinase, v. 12	p. 185

3.1.3.16	Wip1, phosphoprotein phosphatase, v. 10	p. 213
2.7.12.2	wis1 protein kinase, mitogen-activated protein kinase kinase, v. S4	p. 392
2.7.7.19	Wisp, polynucleotide adenylyltransferase, v. 38	p. 245
5.1.3.23	WlbD, UDP-2,3-diacetamido-2,3-dideoxyglucuronic acid 2-epimerase, v. S7	p. 499
3.6.3.4	WNDP, Cu2+-exporting ATPase, v. 15	p. 544
3.6.3.4	WND protein, Cu2+-exporting ATPase, v. 15	p. 544
2.7.11.1	WNK1, non-specific serine/threonine protein kinase, v. S3	p. 1
2.7.11.1	WNK1 kinase, non-specific serine/threonine protein kinase, v. S3	p. 1
2.7.11.1	WNK4, non-specific serine/threonine protein kinase, v. S3	p. 1
2.7.11.1	WNK4 kinase, non-specific serine/threonine protein kinase, v. S3	p. 1
2.7.10.2	Wnt11, non-specific protein-tyrosine kinase, v. S2	p. 441
2.7.7.48	WNV NS5, RNA-directed RNA polymerase, v. 38	p. 468
2.8.1.4	wobble uridine-34 thiolase, tRNA sulfurtransferase, v. 39	p. 218
2.4.1.117	wollknäuel, dolichyl-phosphate β-glucosyltransferase, v. 32	p. 146
1.2.7.5	WOR5, aldehyde ferredoxin oxidoreductase, v. S1	p. 188
3.1.3.16	wound-induced protein 1, phosphoprotein phosphatase, v. 10	p. 213
1.11.1.7	WPTP, peroxidase, v. 25	p. 211
1.6.5.2	WrbA, NAD(P)H dehydrogenase (quinone), v. 24	p. 105
1.6.99.5	WrbA, NADH dehydrogenase (quinone), v. 24	p. 219
1.6.5.5	WrbA, NADPH:quinone reductase, v. 24	p. 135
3.6.5.2	Wrch-1, small monomeric GTPase, v. S6	p. 476
3.1.11.1	WRN, exodeoxyribonuclease I, v. 11	p. 357
6.1.1.2	WRS, Tryptophan-tRNA ligase, v. 2	p. 9
2.3.1.75	WS, long-chain-alcohol O-fatty-acyltransferase, v. 30	p. 79
2.3.1.22	WS/DGAT, 2-acylglycerol O-acyltransferase, v. 29	p. 431
2.3.1.20	WS/DGAT, diacylglycerol O-acyltransferase, v. 29	p. 396
2.3.1.75	WS/DGAT, long-chain-alcohol O-fatty-acyltransferase, v. 30	p. 79
2.7.8.6	WsaP, undecaprenyl-phosphate galactose phosphotransferase, v. 39	p. 48
2.3.1.75	WSD1, long-chain-alcohol O-fatty-acyltransferase, v. 30	p. 79
2.7.7.65	WspR, diguanylate cyclase, v. S2	p. 331
3.6.3.29	WtpA, molybdate-transporting ATPase, v. 15	p. 654
3.1.3.4	WunD, phosphatidate phosphatase, v. 10	p. 82
3.1.3.4	Wunen, phosphatidate phosphatase, v. 10	p. 82
3.1.3.4	Wunen2, phosphatidate phosphatase, v. 10	p. 82
3.1.3.4	Wunen protein, phosphatidate phosphatase, v. 10	p. 82
6.3.2.19	WW domain-containing protein 1, Ubiquitin-protein ligase, v. 2	p. 506
6.3.2.19	WWP1, Ubiquitin-protein ligase, v. 2	p. 506
6.3.2.19	WWP1/TGIF-interacting ubiquitin ligase 1, Ubiquitin-protein ligase, v. 2	p. 506
2.4.1.242	Wx-7A, NDP-glucose-starch glucosyltransferase, v. S2	p. 188
2.4.1.242	Wx-D1 protein, NDP-glucose-starch glucosyltransferase, v. S2	p. 188
2.7.10.2	Wzc, non-specific protein-tyrosine kinase, v. S2	p. 441
3.1.3.75	3X11A, phosphoethanolamine/phosphocholine phosphatase, v. S5	p. 80
3.6.1.30	X29, m7G(5')pppN diphosphatase, v. 15	p. 440
3.6.1.30	X29 protein, m7G(5')pppN diphosphatase, v. 15	p. 440
3.2.1.8	X34, endo-1,4-β-xylanase, v. 12	p. 133
6.5.1.1	X4L4, DNA ligase (ATP), v. 2	p. 755
3.4.21.6	Xa, coagulation factor Xa, v. 7	p. 35
3.2.1.8	Xa, endo-1,4-β-xylanase, v. 12	p. 133
3.4.13.5	Xaa-methyl-His dipeptidase, Xaa-methyl-His dipeptidase, v. 6	p. 195
3.4.14.5	Xaa-Pro-dipeptidyl-aminopeptidase, dipeptidyl-peptidase IV, v. 6	p. 286
3.4.11.9	Xaa-Pro aminopeptidase, Xaa-Pro aminopeptidase, v. 6	p. 111
3.4.11.20	Xac2987, aminopeptidase Ey, v. 6	p. 169
3.5.3.4	XAlc, allantoicase, v. 14	p. 769
1.14.13.69	XAMO, alkene monooxygenase, v. 26	p. 543
2.4.2.22	Xan phosphoribosyltransferase, xanthine phosphoribosyltransferase, v. 33	p. 206

4.2.2.12	xanthan lyase, xanthan lyase, v. 5 | p. 68
1.8.4.7	[xanthine-dehydrogenase]:oxidized-glutathione S-oxidoreductase, enzyme-thiol transhydrogenase (glutathione-disulfide), v. 24 | p. 656
1.17.1.4	xanthine-NAD oxidoreductase, xanthine dehydrogenase, v. S1 | p. 674
1.17.1.4	xanthine/NAD+ oxidoreductase, xanthine dehydrogenase, v. S1 | p. 674
1.17.3.2	xanthine:O2 oxidoreductase, xanthine oxidase, v. S1 | p. 729
1.17.3.2	xanthine:oxygen oxidoreductase, xanthine oxidase, v. S1 | p. 729
1.17.3.2	xanthine:xanthine oxidase, xanthine oxidase, v. S1 | p. 729
1.17.3.2	xanthine oxidase, xanthine oxidase, v. S1 | p. 729
1.16.3.1	xanthine oxidoreductase, ferroxidase, v. 27 | p. 466
1.17.1.4	xanthine oxidoreductase, xanthine dehydrogenase, v. S1 | p. 674
1.17.3.2	xanthine oxidoreductase, xanthine oxidase, v. S1 | p. 729
2.4.2.22	xanthine PRT, xanthine phosphoribosyltransferase, v. 33 | p. 206
3.4.21.101	xanthomonapepsin, xanthomonalisin, v. 7 | p. 490
3.4.21.101	Xanthomonas aspartic proteinase, xanthomonalisin, v. 7 | p. 490
3.4.21.101	Xanthomonas serine-carboxyl peptidase, xanthomonalisin, v. 7 | p. 490
3.4.21.101	Xanthomonas serine-carboxyl proteinase, xanthomonalisin, v. 7 | p. 490
6.3.4.1	Xanthosine-5'-phosphate-ammonia ligase, GMP synthase, v. 2 | p. 548
6.3.5.2	Xanthosine-5'-phosphate-ammonia ligase, GMP synthase (glutamine-hydrolysing), v. 2 | p. 655
6.3.5.2	Xanthosine-5'-phosphate:ammonia ligase (AMP-forming), GMP synthase (glutamine-hydrolysing), v. 2 | p. 655
6.3.4.1	Xanthosine-5'-phosphate:L-glutamine amido-ligase (AMP-forming), GMP synthase, v. 2 | p. 548
2.1.1.158	xanthosine-N7-methyltransferase, 7-methylxanthosine synthase, v. S2 | p. 25
6.3.4.1	Xanthosine 5'-phosphate amidotransferase, GMP synthase, v. 2 | p. 548
6.3.5.2	Xanthosine 5'-phosphate amidotransferase, GMP synthase (glutamine-hydrolysing), v. 2 | p. 655
2.4.2.22	xanthosine 5'-phosphate pyrophosphorylase, xanthine phosphoribosyltransferase, v. 33 | p. 206
6.3.4.1	Xanthosine 5-monophosphate aminase, GMP synthase, v. 2 | p. 548
6.3.5.2	Xanthosine 5-monophosphate aminase, GMP synthase (glutamine-hydrolysing), v. 2 | p. 655
2.1.1.158	xanthosine:S-adenosyl-L-methionine methyltransferase, 7-methylxanthosine synthase, v. S2 | p. 25
2.1.1.158	xanthosine methyltransferase, 7-methylxanthosine synthase, v. S2 | p. 25
1.1.1.288	xanthoxin oxidase, xanthoxin dehydrogenase, v. S1 | p. 68
2.4.2.22	xanthylate pyrophosphorylase, xanthine phosphoribosyltransferase, v. 33 | p. 206
2.4.2.22	xanthylic pyrophosphorylase, xanthine phosphoribosyltransferase, v. 33 | p. 206
3.6.1.5	XAPY, apyrase, v. 15 | p. 269
3.1.3.31	XAPY, nucleotidase, v. 10 | p. 316
3.2.1.55	xarB, α-N-arabinofuranosidase, v. 13 | p. 106
2.3.1.88	Xat-1, peptide α-N-acetyltransferase, v. 30 | p. 157
3.1.21.4	XbaI, type II site-specific deoxyribonuclease, v. 11 | p. 454
3.4.24.19	XBMP1-A, procollagen C-endopeptidase, v. 8 | p. 317
3.4.24.19	XBMP1-B, procollagen C-endopeptidase, v. 8 | p. 317
3.4.25.1	XC3, proteasome endopeptidase complex, v. 8 | p. 587
3.1.1.17	XC5397, gluconolactonase, v. 9 | p. 179
3.1.13.3	XC847, oligonucleotidase, v. 11 | p. 402
3.4.15.1	XcACE, peptidyl-dipeptidase A, v. 6 | p. 334
2.7.11.17	XCaM-KIα, Ca2+/calmodulin-dependent protein kinase, v. S4 | p. 1
2.7.11.17	XCaM-KI LiKβ, Ca2+/calmodulin-dependent protein kinase, v. S4 | p. 1
2.7.7.21	XCCA, tRNA cytidylyltransferase, v. 38 | p. 265
3.1.21.4	XcmI, type II site-specific deoxyribonuclease, v. 11 | p. 454
2.3.1.1	XcNAGS, amino-acid N-acetyltransferase, v. 29 | p. 224

2.4.1.94	XcOGT, protein N-acetylglucosaminyltransferase, v. 32	p. 39
3.4.21.101	XCP, xanthomonalisin, v. 7	p. 490
3.4.23.43	XcpA, prepilin peptidase, v. 8	p. 194
4.2.2.2	XcPL NP_636037, pectate lyase, v. 5	p. 6
4.2.2.2	XcPL NP_638163, pectate lyase, v. 5	p. 6
1.2.1.36	xCTBP, retinal dehydrogenase, v. 20	p. 282
1.2.1.36	xCTBP/xALDH1, retinal dehydrogenase, v. 20	p. 282
4.2.1.96	XDCoH, 4a-hydroxytetrahydrobiopterin dehydratase, v. 4	p. 665
1.1.1.175	XDH, D-xylose 1-dehydrogenase, v. 18	p. 78
1.1.1.9	XDH, D-xylulose reductase, v. 16	p. 137
1.1.1.10	XDH, L-xylulose reductase, v. 16	p. 144
1.17.1.4	XDH, xanthine dehydrogenase, v. S1	p. 674
1.1.1.9	XDH-Y25, D-xylulose reductase, v. 16	p. 137
1.17.1.4	XDH/XO, xanthine dehydrogenase, v. S1	p. 674
1.1.1.9	xdhA, D-xylulose reductase, v. 16	p. 137
2.7.11.1	XEEK1 kinase, non-specific serine/threonine protein kinase, v. S3	p. 1
3.2.1.151	XEG, xyloglucan-specific endo-β-1,4-glucanase, v. S5	p. 132
3.2.1.151	XEG5, xyloglucan-specific endo-β-1,4-glucanase, v. S5	p. 132
3.2.1.151	XEG74, xyloglucan-specific endo-β-1,4-glucanase, v. S5	p. 132
3.2.1.155	XEG74, xyloglucan-specific exo-β-1,4-glucanase, v. S5	p. 157
3.2.1.120	XEH, oligoxyloglucan β-glycosidase, v. 13	p. 495
3.3.2.9	XEHase, microsomal epoxide hydrolase, v. S5	p. 200
2.7.10.1	Xek, receptor protein-tyrosine kinase, v. S2	p. 341
2.7.1.145	Xen-PyK, deoxynucleoside kinase, v. 37	p. 214
1.3.1.31	XenA, 2-enoate reductase, v. 21	p. 182
6.2.1.2	xenobiotic/medium-chain fatty acid:CoA ligase, Butyrate-CoA ligase, v. 2	p. 199
1.1.1.184	xenobiotic carbonyl reductase, carbonyl reductase (NADPH), v. 18	p. 105
3.3.2.9	xenobiotic epoxide hydrolase, microsomal epoxide hydrolase, v. S5	p. 200
1.1.1.184	xenobiotic ketone reductase, carbonyl reductase (NADPH), v. 18	p. 105
1.14.14.1	xenobiotic monooxygenase, unspecific monooxygenase, v. 26	p. 584
2.7.10.1	Xenopus Elk-like kinase, receptor protein-tyrosine kinase, v. S2	p. 341
2.4.1.207	XET, xyloglucan:xyloglucosyl transferase, v. 32	p. 524
2.4.1.207	XET/XTH, xyloglucan:xyloglucosyl transferase, v. 32	p. 524
2.4.1.207	XET16-34, xyloglucan:xyloglucosyl transferase, v. 32	p. 524
2.4.1.207	XET16A, xyloglucan:xyloglucosyl transferase, v. 32	p. 524
2.4.1.207	XET5, xyloglucan:xyloglucosyl transferase, v. 32	p. 524
4.1.2.22	Xfp, Fructose-6-phosphate phosphoketolase, v. 3	p. 523
4.1.2.9	Xfp, Phosphoketolase, v. 3	p. 435
3.2.1.155	XG, xyloglucan-specific exo-β-1,4-glucanase, v. S5	p. 157
3.2.1.151	XG-ase, xyloglucan-specific endo-β-1,4-glucanase, v. S5	p. 132
3.2.1.23	XG-specific β-galactosidase, β-galactosidase, v. 12	p. 368
3.2.1.151	XG12, xyloglucan-specific endo-β-1,4-glucanase, v. S5	p. 132
3.2.1.151	XG5, xyloglucan-specific endo-β-1,4-glucanase, v. S5	p. 132
2.4.1.41	xGaltnl-1, polypeptide N-acetylgalactosaminyltransferase, v. 31	p. 384
3.2.1.120	XGH, oligoxyloglucan β-glycosidase, v. 13	p. 495
3.2.1.151	XGH74, xyloglucan-specific endo-β-1,4-glucanase, v. S5	p. 132
3.1.4.35	xGMP-specific PDE, 3',5'-cyclic-GMP phosphodiesterase, v. 11	p. 153
2.3.1.15	xGPAT1, glycerol-3-phosphate O-acyltransferase, v. 29	p. 347
2.3.1.15	xGPAT1-v1, glycerol-3-phosphate O-acyltransferase, v. 29	p. 347
2.3.1.15	xGPAT1-v2, glycerol-3-phosphate O-acyltransferase, v. 29	p. 347
2.4.2.22	XGPRT, xanthine phosphoribosyltransferase, v. 33	p. 206
3.2.1.151	XH, xyloglucan-specific endo-β-1,4-glucanase, v. S5	p. 132
2.4.1.212	XHAS1, hyaluronan synthase, v. 32	p. 558
2.4.1.212	XHAS2, hyaluronan synthase, v. 32	p. 558
2.4.1.212	XHAS3, hyaluronan synthase, v. 32	p. 558

5.1.3.2	6xHis-rGalE, UDP-glucose 4-epimerase, v.1	p.97
3.1.21.4	XhoI, type II site-specific deoxyribonuclease, v.11	p.454
3.1.21.4	XhoII, type II site-specific deoxyribonuclease, v.11	p.454
5.3.1.5	XI, Xylose isomerase, v.1	p.259
6.3.2.19	XIAP, Ubiquitin-protein ligase, v.2	p.506
1.14.15.4	P-450XIB1, steroid 11β-monooxygenase, v.27	p.26
2.2.1.2	XIF1, transaldolase, v.29	p.179
2.7.1.17	XK, xylulokinase, v.35	p.231
2.7.1.17	XK-1, xylulokinase, v.35	p.231
3.6.4.4	XKCM1, plus-end-directed kinesin ATPase, v.15	p.778
3.2.1.35	XKH1, hyaluronoglucosaminidase, v.12	p.526
3.6.4.4	XKLP1, plus-end-directed kinesin ATPase, v.15	p.778
2.7.1.17	XKS1, xylulokinase, v.35	p.231
1.97.1.10	XL-15, thyroxine 5'-deiodinase, v.S1	p.788
1.1.1.9	XL2, D-xylulose reductase, v.16	p.137
4.6.1.1	xlAC, adenylate cyclase, v.5	p.415
4.1.99.3	XlCry-DASH, deoxyribodipyrimidine photo-lyase, v.4	p.223
1.14.13.24	XlnD, 3-hydroxybenzoate 6-monooxygenase, v.26	p.355
3.2.1.72	xloA, xylan 1,3-β-xylosidase, v.13	p.221
3.1.1.73	XLYD, feruloyl esterase, v.9	p.414
6.2.1.2	XM-ligase, Butyrate-CoA ligase, v.2	p.199
3.1.21.4	XmaIII, type II site-specific deoxyribonuclease, v.11	p.454
2.7.12.2	XMEK2, mitogen-activated protein kinase kinase, v.S4	p.392
3.1.21.4	XmnI, type II site-specific deoxyribonuclease, v.11	p.454
6.3.4.1	XMP aminase, GMP synthase, v.2	p.548
6.3.5.2	XMP aminase, GMP synthase (glutamine-hydrolysing), v.2	p.655
2.4.2.22	XMP pyrophosphorylase, xanthine phosphoribosyltransferase, v.33	p.206
2.1.1.158	XMT, 7-methylxanthosine synthase, v.S2	p.25
2.1.1.70	XMT, 8-hydroxyfuranocoumarin 8-O-methyltransferase, v.28	p.381
2.1.1.158	XMT1, 7-methylxanthosine synthase, v.S2	p.25
1.17.3.2	XnOx, xanthine oxidase, v.S1	p.729
1.17.3.2	XO, xanthine oxidase, v.S1	p.729
1.17.3.2	XOD, xanthine oxidase, v.S1	p.729
4.1.1.17	XODC1, Ornithine decarboxylase, v.3	p.85
4.1.1.17	XODC2, Ornithine decarboxylase, v.3	p.85
4.4.1.1	XometC, cystathionine γ-lyase, v.5	p.297
4.2.3.4	Xoo1243, 3-dehydroquinate synthase, v.S7	p.194
3.1.1.31	Xoo2316, 6-phosphogluconolactonase, v.9	p.247
3.4.22.68	XopD, Ulp1 peptidase, v.S6	p.223
1.17.1.4	XOR, xanthine dehydrogenase, v.S1	p.674
1.17.3.2	XOR, xanthine oxidase, v.S1	p.729
4.1.2.9	XPK, Phosphoketolase, v.3	p.435
4.1.2.9	XpkA, Phosphoketolase, v.3	p.435
5.3.1.24	xPRAI, phosphoribosylanthranilate isomerase, v.1	p.353
2.7.1.1	xprF, hexokinase, v.35	p.74
2.4.2.22	XPRT, xanthine phosphoribosyltransferase, v.33	p.206
2.4.2.22	XPRTase, xanthine phosphoribosyltransferase, v.33	p.206
3.6.3.50	XpsE, protein-secreting ATPase, v.15	p.737
3.4.23.43	XpsO, prepilin peptidase, v.8	p.194
1.1.1.10	XR, L-xylulose reductase, v.16	p.144
1.1.1.5	XR, acetoin dehydrogenase, v.16	p.97
6.5.1.1	XRCC1/DNA ligase III, DNA ligase (ATP), v.2	p.755
6.5.1.1	XRCC4-DNA ligase IV complex, DNA ligase (ATP), v.2	p.755
3.1.16.1	XRNA, spleen exonuclease, v.11	p.424
3.1.16.1	XRNB, spleen exonuclease, v.11	p.424

3.1.16.1	XRNC, spleen exonuclease, v. 11 | p. 424	
3.1.16.1	XRND, spleen exonuclease, v. 11 | p. 424	
2.1.1.158	XRS1, 7-methylxanthosine synthase, v. S2 | p. 25	
2.3.3.15	Xsc, sulfoacetaldehyde acetyltransferase, v. 30 | p. 696	
3.4.21.101	XSCO, xanthomonalisin, v. 7 | p. 490	
3.4.21.101	XSCP, xanthomonalisin, v. 7 | p. 490	
2.4.1.94	XsOGT, protein N-acetylglucosaminyltransferase, v. 32 | p. 39	
2.4.2.26	XT, protein xylosyltransferase, v. 33 | p. 224	
2.4.2.26	XT-I, protein xylosyltransferase, v. 33 | p. 224	
2.4.2.26	XT-II, protein xylosyltransferase, v. 33 | p. 224	
3.2.1.8	XT6, endo-1,4-β-xylanase, v. 12 | p. 133	
3.2.1.37	βXTE, xylan 1,4-β-xylosidase, v. 12 | p. 537	
3.2.1.120	XTH, oligoxyloglucan β-glycosidase, v. 13 | p. 495	
3.2.1.151	XTH, xyloglucan-specific endo-β-1,4-glucanase, v. S5 | p. 132	
2.4.1.207	XTH, xyloglucan:xyloglucosyl transferase, v. 32 | p. 524	
2.4.1.207	XTH/XET, xyloglucan:xyloglucosyl transferase, v. 32 | p. 524	
2.4.1.207	XTH1, xyloglucan:xyloglucosyl transferase, v. 32 | p. 524	
2.4.1.207	XTH24, xyloglucan:xyloglucosyl transferase, v. 32 | p. 524	
3.2.1.151	XTH3, xyloglucan-specific endo-β-1,4-glucanase, v. S5 | p. 132	
2.4.1.207	XTH3, xyloglucan:xyloglucosyl transferase, v. 32 | p. 524	
2.4.1.207	XTH33, xyloglucan:xyloglucosyl transferase, v. 32 | p. 524	
3.1.11.2	xthA-1 gene product, exodeoxyribonuclease III, v. 11 | p. 362	
3.2.1.37	βXTR, xylan 1,4-β-xylosidase, v. 12 | p. 537	
2.4.1.123	XvGolS, inositol 3-α-galactosyltransferase, v. 32 | p. 182	
2.4.2.39	XXT5, xyloglucan 6-xylosyltransferase, v. 33 | p. 308	
3.2.1.8	Xyl, endo-1,4-β-xylanase, v. 12 | p. 133	
2.4.2.38	Xyl-β-1,2-transferase, glycoprotein 2-β-D-xylosyltransferase, v. 33 | p. 304	
3.2.1.8	XYL1, endo-1,4-β-xylanase, v. 12 | p. 133	
3.2.1.37	XYL1, xylan 1,4-β-xylosidase, v. 12 | p. 537	
1.1.1.9	XYL2, D-xylulose reductase, v. 16 | p. 137	
3.2.1.55	XYL3, α-N-arabinofuranosidase, v. 13 | p. 106	
2.7.1.17	XYL3, xylulokinase, v. 35 | p. 231	
3.2.1.37	XYL4, xylan 1,4-β-xylosidase, v. 12 | p. 537	
3.2.1.32	XYL4, xylan endo-1,3-β-xylosidase, v. 12 | p. 503	
3.2.1.8	XYLA, endo-1,4-β-xylanase, v. 12 | p. 133	
3.1.1.73	xylan-degrading enzyme system, feruloyl esterase, v. 9 | p. 414	
3.2.1.8	1,4-β-D-xylan-xylanohydrolase, endo-1,4-β-xylanase, v. 12 | p. 133	
3.2.1.37	Xylan 1,4-β-xylosidase, xylan 1,4-β-xylosidase, v. 12 | p. 537	
3.2.1.8	(1-4)-β-xylan 4-xylanohydrolase, endo-1,4-β-xylanase, v. 12 | p. 133	
3.2.1.8	(1-> 4)-β-xylan 4-xylanohydrolase, endo-1,4-β-xylanase, v. 12 | p. 133	
3.2.1.32	1,3-β-xylanase, xylan endo-1,3-β-xylosidase, v. 12 | p. 503	
3.2.1.32	1,3-xylanase, xylan endo-1,3-β-xylosidase, v. 12 | p. 503	
3.2.1.8	1,4-β-xylanase, endo-1,4-β-xylanase, v. 12 | p. 133	
3.2.1.72	β-1,3'-xylanase, xylan 1,3-β-xylosidase, v. 13 | p. 221	
3.2.1.32	β-1,3-xylanase, xylan endo-1,3-β-xylosidase, v. 12 | p. 503	
3.2.1.8	β-1,4-D-xylanase, endo-1,4-β-xylanase, v. 12 | p. 133	
3.2.1.8	β-1,4-xylanase, endo-1,4-β-xylanase, v. 12 | p. 133	
3.2.1.8	β-D-xylanase, endo-1,4-β-xylanase, v. 12 | p. 133	
3.2.1.8	β-xylanase, endo-1,4-β-xylanase, v. 12 | p. 133	
3.1.1.72	xylanase, Acetylxylan esterase, v. 9 | p. 406	
3.2.1.8	xylanase, endo-1,4-β-xylanase, v. 12 | p. 133	
3.2.1.37	xylanase, xylan 1,4-β-xylosidase, v. 12 | p. 537	
3.2.1.32	xylanase, xylan endo-1,3-β-xylosidase, v. 12 | p. 503	
3.2.1.32	xylanase, endo-1,3-, xylan endo-1,3-β-xylosidase, v. 12 | p. 503	
3.2.1.8	xylanase, endo-1,4-, endo-1,4-β-xylanase, v. 12 | p. 133	

3.2.1.136	xylanase, glucuronoarabinoxylan endo-1,4-β-, glucuronoarabinoxylan endo-1,4-β-xylanase, v. 13 | p. 545
3.1.1.73	xylanase 10, feruloyl esterase, v. 9 | p. 414
3.2.1.8	xylanase 10A, endo-1,4-β-xylanase, v. 12 | p. 133
3.2.1.8	xylanase 10B, endo-1,4-β-xylanase, v. 12 | p. 133
3.1.1.73	xylanase 10B, feruloyl esterase, v. 9 | p. 414
3.2.1.8	xylanase 10C, endo-1,4-β-xylanase, v. 12 | p. 133
3.2.1.8	xylanase 11A, endo-1,4-β-xylanase, v. 12 | p. 133
3.2.1.8	xylanase 11J, endo-1,4-β-xylanase, v. 12 | p. 133
3.2.1.8	Xylanase 22, endo-1,4-β-xylanase, v. 12 | p. 133
3.2.1.8	xylanase 43A, endo-1,4-β-xylanase, v. 12 | p. 133
3.2.1.8	xylanase A, endo-1,4-β-xylanase, v. 12 | p. 133
3.2.1.8	xylanase B, endo-1,4-β-xylanase, v. 12 | p. 133
3.2.1.8	xylanase C, endo-1,4-β-xylanase, v. 12 | p. 133
3.2.1.8	xylanase I, endo-1,4-β-xylanase, v. 12 | p. 133
3.2.1.8	xylanase Xyl10A, endo-1,4-β-xylanase, v. 12 | p. 133
3.2.1.8	xylanase Xyl11A, endo-1,4-β-xylanase, v. 12 | p. 133
3.1.1.73	xylanase Z, feruloyl esterase, v. 9 | p. 414
3.2.1.8	β-1,4-xylan hydrolase, endo-1,4-β-xylanase, v. 12 | p. 133
2.4.2.24	1,4-β-xylan synthase, 1,4-β-D-xylan synthase, v. 33 | p. 217
2.4.2.24	xylan synthase, 1,4-β-D-xylan synthase, v. 33 | p. 217
2.4.2.24	xylan synthetase, 1,4-β-D-xylan synthase, v. 33 | p. 217
3.2.1.8	1,4-β-D-xylan xylanohydrolase, endo-1,4-β-xylanase, v. 12 | p. 133
3.2.1.136	1,4-β-D-xylan xylanohydrolase, glucuronoarabinoxylan endo-1,4-β-xylanase, v. 13 | p. 545
3.2.1.8	1,4-β-xylan xylanohydrolase, endo-1,4-β xylanase, v. 12 | p. 133
3.2.1.8	β-1,4-xylan xylanohydrolase, endo-1,4-β-xylanase, v. 12 | p. 133
3.2.1.8	1,4-β-D-xylan xylanohydrolase 22, endo-1,4-β-xylanase, v. 12 | p. 133
3.2.1.72	1,3-β-D-xylan xylohydrolase, xylan 1,3-β-xylosidase, v. 13 | p. 221
3.2.1.37	1,4-β-D-xylan xylohydrolase, xylan 1,4-β-xylosidase, v. 12 | p. 537
3.2.1.8	XylB, endo-1,4-β-xylanase, v. 12 | p. 133
1.2.1.28	XylC, benzaldehyde dehydrogenase (NAD+), v. 20 | p. 246
3.2.1.8	XYLD, endo-1,4-β-xylanase, v. 12 | p. 133
3.1.1.73	XYLD, feruloyl esterase, v. 9 | p. 414
1.13.11.2	XylE, catechol 2,3-dioxygenase, v. 25 | p. 395
3.7.1.9	XylF, 2-hydroxymuconate-semialdehyde hydrolase, v. 15 | p. 856
3.2.1.8	XylF2, endo-1,4-β-xylanase, v. 12 | p. 133
3.2.1.8	Xyl I, endo-1,4-β-xylanase, v. 12 | p. 133
3.2.1.8	Xyl II, endo-1,4-β-xylanase, v. 12 | p. 133
1.1.1.9	xylitol-2-dehydrogenase, D-xylulose reductase, v. 16 | p. 137
3.1.3.58	xylitol-5-phosphatase, sugar-terminal-phosphatase, v. 10 | p. 462
1.1.1.9	xylitol dehydrogenase, D-xylulose reductase, v. 16 | p. 137
1.1.1.10	xylitol dehydrogenase, L-xylulose reductase, v. 16 | p. 144
2.7.1.122	xylitol phosphotransferase, xylitol kinase, v. 37 | p. 62
4.2.1.82	D-xylo-aldonate dehydratase, xylonate dehydratase, v. 4 | p. 620
3.2.1.37	xylobiase, xylan 1,4-β-xylosidase, v. 12 | p. 537
2.4.1.207	xyloglucan-specific endo-(1->4)-β-D-glucanase, xyloglucan:xyloglucosyl transferase, v. 32 | p. 524
3.2.1.120	xyloglucan-specific endo-β-1,4-glucanase, oligoxyloglucan β-glycosidase, v. 13 | p. 495
3.2.1.151	xyloglucan-specific endo-β-1,4-glucanase, xyloglucan-specific endo-β-1,4-glucanase, v. S5 | p. 132
3.2.1.151	xyloglucan-specific endo 1,4-β-glucanase, xyloglucan-specific endo-β-1,4-glucanase, v. S5 | p. 132
2.4.1.168	xyloglucan 4β-D-glucosyltransferase, xyloglucan 4-glucosyltransferase, v. 32 | p. 377
2.4.2.39	xyloglucan 6-α-D-xylosyltransferase, xyloglucan 6-xylosyltransferase, v. 33 | p. 308
2.4.1.207	xyloglucan:xyloglucanotransferase, xyloglucan:xyloglucosyl transferase, v. 32 | p. 524

1163

xyloglucanase

3.2.1.151	xyloglucanase, xyloglucan-specific endo-β-1,4-glucanase, v. S5	p. 132
3.2.1.155	xyloglucanase, xyloglucan-specific exo-β-1,4-glucanase, v. S5	p. 157
3.2.1.155	xyloglucanase Xgh74A, xyloglucan-specific exo-β-1,4-glucanase, v. S5	p. 157
3.2.1.151	xyloglucan endo-β-1,4-glucanase, xyloglucan-specific endo-β-1,4-glucanase, v. S5	p. 132
2.4.1.207	xyloglucan endo-transglycosylase, xyloglucan:xyloglucosyl transferase, v. 32	p. 524
2.4.1.207	xyloglucan endo-transglycosylase/xyloglucan endo-transglycosylase/hydrolase, xyloglucan:xyloglucosyl transferase, v. 32	p. 524
3.2.1.120	xyloglucan endohydrolase, oligoxyloglucan β-glycosidase, v. 13	p. 495
3.2.1.151	xyloglucan endohydrolase, xyloglucan-specific endo-β-1,4-glucanase, v. S5	p. 132
3.2.1.151	xyloglucanendohydrolase, xyloglucan-specific endo-β-1,4-glucanase, v. S5	p. 132
2.4.1.207	xyloglucan endotransglucosylase, xyloglucan:xyloglucosyl transferase, v. 32	p. 524
2.4.1.207	xyloglucan endotransglucosylase/endohydrolase, xyloglucan:xyloglucosyl transferase, v. 32	p. 524
3.2.1.120	xyloglucan endotransglucosylase/hydrolase, oligoxyloglucan β-glycosidase, v. 13	p. 495
3.2.1.151	xyloglucan endotransglucosylase/hydrolase, xyloglucan-specific endo-β-1,4-glucanase, v. S5	p. 132
2.4.1.207	xyloglucan endotransglucosylase/hydrolase, xyloglucan:xyloglucosyl transferase, v. 32	p. 524
3.2.1.151	xyloglucan endotransglucosylase/hydrolases, xyloglucan-specific endo-β-1,4-glucanase, v. S5	p. 132
2.4.1.207	xyloglucan endotransglucosylase 16A, xyloglucan:xyloglucosyl transferase, v. 32	p. 524
2.4.1.207	xyloglucan endotransglycosylase, xyloglucan:xyloglucosyl transferase, v. 32	p. 524
2.4.1.207	xyloglucan endotransglycosylase (Actinia deliciosa strain Hayward pericarp clone AdXET-5 gene XET precursor), xyloglucan:xyloglucosyl transferase, v. 32	p. 524
2.4.1.207	xyloglucan endotransglycosylase (Arabidopsis thaliana gene TCH4 precursor reduced), xyloglucan:xyloglucosyl transferase, v. 32	p. 524
2.4.1.207	xyloglucan endotransglycosylase (barley clone PM5 gene HVPM5), xyloglucan:xyloglucosyl transferase, v. 32	p. 524
2.4.1.207	xyloglucan endotransglycosylase (barley clone XEA gene HVXEA), xyloglucan:xyloglucosyl transferase, v. 32	p. 524
2.4.1.207	xyloglucan endotransglycosylase (barley clone XEB gene HVXEB), xyloglucan:xyloglucosyl transferase, v. 32	p. 524
2.4.1.207	xyloglucan endotransglycosylase-related protein XTR-7 (Arabidopsis thaliana), xyloglucan:xyloglucosyl transferase, v. 32	p. 524
3.2.1.151	xyloglucan endotransglycosylase/hydrolase, xyloglucan-specific endo-β-1,4-glucanase, v. S5	p. 132
2.4.1.207	xyloglucan endotransglycosylase/hydrolase, xyloglucan:xyloglucosyl transferase, v. 32	p. 524
2.4.1.207	xyloglucan endotransglycosylase/hydrolase1, xyloglucan:xyloglucosyl transferase, v. 32	p. 524
2.4.1.207	xyloglucan endotransglycosylase 16A, xyloglucan:xyloglucosyl transferase, v. 32	p. 524
2.4.1.168	xyloglucan glucosyltransferase, xyloglucan 4-glucosyltransferase, v. 32	p. 377
3.2.1.120	xyloglucan hydrolase, oligoxyloglucan β-glycosidase, v. 13	p. 495
2.4.1.207	xyloglucan hydrolase, xyloglucan:xyloglucosyl transferase, v. 32	p. 524
2.4.1.207	xyloglucanotransferase, xyloglucan (xyloglucan donor), xyloglucan:xyloglucosyl transferase, v. 32	p. 524
2.4.1.207	xyloglucanotransferase, xyloglucan (xyloglucan donor) (Actinia chinensis clone AdXET-5 gene XET precursor), xyloglucan:xyloglucosyl transferase, v. 32	p. 524
2.4.1.207	xyloglucanotransferase, xyloglucan (xyloglucan donor) (Arabidopsis thaliana gene TCH4 precursor reduced), xyloglucan:xyloglucosyl transferase, v. 32	p. 524
2.4.1.207	xyloglucanotransferase, xyloglucan (xyloglucan donor) (barley clone PM5 gene HVPM5), xyloglucan:xyloglucosyl transferase, v. 32	p. 524
2.4.1.207	xyloglucanotransferase, xyloglucan (xyloglucan donor) (barley clone XEA gene HVXEA), xyloglucan:xyloglucosyl transferase, v. 32	p. 524

2.4.1.207	xyloglucanotransferase, xyloglucan (xyloglucan donor) (barley clone XEB gene HVXEB), xyloglucan:xyloglucosyl transferase, v. 32	p. 524	
2.4.1.207	xyloglucan recombinase, xyloglucan:xyloglucosyl transferase, v. 32	p. 524	
2.4.1.207	xyloglucan X93174-derived protein GI 1890575, xyloglucan:xyloglucosyl transferase, v. 32	p. 524	
3.2.1.151	xyloglycan hydrolase, xyloglucan-specific endo-β-1,4-glucanase, v. S5	p. 132	
2.7.1.17	xylokinase(phosphorylating), xylulokinase, v. 35	p. 231	
4.2.1.82	D-xylonate dehydratase, xylonate dehydratase, v. 4	p. 620	
3.1.1.68	xylono-γ lactonase, xylono-1,4-lactonase, v. 9	p. 398	
3.1.1.68	xylonolactonase, xylono-1,4-lactonase, v. 9	p. 398	
3.2.1.37	β-D-xylopyranosidase, xylan 1,4-β-xylosidase, v. 12	p. 537	
5.3.1.5	xylose (glucose) isomerase, Xylose isomerase, v. 1	p. 259	
1.1.1.179	D-xylose (nicotinamide adenine dinucleotide phosphate) dehydrogenase, D-xylose 1-dehydrogenase (NADP+), v. 18	p. 92	
2.7.7.11	xylose-1-phosphate uridylyltransferase, UTP-xylose-1-phosphate uridylyltransferase, v. 38	p. 186	
1.1.1.179	D-xylose-NADP dehydrogenase, D-xylose 1-dehydrogenase (NADP+), v. 18	p. 92	
2.7.7.11	xylose 1-phosphate uridylyltransferase, UTP-xylose-1-phosphate uridylyltransferase, v. 38	p. 186	
5.3.1.5	D-xylose: ketol-isomerase, Xylose isomerase, v. 1	p. 259	
1.1.1.179	D-xylose:NADP+ oxidoreductase, D-xylose 1-dehydrogenase (NADP+), v. 18	p. 92	
1.1.1.175	D-xylose dehydrogenase, D-xylose 1-dehydrogenase, v. 18	p. 78	
1.1.1.113	L-xylose dehydrogenase, L-xylose 1-dehydrogenase, v. 17	p. 316	
1.1.1.175	xylose dehydrogenase, D-xylose 1-dehydrogenase, v. 18	p. 78	
5.3.1.5	D-Xylose isomerase, Xylose isomerase, v. 1	p. 259	
5.3.1.5	xylose isomerase, Xylose isomerase, v. 1	p. 259	
5.3.1.5	xylose isomerase Name, Xylose isomerase, v. 1	p. 259	
5.3.1.5	D-Xylose ketoisomerase, Xylose isomerase, v. 1	p. 259	
5.3.1.6	D-xylose ketol-isomerase, Ribose-5-phosphate isomerase, v. 1	p. 277	
5.3.1.5	D-xylose ketol-isomerase, Xylose isomerase, v. 1	p. 259	
5.3.1.5	D-xylose ketol isomerase, Xylose isomerase, v. 1	p. 259	
3.2.1.72	1,3-β-D-xylosidase, xylan 1,3-β-xylosidase, v. 13	p. 221	
3.2.1.37	β-D-xylosidase, xylan 1,4-β-xylosidase, v. 12	p. 537	
3.2.1.37	β-xylosidase, xylan 1,4-β-xylosidase, v. 12	p. 537	
3.2.1.37	xylosidase, xylan 1,4-β-xylosidase, v. 12	p. 537	
3.2.1.72	xylosidase, exo-1,3-β-, xylan 1,3-β-xylosidase, v. 13	p. 221	
3.2.1.37	β-xylosidase-1, xylan 1,4-β-xylosidase, v. 12	p. 537	
3.2.1.37	β-xylosidase-2, xylan 1,4-β-xylosidase, v. 12	p. 537	
3.2.1.37	β-xylosidase-3, xylan 1,4-β-xylosidase, v. 12	p. 537	
3.2.1.37	β-xylosidase-4, xylan 1,4-β-xylosidase, v. 12	p. 537	
3.2.1.55	β-xylosidase/α-arabinosidase, α-N-arabinofuranosidase, v. 13	p. 106	
3.2.1.55	β-D-xylosidase/α-L-arabinosidase, α-N-arabinofuranosidase, v. 13	p. 106	
3.2.1.55	β-D-xylosidase/α-L-arabinosidase, α-N-arabinofuranosidase, v. 13	p. 106	
3.2.1.72	β-1,3-xylosidase A, xylan 1,3-β-xylosidase, v. 13	p. 221	
3.2.1.37	β-xylosidase A, xylan 1,4-β-xylosidase, v. 12	p. 537	
3.2.1.37	β-xylosidase B, xylan 1,4-β-xylosidase, v. 12	p. 537	
3.2.1.37	β-xylosidase I, xylan 1,4-β-xylosidase, v. 12	p. 537	
3.2.1.37	β-xylosidase II, xylan 1,4-β-xylosidase, v. 12	p. 537	
3.2.1.37	β-D-xyloside xylohydrolase, xylan 1,4-β-xylosidase, v. 12	p. 537	
2.4.2.38	β 1,2-xylosyltransferase, glycoprotein 2-β-D-xylosyltransferase, v. 33	p. 304	
2.4.2.24	β-(1,4)-xylosyltransferase, 1,4-β-D-xylan synthase, v. 33	p. 217	
2.4.2.38	β-1,2-xylosyltransferase, glycoprotein 2-β-D-xylosyltransferase, v. 33	p. 304	
2.4.2.38	β1,2-xylosyltransferase, glycoprotein 2-β-D-xylosyltransferase, v. 33	p. 304	
2.4.2.35	xylosyltransferase, flavonol-3-O-glycoside xylosyltransferase, v. 33	p. 291	

2.4.2.24	xylosyltransferase, uridine diphosphoxylose-1,4-β-xylan, 1,4-β-D-xylan synthase, v. 33 | p. 217	
2.4.2.26	xylosyltransferase, uridine diphosphoxylose-core protein β-, protein xylosyltransferase, v. 33 | p. 224	
2.4.2.39	xylosyltransferase, uridine diphosphoxylose-xyloglucan 6α-, xyloglucan 6-xylosyltransferase, v. 33 | p. 308	
2.4.2.40	xylosyltransferase, uridine diphosphoxylose-zeatin, zeatin O-β-D-xylosyltransferase, v. 33 | p. 311	
2.4.2.26	xylosyltransferase 1, protein xylosyltransferase, v. 33 | p. 224	
2.4.2.26	xylosyltransferase 2, protein xylosyltransferase, v. 33 | p. 224	
2.4.2.26	xylosyltransferase I, protein xylosyltransferase, v. 33 | p. 224	
2.4.2.26	xylosyltransferase II, protein xylosyltransferase, v. 33 | p. 224	
2.4.2.26	xylosyltransferases II, protein xylosyltransferase, v. 33 | p. 224	
2.4.2.26	xylosyltransferase sqv-6, protein xylosyltransferase, v. 33 | p. 224	
2.4.2.38	XylT, glycoprotein 2-β-D-xylosyltransferase, v. 33 | p. 304	
2.4.2.26	XylT-I, protein xylosyltransferase, v. 33 | p. 224	
2.4.2.26	XylT-II, protein xylosyltransferase, v. 33 | p. 224	
2.4.2.26	XYLT1, protein xylosyltransferase, v. 33 | p. 224	
2.4.2.24	XylTase, 1,4-β-D-xylan synthase, v. 33 | p. 217	
2.7.1.17	D-xylulokinase, xylulokinase, v. 35 | p. 231	
2.7.1.17	xylulokinase, xylulokinase, v. 35 | p. 231	
5.1.3.1	xylulose-5-P 3-epimerase, Ribulose-phosphate 3-epimerase, v. 1 | p. 91	
4.1.2.22	xylulose-5-phosphate/fructose-6-phosphate phosphoketolase, Fructose-6-phosphate phosphoketolase, v. 3 | p. 523	
4.1.2.9	xylulose-5-phosphate/fructose-6-phosphate phosphoketolase, Phosphoketolase, v. 3 | p. 435	
5.1.3.1	D-Xylulose-5-phosphate 3-epimerase, Ribulose-phosphate 3-epimerase, v. 1 | p. 91	
4.1.2.9	D-Xylulose-5-phosphate D-glyceraldehyde-3-phosphate-lyase, Phosphoketolase, v. 3 | p. 435	
4.1.2.9	D-Xylulose-5-phosphate phosphoketolase, Phosphoketolase, v. 3 | p. 435	
4.1.2.9	xylulose-5-phosphate phosphoketolase, Phosphoketolase, v. 3 | p. 435	
5.1.3.22	L-xylulose 5-phosphate 3-epimerase, L-ribulose-5-phosphate 3-epimerase, v. S7 | p. 497	
5.3.1.5	D-xylulose keto-isomerase, Xylose isomerase, v. 1 | p. 259	
2.7.1.17	D-xylulose kinase, xylulokinase, v. 35 | p. 231	
5.1.3.1	Xylulose phosphate 3-epimerase, Ribulose-phosphate 3-epimerase, v. 1 | p. 91	
1.1.1.10	L-xylulose reductase, L-xylulose reductase, v. 16 | p. 144	
3.2.1.8	XYLY, endo-1,4-β-xylanase, v. 12 | p. 133	
3.2.1.6	Xyn10B, endo-1,3(4)-β-glucanase, v. 12 | p. 118	
3.1.1.73	Xyn10B, feruloyl esterase, v. 9 | p. 414	
3.2.1.8	Xyn11A, endo-1,4-β-xylanase, v. 12 | p. 133	
3.1.1.72	XynA, Acetylxylan esterase, v. 9 | p. 406	
3.2.1.8	XynA, endo-1,4-β-xylanase, v. 12 | p. 133	
3.2.1.136	XynA, glucuronoarabinoxylan endo-1,4-β-xylanase, v. 13 | p. 545	
3.2.1.8	XynB, endo-1,4-β-xylanase, v. 12 | p. 133	
3.2.1.37	XynB2, xylan 1,4-β-xylosidase, v. 12 | p. 537	
3.2.1.37	XynB3, xylan 1,4-β-xylosidase, v. 12 | p. 537	
3.2.1.8	XynC, endo-1,4-β-xylanase, v. 12 | p. 133	
3.2.1.136	XynC, glucuronoarabinoxylan endo-1,4-β-xylanase, v. 13 | p. 545	
3.2.1.55	XynD, α-N-arabinofuranosidase, v. 13 | p. 106	
3.2.1.8	XYNII, endo-1,4-β-xylanase, v. 12 | p. 133	
3.2.1.8	Xyn II, endo-1,4-β-xylanase, v. 12 | p. 133	
3.2.1.8	XynIII, endo-1,4-β-xylanase, v. 12 | p. 133	
3.2.1.73	XynIII, licheninase, v. 13 | p. 223	
3.2.1.8	XynT, endo-1,4-β-xylanase, v. 12 | p. 133	
3.1.1.73	XynZ, feruloyl esterase, v. 9 | p. 414	
3.2.1.8	Xys1, endo-1,4-β-xylanase, v. 12 | p. 133	

3.2.1.8	Xys1δ, endo-1,4-β-xylanase, v. 12 | p. 133	
5.4.99.5	y2828, Chorismate mutase, v. 1 | p. 604	
2.5.1.18	Ya-GST, glutathione transferase, v. 33 | p. 524	
3.5.1.2	YaaE, glutaminase, v. 14 | p. 205	
6.1.1.17	YadB, Glutamate-tRNA ligase, v. 2 | p. 128	
1.1.1.1	YADH, alcohol dehydrogenase, v. 16 | p. 1	
1.1.1.1	YADH-1, alcohol dehydrogenase, v. 16 | p. 1	
3.4.24.85	YaeL, S2P endopeptidase, v. S6 | p. 343	
1.1.1.274	YafB, 2,5-didehydrogluconate reductase, v. 18 | p. 503	
2.1.1.10	YagD, homocysteine S-methyltransferase, v. 28 | p. 59	
2.1.1.10	YagD protein, homocysteine S-methyltransferase, v. 28 | p. 59	
3.1.4.52	YahA, cyclic-guanylate-specific phosphodiesterase, v. S5 | p. 100	
4.4.1.5	YaiA, lactoylglutathione lyase, v. 5 | p. 322	
2.7.12.1	Yak1p protein kinase, dual-specificity kinase, v. S4 | p. 372	
3.4.22.56	Yama/CPP32, caspase-3, v. S6 | p. 103	
3.4.22.56	Yama protein, caspase-3, v. S6 | p. 103	
3.4.23.41	Yap3 gene product, yapsin 1, v. 8 | p. 187	
3.4.23.17	yapsin A, Pro-opiomelanocortin converting enzyme, v. 8 | p. 73	
6.1.1.1	YARS, Tyrosine-tRNA ligase, v. 2 | p. 1	
3.1.1.29	YbaK, aminoacyl-tRNA hydrolase, v. 9 | p. 239	
3.1.1.58	ybaN, N-acetylgalactosaminoglycan deacetylase, v. 9 | p. 365	
3.5.3.19	YbbT, ureidoglycolate hydrolase, v. 14 | p. 836	
3.2.2.8	YbeK, ribosylpyrimidine nucleosidase, v. 14 | p. 50	
3.1.1.31	YbhE protein, 6-phosphogluconolactonase, v. 9 | p. 247	
3.6.1.27	YbjG, undecaprenyl-diphosphatase, v. 15 | p. 422	
6.3.4.15	yBL, Biotin-[acetyl-CoA-carboxylase] ligase, v. 2 | p. 638	
3.4.22.40	yBLH, bleomycin hydrolase, v. 7 | p. 725	
6.2.1.3	YBR041W, Long-chain-fatty-acid-CoA ligase, v. 2 | p. 206	
6.2.1.3	YBR222C, Long-chain-fatty-acid-CoA ligase, v. 2 | p. 206	
1.2.1.26	ycbD protein, 2,5-dioxovalerate dehydrogenase, v. 20 | p. 239	
2.1.1.52	ycbY, rRNA (guanine-N2-)-methyltransferase, v. 28 | p. 297	
3.6.3.46	Ycf1, cadmium-transporting ATPase, v. 15 | p. 719	
3.6.3.46	Ycf1p, cadmium-transporting ATPase, v. 15 | p. 719	
2.7.7.62	YcfN, adenosylcobinamide-phosphate guanylyltransferase, v. 38 | p. 568	
2.7.1.89	YcfN, thiamine kinase, v. 36 | p. 329	
3.1.4.52	YcgF, cyclic-guanylate-specific phosphodiesterase, v. S5 | p. 100	
2.7.1.148	YchB, 4-(cytidine 5'-diphospho)-2-C-methyl-D-erythritol kinase, v. 37 | p. 229	
3.1.2.20	YciA, acyl-CoA hydrolase, v. 9 | p. 539	
6.3.1.11	YcjK, glutamate-putrescine ligase, v. S7 | p. 595	
5.3.1.27	YckF, 6-phospho-3-hexuloisomerase	
6.1.1.4	ycLeuRS, Leucine-tRNA ligase, v. 2 | p. 23	
5.4.99.5	YCM, Chorismate mutase, v. 1 | p. 604	
3.6.3.44	YdaG/YdbA, xenobiotic-transporting ATPase, v. 15 | p. 700	
1.2.1.19	YdcW, aminobutyraldehyde dehydrogenase, v. 20 | p. 195	
1.2.1.8	YdcW, βine-aldehyde dehydrogenase, v. 20 | p. 94	
5.1.1.7	YddE, Diaminopimelate epimerase, v. 1 | p. 27	
2.7.7.65	YddV, diguanylate cyclase, v. S2 | p. 331	
1.1.1.282	YdiB, quinate/shikimate dehydrogenase, v. S1 | p. 22	
1.1.1.25	YdiB, shikimate dehydrogenase, v. 16 | p. 241	
2.7.7.23	Ydl103c protein, UDP-N-acetylglucosamine diphosphorylase, v. 38 | p. 289	
3.1.3.16	Ydr075w, phosphoprotein phosphatase, v. 10 | p. 213	
4.1.1.43	YDR380W, Phenylpyruvate decarboxylase, v. 3 | p. 270	
1.1.1.85	Ydr417cp, 3-isopropylmalate dehydrogenase, v. 17 | p. 179	
1.8.4.12	YeaA, peptide-methionine (R)-S-oxide reductase, v. S1 | p. 328	
3.6.3.48	yeast α-factor transporter, α-factor-transporting ATPase, v. 15 | p. 728	

2.7.1.160	yeast 2'-phosphotransferase, 2'-phosphotransferase, v. S2	p. 287
1.1.1.1	yeast alcohol dehydrogenase, alcohol dehydrogenase, v. 16	p. 1
1.1.1.2	yeast alcohol dehydrogenase, alcohol dehydrogenase (NADP+), v. 16	p. 45
3.4.11.22	Yeast aminopeptidase I, aminopeptidase I, v. 6	p. 178
3.4.23.41	yeast aspartic protease, yapsin 1, v. 8	p. 187
3.4.23.41	yeast aspartic protease 3, yapsin 1, v. 8	p. 187
3.6.3.46	yeast cadmium factor, cadmium-transporting ATPase, v. 15	p. 719
3.6.3.46	yeast cadmium factor 1, cadmium-transporting ATPase, v. 15	p. 719
3.4.22.40	yeast cysteine protease, bleomycin hydrolase, v. 7	p. 725
3.5.4.5	yeast cytidine deaminase, cytidine deaminase, v. 15	p. 42
5.99.1.2	yeast DNA topoisomerase I, DNA topoisomerase, v. 1	p. 721
3.4.23.25	Yeast endopeptidase A, Saccharopepsin, v. 8	p. 120
2.3.1.85	yeast fatty acid synthase, fatty-acid synthase, v. 30	p. 131
2.3.1.86	yeast fatty acid synthase, fatty-acyl-CoA synthase, v. 30	p. 141
3.2.1.68	yeast isoamylase, isoamylase, v. 13	p. 204
3.4.21.61	Yeast KEX2 protease, Kexin, v. 7	p. 280
3.1.14.1	yeast mitochondrial degradosome, yeast ribonuclease, v. 11	p. 412
3.4.21.53	yeast mitochondrial lon, Endopeptidase La, v. 7	p. 241
3.6.4.11	yeast nucleosome assembly protein, nucleoplasmin ATPase, v. 15	p. 817
4.1.1.49	yeast PEP carboxykinase, phosphoenolpyruvate carboxykinase (ATP), v. 3	p. 297
3.5.1.52	yeast peptide: N-glycanase, peptide-N4-(N-acetyl-β-glucosaminyl)asparagine amidase, v. 14	p. 485
3.6.3.6	yeast plasma membrane ATPase, H+-exporting ATPase, v. 15	p. 554
3.6.3.6	yeast plasma membrane H+-ATPase, H+-exporting ATPase, v. 15	p. 554
3.4.21.53	yeast protease, Endopeptidase La, v. 7	p. 241
3.4.23.25	yeast proteinase, Saccharopepsin, v. 8	p. 120
3.4.23.25	Yeast proteinase A, Saccharopepsin, v. 8	p. 120
3.4.21.48	yeast proteinase B, cerevisin, v. 7	p. 222
3.4.21.48	yeast proteinase yscB, cerevisin, v. 7	p. 222
4.1.1.1	yeast pyruvate decarboxylase, Pyruvate decarboxylase, v. 3	p. 1
2.3.1.23	yeast tafazzin, 1-acylglycerophosphocholine O-acyltransferase, v. 29	p. 440
3.1.1.20	yeast tannase, tannase, v. 9	p. 187
5.99.1.2	yeastTop1, DNA topoisomerase, v. 1	p. 721
3.4.19.12	yeast ubiquitin hydrolase, ubiquitinyl hydrolase 1, v. 6	p. 575
1.8.3.1	YedY, sulfite oxidase, v. 24	p. 584
1.8.3.1	YedYZ, sulfite oxidase, v. 24	p. 584
2.7.1.23	YEF1, NAD+ kinase, v. 35	p. 293
2.7.1.86	YEF1, NADH kinase, v. 36	p. 321
2.7.1.23	Yef1p, NAD+ kinase, v. 35	p. 293
2.7.1.86	Yef1p, NADH kinase, v. 36	p. 321
3.2.1.82	YeGH2, exo-poly-α-galacturonosidase, v. 13	p. 285
3.2.1.67	YeGH2, galacturan 1,4-α-galacturonidase, v. 13	p. 195
2.7.1.107	YegS, diacylglycerol kinase, v. 36	p. 438
2.7.1.83	YeiC, pseudouridine kinase, v. 36	p. 312
3.1.2.12	YeiG, S-formylglutathione hydrolase, v. 9	p. 508
3.2.2.8	YeiK, ribosylpyrimidine nucleosidase, v. 14	p. 50
3.6.1.27	YeiU, undecaprenyl-diphosphatase, v. 15	p. 422
2.4.2.6	YejD, nucleoside deoxyribosyltransferase, v. 33	p. 66
2.7.1.86	YEL041W, NADH kinase, v. 36	p. 321
3.4.21.91	Yellow fever virus (flavivirus) protease, Flavivirin, v. 7	p. 442
3.4.21.91	yellow fever virus NS2B-NS3-181 protease, Flavivirin, v. 7	p. 442
1.10.3.2	yellow laccase, laccase, v. 25	p. 115
3.1.22.4	Yen1, crossover junction endodeoxyribonuclease, v. 11	p. 487
6.2.1.3	YER015W, Long-chain-fatty-acid-CoA ligase, v. 2	p. 206
2.7.1.107	YerQ, diacylglycerol kinase, v. 36	p. 438

1.3.1.31	Yers-ER, 2-enoate reductase, v. 21	p. 182
2.7.10.2	C-YES, non-specific protein-tyrosine kinase, v. S2	p. 441
2.7.10.2	Yes, non-specific protein-tyrosine kinase, v. S2	p. 441
2.7.10.2	Yes-related kinase, non-specific protein-tyrosine kinase, v. S2	p. 441
2.7.10.2	Yes kinase, non-specific protein-tyrosine kinase, v. S2	p. 441
2.7.10.2	YES related kinase, non-specific protein-tyrosine kinase, v. S2	p. 441
3.2.1.23	YesZ, β-galactosidase, v. 12	p. 368
4.1.2.20	YfaU, 2-Dehydro-3-deoxyglucarate aldolase, v. 3	p. 516
4.2.99.20	YfbB, 2-succinyl-6-hydroxy-2,4-cyclohexadiene-1-carboxylate synthase	
3.1.3.31	YfbR, nucleotidase, v. 10	p. 316
3.1.4.1	yfcE, phosphodiesterase I, v. 11	p. 1
3.1.4.16	YfcE-C74H, 2',3'-cyclic-nucleotide 2'-phosphodiesterase, v. 11	p. 108
2.8.3.16	YfdW, formyl-CoA transferase, v. 39	p. 533
3.6.3.30	yfeABCD ABC-type transporter, Fe^{3+}-transporting ATPase, v. 15	p. 656
2.7.1.23	YfjB, NAD+ kinase, v. 35	p. 293
3.6.3.30	YfuA, Fe^{3+}-transporting ATPase, v. 15	p. 656
4.6.1.12	YgbB protein, 2-C-methyl-D-erythritol 2,4-cyclodiphosphate synthase, v. S7	p. 415
2.7.7.60	YgbP, 2-C-methyl-D-erythritol 4-phosphate cytidylyltransferase, v. 38	p. 560
3.1.3.11	YggF, fructose-bisphosphatase, v. 10	p. 167
2.1.1.33	yggH, tRNA (guanine-N7-)-methyltransferase, v. 28	p. 166
2.6.1.82	YgjG, putrescine aminotransferase, v. S2	p. 250
2.1.1.52	ygjO, rRNA (guanine-N2-)-methyltransferase, v. 28	p. 297
2.7.4.8	YGK, guanylate kinase, v. 37	p. 543
3.4.21.105	Ygr101w, rhomboid protease, v. S5	p. 325
3.2.1.23	YH4502, β-galactosidase, v. 12	p. 368
2.7.7.65	YhcK, diguanylate cyclase, v. S2	p. 331
2.1.1.52	yhhF, rRNA (guanine-N2-)-methyltransferase, v. 28	p. 297
3.4.11.21	Yhr113w, aspartyl aminopeptidase, v. 6	p. 173
3.1.1.29	yHR189W, aminoacyl-tRNA hydrolase, v. 9	p. 239
3.6.4.10	yHsp90, non-chaperonin molecular chaperone ATPase, v. 15	p. 810
3.1.3.31	YjjG, nucleotidase, v. 10	p. 316
3.1.27.2	YkqC/RNase J1, Bacillus subtilis ribonuclease, v. 11	p. 569
1.8.4.7	YkuV, enzyme-thiol transhydrogenase (glutathione-disulfide), v. 24	p. 656
1.8.4.2	YkuV, protein-disulfide reductase (glutathione), v. 24	p. 617
1.7.1.13	YkvM, preQ1 synthase, v. S1	p. 282
3.2.1.39	YlCrh1Sp, glucan endo-1,3-β-D-glucosidase, v. 12	p. 567
3.2.1.39	YlCrh2Sp, glucan endo-1,3-β-D-glucosidase, v. 12	p. 567
3.1.3.11	YlFBP1, fructose-bisphosphatase, v. 10	p. 167
3.1.1.3	YlLip2, triacylglycerol lipase, v. 9	p. 36
2.4.1.232	YlOch1p, initiation-specific α-1,6-mannosyltransferase, v. 32	p. 640
3.4.24.85	YluC, S2P endopeptidase, v. S6	p. 343
3.2.1.14	Ym1, chitinase, v. 12	p. 185
3.6.5.3	ymIF2, protein-synthesizing GTPase, v. S6	p. 494
5.5.1.4	yMIP synthase, inositol-3-phosphate synthase, v. 1	p. 674
1.13.11.54	Ymr009p, acireductone dioxygenase [iron(II)-requiring], v. S1	p. 476
5.4.2.2	YMR278w protein, phosphoglucomutase, v. 1	p. 506
3.5.1.19	YNDase, nicotinamidase, v. 14	p. 349
1.2.1.24	YneI dehydrogenase, succinate-semialdehyde dehydrogenase, v. 20	p. 228
3.4.21.107	YNL123w, peptidase Do, v. S5	p. 342
2.7.7.1	yNMNAT-1, nicotinamide-nucleotide adenylyltransferase, v. 38	p. 49
2.7.7.1	yNMNAT-2, nicotinamide-nucleotide adenylyltransferase, v. 38	p. 49
3.6.3.26	Ynt1, nitrate-transporting ATPase, v. 15	p. 646
3.6.3.26	YNT1 gene product, nitrate-transporting ATPase, v. 15	p. 646
4.1.1.2	YoaN, Oxalate decarboxylase, v. 3	p. 11
2.7.11.25	YODA, mitogen-activated protein kinase kinase kinase, v. S4	p. 278

3.1.27.4	YoeB, ribonuclease U2, v. 11 | p. 580	
1.1.1.265	YOL151w gene product, 3-methylbutanal reductase, v. 18 | p. 469	
1.1.1.283	YOL151w gene product, methylglyoxal reductase (NADPH-dependent), v. S1 | p. 32	
3.1.3.48	YopH, protein-tyrosine-phosphatase, v. 10 | p. 407	
3.6.3.14	YOPS secretion ATPase, H+-transporting two-sector ATPase, v. 15 | p. 598	
3.1.3.43	Yor090cp, [pyruvate dehydrogenase (acetyl-transferring)]-phosphatase, v. 10 | p. 381	
3.6.3.46	Yor1p, cadmium-transporting ATPase, v. 15 | p. 719	
5.2.1.8	Ypa, Peptidylprolyl isomerase, v. 1 | p. 218	
2.7.7.19	yPAP, polynucleotide adenylyltransferase, v. 38 | p. 245	
4.1.1.1	YPDC, Pyruvate decarboxylase, v. 3 | p. 1	
3.4.11.9	YpdF, Xaa-Pro aminopeptidase, v. 6 | p. 111	
3.4.11.18	YpdF, methionyl aminopeptidase, v. 6 | p. 159	
5.3.4.1	yPDI, Protein disulfide-isomerase, v. 1 | p. 436	
2.5.1.58	yPFTase, protein farnesyltransferase, v. 34 | p. 195	
1.1.1.44	YpjI, phosphogluconate dehydrogenase (decarboxylating), v. 16 | p. 421	
2.7.1.40	YPK, pyruvate kinase, v. 36 | p. 33	
3.5.1.52	YPng, peptide-N4-(N-acetyl-β-glucosaminyl)asparagine amidase, v. 14 | p. 485	
3.5.1.52	YPng1, peptide-N4-(N-acetyl-β-glucosaminyl)asparagine amidase, v. 14 | p. 485	
5.3.1.23	Ypr118w, S-methyl-5-thioribose-1-phosphate isomerase, v. 1 | p. 351	
5.3.1.23	Ypr118wp, S-methyl-5-thioribose-1-phosphate isomerase, v. 1 | p. 351	
2.3.1.23	Ypr140wp, 1-acylglycerophosphocholine O-acyltransferase, v. 29 | p. 440	
3.4.23.41	YPS1, yapsin 1, v. 8 | p. 187	
3.6.3.50	YpsE, protein-secreting ATPase, v. 15 | p. 737	
3.6.5.2	Ypt1, small monomeric GTPase, v. S6 | p. 476	
3.6.5.2	Ypt7, small monomeric GTPase, v. S6 | p. 476	
5.99.1.2	YpTOP, DNA topoisomerase, v. 1 | p. 721	
3.4.21.105	Yqgp, rhomboid protease, v. S5 | p. 325	
1.1.1.2	YqhD, alcohol dehydrogenase (NADP+), v. 16 | p. 45	
1.1.1.274	YqhE, 2,5-didehydrogluconate reductase, v. 18 | p. 503	
1.1.1.274	YqhE reductase, 2,5-didehydrogluconate reductase, v. 18 | p. 503	
3.1.26.11	YqiK, tRNase Z, v. S5 | p. 105	
3.1.26.11	YqjK, tRNase Z, v. S5 | p. 105	
1.3.1.31	YqjM, 2-enoate reductase, v. 21 | p. 182	
1.6.99.1	YqjM, NADPH dehydrogenase, v. 24 | p. 179	
5.3.1.13	YrbH, Arabinose-5-phosphate isomerase, v. 1 | p. 325	
3.1.3.45	yrbI, 3-deoxy-manno-octulosonate-8-phosphatase, v. 10 | p. 392	
3.5.2.6	YRC-1, β-lactamase, v. 14 | p. 683	
2.7.10.2	yrk, non-specific protein-tyrosine kinase, v. S2 | p. 441	
1.13.11.27	YS103B, 4-hydroxyphenylpyruvate dioxygenase, v. 25 | p. 546	
3.6.1.13	YSA1H, ADP-ribose diphosphatase, v. 15 | p. 354	
3.4.24.37	yscD, saccharolysin, v. 8 | p. 413	
3.6.3.50	YscN, protein-secreting ATPase, v. 15 | p. 737	
3.4.17.4	YSCS, Gly-Xaa carboxypeptidase, v. 6 | p. 437	
3.4.11.3	yscXVI, cystinyl aminopeptidase, v. 6 | p. 66	
2.3.1.184	YspI, acyl-homoserine-lactone synthase, v. S2 | p. 140	
3.6.5.2	YsxC, small monomeric GTPase, v. S6 | p. 476	
3.6.4.8	YTA2, proteasome ATPase, v. 15 | p. 797	
4.4.1.11	YtjE, methionine γ-lyase, v. 5 | p. 361	
3.6.1.15	YtkD, nucleoside-triphosphatase, v. 15 | p. 365	
5.99.1.2	YTOP, DNA topoisomerase, v. 1 | p. 721	
3.1.13.3	YtqI, oligonucleotidase, v. 11 | p. 402	
3.4.19.12	YUH, ubiquitinyl hydrolase 1, v. 6 | p. 575	
3.4.19.12	YUH1, ubiquitinyl hydrolase 1, v. 6 | p. 575	
1.18.1.2	YumC, ferredoxin-NADP+ reductase, v. 27 | p. 543	
3.6.3.44	YvcC, xenobiotic-transporting ATPase, v. 15 | p. 700	

4.1.1.2	YvrK, Oxalate decarboxylase, v. 3 | p. 11	
6.3.2.28	YwfE, L-amino-acid α-ligase, v. S7 | p. 609	
3.1.3.48	YwlE, protein-tyrosine-phosphatase, v. 10 | p. 407	
3.1.3.48	YwqE, protein-tyrosine-phosphatase, v. 10 | p. 407	
3.2.2.20	Yx1J, DNA-3-methyladenine glycosylase I, v. 14 | p. 99	
1.13.11.24	YxaG, quercetin 2,3-dioxygenase, v. 25 | p. 535	
2.7.13.3	YycG, histidine kinase, v. S4 | p. 420	
3.4.11.15	yylAPE, aminopeptidase Y, v. 6 | p. 147	
3.1.3.74	YZGD, pyridoxal phosphatase, v. S5 | p. 68	
1.14.99.32	(Z)-11 myristoyl CoA desaturase, myristoyl-CoA 11-(Z) desaturase, v. 27 | p. 380	
1.14.19.5	Δ11-(Z)-desaturase, Δ11-fatty-acid desaturase	
1.14.19.5	Z/E11-desaturase, Δ11-fatty-acid desaturase	
2.7.11.25	ZAK, mitogen-activated protein kinase kinase kinase, v. S4 | p. 278	
2.7.10.2	ZAP-70, non-specific protein-tyrosine kinase, v. S2 | p. 441	
3.1.2.20	ZAP128, acyl-CoA hydrolase, v. 9 | p. 539	
3.1.2.2	ZAP128, palmitoyl-CoA hydrolase, v. 9 | p. 459	
3.4.17.2	ZAP47, carboxypeptidase B, v. 6 | p. 418	
4.2.99.18	zApe, DNA-(apurinic or apyrimidinic site) lyase, v. 5 | p. 150	
1.2.1.8	ZBD1, βine-aldehyde dehydrogenase, v. 20 | p. 94	
4.1.1.1	ZbPDC, Pyruvate decarboxylase, v. 3 | p. 1	
3.4.22.56	ZCASP3, caspase-3, v. S6 | p. 103	
2.7.7.19	ZCCHC6, polynucleotide adenylyltransferase, v. 38 | p. 245	
2.1.2.1	zcSHMT, glycine hydroxymethyltransferase, v. 29 | p. 1	
1.14.99.30	ZDS/SPC1, Carotene 7,8-desaturase, v. 27 | p. 375	
1.14.13.90	ZE, zeaxanthin epoxidase, v. S1 | p. 585	
1.14.13.90	Zea-epoxidase, zeaxanthin epoxidase, v. S1 | p. 585	
2.4.1.215	zeatin glycosyltransferase, cis-zeatin O-β-D-glucosyltransferase, v. 32 | p. 576	
2.4.1.203	zeatin glycosyltransferase, trans-zeatin O-β-D-glucosyltransferase, v. 32 | p. 511	
2.4.1.203	zeatin O-β-D-glucosyltransferase, trans-zeatin O-β-D-glucosyltransferase, v. 32 | p. 511	
2.4.1.215	zeatin O-glucosyltransferase, cis-zeatin O-β-D-glucosyltransferase, v. 32 | p. 576	
2.4.1.203	zeatin O-glucosyltransferase, trans-zeatin O-β-D-glucosyltransferase, v. 32 | p. 511	
2.4.2.40	zeatin O-xylosyltransferase, zeatin O-β-D-xylosyltransferase, v. 33 | p. 311	
1.5.99.12	zeatin oxidase, cytokinin dehydrogenase, v. 23 | p. 398	
1.14.13.90	zeaxanthin-epoxidase, zeaxanthin epoxidase, v. S1 | p. 585	
2.4.1.152	zebrafisha1-3fucosyltrasferase 1, 4-galactosyl-N-acetylglucosaminide 3-α-L-fucosyltransferase, v. 32 | p. 318	
2.1.2.1	zebrafish cytosolic serine hydroxymethyltransferase, glycine hydroxymethyltransferase, v. 29 | p. 1	
2.1.2.1	zebrafish mitochondiral serine hydroxymethyltransferase, glycine hydroxymethyltransferase, v. 29 | p. 1	
1.14.13.90	ZEP, zeaxanthin epoxidase, v. S1 | p. 585	
4.1.2.13	zerebrin II, Fructose-bisphosphate aldolase, v. 3 | p. 455	
2.7.11.26	zeste-white3, τ-protein kinase, v. S4 | p. 303	
1.14.99.30	zeta-Carotene desaturase, Carotene 7,8-desaturase, v. 27 | p. 375	
1.14.99.30	zeta-Carotene desaturase (Anabaena strain PCC 7120 clone pZDS1A), Carotene 7,8-desaturase, v. 27 | p. 375	
1.14.99.30	zeta-Carotene desaturase (Capsicum annuum clone pCapZDS precursor reduced), Carotene 7,8-desaturase, v. 27 | p. 375	
1.14.99.30	zeta-Carotene desaturase (Synechocystis strain PCC 6803 gene crtQ-2), Carotene 7,8-desaturase, v. 27 | p. 375	
1.6.5.5	zeta-Crystallin, NADPH:quinone reductase, v. 24 | p. 135	
1.6.5.5	zeta-Crystallin/NADPH:quinone oxidoreductase, NADPH:quinone reductase, v. 24 | p. 135	
1.6.5.5	zeta-Crystallin/quinone reductase, NADPH:quinone reductase, v. 24 | p. 135	
1.6.5.5	zeta-crystalline-like quinone oxidoreductase, NADPH:quinone reductase, v. 24 | p. 135	
1.6.5.5	Zeta-crystallin homolog protein, NADPH:quinone reductase, v. 24 | p. 135	

2.4.1.152	zFT1, 4-galactosyl-N-acetylglucosaminide 3-α-L-fucosyltransferase, v. 32 | p. 318	
3.4.19.9	zγGH, γ-glutamyl hydrolase, v. 6 | p. 560	
3.1.1.4	zhaoermiatoxin, phospholipase A2, v. 9 | p. 52	
3.5.2.6	zinc β-lactamase, β-lactamase, v. 14 | p. 683	
3.6.3.5	zinc-transporting P-type ATPase, Zn^{2+}-exporting ATPase, v. 15 | p. 550	
3.4.17.14	zinc D-Ala-D-Ala carboxypeptidase, Zinc D-Ala-D-Ala carboxypeptidase, v. 6 | p. 475	
3.4.21.74	Zinc metalloproteinase Cbfib1.1, Venombin A, v. 7 | p. 364	
3.4.21.74	Zinc metalloproteinase Cbfib1.2, Venombin A, v. 7 | p. 364	
3.4.21.74	Zinc metalloproteinase Cbfib2, Venombin A, v. 7 | p. 364	
3.1.26.11	zinc phosphodiesterase, tRNase Z, v. S5 | p. 105	
3.4.24.40	Zinc proteinase, serralysin, v. 8 | p. 424	
3.4.22.67	zingibain, zingipain, v. S6 | p. 220	
3.1.26.11	ZiPD, tRNase Z, v. S5 | p. 105	
6.6.1.1	ZmChlI, magnesium chelatase, v. S7 | p. 665	
1.5.99.12	ZmCKO1, cytokinin dehydrogenase, v. 23 | p. 398	
1.5.99.12	ZmCKX1, cytokinin dehydrogenase, v. 23 | p. 398	
1.3.1.72	ZmDWF1, Δ24-sterol reductase, v. 21 | p. 328	
6.3.2.3	ZmGS, Glutathione synthase, v. 2 | p. 410	
1.3.7.4	ZMHy2, phytochromobilin:ferredoxin oxidoreductase, v. 21 | p. 457	
2.7.1.158	ZmIPK1, inositol-pentakisphosphate 2-kinase, v. S2 | p. 272	
2.7.1.158	ZmIPK1A, inositol-pentakisphosphate 2-kinase, v. S2 | p. 272	
2.7.1.158	ZmIPK1B, inositol-pentakisphosphate 2-kinase, v. S2 | p. 272	
1.5.3.11	ZmPAO, polyamine oxidase, v. 23 | p. 312	
4.1.1.1	ZmPDC, Pyruvate decarboxylase, v. 3 | p. 1	
3.1.4.11	ZmPLC1, phosphoinositide phospholipase C, v. 11 | p. 75	
3.4.24.84	Zmpste24, Ste24 endopeptidase, v. S6 | p. 337	
6.1.1.11	ZmSerS, Serine-tRNA ligase, v. 2 | p. 77	
2.1.2.1	zmSHMT, glycine hydroxymethyltransferase, v. 29 | p. 1	
1.8.7.1	ZmSiR, sulfite reductase (ferredoxin), v. 24 | p. 679	
4.1.2.8	ZmTSA, indole-3-glycerol-phosphate lyase, v. 3 | p. 434	
2.4.1.207	ZmXTH1, xyloglucan:xyloglucosyl transferase, v. 32 | p. 524	
3.6.3.5	Zn(2+)-ATPase, Zn^{2+}-exporting ATPase, v. 15 | p. 550	
3.6.3.5	Zn(II)-translocating P-type ATPase, Zn^{2+}-exporting ATPase, v. 15 | p. 550	
3.6.3.5	Zn,Cd-transporting P-type ATPase, Zn^{2+}-exporting ATPase, v. 15 | p. 550	
3.5.2.6	Zn-β-lactamase, β-lactamase, v. 14 | p. 683	
3.6.3.5	Zn^{2+}-ATPase, Zn^{2+}-exporting ATPase, v. 15 | p. 550	
1.1.1.261	Zn^{2+}-dependent sn-glycerol-1-phosphate dehydrogenase, glycerol-1-phosphate dehydrogenase [NAD(P)+], v. 18 | p. 457	
3.6.3.5	Zn^{2+}-exporting ATPase, Zn^{2+}-exporting ATPase, v. 15 | p. 550	
3.1.4.38	Zn^{2+}-glycerophosphocholine cholinphosphodiesterase, glycerophosphocholine cholinephosphodiesterase, v. 11 | p. 182	
3.1.4.38	Zn^{2+}-GPC cholinphosphodiesterase, glycerophosphocholine cholinephosphodiesterase, v. 11 | p. 182	
3.5.3.7	Zn^{2+}-guanidinobutyrase, guanidinobutyrase, v. 14 | p. 785	
3.6.3.5	Zn^{2+}-transporting P-type ATPase, Zn^{2+}-exporting ATPase, v. 15 | p. 550	
3.5.4.1	Zn2+CDase, cytosine deaminase, v. 15 | p. 1	
3.4.17.14	Zn^{2+} G peptidase, Zinc D-Ala-D-Ala carboxypeptidase, v. 6 | p. 475	
3.6.3.5	Zn^{2+} transporting P1B-type ATPase, Zn^{2+}-exporting ATPase, v. 15 | p. 550	
3.5.1.23	znCD, ceramidase, v. 14 | p. 367	
3.4.17.8	Zn DD-peptidase, muramoylpentapeptide carboxypeptidase, v. 6 | p. 448	
2.7.9.1	ZnPPDK, pyruvate, phosphate dikinase, v. 39 | p. 149	
3.6.3.3	ZntA, Cd^{2+}-exporting ATPase, v. 15 | p. 542	
3.6.3.5	ZntA, Zn^{2+}-exporting ATPase, v. 15 | p. 550	
3.6.3.3	zntA gene product, Cd^{2+}-exporting ATPase, v. 15 | p. 542	
2.4.1.215	ZOG1, cis-zeatin O-β-D-glucosyltransferase, v. 32 | p. 576	